ENCYCLOPÉDIE THÉORIQUE & PRATIQUE DES CONNAISSANCES CIVILES & MILITAIRES

(Publiée sous le patronage de la Réunion des officiers)

PARTIE CIVILE

COURS DE CONSTRUCTION

Publié sous la direction de

G. OSLET, INGÉNIEUR DES ARTS ET MANUFACTURES, PROFESSEUR A L'ÉCOLE CENTRALE

DIX-SEPTIÈME PARTIE

TRAITÉ

DE

PEINTURE EN BATIMENT

ET DE DÉCORATION

PEINTURE, VITRERIE, MIROITERIE, VITRAUX, FAIENCES DÉCORATIVES, DÉCORATION, TENTURE, SCULPTURE D'ORNEMENTS, TAPISSERIE, ENSEIGNES, PEINTURE EN ÉQUIPAGES, ETC., ETC.

Commencé par **E. BOUDRY**, architecte et **L. CHAUVET**, artiste peintre décorateur

CONTINUÉ PAR

L. CHAUVET

Artiste peintre décorateur,
Ancien élève de l'École Nationale des Beaux-Arts.

DEUXIÈME PARTIE. — MÉTRÉ

Par A. GENDRON Aîné

Métreur spécialiste en Peinture, Vitrerie, Tenture, Décoration, etc., etc.

PARIS

GEORGES FANCHON, ÉDITEUR

25, RUE DE GRENELLE, 25

TRAITÉ

DE

PEINTURE EN BATIMENT

ET DE DÉCORATION

MÉTRÉ

TOURS. — IMPRIMERIE DESLIS FRÈRES, RUE GAMBETTA, 6.

ENCYCLOPÉDIE THÉORIQUE & PRATIQUE DES CONNAISSANCES CIVILES & MILITAIRES

(Publiée sous le patronage de la Réunion des officiers)

PARTIE CIVILE

COURS DE CONSTRUCTION

Publié sous la direction de

G. OSLET, INGÉNIEUR DES ARTS ET MANUFACTURES, PROFESSEUR A L'ÉCOLE CENTRALE

DIX-SEPTIÈME PARTIE

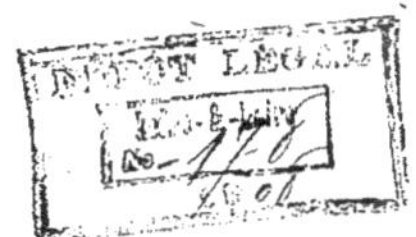

TRAITÉ

DE

PEINTURE EN BATIMENT

ET DE DÉCORATION

PEINTURE, VITRERIE, MIROITERIE, VITRAUX, FAIENCES DÉCORATIVES, DÉCORATION, TENTURE, SCULPTURE D'ORNEMENTS, TAPISSERIE, ENSEIGNES, PEINTURE EN ÉQUIPAGES, ETC., ETC.

Commencé par **E. BOUDRY,** architecte et **L. CHAUVET,** artiste peintre décorateur

CONTINUÉ PAR

L. CHAUVET

Artiste peintre décorateur,
Ancien élève de l'Ecole Nationale des Beaux-Arts.

DEUXIÈME PARTIE. — MÉTRÉ

PAR A. GENDRON AINÉ

Métreur spécialiste en Peinture, Vitrerie, Tenture, Décoration, etc., etc.

PARIS

GEORGES FANCHON, ÉDITEUR

25, RUE DE GRENELLE, 25

TRAITÉ

DE PEINTURE EN BATIMENT

ET DE DÉCORATION

DEUXIÈME PARTIE. — DU MÉTRÉ

AVANT-PROPOS

1. En écrivant cette partie de l'ouvrage du *Cours de construction*, nous avons pensé combler une lacune existant dans la partie concernant la peinture, par la publication de formules de métrés raisonnées, et vulgariser ainsi le travail de la profession, en mettant à même l'entrepreneur ou le métreur d'établir un mémoire, en se servant du canevas indiqué et sans tâtonnements.

Si nous avons pu faire bien comprendre la comptabilité du bâtiment, en ce qui nous concerne, nous aurons donné le moyen de libeller des mémoires nets et compréhensibles, facilitant ainsi la tâche du vérificateur par un travail concis. De ce fait, les rapports cordiaux entre métreurs et vérificateurs s'affirmeront de plus en plus, car, les entrepreneurs fournissant des comptes justes, leurs mémoires seront bien réglés, et ils ne pourront que gagner en considération dans leur clientèle. La concorde régnera dans la grande famille du bâtiment, et nous aurons atteint notre but.

2. Pour métrer ou vérifier en peinture, il faut posséder certaines aptitudes :

1° Jouir d'une bonne santé, car l'exercice de la profession vous met en butte non seulement aux intempéries des saisons, mais encore, spécialement dans le travail d'entretien, aux prises avec la contagion des maladies ambiantes ;

2° Etre apte aux exercices physiques :

marches, gymnastique, célérité, étant appelé à parcourir de longs espaces et à escalader des échafaudages ou échelles présentant certains dangers ;

3° Etre pourvu d'une bonne instruction primaire, avoir une écriture claire et lisible et calculer rapidement.

Si on possède ces quelques aptitudes, et qu'on les mette au service d'une intelligence vive et d'une volonté ferme, l'expérience aidant, on deviendra par la suite un métreur recherché, et on verra son avenir assuré par le travail.

De la Série.

3. Avant d'apprendre ce métier, il est utile de connaître à fond les articles de la Série, leur valeur et leur emploi ; nous les commenterons donc au passage comme suit :

D'abord qu'est-ce que la Série ?

La Série est un Barême composé de prix divers permettant d'établir, par des mémoires détaillés, la valeur des travaux exécutés pour chaque profession du bâtiment ; elle se compose de *prix élémentaires* et de *prix composés* pour règlement.

Les *prix élémentaires* comprennent les prix de revient des matières employées, et celui de l'unité de l'heure pour le temps passé.

Les *prix composés* comprennent :

1° Les déboursés pour la main-d'œuvre et les fournitures ;

2° Les faux-frais calculés sur la main-d'œuvre seulement ;

3° Les bénéfices appliqués au prix de la main-d'œuvre, des fournitures et aux faux-frais.

Pour la peinture :

Les faux-frais sont fixés à 20 0/0.

Le bénéfice à 10 0/0.

Les prix de la Série sont des prix moyens, qui n'ont été établis que pour faciliter les transactions entre propriétaires et entrepreneurs ; ils peuvent varier suivant la perfection des travaux exécutés.

L'usage de la Série est très répandu et fait souvent loi dans les interventions judiciaires.

Il y a des séries de prix différentes suivant les départements, mais toutes sont basées sur les mêmes principes. Pour ce qui concerne Paris et le département de la Seine, jusqu'en l'année 1882, la série de prix était élaborée par une Commission spéciale nommée par la ville ; elle sert encore actuellement pour tous les travaux exécutés pour le compte de la ville.

Depuis cette époque, en l'absence de série officielle de la ville de Paris, une série complète a été et est tous les deux ans élaborée par la Société centrale des Architectes français.

C'est elle qui remplace l'ancienne dans le règlement des travaux particuliers, et c'est de la dernière édition (1897) que nous allons entretenir nos lecteurs dans les articles suivants :

Série en usage pour les travaux particuliers dans la ville de Paris. — (Édition 1897 — de la Société centrale des Architectes français.)

4. *Aucun travail ne pourra être exécuté à l'heure que sur un ordre écrit, et, dans ce cas, des attachements journaliers constateront le temps passé et les travaux auxquels il aura été employé. L'entrepreneur devra dresser ses attachements en double et les faire reconnaître en temps utile. (Art. 87.)*

L'entrepreneur doit faire reconnaître en temps utile (c'est-à-dire au jour le jour) ses heures passées à un travail en régie :

Au propriétaire ou à son architecte tout d'abord ;

Aux chefs de chantiers ou aux contre-maîtres d'usine ayant pouvoirs ;

Aux concierges avec l'assentiment du propriétaire ou de son gérant.

Pour que ces feuilles d'attachement soient valables sans contestation, il faut qu'elles soient signées en double et par les deux parties.

5. *Les heures supplémentaires jusqu'à 8 heures du soir seront payées le même prix que les heures de jour. (Art. 88.)*

La journée des compagnons peintres, l'été, commençant à 6 heures du matin pour se terminer à 6 heures du soir, il est à supposer que l'ouvrier préférera rentrer dans sa famille pour y prendre son repas et s'y reposer plutôt que de travailler deux heures de plus, ce qui pourrait l'obliger à dîner dehors, sans aucune compensation. Ces deux heures supplémentaires faites sans interruption devraient bénéficier d'une plus-value de moitié.

6. *Les heures de nuit commenceront à 8 heures du soir et finiront à 6 heures du matin.*

A défaut de conventions particulières, les heures de nuit seront payées le double des heures de jour. (Art. 89.)

Cet article reçoit équitablement son application pendant les grands jours (six mois de l'année environ) ; mais pendant l'automne et l'hiver, alors que la nuit commence à 5 heures, puis à 4 heures du soir, il n'en est plus de même.

Tous les travaux demandés spécialement et exécutés pendant les petits jours et sans interruption devraient, pendant les heures de travail à la lumière, être payés moitié en plus, ce serait juste, car il est de notoriété que le travail exécuté la nuit à la lumière ne peut égaler, comme rendement, celui qui est fait le jour.

Or, la Série a établi des prix pour ouvrages faits de jour, elle en a doublé la valeur quand ils étaient faits de nuit, à partir de 8 heures ; il est permis de penser qu'elle a sous-entendu que les travaux faits de nuit avant 8 heures, dans les saisons sombres, seraient passibles d'une plus-value à traiter de gré à gré, avec entente avant la mise en œuvre,

Travaux faits à la lumière.

7. *En outre des stipulations qui précèdent, il ne sera accordé, pour les travaux faits à la lumière, d'autre plus-value que celle relative aux fournitures d'éclairage déboursées par l'entrepreneur. (Art. 90.)*

Il est des cas où l'allocation de la valeur de l'éclairage peut ne pas être suffisante, par exemple, pour des travaux nécessitant la lumière à portée de l'objet à peindre, quand l'ouvrier occupé a les deux mains prises par la manœuvre ou par ses outils, et doit être éclairé par la lumière tenue par un aide.

Dans ce cas, il nous semble logique de payer, en plus de la valeur du luminaire, la valeur du temps passé par celui qui la tient — au prix du garçon gardien de rue. — Mais il est de la plus grande utilité de faire reconnaître par attachements le temps employé par l'aide et au fur et à mesure de son emploi.

Travaux préparatoires (au mètre superficiel).

8. *Epoussetage.(Exécuté seul) (Art. 112). Sur plafonds, murs et boiseries. — Vaut le mètre superficiel* . . . . 0^r,05

L'époussetage se fait toujours avant de peindre à l'huile, il n'est pas prévu dans le prix de la couche d'huile et doit être compté à part.

9. *Egrenage de plâtres neufs, compris époussetage (Art. 113). Valeur du mètre superficiel* . . . 0^r,06 *Ce travail se fait sur les plâtres, les pierres, les briques et les boiseries.*

Dans les travaux neufs, les portes n'étant pas en place, lors de la façon des enduits et légers en plâtre, certains vérificateurs suppriment l'égrenage sur la porte entière ; c'est peut-être excessif, attendu que les portes, une fois en place, sont presque toujours maculées de plâtre par différents autres corps d'état : maçons, fumistes, plombiers, etc.

D'autre part, l'huisserie qui a été scellée par le maçon est parfois tellement recouverte de plâtre sur les trois faces apparentes, que ce n'est qu'un grattage à vif qui peut la rendre propre ; un égrenage serait insuffisant.

Dans les travaux en réparation il arrive souvent que les maçons, étant passés avant les peintres pour faire des raccords de plâtre aux plafonds ou sur les murs, en ont projeté sur les parquets, les boiseries et les papiers de tenture.

Cet égrenage doit être demandé avant tout autre travail, mais il est utile de le faire constater par attachement.

10. *Egrenage au grattoir affilé pour d'anciens fonds à l'huile graineux sur boiseries et murs. Valeur du mètre,* 0^r,20.

Ce travail se fait sur les *anciens fonds peints à l'huile.*
Sur les *fonds faïencés.*
Sur les *anciens fonds en décor marbre.*
Sur les *anciens vernis gercés* après le dépouillement du vernis par un lessivage à la potasse pure.

Cet égrenage ne devant être admis que par ordre, réclamer cet ordre quand il sera nécessaire, et au moment de l'exécution du travail.

11. *Grattage de détrempe et d'ancienne chaux pour recevoir de la peinture à l'huile ou à la colle. (Art. 116 et 116 bis).*

Sur plafonds, murs et boiseries :
Ce grattage se paie, le mètre. .   0^r,19
Sur parties ornées de moulures.   0^r,30
La série n'a pas prévu le grattage des détrempes sur parties sculptées avec dégorgement desdites à la brosse ou aux petits fers.

Ce travail est cependant nécessaire et de rigueur dans un ensemble soigné.

En le payant 0^r,50 le mètre (les pâtisseries ou sculptures comptées au triple de leur surface réelle), l'on serait dans la vérité.

De toutes façons, le métreur devra toujours demander une plus-value pour le dégorgement des sculptures.

12. *Grattage à vif :*
De papiers ordinaires, valeur du mètre. . . . . 0^r,20 (*Art.* **117**)
    d° *à dessins veloutés ou papiers vernis gaufrés*. . . . . 0^r,42 (*Art.* **118**)
    d° *velouté plein ou cuir repoussé*. . . . . 0^r,53 (*Art.* **119**)

A côté de ces grattages prévus par la série, il se fait très souvent des autres ouvrages nécessités par les circonstances.

Par exemple :

Quand on se trouvera en présence de plusieurs papiers superposés ayant nécessité plusieurs mouillages et grattages, l'on devra compter autant de grattages que l'on aura enlevé de papiers.

Ensuite :

Comment faire admettre ces grattages successifs à défaut d'attachements reconnus ?

En prenant un spécimen des papiers enlevés que l'on joindra à la minute ; et en laissant sur le mur, dans un endroit non éclairé, un témoin de 0,15 carré des anciens papiers non arrachés ; de cette façon l'on pourra être affirmatif en vérification et prouver sa demande en cas d'expertise.

Dans les travaux en entretien, ayant pour objet la remise en état de location des habitations de rapport, il est nécessaire, avant de gratter le papier ou d'en coller de nouveau sans arrachage de l'ancien, d'enlever les clous ayant servi à suspendre les tableaux et objets du locataire précédent. Ce travail, qui n'est pas prévu à la série, doit être demandé par le métreur, en se basant pour le prix à demander sur la valeur du temps employé à cette opération. A défaut de temps reconnu, il est une base qui n'aurait rien d'exagéré, c'est de compter une heure par pièces, grandes ou petites, pour l'arrachage seul des clous.

Quand, dans certaines chambres, il existera des bordures veloutées ou en cuir, le grattage desdites devra être compté à part avant celui du papier de tenture, il sera compté au mètre linéaire ou au mètre superficiel suivant la hauteur desdites bordures.

13. *Grattage à vif et brûlage de vieilles peintures cloquées et faïencées, ou vieilles détrempes vernies avec lessivage nécessaire (Art. 120 et 121).*

Ce prix est, sur parties unies, de 1ᶠ,95 le mètre. Sur parties moulurées, compris dégorgement desdites, 3ᶠ,20 le mètre.

Lorsque le brûlage d'anciennes peintures sera fait au moyen du réchaud à gaz, et que le gaz sera fourni par le propriétaire, les prix ci-dessus seront réduits, savoir :

Pour les parties unies, de 0ᶠ,24 le mètre ;

Pour les parties moulurées, de 0ᶠ,50 le mètre.

Ce dernier prix de 0ᶠ,50, comme déduction sur parties moulurées, nous semble un peu fort, car le travail de brûlage à façon ne vaut pas le double du temps passé pour celui sur parties unies ; il devrait être dans la proportion du prix de brûlage complet comme il est dit plus haut.

Le brûlage uni valant........ 1ᶠ,95
Le brûlage mouluré.......... 3ᶠ,20

C'est une augmentation de 65 0/0.

Donc la retenue du gaz devrait être :

Pour uni, 0ᶠ,24 le mètre ;

Pour parties moulurées, 65 0/0 en plus de 0ᶠ,24, soit 0ᶠ,40 en chiffres ronds.

Le meilleur brûlage est du reste celui fait au réchaud à charbon de bois ; il a l'avantage de s'employer partout, de brûler les peintures à point, il n'encrasse pas les moulures, permet par suite un dégorgement plus parfait desdites aux petits fers, il évite, dans la plupart des cas, les lessivages qui, imprégnant les bois d'une humidité grasse, sont une menace de cloques ou d'ampoules venant à surgir quand les travaux sont terminés.

14. *Grattage d'ancien dépoli avec lessivage nécessaire.*

Vaut le mètre, 0ᶠ,50 (*Art.* 124).

Ce travail ne se fait que sur verres, glaces ou toitures vitrées.

15. *Grattage de rouille ou de vieilles peintures salpêtrées.*

Le mètre, 0ᶠ,20 (*Art.* 125).

Ce travail doit se faire quand il s'agit de repeindre des fers vieux ou neufs, quand les neufs ont été exposés aux intempéries.

C'est dans les habitations à rez-de-chaussée que ce travail est le plus souvent nécessaire et doit alors se compter.

Comme, les travaux terminés, il pourrait être l'objet de contestations, l'entrepreneur aurait intérêt à le faire constater par attachements, étant donné qu'il arrive souvent qu'après un grattage de parties salpêtrées il existe des excavations assez fortes pour nécessiter un remplissage au plâtre, le rebouchage au mastic étant trop dispendieux.

16. *Lavage à l'eau de peintures à l'huile vernies ou non (Art. 126).*
Vaut 0ʳ,10 le mètre.

Ce travail est tout indiqué de lui-même; il est cependant un lavage de peinture qui se fait très fréquemment et que la Série n'a pas prévu.

Nous voulons parler du lavage pour cause d'assainissement dans les écoles, les églises, les hôpitaux, les chambres de malades, etc.

Cette opération se fait partout et souvent soit après épidémie ou comme moyen préventif de contagion; dans ce cas, l'eau employée est additionnée d'antiseptiques puissants comme l'acide phénique, le phénol, etc.

Ce travail, pour être justement rétribué, devrait être payé 0ʳ,25 le mètre superficiel.

17. *Lessivage à l'eau seconde pour repeindre ou à conserver, compris époussetage (Art. 128).*
Vaut 0ʳ,14 le mètre.

Ce lessivage se fait dans les pièces secondaires, ainsi que dans les dégagements, armoires, cuisines, closets, etc.

18. *Lessivage à la potasse pure sur d'anciens fonds chargés de vernis, pour enlever le vernis ou l'encaustique (compris grattaye)(Art. 129).*
Vaut le mètre 0ʳ,23.

La Série ne prescrit dans ce lessivage que l'enlèvement des vernis ou encaustiques, mais il est d'autres cas où il est nécessaire et prête cependant matière à contestation quand il est demandé.

Ce lessivage à la potasse pure, à 0ʳ,23 le mètre, n'est pas rémunérateur, quand il est fait sur des parties ornées de moulures. La Série n'a pas prévu ce travail qui a une importance capitale. En effet, de sa bonne exécution dépend toujours la réussite complète des travaux de peinture quels qu'ils soient, exécutés sur ce

lessivage; or, le lessivage à la potasse pure, pour enlever les vernis ou encaustiques, sans altérer les fonds, et sur parties ornées de moulures, est très onéreux et demande à être fait avec le plus grand soin; il est compréhensible qu'il ne faut pas laisser séjourner plus que de raison la potasse dans les cueillies de moulures, ni sur les vives arêtes. Maintenant, les outils employés pour ce travail sont des brosses d'une valeur commerciale de 4 francs pièce, et, quand l'ouvrier a lessivé pendant sept ou huit heures avec une brosse, elle est absolument hors d'usage; d'autre part, celui qui peut faire vingt mètres de ce lessivage dans sa journée est un ouvrier habile.

En établissant le rendement de ce travail comme suit:

En dix heures de travail un compagnon peintre fait 20 mètres de ce lessivage qui, payé 0ʳ,23 le mètre, produit 4ʳ,60.

La fourniture est de:

1 brosse à lessiver neuve, valeur   4 fr.
Fourniture de potasse pure.....   2
10 heures de compagnon à 1 fr.   10
        Soit.............   16 fr.

Ce qui constitue une perte de 11ʳ,40 par journée; cela ne nous paraît pas équitable. Nous déduisons de ce qui précède que le prix de revient du mètre superficiel doit être de 0ʳ,80.

Quand il s'agit, par exemple, de nettoyer des cabinets d'aisances ou autres endroits analogues, où les peintures sont détériorées par des émanations putrides, des cuisines où les peintures sont dégradées soit par le gaz, soit par les évaporations ou les lavages fréquents, le lessivage à la potasse pure s'impose, et il doit être maintenu par le métreur dans son mémoire, avec l'indication bien détaillée de la cause qui en a nécessité l'emploi.

19. *Lessivage à la ponce en poudre pour conservation de peinture (Art. 130).*
Vaut 0ʳ,20 le mètre.

Ce travail est tout indiqué quand il s'agit de conserver des peintures faites soigneusement, par exemple: dans les chambres principales d'habitation, les salles à manger, bureaux, magasins, estaminets, théâtres, musées, etc.

20. *Lessivage avec soin des peintures ornées de dorure à l'huile, compris ressuyage des dorures (Art. 131).*
Vaut 0ʳ,25 le mètre.

Ce travail est tout indiqué par son emploi et ne peut prêter à aucune fausse interprétation.

21. *Lessivage avec soin de peintures ornées de dorure à l'eau brunies, compris ressuyage des dorures (Art. 132).*
A compter en régie en le faisant reconnaître par attachements.

A défaut d'attachements, le prix de ce lessivage pourrait être demandé à 1 franc le mètre superficiel, en raison du soin extrême apporté à ce travail pour ne pas altérer la dorure brunie très sensible, et du temps qu'il nécessite pour le mener à bien.

22. *Lessivage au potassium pour mettre les bois à nu, compris tout grattage (Art. 133 et 134).*

Vaut le mètre sur parties unies. .   0ʳ,95
Sur parties moulurées . . . . . .   1 ,50
Ce lessivage au potassium, qui est un véritable brûlage à l'acide, n'est pas suffisamment payé à la Série, en tenant compte que, dans ces travaux, la matière première y entre pour une très grande part ; en l'absence d'autres éléments on doit s'en rapporter à ces prix. Cependant, il est une appréciation importante qui peut trouver sa place ici.

Quand on aura fait tous ces lessivages sur des parties ciselées ou sculptées, quel prix devra-t-on appliquer ?

A notre avis, ce doit être trois fois la valeur du lessivage sur parties moulurées, par suite du soin apporté à ce travail et en vertu de l'article n° 110 de la Série qui paye au triple la façon exécutée sur des ornements.

Il est un autre lessivage qui se fait très souvent, c'est le lessivage à l'essence chaude, pour enlever la cire en conservation des fonds, sans les altérer. Cela se fait pour décors très soignés, peintures murales, décoration picturale, etc., et ce travail doit être exécuté avec les plus grands soins et une constante habileté de main.

En l'absence de prix de série, il vaudrait 1 franc le mètre superficiel, et ne serait que rémunérateur, tout en permettant de conserver des peintures d'un certain prix et sur lesquelles l'on pourrait réencaustiquer ou vernir à volonté.

Rebouchages.

23. *Rebouchage au mastic, à la colle (Art. 135).*
Valeur 0ʳ,12 le mètre superficiel.

Se fait sur plafonds et murs devant être ensuite repeints à la colle.

24. *Rebouchage au mastic, à l'huile teinté ou non pour travaux ordinaires neufs ou en entretien à plusieurs couches (Art. 136).*
Vaut le mètre, 0ʳ,25.

Ce travail s'explique facilement de lui-même, comme rebouchage entier, sur toute la surface des murs à peindre.

25. *Rebouchage au mastic, à l'huile teinté ou non pour travux ordinaires en entretien à une couche (Art. 137).*
Valeur 0ʳ,13 le mètre.

Ce dernier rebouchage ne se comprend pas bien. Quant à l'exécution et au prix, il serait admissible s'il était fait sur des portes, des croisées, stylobates, frises (sans cadres) et plinthes ; mais dans une cuisine, par exemple, une fois habitée, après travaux neufs, le premier locataire aura son installation spéciale, sa batterie de cuisine personnelle qui peut exiger des clous dans toute la surface de sa cuisine s'il le veut (et qui peut l'en empêcher), il pourra y mettre des cordes de suspension pour y étendre son linge.

Quand, après, ce locataire est remplacé par un autre, et que, pour une cause ou pour une autre, la réfection de la peinture sera la condition de l'entrée en jouissance du second locataire, comment expliquer le demi-rebouchage ; aura-t-il la même quantité de casseroles suspendues ? S'il en a moins, est-ce que les trous se trouveront à la même place que les anciens, cela n'est guère admissible et le rebouchage devrait toujours être compté en entier au prix de 0ʳ,25 le mètre superficiel, quitte à signaler sa nécessité au début du travail.

26. *Rebouchage au mastic, à la céruse*

en zinc pour travaux soignés, neufs ou en entretien à plusieurs couches (Art. 138).
Valeur 0ᶠ,30 le mètre.

27. *Rebouchage au mastic, à la céruse en zinc pour travaux soignés à une couche en entretien (Art. 139).*
Valeur 0ᶠ,16 le mètre.

Même observation pour cet article que pour le n° 137.

Pour ces deux derniers articles nous avancerons que le rebouchage céruse s'impose, que les travaux soient soignés ou non. Quand il s'agit de peindre des fonds blancs, si le rebouchage était fait au blanc de Meudon, il jaunirait sous la couche de peinture et reparaîtrait à la surface en formant des taches noirâtres.

28. *Rebouchage au mastic, au vernis et à la céruse pour peintures polies, sur ordre exprès, avec ponçage dudit rebouchage à l'eau et à la pierre ponce (Art. 140).*
Vaut le mètre, 1ᶠ,05.

Pour les travaux polis, il ne sera jamais alloué qu'un seul rebouchage au mastic, au vernis, quel que soit le nombre de couches de peinture ou de vernis données.

Il est cependant quelquefois nécessaire de faire un deuxième rebouchage au mastic, au vernis, quand, dans les travaux polis, après ce rebouchage, on aura donné une *couche de guide à l'essence*, couche dénommée de guide parce que son application révèle par des embues les endroits où le rebouchage est à nouveau nécessaire pour parachever le travail. Dans ce cas, l'on devra compter un deuxième rebouchage, en le faisant constater par attachement, en temps utile, c'est-à-dire après l'application de la couche de guide.

Enduits.

29. *Enduit ordinaire à l'huile à une couche pour travaux ordinaires, non compris ponçage sur murs ou plafonds (Art. 142).*
Vaut le mètre, 0ᶠ,60.

Ce travail s'exécute dans les cuisines, les ébrasements de croisées, de portes, les soubassements et les frises, il doit toujours être poncé au papier de verre pour obtenir une bonne exécution.

30. *Même enduit sur parties moulurées, les moulures non enduites (Art. 143).*
Vaut le mètre, 0ᶠ,84.

Cet enduit, comme l'enduit sur parties unies, sera fait sur plâtres crus et moulures en plâtre, sans impression préalable.

Si l'on se trouve dans une pièce où des moulures en bois auront été apposées sur des murs unis pour former décoration, les moulures devront être imprimées à l'huile avant l'enduit et comptées à part sans déduction de leur emplacement qui se trouvera compensé par le calfeutrement au mastic desdites moulures.

Le ponçage au papier de verre de ces enduits devra toujours être compté à part.

31. *Enduits pour travaux très soignés, deux couches au mastic, au blanc de céruse mélangé de blanc de Meudon, compris tous rebouchages, revision, ponçage et dégorgement des moulures.*
Sur plafonds, murs ou boiseries unies (Art. 144).
Vaut le mètre, 1ᶠ,12.
Sur parties moulurées, les moulures non enduites mais rebouchées (Art. 145).
Vaut le mètre, 1ᶠ,70.
Sur parties moulurées, les moulures enduites (Art. 146).
Vaut le mètre, 2ᶠ,30.

Ces enduits, contrairement à ceux ordinaires commentés sous les n°ˢ 142 et 143, se font sur un fond préalablement imprimé à l'huile, que ce soit sur du plâtre, de la brique, de la pierre ou du bois, ils doivent être à double charge, rebouchés et revisionnés, de façon à laisser un fond de préparation absolument uni, sans aspérités; soit sur plats, soit sur moulures.

Les observations de la Série sont ainsi conçues :

Nota. — Les enduits soignés devront être exécutés avec la dernière perfection, ils ne seront admis qu'autant qu'ils auront été spécialement demandés. L'indication de l'ordre de service devra être complète et porter ces mots : « *Enduit soigné y compris moulures enduites.* »

Il ne sera jamais alloué qu'un seul enduit pour préparation de peinture à l'huile en travaux ordinaires ou soignés.

Toutefois, lorsque sur des pierres poreuses il sera fait un enduit préparatoire réclamé par ordre spécial, il sera payé au prix de l'enduit ordinaire.

L'enduit préparatoire est de rigueur sur la pierre de taille poreuse ou non ; il est de même nécessaire sur la tôle non planée et sur la brique.

Il est nécessaire, en l'espèce, d'en dresser attachement et de le faire reconnaître avant le deuxième enduit.

Il est aussi des enduits qui se font journellement et n'ont pas été prévus par la Série.

Par exemple :

Les enduits à la colle qui se font sur plafonds et murs à l'endroit de crevasses rebouchées en parties raccordées de plâtre.

Par rapport à la matière employée, ces enduits valent les trois quarts du prix de ceux faits à l'huile à plat, sur moulures et entre moulures.

Une difficulté surgit quelquefois pour l'appréciation du prix de l'enduit fait sur colonnes de soutènement en fonte ; les colonnes étant circulaires, comment doit-on compter l'enduit ?

Nous estimons que sur une partie convexe l'enduit doit être compté comme étant fait sur parties moulurées, les moulures enduites.

Il doit en être de même pour les enduits préparatoires faits au gros blanc, au blanc de Meudon, qui doivent être demandés avec la différence du prix de la matière première, la façon restant la même ; de plus, les travaux préparatoires devront toujours être poncés.

Les enduits ordinaires sont composés d'un mélange d'huile de lin et blanc de Meudon.

Les enduits soignés sont généralement composés de blanc de céruse, d'huile de lin et d'essence, avec une petite addition de blanc de Meudon ; ils seront rechargés et revisés de rebouchage.

Sauf ordres de service spéciaux, on devra compter les enduits ordinaires — dits *ratissages* — dans les cuisines, couloirs, closets.

Dans les chambres secondaires ou tous endroits analogues, les enduits soignés devront se compter dans les salles à manger, salons, salles de billard, salles de bain, toilettes, grands escaliers et pièces analogues.

Nous ferons remarquer que très souvent, dans les châteaux, tous les enduits se font soignés dans toutes les pièces, y compris cuisines, offices, couloirs, etc.

L'enduit céruse soigné s'emploie aussi utilement sur les travaux de ravalement en plâtre ayant ou non été déjà peints et exposés au midi.

Ponçages.

32. *Ponçage à sec au papier de verre pour travaux ordinaires (Art. 150).*
Vaut le mètre, $0^f,12$.

Ce travail se fait sur les menuiseries neuves, pour enlever les aspérités que la machine ou les rabots ont laissées ; il se fait aussi dans les travaux d'entretien, sur les anciens fonds d'huile destinés à recevoir de nouvelles couches de peinture. Il se fait de même un ponçage des murs en plâtre cru pour les dresser ; ce travail s'exécute à l'aide d'une brique ou d'un rectangle de bois recouvert de gros papier de verre. Il n'est pas tarifé à la Série et est admis à $0^f,20$ le mètre.

33. Le ponçage soigné à $0^f,19$ le mètre (Art 151) s'explique comme étant fait avec plus d'attention que le précédent.

34. *Ponçage à l'eau, à la pierre ponce. Sur couche de teinte dure avec la dernière perfection sur parties unies (Art. 152).*
Vaut le mètre $2^f,05$.

Sur parties ornées de moulures quel qu'en soit le nombre (ces parties mesurées à part) (Art. 153).
Vaut le mètre, $4^f,10$.

Ce travail s'emploie sur des couches de teinte dure pour les réduire et les polir ; les surfaces poncées, unies ou moulurées doivent être égales au toucher et ne présenter aucune aspérité, bosse ou trou. Néanmoins il s'exécute aussi sur des fonds enduits ; c'est un travail préparatoire aux couches de fond et qui a sa raison d'être pour les travaux très soignés.

Il se fait aussi dans les travaux d'entretien quand il s'agit de conserver des fonds anciens sur un enduit très fort et très dur ; dans ce cas, l'on ponce à la pierre et l'on évite le brûlage et l'enduit, ce qui donne un travail très bon et réalise une forte économie.

35. *Ponçage à l'eau à la ponce en poudre pour polir le vernis sur parties unies (Art. 154).*
Vaut le mètre, 1ʳ,08.
Sur parties ornées de moulures quel qu'en soit le nombre (Nᵒ 155).
Vaut le mètre, 1ʳ,62.

Comme il est indiqué, ce ponçage est la terminaison d'un travail soigné ; il se fait sur des fonds vernis, pour atténuer le brillant du vernis en le polissant.

Nota. — Le ponçage ne sera admis sur corniches et plinthes qu'autant qu'il aura été mentionné à l'ordre d'exécution.
Les ponçages devront toujours faire l'objet d'une constatation par attachement (Nᵒˢ 154 et 155).

Le métreur est donc averti, il n'y a pas d'équivoque.
Faire reconnaître ce travail pendant l'exécution.

36. *Calicot fourni et collé en plein à la colle de peau (Nᵒ 158).*
Vaut le mètre, 1ʳ,09.
A façon sans fourniture de calicot (Nᵒ 159).
Vaut le mètre, 0ʳ,35.
Fourni et collé en plein à l'huile (Nᵒ 160).
Vaut le mètre, 1ʳ,32.
A façon sans fourniture de calicot (Nᵒ 161).
Vaut le mètre, 0ʳ,58.

Le calicot se colle sur des cloisons en bois pour cacher les joints d'assemblages dans les lambris de salles à manger, armoires, enfin partout où il y a à peindre sur du bois uni à sa surface.

Le calicot se colle aussi à la céruse sur du plâtre, il n'est pas prévu à la Série, mais il vaut le même prix que le collage à l'huile.

37. *Ciment porcelaine anti-nitreux de Caudelet (Nᵒˢ 162 et 163).*
Nᵒ 2 (teinte pierre). — Vaut 0ʳ,50 le mètre par couche.
Nᵒ 1 (porcelaine). — Vaut 0ʳ,60 le mètre par couche.

38. *Enduit caoutchouc Gaudin :*
Première couche. — 0ʳ,50 le mètre (Nᵒ 164).
Deuxième couche. — 0ʳ,35 le mètre (Nᵒ 164 bis).

39. *Hydrofuge Caron T. B : et autres.*
Une couche. — 0ʳ,60 le mètre (Nᵒ 165).
Deuxième couche. — 0ʳ,50 le mètre (Nᵒ 166).

40. *Peinture T. B. à base métallique contre l'humidité.*
Une couche. — 0ʳ,40 le mètre (Nᵒ 167).
Chaque couche en plus. — 0ʳ,35 le mètre (Nᵒ 168).

Tous ces produits s'emploient comme travaux d'apprêts sur parties humides ou salpêtrées.

41. *Papier métallique d'étain fourni et collé à la céruse (Nᵒ 169).*
Vaut le mètre, 2ʳ,50.

Ce papier s'emploie sur des parties humides ou désagrégées par le salpêtre, mais après l'application des couches préparatoires hydrofuges.

Depuis l'apparition de la Série, d'autres produits, réfractaires à l'humidité, ont été et sont employés avec succès ; nous en parlerons au chapitre « Produits spéciaux ».

42. *Silexore L. M. et produits similaires.*
Pour silicatisation transparente ou couvrante sur parement de murs neufs ou vieux en pierre ou en briques, ou enduits en plâtre, chaux et ciment.
Une couche en ton pierre vaut 0ʳ,45 le mètre (Nᵒ 170).
Chaque couche en plus vaut 0ʳ,35 le mètre (Nᵒ 171).
Plus-value pour tons ardoise, noir, gris, terre cuite rouge ou jaune blanc parfait ; chaque couche vaut 0ʳ,10 le mètre (Nᵒ 172).

Il ne sera alloué de troisième couche que sur ordre écrit.

Pour les travaux exécutés à l'extérieur et sur échafauds, il sera payé la plus-value d'échafauds (N° 174).

Ces peintures, à base de silicates ou verre soluble, s'exécutent de préférence sur les ravalements en pierre ayant déjà subi un ou plusieurs grattages, lesquels ont eu pour conséquence de diminuer les épaisseurs des saillies de moulures et d'altérer le grain de la pierre.

Ces produits s'emploient à la brosse comme peinture et au couteau comme enduits ; on peut avec eux faire tous les raccords de moulures, sculptures, consoles, cannelures, pilastres, etc., en un mot, tout ce qui comprend la décoration architecturale.

L'on fait aussi usage de silexore sur les ravalements en plâtre, ce qui, en durcissant les plâtres, donne un avantage appréciable. On imite le grain de la pierre, et, si des joints d'appareils ont été tracés, et le silexore teinté comme il convient, l'on obtient l'illusion complète de la pierre de taille.

Pour les ravalements sur pierre, deux couches sont suffisantes.

Pour ceux sur plâtre, trois couches sont très souvent nécessaires, surtout s'il s'agit de vieux plâtres n'ayant jamais été peints. Dans le cas, faire constater par attachement.

Ces ouvrages doivent être appliqués sur les travaux d'apprêts suivants :

Ouvrages préparatoires.

43. *Brossage à la brosse dure sur anciens ravalements en pierre (N° 175).*

Vaut le mètre, 0ᶠ,08.

Lessivage à la chaux sur ancienne peinture à l'huile (N° 176).

Vaut le mètre, 0ᶠ,12.

Grattage très soigné au grattoir affilé d'ancien badigeon à la chaux ou à la détrempe (N° 177).

Vaut le mètre, 0ᶠ,19.

Echafauds.

44. *Pose et dépose échafauds volants.*
Jusqu'à 10 mètres, compris transport, vaut..... 12ᶠ,50 (N° 178).

Au-dessus de 10 mètres (le mètre linéaire)..... 1ᶠ,25 (N° 179).

Location par jour :
De 1 à 5 mètres. Valeur. 2ᶠ,00 (N° 180).
Au-dessus de 5 mètres (le mètre linéaire)....... 0ᶠ,40 (N° 181).

La location sera comptée sans interruption du jour de la pose à celui fixé pour l'enlèvement (N° 182).

Les ravalements à l'huile faits à la corde à nœuds ne donneront droit à aucune plus-value (N° 183).

Les ravalements peints à l'huile avec échafaudages volants fournis et posés par l'entrepreneur ou à la grande échelle, au-delà de 5 mètres de hauteur, donneront droit à une augmentation de 1/10 sur les prix de peinture. Cette plus-value comprend toutes déposes ou reposes et transport d'échafaudages (N° 184).

Les articles concernant la location des échafaudages du n° 178 au n° 184 prêtent souvent sujet à discussions et contestations.

La plus-value de 1/10 accordée à l'article n° 184 de la Série de la Société centrale, année 1897, devrait équitablement être appliquée comme plus-value de façon, pour les difficultés de travail exécuté à l'extérieur sur planches mobiles et ne produisant pas les mêmes rendements que les travaux d'intérieurs exécutés de plain-pied, ou avec échelles ordinaires comme hauteurs. Ce qui tendrait à le rendre admissible, c'est que :

Par exemple : si les échafaudages, une fois en place par l'entrepreneur de peinture, sont occupés par les maçons, serruriers, couvreurs, etc., la location sera payée à part à l'entrepreneur de peinture, ce qui n'empêchera pas les autres corps d'état de bénéficier d'une plus-value de façon, puisqu'ils n'auront rien fourni.

Du reste, les anomalies existantes dans les observations relatives aux travaux de ravalements permettent de croire que ces articles ont besoin d'être étudiés à nouveau, en se basant sur les exigences des travaux de bâtiments actuels et qui ne sont plus les mêmes que lors de l'apparition des premières séries, il y a près de cinquante ans.

Ainsi, on trouve à la Série :

Ravalements, faits à l'huile à l'échafaudage volant n° 184, *plus-value* 10 0/0.

Au n° 190, *ravalements faits à la corde à nœuds,* 0ʳ,05 *par mètre sur* 0,18, *soit une plus-value de* 22 0/0.

Le travail à la corde à nœuds, plus difficile que celui à l'échafaud, se trouve être payé plus cher. Donc, *plus-value de façon.*

Maintenant, n° 183. Si vous faites votre ravalement à *l'huile* avec *une corde à nœuds*, travail de façon identique à celui de *badigeon à la corde à nœuds*, vous n'avez plus droit à aucune plus-value, Pourquoi ? N'y a-t-il pas là un non-sens, qu'il suffit de signaler pour le faire apprécier :

Voyez encore au n° 401, vous y lirez que la peinture des lettres et enseignes comporte une plus-value de 25 0/0 quand il y a échafaudages ; pourquoi encore ? N'est-ce pas bien d'une plus-value de façon et difficulté qu'il s'agit, et surtout étant donné que le n° 401 ne dit pas que cette plus-value comprendra la fourniture des échafaudages.

Enfin, dernier exemple :

Deux travaux du même genre sont payés de deux prix différents, *bien qu'étant tous les deux exécutés à l'échafaudage.*

Ainsi :

Au n° 175 de la Série, le brossage à la brosse dure sur anciens ravalements de pierre est payé, le mètre superficiel.................................. 0ʳ,08

A l'échafaudage 10 0/0 en plus, n° 174...................... 0ʳ,008

    Soit en chiffres ronds..... 0ʳ,09 le mètre carré.

Plus loin, au n° 185, le brossage de pierre à sec (*avec échafauds*) est payé 0ʳ,40 le mètre superficiel, cinq fois plus cher que le même travail appliqué au n° 175 ; cela seul peut servir de conclusion.

D'autre part, la Série sous l'article n° 184 dit : que la plus-value de 1/10 comprendra *toutes déposes et reposes ;* elle est absolument muette sur la *location* des dits qu'elle reconnaît à l'article n° 180 et qu'elle tarifie au mètre linéaire ; ce qui est juste, car l'entrepreneur, ayant fourni et mis en place ses échafaudages, ne peut

savoir quand il pourra les enlever ; en ne tenant compte que de l'inclémence du temps, il peut avoir la pluie interrompant tout travail au dehors et laissant son matériel inactif et, par conséquent, improductif.

Pour terminer nous donnerons un exemple avec chiffres à l'appui.

Prenons pour base un ravalement de 10 mètres de hauteur × 10 de largeur supposé plein et peint à l'huile, 3 couches produisant 100 mètres carrés.

Pour faire ce travail, l'entrepreneur payera la pose et la dépose des échafaudages....................... 12ʳ,50

La location pour chaque couche d'huile, 3 jours, y compris deux jours d'intervalle pour sécher.

    Soit :

9 journées de location à 4 fr. l'une. 36ʳ,00

      Il payera..... 48ʳ,50

Que touchera-t-il ?

Il touchera, comme plus-value seulement, pour une façade produisant 100 mètres superficiels 1/10, soit 10 mètres réduits de moitié, la plus-value ne commençant qu'à 5ᵐ,01 du sol, soit 5 mètres de peinture à l'huile, 3 couches à 1ʳ,11 le mètre. Il touchera.................... 5ʳ,55

    Différence..... 42ʳ,95

Il perdra donc de ce chef, pour avoir fait son travail à la satisfaction de son client, mais par suite d'articles de Série se prêtant à diverses interprétations, une somme nette de 42ʳ,95. Est-ce logique ou même admissible ?

Nous ne parlons pas des ravalements lessivés ou lavés qui ne produiraient pas en surface la valeur seule de la pose et dépose des échafaudages.

Donc, dans les travaux de ravalement avec emploi d'échafaudages, le métreur devra demander la location des échafaudages à part (par attachements) en renonçant au besoin à la plus-value de 10 0/0, ce qui serait son droit et rendrait légitime sa demande.

Dans les travaux d'apprêts, tels que : brossage, lessivage et grattage sur ravalements *avec échafauds*, il **a** le devoir de compter ces travaux d'après les prix portés aux n°ˢ 185, 186, 187 et 188 de la Série, qui sont les suivants :

Nettoyage des façades en pierre.

Compris échafauds.

45. *Brossage à sec,* 0ᶠ,40 *le mètre* (*N°* 185).

Brossage à sec et passage au grès des bandeaux.

Vaut le mètre, 0ᶠ,50 (*N°* 186).

Lavage à l'eau à la brosse de chiendent.

Vaut le mètre, 0ᶠ,70 (*N°* 187).

Lavage et ponçage au grès, en plein, les moulures également passées au grès.

Vaut le mètre, 1ᶠ,30 (*N°* 188).

En vertu de ce principe que toute peine mérite salaire, pour les travaux exécutés à la corde à nœuds la location de la corde, non prévue à la Série :

Vaut par journée.. .... 0ᶠ,40
La pose et dépose de ladite.... 2ᶠ,00

Ouvrages à la chaux au mètre superficiel.

46. *Badigeon à la chaux et à l'alun. Deux couches, compris époussetage et égrenage.*

0ᶠ,18 *le mètre* (*N°* 189).

Plus-value :

Pour badigeon sur ravalement extérieur à la corde à nœuds.

0ᶠ,05 *le mètre* (*N°* 190).

Pour grattage à vif de l'ancien badigeon.

0ᶠ,10 *le mètre* (*N°* 191).

Pour travail exécuté sur crépis ou moellon.

1/10 *en plus* (*N°* 192).

Pour emploi de vert végétal.

0ᶠ,15 *le mètre* (*N°* 193).

Ces travaux de badigeon, au point de vue économique et sanitaire, sont utiles dans les caves, couloirs, écuries ou endroits analogues où, étant à l'intérieur, ils se conservent plus longtemps et peuvent être renouvelés sans grandes dépenses.

Il n'en est pas de même pour le badigeon à l'extérieur sur ravalements de bâtiments de rapport ; là, ce travail est d'une fausse économie, car, exposé à l'air et à toutes les intempéries, il n'a aucune durée et présente, après quelque temps, un aspect lamentable, qui doit nuire à la location

qui recherche généralement la propreté et le confortable.

La plus-value de 1/10 sur crépis ou moellon brut n'est pas rémunératrice, tant au point de vue de la façon que de la matière première qui arrive à doubler ; ce travail payé moitié en plus nous semblerait juste. Il est d'autres plus-values que la Série ne prévoit pas et qui intéressent le métreur et l'entrepreneur ; par exemple :

1° Si le badigeon est exécuté sur de la brique apparente à joints saillants, il y aurait lieu de le payer un quart en plus ; en raison de la porosité de la brique qui absorbe une plus grande quantité de marchandise, et du développement des joints, qui augmente la surface plane.

D'après la figure 1, voyons ce que pro-

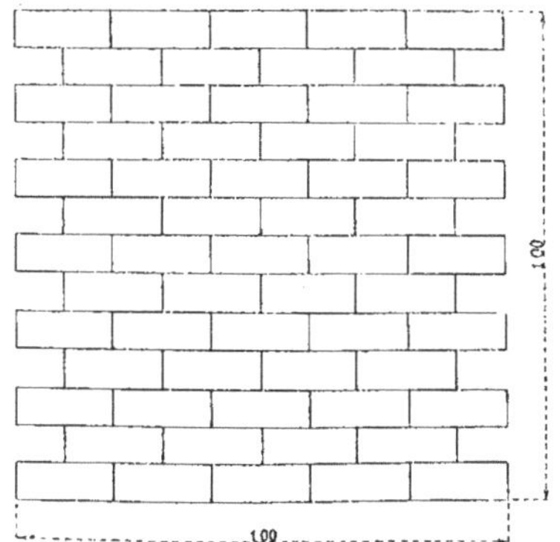

Fig. 1.

duit un mètre superficiel de badigeon sur brique à joints saillants. Nous trouvons :

1ᵐ,00 × 1ᵐ,00 produit........ 1ᵐ,00
à plat.

Excédent de développement des joints saillants.

14 fois 1ᵐ,00 produit.. 14ᵐ,00
72 » 0ᵐ,07 » .. 5ᵐ,04

Ensemble..... 19ᵐ,04
× 0ᵐ,01 de développement des deux saillies 0ᵐ,19

Surface totale................ 1ᵐ,19
Soit en chiffres ronds 1ᵐ,20.

Donc 1 mètre superficiel de brique à joints saillants produit avec ses développements...................... 1^m,20

Estimer 5 0/0 en plus la porosité de la brique en terre cuite n'a rien d'exagéré, soit en plus.......... 0^m,05

Total en surface développée .. 1^m,25

Pour une surface plane de 1 mètre superficiel, soit une augmentation de 25 0/0 ou le quart en plus à demander comme plus-value.

2° Sur la brique apparente à joints creux, en raison de ce que les joints creux ont plus de 1 centimètre de développement, et qu'en mortier ou en plâtre ils absorbent davantage.

Moitié en plus.

3° Sur crépi moucheté fait au balai, à la truelle ou d'autres façons.

Le double.

Parce que ce genre de badigeon se fait non en peignant, mais en tapotant avec la brosse, pour faire pénétrer la chaux dans les cavités et sur les aspérités causées par le balai ou la truelle. De plus, il est de toute évidence que les surfaces mouchetées absorbent au moins le double de liquide que les surfaces planes et occasionnent un supplément de main-d'œuvre équivalent. Donc, la Série accordant, sous l'article n° 110, le triple de la valeur plane d'un ornement en pâtisserie pour son refouillement, l'analogie existante entre le refouillement du moucheté et celui des ornements quelconques est réelle; la plus-value du double est donc équitable.

4° Sur meulière ou rocaillage :

Au triple.

Pour la même raison que précédemment sur le moucheté; de plus, étant donnée l'usure rapide des brosses employées, d'une valeur commerciale de 6 francs, dont les soies sont coupées par les aspérités tranchantes des meulières, silex et rocailles, ce matériel de première utilité s'usera au moins trois fois plus vite que s'il s'agissait de s'en servir sur des parties planes. Le travail doit donc en être payé par rapport à son rendement en main-d'œuvre et à l'usure du matériel.

5° Plus-value de badigeon sur bois brut:

Un dixième en plus.

Par analogie avec le n° 211 de la Série qui accorde cette plus-value quand le travail est exécuté à l'huile. Or, que les peintures soient à la colle ou à l'huile, elles s'appliquent toutes de la même façon et doivent bénéficier, suivant les cas, des mêmes avantages.

Ouvrages à la colle, au mètre superficiel.

47. *Encollage sur plafonds, murs et boiseries. A la colle de peau une couche. Vaut le mètre, 0^f,14 (N° 194).*

Ce travail, comme l'indique la Série, se fait sur plafonds, murs et boiseries; il se fait aussi :

Sur des boiseries devant être recouvertes de papiers de tentures collés ;

Sur des murs peints à l'huile et sur lesquels l'on veut appliquer du papier de tenture ;

Sur les papiers de tenture que l'on voudrait vernir ;

Sur la surface des verres ou glaces dépolis au grès ou gravés (l'encollage fait sur la face dépolie) avant la pose de ces verres ou glaces, ceci pour éviter que le mastic vienne à déborder sur la partie dépolie ou gravée.

Ces derniers renseignements doivent être connus du métreur pour qu'il puisse s'en servir en temps utile, le compagnon peintre ou l'entrepreneur oubliant, dans la plupart des cas, de les signaler.

48. *Blanc ou détrempe sur plafonds, murs et boiseries ordinaires une couche (sur une couche d'encollage ou d'huile). Vaut le mètre, 0^f,15 (N° 195).*

Plus-values :

Pour emploi de blanc de zinc pour travaux soignés et mentionnés spécialement sur l'ordre de service.

Par chaque couche 0^f,05 le mètre (N° 196).

Voir plus loin à l'article « Ouvrages à l'huile ». Plus-value, pour emploi de couleurs fines dans les mêmes conditions.

0^f,08 le mètre (N° 197).

Plus-value non prévue à la Série pour blanc de plafonds en ton pierre, laine ou analogue à une couche.

0^f,15 le mètre.

Étant donnée la composition de ces tons où il entre du jaune de chrome, de la terre d'ombre et du vermillon, couleurs tarifées chères d'après les articles 214 à 226.

Plus-value :

Pour tons coloriés avec emploi de couleurs fines, suivant la gamme des tons détaillée plus loin dans le tableau dressé après le n° 226.

Par couche : de 0ᶠ,08 à 0ᶠ,15 le mètre.

Ouvrages à l'huile, au mètre superficiel.

49. Les ouvrages à l'huile se divisent en trois catégories bien distinctes :

1° Travaux ordinaires ;

2° Travaux soignés ;

3° Travaux très soignés.

Une observation de la Série, sous le n° 203, dit ceci :

Les prix pour travaux soignés et très soignés ne seront admis que sur un ordre écrit.

C'est très bien ; mais, dans les cas très nombreux où l'ordre écrit n'aura pas pu être donné, bien que les travaux à exécuter exigent une des trois catégories ci-dessus dénommées :

Si l'architecte ou son mandataire sont absents pour cas de force majeure.

Si l'ordre a été donné sur parole par l'architecte, directeur des travaux ou son mandataire, ou la partie payante en l'absence des deux autres, le propriétaire, le vérificateur, intervenant après l'exécution terminée, pourrait peut-être estimer, avec une partialité involontaire, la catégorie à laquelle ses ouvrages devraient appartenir.

D'autre part, en campagne, où l'entrepreneur est connu du châtelain dont il possède la confiance et exécute le plus souvent ses travaux sous les ordres de son client et sans la direction d'un architecte. Sa conscience dans l'exécution de sa besogne et sa bonne foi dans sa demande ne devraient pouvoir faire aucun doute.

En pareille occurrence, il nous semble qu'une spécification de ces travaux devient nécessaire.

Par exemple :

1° Les travaux ordinaires sont classés comme suit : *étant faits à la brosse, les couches croisées sans être lissées.*

Tous les ouvrages exécutés dans les lavoirs, hangars, ravalements, closets, cuisines, couloirs, dégagements, chambres secondaires, escaliers de service, ou dans tous les locaux ne se prêtant pas par leur destination à aucun luxe et faits en tons unis.

2° Travaux soignés. *Les couches lissées à chaque fois à la brosse plate.*

Les salons, chambres à coucher principales, cabinets de toilette, salles de bains, salles à manger, antichambres, galeries, dégagements, escaliers d'honneur, de maître, péristyles, vestibules, passages de porte cochère et tous endroits similaires, chaque fois que ces travaux présenteront les soins d'exécution nécessaires à leur destination.

Également, dans les établissements de limonadiers actuels, véritables palais ; dans les théâtres et musées.

3° Travaux très soignés. *Les couches lissées à la brosse plate et revisionnées de rebouchage.*

Sur les fonds polis préparés par des teintes dures ou enduits et poncés à l'eau à la pierre ponce.

Sur les fonds préparés pour recevoir de la décoration artistique, ou suivant la destination des habitations où ils sont nécessaires.

Pour les travaux à l'huile de ces trois catégories, il y aurait lieu de demander les plus-values suivantes :

Pour les travaux faits à l'intérieur des établissements publics, comme : grands magasins, cafés-concerts, etc., ces travaux étant faits sans interruption du service,

10 0/0 en plus.

Pour les travaux d'escaliers exécutés pendant l'habitation et avec les dérangements successifs d'échelles, produits par le va-et-vient des locataires ou visiteurs,

15 0/0 en plus.

Pour tous les travaux de devantures extérieures faits dans la rue, avec sujétion et dérangement occasionnés par le passage des piétons et en se conformant aux ordonnances de police,

20 0/0 en plus.

50. *Huile bouillante.*

En première couche, 0ᶠ,39 le mètre (Nᵒ 198).

En deuxième couche, 0ᶠ,33 le mètre (Nᵒ 199).

La deuxième couche ne sera allouée qu'autant qu'elle sera mentionnée à l'ordre de service.

Il est toutefois nécessaire, sur les bois de sapin, grisard, pitchpin, de donner une deuxième couche ; le métreur ou l'entrepreneur devront faire reconnaître cette couche par attachement, et au moment de son exécution.

51. *Huile pour impression, une couche.* — 0ᶠ,35 le mètre (Nᵒ 201) pour travaux ordinaires.

Chaque couche sur impression, ou anciens fonds. — 0ᶠ,38 le mètre (Nᵒ 202) pour travaux soignés.

Chaque couche sur impression, ou anciens fonds, compris revision de rebouchage et léger ponçage à chaque couche, 0ᶠ,50 le mètre (Nᵒ 203) pour travaux très soignés.

Chaque couche sur impression ou anciens fonds, compris revision de rebouchage et léger ponçage. — 0ᶠ,63 le mètre (Nᵒ 204).

Nota. — *Les prix pour travaux soignés et très soignés ne seront admis que sur un ordre écrit (Nᵒ 205).*

Emploi du blanc de zinc pur non prévu à la Série.

52. Le blanc de zinc, employé comme peinture, a des applications très heureuses ; il remplace la céruse dans tous ses emplois ; il peut recevoir toutes les préparations de ce dernier produit ; il peut être employé à l'huile, à l'essence, au vernis et à la détrempe à la colle ; il peut en outre, seul, être employé pour la peinture au silicate.

Le blanc de zinc employé en peinture présente des avantages précieux, il est facile à employer, toujours frais de tons, durable et économique.

Il ne jaunit jamais à l'air, pas plus que sous l'influence des sels d'ammoniaque qui se produisent dans quelques usines, et se dégagent de la fermentation des fumiers, des matières en décomposition, des fosses d'aisances, des gaz servant à l'éclairage, etc.

Son action n'est aucunement nuisible sur la santé des compagnons qui l'emploient, ni sur celle des personnes qui habitent des appartements nouvellement peints. Son emploi se recommande et même s'impose pour les établissements de bains, chambres à coucher, cabinets de toilette, les cuisines, closets, laboratoires, pharmacies, cafés, théâtres, concerts, casinos, hôpitaux, amphithéâtres, écoles, crèches, asiles de nuit, dispensaires et tous lieux similaires pour l'habitation.

Cette peinture s'emploie avec les mêmes propriétés à l'intérieur comme à l'extérieur.

Malgré tous ces avantages, il n'est prévu à la Série aucune plus-value pour son emploi dans la peinture à l'huile, alors que pour la peinture à la colle il bénéficie d'une plus-value de 33 0/0 sous le nᵒ 196. Il existe certainement là une lacune.

Le blanc de zinc vaut à la Série 0ᶠ,80 le kilogramme (Nᵒ 4), alors que le blanc de céruse surfine vaut 0ᶠ,57 le kilogramme (Nᵒ 8), c'est une différence de dépense de 0ᶠ,23 par kilogramme, c'est-à-dire une augmentation de 30 0/0 chaque fois que l'on emploie la peinture au blanc de zinc, et la couche de cette peinture n'est pas tarifée.

Nous pensons qu'il conviendrait d'établir le prix de la couche de peinture au blanc de zinc pur comme suit :

Blanc de zinc employé pur à l'huile ou à l'essence.

Chaque couche, pour travaux ordinaires. 0ᶠ,45 le mètre superficiel.

Chaque couche, pour travaux soignés. — 0ᶠ,65 le mètre superficiel.

Chaque couche, pour travaux très soignés. — 0ᶠ,80 le mètre superficiel.

53. *Plus-values pour peintures faites au vernis en remplacement d'huile, par mètre superficiel et par couche.* — 0ᶠ,08 le mètre (Nᵒ 206).

Plus-value de rechampissage, pour chaque ton. — 0ᶠ,10 le mètre (Nᵒ 207).

Nota. — *Il ne sera alloué plus d'une couche en rechampissage que si l'ordre de service l'indique d'une façon spéciale* (N° 208).

Cependant pour les travaux soignés, qui sont ordinairement faits en tons composés avec mélange de couleurs fines, il est bon d'empêcher de gazer le deuxième ton dans la première couche en rechampissage; on devra donc toujours compter le rechampissage à deux tons aux deux couches, chaque fois que les tons seront francs.

Plus-value de couleurs fines dans les peintures à l'huile pour chaque couche de 0ʳ,05 à 0ʳ,20 le mètre (N° 209).

Nota. — La plus-value de couleurs fines ne sera jamais allouée pour des tons vert bronze, brun ordinaire, bleu charron, olive, ou tout autre ton analogue obtenu au moyen des trois couleurs : jaune, rouge et noir.

Dans la demande de la plus-value de couleurs fines, le métreur devra toujours rechercher quelles sont celles qui entrent dans la composition des tons; cela est d'une certaine importance pour justifier l'application du prix de 0ʳ,05 à 0ʳ,20 le mètre.

Pour établir ce prix, on pourra se servir comme base du tableau des couleurs fines employées pures, qui sera détaillé plus loin dans le cours de cet ouvrage, les sommes à demander variant suivant les couleurs.

54. *Plus-value, pour peinture sur crépi au balai, tyrolien, bois brut, moellons, briques non enduites, etc.*
De 1/10 à 1/2, suivant excédent de surface vieille (N° 211).

Cette plus-value peut être insuffisante dans certains cas. Se reporter au détail précédent sur les plus-values comprises dans les travaux faits à la chaux.

55. *Teinte dure pour travaux polis.*
Chaque couche 0ʳ,40 le mètre (N° 212).

Ces couches de teintes dures, destinées à être poncées à l'eau à la pierre ponce pour faire un fond poli, peuvent être appliquées en nombre relativement considérable; ordinairement, quand il n'y a pas d'enduit, on donne 5, 8, quelquefois 10 couches de teinte dure.

La Série ne spécifiant pas le nombre de couches à donner, il serait bon de le faire constater par attachement au fur et à mesure de l'exécution du travail.

56. *Peinture sur fer ou fonte.*
Sur toutes faces, au minium, oxyde de fer ou goudron de gaz, première qualité.
Par couche, 0ʳ,35 le mètre (N° 213).

La couche de minium n'est pas payée plus cher que la couche d'impression, qui ne doit être qu'une couche d'huile légèrement teintée ; c'est une remarque.

Dans les cas où la peinture au minium sera faite sur des parties cachées ou inaccessibles à la mesure, comme par exemple les charpentes en fer, les gros fers, la peinture au minium devra être comptée au kilogramme : d'après l'analogie avec la Série de serrurerie, 0ʳ,015 le kilogramme et par couche (N° 218 de ladite Série, *édition 1891*).

57. *Couleurs fines employées pures sans mélange de blanc.*
Plus-value, pour chaque couche en :

	Le mètre carré.	
Bleu de Prusse	0ʳ,55	(N° 214).
Bleu d'outremer.	0 ,32	215
Brun Van Dyck.	0 ,12	216
Jaune de chrome n° 1 ou saponaire	0 ,42	217
Laque ordinaire, bonne qualité.	0 ,50	218
Laque surfine par ordre exprès.	1 ,30	219
Noir d'ivoire.	0 ,22	220
Terre d'ambre et terre de Sienne surfine. . .	0 ,13	221
Vermillon de Chine par ordre exprès.	1 ,40	222
Vermillon de France ou d'Allemagne D.R.	0 ,75	223
Vert anglais.	0 ,06	224
Vert métis.	0 ,22	225
Vert milori	0 ,40	226

Ces prix sont ceux des teintes indiquées et employées pures.

Quand les peintures seront additionnées proportionnellement aux tons à obtenir, la plus-value des prix du mélange doit être demandée d'après le tableau ci-après :

	Le mètre superficiel.
Vert anglais ;	0ʳ,05
Brun Van Dyck	0 ,08
Terre d'ombre et de Sienne...	0 ,09
Noir d'ivoire	0 ,10
Vert métis	» »
Bleu d'outremer	0 ,12
Vert milori	0 ,14
Jaune de chrome ou saponaire.	0 ,15
Laque ordinaire	0 ,16
Vermillon de France	0 ,18
Laque surfine	0 ,20
Vermillon de Chine	0 ,20

Cette plus-value, basée sur la valeur des couleurs employées, peut recevoir un bon accueil de la part de Messieurs les architectes et vérificateurs, mais il est absolument important que la dénomination des couleurs soit indiquée, par exemple comme ceci :

Peinture à l'huile deux couches (ordinaires ou soignées) avec emploi de couleurs additionnées Brun Van Dyck à une (ou deux) couches, etc.

Ornements détachés.

58. *Rechampis en plein.*
En blanc d'argent ou autres tons.

Une couche...	5ʳ,00 *le mètre*	Nº 227
Deux couches.	8 ,10	»	228

A jour.

Une couche...	8 ,10	»	229
Deux couches.	13 ,00	»	230

A jour de parties dorées.

Une couche...	9 ,60	»	231
Deux couches.	14 ,00	»	232

Le rechampissage des ornements prête à différentes interprétations qu'il est bon de connaître.

Un ornement est rechampi *en plein*, quand la masse entière dudit est peinte d'un autre ton tranchant sur le fond, les contours extérieurs seulement recoupés sur le fond. Il est rechampi *à jour*, quand les bosses et les saillies sont peintes d'un autre ton que le fond.

Il arrive quelquefois, dans le genre *Pompadour*, que les saillies sont d'un ton, les fonds d'un autre et les fleurs ou feuilles d'un autre ton ; ce travail ne peut être compté comme rechampissage simple, ni comme décoration. La Série n'ayant pas prévu de prix à ce genre de travail, nous estimons, après calculs établis, que ce genre de rechampissage, qui peut être dénommé :

Rechampissage décoratif à plusieurs tons, doit être payé :

	Le mètre superficiel.
A une couche	20ʳ,00
Et chaque en plus	10 ,00

D'après les sous-détails suivants :
Pour un mètre superficiel de :
Rechampissage décoratif à plusieurs tons, pour une seule couche, fait suivant les règles de l'art, et en recoupant avec soin les rives contournant les fonds, un ouvrier emploie dix-sept heures de son travail ; ce qui, à raison de 0ʳ,80

l'heure, produit	13ʳ,60
Faux frais sur cette main-d'œuvre 20 0/0	2 ,70
Emploi de marchandises *surfines* pour ce genre, et variant suivant les couleurs en tubes. Prix moyen...	1 ,90
Ensemble	18ʳ,20
Bénéfice appliqué à la main-d'œuvre, aux fournitures et aux faux frais 10 0/0, soit	1 ,80
Soit le mètre carré	20ʳ,00

Pour chaque couche supplémentaire, ne nécessitant pas le même temps à employer, toutes les recherches de tons étant arrêtées, et lesdits fixés par la première couche, tout en tenant compte que la marchandise à employer est la même à peu de chose près pour la même opération, nous pensons que payer chaque couche supplémentaire *la moitié* de la valeur de la première peut être suffisamment rémunérateur.

Un ornement est *rechampi à jour de parties dorées,* quand les dorures auront été conservées entières sans que la couche de peinture vienne empiéter dessus, ce qui, dans ce cas, ne serait qu'un recoupement de parties dorées à jour et ne pourrait être payé le prix de rechampissage, cela ne valant, en réalité, d'après expérience sur le temps passé, que les 4/5 du prix de rechampissage à jour.

Ce genre de recoupement de dorures à jour a sa raison d'être sur des parties anciennes dorées et qui ont déjà été rechampies une première fois, où il est presque toujours nécessaire d'empriser sur le premier rechampissage en le recoupant sur la dorure.

Nota. — *Les ornements rechampis seront mesurés sans aucun développement et pour leur surface réelle ; la deuxième couche ne sera admise que sur une mention spéciale portée à l'ordre de service, observation de la Série (N° 233).*

Les ornements ou les motifs détachés, rechampis, qui ne produiront pas 5 centimètres superficiels, en mesure réelle, seront comptés à fois et demie (N° 234).

59. *Raccords de tons unis, par touches et frottis à la palette, compris rebouchage au mastic à la céruse teinte suivant l'importance du travail.*
Vaut le mètre 0ʳ,10 à 0ʳ,30 (N° 235).

Ces ouvrages se font quand il s'agit de conserver des peintures à l'huile, encore très bonnes, pour éviter leur réfection complète, au droit des trous de clous, éraflures, etc. ; l'on se borne alors à reboucher ces parties après un lessivage général, puis l'on fait par dessus un frottis dans le ton.

Les prix pour ce travail ayant une gamme, c'est au métreur à voir celui qu'il doit appliquer suivant l'importance des frottis faits.

60. *Dépolissage de verre, au tampon à l'huile, jusqu'à 5 mètres superficiels :*
1ʳ,33 le mètre (N° 236).

Au-dessus de 5 mètres, l'excédent sera payé. *1ʳ,00 le mètre (N° 237).*

Ce travail, qui a pour but de rendre les verres opaques dans l'intérieur des magasins et ateliers, se fait de la manière suivante :

Le verre nettoyé au préalable, l'on donne une couche de teinte blanche ou grise sur le carreau, puis à l'aide d'un tampon de toile rempli de ouate l'on tapote sur la peinture pour en former des aspérités qui interceptent la vue et tamisent la lumière ; cela se fait couramment dans les ateliers, magasins, couvents, confréries, etc. etc.

61. *Façon de décors, compris fournitures des couleurs nécessaires ;*
Bois, marbre ou bronze divers parfaitement exécutés, compris glacis des bois et reglacés, s'il y a lieu.
1ʳ,15 le mètre (N° 238).
Pour les décors exécutés comme travaux ordinaires avec certains soins, compris glacis des bois et reglacés s'il y a lieu.
Le mètre superficiel, 0ʳ,95 (N° 239).

Ces prix donnent lieu à des surprises désagréables dans le règlement des mémoires, car ils sont absolument insuffisants, surtout dans les travaux en province, qui nécessitent comme faux frais des déplacements onéreux ; aussi chaque fois que l'entrepreneur n'aura pas de prix imposé pour le décor, il fera bien avant le travail de ne s'engager à l'exécuter qu'aux prix suivants :

Façon de décors, bois ou marbre :
Ordinaire .... 1ʳ,10 le mètre
Soignée............ 1ʳ,40 le mètre

En comparant que pour un mètre de décors il faut : glacer, peigner et veiner le décor, puis reglacer, soit trois opérations distinctes, l'on conviendra que ces derniers prix se rapprochent davantage de l'équité.

62. *Plus-values :*
Lorsque les marbres seront exécutés sur moulures détachées formant encadrement de panneaux d'un ton différent auxdits marbres, les prix ci-dessus seront doublés. *(Observation N° 240).*

Rien à ajouter à cet article qui nous semble juste.

63. *Lorsque les bois ou marbres seront exécutés de plusieurs natures, il sera alloué une plus-value de rechampissage pour chaque nature de décors, de 0ʳ,10 (N° 241).*

Ce prix est également insuffisant quand il s'agit de travaux tels que les comptoirs de limonadiers, où de très petits panneaux sont faits diversement et par échantillons, encadrés qu'ils sont par des champs d'une autre nature et par une plinthe également diverse comme nature de décors.

La valeur du prix du décor, quand ces comptoirs ne pourront être estimés à la pièce comme meubles, devrait être logiquement portée au triple pour rémunérer la valeur des déboursés.

64. *Lorsque les bois ou marbres de toute nature, pour travaux très soignés, auront été exécutés sur ordre exprès, soit par très petits panneaux ou par petits compartiments de différents tons, il sera alloué, toutes les fois qu'il y aura plus de quatre panneaux par mètre superficiel, une plus-value qui sera estimée selon le travail exécuté.*

Il en sera de même pour les bois imitant la marqueterie. (Observation N° 242).

Ce terme : *sera estimé suivant le travail exécuté*, ouvre la porte à toutes les estimations, dont la moindre peut être ruineuse pour l'entrepreneur.

Il y aura bien là un peu d'arbitraire : par qui le travail sera-t-il expertisé ? Par l'architecte dirigeant les travaux (et cela serait le mieux), par le vérificateur de l'architecte, ce serait encore bien ; mais il peut bien l'être aussi par un employé de ces messieurs, un tel, ou un tel ; alors l'appréciation, tout en étant faite consciencieusement, peut ne pas l'être à sa juste valeur, et on n'ignore pas ce qu'il est difficile de faire changer en réclamation un travail plus ou moins bien interprété. Ne vaudrait-il pas mieux déterminer une demande pouvant servir de base.

Nous estimons que les travaux exécutés suivant l'observation n° 242 de la Série, devraient être, au minimum, payés le double du prix du décor-façon soigné.

65. *Les décors faits en raccords avec d'anciennes peintures et par petites parties seront payés au prix du décor soigné (N° 243).*

Il conviendrait d'ajouter à cet article que : quand les décors à raccorder avec les anciens par petites parties n'atteindront pas 20 mètres superficiels, ils seront comptés pour 20 mètres, car il faut bien tenir compte des déplacements occasionnés par ces travaux et des tâton-nements inévitables pour arriver à un raccord parfait.

66. *La couche de peinture dite glacis, dans laquelle se fait le marbre, n'est pas comprise dans le prix du décor ; cette couche sera payée :*

0f,30 le mètre (N° 244).

Ainsi, métreurs, pas d'équivoque !

Chaque fois que vous aurez à compter le prix du décor-marbre, vous y ajouterez celui du glacis, qui doit être compté à part, le glacis des marbres devant être fait par le peintre, le glacis pour les bois étant fait directement par le décorateur.

Nous ajouterons que la couche de glacis pour marbre devrait être payée comme antérieurement à la même Série, au prix de 0f,35 le mètre superficiel, car nous ne voyons pas la différence existant entre une couche de glacis (couche claire) avec une couche d'impression à l'huile, qui est une couche d'huile légèrement teintée.

67. *Marbres, brèches, languedoc, campans et autres, exécutés de main d'artiste et en dehors des conditions ordinaires du bâtiment, sur demande spéciale à exécuter suivant la perfection du travail.*
Observation de la Série (N° 245).

Nous renverrons le lecteur pour cette observation à celle que nous avons commentée sous le n° 241, en évaluant au triple le prix de la valeur de ce décor, lequel ne se fait que par panneaux décoratifs, encadrés de moulures et de champs.

68. Nous terminerons les articles consacrés aux plus-values à accorder aux décors par une dernière qui n'est pas prévue à la Série de Messieurs les architectes, édition de 1897, bien qu'elle ait antérieurement, en l'année 1889, reçu l'approbation de la Société centrale des Architectes français.

Sous le n° 245 de ladite Série 1889, il est dit :

« *Pour tout travail exécuté dans un* « *même établissement ne produisant pas* « *12 mètres superficiels, la plus-value par* « *mètre sera de 0f,30, prix moyen.* »

Nous demandons à la juste compétence de Messieurs les architectes de refaire bon accueil à cette plus-value ; ils le doivent un peu, car, l'ayant jugée légitime, en 1889, ils ne peuvent la reconnaître superflue en 1897. Oui, elle est légitime; elle est, de plus, raisonnée, car il est évident qu'un ouvrier décorateur, devant se déplacer à la demande de son emploi, devra produire un salaire le récompensant de ses peines. Or, dans les cas assez fréquents où le décorateur sera mandé pour aller faire une pièce de stylobate, ou une frise, ou une porte ne produisant pas 12 mètres au total, il aura perdu en dérangements et pour sa remise en train dans un autre atelier le meilleur de ses heures de travail.

Le métreur devra donc, s'inspirant des séries antérieures avec numéros des articles à l'appui, demander cette plus-value, le cas échéant.

69. *Bronze en poudre en plein sur une couche de mixtion.*
Vaut 1ᶠ,85 *le mètre* (N° 246).

Il n'est question dans cet article que du décor *en plein* à la poudre. Ce travail consiste à recouvrir de poudre de bronze des surfaces ayant, au préalable, reçu une couche de mixtion.

Ce prix de 1ᶠ,85 rétribue suffisamment cette besogne; mais, quand il s'agit de faire des bronzes décoratifs, avec des rehaussés et des effets, le prix alloué de 1ᶠ,85 est certainement onéreux. La façon de tous les bronzes artistiques, c'est-à-dire tous ceux faits à la poudre (sauf en plein) serait, à notre avis, justement payée au prix de 2ᶠ,50 le mètre carré, en raison du soin que l'on doit apporter à ce travail pour lui faire produire tous les effets que l'on peut en obtenir.

Le décor-bronze à l'effet, exécuté à l'huile sans bronze, doit être payé comme à la série, comme ordinaire ou soigné, suivant son degré de perfection.

70. *Glacis au blanc d'argent ou autre ton pour aviver d'anciens décors.*
0ᶠ,45 *le mètre* (N° 247).

Comme il est indiqué, ce travail consiste à redonner à des anciens décors, que l'on tient à conserver sur des fonds parfaitement bons et secs, un certain reluisant et l'apparence du neuf; composé de vernis coupé, teinté légèrement du ton que l'on doit raviver, il est très économique, employé dans les maisons de rapport, car il évite la réfection complète des décors ou autres peintures tant soit peu altérées. Pour qu'il rende tout ce que l'on est en droit d'en attendre, il est indispensable que les peintures à raviver soient lessivées soigneusement à la ponce, essuyées à la peau, en rebouchant partiellement toutes les altérations, raccordées par touches et frottis avant d'être reglacées.

71. *Granit compris fournitures de couleurs.*
Ordinaire, chaque jetée 0ᶠ,11 *le mètre* (N° 248).
Chiqueté, chaque ton 0ᶠ,45 *le mètre* (N° 249).

Le granit ordinaire se fait de la manière suivante :

Sur des fonds définitivement terminés, l'ouvrier prend avec une brosse de la teinte préparée à cet effet, ensuite, s'éloignant un peu de la partie à atteindre, il projette, en frappant de sa brosse pleine de peinture sur un manche de brosse où un objet quelconque, des gouttelettes de teinte sur le fond préparé; cela se dénomme une jetée. Chaque jetée doit être d'un ton différent.

Le granit chiqueté se fait directement en frappant la brosse en bout, sur la partie à peindre; autant de tons à chiqueter, autant de brosses différentes l'on doit employer. Ces deux genres de travaux trouvent leur application dans les couloirs, corridors, escaliers, etc., pour former frise. Le granit chiqueté se fait aussi par assises dans les ravalements à rez-de-chaussée.

72. *Ornements détachés, rechampis en bois, marbre ou bronze, parfaitement exécutés.*
En plein. — *Vaut* 5ᶠ,00 *le mètre* (N° 250).
A jour. — *Vaut* 9ᶠ,00 *le mètre* (N° 251).
A jour de parties dorées. — *Vaut* 10ᶠ,00 *le mètre* (N° 252).

Les ornements ne produisant pas 5 centimètres superficiels seront comptés à fois et demie.

Pour les observations relatives à ces travaux, se reporter à celles commentées plus haut, sous les articles nᵒˢ 227, 228, 229, 230, 231 et 232, auxquels ils sont assimilables.

73. *Raccord de décors marbres et bois par touches et frottis à la palette, compris rebouchage au mastic à la céruse, teinté suivant l'importance du travail.*
Vaut de 0ᶠ,15 à 0ᶠ,40 le mètre (Nᵒ 254).

Ces travaux ont pour but d'éviter la réfection des décors en entier, comme il arrive souvent dans les passages et les escaliers de service ou autres endroits très passagers, quand il s'agit de faire disparaître les éraflures produites à la suite des emménagements par le heurt des meubles, ou par les fardeaux des fournisseurs. Comme il est dit plus haut sous le nᵒ 235, c'est au métreur à établir son prix suivant la quantité des rebouchages nécessités et celle des frottis exécutés.

74. *Encaustique à l'essence et à la cire (jaune ou vierge) sur murs et boiseries, compris lustrage à la flanelle.*
Vaut 0ᶠ,55 le mètre (Nᵒ 255).

Ce genre de travail se fait sur des peintures soignées et terminées ; il a pour but de les fixer en conservant intact le ton des couleurs employées, surtout quand elles ont été préparées au blanc de zinc ; il leur donne aussi un ton mat parfaitement uniforme, qui en fait agréablement ressortir l'ensemble.

Après avoir détrempé la cire dans l'essence, l'on peint avec ce liquide comme avec une autre peinture et il est de première nécessité de se servir de brosses très propres, neuves au besoin, surtout si l'on doit cirer des marbres blancs veinés ou autres couleurs claires. La couche d'encaustique étant sèche, à l'aide d'un morceau de drap, de laine ou de flanelle propre, on frotte légèrement les parties encaustiquées, qui reluisent alors faiblement ; après avoir attendu la disparition de ce brillant, on recommence l'opération du frottage, qui fait disparaître les coups de brosse et donne alors un résultat parfait.

On peut opérer d'une autre façon : après avoir étendu la cire, on la laisse sécher, puis, au lieu de frotter, l'on se sert de tampons durs en flanelle, et l'on tapote la cire, comme s'il s'agissait de pocher. Ce travail est beaucoup plus long, mais le résultat en est merveilleux ; comme cette opération n'est pas prévue par la Série, il serait utile d'en demander une augmentation de prix par attachement et avant l'exécution.

L'encaustiquage à la cire se fait aussi sur des fonds vernis pour en éteindre le brillant, tout en conservant leur caractère de solidité ; l'encaustique à la cire s'emploie aussi sur les bois naturels préparés ou polis, ou qui, après avoir été foncés, ont été recouverts d'une ou plusieurs couches d'huile bouillante.

Dans les travaux en réparation, le peintre a souvent pour mission de nettoyer et d'encaustiquer les marbres naturels, cheminées, foyers, dossiers d'étals, soubassements de devantures, etc. ; l'on emploie alors la cire jaune ou vierge, suivant le ton qu'elle est destinée à recouvrir.

Vernis employé pur fortement tiré.

75. *Vernis ordinaire copal nᵒ 1 ou gras nᵒ 1 pour intérieurs.*
Chaque couche vaut, le mètre, 0ᶠ,44 (Nᵒ 256).
Vernis gras nᵒ 1 et vernis supérieur des meilleures marques françaises et anglaises nᵒ 3 ; pour extérieurs, pour intérieurs et extérieurs.
Chaque couche, le mètre 0ᶠ,49 (Nᵒ 257).
Vernis à polir nᵒ 3 pour couches préparatoires de travaux polis, employé à bain de vernis.
Chaque couche, le mètre 0ᶠ,58 (Nᵒ 258).
Vernis supérieur dit surfin nᵒ 2 pour travaux soignés, par ordre porté à l'ordre de service.
Chaque couche, le mètre 0ᶠ,62 (Nᵒ 259).
Vernis supérieur dit surfin nᵒ 1, pour extérieurs seulement, employé par ordre de service pour travaux soignés.
Chaque couche, le mètre 0ᶠ,70 (Nᵒ 260).
Vernis blanc à polir pour marbres blancs et tons unis clairs, laques (employé par ordre exprès).
Vaut le mètre 0ᶠ,85 (Nᵒ 261).

Le vernis a une importance capitale

dans les peintures, car c'est le vernissage qui finit le travail et de sa bonne exécution dépend le plus ou moins de perfection de l'ouvrage. On rencontre dans l'application du vernis bien des inconvénients, cette substance étant très souvent méticuleuse à manier.

Quelquefois, après son application, le vernis ternit, il se pique ou bien encore il gerce, se fendille, se faïence ; cela peut dépendre de diverses causes, par exemple :

1° Si les couches de fond ont été employées trop grasses ;

2° Si les deuxième et troisième couches ont été précipitées et appliquées avant la parfaite siccité des précédentes ;

3° Encore si une couche grasse est passée sur une couche maigre. Toutes ces considérations peuvent occasionner les inconvénients signalés plus haut.

Dans les décors faits à l'huile avec des teintes trop grasses, les mêmes surprises désagréables apparaissent quelquefois.

Condition essentielle à retenir, quand l'on fera des peintures unies ou en décors, destinées à être vernies, on devra toujours tenir les fonds maigres pour que les tons restent mats.

Quand on aura à vernir des peintures exécutées sur enduits, on devra d'abord s'assurer avant de peindre que l'enduit est bien sec, très sec même, sous peine d'un faïençage du vernis presque certain. En dehors des conditions énoncées ci-dessus, on doit encore choisir, pour vernir les travaux à l'extérieur, un temps clair et sec, mais sans soleil, puis employer des vernis spécialement préparés pour être appliqués à l'extérieur des habitations, car ils doivent résister plus longtemps aux injures du temps.

Il est aussi une bonne précaution à prendre dans l'intérêt du vernissage, c'est d'arroser le trottoir pendant l'opération, de façon que la poussière soit arrêtée par cette humidité et ne vienne pas se coller sur les devantures en donnant au vernis un aspect graineux.

Les vernis le plus fréquemment employés sont les vernis au copal, tous incolores et transparents ; il en est de plus fluides et d'un ton moins foncé les uns que les autres, tels, par exemple, le vernis blanc ou copal, ceux à l'esprit-de-vin, à l'essence.

Il est nécessaire, avant tout emploi, de s'assurer de la qualité d'un vernis duquel doit dépendre la réussite du travail. Ce serait une bonne précaution d'essayer, au préalable, le vernis sur une petite partie des travaux ; ce faisant, on serait fixé sûrement sur la qualité du produit.

Souvent il arrive que, dans le cas de changement de température, le vernis se couvre d'une brume bleuâtre qui fait un assez mauvais effet : il n'y a rien à redouter de ce contre-temps, qui n'a pour cause que l'humidité de l'atmosphère ; les vernis de qualité extra-supérieure en subissent les effets comme les vernis de bonne qualité, mais inférieure, et il suffit que la température se relève pour que le phénomène disparaisse.

Le vernis doit toujours être employé pur ; il ne devrait jamais être coupé avec quelque autre liquide que ce soit, il doit être étendu grassement en ayant soin d'éviter les coulures, puis, une fois bien étendu, il est croisé en tous sens et bien tiré dans le sens vertical.

Il est des circonstances où deux couches de vernis sont nécessaires, par exemple sur des décors faits au procédé à l'eau, et sur lequel l'on aurait à faire du filage ou de la décoration : alors dans ce cas une première couche de vernis s'impose avant le filage et pour fixer les décors faits à l'eau.

La Série prévoyant six sortes de vernis différents, le métreur peut être embarrassé dans l'explication des prix en demande ; règle générale, l'on doit suivre les travaux, c'est-à-dire que pour ceux ordinaires il faut compter des vernis ordinaires, et pour ceux soignés sur fonds et apprêts également soignés, compter des vernis supérieurs. Par contre :

Dans les travaux d'entretien, quand il s'agit de conserver, par des vernis, des salles à manger, escaliers ou toute autre peinture soignée ayant déjà été vernie, il est nécessaire, pour redonner du corps aux travaux à rajeunir, d'employer des vernis supérieurs ; on doit par conséquent les compter au mémoire en signalant leur utilité.

76. **Noir au vernis.** *Chaque couche vaut le mètre 0,47 (N° 262).*

Cette peinture se compose de la manière suivante : On fait infuser la quantité voulue de noir dans un camion de vernis, puis l'on bat le mélange qui doit être assez liquide pour être employé facilement, et assez épais pour couvrir.

Ce noir au vernis ne s'emploie que pour des travaux ordinaires, comme pour des stylobates, cheminées, tables, chaises, etc., où il ne rentre que du noir ordinaire.

Pour les travaux soignés à base de noir d'ivoire, le noir et le vernis s'emploient séparément.

Peinture vernissée. *Chaque couche en ton ordinaire, suivant la qualité, vaut le mètre de $0^r,65$ à $0^r,90$ (N° 263).*

De cette peinture à base de vernis il existe plusieurs produits, tels que, le Ripolin, la Pastorine, l'Ambrotine, etc. ; nous en parlerons plus loin, suivant notre programme, aux *produits spéciaux.* Pour rétablir la demande d'un prix aussi élastique que celui demandé sous le n° 263, de $0^r,65$ à $0^r,90$ le mètre, le métreur fera bien de mentionner le nom de la peinture vernissée qu'il aura employée, afin que son prix de revient puisse servir de base à celui à demander.

77. **Pochage de peinture** *pour imiter le grain de la pierre, non prévu à la Série.*

Ce travail de pochage se fait très souvent dans les travaux soignés ; il a pour but d'imiter le grain de la pierre, et est d'un effet très heureux quand il est bien réussi, sur de la coupe de pierre faite en peinture avec filets d'appareil et frottis. Voici comment on opère : après avoir passé la couche destinée à être pochée, l'ouvrier peintre, à l'aide d'une brosse à poils ras, une brosse à frotter les parquets par exemple, tapote à plat sur toute la surface de la peinture : il en résulte des aspérités ressemblant au grain de la pierre ; ce travail terminé, on laisse sécher.

Cette opération, pour être bien faite, demande à un compagnon peintre sur parties unies :

Vingt minutes de travail qui, à raison de $0^r,80$ l'heure, produisent. $0^r,16$
Faux frais 20 0/0..............   0 ,03
Usure du matériel............   0 ,06
Ensemble du mètre superficiel... $\overline{0^r,25}$

Ce même travail, exécuté sur parties moulurées, demande moitié plus de temps.

En conséquence :

Nous pensons qu'en l'absence de ce prix à la Série, le métreur est en droit de compter ce pochage comme suit :

Pochage à la brosse sèche sur parties unies, vaut le mètre superficiel... $0^r,25$

Le même travail sur parties ornées de moulures, lesdites également pochées, moitié en plus ; soit le mètre superficiel $0^r,37$.

Parquets, carreaux et marches.

78. *Mis en couleur au siccatif brillant, à l'esprit-de-vin, une couche vaut le mètre $0^r,45$ (N° 264).*

En deuxième couche ou sur couche d'huile, le mètre vaut $0^r,40$ (N° 263).

Ce genre de travail se fait généralement sur les anciens parquets en chêne et sapin usés par le temps, ou bien encore sur les carreaux de terre cuite pour donner au sol de la pièce une teinte uniforme ; il tend de plus en plus à disparaître de l'usage, maintenant que toutes les habitations modernes remplacent le sol carrelé par un bon parquet en chêne, qui une fois encaustiqué et ciré, puis bien entretenu, durera indéfiniment tout en étant très hygiénique ; cependant, dans les maisons encore nombreuses où le vieux carrelage subsiste, la mise en couleur au siccatif constitue, au point de vue de la propreté, un bien-être appréciable. Pour qu'il puisse durer longtemps, il est nécessaire de lui donner une couche d'huile préparatoire (les vieilles teintes cuites sont excellentes en ce cas) ; puis, cette couche une fois sèche, on passe la mise en couleur au siccatif ; en laissant sécher plusieurs jours avant de marcher dessus, on aura alors un excellent résultat, qu'on pourra rendre encore meilleur et de plus longue durée en passant cette mise en couleur à l'encaustique et en cirant comme les parquets.

79. *Parquets, carreaux et marches.*
A la colle, une couche vaut le mètre 0ʳ,14 (*N*° 266).
Chaque couche, en plus 0ʳ,10 (*N*° 267).

Ces encollages de parquets ne sont guère usités dans les travaux de bâtiment.

80. *Parquets à l'huile, une couche vaut* 0ʳ,32 (*N*° 268).
Chaque couche, en plus, 0ʳ,29 (*N*° 269).

Ce travail se fait principalement sur des parquets en sapin et en pitchpin pour leur donner une plus grande résistance à l'usure en remplissant les pores du bois et en le durcissant.

81. *Parquet balayé et frotté, vaut le mètre* 0ʳ,12 (*N*° 270).
Lavé à l'eau, 0ʳ,08 (*N*° 271).

Ce travail ne nous semble pas suffisamment payé par rapport à celui détaillé sous le n° 270 précédent.

En effet, sous le n° 270, le parquet a été balayé, donc il n'était pas sale, puis frotté pour le rendre brillant. Sans aucune fourniture, ce prix est suffisant.

Mais, sous le n° 271, le parquet a besoin d'être lavé à l'eau, donc il est sale. Or, que ce travail de lavage à l'eau soit fait sur un plafond, des boiseries ou murs, ou sur un parquet, cela n'empêche pas d'être un lavage à l'eau, qui comprend une fourniture et un transport d'eau dans la pièce à laver, puis le rinçage et l'essuyage dudit parquet, absolument comme l'on ferait pour un lavage sur murs et boiseries.

Alors pourquoi payer ce travail 0ʳ,08 le mètre sous l'article n° 271, et le payer 0ʳ,10 le mètre sous le n° 126 ? Nous pensons qu'il y a là une certaine anomalie, qu'il suffit de signaler pour la faire disparaître, attendu que ce travail se fait journellement. A notre avis, rétablir ce prix de 0ʳ,10 le mètre serait justice.

82. *Parquet gratté et lavé, vaut le mètre* 0ʳ,13 (*N*° 272).

Ce travail se rapproche de celui commenté sous le n° 272 précédent et peut justement lui servir d'appui, car la façon en est absolument la même, on ne lave pas pour nettoyer sans gratter partiellement là où des taches s'aperçoivent.

83. *Parquet gratté et lavé et passé partiellement à la paille de fer vaut le mètre* 0ʳ,18 (*N*° 273).

Il est nécessaire, dans certains cas, après avoir lavé et gratté, de passer la paille de fer sur les parties tachées d'huile, de graisse, peintures, etc. Cela peut avoir lieu lors de la remise en état de réparations locatives de locaux ayant été habités pendant un certain temps. Ce travail devra toujours être demandé dans les travaux d'entretien, que les parquets soient encaustiqués ou non ; le nouvel occupant devant recevoir les parquets propres, puisqu'il doit les rendre de même, et qu'il lui est facultatif de les conserver tels ou de les passer à la cire lui-même.

84. *Parquet, passé à fond à la paille de fer, compris lavage et grattage, vaut le mètre* 0ʳ,40 (*N*° 274).

Ce travail s'exécute dans le cas d'un parquet laissé complètement taché dans sa surface, et qui par cela même rendrait la mise à l'encaustique absolument inutile ; il remet le parquet presque à l'état de neuf, tout en évitant le replanissage qui diminuerait l'épaisseur des lames à chaque opération ; il doit se compter dans les travaux d'entretien, surtout quand l'on devra à nouveau repasser les parquets à l'encaustique. Le métreur ou l'entrepreneur feront bien de faire constater, à qui de droit, l'état des parquets d'un appartement qu'ils auront à restaurer, avant le passage à fond à la paille de fer, pour éviter toute contestation à ce sujet.

85. *Parquet mis à l'encaustique, à la cire, à l'eau, teinté ou non et frotté, vaut le mètre* 0ʳ,20 (*N*° 275).

Cette opération consiste à étendre sur les parquets un liquide composé de cire jaune dissoute dans de l'eau, mélange que l'on pourra teinter suivant les besoins, avec de l'ocre rouge, jaune ou toutes autres terres. Une fois cette couche d'encaustique complètement sèche, on frotte avec une brosse rectangulaire à poils ras, les pores du bois s'imprègnent de cire et l'on obtient un certain brillant qui, tout en rendant le sol agréable à l'œil, empêche les poussières et atomes d'y adhérer et est par cela très hygiénique.

86. *Parquet mis à l'encaustique, à la cire, à l'essence et frotté, vaut le mètre 0ᶠ,40 (Nᵒ 276).*

Ce travail est absolument le même que celui précédemment détaillé sous le nᵒ 275, avec cette différence que la cire est dissoute dans l'essence de térébenthine, au lieu de l'être dans l'eau, cependant l'essence, pénétrant dans le bois lors de son application, donne à ce genre d'encaustique une durée bien supérieure à l'encaustique à l'eau.

87. *Carreaux lavés à l'eau, vaut le mètre 0ᶠ,08 (Nᵒ 277).*

Ce travail est pour nous le même que celui que nous avons commenté ci-dessus sous le nᵒ 271, nous n'avons rien à y ajouter.

88. *Carreaux grattés, lavés, vaut le mètre 0ᶠ,12 (Nᵒ 278).*

Ce travail est le même que celui payé par la Série sous le nᵒ 272 à 0ᶠ,13 le mètre, parquet lavé, gratté, nous ne comprenons pas pourquoi il n'est payé que 0ᶠ,12 le mètre au nᵒ 278, étant absolument le même, et plutôt plus difficile sur la terre cuite qui garde la crasse que sur le bois qui, plus gras, la retient moins, cette différence de 0ᶠ,01 est peu importante par elle-même, mais cependant en principe et dans les campagnes où il se trouve plus de carrelages que de parquets, elle semblerait avoir son importance ; quand il s'agit de carrelage de Beauvais ordinaire, ce prix n'est pas suffisant, quand il s'agit d'un carrelage neuf fait entièrement ; dans ce cas, par le fait même de la pose, les carreaux sont complètement maculés et ce n'est pas un simple lavage et grattage qui peut les rendre propres, il s'agit ici d'un complet décrottage qui devrait se payer au moins comme dans la Série de l'année 1889 sous le nᵒ 118 — 0ᶠ,15 le mètre superficiel.

89. *Carreaux lavés et passés au grès avec carreaux noirs passés à l'huile ou à la cire, vaut le mètre 0ᶠ,65 (Nᵒ 279).*

Nous donnons, figures 2 et 3, des spéci-mens de carrelages dont le nettoyage s'accorde avec les prix de la Série nᵒ 279.

Fig. 2.

Ce genre de carrelage est assez fréquent dans les antichambres et salles à manger

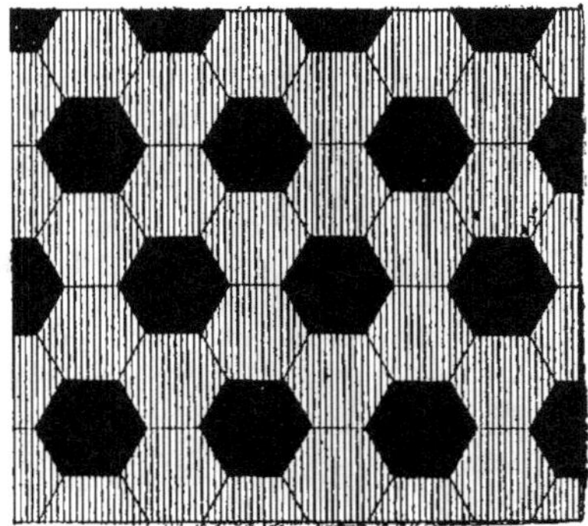

Fig. 3.

des anciennes maisons, ainsi que dans les vestibules et pérystiles d'escalier, il est composé de carrés, de rectangles, de losanges ou hexagones formant un dallage décoratif dont certains carreaux sont en liais ou pierre dure et d'autres en marbre noir ; après avoir fait un lessivage général et passé au grès, les parties de marbres noirs apparaissent ternes, on les frotte alors avec un tampon graissé d'huile pour les raviver, on peut aussi les passer

Fig. 4.

Fig. 5 et 6

à la cire au lieu d'huile ; partout où il se trouve des carrelages dans ces conditions le travail se fait de cette façon, et le métreur doit le compter comme tel au mémoire.

Carreaux lessivés à l'eau seconde avec carreaux noirs passés à l'huile ou à la cire, vaut le mètre 0f,65 (N° 280).

Ce travail est le même que celui détaillé précédemment sous le n° 279, avec cette différence d'un lessivage à l'eau seconde au lieu d'un passage au grès.

90. *Carreaux lessivés à l'esprit de sel et passés au grès (carreaux céramiques), vaut le mètre* 0^f,50 *(N° 281).*

Même travail que sous le n° 279, mais sans emploi d'huile.

La figure 4 montre un spécimen de carrelage céramique tombant pour le nettoyage sous le n° 281 de la Série.

Les figures 5 et 6 représentent des dallages de passages, de porte-cochère en carreaux striés. Ces dallages devront être comptés au double du prix prévu à la figure n° 4, pour refouillement des striures.

91. *Marche encaustiquée à la cire à l'eau et frottée (la marche)* 0^f,18 *(N° 282).*
Marche encaustiquée à la cire, à l'essence (la marche) 0^f,30 *(N° 283).*

Ces marches ont été prévues à la Série à la pièce et non au mètre superficiel pour le soin que l'on doit apporter dans cette besogne en évitant de toucher à la contre-marche et au socle de la marche cloué sur le mur, ce qui mérite réellement une plus-value.

Ouvrages au mètre superficiel.

92. **Bandes de calicot** *de* 0^m,10 *de large pour fournitures et pose collées à la colle sur murs, vaut le mètre* 0^f,12 *(N° 284).*
Bandes de calicot collées à l'huile sur murs, le mètre 0^f,16 *(N° 285).*

93. **Plus-value** *pour travail exécuté sur plafond,* 1/4 *en plus (N° 286).*
Plus-value pour enduit à la colle ou à l'huile des bandes de calicot, le mètre 0^f,08 *(N° 287).*

Les bandes de calicot se collent sur les crevasses qui se produisent sur les plafonds et les murs, par suite du mouvement du sol occasionnant le tassement des bâtiments ; lorsqu'elles sont collées directement sur les crevasses sans qu'on ait refait lesdites au préalable, il se remarque quelque temps après le travail une boursouflure à l'endroit de la fissure qui indique la présence de la bande de calicot, il est donc utile, pour obvier à cet inconvénient, d'enduire les bandes après leur collage pour les dissimuler dans la surface de leur emplacement, ces crevasses, étant invisibles après leur recouvrement par les bandes de calicot, peuvent être matière à contestation lors de la vérification sur place des travaux ; pour parer à cela il est de toute utilité d'en faire constater la quantité par attachement, et ce, avant l'exécution.

94. **Barreau en fer,** *jusques et y compris* 0,14 *de développement.*
Barreau en fer, lessivé, compris léger grattage, vaut le mètre 0^f,02 *(N° 288).*
Barreau en fer, minium une couche, compris égrenage, le mètre 0^f,05 *(N° 289).*
Barreau en fer, à l'huile par chaque couche, le mètre 0^f,05 *(N° 291).*
Barreau en fer, vernis 1 *couche, le mètre* 0^f,06 *(N° 292).*
Barreau en fer, en décors en bronze à l'effet pour façon et fourniture de couleurs, 0^f,17 *(N° 293).*

Ces différents articles, du n° 288 au 298, sont clairs pour le travail à demander et ne prêtent à aucune interprétation douteuse.

95. **Plus-value** *pour couleurs fines employées pures sans mélange de blanc* 1/10 *des prix fixés ci-dessus pour le mètre superficiel (N° 295).*

Pour établir ce prix à sa juste valeur, il est nécessaire de bien indiquer la qualité de la couleur fine employée pure, puis d'appliquer la plus-value d'après le tableau ci-dessous :

Couleurs fines employées pures sans mélange de blanc, plus-value pour chaque couche (le mètre linéaire).

Barreau,	en bleu de prusse	0^f,06
»	bleu d'outremer	0,03
»	brun Van Dyck.......	0,01
»	jaune de chrome ou saponaire	0,04
»	laque ordinaire.	0,05
»	laque surfine........	0,13
»	noir d'ivoire........	0,02
»	terre d'ombre ou sienne surfine............	0,01
»	vermillon de chine....	0,14
»	vermillon de France ou d'Allemagne........	0,08

Barreau, vert anglais.......... 0ʳ,01
»   vert métis............ 0 ,02
»   vert milory.......... 0 ,04

Ces prix sont basés d'après ceux établis à la Série du n° 214 à celui 226 inclus.

96. Crevasses *ouvertes au crochet forme entonnoir et rebouchées au plâtre à modeler, vaut le mètre* 0ʳ,20 (*N*° 296).

Les crevasses se produisent comme il est dit ci-dessus par suite de tassement, elles se remarquent très souvent dans les bâtiments de construction moderne avec plancher en fer, à l'emplacement des solives quand le plafond n'a pas reçu lors de l'enduit en plâtre la charge qu'il est d'usage d'appliquer pour une bonne exécution.

Pour que le remplissage de ces crevasses puisse se faire à la satisfaction générale, il est utile d'abord d'ouvrir lesdites (ce que l'on appelle une saignée) à l'aide d'un crochet, d'un ciseau ou d'un grattoir formant le V, en faisant des hachures à la partie saine du plâtre, ensuite on remplit la tranchée avec du plâtre fin, de préférence du plâtre à modeler parce qu'il prend instantanément, ce travail terminé l'on égalise la crevasse comblée avec le nu du plafond, puis l'on imprime à l'huile la partie de plâtre neuf, et voici le plafond uni prêt à recevoir la peinture que l'on désire, il est bien rare que des crevasses, rebouchées de la sorte, viennent à réapparaître, surtout si l'on a pris la précaution de flanquer les deux côtés de la crevasse de clous, retenant la charge de plâtre et en facilitant l'adhérence.

97. Petits bois *de lanterne ou châssis de comble à l'huile, chaque couche vaut le mètre* 0ʳ,07 (*N*° 297).

Cet article est tout indiqué pour les petits bois de comble ou lanterne, ce travail est payé le même prix que la plinthe, parce que, comme celle-ci, il exige deux rives à réchampir, mais la Série n'a pas prévu les petits bois de châssis verticaux dont le réchampissage est absolument le même ; nous pensons que toutes les parties linéaires, quelles qu'elles soient, qui n'atteignent pas quinze centimètres de

largeur développée, et qui sont réchampies des deux rives, doivent être, par analogie avec le n° 297 de la Série, comptées comme plinthes.

98. Plinthes et bandeau *à deux rives de quinze centimètres de largeur au plus.*

Lessivées seulement, vaut le mètre 0ʳ,02 *N*° 298).

Enduit soigné, poncé sur ordre exprès 0ʳ,20 (*N*° 299).

À défaut d'ordre exprès :

Les plinthes devront toujours être enduites dans un travail soigné, ou très soigné, et cela quand bien même les moulures des cadres des lambris ou frises auxquelles elles appartiennent ne le seraient pas, la plinthe n'étant pas considérée par la Série comme une moulure.

99. Plinthes, *huile une couche compris rebouchage, vaut le mètre* 0ʳ,09 (*N*° 300).

Chaque couche en plus 0ʳ,09 (*N*° 301).

À cette place, il se fait constamment un travail qui ne figure pas à la Série, nous voulons parler du calfeutrement des dites qui se fait toujours, même dans un travail ordinaire, ce calfeutrement n'étant pas tarifé, en l'assimilant au prix de une couche de peinture, soit 0ʳ,06 le mètre, nous croyons ne pas nous écarter de la vérité.

100. Plinthe et bandeau *pour travaux soignés* 37 0/0 *en plus* (*N*° 303).

Les plinthes devront être demandées soignées chaque fois que les chambres où elles se trouveront auront été commandées spécialement pour être soignées.

À défaut d'ordre spécial, chaque fois que les destinations des pièces les désigneront pour être soignées comme chambres d'habitation principales.

Quand il y a travail soigné, ce travail commence aux apprêts, les enduits ou rebouchages doivent donc bénéficier de la plus-value de 33 0/0.

101. Plinthe ou bandeau *vernis, une couche vaut* 0ʳ,07 (*N*° 303).

Décors pour façon, vaut 0ʳ, 22 (*N*° 304).

Rien à ajouter à ces deux articles, aucune confusion ne pouvant se produire à leur application.

102. **Plinthe et bandeau** *raccordés en décors par touches et frottis, vaut le mètre* 0^f,02 (*N° 305*).

Pour cet article, se reporter à ce qui a été dit au n° 254, le prix de 0,02 alloué ne peut être que le prix faible, il peut augmenter suivant la valeur des décors retouchés et le nombre des retouches et frottis refaits, or, ce qui souffre le plus de l'usage de l'habitation, ce sont les plinthes qui reposent directement sur le parquet, et subissent plus fréquemment que le restant des murs les atteintes des coups de balais, de brosses à frotter, etc., en conséquence, la proportion dans le prix à accorder pourrait être suivant l'importance des raccords, et d'après l'analogie avec le n° 254, soit 0^f,02 à 0^f,06 le mètre superficiel.

Pour les raccords unis par frottis sur plinthes non prévus à la Série et presque toujours nécessaires, demander par rapport à l'article n° 235 une plus-value de 0^f,01 à 0^f,04 le mètre carré.

103. *Plinthe ou bandeau encaustiqué, lustré, vaut,* 0^f,07 (*N° 306*).

Le travail d'encausticage des plinthes à sa raison d'être sur des faux décors en marbre blanc veiné, ou de toutes autres couleurs ; se fait souvent sur stylobates ou plinthes, dans les chambres, salons ou pièces analogues quand les peintures desdites pièces sont en tons mats.

104. **Réchampissage de moulures** *en blanc d'argent ou autre ton, chaque couche vaut le mètre* 0^f,11 (*N° 307*).

Réchampissage de moulures en laque en vermillon, chaque couche, le mètre 0^f,14 (*N° 308*).

Le réchampissage de moulures consiste à détacher un ou plusieurs corps de la moulure, ou la moulure tout entière, d'un autre ton que celui de son propre fond, quand il s'agit de plusieurs corps de moulures ou du fond sur laquelle elle est appliquée, si elle doit être réchampie entièrement.

Quand la Série paye ce travail lorsqu'il est fait en blanc d'argent ou autres tons *de même valeur,* 0^f,11 le mètre, puis ensuite 0^f,14 le mètre lorsqu'il est fait en vermillon ou laque, c'est juste, mais entre ces deux couleurs fines dénommées il y en a d'autres qui sont plus coûteuses que le blanc d'argent et dont on se sert communément pour le réchampissage des tons et des moulures, et qui devraient en augmenter le prix suivant l'emploi de la matière première. Un exemple suffira pour établir la véracité de nos allégations.

En prenant pour base les prix élémentaires de la série nouvelle (année 1897), nous trouvons pour les couleurs ci-après, les prix suivants :

Le bleu de Prusse broyé à l'huile, vaut........... 6^f,50 le kilog.

Le bleu d'outremer broyé à l'huile, vaut........... 3 50 »

Jaune de chrome broyé à l'huile, vaut........... 6 50 »

Terre d'ombre ou de sienne à l'huile, vaut..... 2 40 »

Noir d'ivoire à l'huile, vaut.................. 5 80 »

Vert métis à l'huile, vaut. 3 80 »

Vert milory à l'huile, vaut.................. 6 00 »

Et le blanc d'argent qui sert de base au prix du réchampissage ne coûte que 1^f,30 le kilogramme.

Nous voyons là une petite omission et croyons que le métreur devra, dans sa demande indiquer les couleurs composant le ton réchampi, et demander une plus-value de 0^f,01 à 0^f,03 centimes par mètre et par couche de réchampissage suivant le cas.

Nous constatons aussi dans la Série 1897 l'absence de tarification d'un travail qui se fait constamment, et que du reste la Série éditée en 1889 avait reconnu et payé à sa juste valeur sous les n°s 314 et 315 de la Série précitée, nous voulons parler des réchampissages étrusques des moulures et contrechamps à deux rives et ayant de 1 à 8 centimètres de large, en effet, jusqu'à 1 centimètre de large la moulure est payée son prix, qu'elle soit réchampie à la règle ou à main levée, mais à partir de cette largeur et jusqu'à 8 centimètres, il est nécessaire, pour faire un travail exempt de tout reproche, de réchampir chaque rive par un filet étrusque fait à la règle, ceci terminé, l'on remplit à main levée l'intervalle existant entre les deux rives de la moulure, et l'on obtient un réchampissage sans bavures tel qu'il doit être, suivant les règles de l'art, dans ce cas, les prix de 0^f,11 et 0^f,14 centimes payés aux articles 307 et 308 de la Série 1897 ne sont pas suffisants comme rétribution, chaque filet étrusque vaut seul 0^f,11 le mètre linéaire, nous proposons donc de rétablir les prix qui avaient été portés en 1889 et ainsi conçus :

Réchampissages étrusques à deux rives de 1 à 4 centimètres de large, le mètre linéaire 0^f,12 (*N*° 314).

Réchampissages étrusques à deux rives de 4 à 8 centimètres de large, le mètre linéaire 0^f,18 (*N*° 315).

En tenant compte au surplus de la plus-value pour les couleurs fines employées, et comme il est dit après les explications relatives aux n°^{s} 308, Série 1897.

105. Recoupement de peinture *sur tenture ou peinture conservée, par couche, vaut le mètre* 0^f,03 (*N*° 309).

Recoupement de dorure *par chaque ligne droite et par couche, vaut le mètre* 0^f,04 (*N*° 310).

Ces recoupements s'entendent par réchampissage des rives de peinture à la rencontre d'un papier de tenture que l'on doit conserver, se fait seulement dans les travaux d'entretien, alors que dans une chambre, l'on aura à refaire le plafond et les peintures en respectant la tenture murale, qui, en bon état, n'aura pas besoin d'être renouvelée.

Dans ce cas, le métreur devra compter comme recoupement de rives et par chaque couche :

Le pourtour du plafond ou de la corniche bordant le papier de tenture ; le pourtour du lambris, de la frise, des stylobates ou plinthes sur lesquels la tenture est censée reposer; le pourtour des chambranles ou ébrasements de croisées, châssis ou analogues; le pourtour des chambranles des portes.

Pour le recoupement des rives de dorure on agira de même en comptant le double de la longueur des filets dorés pour les deux rives.

Dans les travaux neufs et d'entretien, il existe d'autres recoupements imprévus par la Série actuelle (bien que reconnus par la même Série, édition 1889); ces recoupements se font tous les jours et doivent (en vertu du principe reconnu que toute peine doit être rétribuée par un salaire quelconque) tenir une place dans les mémoires de l'entrepreneur, ce sont les recoupements de rive d'une couche à l'autre, par exemple le recoupement dans les cuisines, offices, couloirs, dégagements, de tablettes, barres à casseroles, dossiers, potences, tasseaux, manteaux de fourneaux, jambages, frises, portes, croisées, etc., qui sont toujours peints en ton bois sur les fonds du mur qui se trouvent en ton pierre, sauf la frise et le plafond qui sont néanmoins d'un ton différent des murs et boiseries, ces recoupements de rives, dans le cas qui nous occupe, se font souvent à chaque couche et non à la dernière couche.

Il existe aussi, quand les peintures sont faites en décors sur fond préparé d'un ton bois sur les boiseries, dans des pièces (comme cuisines, salles de bains, escaliers, etc.) ou le plafond et les murs seront en décors marbre, où même uni, un recoupement de rives occasionné par la rencontre des deux décors, ce travail doit se compter par chaque rive et *chaque opération de réchampissage*.

Exemple : Si l'on se trouve en présence d'une chambre quelconque, décorée de la sorte :

Le plafond et les murs en faux marbre sur fond à l'huile deux couches, encaustiqué, lustré, les lambris en faux bois de chêne ou autres sur également deux couches d'huile, mais vernis à une couche au lieu d'encaustique à la cire, l'on devra compter pour le réchampissage des rives de boiseries sur les murs en marbre.

Une opération de recoupement de rive sur la première couche de ton bois.

Une opération de recoupement de rive sur la deuxième couche.

Une opération de recoupement de rive sur le recoupement bois sur marbre.

Une opération de recoupement de rive

sur le vernissage en recoupement de cire.

Soit en tout : 4 opérations donnant au total 0ᶠ,12 par mètre linéaire de recoupement.

Il y a aussi à compter les recoupements par chaque couche de rives, au pourtour des ébrasements de croisées en pierre ou brique voir même en peinture à l'huile, les murs d'un ravalement n'étant jamais du même ton que ses boiseries. Aussi à compter le recoupement des rives et par chaque couche au pourtour des verres, vitraux et glacés et en un mot partout ou une ligne en rencontrera une autre d'un ton différent à elle-même, il y a lieu à recoupement.

En établissant sa demande le métreur devra y joindre, à l'appui, le numéro de la Série de la Société centrale des architectes français, mentionnant le prix affecté au travail et l'année de l'édition de la Série invoquée. Maintenant ces prix de recoupement s'appliquent à des lignes droites, dans le cas contraire il y aurait lieu de demander les plus-values suivantes, basées sur celles des filages aux nᵒˢ 340 et suivants et qui doivent être établies comme suit :

Plus-values pour recoupement de rives sur plafonds droits ou rampants, 25 0/0 en plus.

Plus-values pour recoupement de rives sur cintres, concaves ou convexes, filets horizontaux, 50 0/0 en plus.

Plus-values pour recoupement de rives circulaires sur murs droits, 50 0/0 en plus.

Plus-values pour recoupements de rives sur plafonds droits ou rampants, au double.

Plus-values pour recoupement de rives sur ronds ou ovales fermés recoupés de rives ainsi que les crossettes cintrées ou à la grecque seront toujours estimés pour chaque 1 mètre de recoupement.

Plus-values pour toutes les rives recoupées sur fonds pochés pour difficulté, 25 0/0 en plus.

Plus-values pour recoupement sur brique à parements et à joints saillants ; par analogie avec les articles détaillés précédemment dans l'ouvrage, 33 0/0 en plus.

Plus-values pour recoupement de rives sur travaux à la colle, 25 0/0 en plus.

Plus-values pour tous recoupements faits sur échafaudages volants, 25 0/0 en plus.

Travaux de filage et décoration

106. Avant de poursuivre les commentaires de la Série, nous ouvrirons une parenthèse à ce point d'arrivée :

Filage.

Qu'est-ce que le filage ?

Le filage est un genre de peinture à part, qui a une très grande importance ; il est le compagnon indiqué de tout travail imitant les faux bois et les faux marbres ; il se fait aussi sur les peintures à tons unis et dans la décoration, sur des tons simulant la pierre ; il est d'un grand effet architectural et décoratif.

Le filage supprime les moulures en menuiserie et évite les saillies parfois gênantes, et il donne des effets de modelage et de lumière que la nature est parfois impuissante à donner. Cependant, si le filage peut maintes fois être employé pour représenter la décoration en relief, c'est à la condition principale d'être bien compris et bien exécuté ; il n'est pas suffisant de grouper des filets ensemble ; il est nécessaire d'observer, quant à l'exécution des fausses moulures, une grande exactitude de tons, bien modeler, bien ombrer et savoir parfaitement placer les clairs.

Le peintre fileur est aussi appelé à faire des travaux entrant dans la décoration.

On appelle *décoration* tout ornement de peinture, d'architecture et de sculpture contribuant à l'embellissement des palais et des habitations luxueuses.

L'ornementation décorative comporte deux genres distincts ; il y a l'ornement à plat, c'est-à-dire peint d'un ton autre que celui du fond sur lequel il est placé.

Ensuite l'ornement modelé à relief, par la combinaison des teintes formant l'ombre ; les demi-teintes et les clairs, les parties modelées ; c'est avec le secours de ces teintes que l'on donne le relief ou le creux ayant l'apparence d'un ornement sculpté ; ce genre de décoration demande une très grande sûreté de main et un réel talent pour la combinaison des effets. L'ornementation à plat est de beaucoup plus facile ; l'intelligence dans ce cas pouvant remplacer le talent.

107. Pour exécuter les travaux de décoration, on se sert de pochoirs ou de poncifs.

Le pochoir est un dessin découpé à jour sur du fort papier préparé spécialement à cet effet. Pour reproduire son dessin, le fileur-décorateur s'y prend de la manière suivante :

Il met son pochoir bien en place, c'est-à-dire sur le point que doit occuper le dessin, en ayant soin de faire, au préalable, le tracé de distribution de toutes les lignes nécessaires à la régularité de ces dessins.

Le pochoir bien en place, on prend de la teinte avec une brosse courte de soies, en évitant d'en prendre de trop, ce qui pourrait occasionner des bavures sous le pochoir, et l'on frotte ensuite sur la partie découpée avec la brosse jusqu'à ce que l'on ait atteint partout ; l'on retire le pochoir et la reproduction du dessin apparaît, l'on n'a plus ensuite qu'à faire les attaches, c'est-à-dire les parties conservées pour que le pochoir puisse se tenir.

Fig. 7 et 8. — Pochoir et ornement poché.

Avoir bien soin d'essuyer très souvent son pochoir et avec précaution pour éviter de l'abîmer.

Dans un travail à plusieurs tons, l'on se sert d'autant de pochoirs qu'il y a de tons : on établit des points de repère pour éviter tout tâtonnement dans la mise en place du dessin.

Nous donnons (*fig.* 7 et 8), le dessin d'un pochoir et d'un ornement poché.

108. Le poncif est la reproduction d'un dessin sur papier ou toile spéciale ; seulement, le dessin, au lieu d'être découpé comme dans le pochoir, est arrêté dans l'ensemble, et les contours sont piqués par des petits points à distances rapprochées.

Le poncif se place, de même que le pochoir, bien au point, puis avec un tampon de mousseline ou toile claire contenant du charbon en poudre ou de la mine de plomb on tappotte sur les trous des dessins ; la poudre une fois passée par les piqûres faites dans le poncif s'attache sur la partie où doit être reproduit le dessin et donne les contours.

Ces contours sont arrêtés par des traits au pinceau avec la teinte choisie, puis on remplit ensuite les entre-deux des traits.

Les pochoirs et poncifs sont d'une très grande utilité dans la décoration, surtout lorsqu'on a à reproduire plusieurs fois le même dessin dans le même endroit, car on est assuré d'obtenir une distribution correcte et symétrique.

Le peintre fileur-décorateur étant appelé souvent à créer une œuvre à lui, toute personnelle, il est utile de dire que la connaissance du dessin doit lui être indispensable, afin de ne pas se tromper de style dans l'exécution des ornements.

Nous montrons dans les figures 9 et 10 un ornement préparé au poncif et la repro-duction de cet ornement avec les contours arrêtés au pinceau.

La valeur des pochoirs et poncifs varie suivant la difficulté du dessin à reproduire, ses dimensions et sa finition.

Il peut être fait à plat ;

Il peut être de plus serti ;

Il peut être à plusieurs tons ;

Il peut être ombré, éclairé et rehaussé.

C'est autant de prix différents, mais le métreur doit toujours établir son prix de revient d'après les bases suivantes :

Le temps passé à la création du motif ;

L'exécution du pochoir ou poncif ;

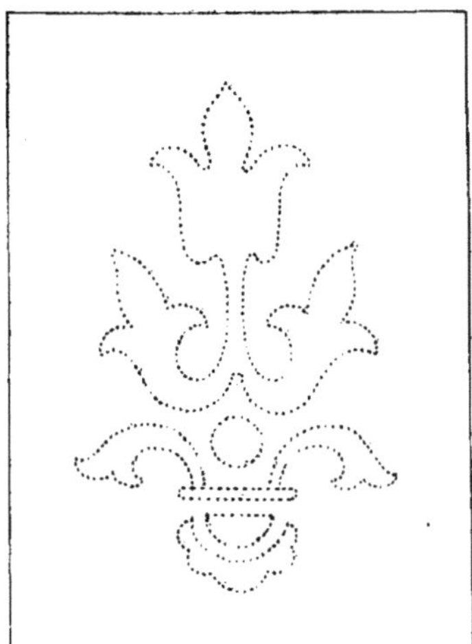

Fig. 9 et 10. — Ornement au poncif.

La distribution tracée pour la mise en place ;

La fixation du dessin à sa place ;

La finition des attaches, les sertis, etc.

109. *Sous-détail pour estimation des figures 6 et 7. Motifs pochés.*

20 motifs semblables aux *fig.* 6 et 7.

Détail d'un :

Étude et composition du motif devant servir pour les 20 :

Une heure et demie de décorateur à 2 francs................. 3.00

Découpage du dessin pour obtenir le pochoir :

A reporter............ 3.00

Report..........	3.00
Une demi-heure à 2 francs....	1.00
Matière première, carton, toile, papier, crayon.................	0.10
Ensemble pour 20 motifs....	4.10
Réduit au 1/20 pour unité.........	0.20
Tracé de distribution pour mise en place sur plafond ou mur ; temps passé en moyenne, 5 minutes à 2 francs.....	0.10
Pochage de l'ornement en plafond ou sur mur, en moyenne, 5 minutes à 2 francs.	0.10
Rangement du pochoir, remontage à l'échelle et finition des attaches du pochoir, 5 minutes à 2 francs l'heure...	0.10
Marchandise employée et nettoyage du pochoir à chaque fois.................	0.05
Ce motif poché vaut net.......	0.55

Si ce motif devait être peint à deux tons, il serait équitable de le compter moitié en plus pour changement de pochoir à chaque fois.

110. *Sous-détail pour un motif semblable fait au poncif et par même quantité (fig. 8 et 9).*

Étude et composition du motif : Une heure et demie de décorateur	3.00
Piquage des contours : Une demi-heure	1.00
Matière première, toile, etc....	0.10
Ensemble	4.10
Réduit au 1/20 pour unité	0.20
Tracé de distribution pour mise en place sur plafonds ou murs : temps passé en moyenne, 5 minutes à 2 francs l'heure	0.10
Pochage des contours de l'ornement, 5 minutes à 2 francs l'heure	0.10
Sertissage des pointillés des contours, 10 minutes à 2 francs	0.20
Remplissage du motif entre les traits, 5 minutes à 2 francs	0.40
Marchandises employées et nettoyage du poncif	0.05
Ce motif au poncif vaut net...	0.75

Il y aurait augmentation de moitié, s'il était peint à deux couches.

S'il était ombré et éclairé, il conviendrait de l'estimer au triple de la valeur primitive, sans préjudice des plus-values allouées pour travaux faits en plafonds sur murs rampants, etc.

Il est facile à chaque métreur de suivre la composition d'un motif quelconque et d'en trouver la valeur exacte par le temps employé à sa confection ; mais il est de toute nécessité qu'il en établisse le sous-détail dans son mémoire, de façon à fixer la vérification par des données acceptables, qui abrègent la discussion, quand elles ne l'empêchent pas, et évitent des estimations quelquefois fantaisistes dans la demande comme dans le règlement.

Maintenant que nous avons donné des explications que nous avons pensé devoir intéresser nos lecteurs, nous fermons la parenthèse et retournons aux commentaires de la Série par les différents prix de :

Filage.

111. *Façon de coupe de pierre comprise tracé et fournitures sans frottis d'appareils.*

Au mètre superficiel.

A 1 filet d'un seul ton, vaut 0ᶠ,45 le mètre (Nº 311).

A 1 filet deux tons mélangés, vaut 0ᶠ,50 le mètre (Nº 312).

A 3 filets gravés pour les refends horizontaux avec filet d'un seul ton pour les refends verticaux, vaut le mètre 0ᶠ,80 (Nº 313).

A 3 filets pour les refends verticaux et ceux horizontaux, vaut 0ᶠ,95 le mètre (Nº 314).

112. *Plus-value. — Pour frottis d'appareil sur les quatre prix précédents. Le mètre, 0ᶠ,17 (Nº 315).*

113. *Lorsque la coupe de pierre sera exécutée sur moulures ou champs encadrant des panneaux en marbre, les prix ci-dessus seront augmentés de moitié (Nº 316).*

Lorsque la coupe de pierre sera exécutée en plafonds droits ou rampants, les prix ci-dessus seront augmentés d'un quart Nº 317).

Lorsque la hauteur des assises n'atteindra pas 0ᵐ,30, le prix de la coupe de pierre sera à débattre de gré à gré (Nº 317).

Relativement à cette dernière observation, nous pensons que débattre de gré à gré ce prix ne sera pas toujours facile ; et encore avec qui le débattre ? Quand il n'y aura pas d'architecte ni de gérant, avec le propriétaire directement ; mais dans la plupart des cas, ignorant des prix de la Série, cela ne l'indisposera-t-il pas ? A notre avis, il est un moyen tout indiqué d'augmenter cette coupe de pierre, en le faisant raisonnablement.

Par exemple :

Le prix du mètre superficiel de coupe de pierre avec assises de 0ᵐ,30 de hauteur est fixé par le nº 311 de la Série à 0ᶠ,45.

Si les assises n'atteignent pas 0ᵐ,30 de hauteur, elles auront une mesure divisible de 0ᵐ,30, soit 0ᵐ,20 ou 0ᵐ,10 de hauteur. Le travail de distribution dans ce cas serait de moitié en plus ou du double, les filets d'appareils et les frottis suivraient la même marche ascendante.

Nous proposons de rétablir le prix comme suit :

Façon de coupe de pierre compris tracé et fourniture de couleurs et sans frottis d'appareils ; par assises de 0ᵐ,30 de hauteur, et au dessus, vaut (Nᵒ 311 de la Série) de 0ᶠ,45 le mètre.

Lorsque, sur ordre exprès, la coupe de pierre sera exécutée par assises de 0ᵐ,20 à 0ᵐ,299 de hauteur, le prix sera payé moitié plus.

Lorsque la coupe de pierre sera exécutée par assises de moins de 0ᵐ,20 de hauteur, le prix de 0ᶠ,45 prévu sous le nᵒ 311 sera doublé.

Nous pensons être justes, tout en soumettant cette proposition à l'appréciation de Messieurs les architectes.

114. *Plus-value :*

Lorsque la coupe de pierre sera pochée, il sera alloué pour la dernière couche une plus-value de 0ᶠ,30 le mètre (Nᵒ 319).

À cette place, nous intercalons quelques figures relatant les différents genres de coupe de pierre avec les prix à leur appliquer sur le mémoire, ainsi que les plus-values y attachées.

115. La figure 11 représente un pan-

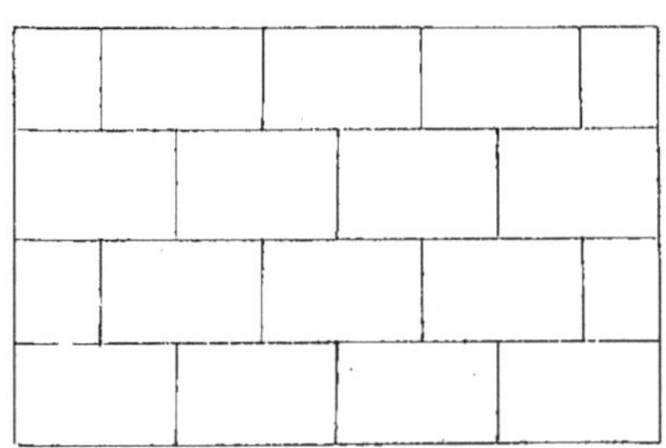

Fig. 11.

neau de coupe de pierre simple par assises de 0ᵐ,30 et au dessus avec filet d'appareils d'un seul ton.

Cette coupe de pierre vaut, à la Série sous le nᵒ 311, le mètre carré. 0.45

Si cette coupe de pierre est exécutée sur plafonds droits ou ram-

A reporter.............. 0.45

Report........ 0.45

pants, augmenter les prix de 1/4, soit.................... 0.11

Si elle est exécutée sur moulures ou champs encadrant des panneaux en marbre ou unis d'un autre ton, augmenter le prix de *moitié*...... 0.23

Si cette coupe de pierre est pochée, augmenter le prix de....... 0.30

Prix composé au *mètre superficiel*........................... 1ᶠ.09

Si cette coupe de pierre était exécutée par assises de 0ᵐ,20 à 0ᵐ,299 de hauteur, le métreur devrait compter le prix à moitié en plus.

Soit :

Nᵒ 311...................... 0.45

Pour assises de 0ᵐ,20 à 0ᵐ,299.. 0.22

Net composé. 0.67

Si la coupe de pierre était exécutée par assises de moins de 0ᵐ,20 de hauteur, le prix devrait être doublé.

Soit :

Deux fois le nᵒ 311, 0ᶠ,45 net. — 0ᶠ,90 le mètre superficiel.

116. La figure 12 montre un panneau

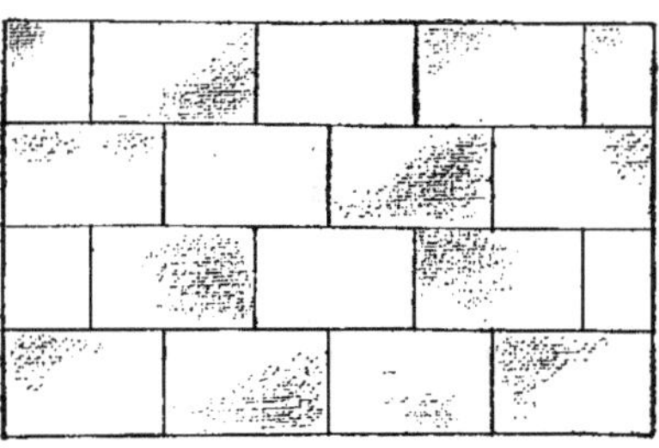

Fig. 12.

de coupe de pierre par assises de 0ᵐ,30 et au dessus avec filet d'un seul ton et frottis d'appareils.

Mêmes prix et plus values que ci-dessus, plus pour le frottis seul 0ᶠ,17 le mètre.

117. La coupe de pierre s'exécute aussi par filets de *deux tons mélangés.*

Ce travail est payé à la Série sous le nᵒ 312, 0ᶠ,50 le mètre.

Les plus-values peuvent être les mêmes que celles indiquées aux figures 10 et 11 ci-dessus.

118. La figure 13 représente une coupe de pierre avec trois filets gravés pour les

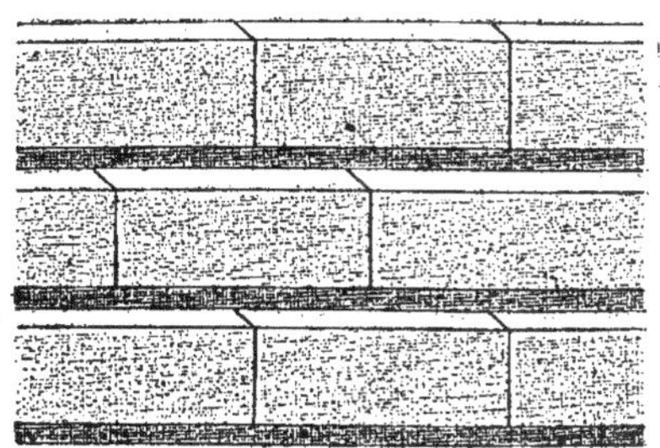

Fig. 13.

refends horizontaux et filet d'un seul ton pour les refends verticaux.

Vaut le mètre superficiel (N° 313 de la Série) 0^f,80.

119. Nous donnons (*fig.* 14) une

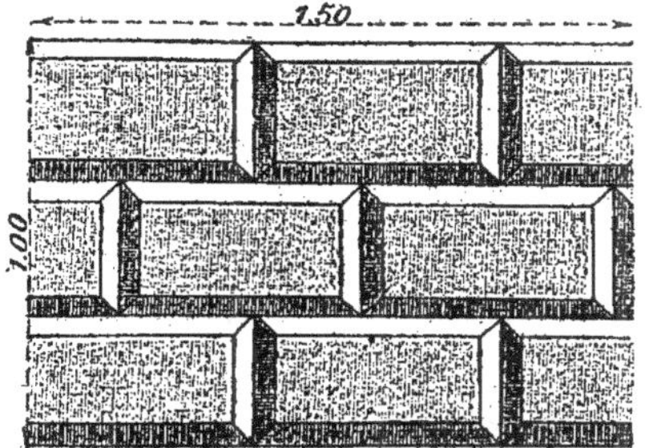

Fig. 14.

coupe de pierre avec trois filets gravés pour les refends horizontaux et ceux verticaux.

Vaut le mètre superficiel à 0^f,95 (N° 314).

Ces deux dernières figures 12 et 13 représentant des travaux qui se font ordinairement pour assises courantes comme soubassements, trumeaux et murs à plat, il y aura rarement lieu à compter pour ces genres de travaux les plus-values prévues à la Série sous les n°s 316 et 317.

120. Il arrive quelquefois que la coupe de pierre représentée par la figure 13 se fait en bossage ou à l'aide de fausses mou-

lures, soit une coupe de pierre décorative ; voici, dans ce cas, comment il conviendrait de métrer ce travail : *le panneau étant en coupe de pierre d'assises de* 0^m,30 *de hauteur, et mesurant* 1 *mètre de hauteur sur* 1^m,50 *de largeur.*

D'abord la coupe de pierre ordinaire prévue sous le n° 311 de la Série.

Soit :

Panneau de 1^m,00 de hauteur $\times$ 1^m,50 de largeur produit une surface de 1^{mq},50 à 0^f,45 le mètre superficiel compris tracé.

Soit 0.68

Fausses assises et refends obtenus par *cinq filets* :

6 refends horizontaux, chaque 1^m,50 .... 9.00

14 refends verticaux, chaque 0^m,33............ 4.62

Ensemble............. 13.62

A 0^f,35 le mètre linéaire (N° 334 de la série)...................... 4.76

Tracé préparatoire au crayon pour distribution, 2 fois la longueur ci-dessus, chaque........ 13.62

Ensemble............. 27.24

A 0^f,05 le mètre............... 1.36

Total pour le panneau produisant 1^m,50 superficiel........... 6.80

Ou 4^f,50 *le mètre superficiel en chiffres ronds.*

121. Un autre exemple pour coupe de pierre exécutée comme à la figure 13, avec la dernière couche pochée, et le filage fait sur pochage.

Sous-détail pour 1^m,50 superficiel :

Coupe de pierre comme ci-dessus produisant 1^m,50, à 0^f,45 le mètre superficiel..................... 0.68

Plus-value pour coupe de pierre pochée, surface 1^m,50, à 0^f,30 le mètre (N° 319).................. 0.45

Coupe de pierre.............. 1.13

Filage, fausse moulure comme ci-dessus, longueur 13^m,62, à 0^f,35 le mètre................... 4.76

Traçage au crayon pour distribution, 2 fois 13^m,62 = 27^m,24, à 0^f,05 le mètre..... 1.36

Filage 6.12

A reporter.......... 7.25

Report............. 7.25

Plus-value pour filage exécuté sur fonds pochés (N° 346 de la Série), un quart en plus sur 6f,12, soit 1.53

Total pour un panneau produisant 1m,50 superficiel............ 8.78

Ou 5f,85 le mètre superficiel en chiffres ronds.

122. Nous continuons par l'étude de différents types de coupes de pierre non prévues à la Série, par panneaux supposés de 1 mètre de hauteur sur 1m,50 de largeur et produisant toujours 1m,50 au carré.

La figure 15 est une coupe de pierre

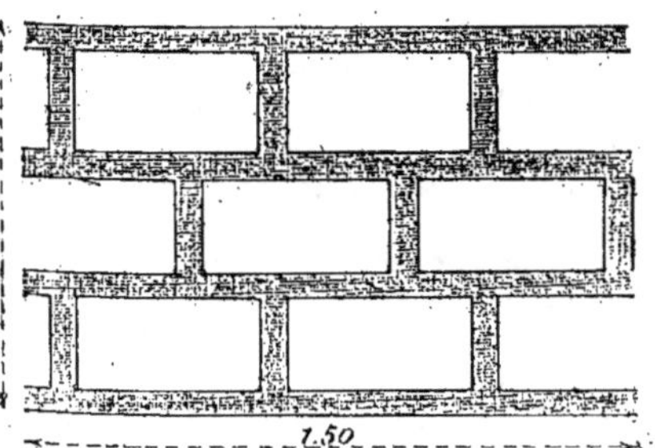

Fig. 15.

avec galons étrusques pour former refends horizontaux et verticaux, les panneaux à tables saillantes figurées par un filet étrusque d'encadrement.

Sous-détails :

Façon de coupe de pierre ordinaire, compris tracé ; panneau de 1m,00 × 1m,50.
Produit................. 1.50

A 0f,45 le mètre (N° 311)....... 0.68

Pour former refends, galons étrusques *à une couche*, 4 refends horizontaux, chacun 1m,50.. 6.00

9 refends verticaux chaque 0m,20, ensemble............ 1.80

Ensemble............... 7.80

A 0f,19 le mètre (N° 329)........ 1.48

Filets étrusques (*à une couche*) pour former table saillante ou renfoncée. 9 assises en 4 sens développant chaque 1m,30...... 11.70

A 0f,11 le mètre (N° 328) 1.28

Ensemble du panneau.......... 3.44

Soit au mètre superficiel 2f,30.

Sans préjudice des autres plus-values à demander, telles que petites assises, plafonds, etc. etc.

123. Sous-détails du même panneau, mais les tables saillantes ou renfoncées faites avec un filet adouci et repiqué au lieu de filet étrusque.

Façon de coupe de pierre vaut.. 0.68

Les galons étrusques pour refends ensemble................. 7.80

A 0f,19 le mètre............... 1.48

Les filets de tables adoucis et repiqués ensemble........ 11.70

A 0f,18 le mètre (N° 332 de la Série)...................... 2.10

Le tracé au crayon n'est pas compté, dû qu'il est, dans la façon de coupe de pierre

Ensemble pour 1m,50.......... 4.26

Soit, le mètre superficiel, 2f,85.

Il pourrait se faire que, dans un travail décoratif, les tables fussent peintes avec des couleurs fines ou surfines ; dans ce cas, le métreur a le devoir de compter la plus-value d'emploi de couleurs fines au mètre superficiel, suivant la valeur des couleurs employées ; il ne devra pas compter de rechampissage de rives, si les panneaux ont été peints avant les travaux de filage.

124. Nous donnons, figure 16, une

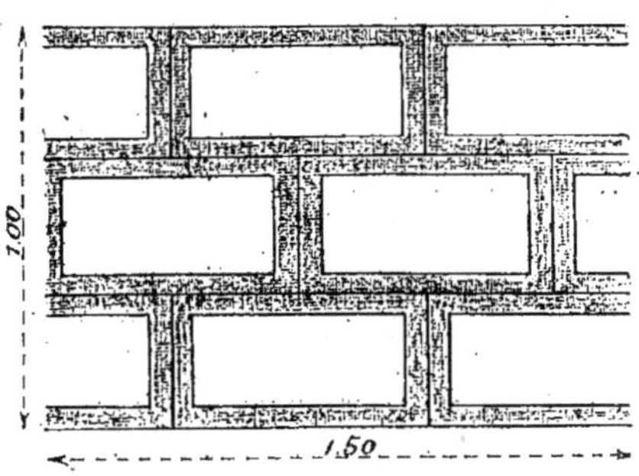

Fig. 16.

coupe de pierre décorative avec refends horizontaux et verticaux, filets étrusques formant tables saillantes ou renfoncées et filet étrusque dans le milieu des refends.

Sous-détails :

Façon de coupe de pierre ordinaire, compris tracé, panneau de $1^m,00 \times 1^m,50$ produit...... 1.50
A $0^f,45$ le mètre............... 0.68
Filets étrusques *à une couche* ordinaires :
4 refends horizontaux, chaque $1^m,50$.................... 6.00
9 refends verticaux, chaque $0^m,23$..................... 2.07
Ensemble............... 8.07
A $0^f,19$ le mètre................ 1.53
Filets étrusques *à une couche* pour tables saillantes ou renfoncées 9 tables développant chaque $1^m,30$.................... 11.70
A $0^f,11$ le mètre............... 1.28
Double filet étrusque *à une couche* dans le milieu des galons de refends
4 longueurs de $1^m,50$ chaque 6.00
6 verticales, chaque à $0^m,33$ 1.98
Ensemble................ 7.98
A $0^f,11$ le mètre............... 0.88

Total pour $1^m,50$ superficiel..... 4.37
Soit, pour 1 mètre superficiel, $2^f,90$

125. Autre exemple avec la figure 16 comme modèle.

Coupe de pierre décorative avec refends horizontaux et verticaux, les tables saillantes ou renfoncées imitées par un filet repiqué et adouci, et, dans le milieu des refends, un filet incrusté avec arrêts.

Sous-détails :

Façon de coupe de pierre ordinaire ....
. Panneau de $1^m,00 \times 1^m,50$ produit $1^m,50$
A $0^f,45$ le mètre.......... 0.68
Galons étrusques à une couche développant comme ci-dessus $8^m,07$ à $0^f,19$ le mètre............ 1.53
Filets de tables repiqués et adoucis développant........ 11.70
A $0^f,18$ le mètre.......... 2.10
Dans le milieu des refends, moulures et incrustations à 6 filets :
4 longueurs ch. de $1^m,50$.. 6.00
6 montants ch. de $0^m,33$.. 1.98

A reporter.... 7.98   4.31

Reports.... 7.98   4.31
Plus-value pour 12 arrêts à 4 chanfreins chaque, à $0^m,50$ l'un................ 6.00
Ensemble... 13.98
A $0^f,42$ le mètre......... 5.87
Total du panneau. 10.18
Soit, pour 1 mètre superficiel, $6^f,75$.

Dans ce genre de travail, les tables saillantes pourraient être peintes en couleurs fines ; il y aurait lieu, dans ce cas, de se reporter à l'observation décrite après les sous-détails de la figure 14.

126. La figure 17 réprésente une coupe

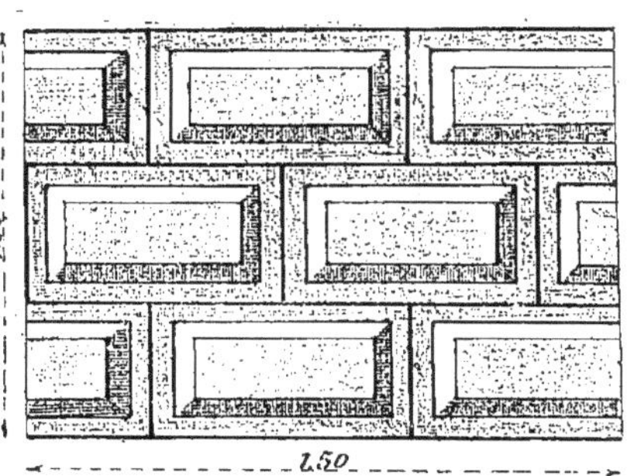

Fig. 17.

de pierre décorative avec galons de refends horizontaux et verticaux, doubles filets de tables adoucis et repiqués pour former table saillante ou renfoncée, les contre-champs reglacés pour former bossages et, dans le milieu des refends horizontaux et verticaux, un filet de joint étrusque.

Sous-détails :

Façon de coupe de pierre ordinaire comme figures précédentes, produit $1^m,50$ à $0^f,45$........ 0.68
Galons étrusques à une couche.
4 refends horizontaux, chaque $1^m,50$ ensemble....... 6.00
9 refends verticaux, chaque $0^m,20$, ensemble....... 1.80
Longueur.......... 7.80
A $0^f,19$ le mètre.......... 1.48

A reporter......... 2.16

Report. 2.16
Filets de tables adoucis et repiqués. . . . .
9 assises extérieures développant
chaque 1^m,30. . . . . 11.70
9 tables intérieures développant chaque 1^m,10. . . . 9.90
Longueur.. . . . . 21.60
A 0^f,18 le mètre.. . . . . 3.89
Glaçage de contre-champs entre
les deux filets de tables :
9 assises chaque 1^m,20 . . 10.80
A 0^f,14 le mètre (N° 339 de la Série) 1.51
Tracé au crayon des filets de tables
repiqués.
Même longueur pour les tables
21^m,60.
A 0^f,05 le mètre. 1.08
Entre les refends horizontaux et
verticaux, filet étrusque à une
couche.
4 longueurs de 1^m,50
chaque. 6.00
9 verticales, chaque 0^m,33. 2.97
Ensemble.. . . . . 8.97
A 0^f,11 le mètre. 0.99
Ensemble pour 1^m,50. . . . . . 9.63
Soit le mètre superficiel. . 6^f,40

127. Autre exemple d'après la figure 17.
Coupe de pierre décorative avec galons
de refends horizontaux et verticaux, les
tables saillantes en bossages formées en
fausses moulures par cinq filets, puis, dans
le milieu des refends horizontaux et verticaux, un filet d'incrustation avec arrêts.

Sous-détails :

Façon de coupe de pierre ordinaire,
1^m,50 à 0^f,45. . . . . 0.68
Fausses assises de refends obtenus par cinq filets.
6 refends horizontaux chaque
1^m,50. . . . . 9.00
14 refends verticaux, chaque
0^m,33. . . . . 4.62
Ensemble. 13.62
A 0^f,35 le mètre. 4.77
Double tracé au crayon pour distribution :

A reporter. 5.45

Report. 5.45
2 fois 13^m,62, ensemble. . 27.24
A 0^f,05 le mètre. 1.37
Entre les refends, filets d'incrus-
tation obtenus par six filets :
4 longueurs, chaque 1^m,50. 6.00
6 montants, chaque 0^m,33. 1.98
Plus-value de 12 arêtes,
chaque 3^m,50. . . . . 6.00
Ensemble. 13.98
A 0^f,42 le mètre. 5.87
Ensemble du panneau. 12.69
Soit, pour 1 mètre superficiel. 8^f,45
Sans préjudice de toutes les autres plus-
values pouvant être appliquées suivant
les cas.

128. *Figure* 18. — Coupe de pierre
décorative, avec galons de refends hori-

Fig. 18.

zontaux et verticaux, filets étrusques fort
et faible pour former tables saillantes,
dans l'intérieur des panneaux, petits filets
secs en diagonales pour former pointe de
diamant à 4 facettes, et ombrage avec
effets pour imiter les facettes des pointes
de diamant ; travail particulièrement soigné.

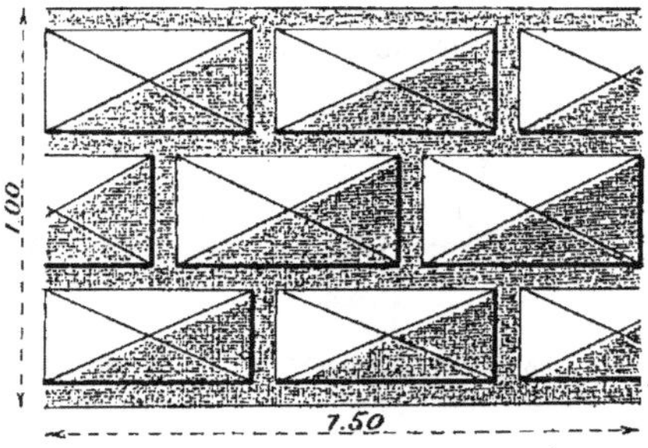

Sous-détails :

Façon de coupe de pierre ordinaire.
Surface 1^m,50 à 0^f,45 le mètre.
Produit. 0.68
Galons étrusques à une couche
pour refends horizontaux et ver-
ticaux :

A reporter. 0.68

Report. 0.68
4 longueurs, chaque 1ᵐ,50. 6.00
6 montants, chaque 0ᵐ,30. 1.80

Longueur. 7.80
A 0ʳ,19 le mètre 1.48
Filets étrusques à une couche faible et forte pour table saillante, 9 assises développant chaque 1ᵐ,30, ensemble 11.70
A 0ᵐ,11 le mètre. 1.28
Filets secs pour diagonales 18 fois 0ᵐ,55 . . . . 9.90
A 0ʳ,10 le mètre (N° 327 de la Série) 0.99
Ombrage à effet des pointes de diamant, comme une façon de bronze, à l'effet surface de. . 1.50
A 1ʳ,15 le mètre (N° 328). 1.73

Total pour un panneau 6.16
Soit pour 1 mètre superficiel . . 4ʳ,10

129. *Fig.* 19. — Coupe de pierre décorative, avec galons de refends hori-

Fig. 19.

zontaux et verticaux, filets étrusques *idem* (*fig.* 18) pour tables saillantes dans l'intérieur des panneaux, petits filets secs en diagonales tronquées pour former pointes de diamant à quatre facettes irrégulières, et ombrage avec effet pour imiter les facettes des pointes de diamant.

Sous-détails :

Les sous détails de cette figure pris en entier comme dans celle précédente (N° 18).
Produit. 6.16
En plus-value pour filets secs de diagonales.

18 triangles d'abouts de diagonales, pour chaque 1ᵐ,00 (N° 344 de la Série) 18.00
9 arêtes milieu, chaque 0ᵐ,40 . . . . 3.60

Ensemble. 21.60
A déduire les diagonales comptées dans la figure 18. 9.90

Reste. 11.70
A 0ʳ,10 le mètre 1.17
Tracé spécial au crayon de ces diagonales pour préparation au filage :
18 triangles chaque 1ᵐ,00 18.00
9 arêtes chaque 0ᵐ,40. . 3.60

Ensemble. 21.60
A 0ʳ,05 le mètre 1.08

Total pour un panneau. 8.41
Soit pour 1 mètre superficiel. . 5ʳ,60

130. Nous terminons ici l'étude des différentes coupes de pierre ordinaires ou artistiques qui peuvent s'exécuter. Nous en avons certainement omis, mais nous pensons qu'avec ces quelques figures le métreur et l'entrepreneur pourront établir les prix de celles qui leur seraient assimilables par analogie.

131. Lorsque les travaux de coupe de pierre et tous leurs travaux complémentaires seront exécutés sur échafaudage fixe, volant ou à l'échelle, tous les prix ci-dessus, depuis le n° 311 de la Série jusques après le sous-détail de la figure 19, *devront être augmentés de vingt-cinq pour cent,* comme plus-value de façon difficultueuse et périlleuse.

132. Nous donnons dans le cours de notre ouvrage des planches en couleur dont nous aurons par la suite l'occasion d'étudier les prix, aux travaux de décoration.

Façon de brique.

133. *Façon de brique, compris tracé et fournitures de couleurs.*

Avec filets d'appareils, sans frottis. Vaut le mètre superficiel, 1ʳ,75 (N° 320).

134. *Plus-value pour frottis ordinaire*

avant filage, sans recoupement de brique après filage.

Vaut le mètre superficiel, 0ᶠ,25 (Nᵒ 321).

135. *Lorsque, après frottis et filage, il sera fait un recoupement de frottis sur la brique, il sera alloué une deuxième plus-value de :*

0ᶠ,25 *le mètre superficiel (Nᵒ 322).*

136. *Lorsque la brique sera faite en forme décorative, le prix sera payé suivant le travail (Nᵒ 323).*

A ce sujet, nous donnerons plus loin

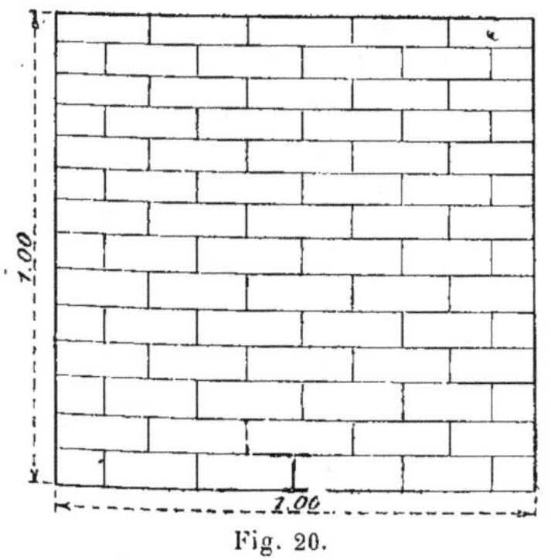

Fig. 20.

quelques figures de brique décorative, avec sous-détails des prix à appliquer.

137. *Au-delà de 4 mètres de hauteur, tout travail exécuté sur échafaudage aura droit à une plus-value de un quart (Observation Nᵒ 324 de la Série).*

Le prix du mètre superficiel de brique à 1ᶠ,75, tel qu'il a été prévu à la Série, ne peut pas rémunérer le travail de l'entrepreneur à sa juste valeur ; les explications suivantes, ainsi qu'une figure indiquant un panneau représentant une surface de fausse brique de 1ᵐ,00 × 1ᵐ,00 et produisant par conséquent 1 mètre superficiel, vont servir de base à notre argumentation.

Le décor fausse brique simple, étant composé de filets horizontaux et verticaux tracés au préalable et distribués de façon à représenter l'image de la brique véritable posée à plat, et ayant les dimensions d'usage (vue de champ) 0ᵐ,065 de hauteur,

compris emplacement du joint × 0ᵐ,22 de longueur.

138. La figure 20 représente au figuré un panneau de fausse brique ordinaire prévu à la Série à 1ᶠ,75 le mètre superficiel (nᵒ 320).

Sur un fond choisi préparé à l'huile, ordre est donné d'imiter la fausse brique, à l'aide de filets d'appareils.

Que fera l'entrepreneur ?

Il commencera par tracer au crayon son appareillage de brique, et de ce fait il fera :

15 filets au crayon de chaque 1ᵐ,00 de longueur, soit. . . 15.00
Plus :
77 joints verticaux entre deux briques, chaque 0ᵐ,06 (moyenne). 4.62

    Ensemble. . . . 19.62
A 0ᶠ,05 le mètre, numéro 325 de la Série, produit.. . . . . 0.98

Ce tracé, absolument nécessaire, terminé, il devra filer un filet sec pour joints d'assises sur la même longueur que le tracé au crayon.
Soit. 19.62
A 0ᶠ,10 le mètre numéro 327 de la Série. 1.96
Ensemble pour 1 mètre superficiel 2.94

Ce travail n'est pas contestable et vaut réellement ce prix.

Pourquoi l'entrepreneur ne sera-t-il payé que 1ᶠ,75 ? Cela prouve la nécessité de bien détailler son travail, et réduire ses données à leurs plus simples expressions, en se servant des analogies existantes dans la Série, pour prouver le bien-fondé de la demande des travaux exécutés ; étant donné que c'est l'entrepreneur qui établit lui-même sa demande, c'est à lui de faire la façon la plus rationnelle ; la Série n'étant qu'une base, il peut trouver dans son emploi les éléments nécessaires à la bonne confection de ses mémoires, et à l'établissement parfait de la comptabilité de sa maison.

139. La figure 21 représente un panneau de fausse brique avec frottis.

Cette figure est la répétition de la précédente, numéro 20 et vaut, au mètre superficiel, le même prix ; de plus, il y a lieu d'ajouter le frottis qui est prévu à la Série sous le numéro 321 et payé :

0ʳ,25 le mètre superficiel.

Si, après le premier frottis, et le filage

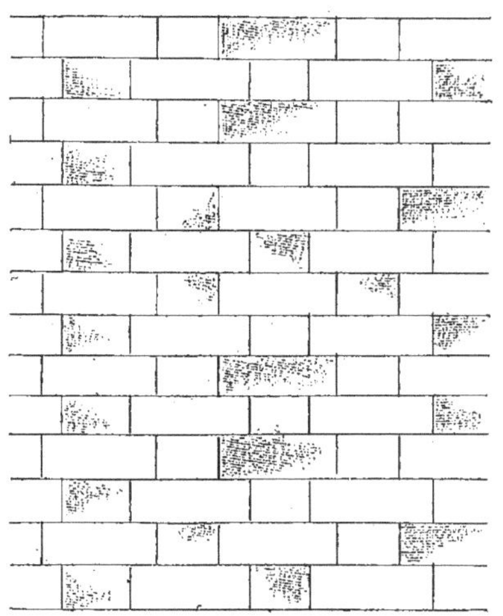

Fig. 21.

Fig. 22.

d'appareil, l'on avait à faire un recoupement de frottis, l'on devra compter un deuxième frottis au prix de 0ʳ,25 le mètre, comme il est stipulé au numéro 322 de la Série.

Il se fait assez souvent des ouvrages en brique décorative qui n'ont pas été prévus à la Série, nous croyons utile à cette place d'en donner quelques échantillons, avec prix à appliquer à ces genres de travaux.

La figure 22 représente un panneau de fausse brique décorative, avec rechampissages des abouts de briques intermédiaires.

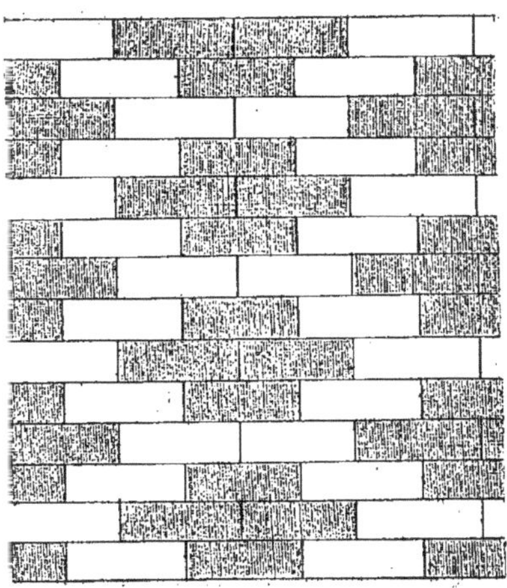

Fig. 23.

Sous-détail du prix de 1 mètre superficiel :

Le tracé préalable au crayon pour distribution des compartiments :

15 filets, chaque 1ᵐ,00. .	15.00
84 joints verticaux de chaque 0ᵐ,06 en moyenne .	5.04
Ensemble.	20.04

A 0ʳ,05 le mètre (numéro 325 de la Série) 1.00

Filage, en filets secs développant, comme ci-dessus, une longueur totale de. 20.04

A 0ʳ,10 le mètre (numéro 327). . 2.00

Rechampissage en plein de 42 abouts de brique d'un ton différent du fond, comptés comme ferrures

A reporter,. 3.00

Report. 3.00
rechampies d'après le numéro 375
de la Série, à 0ᶠ,05 l'un. 2.10

Total pour 1 mètre superficiel
de brique décorative, suivant la
figure 22. . . . . 5.40
en chiffres ronds

140. La figure 23 représente un panneau de fausse brique décorative sans frottis, mais les briques à deux tons appareillées par petites assises symétriques, la moitié des briques rechampies sur l'autre moitié.

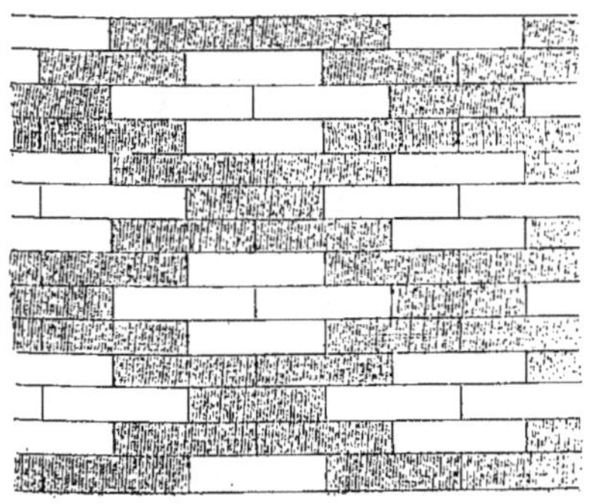

Fig. 24.

Sous-détails pour 1 mètre superficiel :
Le tracé préparatoire au crayon pour distribution des compartiments.
15 filets, chaque 1ᵐ,00. . 15.00
77 joints verticaux, chaque 0ᵐ,06. . . . . 4.62

Ensemble. 19.62

À 0ᶠ,05 le mètre. 0.98
Filets secs pour joints d'assises même longueur 19ᵐ,62, à 0ᶠ,10 le mètre. 1.96
Rechampissage de 38 briques partiellement ou en totalité, à 0ᶠ,05 l'une. 1.90

Total pour 1 mètre superficiel. 4.84

141. La figure 24 représente un panneau de fausse brique décorative sans frottis, à deux tons, à effet d'appareil par assises, symétriques et rechampies les unes sur les autres.

Ce genre de brique ne nécessitant pas plus de temps à employer que celui de la figure précédente n° 23, nous estimons qu'il a la même valeur et doit être payé le même prix :
Soit 4ᶠ,84 le mètre superficiel.

142. La figure 25 représente un panneau

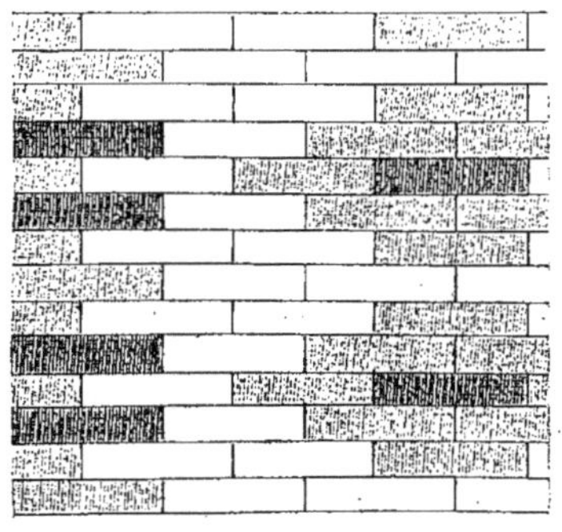

Fig. 25.

neau de fausse brique décorative, sans frottis, mais à trois tons, effets d'appareils et assises comme aux figures précédentes 23 et 24.

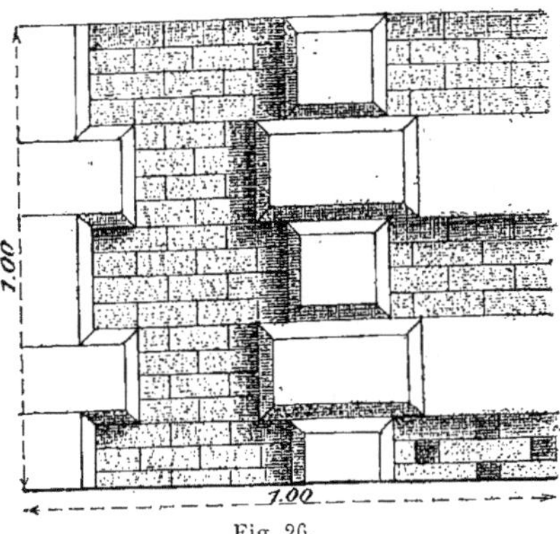

Fig. 26.

Ce travail est analogue et représente la même valeur :
Soit 4ᶠ,84 le mètre superficiel.

143. La figure 26 représente une partie de mur en fausse brique et fausse pierre ; les trumeaux et les remplissages entre bandeaux sont en fausse brique, travail décoratif spécial pour ravalements de maisons de campagne ; il peut se faire sur bossage, et à l'aide de fausses moulures.

Ce travail ayant quelques analogies avec les figures précédentes dont nous avons donné les sous-détails, nous ne les répéterons pas ici.

Ce panneau comprenant par moitié de la coupe de pierre, et de la brique, le prix à appliquer peut être établi comme suit :

Se reporter au prix de la figure précédente nº 14, coupe de pierre.   0.95

Celui de la figure nº 20, fausse brique 5.10

Ensemble.   6.05

Dont la moitié constituera le prix de ce travail au mètre superficiel, soit . .   3ʳ,05

Autre exemple :

Reprendre le deuxième sous-détail de la figure 13, coupe de pierre avec fausses moulures 6.80

Celui de la figure 22, fausse brique 5.10

Ensemble 11.90

Dont la moitié sera de 5.95

Plus-values diverses à appliquer aux travaux de fausse brique

144. Les différentes plus-values qui vont suivre n'ont pas été prévues par la Série de la Société centrale des Architectes, c'est une lacune à combler en se reportant aux travaux de coupe de pierre, qui sont de la même famille que ceux de la coupe de brique.

Lorsque la fausse brique sera exécutée sur moulures ou champs, encadrant des panneaux, également en brique ou d'un autre ton, les prix de la fausse brique (sur les moulures et champs seulement) seront augmentés *de moitié;*

Lorsque la fausse brique sera exécutée en plafonds droits ou rampants, les prix seront augmentés de *un quart ;*

Lorsque la fausse brique sera exécutée sur des parties circulaires, concaves ou convexes, les prix seront, comme pour le travail sur moulures, augmentés *de moitié;*

Lorsque la fausse brique sera exécutée sur moulures en plafonds, les parties moulurées seront augmentées de 75 0/0 ;

Lorsque la fausse brique sera exécutée par petites parties n'excédant pas un mètre superficiel *à chaque partie* (comme cela arrive pour la décoration du plâtre des fourneaux de cuisine), les prix seront augmentés de *un tiers.*

Lorsque, dans certaines constructions, la fausse brique sera exécutée par parties de petites largeurs et de longueurs déterminées, pour imiter des linteaux, des croisées, des attiques, etc., etc., les prix seront *doublés.*

Cette dernière plus-value s'explique par le fait qu'un ouvrier fileur, décorateur, quand il aura à tracer des linteaux ou parties de fausse brique, éparpillées çà et là, et mesurant par exemple 1ᵐ,20 × 0ᵐ,25 et produisant, par conséquent, 0ᵐ,30 *superficiel,* il passera presque autant de temps qu'il aurait mis à tracer et filer un panneau de 1 mètre carré.

Lorsque la fausse brique sera faite par très petites parties formant claveaux, dosserets, sommiers retombés ou analogues, chaque partie devra, pour être rétribuée avec justice, être comptée pour *un mètre superficiel,* en tenant compte des pertes de temps occasionnées par les changements d'échelles, et filage d'appareil sur épaisseurs, faces et sous face en plafond, ou contre face en tableaux.

En plus de toutes ces plus-values, *chaque fois qu'une décoration en fausse brique sera faite sur un échafaudage, ou à l'échelle, au-dessus de 4 mètres de hauteur,* les prix seront augmentés de *un quart* (cette plus-value est prévue à la Série sous l'observation Nº 324).

145. Voici ci-dessous différentes figures se rapportant aux plus-values à appliquer :

La figure 27 représente une partie de fausse brique circulaire en archivolte, reposant sur des dosserets en pierre ou en plâtre.

Les plus-values à demander pour cette brique sont celles-ci :

1º Toute partie ne produisant pas un mètre superficiel à compter pour *un mètre ;*

2° Compter en plus *un quart* pour travaux faits à l'échafaudage ou grande échelle.

La figure 28 représente des sommiers de linteaux de baies ; compter pour chaque 1 mètre superficiel de fausse brique, pour

Fig. 27.

Fig. 28.

Fig. 29.

plus-value de façon seule, celle sur échafaudage devant se compter à part.

La figure 29 représente un claveau d'archivolte avec ses deux dosserets d'extrémité, à exécuter en fausse brique ; à compter chaque partie pour 1 mètre superficiel ; pour le surplus, comme à la figure précédente.

146. Il se fait pour certaines habitations, dans les salles de bains, cabinets de toilette, jardins d'hiver, un travail de décoration qui n'est pas prévu à la Série, et qui a certaines ressemblances avec de la fausse brique, c'est l'imitation de faux carreaux de faïence, blancs, bleus, bruns, ou d'autres tons différents ; nous croyons, en rangeant ces ouvrages dans la catégorie des fausses pierres et fausses briques, être dans la vérité; aussi proposons-nous, en l'absence de prix à la Série, de les payer comme suit :

Façon de fausse faïence, à un filet d'un seul ton par carreau de 0,11 à 0,22, le même prix que la fausse brique prévue sous le numéro 320 de la Série. — 1ᶠ,75 le mètre carré.

147. Il est aussi une certaine façon de brique pour laquelle la Série n'a pas prévu de plus-value, c'est pour la fausse

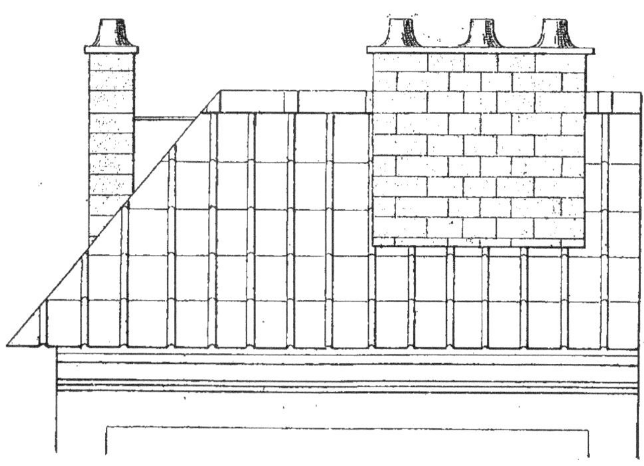

Fig. 30.

brique exécutée sur souches de cheminée *hors comble*, travail absolument dangereux et ne pouvant s'exécuter qu'à l'aide d'échafaudages (non volants), mais improvisés, c'est-à-dire faits entièrement de la main de l'ouvrier.

Ces échafaudages demandent beaucoup de temps à confectionner ; ils exigent, de la part de l'ouvrier, un coup d'œil sûr pour éviter les accidents toujours à craindre et une décision rapide pour économiser le temps employé à échafauder.

L'échafaudage une fois en place, il faut encore des hommes spéciaux, non sujets aux vertiges et possédant un certain sang-froid pour travailler à ces souches de cheminées avec le calme des travaux de plein pied.

Nous estimons, la Série ne prévoyant pas de plus-value pour ce travail, qu'il serait légitime de le faire bénéficier d'une plus-value de *un quart* pour les travaux de fausse brique, et ceux à l'huile préparatoire, par analogie avec le numéro 487 de la Série de fumisterie qui augmente le prix des *légers ouvrages faits sur comble*.

Le temps employé à la confection de l'échafaudage devra être compté à part.

La figure 30 est donnée ci-joint à l'appui de notre thèse et montre la difficulté existante pour l'exécution de ces travaux.

148. *Fausse faïence par grands carreaux de 0,22 × 0,22 et plus, comme à la coupe de pierre sous le n° 311 de la Série :*
Soit 0ᶠ,45 le mètre, ci 0.45
Avec une plus-value d'assise de moins de 0ᵐ,20 à 0ᵐ,29 de hauteur, un quart en plus, soit 0.11

Soit pour un mètre superficiel. . . .   0.56
Pour carreaux de 0ᵐ,30 et au dessus, comme dans les grandes cuisines, grandes laveries, offices, etc., comme au n° 311 de la Série. 0ᶠ,45 le mètre superficiel.

149. Lorsqu'il aura été fait des petits *repiqués* sur des joints de faïence, afin de bien imiter les deux vives arêtes des carreaux entre eux, *ce travail devra être compté moitié en plus.*

Filets et galon (au mètre linéaire).

150. *Tracé préparatoire au crayon, pour figurer panneaux au moyen de fausses moulures ou filets sur murs, lambris, ou sur papier marbre, pour figurer planche sur décors bois.*
Vaut le mètre linéaire 0ᶠ,05 (N° 325).

Nota. — *Le tracé ne sera payé que lorsqu'il aura été réellement exécuté, et non lorsque le filage exécuté n'aura nécessité qu'un repérage.*
(*Observation n° 326.*)

A la suite de cette observation, nous pensons qu'il existe à cet endroit une lacune qu'il suffira de signaler pour la faire apprécier, et peut-être la combler ; en effet, le fait de tracer au crayon un trait quelconque constitue un travail spécial, à part, et qu'il est juste de rétribuer, toutes les fois qu'il sera les préliminaires d'un autre travail à exécuter et qu'il ne sera pas compris dans le prix de ce travail désigné.

Ainsi, par exemple, tracer au crayon la ligne de démarcation d'une frise, dans une cuisine, un couloir, closets, ou autres endroits divers, n'est pas compris dans le prix des couches de peintures qui seront faites après, et pour les tons desquelles il est destiné à trancher, et la Série ne dit pas que dans le prix des couches de peintures à l'huile prévues sous les numéros 201, 202, 203 et 204, est compris un traçage quelconque ; nous voyons donc que le tracé au crayon doit être demandé chaque fois qu'il est exécuté séparément ; cette opération assez négligée joue un rôle important dans les travaux de bâtiment, et il n'y a pas lieu de douter que, si la demande en est faite à bon escient, elle ne reçoive de la part de Messieurs les architectes et vérificateurs un accueil sympathique, et n'oubliez pas, chers lecteurs, qu'il vous est toujours permis de demander votre compte, quand vous avez pour vous le droit et la logique.

Filet sec à l'huile pour joints d'assises,
Vaut le mètre 0ᶠ,10 (N° 327).
Filet étrusque de toutes couleurs à une couche jusqu'à un centimètre de large,
Vaut le mètre 0ᶠ,11 (N° 328).
Galon étrusque de toutes couleurs, à une couche jusqu'à huit centimètres de large,
Vaut le mètre 0ᶠ,19 (N° 329).
Pour chaque centimètre de large en plus,
Vaut le mètre 0ᶠ,01 (N° 330).
Lorsque, par exception et sur un ordre exprès, les filets seront exécutés à deux couches données avec intervalle, moitié en plus (N° 331).

151. Il y a lieu de faire une réserve à cet article, quand, dans les travaux fréquents, de peu d'importance, où il n'y a pas d'architecte pour les diriger, il ne peut être donné d'ordre exprès ; c'est donc à l'entrepreneur de prendre sur lui de donner deux couches aux galons et filets qu'il sera chargé de faire, dans le cas où une couche seule serait matériellement insuffisante pour couvrir, et gazerait sur le fond ; tels les filets en forme tons d'or, roses, vermillon bleu tendre, blancs, fixe, appliqués sur des tons en opposition directe. Dans ce cas, l'entrepreneur ferait bien toutefois, avant de donner la deuxième couche, de faire constater à son client l'inefficacité de la première. Maintenant il existe un moyen d'éviter les contestations quand la deuxième couche, bien que réellement appliquée, prête néanmoins à la discussion, c'est de se réserver *un témoin de* $0^m,50$ *de longueur*, dans une partie insuffisamment éclairée, et de laisser le témoin sur la première couche, afin de bien prouver la différence existante avec le restant du filage ; cette recommandation a son importance, car il se fait annuellement, en France, une quantité de kilomètres de filage étrusque, qui n'a rien de négligeable.

152. *Filet repiqué et adouci, pour tables saillantes ou renfoncées et filets d'épaisseur,*
　　Vaut le mètre linéaire $0^r,18$ (*N*° 332).
Filet repiqué avec épaisseurs ou ombres de 0,03 à 0,05 de large,
　　Vaut le mètre $0^r,24$ (*N*° 333).
Filet pour fausses moulures ombrées avec effet. Chaque filet,
　　Vaut le mètre linéaire $0^r,07$ (*N*° 334)

Compter, suivant l'usage, ceux adoucis d'un côté pour deux, ceux adoucis des deux côtés pour trois.
　　(Observation n° 335 de la Série.)

153. *Le mesurage des fausses moulures devra toujours se faire hors œuvre desdites moulures* (*N*° 336).
Glaçage de contre-champ, à l'intérieur de panneaux en marbre, ou coupe de pierre jusqu'à 0,06 de large,
　　Vaut le mètre linéaire $0^r,14$ (*N*° 339).

Plus-values sur les travaux de filage.

154. *Plus-values de filets droits sur plafonds droits ou rampants, en plus un quart* (*N*° 340).
Plus-values de filets droits sur murs cintrés, concaves, ou convexes, filets horizontaux, en plus un demi (*N*° 341).
Plus-values de filets circulaires sur murs droits, en plus un demi (*N*° 342).
Plus-values de filets circulaires sur plafonds droits ou rampants, une fois en plus (*N*° 343).
Les ronds ou ovales fermés, et les coins ronds de moulures simples ou à crossettes, seront toujours estimés pour un mètre linéaire chaque (*N*° 344).
Tous coins ronds ou coins de tables ou de filets étrusques seront toujours estimés pour un mètre chaque (*N*° 345).

Tous travaux sur fonds pochés, toujours évalués, pour difficulté, en plus un quart (*observation n*° 346).
Tous travaux de filage à la colle ou sur fonds à la colle, en plus un quart (*N*° 347).
Tous les panneaux ne produisant pas un mètre de filage développé, comptés moitié en plus (*N*° 348).

155. Relativement à cette dernière observation (N° 348), pourquoi ne payer des panneaux que *moitié* en plus, parce qu'ils ne produiront pas le mètre de longueur développé, alors que, sous le numéro 344, la série accorde 1 mètre linéaire à tous les ronds et ovales fermés, les coins ronds de moulures simples ou les crossettes ? ne voyez-vous pas dans ces deux articles une inégalité choquante ?
Par exemple :
Vous aurez à faire un coin rond, une ovale, une crossette et une grecque, etc., etc., chacune de ces moulures ne dépassant pas $0^m,50$ de longueur, vous sera payée par la Série, sous le numéro 344, pour un mètre de longueur ;
Si, au lieu de ces coins ronds et divers, vous avez à exécuter un panneau de $0^m,15$ de longueur sur $0^m,10$ de largeur, et développant par conséquent $0^m,50$ linéaire, vous ne serez payé que moitié en plus :
　Soit $0^m,50 \times 0^m,25 = 0^m,75$ (N° 348) ;
Pourquoi cette différence ?
Est-ce que ce travail ne représente pas la même somme de difficultés et de temps à employer ?
Si, alors pourquoi ne pas le payer le même prix ?
Nous estimons donc que chaque fois que des panneaux en filage ne développeront pas 1 mètre linéaire, le métreur devra les demander pour *un mètre*, en se basant sur l'analogie existante avec le numéro 344 de la Série.

156. *Plus-value pour travaux très difficiles sur échafaudages à 4 mètres du sol, un quart en plus* (*N*° 349).

Plus-values non-comprises à la Série.

157. *Filage en peinture au vernis* (*un quart en plus*) ;
Filage en bronze, même plus-value (*un quart*);

Les abouts ou têtes de chanfreins, baguettes, incrustations, cannelures ou similaires, seront comptés pour leur profilage, en raccordement, ou terminaison de moulures à raison de 0ʳ,15 la pièce.

158. Voici ci-dessous un tableau indiquant le nombre des filets à appliquer aux moulures :

Filets de table : un filet, un repique, un adouci ;

Filets de table à gorge : même quantité ;

Double gorge. . . . .   cinq filets ;

Filet gravé. . . . . .   six filets ;

La baguette ronde, . .   six filets ;

Demi-baguette. . . .   même quantité ;

Cannelure. . . . . .   six filets ;

Congé. . . . .   cinq filets ;

Quart-de-rond . . . .   sept filets ;

Cavet avec tables et avant-corps. . . . . .   sept filets ;

Talons et doucines. .   huit filets ;

Quart-de-rond et baguette. . . . .   dix filets ;

Baguettes, cavets et table. . . . .   onze filets ;

Baguette avec talon ou doucine. . . . . .   treize filets ;

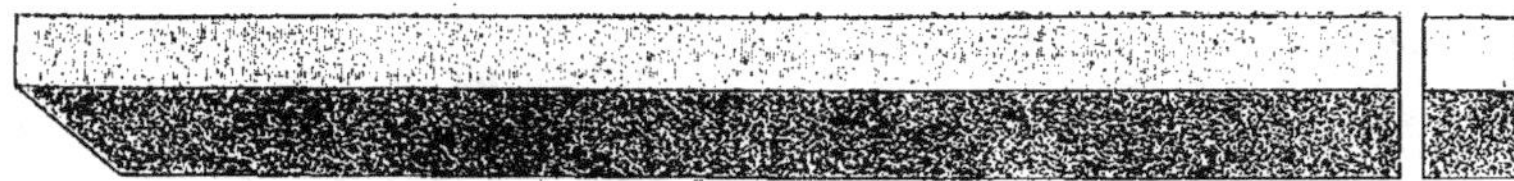

Fig. 31. — Moulure composée de deux filets.

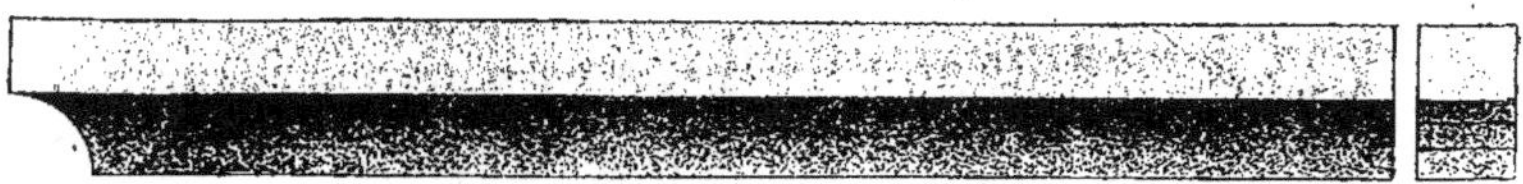

Fig. 32. — Moulure composée de quatre filets.

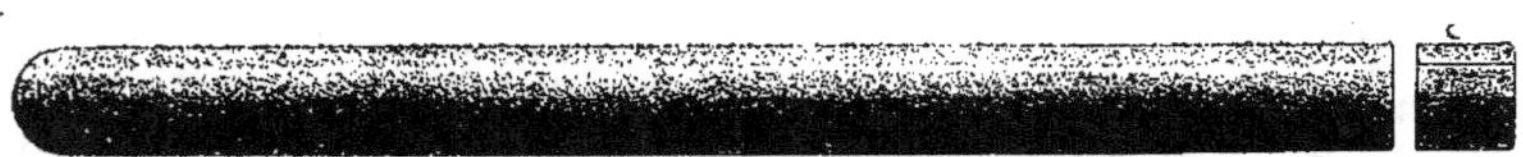

Fig. 33. — Moulure composée de quatre filets.

Baguette, cavet et listel. . . . .   treize filets ;

Baguette, talon et cavet. . . . .   seize filets ;

Baguette, talon et listel. . . . .   quinze filets ;

Large talon renversé et cavet. . . . .   seize filets.

Ce tableau s'entend pour des moulures de 0ᵐ,03 à 0ᵐ,10 de largeur au maximum.

Au-dessus de ces largeurs, les prix seront augmentés proportionnellement.

Pour les larges profils, où les clairs et les repiqués sont remis à deux fois, ils doivent être comptés comme deux filets en plus.

Les ronds, ovales, angles arrondis, angles à crossettes, pour chaque 1 mètre de filage auxquels ils appartiendront comme moulures.

159. Nous publions ci-après quelques figures, représentant des fausses moulures, avec le nombre de filets composant lesdites ; ce tableau peut servir de guide au métreur comme à l'entrepreneur pour composer tous genres de moulures en y appliquant la quantité de filets entrant dans leur composition (*fig.* 31 à 41).

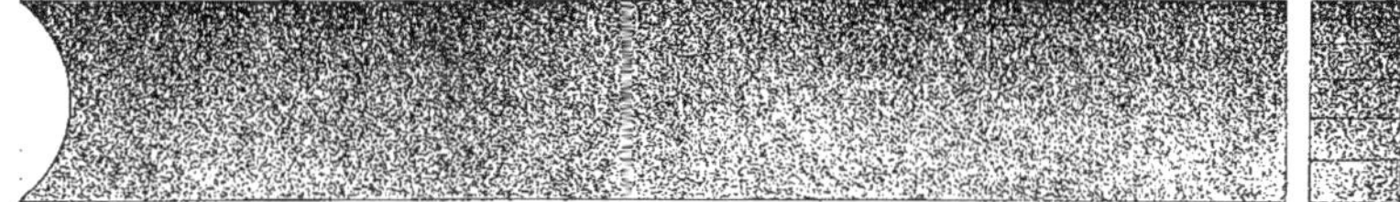

Fig. 34. — Moulure composée de six filets.

Fig. 35. — Moulure composée de six filets.

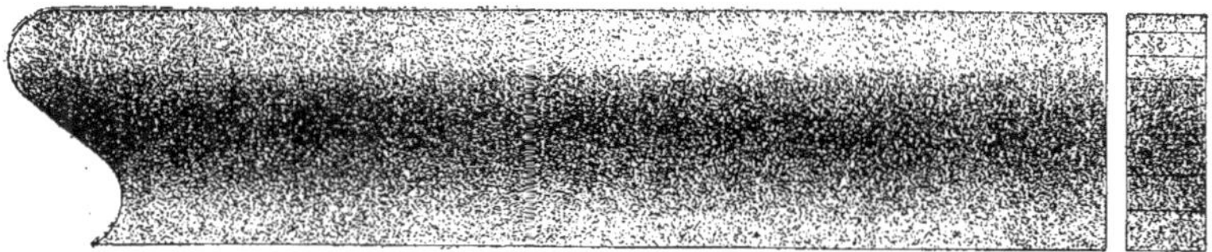

Fig. 36. — Moulure composée de sept filets.

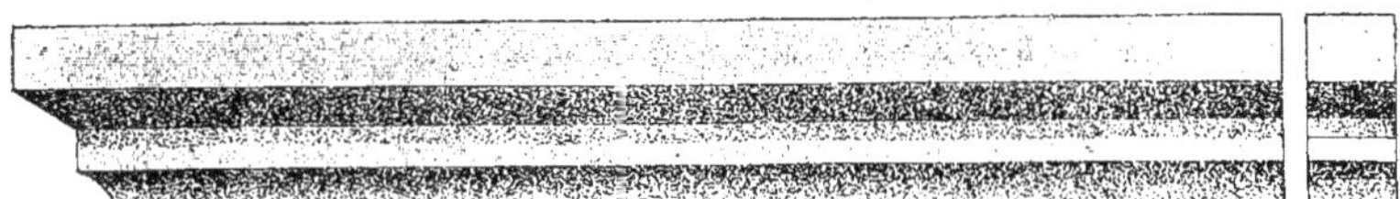

Fig. 37. — Moulure composée de six filets.

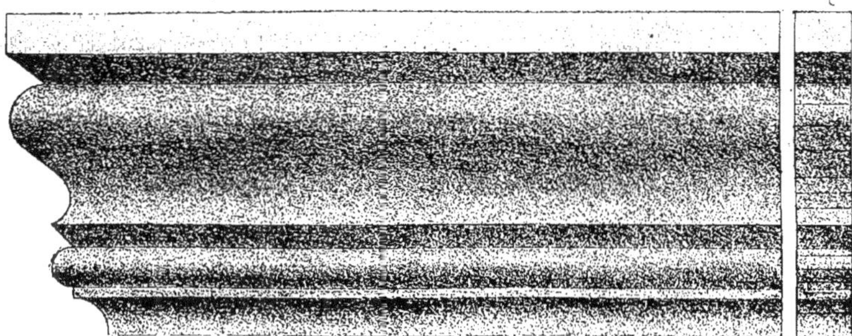

Fig. 38. — Moulure composée de dix-sept filets.

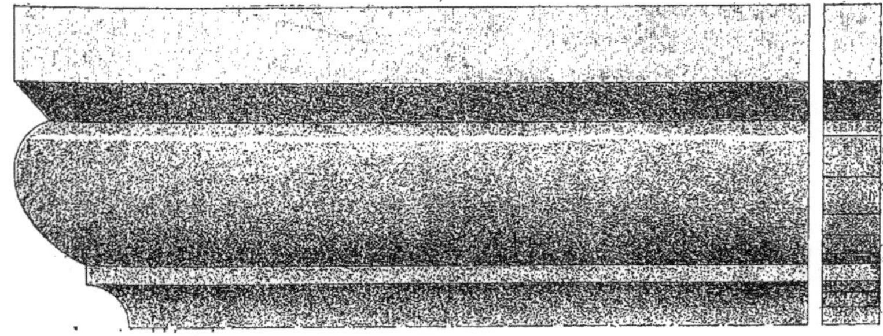

Fig. 39. — Moulure composée de douze filets.

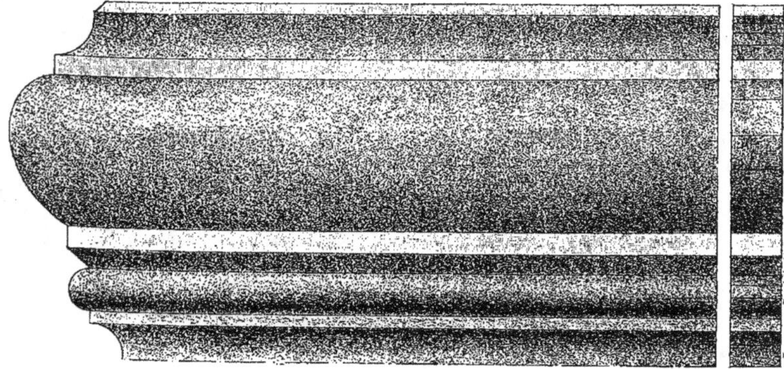

Fig. 40. — Moulure composée de vingt et un filets.

Fig. 41. — Moulure composée de vingt-cinq filets.

160. La figure 42 représente un panneau de filage à doubles grecques, de 160 de hauteur et 100 de largeur.

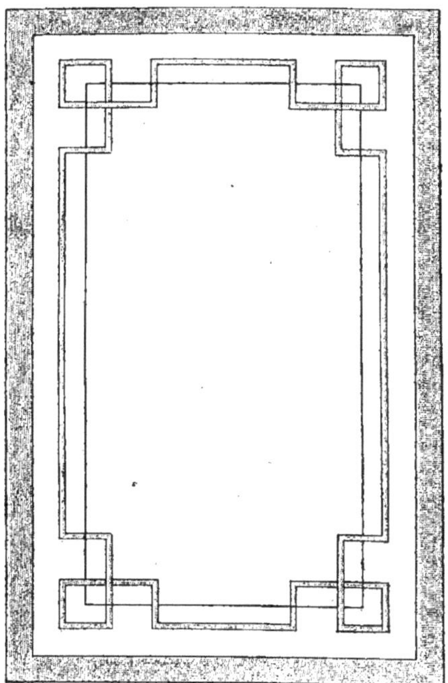

Fig. 42. — Panneau de filage à doubles grecques.

Métrage de ce panneau.

Travaux à une couche, galons extérieurs.

2 montants chaque 1.60.......	3.20	
2 traverses chaque 0.85.......	1.70	
Ensemble............	4.90	
à 0ᶠ,19 le mètre (Nº 329)		0.93

Filets étrusques bordant ce galon :

2 montants chaque 1.60	3.20
2 traverses chaque 1.00	2.00

à l'intérieur de ce galon :

2 montants chaque 1.45	2.90	
2 traverses chaque 0.85	1.70	
Ensemble..............	9.80	
à 0ᶠ,11 le mètre (Nº 328)............		1.07

Petit galon intérieur :

2 montants chaque 0.95.....	1.90	
2 traverses chaque 0.30......	0.60	
A reporter.......	2.50	2.00

Report...........	2.50	2.00
4 grecques fermées pour chaque 1.00 (Nº 345)...........	4.00	
8 coins carrés pour chaque 1.00 (Nº 345)...............	8.00	
Ensemble............	14.50	
à 0ᶠ,19 le mètre (Nº 329)..............		2.75

Double filet étrusque contenant le galon intérieur :

2 fois la longueur du galon ci-dessus chaque 14.50, ensemble	29.00	
à 0ᶠ,11 le mètre (Nº 328)..............		3.20

Filet étrusque formant table :

2 montants chaque 1.25......	2.50	
2 traverses chaque 0.65	1.30	
Ensemble.............	3.80	
à 0ᶠ,11 le mètre (Nº 328)..............		0.40
Total en chiffres ronds pour le panneau		8.35

Pour travail à deux couches compter moitié en plus soit : 4ᶠ,18.

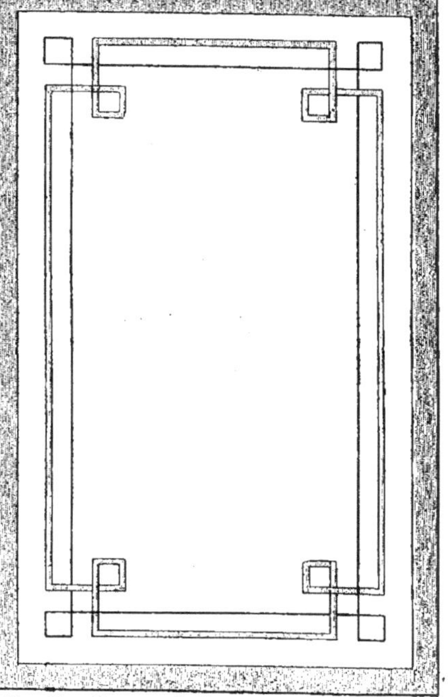

Fig. 43. — Panneau de filage à huit grecques et doubles grecques.

161. La figure 43 représente un panneau de filage à huit grecques et doubles grecques.

Métrage de ce panneau.

Travail à une couche, galon extérieur :
2 montants chaque 1.60 ...... 3.20
2 traverses chaque 0.85....... 1.70

Ensemble............. 4.90
à 0f,19 le mètre 0.93
Filet étrusque bordant ce galon à l'extérieur :
2 montants chaque 1.60 ...... 3.20
2 traverses chaque 1.00 ...... 2.00
à l'intérieur de ce galon :
2 montants chaque 1.45...... 2.90
2 traverses chaque 0.85 ...... 1.70

Ensemble............. 9.80
à 0f,11 le mètre..................... 1.07
Petit galon intérieur :
2 montants chaque 1.20..... 2.40
2 traverses chaque 0.60 ..... 1.20
4 grecques fermées :
Chaque 1.00 (No 345)........ 4.00
4 coins carrés chaque 1.00
(No 345)........................ 4.00

Ensemble............ 11.60
à 0f,19 le mètre..................... 2.20
Filet étrusque certissant ce galon :
2 fois la longueur ci-dessus chaque
11.60, ensemble.............. 23.20
à 0f,11 le mètre..................... 2.55
Filet étrusque formant table entre les
deux galons :
2 montants chaque 1.45...... 2.90
2 traverses chaque 0.75....... 1.50
4 grecques fermées chaque 1.00
comme précédemment 4.00

Ensemble............. 8.40
à 0f,11 le mètre..................... 0.92

Total pour ce panneau, en chiffres ronds 7.65

Pour ce même travail à deux couches, compter *moitié en plus*.

162. La figure 44 représente un panneau de filage avec crossettes et motifs
d'angles au poncif.

Métrage de la figure 44.

Travail à une couche, galon extérieur :
2 montants chaque 1.60...... 3.20
2 traverses chaque 0.85 ...... 1.70

Ensemble............. 4.90
à 0f.19 le mètre 0.93
Filets étrusques bordant ledit galon
extérieurement :
2 montants chaque 1.60 ...... 3.20
2 traverses chaque 1.00 ...... 2.0)

A reporter...... 5.20 0.93

Fig. 44. — Panneau de filage avec crossettes et
motifs d'angles au poncif.

Report......... 5.20 0.93
à l'intérieur de ce galon :
2 montants chaque 1.45...... 2.90
2 traverses chaque 0.85 ...... 1.70

Ensemble............. 9.80
à 0f,11 le mètre 1.07
Petit galon intérieur :
2 montants chaque 1.20 ...... 2.40
2 traverses chaque 0.60 ...... 1.20
8 crossettes avec tenon d'attaches pour chaque 1.00 (No 344)
de la Série.................... 8.00

Ensemble............ 11.60
à 0f,19 le mètre..................... 2.20
Double filet étrusque certissant ce
petit galon, 2 fois la longueur ci-dessus
chaque 11.60, ensemble....... 23.20
à 0f,11 le mètre 2.55
4 motifs d'ornements à palmettes et
culot tracés au poncif et finis à main-
levée à 0f,75 l'un 3.00
(pour l'estimation de ce prix se reporter
aux sous-détails donnés plus haut, après
la figure représentant un poncif.)

Total de ce panneau à une couche .. 9.75

Travail à deux couches (*moitié en plus*).

163. Si, dans ce panneau, les ornements d'angles étaient faits au pochoir, ils devraient subir une moins-value et compter d'après le sous-détail de l'estimation faite ci-dessus à l'article *pochoir*.

164. La figure 45 représente un pan-

Fig. 45. — Panneau de filage avec coins carrés, macarons et motifs d'angle au poncif.

neau de filage avec coins carrés, macarons et motifs d'angles au poncif.

Métrage de la figure 45.

Travaux à une couche, galon extérieur
2 fois 1.60	3.20	
2 fois 0.85	1.70	
Ensemble...............	4.90	
à 0ᶠ,19 le mètre		0.93

Filets étrusques bordant ce galon extérieurement :
2 fois 1.60	3.20	
2 fois 1.00	2.00	
A reporter......	5.20	0.93

Report............	5.20	0.93

intérieurement :
2 fois 1.45...................	2.90	
2 fois 0.85...................	1.70	
Ensemble............	9.80	
à 0ᶠ,11 le mètre.....................		1.07

Petit galon intérieur :
2 montants chaque 1.15	2.30	
2 traverses chaque 0.55	1.10	
3 quarts de cercles pour chaque 1.00, lien compris	8.00	
4 macarons pour chaque 1.00.	4.00	
Ensemble.............	15.40	
à 0ᶠ,19 le mètre.....................		2.92

Double filet étrusque certissant ledit 2 fois la longueur ci-dessus chaque 15.40, ensemble........	30.80	
Moins 4 fois le diamètre intérieur des macarons chaque 1.00	4.00	
Reste................	26.80	
à 0ᶠ,11 le mètre.....................		2.95
4 ornements à angles doubles et faits au poncif et finis à la main à 0ᶠ,80 l'un.		3.20
Total pour ce panneau, en chiffres ronds		11.05

Fig. 46. — Panneau de filage à coins carrés et macarons.

Pour travail à deux couches *moitié en plus.*

Pour travaux exécutés au pochoir, mêmes observations que pour la figure précédente.

165. La figure 46 représente un panneau de filage à coins carrés et macarons.

Métrage de ce panneau.

Travaux à une couche, galon extérieur :
2 montants chaque 1.60 ...... 3.20
2 traverses chaque 0.85 ...... 1.70

Ensemble............ 4.90
à 0ᶠ,19 le mètre 0.93
Filets étrusques bordant ce galon extérieurement :
2 montants chaque 1.60....... 3.20
2 traverses chaque 1.00 ...... 2.00
intérieurement :
2 montants chaque 1.45 ...... 2.90
2 traverses chaque 0.85 ...... 1.70

Ensemble............. 9.80
à 0ᶠ,11 le mètre 1.07
Petit galon intérieur :
2 montants chaque 1.20 ...... 2.40
2 traverses chaque 0.60 ...... 1.20
4 coins carrés chaque 1.00
(Nᵒ 345) 4.00

Ensemble............ 7.60
à 0ᶠ,19 le mètre.................... 1.44
Double filet étrusque pour certi :
2 fois la longueur du galon intérieur
chaque 7.60, ensemble 15.20
à 0ᶠ,11 le mètre.................... 1.67
Pochage de 4 macarons, pour chaque
1.00 de galon étrusque, ensemble. 4.00
à 0ᶠ,19 le mètre 0.76
Autour des macarons pour les certis :
4 filets circulaires pour chaque 1.00,
ensemble 4.00
à 0ᶠ,11 le mètre 0.44

Ensemble du panneau............. 6.30

Pour travail exécuté à deux couches, compter *moitié en plus.*

166. La figure 47 représente un panneau de filage avec angles doubles circulaires et crossettes, de 1.60 et 1.00.

Métrage du panneau.

Travaux à une couche, galon large extérieur :
2 montants chaque 1.60 ...... 3.20
2 traverses chaque 0.85 ...... 1.70

Ensemble............ 4.90

Fig. 47. — Panneau de filage avec angles doubles circulaires et à crossettes.

à 0ᶠ,19 le mètre 0.93
Autour dudit, filets étrusques, ceux extérieurs :
2 montants chaque 1.60 ...... 3.20
2 traverses chaque 1.00 ...... 2.00
ceux intérieurs :
2 montants chaque 1.45 ...... 2.90
2 traverses chaque 0.85....... 1.70

Ensemble............ 9.80
à 0ᶠ,11 le mètre.................... 1.08
Petit galon intérieur :
2 montants chaque 1.10..... 2.20
2 traverses chaque 0.45 ..... 0.90
8 angles circulaires et à crossettes chaque 1.00........... 8.00

Ensemble............ 11.10
à 0ᶠ,19 le mètre 2.10
Double filet étrusque entourant ledit :
2 fois la longueur ci-dessus chaque
11.10, ensemble............... 22.20
à 0ᶠ,11 le mètre 2.44

A reporter................ 6.55

Report.................... 6.55
4 ornements à angles intérieurs tracés
au poncif et finis à main-levée à 0.50 l'un. 2.00
4 culots extérieurs exécutés de la
même façon à 0.25 l'un 1.00

Ensemble du panneau.............. 9.55

Pour travaux à deux couches, *moitié en plus*.

167. La figure 48 représente un pan-

Fig. 48. — Panneau de filage avec angles circulaires,
feuilles et brindilles d'encadrement.

neau de filage avec angles circulaires,
feuilles et brindilles d'encadrement.

Métrage du panneau,

Travaux à une couche, galon extérieur :
2 montants chaque 1.60..... 3.20
2 traverses chaque 0.85...... 1.70

Ensemble............ 4.90
à 0f,19 le mètre.................... 0.93

A reporter............. 0.93

Report.................... 0.93
Filets étrusques entourant ce galon,
ceux extérieurs :
2 montants chaque 1.60..... 3.20
2 traverses chaque 1.00..... 2.00
ceux intérieurs :
2 montants chaque 1.45..... 2.90
2 traverses chaque 0.85..... 1.70

Ensemble............ 9.80
à 0f,11 le mètre..................... 1.07
Petit galon intérieur :
2 montants chaque 1.10..... 2.20
2 traverses chaque 0.50..... 1.00
4 angles circulaires chaque 1.00 4.00

Ensemble............ 7.20
à 0f,19 le mètre 1.3
Doubles filets certissant ledit :
2 fois la longueur ci-dessus chaque
7.20, ensemble.............. 14.40
à 0f,11 le mètre..................... 1.58
Cours de feuilles et brindilles, tracés
au poncif et finis à main-levée :
2 fois 1.50 .... 3.00
2 fois 0.75 .... 1.50

Ensemble............ 4.50
Plus-value de circulaire moitié en plus 2.25

Ensemble............ 6.75
à 2f,50 le mètre.................... 16.85

Ensemble du panneau en chiffres
ronds............................ 21.80
Pour travaux exécutés à deux couches
moitié en plus.

168. La figure 49 représente un panneau de filage avec angles et motifs milieux à la grecque.

Métrage.

Travaux à une couche, galon extérieur :
2 montants chaque 1.60..... 3.20
2 traverses chaque 0.85..... 1.70

Ensemble............ 4.90
à 0f,19 le mètre.................... 0.93
Filets étrusques entourant ce galon,
extérieurement :
2 fois 1.60 .... 3.20
2 fois 1.00 .... 2.00
intérieurement :
2 fois 1.45 .... 2.90
2 fois 0.85 .... 1.70

Ensemble............ 9.80
à 0f,11 le mètre..................... 1.07

A reporter............. 2.00

Fig. 49. — Panneau de filage avec angles grecs et
motifs grecs au milieu.

Fig. 50. — Panneau de filage avec cours de grecques à l'intérieur.

Report................ 2.00
Petits galons à angles grecs :
4 fois 0.60 .... 2.40
4 fois 0.30 .... 1.20
4 angles à double grecque
chaque 2.00................. 8.00
4 motifs, à chaque deux grecques et crossettes relevées, pour
chaque 2.00 (N° 344 de la série
compte deux fois)............ 8.00
4 larmes, pour chaque 0.50
(estimation suffisante)........ 2.00
____
Ensemble........... 21.60
à 0f,19 le mètre 4.10
Doubles filets certissant ledit :
2 fois la longueur ci-dessus chaque
21.60, ensemble............ 43.20
à 0f,11 le mètre.................. 4.75
____
Ensemble du panneau........... 10.85
Le même panneau exécuté à deux
couches, *moitié en plus.*

169. La figure 50 représente un pan-

neau de filage décoratif avec cours de
grecques à l'intérieur, de 1.60 $\times$ 1.00.

Métrage.

Travaux à une couche, galon extérieur :
2 montants chaque 1.60 ..... 3.20
2 traverses chaque 0.85 ..... 1.70
____
Ensemble........... 4.90
à 0f,19 le mètre.................... 0.93
Filets étrusques au pourtour dudit
extérieurement :
2 fois 1.60................ 3.20
2 fois 1.00................ 2.00
intérieurement :
2 fois 1.45 .... 2.90
2 fois 0.85 .... 1.70
____
Ensemble........... 9.80
à 0f,11 le mètre.................... 1.07
Petit galon composant le cours de
grecques :
24 motifs à double grecque pour
chaque 2.00................ 48.00
____
A reporter...... 48.00   2.00

Report......... 48.00   2.00
4 macarons chaque 1.00....   4.00

    Ensemble..........: 52.00
à 0ᶠ,19 le mètre...................   9.88
Double filet étrusque certissant lesdits
2 fois la longueur ci-dessus, chaque
52.00..................... 104.00
à 0ᶠ,11 le mètre....................   11.44
  4 motifs d'angles au poncif à 0ᶠ,25 l'un   1.00
Filet étrusque intérieur formant table
2 montants chaque 0.95....   1.90
2 traverses chaque 0.40....   0.80
8 coins ronds chaque 1.00..   8.00

    Ensemble.......... 10.70
à 0ᶠ,11 le mètre....................   1.18

Ensemble du panneau............ 25.50

Le même panneau à deux couches, *moitié en plus.*

Fig. 51. — Panneau de filage à coins ronds, cours de godrons intérieurs et table saillante formée par des demi-cercles.

170. La figure 51 représente un panneau de filage décoratif à coins ronds, cour de godrons intérieur, et table saillante formée par des demi-cercles, de 1.60 × 1.00.

Métrage.

Travaux à une couche, galon extérieur étrusque :
2 montants chaque 1.20.....   2.40
2 traverses chaque 0.70.....   1.40
4 coins ronds évalués chaque
1.00 (Nº 344 de la Série).......   4.00

    Ensemble........... 7.80
à 0ᶠ,19 le mètre...................   1.48
Filets étrusques bordant ledit extérieurement :
2 fois 1.20...................   2.40
2 fois 0.70 ....   1.40
4 coins ronds chaque 1.00   4.00
intérieurement :
2 fois 1.20 ....   2.40
2 fois 0.70 ....   1.40
4 coins ronds chaque 1.00...   4.00

    Ensemble........... 15.60
à 0ᶠ,11 le mètre....................   1.72
En avant de ce grand galon, petit galon extérieur du cours de godrons :
2 montants chaque 1.20.....   2.40
2 traverses chaque 0.70......   1.40
4 coins ronds chaque 1.00 ...   4.00
Celui intérieur du cours de godrons :
2 fois 1.00...................   2.00
2 fois 0.50 ....   1.00
4 coins ronds chaque 1.00...   4.00

    Ensemble........... 14.80
à 0ᶠ,19 le mètre...................   2.81
Filets étrusques certissant lesdits :
2 fois la longueur ci-dessus chaque
14.80, ensemble............. 29.60
à 0ᶠ,11 le mètre....................   3.25
36 godrons et macarons comme galons étrusques évalués chaque 1.00 (Nº 345 de la Série), et vu leurs extrémités circulaires, ensemble ... 36.00
à 0ᶠ,19 le mètre 6.84
Filet étrusque même longueur   36.00
à 0ᶠ,11 le mètre....................   3.96
Filets étrusques formant table
28 anneaux circulaires, pour
chaque 1.00, ensemble....... 28.00
à 0ᶠ,11 le mètre....................   3.08
Galon étrusque en élégi même longueur................... 28.00
à 0ᶠ,19 le mètre...................   5.32

Ensemble du panneau............ 29.45

Même travail à deux couches, *moitié en plus.*

171. Figure 52, représentant un panneau de filage Louis XVI à fausses moulures à coins ronds et doubles crossettes de 1.60 × 1.00.

Fig. 52.

Métrage.

Travaux de fausses moulures Louis XVI à 20 filets.

2 montants chaque 1.20. ...	2.40
2 traverses, chaque 0.50....	1.00
8 coins carrés (N° 345 de la série), chaque 1.00..........	8.00
4 coins ronds (N° 344 de la série) chaque 1.00	4.00
Ensemble..........	15.40
à 1f,40 le mètre.....................	21.56

Tracé préparatoire au crayon (N° 325).

2 fois la longueur ci-dessus, chaque 15.40................	30.80
à 0.05 le mètre.	1.55
Ensemble du panneau......	23.11

172. Figure 53, panneau de filage en fausses moulures à coins ronds, sans crossettes, de 1.60 × 1.00.

Fig. 53.

Métrage.

Travaux de fausses moulures Louis XV à 20 filets :

2 montants, chaqué 1.20....	2.40
2 traverses, chaque 0.65....	1.30
4 coins ronds, chaque 1.00..	4.00
Ensemble..........	7.70
à 1f,40 le mètre.....................	10.78

Tracé au crayon.

2 fois la longueur ci-dessus, chaque 7.70, ensemble..............	15.40
à 0f,05 le mètre....................	0.77
Ensemble du panneau.............	11.55

Corde au mètre linéaire.

173. *Fausses cordes modelées à un ton
ombrées et éclairées,
Vaut le mètre linéaire 2 francs
(N° 350 de la série)*

*Cordes feintes sur baguettes,
Vaut le mètre linéaire 2ʳ,75·
(N° 351 de la série)*

*Cordes feintes à deux tons alternés,
Plus-value pour ce genre de travail un
quart en plus,
(Observation N° 352)*

Coutil au mètre linéaire.

174. *De toutes couleurs les larges filets
comptés comme galons, 0ʳ,19 le mètre linéaire,
(N° 329 de la série)*

*Les autres filets au-dessous de 1 centi-
mètre de largeur, tracé et distribution compris,
Vaut le mètre linéaire 0ʳ,08
(N° 353)*

Relativement à ce dernier prix de 0ʳ,08
le mètre linéaire. accordé pour faire des
filets étrusques, imitant le coutil, nous pensons qu'une erreur a pu se glisser, lors de
la composition typographique, de la Série
de 1897 ; car, il ne se comprend pas bien
qu'un filet étrusque à une couche, jusqu'à
1 centimètre de large, soit payé 0ʳ,11 le
mètre par le N° 330 (encore que dans ce
travail, il ne soit pas stipulé que le traçage
au crayon soit compris dans le sens indiqué), que ce même filet étrusque ne soit
payé, y compris le tracé, que 0ʳ,08 le
mètre par le N° 353. Nous sommes convaincus qu'il suffit de signaler cette erreur pour que justice en soit faite.

175. *Plus-values pour coutil exécuté
sur jalousies vraies ou feintes, moitié en
plus.*

Observation N° 354

Cet article, comme le précédent, est
sujet à controverse; en effet, en se rendant compte de la façon dont se fait le
travail, on s'aperçoit de suite qu'il est
quelque peu erroné.

En effet, le filage de coutil sur fausse
jalousie se fait à plat comme le coutil sur
un store ou une banne quelconque, tandis
que, pour faire le coutil sur une vraie
jalousie cela ne peut se faire que *lame
par lame*, ou lesdites démontées et placées
de rives les unes à côté des autres, afin de
faire les filets et galons réguliers et se
correspondant lames par lames ; c'est un
travail qui *vaut le double comme rémunération*, alors que celui sur fausse jalousie est suffisamment payé, sans *plus-
value* de façon.

Au métreur de faire son profit de ces

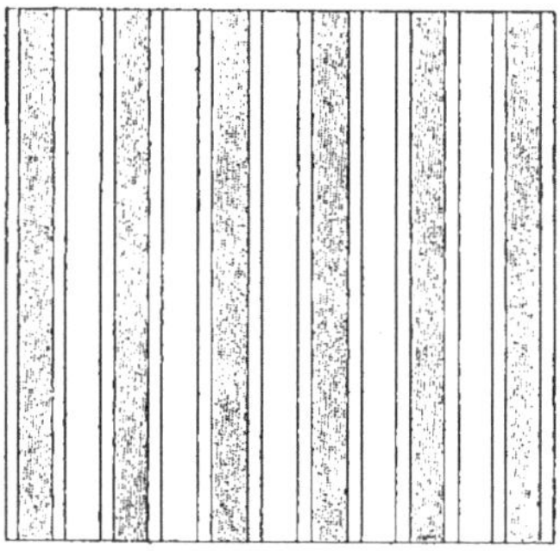

Fig. 54.

réflexions et d'établir sa demande en conséquence avec indication détaillée du
travail, tel qu'il est fait.

176. Figure N° 54 représentant une
partie de coutil à galons et filets étrusques.

*Métrage pour 1 mètre superficiel de la
figure 54 (suivant la série).*

Galons étrusques à 1 couche :

6 fois 1.00 . . . . 6.00
à 0ʳ,19 le mètre (N° 329) 1.14
  Filets étrusques à une couche :
12 fois 1.00 . . . . 12.00
à 0ʳ,08 le mètre 0.96
  Ensemble pour 1 mètre superficiel
de coutil à galons 2.10

177. Figure n° 55, représentant une
partie de coutil, à filets seuls.

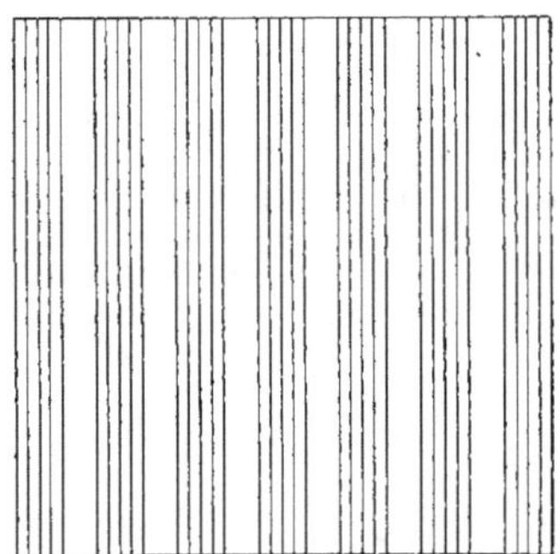

Fig. 55.

*Métrage de la figure N° 55
(suivant la série).*

Filets étrusques à une couche :

35 montants, chaque 1.00... 3 500
à 0.08 le mètre soit pour 1 mètre superficiel............................... 2.80

178. Figure 56 représentant un panneau de coutil de 1.00 × 1.00 à galons
seuls.

Fig. 56.

*Métrage de la figure 56 pour 1 mètre
superficiel galons à une couche (suivant
la série).*

10 fois 1.00........ 10.00
à 0ᶠ,19 le mètre donne
par mètre superficiel.. 1.90

179. Plus-values afférentes à ces différents coutils, et dont il n'est pas parlé à
la série.

Lorsque le faux coutil sera exécuté à
l'échafaudage volant ou à la grande
échelle, les prix seront augmentés de *un
quart.*

Lorsque le faux coutil sera exécuté sur
étoffe, les prix seront augmentés de *un
tiers.*

Lorsque le faux coutil sera exécuté sur
plâtre cru, en raison de l'absorption du
plâtre, les prix seront augmentés de
moitié.

Lorsque le faux coutil sera exception-
nellement exécuté en deux couches, les
prix devront être augmentés de *moitié.*

Lorsque les faux coutils à galons et
filets seront exécutés en deux tons, pour
temps perdu aux changements de godets
et brosses à filer, les prix seront augmentés de un *dixième.*

180. Il arrive quelquefois que l'entrepreneur a à faire du faux coutil ornementé,
soit sur baraquements en bois, murs, ba-
volets de devantures, etc., ce travail
n'étant pas prévu à la Série, voilà, à
notre avis, de quelle façon il pourrait être
demandé comme rémunération.

Figure 57 représentant un lambrequin
décoré en fausse corde. filets étrusques
et galons à deux tons avec pendantifs,
de 2.00 × 0.90.

Métrage de la figure 57.

Fausse corde modelée et ombrée à deux tons
alternés.
22 torons rehaussés à 0ᶠ,15
l'un...................... 3.30
Filets étrusques, verticaux et
horizontaux (travaux à une
couche).
16 chaque 0.40 .....   6.40
24 chaque 0.70...... 16.80
5 chaque 2.00 ...... 10.00

Ensemble. ... 33.20
à 0ᶠ,11 le mètre............. 3.65
Galon étrusque de
2.00.................. 2.00
à 0ᶠ,19 le mètre............. 0.37
Pendentifs.
Les galons à une couche.

A reporter..:....... 7.32

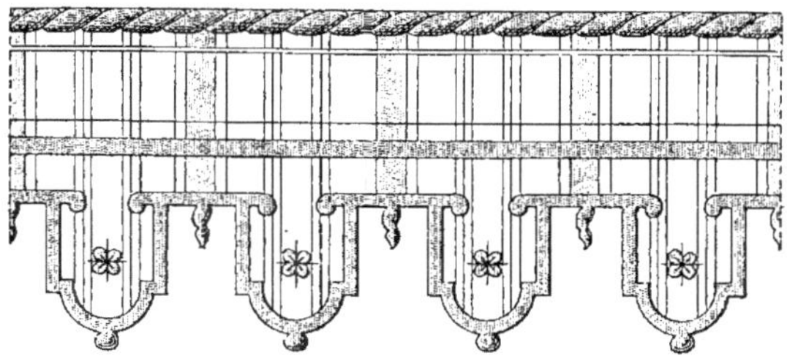

Fig. 57.

Report.............	7.32
8 crossettes chaque 1.00................	8.00
8 coins carrés chaque 1.00................	8.00
8 coins ronds chaque 1.00................	8.00
8 montants arrêtés à coins carrés chaque 1.00	8.00
Ensemble	32.00
à 0ᶠ,19 le mètre.............	6.08
4 flammes ombrées et rehaussées et éclairées à 0ᶠ,25 l'une..	1.00
4 boules sous-pendentifs même travail à 0ᶠ,15 l'une....	0.60
Ensemble..........	15.00
Soit pour 1 mètre de longueur.......	7.50

Faux treillage ombré repiqué avec les liens d'attaches

181. Ce genre de travail n'a pas été été prévu par la Série ; il se fait cependant fréquemment dans les travaux d'embellissement, quand il s'agit par exemple de dissimuler la vue d'un mur de clôture. Son emploi est tout indiqué sur les murs de jardins, de grande cour, péristyle champêtres, etc., etc.

Ce faux treillage se fait :

A plat par carrés réguliers ;

A plat par losanges ;

A plat avec encadrements carrés, circulaires, ou carrés et circulaires ;

A plat en perspective.

Nous donnons ci-dessous quelques figures représentant des faux treillages.

182. Figure 58 représentant 1 mètre superficiel de faux treillage et composé de 36 carrés réguliers.

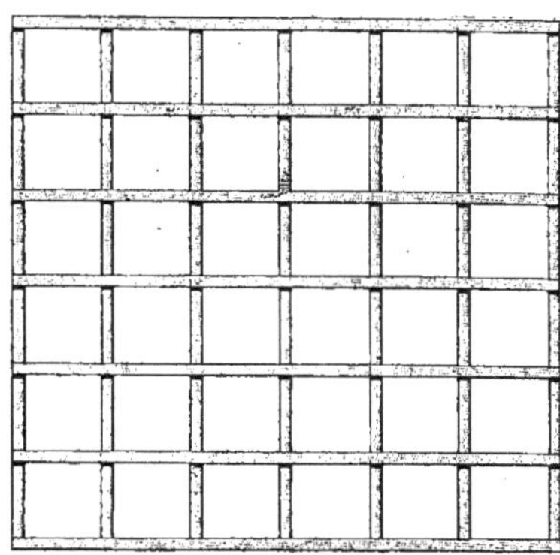

Fig. 58.

Métrage de la figure 58.

Pour imiter le faux treillage.
Bandes à plat comme galon étrusque à une couche.

7 montants chaque 1.00................	7.00
7 traverses chaque 1.00................	7.00
Ensemble	14.00
à 0ᶠ,19 le mètre (Nº 329 de la série), produit	2.66
Un filet pour imiter l'ombre portée, même longueur totale, soit................. 1.400 à 0ᶠ,07 le mètre (Nº 334)......	0.98
A l'opposé un filet en adouci, même longueur 14.00 à 0.07 le mètre.................	0.98
A reporter..........	4.62

Report............. 4.62

A la rencontre des montants et traverses.

72 filets formant ombres pour croisements à 0ʳ.02 l'un...... 1.44

Au préalable.

Tracé au crayon pour la distribution nécessaire.

14 fois 1.00....... 14.00
à 0ʳ,05 le mètre Nº 325....... 0.70

Total pour 1 mètre superficiel...... 6.76

Nota. — Les treillages pouvant se faire avec un nombre de mailles indéterminé au mètre superficiel, il semble juste d'augmenter, ou de diminuer le prix de la figure 58 de *quinze pour cent* pour chaque rang de mailles en plus, ou en moins.

Le treillage à deux couches, pour les galons seulement, moitié en plus.

183. Figure nº 59 représentant un mètre superficiel de faux treillage composé de losanges réguliers.

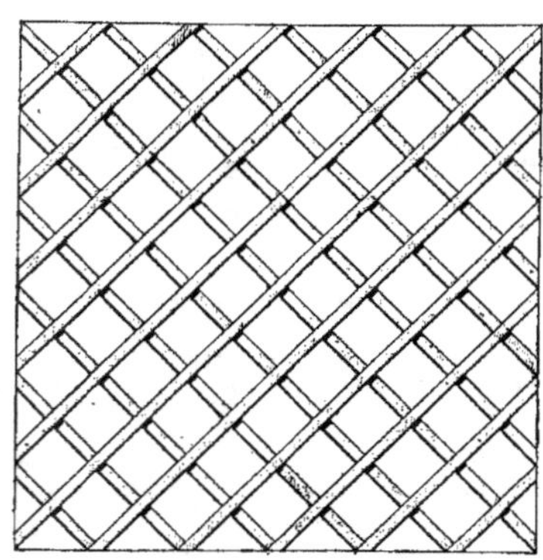

Fig. 59.

Métrage de la figure 59.

Bandes à plat comme galons étrusques à une couche :

2 montants, chaque 1.00.... 2.00
2 traverses, chaque 1.00.... 2.00

Diagonales :

4, chaque 0 ,25........... 1.00
4, » 0 ,50........... 2.00

A reporter........... 7.00

Report............. 7.00
4, chaque 0 ,75........... 3.00
4, » 1 ,00........... 4.00
4, » 1 ,20........... 4.80
2, » 1 ,40........... 2.80

Ensemble.......... 21.60
à 0ʳ,19 le mètre..................... 4.10

Un filet d'ombre portée,
même longueur.............. 21.60
à 0ʳ,07 le mètre..................... 1.51

Un filet adouci pour clair,
même longueur.............. 21.60
à 0ʳ,07 le mètre..................... 1.51

126 arrêts de croisements à 0.02 l'un.. 2.52

Traçage au crayon pour la distribution ; longueur totale des galons ensemble.................... 21.60
à 0ʳ,05 le mètre..................... 1.08

Total pour 1 mètre superficiel...... 10.72

Le treillage, dont les galons seraient répartis à deux couches, vaudrait *moitié en plus.*

Pour chaque rang de mailles, en plus, ou en moins, augmenter ou diminuer le prix de 15 0/0.

184. La figure 60 représente une partie de faux treillages, à plat, avec lignes droites et circulaires, et fond figuré en perspective. Panneau supposé de 6ᵐ,70 de hauteur sur 4ᵐ,75 de largeur.

Métrage de la figure 60.

Bandes à plat comme galons étrusques à une couche :

4 montants, chaque 6.70.... 26.80
4 traverses, chaque 3.90.... 15.60

Ensemble.......... 42.40

intérieurement :

2 montants, chaque 5.25.... 10.50
2 traverses, chaque, 3.25.... 6.50
36 traverses arrêtées, pour chaque 1.00................. 36.00
64 cercles pour chaque 1.00 de longueur................. 64.00

Longueur.......... 159.40
à 0ʳ,19 le mètre..................... 30.28

Filet d'ombre,
même longueur.............. 159.40
à 0ʳ,07 le mètre..................... 11.15

Filet adouci pour clair,
même longueur.............. 159.40
à 0ʳ,07 le mètre..................... 11.15

80 croisements de montants et traverses, à 0ʳ,02 l'un................. 1.60

A reporter............... 54.18

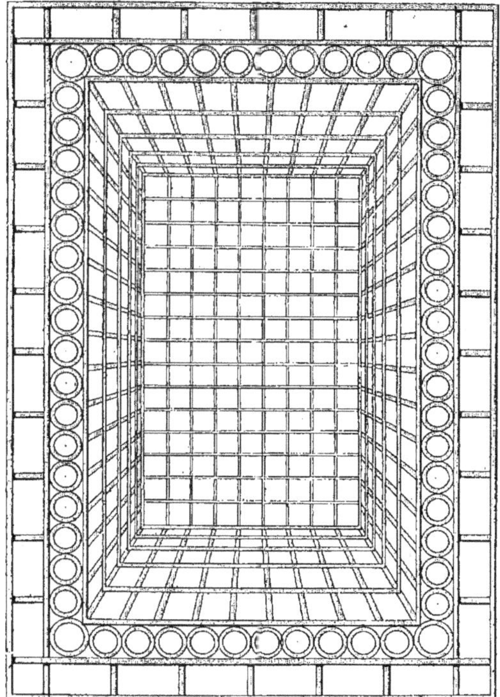

Fig. 60.

Report.................. 54.18	*Report*.................. 159.40

256 croisements *idem*, pour cercles
à 0ᶠ,02 l'un....................... 5.12
Dans l'intérieur des panneaux, filet
d'épaisseur adouci et repiqué.
　Cadre et fond,
375 carrés de perspective, pour
chaque 1.00 de longueur, soit　375.00
à 0ᶠ,18 le mètre.................... 67.50
294 croisements à effets ombrés, et
clairs à 0ᶠ,02 l'un................. 5.88
　Le tracé au crayon,
une fois la longueur de..... 159.40
une fois la longueur de..... 375.00
　　　　　　　　　　　　————
　　Ensemble.......... 534.40
à 0ᶠ,05 le mètre.................... 26.72
　　　　　　　　　　　　————
　　Ensemble.............. 159.40
　　　　　　　　　　　　————
　A reporter................. 159.40

Plus-value pour travail décoratif,
tracé exceptionnel et étude de la perspective; une fois en plus........... 159.40
　　　　　　　　　　　　　　　————
　Total pour le panneau............ 318.80

Ce qui, réduit à l'unité, donne au
mètre superficiel une valeur de. .　10ᶠ,00
en chiffres ronds.

Travail à deux couches *moitié en plus*.

Pour mailles plus petites ou plus grandes
15 0/0 *en plus ou en moins*, sans préjudice
de toutes les plus-values de sujétion, échafaudage, etc., etc.

185. La figure 61 représente une partie
de faux treillage décoratif et en perspective.

Panneau supposé de 7 mètres de haut
sur 4ᵐ,75 de large.

Fig. 61.

Bandes à plat pour galons étrusques, travail exécuté à une couche.

Métrage de la figure 61.

Pour travaux à une couche.
Bandes à plat, comme galons étrusques.
Clef de voûte.

2 montants chaque 0.50...	1.00
4 diagonales arrêtées pour chaque 1.00	4.00
2 montants milieu arrêtés *idem* chaque 1.00..........	2.00
Traverse haute.	
Une longueur de 3.55.....	3.55
Ecoinçons au-dessous de la voûte.	
A reporter........	10.55

Sciences générales.

Report.....	10.55
2 fois 0ᵐ,40 (arrêtées pour chaque 1.00)................	2.00
2 fois 0ᵐ,80 pour chaque 1.00......................	2.00
2 fois 1ᵐ,20	2.40
2 » 1ᵐ,60	3.20
2 » 0ᵐ,60 pour chaque 1.00 étant arrêté circulairement	2.00
4 parties de 0.20 arrêtées circulairement pour chaque 1.00	4.00
Dans l'autre sens.	
20 parties d'inégales longueurs arrêtées sur circulaire pour chaque 1.00	20.00
A reporter	46.15

Report.......... 46.15

Plafond de voûte.

8 arceaux circulaires chaque 4.00 .... 32.00

Moitié en plus pour circulaires 16.00

17 traverses chaque $1^m,50$ réduit de longueur 25.50

Piédroits sous l'astragale.

14 montants chaque 3 60 . 50.40

30 traverses chaque 0.80 pour moyenne de réduit 24.00

Entre piédroits, pilastres, voûte et écoinçoins.

28 traverses arrêtées pour chaque $1^m,00$ de longueur... 28.00

Deux pilastres.

4 montants chaque 6.50 .. 26.00

24 traverses chaque 0.50 pour chaque 1.00 ensemble.. 24.00

92 côtés de losanges arrêtés pour chaque 1.00 .... 92.00

92 diagonales arrêtées comme précédemment chaque 1.00 .... 92.00

24 cercles fermés, dont deux demi-cercles arrêtés, pour chaque 1.00 .... 24.00

Ensemble 480.05
à $0^f,19$ le mètre.................. 91.20

Filet d'ombre portée, même longueur.................. 480.05
à $0^f,07$ le mètre................... 33.60

Filet adouci, pour clairs, même longueur........... 480.05
à $0^f,07$ le mètre................... 33.60

914 croisements en ombre portée à $0^f,02$ l'un...................... 18.28

Astragale composée de 20 filets.
4 fois 1.00............... 4.00
à $1^f,40$ le mètre.................. 5.60

Socle comme galon de 0.35 de large avec repiqué et adouci
4 fois 1.00............... 4.00
à $0^f,60$ le mètre.................. 2.40

Plinthes de 0.20 de hauteur, avec repiqué et adouci.
1 fois 4.75............... 4.75
2 fois 1.00 petite partie... 2.00

Ensemble 6.75
à $0^f,45$ le mètre.................. 3.03

Le tracé au crayon.
Les longueurs suivantes :
1 fois 480.05 .... 480.05
8   »   4.00 .... 32.00
2   »   4.75 .... 9.50

A reporter.......... 521.55   187.71

Report.......... 521.55   187.71
4   »   1.00 .... 4.00

Ensemble 525.55
à $0^f,05$ le mètre.................. 26.28

Ensemble 214.00

Plus-value pour ce travail décoratif, avec tracé exceptionnel, d'après étude de la perspective.

Une fois en plus du travail de filage ordinaire, en usage dans la construction du bâtiment.................. 214.00

Total de ce panneau........ 428.00

Qui, réduit au mètre superficiel, donnera en chiffres ronds : 13 francs par mètre carré.

Pour le surplus, mêmes observations que celles relatées après le sous-détail de la figure 59.

186. *Nota.* — Tous ces travaux de faux treillage doivent, en plus des sous-détails ci-dessus énoncés, bénéficier de toutes les plus-values :

De grande échelle ;

Echafaudages ;

Plafonds ;

Petites parties isolées ;

Enfin, comme il est expliqué plus haut aux articles coupe de pierre, fausse brique et filage.

Le vase figurant le fond du panneau, de la figure 61, n'ayant pour but que masquer l'horizon, n'a pas été estimé, et ne peut être compris dans le sous-détail précédent.

Bien que ces genres de décoration murales soient relativement assez rares, nous avons cru nécessaire de les signaler à nos lecteurs, pensant qu'ils pourront avoir l'occasion de se servir de ces quelques renseignements, étant donné qu'il est facile d'augmenter ou de diminuer à volonté, suivant le travail demandé et le prix accordé.

Fausse jalousie au mètre superficiel sur murs y compris ruban et pavillon uni.

Vaut $9^f,75$ le mètre (n° 355 de la série).

Ce prix de $9^f,75$ le mètre pour l'exécution d'une fausse jalousie nous a paru ne pas être en rapport avec la rémunération du travail qu'il représente ; aussi avons-nous cru utile d'en étudier la production

par le sous-détail suivant que nous reproduisons (*fig.* 62).

Fig. 62.

187. *Métrage d'une fausse jalousie* représentée par la figure n° 62, ladite supposée de 2.00 de hauteur × 1.00 de largeur,
encadrée dans une fausse baie arrêtée par
un chambranle en plâtre ou en pierre.

Travaux à une couche sur fonds préparés (à
part).
Galons étrusques de 0.09 de large, formant
les lames, 20 fois 1.00.............. 20.00
à 0ᶠ,20 le mètre (Nᵒˢ 329 et 330 de la série),
produit................................. 4ᶠ00
Galon étrusque ordinaire pour former
fond entre les lames :
   20 fois 1.00............ 20.00
4 petites parties circulaires
apparaissant dans les chantournements du pavillon pour
chaque 1.00.................. 4.00
40 arrêts triangulaires aux
abouts des lames pour chaque
0ᶠ,05........................ »   2.00
   Ensemble........... 24.00
   A reporter......... 24.00   6.00

   Report............. 24.00   6.00
à 0ᶠ,19 le mètre.................... 4.56
Le tracé tout à fait spécial au crayon
pour la distribution :
40 fois les lames chaque 1.00. 40.00
40 arêtes chaque 1.00...... 40.00
   Ensemble........... 80.00
à 0ᶠ,05 le mètre.................... 4.00
Fausses chaînettes comptées comme
fausses cordes 3 fois 2.00........ 6.00
à 2ᶠ,00 le mètre (Nᵒ 350 de la série) .·. 12.00
38 parties de fausses cordes entre
les lames estimées chaque 0ᶠ,05....... 1.90
Le faux pavillon estimé comme suit :
Étude des motifs de découpures, tracé
au crayon et préparation des contours.
2 heures sont nécessaires au décorateur, soit.............. 2 heures
Remplissage des motifs à
plat et finition 1 heure et
valeur des marchandises... 1   »
   Ensemble........ 3 heures
de décorateur à 2ᶠ,00............... 6.00
Ensemble de la fausse jalousie complète avec son pavillon.............. 34.46
Ce qui donne pour 1 mètre superficiel une
valeur de 17ᶠ,20 chiffres ronds.
Et notons qu'il ne s'agit là que d'une fausse
jalousie à plat.
Si nous avons à compter une fausse jalousie
avec filet sec d'épaisseur, arrêts et ombres
portées lames sur lames.
Nous aurons à faire notre détail comme suit :
Fausse jalousie à plat, même valeur que précédemment, soit.................... 34.46
Galons pour ombres portées
19 fois 1.00.............. 19.00
à 0ᶠ,19 le mètre................... 3.61
38 retours d'ombres en arrêts
à 0ᶠ,05 l'un...................... 1.90
Ombre du pavillon projetée sur la
première lame pour temps passé..... 2.00
   Ensemble.................. 41.97
Soit donc au mètre superficiel 21 francs.

Ce, sans préjudice des plus-values diverses afférentes à tous les travaux, tels
que : échafaudages grande échelle, etc., etc.

En décomposant la valeur du travail à
faire pour imiter une fausse jalousie, nous
laissons loin derrière nous le prix de 9ᶠ,75
le mètre (n° 355 de la série).

Que le métreur indique à l'appui de sa
réclamation les sous-détails d'une façon
correcte, en évitant de tomber dans l'exa-
gération, il contentera ainsi à la fois les
propriétaires et les architectes.

188. *Pavillon de jalousie* à découpures feintes ornées, estimées suivant le travail (observation 356 de la série).

La série ne donnant aucun renseignement pour trouver le prix d'un faux pavillon de jalousie, nous avons pensé bien faire en étudiant la valeur de deux faux pavillons représentés par les figures 63 et 64.

189. Figure n° 63 représentant un faux pavillon de jalousie à découpures et chan-

Fig. 63.

tournements ordinaires de 1 mètre de longueur.

Sous-détails de la valeur de la figure 63.

Étude des motifs de découpures et tracé au crayon des contours et chantournements.

3 heures de décorateur :

    Soit.................. 3 heures
Remplissage des motifs à
plat et terminaison
    2 heures............. 2   »
        Ensemble........ 5 heures
à 2ᶠ,00 l'heure.................... 10.00
Fourniture de marchandises....... 2.00
    Valeur du pavillon.......... 12.00

Fig. 64.

190. Figure 64 représentant un faux pavillon de jalousie à découpures et chantournements sortant des travaux ordinaires de 1.00 de longueur.

Sous-détails de la valeur de la figure 64.

Étude des découpures et chantournements compris tracé au crayon de tous les contours.

4 heures de décorateur.. 4 heures
Remplissage des motifs et
rinceaux à plat et terminaison. 3 heures........... 3   »
      Ensemble........ 7 heures

à 2ᶠ,00 l'heure.................... 14.00
Fourniture de marchandises........ 2.00
    Valeur du pavillon.......... 16.00

Pour les travaux ombrés ou avec plus-values diverses se reporter aux observations précédentes détaillées après les sous-détails de la fausse jalousie n° 62.

191. *Fausse persienne ordinaire au mètre superficiel à deux vantaux vaut* 7ᶠ,50 *le mètre* (observation n° 357).

A quatre vantaux, 12ᶠ,10 *le mètre superficiel* (n° 358).

Le prix de ce travail tout à fait spécial et rentrant dans le genre décoratif n'apparaît pas à première vue devoir être rémunérateur ; dans l'absence de sous-détails déterminant la composition du prix, nous soumettons à l'appréciation de toutes les personnes intéressées le résultat de notre estimation pour la figure suivante n° 65, en prenant pour éléments d'appréciation les prix et articles de la série.

192. Figure n° 65 représentant une

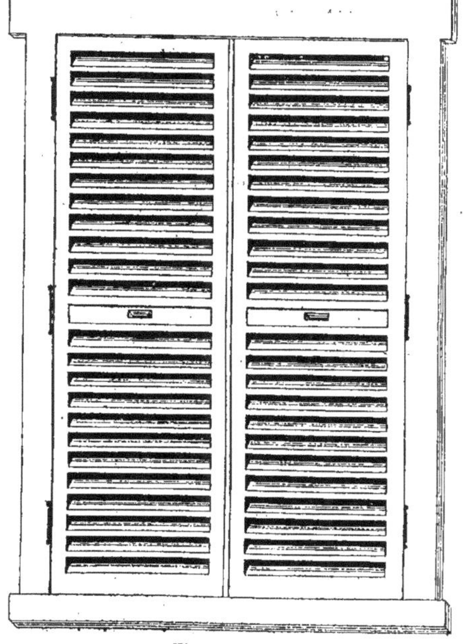

Fig. 65.

fausse persienne à deux vantaux encadrée dans une fausse baie terminée par un chambranle.

Métrage d'une fausse persienne représentée par la figure 65.

Supposée de 2 mètres de hauteur sur 1 mètre de largeur, encadrée dans une fausse baie arrêtée par un chambranle.

Travaux exécutés sur fonds préparés à part.

Filet repiqué à l'huile ou adouci pour le pourtour extérieur de la persienne.

2 montants chaque 2.00 ensemble....................	4.00	
2 traverses chaque 1.00.....	2.00	
Ensemble............	6.00	
à 0f,18 le mètre (N° 332 de la série)...		1.08
Le tracé préparatoire au crayon même longueur..............	6.00	
à 0f,05 le mètre (N° 325)............		0.30
Fausses lames en incrustations obtenues par six filets.		
48 chaque 0.45............	21.60	
à 0f,42 le mètre (N° 334)............		9.07
48 arrêts modelés et éclairés pour imiter l'ombre portée à 0f,20 l'un (estimation moyenne)..................		9.60
96 filets secs pour arrêts des lames aux abouts à 0f,05 l'un..............		4.80
Filets au milieu pour tables renfoncées		
4 fois 0.45..................	1.80	
4 fois 0.10..................	0.40	
Ensemble............	2.20	
à 0f,18 le mètre....................		0.40
Tracé au crayon de distribution pour fausses lames tracées en double pour exécution régulière,		
96 fois 0.45..............	43.20	
96 têtes évaluées chaque 0.10	9.60	
Ensemble..........	52.80	
à 0f,05 le mètre..................		2.64
Faux battement figuré par six filets de 2.00 à 0f,42 le mètre...........		0.84
Tracé préparatoire au crayon, même longueur 2.00 à 0f,05 le mètre......		0.10
2 fausses ouvertures pour le passage des arrêts de persiennes ombrées avec effet et angles d'ombre valant au minimum à 0f,30 l'une...............		0.60
6 fausses paumelles à nœuds ombrés et bagues détachées à 0f,40 l'une....................		2.40
Ensemble de la persienne ordinaire.		31.83

Ce qui fait revenir le mètre superficiel au prix de 15f,90 en chiffres ronds.

193. Lorsqu'il s'agira de persiennes brisées à quatre ou six vantaux, comme il s'en trouve assez souvent dans les travaux actuels, nous croyons qu'il serait juste et proposons de les rétribuer comme suit :

Fausses persiennes complètes à deux vantaux, le mètre superficiel 15f,90.

Lorsque les fausses persiennes seront exécutées à quatre vantaux, le prix sera augmenté de moitié.

Lorsque les fausses persiennes seront exécutées à six vantaux et plus, le prix sera doublé.

Lorsque les fausses persiennes seront figurées cintrées par le haut en dos d'âne, un quart en plus sur l'ensemble.

Lorsque les persiennes seront figurées cintrées par le haut en plein cintre, moitié en plus sur l'ensemble.

Lorsque les persiennes seront figurées en cercle complet pour œils-de-bœuf par exemple, ou ouvertures analogues, le prix sera doublé.

Toutes ces observations, sans préjudice de celles accordées par la Série pour tous travaux exécutés à l'échafaudage, grande échelle, etc., etc.

194. *Fausse croisée ordinaire au mètre superficiel à six carreaux frottés à effet mastics, jets d'eau figurés, tracé compris : Vaut le mètre superficiel 5f,34, (n° 359).*

A petits carreaux :

Le mètre superficiel 7,34 (n° 360).

Avec petits bois à moulures, métrés en plus selon les profils (observation n° 361 de la série).

Tous ces prix ne sont pas suffisants, et nous allons essayer de le démontrer par le sous-détail de la figure 66, toujours en nous basant sur les indications qui nous sont données par la Série.

195. Figure 66, représentant une fausse croisée à l'extérieur à six carreaux, supposée de 2.00 × 1.00 peinte dans une fausse baie encadrée par un chambranle.

Travaux exécutés sur un fond uni préparé.
Pour imiter le bâti dormant :
1 galon étrusque à une couche ordinaire.

Fig. 66.

2 montants, chaque 2.00....	4.00
2 traverses; chaque 1.00....	2.00
Faux châssis de croisée :	
4 montants, chaque 1.85....	7.40
4 traverses, chaque 0.40....	1.60
Battement milieu de 2.00...	2.00

Ensemble 17.00
à 0ᶠ,19 le mètre (N° 329)............. 3.23
Galon *idem* pour petit bois,
4 fois 0.40................. 1.60
à 0ᶠ,19 le mètre.................... 0.30
Traçage au crayon pour distribution
tout à fait spéciale et décorative, la
longueur des galons.......... 17.00
Idem.................... 1.60

Ensemble.......... 18.60
à 0ᶠ,05 le mètre 0.93
Sur le bâti dormant, pour détacher
la croisée, filet adouci ou repiqué à
chaque rive du galon.
4 montants, chaque 1.90.... 7.60
2 traverses, chaque 0.90.... 1.80

Ensemble.......... 9.40
à 0ᶠ,18 le mètre (N° 332) 1.69
A reporter 6.15

Report.................... 6.15
Pour faux battement :
2 filets repiqués et adoucis,
chaque 1.90................. 3.80
à 0ᶠ,18 le mètre 0.68
Faux carreaux ombrés avec effets :
6 chaque 0.60 × 0.40 produisant une
surface de.................... 1.44
à 1ᶠ,85 le mètre (par analogie avec le
N° 246 de la série)................. 2.66
Faux mastics imités par quatre filets
12 fois 0.60............... 7.20
12 fois 0.40............... 4.80

Ensemble.......... 12.00
à 0ᶠ,28 le mètre.................... 3.36
24 onglets pour traçage au crayon et
ombres portées,
à 0ᶠ,05 l'un..................... 1.20
Faux jet d'eau composé de huit filets
longueur.................... 1.00
à 0ᶠ,56 le mètre.................... 0.56
4 ombres portées et d'ouvertures à
0ᶠ,20 l'une..................... 0.80
Fausse pièce d'appui également obtenue par huit filets de 1.00 à 0ᶠ,56 le
mètre.......................... 0.56

Ensemble de la fausse croisée d'après
les prix de la Série 15.97
Soit le mètre superficiel de fausse croisée en
chiffres ronds..................... 8.00

Sans préjudice de toutes plus-values d'usages, comme précédemment.

196. Il se fait actuellement des croisées normandes à très petits carreaux ; il conviendrait, dans ce cas, d'augmenter le prix d'après la quantité de carreaux contenus dans 1 mètre superficiel.

Les faux rideaux représentés dans la figure 66 peuvent s'évaluer de la manière suivante :

Etude et esquisse pour la disposition desdits, il faut :

4 heures de décorateur.	4 heures	
Pour les finir avec imitation de dentelles et plis, finition complète 6 heures..	6 »	
Pour chaque embrasse avec glands 1 heure......	2 »	
Ensemble	12 heures	

à 2ᶠ,00 l'heure..................... 24.00
Marchandises à employer.......... 2.00

Valeur de la paire de rideaux simulés
en décoration...................... 26.00

Ces travaux, bien que rares, se font quelquefois, surtout dans les châteaux en province, lorsqu'il s'agit de masquer une fausse baie et de donner de la régularité et de l'harmonie à l'ensemble des façades ; il était donc utile de les signaler à nos lecteurs.

197. *Barre d'appui ordinaire figurée. Vaut le mètre linéaire, 0ᵣ,75 (n° 362 de la série).*

Cet article se fait ordinairement avec dix ou onze filets, il est donc suffisamment rétribué.

Ouvrages à la pièce.

198. *Anglaise de toutes couleurs ou plaque de propreté au vernis.*
Vaut chaque, 0ᵣ,21 (n° 363).

Les anglaises sont des parties réchampies d'un autre ton sur les portes à la hauteur de la serrure, dessus, dessous et à côté, en un mot aux endroits où se portent le plus habituellement les mains ; elles imitent les plaques de propreté qu'elles remplacent à meilleur marché.

Elles peuvent se faire carrées à coins ronds, à coins carrés et circulaires, comme l'indique notre figure 67, mais sont toutes de la même valeur.

Figure 67, représentant une porte à un vantail ornée de trois anglaises différentes.

A, anglaise carrée ;

B, anglaise à quarts de rond aux extrémités ;

C, anglaise à coins carrés et demi-cercles.

199. *Chambranle de cheminée. Nettoyé à la capucine compris foyer.*

Vaut 0ᵣ,32 (Nᵒ 364).

Nettoyé à modillons, consoles ou pilastres.
Vaut 0ᵣ,48 (Nᵒ 365).

200. *Chambranle de cheminée. Encaustiqué à la cire à l'essence et frotté à la capucine.*

Vaut 0ᵣ,30 (Nᵒ 366).

A modillons, consoles ou pilastres.
Vaut 0ᵣ,40 (Nᵒ 367).

Comme il y a différence de prix pour un même travail entre deux cheminées de formes différentes, nous donnons plus loin les figures représentant les différentes cheminées.

201. Figure 68 représentant une cheminée à capucine prévue à la série sous le Nᵒ 364.

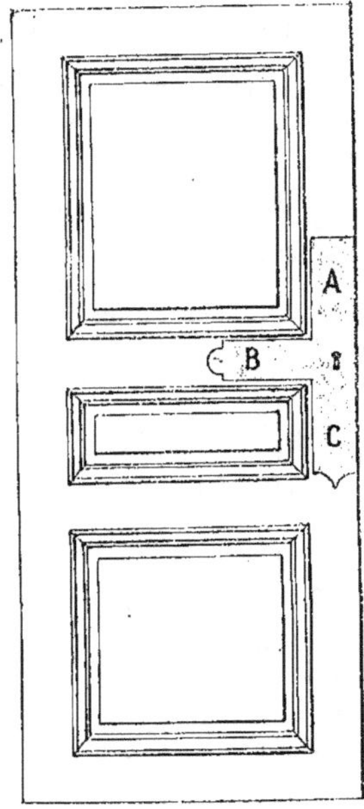

Fig. 67.

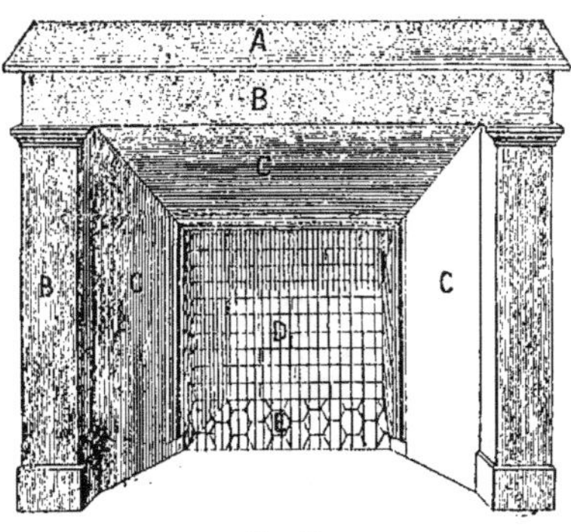

Fig. 68.

Légende de la figure 68.
A, tablette de chambranle de cheminée ;

B, chambranle de cheminée à la capucine ;

C, rétrécissement ;

D, contre-cœur ;

E, âtre.

Le rideau de cette cheminée a été volontairement omis pour permettre d'en voir l'intérieur.

202. Figure 69 représentant une che-

Fig. 69.

minée à consoles ou pilastres, prévue sous le N° 365 de la série.

Légende de la figure 69.

A, chambranle de cheminée orné de consoles ou pilastres ;

B, rétrécissement ;

C, rideau avec coquille de manœuvre ;

D, retour de chambranle ;

E, châssis en cuivre mouluré dans les rainures duquel se meut le rideau.

A l'aide de ces divers éléments, il sera facile à chacun de se reporter aux prix prévus par la Série, suivant le travail exécuté.

Ceci exposé, nous continuons les commentaires de la Série.

203. *Contre-cœur de cheminée à la colle, y compris nettoyage préalable :*

Vaut la pièce 0^f,34 (N° 368).

204. *Contre-cœur de cheminée à la mine de plomb :*

Vaut la pièce 0^f,40 (N° 369).

205. *Nettoyage de rétrécissement en faïence, compris le cadre en cuivre frotté :*

Vaut la pièce 0^f,30 (N° 370).

206. *Rideau de cheminée frotté à la mine de plomb :*

Vaut la pièce 0^f,25 (N° 380).

207. *Rideau de cheminée peint en noir au vernis :*

Vaut la pièce 0^f,30 (N° 381).

Nous ferons remarquer pour ces deux articles N°s 380 et 381 l'anomalie existant entre les deux prix, quant au travail et à la valeur de la matière première ; en effet, voyez aux prix élémentaires de la Série.

La mine de plomb est cotée 0^f,50 le kilogramme brut sous le N° 40 (Prix élémentaires).

Autre part, sous le N° 19, il est tarifé que n'importe quelle couleur détrempée à l'huile vaut, comme prix moyen et brut, 1 franc le kilogramme.

Or, dans le cas actuel prévu sous le N° 381, le rideau de cheminée doit être peint en noir *détrempé au vernis ;* il est facile d'en faire la différence, rien que par le prix de revient, bien que l'application du noir au vernis soit plus difficultueuse que l'étendage à la mine de plomb ; nous pensons qu'il serait juste de payer les rideaux de cheminées passés en noir au vernis le double de la mine de plomb, Soit 0^f,50 pièce, en nous basant seulement sur le coût de la marchandise, qui est au moins le double dans le noir au vernis que dans la mine de plomb.

208. Certains travaux concernant les cheminées ne figurent pas à la Série et se font toujours dans les travaux soignés, ou sont employés comme simple mesure de conservation.

Par exemple :

Lorsqu'il s'agit de conserver des marbres de cheminées mis en place et exposés aux dégradations de tous les corps d'états, occupant l'immeuble, que fait-on ? Il est d'usage de garantir les cheminées avec une chemise en bois formée de voliges.

Ce travail rentrant dans les attributions du menuisier n'a pas sa place dans le présent recueil.

Mais aussi il arrive que les cheminées sont enveloppées de papier gris fourni et collé par l'entrepreneur de peinture, puis ensuite lavées et grattées à la terminaison des travaux.

Ce travail a une valeur que nous déterminerons d'après le sous-détail suivant :

Pour l'enveloppage d'une cheminée à l'aide de papier et en conservation des marbres.

Fourni un rouleau de papier gris.

Vaut 0^f,20 d'après le n° 10 de la Série de tenture, en tenant compte du bénéfice et du déchet, soit...................... 0^f,20

Collage dudit avec difficulté sur tablette-chambranle, rétrécissement et retours 1 heure................ 1 ,00

Fourniture de colle.............. 0 ,15

Lavage et grattage avec soin pour enlèvement dudit chemisage, les travaux terminés, 1 heure............. 1 ,00

Soit, au total, pour la garantie d'une cheminée de mesures ordinaires à l'aide de papier gris.................... 2^f,35

209. Il est aussi demandé au peintre, après le nettoyage de la cheminée, un encausticage de ladite, à la cire avec lustrage à la flanelle, insuffisamment payé par les N°s 366 et 367.

Ce travail, bien fait, représente pour nous :

1 heure de travail, soit...... 1^f,00

Fourniture d'essence et de cire. 0,25

Total.......... 1^f,25

Ce prix est moyen et s'applique à la cheminée à capucine comme à celle à modillons ou consoles.

210. Dans les locations ouvrières, les cheminées se trouvent avoir leur rétrécissement et les deux retours ravalés en plâtre et peints à l'huile. Ce travail se faisant en même temps que les peintures de la pièce dans laquelle se trouve la cheminée, nous estimons qu'il doit être compté au mètre superficiel, suivant la nature des ouvrages auquel il appartient.

Souvent aussi les rétrécissements de cheminées ornées ou non se font en décors bronze, à la poudre sur couche de mixtion, ou au vernis.

Dans ce cas, les compter au mètre superficiel des ouvrages afférents au prix, en tenant compte des plus-values de refouillements, s'il y a lieu.

Il est entendu que tous ces prix de cheminées sont pour celles de mesures ordinaires ; mais pour celles genre Pompadour ou de dimensions spéciales, en augmenter la valeur du travail suivant la grandeur desdites.

211. **Nettoyage de bordure de glace dorée,** *unie ou sculptée jusqu'à* 0^m,15 *de largeur.*

Vaut le mètre linéaire 0^f,18 (N° 371).

Ce prix n'est pas rémunérateur en l'espèce ; car le lavage de dorure exige des soins particuliers pour éviter de détériorer le cadre sur lequel on opère ; nous présenterons, à l'appui de notre dire, la valeur d'un travail identique, qu'il soit fait par un peintre ou par un doreur.

Supposons un cadre de glace *uni*, développant 4^m,00 de pourtour, 0^m,15 de largeur de moulure développée.

S'il est fait par un ouvrier peintre, il coûtera :

4^f,00 de pourtour de bordure de glace dorée, unie ou sculptée ;

A 0^f,18 le mètre (Série peinture N° 371)............... 0^f,72

Examinons maintenant le même travail fait par un ouvrier doreur.

Eléments de dorure à l'huile au mètre superficiel.

Dorure unie, lavée à l'eau mitigée (*Soit le cas du cadre de glace*),

Vaut le mètre superficiel 2^f,64 (N° 135. Série dorure).

Donc un cadre de glace doré, *uni seulement*, développant 4^m,00 de pourtour et 0^m,15 de largeur produira une surface de 0^m,60 qui, à raison de 2^f,64 le mètre (N° 135), donne au cadre une valeur de... 1^f,58

Soit 120 0/0 en plus de la valeur du même travail fait par un peintre.

Ceci dit, sans tenir compte du lavage de la dorure sculptée, qui donnerait au mètre superficiel la valeur ci-après détaillée 4^m,00 × 0^m,15 de dorure sculptée produit.................. 0^m,60

A 3^f,93 le mètre (Série N° 161)

Soit une valeur de 2^f,35 pour ce cadre.

Il est facile de conclure de ces observations que le métreur fera bien de détailler ses lavages de dorure, en se basant sur les prix de la Série des dorures, et laissant de côté celle des peintres qui ne rémunère pas suffisamment les efforts produits pour amener à bien un travail soigné.

212. Persiennes *à deux ou quatre vantaux. Déposées et reposées, ou peintes sur place, jusqu'à* 2^m,50 *de haut*

Vaut la paire : 0^f,60 (N° 372).

Au-dessus de 2^m,50 *de haut*

Vaut la paire : 0^f,85 (N° 373).

213. *Observation* N° 374. *Lorsque les persiennes seront ferrées sur des bâtis, ces prix seront augmentés de moitié; cette plus-value comprendra la dépose et repose des ferrures.*

Ceci est bien pour les persiennes à deux ou quatre vantaux ; mais, si les persiennes se trouvent être à six ou huit vantaux, comme on en fait beaucoup à cette époque de construction à larges baies ; comment les compter en l'absence d'indications à la Série?

Voici, à notre point de vue, un moyen rationnel et basé précisément sur les N°s 372, 373 et 374.

Prenons comme base de démonstration le N° 372 de la Série qui déclare que :

La paire de persiennes à deux ou quatre vantaux, jusqu'à 2^m,50 de hauteur déposée et reposée vaut...................... 0^f,60

Mais, si la paire de persiennes se trouve ferrée sur des bâtis, ce prix devra être augmenté de moitié comprenant la dépose et repose des ferrures soit.............................. 0 ,30

Soit pour une paire de persiennes jusqu'à quatre vantaux une valeur de. 0^f,90

Ce qui remet le vantail pour dépose et repose de persiennes ferrées sur bâtis à 0^f,23 pièce.

En raison de ce calcul :

La persienne à quatre vantaux devra être comptée à 0^f,90.

La persienne à six vantaux devra être comptée à 1^f,35 complète.

La persienne à huit vantaux devra être comptée à 1^f,80 complète.

Et ainsi de suite, en augmentant suivant le nombre de vantaux jugés nécessaires pour leur développement dans la largeur des baies.

Les persiennes de plus de 2^m,50 de hauteur devront, par analogie, être payées :

Quarante pour cent en plus.

Rémunération très légitime, étant donné l'emploi de plusieurs hommes pour la manipulation desdites et en raison du volume et du poids de ces persiennes particulières.

214. Il est un certain travail, prévu à la Série de Menuiserie et qui est, le plus souvent, fait par les peintres ; c'est la dépose, démontage, remontage et repose des jalousies ; nous allons indiquer ces prix à leur place ; ici dans la Série de Peinture.

Jalousie. — Déposée, vaut 0^f,30 *le mètre superficiel* (N° 519, Série de Menuiserie).

Déposée et reposée, 0^f,65 *le mètre superficiel* (N° 520, Série de Menuiserie).

Déposée, démontée, remontée avec les cordes vieilles et reposée, 1^f,60 *le mètre superficiel* (N° 521, Série de Menuiserie).

Déposée, démontée, remontée avec les chaînettes et cordes vieilles, reposée, 2^f,55 *le mètre superficiel* (N° 522, Série de Menuiserie).

Déposée, démontée, remontée avec chaînettes vieilles, avec fournitures de cordes, 2^f,95 *le mètre superficiel* (N° 523, Série de Menuiserie).

Déposée, démontée, remontée, avec fournitures de cordes et chaînettes ou rubans croisés, dits tirants de bottes et reposée, vaut 4^f,60 *le mètre superficiel* (N° 524, Série de Menuiserie).

215. Pièce de ferrure. *— Réchampie à l'huile ou au vernis, par chaque couche de réchampissage.*

Vaut la pièce : 0^f,05 (N° 375).

Les ferrures peintes dans le ton des boiseries ou murs seront comptées dans la surface des peintures, augmentées du développement qu'elles pourront avoir en plus (Observation N° 376, *de la Série).*

Les crémones et les espagnolettes des croisées, ou portes, seront payées comme barreaux au mètre linéaire, lorsqu'elles seront d'un ton différent de celui des peintures du fond.

Le prix du mètre de barreaux comprendra les lacets, crochets, boutons et ornements, la poignée seule comptée comme pièce de ferrure (Observation N° 377, de la Série).

216. *Pièce de ferrure. — En décors ou en bronze, y compris la plus-value de réchampissage.*
Vaut la pièce : 0ʳ,12 (N° 378, de la Série).

Pièce de ferrure. — Nettoyage à l'alcali ; ferrure dorée au four.

Vaut la pièce : 0ʳ,10 (N° 379).

Pour un beau travail d'ensemble, toutes les ferrures de croisées, telles que charnières, fiches, chanteau, paumelles, crémone et espagnolette doivent toujours être peintes dans le ton des peintures auxquelles elles appartiennent.

Seules, pour la bonne harmonie, doivent être réchampies de toutes couleurs ou en bronze :

La poignée de crémone, l'espagnolette, son support.

Toutes les autres pièces, telles que bagues, coulisseaux, gâches de crémone, etc., doivent être perdues dans le ton des boiseries, sur lesquelles elles sont apposées.

Cependant quelquefois, en province, il est d'usage de réchampir toutes les ferrures d'une crémone, soient : deux gâches, bas et haut, deux coulisseaux, le coulisseau milieu et sa poignée.

Nous conseillons le réchampissage plus simple des parties indiquées plus haut, soit :

Poignée de crémone ;
Espagnolette ;
Support d'espagnolette ;
Rosace de verrous (pour portes) ;

Ces réchampissages, calculés et adoucis suivant les tons des peintures, donnent un heureux résultat.

Lettres peintes.

217. Lettre *peinte à une couche de toutes couleurs.*

Romaine *capitale à plat (Le mètre linéaire) jusqu'à* 0ᵐ,30 *de hauteur.*

Vaut le mètre, 0ʳ,80 (N° 382).

Depuis 0ᵐ,31 *à* 0ᵐ,50.

Vaut le mètre, 1 *franc* (N° 383).

Depuis 0ᵐ,51 *à* 1 *mètre.*

Vaut le mètre, 1ʳ,25 (N° 384).

Au-dessus de 1ᵐ,00.

Vaut le mètre, 1ʳ,50 (N° 385).

Lettre *jaune ou blanche à deux couches, moitié en plus* (Observation N° 386).

Lettre *spaltée ou ombrée, moitié en plus des prix ci-dessus pour chaque opération* (Observation N° 387).

Lettre *repiquée, un tiers en plus* (Observation N° 388).

Lettres *sur étoffes (sauf celles sur calicot pour enseignes), plâtre cru ou crépi, de un quart à un demi en plus, suivant difficulté* (Observation N° 389).

Lettres *égyptiennes et monstres, un quart en plus des prix ci-dessus* (Observation N° 390).

Lettres *de toutes couleurs et de toutes formes, imitation relief ou gravure ; vaut le mètre linéaire,* 3ʳ,00 (N° 391).

Lettre *à plat, de toutes couleurs, entourée de listels ; vaut le mètre linéaire,* 3ʳ,00 (N° 392).

Lettre *à listels de toutes couleurs, imitation relief ; vaut le mètre linéaire,* 5ʳ,00 (N° 393).

Observation. — *Toutes les lettres ci-dessus du N° 382 au N° 393, mesurant moins de huit centimètres, seront comptées pour 8 centimètres* (Observation N° 394).

Lettre *de toutes couleurs relevée d'épaisseur en or. Même prix que les lettres dorées imitation en relief* (Observation N° 395).

Lettre *à listels dorés, avec intérieur en couleur. Même prix que les lettres relevées d'épaisseur en or* (Observation N° 396).

Plus-value *pour imitation relief ou gravure, vaut le mètre linéaire,* 2ʳ,00 (Observation N° 397).

Lettre *façon monstre, à compter un quart en plus* (N° 398).

Les lettres obliques se mesurent suivant leur obliquité (N° 399).

Les lettres plus larges que hautes se mesurent sur la largeur (N° 408).

Les lettres faites à la grande échelle au-dessus de l'entresol, ou sur échafaud, seront comptées un quart en plus (N° 401).

Les lettres en relief remises à neuf seront comptées deux tiers de leur prix.

Lettres dorées.

218. **Dorée** *unie. Jusqu'à* 0^m,15 *de hauteur, vaut le mètre linéaire.*   6ʳ,00 (N° 403)

De 0^m,16 *à* 0^m,35 . . . .   7ʳ,00 (N° 404)

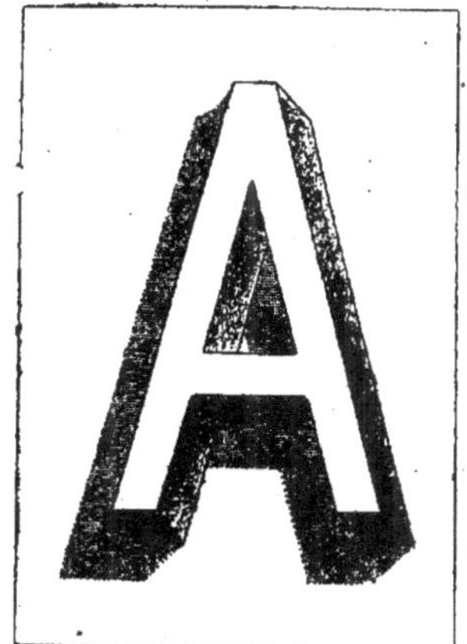

Fig. 70 et 71. — Lettres façon égyptienne, à reliefs.

De 0^m,36 *à* 0^m,65. . . . . 11ʳ,00 (N° 405)
De 0^m,66 *à* 1^m,00. . . . . 15ʳ,00 (N° 406)

Lettre *platinée un cinquième en plus des lettres dorées* (Observation N° 407).

Fig. 72 et 73. — Lettres demi-monstres à reliefs.

Lettre *dorée imitation relief ou de gravure (la mesure prise sur l'or).*

Plus-value par mètre linéaire 2ʳ,00 (N° 408 de la Série).

Les lettres dorées de moins de 5 centimètres seront comptées pour 5 centimètres (Observation N° 409).

219. Il nous apparaît que des lettres usuelles prévues dans les Séries antérieures émanant de la même Société Cen-

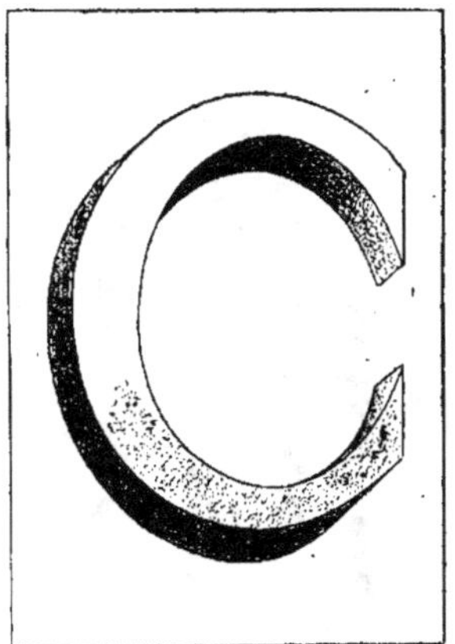 

Fig. 74 et 75. — Lettres capitales à reliefs.

trale des Architectes Français n'ont pas été retarifiés dans la dernière édition de 1897 ; il s'agit des lettres monstres prévues à la Série centrale en l'année 1889. C'est-à-dire:

Lettres façon monstres, bronzées, ombrées et repiquées, valant le mètre linéaire 2ʳ,00 (N° 403, Série 1889).

Lettres bronzées ombrées, repiquées et

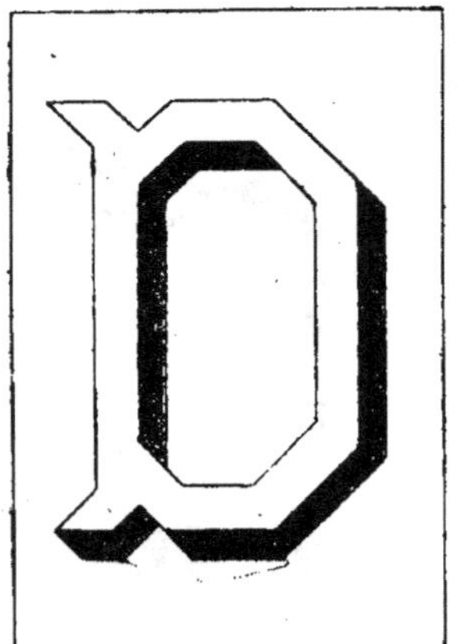 

Fig. 76 et 77. — Lettres fantaisie genre mauresque.

éclairées, le mètre linéaire 2ʳ,50 (N° 404, *même Série).*

Lettres bronzées ombrées relevées d'épais-

seur, le mètre linéaire 5ʳ,50 (N° 40, *même Série).*

Les métreurs et entrepreneurs ont le

droit d'appliquer les prix des ouvrages qui, non mentionnés dans la Série actuelle, se trouveraient dans une des éditions quelconques de la même Série ; ce droit se trouve confirmé par l'observation portant le N° 522 de la Série, édition 1897, qui est ainsi conçue :

Les fournitures ou ouvrages nons compris

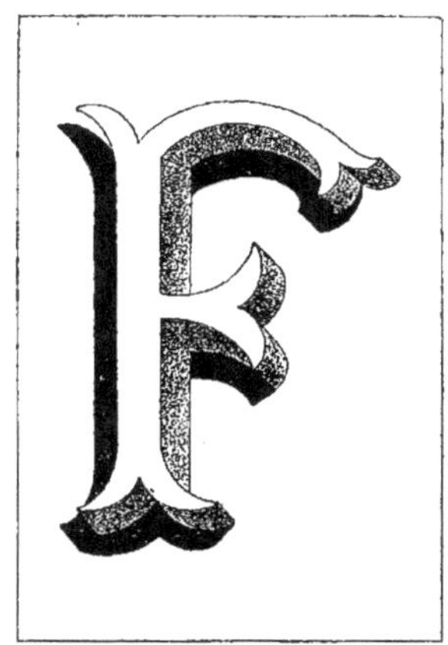

Fig. 78 et 79. — Lettre capitales fantaisie.

à la présente Série , s'ils se trouvent inscrits dans l'une quelconque des Séries des prix édités par la Société Centrale seront payés aux prix portés dans lesdites Séries.

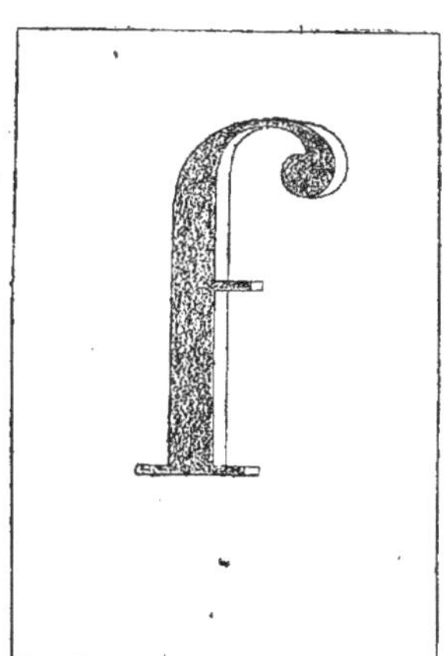

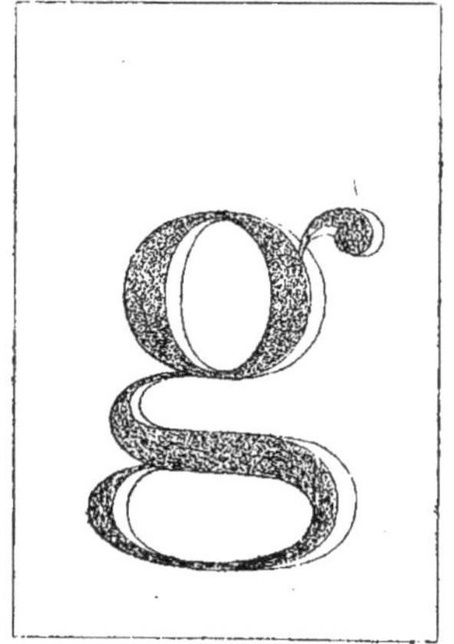

Fig. 80 et 81. — Lettres romaines.

220. Les modèles de lettres n'étant pas indiqués par la Série, nous croyons être utiles à nos lecteurs en mettant sous leurs yeux tous les genres de lettres (*fig.* 70 et suivantes) qui nous ont été inspirés par nos maîtres et devanciers, notamment

M. Glaire, dont les ouvrages sont bien con- | son goût personnel ; la Série ou à son dé-
nus. A l'aide de ces figures, il sera facile de | faut les sous-détails, aidant à trouver les
trouver à satisfaire chaque client suivant | prix convenant à chaque forme de lettres.

 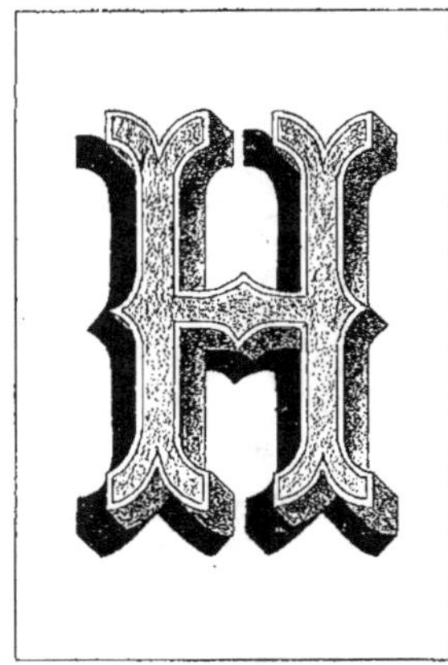

Fig. 82 et 83. — Lettres fantaisie à listels et reliefs.

Les lettres des figures 76 et 77, en rai- | et de leur difficulté d'exécution, doivent
son du travail de leur tracé préparatoire | être payées, comme à l'article N° 393 de la

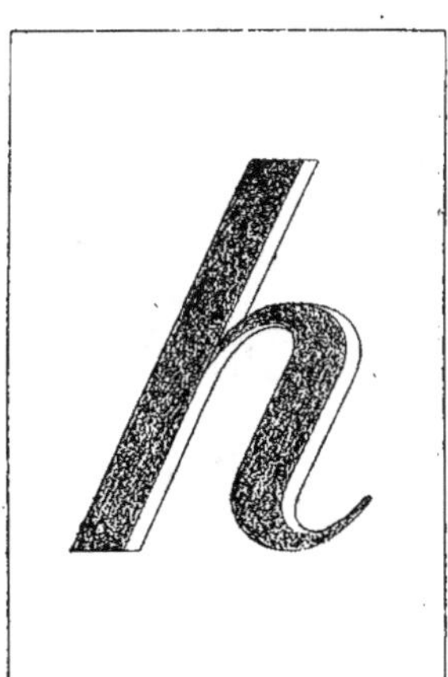 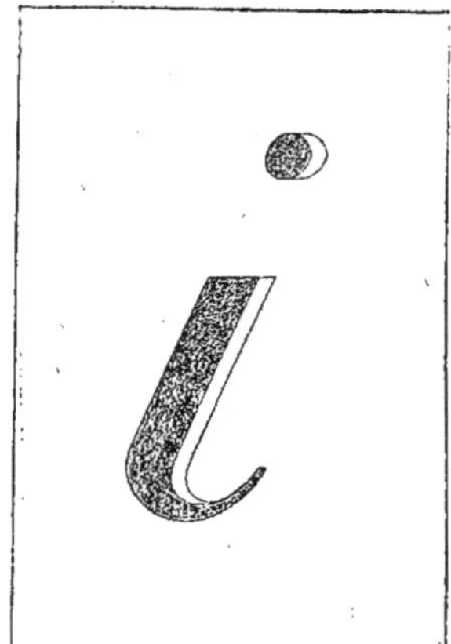

Fig. 84 et 85. — Lettres bâtardes.

Série, 5ᶠ,00 le mètre linéaire avec une plus- | cette distribution n'ayant aucun rapport
value de moitié en plus, eu égard au temps | avec les lettres ordinaires à plat ou à
employé à leur distribution en tableaux, | reliefs.

Pour le genre des lettres figures 78 et 79, même observation qu'aux figures précédentes (N⁰ˢ 76 et 77).

Les lettres (*fig.* 82 et 83) valent 5ᶠ,00 le mètre (N° 393 de la Série). Pour l'ombre portée, il serait légitime de demander une plus-value de *un quart en plus*.

La valeur à la Série des lettres (*fig.* 86

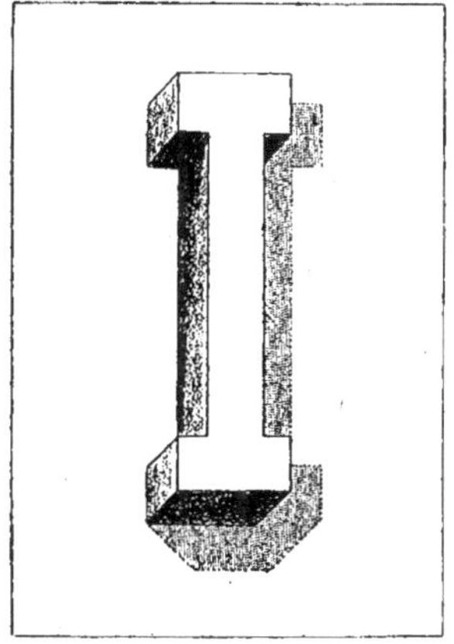
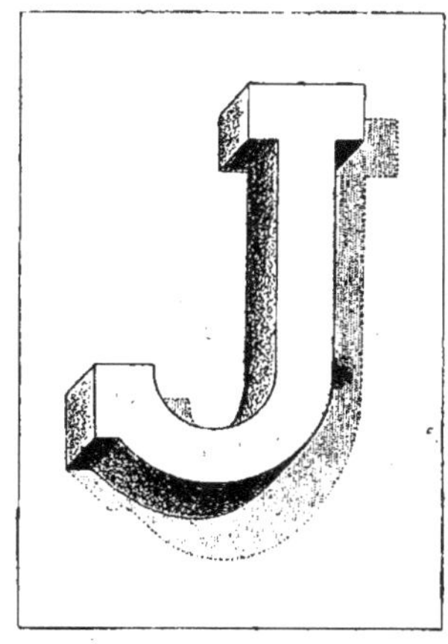

Fig. 86 et 87. — Lettres monstres.

et 87) est de 3ᶠ,00 le mètre (N° 391) ; pour ombres portées, un quart en plus.

Les lettres (*fig.* 92 et 93) trouvent leur prix dans l'application du N° 313 de la

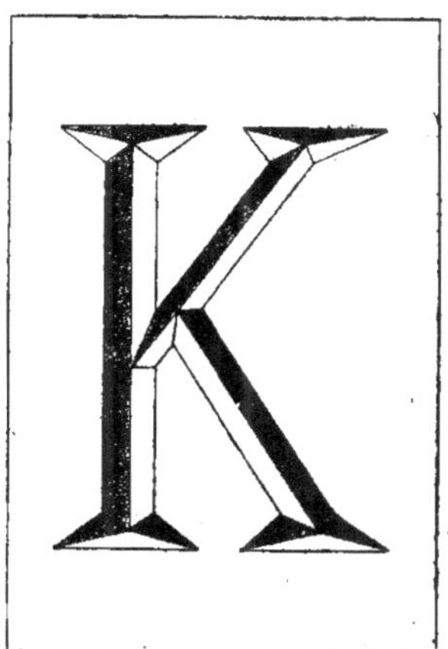
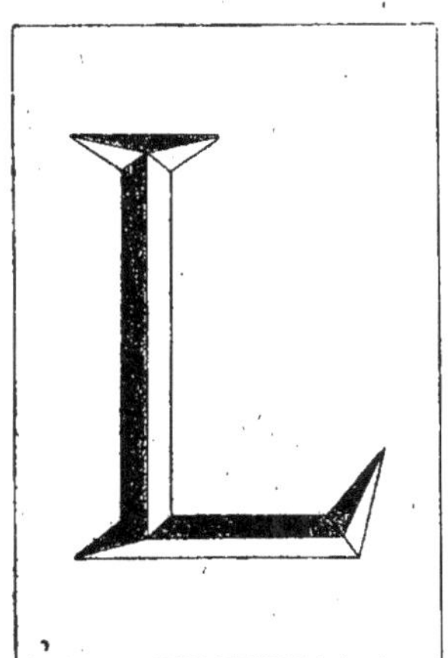

Fig. 88 et 89. — Lettres gravées en incrustation.

Série pour relief *simple* et listels, soit 5ᶠ,00 le mètre.

Mais, en raison du double biseau, néces-sitant un double relief, il serait juste de les faire bénéficier d'une plus-value de un quart représentant l'excédent de temps à employer pour leur finition, par rapport aux lettres à simple relief.

Les lettres des figures 94 et 95 tombent sous l'application de l'article 392 de la Série, soit: 3^f,00 le mètre linéaire.

Comme mesurage, elles doivent être

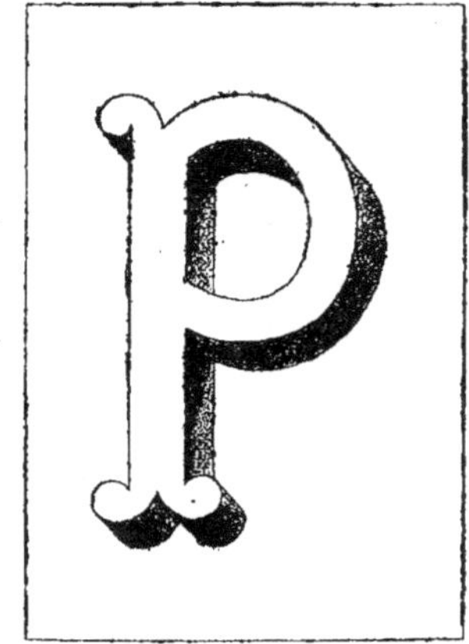

Fig. 90 et 91. — Lettres à boules.

prises dans le sens de la largeur, ainsi que l'indique la Série sous le N° 400.

Chaque fois qu'il y aura, en plus du relief, une ombre portée, demander une plus-value de un quart.

Figures 96-97, 98-99. — Même observa-

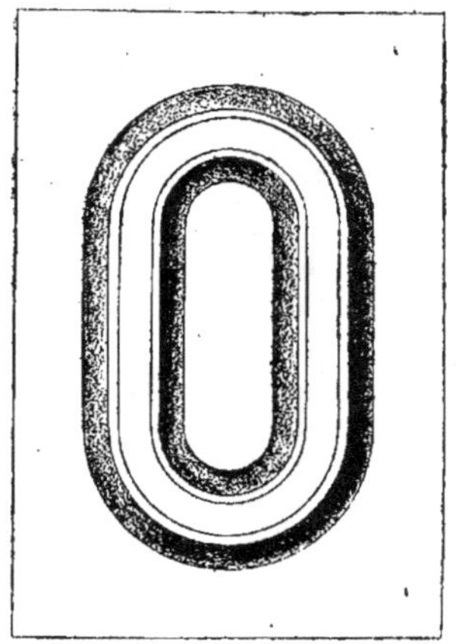

Fig. 92 et 93. — Lettres monstres à double biseau et listels.

tion que pour les lettres des figures 94 et 95.

Valeur des lettres (*fig.* 100 et 101): 3 francs le mètre linéaire (N° 391).

Pour ombres portées, *un quart* en plus.

Figures 102 et 103. — Mêmes prix et observations.

Fig. 94 et 95. — Lettres égyptiennes larges.

Valeur des lettres (*fig.* 104), suivant leur hauteur :

Jusqu'à 0^m,30 de hauteur, le mètre linéaire 0^f,80 (N° 382).

 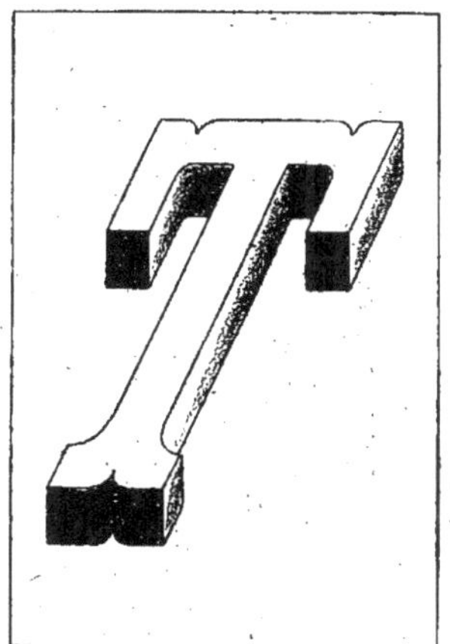

Fig. 96 et 97. — Lettres monstres de fantaisie, obliques.

De 0^m,31 à 0^m,50, le mètre linéaire, 1^f,00 (N° 383).

De 0^m,51 à 1^m,00 le mètre linéaire, 1^f,25 (N° 384).

Au-dessus de 1^m,00, le mètre linéaire, | Plus-value de façon, un *quart en plus*
1^f,50 (N° 385). | (N° 390).

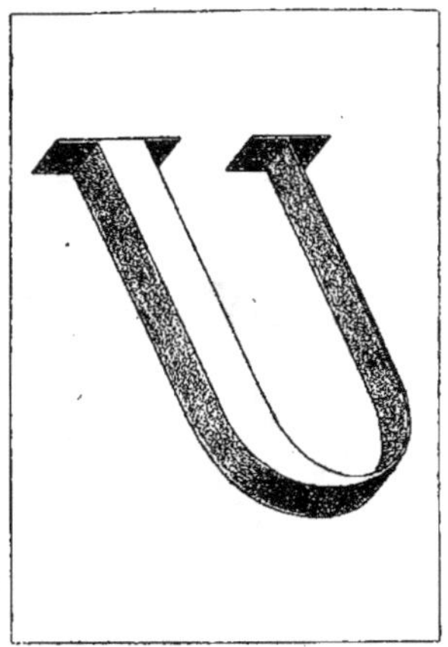 

Fig. 98 et 99. — Lettres capitales obliques.

La Série n'a pas prévu de lettres de plus | Nous pensons qu'à partir de 1^m,50 de
de 2 mètres de hauteur, comme il s'en fait | hauteur les lettres devraient être payées
sur les pignons mitoyens. | 3 francs le mètre, lesdites devant être

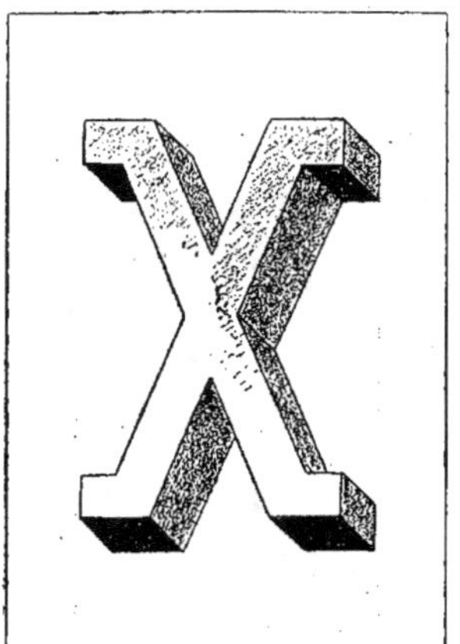 

Fig. 100 et 101. — Lettres façon monstre étroites.

faites avec difficulté, en descendant et | environ, ce qui nécessite des reprises et
remontant l'échelle tous les 50 centimètres | des pertes de temps.

Pour les figures 105 et 106, mêmes obser- | Les lettres (*fig.* 107) paraissent tomber,
vations que pour la figure 104. | en raison de leur exécution difficultueuse,

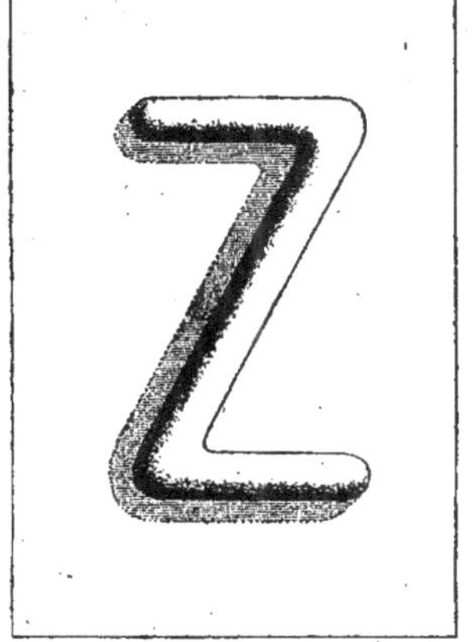
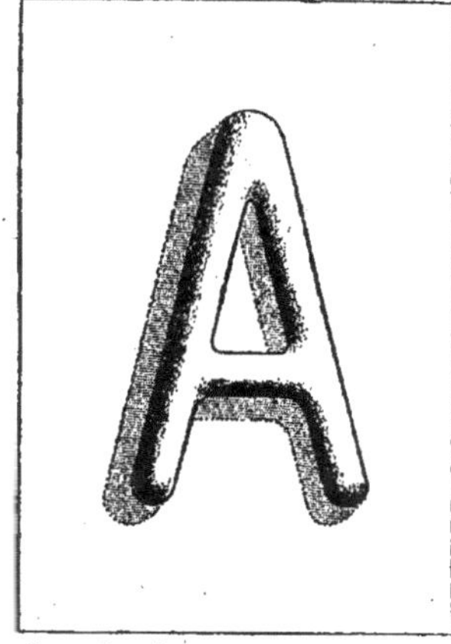

Fig. 102 et 103. — Lettres façon bambou.

Fig. 104. — Lettres monumentales à plat.

Fig. 105. — Lettres capitales à plat.

sous l'article N° 392 de la Série, soit | Le genre de lettres de la figure 108 est
3 francs le mètre. | peu usité; il n'est pas prévu non plus à la

Série; aussi, après nous être renseignés auprès des peintres de lettres les plus habiles, nous avons acquis la conviction que l'ouvrier passerait le double de temps

Fig. 106. — Lettres façon boules à plat.

Fig. 107. — Lettres de fantaisie à plat, genre anglais.

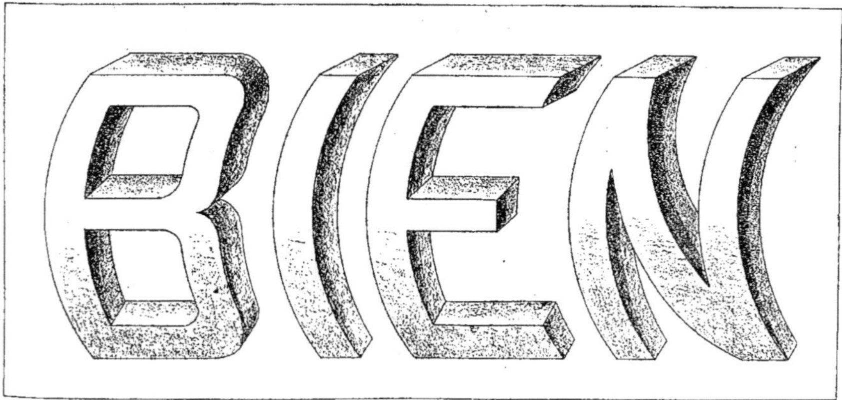

Fig. 108. — Lettres fantaisie à relief façon égyptienne, cintrées en hauteur (convexes).

à la confection des lettres de ce genre, ce qui leur donnerait une valeur de 6 francs le mètre linéaire.

Plus-value pour ombres portées, *un quart*, en plus.

Pour les lettres des figures 109, 110

et **111**, mêmes observations que pour celles de la figure **108**.

Les lettres à perspective fuyante (*fig.* 112) sortent des travaux ordinaires

Fig. 109. — Lettres fantaisie à relief façon égyptienne, cintrées en largeur (convexes).

pour entrer dans le genre décoratif; elles n'ont été prévues par aucune Série; cependant elles se trouvent être d'un usage assez répandu; il convient donc d'en déterminer la valeur.

Voici, après étude raisonnée, le sous-détail pour chaque lettre.

Lettres à perspective fuyante, sans emploi d'échafaudage.

Fig. 110. — Lettres fantaisie à relief façon égyptienne, cintrées en largeur (concaves).

Le traçage d'une lettre avec étude de la perspective représente une valeur de   0^r,04 le cent.

Le remplissage à plat de lettre façon monstre comprenant le recoupement des rives, ombres et éclairage parfaitement fondus.......................... 0 ,04 le cent.

     A reporter............. 0^r,08

Report................... 0^r,08
Ombrage en dégradant du fond d'horizon et des contours en tous sens .... 0 ,02 le cent.

     Soit au total .... 0^r,10 le cent.

ou 10 francs le mètre linéaire.
Sans préjudice des plus-values accordées

à la Série, pour grande échelle, échafaudage, inscription sur étoffe, etc., etc.

Les lettres toutes décoratives de la figure 113 conviennent parfaitement pour l'enseigne des installations spéciales : chez un marchand de bois et charbons, menuisier, découpeur, et toutes professions analogues.

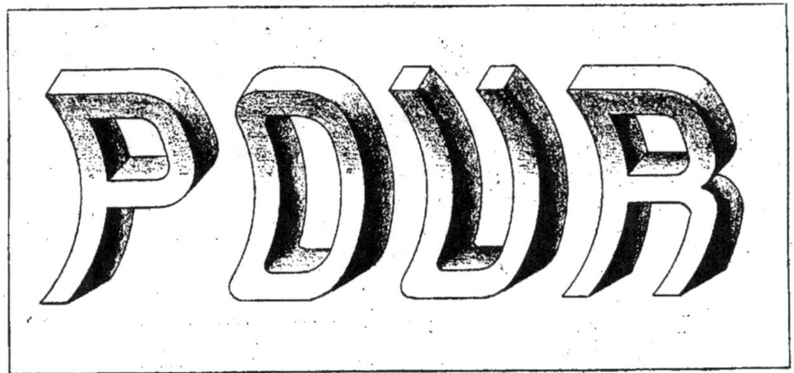

Fig. 111. — Lettres fantaisie à relief façon égyptienne, cintrées en hauteur (concaves).

Voici un prix approximatif de la valeur de ces lettres, prix pouvant varier suivant la main employée.

Sous-détails pour une lettre de 0ᵐ,50 de hauteur :

Pour la distribution exacte et le tracé de la

Fig. 112. — Lettres monstres fuyantes alignées dans un faux tableau.

lettre en tableau, l'Artiste peintre d'enseignes et d'attributs emploierait une heure de travail d'une valeur de 3ᶠ,00 soit............ 3ᶠ,00

Pour le remplissage de ladite à plat, et effets d'épaisseur une demi-heure soit............................... 1,50

A reporter..................... 4ᶠ,50

Report..................... 4ᶠ,50

Pour la finition, en faux-bois, imitation des gerçures, nœuds et clous, cassures, etc. Une heure de travail à 3ᶠ,00 soit............................... 3,00

Ensemble pour 0ᵐ,50 de lettre. 7ᶠ,50

ce qui mettrait le prix de ces lettres à 15ᶠ,00 le mètre linéaire.

Pour ombres portées suivant le cas, *un quart en plus.*

Fig. 113. — Lettres fantaisie imitation de sapin, chêne, hêtre, etc.

Les lettres (*fig.* 114) aussi non prévues à la Série rentrent dans le genre décoratif. Elles ont leur emploi tout indiqué pour les inscriptions religieuses dans les chapelles, temples, églises, monastères.

Voici le sous-détail de la valeur d'une lettre-missel sans cartouche.

Traçage des contours de ladite valeur .... 0ᶠ,03 le cent.
Remplissage à plat avec rechampissage des rives....... 0 ,02 le cent.
Exécution des nielles en tous sens de la lettre............ 0 ,02 le cent·

Soit au total.......... 0ᶠ,07 le cent.

Fig. 114. — Lettres genre missel.

Sans préjudice des plus-values d'usage.

De toutes les lettres, la lettre d'écriture anglaise (*fig.* 115) est, de l'avis des gens compétents, la plus difficile à bien faire, en raison des pleins et déliés qui la composent et qui doivent être faits à main levée; elle ne se trouve pas mentionnée à la Série; à défaut, nous estimons qu'elle doit, en raison de sa méticuleuse exécution, être payée comme à l'article Nᵒ 392 du tarif,

3ᶠ,00 le mètre linéaire, et ce sans préjudice des autres plus-values.

Le genre de lettre (*fig.* 116), d'un effet décoratif particulier, a son emploi comme dans les professions prévues dans la figure précédente (*fig.* 13). De plus, il est tout indiqué aussi, pour les inscriptions des produits, dans les expositions particulières et internationales.

Pour être rendu avec un effet complet,

il nécessite une conception vive et un tour de main d'une certaine habileté.

Sa valeur peut se décomposer ainsi :

Sous-détails de la façon d'une lettre forestière de 0.50 de hauteur.
Pour le tracé du fond une demi-heure d'artiste peintre en attributs à 3f,00 l'heure — 1f,50

A reporter.................... 1f,50

Report.......................	1f,50
Remplissage de la lettre, une demi-heure................................	1 ,50
Effets et ombres, coupes de bois en abouts, cassures, échardes, flèches. Une heure et demi à 3f,00 soit.....	4 ,50
Combinaison des branches, brindilles, feuilles au besoin. Une demi-heure..................	1 ,50
Soit pour 0.50 de longueur....	9f,00

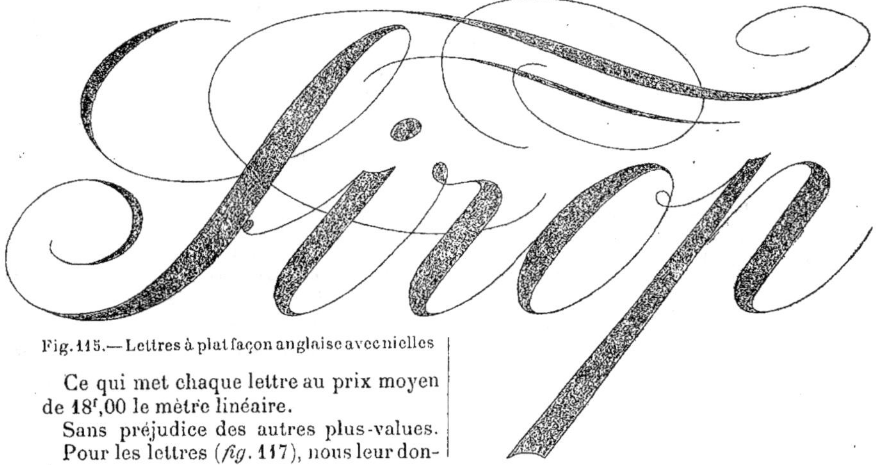

Fig. 115. — Lettres à plat façon anglaise avec nielles

Ce qui met chaque lettre au prix moyen de 18f,00 le mètre linéaire.
Sans préjudice des autres plus-values.
Pour les lettres (*fig.* 117), nous leur don-

Fig. 116. — Lettres de fantaisie, façon rustique.

nerons, par analogie, la même valeur que celles précédentes, des figures nos 94 et 95, avec les mêmes observations. Il y aurait de plus à y ajouter :

Le trapèze en fausse baguette, à raison de 0f,60 le mètre linéaire. Les 4 boules du trapèze faites et modelées à 0f,20 pièce. Les 3 cordes de suspension avec leur clou d'attache, à raison de 1f,00 pièce.

Avec ces divers éléments, il est facile d'établir le prix complet d'un tableau-enseigne dans ce genre.

Mêmes observations, pour la figure 118, que pour celle précédente (*fig.* 117).

La figure 119 représente un mot composé de lettres égyptiennes fuyantes dans un faux tableau orné de nielles et rinceaux. La valeur de ces lettres décoratives peut s'établir par les figures précédentes, en tenant compte de la valeur de la lettre, des ombres fuyantes, des ombres portées, du fond de tableau, des ornements au

Fig. 117. — Lettres égyptiennes à relief, obliques et suspendues à droite.

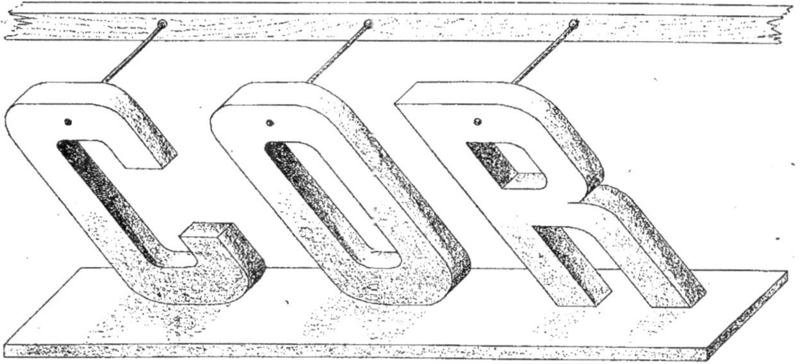

Fig. 118. — Lettres égyptiennes, à relief, obliques et suspendues à gauche.

Fig. 119. — Lettres égyptiennes fuyantes dans un faux tableau orné de nielles et rinceaux.

pourtour variant suivant les genres (voir aux panneaux de filage décoratifs). Sans préjudice de toutes les plus-values de difficultés quelconques, prévues par la Série.

LETTRES	PRIX de RÈGLEMENT	NUMÉROS D'ORDRE	
LETTRES SOUS VERRE OU GLACE.			
Nota. — Pour la fourniture des verres ou glaces, consulter la série de la miroiterie.			
	fr.		
Peinte : de toutes couleurs unie....... Le mètre lin.	5.00	410	
— avec épaisseur 2 tours........ —	8.00	411	
— — imiton en relief. —	12.00	412	
Dorée : or brillant ou mat............ Le mètre lin.	20.00	413	
— avec épaisseurs, couleur à 2 tours —	22.00	414	
— — or ou argent... —	30.00	415	
Les lettres de moins de 5 centimètres seront comptées pour 0ᵐ,05....................................	Obs.	416	
Les prix des lettres sous verre ou glace s'appliquent aux travaux faits à l'atelier; lorsqu'ils seront exécutés sur place, les prix ci-dessus seront comptés au double..	Obs.	417	

Lettres en cuivre appliquées sur verre.

HAUTEUR DES LETTRES en CENTIMÈTRES	MONSTRES PLATES A	ÉGYPTIENNES ANTIQUES FANTAISIES PLATES B	ANTIQUES RELIEFS à double biseau C	BAMBOUS RELIEFS à double biseau D	NUMÉROS D'ORDRE
	fr.	fr.	fr.	fr.	
1	0.20	0.25	»	»	418
1 1/2	0.20	»	»	»	419
2	0.20	0.25	0.60	0.70	420
2 1/2	0.20	»	»	»	421
3	0.24	0.36	0.75	0.90	422
4	0.32	0.48	1.00	1.20	423
5	0.40	0.60	1.25	1.50	424
6	0.48	0.72	1.50	1.80	425
7	»	0.84	»	»	426
8	0.64	0.96	2.00	2.40	427
9	»	1.08	»	»	428
10	0.80	1.20	2.50	3.00	429
12	0.15	0.12	3.00	3.60	430
15	0.15	0.12	6.00	»	431
16	0.20	0.15	»	»	432
18	0.20	0.15	9.00	»	433
20	0.20	0.15	».	»	434
21 à 30	0.25	0.20	»	«	435

(Colonnes A et B : *La pièce* puis *Le centimètre*; colonnes C et D : *La pièce*.)

Réparation, nettoyage, replaçage et repose de vieilles lettres, moitié des prix ci-dessus		436

Lettres en cristal taillé (à la pièce).					NUMÉROS D'ORDRE	OBSERVATIONS
HAUTEUR DES LETTRES en CENTIMÈTRES	ÉGYPTIENNE SIMPLE BISEAU A	ÉGYPTIENNE DOUBLE BISEAU B	MONSTRES SIMPLE BISEAU C	MONSTRES DOUBLE BISEAU D	ANTIQUES BOULES ANGLAISES GOTHIQUE DOUBLE BISEAU E	

LETTRES TOUT OR OU TOUT ARGENT.

HAUTEUR	A fr.	B fr.	C fr.	D fr.	E fr.	NUMÉROS
0,2 à 0,5	1.00	1.25	2.25	2.50	3.00	
6	1.20	1.50	2.70	3.00	3.60	
8	1.60	2.00	3.60	4.00	4.80	
10	2.00	2.50	4.50	5.00	6.00	
12	2.40	3.00	5.40	6.00	7.20	437
15	3.75	4.50	7.50	8.25	9.75	438
18	4.50	5.40	9.00	9.90	11.70	439
20	5.00	6.00	10.00	11.00	13.00	440
22	6.60	8.80	12.15	13.20	16.50	441
25	8.75	10.00	15.00	16.25	20.00	442
30	15.00	16.50	24.40	26.25	»	443

LETTRES FACES OR OU ARGENT, BISEAUX ARGENT OU OR — FACES BLEUES OU GRENAT, BISEAUX OR OU ARGENT.

HAUTEUR	A fr.	B fr.	C fr.	D fr.	E fr.	NUMÉROS
0,2 à 0,5	1.25	1.50	2.50	2.85	3.25	444
6	1.50	1.80	3.00	3.30	3.90	445
8	2.00	2.40	4.00	4.40	5.20	446
10	2.50	3.00	5.00	5.50	6.50	447
12	3.00	3.60	6.00	6.60	7.80	
15	4.50	5.25	8.25	9.00	10.50	
18	5.40	6.30	9.90	10.00	12.60	448
20	6.00	7.00	11.00	12.00	14.00	449
22	8.80	9.90	13.20	14.35	17.50	450
25	10.00	11.25	16.25	17.65	21.25	451
30	16.50	18.75	26.25	28.15	»	452

LETTRES FACES VERTES OU OPALES, BISEAUX OR OU ARGENT.

HAUTEUR	A fr.	B fr.	C fr.	D fr.	E fr.	NUMÉROS
0,2 à 0,5	2.00	2.50	3.50	3.75	4.25	453
6	2.40	3.00	4.20	4.50	5.10	454
8	3.20	4.00	5.60	6.00	6.80	455
10	4.00	5.00	7.00	7.50	8.50	456
12	4.80	6.00	8.40	9.00	10.20	457
15	6.75	8.25	12.00	13.50	14.25	458
18	8.00	9.90	14.60	16.20	17.10	
20	9.00	11.00	16.00	18.00	19.01	459
22	11.05	13.20	18.75	22.00	23.25	460
25	13.75	16.25	23.75	26.25	28.75	461
30	22.50	26.25	33.00	34.50	»	462

	NUMÉROS
	463
	464
	465
	466
	467
	468
	469

NOTA. — Les lettres faites entre 2 mesures indiquées ci-dessus seront comptées à la mesure supérieure.. | Obs.

470

LETTRES	PRIX de RÈGLEMENT	NUMÉROS D'ORDRE	OBSERVATIONS
Dépose des lettres jusqu'à 0ᵐ,10 de haut, la lettre 0ᶠ,20.	Obs.	471	
— — au-dessus de 0ᵐ,10 de haut, le centimètre 0ᶠ,03	»	472	
Repose des lettres jusqu'à 0ᵐ,10, la lettre 0ᶠ,30	»	473	
— — au-dessus de 0ᵐ,10, le centim. 0ᶠ,05.	»	474	
Rebordure des lettres, moitié des prix des lettres neuves	»	475	
Nota. — Dans la dépose, la casse des vieilles lettres n'est pas garantie	»	476	

Lettres relief en zinc doré ou en bois doré.

HAUTEUR DES LETTRES en CENTIMÈTRES	ÉGYPTIENNES	CAPITALES	MONSTRES	BOULE	FANTAISIE	ANTIQUE à DOUBLE BISEAU	MONSTRES DOUBLE BISEAU DOUBLE RELIEF FACES ET BISEAUX DORÉS COTÉS NOIRS	NUMÉROS D'ORDRE
	A	B	C	D	E	F	G	
	fr.	fr.	fr.	fr.	fr.	fr.	fr.	
3	0.45	0.45	»	»	»	»	»	477
4	0.55	0.55	»	»	»	»	»	478
5	0.65	0.65	»	»	»	»	»	479
8	0.90	1 00	»	»	»	»	»	480
10	»	»	»	»	»	2.00	»	481
11	1.10	1.20	1.45	»	»	»	»	482
14	1.40	1.55	1.75	»	»	»	»	483
15	»	»	»	»	»	3.00	»	484
16	1.65	1.75	2,10	3.80	3.50	»	»	485
18	»	»	»	»	»	3 60	»	486
19	1.95	2.20	2,50	4.60	4.00	»	»	487
20	»	»	»	»	»	4.00	5.00	488
22	2.20	2.40	2.75	5.00	4 50	4.40	5.50	489
25	2.50	2.75	3.10	5.60	5.00	5.00	6.20	490
28	2.75	3.05	3.50	6.40	6.00	5.60	7.00	491
30	3.05	3.30	3.95	7.20	6.50	6.00	7.90	492
33	3.30	3.65	4.40	8.00	7.00	6.60	8.80	493
35	3.85	3.95	4.85	8.80	7.50	7.70	9.70	494
38	4.40	4.70	5.50	10.00	8.00	8.80	11.00	495
40	4.95	5.50	7.15	13.00	10.00	9.90	14.30	496
45	6.05	6.60	8.25	15 00	12.00	12.00	16.50	497
50	7·15	8.25	9 90	18.00	15.00	14.30	19.80	498
55	8.25	9.90	12.65	23.00	18.00	16.50	25.00	499
60	9 35	12.00	15.00	28.00	20.00	18.70	30.00	500
65	12.00	14.00	17.50	32.00	25.00	24 00	35.00	501
70	14.00	16.50	19 50	36.00	30.00	28.00	39.00	502
75	16.20	18.70	22.00	40.00	35.00	32.00	44.00	503
80	20.00	22.00	26.00	48.00	40.00	40.00	52.00	504

	PRIX de RÈGLEMENT	NUMÉROS D'ORDRE
Egyptiennes biseaux en dessus, le double du prix des lettres égyptiennes A	Obs.	505
Capitales penchées, le double du prix des lettres B . .	Obs.	506

LETTRES	PRIX de RÈGLEMENT	NUMÉROS D'ORDRE	
Capitales sans biseaux, même prix que les lettres monstres C..................................	»	507	
Petit romain, moitié en plus des lettres égyptiennes A.	»	508	
Anglaises, le double du prix des lettres monstres C.	»	509	
Antiques sans biseaux, même prix que les lettres capitales B...............................	»	510	
Gothique, le double du prix des lettres fantaisie E....	»	511	
Bambou, même prix que les lettres monstres G......	»	512	
Remise à neuf de vieilles lettres, compris grattage des vieilles dorures, réparation du zinc, peinture d'apprêt et redorure, lettre égyptienne A, capitale B, monstre C, capitale sans biscau, antique sans biseau sera payé 2/3 du prix des mêmes lettres neuves...	»	»	
Lettre boule D, fantaisie E, égyptienne biseau en dessus, capitale penchée, antique à double biseau F, monstre double biscau et double relief, les faces et biseaux dorés, les côtés noirs G, petit romain, anglaise, gothique, bambou, sera payée moitié du prix des mêmes lettres neuves......................	»	»	
Lettre platinée, 1/5 en plus des prix ci-dessus.......	»	»	
Pierres gravées sous glaces.			
Fourniture et façon de pierre et glace, fond noir, uni, chanfreins sertis d'étain, le mètre superficiel.......	fr. 100.00	516	
Plus-value pour fonds imitation de marbre de couleur avec la dernière perfection.....................	5.00	517	
Gravure des lettres, à compter aux prix de la série de marbrerie................................	Obs.	518	
Pose. — Tous les prix ci-dessus comprennent a façon et la pose jusqu'à 4 mètres de haut. Au-dessus de cette hauteur, il sera accordé une plus-value proportionnée à la difficulté du travail..............	Obs.	519	

Gravure des lettres.

221. A cet article, la Série de peinture renvoie l'entrepreneur à celle de marbrerie. Le peintre n'étant pas marbrier a très souvent des gravures de ce genre à exécuter. Nous reproduisons ci-dessous les prix des lettres gravées, tels qu'ils sont prévus à la Série de marbrerie, à titre d'indication, sans les commenter, les trouvant suffisamment rémunérateurs.

Lettres gravées d'après la Série de marbrerie.

LETTRES	PRIX DE RÈGLEMENT				NUMÉROS D'ORDRE	OBSERVATIONS
	CAPITALE	ANTIQUE avec déliés PETIT ROMAIN ET BATON	ANTIQUE pleine SANS DÉLIÉS	GOTHIQUE		
Lettres gravées de 0^m,01 jusqu'à 0^m,02 de hauteur; en pierre, en marbre et granit de Flandre						
En pierres tendres classe n° 7 de la série maçonnerie et au dessous						
Pour chaque lettre :	fr.	fr.	fr.	fr.		
Ordinaire	0.10	0.12	0.16	0.20	584	
Quart effet	0.20	0.24	0.30	0.40	585	
Demi-effet	0.30	0.36	0.40	0.50	586	
Trois quarts effet	0.50	0.50	0.60	0.80	587	
Effet oignetté	0.60	0.70	0.80	1.00	588	
Effet carré au fond	1.50	1.50	1.50	2.50	589	
Pour les lettres de moins de 0^m,01 de hauteur, les prix seront augmentés en raison de leur réduction à cause de la rareté de l'exécution de ces lettres et de l'outillage spécial qu'elles exigent	....	....	....	....	589 *bis*	
En pierres dures n°s 3, 4, 5 et 6 de la série de maçonnerie.						
Pour chaque lettre :						
Ordinaire	0.15	0.18	0.20	0.30	590	
Quart effet	0.25	0.30	0.35	0.50	591	
Demi-effet	0.40	0.50	0.60	0.80	592	
Trois quarts effet	0.70	0.80	0.90	1.40	593	
Effet oignetté	1.00	1.50	1.75	2.00	594	
Effet carré au fond	1.75	2.00	2.25	3.50	595	
En marbre blanc et en pierres dures n°s 1 et 2.						
Pour chaque lettre :						
Ordinaire	0.15	0.18	0.20	0.30	596	
Quart effet	0.35	0.45	0.55	0.70	597	
Demi-effet	0.60	0.70	0.80	1.20	598	
Trois quarts effet	1.26	1.50	1.60	2.50	599	
Effet oignetté	1.50	1.75	2.00	3.00	600	
Effet carré au fond	2.50	3.00	3.25	5.00	601	
En marbre noir et granit de Flandre.						
Pour chaque lettre :						
Ordinaire	0.30	0.40	0.50	0.60	602	
Quart effet	0.50	0.60	0.70	1.00	603	
Demi effet	1.00	1.20	1.50	2.00	604	
Trois quarts effet	1.50	1.70	2.00	3.00	605	
Effet oignetté	2.25	3.00	3.50	4.50	606	
Effet carré au fond	4.00	4.50	5.00	6.00	607	

LETTRES	PRIX DE RÈGLEMENT				NUMÉROS D'ORDRE	OBSERVATIONS
	CAPITALE	ANTIQUE avec déliés PETIT ROMAIN ET BATON	ANTIQUE pleine SANS DÉLIÉS	GOTHIQUE		
Lettres gravées (suite)						
Plus-values sur les lettres gravées en pierres, marbres et granit de Flandre pour chaque 0^m,01 ou fraction de centimètre en plus de 0^m,03 de hauteur						
En pierres tendres classe n° 7 et au-dessous de la Série de maçonnerie						
Pour chaque lettre :	fr.	fr.	fr.	fr.		
Ordinaire............	0.05	0.06	0.08	0.10	608	
Quart effet...........	0.08	0.10	0.12	0.16	609	
Demi-effet	0.10	0.12	0.15	0.20	610	
Trois quarts effet.....	0.12	0.15	0.18	0.24	611	
Effet oignetté	0.15	0.18	0.20	0.30	612	
Effet carré au fond....	0.35	0.40	0.50	0.70	613	
Chaque fraction de 0^m,01 en plus, au-dessus de 0^m,03 sera comptée pour un centimètre entier ; ainsi les lettres de 0^m,035 seront comptées 0^m,04..........	....	....	....	....	614	
En pierres dures n°^{os} 3, 4, 5 et 6 de la Série de maçonnerie						
Pour chaque lettre :						
Ordinaire............	0.08	0.09	0.10	0.16	615	
Quart effet...........	0.12	0.15	0.18	0.24	616	
Demi-effet	0.15	0.18	0.20	0.30	617	
Trois quarts effet.....	0.18	0.20	0.23	0.36	618	
Effet oignetté	0.25	0.30	0.35	0.50	619	
Effet carré au fond....	0.45	0.50	0.60	0.90	620	
En marbre blanc et en pierres dures n°^{os} 1 et 2.						
Pour chaque lettre :						
Ordinaire............	0.08	0.09	0.10	0.16	621	
Quart effet...........	0.15	0.18	0.23	0.30	622	
Demi-effet	0.20	0.23	0.28	0.40	623	
Trois quarts effet.....	0.33	0.35	0.40	0.60	624	
Effet oignetté	0.35	0.40	0.45	0.70	625	
Effet carré au fond....	0.75	0.80	0.90	1.50	626	
En marbre noir et granit de Flandre.						
Pour chaque lettre :						
Ordinaire............	0.15	0.20	0.25	0.30	627	
Quart effet...........	0.28	0.33	0.38	0.50	628	
Demi-effet	0.33	0.38	0.43	0.60	629	
Trois quarts effet.....	0.40	0.40	0.60	0.80	630	
Effet oignetté	0.58	0.60	0.70	1.00	631	
Effet carré au fond....	1.15	1.20	1.25	2.30	632	
Pour les lettres de moins de 0^m,01 de hauteur même observation que précédemment............................					633	

LETTRES	PRIX de RÈGLEMENT	NUMÉROS D'ORDRE	OBSERVATIONS
Lettres gravées de 0^m,01 jusqu'à 0^m,03 de hauteur en granit de Brest ou pierre de Kersanton et granit de Normandie.	CAPITALE ANTIQUE ET BATON		
En granit de Brest ou pierre de Kersanton.			
Pour chaque pierre :	fr.		
Ordinaire	0.66	634	
Quart effet	0.99	635	
Demi effet	1.32	636	
Trois quarts effet	1.98	637	
Effet	2.64	638	
Relief tout plein sans déliés	3.17	639	
Relief à déliés et effet carré au fond	3.96	640	
En granit de Normandie.			
Pour chaque lettre :			
Ordinaire	1.32	641	
Quart effet	1.65	642	
Demi effet	1.98	643	
Trois quarts effet	3.30	644	
Relief tout plein sans déliés	3.96	645	
Relief à déliés et effet carré au fond	5.94	646	
Plus-values sur les lettres gravées en granit de Normandie, de Brest ou pierre de Kersanton pour chaque 0^m,01 ou fraction de centimètre en plus de 0^m,03 de hauteur.			
En granit de Brest ou pierre de Kersanton.			
Pour chaque lettre :			
Ordinaire	0.33	647	
Quart effet	0.50	648	
Demi effet	0.66	649	
Trois quarts effet	1.00	650	
Effet	1.32	651	
Relief tout plein sans déliés	1.60	652	
Relief à déliés et effet carré au fond	2.00	653	
En granit de Normandie.			
Pour chaque lettre :			
Ordinaire	0.66	654	
Quart effet	0.82	655	
Demi effet	1.00	656	
Trois quarts effet	1.65	657	
Relief tout plein sans déliés	1.00	658	
Relief à déliés et effet carré au fond	3.00	659	
La gravure de la lettre ordinaire formera un angle de 160 degrés	Obs.	660	
Celle de la lettre un quart effet formera un angle de 95 degrés	»	661	
Celle de la lettre demi effet formera un angle de 60 degrés	»	662	
Celle de la lettre trois quarts effet formera un angle de 50 degrés	»	663	
Celle de la lettre effet complet formera un angle de 40 degrés	»	664	
L'effet carré au fond aura la moitié de la largeur du plein	»	665	

LETTRES	PRIX de RÈGLEMENT	NUMÉROS D'ORDRE	OBSERVATIONS
Plus-values (*suite*).			
Les lettres gravées sur parties circulaires de 0^m,50 de rayon et au dessous seront comptées un tiers en plus..........	Obs.	666	
Celles gravées sur parties circulaires de 0^m,50 à 1 mètre de rayon seront comptées un dixième en plus..........	»	667	
Celles gravées sur parties circulaires de plus de 1 mètre de rayon seront payées sans plus-values..........	»	668	
Pour les travaux faits sur monuments déjà existants seront les prix des lettres gravées, précédents, augmentés d'un quart..........	»	669	
Il en sera exceptionnellement de même pour les lettres gravées en travaux neufs, lorsque le travail présentera des difficultés d'approche et que l'ouvrier aura peine à se mouvoir..........	»	670	
Pour recreusement de lettres sur anciennes pierres, les prix des lettres gravées seront réduits de moitié, en raison de la disposition des lettres déjà faites et de l'ancien tracé..........	»	671	
Dorures de lettres gravées de 0^m,01 et 0^m,03 de haut (à la pièce).			
Sur marbre et granit polis.	fr.		
Lettre ordinaire..........	0.05	672	
Quart effet..........	0.08	673	
Demi effet..........	0.10	674	
Trois quarts effet..........	0.15	675	
Effet..........	0.20	676	
Sur pierre et marbre non polis.			
Lettre ordinaire..........	0.10	677	
Quart effet..........	0.14	678	
Demi effet..........	0.18	679	
Trois quarts effet..........	0.25	680	
Effet..........	0.30	681	
Plus-value sur dorure de lettres gravées.			
Pour chaque 0^m,01 ou fraction de centimètre en plus de 0^m,03 de hauteur.			
Sur marbre et granit polis.			
Lettre ordinaire..........	0.03	682	
Quart effet..........	0.04	683	
Demi effet..........	0.05	684	
Trois quarts effet..........	0.08	685	
Effet..........	0.10	686	
Sur pierre et marbre non polis.			
Lettre ordinaire..........	0.05	687	
Quart effet..........	0.07	688	
Demi effet..........	0.09	689	
Trois quarts effet..........	0.13	690	
Effet..........	0.15	691	

Observations générales de la Série de Peinture.

222. *Tous les prix de règlement ci-dessus s'appliquent à des travaux qui auront employé au moins la journée d'un ouvrier (N° 519).*

Pour les travaux minimes qui n'auraient pas employé la journée, il sera ajouté à l'ensemble du règlement pour le dérangement de l'ouvrier, une plus-value de temps à apprécier par l'architecte (N° 520).

Toutefois cette plus-value ne sera admise qu'autant que le fait aura été régulièrement constaté (N° 521).

Relativement à ces deux dernières observations n°ˢ 520 et 521, en cas d'absence d'un architecte pour constater le fait au moment où il se produit ou pour faciliter son appréciation, voilà, à notre avis, de quelle façon doit être demandée cette plus-value.

Tenir compte du temps passé par l'ouvrier pendant son déplacement pour se rendre du magasin de l'entrepreneur à l'endroit où se trouve le travail à exécuter ;

Ensuite faire le même calcul inversement, le travail étant terminé ;

Enfin compter une heure de dérangement pour la journée, ce temps se justifiant perdu pour prendre les ordres du client et la mise en train d'un travail de minime importance ne pouvant compenser les faux frais et le bénéfice qu'un entrepreneur est en droit d'attendre de ses travaux.

223. *Les fournitures ou ouvrages non compris à la présente Série, s'ils se trouvent inscrits dans l'une quelconque des Séries de prix éditées par la Société centrale, seront payés aux prix portés dans lesdites séries (N° 522).*

224. *Les articles brevetés ne seront admis que s'ils ont été fournis d'après un ordre spécial de l'architecte (N° 523).*

Les articles de fabrication dont la marque permettra de connaître l'origine seront payés suivant les prix des tarifs des fabricants diminués des remises faites à tout entrepreneur, quelles que soient l'importance de la fourniture et les conditions de paiement ; ces prix nets seront augmentés des 10 0/0 pour bénéfice (N° 524).

Les prix des articles non marqués seront évalués par l'architecte (à moins de conventions spéciales) ; l'entrepreneur devra toutefois fournir tous les renseignements qui lui seraient demandés au sujet de leur origine (N° 525).

VITRERIE

225. Heure de jour de vitrier, compris outillage :

Vaut 0ᶠ,80 (Nᵒ 1).

Matériaux.

226. Tous les prix des matériaux comprennent le transport à pied d'œuvre ; ils doivent être de la première qualité en l'espèce (Observation Nᵒ 2).

Blanc de Bougival ; les 1.040 pains reviennent à 8 francs (Nᵒ 3).

Huile de lin épurée, le kilogramme 1ᶠ,15 (Nᵒ 4).

Mastic ordinaire à l'huile, première qualité, revient à 0ᶠ,20 le kilogramme (Nᵒ 5).

Pointes à vitrer, le kilogramme, composé d'environ 4.720 pointes, revient à 1ᶠ,55 (Nᵒ 6).

Verre demi-blanc dans les douze mesures courantes du commerce, revient à :

Verres simples, la caisse de deuxième choix du commerce, 70 francs (Nᵒ 7).

Le troisième choix, 51 francs la caisse (Nᵒ 8).

Le quatrième choix, 46 francs la caisse (Nᵒ 9).

Nous ajouterons que les cours de ces verres sont variables ; en cas d'augmentation du cours à l'époque de la fourniture l'entrepreneur est fondé **avant de traiter** à établir le prix de la vitrerie d'après celui de revient réel.

Chaque caisse contient en verre simple 60 feuilles.

Chaque caisse contient en verre demi-double 40 feuilles.

Chaque caisse contient en verre double 30 feuilles.

La feuille est comptée pour une surface moyenne de 0ᵐ,45 carrés.

Chaque caisse représente en verre simple une surface de vitrerie de 27 mètres

En verre demi-double 18 mètres.

En verre double 13ᵐ,50.

La caisse de verre peut être commandée d'une ou plusieurs mesures courantes, sans toutefois dépasser les surfaces du commerce.

Poids minimum des verres :

Le verre simple pèse 4 kilogrammes au mètre superficiel.

Le verre demi-double pèse 6ᵏᵍ,250 au mètre superficiel.

Le verre double pèse 8 kilogrammes au mètre superficiel.

Le *verre* revient au mètre superficiel

	2ᵉ CHOIX	3ᵉ CHOIX	4ᵉ CHOIX
Simple....	1ᶠ,70	1ᶠ,89	2ᶠ,59 (Nᵒ 10)
Demi-double	2ᶠ,56	2ᶠ,83	3ᶠ,88 (Nᵒ 11)
Double....	3ᶠ,41	3ᶠ,78	5ᶠ,18 (Nᵒ 12)

Verre cannelé simple dans les douze mesures du commerce, revient la feuille à 2 francs (Nᵒ 13).

Verre dépoli dans les douze mesures du commerce,
revient la feuille simple 1ᶠ,40 (Nᵒ 14)

— demi-double 1ᶠ,82 (Nᵒ 15)

— double 2ᶠ,25 (Nᵒ 16)

Verres blancs coulés à reliefs striés rayés ou losangés, épaisseurs de 4 à 6 millimètres :

En volumes ayant jusqu'à 3 mètres de longueur, de 0ᵐ,99 de largeur, et ne dépassant pas 2 mètres superficiels ; revient à 4ᶠ,40 le mètre carré (Nᵒ 17).

Pour des dimensions ou des superficies dépassant celles indiquées ci-dessus, ou pour des épaisseurs de plus de 6 millimètres, les prix seront établis de gré à gré (Observation Nᵒ 18).

Le verre à grand losange, dit verre à vitraux, revient par mètre carré en plus des prix ci-dessus à 1 franc (Nᵒ 19).

Glaces brutes ordinaires pour toitures jusqu'à 6 mètres superficiels de 10 à 13 millimètres d'épaisseur :

Revient le mètre carré à 8ᶠ,10 (Nᵒ 20).

Les dimensions des verres du nᵒ 17 au nᵒ 20 étant comptées de 3 en 3 centimètres, les prix des dimensions intermédiaires sont ceux des verres des dimensions immédiatement supérieures (N° 21).

Verre mousseline simple à dessins sur fond transparent revient :

La feuille du commerce à 2 francs ;

La feuille hors mesures 2 fois 1/2 le prix du verre blanc (N° 22).

Verre mousseline simple mat sur tulle transparent :

La feuille du commerce 2ᶠ,25 ;

La feuille hors mesures 3 fois le prix du verre blanc (N° 23).

Verre mousseline simple, tulles mats ou dessins mats sur mats :

La feuille du commerce 2ᶠ,50 ;

La feuille hors mesures 3 fois 1/2 le prix du verre blanc (N° 24).

Les doubles tons et les dessins autres que ceux du commerce se traitent de gré à gré (N° 25).

Le verre mousseline demi-double revient a moitié en plus des prix ci-dessus (N° 26).

Le verre double, le double de ces prix (N° 27).

Dimensions des verres des 12 mesures du commerce.

0.69 × 0.66	0.81 × 0.57
0.72 × 0.63	0.87 × 0.54
0.75 × 0.60	0.90 × 0.51
0.96 × 0.48	1.02 × 0.45
1.08 × 0.42	1.14 × 0.39
1.20 × 0.36	1.26 × 0.33

Feuilles mesures Lilloises.

0.75 × 0.72	1.02 × 0.54
0.78 × 0.69	1.08 × 0.51
0.81 × 0.86	1.14 × 0.48
0.87 × 0.63	1.20 × 0.45
0.93 × 0.60	1.26 × 0.42
0.96 × 0.57	1.32 × 0.30

Lilloises forcées.

0.81 × 0.78	1.14 × 0.57
0.84 × 0.75	1.20 × 0.54
0.87 × 0.72	1.26 × 0.51
0.93 × 0.69	1.32 × 0.48
0.99 × 0.66	1.38 × 0.45
1.02 × 0.63	1.44 × 0.42
1.08 × 0.60	1.50 × 0.39

Mesures Lorraines.

0.99 × 0.81	1.26 × 0.57
1.05 × 0.75	1.32 × 0.54
1.08 × 0.72	1.38 × 0.51
1.11 × 0.69	1.44 × 0.48
1.17 × 0.63	1.50 × 0.45
1.20 × 0.60	1.62 × 0.42

Doubles manchons carrés.

1.02 × 0.90	1.20 × 0.75
1.08 × 0.87	1.26 × 0.72
1.14 × 0.81	1.32 × 0.69

Doubles manchons longs.

1.38 × 0.66	1.80 × 0.51
1.44 × 0.63	1.92 × 0.48
1.50 × 0.60	2.04 × 0.45
1.62 × 0.57	2.16 × 0.42
1.74 × 0.54	

Doubles Lilloises.

1.08 × 1.02	1.56 × 0.69
1.14 × 0.96	1.62 × 0.66
1.20 × 0.93	1.74 × 0.63
1.26 × 0.87	1.86 × 0.60
1.32 × 0.81	1.92 × 0.57
1.38 × 0.78	2.04 × 0.54
1.50 × 0.72	2.16 × 0.51

Toutes ces mesures de verres, depuis les Lilloises, sont considérées par la Série comme feuilles hors mesures et tarifiées comme telles aux prix de règlement.

Prix composés.

227. *Observation générale.* — Les prix de règlement ci-après, établis pour les travaux particuliers exécutés dans Paris sont composés :

1° Des déboursés pour la main-d'œuvre et les fournitures ;

2° Des faux frais appliqués à la main-d'œuvre seulement ;

3° Des bénéfices appliqués aux prix des fournitures de la main-d'œuvre et aux faux frais.

Pour la vitrerie :

Les faux frais sont fixés à 15 0/0 ;

Le bénéfice à 10 0/0.

Prix de Règlement.

228. Les prix de règlement s'appliquent à des travaux faits avec des matériaux de première qualité, dans l'espèce indiquée et avec toute la perfection possible d'exécution, ils comprennent le nettoyage et l'enlèvement de tous résidus provenant du travail exécuté.

Heure de jour été et hiver de vitrier compris outillage, 1f,01 (N° 28).

Aucun travail ne pourra être exécuté à l'heure que sur un ordre écrit, et, dans ce cas, des attachements journaliers constateront le temps passé et les travaux auxquels il aura été employé ; l'entrepreneur devra ses attachements en double, et les faire reconnaître en temps utile (Observation N° 29).

Heures supplémentaires :

Les heures supplémentaires jusqu'à huit heures du soir seront payées le même prix que les heures de jour (N° 30).

Heures de nuit :

Les heures de nuit commenceront à huit heures du soir et finiront à six heures du matin ; à défaut de conventions particulières, les heures de nuit seront payées le double des heures de jour (N° 31).

Travaux faits à la lumière :

En outre des stipulations qui précèdent, il ne sera accordé d'autre plus-value que celle relative aux fournitures d'éclairage déboursées par l'entrepreneur (N° 32).

Matériaux :

Les prix des matériaux pour fournitures seulement rendus à pied d'œuvre seront composés des prix de déboursés augmentés du bénéfice de 10 0/0 (N° 33).

Les articles ci-dessus énoncés sous les n°s 29, 30, 31 et 32 de la série se rapportent exactement à ceux de la Série de Peinture. Se reporter au commencement du volume *Peinture*, articles 4, 5, 6 et 7.

Ouvrages au mètre superficiel.

229. *Verre demi-blanc* dans les mesures de commerce fourni et posé, compris toutes les fournitures accessoires, mais sans nettoyage.

Par surface de plus de 4 mètres carrés dans le même établissement. Châssis verticaux, croisées portes *en bois*.

Verre simple.

4e Choix. En travaux neufs 3f,41 (N° 34).
En entretien 4f,14
3e Choix. En travaux neufs 3f,36 (N° 34).
En entretien 4f,37
2e Choix. En travaux neufs 4f,20 (N° 34).
En entretien 5f,22

Verre demi-double.

4e Choix. En travaux neufs 4f,17 (N° 35).
En entretien 5f,18
3e Choix. En travaux neufs 4f,50 (N° 35).
En entretien 5f,51
2e Choix. En travaux neufs 5f,20 (N° 35).

Verre double.

4e Choix. En travaux neufs 5f,20 (N° 36).
En entretien 6f,21
3e Choix. En travaux neufs 5,64 (N° 36).
En entretien 6f,66
2e Choix. En travaux neufs 7f,34 (N° 36).
En entretien 8f,35

Châssis inclinés, combles, lanternes marquises, bois et fer ou tout fer

230. — Posé à bain de mastic et recoupé en dessous.

Verre simple.

Posé à bain de mastic et recoupé en dessous.

4e Choix. En travaux neufs 3f,69 (N° 37).
En entretien 5f,21
3e Choix. En travaux neufs 3f,92 (N° 37).
En entretien 5f,44
2e Choix. En travaux neufs 4f,76 (N° 37).
En entretien 6f,28

Verre demi-double.

4e Choix. En travaux neufs 4f,73 (N° 38).
En entretien 6f,25
3e Choix. En travaux neufs 5f,06 (N° 38).
En entretien 6f,57
2e Choix. En travaux neufs 6f,33 (N° 38).
En entretien 7f,84

Verre double.

4e Choix. En travaux neufs 5f,76 (N° 39).
En entretien 7f,27
3e Choix. En travaux neufs 6f,20 (N° 39).
En entretien 7f,72
2e Choix. En travaux neufs 7f,90 (N° 39).
En entretien 9f,42

231. *Plus-values.* — Sur les n°s 34 à 36, s'il y a des parties en bois et en fer ou entièrement en fer.

Par mètre superficiel 0f,50 (N° 40).

Sur les n⁰ˢ 34 à 39, si la surface vitrée dans le même établissement a moins de 4 mètres.

Par mètre superficiel 0ᶠ,65 (N° 41).

A propos de cette dernière plus-value de vitrerie de moins de 4 mètres dans le même établissement, la Série n'étant pas suffisamment explicite, nous pensons que cette plus-value s'appliquera à la vitrerie au-dessous de 4 mètres de surface faite dans le même établissement et *à la même date;* cette raison nous paraît logique, car, dans le cas contraire et en l'absence d'indications précises, il se pourrait que de *la vitrerie* faite en réparation à l'année ou au trimestre dans un établissement ou maison de rapport quelconque donnant lieu à plusieurs dérangements successifs et atteignant en son ensemble 4 mètres superficiels fût appréciée dans le sens absolu de la Série et payée au prix ordinaire sans plus-value, ce qui serait onéreux pour le temps employé à ce travail.

Le métreur ou l'entrepreneur agira donc sagement en demandant la plus-value à chaque *opération* de vitrerie n'ayant pas produit une surface de 4 mètres superficiels.

232. *Plus-values.* — Sur les n⁰ˢ 34 à 39 pour vitrerie en carreaux ayant moins de 0.60 à l'équerre, par mètre superficiel, 2ᶠ,50 (N° 42).

Par moins de 0.50 à l'équerre, plus-value par mètre superficiel 3ᶠ,50 (N° 43).

Par moins de 0.40 à l'équerre, par mètre superficiel, 4ᶠ,50 (N° 44).

Ces trois dernières plus-values sont indépendantes de celle prévue à la fin de la Série Vitrerie sous le n° 95 pour travaux minimes; elles sont basées sur le temps passé à la coupe, à la vitrerie et à la plus grande quantité de mastic fourni que pour une feuille du commerce ayant, par exemple, 1ᵐ,56 à l'équerre au lieu de 0ᵐ,60, 0ᵐ,50, 0ᵐ,40.

233. Tous les prix ci-dessus s'entendent pour la fourniture et pose des *verres demi-blanc;* mais actuellement, dans les immeubles de rapport somptueux où rien n'est épargné, il est fourni du *verre blanc* ou de la *petite glace de Saint-Gobain,* qui ne sont pas prévus à la Série; à notre avis, chaque fois que l'on aura à fournir et poser du verre blanc sans défaut, tous les prix de fourniture et pose devront être doublés, eu égard à la différence du déboursé et au plus grand risque de casse.

Verre demi-blanc hors mesures courantes.

234. Nous donnons ci-après le tableau des verres hors mesures avec leurs prix à la Série; désirant faire un travail utile et être agréables à nos lecteurs, nous avons calculé à leur intention la valeur de ces verres, feuille par feuille, sans pose ou avec poses diverses, comprenant les plus-values d'usage; à l'aide de ce barème, il sera facile à chacun de trouver le prix de la feuille de verre à fournir sans perte de temps ni calculs fastidieux.

Voici, par exemple, le travail à faire pour avoir le prix d'une feuille simple hors mesures 2ᵉ choix de 1.50 × 0.45.

Fourniture de la feuille sans pose... 3ᶠ,41
Pose de ladite feuille hors mesures en travaux neufs par surface au-dessous de 4.00 superficiel.
Soit feuille de 1.50 × 0.45 produit 0ᶠ,68 à 2ᶠ,05 le mètre 1ᶠ,39

Total pour la feuille toute posée . 4ᶠ,80

D'après le tableau ci-dessous, le lecteur se reportera à la mesure de ladite feuille de 0.45 × 1.50 et trouvera avec sa surface sa valeur calculée plus haut en travaux neufs, soit 4ᶠ,80.

DIMENSIONS DES FEUILLES	PRIX de LA FEUILLE en règlement SANS POSE	PRIX DE LA FEUILLE toute posée EN TRAVAUX NEUFS		PRIX DE LA FEUILLE toute posée EN ENTRETIEN		SURFACE de chaque FEUILLE
		jusqu'à 4^m,00 de surface	au-dessus de 4^m,00	jusqu'à 4^m,00 de surface	au-dessus de 4^m,00	
De 0.33 sur 1.29	1.89	2.77	2.47	3.29	2.98	0.43
» 1.32	1.95	2.85	2.54	3.37	3.07	0.44
» 1.35	2.01	2.93	2.62	3.47	3.15	0.45
» 1.38	2.08	3.02	2.70	3.58	3.25	0.46
» 1.41	2.16	3.12	2.79	3.68	3.35	0.47
» 1.44	2.23	3.21	2.88	3 79	3.45	0.48
» 1.47	2.30	3.30	2.96	3.89	3.55	0.49
» 1.50	2.37	3.40	3.05	4.00	3.65	0.50
» 1.53	2.45	3.47	3.12	4.07	3.73	0.50
» 1.56	2.53	3.57	3.21	4.19	3.83	0.51
» 1.59	2.61	3.68	3.31	4.30	3.94	0.52
» 1.62	2.70	3.79	3.42	4.42	4.05	0.53
» 1.65	2.79	3.90	3.52	4.54	4.16	0.54
» 1.68	2.88	4.00	3.62	4.66	4.28	0.55
» 1.71	2.98	4.13	3.74	4.81	4.41	0.56
» 1.74	3.07	4.23	3.84	4.92	4.52	0.57
» 1.77	3.16	4.35	3.94	5.06	4.64	0.58
» 1.80	3.27	4.47	4.06	5.20	4.77	0.59
» 1.83	3.38	4.61	4.19	5.33	4.91	0.60
» 1.86	3.48	4.73	4.30	5.46	5.03	0.61
» 1.89	3.59	4.86	4.42	5.60	5.17	0.62
» 1.92	3.71	5.00	4.56	5.76	5.32	0.63
» 1.95	3.83	5.14	4.69	5.91	5.46	0.64
» 1.98	3.95	5.28	4.82	6.06	5.61	0.65
» 2.01	4.08	5.43	4.97	6.22	5.76	0.66
» 2.04	4.21	5.58	5.11	6.38	5.91	0.67
» 2.07	4.35	5.74	5.27	6.44	6.08	0.68
De 0.36 sur 1.23	1.92	2.84	2.53	3.38	3.06	0.45
» 1.26	2.00	2.95	2.62	3.50	3.17	0.46
» 1.29	2.07	3.03	2.70	3.59	3.27	0.47
» 1.32	2.15	3.13	2.80	3.73	3.37	0.48
» 1.35	2.22	3.22	2.88	3.83	3.47	0.49
» 1.38	2.30	3.35	2.97	3.93	3.57	0.50
» 1.41	2.38	3.42	3.06	4.04	3.68	0.51
» 1.44	2.46	3.53	3.16	4.15	3.79	0.52
» 1.47	2.54	3.63	3.26	4.26	3.89	0.53
» 1.50	2.63	3.74	3.36	4.38	4.00	0.54
» 1.53	2.71	3.83	3.45	4.49	4.11	0.55
» 1.56	2.80	3.95	3.56	4.63	4.23	0.56
» 1.59	2.89	4.05	3.66	4.74	4.31	0.57
» 1.62	2.98	4.17	3.76	4.88	4.46	0.58
» 1.65	3.08	4.28	3.87	5.01	4.58	0.59
» 1.68	3.18	4.41	3.99	5.13	4.71	0.60
» 1.71	3.29	4.56	4.12	5.31	4.87	0.62
» 1.74	3.40	4.69	4.25	5.44	5.01	0.63
» 1.77	3.51	4.81	4.36	5.59	5.13	0.64
» 1.80	3.62	4.95	4.49	5.73	5.28	0.65
» 1.83	3.74	5.09	4.63	5.88	5.42	0.66
» 1.86	3.86	5.23	4.76	6.01	5.56	0.67
» 1.89	3.99	5.38	4.91	6.20	5.72	0.68
» 1.92	4.12	5.53	5.05	6.36	5.88	0.69
» 1.95	4.25	5.69	5.19	6.52	6.04	0.70
» 1.98	4.38	5.84	5.34	6.68	6.19	0.71
» 2.01	4.54	6.01	5.51	6.88	6.38	0.72
» 2.04	4.69	6.19	5.64	7.06	6.55	0.73
» 2.07	4.85	6.38	5.86	7.26	6.76	0.75

DIMENSIONS DES FEUILLES	PRIX de LA FEUILLE en règlement SANS POSE	PRIX DE LA FEUILLE toute posée EN TRAVAUX NEUFS		PRIX DE LA FEUILLE toute posée EN ENTRETIEN		SURFACE de chaque FEUILLE
		jusqu'à $4^m,00$ de surface	au-dessus de $4^m,00$	jusqu'à $4^m,00$ de surface	au-dessus de $4^m,00$	
De 0.39 sur 1.17	1.92	2.86	2.54	3.43	3.09	0.46
» 1.20	2.01	2.97	2.64	3.56	3.20	0.47
» 1.23	2.09	3.07	2.74	3.67	3.31	0.48
» 1.26	2.18	3.18	2.84	3.79	3.43	0.49
» 1.29	2.26	3.29	2.94	3.89	3.54	0.50
» 1.32	2.35	3.39	3.03	4.01	3.65	0.51
» 1.35	2.44	3.53	3.16	4.16	3.79	0.53
» 1.38	2.53	3.64	3.26	4.28	3.90	0.54
» 1.41	2.61	3.72	3.34	4.36	3.98	0.54
» 1.44	2.70	3.85	3.46	4.53	4.13	0.56
» 1.47	2.79	3.95	3.56	4.64	4.24	0.57
» 1.50	2.88	4.08	3.67	4.81	4.38	0.59
» 1.53	2.98	4.21	3.79	4.93	4.51	0.60
» 1.56	3.07	4.32	3.89	5.05	4.61	0.61
» 1.59	3.17	4.44	4.00	5.19	4.75	0.62
» 1.62	3.27	4.56	4.12	5.31	4.87	0.63
» 1.65	3.38	4.69	4.24	5.46	5.01	0.64
» 1.68	3.50	4.85	4.39	5.64	5.18	0.66
» 1.71	3.61	4.98	4.51	5.78	5.31	0.67
» 1.74	3.74	5.13	4.66	5.97	5.47	0.68
» 1.77	3.86	5.27	4.79	6.10	5.61	0.69
» 1.80	3.99	5.43	4.93	6.26	5.78	0.70
» 1.83	4.12	5.58	5.08	6.42	5.93	0.71
» 1.86	4.25	5.75	5.20	6.62	6.11	0.73
» 1.89	4.39	5.91	5.44	6.80	6.28	0.74
» 1.92	4.54	6.07	5.55	6.95	6.45	0.75
» 1.95	4.69	6.26	5.72	7.18	6.63	0.76
» 1.98	4.86	6.44	5.90	7.36	6.82	0.77
» 2.01	5.01	6.60	6.06	7.56	7.00	0.78
» 2.04	5.19	6.76	6.20	7.72	7.16	0.80
» 2.07	5.37	7.03	6.46	8.00	7.43	0.81
De 0.42 sur 1.11	1.92	2.88	2.54	3.44	3.12	0.47
» 1.14	2.01	3.00	2.66	3.59	3.23	0.48
» 1.17	2.10	3.10	2.76	3.71	3.35	0.49
» 1.20	2.19	3.22	2.87	3.81	3.46	0.50
» 1.23	2.28	3.34	2.98	3.97	3.61	0.52
» 1.26	2.37	3.46	3.08	4.09	3.72	0.53
» 1.29	2.46	3.57	3.19	4.22	3.84	0.54
» 1.32	2.56	3.69	3.30	4.35	3.96	0.55
» 1.35	2.66	3.83	3.43	4.51	4.11	0.57
» 1.38	2.75	3.94	3.53	4.65	4.23	0.58
» 1.41	2.86	4.06	3.65	4.79	4.36	0.59
» 1.44	2.94	4.17	3.75	4.89	4.47	0.60
» 1.47	3.03	4.30	3.86	5.04	4.61	0.62
» 1.50	3.14	4.43	3.97	5.18	4.75	0.63
» 1.53	3.25	4.56	4.11	5.33	4.88	0.64
» 1.56	3.35	4.70	4.24	5.46	5.03	0.66
» 1.59	3.46	4.83	4.36	5.61	5.16	0.67
» 1.62	3.58	4.97	4.49	5.81	5.31	0.68
» 1.65	3.69	5.10	4.62	5.93	5.44	0.69
» 1.68	3.83	5.29	4.78	6.13	5.64	0.71
» 1.71	3.93	5.40	4.90	6.27	5.77	0.72
» 1.74	4.09	5.59	5.07	6.46	5.95	0.73
» 1.77	4.22	5.74	5.22	6.63	6.10	0.74
» 1.80	4.36	5.91	5.38	6.83	6.30	0.76

DIMENSIONS DES FEUILLES	PRIX de LA FEUILLE en règlement SANS POSE	PRIX DE LA FEUILLE toute posée EN TRAVAUX NEUFS		PRIX DE LA FEUILLE toute posée EN ENTRETIEN		SURFACE de chaque FEUILLE
		jusqu'à 4m,00 de surface	au-dessus de 4m,00	jusqu'à 4m,00 de surface	au-dessus de 4m,00	
De 0.42 sur 1.83	4.51	6.08	5.55	7.01	6.47	0.77
» 1.86	4.66	6.26	5.71	7.20	6.64	0.78
» 1.89	4.82	6.44	5.88	7.38	6.83	0.79
» 1.92	4.98	6.64	6.07	7.61	7.05	0.81
» 1.95	5.15	6.83	6.26	7.81	7.24	0.82
» 1.98	5.34	7.04	6.46	8.04	7.45	0.83
» 2.01	5.52	7.24	6.65	8.25	7.66	0.84
» 2.04	5.71	7.47	6.87	8.50	7.90	0.86
» 2.07	5.92	7.70	7.09	8.74	8.14	0.87
» 2.10	6.03	7.83	7.21	8.89	8.27	0.88
» 2.13	6.24	8.06	7.44	9.16	8.51	0.89
» 2.16	6.56	8.42	7.78	9.51	8.88	0.91
» 2.19	6.79	8.68	8.03	9.78	9.13	0.92
De 0.45 sur 1.05	1.90	2.86	2.53	3.42	3.10	0.47
» 1.08	2.00	3.00	2.65	3.61	3.25	0.49
» 1.11	2.10	3.13	2.78	3.72	3.38	0.50
» 1.14	2.19	3.23	2.87	3.84	3.49	0.51
» 1.17	2.29	3.37	3.01	4.01	3.64	0.53
» 1.20	2.39	3.49	3.12	4.15	3.76	0.54
» 1.23	2.49	3.62	3.23	4.28	3.95	0.55
» 1.26	2.58	3.75	3.35	4.53	4.03	0.57
» 1.29	2.68	3.87	3.46	4.57	4.15	0.58
» 1.32	2.78	3.98	3.58	4.69	4.28	0.59
» 1.35	2.88	4.13	3.70	4.86	4.44	0.61
» 1.38	2.98	4.25	3.81	4.99	4.56	0.62
» 1.41	3.08	4.37	3.93	5.12	4.68	0.63
» 1.44	3.18	4.51	4.06	5.29	4.83	0.65
» 1.47	3.30	4.65	4.19	5.44	4.98	0.66
» 1.50	3.41	4.80	4.32	5.62	5.14	0.68
» 1.53	3.53	4.94	4.46	5.77	5.28	0.69
» 1.56	3.64	5.08	4.59	5.91	5.43	0.70
» 1.59	3.77	5.25	4.74	6.11	5.60	0.72
» 1.62	3.89	5.38	4.87	6.26	5.72	0.73
» 1.65	4.02	5.53	5.01	6.48	5.90	0.74
» 1.68	4.16	5.71	5.18	6.63	6.12	0.76
» 1.71	4.30	5.87	5.34	6.80	6.26	0.77
» 1.74	4.45	6.05	5.60	6.98	6.43	0.78
» 1.77	4.60	6.24	5.68	7.40	6.64	0.80
» 1.80	4.75	6.41	5.84	7.38	6.81	0.81
» 1.83	4.91	6.59	6.01	7.57	7.00	0.82
» 1.86	5.09	6.81	6.22	7.82	7.23	0.84
» 1.89	5.27	7.01	6.42	8.03	7.44	0.85
» 1.92	5.45	7.23	6.62	8.27	7.66	0.87
» 1.95	5.65	7.45	6.83	8.51	7.89	0.88
» 1.98	5.85	7.67	7.05	8.74	8.11	0.89
» 2.01	6.05	7.90	7.26	8.97	8.34	0.90
» 2.04	6.26	8.14	7.50	9.25	8.60	0.92
» 2.07	6.49	8.39	7.74	9.51	8.86	0.93
» 2.10	6.72	8.66	8.00	9.79	9.14	0.95
» 2.13	6.96	8.93	8.25	10.08	9.40	0.96
» 2.16	7.21	9.19	8.51	10.36	9.68	0.97
» 2.19	7.47	9.49	8.80	10.68	10.00	0.99
» 2.22	7.74	9.79	9.09	10.99	10.29	1.00
» 2.25	8.01	10.08	9.37	11.28	10.88	1.01
» 2.28	8.30	10.41	9.69	11.64	10.92	1.03

DIMENSIONS DES FEUILLES	PRIX de LA FEUILLE en règlement SANS POSE	PRIX DE LA FEUILLE toute posée EN TRAVAUX NEUFS		PRIX DE LA FEUILLE toute posée EN ENTRETIEN		SURFACE de chaque FEUILLE
		jusqu'à 4m,00 de surface	au-dessus de 4m,00	jusqu'à 4m,00 de surface	au-dessus de 4m,00	
De 0.48 sur 0.99	1.90	2.88	2.54	3.48	3.12	0.48
» 1.02	2.00	2.98	2.64	3.58	3.22	0.49
» 1.05	2.09	3.11	2.77	3.71	3.36	0.50
» 1.08	2.18	3.24	2.88	3.87	3.50	0.52
» 1.11	2.29	3.37	3.00	4.01	3.64	0.53
» 1.14	2.39	3.51	3.13	4.17	3.79	0.55
» 1.17	2.49	3.64	3.24	4.31	3.91	0.56
» 1.20	2.59	3.77	3.37	4.47	4.06	0.58
» 1.23	2.69	3.89	3.48	4.60	4.19	0.59
» 1.26	2.79	4.02	3.60	4.74	4.32	0.60
» 1.29	2.90	4.17	3.75	4.91	4.48	0.62
» 1.32	3.01	4.30	3.86	5.05	4.61	0.63
» 1.35	3.11	4.44	3.98	5.22	4.76	0.65
» 1.38	3.22	4.57	4.11	5.36	4.90	0.66
» 1.41	3.33	4.72	4.24	5.54	5.06	0.68
» 1.44	3.45	4.86	4.38	5.69	5.20	0.69
» 1.47	3.56	5.01	4.51	5.87	5.37	0.71
» 1.50	3.69	5.16	4.66	6.03	5.55	0.72
» 1.53	3.81	5.30	4.79	6.18	5.67	0.73
» 1.56	3.94	5.48	4.95	6.37	5.85	0.75
» 1.59	4.08	5.64	5.10	6.55	6.01	0.76
» 1.62	4.22	5.82	5.27	6.75	6.20	0.78
» 1.65	4.36	5.97	5.43	6.92	6.37	0.79
» 1.68	4.51	6.17	5.60	7.14	6.57	0.81
» 1.71	4.66	6.34	5.76	7.33	6.75	0.82
» 1.74	4.82	6.54	5.95	7.55	6.96	0.84
» 1.77	4.98	6.72	6.12	7.74	7.14	0.85
» 1.80	5.16	6.92	6.32	7.96	7.35	0.86
» 1.83	5.34	7.14	6.56	8.20	7.58	0.88
» 1.86	5.54	7.36	6.74	8.43	7.80	0.89
» 1.89	5.74	7.60	7.02	8.69	8.06	0.91
» 1.92	5.95	7.83	7.19	8.94	8.29	0.92
» 1.95	6.16	8.08	7.43	9.21	8.55	0.94
» 1.98	6.39	8.34	7.67	9.47	8.81	0.95
» 2.01	6.61	8.57	7.90	9.73	9.05	0.96
» 2.04	6.85	8.86	8.17	10.03	9.34	0.98
» 2.07	7.10	9.12	8.43	10.31	9.60	0.99
» 2.10	7.35	9.60	8.71	10.62	9.92	1.01
» 2.13	7.62	9.71	8.99	10.93	10.22	1.02
» 2.16	7.90	10.03	9.30	11.28	10.55	1.04
» 2.19	8.19	10.34	9.61	11.60	10.86	1.05
» 2.22	8.49	10.68	9.93	11.96	11.21	1.07
» 2.25	8.79	11.00	10.24	12.24	11.54	1.08
» 2.28	9.11	11.34	10.58	12.65	11.88	1.09
» 2.31	9.44	11.71	10.94	13.01	12.27	1.11
» 2.34	9.79	12.08	11.30	13.43	12.65	1.12
» 2.37	10.16	12.49	11.69	13.89	13.06	1.14
» 2.40	10.53	12.88	12.08	14.26	13.43	1.15
» 2.43	10.93	13.32	12.50	14.73	13.91	1.17
» 2.46	11.35	13.76	12.94	15.18	14.35	1.18
» 2.49	11.77	14.23	13.39	15.67	14.83	1.20
» 2.52	12.23	14.67	13.86	16.12	15.31	1.21
De 0.51 sur 0.93	1.89	2.85	2.52	3.41	3.08	0.47
» 0.96	1.97	2.97	2.63	3.56	3.21	0.49
» 0.99	2.06	3.08	2.74	3.68	3.33	0.50

DIMENSIONS DES FEUILLES	PRIX de LA FEUILLE en règlement SANS POSE	PRIX DE LA FEUILLE toute posée EN TRAVAUX NEUFS		PRIX DE LA FEUILLE toute posée EN ENTRETIEN		SURFACE de chaque FEUILLE
		jusqu'à 4^m,00 de surface	au-dessus de 4^m,00	jusqu'à 4^m,00 de surface	au-dessus de 4^m,00	
De 0.51 sur 1.02	2.16	3.22	2.86	3.85	3.48	0.52
» 1.05	2.26	3.26	2.99	4.01	3.63	0.54
» 1.08	2.36	3.48	3.10	4.18	3.76	0.55
» 1.11	2.47	3.64	3.24	4.32	3.92	0.57
» 1.14	2.58	3.78	3.38	4.49	4.08	0.58
» 1.17	2.69	3.92	3.50	4.64	4.22	0.60
» 1.20	2.79	4.04	3.61	4.77	4.35	0.61
» 1.23	2.90	4.19	3.75	4.94	4.50	0.63
» 1.26	3.01	4.32	3.87	5.09	4.64	0.64
» 1.29	3.12	4.47	4.01	5.26	4.80	0.66
» 1.32	3.23	4.60	4.13	5.40	4.93	0.67
» 1.35	3.35	4.76	4.28	5.59	5.10	0.69
» 1.38	3.46	4.90	4.41	5.73	5.25	0.70
» 1.41	3.59	5.07	4.56	5.93	5.42	0.72
» 1.44	3.71	5.20	4.69	6.08	5.54	0.73
» 1.47	3.84	5.38	4.85	6.27	5.75	0.75
» 1.50	3.97	5.54	5.01	6.47	5.93	0.77
» 1.53	4.11	5.71	5.16	6.64	6.09	0.78
» 1.56	4.25	5.89	5.33	6.85	6.29	0.80
» 1.59	4.40	6.06	5.49	7.03	6.46	0.81
» 1.62	4.55	6.25	5.67	7.25	6.66	0.83
» 1.65	4.70	6.42	5.83	7.43	6.84	0.84
» 1.68	4.87	6.63	6.03	7.67	7.06	0.86
» 1.71	5.04	6.82	6.21	7.86	7.22	0.87
» 1.74	5.21	7.03	6.41	8.10	7.47	0.89
» 1.77	5.39	7.24	6.60	8.31	7.68	0.90
» 1.80	5.59	7.47	6.83	8.58	7.93	0.92
» 1.83	5.79	7.69	7.04	8.81	8.10	0.93
» 1.86	6.01	7.95	7.29	9.08	8.43	0.95
» 1.89	6.24	8.21	7.53	9.36	8.68	0.96
» 1.92	6.47	8.49	7.79	9.66	8.96	0.98
» 1.95	6.71	8.73	8.05	9.92	9.23	0.99
» 1.98	6.95	9.02	8.31	10.23	9.52	1.01
» 2.01	7.21	9.32	8.60	10.55	9.83	1.03
» 2.04	7.47	9.63	8.87	10.87	10.12	1.04
» 2.07	7.75	9.92	9.18	11.19	10.45	1.06
» 2.10	8.04	10.23	9.48	11.51	10.77	1.07
» 2.13	8.33	10.56	9.80	11.89	11.10	1.09
» 2.16	8.63	10.88	10.11	12.20	11.43	1.10
» 2.19	8.95	11.24	10.47	12.59	11.80	1.12
» 2.22	9.28	11.60	10.80	12.95	12.16	1.13
» 2.25	9.62	11.97	11.17	13.35	12.55	1.15
» 2.28	9.97	12.34	11.53	13.74	12.92	1.16
» 2.31	10.35	12.76	11.94	14.18	13.35	1.18
» 2.34	10.74	13.17	12.35	14.62	13.77	1.19
» 2.37	11.14	13.62	12.77	15.07	14.22	1.21
» 2.40	11.56	14.06	13.16	15.52	14.67	1.22
» 2.43	12.01	14.55	13.68	16.04	15.17	1.24
» 2.46	12.47	15.03	14.15	16.53	15.65	1.25
» 2.49	12.95	15.55	14.66	17.07	16.18	1.27
» 2.52	13 45	16.09	15.17	17.66	16.73	1.29
De 0.54 sur 0.90	.95	2.95	2.61	3.54	3.19	0.49
» 0.93	2.03	3.05	2.71	3.65	3.30	0.50
» 0.96	2.13	3.19	2.83	3.82	3.45	0.52
» 0.99	2.23	3.31	2.94	3.95	3.58	0.53

DIMENSIONS DES FEUILLES	PRIX de LA FEUILLE en règlement SANS POSE	PRIX DE LA FEUILLE toute posée EN TRAVAUX NEUFS		PRIX DE LA FEUILLE toute posée EN ENTRETIEN		SURFACE de chaque FEUILLE
		jusqu'à 4^m,00 de surface	au-dessus de 4^m,00	jusqu'à 4^m,00 de surface	au-dessus de 4^m,00	
De 0.54 sur 1.02	2.33	3.45	3.07	4.15	3.73	0.55
» 1.05	2.43	3.60	3.17	4.28	3.88	0.57
» 1.08	2.54	3.73	3.32	4.42	4.01	0.58
» 1.11	2.66	3.89	3.47	4.61	4.19	0.60
» 1.14	2.77	4.02	3.59	4.75	4.32	0.61
» 1.17	2.88	4.17	3.73	4.92	4.48	0.63
» 1.20	3.00	4.31	3.86	5.08	4.63	0.64
» 1.23	3.11	4.46	4.00	5.25	4.79	0.66
» 1.26	3.23	4.62	4.14	5.44	4.96	0.68
» 1.29	3.35	4.78	4.29	5.62	5.13	0.70
» 1.32	3.46	4.92	4.41	5.76	5.27	0.71
» 1.35	3.58	5.07	4.55	5.95	5.44	0.73
» 1.38	3.72	5.25	4.73	6.16	5.63	0.75
» 1.41	3.88	5.45	4.90	6.35	5.81	0.76
» 1.44	3.99	5.59	5.04	6.54	5.97	0.78
» 1.47	4.12	5.73	5.18	6.70	6.13	0.79
» 1.50	4.25	5.91	5.34	6.88	6.31	0.81
» 1.53	4.41	6.11	5.53	7.10	6.52	0.83
» 1.56	4.56	6 28	5.69	7.29	6.70	0.84
» 1.59	4.73	6.49	5.89	7.54	6.92	0.86
» 1.62	4.89	6.67	6.06	7.71	7.10	0.87
» 1.65	5.05	6.87	6.25	7.94	7.31	0.89
» 1.68	5.25	7.09	6.46	8.17	7.54	0.90
» 1.71	5.43	7.31	6.67	8.42	7.77	0.92
» 1.74	5.63	7.55	6.89	8.68	8.02	0.94
» 1.77	5.83	7.79	7.12	8.95	8.27	0.96
» 1.80	6.05	8.03	7.35	9.20	8.52	0.97
» 1.83	6.27	8.29	7.60	9.48	8.79	0.99
» 1.86	6.51	8.56	7.86	9.76	9.06	1.00
» 1.89	6.76	8.85	8.13	10.07	9.36	1.02
» 1.92	7.01	9.14	8.41	10.39	9.66	1.04
» 1.95	7.27	9.42	8.68	10.68	9.94	1.05
» 1.98	7.55	9.74	8.94	10.99	10 27	1.07
» 2.01	7.83	10.06	9.30	11.37	10.61	1.09
» 2.04	8.13	10.38	9.62	11.70	10.90	1.10
» 2.07	8.43	10.70	9.95	12.07	11.29	1.12
» 2.10	8.74	11.05	10.26	12.41	11.62	1.13
» 2.13	9.07	11.42	10.62	12.80	12.06	1.15
» 2.16	9.44	11.80	10.98	13.21	12.38	1.17
» 2.19	9.76	12.18	11.35	13.59	12.76	1.18
» 2.22	10.12	12.58	11.74	14.02	13.18	1.20
» 2.25	10.50	13.00	12.14	14.46	13.61	1.22
» 2.28	10.90	13.42	12.56	14.89	14.03	1.23
» 2.31	11.31	13.87	12.99	15.37	14.49	1.25
» 2.34	11.75	14.33	13.45	15.84	15.00	1.26
» 2.37	12.20	14.82	13.90	16.36	15.46	1.28
» 2.40	12.67	15.33	14.42	16.89	15.98	1.30
» 2.43	13.16	15.85	14.92	17.41	16.50	1.31
» 2.47	13.68	16.40	15.47	18.00	17.07	1.33
» 2.49	14.21	16.95	16.01	18.56	17.62	1.34
» 2.52	14.76	17.52	16.58	19.14	18.20	1.35
De 0.57 sur 0.84	1.92	2.90	2.57	3.50	3.14	0.48
» 0.87	2.01	3.04	2.69	3.64	3.29	0.50
» 0.90	2.08	3.12	2.76	3.74	3.38	0.51
» 0.93	2.18	3.27	2.90	3.90	3.53	0.53

DIMENSIONS DES FEUILLES	PRIX de LA FEUILLE en règlement SANS POSE	PRIX DE LA FEUILLE toute posée EN TRAVAUX NEUFS		PRIX DE LA FEUILLE toute posée EN ENTRETIEN		SURFACE de chaque FEUILLE
		jusqu'à $4^m,00$ de surface	au-dessus de $4^m,00$	jusqu'à $4^m,00$ de surface	au-dessus de $4^m,00$	
De 0.57 sur 0.96	2.29	3.41	3.03	4.07	3.69	0.55
» 0.99	2.39	3.54	3.15	4.22	3.82	0.56
» 1.02	2.50	3.68	3.28	4.38	3.97	0.58
» 1.05	2.61	3.84	3.42	4.56	4.14	0.60
» 1.08	2.73	4.00	3.56	4.75	4.31	0.62
» 1.11	2.86	4.15	3.71	5.90	4.46	0.63
» 1.14	2.96	4.25	3.83	5.07	4.61	0.65
» 1.17	3.08	4.43	3.98	5.25	4.78	0.67
» 1.20	3.20	4.59	4.09	5.43	4.93	0.68
» 1.23	3.32	4.75	4.26	5.59	5.10	0.70
» 1.26	3.45	4.92	4.42	5.79	5.28	0.72
» 1.29	3.58	5.09	4.57	5.98	5.46	0.74
» 1.32	3.70	5.23	4.71	6.13	5.61	0.75
» 1.35	3.83	5.40	4.86	6.33	5.79	0.77
» 1.38	3.97	5.58	5.03	6.55	5.98	0.79
» 1.41	4.12	5.76	5.20	6.72	6.16	0.80
» 1.44	4.25	5.93	5.35	6.91	6.34	0.82
» 1.47	4.41	6.13	5.54	7.14	6.55	0.84
» 1.50	4.56	6.32	5.72	7.35	6.75	0.86
» 1.53	4.73	6.51	5.90	7.55	6.94	0.87
» 1.56	4.89	6.71	6.09	7.78	7.15	0.89
» 1.59	5.05	6.90	6.26	7.97	7.34	0.90
» 1.62	5.25	7.13	6.49	8.24	7.59	0.92
» 1.65	5.44	7.36	6.70	8.49	7.83	0.94
» 1.68	5.73	7.69	7.02	8.85	8.17	0.96
» 1.71	5.84	7.83	7.14	8.99	8.31	0.97
» 1.74	6.05	8.07	7.38	9.26	8.57	0.99
» 1.77	6.29	8.36	7.65	9.56	8.86	1.01
» 1.80	6.53	8.64	7.92	9.87	9.15	1.03
» 1.83	6.78	8.91	8.18	10.16	9.43	1.04
» 1.86	7.04	9.21	8.47	10.48	9.74	1.06
» 1.89	7.31	9.52	8.76	10.82	10.06	1.08
» 1.92	7.58	9.81	9.05	11.14	10.35	1.09
» 1.95	7.88	10.15	9.37	11.45	10.70	1.11
» 1.98	8.18	10.49	9.70	11.85	11.06	1.13
» 2.01	8.49	10.84	10.04	12.22	11.42	1.15
» 2.04	8.81	11.19	10.37	12.58	11.76	1.16
» 2.07	9.15	11.56	10.72	12.98	12.15	1.18
» 2.10	9.50	11.96	11.12	13.40	12.56	1.20
» 2.13	9.86	12.34	11.49	13.79	12.94	1.21
» 2.16	10.23	12.75	11.89	14.22	13.36	1.23
» 2.19	10.61	13.17	12.29	14.67	13.79	1.25
» 2.22	11.01	13.61	12.72	15.13	14.24	1.27
» 2.25	11.43	14.05	13.15	15.59	14.69	1.28
» 2.28	11.88	14.54	13.63	16.10	15.19	1.30
» 2.31	12.33	15.03	14.07	16.63	15.70	1.32
» 2.34	12.81	15.53	14.56	17.13	16.20	1.33
» 2.37	13.31	16.07	15.12	17.69	16.75	1.35
» 2.40	13.84	16.62	15.68	18.29	17.35	1.37
» 2.43	14.38	17.22	16.25	18.89	17.92	1.39
» 2.46	14.95	17.82	16.84	19.49	18.52	1.40
» 2.49	15.54	18.45	17.45	20.15	19.16	1.42
» 2.52	16.15	19.10	18.09	20.83	19.82	1.44
De 0.60 sur 0.78	1.89	2.85	2.52	3.41	3.08	0.47
» 0.81	1.97	2.97	2.63	3.58	3.21	0.49

DIMENSIONS DES FEUILLES	PRIX de LA FEUILLE en règlement SANS POSE	PRIX DE LA FEUILLE toute posée EN TRAVAUX NEUFS		PRIX DE LA FEUILLE toute posée EN ENTRETIEN		SURFACE de chaque FEUILLE
		jusqu'à 4m,00 de surface	au-dessus de 4m,00	jusqu'à 4m,00 de surface	au-dessus de 4m,00	
De 0.60 sur 0.84	2.05	3.07	2.72	3.67	3.32	0.50
» 0.87	2.14	3.20	2.84	3.83	3.46	0.52
» 0.90	2.24	3.34	2.96	3.99	3.62	0.54
» 0.93	2.34	3.48	3.09	4.16	3.76	0.56
» 0.96	2.45	3.59	3.23	4.33	3.92	0.58
» 0.99	2.56	3.76	3.35	4.49	4.06	0.59
» 1.02	2.68	3.93	3.50	4.60	4.28	0.61
» 1.05	2.79	4.03	3.62	4.79	4.39	0.63
» 1.08	2.91	4.24	3.78	5.02	4.56	0.65
» 1.11	3.03	4.40	3.93	5.20	4.73	0.67
» 1.14	3.16	4.55	4.07	5.37	4.89	0.68
» 1.17	3.29	4.72	4.24	5.56	5.07	0.70
» 1.20	3.41	4.88	4.38	5.76	5.24	0.72
» 1.23	3.54	5.03	4.52	5.91	5.40	0.73
» 1.26	3.67	5.21	4.68	6.10	5.58	0.75
» 1.29	3.81	5.38	4.84	6.31	5.77	0.77
» 1.32	3.95	5.56	5.01	6.53	5.96	0.79
» 1.35	4.09	5.75	5.18	6.72	6.15	0.81
» 1.38	4.24	5.94	5.36	6.93	6.35	0.83
» 1.41	4.39	6.13	5.53	7.15	6.55	0.85
» 1.44	4.55	6.31	5.71	7.34	6.74	0.86
» 1.47	4.71	6.51	5.89	7.57	6.95	0.88
» 1.50	4.87	6.67	6.08	7.79	7.19	0.90
» 1.53	5.05	6.93	6.29	8.04	7.39	0.92
» 1.56	5.23	7.15	6.49	8.28	7.62	0.94
» 1.59	5.42	7.36	6.70	8.50	7.84	0.95
» 1.62	5.62	7.60	6.92	8.77	8.09	0.97
» 1.65	5.82	7.84	7.15	9.05	8.34	0.99
» 1.68	6.03	8.10	7.39	9.31	8.60	1.01
» 1.71	6.27	8.38	7.66	9.61	8.89	1.03
» 1.74	6.51	8.64	7.91	9.89	9.16	1.04
» 1.77	6.76	8.93	8.19	10.20	9.46	1.06
» 1.80	7.03	9.24	8.48	10.54	9.78	1.08
» 1.83	7.31	9.56	8.79	10.88	10.11	1.10
» 1.86	7.59	9.88	9.10	11.23	10.45	1.12
» 1.89	7.89	10.20	9.41	11.56	10.77	1.13
» 1.92	8.20	10.55	9.75	11.93	11.13	1.15
» 1.95	8.52	10.87	10.09	12.32	11.50	1.17
» 1.98	8.85	11.28	10.45	12.73	11.88	1.19
» 2.01	9.19	11.67	10.82	13.12	12.27	1.21
» 2.04	9.55	12.05	11.20	13.51	12.66	1.22
» 2.07	9.91	12.45	11.58	13.94	13.07	1.24
» 2.10	10.29	12.87	11.99	14.38	13.50	1.26
» 2.13	10.69	13.31	12.46	14.85	13.95	1.28
» 2.16	11.10	13.76	12.85	15.32	14.41	1.30
» 2.19	11.53	14.21	13.29	15.78	14.87	1.31
» 2.22	11.97	14.69	13.76	16.29	15.30	1.33
» 2.25	12.44	15.20	14.26	16.82	15.88	1.35
» 2.28	12.92	15.70	14.75	17.34	16.38	1.36
» 2.31	13.43	16.27	15.31	17.96	16.97	1.39
» 2.34	13.96	16.83	15.85	18.51	17.53	1.40
» 2.37	14.51	17.42	16.42	19.12	18.12	1.42
» 2.40	15.09	18.04	17.03	19.77	18.76	1.44
» 2.43	15.68	18.67	17.65	20.42	19.40	1.46
» 2.46	16.30	19.33	18.30	21.11	20.07	1.48
» 2.49	16.94	19.99	18.95	21.80	20.73	1.49
» 2.52	17.62	20.71	19.65	22.52	21.47	1.51

DIMENSIONS DES FEUILLES	PRIX de LA FEUILLE en règlement SANS POSE	PRIX DE LA FEUILLE toute posée EN TRAVAUX NEUFS		PRIX DE LA FEUILLE toute posée EN ENTRETIEN		SURFACE de chaqu. FEUILLE
		jusqu'à $4^m,00$ de surface	au-dessus de $4^m,00$	jusqu'à $4^m,00$ de surface	au-dessus de $4^m,00$	
De 0.63 sur 0.75	1.92	2.88	2.55	3.44	3.11	0.47
» 0.78	2.01	3.01	2.67	3.62	3.25	0.49
» 0.81	2.10	3.12	2.77	3.72	3.37	0.51
» 0.84	2.18	3.26	2.89	3.90	3.53	0.53
» 0.87	2.28	3.40	3.02	4.06	3.68	0.55
» 0.90	2.39	3.55	3.15	4.24	3.84	0.57
» 0.93	2.50	3.70	3.29	4.43	4.00	0.59
» 0.96	2.61	3.84	3.42	4.56	4.14	0.60
» 0.99	2.73	4.00	3.56	4.74	4.31	0.62
» 1.02	2.85	4.16	3.71	4.93	4.48	0.64
» 1.05	2.98	4.33	3.87	5.12	4.66	0.66
» 1.08	3.10	4.49	4.01	5.31	4.83	0.68
» 1.11	3.23	4.66	4.18	5.50	5.02	0.70
» 1.14	3.36	4.83	4.33	5.70	5.19	0.72
» 1.17	3.49	5.01	4.49	5.89	5.30	0.74
» 1.20	3.63	5.18	4.65	6.10	5.56	0.76
» 1.23	3.77	5.34	4.80	6.27	5.73	0.77
» 1.26	3.91	5.52	4.97	6.49	5.91	0.79
» 1.29	4.05	5.71	5.14	6.68	6.11	0.81
» 1.32	4.20	5.90	5.32	6.89	6.32	0.83
» 1.35	4.36	6.10	5.50	7.12	6.52	0.85
» 1.38	4.53	6.31	5.68	7.35	6.74	0.87
» 1.41	4.68	6.50	5.84	7.59	6.94	0.89
» 1.44	4.85	6.71	6.07	7.81	7.17	0.91
» 1.47	5.02	6.92	6.27	8.04	7.39	0.93
» 1.50	5.17	7.11	6.45	8.25	7.59	0.95
» 1.53	5.39	7.35	6.68	8.51	7.83	0.96
» 1.56	5.59	7.59	6.91	8.77	8.08	0.98
» 1.59	5.79	7.84	7.14	9.04	8.34	1.00
» 1.62	6.01	8.10	7.38	9.32	8.61	1.02
» 1.65	6.24	8.37	7.64	9.62	8.89	1.04
» 1.68	6.48	8.65	7.91	9.92	9.18	1.06
» 1.71	6.73	8.94	8.19	10.24	9.48	1.08
» 1.74	7.00	9.26	8.49	10.57	9.80	1.10
» 1.77	7.27	9.56	8.78	10.91	10.12	1.12
» 1.80	7.56	9.87	9.08	11.23	10.44	1.13
» 1.83	7.87	10.22	9.42	11.60	10.80	1.15
» 1.86	8.18	10.57	9.75	11.98	11.16	1.17
» 1.89	8.51	10.94	10.11	12.17	11.54	1.19
» 1.92	8.84	11.32	10.47	12.77	11.92	1.21
» 1.95	9.12	11.64	10.78	13.12	12.25	1.23
» 1.98	9.55	12.11	11.23	13.61	12.73	1.25
» 2.01	9.93	12.53	11.64	14.05	13.16	1.27
» 2.04	10.32	12.96	12.06	14.53	13.60	1.29
» 2.07	10.72	13.38	12.47	14.94	14.03	1.30
» 2.10	11.13	13.84	12.91	15.42	14.49	1.32
» 2.13	11.56	14.30	13.36	15.91	14.97	1.34
» 2.16	12.02	14.80	13.85	16.44	15.48	1.36
» 2.19	12.49	15.31	14.36	16.97	16.00	1.38
» 2.22	12.99	15.86	14.88	17.54	16.56	1.40
» 2.25	13.50	16.41	15.41	18.11	17.12	1.42
» 2.28	14.03	16.98	15.97	18.71	17.70	1.44
» 2.31	14.59	17.58	16.56	19.33	18.31	1.46
» 2.34	15.17	18.18	17.15	19.94	18.97	1.47
» 2.37	15.78	18.83	17.79	20.62	19.57	1.49
» 2.40	16.41	19.50	18.44	21.31	20.25	1.51

DIMENSIONS DES FEUILLES	PRIX de LA FEUILLE en règlement SANS POSE	PRIX DE LA FEUILLE toute posée EN TRAVAUX NEUFS		PRIX DE LA FEUILLE toute posée EN ENTRETIEN		SURFACE de chaque FEUILLE
		jusqu'à 4m,00 de surface	au-dessus de 4m,00	jusqu'à 4m,00 de surface	au-dessus de 4m,00	
De 0.63 sur 2.43	17.07	20.14	19.13	22.04	21.03	1.53
» 2.46	17.74	20.92	19.83	22.77	21.69	1.55
» 2.49	18.45	21.66	20.56	23.55	22.45	1.57
De 0.66 sur 0.72	1.93	2.89	2.56	3.45	3.13	0.47
» 0.75	2.03	3.05	2.70	3.65	3.30	0.50
» 0.78	2.13	3.17	2.81	3.79	3.43	0.51
» 0.81	2.22	3.30	2.93	3.94	3.57	0.53
» 0.84	2.32	3.44	3.06	4.10	3.72	0.55
» 0.87	2.43	3.00	3.19	4.28	3.88	0.57
» 0.90	2.54	3.74	3.33	4.47	4.04	0.59
» 0.93	2.66	3.91	3.48	4.64	4.21	0.61
» 0.96	2.78	4.07	3.63	4.82	4.38	0.63
» 0.99	2.90	4.23	3.77	5.01	4.55	0.65
» 1.02	3.03	4.40	3.93	5.20	4.73	0.67
» 1.05	3.16	4.57	4.09	5.40	4.91	0.69
» 1.08	3.29	4.74	4.24	5.59	5.10	0.71
» 1.11	3.43	4.92	4.41	5.80	5.29	0.73
» 1.14	3.56	5.10	4.57	5.99	5.47	0.75
» 1.17	3.70	5.27	4.73	6.20	5.66	0.77
» 1.20	3.88	5.49	4.98	6.46	5.89	0.79
» 1.23	3.99	4.65	5.08	6.62	6.05	0.81
» 1.26	4.14	5.84	5.26	6.83	6.25	0.83
» 1.29	4.30	6.04	5.44	7.06	6.46	0.85
» 1.32	4.46	6.24	5.63	7.28	6.67	0.87
» 1.35	4.63	6.45	5.83	7.54	6.89	0.89
» 1.38	4.80	6.66	6.02	7.75	7.12	0.91
» 1.41	4.97	6.87	6.22	8.99	7.34	0.93
» 1.44	5.15	7.09	6.43	8.24	7.57	0.95
» 1.47	5.34	7.32	6.64	8.49	7.81	0.97
» 1.50	5.55	7.57	6.88	8.78	8.07	0.99
» 1.53	5.75	7.82	7.11	9.03	8.32	1.01
» 1.56	5.95	8.06	7.34	9.29	8.57	1.03
» 1.59	6.18	8.33	7.59	9.59	8.86	1.05
» 1.62	6.42	8.61	7.86	9.86	9.14	1.07
» 1.65	6.67	8.90	8.14	10.21	9.45	1.09
» 1.68	6.93	9.20	8.42	10.53	9.76	1.11
» 1.71	7.21	9.52	8.73	10.88	10.09	1.13
» 1.74	7.51	9.86	9.06	11.24	10.44	1.15
» 1.77	7.81	10.20	9.38	11.61	10.79	1.17
» 1.80	8.13	10.56	9.73	12.01	11.16	1.19
» 1.83	8.46	10.94	10.09	12.39	11.54	1.21
» 1.86	8.80	11.32	10.46	12.80	11.93	1.23
» 1.89	9.15	11.71	10.83	13.21	12.33	1.25
» 1.92	9.52	12.10	11.23	13.64	12.75	1.27
» 1.95	9.90	12.54	11.64	14.09	13.18	1.29
» 1.98	10.30	12.96	12.06	14.55	13.64	1.31
» 2.01	10.71	13.43	12.50	15.03	14.10	1.33
» 2.04	11.13	13.89	12.95	15.51	14.57	1.35
» 2.07	11.51	14.31	13.38	15.96	14.97	1.37
» 2.10	12.03	14.87	13.90	16.56	15.57	1.39
» 2.13	12.57	15.46	14.47	17.15	16.16	1.41
» 2.16	13.00	16.01	14.93	17.64	16.64	1.43
» 2.19	13.52	16.49	15.47	18.23	17.21	1.45
» 2.22	14.06	17.07	16.03	18.84	17.80	1.47
» 2.25	14.62	17.67	16.63	19.48	18.41	1.49

DIMENSIONS DES FEUILLES	PRIX de LA FEUILLE en règlement SANS POSE	PRIX DE LA FEUILLE toute posée EN TRAVAUX NEUFS		PRIX DE LA FEUILLE toute posée EN ENTRETIEN		SURFACE de chaque FEUILLE
		jusqu'à 4ᵐ,00 de surface	au-dessus de 4ᵐ,00	jusqu'à 4ᵐ,00 de surface	au-dessus de 4ᵐ,00	
De 0.66 sur 2.28	15.21	18.30	17.24	20.18	19.06	1.51
» 2.31	15.83	18.94	17.88	20.77	19.70	1.52
» 2.34	16.46	19.61	18.53	21.46	20.38	1.54
» 2.37	17.23	20.42	19.23	22.30	21.20	1.56
» 2.40	17.82	21.05	19.95	22.95	21.85	1.58
» 2.43	18.55	21.83	20.71	23.75	22.63	1.60
» 2.46	19.28	22.60	21.46	24.54	23.41	1.62
De 0.69 sur 0.69	1.95	2.93	2.59	3.51	3.17	0.48
» 0.72	2.05	3.07	2.72	3.67	3.32	0.50
» 0.75	2.15	3.21	2.85	3.84	3.47	0.52
» 0.78	2.25	3.35	2.97	4.00	3.62	0.54
» 0.81	2.35	3.49	3.10	4.17	3.77	0.56
» 0.84	2.45	3.63	3.23	4.33	3.92	0.58
» 0.87	2.57	3.80	3.38	4.51	4.10	0.60
» 0.90	2.69	3.96	3.52	4.70	4.27	0.62
» 0.93	2.82	4.13	3.68	4.90	4.45	0.64
» 0.96	2.95	4.30	3.84	5.09	4.63	0.66
» 0.99	3.08	4.47	4.00	5.29	4.81	0.68
» 1.02	3.21	4.65	4.15	5.48	5.00	0.70
» 1.05	3.35	4.82	4.32	5.69	5.19	0.72
» 1.08	3.48	5.01	4.49	5.91	5.39	0.75
» 1.11	3.63	5.21	4.67	6.13	5.59	0.77
» 1.14	3.77	5.39	4.83	6.33	5.78	0.79
» 1.17	3.92	5.58	5.01	6.55	5.99	0.81
» 1.20	4.07	5.77	5.19	6.77	6.18	0.83
» 1.23	4.22	5.96	5.37	6.98	6.39	0.85
» 1.26	4.39	6.18	5.56	7.21	6.60	0.87
» 1.29	4.56	6.38	5.76	7.45	6.82	0.89
» 1.32	4.73	6.59	5.95	7.68	7.05	0.91
» 1.35	4.91	6.83	6.16	7.93	7.28	0.93
» 1.38	5.09	7.03	6.37	8.16	7.51	0.95
» 1.41	5.28	7.26	6.58	8.43	7.74	0.97
» 1.44	5.47	7.50	6.80	8.68	7.99	0.99
» 1.47	5.68	7.75	7.04	8.96	8.25	1.01
» 1.50	5.89	8.02	7.29	9.27	8.54	1.04
» 1.53	6.12	8.29	7.55	9.56	8.84	1.06
» 1.56	6.35	8.56	7.80	9.86	9.10	1.08
» 1.59	6.59	8.84	8.07	10.16	9.39	1.10
» 1.62	6.95	9.24	8.46	10.59	9.81	1.12
» 1.65	7.13	9.46	8.66	10.83	10.03	1.14
» 1.68	7.42	9.79	8.98	11.19	10.37	1.16
» 1.71	7.73	10.14	9.32	11.56	10.73	1.18
» 1.74	8.04	10 50	9.66	11.94	11.10	1.20
» 1.77	8.38	10.88	10.02	12.34	11.49	1.22
» 1.80	8.73	11.27	10.40	12.76	11.89	1.24
» 1.83	9.09	11.67	10.79	13.18	12.31	1.26
» 1.86	9.51	12.15	11.25	13.72	12.79	1.29
» 1.89	9.85	12.51	11.60	14.05	13.16	1.30
» 1.92	10.24	12.94	12.02	14.53	13.60	1.32
» 1.95	10.66	13.42	12.48	15.04	14.10	1.35
» 1.98	10.99	13.79	12.83	15.44	14.48	1.37
» 2.01	11.54	14.38	13.41	16.07	15.08	1.39
» 2.04	11.98	14.87	13.88	16.54	15.57	1.41
» 2.07	12.48	15.41	14.46	17.12	16.12	1.43
» 2.10	12.98	15.95	14.93	17.69	16.67	1.45

DIMENSIONS DES FEUILLES	PRIX de LA FEUILLE en règlement SANS POSE	PRIX DE LA FEUILLE toute posée EN TRAVAUX NEUFS		PRIX DE LA FEUILLE toute posée EN ENTRETIEN		SURFACE de chaque FEUILLE
		jusqu'à 4^m,00 de surface	au-dessus de 4^m,00	jusqu'à 4^m,00 de surface	au-dessus de 4^m,00	
De 0 69 sur 2.13	13.50	16.49	15.47	18.24	17.22	1.46
» 2.16	14.05	17.10	16.06	18.89	17.84	1.49
» 2.19	14.71	17.80	16.74	19.61	13.56	1.51
» 2.22	15.21	18.34	17.27	20.18	19.01	1.53
» 2.25	15.83	19.00	17.92	20.87	19.78	1.55
» 2.28	16.46	19.67	18.57	21.56	20.46	1.57
» 2.31	17.23	20.48	19.37	22.39	21.28	1.59
» 2.34	17.82	21.13	20.00	23.06	21.98	1.61
» 2.37	18.56	21.92	20.77	23.89	22.74	1.64
» 2.40	19.31	22.71	21.55	24.70	23.54	1.66
» 2.45	20.09	23.53	22.35	25.55	24.37	1.68
De 0.72 sur 0.72	2.16	3.22	2.86	3.85	3.48	0.52
» 0.75	2.26	3.36	2.98	4.01	3.63	0.54
» 0.78	2.37	3.51	3.12	4.19	3.79	0.56
» 0.81	2.49	3.67	3.27	4.37	3.96	0.58
» 0.84	2.61	3.84	3.42	4.56	4.14	0.60
» 0.87	2.73	4.02	3.58	4.77	4.33	0.63
» 0.90	2.85	4.18	3.72	4.96	4.50	0.65
» 0.93	2.98	4.35	3.88	5.15	4.68	0.67
» 0.96	3.12	4.53	4.05	5.38	4.87	0.69
» 0.99	3.26	4.73	4.21	5.56	5.07	0.71
» 1.02	3.40	4.89	4.38	5.77	5.26	0.73
» 1.05	3.54	5.09	4.56	6.01	5.47	0.76
» 1.08	3.69	5.28	4.74	6.22	5.67	0.78
» 1.11	3.84	5.48	4.92	6.44	5.88	0.80
» 1.14	3.99	5.67	5.09	6.65	6.08	0.82
» 1.17	4.14	5.86	5.27	6.87	6.28	0.84
» 1.20	4.30	6.06	5.46	7.09	6.49	0.86
» 1.23	4.47	6.29	5.67	7.36	6.73	0.89
» 1.26	4.65	6.51	5.87	7.60	6.97	0.91
» 1.29	4.82	6.71	6.07	7.84	7.19	0.93
» 1.32	5.01	6.95	6.30	8.09	7.43	0.95
» 1.35	5.19	7.17	6.49	8.34	7.66	0.97
» 1.38	5.39	7.41	6.72	8.52	7.91	0.99
» 1.41	5.59	7.63	6.96	8.90	8.19	1.02
» 1.44	5.80	7.93	7.20	9.18	8.45	1.04
» 1.47	6.01	8.18	7.44	9.45	8.71	1.06
» 1.50	6.26	8.47	7.71	9.77	9.01	1.08
» 1.53	6.50	8.75	7.98	10.07	9.30	1.10
» 1.56	6.76	9.05	8.27	10.40	9.62	1.12
» 1.59	7.03	9.36	8.56	10.73	9.93	1.14
» 1.62	7.32	9.71	8.89	11.12	10.30	1.17
» 1.65	7.62	10.05	9.22	11.50	10.64	1.19
» 1.68	7.94	10.42	9.57	11.87	11.02	1.21
» 1.71	8.28	10.80	9.94	12.27	11.41	1.23
» 1.74	8.62	11.28	10.30	12.68	11.80	1.25
» 1.77	8.99	11.59	10.70	13.11	12.22	1.27
» 1.80	9.36	12.00	11.08	13.57	12.64	1.29
» 1.83	9.76	12.44	11.54	14.05	13.14	1.32
» 1.86	10.16	12.90	11.96	14.51	13.57	1.34
» 1.89	10.58	13.36	12.44	15.00	14.04	1.36
» 1.92	11.01	13.83	12.87	15.49	14.53	1.38
» 1.95	11.46	14.33	13.26	16.01	15.03	1.40
» 1.98	11.93	14.86	13.86	16.57	15.57	1.43
» 2.01	12.44	15.38	14.36	17.12	16.10	1.45

DIMENSIONS DES FEUILLES	PRIX de LA FEUILLE en règlement SANS POSE	PRIX DE LA FEUILLE toute posée EN TRAVAUX NEUFS		PRIX DE LA FEUILLE toute posée EN ENTRETIEN		SURFACE de chaque FEUILLE
		jusqu'à 4^m,00 de surface	au-dessus de 4^m,00	jusqu'à 4^m,00 de surface	au-dessus de 4^m,00	
De 0.72 sur 2.04	12.92	15.93	14.90	17.69	16.66	1.47
» 2.07	13.44	16.49	15.44	18.30	17.23	1.49
» 2.10	13.99	17.08	16.02	18.89	17.84	1.51
» 2.13	14.56	17.69	16.58	19.53	18.46	1.53
» 2.16	15.16	18.35	17.16	20.24	19.13	1.56
» 2.19	15.78	19.01	17.91	20.91	19.80	1.58
» 2.22	16.43	19.71	18.59	21.61	20.51	1.60
» 2.25	17.10	20.42	19.28	22.36	21.23	1.62
» 2.28	17.80	21.16	20.01	23.13	21.98	1.64
» 2.31	18.53	21.92	20.77	23.92	22.76	1.66
» 2.34	19.28	22.72	21.54	24.74	23.56	1.68
» 2.37	20.07	23.55	22.36	25.39	24.40	1.70
De 0.75 sur 0.75	2.40	3.54	3.15	4.22	3.82	0.56
» 0.78	2.50	3.70	3.29	4.43	3.99	0.59
» 0.81	2.63	3.88	3.45	4.61	4.18	0.61
» 0.84	2.75	4.04	3.60	4.79	4.35	0.63
» 0.87	2.88	4.21	3.75	4.99	4.53	0.65
» 0.90	3.01	4.40	3.92	5.22	4.74	0.68
» 0.93	3.15	4.58	4.09	5.42	4.93	0.70
» 0.96	3.30	4.77	4.27	5.64	5.13	0.72
» 0.99	3.44	4.95	4.43	5.84	5.32	0.74
» 1.02	3.59	5.16	4.62	6.09	5.55	0.77
» 1.05	3.74	5.35	4.80	6.32	5.75	0.79
» 1.08	3.89	5.55	4.98	6.52	5.95	0.81
» 1.11	4.05	5.75	5.17	6.74	6.16	0.83
» 1.14	4.20	5.96	5.36	6.99	6.39	0.86
» 1.17	4.36	6.16	5.54	7.22	6.60	0.88
» 1.20	4.54	6.39	5.75	7.46	6.84	0.90
» 1.23	4.73	6.61	5.97	7.72	7.07	0.92
» 1.26	4.91	6.85	6.19	8.00	7.33	0.95
» 1.29	5.10	7.08	6.40	8.25	7.57	0.97
» 1.32	5.29	7.31	6.62	8.50	7.81	0.99
» 1.35	5.49	7.56	6.85	8.78	8.06	1.01
» 1.38	5.70	7.83	7.10	9.08	8.35	1.04
» 1.41	5.92	8.09	7.35	9.36	8.62	1.06
» 1.44	6.15	8.36	7.60	9.66	8.90	1.08
» 1.47	6.39	8.64	7.87	9.96	9.19	1.10
» 1.50	6.64	8.95	8.16	10.31	9.52	1.13
» 1.53	6.91	9.26	8.46	10.64	9.84	1.15
» 1.56	7.19	9.58	8.76	10.99	10.17	1.17
» 1.59	7.49	9.92	9.09	11.37	10.52	1.19
» 1.62	7.81	10.31	9.45	11.77	10.92	1.22
» 1.65	8.15	10.69	9.82	12.23	11.31	1.24
» 1.68	8.49	11.07	10.19	12.58	11.70	1.26
» 1.71	8.86	11.48	10.58	13.02	12.12	1.28
» 1.74	9.23	11.91	10.99	13.48	12.57	1.31
» 1.77	9.63	12.35	11.42	13.94	13.02	1.33
» 1.80	10.04	12.80	11.86	14.42	13.48	1.35
» 1.83	10.46	13.26	12.40	14.91	13.95	1.37
» 1.86	10.90	13.74	12.77	15.43	14.44	1.39
» 1.89	11.35	14.26	13.26	15.96	14.97	1.42
» 1.92	11.83	14.78	13.77	16.48	15.50	1.44
» 1.95	12.31	15.30	14.28	17.05	16.03	1.46
» 1.98	12.82	15.87	14.83	17.68	16.61	1.49
» 2.01	13.35	16.44	15.38	18.25	17.20	1.51

DIMENSIONS DES FEUILLES	PRIX de LA FEUILLE en règlement SANS POSE	PRIX DE LA FEUILLE toute posée EN TRAVAUX NEUFS		PRIX DE LA FEUILLE toute posée EN ENTRETIEN		SURFACE de chaque FEUILLE
		jusqu'à 4ᵐ,00 de surface	au-dessus de 4ᵐ,00	jusqu'à 4ᵐ,00 de surface	au-dessus de 4ᵐ,00	
De 0.75 sur 2.04	13.90	17.03	15.96	18.86	17.80	1.53
» 2.07	14.48	17.65	16.57	19.51	18.43	1.55
» 2.10	15.07	18.30	17.20	20.20	19.09	1.58
» 2.13	15.69	18.97	17.85	20.89	19.77	1.60
» 2.16	16.34	19.66	18.52	21.60	20.47	1.62
» 2.19	17.02	20.28	19.23	22.35	21.10	1.64
» 2.22	17.73	21.15	19.98	23.15	21.98	1.67
» 2.25	18.46	21.92	20.71	23.97	22.76	1.69
» 2.28	19.22	22.72	21.52	24.77	23.58	1.71
» 2.31	20.01	23.55	22.34	25.63	24.42	1.73
De 0.78 sur 0.78	2.64	3.89	3.46	4.62	4.19	0.61
» 0.81	2.77	4.06	3.62	4.81	4.37	0.63
» 0.84	2.90	4.25	3.79	5.04	4.58	0.66
» 0.87	3.03	4.42	3.94	5.24	4.76	0.68
» 0.90	3.17	4.60	4.11	5.44	4.95	0.70
» 0.93	3.32	4.81	4.30	5.69	5.18	0.73
» 0.96	3.47	5.00	4.48	5.90	5.38	0.75
» 0.94	3.62	5.19	4.65	6.12	5.58	0.77
» 1.02	3.77	5.41	4.85	6.37	5.81	0.80
» 1.05	3.93	5.61	5.03	6.59	6.02	0.82
» 1.08	4.09	5.81	5.22	6.82	6.23	0.84
» 1.11	4.26	6.04	5.43	7.08	6.47	0.87
» 1.14	4.44	6.26	5.64	7.33	6.70	0.89
» 1.17	4.61	6.47	5.83	7.56	6.93	0.91
» 1.20	4.79	6.71	6.05	4.84	7.18	0.94
» 1.23	4.98	6.94	6.27	8.10	7.42	0.96
» 1.26	5.18	7.18	6.50	8.36	7.67	0.98
» 1.29	5.37	7.44	6.73	8.65	7.94	1.01
» 1.32	5.58	7.69	6.97	8.92	8.20	1.03
» 1.35	5.80	7.95	7.21	9.21	8.47	1.05
» 1.38	6.02	8.23	7.47	9.53	8.77	1.08
» 1.41	6.26	8.51	7.74	9.83	9.06	1.10
» 1.44	6.51	8.80	8.02	10.15	9.36	1.12
» 1.47	6.77	9.12	8.32	10.50	9.70	1.15
» 1.50	7.05	9.44	8.62	10.85	10.03	1.17
» 1.53	7.35	9.78	8.95	11.23	10.38	1.19
» 1.56	7.66	10.16	9.30	11.62	10.77	1.22
» 1.59	7.99	10.53	9.66	12.02	11.15	1.24
» 1.62	8.34	10.92	10.04	12.43	11.55	1.26
» 1.65	8.70	11.34	10.44	12.89	11.98	1.29
» 1.68	9.08	11.76	10.84	13.33	12.42	1.31
» 1.71	9.47	12.19	11.26	13.79	12.86	1.33
» 1.74	9.88	12.66	11.81	14.29	13.31	1.36
» 1.77	10.31	13.12	12.14	14.79	13.82	1.38
» 1.80	10.75	13.62	12.64	15.30	14.32	1.40
» 1.83	11.21	14.14	13.14	15.85	14.85	1.43
» 1.86	11.68	14.65	13.63	16.39	15.37	1.45
» 1.89	12.17	15.18	14.15	16.94	15.91	1.47
» 1.92	12.68	15.75	14.70	17.55	16.50	1.50
» 1.95	13.21	16.32	15.26	18.15	17.08	1.52
» 1.98	13.76	16.91	15.83	18.76	17.68	1.54
» 2.01	14.34	17.53	16.34	19.41	18.31	1.56
» 2.04	14.94	18.19	17.08	20.12	18.99	1.59
» 2.07	15.56	18.86	17.73	20.79	19.65	1.61
» 2.10	16.23	19.59	18.44	21.56	20.41	1.64

DIMENSIONS DES FEUILLES	PRIX de LA FEUILLE en règlement SANS POSE	PRIX DE LA FEUILLE toute posée EN TRAVAUX NEUFS		PRIX DE LA FEUILLE toute posée EN ENTRETIEN		SURFACE de chaque FEUILLE
		jusqu'à 4ᵐ,00 de surface	au-dessus de 4ᵐ,00	jusqu'à 4ᵐ.00 de surface	au-dessus de 4ᵐ,00	
De 0.78 sur 2.13	16.89	20.29	19.13	22.28	21.12	1.66
» 2.16	17.60	21.04	19.88	23.06	21.88	1.68
» 2.19	18.34	21.84	20.64	23.89	22.70	1.71
» 2.22	19.11	22.65	21.44	24.73	23.52	1.73
» 2.25	19.91	23.51	22.28	25.63	24.39	1.76
De 0.81 sur 0.81	2.90	4.25	3.79	5.04	4.58	0.66
» 0.84	3.04	4.43	3.95	5.25	4.77	0.68
» 0.87	3.19	4.62	4.13	5.46	4.97	0.70
» 0.90	3.33	4.82	4.31	5.70	5.16	0.73
» 0.93	3.48	5.01	4.41	5.91	5.39	0.75
» 0.96	3.64	5.23	4.69	6.17	5.62	0.78
» 0.99	3.80	5.44	4.88	6.40	5.84	0.80
» 1.02	3.97	5.67	5.09	6.66	6.08	0.83
» 1.05	4.14	5.88	5.28	6.90	6.30	0.85
» 1.08	4.30	6.08	5.47	7.12	6.54	0.87
» 1.11	4.48	6.32	5.69	7.40	6.77	0.90
» 1.14	4.67	6.55	5.91	7.66	7.01	0.92
» 1.17	4.86	6.80	6.14	7.94	7.28	0.95
» 1.20	5.05	7.03	6.33	8.23	7.52	0.97
» 1.23	5.24	7.29	6.59	8.49	7.79	1.00
» 1.26	5.45	7.54	6.82	8.76	8.05	1.02
» 1.29	5.66	7.79	6.96	9.04	8.31	1.04
» 1.32	5.89	8.08	7.33	9.36	8.61	1.07
» 1.35	6.13	8.36	7.60	9.69	8.90	1.09
» 1.38	6.37	8.66	7.88	10.01	9.22	1.12
» 1.41	6.63	8.96	8.16	10.33	9.53	1.14
» 1.44	6.90	9.29	8.47	10.70	9.88	1.17
» 1.47	7.18	9.61	8.78	11.05	10.21	1.19
» 1.50	7.48	9.98	9.12	11.44	10.59	1.22
» 1.53	7.81	10.35	9.48	11.84	10.97	1.24
» 1.56	8.16	10.74	9.86	12.25	11.37	1.26
» 1.59	8.52	11.16	10.26	12.71	11.80	1.29
» 1.62	8.90	11.58	10.66	13.15	12.24	1.31
» 1.65	9.29	12.03	11.13	13.71	12.70	1.34
» 1.68	9.70	12.48	11.53	14.12	13.16	1.36
» 1.71	10.12	12.94	11.98	14.60	13.65	1.38
» 1.74	10.57	13.46	12.47	15.15	14.16	1.41
» 1.77	11.03	13.96	12.96	15.67	14.67	1.43
» 1.80	11.51	14.51	13.48	16.25	15.23	1.46
» 1.83	12.00	15.03	13.99	16.81	15.77	1.48
» 1.86	12.52	15.61	14.55	17.42	16.37	1.51
» 1.89	13.05	16.18	15.10	18.02	16.95	1.53
» 1.92	13.60	16.79	15.60	18.67	17.57	1.56
» 1.95	14.17	17.40	16.30	19.30	18.20	1.58
» 1.98	14.77	18.05	16.93	19.97	18.85	1.60
» 2.01	15.39	18.73	17.59	20.68	19.54	1.63
» 2.04	16.04	19.42	18.26	21.40	20.24	1.65
» 2.07	16.73	20.17	18.99	22.19	21.01	1.68
» 2.10	17.45	20.93	19.74	22.97	21.78	1.70
» 2.13	18.16	21.70	20.49	23.78	22.57	1.73
» 2.16	18.93	22.51	21.29	24.61	23.39	1.75
» 2.19	19.73	23.35	22.11	25.48	24.24	1.77
De 0.84 sur 0.84	3.19	4.64	4.14	5.49	5.00	0.71
» 0.87	3.34	4.83	4.32	5.71	5.20	0.73

DIMENSIONS DES FEUILLES	PRIX de LA FEUILLE en réglement SANS POSE	PRIX DE LA FEUILLE toute posée EN TRAVAUX NEUFS		PRIX DE LA FEUILLE toute posée EN ENTRETIEN		SURFACE de chaque FEUILLE
		jusqu'à 4^m,00 de surface	au-dessus de 4^m,00	jusqu'à 4^m,00 de surface	au-dessus de 4^m,00	
De 0.84 sur 0.90	3.50	5.05	4.52	5.97	5.43	0.76
» 0.93	3.66	5.25	4.71	6.19	5.64	0.78
» 0.96	3.83	5.49	4.92	6.46	5.89	0.81
» 0.99	3.99	5.69	5.11	6.68	6.10	0.83
» 1.02	4.17	5.93	5.33	6.96	6.36	0.86
» 1.05	4.34	6.14	5.52	7.20	6.58	0.88
» 1.08	4.52	6.36	5.73	7.44	6.81	0.90
» 1.11	4.71	6.61	5.96	7.73	7.08	0.93
» 1.14	4.91	6.87	6.20	8.03	7.35	0.96
» 1.17	5.11	7.11	6.43	8.29	7.60	0.98
» 1.20	5.31	7.38	6.67	8.59	7.88	1.01
» 1.23	5.52	7.63	6.91	8.86	8.14	1.03
» 1.26	5.73	7.90	7.16	9.17	8.43	1.06
» 1.29	5.97	8.18	7.42	9.48	8.72	1.08
» 1.32	6.21	8.48	7.69	9.81	9.04	1.11
» 1.35	6.46	8.77	7.98	10.13	9.34	1.13
» 1.38	6.73	9.10	8.29	10.49	9.64	1.16
» 1.41	7.01	9.42	8.60	10.84	10.01	1.18
» 1.44	7.30	9.78	8.93	11.23	10.38	1.21
» 1.47	7.62	10.14	9.28	11.61	10.75	1.23
» 1.50	7.95	10.53	9.55	12.04	11.16	1.26
» 1.53	8.30	10.94	10.04	12.49	11.58	1.29
» 1.56	8.69	11.37	10.45	12.94	12.03	1.31
» 1.59	9.08	11.82	10.88	13.43	12.49	1.34
» 1.62	9.49	12.27	11.32	13.91	12.95	1.36
» 1.65	9.92	12.78	11.79	14.43	13.46	1.39
» 1.68	10.36	13.25	12.26	14.94	13.95	1.41
» 1.71	10.82	13.77	12.76	15.50	14.49	1.44
» 1.74	11.30	14.29	13.27	16.04	15.02	1.46
» 1.77	11.79	14.84	13.80	16.63	15.58	1.49
» 1.80	12.31	15.40	14.34	17.21	16.16	1.51
» 1.83	12.84	15.99	14.91	17.84	16.76	1.54
» 1.86	13.39	16.58	15.49	18.46	17.36	1.56
» 1.89	13.97	17.22	16.11	19.13	18.02	1.59
» 1.92	14.56	17.80	16.73	19.79	18.66	1.61
» 1.95	15.19	18.52	17.40	20.52	19.37	1.64
» 1.98	15.83	19.23	18.07	21.22	20.06	1.66
» 2.01	16.51	19.97	18.79	22.02	20.81	1.69
» 2.04	17.23	20.73	18.43	22.78	21.59	1.71
» 2.07	17.96	21.52	20.30	23.61	22.39	1.74
» 2.10	18.73	22.33	21.10	24.45	23.21	1.76
» 2.13	19.53	23.19	21.94	25.34	24.09	1.79
De 0.87 sur 0.87	3.48	5.03	4.50	5.95	5.41	0.76
» 0.90	3.67	5.26	4.72	6.20	5.55	0.78
» 0.93	3.84	5.50	4.93	6.47	5.90	0.81
» 0.96	4.01	5.73	5.14	6.74	6.15	0.84
» 0.99	4.19	5.95	5.35	6.98	6.38	0.86
» 1.02	4.37	6.19	5.55	7.28	6.63	0.89
» 1.05	4.55	6.41	5.77	7.50	6.87	0.91
» 1.08	4.75	6.67	6.01	7.80	7.14	0.94
» 1.11	4.95	6.93	6.25	8.10	7.42	0.97
» 1.14	5.15	7.17	6.48	8.36	7.67	0.99
» 1.17	5.36	7.45	6.73	8.67	7.96	1.02
» 1.20	5.57	7.70	6.97	8.95	8.32	1.04
» 1.23	5.80	7.99	7.24	9.27	8.52	1.07

DIMENSIONS DES FEUILLES	PRIX de LA FEUILLE en règlement SANS POSE	PRIX DE LA FEUILLE toute posée EN TRAVAUX NEUFS		PRIX DE LA FEUILLE toute posée EN ENTRETIEN		SURFACE de chaque FEUILLE
		jusqu'à 4^m,00 de surface	au-dessus de 4^m,00	jusqu'à 4^m,00 de surface	au-dessus de 4^m,00	
De 0.87 sur 1.26	6.03	8.28	7.51	9.60	8.83	1.10
» 1.29	6.28	8.57	7.79	9.93	9.15	1.12
» 1.32	6.54	8.89	8.09	10.27	9.47	1.15
» 1.35	6.82	9.21	8.39	10.62	9.80	1.17
» 1.38	7.09	9.55	8.71	10.99	10.15	1.20
» 1.41	7.36	9.88	9.02	11.35	10.49	1.23
» 1.44	7.75	10.31	9.43	11.81	10.93	1.25
» 1.47	8.09	10.71	9.81	12.25	11.35	1.28
» 1.50	8.45	11.13	10.21	12.70	11.79	1.31
» 1.53	8.84	11.56	10.54	13.16	12.23	1.33
» 1.56	9.25	12.03	11.08	13.67	12.71	1.36
» 1.59	9.68	12.50	11.54	14.16	13.19	1.38
» 1.62	10.12	13.01	12.02	14.76	13.71	1.41
» 1.65	10.58	13.53	12.52	15.26	14.25	1.44
» 1.68	11.06	14.05	13.03	15.80	14.78	1.46
» 1.71	11.55	14.60	13.56	16.41	15.34	1.49
» 1.74	12.07	15.16	14.10	16.97	15.92	1.51
» 1.77	12.60	15.75	14.61	17.60	16.52	1.54
» 1.80	13.15	16.36	15.26	18.25	17.15	1.57
» 1.83	13.73	16.98	15.87	18.89	17.78	1.59
» 1.86	14.32	17.64	16.50	19.58	18.45	1.62
» 1.89	14.95	18.31	17.16	20.28	19.13	1.64
» 1.92	15.59	19 01	17.74	21.01	19.84	1.67
» 1.95	16.27	19.75	18.56	21.79	20.50	1.70
» 1.98	16.97	20.49	19.29	22.56	21.35	1.72
» 2.01	17.71	21.29	20.07	23.39	22.17	1.75
» 2.04	18.48	22.10	20.86	24.23	22.99	1.77
» 2.07	19.27	22.96	21.70	25.12	23.86	1.80
De 0.90 sur 0.90	3.85	5.51	4.94	6.48	5.91	0.81
» 0.93	4.02	5.74	5.15	6.75	6.16	0.84
» 0.96	4.20	5.90	5.36	6.99	6.39	0.86
» 0.99	4.38	6.20	5.58	7.27	6.64	0.89
» 1.02	4 58	6.46	5.82	7.57	6.92	0.92
» 1.05	4.78	6.72	6.06	7.86	7.20	0.95
» 1.08	4.98	6.96	6.28	8.13	7.45	0.97
» 1.11	5.19	7.24	6.54	8.44	7.74	1.00
» 1.14	5.41	7.52	6.80	8.75	8.03	1.03
» 1.17	5.63	7.78	7.04	9.04	8.30	1.05
» 1.20	5.86	8.07	7.31	9.37	8.85	1.08
» 1.23	6.10	8.37	7.59	9.70	8.93	1.11
» 1.26	6.34	8.65	7.86	10.01	9.22	1.13
» 1.29	6.61	8.98	8.17	10.38	9.56	1.16
» 1.32	6.89	9.32	8.49	10.77	9.92	1.19
» 1.35	7.19	9.69	8.83	11.15	10.30	1.22
» 1.38	7.51	10.05	9.18	11.54	10.67	1.24
» 1.41	7.85	10.45	9.56	11.94	11.08	1.27
» 1.44	8.21	10.87	9.96	12.43	11.52	1.30
» 1.47	8.60	11.30	10.38	12.89	11.96	1.32
» 1.50	8.99	11.75	10.81	13.37	12.48	1.35
» 1.53	9.42	12.24	11.28	13.90	12.93	1.38
» 1.56	9.85	12.72	11.74	14.40	13.42	1.40
» 1.59	10.31	13.24	12.24	14.95	13.95	1.43
» 1.62	10.79	13.78	12.76	15.53	14.51	1.46
» 1.65	11.28	14.33	13.29	16.12	15.07	1.49
» 1.68	11.80	14.89	13.81	16.70	15.65	1.51

DIMENSIONS DES FEUILLES	PRIX de LA FEUILLE en règlement SANS POSE	PRIX DE LA FEUILLE toute posée EN TRAVAUX NEUFS		PRIX DE LA FEUILLE toute posée EN ENTRETIEN		SURFACE de chaque FEUILLE
		jusqu'à 4m,00 de surface	au-dessus de 4m,00	jusqu'à 4m,00 de surface	au-dessus de 4m,00	
De 0.90 sur 1.71	12.33	15.48	14.40	17.33	16.25	1.54
» 1.74	12.88	16.09	14.99	17.98	16.88	1.57
» 1.77	13.45	16.70	15.59	18.63	17.50	1.59
» 1.80	14.05	17.37	16.23	19.31	18.18	1.62
» 1.83	14.66	18.04	16.88	20.02	18.86	1.65
» 1.86	15.29	18.71	17.54	20.71	19.54	1.67
» 1.89	15.99	19.47	18.28	21.61	20.32	1.70
» 1.92	16.69	20.23	19.02	22.31	21.10	1.73
» 1.95	17.42	21.02	19.78	23.14	21.90	1.76
» 1.98	18.19	21.83	20.59	23.97	22.72	1.78
» 2.01	18.98	22.69	21.49	24.86	23.59	1.81
De 0.93 sur 0.93	4.20	5.96	5.36	6.99	6.39	0.86
» 0.96	4.39	6.21	5.59	7.28	6.65	0.89
» 0.99	4.59	6.47	5.83	7.58	6.93	0.92
» 1.02	4.80	6.74	6.08	7.88	7.22	0.95
» 1.05	5.00	7.00	6.32	8.18	7.50	0.98
» 1.08	5.22	7.27	6.57	8.47	7.77	1.00
» 1.11	5.44	7.55	6.83	8.78	8.06	1.03
» 1.14	5.67	7.84	7.10	9.11	8.37	1.06
» 1.17	5.90	8.13	7.37	9.44	8.67	1.09
» 1.20	6.15	8.44	7.66	9.79	9.00	1.12
» 1.23	6.41	8.74	7.94	10.11	9.31	1.14
» 1.26	6.68	9.07	8.25	10.48	9.66	1.17
» 1.29	6.96	9.42	8.58	10.86	10.02	1.20
» 1.32	7.27	9.79	8.93	11.26	10.40	1.23
» 1.35	7.59	10.17	9.19	11.68	10.80	1.26
» 1.38	7.94	10.56	9.66	12.10	11.20	1.28
» 1.40	8.31	10.99	10.07	12.56	11.65	1.31
» 1.44	8.71	11.45	10.51	13.06	12.12	1.34
» 1.47	9.13	11.93	10.97	13.58	12.62	1.37
» 1.50	9.57	12.44	11.46	14.12	13.14	1.40
» 1.53	10.02	12.93	11.93	14.63	13.64	1.42
» 1.56	10.49	13.46	12.44	15.20	14.18	1.45
» 1.59	10.98	14.01	12.97	15.79	14.75	1.48
» 1.62	11.50	14.59	13.53	16.40	15.35	1.51
» 1.65	12.02	15.15	14.08	16.99	15.92	1.53
» 1.68	12.58	15.77	14.68	17.65	16.56	1.56
» 1.71	13.15	16.40	15.29	18.33	17.20	1.59
» 1.74	13.75	17.07	15.93	19.01	17.88	1.62
» 1.77	14.36	17.74	16.58	19.72	18.57	1.65
» 1.80	15.01	18.43	17.26	20.43	19.26	1.67
» 1.83	15.67	19.15	17.99	21.19	20.00	1.70
» 1.86	16.36	19.90	18.69	21.90	20.77	1.73
» 1.89	17.09	20.69	19.46	22.81	21.57	1.76
» 1.92	17.84	21.50	20.25	23.65	22.40	1.79
» 1.95	18.64	22.35	21.08	24.52	23.25	1.81
De 0.96 sur 0.96	4.60	6.48	5.84	7.59	6.94	0.92
» 0.99	4.81	6.75	6.09	7.89	7.23	0.95
» 1.02	5.02	7.02	6.34	8.20	7.51	0.98
» 1.05	5.24	7.29	6.59	8.49	7.79	1.00
» 1.08	5.47	7.60	6.87	8.85	8.12	1.04
» 1.11	5.70	7.87	7.14	9.17	8.42	1.07
» 1.14	5.94	8.17	7.41	9.48	8.71	1.09
» 1.17	6.19	8.48	7.70	9.83	9.04	1.12

DIMENSIONS DES FEUILLES	PRIX de LA FEUILLE en règlement SANS POSE	PRIX DE LA FEUILLE toute posée EN TRAVAUX NEUFS		PRIX DE LA FEUILLE toute posée EN ENTRETIEN		SURFACE de chaque FEUILLE
		jusqu'à 4m,00 de surface	au-dessus de 4m,00	jusqu'à 4m,00 de surface	au-dessus de 4m,00	
De 0.96 sur 1.20	6.46	8.81	8.01	10.19	9.39	1.15
» 1.23	6.74	9.15	8.33	10.57	9.74	1.18
» 1.26	7.03	9.51	8.66	10.96	10.11	1.21
» 1.29	7.34	9.88	9.01	11.37	10.50	1.24
» 1.32	7.67	10.27	9.38	11.76	10.90	1.27
» 1.35	8.03	10.69	9.78	12.25	11.34	1.30
» 1.38	8.41	11.11	10.19	12.70	11.77	1.32
» 1.41	8.81	11.57	10.63	13.19	12.25	1.35
» 1.44	9.25	12.07	11.11	13.73	12.76	1.38
» 1.47	9.71	12.60	11.61	14.29	13.30	1.41
» 1.50	10.18	13.13	12.12	14.86	13.85	1.44
» 1.53	10.66	13.67	12.64	15.43	14.40	1.47
» 1.56	11.17	14.24	13.19	16.04	14.99	1.50
» 1.59	11.70	14.83	13.76	16.67	15.60	1.53
» 1.62	12.25	15.44	14.35	17.32	16.22	1.56
» 1.65	12.82	16.05	14.95	17.95	16.84	1.58
» 1.68	13.41	16.71	15.58	18.64	17.51	1.61
» 1.71	14.03	17.39	16.24	19.36	18.21	1.64
» 1.74	14.66	18.08	16.91	20.08	18.91	1.67
» 1.77	15.32	18.80	17.61	20.84	19.64	1.70
» 1.80	16.02	19.56	18.35	21.64	20.43	1.73
» 1.83	16.73	20.33	19.10	22.45	21.21	1.76
» 1.86	17.47	21.13	19.88	23.28	22.02	1.79
» 1.89	18.26	21.97	20.70	24.14	22.87	1.81
De 0.99 sur 0.99	5.02	7.02	6.35	8.20	7.51	0.98
» 1.02	5.25	7.32	6.61	8.55	7.82	1.01
» 1.05	5.48	7.61	6.80	8.86	8.13	1.04
» 1.08	5.72	7.91	7.16	9.19	8.44	1.07
» 1.11	5.97	8.22	7.45	9.54	8.77	1.10
» 1.14	6.22	8.52	7.74	9.89	9.13	1.13
» 1.17	6.49	8.86	8.05	10.26	9.44	1.16
» 1.20	6.78	9.21	8.38	10.64	9.81	1.19
» 1.23	7.09	9.59	8.73	11.05	10.20	1.22
» 1.26	7.40	9.96	9.08	11.46	10.58	1.25
» 1.29	7.75	10.31	9.47	11.91	11.01	1.28
» 1.32	8.09	10.77	9.85	12.34	11.43	1.31
» 1.35	8.50	11.24	10.30	12.85	11.91	1.34
» 1.38	8.91	11.69	10.74	13.33	12.37	1.36
» 1.41	9.36	12.23	11.25	13.91	12.93	1.40
» 1.44	9.82	12.75	11.75	14.41	13.48	1.43
» 1.47	10.31	13.30	12.28	15.05	14.03	1.46
» 1.50	10.82	13.37	12.83	15.66	14.61	1.49
» 1.53	11.35	14.44	13.37	16.25	15.20	1.51
» 1.56	11.89	15.04	13.96	16.89	15.81	1.54
» 1.59	12.46	15.67	14.57	17.56	16.43	1.57
» 1.62	13.05	16.33	15.21	18.25	17.13	1.60
» 1.65	13.66	17.00	15.86	18.95	17.81	1.63
» 1.68	14.39	17.79	16.63	19.78	18.62	1.66
» 1.71	14.95	18.41	17.23	20.39	19.25	1.69
» 1.74	15.63	19.15	17.95	21.22	20.01	1.72
» 1.77	16.34	19.92	18.70	22.02	20.78	1.75
» 1.80	17.08	20.72	19.48	22.86	21.61	1.78
» 1.83	17.85	21.56	20.29	23.73	22.46	1.81
De 1.02 sur 1.02	5.48	7.61	6.88	8.86	8.13	1.04

DIMENSIONS DES FEUILLES	PRIX de LA FEUILLE en règlement SANS POSE	PRIX DE LA FEUILLE toute posée EN TRAVAUX NEUFS		PRIX DE LA FEUILLE toute posée EN ENTRETIEN		SURFACE de chaque FEUILLE
		jusqu'à 4^m,00 de surface	au-dessus de 4^m,00	jusqu'à 4^m,00 de surface	au-dessus de 4^m,00	
De 1.02 sur 1.05	5.73	7.94	7.17	9.20	8.45	1.07
» 1.08	5.98	8.23	7.46	9.55	8.78	1.10
» 1.11	6.24	8.55	7.76	9.91	9.12	1.13
» 1.14	6.52	8.89	8.08	10.29	9.47	1.16
» 1.17	6.81	9.24	8.41	10.67	9.84	1.19
» 1.20	7.12	9.62	8.76	11.08	10.23	1.22
» 1.23	7.45	10.01	9.13	11.51	10.63	1.25
» 1.26	7.80	10.44	9.54	11.99	11.08	1.29
» 1.29	8.17	10.87	9.95	12.46	11.53	1.32
» 1.32	8.58	11.36	10.41	13.00	12.03	1.36
» 1.35	9.01	11.83	10.87	13.49	12.52	1.38
» 1.38	9.47	12.36	11.37	14.05	13.06	1.41
» 1.41	9.93	12.88	11.87	14.61	13.61	1.44
» 1.44	10.40	13.41	12.38	15.17	14.14	1.47
» 1.47	10.95	14.02	12.97	15.62	14.77	1.50
» 1.50	11.50	14.63	13.56	16.47	15.40	1.53
» 1.53	12.07	15.26	14.17	17.17	16.04	1.56
» 1.56	12.65	15.90	14.79	17.81	16.70	1.59
» 1.59	13.26	16.58	15.44	18.50	17.39	1.62
» 1.62	13.88	17.26	16.10	19.24	18.08	1.65
» 1.65	14.53	17.97	16.79	19.99	18.81	1.68
» 1.68	15.22	18.72	17.52	20.77	19.58	1.71
» 1.71	15.92	19.48	18.26	21.57	20.35	1.74
» 1.74	16.65	20.27	19.05	22.40	21.16	1.77
» 1.77	17.42	21.13	19.86	23.30	22.03	1.81
De 1.05 sur 1.05	5.99	8.24	7.47	9.56	8.79	1.10
» 1.08	6.26	8.57	7.78	9.93	9.14	1.13
» 1.11	6.54	8.93	8.11	10.34	9.59	1.17
» 1.14	6.84	9.30	8.46	10.74	9.90	1.20
» 1.17	7.15	9.67	8.81	11.15	10.28	1.23
» 1.20	7.48	10.06	9.08	11.57	10.69	1.26
» 1.23	7.84	10.48	9.58	12.03	11.12	1.29
» 1.26	8.23	10.93	10.01	12.52	11.59	1.32
» 1.29	8.64	11.40	10.46	13.02	12.08	1.35
» 1.32	9.08	11.92	10.95	13.59	12.62	1.39
» 1.35	9.58	12.49	11.49	14.19	13.20	1.42
» 1.38	10.03	13.00	11.98	14.74	13.72	1.45
» 1.41	10.55	13.58	12.55	15.36	14.32	1.48
» 1.44	11.09	14.18	13.12	15.99	14.94	1.51
» 1.47	11.74	14.89	13.81	16.74	15.66	1.54
» 1.50	12.23	15.46	14.36	17.36	16.25	1.58
» 1.53	12.83	16.13	15.00	18.06	16.93	1.61
» 1.56	13.45	16.81	15.66	18.78	17.63	1.64
» 1.59	14.10	17.52	16.35	19.52	18.35	1.67
» 1.62	14.77	18.25	17.06	20.27	19.10	1.70
» 1.65	15.46	19.00	17.79	21.18	19.87	1.73
» 1.68	16.20	19.80	18.57	21.92	20.68	1.76
» 1.71	16.85	20.54	19.28	22.70	21.44	1.80
De 1.08 sur 1.08	6.55	8.94	8.12	10.35	9.53	1.17
» 1.11	6.85	9.31	8.47	10.75	9.91	1.20
» 1.14	7.17	9.69	9.83	11.16	10.30	1.23
» 1.17	7.51	10.09	9.11	11.60	10.72	1.26
» 1.20	7.88	10.54	9.63	12.10	11.19	1.30
» 1.23	8.27	10.99	10.06	12.57	11.66	1.33

DIMENSIONS DES FEUILLES	PRIX de LA FEUILLE en règlement SANS POSE	PRIX DE LA FEUILLE toute posée EN TRAVAUX NEUFS		PRIX DE LA FEUILLE toute posée EN ENTRETIEN		SURFACE de chaque FEUILLE
		jusqu'à 4^m,00 de surface	au-dessus de 4^m,00	jusqu'à 4^m,00 de surface	au-dessus de 4^m,00	
De 1.08 sur 1.26	8.69	11.47	10.52	13.11	12.15	1.36
» 1.29	9.14	11.98	11.01	13.65	12.68	1.39
» 1.32	9.62	12.55	11.55	14.26	13.26	1.43
» 1.35	10.12	13.11	12.09	14.86	13.84	1.46
» 1.38	10.65	13.70	12.66	15.49	14.44	1.49
» 1.41	11.20	14.31	13.25	16.14	15.07	1.52
» 1.44	11.78	14.97	13.88	16.85	15.75	1.56
» 1.47	12.37	15.62	14.51	17.53	16.42	1.59
» 1.50	12.99	16.31	15.17	18.25	17.12	1.62
» 1.53	13.63	17.01	15.85	18.99	17.83	1.65
» 1.56	14.30	17.74	16.56	19.76	18.58	1.68
» 1.59	14.99	18.51	17.31	20.58	19.37	1.72
» 1.62	15.71	19.29	18.07	21.39	20.17	1.75
» 1.65	16.46	20.10	18.86	22.24	20.99	1.78
De 1.11 sur 1.11	7.18	9.70	8.84	11.17	10.31	1.23
» 1.14	7.52	10.12	9.23	11.64	10.75	1.27
» 1.17	7.89	10.55	9.64	12.11	11.20	1.30
» 1.20	8.29	11.02	10.08	12.61	11.68	1.33
» 1.23	8.72	11.52	10.56	13.17	12.19	1.37
» 1.26	9.19	12.06	11.08	13.74	12.76	1.40
» 1.29	9.68	12.61	11.61	14.32	13.32	1.43
» 1.32	10.20	13.21	12.18	14.97	13.94	1.47
» 1.35	10.74	13.81	12.76	15.61	14.56	1.50
» 1.38	11.31	14.46	13.38	16.31	15.23	1.54
» 1.41	11.90	15.11	14.01	17.00	15.90	1.57
» 1.44	12.51	15.79	14.67	17.71	16.59	1.60
» 1.47	13.14	16.46	15.32	18.43	17.29	1.63
» 1.50	13.80	17.27	16.05	19.22	18.05	1.67
» 1.53	14.19	17.67	16.48	19.71	18.52	1.70
» 1.56	15.20	18.74	17.53	20.82	19.61	1.73
» 1.59	15.94	19.54	18.31	21.56	20.42	1.76

Observations

235. *Verres de deuxième choix.* — On n'appliquera les prix de verres de deuxième choix que si l'architecte prescrit l'emploi de ces verres (Observation N° 50).

Cet article a sa raison d'être, lorsque les travaux sont dirigés par un architecte, mandataire du propriétaire ; mais, dans le cas où le travail aura été commandé directement par le propriétaire, en l'absence d'un architecte pour la direction et l'exécution, le propriétaire devient majeur et connaît sciemment de ce qu'il commande ; il ne doit donc plus y avoir de discussion quant à l'interprétation du prix à demander, qui doit être celui de la marchandise *réellement* fournie ; et l'Observation N° 50

doit tomber d'elle-même à notre avis.

236. *Verres de troisième choix.* — Si aucun ordre n'a été donné au sujet du choix du verre à employer, on appliquera les prix du verre de troisième choix (Observation N° 51).

Cet article s'applique seulement à des travaux de ville, d'administrations ou de particuliers, sous les ordres et la direction d'un architecte.

237. *Verres de quatrième choix.* — *Pour les châssis de toits, de cuisines, d'offices, water-closets, dégagements, locaux industriels, on appliquera les prix des verres de quatrième choix, à moins que l'emploi d'un verre de choix supérieur n'ait été demandé (Observation N° 52).*

238. *Travaux neufs.* — *Le vitrage d'un châssis neuf sera payé aux prix des travaux neufs* (Observation N° 53).

Le vitrage en entier ou en grande partie de châssis ancien sera payé aux prix de la vitrerie en travaux neufs (Observation N° 54).

Dépose de verres, lesdits retirés intacts (Observation N° 55).

Ces deux articles N°ᵉ 54 et 55 nous semblent, à l'examen, destinés à donner de la confusion dans leur interprétation; car la dépose des verres retirés intacts, c'est-à-dire sans les casser, peut être facile quand il s'agit de vitrerie exécutée depuis peu de temps, par changement de décision ou pour leur remplacement par d'autres verres, supérieurs ou d'un autre genre; mais, quand il s'agit de déposer des verres sur des châssis existants depuis plusieurs années, et dont les mastics ont atteint la dureté de la pierre, les retirer intacts nous semble, de l'avis des personnes compétentes, presque impossible; ils seront sûrement brisés pendant l'opération préliminaire du démasticage; il y a donc là une anomalie qu'il est bon de signaler, pour la soumettre à l'appréciation de MM. les architectes et vérificateurs; nous pensons que la dépose doit être payée à part; un prix fort pour les verres qui, après la dépose, seront présentés entiers, et déduits de la surface de dépose, et un prix plus faible pour l'excédent de surface déposée, et dont les verres n'auront pu être conservés, cela serait dans l'intérêt du travail lui-même, en encourageant par une plus-value (*largement compensée par la valeur du verre conservé*) l'entrepreneur à user de précautions pour en éviter le bris; dans tous les cas, le démasticage complet du châssis devant remettre les feuillures à neuf prêtes à recevoir de la nouvelle vitrerie devra toujours être payé à part; c'est à l'entrepreneur à faire son profit de ces considérations et à poser ses conditions avant le *commencement d'exécution* de son travail de dévitrage.

239. *Démasticage.* — *S'il y a démasticage de verres cassés ou manquants, mais non remplacés, le démasticage sera compté en linéaire* (Observation N° 56).

Pour le démasticage des verres *man-* quants, le compter en mètre linéaire est juste; mais, s'il s'agit de démastiquer des verres *non manquants, mais simplement cassés*, ce prix n'est pas suffisant; car, à part le démasticage, il y a une *dépose à faire* des verres non intacts, mais existants en partie, avec descente des débris et leur enlèvement aux décharges quelconques; il y a donc réellement un prix de dépose à compter; cet article nous paraît venir à l'appui de la thèse que nous soutenions à l'article précédent (N° 55), qui ne prévoit le prix exclusivement que pour de la vitrerie déposée et retirée intacte.

Verre mousseline dépoli ou cannelé.

240. *Travaux neufs ou d'entretien. Fourniture sans pose. Les prix seront ceux marqués aux prix élémentaires, augmentés de 10 0/0 pour déchet de casse et de 10 0/0 pour bénéfice* (Observation N° 57).

241. *En travaux d'entretien. Lorsque la surface du carreau n'excédera pas 0ᵐ,225, le prix de la demi-feuille sera alloué* (Observation N° 58).

242. *Au-dessus de 0ᵐ,225 de surface, le prix sera celui de la feuille entière; mais la chute pourra être réclamée par le propriétaire* (Observation N° 59).

Nous trouvons cet article onéreux pour l'entrepreneur, et toujours la feuille mousseline doit être payée entière, quelle que soit sa mesure, le surplus devant rester chez le propriétaire; et voici pourquoi : il n'en est pas de même du verre mousseline comme du verre blanc; les feuilles mousseline sont d'épaisseur et de dessin différents; de plus, les tons de la mousseline s'atténuent en vieillissant en magasin; et il est très possible que l'entrepreneur qui aura fourni une demi-feuille ne retrouve plus l'occasion de placer la partie qui lui reste de la feuille que lui-même a dû payer entière au fabricant; soit que cette demi feuille ne trouve plus sa mesure à être replacée autre part qu'où se trouve sa première partie, soit que les dessins ne trouvent plus leurs raccords; d'où il résulte pour l'entrepreneur un préjudice réel, un risque de casse permanent et un magasinage inutile et dispendieux,

La Série dans son Observation n° 58 n'accorde des demi-feuilles jusqu'à 0ᵐ,225 de surface que pour les *travaux d'entretien*; elle est muette à ce sujet quand il s'agit de *travaux neufs*; ce doit être une lacune, car les cas se trouvent être les mêmes, qu'il s'agisse de travaux *neufs ou vieux*, et l'Observation dont il s'agit doit être généralement appliquée.

243. *La pose en sera payée à part aux prix fixés ci-après du n° 65 au n° 68 (Observation N° 60).*

244. Les feuilles de verre mousseline

Fig. 120 à 123. — Verres mousseline mats sur clairs.

sont de différentes épaisseurs : simple, demi-double et double, et se divisent aussi en plusieurs catégories :

. 1° Les verres mousseline *mats sur clairs* ou transparents, c'est-à-dire laissant passer la lumière par les parties non dépolies;

2° Verres mousseline *mats sur mats*, c'est-à-dire opaques; ne permettant pas de distinguer d'un côté ou de l'autre; ils sont ordinairement à deux tons; il se fait aussi à la demande des verres mousseline décorés de trois ou quatre tons, quelquefois davantage; ces travaux ne s'exécutant que sur commande spéciale doivent être payés suivant les factures en établissant les prix de revient.

Voici différentes figures représentant divers genres de verres mousseline.

1° *Verres mousseline mats sur clairs ou transparents (fig.* 120 à 123).

2° *Verres mousseline mats sur mats ou opaques à deux tons (fig. 124 à 127).*

Verres à reliefs de 4 à 6 millimètres d'épaisseur.

245. *Pour fourniture et pose, compris toutes fournitures accessoires sans nettoyage. Jusque 2 mètres de surface (limites 310 et 099) :*

Dans les châssis verticaux, croisées, portes en bois ou en fer.

Le verre strié, rayé et petits losanges, vaut : par surface de plus de 4 mètres :
En travaux neufs 6ʳ,65 le m² (N° 61)
En entretien   7ʳ,87   »   (» 61)
Par surface de moins de 4 mètres :
En travaux neufs 7ʳ,35 le m² (N° 62)
En entretien   8ʳ,57   »   (» 62)

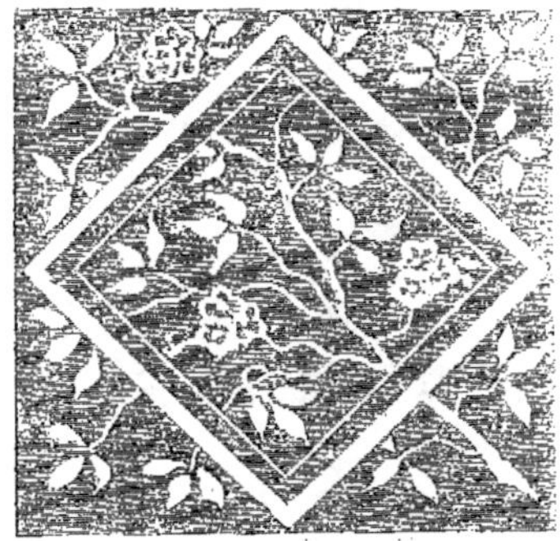

Fig. 124 à 127. — Verres mousseline mats sur mats.

Dans les châssis inclinés, combles, lanternes, marquises, etc. (bois et fer ou tout fer), posés à bain de mastic et recoupés en dessous :

Par surface de plus de 4 mètres :
En travaux neufs 7ʳ,26 le m² (N° 63)
En entretien   9ʳ,08   »   (» 63)

Par surface de moins de 4 mètres :
En travaux neufs 8ʳ,01 le m² (N° 64)
En entretien   9ʳ,83   »   (» 64)

Les verres à reliefs, à grands losanges dits à vitraux valent sur châssis verticaux, croisées, portes en bois ou en fer, par surface de plus de 4 mètres :

En travaux neufs 7ᶠ,85 *le mètre carré*
En entretien   9ᶠ,07   »   »
Par surface de moins de 4 mètres :
En travaux neufs   8ᶠ,55 *le mètre carré*
En entretien   9ᶠ,77   »   »

Sur châssis inclinés, combles, lanternes, marquises, etc. (bois et fer, ou tout fer) posés

a bain de mastic et recoupés en dessous par surface de plus de 4 mètres :

En travaux neufs 8ᶠ,46 *le mètre carré*
En entretien   10ᶠ,28   »   »
Par surface de moins de 4 mètres :
En travaux neufs 9ᶠ,21 *le mètre carré*
En entretien   10ᶠ,03   »   »

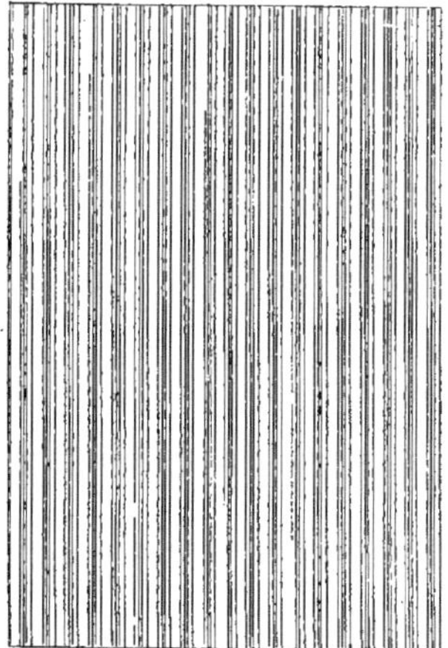

Fig. 128. — Verre strié.

Fig. 129. — Verre à petits losanges.

Fig. 130. — Verre à grands losanges.

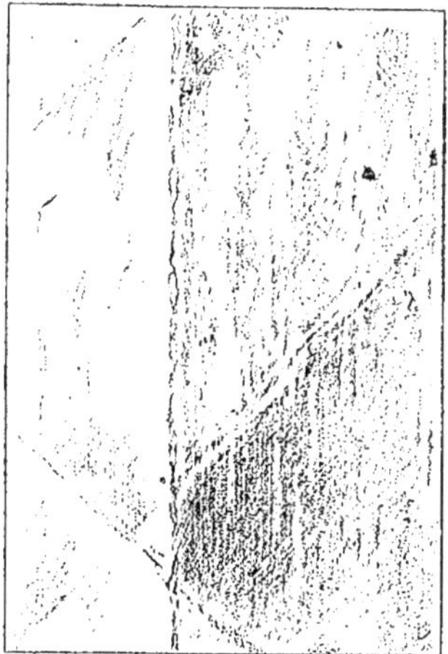

Fig. 131. — Verre cathédrale.

Les figures 128 à 130 représentent les modèles des verres compris à la Série du n° 61 au n° 64.

246. Indépendamment de ces verres à reliefs, à petits et grands losanges ou striés, il existe un autre genre de verre dont la Série ne parle pas et qui est d'un emploi fréquent, il s'agit du verre *brouillé dit cathédrale* (*fig.*131). Ce verre est bossué sur ses deux faces; il a également de 4 à 6 millimètres d'épaisseur et s'emploie de la même façon que les verres striés ou à losanges.

D'après son prix de revient, ce verre doit être demandé au mètre superficiel, aux mêmes prix que le verre à relief à grands losanges.

Pose de verres à façon.

247. Sans nettoyage, comprenant toutes fournitures accessoires; et dans les travaux d'entretien, la dépose des anciens mastics et l'enlèvement de tous les résidus du travail.

Les verres des mesures du commerce, simple, demi-double, double, cannelé, et dépoli, valent, le mètre superficiel sur châssis verticaux en bois, croisées, portes, etc., par surface de plus de 4 mètres.

En travaux neufs $1^f,10$ le m² (N° 65)
En entretien $2^f,10$ » (» 65)
Par surface de moins de 4 mètres :
En travaux neufs $1^f,70$ le m² (N° 66)
En entretien $2^f,70$ » (» 66)

Sur châssis inclinés en bois et en fer, combles, lanternes, marquises etc., etc., posé à bain de mastic avec recoupement en dessous, par surface de plus de 4 mètres :

En travaux neufs $1^f,65$ le m² (N° 67)
En entretien $3^f,15$ » (» 67)
Par surface de moins de 4 mètres :
En travaux neufs $2^f,25$ » (N° 68)
En entretien $3^f,75$ » (» 68)

248. *Les verres hors mesures, blanc mousseline, à relief strié, rayé, à petits et grands losanges valent le mètre superficiel, sur châssis verticaux en bois, croisées, portes, etc., par surface de plus de 4 mètres :*

En travaux neufs $1^f,35$ le m² (N° 65)
En entretien $2^f,55$ »   »   »
Par surface de plus de 4 mètres :
En travaux neufs $2^f,05$ » (N° 66)
En entretien $3^f,25$ » (» 66)

Sur châssis inclinés en bois et fer, combles, lanternes, marquises, etc., posé à bain de mastic avec recoupement en dessous, par surface de plus de 4 mètres :

En travaux neufs $1^f,95$ le m² (N° 67)
En entretien $3^f,75$ » (» 67)
Par surface de moins de 4 mètres :
En travaux neufs $2^f,70$ » (N° 68)
En entretien $4^f,50$ » (» 68)

Ces différents prix de pose ne sont pas rémunérateurs à l'entrepreneur à l'époque actuelle; nos travaux *tout de façon*, qui étaient payés plus chers par les Séries antérieures, quand la main-d'œuvre était moins chère, se trouvent être diminués justement quand la main-d'œuvre augmente. Est-ce équitable? nous ne le pensons pas ; les sous-détails ci-dessous viendront à l'appui de notre argumentation.

Sous-détail du prix de revient pour la pose à façon de 1 mètre superficiel de verre ordinaire pris dans les mesures du commerce.

Pour la pose de 1 mètre de surface de vitrerie avec mastic et pointes, il faut à l'ouvrier 1 heure payée par l'entrepreneur, $0^f,80$, soit.......... $0^f,80$
Les faux frais de 15 0/0 appliqués seulement à la main-d'œuvre, donnent.. $0,12$
Fourniture de mastic, 1 kil. 1/2 à $0^f,23$ le kilogramme................... $0,35$
Fourniture de pointes à vitres...... $0,01$

    Ensemble................... $1^f,28$
Bénéfice appliqué aux prix : des fournitures, de la main-d'œuvre, et aux faux frais 10 0/0................... $0,12$

Soit pour un mètre de vitrerie à façon................................. $1^f,40$

Et la Série alloue à l'entrepreneur pour ce même travail sous le n° 65 un prix de . . . . $1^f,10$
Soit une différence au préjudice de l'entrepreneur de *vingt-huit pour cent.*

Si l'entrepreneur ne compte pas sur son bénéfice, le prix de façon de 1 mètre de vitrerie simple lui reviendra à . . . $1^f,28$

et il sera payé. 1ʳ,10
d'où, perte sèche par mètre de . . . 0ʳ,18
environ *dix-huit pour cent.*

Examinons le prix de revient de 1 mètre superficiel de vitrerie faite sur châssis incliné en bois ou fer, combles ou marquises à bain de mastic.

Sous-détail :

Pour vitrer 1 mètre superficiel de vitrerie sur comble, temps passé à monter sur le comble, à s'assujettir à l'aide de planches mobiles, il faut à l'ouvrier vitrier

1 heure 1/2 à 0ʳ,80 l'heure, soit.....	1ʳ ,20
Faux frais, 15 0/0................	0 ,18
Mastic environ (cela peut dépendre de la hauteur des fers).............	0 ,65
Ensemble..................	2 ,03
Bénéfice 10 0/0...............	0 ,20
Total pour 1 mètre de vitrerie à façon sur comble....................	2ʳ ,23

Et la Série alloue à l'entrepreneur sous le n° 67 par mètre superficiel. . . . 1ʳ,65 soit, au préjudice de l'entrepreneur, une différence par mètre de *trente-trois pour cent.*

33 0/0 de perte en travaillant loyalement et sérieusement, est-ce admissible? en droit, non. Aussi l'entrepreneur est à même de s'attribuer le bénéfice de nos observations, en faisant ses conditions *au préalable*, chaque fois que ses travaux se trouveront dans ce cas.

249. La plus-value de 0ʳ,50 le mètre pour pose de verre sur bois et fer ou tout fer, qui n'est pas rappelée par la Série à la suite des prix de façon, doit être demandée par le métreur ou l'entrepreneur, vu l'analogie existante entre ces travaux et ceux prévus sous les n°ˢ 34, 35 et 36.

Par le n° 65, la Série paie la pose du verre.

En travaux neufs, le mètre	1ʳ,10
En entretien.	2ʳ,10

Ce qui établit une différence de 1 franc entre les deux prix ; pourquoi? parce que, dans le travail d'entretien sont compris *la dépose des anciens mastics et l'enlèvement de tous résidus du travail.*

Donc, si vous enlevez des morceaux de verre, restés en place et des vieux mastics pour le prix de *un franc le mètre superfi-*

ciel, que peut bien signifier l'Observation relative à la dépose de verre qui est payée *un franc* le mètre, à condition *qu'il soit retiré intact* (Observation N° 70).

Ou ce prix n'est pas payé assez cher, ou il se trouve détruit par l'allocation des travaux d'entretien ; nous répétons à cette place ce que nous avons dit plus haut au sujet de la dépose des verres.

250. La pose des verres mousseline et hors mesure fait pour nous l'objet des mêmes constatations que les verres simples pour l'insuffisance des prix alloués, notamment le prix du verre strié, rayé ou losangé, qui de 0ᵐ,50 de surface à 3 mètres est payé le même prix pour la pose ; or de nos jours il se pose fréquemment des morceaux de verres striés ou losangés de 3 mètres de longueur sur 0ᵐ,50, 0ᵐ,60 0ᵐ,70 et 0ᵐ,80 de largeur ; il est de toute évidence que la pose de verres d'une pareille surface, soit sur parties verticales soit sur combles et surtout sur combles inclinés ne peut se faire à un seul ouvrier, il faut au moins deux hommes pour la manipulation et le montage, puis la mise en place de ces grandes surfaces. A défaut d'indication de prix pour ces sortes d'ouvrages, nous proposons d'appliquer à la pose de ces verres, et par analogie parfaite, le risque de casse étant plus grand, le prix des glaces, comme suit : *Pose de verre strié, cannelé, rayé ou losangé sur parties verticales en fer et bois, ou tout fer avec bain de mastic et recoupement au dessous. En travaux neufs,* jusqu'à 1ᵐ,00 de surface. . . . . . . 1ʳ,85 le mètre carré
de 1,01 à 2,00 de surface 2ʳ,50   »
de 2,01 à 3,00   »   »   3ʳ,45   »
à partir de 3,00   »   4ʳ,25   »

Plus-value pour pose desdits en entretien, 1ʳ,50 le mètre superficiel, prix uniforme, comprenant le sauvetage des parties à conserver et la descente des résidus ;

Plus-value pour pose de ces verres dans des parties mobiles, châssis ouvrants ou portes idem.

Dix pour cent en plus représentant le plus grand risque de casse, ainsi que la difficulté de pose.

251. La pose des verres gravés à un ou plusieurs tons ne se trouve pas non plus prévue à la Série, quoique ce verre représente de certains risques de casse. Par exemple, cassez par accident une feuille de verre mousseline du commerce, soit 2ʳ,40.

Si, au contraire, il vous arrive de briser, en le posant, un verre gravé, vous pouvez avoir à remplacer une valeur de 10, 15, 25 et même 30 francs, représentée par la valeur du verre employé et celle de la gravure payée plus ou moins suivant son exécution artistique ; il y a donc lieu de payer ces verres plus cher que le verre mousseline ou à relief ordinaire.

Le payer au prix de la pose des glaces nous semble juste et raisonnable.

252. Avant la pose de verres mousseline, dépolis ou gravés, il est une recommandation à faire à l'entrepreneur, c'est de passer sur la surface du verre *dépolie ou gravée* une couche d'encollage, ou de la frotter avec de l'ail; si ces précautions étaient négligées, cela pourrait faire refuser le travail, car l'huile contenue dans le mastic déborderait en s'agrandissant toujours sur la partie dépolie ou gravée, rendant cette vitrerie inacceptable.

253. Les verres gravés à l'acide ne sont pas tarifés à la Série, ils sont néanmoins d'un usage fréquent. Voici certains prix de verre gravé basés sur le tarif des fabricants :

Gravure à l'acide de vitrerie de toutes dimensions et quelle qu'en soit l'épaisseur, et compris risques de casse (*non compris la fourniture de la feuille*) de verre sur fond translucide, le mètre superficiel serait d'une valeur de 5 francs.

Vitrerie gravée sur fond dépoli avec bande formant galon mat et d'un autre ton représentant l'encadrement, vaut 10 *francs le mètre superficiel.*

Avec filet et galon étrusque, détaché soit en relief, soit en creux, vaut 14 *francs le mètre superficiel.*

La même vitrerie avec filet étrusque ou galon gravés sur fond transparent, vaut 12 *fr. le mètre superficiel.*

Le transport des verres gravés du magasin de l'entrepreneur à pied d'œuvre est compris dans les prix ci-dessus.

Dans les travaux en réparation, où il aura été fourni des verres gravés en rac-cordement avec les anciens, il conviendrait d'augmenter le prix de la gravure de *un quart*, soit 25 0/0, comprenant le double transport du bâtiment à l'atelier du graveur, et retour à l'endroit de la pose, la gravure terminée, puis, le temps passé, à l'étude du dessin à raccorder.

Dépose de verre (*compris démasticage*) *Ordinaire, cannelé, mousseline, etc., et à relief toutes épaisseurs.*

Prix moyen 1ʳ,00 *le mètre superficiel* (Observation 69).

Observation N° 70. Il ne sera compté de dépose que si les verres ont été retirés intacts (voir ci-dessus les commentaires se rapportant aux travaux de dépose).

Dépolissage *par moyens mécaniques (le mètre superficiel) de verres simples, demi-doubles et doubles dans les mesures du commerce, et compris risque de casse* 1ʳ,50 *le mètre* (N° 71).

De verres hors mesures, unis, striés, losangés, y compris risques de casse: 2ʳ,45 *le mètre superficiel* (N° 72).

Dépolissage à l'acide de verres de toutes épaisseurs et dimensions : 4ʳ,00 *le mètre* (N° 73).

Dépolissage granulé au jet de sable de verres de toutes dimensions, vaut 4ʳ,00 *le mètre* (non compris à la Série).

Granulage en creux au sable avec ornements dessinés sur papier, ledit collé sur verre. Vaut 8ʳ,00 *le mètre, feuilles de verre du commerce lilloises et hors mesures* (non compris à la Série).

254. Dans les travaux de vitrerie, il arrive journellement, surtout dans l'entretien, que l'entrepreneur soit amené à faire la réparation des vitraux dans sa clientèle ; il devra, dans ce cas, compter son travail comme suit :

Dépose de vitraux *à fin de réparation*, le mètre superficiel, 1ʳ,15 ; n° 106, Série des Vitraux.

Transport chez le fabricant de vitraux, et double transport à pied d'œuvre, la réparation terminée, 2 heures d'ouvrier-vitrier pour l'aller et le retour.

Pose de vitraux neufs ou réparés, y compris masticage.

Vaut en place neuve. 1ʳ,80 le m. sup.
En entretien. 3ʳ,00 »

Travaux au mètre linéaire et à la pièce.

255. *Démasticage complet et remasticage de châssis en réparation, les verres anciens restant en place:*
Sur châssis verticaux vaut le mètre linéaire 0ʳ,10 (N° 74).
Sur châssis inclinés, le mètre linéaire 0ʳ,25 (N° 75).

256. *Contre-masticage.* — Le mètre linéaire 0ʳ,15 (N° 76).
Le travail de contre-masticage consiste à remplir de mastic la partie intérieure de la vitrine des châssis et croisées, du côté de l'épaisseur des petits bois; il a pour but d'empêcher l'eau et l'air de pénétrer à l'intérieur, en formant étanchéité complète et est très en usage dans les réparations de châssis en fer, soit verticaux, soit sur combles.

257. *Démasticage complet de châssis vitré sans dépose de verre :*
Sur châssis verticaux, le mètre linéaire 0ʳ,05 (N° 77).
Sur châssis inclinés, le mètre linéaire 0ʳ,08 (N° 78).

258. *Rives de joints vifs à l'émeri.* — Le mètre linéaire 0ʳ,75 (N° 79).
Le passage des rives d'une feuille de verre à l'émeri se fait quand des verres doivent être posés les uns sur les autres dans une même travée ; il a pour but d'obtenir l'adhérence plus complète des verres entre eux, en enlevant les ondulations qu'a pu laisser le passage du diamant et adoucissant les rives. Il s'emploie fréquemment pour la vitrerie des devantures de boutiques avec petits bois en fer, également pour châssis de bureaux de postes, cuisines, magasins, etc.

259. *Recouvrement de verre pour châssis de combles, lanternes, marquises, etc., etc. ;* chaque recouvrement garni en plein au mastic, à la céruse et trou de buée réservé :
Vaut le mètre de longueur 0ʳ,45 (N° 80 de la Série).
Les recouvrements se font rarement sur les châssis à parties verticales. Sur châssis de combles, ils ont leur raison d'être en représentant une notable écono-

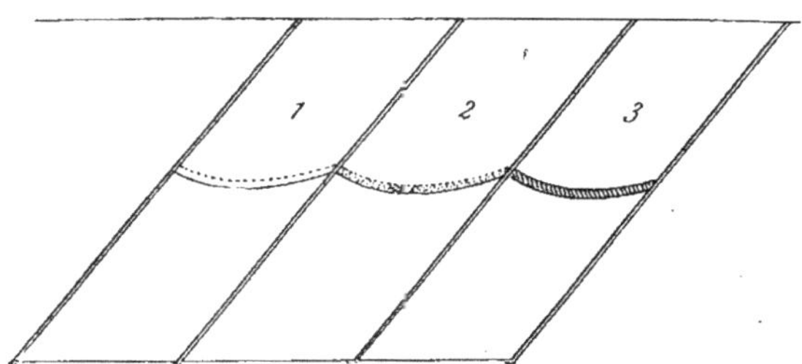

Fig. 132. — Travées de vitrerie en châssis de comble.

mie, laquelle consiste à employer des feuilles de mesures commerciales, sans se préoccuper des verres hors mesures; ils sont utiles en ce qu'ils permettent la ventilation par le passage de l'air; par leur disposition et bien que n'étant pas garnis de mastic à la céruse, ils s'opposent à l'introduction de l'eau à l'intérieur.

260. La figure 132 représente trois travées de vitrerie en châssis de comble.
Celle **N° 1** est une travée de vitrerie formée de deux feuilles de verre superposées, avec, dans le milieu, un joint de recouvrement *non garni, à l'air libre.*
Celle **N° 2** est une travée de vitrerie avec recouvrement de verre *garni à la céruse,* et laissant par le milieu une solution de continuité, représentant le trou de buée.

Celle **N° 3** est une travée de vitrerie avec au milieu le joint de recouvrement garni par une bande de plomb ou d'étain *collée à cheval sur le joint.*

261. *Bande de plomb* ou d'étain collée à la céruse à cheval sur le joint vif ou non (voir figure ci-dessus), chaque face vaut, le mètre linéaire, 0ᶠ,25 (N° 81).

Bande de plomb ou d'étain collée à la céruse sur le petit bois et recouvrant les mastics : par petits bois, le mètre linéaire vaut 0ᶠ,35 (N° 82).

Ces bandes métalliques, collées à la céruse, ont pour but d'obtenir l'étanchéité complète du comble ; il arrive que, parfois, la face du dessous (côté du contre-masticage) est également recouverte de bandes de plomb ; dans ce cas et bien que la Série, sous le n° 82, n'en fasse pas mention, l'on devra compter les bandes des deux faces, c'est-à-dire à deux fois la longueur de chaque petit bois.

262. La figure 133 représente une partie de comble vitré en deux parties :

Celle **N° 1** est un comble vitré ordinairement avec recouvrements simples, les petits bois garnis en solins de mastic.

Celle **N° 2** représente des travées de comble, vitrées avec recouvrements garnies de bandes de plomb se rejoignant sur les petits bois et chaque petit bois avec double solin de mastic recouvert par une bande de plomb collée à cheval sur ledit, et comprenant également les extrémités de la bande collée sur les recouvrements circulaires.

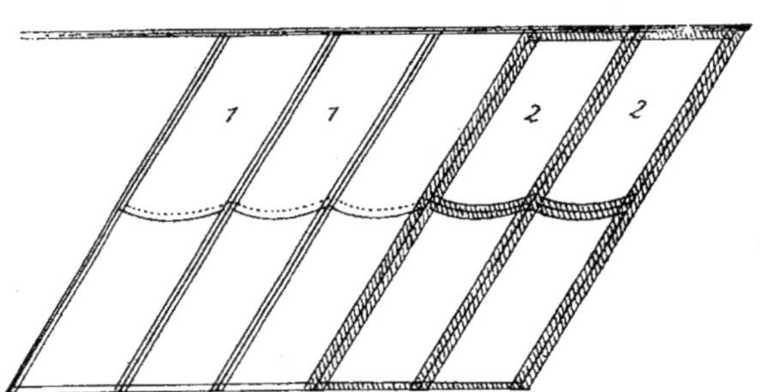

Fig. 133. — Partie de comble vitrée en deux parties.

263. *Tringles en zinc*, vaut le mètre linéaire, 0ᶠ,35 (N° 83) ; ces tringles se posent sur les recouvrements et remplacent le garnissage desdits avec de la céruse.

Pose de tringles sans plus-value sur la pose des verres ; d'après l'Observation N° 84, compter seulement les coupes circulaires.

264. *Coupe circulaire*, concave ou convexe, pour parties laissées apparentes, vaut la pièce 0ᶠ,06 (N° 85).

A propos du travail des coupes, nous croyons qu'il est de l'intérêt général de parler des autres coupes que n'a pas prévues la Série, bien qu'elles ne soient pas exemptes de difficultés, et qu'elles occasionnent de grands risques de casse. Voici les différentes coupes dont nous voulons parler :

1° La coupe biaise ou à fausse équerre, qui est plus difficile que la coupe droite et n'est pas payée du tout ; il semble qu'il doive suffire de distinguer le cas pour fixer l'appréciation de toutes les personnes compétentes ;

2° La coupe occasionnée par l'application d'une cornière en fer qu'il faut éviter et dont il est nécessaire d'épouser les contours ; ce travail est bien plus difficile que la coupe circulaire, qui se peut faire à l'aide d'un gabarit ; c'est certainement par erreur qu'il n'en a pas été tenu compte ;

3° La coupe plein cercle peut-elle être considérée comme une simple coupe circulaire à 0^f,06; nous ne le pensons pas; mais alors où s'arrêtera la définition de la coupe circulaire prévue par la Série?

A défaut de prix officiels, nous pensons

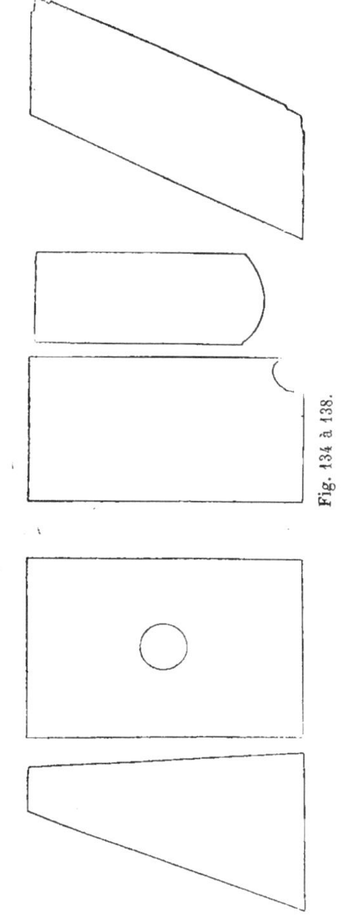

Fig. 134 à 138.

que le travail des coupes doit se payer comme suit (*fig.* 134 à 138):

1° Coupe circulaire ordinaire à un seul segment, 0^f,06;

2° Coupe circulaire plein cercle à quatre segments, 0^f,25 jusqu'à un diamètre dé-

terminé, que nous établirons comme ceux des trous dans les glaces de miroiterie

3° Coupe biaise ou à fausse équerre; nous demandons pour la *plus-value d'ajustement et par chaque coupe*, 0^f,06, valeur de la coupe au gabarit;

4° Coupe d'encoche d'un fer cornière, 0^f,10 par chaque parement droit circulaire ou biais;

5° Coupe circulaire irrégulière ou encoche pour le passage d'une moulure, d'un tuyau, etc., chaque coupe pour 0^f,20.

Tous ces prix sont pour des coupes sur verres blancs. Il se comprend que, s'il s'agit de vitrerie d'art décorée, gravée, etc., chaque coupe doit bénéficier d'une plus-value en rapport avec le risque de casse.

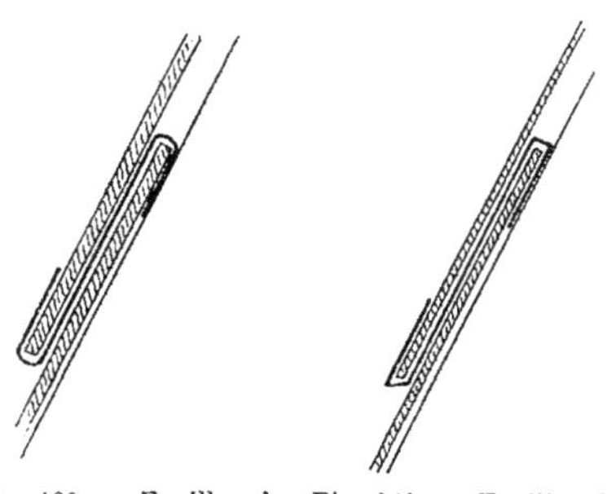

Fig. 139. — Feuilles de verre réunies par un lien de plomb).

Fig. 140. — Feuilles de verre réunies par un lien de cuivre.

265. *Liens en plomb* fournis et posés, valent la pièce 0^f,04 (N° 86 de la Série).

Les liens ou attaches en plomb ont pour objet d'empêcher le glissement de deux feuilles de verre l'une sur l'autre, comme l'indique la figure 139.

Dans certaines vitreries, alors qu'il s'agit de verres épais et lourds, ou pour des châssis verticaux à feuilles par travées superposées, les liens en plomb sont remplacés par d'autres en cuivre, lesquels ne sont pas prévus à la Série et peuvent être demandés pour une valeur de 0^f,10 *pièce* comprenant la fourniture du cuivre et la façon qui est plus difficile que pour le plomb (*fig.* 140).

266. *Dépose et repose de vasistas* en

fer ou cuivre, compris démontage et remontage.

Vaut la pièce 0^f,60 (N° 87 de la Série).

Dépose et repose de châssis de toits (pour travaux d'entretien), et remise en place de la bande d'égout en dessous.

Vaut la pièce 0^f,30 (Observation N° 88).

Pourquoi cette dépose n'est-elle comptée que dans les travaux d'entretien, alors que dans les travaux neufs les châssis de toits à tabatière sont posés par les couvreurs bien avant le passage du vitrier, qui est, *comme dans les travaux* d'entretien, obligé de déposer le châssis pour en opérer la vitrerie.

A notre avis, cette dépose et repose de châssis de toit doit être comptée dans tous genres de travaux, vieux ou neufs.

267. *Nettoyage de carreaux ou glace à vitrage*, verre fourni ou non.

Chaque face de moins de 1.10 à l'équerre, vaut la pièce 0^f,02 (N° 89 de la Série).

De 1.10 à 1.60 à l'équerre, 0^f,04 pièce (N° 90).

Au-delà de 1.60 à l'équerre, 0^f,10 le mètre superficiel (N° 91).

Nettoyage de glace étamée ou non, le mètre superficiel 0^f,15 (N° 92).

Du recouvrement de verre, le mètre linéaire 0^f,04 (N° 93).

Il existe des nettoyages de verres que la Série n'avait pas prévus ; nous voulons parler des verres striés, à losanges, cannelés, de Saint-Gobain, à cannelures et des verres mousselines. Tous ces nettoyages, faits ordinairement au blanc et à l'eau, valent réellement *le double* du nettoyage des verres ordinaires et doivent être comptés comme tels.

268. Dans les travaux de vitrerie en entretien de châssis de combles, cours ou courettes, lorsqu'il y a nettoyage, réparation ou vitrerie à faire, il existe sur ces châssis des grillages protecteurs posés sur des supports, des traverses à scellement, et qu'il faut enlever pour faire la réparation de ces châssis. Cette opération, que la Série n'indique pas dans ses prix, a cependant son importance, en raison du temps qu'elle emploie ; ces grillages ne pouvant être manœuvrés que par *deux ouvriers* au minimum, d'où il résulte des frais de main-d'œuvre très appréciables et dont

la rémunération s'impose logiquement, comme l'expose l'exemple suivant :

Il s'agit, par hypothèse, d'aller remplacer deux verres cassés sur le châssis de comble d'une courette, lequel est recouvert d'un grillage de 3,00 sur 2,00, soit une surface de 6,00.

La vitrerie double, 4e choix, fournie et posée en entretien sur châssis de comble en fer, à bain de mastic avec recoupement desdits en dessous, consistant en :

2 Verres de chaque 1.20 à 0.36 produisant une surface de 0.86 à 7^f,27 le mètre (N° 39 de la Série).............	6^f,25
Plus-value pour vitrerie posée par surface de moins de 4.00, produit 0.86, à 0^f,65 le mètre (N° 41)...............	0 ,55
2 Liens en plomb à 0^f,04 l'un (N° 86).	0 ,08
2 Coupes circulaires à 0^f,06 (N° 85)..	0 ,12
Nettoyage de 4 faces de verre de 1.56 à l'équerre à 0^f,04 l'une (N° 90).......	0 ,16
Cette réparation de vitrerie coûtera, sans tenir compte de la plus-value du travail minime qui est toujours due...	7^f,16

Or, pour mener à bien cette réparation, il faudra au préalable déposer le grillage à deux hommes, le dresser le long du mur ou le descendre, pour la facilité du travail à exécuter.

Cette dépose de grillage de 3.00 × 2.00 ... 6.00 qu'il est juste de demander à 0^f,30 le mètre superficiel, soit.	1^f,80
Ensuite la vitrerie terminée, repose de ce même grillage à 2 hommes que nous estimerons la même valeur, soit..	1^f,80
Ensemble...............	3^f,60

Donc pour un travail de 7^f,16 que la Série prévoit il y a une main-d'œuvre tout à fait en dehors qui revient à 3^f,60 et que le tarif n'a pas prévue.

Nous soumettons ce cas, tout en conseillant au métreur d'en tenir compte dans l'établissement de son mémoire.

269. Il existe, en dehors de la vitrerie ordinaire des portes et des croisées, d'autres plus importantes, telles que celles des serres de jardinier, jardins d'hiver, châssis de couches, kiosques, bow-window, devantures de boutique, etc., etc. ; nous les passerons en revue en donnant sur chaque la manière rationnelle d'en faire le métrage.

270. *Châssis de couches* à l'usage des jardiniers-maraîchers pour protéger et hâter les produits de culture nécessaires à l'alimentation des grandes villes ; ils sont ordinairement vitrés en verre de qualité inférieure ; ils sont construits en bois pour le bâti, et les traverses de petits bois sont en fer ; en voici le mode de métrage :

Métrage de la partie vue.

Verre simple 4° choix, fourni et posé en travaux neufs sur châssis de comble à bain de mastic sur bois et fer sans nettoyage :

Figure 141, 16 verres chaque
0.60 × 0.60................... 5.76
Figure 142, 20 verres chaque
0.65 × 0.50................... 6.50

Ensemble........... 12.26
à 3^f,69 le mètre (N° 37)............... 45^f,23
72 Liens en plomb à 0^f,04 l'un (N° 86) 2^f,88

Total pour ces 2 vantaux de châssis. 48^f,11

Ces châssis se vitrent le plus souvent à petits carreaux par économie, la casse des verres étant presque journalière.

271. La figure 143 représente une

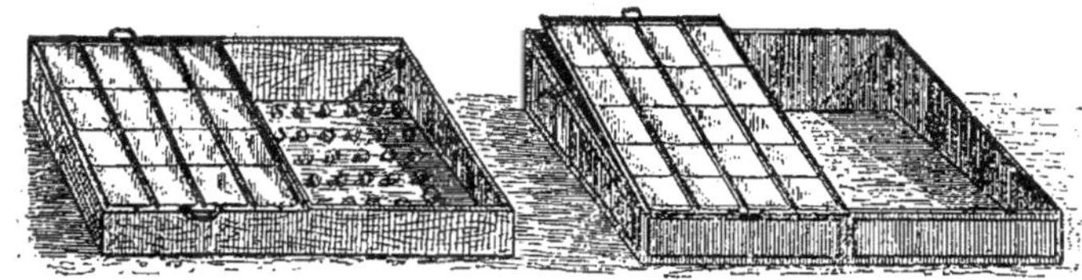

Fig. 141 et 142. — Châssis de couche.

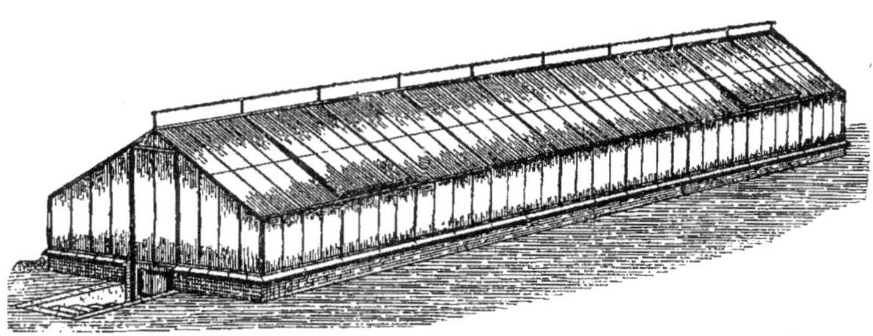

Fig. 143. — Serre milieu à deux versants droits avec châssis ouvrant sur chaque versant.

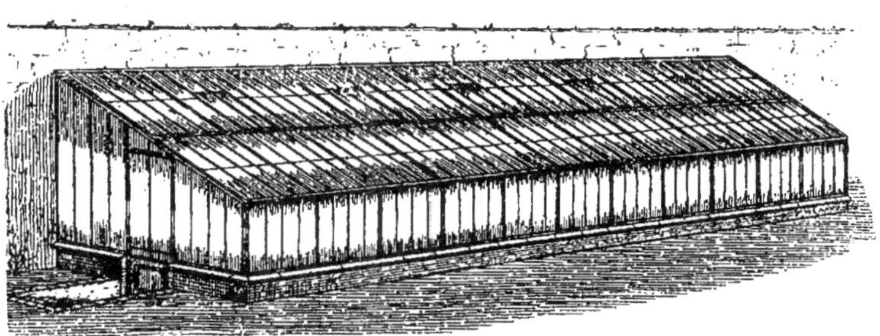

Fig. 144. — Serre adossée à deux pieds-droits et un versant avec châssis ouvrant sur le versant et dans le bas de la partie verticale.

serre milieu à deux versants droits, avec châssis ouvrant sur chaque versant.

Métrage de la figure 143.

Verre demi-double 4° choix, fourni et posé en travaux neufs sur châssis de comble en fer entre deux mastics, avec recoupement de la partie intérieure.

Deux versants ensemble.

Parties fixes.

112 Verres chaque 0.80×0.20 y compris le recouvrement produit.................. 17.92

Parties ouvrantes :
32 Verres chaque 0.75×0.20 produit.................. 4.80

Parties verticales sous versants (non ouvrantes) :
72 Verres chaque 0.50×0.25 9.00

2 Pieds-droits y compris la porte d'entrée :
40 Parties de verres réduites chaque 0.90 × 0.25 produit.. 9.00

Ensemble.......... 40.72
à 4f,73 le mètre (N° 38)............ 192f,60

Nota : Les parties verticales doivent être comptées comme sur combles, la vitrerie étant sur fer et à bain de mastic avec recoupement intérieur dudit.

296 Liens en plomb à 0f,04 l'un (N° 86)......................... 11,84

20 Coupes biaises, y compris risques de casse à 0f,06 l'une.............. 1,20

Au droit des 4 châssis ouvrant sur les versants :
16 entailles dans le verre pour cornières en fer à 0f,20 l'une....... 3f,20

Total de la vitrerie de cette serre milieu..................... 208f,84

Le nettoyage de ces verres se fait rarement.

268. La figure 144 représente une serre adossée, à deux pieds droits et un versant avec châssis ouvrant sur le versant et dans le bas de la partie verticale.

Métrage de la figure 144.

Verre demi-double 4° choix fourni et posé en travaux neufs sur châssis de comble en fer à bain de mastic et recoupement à la face intérieure.

156 Verres chaque 0.80 y compris recouvrements×0.20 produit.................. 24.96

A reporter........ 24.96

Report............ 24.96
Parties ouvrantes :
10 Verres chaque 0.90×0.20 1.80
Têtes au dessus :
10 chaque 0.50 × 0.20..... 1.00
Parties verticales fixes :
28 Verres chaque 0.60×0.25 4.20
Parties ouvrantes :
16 Verres chaque 0.55×0.25 2.20
2 Pieds-droits réduits y compris la porte :
20 Verres chaque 1.25×0.25 6.25

Ensemble.......... 40.41
à 4f,73 le mètre (N° 38)............. 191f,14
312 Liens en plomb à 0f,04 l'un ... 12,48
20 Coupes biaises pour les pieds-droits, y compris risques de casse à 0f,06 l'une...................... 1,20

Au droit des châssis ouvrants sur versant et sur parties verticales :
40 Entailles dans le verre pour cornières en fer à 0f,20 l'une........ 8,00

Dépose et repose de 10 châssis de toit ou ouvrants à 0f,30 l'un (N° 88).. 3f,00

Total de la vitrerie de cette serre adossée, nettoyage des verres non compris........................ 215f,82

269. La figure 145 montre une serre en espalier dite serre à fruits à trois pans avec un châssis vitré ouvrant sur chaque pan.

Métrage de cette figure.

Verre demi-double 4° choix fourni et posé en travaux neufs sur comble en fer entre deux mastics et recoupement en dessous.

60 Verres hors mesure de chaque 1.70 × 0.25 à 2f,85 l'un, pour la fourniture seulement................. 171f,00

Pose desdites sur comble en fer même surface que fourniture 25.50
à 1f,95 le mètre (N° 67)............ 49,70

12 Entailles de cornières en fer, pour châssis ouvrants à 0f,20 l'une.. 2,40

Nettoyage de ces verres des deux faces 120 fois 1.70 × 0.25 produit 51.00
à 0f,10 le mètre (N° 91)............ 5,10

Total de cette serre à fruits....... 228f,20

Observation relative à la figure 145.

Pour la fourniture d'une feuille de verre hors mesure de 1.70 × 0.25, il convient de prendre le prix de celle de 1,70 × 0,51 qui est de 5.04 au tableau de la Série et qui, coupé en deux donne exactement la mesure nécessaire en ne coûtant que . . 2f,52

Tandis que si l'on prenait la feuille la plus correspondante, on serait obligé de tabler sur celle de 1.71 × 0.33 qui coûte. . . . 2 93

Soit une dépense inutile de 0^f,46 par feuille, avec une perte de verre de 1,71 × 0,08, difficilement employable.

270. La figure 146 est une serre de

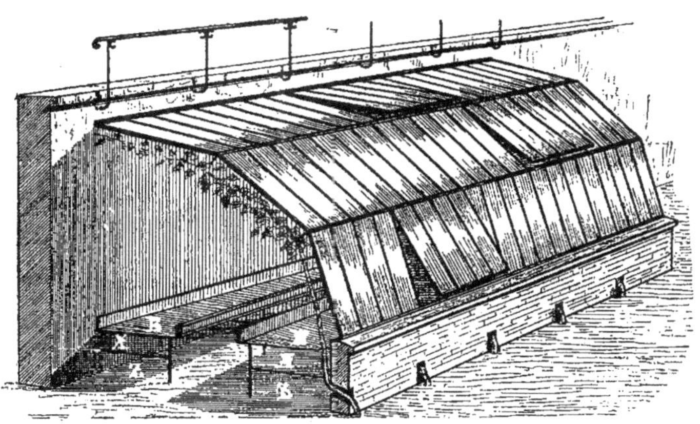

Fig. 145. — Serre en espalier à trois pans avec châssis ouvrant sur chaque pan.

genre dite hollandaise ordinaire avec pieds-droits extérieurs.

Ce genre de serre revient plus cher en raison de la façon du *bombage des verres*, qui entrent dans sa construction; le prix du bombage de verre n'a pas été prévu dans la Série de 1897, mais, d'après les spécialistes de ce métier, il doit être compté au prix de 23 francs le mètre superficiel, compris tous risques de casse et

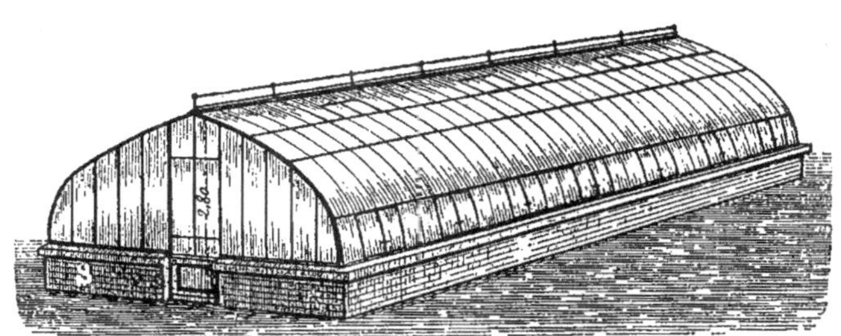

Fig. 146. — Serre dite hollandaise ordinaire avec pieds-droits extérieurs.

pour la forme d'un segment par sens; dans ce prix ne sont pas compris les calibres, qui devront être payés à part.

Métrage de la figure 146.
Verre demi-double 4° choix, fourni et posé

en travaux neufs sur châssis de comble en fer à bain de mastic avec recoupement en dessous.

Les deux versants ensemble (*toutes ces travées, sauf celle du bas, sont à recouvrements*).

Travée de tête :
44 Verres chaque 0.80
× 0.25 produit.......... 8.80
Châssis ouvrants :
12 Têtes chaque 0.35
× 0.25 produit.......... 1.05
12 Verres de parties mobiles chaque 0.45 × 0.25 produit.............. 1.35
Deuxième travée :
56 Verres chaque 0.70 × 0.25 produit............. 9.80
Troisième travée :
56 Verres chaque 1.00 × 0.25 produit.......... 14.00
Travée sur mur bahut.
Parties fixes :
28 Verres chaque 0.65 × 0.25 produit.......... 4.55
Parties ouvrantes :
28 Verres chaque 0.60 × 0.25 produit.......... 4.20
Surface......... 43.75
à 4f,73 le mètre superficiel (N° 38). 206f,94
Bombage de ces verres au four sur calibres spéciaux, même surface ... 43.75 à 23f,00 le mètre superficiel.................... 1 006,25
Pour le bombage :
Fourniture et façon de 4 calibres à 5f,00 l'un.................. 20,00
Plus-value pour pose de verres bombés avec risques de casse dans le fer. Travail spécial très méticuleux, même surface..... 43.75 à 1f,00 le mètre.............. 43,75
236 Liens en plomb à 0f,04 l'un. 9,44
Les deux pieds-droits.
Verre demi-double 4° choix, fourni et posé comme le précédent, par travées commerciales posées sur joints vifs dressés à l'émeri.
20 Travées chaque 1.20 × 0.30 produit.......... 7.20
Les portes :
4 Verres chaque 0.50 × 0.30 produit.......... 0.60
4 Verres chaque 1.00 × 0.30 produit.......... 1.20
4 Verres chaque 0.30 × 0.30 produit.......... 0.36
Surface.......... 9.36
à 4f,73 le mètre................. 44,27
12 Coupes circulaires à 0f,06 l'une 0,72
Joints dressés à l'émeri.
32 fois 0.30 ensemble.... 9.60
à 0f,75 le mètre (N° 79).......... 7,20
A reporter............. 1 338f,57

Report................ 1 338f,57
Pour les châssis ouvrants des deux versants.
80 encoches dans le verre bombé au droit des cornières d'ajustement d'angles desdits châssis à 0f,30 l'un, compris risques de casse (la valeur du risque augmentant avec la valeur du verre)..................... 24f,00
Nettoyage de cette vitrerie des 2 faces :
44 fois 0.80×0.25 produit. 8.80
12 » 0.35×0.25 » 1.05
12 » 0.45×0.25 » 1.35
56 » 0.70×0.25 » 9.80
56 » 1.00×0.25 » 14.00
28 » 0.65×0.25 » 4.55
28 » 0.60×0.25 » 4.20
20 » 1.20×0.30 » 7.20
4 » 0.50×0.30 » 0.60
4 » 1.00×0.30 » 1.20
4 » 0.30×0.30 » 0.36
Ensemble........ 53.11
à 2 faces................. 106.22
à 0f,10 le mètre (N° 91).......... 10f,62
Total de cette serre hollandaise ordinaire..................... 1 373f,19

271. La figure 146 est une serre hollandaise avec plate-forme et pieds-droits extérieurs, les versants ayant leurs feuilles de verre coupées circulairement aux abouts.

Métrage de cette figure.
Verre demi-double 4° choix fourni et posé en travaux neufs sur comble en fer, entre-deux mastics avec recoupements en dessous.
Les deux versants ensemble, avec travées à recouvrements circulaires.
Première travée.
40 Verres chaque 0.90 × 0.25 .... 9.00
Au-dessus des châssis ouvrants.
8 Têtes chaque 0.40 × 0.25 .... 0.80
8 Têtes chaque 0.40×0.25 0.80
Châssis ouvrants à tabatière.
16 Chaque 0.50 × 0.25 produit......... .... 2.00
Deuxième travée.
56 Verres chaque 0.75 × 0.25 produit.......... 10.50
Troisième travée.
A reporter...... 23.10

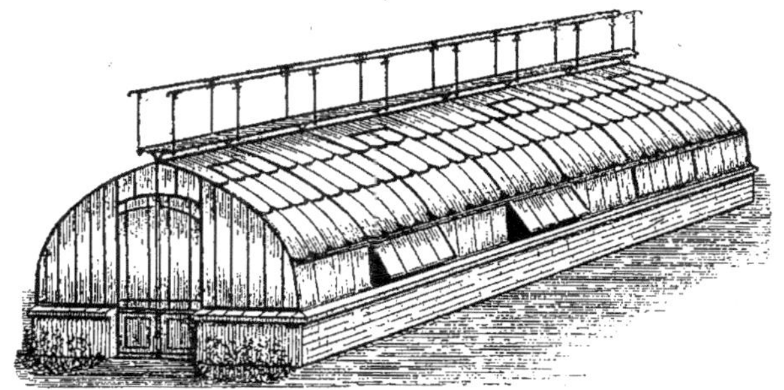

Fig. 147. — Serre hollandaise avec plate-forme et pieds-droits extérieurs.

Report.......... 23.10
56 Verres chaque 0.80
$\times$ 0.25 produit........... 11.20
Travée au-dessus du mur bahut.
Parties fixes.
32 Verres chaque 0.65
$\times$ 0.25 produit........... 5.20
Parties ouvrantes :
24 Chaque 0.60 $\times$ 0.25 produit................. 3.60

Surface.......... 43.10
A 4ᶠ,73 le mètre (comme précédent)....................... 203ᶠ,86
Bombage de ces verres d'après calibres spéciaux, même surface.................... 43.10
A 23ᶠ,00 le mètre superficiel.... 991,30
Pour le bombage:
Fourniture et façon de 4 calibres à 5ᶠ,00 l'un.................... 20,00
Plus-value pour pose de verres bombés avec risques de casse dans le fer, même surface....... 43.00
A 1ᶠ,00 le mètre.............. 43,10
224 Liens en plomb à 0ᶠ,04 la pièce......................... 8,96
208 Coupes circulaires à 0ᶠ,06 l'une...................... 12,48
Les deux pieds-droits avec 2 portes à 2 vantaux à la grecque et imposles circulaires.
Verre demi-double 4ᵉ choix fourni et posé dans le fer en travaux neufs comme précédemment : par travées comportant des rives de joints dressés à l'émeri.
24 Travées chaque 1.30 réduites $\times$ 0.25 produit... 7.80

A reporter...... 7.80   1 279ᶠ,70

Report.......... 7.80   1 279ᶠ,70
Deux impostes.
8 Verres chaque 0.40
$\times$ 0.25 produit.......... 0.80
Deux portes vitrées à la grecque.
4 Travées-milieux chaque 1.20 $\times$ 0.25 produit...... 1.20
4 Bandes circulaires par le haut chaque 0.30 $\times$ 0.15 produit................. 0.18
4 Autres droites par le bas chaque 0.30 $\times$ 0.15....... 0.18
8 Bandes montantes chaque 1.30 $\times$ 0.15...... 1.56
16 Carrés d'angles chaque 0.15 $\times$ 0.15............. 0.36

Surface.......... 12.08
A 4ᶠ,73 le mètre.............. 57ᶠ,13
56 Coupes circulaires à 0ᶠ,06 l'une. 3,36
Joints dressés à l'émeri.
48 fois 0.25 ensemble... 12.00
A 0ᶠ,75 le mètre (Nᵒ 79)........ 9,00
Plus-value pour vitrerie exécutée en carreaux ayant moins de 0.41 à l'équerre (Nᵒ 44 de la Série).
16 carrés d'angles chaque 0.15 $\times$ 0.15 produit. 0.36
à 4ᶠ,50 le mètre............... 1,62
Plus-value pour vitrerie exécutée en carreaux ayant moins de 0.51 à l'équerre (Nᵒ 43 de la Série).
8 Bandes chaque 0.30 $\times$ 0.15 produit................. 0.36
à 3ᶠ,50 le mètre............... 1,26
Sur les versants de cette serre et pour les châssis ouvrants.
56 Encoches de verres bombés au droit des cornières d'ajustement

A reporter.............. 1 352ᶠ,07

<table>
<tr><td>

Report................ 1 352f,07

d'angles desdits à 0f,30 l'un vu le
risque de casse................. 16,80

Nettoyage de cette vitrerie des
2 faces :

40 fois 0.90×0.25 produit	9.00	
8 » 0.40×0.25 »	0.80	
8 » 0.40×0.25 »	0.80	
16 » 0.50×0.25 »	2.00	
56 » 0.75×0.25 »	10.50	
56 » 0.80×0.25 »	11.20	
32 » 0.65×0.25 »	5.20	
24 » 0.60×0.25 »	3.60	

A reporter...... 43.10 1 368f,87

</td><td>

Report......... 43.10 1 368f,87

24 fois 1.30×0.25 »	7.80	
8 » 0.40×0.25 »	0.80	
4 » 1.20×0.25 »	1.20	
4 » 0.30×0.15 »	0.18	
4 » 0.30×0.15 »	0.18	
8 » 1.30×0.15 »	1.56	
16 » 0.15×0.15 »	0.36	

Ensemble........ 55.18
à 2 faces 110.36
à 0f,10 le mètre................. 11f,03

Total de cette serre hollandaise
avec plate-forme et pied-droit..... 1 379f,80

</td></tr>
</table>

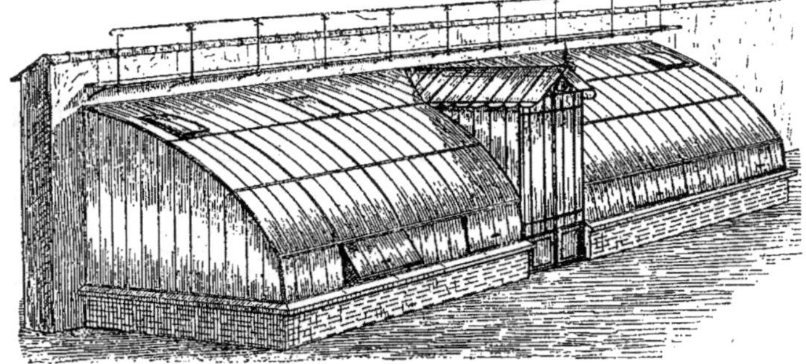

Fig. 148. — Serre hollandaise avec plate-forme et pénétration centrale.

272. Pour ces deux dernières serres hollandaises, il arrive souvent qu'elles sont garnies à l'intérieur d'un pied-droit ou cloison vitrée séparant ladite serre dans une partie de sa longueur.

Les éléments de métrage de cette cloison se trouvent compris dans celui des pieds-droits extérieurs, avec lesquels ils ont de l'analogie.

273. La figure 148 représente une serre hollandaise adossée au mur avec plate-forme et pénétration centrale.

Métrage de ladite en verre demi-double 4e choix, fourni et posé en travaux neufs comme précédemment.

Première travée sous plate-forme :

24 Verres chaque 1.20
× 0.25 produit.......... 7.20

Au-dessus des châssis ouvrants :

8 Têtes chaque 0.50
× 0.25 produit.......... 1.00

A reporter........ 8.20

Report.......... 8.20

Châssis ouvrants :
8 Verres chaque 0.60
× 0.25 produit.......... 1.20

Au-dessus de la pénétration :
6 Travées chaque 1.00 réduits × 0.25 produit...... 1.50

Deuxième travée :
32 Verres chaque 1.05
× 0.25 produit.......... 9.20

Troisième travée :
32 Verres chaque 1.10
× 0.25 produit......... 8.80

Surface.......... 28.90
à 4f,73 le mètre............... 136f,70

Bombage de ces verres même surface que ci-dessus produit 28.90
à 23f,00 le mètre superficiel...... 664,70

Plus-value pour pose de verres bombés même surface que fourniture, produit.......... 28.90
à 1f,00 le mètre................. 28,90

A reporter............. 830f,30

Report................ 830f,30

Pour le bombage fourni 3 calibres
à 5f,00 l'un.................... 15,00

128 Liens en plomb à 0f,04 l'un . 5,12

Même verre posé entre deux mastics sur fer, avec recoupements.

Partie verticale au-dessus du mur d'appui.

Parties fixes :

16 Verres chaque 0.60 × 0.25 produit........... 2.40

Châssis ouvrants :

16 Verres chaque 0.55 × 0.25 produit........... 2.20

Pénétration milieu.

Comble à deux versants :

14 Verres chaque 0.80 × 0.25 produit........... 2.80

Aux extrémités de la pénétration :

8 Verres chaque 0.40 pour moyenne × 0.25 produit.. 0.80

Parties verticales de la cloison :

12 Verres chaque 0.70 pour moyenne × 0.25 produit.. 2.10

Porte à deux vantaux à la grecque :

2 Travées de verre chaque 1.40 × 0.25 produit....... 0.70

4 Bandes haut et bas chaque 0.30×0.15 produit. 0.18

4 Bandes montantes chaque 1.40 × 0.15 (avec joints à l'émeri)......... 0.84

8 Angles chaque 0.15 × 0.15 produit........... 0.18

Imposte triangulaire sous les deux versants de comble.

2 fois 0.60 × 0.20 pour moyenne................ 0.24

Les deux côtés de la serre ensemble par travées à joints dressés à l'émeri.

24 Travées chaque 1.50 réduites × 0.25 produit... 9.00

Surface.......... 21.44

à 4f,73 le mètre................. 101f,41

Rives de joints dressées à l'émeri sur porte à 2 vanteaux...

4 fois 0.25 ensemble.... 1.00

Sur bandes montantes :

4 fois 0.15............. 0.60

Sur les côtés de la serre.

80 fois 0.15............. 12.00

Longueur...... 13.60

à 0f,75 le mètre................. 10f,20

A reporter............. 962f,03

Report................ 962f,03

Coupes circulaires sur :

Versant du comble de pénétration.

Ensemble 14 coupes..... 14
Sur parties verticales.... 12
Sur les côtés extérieurs.. 24

Ensemble...... 50

à 0f,06 l'une................... 3f,00

Plus-value pour vitrerie exécutée en carreaux ayant moins de 0.41 à l'équerre (comme précédemment).

8 angles chaque 0.15 × 0.15.:................ 0.18

à 4f,50 le mètre................. 0f,81

Plus-value pour vitrerie de moins de 0.50 à l'équerre.

4 bandes haut et bas chaque 0.30 × 0.15 produit.......... 0.18

à 3f,50 le mètre................. 0.63

Pour l'imposte de la porte à 2 vanteaux.

2 coupes biaises à 0f,06 l'une.... 0f,12

Au droit des cornières d'ajustement des châssis ouvrants en fer.

16 encoches sur verres bombés comme précédentes à 0f,30 l'une... 4f,80

Sur verres plats.

Encoches sur verres plats ensemble................. 16

à 0f,20 l'une................... 3f,20

Nettoyage des verres des deux faces.

24	fois	1.20×0.25	prod.	7.20
8	»	0.50×0.25	»	1.00
8	»	0.60×0.25	»	1.20
6	»	1.00×0.25	»	1.50
32	»	1.15×0.25	»	9.20
32	»	1.10×0 25	»	8.80
16	»	0.60×0.25	»	2.40
16	»	0.55×0 25	»	2.20
14	»	0.80×0.25	»	2.80
8	»	0.40×0.25	»	0.80
12	»	0.70×0.25	»	2.10
2	»	1.40×0.25	»	0.70
4	»	0.30×0.15	»	0.18
4	»	1.40×0.15	»	0.84
8	»	0.15×0.15	»	0.18
2	»	0.60×0.20	»	0.24
24	»	1.50×0.25	»	9.00

Ensemble...... 50.34

A 2 faces.............. 100.68

à 0f,10 le mètre................. 10f,08

Total de cette serre à pénétration centrale..................... 984.67

274. La figure 149 est une serre hollandaise à verres bombés avec pavillon central sans recouvrements, les traverses étant en fer.

Ce genre de serre très soigné n'est pas courant, ce sont des petits palais de verre qui existent dans les jardins botaniques publics et dans les principaux châteaux, les expositions régionales ou internationales, enfin partout ou la splendeur peut se joindre à l'utile et l'agréable.

Fig. 149. — Serre hollandaise à verres bombés sans recouvrements avec pavillon central.

Métrage de cette serre.
Détail de la moitié circulaire.
Les deux versants ensemble, première travée sous la plate-forme.
Verre demi-double 4e choix, fourni et posé en travaux neufs comme précédemment.

24 verres chaque 0.60		
× 0.25 produit............	3.60	
Parties ouvrantes :		
8 verres chaque 0.55		
× 0.25 produit............	1.10	
Deuxième travée :		
32 verres chaque 0.65		
× 0.25 produit............	5 20	
Troisième travée :		
32 verres chaque 0.60		
× 0.25 produit............	4.80	
Ensemble......	14.70	
L'autre moitié semblable, produit.................	14.70	
Surface........	29.40	
à 4f,73 le mètre................		139.06
A reporter...........		139.06

Report.............		139f,06
Bombage de ces verres même surface, produit 29.40 à 23f,00 le mètre........................		676.20
Pour le bombage fourni 3 calibres à 5f,00 l'un....................		15f,00
Plus-value pour pose de verres bombés y compris risques de casse même surface........... 29.40 à 1f.00 le mètre..............		29 ,40
Même verre sans bombage, fourni et posé sur parties verticales entre deux mastics recoupés à l'intérieur.		
Au-dessus du mur bahut.		
Parties fixes :		
24 verres chaque 0.60 × 0.25 produit................	3.60	
Châssis ouvrants :		
8 verres chaque 0.55 × 0.25 produit..........	1.10	
Ensemble.......	4.70	
A reporter............		859f,66

Report..........   4.70   859ᶠ,66

L'autre moitié semblable produit..................   4.70

Les deux pieds-droits extérieurs par travées à joints vifs dressés à l'émeri.

24 travées chaque 1.20 réduit $\times$ 0.25 produit.....   7.20

Surface..........   16.60
à 4ᶠ,73 le mètre................   78,51

Rives de joints dressées à l'émeri 48 fois 0.25 ensemble......   12.00
à 0ᶠ,75 le mètre................   9,00

24 coupes circulaires à 0ᶠ,06 l'une.   1,44

Au droit des cornières d'ajustement des châssis ouvrants.

64 encoches dans le verre bombé y compris risque de casse à 0ᶠ,30 l'un.   19,20

Pavillon central;

Vitrerie bombée semblable à précédente pour fourniture et pose.

Comble à quatre croupes

Première travée en partant du chéneau :

40 verres chaque 0.70 $\times$ 0.25 produit..........   7.00

Aux angles :
8 feuilles chaque 0.50 $\times$ 0.25 produit..........   1.00

Travée milieu :
24 verres chaque 0.65 $\times$ 0.25 produit..........   3.90

Aux angles :
8 feuilles chaque 0.50 $\times$ 0.25 produit..........   1.00

8 feuilles chaque 0.35 $\times$ 0.25 produit..........   0.70

Dernière travée :
12 feuilles chaque 0.60 $\times$ 0.25 produit..........   1.80

8 feuilles chaque 0.50 $\times$ 0.25 produit..........   1.00

8 feuilles chaque 0.35 $\times$ 0.25 produit..........   0.70

Surface..........   17.10
à 4ᶠ,73 le mètre................   80ᶠ,88

Bombage de ces verres suivant gabarit, même surface....   17.10
à 23ᶠ,00 le mètre................   393,30

Pour le bombage :
Fourni 4 calibres à 5ᶠ,00 l'un..   20,00

Plus-value pour pose de verres bombés compris risques de casse même surface, produit....   17.10
à 1ᶠ,00 le mètre................   17,10

40 coupes à forme équerre pour

A reporter..........   1 479ᶠ,09

Report................   1 479ᶠ,09

les arêtiers d'angles à 0ᶠ,15 l'une sur verre bombé avec présentation préalable de la fouille............   6,00

Au droit des ajustements de cornières en fer.

96 encoches dans le verre bombé à 0ᶠ,30 l'une   28,80

Parties verticales même vitrerie sans bombage.

Les deux colés sur pénétration de serres circulaires, ensemble.

28 feuilles chaque 0.75 $\times$ 0.25 produit..........   5.25

4 feuilles chaque 0.70 $\times$ 0.25 produit..........   0.70

4 feuilles chaque 0.45 $\times$ 0.25 produit..........   0.45

4 feuilles chaque 0.30 $\times$ 0.25 produit..........   0.30

4 feuilles chaque 0.15 $\times$ 0.25 produit..........   0.15

au-dessus du mur d'appui.
4 feuilles chaque 0.50 $\times$ 0.25 produit..........   0.50

Deux faces latérales :
40 feuilles chaque 0.75 $\times$ 0.25 produit..........   7.50

Sur le mur d'appui.
16 feuilles chaque 0.50 $\times$ 0.25 produit..........   2.00

Deux portes à deux vanteaux ensemble vitrées à la grecque.

4 verres chaque 0.60 $\times$ 0.25 produit..........   0.60

4 verres chaque 0.50 $\times$ 0.25 produit..........   0.50

Bandes haut et bas.
3 chaque 0.30 $\times$ 9.15 prod.   0.36
en hauteur.

4 bandes chaque 0.60 $\times$ 0.15 produit..........   0.36

4 bandes chaque 0.50 $\times$ 0.15 produit..........   0.30

8 angles chaque 0.15 $\times$ 0.15 produit..........   0.18

Surface.......   19.15
à 4ᶠ,73 le mètre................   90ᶠ,58

A la jonction des pénétrations des serres circulaires.

16 coupes cintrées à 0ᶠ,06 l'une.   0,96

Plus-value pour vitrerie exécutée par carreaux n'ayant pas 0.51 à l'équerre.

Sur portes à deux vanteaux.

A reporter.......   1 605ᶠ,43

Report..............	1 605ᶠ,43	
8 bandes chaque 0.30		
× 0.15 produit..........	0.36	
8 angles chaque 0.15		
× 0.15 produit..........	0.18	
Les derniers verres sous		
la plate-forme à la jonction		
des serres circulaires.		
4 chaque 0.15 × 0.25		
produit.................	0.15	
Surface.........	0.69	
à 4ᶠ,50 le mètre		3 ,10
Sur verre plat au droit des cor-		
nières en fer.		
88 encoches à 0ᶠ,20 l'une ,......		17 ,60
Nettoyages de verres des 2 faces		
Une serre circulaire.		
24 fois 0.60×0.25 produit	3.60	
8 » 0.55×0.25 »	1.10	
32 » 0.65×0.25 »	5.20	
32 » 0.60×0.25 »	4.80	
Ensemble.......	14.70	
1 autre serre semblable	14.70	
24 fois 0.60×0.25 produit	3.60	
8 » 0.55×0.25 »	1.10	
24 » 0.60×0.25 »	3.60	
8 » 0.55×0.25 »	1.10	
24 » 1.20×0.25 »	7.20	
A reporter........	46 »	1 626ᶠ,13

Report..........	46 »	1 626ᶠ,13	
40 » 0.70×0.25	»	7.00	
8 » 0.50×0.25	»	1.00	
24 » 0.65×0.25	»	3.90	
8 » 0.50×0.25	»	1.00	
8 » 0 35×0.25	»	0.70	
12 » 0.60×0.25	»	1.80	
8 » 0.50×0.25	»	1.00	
8 » 0.35×0.25	»	0.70	
28 » 0.75×0.25	»	5.25	
4 » 0.70×0.25	»	0.70	
4 » 0.45×0.25	»	0.45	
4 » 0 30×0.25	»	0.30	
4 » 0.15×0.25	»	0.15	
4 » 0.50×0.25	»	0.50	
40 » 0.75×0.25	»	7.50	
16 » 0.50×0.25	»	2.00	
4 » 0.60×0,25	»	0.60	
4 » 0.50×0.25	»	0.50	
8 » 0.30×0.15	»	0.36	
4 » 0.60×0.15	»	0.36	
4 » 0.50×0.15	»	0.30	
8 » 0.15×0.15	»	0.18	
Ensemble......		82.25	
A 2 faces.............		164.50	
à 0ᶠ,10 le mètre (n° 91)..........			16ᶠ,45
Total de cette serre hollandaise à pavillon central.................			1 642ᶠ,58

Fig. 150.

Marquises.

275. Nous croyons avoir donné à peu près les différents modèles de serre en usage ; afin de servir de types de métré pour tous les genres de vitrerie concernant les serres, nous allons continuer notre livre en étudiant les différentes formes de marquises avec leur métrage individuel.

276. La figure 150 représente une marquise forme éventail avec pente d'écoulement du côté du mur.

Cette marquise est vitrée en verre d'un seul morceau chaque morceau hors mesure.

Cette vitrerie se fait ordinairement en verre de troisième choix.

Métrage de ladite.

Verre double (vu la longueur), hors mesure, 3ᵉ choix pour fourniture seulement.

18 feuilles chaque 2.19 × 0.40, à 13ᶠ,58 l'une (se reporter pour cette feuille à la mesure 2.19 × 0.42 du tableau des verres hors mesure de la Série, soit 18 feuilles à 13.58 l'une) 244.44

Moins-value pour différence de verre entre le 2ᵉ et le 3ᵉ choix, 10 0/0. (Observation n° 46 de la Série).................. 24.44

Reste.................. 220ᶠ,00

Présentation spéciale de ces feuilles pour leur coupe d'encastrement à fausse équerre en quatre sens.

18 feuilles chaque 2.19 × 0.40 produit une surface de..... 15.67

A 1ᶠ,00 le mètre (ce travail qui n'est pas prévu à la série est fait par deux ouvriers, et est indispensable à moins que l'on ait pris au préalable les gabarits des verres, ce qui revient au même et confirme notre appréciation 15,67

Coupes biaises dans toute la longueur, y compris risques de casse. 36 fois 219 ensemble.... 70.08

A 0ᶠ,06 le mètre par analogie avec le n° 85 de la Série et chaque coupe supposée pour 1 mètre de longueur, soit un produit de...... 4,20

18 coupes circulaires d'abouts extérieurs à 0ᶠ,06 l'une. (N° 85 de la Série) produit 1,08

Pose de ces verres hors mesure sur châssis de comble en fer entre deux mastics avec recoupement au dessous. (La mesure de la pose est celle réelle du verre après les coupes d'ajustement.)

Soit 18 feuilles de chaque 2.19 de longueur × 0.30 réduit au milieu

A reporter............ 240ᶠ,95

Report................. 240ᶠ,95

de la pièce de verre, produit. 11.82

A 1ᶠ,95 le mètre (n° 67)......... 23,04

Nettoyage desdits, surface réelle 18 fois 2.19 × 0.30, produit. 11.82

A deux faces........... 23.64

A 0ᶠ,10 le mètre (N° 91)......... 2,36

Valeur de vitrerie de cette marquise 266ᶠ,35

277. Cette marquise pouvant également se demander en vitrerie des mesures du commerce, par considération économique, il est utile que nous en établissions la différence de prix, en comparaison de la différence de fournitures et de travail.

Dans le cas où cette marquise serait demandée en verres des mesures du commerce, la façon de vitrerie à recouvrement deviendrait indispensable.

Métrage de cette marquise en verres des mesures du commerce.

Verre demi-double 4ᵉ choix, fourni et posé en travaux neufs, sur comble en fer entre deux mastics avec recoupement en dessous :

18 têtes de chaque 0ᶠ,20, compris le recouvrement sur 0.42, produit.. 1.51

36 feuilles de chaque 1.08 × 0.42 y compris le recouvrement produit....... 16.32

Surface.......... 17.83

A 4ᶠ,73 le mètre superficiel, produit........................... 84ᶠ,34

90 Coupes circulaires à 0ᶠ,06 l'une. 5,40

72 Liens en plomb à 0ᶠ,04 l'un... 2,88

108 Coupes biaises de ces verres à chaque, sur deux sens, travail se devant faire sur place ou à l'aide d'un gabarit (payé à part), à 0ᶠ,06 l'une, y compris le risque de casse.. 6,48

Nettoyage de ces verres des deux faces 18 de 0.62 à l'équerre, à 0ᶠ,04 l'un (N° 89 de la série)............ 0,72

36 de 150 à l'équerre à 0ᶠ,08 l'un (N° 90) 2,88

Valeur de cette marquise vitrée en verre du commerce et à recouvrements...................... 102ᶠ,70

Bien que ce travail soit moins beau et moins bon que le précédent en un seul morceau, l'économie qui en résulte est assez appréciable pour arrêter l'attention.

278. La figure 151 représente une

marquise simple à coupes circulaires et recouvrements.

Cette marquise, comme celle qui précède et celles qui suivent, se vitre d'usage à l'aide de verre blanc, demi-double, ou double, du commerce ou hors mesure.

Cependant, depuis quelques années, le verre strié, ou cathédrale, à grands ou petits losanges, a remplacé le verre blanc,

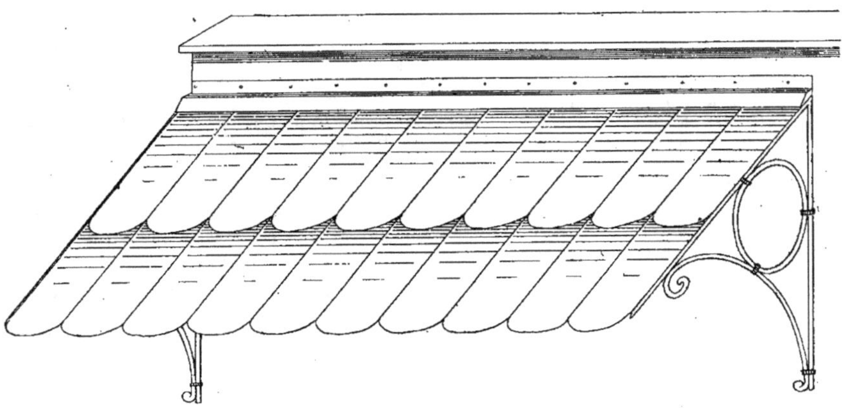

Fig. 151.

non sans avantages ; examinons ensemble la différence des prix.

Métrage de la figure 151.

Verre demi-double 4e choix des mesures du commerce, fourni et posé en travaux neufs, entre deux mastics, sur châssis de comble avec recoupement en dessous.

20 Feuilles de chaque 1.20 ×0.36 compris recouvrements, produit............ 8.64
à 4^f,73 le mètre superficiel........ 40^f,86
  30 Coupes circulaires à 0^f,06 l'une. 1 ,80
  20 Liens en plomb à 0^f,04 l'un.... 0 ,80
  Nettoyage de ces verres des deux faces 20 de 1.56 à l'équerre à 0^f,08 l'une.............................. 1 ,60

Valeur de cette marquise en verre demi-double..................... 45^f,06

279. *Cette marquise vitrée en verre strié dit verre à reliefs de 4 à 6 milimètres d'épaisseur, rayé ou à petits losanges.*

Verre à relief strié, ou losange fourni et posé au châssis de comble à bain de mastic et recoupement en dessous.

10 Feuilles de chaque 2.10 × 0.36 d'un seul morceau

produit................... 7.56
à 7^f,26 le mètre (N° 63 de la série)... 54^f,89
  Aux abouts :
  10 Coupes circulaires à 0^f,20 l'une y compris risques de casse........ 2 ,00
  Plus-value (non comprise à la série), pour la pose de ces verres de grandes dimensions exigeant l'emploi de deux hommes.
  La surface de fourniture ci-dessus, soit..................... 7.56
à 1^f,00 le mètre.................. 7 ,56
  Nettoyage de cette vitrerie des deux faces.
  10 Feuilles chaque 2.10 × 0,36 produit................... 7.56
  Double face semblable, produit................... 7.56

Ensemble........ 15.12
à 0^f,20 le mètre superficiel........ 3 ,02

Total de cette marquise en verre strié............................. 67 ,47

Si cette marquise était demandée comme vitrerie à grands losanges, elle vaudrait, comme ci-dessus, 67.47, à.............................. 67 ,47

A reporter............. 67^f,47

Report................. 67ᶠ,47

Plus :

Plus-value d'emploi de verre à grands losanges, surface de.. 7.56 à 1ᶠ,20 le mètre, (observations des nᵒˢ 61 à 64 de la série)............ 9,07

Total.................. 76ᶠ,54

Ces marquises se font quelquefois, quoique rarement, en verre dépoli au grès.

Troisième exemple.

La figure 152 représente un auvent de porte en éventail.

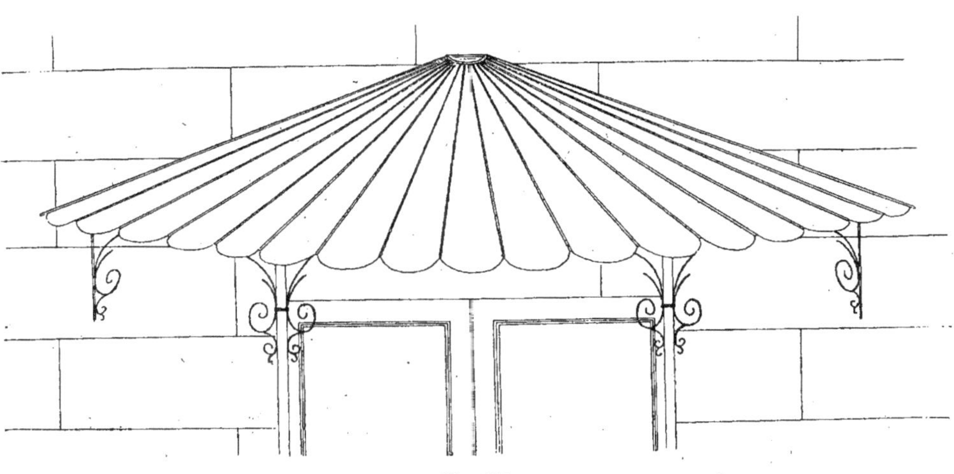

Fig 152.

Cette couverture en vitrerie très légère se fait d'un seul morceau, en verre blanc pour abri seulement et en verre dépoli au grès pour éviter la pénétration des rayons solaires.

Vitrerie de cet auvent en verre blanc demi-double, troisième choix. — Hors mesure pour fourniture seulement.

17 feuilles de chaque 2.25 × 0.40 à 12ᶠ,00 l'une (pour trouver ce prix, prendre le tableau de la Série des verres hors mesure, la feuille de 2.25 × 0.42).

Produit...................... 204ᶠ,00

Moins-value pour verre de 3ᵉ choix (Nᵒ 46 de la Série). 10 0/0......... 20,40

Reste 183ᶠ,60

Présentation spéciale de ces verres à deux ouvriers pour rectifier la coupe d'encastrement avec ou sans gabarit.

17 fois 2.25 × 2.40 produit. 15.30 à 1ᶠ,50 le mètre................. 22,95

A reporter.............. 206ᶠ,55

Report.................. 206ᶠ,55

Coupes biaises dans la longueur de chaque feuille.

34 fois 2.25............. 76.50 à 0ᶠ,06 le mètre................. 4,59

17 coupes circulaires aux abouts extérieurs, ci................. 17

17 Coupes semblables aux extrémités sur le pavillon sur mur... 17

Ensemble............. 34 à 0ᶠ,06 l'une.................... 2ᶠ,04

Sur les abouts extérieurs au droit des fers allongés à épaulement pour éviter au verre de glisser.

34 Encoches dans le verre à 0ᶠ,10 l'une en raison du grand risque de casse afférent à ce genre de travail.. 3,40

Pose de ces verres hors mesure sur châssis de comble en fer entre deux mastics avec recoupement en dessous (la mesure de la pose étant celle des verres réellement en place après l'ajustement).

A reporter.............. 216ᶠ,58

Report.................... 216ʳ,58

17 feuilles de chaque 2.25 × 0.25
pour moyenne de largeur..... 9.56
à 1ʳ,95 le mètre (Nº 67 Série)....... 18,64
Nettoyage de ces verres.
2 fois la surface de la pose chaque
9.56 ensemble.............. 19.12
à 0ʳ,10 le mètre 1,91

Total de cet auvent en verre
blanc..................... 237ʳ,13

*Ce même auvent vitré en verre hors
mesure mais dépoli au grès.*
Verre demi-double hors mesure comme précédent pour fourniture seulement.
17 feuilles de chaque 2.25 × 0.40
à 12ʳ,00 l'une 204ʳ,00
Moins-value pour verre de 3º choix
10 0/0........................ 20,40

Reste.................... 183ʳ,60
Dépolissage au grès de verre hors
mesure.
17 fois 2.25 × 0.40 ...... 15.30
à 2ʳ,45 le mètre (Nº 72 de la Série) .. 37,48

A reporter.............. 221ʳ,08

Report.................... 221ʳ,08

Présentation spéciale de ces verres
dépolis à l'aide de deux ouvriers pour
rectifier l'ajustement avec ou sans
gabarit.
17 fois 2.25 × 0.40 produit 15.30
à 1ʳ,50 le mètre 22,95
Coupes biaises dans la longueur
de chaque feuille.
34 fois 2.25.............. 76.50
à 0ʳ,06 le mètre 4,59
17 coupes circulaires aux abouts
extérieurs ci 17
17 Coupes semblables aux extrémités sur le pavillon 17

Ensemble............. 34
à 0ʳ,06 l'une 2,04
Sur les abouts extérieurs au droit
de l'épaulement des petits bois en fer
pour éviter le glissement du verre.
34 Encoches à 0ʳ,10 l'une vu le
risque de casse................ 3,40
Pose de verres hors mesure sur

A reporter.............. 254ʳ,06

Fig. 153.

Report................... 254ᶠ,06

châssis de comble entre deux mastics comme précédemment, les verres étant dépolis au grès.

17 feuilles de chaque 2.25 × 0.25 réduits de largeur........... 9.56 à 1ᶠ,95 le mètre................. 18 ,64

Nettoyage de ces verres des deux faces.

2 fois la surface de pose soit 9.56 × 2 = 19.12 à 0ᶠ,10 le mètre....... 1 ,91

Encollage avant la pose de ces verres et leur manipulation, pour éviter les taches sur la partie dépolie (*à feuilles entières*).

17 feuilles chaque 2.25 × 0.40   15.30 à 0ᶠ,14 le mètre.................. 2 ,14

     Total de cet auvent en verre dépoli............................ 276ᶠ,75

Cette dernière vitrerie constitue un travail de luxe et se fait principalement dans les banques et les châteaux.

Ordinairement, pour la préservation des ardeurs du soleil, l'on étend sur la surface du verre blanc une simple couche de chaux.

Quatrième Exemple.

280. La figure 153 représente une marquise bombée sur la porte d'entrée d'un grand magasin.

Cette vitrerie d'un genre tout spécial existe à la porte d'un grand magasin à Paris; elle a une forme demi-ovale; bien que d'un usage peu fréquent, elle peut se rencontrer dans d'autres villes, et nous pensons utile d'en donner la valeur.

Elle se fait en verre double, vu la dimension des feuilles pour le bombage.

Métrage de cette figure 153.

Verre double 3ᵉ choix, hors mesure pour fourniture seulement.

20 feuilles chaque 2.40 × 0.30 à 7ᶠ,55 l'une 151.00

Pour cette feuille prendre la mesure au tableau de la Série de 2.40 × 0.60 coupée en deux, dont l'emploi sans perte 151ᶠ,00

Moins-value pour emploi de verre de 3ᵉ choix (Nº 46 Série).

10 0/0 .... 15 ,10

     Reste.................... 136ᶠ,00

Au double pour verre double d'après l'observation nº 49 de la série. 272 ,00

Bombage de verres sur la largeur 20 fois 2.40 × 0.30......... 14.40 à 23ᶠ,00 le mètre................. 331 ,20

Fourniture et façon de deux gabarits à 5ᶠ,00 l'un.................. 10 ,00

Avant le bombage:
20 Coupes circulaires à 0ᶠ,06 l'une. 1 ,20

Pose de ces verres hors mesure 20 fois 2.40 × 0.30......... 14.40 à 1ᶠ,95 le mètre................. 28 ,08

Plus-value pour pose de verres bombés y compris risque de casse.

Même surface.......... 14.40 à 1ᶠ,00 le mètre................. 14 ,40

Nettoyage de ces verres des deux faces 40 fois 2.40 × 0.30.... 28.80 à 0ᶠ,10 le mètre.................

     Total de cette marquise bombée.. 659ᶠ,76

Cinquième Exemple.

281. La figure 154 représente une marquise à trente travées latérales et coupole milieu.

Ce genre de marquise très décoratif ne se fait pas couramment; il est réservé aux magasins luxueux.

Voici le mode de métrer de cette marquise, qui ne se fait guère qu'en verre strié ou cathédrale.

Verre strié, fourni et posé en travaux neufs à bains de mastic sur châssis de comble en fer avec recoupement des contre-masticages en dessous.

Travées latérales.

30 verres de chaque 3.50 × 0.50 produisant une surface de .. 52.50 à 7ᶠ,26 le mètre (Nº 63 de la série).. 381ᶠ,15

Plus-value pour manipulation et pose (au moins par deux ouvriers) de cette vitrerie par parties de 3.50 × 0.50, même surface...... 52.50 à 1ᶠ,50 le mètre .... 78 ,75

Nettoyage de ces verres des deux faces 30 fois 3.50 × 0.50 produit 52.50 à 2 faces................. 105.00 à 0ᶠ,10 le mètre................. 10 ,50

Plus-value pour nettoyage de verre strié, travail spécial exigeant le refouillement des striures, losanges ou granulations (comme dans le verre cathédrale).

30 fois 3.50 × 0.50 produit. 52.50 à 2 faces................. 105.00 à 0ᶠ,10 le mètre .... 10 ,50

     A reporter.............. 480ᶠ,90

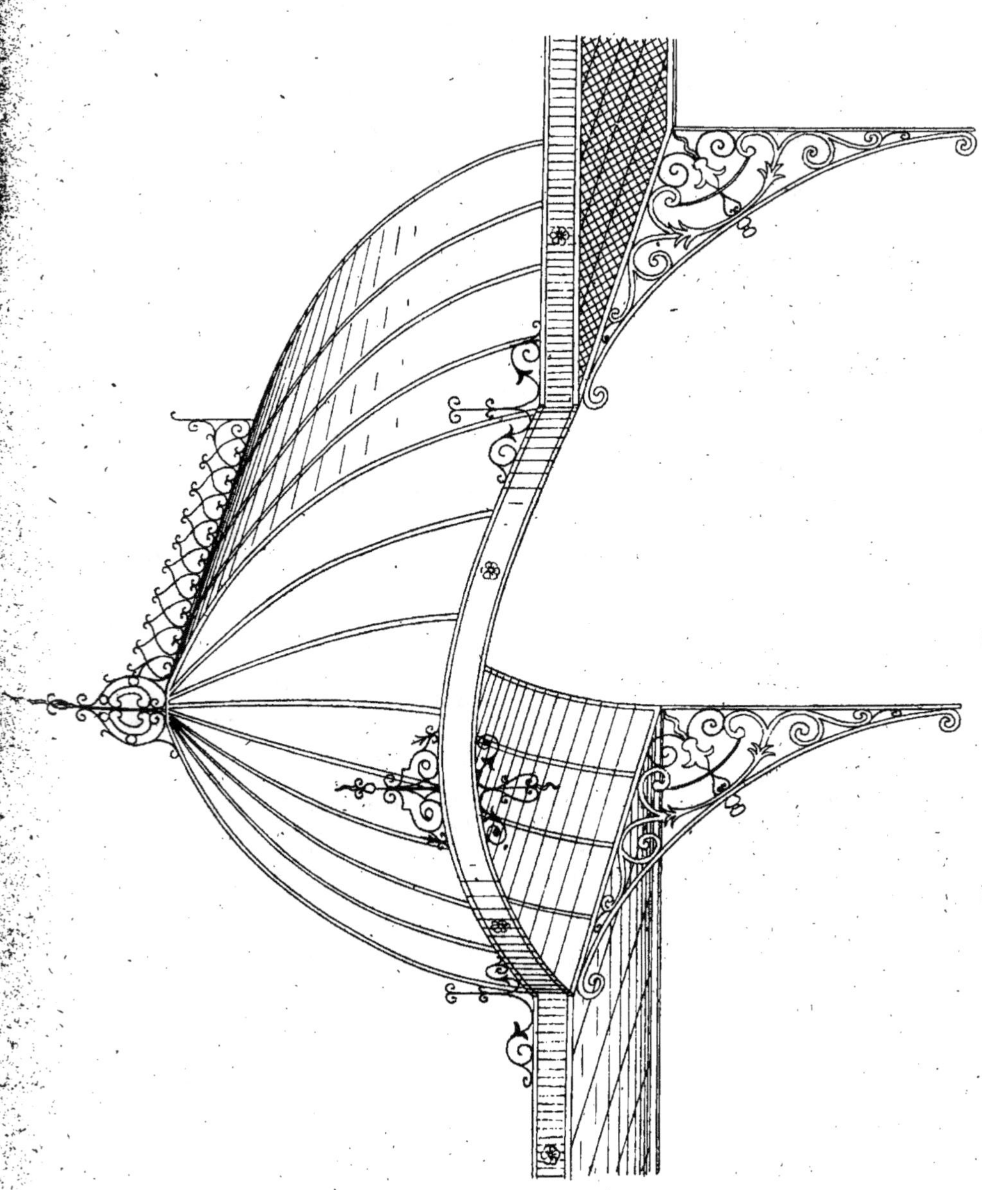

Fig. 154.

Report.................... 480^f,90
Coupole milieu bombée.

Même verre fourni et posé comme précédemment.

14 Verres de chaque 3^m,80 de hauteur (pour ramener à 3^m,50 après le bombage). Ensemble. 53.20
× 0.50 de largeur produit.. 26.60
—————
26.60

à 7^f,26 le mètre................... 193 ,11
Avant la pose.

Bombage de ces verres à un segment, même surface que la fourniture 26.60
à 23^f,00 le mètre................. 611 ,80

Plus-value pour pose de verres bombés vu le grand risque de casse, même surface. 26.60 à 1^f,00 le mètre. 26 ,60

Plus-value pour manipulation de ces feuilles bombées, montage et ajustement à deux ouvriers (à cause de leurs dimensions) même surface 26.60
à 1^f,50 le mètre................. 39 ,90

30 Encoches de verres bombés ou des fers aux abouts à 0^f,30 l'une vu le grand risque de casse.......... 9 ,00

Nettoyage de ces verres des deux faces y compris la plus-value de nettoyage striée comme ci-dessus.

14 Bombés chaque 3.80 × 3.50 produit 26.60
à 2 faces 53.20
à 0^f,20 le mètre 10 64

Fourniture de 3 gabarits pour bombage à 7^f,00 l'un d'après dimension .... 21 ,00

Total de cette marquise à coupole. 1392^f,95

282. Souvent, avant la pose des verres, on pose à bain de mastic un treillage en fer destiné à retenir les morceaux de verre, susceptibles de se détacher par suite d'un choc.

Dans ce cas, le bain de mastic devant être plus épais, puisqu'il doit contenir et le treillage, et par-dessus la feuille de verre il serait logique de compter, pour le prix de cette pose, la moitié de la valeur de la pose de vitrerie à façon, soit 0^f,85 le mètre superficiel, en prenant pour base le n° 67 de la Série 1^f,65 × 2.

Ce genre de travail de vitrerie se fait toujours à l'aide d'échafaudages improvisés, fixes ou mobiles. La Série étant muette sur son emploi dans les travaux ce vitrage, l'entrepreneur est fondé à demander le remboursement des frais qui lui sont occasionnés par le montage des échafaudages, et leur location, comme il est dit à la Série de peinture.

Sixième Exemple.

283. La figure 155 représente une marquise simple sur consoles.

Modèle courant, sauf la dimension des verres, se fait le plus souvent en verre strié ou dépoli.

Voici le prix de ce travail en verre strié forme et pose en travaux neufs sur comble en fer, comme il est dit précédemment.

17 feuilles d'un seul morceau de chaque 3.80 × 0.60 de largeur produit 38.76
à 7^f,26 le mètre................... 271^f,40

Plus-value pour pose de ces verres à l'aide de deux ouvriers même surface................... 38.76
à 1^f,50 le mètre................... 58 ,14

Nettoyage de verre strié compris plus-value.

17 fois 3.80 × 0.60 produit 38.76
à deux faces 77.52
à 0^f,20 le mètre................... 15 ,50
—————
Total..................... 345^f,04

Septième Exemple.

La figure 156 est une marquise-abri pour embarcadère.

Cette marquise, à deux côtés et un fronton, est souvent édifiée aux abords des gares de chemin de fer et se fait également en verre dépoli ou strié.

Métrage de ladite en verre strié, fourni et posé en travaux neufs à bain de mastic sur fer avec recoupement au-dessous.

Détail d'une aile de fronton.

144 feuilles de chaque 1.70 × 0.50 produit................. 122.40
Partie cintrée.

7 feuilles chaque 1.30 × 0.50 produit.......... 4.55

4 feuilles chaque 1.20 × 0.80 produit.......... 3.84
—————
Ensemble....... 130.79
à 7^f,26 le mètre................. 949^f,53

18 Coupes circulaires spéciales et irrégulières à 0^f,20 l'une vu le travail et le risque de casse...... 3 ,60

42 Encoches au droit des cornières en fer à 0^f,25 l'une .... 10 ,50
—————
Ensemble.............. 963^f,63

Fig. 153.

L'autre aile semblable produit..	963ᶠ,63	*Report*	2 435ᶠ,63
Fronton bombé en quatre travées.		même surface........... 16.80	
24 Traverses chaque 1.60 pour		à 1ᶠ,50 le mètre.................	25 ,20
pouvoir réduire à 1.40 au bombage		96 Encoches au droit des fers aux	
et 0.50 de largeur produit. 16.80		extrémités dans du verre bombé.	
à 7ᶠ,26 le mètre...............	21 ,97	A 0ᶠ,30 l'une compris risque de	
Bombage de ces verres même		casse	28 ,80
surface................ 16.80		Plus-value pour pose de verre	
à 23ᶠ,00 le mètre..............	386 ,40	strie et bombé à grande hauteur	
Plus-value pour pose de verre		(emploi de deux hommes).	
bombé compris risques de casse,		24 fois 160 × 0.50 prod. 19.20	
A reporter.............	2 435ᶠ,63	*A reporter*.............	2 489ᶠ,63

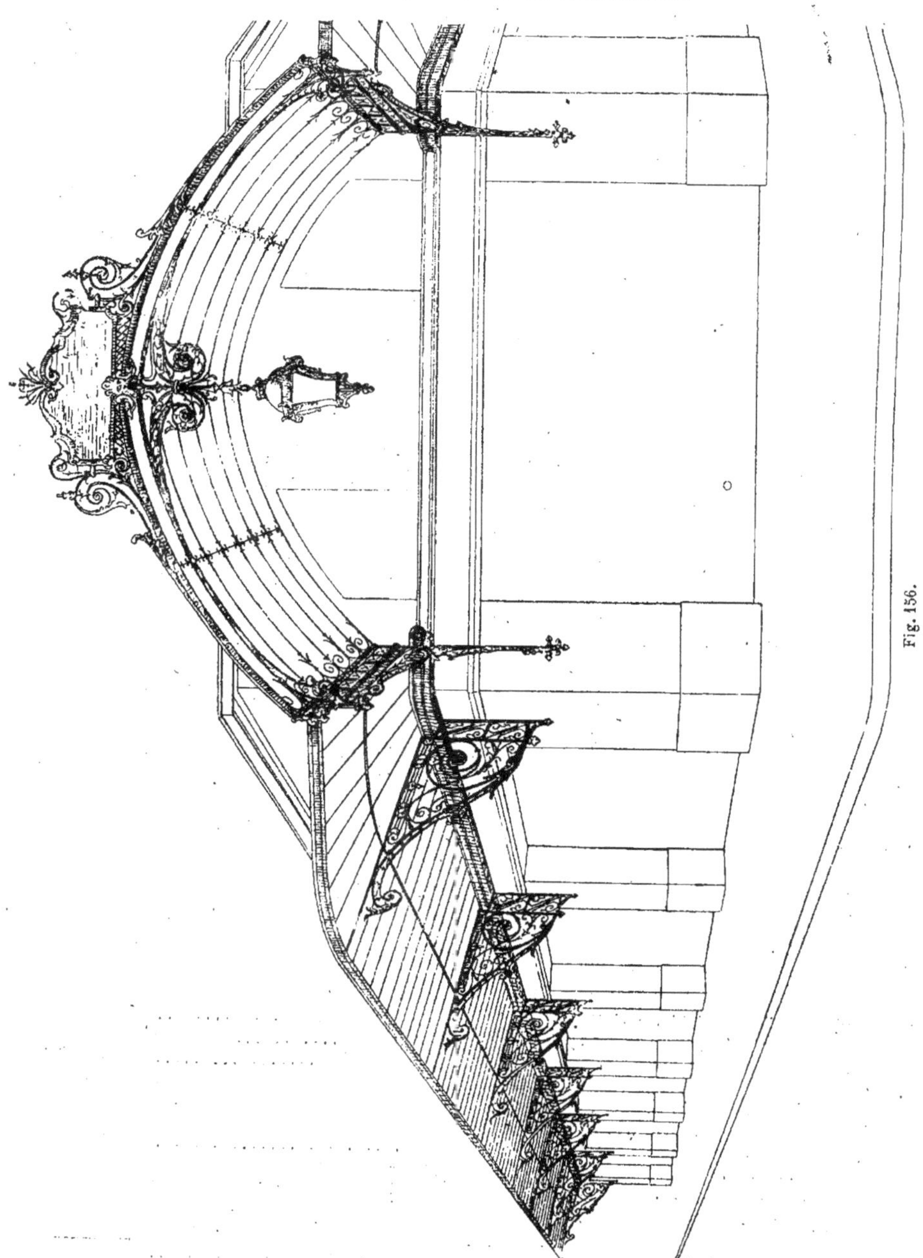

Fig. 156.

Report.................. 2 489ᶠ,63
à 1ᶠ,00 le mètre 19ᶠ,20
Nettoyage de verre strié des deux
faces.
Ailes, 288 feuilles chaque 1.70
× 0.50................. 244.80
Parties cintrées à droite
et à gauche de fronton.
14 feuilles chaque 1.30
× 0.50 produit.......... 9.10
8 feuilles chaque 1.20
× 0.80 produit.......... 7.68
Fronton :
24 fois 1.60 × 0.50..... 19.20
   Ensemble....... 280.78
A deux faces.......... 561.56
à 0ᶠ,20 le mètre..... .... 112 ,32

   Total de cette marquise-abri. 2 621ᶠ,15
Sans préjudice de toute fourniture en location, pose et dépose d'échafaudages s'il y a
lieu.

284. Nous donnons une étude de
vitrerie de marchés couverts représentés
par les figures 157 et 158.

Ces marchés sont ordinairement vitrés
par petites parties ou par lames (en forme
de persienne) posées sans mastic dans une
crémaillère à feuillure disposée à cet effet.
L'avantage de ce procédé est de pouvoir
facilement déposer et reposer ces lames
en verre pour les nettoyer ou pour le
remplacement de celles brisées ou man-
quantes.

Ces travaux se font en verre dépoli au
grès (voir le sous-détail du marché en
question).

Fig. 157.

285. La figure 157 représente la façade
principale d'un marché couvert.

Verre double 4° choix pour fourniture
seulement.

Détail de la façade principale.

Lanterneau sous le deuxième comble,
travées supposées de 1ᵐ,50 de hauteur
sur 0ᵐ,65 de largeur.

630 Lames en verre de 0.65 × 0.10 produit.................. 40.95

Travées à rez-de-chaussée.

2 100 Lames de chaque 0.75 × 0.10 produit...... 157.50

        Ensemble....... 198.45

à 3.80 le mètre superficiel....... 754.11

Dépolissage de ces verres au grès, même surface...... 198.45

à 1.50 le mètre (n° 71 de la Série). 297.68

Pose de ces verres avec ou sans mastic dans des parties en fer à claire-voie, travail dangereux exécuté à l'aide d'échafaudages improvisés à plusieurs hommes, même surface que la fourniture produit.................... 198.45

à 1.65 le mètre...................... 327.44

Plus-value pour façon et emploi d'échafaudages improvisés à plusieurs hommes 1/5 de la valeur de la pose (ce prix peut varier suivant les difficultés, la méthode la plus rationnelle serait, en cas de très grandes difficultés, de compter ce travail d'échafaudages à l'attachement........................ 65.49

Plus-value pour coupe et pose de ces verres par très petites parties, par analogie avec les n°s 42 et 44 de la Série, même surface. 198.45 à 1.00 le mètre................ 198.45

Sur les travées du rez-de-chaussée.

700 Coupes circulaires sur lames à 0.06 l'une.................. 42.00

Nettoyage des deux faces de 2.730 verres à 0.04 l'un......... 109.20

Ensemble de la façade principale. 1 794.37

Façade postérieure :

Ladite semblable à celle principale, détaillée ci-dessus, produit.. 1 794.37

La figure 158 représente la façade longitudinale de droite.

Détail de la façade longitudinale de droite :

Lanterneau sous le deuxième comble, les travées étant les mêmes que pour la façade principale comme dimensions.

Verre double, 4° choix, pour fourniture seule.

1 350 Lames en verre de chaque

      A reporter............. 3 588.74

Report................ 3 588.74

0.65 × 0.10 produit........... 87.75

Travées de rez-de-chaussée de chaque côté de la porte d'entrée.

2.520 Lames de chaque 0.75 × 0.10 produit.. 189.00

Au-dessus de la porte d'entrée :

360 lames chaque 0.75 × 0.10 produit........ 27.00

      Ensemble.. 303.75

à 3.80 le mètre superficiel 1 154.25

Dépolissage de ces vers au grès, même surface que la fourniture, produit........... 303.75

à 1.50 le mètre :........ 455.62

Pose de ces verres avec ou sans mastic, dans des portions en fer, à claire-voie, travail difficultueux, exécuté à l'aide d'échafaudages improvisés à plusieurs hommes.

Même surface que la fourniture produit 303.75 à 1.65 le mètre........ 501.19

Plus-value pour façon et emploi d'échafaudages improvisés à plusieurs hommes, 1/5 de la valeur de la pose (et même observation que précédemment).............. 100.24

Plus-value pour coupe et pose de ces verres par très petites portions comme façade principale même surface que la pose produit........ 303.75 à 1.00 le mètre........ 303.75

Sur les travées du rez-de-chaussée :

940 Coupes circulaires sur lames à 0.06 l'une... 56.40

Nettoyage des deux faces de 4.230 Lames de verres à 0.04 l'une.............. 169.20

Ensemble de la façade longitudinale de droite................... 2 740.65

      A reporter............. 6 329.39

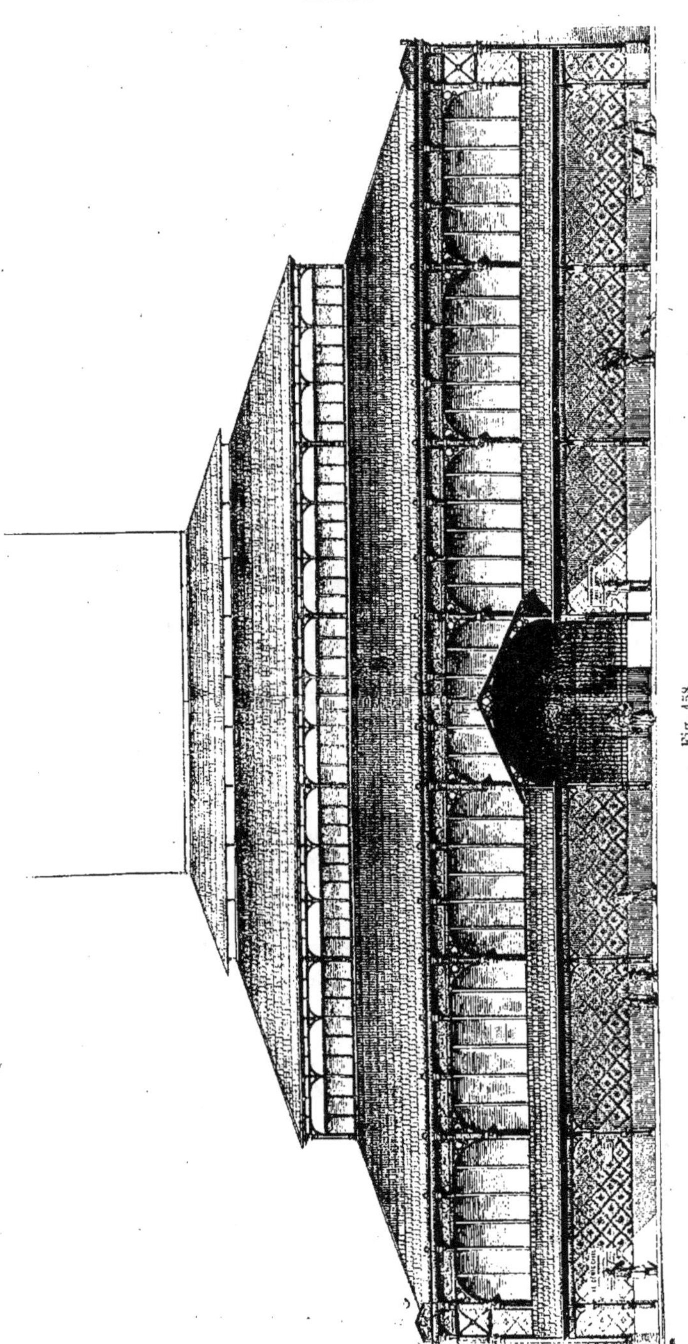

Fig. 158.

Report.................. 6 329.39

Façade longitudinale de gauche :

Ladite en tout semblable à celle de droite détaillée ci-dessus produit........................... 2 740.25

Total de la vitrerie de ce marché couvert.......................... 9 0 9.64

Différents types de vérandah, kiosques, jardins d'hiver.

286. Les figures 159 et 160 représentent un jardin d'hiver adossé à une habitation particulière.

Ce jardin d'hiver appartient au genre luxueux et se fait ordinairement en verres

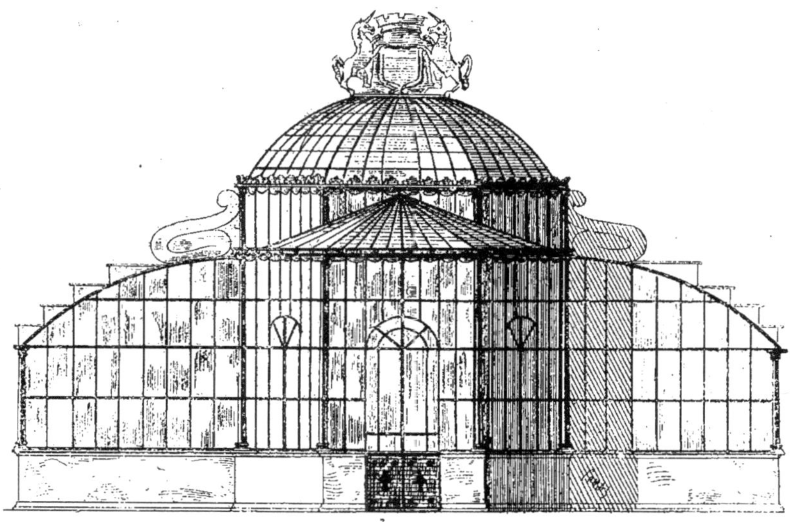

Elevation

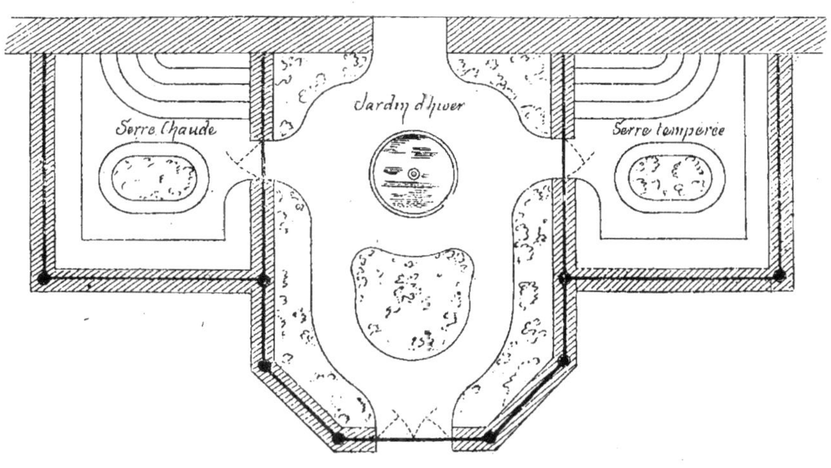

Plan Fig. 159 et 160.

blancs de 2ᵉ choix sans défauts ni bouillons, cette vitrerie étant destinée à laisser voir de l'extérieur ce qui se trouve à l'intérieur du jardin.

Voici le prix de vitrerie de ces deux dernières figures.

Verre demi-double blanc 2ᵉ choix fourni de posé en travaux neufs sur comble en fer, les verres baignant dans le mastic avec recoupement à la double face.

Les deux parties longitudinales ensemble.

36 feuilles de verre de chaque 1.00 × 0.45 produit............... 16.20
Deux parties en façade à comble circulaire.
50 Feuilles chaque 1.00 × 0.45 produit......... 22.50
2 autres chaque 0.80 × 0.45................. 0.72
2 autres chaque 0.45 × 0.45................. 0.41
Travées du haut sous consoles :
2 chaque 0.95 × 0.45 produit............... 0.86
2 chaque 0.80 × 0.45 produit............... 0.72
2 chaque 0.70 × 0.45 produit............... 0.64
2 chaque 0.60 × 0.45 produit............... 0.54
2 chaque 0.50 × 0.45 produit............... 0.45
2 chaque 0.30 × 0.39 produit............... 0.23
2 chaque 0.20 × 0.30 produit............... 0.12

Pavillon central :
Façade à cinq pans.
Côtés :
20 Feuilles chaque 1.00 × 0.25 produit......... 5.00
Pans coupés :
32 chaque : 1.00 × 0.25 produit............... 8.00
Châssis cintrés :
8 chaque 0.55 × 0.25 produit............... 1.10
Au-dessus :
14 Feuilles chaque 1.00 × 0.13 produit......... 1.82
Au-dessous de la marquise :

A reporter..... 59.31

Report........ 59.31
14 Feuilles chaque 1.00 × 0.13................. 1.82
Partie en façade :
28 verres chaque 1.00 × 0.35 produit........ 9.80

Porte à la grecque :
2 chaque 1.70 × 0.20 pris dans la feuille...... 0.68
Hors mesure de 1.71 × 0.42 et coupée en deux, vaut............ 0.70 » 5.90
2 milieux chaque 1.70 × 0.50 (pris dans la 1.71 × 0.51) à 7.56 l'une...... 1.70 » 15.12
Pose de verre hors mesure à bains de mastic sur comble en fer........... 2.40 à 1.35 le mètre (n° 67 Série) » 4.68
2 Coins chaque 0.35 × 0.25 produit.......... 0.18
2 Feuilles chaque 0.35 × 0.50................. 0.35

Archivolte circulaire :
4 chaque 0.45 × 0.40 produit............... 0.72
2 chaque 0.55 × 0.40 produit............... 0.44
2 chaque 0.60 × 0.40 produit............... 0.48

Cloison intérieure des serres chaude et tempérée (voir plan) :
90 Feuilles chaque 1.00 × 0.40 (les portes confondues) produit........ 36.00

Surface........ 109.78
à 6.33 le mètre..................... 694.90
à la rencontre des deux combles.
18 Coupes circulaires, ci.,. 18
Pour les châssis et portes.
20 Coupes *idem*......... 20
18 Coupes biaises, ci 18

Ensemble 56
56 Coupes, à 0.06 l'une........ 3.36
Verre *idem*, mais bombé pour fourniture.

Sans bombage.

Les deux versants ensemble.

A reporter............. 723.96

Report................ 723.96

Verre hors mesure, à recouvrements.

72 Feuilles de chaque 1.35 pour le bombage.

× 0.45 à 5.32 l'une..... 311.04

Bombage de ces verres suivant gabarit avant la pose pour les ramener à la mesure de 1.30 × 0.45.

72 fois 1.35 × 0.45 produit 43.74
à 23.00 le mètre........ 100.60

Pour ce bombage :

Fourni un calibre, vaut. 5.00

Pose de ces verres hors mesure en châssis de comble en fer à bain de mastic, même surface que le bombage produit. 43.74
à 1.95 le mètre 85.29

Plus-value pour pose de verres bombés, même surface 43.74
à 1.00 le mètre........ 43.74

126 Coupes circulaires faites avant le bombage, à 0.06 l'une........... 7.56

126 Liens en cuivre (au lieu de plomb) pour retenir les verres, à 0.10 l'un.. 12.60

Coupole :

Verre *idem* bombé pour fourniture et pose :

63 verres chaque 0.45 × 0.40........ 11.34
63 chaque 0.45 × 0.40........ 11.34
70 chaque 0.40 × 0.25........ 7.00
98 chaque 0.40 × 0.20 produit.. 7.84
56 chaque 0.35 × 0.40 produit.. 7.84

Ensemble... 45.36
à 6.33 le mètre 288.12

Avant le bombage :

700 Coupes d'ajustement à fausse équerre à 0.06 l'une............. 42.00

Bombage de ces verres même surface que la fourniture produit... 45.36
à 23.00 le mètre........ 1 043.28

A reporter.... 1 939.23   723.96

Report........ 1 939.23   723.96

7 grands gabarits à 5.00 l'un.................. 35.00

Plus-value pour pose de ces verres bombés, même surface 45.36
à 1.00 le mètre........ 45.36   2 019.59

Ensemble de la coupole et parties verticales 2 743.55

Marquise au-dessus de la porte.

Verres demi-double fournis et posés comme précédemment, en un seul morceau.

Hors mesure.

24 feuilles chaque 2.50 × 0.25. à 10.10 l'une, prise dans la feuille de 2.52 × 0.51, coupée en deux dans la hauteur................ 242.40

Coupes de ces feuilles en sifflet après présentation préalable.

48 fois 2.50 pour moyenne.......... 120.00
à 0.06 le mètre 7.20

Pose de ces verres comme hors mesure pour leur surface réelle.

24 fois 2.50 × 0.20 réduits produit 12.00 à 1.95 le mètre........ 23.40

Sous le chéneau pour former lambrequin décoratif, fourni, ajusté, coupé et posé, 24 pendentifs en verre blanc, *idem* découpés à la demande du gabarit.
à 1.50 l'un, vu le travail d'ajustement en feuillures et le risque de casse.......................... 36.00

Nettoyage de toute cette vitrerie des deux faces.

Parties latérales :

36 Feuilles chaque 1.00 × 0.45 produit.......... 16.20
50 Feuilles chaque 1.00 × 0.45 produit.......... 22.50
2 Feuilles chaque 0.80 × 0.45 produit.......... 0.72
2 Feuilles chaque 0.45 × 0.45 produit.......... 0.41
2 Feuilles chaque 0.95 × 0.45 produit.......... 0.86
2 Feuilles chaque 0.80 × 0.45 produit.......... 0.72
2 Feuilles chaque 0.70

A reporter...... 41.41   3 052.55

Report........	41.41	3 052.55
× 0.45 produit........	0.62	
2 feuilles chaque 0.60		
× 0.45 produit........	0.54	
2 feuilles chaque 0.50		
× 0.45 produit........	0.45	
2 feuilles chaque 0.30		
× 0.45 produit........	0.27	
2 feuilles chaque 0.20		
× 0.30 produit........	0.12	

Pavillon central :

Côtés 20 feuilles chaque 1.00 × 0.25 produit...	5.00
Châssis 8 feuilles chaque 0.55 × 0.25 produit.	1.10
Châssis 14 feuilles chaque 1.00 × 0.13 produit.	1.82
Châssis 14 feuilles chaque 1.00 × 0.13 produit.	1.82
Châssis 28 feuilles chaque 1.00 × 0.35 produit.	9.80
Porte 2 feuilles chaque 1.70 × 0.20 produit...	0.68
Porte 2 feuilles chaque 1.70 × 0.50..........	1.70
Porte 2 feuilles chaque 0.35 × 0.25 produit....	0.18
Porte 2 feuilles chaque 0.35 × 0.50..........	0.35
Archivoltes 4 feuilles chaque 0.45 × 0.40 produit..........	0.72
Archivoltes 2 feuilles chaque 0.55 × 0.40 produit..........	0.44
Archivoltes 2 feuilles chaque 0.60 × 0.40 produit..........	0.48
Intérieur 90 feuilles chaque 1.00 × 0.40 produit..........	36.00

Deux versants ,ensemble.

72 feuilles chaque 1.35 × 0.45 produit........	43.74

Coupole.

63 verres chaque 0.45 × 0.40 produit........	11.34
63 verres chaque 0.45 × 0.40 produit........	11.34
70 verres chaque 0.40 × 0.25 produit........	7.00
98 verres chaque 0.40 × 0.20 produit........	7.84
56 verres chaque 0.35 × 0.40 produit........	7.84

Marquise :

A reporter....	192.60	3 052.55

Report........	192.60	3 052.55
24 verres chaque 2.50		
× 0.20 produit........	12.00	
Ensemble......	204 60	
à 2 faces...... 409.20		
à 0.10 le mètre de nettoyage (n° 91 de la Série).		40.92
Valeur de la vitrerie de ce jardin d'hiver.....................		3 093.47

Kiosques.

287. La figure 161 représente un kiosque fermé à huit pans.

Fig. 161.

L'usage des kiosques est assez répandu pour que nous jugions utile d'en étudier un spécimen pour nos lecteurs.

Celui qui nous occupe est à belvédère par le haut six pans fermés et deux ouverts par une porte à deux vantaux sur chaque face devant et derrière, se vitre en verre demi-double 2° choix.

Métrage de ce kiosque.

Verre demi-double 2ᵉ choix, fourni et posé en châssis de toit en fer, comme précédemment.

Belvédère.

16 feuilles de 1.20 × 0.36 produit 6.91

16 feuilles de 0.50 × 0.36 produit 2.88

16 feuilles de 0.30 × 0.30 (circulaires) 1.44

Ensemble 11.23
à 6.33 le mètre 71.00

32 Coupes circulaires au droit des angles à 0.06 l'une 1.92

La façon de 8 verres circulaires plein cintre à 0.30 l'un, vu travail à la tournette et compris le risque de casse 2.40

Partie basse sur porpains.

Verre *idem* hors mesure pour fourniture au-dessus des croisées.

12 chaque 1.50 × 0.35 à 3.95 l'un 47.40

à droite et à gauche desdites.

24 chaque 2.00 × 0.35 à 6.80 l'un 163.44

Nota : *les verres ne dépassant pas, au tableau, la hauteur de* 2ᵐ,52, force nous est de simuler un joint à l'émeri pour ne pas avoir à compter de la glace.

Au dessus :
24 chaque 1.50 × 0.35 à 3.95 l'un. 94.80

Croisées :
12 verres chaque 1.95 × 0.25 à 5.75 l'un 69.00

Façades :
Les côtés :
4 Verres chaque 2.00 × 0.35 à 6.81 l'un 27.24

4 au-dessus chaque 1.50 × 0.35 à 3.95 l'un 15.80

Portes à 2 vantaux :
8 de 1.95 × 0.30 à 5.75 l'un ... 46.00

Au-dessus des portes :
8 chaque 1.50 × 0.35 à 3.95 l'un. 31.60

Joints vifs dressés et doucis à l'émeri :
48 chaque 0.35 ensemble. 16.80
à 0.75 le mètre (Série nº 79) 12.60

Pose de ces verres hors mesure dans des châssis verticaux en fer. Bains de mastic et recoupement au

A *reporter* 583.29

Report 583.29

dessous ou en dedans (en suivant le même ordre).

12 chaque 1.50 × 0.35 produit 6.30

24 chaque 2.00 × 0.35 produit 16.80

24 chaque 1.50 × 0.35 produit 12.60

12 chaque 1.95 × 0.25 produit 5.85

4 chaque 2.00 × 0.35 produit 2.80

4 chaque 1.50 × 0.35 produit 2.10

8 chaque 1.95 × 0.30 produit 4.72

8 chaque 1.50 × 0.35 produit 4.20

Ensemble 55.37
à 1.95 le mètre 107.97

Au droit des portes et des croisées ouvrantes, 40 encoches dans les verres pour les cornières d'ajustement en fer à 0.30 l'une, vu le risque de casse 12.00

Nettoyage de ces verres des deux faces.

Reprendre deux fois la surface de la pose, chaque 55.37. 110.74
à 0ʳ,10 le mètre 11.07

Total de ce kiosque 714.33

Kiosque de jardin.

288. La figure 162 représente un kiosque de jardin à huit pans, dont deux ouverts par deux portes à deux vantaux, des croisées d'aération ouvrant sur six côtés, par le haut deux dômes superposés, en ardoises ou en zinc.

La vitrerie de ce kiosque se fait de différentes façons :

1º En verre blanc demi-double, 2ᵉ choix ;

2º En verre blanc *idem* avec filets et galons gravés à l'acide au pourtour ;

3º Spécialement, quand il s'agit d'un endroit de repos dans un parc à l'abri des regards, cette vitrerie se fait en verres de couleurs, mariés à la demande ; ce genre de vitrerie, très coûteux, se fait rarement.

Nous donnons ci-dessous les trois genres de vitrerie.

Premier exemple.

289. Vitrerie demi-double 2ᵉ choix en verres hors mesure pour fourniture seulement.

Fig. 162.

Les pans coupés,

8 grands verres de chaque 2.40 $\times$ 0.18 à 6f,70 l'un en le prenant dans une feuille du tableau des verres hors mesure de 2.40 $\times$ 0.54 qui fait trois verres à la feuille produit   53f,60

Pose desdits à bain de mastic dans le fer y compris le recoupement du mastic à l'intérieur produit... 3.44 à 1f,95 le mètre N° 67 de la Série....   6.73

Sur les deux côtés latéraux :

4 verres hors mesure *idem* chaque 2.40 $\times$ 0.30 à 11f,30 l'un en prenant la feuille de 2.40 $\times$ 0.60 (coupée en deux sans perte)..................   45.20

Pose desdits à bain de mastic et recoupement comme précédent produit...................... 2.88 à 1f,95 le mètre....., ...   5.62

A droite et à gauche des portes à deux vantaux sur façade et derrière :

4 feuilles chaque 2.40 $\times$ 0.18 à 6f,70 l'une......................   26.80

Pose comme ci-dessus,

4 fois 2.40 $\times$ 0.18 produit.. 1.73 à 1f,95 le mètre....................   3.38

8 feuilles de chaque 2.40 $\times$ 0.12 à 3f,95 la pièce en prenant la feuille du tableau de la mesure de 2.40 $\times$ 0.48 faisant quatre verres sans perte coupés dans la hauteur......................   31.60

Pose :

8 fois 2.40 $\times$ 0.12 produit.. 2.30 à 1f,95 le mètre 4.48

Même verre, mais dans les mesures existantes dans le commerce.

Pans coupés :

Impostes,

12 chaque 0.60 $\times$ 0.20 produit   1.44

Parties ouvrantes ;

16 verres chaque 0.80 $\times$ 0.20   2.56
16 bandes chaque 0.80 $\times$ 0.10   1.28
16 autres chaque 0.20 $\times$ 0.10   0.32
24 coins grecs chaque 0.10 $\times$ 0.10 ....   0.24

Deux côtés latéraux :

Impostes,

6 feuilles chaque 0.60 $\times$ 0.20   0.72

Croisées :

8 verres chaque 0.80 $\times$ 0.20   1.28
8 bandes chaque 0.20 $\times$ 0.10   0.16
8 bandes chaque 0.80 $\times$ 0.10   0.64
16 chaque 0.80 $\times$ 0.10 aux portes......................   1.28
8 chaque 0.20 $\times$ 0.10 ......   0.16
36 coins grecs chaque 0.10 $\times$ 0.10 produit.............   0.36

A reporter.......... 10.44   177.44

Report.............. 10.44   177.44

Impostes au-dessus de portes à deux vantaux.

4 verres chaque 0.60 $\times$ 0.60   1.44

Portes à deux vantaux.

8 chaque 0.80 $\times$ 0.40 produit   2.56

Surface............ 14.44 à 6f,33 le mètre superficiel 91 40

Plus-value pour pose de verres ayant moins de 0.40 à l'équerre N° 44 de la Série.

24 fois 0.20 $\times$ 0.10 produit.   0.24
24 »   0.10 $\times$ 0.10   »   .   0.24

Côtés latéraux :

8 fois 0.20 $\times$ 0.10   »   .   0.16
12 »   0.10 $\times$ 0.10   »   .   0.12
24 »   0.10 $\times$ 0.10   »   .   0.24

Surface............ 1.00 à 4f,50 le mètre..................   4.50

Nettoyage de tous ces verres des deux faces.

8 fois 2.40 $\times$ 0.18 produit.   3.44
4 »   2.40 $\times$ 0.30   »   .   2.88
4 »   2.40 $\times$ 0.18   »   .   1.73
8 »   2.40 $\times$ 0.12   »   .   2.30
12 »   0.60 $\times$ 0.20   »   .   1.44
16 »   0.80 $\times$ 0.20   »   .   2.56
16 »   0.80 $\times$ 0.10   »   .   1.28
16 »   0.80 $\times$ 0.10 porte à deux vantaux.................   1.28
16 fois 0.20 $\times$ 0.10........   0.32
8 »   0.20 $\times$ 0.10........   0.16
24 »   0.10 $\times$ 0.10........   0.24
6 »   0.60 $\times$ 0.20........   0.72
8 »   0.80 $\times$ 0.20........   1.28
8 »   0.80 $\times$ 0.10........   0.64
8 »   0 80 $\times$ 0.40........   2.56
8 »   0.20 $\times$ 0.10........   0.16
36 »   0.10 $\times$ 0.10........   0.36
4 »   0.60 $\times$ 0.60........   1.44

Ensemble.......... 24.79 à 2 faces... 49.58 à 0f,10 le mètre.   4.96

Total de ce kiosque........   278f,30

Deuxième exemple.

290. Si ce kiosque devait être vitré en verres gravés (ce travail se fait très rarement), il coûterait :

La fourniture, pose et nettoyage du verre comme ci-dessus produit un total de   278f,30

Plus gravure desdits avec galons et filets, double grecques aux angles (le milieu restant clair).

8 fois 2.40 $\times$ 0.18......   3.44
4 »   2.40 $\times$ 0.30......   2.88

A reporter.......... 6.32   278.30

Report............... 6.32 | 278.30

4	fois	2.40 × 0.18......	1.73
8	»	2.40 × 0.12.......	2.30
12	»	0.60 × 0.20......	1.44
16	»	0.80 × 0.20......	2.56
16	»	0.80 × 0.10......	1.28
16	»	0.20 × 0.10......	0.32
24	»	0.10 × 0.10......	0.24
6	»	0.60 × 0.20......	0.72
8	»	0.80 × 0.20......	1.28
8	»	0.80 × 0.10......	0.64
8	»	0.20 × 0.10......	0.12
4	»	0.60 × 0.60......	1.44
16	»	0.80 × 0.10......	1.28
8	»	0.20 × 0.10......	0.16
36	»	0.10 × 0.10......	0.36
8	»	0.80 × 0.40......	2.56

Ensemble...... 24.79

à 10.00 le mètre................... 247.90

Total............... 526.20

Troisième exemple.

291. Vitrerie de ce kiosque exécutée en verres de couleurs.

Verre demi-double, de couleur vert émeraude, pour fourniture seulement.

Les verres hors mesures.

Pans coupés, 4 chaque 2.40 × 0.18 produit.................... 3.44

Côtés latéraux, 4 chaque 2.40 × 0.30 produit........ 2.88

A droite et à gauche des portes à deux vantaux des deux façades.

4 Feuilles chaque 2.40 × 0.18 produit.................... 1.73

8 Feuilles chaque 2.40 × 0.12 produit.................... 2.30

Impostes des pans coupés.

12 fois 0.60 × 0.20 produit. 1.44

Côtés latéraux.

6 fois 0.60 × 0.20 produit. 0.72

Impostes des dessus de portes à deux vantaux.

4 fois 0.60 × 0.60 produit. 1.44

Ensemble.......... 13.95

à 15.00 le mètre, sans pose, compris transport à pied d'œuvre.......... 209.25

Verre bleu de roi (riche tous les tons).

Croisées et portes. Les portes ouvrantes, 24 verres chaque 0.80 × 0.20 produit.................... 3.84

Portes à deux vantaux.

8 chaque 0.80 × 0.40 produit. 2.56

Ensemble.......... 6.40

A 12.50 le mètre *idem* comme dessus 80.00

A reporter............... 289.25

Report................... 289.25

Verre rouge.

16 fois 0.80 × 0.10 produit. 1.28

8 » 0.20 × 0.10 produit. 0.16

8 » 0 80 × 0.10 produit. 0.64

8 » 0.20 × 0.10 produit. 0.16

Portes à deux vantaux des deux façades.

16 Bandes chaque 0.80 × 0.10.................... 1.28

8 bandes chaque 0.88 × 0.40 0.32

Ensemble.......... 3.84

à 16.00 le mètre, sans pose........ 61.44

Pose spéciale en châssis en fer à bain de mastic avec recoupement (cette pose équivalente au double de celle en verre ordinaire vu le grand risque de casse).

Surface du verre vert produit.................... 13.95

Surface du verre bleu produit.................... 6.40

Surface du verre rouge produit.................... 4.00

Ensemble.......... 24.35

à 3.30 le mètre................... 80.35

Dans les angles et au milieu des bandes fourni et posé 60 coins grecs en jaune d'or, lesdits étoilés en gravure.

à 1.25 l'un, compris pose.......... 75.00

Nettoyage de ces verres des deux faces.

Ensemble.......... 24.35

Couleur verte surface............... 13.95

Couleur bleue surface............... 6.40

Couleur rouge surface............... 4.00

Ensemble....... 24.35

en double pour deux faces... 48.70

à 0.10 le mètre................... 4.87

Total de ce kiosque en vitrerie de couleurs.......... 510.91

Jardins d'hiver.

292. Les figures 163 et 164 représentent les vues de face et de côté d'un jardin d'hiver construit sur terrasse, à trois façades avec archivoltes cintrées.

Ces constructions s'élèvent ordinairement sur la façade postérieure d'une maison de campagne, la vue donnant exclusivement sur les parcs où les jardins, la vitrerie se fait en verre blanc demi-double.

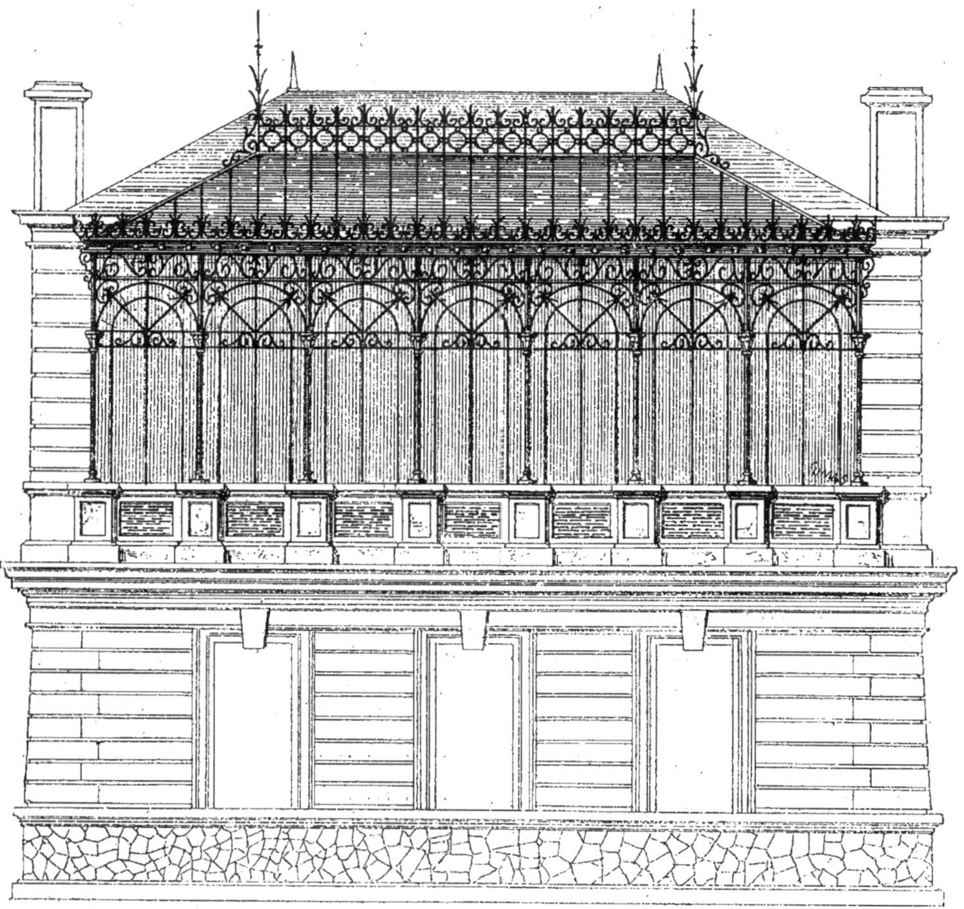

Fig. 163.

Voici ci-dessous le métrage de ce genre de jardin d'hiver.

Façade longitudinale.

Verre demi-double 2ᵉ choix, hors mesure, pour fourniture seulement :

14 Pièces de chaque 2.20 × 0.50 (prendre au tableau la feuille 2.22 × 0.50) à 13.50 l'une...................... 194.60

Pose desdites en travaux neufs sur l'autre face.

     A reporter............... 194.60

Report................... 194.60

14 fois 2.10 × 0.50 produit 15.40 à 1.15 le mètre superficiel......... 35.40

Pous les parties accotées aux pilastres en fer, verres hors mesures *idem.*

14 pièces de 2.20 × 0.25 (prendre la feuille de 2.20 × 0.50 coupée en deux dans la largeur, pour éviter la perte).

Soit 7 feuilles de 2.20 × 0.50 à 13.90 l'une...................... 97.30

     A reporter............... 327.30

Fig. 164.

Report.. ....   327.30

Pose desdites en travaux neufs, comme précédemment.

14 fois 2.20 × 0.25 produit. 7.70

à 1.65 le mètre................   12.70

Verre demi-double, 2e choix, fourni et posé dans les mesures du commerce, sur châssis latéraux en fer entre deux mastics et recoupements d'une face.

Bandes sous les archivolles.

14 bandes chaque 0.50 × 0.15 produit........................   1.05

A reporter..........   1.05   340.00

Report..............   1.05   340.00

Au-dessous du chéneau.

14 bandes chaque 0.80 × 0.35 produit.............   3.92

14 carrés chaque 0.15 × 0.15 produit...........   0.32

Archivoltes.

14 parties circulaires prises dans des morceaux de chaque 1.10 × 0.39 produit........   6.00

à chaque 2 coupes circulaires en demi-cercle, à 0.06 l'une (N° 85 de la Série), soit :

56 coupes à 0.06 la pièce..   »   3.36

Imposles cintrés.

28 morceaux circulaires pris dans des parties de 0.50 × 0.40 produit.............   5.60

28 coupes circulaires à 1.06 l'une........................   »   1.68

14 écoinçons circulaires pris dans des morceaux de chaque 0.96 × 0.48 produit.........   6.45

14 coupes circulaires en demi-cercle, à 0.06 l'une ....   »   0.84

Nota. — Les chutes provenant des verres ne sont pas déduites en compensation de pertes de temps occasionnées par la présentation des feuilles avant leur coupe et la façon des gabarits.

Ensemble..........   23.34

à 6.33 le mètre superficiel (N° 38 de la Série).........................   147.74

Plus-value pour pose de verres de moins de 0.40 à l'équerre.

14 carrés chaque 0.15 × 0.15 produit.............   0.32

à 4.50 le mètre N° 44............   1.44

Nettoyage de tous ces verres des deux faces.

produit.............   15.40

14 fois 2.20 × 0.25 produit.............   7.70

14 fois 0.80 × 0.35 produit.............   3.92

Ensemble.......   27.02

à 2 faces.................   54.00

à 0.10 le mètre...................   5.40

Les autres verres à la pièce, au nombre de 84 nettoyés des deux faces à 0.04 l'un (pour deux faces)........   3.36

Détail d'une façade latérale.

Verre demi-double *idem* hors mesure pour fourniture.

A reporter.................   503.82

Report..................... 503.82

6 chaque 2.20 $\times$ 0.50
à 13.90 l'un............... 83.40

Pose desdits en travaux neufs sur châssis latéraux en fer avec bain de mastic et recoupement sur l'autre face.

6 fois 2.20 $\times$ 0.50 produit............... 6.60
à 1.65 le mètre............ 10.89

Pour les parties accolées aux pilastres en fer.

Verre hors mesure *idem*.

6 verres chaque 2.20 $\times$ 0.25, soit :

3 feuilles de 2.20 $\times$ 0.50, à 13.90 l'un............... 41.70

Pose comme précédente.

6 fois 2.20 $\times$ 0.25 produit............... 3.30
à 1.65 le mètre............ 5.45

Verre demi-double, 2e choix du commerce fourni et posé en travaux neufs sur fer.

6 bandes chaque 0.50 $\times$ 0.15 produit.... 0.45 au-dessous du chéneau.

6 Bandes chaque 0.80 $\times$ 0.35........ 1.68

6 carrés chaque 0.15 $\times$ 0.15 produit. 0.14

Archivoltes.

6 parties circulaires chaque 1.10 $\times$ 0.39 produit............ 2.57

24 coupes circulaires à 0.06 l'une.. » 1.44

Impostes cintrés.

12 parties chaque 0.40 $\times$ 0.50 produit. 2.40

12 coupes circulaires à 0.06 l'une .. » 1.20

6 Écoinçons chaque 0.96 $\times$ 0.48 produit. 2.76

6 coupes circulaires à 0.06 l'une... » 0.36

Ensemble...... 10.00
à 6.33 le mètre............ 63.30

Plus-value pour pose de verre de moins de 0.40 à l'équerre.

6 carrés chaque 0.15 $\times$ 0.15 produit............ 0.14
à 4.50 le mètre............ 0.63

Nettoyage de ces verres aux deux faces.

A reporter....... 208.37 503.82

Report.......... 208.37 503.82

6 chaque 2.20 $\times$ 0.50 produit............... 6.60

6 chaque 2.20 $\times$ 0.25 produit..... 3.30

6 chaque 0.80 $\times$ 0.35 produit..... 1.68

Ensemble...... 11.58

à deux faces........ 23.16
à 0.10 le mètre............ 2.31

36 autres verres nettoyés à la pièce à 0.04 l'un........ 1.44

Ensemble de cette façade latérale. 212.12

L'autre façade parallèle, semblable à celle ci-dessus détaillée produit.... 212.12

Valeur totale de la vitrerie de ce jardin............... 928.06

293. Les figures 165 et 166 représentent un jardin d'hiver avec auvent vitré. Porte milieu et deux ailes en avant corps.

La vitrerie de ce jardin d'hiver se fait en verre blanc demi-double ou double.

Métrage établissant la valeur de cette vitrerie.

Verre demi-double 3e choix, hors mesures pour fourniture seulement.

Façade milieu, parties fixes :

10 feuilles de chaque 2.50 $\times$ 0.50 de largeur à 20.20 l'une.............. 202.00

Parties ouvrantes :

8 feuilles de verre chaque 2.50 $\times$ 0.45 à 18.35 l'une............ 146.80

Façade des ailes parties fixes :

16 feuilles chaque 2.50 $\times$ 0.50 à 20.20 l'une.................. 323.20

Parties ouvrantes :

8 chaque 2.50 $\times$ 0.45 à 18.35 l'une....................... 140.80

Retraites en petits côtés intérieurs :

2 feuilles de 2.50 $\times$ 0.50 à 20.20 l'une..................... 40.40

Les deux façades latérales extérieures :

En parties fixes :

20 feuilles chaque 2.50 $\times$ 0.50 à 20.20 l'une.................. 404.00

Pose de verre hors mesure en travaux neufs sur le fer avec bain.

A reporter............ 1 263.20

Report.................. 1 263.20

de mastic et recoupement de l'autre rive.

En suivant le même ordre que pour la fourniture :

10 feuilles chaque 2.50 $\times$ 0.50..................	12.50
8 feuilles chaque 2.50 $\times$ 0.45..................	9.00
16 feuilles chaque 2.50 $\times$ 0.50..................	20.00
8 feuilles chaque 2.50 $\times$ 0.45..................	9.00
2 feuilles chaque 2.50 $\times$ 0.50..................	2.50
20 feuilles chaque 2.50 $\times$ 0.50..................	25.00
Ensemble.......	78.00

à 1.65 le mètre (n° 67 Série)...... 128.70

Nettoyage de ces verres des deux faces :

10 fois 2.50 $\times$ 0.50 = ..	12.50
8 » 2.50 $\times$ 0.45 = ..	9.00
16 » 2.50 $\times$ 0.50 = ..	20.00
8 » 2.50 $\times$ 0.45 = ..	9.00
2 » 2.50 $\times$ 0.50 = ..	2.50
20 » 2.50 $\times$ 0.50 = ..	25.00
Ensemble........	78.00

à deux faces, soit : 156.00
à 0.10 le mètre.................. 15.60

Verre demi-double 2° choix, fourni et posé en travaux neufs dans le fer et entre deux mastics avec recoupements nécessaires.

Dans les mesures du commerce.

Impostes.

64 verres chaque 0.60 $\times$ 0.50 produit.................... 19.20
à 6.33 le mètre................ 127.30

Nettoyage desdits de 110 à l'équerre pour les deux faces (n° 90 de la Série compté double).

64 verres à 0.08 la pièce....... 5.12

Porte milieu à deux vantaux.

Verre demi-double 2° choix *idem* pour fourniture et pose sur fer et entre mastics.

8 feuilles chaque 1.10 $\times$ 0.30 produit..........	2.64
8 bandes chaque 1.10 $\times$ 0.15 produit..........	1.32
8 bandes chaque 0.30 $\times$ 0.15 produit..........	0.36
8 angles chaque 0.15 $\times$ 0.15 produit..........	0.18
Ensemble........	4.50

à 6.33 le mètre produit.......... 28.48

A reporter............ 1 568.40

Report.................. 1 568.40

Plus-value pour pose de verres de moins de 0.40 à l'équerre (n° 44 de la Série).

8 chaque 0.15 $\times$ 0.15 = 0.18
à 4.50 le mètre................ 0.81

Plus-value pour pose de verres de moins de 0.50 à l'équerre.

8 fois 0.30 $\times$ 0.15 produit 0.36
à 3.50 le mètre, n° 43 de la Série.. 1.26

Nettoyage de ces verres des deux faces.

8 de 1.40 à l'équerre, à 0.008 l'un	0.64
8 de 1.25 à l'équerre, à 0.008 l'un (n° 90 de la Série)...............	0.64
16 petits à 0.04 l'un...........	0.64

Vitrerie de la marquise de cette porte à deux vantaux.

Verre demi-double *idem* fourni et posé en travaux neufs des mesures du commerce.

2 chaque 1.00 $\times$ 0.40 produit....................	0.80
2 chaque 0.50 $\times$ 0.40 (la coupe et le risque de casse comprenant la chute du verre non employée à la pose) produit..................	0.40
2 chaque 0.50 $\times$ 0.40 = 0.40	
2 chaque 0.80 $\times$ 0.50 = 0.80	
Surface...........	2.40

à 6.33 le mètre, produit......... 15.20

Nettoyage desdits des deux faces.

2 de 1.40 à l'équerre à 0.08 l'un.	0.16
2 de 1.30 à l'équerre à 0.08 l'un.	0.16
4 petits à 0.04 l'un...........	0.16

Feuilles demi-double hors mesure pour fourniture seulement.

2 chaque 1.25 $\times$ 0.40 à 3.55 l'un.	7.10
2 chaque 1.20 $\times$ 0.50 à 4.20 l'un.	8.40

Pose en travaux neufs *idem*.

2 fois 1.25 $\times$ 0.40 produit.	1.00
2 » 1.20 $\times$ 0.20 produit.	1.20
Ensemble........	2.20

à 1.65 le mètre................ 3.63

Nettoyage desdits des deux faces.

2 fois 1.25 $\times$ 0.40 produit	1.00
2 » 1.20 $\times$ 0.50 produit	1.20
Ensemble.....	2.44

à 2 fois............. 4.80
à 0.10 le mètre................ 0.48

Total de la vitrerie de ce jardin d'hiver........................ 1 607.68

294. Les figures 167 et 168 représentent un jardin d'hiver à trois combles

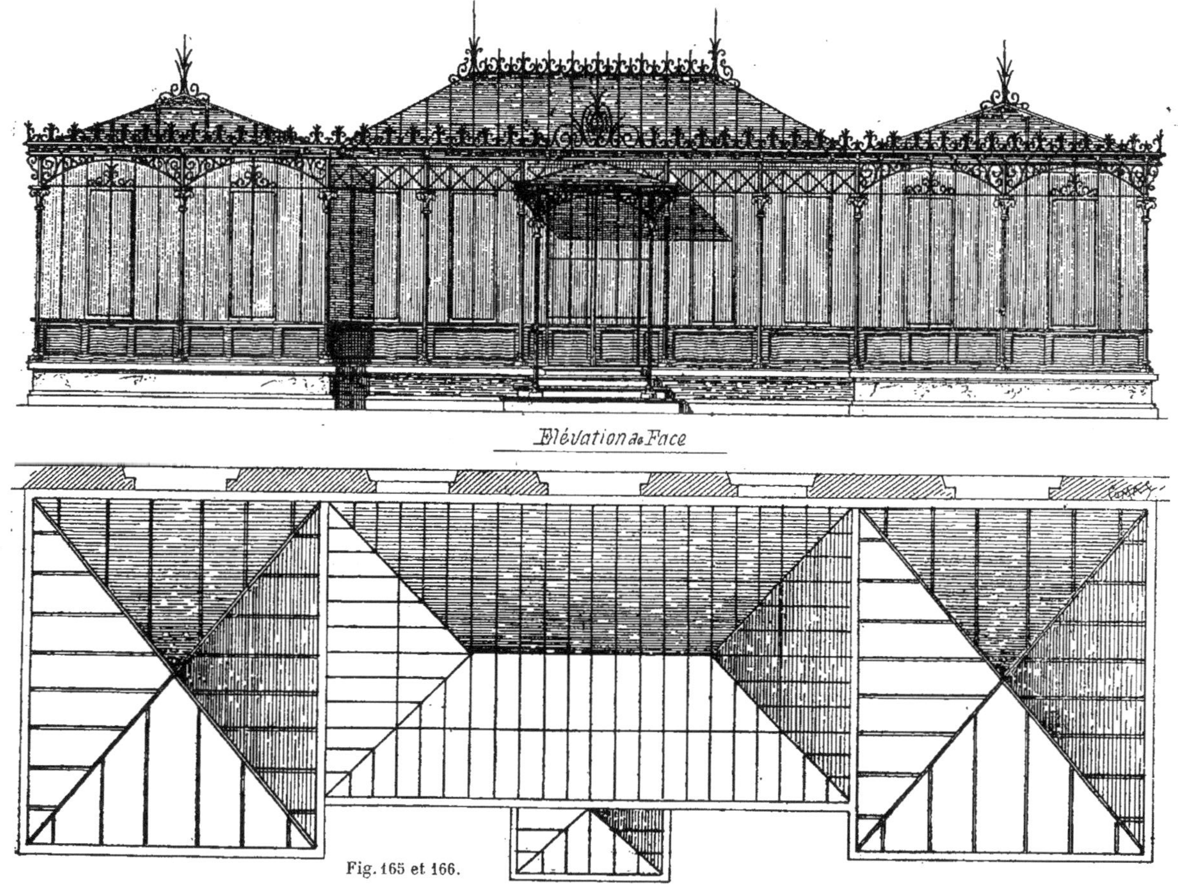

Fig. 165 et 166.

Fig. 167.

cintrés à double versant. Trois façades dont une en avant-corps pour le perron.

Ce genre de jardin d'hiver constitue un travail de grand luxe et ne se fait que rarement, mais en raison des analogies pouvant exister avec une construction de même forme, bien que de moindre impor-tance, nous en donnerons ci-dessous le métré.

Ce jardin n'étant que la continuation de la décoration des salons, la vitrerie doit en être faite en verre blanc de choix irré-prochable (soit du bon deuxième, puisque le premier n'existe pas), et les verres

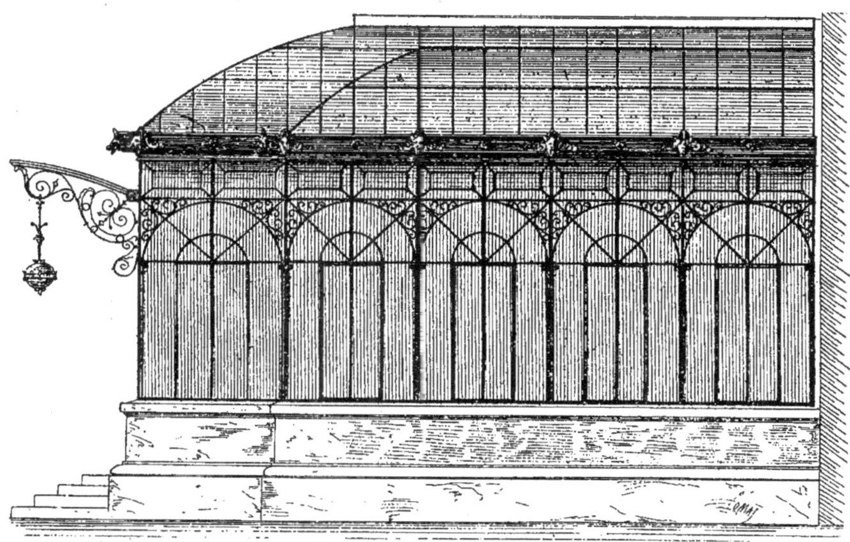

Fig. 168.

doivent être d'un seul volume, quelle qu'en soit la dimension.

Métrage de ce jardin d'hiver.

Sur comble en fer verre demi-double 2me choix (exceptionnel).

Élévation principale :

Comble milieu.

84 verres de chaque 1.00 × 0.40 produit..........	33.60	
18 chaque 1.00 × 0.40 prod.	7.20	
2 chaque 0.60 × 0.40 prod.	0.48	
2 chaque 0.40 × 0.40 prod.	0.32	
2 chaque 0.40 × 0.40 prod.	0.32	
14 coupes circulaires à 0.06 l'une...............	»	0.84
Devant :		
16 verres chaque 0.90 × 0.40 produit..........	5.76	
A reporter......,	47.68	0.84

Report.........	47.68	0.84
6 chaque 0.60 pour moyenne × 0.40 produit ..	1.44	
12 coupes circulaires à 0.06 l'une...............	»	0.72

Petits combles attenant.

Élévation latérale :

112 verres chaque 0.80 × 0.40 produit...........	35.84	
8 chaque 0.50 pour moyenne × 0.40.........	1.60	
16 coupes circulaires à 0.06 l'une...............	»	0.96
Combles sur la façade principale :		
16 chaque 0.80 × 0.40 prod.	5.12	
8 chaque 0.50 pour moyenne × 0.40	1.60	
Ensemble....	93.28	
A reporter.............		2.52

Report................   2.52

à 6.33 le mètre (n° 38 de la Série).   590.46

Parties verticales.

Même verre, fourni et posé, mesure du commerce.

Travée d'avant-corps :

12 verres d'impostes chaque 0.40 × 0.40 produit...........   1.92

Travées à droite et à gauche.

8 verres derrière appliques chaque 0.75 × 0.40 produit.................   2.40

Au-dessous :

8 écoinçons chaque 1.00 × 0.40. (Les chutes pour très grands risques de casse et présentation du gabarit, produit.................   3.20

Archivoltes :

28 verres chaque 0.50 × 0.40 produit...........   5.60

28 chaque 0.40×0.20 prod.   2.24

Toutes les chutes non déduites pour difficultés de travail et de pose.

Elévation latérale :

Deux façades :

Impostes 20 verres chaque 0.75 × 0.40..............   6.00

Archivoltes :

40 verres chaque 0.50 × 0.40 produit...........   8.00

40 autres chaque 0.40 × 0.20 produit...........   3.20

Ensemble 32.56

à 6',33 le mètre.................   206.10

Sur tout le pourtour.

238 coupes circulaires à 0.06 l'une, prix moyen 14.28

136 coupes à fausse équerre à 0.06 l'une...................   8.16

Verre demi-double, deuxième choix, hors mesure, pour fourniture seulement.

Parties verticales :

Elévation principale.

24 feuilles chaque 1.70 × 0.35 à 4.45 l'une...................   106.80

Porte à deux vantaux.

4 feuilles chaque 1.70 × 0.40 à 5.90 l'une...................   23.60

Elévation latérale : deux façades.

A reporter.............   951.92

Report................   951.92

32 verres chaque 1.70 × 0.35 à 4.45 l'un.....................   142.50

8 chaque 1.70 × 0.40 à 5.90 l'un.   47.20

Pose de ces verres hors mesure sur fer entre deux mastics et recoupement de l'autre rive en suivant le même ordre.

24 feuilles chaque 1.70 × 0.35 produit...........   14.28

4 feuilles chaque 1.70 × 0.40 produit...........   2.72

32 feuilles chaque 1.70 × 0.35 produit...........   19.04

8 feuilles chaque 1.70 × 0.40 produit...........   5.44

Ensemble....   41.48

à 1.65 le mètre.................   68.44

Nettoyage de ces verres compté en surface des 2 faces en suivant l'ordre de la fourniture.

Comble milieu :

Côtés :

84 fois 1.00 × 0.40 prod.   33.60

18 » 1.00 × 0.40 prod.   7.20

2 » 0.60 × 0.40 prod.   0.48

2 » 0.40 × 0.40 prod.   0.32

2 » 0.40 × 0.40 prod.   0.32

Devant :

16 fois 0.90 × 0.40 prod.   5.76

6 » 0.60 × 0.40 prod.   1.44

Petits combles attenants :

Elévation latérale :

112 fois 0.40 × 0.80 prod.   35.84

8 » 0.50 × 0.40 prod.   1.60

Comble de la façade principale :

16 fois 0.80 × 0.40 prod.   5.12

8 » 0.50 × 0.40 prod.   1.60

Parties verticales :

Travée d'avant-corps :

12 fois 0.40 × 0.40 prod.   1.92

8 » 0.75 × 0.40 prod.   2.40

8 écoinçons chaque 1.00 × 0.40.................   3.20

28 verres chaque 0.50 × 0.40.................   5.60

28 verres chaque 0.40 × 0.20.................   2.24

Elévation latérale :

20 verres 0.75 × 0.40 prod.   6.00

40 » 0.50 × 0.40 prod.   8.00

40 » 0.40 × 0.20 prod.   3.20

Verres hors mesure :

24 verres 1.70 × 0.35 prod.   14.28

4 » 1.70 × 0.40 prod.   2.72

A reporter.....   142.84   (1.210.06)

Report.........	142.84	1 210.06
32 chaque 1.70 ✕ 0.35...	19.04	
8 chaque 1.70 ✕ 0.40...	5.44	
Ensemble.......	167.32	
à 2 faces......	334.64	
à 0.10 le mètre		33.46
Total de la vitrerie de ce jardin d'hiver		1 243ᶠ52

Vérandahs.

295. La figure 169 représente une vérandah avec marquise.

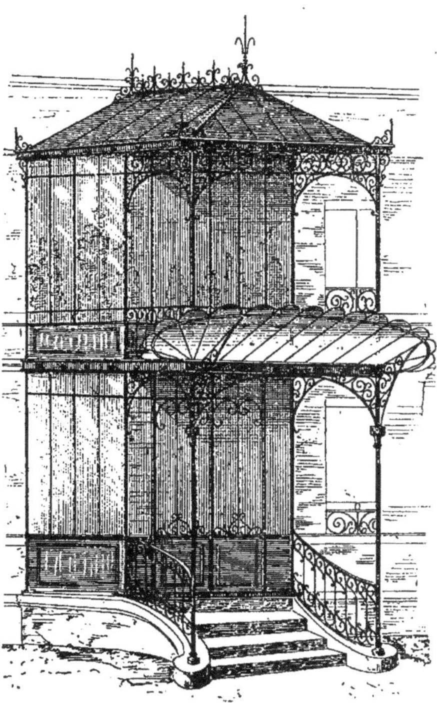

Fig. 169.

Ladite vérandah a trois façades et comble vitré.

Ce genre de vérandah s'établit ordinairement sur le perron d'un hôtel, dont il augmente le confort et la surface de construction.

La vitrerie se fait de deux façons :

1° En verre blanc demi-double ou double d'une seule pièce;

2° En verres blancs spéciaux de Saint-Gobain, le comble en verre strié.

Métrage de ces deux cas.

Premier exemple.

296. Verre demi-double, troisième choix, fourni et posé en travaux neufs sur fer, à bain de mastic, et recoupement de rives de l'autre face.

Façade :

Premier étage :

14 verres hors mesure de chaque 1.65 ✕ 0.30 à 4.20 l'un.................	58.80

Rez-de-chaussée :

14 verres chaque 1.70 ✕ 0.30 à 4.50 l'un	63.00

Pose de ces verres hors mesure en travaux neufs comme ci-dessus.

14 fois 1.65 ✕ 0.30 produit.	6.93	
14 » 1.70 ✕ 0.30 produit.	7.14	
Ensemble......	14.07	
à 1.95 le mètre (n° 67 de la Série)...		27.44

Verre demi-double, 3ᵉ choix des mesures du commerce, fourni et posé comme précédemment.

14 chaque 0.25 ✕ 0.30 prod.	1.05	
14 chaque 0.25 ✕ 0.30 prod.	1.05	
14 chaque 0.15 ✕ 0.30 prod.	0.63	
Surface.........	2.73	
à 5.06 le mètre...................		13.81

Plus-value pour pose de verres de moins de 0.050 à l'équerre.

14 chaque 15 ✕ 0.30 produit.	0.63	
à 3.50 le mètre (n° 42 Série).......		2.20

Plus-value pour pose de verres de moins de 0.60 à l'équerre.

28 chaque 0.25 ✕ 0.30 prod.	2.10	
à 2.50 le mètre (n° 43 Série)........		5.25

Comble deux versants :

Verre du commerce demi-double *idem.*

8 chaque 1.20 ✕ 0.30 prod.	2.88	

Croupe.

2 chaque 1.20 ✕ 0.30 prod.	0.72	
2 chaque 1.00 ✕ 0.30 prod.	0.60	
2 chaque 0.50 ✕ 0.30 prod.	0.30	
2 chaque 0.15 ✕ 0.30 prod.	0.09	
Ensemble.......	4.59	
à 5.06 le mètre...................		23.22

Plus-value pour pose de verre au-dessous de 0.50 à l'équerre.

2 chaque 0.15 ✕ 0.30 prod..	0.09	
à 3.50 le mètre..		0.31
A reporter..............		194,03

Report.................. 194.03

8 coupes biaises comptées comme celles circulaires à 0.06 l'une 0.48

Marquise en éventail:

Verre demi-double, 3° choix, *idem* des mesures du commerce.

6 chaque 1.30 × 0.25 prod.	1.95	
2 chaque 1.20 × 0.35 prod.	0.84	
2 chaque 1.20 × 0.30 prod.	0.72	
2 chaque 1.15 × 0.30 prod.	0.70	
2 chaque 1.10 × 0.30 prod.	0.66	
2 chaque 0.80 × 0.30 prod.	0.48	

Ensemble 5.35

à 5.06 le mètre 27.07

16 coupes circulaires en écailles à 0.06 l'une 0.96

Coupes biaisées, après présentation préalable ou façon de gabarit.

8 fois 1.20................	9.60
4 » 1.15................	4.60
4 » 1.10................	4.40
4 » 0.80................	3.20

Linéaire 21.80

à 0.15 le mètre, vu le grand risque de casse...................... 3.27

Nettoyage de ces verres des deux faces.

14 fois 1.65 × 0.30 produit.	6.93
14 » 1.70 × 0.30 produit.	7.14
10 » 1.20 × 0.30 produit.	3.60
2 » 1.00 × 0.30 produit.	0.60
6 » 1.30 × 0.25 produit.	1.95
2 » 1.20 × 0.35 produit.	0.84
2 » 1.20 × 0.30 produit.	0.72
2 » 1.15 × 0.30 produit.	0.70
2 » 1.10 × 0.30 produit.	0.66
2 » 0.80 × 0.30 produit.	0.48

Ensemble 23.62

à 2 faces produit..... 47.24

à 0.10 le mètre.................... 4.72

46 verres ordinaires à 0.04 l'un.... 1.84

Total de cette vérandah........ 232f 37

Deuxième exemple.

297. Vitrerie entièrement faite en verres blancs spéciaux de Saint-Gobain, fournie et posée sur fer.

Premier étage :

14 fois 1.65 × 0.30 produit.	6.93
14 » 1.70 × 0.30 produit.	7.14
14 » 0.25 × 0 30 produit.	1.05
14 » 0.25 × 0.30 produit.	1.05
14 » 0.15 × 0.30 produit.	0.63

A reporter........ 16.80

Report.......... 16.80

Marquise en éventail.

6 fois 1.30 × 0.25 produit.	1.95
2 » 1.20 × 0.35 produit.	0.84
2 » 1.20 × 0.30 produit.	0.72
2 » 1.15 × 0.30 produit.	0.70
2 » 1.10 × 0.30 produit.	0.66
2 » 0.80 × 0.30 produit.	0.48

Ensemble 22.15

à 9.25 le mètre.................... 204.89

Plus-value pour :

Pose de verres de moins de 0.50 à l'équerre.

14 chaque 0.15 × 0.30 produit 0.63 à 3.50 le mètre 2.20

Pose de verres de moins de 0.60 à l'équerre.

28 chaque 0.25 × 0.30 prod. 2.10 à 2.50 le mètre.................... 5.25

Comble.

Pose de verres au-dessous de 0.50 à l'équerre.

2 chaque 0.15 × 0.35 prod. 0.09 à 3.50 le mètre.................... 0.31

Comble vitré en verre strié sur fer entre deux mastics avec recoupements.

8 fois 1.20 × 0.30 produit..	2.88
2 » 1.20 × 0.30 (croupe) produit....................	0.72
2 » 1.00 × 0.30 produit..	0.60
2 » 0.50 × 0.30 produit..	0.30
2 » 0.15 × 0.30 produit..	0.09

Ensemble........... 4.59

à 7 26 le mètre.................... 33.32

(La plus-value de pose de verre au-dessous de 0.50 à l'équerre est comptée plus haut.)

Coupes biaises sur éventail de la marquise.

8 fois 1.20................	9.60
4 » 1.15................	4.60
4 » 1.10................	4.40
4 » 0.80................	3.20

Ensemble........... 21.80

à 0.15 le mètre, vu risque de casse.. 3.27

16 coupes circulaires à 0.10 l'une, vu le verre..................... 1.60

Nettoyage de ces verres des deux faces.

14 fois 1.65 × 0.30........	6.93
14 » 1.70 × 0.30	7.14
10 » 1.20 × 0 30	3.60
2 » 1.00 × 0.30	0.60
6 » 1.30 × 0.25	1.95
2 » 1.20 × 0.35	0.84

A reporter........ 21.06   250.84

	Report............	21.06	250.84
2 »	1.20 × 0.30.......	0.72	
2 »	1.15 × 0.30.......	0.70	
2 »	1.10 × 0.30.......	0.66	
2 »	0.80 × 0.30....:..	0.48	
	Ensemble..........	23.62	

à 2 faces............ 47.24
à 0.15 le mètre (comme glace)...... 7.03
46 petits verres ordinaires nettoyés
à 0.08 l'un..................... 3.68

Total *en verre spécial*........ 261.60

Etant donné le peu de différence existant entre les deux prix, il apparaîtra clairement aux yeux de nos lecteurs que leur préférence pour cette vitrerie doit aller au deuxième exemple.

298. Les figures 170 à 172 représentent une vérandah-marquise.

Ce type de vérandah très confortable appartient au genre somptueux ; il existe dans les palais et les principaux châteaux.

La vitrerie doit en être faite en verre blanc de deuxième choix et d'un seul morceau, quel qu'en soit le volume.

Voici la valeur de cette vitrerie :

Verre double, deuxième choix, pour fourniture seulement.

Versant du comble.

10 de chaque 2.52 × 0.60 à 35.24 l'un	352.40
18 — 2.45 × 0.60 à 32.60 l'un	586.80
2 — 2.15 × 0.60 à 22.20 l'un	44.40
2 — 1.60 × 0.60 à 11.24 l'un	22.48
2 — 1.00 × 0 60 à 5.36 l'un	10.72
2 — 2.30 × 0.60 à 26.86 l'un	53.72
2 — 1.70 × 0.60 à 12.54 l'un	25.08
2 — 1.10 × 0.60 à 6.06 l'un	12.12

Deux croupes ensemble.

2 fois 2.52 × 0.60 à 35.24......	70.48
2 — 2.10 × 0.60 à 20.58......	41.16
2 — 1.10 × 0.60 à 6.06......	12.12
2 — 1.00 × 0.60 à 5 36......	10.72
10 — 2.45 × 0.60 à 32.60......	326.00
2 — 2.30 × 0.60 à 26.86......	53.72
2 — 1.70 × 0.60 à 12.54......	25.08
2 — 1.10 × 0.60 à 6.06......	12.12

Pose de ces verres hors mesure en châssis de comble en fer à bain de mastic et recoupement en dessous.

Versant.

10 chaque 2.52 ensemble	25.20
18 — 2.45 —	44.10
2 — 2.15 —	4.30
A reporter.......	73.60	1 659.12

	Report............	73.60	1 659.12
2	— 1.60 —	3.20	
2	— 1.00 —	2.00	
2	— 2.30 —	4.60	
2	— 1.70 —	3.40	
2	— 1.10 —	2.20	

Deux croupes ensemble.

2 fois 2.52 ensemble....	5.04
2 — 2.10 —	4.20
2 — 1.10 —	2.20
2 — 1.00 —	2.00
10 — 2.45 —	24.50
2 — 2.30 —	4.60
2 — 1.70 —	3.40
2 — 1.10 —	2.20
Ensemble.......	137.14

× 0.60 de largeur produisant une surface de 82.28, ci...... 82.28
à 1.35 le mètre................ 111.07

Verre double, deuxième choix, des mesures du commerce, fourni et posé en travaux neufs entre deux mastics sur comble en fer avec recoupements nécessaires.

2 verres de 0.40 × 0.40 coupés en deux dans le sens de la diagonale, produit............	0.32
2 autres chaque 0.60 × 0.60 coupés en deux également...............	0.72
Ensemble........	1.04

à 7.90 le mètre................ 8.22

Avant la pose, 18 coupes de verres à fausse équerre sur chaque angle de versant.

Soit ; pour 2 angles, 36 coupes à 0.06 l'une.................... 2.16

Marquise milieu.

Vitres en verres blancs spéciaux de Saint-Gobain, en raison de la grandeur des mesures, une traverse en fer supposée séparant la longueur.

8 feuilles chaque 2.55 × 0.60 produisant une surface de.	12.24
2 feuilles chaque 2.55 × 1.00 pour les réduire par le haut à 0.60 produit.	
La présentation préalable comprenant le moins de surface à la pose...........	5.10
2 chaque 2.20 × 1.20 prod.	5.28
2 — 1.00 × 1.20 prod.	2.40
Ensemble........	25.02

à 9.25 le mètre superficiel........ 231.43
Plus-value pour la présentation

A reporter............ 2 012.00

Report.................. 2 012.00	*Report*................. 2 012.00
à deux ouvriers de ces verres pour coupe à la demande des fers.	à 1.00 le mètre (les prix de vitrerie n'étant basés que sur l'emploi d'un
Même surface 25.52	seul ouvrier).................... 25.52
A reporter............. 2 012.00	*A reporter*............. 2 037.52

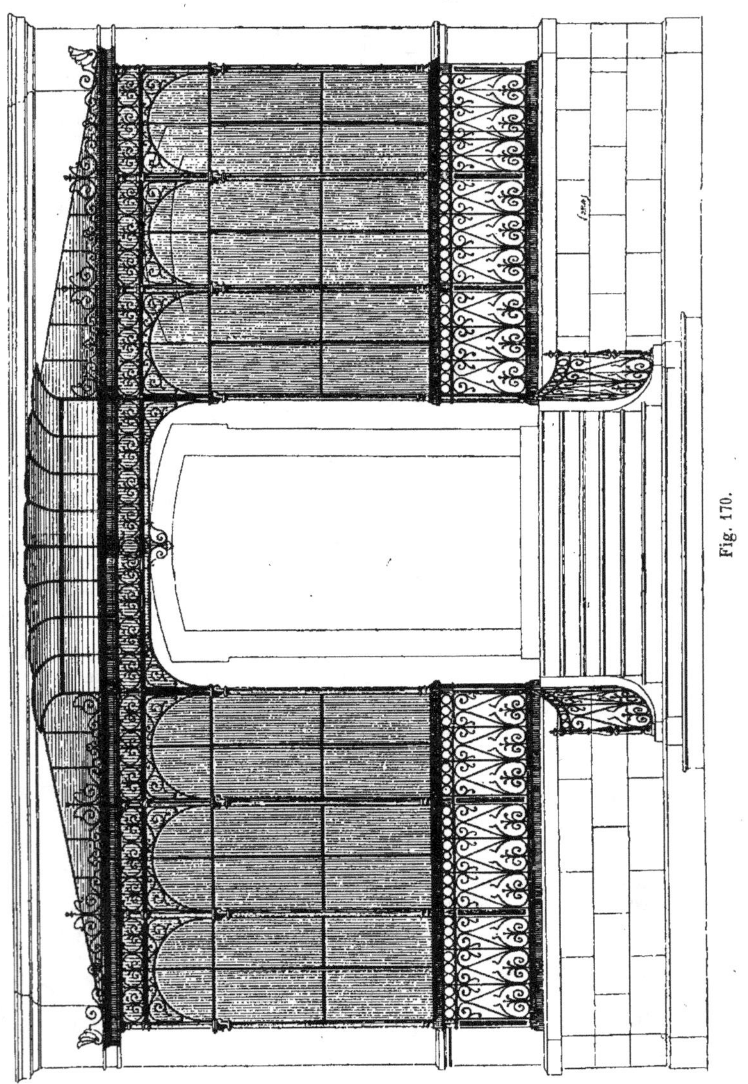

Fig. 170.

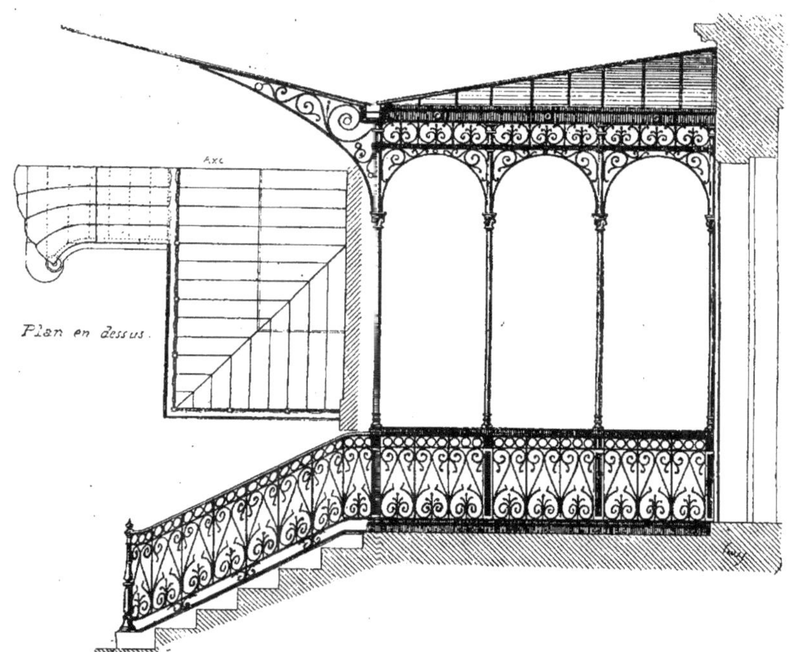

Fig. 171 et 172.

Report..................	2 037.52

Coupes circulaires de ces verres comptés comme à la miroiterie par analogie de risques, travail, difficulté et épaisseur du verre.

4 fois 2.70.............	10.80
4 — 2.40.............	9.60
4 — 2.30.............	9.20
4 — 1.80.............	7.20
Longueur........	36.80

à 1.50 le mètre.................	55.20

Partie vitrée dans la hauteur du rez-de-chaussée.

Verre double, deuxième choix, hors mesure, pour fourniture seulement.

Façade :

12 verres chaque 1.75 × 0.80 à 22.06 l'un.....................	264.72
12 verres chaque 1.70 × 0.80 à 20.24 l'un.....................	242.88
A reporter.............	2 600.32

Report..................	2 600.32
12 verres chaque 1.10 × 0.80 à 8.96 l'un......................	107.52

Deux côtés latéraux.

12 verres chaque 1.75 × 0.80 à 22.06 l'un......................	264.72
12 verres chaque 1.70 × 0.80 à 20.24 l'un......................	242.88
12 verres chaque 1.10 × 0.80 à 8.96 l'un......................	107.52

Pose de ces verres en châssis en fer comme précédemment.

24 verres chaque 1.75 × 0.80 produit ci........	33.60
24 chaque 1.70 × 0 80 produit.................	32.64
24 chaque 1.10 × 0,80 produit.................	21.12
Ensemble........	87.36

à 1.35 le mètre.................	118.04

Imposte sous le chéneau.

Verre double, *idem* des mesures

A reporter.............	3 441.00

Report................. 3 441.00
de commerce fourni et posé ou travaux neufs sur comble en fer entre
deux mastics avec recoupement.

Façades.

12 chaque 0.30 × 0.80
produit................... 2.88
5 chaque 0.50 × 0.90
produit................... 2.25
2 Ecoinçons chaque 0.50
× 0.40 produit........... 0.40

Deux côtés latéraux en-
semble.

12 verres chaque 0.30
× 0.80 produit........... 2.88
            Ensemble........ 8.41
à 7.90 le mètre..................   66.44
Coupes cintrées suivant la forme
de l'ornementation du linteau de la
baie libre.

2 fois 3.00 ensemble..... 6.00
à 1.50 le mètre.................   9.00
Nettoyage de tous ces verres des
deux faces.

Comble. Versant.

10 fois 2.52 ...   25.20
18 —   2.45 ...   44.10
2 —   2.15 ...   4.30
2 —   1.60 ...   3.20
2 —   1.00 ...   2.00
2 —   2.30 ...   4.60
2 —   1.70 ...   3.40
2 —   1.10 ...   2.20

Deux croupes
ensemble.

2 fois 2.52 ...   5.04
2 —   2.10 ...   4.20
2 —   1.10 ...   2.20
2 —   1.00 ...   2.00
10 —   2.45 ...   24.50
2 —   2.30 ...   4.60
2 —   1.70 ...   3.40
2 —   1.10 ...   2.20
    Ensemble... 137.14
× 0.60 produit ci....... 82.28
2 fois 0.40 × 0.40....   0.32
2 — 0.60 × 0.60....   0.72

Marquise.

8 fois 2.55 × 0.60.... 12.24
2 —   2.55 × 1.10....   5.10
2 —   2.20 × 1.20....   5.28
2 —   1.00 × 1.20....   2.40

Parties verticales à
rez-de-chaussée.

24 fois 1.75 × 0.80.... 33.60
                        ───────── ─────────
A reporter..... 142.44 3 516.44

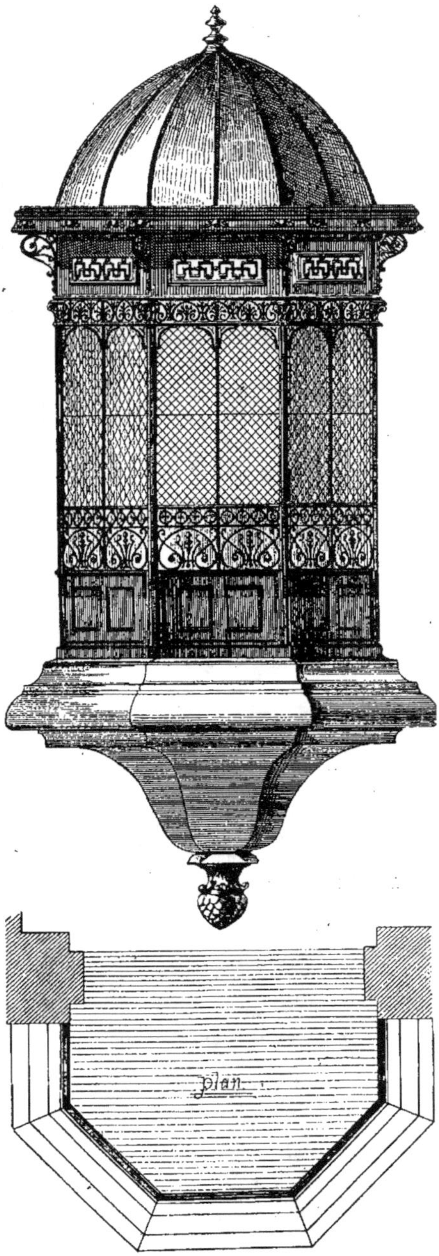

Fig. 173 et 174.

Report........ 142.44   3 516.44
24 — 1.60 × 0.80....   32.64
24 — 1.10 × 0.80....   21.12
Imposte sous chéneau.
12 fois 0.30 × 0.80....   2.88
 5 — 0.50 × 0.90....   2.25
 2 — 0.50 × 0.40....   0.40
Deux côtés latéraux ensemble.
12 fois 0.30 × 0.80....   2.88

Ensemble....... 204.11
à 2 faces............... 408.22
à 0.10 le mètre...................   40.82

Total de la vitrerie de cette vérandah-marquise............... 3 557.26

299. Les figures 173 et 174 représentent une vérandah simple avec dôme, établie sur console en encorbellement.

Ce genre de vérandah se vitre ordinairement en verre blanc, en verres spéciaux de Saint-Gobain, ou avec des vitraux.

Métrage de ladite en verre clair.

Verre demi-double, deuxième choix, pour fourniture seulement.
6 chaque 1.50 × 0.80 à 11.70 l'un.   70.20
6 — 1.45 × 0.80 à 10.75 l'un.   64.50
2 — 1.50 × 0.70 à 9.30 l'un.   18.60
2 — 1.45 × 0.70 à 9.00 l'un.   18.00
6 — 1.00 × 0.80 à 5.95 l'un.   35.70
2 — 1.00 × 0.70 à 5.10 l'un.   10.20
Pose desdits en travaux neufs entre deux mastics sur fer.
6 chaque 1.50 × 0.80 prod.   7.20
6 — 1.45 × 0.80 prod.   6.96
2 — 1.50 × 0.70 prod.   2.10
2 — 1.45 × 0.70 prod.   2.03
6 — 1.00 × 0.80 prod.   4.80
2 — 1.00 × 0.70 prod.   1.40

Ensemble.......... 24.49
à 1.35 le mètre...................   33.05
Par le haut.
20 coupes en quart de cercle avec, à chaque, deux arrêts.
à 0.30 l'une, compris grand risque de casse...........................   6.00
Nettoyage de ces verres des deux faces.
6 fois 1.50..   9.00
6 — 1.45..   8.70

Ensemble. 17.70 × 0.80. 14.16
2 fois 1.50..   3.00
2 — 1.45..   2.90

Ensemble. 5.90 × 0.70. 4.13

A reporter........ 18.29   256.25

Report............. 18.29   256.25
6 fois 1.00 × 0.80 produit..   4.80
2 — 1.00 × 0.70 produit..   1.40

Ensemble.......... 24.49
à 2 faces................... 48.98
à 0.10 le mètre....................   4.90

Total de cette vérandah *en verre* blanc........................... 261.15

300. La même vérandah vitrée en verres spéciaux de Saint-Gobain n° 4.

Reprendre la surface totale de la vitrerie ci-dessus produit..........   24.49
à 9.25 le mètre................... 226.53
Nettoyage de ces verres des deux faces.
Le double de la surface de pose produit : 48.98 à 0.10 le mètre......   4.90
Les 20 coupes à 0.60 l'un, vu risques.   12.00

Total de cette vérandah en verre spécial de Saint-Gobain 243.43

Le prix de ladite en vitraux sera détaillé à sa place au programme.

Devantures.

301. En suivant notre ouvrage, nous nous occuperons de quelques types de devantures et de leur valeur en vitrerie ; auparavant il est utile de connaître les parties qui composent une devanture de boutique, afin de pouvoir les dénommer en métrant, suivant leur nature et le travail exécuté.

Une devanture se compose, en commençant par le haut, de :

    L'Auvent ;
    La Corniche ;
    Le Tableau ;
    L'Astragale ;
    Les Couvre-Caissons ;
    La Cimaise ;
    Le Soubassement ;
    La Plinthe.

Le tout repose sur un parpaing en pierre.

Dans le corps de la devanture sont : les châssis, la porte, et, au-dessus de ladite, l'imposte.

La figure 175 représente une devanture ouverte avec toutes ses parties distinctes désignées ci-dessus.

302. La figure 176 représente une devanture fermée avec deux genres de fermeture.

A. Fermeture en fer par lames superposées rentrant les unes dans les autres.

B. Fermeture en tôle ondulée, s'enroulant dans le tableau.

303. La figure 177 représente une devanture de boutique vitrée, par travées à joints dressés à l'émeri.

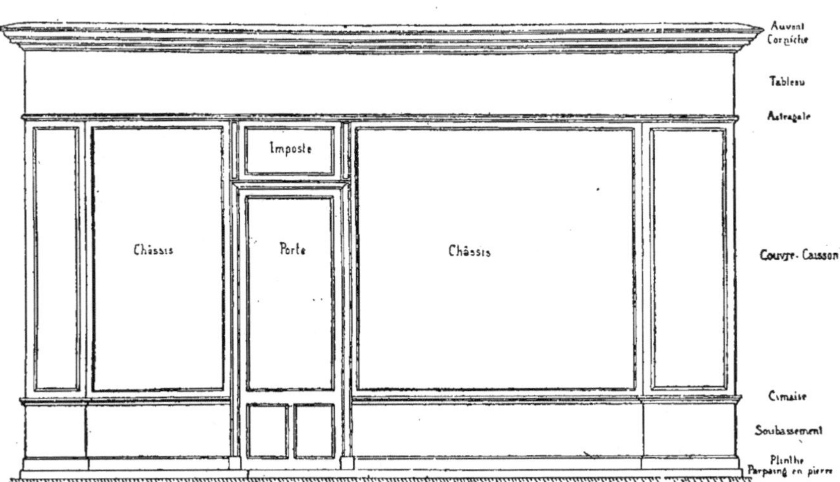

Fig. 175.

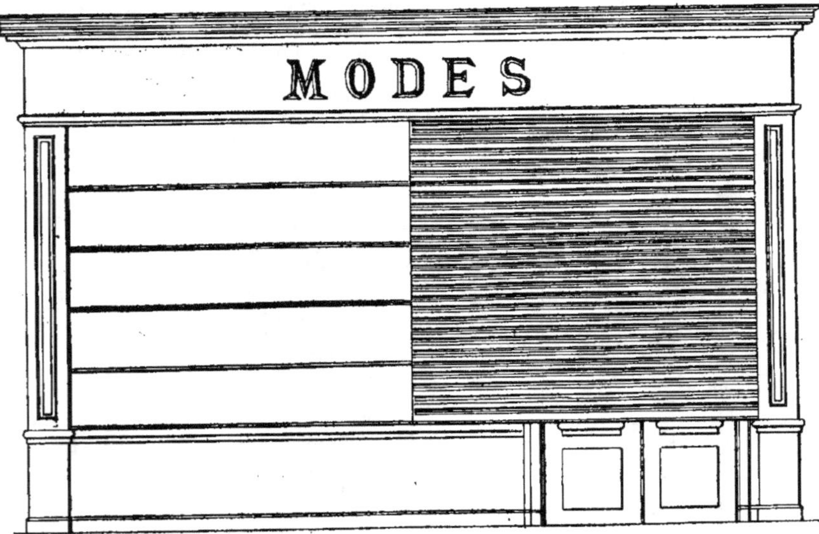

Fig. 176.

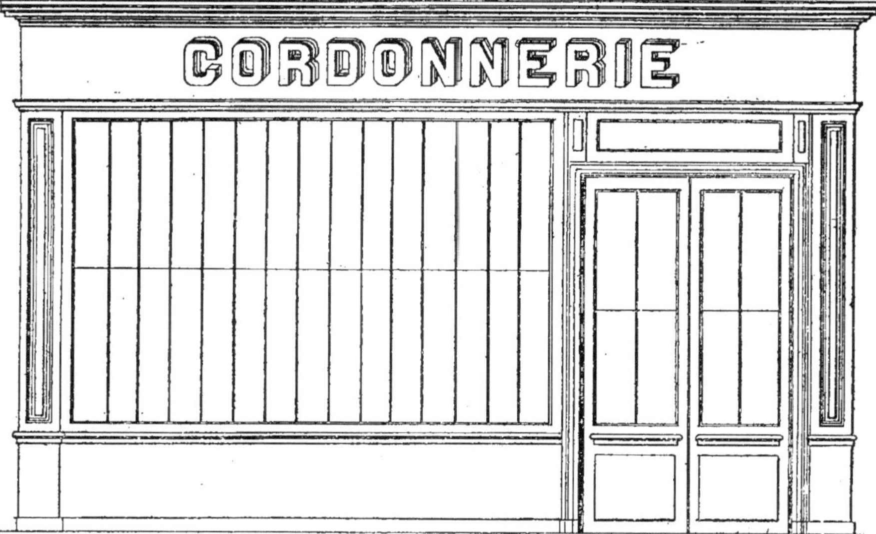

Fig. 177.

Fig. 177 *bis.*

Ce genre de vitrerie, assez ancien, tend à disparaître de plus en plus, en raison des progrès de la construction; mais il existe néanmoins, pour peut-être bon nombre d'années encore, et mérite, par cela même, de fixer notre attention.

Ces devantures se vitrent de deux façons, soit en verres demi-doubles reposant les uns sur les autres, les joints préalablement dressés à l'émeri, pour empêcher le plus possible le passage de l'air; ou en verre double hors mesure, en deux morceaux sans joints, la feuille du haut reposant sur une traverse milieu en fer.

Voici le métrage de ces deux exemples:

Premier exemple.

Verre demi-double, deuxième choix, des mesures du commerce, fourni et posé en travaux neufs sur parties en bois et fer.

Châssis verticaux.

Le deuxième choix est nécessaire pour le cas où il s'agit de vitrines, d'étalages, ou parties analogues.

30 verres de chaque 1.26×0.33 produisant une surface de... 12.47

(Observation. — La distribution à 0.33 de largeur a été calculée pour éviter de la perte de verre, ladite feuille entrant entière dans la fourniture et la pose.)

Porte à deux vantaux.

8 verres de chaque 1.26×0.33, produit... 3.32

Ensemble... 15.80

à 5.76 le mètre superficiel (n° 35 de la Série) produit... 91.00

Plus-value pour vitrerie exécutée sur châssis en bois et fer (n° 40).

Même surface... 15.80   7.90

à 0.50 le mètre...

A l'imposte.

1 verre *idem* hors mesure de 1.52×0.30, vaut... 3.68

Pose de ce verre en travaux neufs $1.52 \times 0.30 = 0.46$ à 1.32 le mètre... 0.62

Ensemble... 4.30

Rives de joints dressées à l'émeri, 38 chaque 0.33, ensemble... 12.54

à 0.75 le mètre linéaire (n° 79 de la Série)... 9.40

A reporter... 112.60

Report... 112.60

Nettoyage de ces verres des deux faces. Porte 8 chaque 1.26×3.33 produit... 3.32

Imposte 1.52×0.30 prod. 0.45

30 fois 1.26×0.33 prod.. 12.47

Ensemble... 16.24

à 2 faces... 32.48

à 0.10 le mètre (n° 91)... 3.25

Ensemble de cette vitrerie... 115.85

Deuxième exemple.

Fig. 177 *bis.*

304. Verres doubles, deuxième choix, hors mesures, pour fourniture seulement.

Châssis verticaux.

15 verres chaque 2.07×0.33 à 8.70 l'un... 130.50

Porte à deux vantaux.

4 verres de chaque 2.07×0.33 à 8.70 l'un... 34.80

Imposte-vasistas.

1 de 1.80×0.30 vaut (*pris dans la feuille* de 1.80×0.33)... 6.54

Pose de verre hors mesure en travaux neufs sur bois;

15 chaque 2.07×0.33 prod. 10.24

4 chaque 2.07×0.33 prod. 2.73

1 de 1.80×0.30 prod. 0.54

Surface... 13.51

à 1.35 le mètre (n° 65 de la Série)... 18.24

Plus-value de vitrerie exécutée sur fer.

Le vasistas d'imposte.

1 verre de 1.80×0.30 prod. 0.54

à 0.50 le mètre (n° 40 Série)... 0.27

Démontage et remontage du vasistas en fer, vaut (n° 87)... 0.60

Par le haut du châssis de devanture, 15 têtes en verre double *idem* des mesures du commerce chaque 0.45×0.33 produit... 2.22

à 7.34 le mètre... 16.29

Nettoyage de ces verres des deux faces.

15 fois 2.07×0.33 produit... 10.24

4 fois 2.07×0.33 produit... 2.73

1 fois 1.80×0.30 produit... 0.54

Têtes 15 chaque 0.45×0.33... 2.22

Ensemble... 15.73

à 2 faces... 31.46

à 0.10 le mètre... 3.15

Total de cette vitrerie... 210.39

Portes.

305. La figure 178 représente une porte à 2 vantaux vitrés à la grecque.

Ces portes se trouvent le plus souvent à l'extrémité d'un passage de porte co-chère donnant sur cour ou jardin ; elles se vitrent de deux façons :

1° En verres blancs et mousselines ;

2° En verres de couleurs et mousse-lines.

Voici les prix de chaque catégorie :

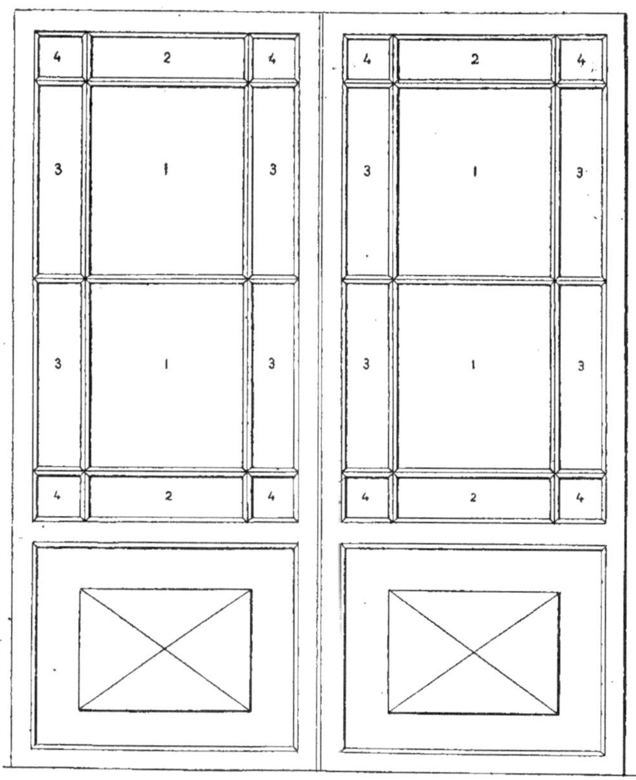

Fig. 178.

Premier exemple.

Légende de la porte.

N° 1. Verres mousselines transparents ;
N°s 2, 3, 4. Verres blancs.

Verre demi-double, 2e choix, fourni et posé en travaux neufs sur châssis en bois.

Parties n° 2.
4 traverses chaque 0.55 × 0.15 produit................ 0.33
Parties n° 3.
8 montants chaque 0.70 × 0.15 produit................ 0.84
Parties n° 4.
8 angles chaque 0.15 × 0.15 produit.................... 0.18
    Ensemble........... 1.35

à 5.76 le mètre superficiel (n° 35 de la Série)............................ 7.66

Plus-value pour vitrerie exécutée par moins de 4 mètres superficiels.

Même surface que ci-dessus produit............ .... 1.35

à 0.65 le mètre   n° 41........... 0.88

Plus-value pour vitrerie exécutée par verres d'un seul volume n'atteignant pas 0.40 à l'équerre.

8 angles chaque 0.15 × 0.15 produit................... 0.18

à 4.50 le mètre (n° 54)............... 0.81

Parties n° 1.

Fourni les verres mousselines demi-doubles transparents, de dessins du commerce.

4 chaque 0.70 × 0.55 à 3.45, l'une............................. 14.80

Pose de verres mousselines en travaux neufs sur châssis en bois par surface de moins de 4 mètres.

4 fois 0.70 × 0.55......... 1.54

à 2.05 le mètre (n° 66).............. 3.15

Avant la pose, pour éviter à l'huile contenue dans le mastic de s'étendre sur la partie mate du verre.

Une couche d'encollage sur la surface de ces verres produit.... 1.54

à 0.15 le mètre (n° 194 Série Peinture)............................ 0.23

Nettoyage de ces verres des deux faces.

4 verres mousselines nettoyés soigneusement à la ponce, à 0.20 l'un... 0.80

20 verres ordinaires à 0.04 la pièce. 0.80

Ensemble de la vitrerie de cette porte...................... 29.13

Deuxième exemple.

Légende.

306. N° 1. Verre mousseline mat sur mat.

N° 2. Verre bleu coloré dans la masse;

N° 3. Verre jaune;

N° 4. Verre rouge.

Verres mousselines demi-doubles mats sur mats, dessins du commerce pour fourniture seulement (*Parties n° 1*).

4 feuilles chaque 0.70×0.55 à 4.25 l'une........................... 17.00

Pose de verres mousselines en travaux neufs sur châssis, en bois, par surface de moins de 4 mètres.

A reporter............... 17.00

Report................... 17.00

4 fois 0.70 × 0.55 .... 1.54

à 2.05 le mètre................... 3.15

Avant la pose pour mêmes raisons qu'au premier exemple. Encollage.

4 fois 0.70 × 0.55......... 1.54

à 0.15 le mètre..................... 0.23

Verre bleu coloré dans la masse demi-double pour fourniture seulement.

Parties n° 2.

4 verres chaque 0.55 × 0.15 produit....................... 0.33

à 8.30 le mètre................... 2.74

Verre jaune pour fourniture.

8 chaque 0.70×0.13 produit.   0.84

à 8.30 le mètre................... 6.97

Verre rouge clair pour fourniture seule.

8 angles chaque 0.15 × 0.15 produit...................... 0.18

à 12.20 le mètre................... 2.20

Pose de tous ces verres de couleurs sur châssis en bois et par surface moindre de 4 mètres en travaux neufs.

4 chaque 0.55×0.15 produit.   0.33

8 chaque 0.70×0.15 produit.   0.84

8 chaque 0.15×0.15 produit.   0.18

Ensemble............. 1.35

à 2.05 le mètre, *comme pose de verre hors mesure*.................... 2.76

Plus-value pour grand risque de casse, à la pose de ces verres, même surface................. 1.35

à 1.00 le mètre.................... 1.35

Plus-value pour pose de verre de moins de 0.40 à l'équerre.

8 fois 0.15 × 0.15 produit.   0.18

à 4.50 le mètre.................... 0.81

Nettoyage de ces verres des 2 faces.

4 mousselines à la ponce à 0.20 l'une 0.80

20 verres de couleurs à 0.05 l'un.... 1.00

Dans le plus grand nombre de cas, les angles de 0.15 × 0.15 sont étoilés en gravure, il y a lieu de les compter chacun pour une somme de 0.75 l'un.. 6.00

Total de cette porte en verre de couleur....................... 45.01

Pour la vitrerie d'une porte à la grecque à un seul vantail, prendre pour base le métrage de la porte à deux vantaux, dans les deux exemples ci-dessus.

La vitrerie des croisées ordinaires et des portes simples est facile à trouver parmi tous les éléments détaillés précédemment ; c'est pourquoi nous n'avons pas cru devoir en parler à cette place.

Observations générales de la vitrerie.

307. Tous les prix de règlement ci-dessus s'appliquent à des travaux qui auront employé au moins la journée d'un ouvrier.

Pour les travaux minimes qui n'auraient pas employé la journée, il sera ajouté à l'ensemble du règlement, pour le dérangement de l'ouvrier, une plus-value de temps à apprécier par l'architecte (observation n° 95 de la Série). Le temps étant apprécié par l'architecte, le métreur ou l'entrepreneur fera bien, en établissant son mémoire, de compter, comme plus-value, à part, *le travail minime de vitrerie ;*

Le temps passé de l'atelier de l'entrepreneur à pied-d'œuvre, et, *vice versa,* le travail terminé.

Toutefois cette plus-value ne sera admise qu'autant que le fait aura été régulièrement constaté (n° 96) ; à ce sujet, il est de toute évidence que le temps passé à se rendre chez le client et à en repartir ne peut être visé par ce dernier article.

308. Les fournitures et ouvrages non compris dans la présente Série, s'ils se trouvent inscrits dans l'une quelconque des Séries de prix édictées par la Société centrale, seront payés aux prix portés auxdites Séries (N° 97).

309. Les articles brevetés ne seront admis que s'ils ont été fournis d'après un ordre spécial de l'architecte (N° 98).

310. Les articles de fabrication dont la marque permettra de connaître l'origine, seront payés suivant les prix des tarifs des fabricants, diminués des remises faites à tout entrepreneur, quelle que soit l'importance de la fourniture et les conditions de paiement ; ces prix nets seront augmentés de 10 0/0 pour bénéfice (N° 99).

311. Les prix des articles non marqués seront évalués par l'architecte (à moins de conventions spéciales) ; l'entrepreneur devra toutefois fournir les renseignements qui lui seraient demandés au sujet de leur origine (N° 100).

312. Avant de passer à la miroiterie,

il nous a paru qu'il était utile de compléter la vitrerie par ses assimilés : *verres spéciaux. — Gravure de verres. — Lettres gravées* sur verre, etc., etc., en raison de leur emploi journalier dans l'industrie et le bâtiment.

Nous avons en première ligne les verres spéciaux des manufactures de glaces de Saint-Gobain, Chauny et Cirey.

Verres spéciaux imprimés de Saint-Gobain.

313. Les verres spéciaux de Saint-Gobain forment un très grand progrès sur les verres striés et à losange ; ils sont d'une blancheur limpide, tamisent l'ardeur des rayons solaires ; d'une épaisseur de 2 1/2 à 4 millimètres, ils décorent d'un effet très agréable la vitrerie des bureaux, portes d'entrées, verandahs, bow-window, antichambres, etc., etc.

Les figures 179 à 189 représentent les onze modèles de verres blancs imprimés de Saint-Gobain actuellement en usage.

Tous ces verres, quel qu'en soit le numéro, valent fournis et posés comme ci-après :

Verres blancs spéciaux de Saint-Gobain fournis et posés

Sur parties verticales en bois ou en fer. Par surface de plus de 4 mètres, y compris risques de casse.

En travaux neufs..   9ᶠ,00 le mètre
En réparation.....   10ᶠ,10   »
Sur combles, en bois ou en fer.
En travaux neufs...   9ᶠ,60 le mètre
En réparation......   11ᶠ,40   »
Par surface de moins de 4 mètres. Sur parties verticales bois ou fer.
En travaux neufs...   9ᶠ,80 le mètre
En réparation......   10ᶠ,40   »
Sur combles en bois ou en fer.
En travaux neufs...   10ᶠ,40 le mètre
En réparation......   12ᶠ,20   »

Ces prix sont moyens et comprennent les transports et la menue manutention à pied-d'œuvre.

Pour toutes les autres plus-values, se reporter aux détails précédemment donnés.

Fig. 179 à 189.

Il existe quelques numéros de ces verres gravés qui sont incrustés.

Le N° 5 (*fig.* 186) est incrusté en jaune ;
» 7 (*fig.* 182)   »   violet ;
» 8 (*fig.* 183)   »   bleu ;
» 9 (*fig.* 184)   »   bleu ;
» 10 (*fig.* 188)   »   jaune.

Le prix de base de ces verres pour fourniture et sans aucune pose est de 24 francs le mètre superficiel.

Toutes poses et plus-values à part.

314. Il existe aussi un verre d'un usage assez répandu, nous voulons parler du verre perforé, dont la figure 190 représente un spécimen.

Ce verre s'emploie très fréquemment comme ventilateur dans les salles d'hôpitaux, écoles, casernes, garde-manger, caves, water-closets, etc., etc.; il a de 4 à 6 millimètres d'épaisseur, et se pose comme toute autre vitrerie, soit avec du mastic, soit à baguette.

Son prix, sans pose, est de 20 francs le mètre superficiel.

Gravure sur verre.

315. Il existe plusieurs façons de gravures sur verre à un, deux ou trois tons, avec ou sans motifs d'attributs professionnels ; ce travail (tout de décoration), qui se fait fréquemment dans toutes les villes, pour les installations de limonadiers, boulangers, coiffeurs, etc., etc., n'est pas tarifé à la Série de la Société centrale des Architectes français ; nous pensons faire œuvre utile en comblant cette lacune, en donnant des modèles de gravures avec prix appropriés à chaque genre de travail.

Les prix ci-dessous sont des prix de gravure seule sans fourniture de verre.

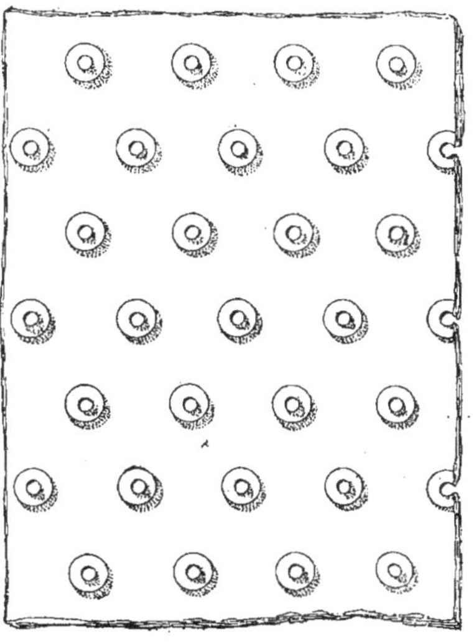

Fig. 190.

Au mètre superficiel.

Figure 191,   8 francs le mètre.
»   192, 10   »   »
»   193, 12   »   »
»   194, 12   »   »
»   195, 14   »   »
»   196, 16   »   »
»   197, 16   »   »
»   198, 16   »   »
»   199, 16   »   »
»   200, 18   »   »

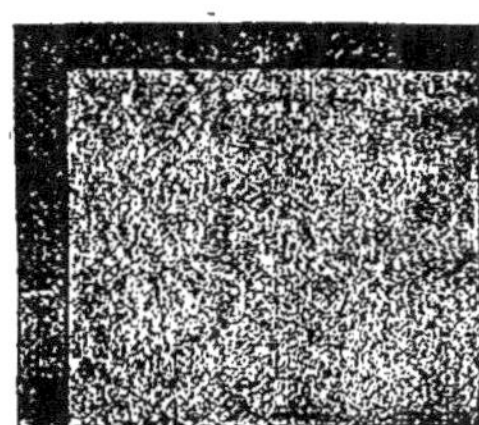  

Fig. 191 à 193.

Fig. 194 à 208.

<table>
<tr><td>Figure 201, 18 francs le mètre.</td></tr>
</table>

Figure	201, 18	francs le mètre.	
»	202, 18	»	»
»	203, 20	»	»
»	204, 20	»	»
»	205, 20	»	»
»	206, 20	»	»
»	207, 25	»	»
»	208, 25	»	»

Pour limonadiers, restaurants (*fig.* 211), 40 francs le mètre superficiel, les lettres en plus;

Pour cafés (*fig.* 212), 40 francs le mètre superficiel;

Pour coiffeurs (*fig.* 213), 45 francs le mètre superficiel, compris bustes et lettres;

Fig. 209.

Fig. 210.

Nous donnons également quelques modèles avec attributs professionnels :

Pour banques (*fig.* 209), 30 francs le mètre superficiel, les lettres comptées en plus;

Pour pharmacies (*fig.* 210), 35 francs le mètre superficiel;

Pour charcuterie, comestibles (*fig.* 214), 45 francs le mètre superficiel, sujet compris;

Pour boulangerie (*fig.* 215), 45 francs le mètre superficiel, lettres en plus;

Pour boulangerie, attributs (*fig.* 216 et 217), 80 francs le mètre superficiel.

Fig. 211 à 214.

Fig. 215 à 217.

Dans tous ces différents modèles, le prix du verre est à compter en plus.

En outre de ces dessins il se fait des travaux de plus en plus artistiques, et dont les prix doivent être débattus de gré à gré avant l'exécution des ouvrages.

Suivant l'usage :

Le prix de la gravure des verres doit être compté en plein, quand bien même elle ne couvrirait pas la surface totale.

Les prix ci-dessus ne se font pas à moins d'une surface minimum de *soixante-quinze centimètres*, tous les verres au-dessous de cette surface doivent être comptés pour 0ᵐ,75 carré.

Les lettres gravées sur verre se comptent à 15 francs le mètre linéaire, faites à un ton, et 30 francs le mètre linéaire, faites en relief ou à plusieurs tons.

Voici terminé l'examen de la Série en ce qui concerne la vitrerie; nous avons fait tout notre possible pour renseigner nos lecteurs dans ces commentaires.

Nous continuons notre tâche par la Série de miroiterie.

MIROITERIE

Prix élémentaires.

316. **Heure de miroitier** (*été et hiver*). Premier ouvrier, 0ᶠ,80 (N° 1 de la Série). Second ouvrier ou aide, 0ᶠ,70 de l'heure (Observation N° 2).

Réserves de la Commission de la Série.

Les prix des salaires varient avec la valeur de l'ouvrier et ne peuvent résulter que *d'un contrat libre entre lui et le patron.*

Les prix portés à la présente Série sont des prix moyens, ayant servi de base pour l'établissement des sous-détails.

Matériaux.

317. **Verres blancs** (dits glaces cathédrales), unis ou sablés, à reliefs rayés ou losangés, épaisseur de 4 à 6 millimètres.

En volumes ayant jusqu'à 3 mètres de longueur ou 0ᵐ,99 de largeur, et ne dépassant pas 2 mètres superficiels.

Déboursés. — 4ᶠ,40 le mètre superficiel (N° 3), à grands losanges, dits verres à vitraux, dans les mesures ci-dessus.

5ᶠ,40 le mètre superficiel (N° 4).

Glaces brutes, ordinaires, pour toitures, pour des volumes de moins de 10 mètres superficiels, de 6 à 8 millimètres d'épaisseur :

7 francs le mètre superficiel (N° 5).

De 10 à 13 millimètres d'épaisseur : 8ᶠ,10 le mètre (N° 6).

Les dimensions sont facturées de 3 en 3 centimètres.

Glaces, non étamées, mais polies aux deux faces (Observation N° 7). Le prix des glaces est basé sur le tarif des glaces des manufactures françaises au 1ᵉʳ janvier 1884; ce tarif sera donné ci-après :

Dalles brutes, unies ou quadrillées, coulées ou moulées ayant moins de 35 millimètres d'épaisseur :

Unies. — 0ᶠ,54 le kilogramme (N° 8).

Quadrillées. — 0ᶠ,63 le kilogramme (N° 9).

Le poids par mètre carré, et par centimètre d'épaisseur, est d'environ 25 kilogrammes.

Les dimensions sont comptées de centimètre en centimètre (Observation N° 10 de la Série).

Pavés en verre, pièces moulées, ou dalles de 35 millimètres d'épaisseur et au dessus :

Déboursés. — 0ᶠ,81 le kilogramme (N° 11).

Noᴛᴀ. — *Les frais de moule sont à la charge de l'acheteur.*

Tous ces prix, depuis la Série de miroiterie et ceux qui vont suivre, émanent de la Série de la Société centrale des Architectes français, édition 1899-1900.

Prix composés.

Observations générales.

318. Les prix de règlement ci-après, établis pour les travaux particuliers exécutés à Paris, sont composés :

1° Des déboursés pour la main d'œuvre et les fournitures ;

2° Des faux frais appliqués à la main d'œuvre seulement ;

3° Des bénéfices appliqués aux prix des fournitures à la main d'œuvre et aux frais.

Pour la miroiterie :

Les faux frais sont fixés à..... 15 0/0
Le bénéfice à................ 10 0/0

Prix de Règlement.

Tous les prix qui vont suivre s'appliquent à des travaux, faits avec des matériaux de première qualité dans l'espèce indiquée, et avec toute la perfection possible d'exécution ; ils comprennent le nettoyage et l'enlèvement de tous résidus provenant du travail exécuté.

Heure de jour. — Eté et hiver, de miroitier seul.

Premier ouvrier....... 1ᶠ,01 (N° 12).
Deuxième ouvrier ou aide   0ᶠ,89 (N° 13).

Aucun travail ne pourra être exécuté à l'heure que sur un ordre écrit, et, dans ce cas, des attachements journaliers constateront le temps passé et les travaux auxquels il aura été employé ; l'entrepreneur devra dresser ses attachements en double, et les faire reconnaître en temps utile (Observation n° 14).

Heures supplémentaires. — Les heures supplémentaires jusqu'à huit heures du soir seront payées le même prix que les heures de jour (Observation n° 15).

Heures de nuit. — Les heures de nuit commenceront à huit heures du soir et finiront à six heures du matin. A défaut de *convention particulière*, les heures de nuit seront payées le double des heures de jour (Observation n° 16).

Travaux faits à la lumière. — En outre des spéculations qui précèdent, il ne sera accordé d'autre plus-value que celle relative aux fournitures d'éclairage déboursées par l'entrepreneur (Observation n° 17).

Pour toutes ces observations du n° 14 au 17 inclus, prière de se reporter à ce qui a été écrit à la Série de peinture, relativement à ces considérations, qui sont les mêmes, et se maintiennent dans toutes les corporations.

Ouvrages divers.

319. *Dalles brutes en glace* unies ou quadrillées, coulées ou moulées.

Poids moyen, 25 kilogrammes par mètre carré et par centimètre d'épaisseur.

Fourniture : unies, le kilogramme 0ᶠ,60 (N° 18).

Fourniture : quadrillées, le kilogramme 0ᶠ,70 (N° 19).

La pose de ces dalles se compte en plus, comme suit :

Pose à bain de mastic ou de ciment, compris contremasticage, à l'échelle ou à l'échafaud, et impression des feuillures au minium.

Jusqu'à 1 mètre de surface ;

De 14 à 19 millimètres d'épaisseur, vaut 7 francs le mètre (N° 20) ;

De 20 à 24 millimètres d'épaisseur, vaut 7ᶠ,50 le mètre (N° 20) ;

De 25 à 29 millimètres d'épaisseur, vaut 8 francs le mètre (N° 20) ;

De 30 à 34 millimètres d'épaisseur, vaut 9 francs le mètre (N° 20).

Lorsque la surface de dalles posées dans le même endroit dépassera 1 mètre superficiel, le prix de pose sera diminué de 3ᶠ,50 par mètre de surface d'excédent (Observation 21).

Les dimensions seront mesurées par centimètre ; toute fraction de centimètre sera comptée pour 1 centimètre (Observation 22).

Pour les dalles de formes irrégulières, la superficie à compter sera celle des rectangles dans lesquels elles pourront être découpées (Observation 23).

Pour les dalles moulées, de forme irrégulière ou de types autres que ceux qui font partie de l'assortiment, et pour des quantités de moins de *cent pièces* du même modèle, les frais du moule seront payés à raison de 2 francs par décimètre superficiel (Observation 24).

Pose de pavés-dalles de 0.12 à 0.16, prix moyen. La pièce 0ʳ,75 (N° 25).

Lorsque la surface des pavés posés dépassera *un mètre superficiel* dans le même endroit, le prix sera réduit à 0ʳ,60 (N° 26)·

Les dalles brutes coulées, des Manufactures françaises de Saint-Gobain, Chauny, Cirey, etc., sont des tables de verre unies ayant plus de 14 millimètres d'épaisseur, servant généralement à l'éclairage des sous-sols, paliers d'escaliers et couloirs de passage ; elles se posent dans des châssis en fer.

On les fabrique couramment jusqu'à *trente-cinq* millimètres d'épaisseur, de toute dimension ; toutefois leur poids total ne dépasse jamais *cinq cents kilogrammes.*

Pour les dalles moulées et à reliefs, la Compagnie de Saint-Gobain exécute tous les dessins qui lui sont fournis.

Mais la dalle quadrillée offre le type le plus courant de ce genre de pièces ; la division au diamant en est facile, suivant les multiples des carrés les composant ; la surface est facile à nettoyer par un balayage, grâce à la division rectiligne des cannelures, ce qui est d'une grande importance pour le passage de la lumière ;

Les dalles quadrillées, carrées ou rectangulaires, dont les dimensions ont été reconnues les plus avantageuses dans la pratique, peuvent varier suivant deux échelles : soit de 3 centimètres en 3 centimètres, soit de 0ᵐ,04 en 0ᵐ,04 et jusqu'à 0ᵐ,60 de côté.

L'épaisseur de ces dalles varie de 20 à 40 millimètres, et son application la plus convenable est de :

20 à 30 millimètres pour les planchers des habitations ordinaires, et 30 à 40 millimètres pour les dallages de lieux de réunion, salles d'attente des gares, banques, monuments publics, etc., etc.

Pavés en verre unis ou quadrillés.

Ces pavés servent à éclairer les sous-sols et les passages fréquentés par les voitures.

Pour la pose des verres à reliefs, glaces brutes, des dalles et des pavés en verre, nous donnons ci-après des indications générales que nous croyons utiles pour la bonne exécution d'un travail.

Verres à relief ou cathédrales.

La face à relief doit se placer du côté où pénètre la lumière.

Ces verres se posent en feuillures, avec masticage, comme il est dit à l'article précédent (Vitrerie).

Pour les châssis **inclinés** se composant de plusieurs feuilles sur la hauteur, les verres sont chevauchés avec un recouvrement de 5 à 8 centimètres, suivant les cas ; et en laissant entre eux un intervalle de quelques millimètres, 4 à 5 environ.

Les feuillures doivent avoir de 25 à 30 millimètres de profondeur.

Pour les châssis *verticaux*, une feuillure de 13 à 15 millimètres est suffisante.

Sur les châssis en fer, la pose se fait au moyen de chevilles, espacées à deux ou trois par mètre linéaire.

Il arrive aussi quelquefois que la pose se fait avec une baguette, en remplacement du mastic (baguette fixée par des vis en fer taraudées dans les feuillures).

Glaces brutes de 10 à 13 millimètres d'épaisseur.

La grande résistance de ces glaces en rend l'emploi économique pour le vitrage des vastes baies, où le verre de moindre épaisseur et les châssis sont d'un entretien onéreux et difficile, ainsi qu'il arrive dans les halles, marchés, les ateliers de produits chimiques, locaux humides, etc.

La pose en doit être faite de façon à mettre ces glaces à l'abri des effets de tassement et du coincement des fers.

Aussi est-il indispensable de laisser un jeu de 15 à 20 millimètres entre la rive supérieure des glaces et les tableaux ou voussures des baies.

Lorsque les glaces doivent être posées dans une feuillure en maçonnerie, il est utile de clouer, dans le fond de la feuillure, une tringle en bois de 10 millimètres d'épaisseur et 15 millimètres de longueur ; puis on place la glace en la faisant reposer à la partie inférieure, sur deux cales en bois de 10 à 15 millimètres, disposées à quelques centimètres des angles, et en laissant un jeu latéral d'au moins 5 millimètres avec la maçonnerie.

On maintient ensuite la glace avec un tasseau ou un couvre-joints en bois de 25 à 30 millimètres de large, fixé par des pattes à scellement dans la maçonnerie.

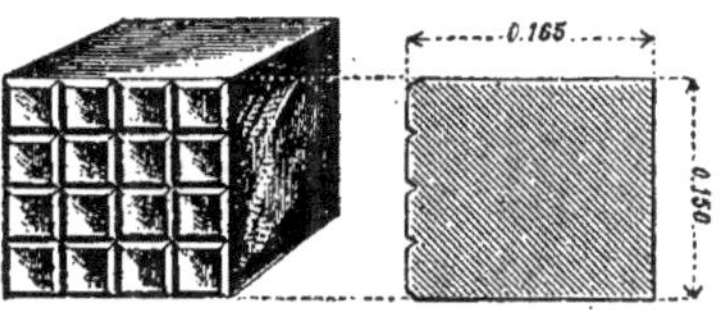

Fig. 218 et 219.

Après la pose, du côté de l'extérieur, le joint inférieur et les joints montants peuvent être calfeutrés, avec du ciment à prise lente ; la partie extérieure doit rester libre.

La pose des glaces s'opère d'une manière semblable dans les constructions en charpente et les montants de divisions en fer à T.

Dalles quadrillées et pavés en verre.

Les dalles se posent dans des châssis en fer avec un jeu de 3 à 4 millimètres au pourtour.

La face sablée des dalles unies doit être placée en dessus.

Pour les dalles quadrillées, la face portant le dessin se met généralement en dessus du châssis, de toute l'épaisseur du relief, c'est-à-dire de 3 à 4 millimètres, à cause du nettoyage.

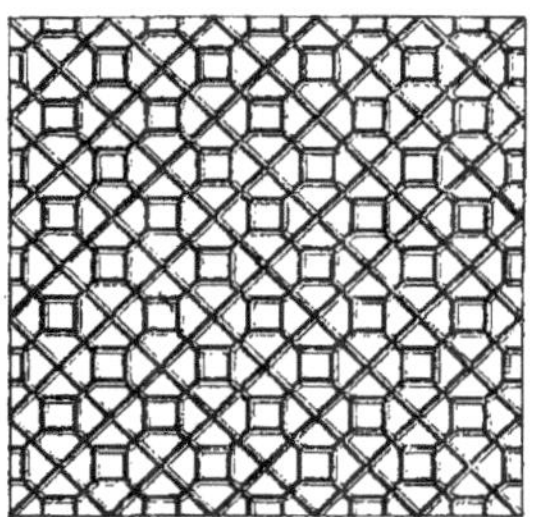

Fig. 220 et 221.

La dalle est au préalable posée de niveau à l'aide des cales minces en bois blanc; puis mastiquée au mastic de vitrier, ou, plus généralement, elle est coulée avec du ciment pour les dallages en plein air, et avec du plâtre (*au fond de la feuillure*) et du ciment (*dans les joints montants*) pour les carrelages abrités.

Le ciment doit être à prise rapide ou lente, suivant que l'on est plus ou moins pressé de mettre le dallage en service.

Les pavés en verre se posent de la même façon que les dalles dans des cases en fer ou en fonte.

Les figures 218 et 219 représentent un pavé en verre à face quadrillée.

Le poids du pavé en verre, comme ci-dessus, ayant 0,15 × 0,15 et d'une hauteur de 0ᵐ,165, est de 9 kilogrammes.

Les figures 220 à 230 représentent les onze modèles fabriqués par la manufacture des glaces de Saint-Gobain, Chauny et Cirey.

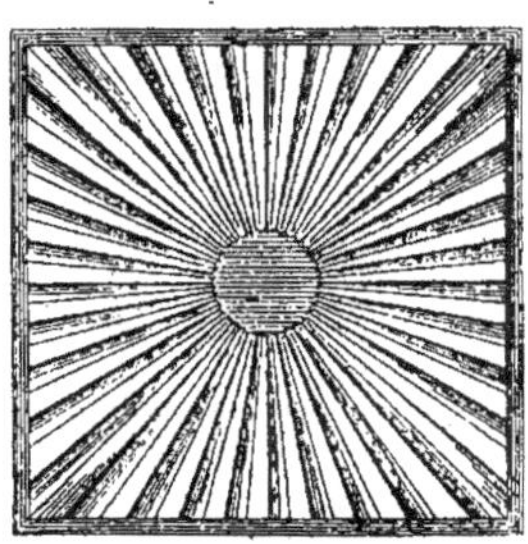

Fig. 222.

320. Voici quelques exemples de métrage de pavage en dalles ou pavés.

Fig. 223 à 230.

Premier exemple.

Métrage d'un châssis horizontal en dalles brutes unies ou quadrillées, coulées ou moulées.

Ledit châssis supposé avoir les dimensions suivantes :

3 mètres de longueur sur 1 mètre de largeur.

Fourniture de dalles en glaces brutes, unies, coulées ou moulées, de 0.034 d'épaisseur.

48 dalles de chaque 0.24 × 0.24 produisant une surface de................... 2m,76
A raison de 25 kilogrammes par mètre carré pour *un* centimètre d'épaisseur.
  Soit : .... 69 kilogs.
Et pour 0.034 d'épaisseur....... 234k,600
à 0f,60 le kilog. No 18 de la Série.. 140f,76
Pose de ces dalles, à bain de mastic ou de ciment, compris contre-masticage, à l'échelle ou à l'échafaud, avec impression des feuillures en minium.
Le premier mètre vaut (No 20 de la Série)...................... 9,00
Excédent de surface, soit : 1m,76 à 5f,50 le mètre (No. 21).......... 9,68

Total de ce châssis en *dalles brutes* 159f,44

2me *exemple. — Même châssis en dalles quadrillées.*

La fourniture de 48 dalles quadrillées de chaque 0.24 × 0.24 et 0.034 d'épaisseur produit............................ 2,76
85 kilogs par mètre carré, soit... 264k,600
à 0f,70 le mètre (No 19)........ 185f,22
La pose comme au premier exemple ci-dessus, soit : 18,68

Total de ce châssis en dalles quadrillées...................... 203f,90

3me *exemple. — Même châssis en pavés de verre.*

Fourniture de 108 pavés en verre 0.15 × 0.15 et 0m,165 de hauteur pesant chacun 9 kilogs, soit ensemble................. 972 kilogs.
A 0f,70 le kilog (No 19).......... 680f,40
Pose desdits de la même façon que les dalles ci-dessus à 0f,60 la pièce (No 26)............. 64,80

Total de ce châssis en pavés de verre...................... 745f,20

321. *Pose de pavés-dalles* de 0,12 à 0,16, prix moyen la pièce 0f,75 (No 25).

Lorsque la surface des pavés posés dépassera *un mètre* superficiel dans le même endroit, le prix sera réduit à 0f,60 le pavé (No 26).

Verres blancs (dits glaces cathédrales), unis ou sablés, à reliefs (rayés ou losangés).

Epaisseur de 4 à 6 millimètres.

Fourniture. — En volumes ayant jusqu'à 3 mètres de longueur, 99 centimètres de largeur, et ne dépassant pas 2 mètres superficiels.

Vaut le mètre carré 4f,85 (No 27).

A grands losanges (dit verre à vitraux) dans les mesures ci-dessus, le mètre carré 5f,95 (No 28).

Au-dessus de ces dimensions, prix à débattre (Observation 29).

Pose. — Comme à la série Vitrerie, articles 65 à 68 (Observation 31).

322. *Glaces brutes pour toitures*, pour fourniture.

Pour les dimensions de moins de dix mètres superficiels.

Epaisseur de 6 à 8 millimètres. — Le mètre superficiel 7f,80 (No 30).

Epaisseur de 10 à 13 millimètres. — Le mètre superficiel, 8f,90 (No 32).

Au-dessus de 10 mètres superficiels. Prix à convenir (Observation 33).

Pose. — La pose des glaces brutes pour toitures se traite de gré à gré, suivant les difficultés d'accès et la hauteur des combles (Observation 34).

Glaces neuves, non étamées, mais polies aux deux faces, y compris coupes droites des manufactures, mentionnées au tarif ci-après, dans les mesures dudit tarif.

Fournies sans défauts au tarif du 1er janvier 1884.

Si les manufactures venaient à publier un nouveau tarif en modifiant les rabais actuels, les prix des glaces suivraient ces modifications (Observation 35).

Il sera fait les rabais suivants sur les prix du tarif.

Glaces de miroiterie. — 1er choix, pas de rabais (Observation 37).

Glaces de miroiterie. — 2e choix, 10 0/0 (Observation 38).

Glaces de vitrage ou 3ᵉ *choix*, 20 0/0 (Observation 39).

Il sera déduit en outre, sur les glaces à vitrage, un rabais de :

10 0/0 sur les volumes dont les prix au tarif sont compris entre 100 et 199 francs (Observation 40).

15 0/0 entre 200 et 299 francs (Observation 41).

20 0/0 à 300 francs et au dessus (Observation 42).

Ces prix seront augmentés par bénéfice de 10 0/0 (N° 43).

Nota. — Les fournisseurs devront justifier de la qualité des glaces par la production de la facture; à défaut de cette justification, les glaces ne seront payées qu'aux prix du *troisième choix* au plus (suivant l'observation 44 de la Série).

Les glaces seront mesurées pour leur mesure réelle, et elles seront payées, suivant les mesures du tarif, de 3 en 3 centimètres (Observation 45).

Celles qui seront demandées à la mesure intermédiaire seront payées à la mesure immédiatement supérieure (N° 46).

Toute glace non revêtue d'une des marques de fabrique indiquées au tarif ci-après subira, sur les prix ci-dessus, les **rabais déduits**, une déduction de 10 à 20 0/0, suivant l'estimation de l'architecte (Observation 47).

Pour reconnaître le choix des glaces employées, nous donnons (*fig.* 231) les

MARQUES DE FABRIQUE DÉPOSÉES

Fig. 231.

marques de fabrique déposées, des manufactures de Saint-Gobain, Chauny et Cirey.

Ces étiquettes doivent être apposées sur les glaces dont elles garantissent le choix et l'origine.

L'étiquette du premier choix est *dorée*.

Celle du deuxième choix est *argentée*.

Celle du troisième choix, communément appelée glace à vitrage, est *blanche*, *bleutée* légèrement.

Le premier choix s'emploie rarement; il est demandé lorsqu'il s'agit de glaces dites à *répétitions*, c'est-à-dire quand deux belles glaces, placées en face l'une de l'autre, réfléchissent un nombre indéfini de fois les objets qui se trouvent entre elles, sans en altérer la forme, les contours et les couleurs.

Ces effets de réflexion multipliés sont utilisés depuis longtemps quand il s'agit de la décoration des édifices somptueux ; ces glaces doivent être un peu plus épaisses que les glaces ordinaires et avoir une planimétrie parfaite.

Il existe une application remarquable de ce dispositif à l'Hôtel de Ville à Paris, au premier étage, dans l'axe et aux deux extrémités du grand escalier d'honneur; où la Compagnie de Saint-Gobain a placé deux grandes glaces rectangulaires argentées des dimensions suivantes : 5ᵐ,73, 2ᵐ,43, soit par glace une superficie de 13ᵐ,92.

Le deuxième choix s'emploie pour les glaces étamées, dans les travaux de luxe.

Le troisième choix, le plus communément employé, est celui qui est aux vitrages des magasins, croisées, etc., sous la dénomination des *glaces nues* ou *en blanc*; elles sont d'une épaisseur variant de 6 à 8 millimètres et pèsent de 15 à 20 kilogrammes par mètre carré.

Il existe de la glace plus mince *dite* N° 3 servant à la vitrerie des baies mobiles (croisées, vasistas, portes Louis XV), qui ont besoin d'une certaine légèreté pour ne pas fatiguer inutilement la menuiserie et la serrurerie.

Ces glaces sont de 4 à 6 millimètres d'épaisseur et ne pèsent que 10 à 15 kilogrammes par mètre carré.

Il existe aussi des glaces N° 4, fabriquées par les manufactures françaises, glaces minces de 2 à 3 millimètres d'épaisseur.

Leur emploi est indiqué pour la miroiterie fine, la photographie, la vitrerie des voitures, les plateaux de machines électriques, etc.

Enfin la Compagnie de Saint-Gobain fabrique des glaces polies, très épaisses, ayant de 10 à 30 millimètres d'épaisseur, appelées *dalles polies*.

Ces dalles polies sont employées, étant donnée leur grande résistance pour la vitrerie des devantures des changeurs, joailliers, orfèvres, pour la construction des aquariums, les hublots de navires, regards d'appareils de cuisson, etc., etc.

323. *Etamage de glaces neuves ou vieilles, compris risques.*

Au mercure et à l'étain, 32 francs 0/0 de la valeur des glaces au tarif de 1884 (*Observation N° 48*).

Ce genre d'étamage disparaît de plus en plus, à cause de l'élévation de son prix et des dangers qu'il présente pour la santé des ouvriers.

Il est du reste avantageusement remplacé par l'étamage à l'argent, qui est sans danger. Les glaces étamées à l'argent résistent mieux à l'action du temps, se déplacent et se transportent plus aisément.

324. *Etamage de glace à l'argent*, comprenant : une couche d'argenture (avec minimum de 0^m,50 par volume), une couche de vernis rouge et une couche de vernis marron vaut 16 0/0 de la valeur des glaces au tarif de 1884 (Observation N° 49).

Il ne sera jamais alloué plus d'une couche d'argenture pour l'étamage des glaces, *le dépôt chimique devant produire un étamage parfait* (Observation N° 50).

Voici quelques précautions à prendre pour la manutention des glaces étamées :

D'abord ne pas oublier que *l'argenture craint beaucoup l'humidité* et, par conséquent, réserver au rangement de ces glaces un emplacement aussi sec que possible et peu exposé aux variations de température; la bande inférieure des glaces, doit être soutenue à quelques centimètres du sol sur des tasseaux en bois essorés et très secs. Eviter autant que possible de mettre les glaces argentées *les unes sur les autres;* en cas d'impossibilité, faute d'emplacement suffisant, que chaque pile contienne des glaces en petite quantité et, pour éviter qu'elles s'appuient les unes sur les autres, mettre à la partie supérieure deux petites cales en bois les séparant les unes des autres.

Lorsque les glaces doivent rester longtemps en magasin, il est utile de remanier les piles de temps à autre, en essuyant la face de chaque glace avec un linge très sec.

Il est indispensable que les glaces argentées soient *posées sur un parquet de bois*, afin de ne pas mettre l'argenture en contact immédiat avec les murs; lorsque les murs sont humides il est utile d'enduire les parquets en bois d'une peinture hydrofuge ou de deux couches de peinture.

Glaces platinées

325. La Série ne prévoit pas ce genre de glaces platinées, qui sont d'un usage assez peu répandu; ces glaces, tout en ayant l'apparence des glaces étamées ordinaires sont transparentes, c'est-à-dire qu'une personne placée derrière une glace platinée, dans l'obscurité, peut apercevoir les objets exposés dans la pièce au-devant de la glace et tout ce qui peut se produire dans cette pièce, sans que sa présence soit soupçonnée.

Le prix de ce platinage est de 25 francs le mètre carré.

326. *Baguettes* (Compris coupes nécessaires) d'onglets ou autres et posé.

En sapin 1/4 de rond, — le mètre linéaire, 0^r,30 (N° 51).

En chêne 1/4 de rond, — le mètre linéaire, 0^r,45 (N° 52).

Pour les volumes de moins de 1 mètre à l'équerre, on ajoutera les coupes d'onglets, comme à la menuiserie.

Voici, à ce sujet, ce que dit la Série de menuiserie.

Plus-value pour coupes d'onglets :

Pour chaque angle à deux coupes ajusté et ragréé, il sera ajouté à la longueur :

Pour *chaque coupe* d'onglet :

En sapin. — 0^m,06 de bois (Menuiserie N° 429).

En chêne. — 0^m,04 de bois (Menuiserie N° 430).

Pour chaque coupe à *faux-onglet* :

En sapin. — 0^m,10 de bois (Menuiserie N° 431).

En chêne. — 0^m,06 de bois (Menuiserie N° 432).

Pour angles circulaires en raccords de cercle, le double de ceux à faux-onglet (N° 433).

Bâtis en sapin au mètre linéaire, comme à la menuiserie (N° 56). Les bâtis sont des encadrements en bois qui servent à éloigner les glaces des murs où elles sont apposées, et destinés à recevoir la moulure cadre formant l'encadrement décoratif.

La Série de Miroiterie nous renvoyant à celle de menuiserie, voici, pour renseigner nos lecteurs, ce que dit cette Série :

Barres-Bâtis assemblées à entailles ou à sifflet jusqu'à un demi-assemblage par mètre linéaire.

Pour fourniture et pose.

En sapin ;

De 0^m,013 d'épaisseur sur 0^m,10 de largeur, 0^f,38 le mètre linéaire ;

De 0^m,018 d'épaisseur sur 0^m,10 de largeur, 0^f,46 le mètre linéaire ;

De 0^m,027 d'épaisseur sur 0^m,10 de largeur, 0^f,55 le mètre linéaire ;

De 0^m,034 d'épaisseur sur 0^m,10 de largeur, 0^f,73 le mètre linéaire ;

Pour chaque centimètre de largeur en plus ou en moins, ajouter ou retrancher au prix initial, en moyenne, 0^f,035.

En chêne :

De 0^m,013 d'épaisseur sur 0^m,10 de largeur, 0^f,63 le mètre linéaire ;

De 0^m,018 d'épaisseur sur 0^m,10 de largeur, 0^f,81 le mètre linéaire ;

De 0^m,27 d'épaisseur sur 0^m,10 de largeur, 0^f,92 le mètre linéaire ;

De 0^m,034 d'épaisseur sur 0^m,10 de largeur, 1^f,13 le mètre linéaire ;

Pour chaque centimètre en plus ou en moins (de largeur), ajouter ou retrancher une moyenne de 0^f,07.

La nomenclature des bâtis va jusqu'à 11 centimètres d'épaisseur ; en nous arrêtant à 0^m,034 d'épaisseur, nous croyons avoir atteint la limite du bois à fournir par le miroitier.

326. Nous donnons ci-après le tarif des glaces les plus usitées, c'est-à-dire les glaces non étamées, troisième choix.

Tarif du prix des glaces non étamées de la manufacture de Saint-Gobain-Chauny, Cirey (1er janvier 1884). Adopté par les manufactures françaises de Recquignies, Jeumont, Aniche et Maubeuge.

GLACES DE TROISIÈME CHOIX

CENTIMÈTRES		PRIX du TARIF brut	VALEUR DE GLACE		SUPERFICIE de CHAQUE GLACE	CENTIMÈTRES		PRIX du TARIF brut	VALEUR DE GLACE		SUPERFICIE de CHAQUE GLACE
HAUTEUR	LARGEUR		RABAIS déduit	BÉNÉFICE compris		HAUTEUR	LARGEUR		RABAIS déduit	BÉNÉFICE compris	
18	6	0.25	0.20	0.22	0.011	21	12	0.60	0.48	0.53	0.025
»	9	0.40	0.32	0.35	0.016	»	15	0.75	0.60	0.66	0.032
»	12	0.55	0.44	0.49	0.022	»	18	0.90	0.72	0.79	0.038
»	15	0.65	0.52	0.57	0.027	»	21	1.10	0.88	0.97	0.014
»	18	0.75	0.60	0.66	0.032						
						24	6	0.35	0.28	0.30	0.014
21	6	0.30	0.24	0.27	0.013	»	9	0.50	0.40	0.44	0.022
»	9	0.45	0.36	0.40	0.019	»	12	0.70	0.56	0.62	0.029

| CENTIMÈTRES | | PRIX du TARIF brut | VALEUR DE GLACE | | SUPERFICIE de CHAQUE GLACE |
HAUTEUR	LARGEUR		RABAIS déduit	BÉNÉFICE compris	
24	15	0.85	0.68	0.75	0.036
»	18	1.05	0.84	0.92	0.043
»	21	1.20	0.96	1.05	0.050
»	24	1.40	1.12	1.24	0.058
27	6	0.40	0.32	0.35	0.010
»	9	0.55	0.44	0.48	0.024
»	12	0.75	0.60	0.66	0.032
»	15	1.00	0.80	0.88	0.041
»	18	1.15	0.92	1.01	0.048
»	21	1.40	1.12	1.23	0.057
»	24	1.60	1.28	1.40	0.065
»	27	1.85	1.48	1.63	0.073
30	6	0.45	0.36	0.40	0.018
»	9	0.65	0.52	0.57	0.027
»	12	0.85	0.68	0.75	0.035
»	15	1.05	0.84	0.92	0.046
»	18	1.30	1.04	1.14	0.054
»	21	1.55	1.24	1.36	0.063
»	24	1.85	1.48	1.62	0.072
»	27	2.05	1.64	1.80	0.081
»	30	2.25	1.80	1.98	0.090
33	6	0.45	0.36	0.40	0.020
»	9	0.70	0.56	0.60	0.030
»	12	0.95	0.76	0.84	0.040
»	15	1.20	0.96	1.05	0.050
»	18	1.45	1.16	1.27	0.060
»	21	1.70	1.36	1.50	0.070
»	24	1.95	1.56	1.70	0.080
»	27	2.20	1.76	1.93	0.090
»	30	2.50	2.00	2.20	0.100
»	33	2.75	2.20	2.42	0.110
36	6	0.50	0.40	0.44	0.022
»	9	0.80	0.64	0.70	0.032
»	12	1.05	0.84	0.92	0.043
»	15	1.30	1.04	1.14	0.054
»	18	1.60	1.28	1.40	0.065
»	21	1.85	1.48	1.62	0.076
»	24	2.15	1.72	1.90	0.086
»	27	2.45	1.96	2.05	0.100
»	30	2.75	2.20	2.42	0.110
»	33	3.05	2.44	2.68	0.120
»	36	3.35	2.68	2.94	0.130
39	6	0.55	0.44	0.48	0.023
»	9	0.85	0.68	0.75	0.035
»	12	1.15	0.92	1.01	0.047
»	15	1.45	1.19	1.27	0.059
»	18	1.75	1.40	1.54	0.070
»	21	2.05	1.64	1.80	0.082
»	24	2.35	1.88	2.07	0.094
»	27	2.70	2.16	2.37	0.105

| CENTIMÈTRES | | PRIX du TARIF brut | VALEUR DE GLACE | | SUPERFICIE de CHAQUE GLACE |
HAUTEUR	LARGEUR		RABAIS déduit	BÉNÉFICE compris	
39	30	3.00	2.40	2.64	0.117
»	33	3.35	2.68	2.95	0.129
»	36	3.70	2.96	3.25	0.140
»	39	4.05	3.24	3.56	0.152
42	6	0.60	0.48	0.53	0.025
»	9	0.90	0.72	0.79	0.038
»	12	1.20	0.96	1.05	0.050
»	15	1.55	1.24	1.36	0.063
»	18	1.95	1.56	1.72	0.076
»	21	2.20	1.76	1.93	0.088
»	24	2.55	2.04	2.24	0.100
»	27	2.90	2.32	2.55	0.113
»	30	3.25	2.60	2.86	0.126
»	33	3.60	2.88	3.16	0.139
»	36	4.00	3.20	3.52	0.151
»	39	4.35	3.48	3.82	0.164
»	42	4.75	3.80	4.18	0.176
45	6	0.65	0.52	0.57	0.027
»	9	0.95	0.76	0.83	0.040
»	12	1.30	1.04	1.14	0.054
»	15	1.65	1.32	1.45	0.068
»	18	2.00	1.60	1.76	0.081
»	21	2.35	1.88	2.07	0.095
»	24	2.75	2.20	2.42	0.108
»	27	3.15	2.52	2.77	0.122
»	30	3.50	2.80	3.08	0.185
»	33	3.90	3.12	3.43	0.149
»	36	4.35	3.48	3.82	0.162
»	39	4.75	3.80	4.18	0.176
»	42	5.10	4.08	4.49	0.189
»	45	5.55	4.40	4.84	0.203
48	6	0.70	0.72	0.79	0.029
»	9	1.05	0.84	0.92	0.039
»	12	1.40	1.12	1.23	0.058
»	15	1.75	1.40	1.54	0.072
»	18	2.15	1.72	1.90	0.086
»	21	2.55	2.04	2.24	0.100
«	24	2.95	2.36	2.60	0.115
»	27	3.35	2.68	2.94	0.130
»	30	3.75	3.00	3.30	0.144
»	33	4.20	3.36	3.70	0.158
»	36	4.65	3.72	4.09	0.173
»	39	5.05	4.04	4.44	0.187
»	42	5.55	4.44	4.88	0.202
»	45	5.95	4.76	5.23	0.216
»	48	6.50	5.20	5.72	0.230
51	6	0.75	0.60	0.66	0.031
»	9	1.10	0.88	0.97	0.046
»	12	1.50	1.20	1.32	0.061
»	15	1.90	1.52	1.67	0.077
»	18	2.30	1.84	2.02	0.092

CENTIMÈTRES		PRIX du TARIF brut	VALEUR DE GLACE		SUPERFICIE de CHAQUE GLACE
HAUTEUR	LARGEUR		RABAIS déduit	BÉNÉFICE compris	
51	21	2.75	2.20	2.42	0.107
»	24	3.15	2.52	2.77	0.122
»	27	3.60	2.88	3.16	0.138
»	30	4.05	3.24	3.56	0.153
»	33	4.50	3.60	3.96	0.168
»	36	4.95	3.96	4.35	0.184
»	39	5.45	4.36	4.80	0.199
»	42	5.95	4.76	5.23	0.214
»	45	6.40	5.12	5.63	0.230
»	48	6.95	5.56	6.12	0.245
»	51	7.50	6.00	6.60	0.260
54	6	0.80	0.64	0.70	0.032
»	9	1.15	0.92	1.00	0.048
»	12	1.60	1.28	1.40	0.065
»	15	2.05	1.64	1.80	0.081
»	18	2.45	1.96	2.15	0.097
»	21	2.90	2.32	2.55	0.113
»	24	3.35	2.68	2.95	0.130
»	27	3.80	3.04	3.35	0.146
»	30	4.35	3.48	3.83	0.162
»	33	4.75	3.80	4.48	0.178
»	36	5.35	4.28	4.70	0.194
»	39	5.85	4.68	5.15	0.211
»	42	6.35	5.08	5.58	0.227
»	45	6.85	5.48	6.03	0.243
»	48	7.40	5.92	6.50	0.259
»	51	7.95	6.36	7.00	0.275
»	54	8.55	6.84	7.52	0.292
57	6	0.85	0.68	0.75	0.034
»	9	1.25	1.00	1.10	0.051
»	12	1.70	1.36	1.50	0.068
»	15	2.15	1.72	1.90	0.085
»	18	2.60	2.08	2.28	0.103
»	21	3.05	2.44	2.66	0.120
»	24	3.55	2.84	3.12	0.137
»	27	4.05	3.24	3.56	0.154
»	30	4.60	3.68	4.05	0.171
»	33	5.10	4.08	4.48	0.188
»	36	5.65	4.52	4.97	0.205
»	39	6.20	4.96	5.45	0.222
»	42	6.75	5.40	5.95	0.239
»	45	7.35	5.88	6.45	0.257
»	48	7.95	6.36	7.00	0.274
»	51	8.55	6.84	7.52	0.291
»	54	9.15	7.32	8.05	0.308
»	57	9.80	7.84	8.62	0.425
60	6	0.85	0.68	0.75	0.036
»	9	1.30	1.04	1.15	0.054
»	12	1.75	1.40	1.55	0.072
»	15	2.25	1.80	1.98	0.090
»	18	2.75	2.20	2.42	0.108
»	21	3.25	2.60	2.85	0.126

CENTIMÈTRES		PRIX du TARIF brut	VALEUR DE GLACE		SUPERFICIE de CHAQUE GLACE
HAUTEUR	LARGEUR		RABAIS déduit	BÉNÉFICE compris	
60	24	3.75	3.00	3.30	0.144
»	27	4.35	3.48	3.83	0.162
»	30	4.85	3.88	4.25	0.180
»	33	5.45	4.36	4.80	0.198
»	36	5.95	4.76	5.24	0.216
»	39	6.60	5.28	5.80	0.234
»	42	7.20	5.76	6.34	0.252
»	45	7.80	6.24	6.85	0.270
»	48	8.40	6.72	7.40	0.288
»	51	9.10	7.28	8.00	0.306
»	54	9.75	7.80	8.58	0.324
»	57	10.45	8.36	9.20	0.342
»	60	11.10	8.88	9.75	0.360
63	6	0.90	0.72	0.80	0.038
»	9	1.40	1.12	1.23	0.057
»	12	1.85	1.48	1.62	0.076
»	15	2.40	1.92	2.11	0.094
»	18	2.90	2.32	2.55	0.113
»	21	3.45	2.76	3.04	0.132
»	24	4.00	3.20	3.52	0.151
»	27	4.60	3.68	4.05	0.170
»	30	5.10	4.08	4.50	0.189
»	33	5.75	4.60	5.06	0.208
»	36	6.35	5.08	5.58	0.227
»	39	6.95	5.56	6.12	0.246
»	42	7.65	6.12	6.73	0.265
»	45	8.25	6.60	7.25	0.283
»	48	8.95	7.16	7.87	0.302
»	51	9.65	7.72	8.50	0.321
»	54	10.40	8.32	9.15	0.340
»	57	11.05	8.84	9.72	0.359
»	60	11.80	9.44	10.38	0.378
»	63	12.55	10.04	11.05	0.397
66	6	0.95	0.76	0.83	0.040
»	9	1.45	1.16	1.27	0.059
»	12	1.95	1.56	1.72	0.079
»	15	2.50	2.00	2.20	0.099
»	18	3.05	2.44	2.68	0.119
»	21	3.60	2.88	3.15	0.139
»	24	4.20	3.36	3.80	0.158
»	27	4.75	3.80	4.18	0.178
»	30	5.45	4.36	4.80	0.198
»	33	6.05	4.84	5.32	0.218
»	36	6.75	5.40	5.95	0.238
»	39	7.35	5.88	6.45	0.257
»	42	8.05	6.44	7.08	0.277
»	45	8.75	7.00	7.70	0.297
»	48	9.50	7.60	8.35	0.317
»	51	10.25	8.20	9.02	0.337
»	54	10.95	8.76	9.63	0.356
»	57	11.75	9.40	10.34	0.376
»	60	12.45	9.96	10.95	0.396
»	63	13.15	10.52	11.57	0.416

CENTIMÈTRES		PRIX du TARIF brut	VALEUR DE GLACE		SUPERFICIE de CHAQUE GLACE
HAUTEUR	LARGEUR		RABAIS déduit	BÉNÉFICE compris	
66	66	13.85	11.08	12.18	0.436
69	6	1.00	0.80	0.88	0.041
»	9	1.55	1.24	1.35	0.062
»	12	2.05	1.64	1.80	0.083
»	15	2.65	2.12	2.33	0.103
»	18	3.20	2.56	2.81	0.124
»	21	3.75	3.00	3.30	0.145
»	24	4.45	3.56	3.90	0.166
»	27	5.05	4.04	4.45	0.186
»	30	5.75	4.60	4.85	0.207
»	33	6.35	5.08	5.58	0.228
»	36	7.05	5.64	6.20	0.248
»	39	7.75	6.20	6.82	0.269
»	42	8.50	6.80	7.48	0.290
»	45	9.30	7.44	8.18	0.310
»	48	10.05	8.04	8.85	0.331
»	51	10.85	8.68	9.54	0.352
»	54	11.60	9.28	10.20	0.373
»	57	12.45	9.96	10.95	0.393
»	60	13.15	10.52	11.57	0.414
»	63	13.85	11.08	12.18	0.435
»	66	14.55	11.64	12.80	0.455
»	69	15.25	12.20	13.42	0.476
72	6	1.05	0.84	0.92	0.043
»	9	1.60	1.28	1.40	0.065
»	12	2.15	1.72	1.90	0.086
»	15	2.75	2.20	2.42	0.108
»	18	3.35	2.68	2.95	0.130
»	21	4.00	3.20	3.52	0.151
»	24	4.65	3.72	4.10	0.173
»	27	5.35	4.28	4.70	0.194
»	30	5.95	4.76	5.23	0.216
»	33	6.75	5.40	5.95	0.238
»	36	7.40	5.92	6.51	0.259
»	39	8.25	6.60	7.26	0.281
»	42	8.95	7.16	7.88	0.302
»	45	9.75	7.80	8.58	0.324
»	48	10.55	8.44	9.28	0.346
»	51	11.35	9.08	9.98	0.367
»	54	12.25	9.80	10.78	0.389
»	57	13.00	10.40	11.44	0.410
»	60	13.75	11.00	12.10	0.432
»	63	14.45	11.56	12.75	0.454
»	66	15.25	12.20	13.42	0.475
»	69	16.00	12.80	14.08	0.497
»	72	16.85	13.48	14.82	0.518
75	6	1.10	0.88	0.95	0.045
»	9	1.65	1.32	1.45	0.067
»	12	2.25	1.80	1.98	0.090
»	15	2.85	2.28	2.50	0.112
»	18	3.50	2.80	3.08	0.135
»	21	4.15	3.32	3.65	0.157

CENTIMÈTRES		PRIX du TARIF brut	VALEUR DE GLACE		SUPERFICIE de CHAQUE GLACE
HAUTEUR	LARGEUR		RABAIS déduit	BÉNÉFICE compris	
75	24	4.85	3.88	4.27	0.180
»	27	5.60	4.48	4.92	0.202
»	30	6.30	5.04	5.55	0.225
»	33	7.05	5.64	6.20	0.247
»	36	7.80	6.24	6.85	0.270
»	39	8.65	6.92	7.60	0.292
»	42	9.40	7.52	8.27	0.315
»	45	10.25	8.20	9.02	0.337
»	48	11.10	8.88	9.75	0.360
»	51	12.00	9.60	10.56	0.382
»	54	12.85	10.28	11.30	0.405
»	57	13.55	10.84	11.92	0.427
»	60	14.35	11.48	12.62	0.450
»	63	15.15	12.12	13.33	0.472
»	66	15.95	12.76	14.04	0.495
»	69	16.85	13.48	14.82	0.517
»	72	17.75	14.20	15.62	0.540
»	75	18.75	15.00	16.50	0.562
78	6	1.15	0.92	1.00	0.047
»	9	1.75	1.40	1.54	0.070
»	12	2.35	1.88	2.06	0.094
»	15	3.00	2.40	2.64	0.117
»	18	3.70	2.93	3.25	0.140
»	21	4.35	3.48	3.82	0.164
»	24	5.05	4.04	4.44	0.187
»	27	5.85	4.68	5.14	0.211
»	30	6.60	5.28	5.80	0.234
»	33	7.35	5.88	6.46	0.257
»	36	8.25	6.60	7.26	0.271
»	39	9.00	7.20	7.92	0.304
»	42	9.85	7.88	8.66	0.328
»	45	10.80	8.64	9.50	0.351
»	48	11.70	9.36	10.30	0.374
»	51	12.55	10.04	11.05	0.398
»	54	13.40	10.72	11.80	0.421
»	57	14.15	11.32	12.45	0.445
»	60	15.00	12.00	13.20	0.468
»	63	15.85	12.68	13.95	0.491
»	66	16.75	13.40	14.74	0.515
»	69	17.65	14.12	15.53	0.538
»	72	18.75	15.00	16.50	0.562
»	75	19.65	15.72	17.30	0.585
»	78	20.65	16.52	18.17	0.608
81	6	1.15	0.92	1.01	0.049
»	9	1.85	1.48	1.63	0.073
»	12	2.45	1.96	2.15	0.097
»	15	3.15	2.52	2.77	0.121
»	18	3.80	3.04	3.35	0.146
»	21	4.60	3.68	4.05	0.170
»	24	5.35	4.28	4.70	0.194
»	27	6.05	4.84	5.32	0.219
»	30	6.90	5.52	6.07	0.243
»	33	7.75	6.20	6.82	0.267

CENTIMÈTRES		PRIX du TARIF brut	VALEUR DE GLACE		SUPERFICIE de CHAQUE GLACE
HAUTEUR	LARGEUR		RABAIS déduit	BÉNÉFICE compris	
81	36	8.55	6.84	7.52	0.292
»	39	9.45	7.56	8.31	0.316
»	42	10.40	8.32	9.20	0.340
»	45	11.30	9.04	9.95	0.364
»	48	12.25	9.80	10.78	0.389
»	51	13.10	10.48	11.53	0.413
»	54	13.90	11.12	12.23	0.437
»	57	14.75	11.80	12.98	0.462
»	60	15.60	12.48	14.72	0.486
»	63	16.60	13.28	14.60	0.510
»	66	17.55	14.04	15.45	0.535
»	69	18.55	14.84	16.32	0.559
»	72	19.65	15.72	17.30	0.583
»	75	20.66	16.52	18.17	0.607
»	78	21.80	17.44	19.18	0.632
»	81	22.85	18.28	20.10	0.656
84	6	1.20	0.96	1.05	0.050
»	9	1.90	1.52	1.67	0.076
»	12	2.55	2.04	2.24	0.100
»	15	3.25	2.60	2.86	0.126
»	18	4.00	3.20	3.52	0.151
»	21	4.75	3.80	4.18	0.176
»	24	5.55	4.44	4.88	0.202
»	27	6.35	5.08	5.58	0.227
»	30	7.20	5.76	6.34	0.252
»	33	8.05	6.44	7.08	0.277
»	36	8.95	7.16	7.87	0.302
»	39	9.85	7.88	8.66	0.328
»	42	10.85	8.68	9.55	0.353
»	45	11.80	9.44	10.38	0.378
»	48	12.75	10.20	11.22	0.403
»	51	13.60	10.88	11.96	0.428
»	54	14.45	11.56	12.71	0.454
»	57	15.35	12.28	13.50	0.479
»	60	16.30	13.04	14.34	0.504
»	63	17.30	13.84	15.22	0.529
»	66	18.35	14.68	16.15	0.554
»	69	19.40	15.52	17.07	0.580
»	72	20.55	16.44	18.10	0.605
»	75	21.65	17.32	18.95	0.630
»	78	22.80	18.24	20.06	0.655
»	81	24.00	19.20	20.12	0.680
»	84	25.15	20.12	22.13	0.706
87	6	1.25	1.00	1.10	0.052
»	9	1.85	1.48	1.62	0.078
»	12	2.65	2.12	2.33	0.104
»	15	3.40	2.72	3.00	0.130
»	18	4.15	3.32	3.65	0.157
»	21	4.95	3.96	4.35	0.183
»	24	5.75	4.60	4.86	0.209
»	27	6.65	5.32	5.85	0.235
»	30	7.55	6.04	6.64	0.261
»	33	8.35	6.68	7.35	0.287

CENTIMÈTRES		PRIX du TARIF brut	VALEUR DE GLACE		SUPERFICIE de CHAQUE GLACE
HAUTEUR	LARGEUR		RABAIS déduit	BÉNÉFICE compris	
87	36	9.35	7.48	8.22	0.314
»	39	10.30	8.24	9.05	0.340
»	42	11.30	9.04	9.95	0.365
»	45	12 35	9.88	10.87	0.391
»	48	13.25	10.60	11.66	0.418
»	51	14.15	11.32	12.45	0.444
»	54	15.05	12.04	13.24	0.470
»	57	15.95	12.76	14.04	0.496
»	60	17.05	13.64	14.80	0.522
»	63	18.05	14.44	15.88	0.548
»	66	19.20	15.36	16.90	0.574
»	69	20.35	16.28	17.70	0.600
»	72	21.50	17.20	18.92	0.626
»	75	22.70	18.16	19.98	0.652
»	78	23.85	19.08	21.00	0.679
»	81	25.10	20.08	22.08	0.705
»	84	26.35	21.08	23.20	0.731
»	87	27.55	22.04	24.24	0.757
90	6	1.30	1.04	1.15	0.054
»	9	2.05	1.64	1.80	0.081
»	12	2.75	2.20	2.42	0.108
»	15	3.50	2.80	3.08	0.135
»	18	4.35	3.48	3.82	0.162
»	21	5.10	4.08	4.48	0.189
»	24	5.95	4.75	5.22	0.216
»	27	6.90	5.52	6.07	0.243
»	30	7.80	6.24	6.86	0.270
»	33	8.75	7.00	7.70	0.297
»	36	9.75	7.80	8.56	0.324
»	39	10.80	8.64	9.50	0.351
»	42	11.85	9.48	10.43	0.378
»	45	12.85	10.28	11.30	0.405
»	48	13.75	11.00	12.10	0.432
»	51	14.65	11.72	12.89	0.459
»	54	15.60	12.48	13.72	0.486
»	57	16.70	13.36	14.70	0.513
»	60	17.75	14.20	15.62	0.540
»	63	18.90	15.12	16.63	0.567
»	66	20.10	16.08	17.68	0.594
»	69	21.25	17.00	18.70	0.621
»	72	22.50	18.00	19.80	0.648
»	75	23.70	18.95	20.85	0.675
»	78	25.00	20.00	22.00	0.702
»	81	26.25	21.00	23.10	0.729
»	84	27.55	22.04	24.24	0.756
»	87	28.90	23.12	25.43	0.783
»	90	30.15	24.12	26.53	0.810
93	6	1.35	1.08	1.19	0.055
»	9	2.10	1.68	1.85	0.084
»	12	2.85	2.28	2.50	0.111
»	15	3.65	2.92	3.21	0.140
»	18	4.45	3.56	3.91	0.167
»	21	5.35	4.48	4.92	0.195

CENTIMÈTRES HAUTEUR	CENTIMÈTRES LARGEUR	PRIX du TARIF brut	VALEUR DE GLACE RABAIS déduit	VALEUR DE GLACE BÉNÉFICE compris	SUPERFICIE de CHAQUE GLACE
93	24	6.25	5.00	5.50	0.223
»	27	7.20	5.76	6.33	0.251
»	30	8.10	6.48	7.12	0.279
»	33	9.10	7.28	8.00	0.307
»	36	10.15	8.12	8.93	0.335
»	39	11.25	9.00	9.90	0.363
»	42	12.35	9.88	10.86	0.391
»	45	13.25	10.60	11.66	0.418
»	48	14.20	11.36	12.50	0.446
»	51	15.20	12.16	13.37	0.474
»	54	16.25	13.00	14.30	0.502
»	57	17.35	13.88	15.26	0.530
»	60	18.50	14.80	16.28	0.558
»	63	19.75	15.80	17.38	0.586
»	66	20.95	16.76	18.41	0.614
»	69	22.20	17.76	19.53	0.642
»	72	23.50	18.80	20.68	0.670
»	75	24.70	19.78	21.76	0.697
»	78	26.05	20.84	22.92	0.725
»	81	27.45	21.96	24.15	0.753
»	84	28.85	23.08	25.38	0.781
»	87	30.15	24.12	26.53	0.809
»	90	31.55	25.24	27.76	0.837
»	93	33.00	26.40	29.04	0.865
96	6	1.40	1.12	1.23	0.057
»	9	2.15	1.72	1.90	0.086
»	12	2.95	2.36	2.60	0.115
»	15	3.75	3.00	3.30	0.144
»	18	4.65	3.72	4.10	0.173
»	21	5.55	4.44	4.88	0.202
»	24	6.50	5.20	5.72	0.230
»	27	7.40	5.92	6.51	0.259
»	30	8.40	6.72	7.39	0.288
»	33	9.50	7.60	8.36	0.317
»	36	10.55	8.44	9.28	0.346
»	39	11.70	9.36	10.30	0.374
»	42	12.75	10.20	11.02	0.413
»	45	13.75	11.00	12.10	0.432
»	48	14.75	11.80	12.98	0.461
»	51	15.75	12.40	13.64	0.490
»	54	16.85	13.48	14.82	0.518
»	57	18.05	14.44	15.88	0.547
»	60	19.25	15.40	16.94	0.576
»	63	20.35	16.44	18.08	0.605
»	66	21.85	17.48	19.20	0.634
»	69	23.15	18.52	20.37	0.662
»	72	24.50	19.60	21.56	0.691
»	75	25.75	20.60	22.66	0.720
»	78	27.15	21.72	23.89	0.749
»	81	28.55	22.84	25.12	0.778
»	84	30.00	24.00	26.40	0.806
»	87	31.50	25.20	27.72	0.835
»	90	33.00	26.40	29.04	0.864
»	93	34.45	27.58	30.33	0.893

CENTIMÈTRES HAUTEUR	CENTIMÈTRES LARGEUR	PRIX du TARIF brut	VALEUR DE GLACE RABAIS déduit	VALEUR DE GLACE BÉNÉFICE compris	SUPERFICIE de CHAQUE GLACE
96	96	36.40	29.12	32.03	0.922
99.	6	1.45	1.16	1.28	0.059
»	9	2.20	1.76	1.94	0.089
»	12	3.05	2.44	2.68	0.119
»	15	3.90	3.12	3.41	0.149
»	18	4.75	3.80	4.18	0.178
»	21	5.75	4.60	5.06	0.208
»	24	6.65	5.32	5.85	0.238
»	27	7.70	6.16	6.77	0.267
»	30	8.75	7.00	7.70	0.297
»	33	9.85	7.88	8.66	0.327
»	36	10.95	8.76	9.63	0.356
»	39	12.15	9.72	10.67	0.386
»	42	13.10	10.48	11.52	0.416
»	45	14.20	11.36	12.50	0.416
»	48	15.25	12.20	13.42	0.475
»	51	16.35	13.08	14.38	0.505
»	54	17.55	14.04	15.44	0.535
»	57	18.80	15.04	16.54	0.564
»	60	20.10	16.08	17.68	0.594
»	63	21.40	17.12	18.83	0.624
»	66	22.70	18.16	19.97	0.653
»	69	24.10	19.28	22.20	0.683
»	72	25.45	20.36	22.40	0.713
»	75	26.90	21.52	23.67	0.743
»	78	28.40	22.72	25.00	0.772
»	81	29.85	23.88	26.26	0.802
»	84	31.35	25.08	27.58	0.832
»	87	32.85	26.28	28.90	0.861
»	90	34.45	27.56	30.31	0.891
»	93	35.90	28.72	31.60	0.921
»	96	37.70	29.16	32.08	0.950
»	99	39.65	31.72	34.90	0.980
102	6	1.50	1.20	1.32	0.061
»	9	2.30	1.84	2.02	0.092
»	12	3.15	2.52	2.77	0.122
»	15	4.05	3.24	3.56	0.153
»	18	5.00	4.00	4.40	0.184
»	21	5.95	4.76	5.22	0.214
»	24	6.95	5.56	6.10	0.245
»	27	8.05	6.44	7.08	0.275
»	30	9.10	7.28	8.00	0.306
»	33	10.25	8.20	9.02	0.337
»	36	11.40	9.12	10.03	0.367
»	39	12.55	10.04	11.04	0.398
»	42	13.55	10.84	11.92	0.428
»	45	14.65	11.72	12.89	0.459
»	48	15.75	12.60	13.86	0.490
»	51	17.05	13.64	15.00	0.520
»	54	18.30	14.64	16.10	0.551
»	57	19.60	15.68	17.24	0.581
»	60	20.90	16.72	18.39	0.612
»	63	22.25	17.80	19.58	0.642

| CENTIMÈTRES | | PRIX du TARIF brut | VALEUR DE GLACE | | SUPERFICIE de CHAQUE GLACE |
HAUTEUR	LARGEUR		RABAIS déduit	BÉNÉFICE compris	
102	66	23.65	18.92	20.81	0.673
»	69	25.05	20.04	22.04	0.704
»	72	26.45	21.96	24.15	0.734
»	75	28.00	22.40	24.64	0.765
»	78	29.45	23.56	25.91	0.796
»	81	31.05	24.84	27.32	0.826
»	84	32.50	26.00	28.60	0.857
»	87	34.20	27.36	30.10	0.887
»	90	35.95	28.76	31.63	0.918
»	93	37.35	29.88	32.86	0.949
»	96	39.00	31.20	34.32	0.979
»	99	40.95	32.76	36.04	1.009
»	102	45.95	36.76	40.43	1.040
105	6	1.55	1.24	1.36	0.063
»	9	2.40	1.92	2.11	0.093
»	12	3.25	2.60	2.86	0.126
»	15	4.15	3.32	3.65	0.157
»	18	5.10	4.08	4.49	0.189
»	21	6.15	4.92	5.41	0.220
»	24	7.20	5.76	6.33	0.252
»	27	8.25	6.60	7.26	0.283
»	30	9.40	7.52	8.27	0.315
»	33	10.55	8.44	9.28	0.346
»	36	11.80	9.44	10.38	0.378
»	39	12.95	10.36	11.40	0.409
»	42	14.05	11.24	12.36	0.441
»	45	15.15	12.12	13.33	0.472
»	48	16.30	13.04	14.34	0.504
»	51	17.60	14.08	15.49	0.535
»	54	18.90	15.12	16.63	0.567
»	57	20.25	16.20	17.82	0.598
»	60	21.65	17.32	19.05	0.630
»	63	23.10	18.48	20.33	0.641
»	66	24.55	19.64	21.60	0.693
»	69	26.05	20.84	22.92	0.724
»	72	27.55	22.04	24.24	0.756
»	75	29.05	23.24	25.56	0.787
»	78	30.65	24.52	26.97	0.819
»	81	32.35	25.88	28.45	0.850
»	84	33.80	27.04	29.74	0.882
»	87	35.55	27.44	30.18	0.913
»	90	37.35	29.88	32.86	0.945
»	93	38.85	31.08	34.18	0.976
»	96	40.95	32.76	36.03	1.008
»	99	42.25	33.80	37.18	1.038
»	102	43.35	34.68	38.15	1.071
»	105	45.95	36.76	40.43	1.102
108	6	1.60	1.28	1.41	0.065
»	9	2.45	1.96	2.16	0.097
»	12	3.35	2.68	2.95	0.130
»	15	4.35	3.48	3.83	0.162
»	18	5.35	4.28	3.71	0.194
»	21	6.35	5.08	5.59	0.227

| CENTIMÈTRES | | PRIX du TARIF brut | VALEUR DE GLACE | | SUPERFICIE de CHAQUE GLACE |
HAUTEUR	LARGEUR		RABAIS déduit	BÉNÉFICE compris	
108	24	7.40	5.92	6.51	0.259
»	27	8.55	6.84	7.52	0.292
»	30	9.75	7.96	8.76	0.324
»	33	10.95	8.76	9.64	0.356
»	36	12.25	9.80	10.78	0.389
»	39	13.40	10.72	11.79	0.421
»	42	14.45	11.56	12.72	0.454
»	45	15.60	12.48	13.73	0.486
»	48	16.85	13.48	14.83	0.518
»	51	18.30	14.64	16.10	0.551
»	54	19.65	15.72	17.29	0.583
»	57	21.05	16.84	18.52	0.616
»	60	22.45	17.96	19.76	0.648
»	63	24.00	19.20	21.12	0.681
»	66	25.45	20.36	22.39	0.713
»	69	27.00	21.60	23.76	0.745
»	72	28.55	22.84	25.12	0.778
»	75	30.15	24.12	26.53	0.810
»	78	31.90	25.52	28.07	0.842
»	81	33.70	26.96	29.66	0.875
»	84	35.10	28.08	30.89	0.907
»	87	36.95	29.56	32.52	0.940
»	90	38.80	31.04	34.14	0.972
»	93	40.30	32.24	35.46	1.004
»	96	42.25	33.80	37.18	1.037
»	99	43.35	34.68	38.15	1.069
»	102	45.05	36.04	39.64	1.101
»	105	46.80	37.44	41.18	1.134
»	108	48.55	38.84	42.72	1.166
111	6	1.65	1.32	1.45	0.067
»	9	2.50	2.00	2.20	0.100
»	12	3.45	2.76	3.04	0.133
»	15	4.45	3.36	3.92	0.165
»	18	5.45	4.36	4.80	0.200
»	21	6.60	5.28	5.81	0.233
»	24	7.65	6.12	6.73	0.266
»	27	8.85	7.08	7.79	0.300
»	30	10.10	8.08	8.89	0.333
»	33	11.35	9.08	9.99	0.366
»	36	12.60	10.08	11.09	0.400
»	39	13.75	11.00	12.10	0.433
»	42	14.90	11.92	13.11	0.466
»	45	16.05	12.84	14.12	0.499
»	48	17.50	14.00	15.40	0.533
»	51	18.85	15.08	16.59	0.566
»	54	20.25	16.20	17.82	0.599
»	57	21.80	17.44	19.18	0.633
»	60	23.25	18.60	20.46	0.666
»	63	24.80	19.84	21.82	0.699
»	66	26.45	21.16	23.28	0.733
»	69	28.05	22.44	24.68	0.766
»	72	29.60	23.68	26.05	0.799
»	75	31.45	25.16	27.68	0.833
»	78	33.15	26.52	29.17	0.866

| CENTIMÈTRES | | PRIX du TARIF brut | VALEUR DE GLACE | | SUPERFICIE de CHAQUE GLACE |
HAUTEUR	LARGEUR		RABAIS déduit	BÉNÉFICE compris	
111	81	35.00	28.00	30.80	0.909
»	84	36.40	29.12	32.03	0.932
»	87	38.25	30.60	33.66	0.966
»	90	40.30	32.24	34.46	0.999
»	93	41.60	33.28	36.61	1.032
»	96	43.35	34.68	38.15	1.066
»	99	45.05	36.04	39.64	1.099
»	102	46.80	37.44	41.18	1.132
»	105	48.55	38.84	42.72	1.165
»	108	50.25	40.20	44.22	1.199
»	111	51.15	40.92	45.01	1.232
114	6	1.70	1.36	1.50	0.068
»	9	2.60	2.08	2.29	0.103
»	12	3.55	2.84	3.12	0.137
»	15	4.60	3.68	4.05	0.171
»	18	5.65	4.52	4.97	0.205
»	21	6.75	5.40	5.94	0.239
»	24	7.95	6.36	7.00	0.274
»	27	9.15	7.32	8.05	0.308
»	30	10.45	8.36	9.20	9.342
»	33	11.75	9.40	10.34	0.376
»	36	13.00	10.40	11.44	0.410
»	39	14.15	11.32	12.45	0.445
»	42	15.35	12.28	13.51	0.479
»	45	16.70	13.36	14.70	0.513
»	48	18.05	14.44	15.88	0.547
»	51	19.60	15.68	17.25	0.581
»	54	21.05	16.84	18.52	0.616
»	57	22.50	18.00	19.80	0.650
»	60	24.15	19.32	21.25	0.684
»	63	25.70	20.56	22.62	0.718
»	66	27.40	21.92	24.11	0.752
»	69	29.05	23.24	25.56	0.787
»	72	30.60	24.48	26.93	0.819
»	75	32.50	26.00	28.60	0.855
»	78	34.45	27.56	30.32	0.889
»	81	36.35	29.08	31.99	0.923
»	84	37.70	30.36	33.40	0.958
»	87	39.60	31.68	34.85	0.992
»	90	41.60	33.28	36.61	1.026
»	93	42.90	34.32	37.75	1.060
»	96	45.05	36.04	39.64	1.094
»	99	45.95	36.76	40.44	1.129
»	102	48.55	38.84	42.72	1.163
»	105	50.25	40.20	44.22	1.197
»	108	51.15	40.92	45.01	1.231
»	111	53.75	43.00	47.30	1.265
»	114	54.60	43.68	48.05	1.300
117	6	1.75	1.40	1.54	0.076
»	9	2.70	2.16	2.38	0.105
»	12	3.70	2.96	3.26	0.140
»	15	4.75	3.80	4.18	0.175
»	18	5.85	4.68	5.15	0.211

| CENTIMÈTRES | | PRIX du TARIF brut | VALEUR DE GLACE | | SUPERFICIE de CHAQUE GLACE |
HAUTEUR	LARGEUR		RABAIS déduit	BÉNÉFICE compris	
117	21	6.95	5.56	6.12	0.246
»	24	8.25	6.60	7.26	0.281
»	27	9.45	7.56	8.32	0.316
»	30	10.80	8.64	9.50	0.351
»	33	12.15	9.72	10.69	0.386
»	36	13.40	10.72	11.79	0.422
»	39	14.55	11.64	12.80	0.467
»	42	15.85	12.68	13.95	0.491
»	45	17.20	13.76	15.14	0.527
»	48	18.75	15.00	16.50	0.562
»	51	20.20	16.16	17.78	0.597
»	54	21.80	17.44	19.18	0.632
»	57	23.30	18.64	20.50	0.667
»	60	25.00	20.00	22.00	0.702
»	63	26.60	21.28	23.41	0.737
»	66	28.40	22.72	24.99	0.772
»	69	30.05	24.04	26.44	0.807
»	72	31.70	25.36	27.90	0.842
»	75	33.80	27.04	29.74	0.878
»	78	35.75	28.60	31.46	0.913
»	81	37.70	30.16	33.18	0.948
»	84	39.65	31.72	34.89	0.982
»	87	40.85	32.68	35.95	1.018
»	90	42.90	34.32	37.75	1.053
»	93	44.20	35.36	38.90	1.088
»	96	45.95	36.76	40.44	1.123
»	99	47.70	38.16	41.98	1.158
»	102	49.40	39.52	43.47	1 193
»	105	51.15	40.92	45.01	1.229
»	108	53.85	43.08	47.39	1.264
»	111	54.60	43.68	48.05	1.299
»	114	56.35	45.08	49.59	1.334
»	117	58.05	46.44	51.08	1.369
120	6	1.80	1.44	1.58	0.072
»	9	2.75	2.20	2.42	0.108
»	12	3.75	3.00	3.30	0.144
»	15	4.85	3.88	4.27	0.180
»	18	5.95	4.76	5.24	0.216
»	21	7.20	5.76	6.34	0.252
»	24	8.40	6.72	7.39	0.288
»	27	9.75	7.80	8.58	0.324
»	30	11.10	8.88	9.77	0.360
»	33	12.45	9.96	10.96	0.396
»	36	13.85	11.08	12.19	0.432
»	39	15.00	12.00	13.20	0.468
»	42	16.30	13.04	14.34	0.504
»	45	17.75	14.20	15.62	0.540
»	48	19.30	15.44	16.98	0.576
»	51	20.90	16.72	18.39	0.612
»	54	22.45	17.96	19.76	0.648
»	57	24.15	19.32	21.25	0.684
»	60	25.75	20.60	22.66	0.720
»	63	27.55	32.04	24.24	0.756
»	66	29.35	23.48	25.83	0.792

CENTIMÈTRES		PRIX du TARIF brut	VALEUR DE GLACE		SUPERFICIE de CHAQUE GLACE
HAUTEUR	LARGEUR		RABAIS déduit	BÉNÉFICE compris	
120	69	31.05	24.84	27.32	0.828
»	72	32.75	26.20	28.82	0.864
»	75	35.10	28.08	30.89	0.900
»	78	37.05	29.64	32.60	0.936
»	81	39.00	31.20	34.32	0.972
»	84	40.30	32.24	35.46	1.008
»	87	42.10	33.68	37.05	1.044
»	90	44.20	35.36	38.90	1.080
»	93	45.95	36.76	40.44	1.116
»	96	47.65	38.12	41.93	1.152
»	99	49.40	39.52	43.47	1.188
»	102	51.15	40.92	45.01	1.224
»	105	52.85	42.28	46.51	1.260
»	108	54.60	43.68	48.05	1.296
»	111	56.35	45.08	49.59	1.332
»	114	58.05	46.44	51.08	1.368
»	117	59.80	47.84	52.62	1.404
»	120	62.40	49.92	54.91	1.440
123	6	1.85	1.48	1.63	0.074
»	9	2.85	2.28	2.51	0.111
»	12	3.85	3.08	3.39	0.148
»	15	5.00	4.00	4.40	0.184
»	18	6.20	4.96	5.46	0.221
»	21	7.35	5.88	6.47	0.258
»	24	8.70	6.96	7.66	0.295
»	27	10.10	8.08	8.89	0.332
»	30	11.45	9.16	10.08	0.369
»	33	12.85	10.28	11.31	0.406
»	36	14.15	11.32	12.45	0.443
»	39	15.40	12.32	13.55	0.480
»	42	16.80	13.44	14.78	0.517
»	45	18.35	14.68	16.15	0.554
»	48	19.95	15.96	17.56	0.590
»	51	21.55	17.24	18.96	0.627
»	54	23.25	18.60	20.46	0.664
»	57	24.95	19.96	21.96	0.701
»	60	26.60	21.28	23.41	0.738
»	63	28.45	22.76	25.04	0.775
»	66	30.35	24.28	26.71	0.812
»	69	32.15	25.72	28.29	0.849
»	72	33.80	27.04	29.74	0.886
»	75	36.40	29.12	32.03	0.913
»	78	38.35	30.68	33.75	0.959
»	81	40.30	32.24	35.46	0.996
»	84	41.60	33.28	36.61	1.033
»	87	43.35	34.68	38.15	1.070
»	90	45.95	36.76	40.44	1.107
»	93	47.65	38.12	41.93	1.144
»	96	48.55	38.84	42.72	1.181
»	99	51.15	40.92	45.01	1.218
»	102	52.85	42.28	46.51	1.255
»	105	54.60	43.68	48.05	1.292
»	108	56.35	45.08	49.59	1.328
»	111	58.05	46.44	51.08	1.365

CENTIMÈTRES		PRIX du TARIF brut	VALEUR DE GLACE		SUPERFICIE de CHAQUE GLACE
HAUTEUR	LARGEUR		RABAIS déduit	BÉNÉFICE compris	
123	114	59.80	47.84	52.62	1.402
»	117	62.40	49.92	54.91	1.439
»	120	64.15	51.32	56.45	1.476
»	123	66.65	53.32	58.65	1.513
126	6	1.85	1.48	1.63	0.076
»	9	2.90	2.32	2.55	0.113
»	12	4.00	3.20	3.52	0.151
»	15	5.10	4.08	4.48	0.189
»	18	6.35	5.08	5.58	0.227
»	21	7.65	6.12	6.73	0.265
»	24	8.95	7.16	7.87	0.302
»	27	10.40	8.32	9.15	0.340
»	30	11.80	9.44	10.38	0.378
»	33	13.15	10.52	11.57	0.416
»	36	14.45	11.56	12.71	0.454
»	39	15.85	12.68	13.95	0.491
»	42	17.30	13.84	15.22	0.529
»	45	18.90	15.12	16.63	0.567
»	48	20.55	16.44	18.08	0.605
»	51	22.25	17.80	19.58	0.643
»	54	24.00	19.20	21.12	0.680
»	57	25.70	20.56	22.61	0.714
»	60	27.50	22.00	24.20	0.756
»	63	29.45	23.54	25.89	0.794
»	66	31.35	25.08	27.58	0.832
»	69	33.15	26.52	29.17	0.869
»	72	35.10	28.08	30.88	0.907
»	75	37.05	29.64	32.60	0.945
»	78	39.30	31.44	34.58	0.983
»	81	41.60	33.28	36.60	1.021
»	84	42.90	34.32	37.75	1.058
»	87	45.05	36.04	39.64	1.096
»	90	46.95	37.56	41.31	1.034
»	93	48.55	38.84	42.72	1.072
»	96	50.35	40.28	44.30	1.110
»	99	52.00	41.60	45.76	1.247
»	102	53.75	43.00	47.30	1.285
»	105	56.35	45.08	49.58	1.323
»	108	58.05	46.44	51.08	1.361
»	111	59.80	47.84	52.62	1.399
»	114	61.55	49.24	54.16	1.436
»	117	64.15	51.32	56.45	1.474
»	120	66.65	53.32	58.65	1.512
»	123	68.65	54.92	60.42	1.551
»	126	70.00	56.00	61.60	1.588
129	6	1.90	1.52	1.67	0.077
»	9	2.95	2.36	2.60	0.116
»	12	4.05	3.24	3.56	0.155
»	15	5.30	4.24	4.66	0.194
»	18	6.55	5.24	5.76	0.232
»	21	7.90	6.32	6.95	0.271
»	24	9.20	7.36	8.10	0.309
»	27	10.65	8.52	9.37	0.348

CENTIMÈTRES		PRIX du TARIF brut	VALEUR DE GLACE		SUPERFICIE de CHAQUE GLACE	CENTIMÈTRES		PRIX du TARIF brut	VALEUR DE GLACE		SUPERFICIE de CHAQUE GLACE
HAUTEUR	LARGEUR		RABAIS déduit	BÉNÉFICE compris		HAUTEUR	LARGEUR		RABAIS déduit	BÉNÉFICE compris	
129	30	12.15	9.72	10.69	0.387	132	66	33.45	26.52	29.17	0.871
»	33	13.55	10.84	11.92	0.426	»	69	35.35	28.28	31.11	0.911
»	36	14.85	11.88	13.07	0.464	»	72	37.70	30.16	33.18	0.949
»	39	16.30	13.04	14.34	0.503	»	75	39.65	31.72	34.89	0.990
»	42	17.90	14.32	15.75	0.542	»	78	41.60	33.28	36.61	1.030
»	45	19.55	15.64	17.20	0.581	»	81	43.35	34.68	38.15	1.069
»	48	21.15	16.92	18.61	0.619	»	84	45.15	36.76	40.44	1.109
»	51	22.85	18.28	20.11	0.658	»	87	47.65	38.12	41.93	1.148
»	54	24.65	19.72	21.69	0.697	»	90	49.40	39.52	43.47	1.188
»	57	26.55	21.24	23.36	0.735	»	93	51.15	40.92	45.01	1.228
»	60	28.45	22.76	25.04	0.774	»	96	53.75	43.00	47.30	1.267
»	63	30.35	24.28	26.71	0.813	»	99	55.45	44.36	48.80	1.307
»	66	32.35	25.88	28.47	0.851	»	102	57.20	45.76	50.34	1.346
»	69	34.45	28.56	31.42	0.890	»	105	58.95	47.16	51.88	1.386
»	72	36.40	29.12	32.03	0.929	»	108	61.55	49.24	54.16	1.426
»	75	38.35	30.68	33.75	0.968	»	111	64.15	51.32	56.45	1.465
»	78	40.40	32.32	35.55	1.006	»	114	65.85	52.68	57.95	1.505
»	81	42.25	33.80	37.18	1.045	»	117	67.35	53.88	59.27	1.544
»	84	44.20	35.36	38.90	1.084	»	120	70.00	56.00	61.60	1.584
»	87	45.95	36.76	40.44	1.122	»	123	72.00	57.60	63.36	1.624
»	90	48.00	38.84	39.42	1.161	»	126	74.65	59.72	65.69	1.663
»	93	50.25	40.20	44.22	1.200	»	129	77.35	61.88	68.07	1.703
»	96	52.00	41.60	45.76	1.238	»	132	78.65	62.92	69.21	1.742
»	99	53.75	43.00	47.30	1.277						
»	102	55.75	44.60	49.06	1.316	135	6	2.05	1.64	1.80	0.081
»	105	58.05	46.64	51.30	1.355	»	9	3.15	2.52	2.77	0.121
»	108	59.80	47.84	52.62	1.393	»	12	4.35	3.48	2.83	0.162
»	111	61.55	49.24	54.16	1.432	»	15	5.60	4.48	4.93	0.202
»	114	64.15	51.32	56.45	1.471	»	18	6.90	5.52	6.07	0.243
»	117	65.85	52.68	57.95	1.510	»	21	8.25	6.60	7.26	0.283
»	120	67.35	53.88	59.27	1.548	»	24	9.75	7.80	8.58	0.324
»	123	70.00	56.00	61.60	1.587	»	27	11.30	9.04	9.94	0.365
»	126	72.00	57.60	63.36	1.625	»	30	12.85	10.28	11.31	0.405
»	129	74.65	59.72	65.69	1.664	»	33	14.20	11.36	12.50	0.445
						»	36	15.60	12.48	13.73	0.486
132	6	1.95	1.56	1.72	0.079	»	39	17.20	13.76	15.14	0.527
»	9	3.05	2.44	2.68	0.119	»	42	18.90	15.12	16.63	0.567
»	12	4.20	3.36	3.70	0.158	»	45	20.65	16.52	18.17	0.607
»	15	5.45	4.36	4.80	0.198	»	48	22.45	17.96	19.76	0.648
»	18	6.65	5.32	5.85	0.238	»	51	24.25	19.40	21.34	0.689
»	21	8.05	6.44	7.08	0.277	»	54	26.25	21.00	23.10	0.729
»	24	9.50	7.60	8.36	0.316	»	57	28.15	22.52	24.77	0.770
»	27	10.95	8.76	9.64	0.356	»	60	30.15	24.12	26.53	0.810
»	30	12.45	9.96	10.96	0.396	»	63	32.35	25.88	28.47	0.850
»	33	13.85	11.08	12.19	0.436	»	66	34.45	28.56	31.42	0.891
»	36	15.20	12.16	13.38	0.475	»	69	36.40	29.12	32.03	0.932
»	39	16.75	13.40	14.74	0.515	»	72	39.00	31.20	34.32	0.972
»	42	18.35	14.68	16.15	0.554	»	75	40.95	32.76	35.04	1.013
»	45	20.10	16.08	17.69	0.594	»	78	42.90	34.32	37.75	1.053
»	48	21.85	17.48	19.23	0.634	»	81	45.05	36.04	39.64	1.093
»	51	23.65	18.92	20.81	0.673	»	84	46.95	37.56	41.32	1.134
»	54	25.45	20.36	22.40	0.713	»	87	48.55	38.84	42.72	1.174
»	57	27.40	21.92	23.11	0.752	»	90	50.60	40.48	44.53	1.215
»	60	29.35	23.48	25.83	0.792	»	93	52.85	42.28	46.51	1.255
»	63	31.35	25.08	27.59	0.832	»	96	54.60	43.68	48.05	1.296

CENTIMÈTRES HAUTEUR	CENTIMÈTRES LARGEUR	PRIX du TARIF brut	VALEUR DE GLACE RABAIS déduit	VALEUR DE GLACE BÉNÉFICE compris	SUPERFICIE de CHAQUE GLACE
135	99	56.35	45.08	49.59	1.337
»	102	58.95	47.16	51.88	1.377
»	105	61.55	49.24	54.10	1.418
»	108	63.25	50.60	55.66	1.458
»	111	65.00	52.00	57.20	1.499
»	114	67.35	53.88	59.27	1.539
»	117	69.35	55.48	61.03	1.579
»	120	72.00	57.60	63.36	1.620
»	123	74.65	59.72	65.69	1.660
»	126	77.35	61.88	68.07	1.701
»	129	78.65	62.92	69.21	1.742
»	132	81.35	65.08	71.59	1.782
»	135	83.35	66.68	73.35	1.823
138	6	2.05	1.64	1.80	0.083
»	9	3.20	2.56	2.82	0.124
»	12	4.45	3.56	3.92	0.166
»	15	5.65	5.52	6.07	0.207
»	18	7.05	5.64	6.20	0.248
»	21	8.50	6.80	7.48	0.290
»	24	10.05	8.04	8.84	0.331
»	27	11.60	9.28	10.21	0.373
»	30	13.15	10.52	11.57	0.414
»	33	14.55	11.64	12.80	0.455
»	36	16.00	12.80	14.08	0.497
»	39	17.65	14.12	15.53	0.538
»	42	19.40	15.52	17.07	0.580
»	45	21.25	17.00	18.70	0.621
»	48	23.15	18.52	20.37	0.662
»	51	25.05	20.04	22.04	0.704
»	54	27.00	21.60	23.76	0.745
»	57	29.05	23.24	25.56	0.787
»	60	31.05	24.84	27.32	0.828
»	63	33.15	26.52	29.17	0.869
»	66	35.35	28.28	31.11	0.911
»	69	37.70	30.16	33.18	0.952
»	72	39.95	31 96	35.16	0.994
»	75	42.25	33.80	37.18	1.035
»	78	44.20	35.36	38.90	1.076
»	81	45.95	36.76	40.44	1.118
»	84	47.90	38.32	42.15	1.159
»	87	50.25	40.20	44.22	1.201
»	90	52.00	41.60	45.76	1.242
»	93	53.75	43.00	47.30	1.283
»	96	56.35	45.08	49.59	1.325
»	99	58.95	47.16	51.88	1.364
»	102	60.60	48.48	53.33	1.407
»	105	62.40	49.92	54.91	1.449
»	108	65.00	52.00	57.20	1.490
»	111	66.55	53.24	58.56	1.532
»	114	69.35	55.48	61.03	1.574
»	117	72.00	57.60	63.36	1.615
»	120	74.65	59.72	65.69	1.656
»	123	76.00	60.80	66.88	1.697
»	126	78.65	62.92	69.21	1.739

CENTIMÈTRES HAUTEUR	CENTIMÈTRES LARGEUR	PRIX du TARIF brut	VALEUR DE GLACE RABAIS déduit	VALEUR DE GLACE BÉNÉFICE compris	SUPERFICIE de CHAQUE GLACE
138	129	80.85	64 68	71.15	1.780
»	132	83.35	66.68	73.35	1.822
»	135	86.00	68.80	75.68	1.863
»	138	87.35	69.88	76.87	1.904
141	6	2.10	1.68	1.85	0.084
»	9	3.30	2.64	2.90	0.127
»	12	4.50	3.60	3.96	0.169
»	15	5.85	4.68	5.15	0.211
»	18	7.25	5.80	6.38	0.254
»	21	8.70	6.96	7.66	0.296
»	24	10.25	8.20	9.02	0.338
»	27	11.95	9.56	10.52	0.381
»	30	13.45	10.76	11.84	0.423
»	33	14.85	11.88	13.07	0.465
»	36	16.45	13.16	14.48	0.508
»	39	18.15	14.52	15.97	0.550
»	42	20.05	16.04	17.64	0.592
»	45	21.90	17.52	19.27	0.635
»	48	23.75	19.00	20.90	0.677
»	51	25.70	20.56	22.62	0.719
»	54	27.85	22.28	24.51	0.761
»	57	29.90	23.92	26.31	0.804
»	60	32.05	25.64	28.20	0.846
»	63	34.20	28.36	31.20	0.888
»	66	36.40	29.12	32.03	0.931
»	69	39.00	31.20	34.32	0.973
»	72	40.95	32.74	36.01	1.015
»	75	42.90	34.32	37.75	1.058
»	78	45.10	36.08	39.69	1.100
»	81	47.10	37.68	41.45	1.142
»	84	49.40	39.52	43.47	1.184
»	87	51.15	40.92	45.01	1.227
»	90	53.75	43.00	47.30	1.269
»	93	55.45	44.36	48.80	1.311
»	96	58.05	46.44	51.08	1.354
»	99	59.80	47.84	52.62	1.396
»	102	62.00	49.60	54.56	1.438
»	105	64.15	51.32	56.45	1.481
»	108	66.65	53.32	58.65	1.523
»	111	69.35	55.48	61.03	1.566
»	114	71.35	57.08	62.79	1.608
»	117	73.35	58.68	64.55	1.650
»	120	76.00	60.80	66.88	1.692
»	123	78.00	62.40	68.64	1.735
»	126	80.65	64.52	70.97	1.777
»	129	83.35	66.68	73.35	1.819
»	132	86.00	68.80	75.68	1.861
»	135	87.35	69.88	76.87	1.904
»	138	90.00	72.00	79.20	1.946
»	141	92.65	74.12	81.53	1.988
144	6	2.15	1.72	1.89	0.086
»	9	3.35	2.68	2.95	0.130
	12	4.65	3.72	4.09	0.173

| CENTIMÈTRES | | PRIX du TARIF brut | VALEUR DE GLACE | | SUPERFICIE de CHAQUE GLACE |
HAUTEUR	LARGEUR		RABAIS déduit	BÉNÉFICE compris	
144	15	5.95	4.76	5.24	0.216
»	18	7.40	5.92	6.51	0.259
»	21	8.95	7.16	7.88	0.302
»	24	10.55	8.44	9.28	0.346
»	27	12.25	9.80	10.78	0.389
»	30	13.75	11.00	12.10	0.432
»	33	15.20	12.16	13.38	0.475
»	36	16.85	13.48	14.83	0.519
»	39	18.75	15.00	16.50	0.562
»	42	20.55	16.44	18.08	0.605
»	45	22.45	17.96	19.76	0.648
»	48	24.50	19.60	21.56	0.691
»	51	26.45	21.16	23.28	0.734
»	54	28.55	22.84	25.12	0.778
»	57	30.80	24.64	27.10	0.821
»	60	32.90	26.32	28.95	0.864
»	63	35.10	28.08	30.89	0.907
»	66	37.70	30.16	33.18	0.950
»	69	39.95	31.96	34.16	0.994
»	72	42.25	33.80	37.18	1.037
»	75	44.20	35.36	38.90	1.080
»	78	45.95	36.76	40.44	1.123
»	81	48.55	38.84	42.72	1.166
»	84	50.35	40.28	44.31	1.210
»	87	52.85	42.28	46.51	1.253
»	90	54.60	43.68	48.05	1.296
»	93	57.05	45.64	50.20	1.339
»	96	58.95	47.16	51.88	1.382
»	99	61.55	49.24	54.16	1.426
»	102	63.70	50.96	56.06	1.469
»	105	66.65	53.32	58.65	1.512
»	108	68.65	54.92	60.01	1.555
»	111	71.35	57.08	62.79	1.598
»	114	72.65	58.12	63.93	1.642
»	117	75.35	60.28	66.31	1.685
»	120	78.00	62.40	68.64	1.728
»	123	80.65	64.52	70.97	1.771
»	126	82.00	65.60	72.16	1.814
»	129	84.65	67.72	74.49	1.858
»	132	87.35	69.88	76.87	1.901
»	135	90.00	72.00	79.20	1.944
»	138	92.65	74.12	81.53	1.987
»	141	95.35	76.28	83.91	2.030
»	144	98.00	78.40	86.24	2.074
147	6	2.20	1.76	1.94	0.088
»	9	3.45	2.76	3.04	0.132
»	12	4.75	3.80	4.18	0.176
»	15	6.15	4.92	5.41	0.220
»	18	7.65	6.12	6.73	0.265
»	21	9.15	7.32	8.05	0.309
»	24	10.85	8.68	9.55	0.352
»	27	12.55	10.04	11.04	0.396
»	30	14.05	11.24	12.36	0.441
»	33	15.60	12.48	13.73	0.485

| CENTIMÈTRES | | PRIX du TARIF brut | VALEUR DE GLACE | | SUPERFICIE de CHAQUE GLACE |
HAUTEUR	LARGEUR		RABAIS déduit	BÉNÉFICE compris	
147	36	17.30	13.84	15.22	0.529
»	39	19.20	15.36	16.90	0.573
»	42	21.05	16.84	18.52	0.617
»	45	23.10	18.48	20.33	0.662
»	48	25.15	20.12	22.13	0.706
»	51	27.15	21.72	23.89	0.750
»	54	29.45	23.56	25.92	0.793
»	57	31.60	25.28	27.81	0.838
»	60	33.80	27.04	29.74	0.882
»	63	36.10	28.88	31.77	0.926
»	66	38.60	30.88	33.97	0.970
»	69	40.95	32.76	36.04	1.014
»	72	42.90	34.32	37.75	1.058
»	75	45.20	36.16	39.78	1.103
»	78	47.65	38.12	41.93	1.147
»	81	49.40	39.52	43.47	1.191
»	84	52.00	41.60	45.76	1.235
»	87	53.75	43.00	47.30	1.279
»	90	56.35	45.08	49.59	1.323
»	93	58.95	47.16	51.88	1.367
»	96	60.60	48.48	53.33	1.411
»	99	63.25	50.60	55.66	1.455
»	102	65.00	52.00	57.20	1.499
»	105	67.35	53.88	59.27	1.544
»	108	70.00	56.00	61.60	1.588
»	111	72.65	58.12	63.93	1.632
»	114	74.65	59.72	65.69	1.676
»	117	77.35	61.88	68.07	1.720
»	120	80.00	64.00	70.40	1.764
»	123	82.00	65.60	72.16	1.808
»	126	84.65	67.72	74.49	1.852
»	129	87.35	69.88	76.87	1.896
»	132	90.00	72.00	79.20	1.940
»	135	92.65	74.12	81.53	1.985
»	138	95.35	76.28	83.91	2.029
»	141	98.00	78.40	86.24	2.073
»	144	101.00	80.80	88.88	2.117
»	147	103.00	82.40	90.64	2.161
150	6	2.25	1.80	1.98	0.090
»	9	3.50	2.80	3.08	0.135
»	12	4.85	3.88	4.27	0.180
»	15	6.30	5.04	5.54	0.225
»	18	7.80	6.24	6.86	0.270
»	21	9.40	7.52	8.27	0.315
»	24	11.10	8.88	9.77	0.360
»	27	12.85	10.28	11.31	0.405
»	30	14.35	11.48	12.63	0.450
»	33	15.95	12.76	14.04	0.495
»	36	17.75	14.20	15.62	0.540
»	39	19.75	15.80	17.38	0.585
»	42	21.65	17.32	19.05	0.630
»	45	23.70	18.96	20.86	0.675
»	48	25.75	20.60	22.66	0.720
»	51	28.00	22.40	24.64	0.765

| CENTIMÈTRES | | PRIX du TARIF brut | VALEUR DE GLACE | | SUPERFICIE de CHAQUE GLACE |
HAUTEUR	LARGEUR		RABAIS déduit	BÉNÉFICE compris	
150	54	30.15	24.12	26.53	0.810
»	57	32.50	26.00	28.60	0.855
»	60	34.80	28.84	31.72	0.900
»	63	37.05	29.64	32.60	0.945
»	66	39.65	31.72	34.89	0.990
»	69	42.25	33.80	37.18	1.035
»	72	44.20	35.36	38.90	1.080
»	75	26.50	37.20	40.92	1.125
»	78	48.55	38.84	42.72	1.170
»	81	51.15	40.92	45.01	1.215
»	84	52.85	42.28	46.51	1.260
»	87	55.45	44.36	48.80	1.305
»	90	57.20	45.76	50.34	1.350
»	93	59.80	47.84	52.62	1.395
»	96	62.40	49.92	54.91	1.440
»	99	64.15	51.32	56.45	1.485
»	102	66.65	53.35	58.65	1.530
»	105	69.35	55.48	61.03	1.575
»	108	72.00	57.60	63.36	1.620
»	111	74.65	59.72	65.69	1.665
»	114	77.35	61.88	68.07	1.710
»	117	80.00	64.00	70.40	1.755
»	120	82.00	65.60	72.16	1.800
»	123	84.65	67.72	74.49	1.845
»	126	86.65	69.32	76.25	1.890
»	129	90.00	72.00	79.20	1.935
»	132	92.65	74.12	81.53	1.980
»	135	95.35	76.28	84.91	2.025
»	138	98.00	78.40	86.24	2.070
»	141	101.00	80.80	88.88	2.115
»	144	104.00	83.20	91.52	2.160
»	147	106.00	84.80	93.28	2.205
»	150	109.00	87.20	95.92	2.250
153	6	2.30	1.84	2.02	0.092
»	9	3.60	2.88	3.17	0.138
»	12	5.00	4.00	4.40	0.184
»	15	6.45	5.16	5.68	0.230
»	18	8.05	6.44	7.08	0.275
»	21	9.65	7.72	8.49	0.311
»	24	11.40	9.12	10.03	0.367
»	27	13.10	10.48	11.53	0.413
»	30	14.65	11.72	12.89	0.459
»	33	16.35	13.08	14.39	0.505
»	36	18.30	14.64	16.10	0.551
»	39	20.20	16.16	17.78	0.597
»	42	22.25	17.80	19.58	0.642
»	45	24.25	19.40	21.34	0.689
»	48	26.45	21.16	23.28	0.734
»	51	28.85	23.08	25.39	0.780
»	54	31.05	24.84	27.32	0.826
»	57	33.15	26.52	29.17	0.872
»	60	35.75	28.60	31.46	0.918
»	63	38.35	30.68	33.75	0.964
»	66	40.95	32.76	36.04	1.010

| CENTIMÈTRES | | PRIX du TARIF brut | VALEUR DE GLACE | | SUPERFICIE de CHAQUE GLACE |
HAUTEUR	LARGEUR		RABAIS déduit	BÉNÉFICE compris	
153	69	42.90	34.32	37.75	1.056
»	72	45.10	36.08	39.69	1.102
»	75	47.65	38.12	41.93	1.148
»	78	49.40	39.52	43.47	1.194
»	81	52.00	41.60	45.76	1.239
»	84	54.20	43.36	47.70	1.285
»	87	56.35	45.08	49.59	1.331
»	90	58.95	47.16	51.88	1.377
»	93	61.55	49.24	54.16	1.423
»	96	64.15	51.32	56.45	1.469
»	99	66.65	53.32	58.65	1.515
»	102	68.60	54.88	60.37	1.561
»	105	71.35	57.08	62.79	1.607
»	108	73.35	58.68	64.55	1.652
»	111	76.00	60.80	66.88	1.698
»	114	78.65	62.92	69.21	1.744
»	117	81.35	65.08	71.59	1.790
»	120	84.00	67.20	73.92	1.836
»	123	86.65	69.32	76.25	1.882
»	126	89.35	71.48	78.63	1.938
»	129	92.65	74.12	81.53	1.974
»	132	95.35	76.28	83.91	2.020
»	135	98.00	78.40	86.24	2.066
»	138	101.00	80.80	88.88	2.111
»	141	103.00	82.40	90.64	2.157
»	144	106.00	84.80	93.28	2.203
»	147	109.00	87.20	95.92	2.249
»	150	112.00	89.60	98.56	2.295
»	153	115.00	92.00	101.20	2.331
156	6	2.35	1.88	2.07	0.094
»	9	3.70	2.96	3.26	0.140
»	12	5.05	4.04	4.44	0.187
»	15	6.60	5.28	5.81	0.234
»	18	8.20	6.56	7.22	0.281
»	21	9.85	7.88	8.67	0.328
»	24	11.70	9.36	10.30	0.374
»	27	13.40	10.72	11.79	0.421
»	30	14.95	11.96	13.16	0.468
»	33	16.75	13.40	14.74	0.515
»	36	18.75	15.00	16.50	0.562
»	39	20.65	16.52	18.17	0.608
»	42	22.80	18.24	20.06	0.655
»	45	25.00	20.00	22.00	0.702
»	48	27.15	21.72	23.89	0.749
»	51	29.45	23.56	25.92	0.796
»	54	31.90	25.52	28.07	0.842
»	57	34.25	27.40	30.14	0.889
»	60	36.70	29.36	32.30	0.936
»	63	39.65	31.72	34.89	0.983
»	66	41.60	33.28	36.64	1.030
»	69	44.20	35.36	38.90	1.076
»	72	46.10	36.88	40.57	1.123
»	75	48.55	38.84	42.72	1.170
	78	51.15	40.92	45.01	1.217

CENTIMÈTRES HAUTEUR	CENTIMÈTRES LARGEUR	PRIX du TARIF brut	VALEUR DE GLACE RABAIS déduit	VALEUR DE GLACE BÉNÉFICE compris	SUPERFICIE de CHAQUE GLACE
156	81	53.05	42.44	46.68	1.264
»	84	55.45	44.36	48.80	1.310
»	87	58.05	46.44	51.08	1.357
»	90	60.60	48.48	53.33	1.404
»	93	63.25	50.60	55.66	1.451
»	96	65.00	52.00	57.20	1.498
»	99	67.35	53.88	59.27	1.544
»	102	70.00	56.00	61.60	1.591
»	105	72.65	58.12	63.93	1.638
»	108	75.35	60.28	66.31	1.685
»	111	78.00	62.40	68.64	1.732
»	114	80.65	64.52	70.97	1.778
»	117	83.35	66.68	73.35	1.825
»	120	86.65	69.32	76.25	1.872
»	123	89.35	71.48	78.63	1.919
»	126	92.00	73.60	80.96	1.966
»	129	94.65	75.72	83.29	2.012
»	132	97.35	77.88	85.67	2.059
»	135	101.00	80.80	88.88	2.106
»	138	103.00	82.40	90.64	2.153
»	141	106.00	84.80	93.28	2.200
»	144	108.00	86.40	95.04	2.246
»	147	112.00	89.60	98.56	2.293
»	150	115.00	92.00	101.20	2.340
»	153	118.00	94.40	103.84	2.387
»	156	121.00	96.80	106.48	2.434
159	6	2.40	1.44	1.58	0.095
»	9	3.75	2.80	3.08	0.143
»	12	5.20	4.16	4.58	0.191
»	15	6.75	5.40	5.94	0.238
»	18	8.35	6.68	7.35	0.286
»	21	10.15	8.12	8.93	0.334
»	24	12.00	9.60	10.56	0.381
»	27	13.65	10.92	12.01	0.429
»	30	15.30	12.24	13.46	0.477
»	33	17.15	13.72	15.09	0.525
»	36	19.20	15.36	16.90	0.572
»	39	21.25	17.00	18.70	0.620
»	42	23.35	18.68	20.55	0.668
»	45	25.55	20.44	22.48	0.715
»	48	27.90	22.32	24.55	0.763
»	51	30.35	24.28	26.71	0.811
»	54	32.80	26.24	28.86	0.859
»	57	35.10	28.08	30.89	0.906
»	60	37.70	30.16	33.18	0.954
»	63	40.30	32.24	34.46	1.002
»	66	42.45	33.96	38.36	1.049
»	69	45.05	36.04	39.64	1.097
»	72	47.25	37.80	41.58	1.145
»	75	49.40	39.52	43.47	1.193
»	78	52.00	41.60	45.76	1.240
»	81	54.60	43.68	48.05	1.288
»	84	56.70	45.36	49.90	1.336
»	87	58.95	47.16	51.88	1.383

CENTIMÈTRES HAUTEUR	CENTIMÈTRES LARGEUR	PRIX du TARIF brut	VALEUR DE GLACE RABAIS déduit	VALEUR DE GLACE BÉNÉFICE compris	SUPERFICIE de CHAQUE GLACE
159	90	61.55	49.24	54.16	1.431
»	93	64.15	51.32	56.45	1.479
»	96	66.65	53.32	58.65	1.526
»	99	69.35	55.48	61.03	1.574
»	102	72.00	57.60	63.36	1.622
»	105	74.65	59.72	65.69	1.670
»	108	77.35	61.88	68.07	1.717
»	111	80.00	64.00	70.40	1.765
»	114	82.00	65.60	72.16	1.813
»	117	86.00	68.80	75.68	1.861
»	120	88.65	70.92	78.01	1.908
»	123	90.65	72.52	79.77	1.956
»	126	93.35	74.68	82.15	2.003
»	129	97.35	77.88	85.67	2.051
»	132	99.35	79.48	87.43	2.099
»	135	103.00	82.40	90.64	2.147
»	138	106.00	84.80	93.28	2.195
»	141	109.00	87.20	95.92	2.242
»	144	111.00	88.80	97.68	2.290
»	147	115.00	92.00	101.20	2.337
»	150	118.00	94.40	103.84	2.385
»	153	121.00	96.80	106.48	2.433
»	156	124.00	99.20	109.12	2.480
»	159	127.00	101.60	111.76	2.528
162	6	2.45	1.96	2.15	0.097
»	9	3.80	3.04	3.34	0.146
»	12	5.30	4.24	4.67	0.194
»	15	6.90	5.52	6.07	0.243
»	18	8.60	6.88	7.57	0.292
»	21	10.40	8.32	9.15	0.340
»	24	12.25	9.80	10.78	0.389
»	27	13.90	11.12	12.23	0.437
»	30	15.60	12.48	13.73	0.486
»	33	17.55	14.04	15.44	0.535
»	36	19.60	15.68	17.25	0.583
»	39	21.80	17.44	19.18	0.632
»	42	24.00	19.20	21.12	0.680
»	45	26.25	21.00	23.10	0.729
»	48	28.55	22.84	25.12	0.778
»	51	31.05	24.84	27.32	0.826
»	54	33.80	27.04	29.74	0.875
»	57	36.05	28.84	31.72	0.923
»	60	38.70	30.96	34.06	0.972
»	63	41.60	33.28	36.61	1.021
»	66	43.35	34.68	38.15	1.069
»	69	45.95	36.76	40.44	1.118
»	72	48.55	38.84	42.72	1.166
»	75	50.65	40.52	44.57	1.215
»	78	53.05	42.44	46.68	1.264
»	81	55.55	44.44	48.88	1.312
»	84	58.05	46.44	51.08	1.361
»	87	60.60	48.48	53.33	1.410
»	90	63.25	50.60	55.66	1.458
93		65.85	52.68	57.95	1.507

| CENTIMÈTRES | | PRIX du TARIF brut | VALEUR DE GLACE | | SUPERFICIE de CHAQUE GLACE | CENTIMÈTRES | | PRIX du TARIF brut | VALEUR DE GLACE | | SUPERFICIE de CHAQUE GLACE |
HAUTEUR	LARGEUR		RABAIS déduit	BÉNÉFICE compris		HAUTEUR	LARGEUR		RABAIS déduit	BÉNÉFICE compris	
162	96	68.65	54.92	60.41	1.555	165	99	72.65	58.12	63.93	1.633
»	99	71.35	57.08	62.79	1.604	»	102	75.35	60.28	66.31	1.683
»	102	73.35	58.68	64.55	1.652	»	105	78.65	62.92	69.21	1.732
»	105	76.45	61.16	67.78	1.701	»	108	81.35	65.08	71.59	1.782
»	108	79.10	63.28	69.61	1.750	»	111	84.00	67.20	73.92	1.831
»	111	82.10	65.60	73.16	1.798	»	114	86.65	69.32	76.25	1.881
»	114	84.65	67.72	74.49	1.847	»	117	90.00	72.00	79.20	1.931
»	117	87.35	69.88	76.87	1.895	»	120	92.65	74.12	81.53	1.980
»	120	90.00	72.00	79.20	1.944	»	123	95.35	76.28	83.91	2.030
»	123	92.65	74.12	81.53	1.993	»	126	98.00	78.40	86.24	2.079
»	126	96.00	76.80	84.48	2.041	»	129	101.00	72.72	79.99	2.128
»	129	98.65	78.92	86.81	2.090	»	132	105.00	75.60	83.16	2.178
»	132	102.00	73.44	80.78	2.138	»	135	108.00	78.76	86.64	2.227
»	135	106.00	76.36	84.00	2.187	»	138	111.00	79.92	87.91	2.277
»	138	108.00	78.76	86.64	2.236	»	141	113.00	81.36	89.50	2.326
»	141	111.00	79.92	87.91	2.284	»	144	117.00	84.24	92.66	2.376
»	144	115.00	82.00	91.08	2.333	»	147	121.00	87.12	95.83	2.425
»	147	118.00	84.96	93.46	2.381	»	150	124.00	89.28	98.21	2.475
»	150	121.00	87.12	95.83	2.430	»	153	127.00	91.45	100.60	2.524
»	153	124.00	89.28	98.21	2.479	»	156	130.00	93.60	102.95	2.574
»	156	127.00	91.45	100.60	2.527	»	159	133.00	95.76	104.33	2.624
»	159	130.00	93.60	102.95	2.576	»	162	137.00	109.60	120.56	2.673
»	162	133.00	95.76	104.33	2.624	»	165	141.00	112.80	124.08	2.723
165	6	2.50	2.00	2.20	0.099	168	6	2.55	2.04	2.24	0.101
»	9	3.90	3.12	3.43	0.148	»	9	4.00	3.20	3.52	0.151
»	12	5.45	4.36	4.80	0.198	»	12	5.55	4.44	4.88	0.202
»	15	7.05	5.64	6.20	0.248	»	15	7.20	5.76	6.34	0.252
»	18	8.75	7.00	7.70	0.297	»	18	8.95	7.16	7.88	0.302
»	21	10.55	8.44	9.28	0.346	»	21	10.85	8.68	9.55	0.353
»	24	12.45	9.96	10.96	0.396	»	24	12.75	10.20	11.22	0.403
»	27	14.20	11.36	12.50	0.445	»	27	14.45	11.56	12.72	0.454
»	30	15.95	12.76	14.04	0.493	»	30	16.30	13.04	14.34	0.504
»	33	18.00	14.40	15.84	0.545	»	33	18.35	14.68	16.15	0.554
»	36	20.10	16.80	18.48	0.594	»	36	20.50	16.40	18.04	0.605
»	39	22.25	17.80	19.58	0.644	»	39	22.80	18.24	20.06	0.655
»	42	24.55	19.64	21.60	0.693	»	42	25.15	20.12	22.13	0.706
»	45	26.90	21.52	23.67	0.743	»	45	27.55	22.04	24.24	0.756
»	48	29.35	23.48	25.83	0.792	»	48	30.00	24.00	26.40	0.806
»	51	31.85	25.48	28.03	0.841	»	51	32.50	26.00	28.60	0.857
»	54	34.45	27.56	30.32	0.891	»	54	35.10	28.08	30.89	0.907
»	57	37.05	29.64	32.60	0.944	»	57	37.95	30.36	33.40	0.958
»	60	39.65	31.72	34.89	0.990	»	60	40.65	32.52	35.57	1.008
»	63	42.25	33.80	37.18	1.040	»	63	42.90	34.32	37.75	1.058
»	66	44.55	35.64	39.20	1.089	»	66	45.95	36.76	40.44	1.109
»	69	46.80	37.44	41.18	1.138	»	69	47.85	38.28	42.11	1.159
»	72	49.40	39.52	43.47	1.188	»	72	50.75	40.60	44.66	1.210
»	75	52.00	41.60	45.76	1.238	»	75	52.85	42.28	46.51	1.260
»	78	54.30	43.44	47.78	1.287	»	78	55.45	44.36	48.80	1.310
»	81	56.80	45.44	49.98	1.336	»	81	58.05	46.44	51.08	1.361
»	84	59.30	47.44	52.18	1.386	»	84	60.60	48.48	53.33	1.411
»	87	61.55	49.24	54.16	1.435	»	87	63.25	50.60	55.66	1.462
»	90	64.15	51.32	56.45	1.485	»	90	66.05	52.84	58.12	1.512
»	93	67.25	53.80	59.18	1.535	»	93	68.75	55.00	60.50	1.562
»	96	70.00	56.00	61.60	1.584	»	96	72.00	57.60	63.36	1.613

| CENTIMÈTRES | | PRIX du TARIF brut | VALEUR DE GLACE | | SUPERFICIE de CHAQUE GLACE |
HAUTEUR	LARGEUR		RABAIS déduit	BÉNÉFICE compris	
168	99	74.65	59.72	65.69	1.663
»	102	77.35	64.88	68.07	1.714
»	105	80.00	64.00	70.40	1.764
»	108	82.85	66.28	72.91	1.814
»	111	86.00	68.80	75.68	1.865
»	114	88.65	70.92	78.01	1.915
»	117	92.00	73.60	80.96	1.966
»	120	95.35	76.28	83.91	2.016
»	123	98.00	78.40	86.24	2.066
»	126	101.00	72.72	79.99	2.117
»	129	104.00	74.88	82.37	2.167
»	132	107.00	77.04	84.74	2.218
»	135	110.00	89.20	88.12	2.268
»	138	113.00	81.36	89.50	2.318
»	141	116.00	83.52	91.87	2.369
»	144	119.00	85.68	94.25	2.419
»	147	123.00	88.56	97.42	2.470
»	150	127.00	91.44	100.58	2.520
»	153	130.00	93.60	102.96	2.570
»	156	133.00	95.76	105.34	2.621
»	159	137.00	98.64	108.50	2.671
»	162	141.00	101.52	111.67	2.722
»	165	144.00	103.68	114.05	2.772
»	168	147.00	105.84	116.42	2.822
171	6	2.60	2.08	2.29	0.103
»	9	4.05	3.24	3.56	0.154
»	12	5.65	4.52	4.97	0.205
»	15	7.35	5.88	6.47	0.256
»	18	9.15	7.32	8.05	0.308
»	21	11.05	8.84	9.72	0.359
»	24	13.00	10.40	11.44	0.410
»	27	14.75	11.80	12.98	0.462
»	30	16.70	13.36	14.70	0.513
»	33	18.80	15.04	16.54	0.564
»	36	21.05	16.84	18.52	0.614
»	39	23.30	18.64	20.50	0.667
»	42	25.70	20.56	22.62	0.718
»	45	28.15	22.52	24.77	0.770
»	48	30.80	24.64	27.10	0.821
»	51	33.15	26.52	29.17	0.872
»	54	36.40	29.12	32.03	0.923
»	57	38.85	31.08	34.19	0.975
»	60	41.60	33.28	36.61	1.026
»	63	44.20	35.36	38.90	1.077
»	65	46.80	37.44	41.18	1.129
»	69	48.95	39.16	43.08	1.180
»	72	51.45	41.16	45.28	1.231
»	75	53.75	43.00	47.30	1.282
»	78	56.35	45.08	49.59	1.334
»	81	58.95	47.16	51.88	1.385
»	84	61.55	49.24	54.16	1.436
»	87	65.00	52.00	57.20	1.488
»	90	67.35	53.88	59.27	1.539
»	93	70.25	56.20	61.82	1.590

| CENTIMÈTRES | | PRIX du TARIF brut | VALEUR DE GLACE | | SUPERFICIE de CHAQUE GLACE |
HAUTEUR	LARGEUR		RABAIS déduit	BÉNÉFICE compris	
171	96	72.65	58.12	63.93	1.642
»	99	76.00	60.80	66.88	1.693
»	102	78.65	62.92	66.21	1.744
»	105	82.00	65.60	72.16	1.795
»	108	84.65	67.72	74.49	1.847
»	111	87.35	69.88	76.87	1.898
»	114	90.00	72.00	79.20	1.949
»	117	93.35	74.68	82.15	2.001
»	120	97.35	77.88	85.67	2.052
»	123	101.00	72.72	79.99	2.103
»	126	103.00	74.16	81.58	2.155
»	129	106.00	76.32	83.95	2.206
»	132	109.00	78.48	86.33	2.257
»	135	113.00	81.36	89.50	2.308
»	138	117.00	84.24	92.66	2.360
»	141	119.00	85.68	94.25	2.411
»	144	123.00	88.56	97.42	2.462
»	147	127.00	91.44	100.58	2.514
»	150	129.00	92.88	102.17	2.565
»	153	133.00	95.76	105.34	2.616
»	156	137.00	98.64	108.50	2.668
»	159	139.00	100.08	110.09	2.719
»	162	144.00	103.68	114.05	2.770
»	165	147.00	105.84	116.42	2.821
»	168	151.00	108.72	119.59	2.873
»	171	155.00	111.00	122.10	2.924
174	6	2.65	2.12	2.33	0.106
»	9	4.15	3.32	3.65	0.157
»	12	5.75	4.60	5.06	0.209
»	15	7.55	6.04	6.64	0.261
»	18	9.35	7.48	8.23	0.313
»	21	11.30	9.04	9.94	0.365
»	24	13.25	10.60	11.66	0.418
»	27	15.05	12.04	13.24	0.470
»	30	17.05	13.64	15.00	0.522
»	33	19.20	15.36	16.90	0.574
»	36	21.50	17.20	18.92	0.625
»	39	23.85	19.08	20.99	0.679
»	42	26.35	21.08	23.49	0.731
»	45	28.90	23.12	25.43	0.783
»	48	31.50	25.20	27.72	0.835
»	51	34.45	27.56	30.32	0.887
»	54	37.05	29.64	32.60	0.940
»	57	39.85	31.88	35.07	0.992
»	60	42.25	33.80	37.18	1.044
»	63	45.05	36.04	39.64	1.096
»	66	47.65	38.12	41.93	1.148
»	69	49.90	39.92	43.91	1.201
»	72	52.85	42.28	46.51	1.253
»	75	55.45	44.36	48.80	1.305
»	78	58.05	46.44	51.08	1.357
»	81	60.65	48.52	53.37	1.409
»	84	63.25	50.60	55.66	1.462
»	87	66.65	53.32	58.65	1.515

CENTIMÈTRES		PRIX du TARIF brut	VALEUR DE GLACE		SUPERFICIE de CHAQUE GLACE
HAUTEUR	LARGEUR		RABAIS déduit	BÉNÉFICE compris	
174	90	68.95	55.16	60.68	1.566
»	93	72.00	57.60	63.36	1.618
»	96	74.65	59.72	65.69	1.670
»	99	77.35	61.88	68.07	1.723
»	102	80.65	64.52	70.97	1.775
»	105	83.35	66.68	73.35	1.827
»	108	86 65	69.32	76.25	1.879
»	111	90.00	72.00	79.20	1.931
»	114	92.65	74.12	81.53	1.984
»	117	93.35	74.68	82.15	2.036
»	120	98.65	78.92	86.81	2.088
»	123	102.00	73.44	80.78	2.140
»	126	106.00	76.32	83.95	2.192
»	129	108.00	77.76	85.54	2.245
»	132	112.00	80.64	88.70	2.297
»	135	115.00	82.80	91.08	2.349
»	138	119.00	85.68	94.25	2.401
»	141	122.00	87.84	96.62	2.453
»	144	125.00	90.00	99.00	2.506
»	147	129.00	92.88	102.17	2.558
»	150	133.00	95.76	105.34	2.610
»	153	137.00	96.64	106.30	2.662
»	156	139.00	100.08	110.09	2.714
»	159	143.00	102.96	113.26	2.767
»	162	147.00	107.31	118.04	2.819
»	165	151.00	108.72	119.59	2.851
»	168	155.00	111.60	122.76	2.923
»	171	158.00	113.76	125.14	2.975
»	174	162.00	116.64	128.30	3.028
177	6	2.70	2.16	2.38	0.106
»	9	4.20	3.36	3.70	0.159
»	12	5.90	4.72	5.19	0.212
»	15	7.65	6.12	6.73	0.266
»	18	9.55	7.64	8.40	0.319
»	21	11.60	9.28	10.21	0.372
»	24	13.45	10.76	11.84	0.425
»	27	15.30	12.24	13.46	0.478
»	30	17.45	13.96	15.36	0.531
»	33	19.65	15.72	17.29	0.584
»	36	21.95	17.56	19.32	0.637
»	39	24.45	19.56	21.52	0.690
»	42	26.95	21.56	23.72	0.743
»	45	29.50	23.60	25.96	0.796
»	48	32.20	25.76	28.34	0.850
»	51	35.10	28.08	30.89	0.903
»	54	37.70	30.16	33.18	0.956
»	57	40.95	32.76	36.04	1.009
»	60	43.35	34.68	38.15	1.062
»	63	45.95	36.76	40.44	1.115
»	66	48.55	38.84	42.72	1.168
»	69	51.15	40.92	45.01	1.221
»	72	53.75	48.00	47.30	1.274
»	75	56.35	45.08	49.59	1.327
»	78	58.95	47.16	51.88	1.381

CENTIMÈTRES		PRIX du TARIF brut	VALEUR DE GLACE		SUPERFICIE de CHAQUE GLACE
HAUTEUR	LARGEUR		RABAIS déduit	BÉNÉFICE compris	
177	81	61.55	49.24	54.16	1.434
»	84	64.75	51.80	56.98	1.487
»	87	67.37	53.88	59.27	1.540
»	90	70.35	56.28	61.91	1.593
»	93	73.35	58.68	64.55	1.645
»	96	76.00	60.80	66.88	1.699
»	99	79.25	63.40	69.74	1.752
»	102	82.00	65.60	72.16	1.805
»	105	84.65	67.72	74.49	1.858
»	108	88.65	70.92	78.01	1.912
»	111	92.00	73.60	80.96	1.965
»	114	95.35	76.28	83.91	2.018
»	117	98.00	78.40	86.24	2.071
»	120	101.00	72.72	79.99	2.124
»	123	105.00	75.60	83.16	2.177
»	126	108.00	77.76	85.54	2.230
»	129	111.00	79.92	87.91	2.283
»	132	115.00	82.80	91.08	2.336
»	135	118.00	84.96	93.46	2.390
»	138	121.00	87.12	95.83	2.443
»	141	125.00	90.00	99.00	2.496
»	144	129.00	92.88	102.17	2.549
»	147	132.00	95.04	104.54	2.602
»	150	136.00	97.92	107.71	2.655
»	153	139.00	100.08	110.09	2.708
»	156	143.00	102.96	113.26	2.761
»	159	147.00	105.84	116.42	2.814
»	162	150.00	108.00	118.80	2.867
»	165	154.00	110.88	121.97	2.920
»	168	158.00	113.76	125.14	2.974
»	171	162.00	116.64	128.30	3.027
»	174	165.00	118.80	130.68	3.080
»	177	168.00	120.96	133.06	3.133
180	6	2.75	2.20	2.44	0.108
»	9	4.35	3.48	3.82	0.162
»	12	5.95	4.76	5.24	0.216
»	15	7.80	6.24	6.86	0.270
»	18	9.75	7.80	8.58	0.324
»	21	11.80	9.44	10.38	0.378
»	24	13.75	11.00	12.10	0.432
»	27	15.60	12.48	13.72	0.486
»	30	17.75	14.20	15.62	0.540
»	33	20.10	16.08	17.68	0.594
»	36	22.45	17.96	19.75	0.648
»	39	25.00	20.00	22.00	0.702
»	42	27.55	22.04	24.24	0.756
»	45	30.15	24.12	26.53	0.810
»	48	33.15	26.52	29.17	0.864
»	51	35.75	28.60	31.46	0.918
»	54	39.00	31.20	34.32	0.972
»	57	41.60	33.28	36.60	1.026
»	60	44.20	35.36	38.93	1.080
»	63	46.80	37.44	41.18	1.134
»	66	49.45	39.56	43.51	1.188

CENTIMÈTRES		PRIX du TARIF brut	VALEUR DE GLACE		SUPERFICIE de CHAQUE GLACE
HAUTEUR	LARGEUR		RABAIS déduit	BÉNÉFICE compris	
180	69	52.00	41.60	45.76	1.242
»	72	54.60	43.68	48.05	1.296
»	75	57.20	45.76	50.34	1.350
»	78	60.65	48.52	53.37	1.404
»	81	63.25	50.60	55.66	1.458
»	84	66.65	53.32	58.65	1.512
»	87	69.35	55.48	61.03	1.566
»	90	72.00	57.60	63.36	1.620
»	93	74.65	59.72	65.69	1.674
»	96	78.00	62.40	68.64	1.728
»	99	81.35	65.08	71.59	1.782
»	102	84.00	67.20	73.92	1.836
»	105	87.35	69.88	76.87	1.890
»	108	90.00	72.00	79.20	1.944
»	111	93.35	74.68	82.15	1.998
»	114	97.35	77.88	85.67	2.052
»	117	101.00	72.72	79.99	2.106
»	120	103.00	74.16	81.58	2.160
»	123	107.00	77.04	84.74	2.214
»	126	110.00	79.20	87.12	2.268
»	129	113.00	81.36	89.50	2.322
»	132	117.00	84.24	92.66	2.376
»	135	121.00	87.12	95.83	2.430
»	138	124.00	89.28	98.21	2.484
»	141	127.00	91.44	100.58	2.538
»	144	132.00	95.04	104.54	2.592
»	147	135.00	97.20	106.92	2.646
»	150	139.00	100.08	110.09	2.700
»	153	142.00	102.24	112.46	2.754
»	156	147.00	105.84	116.42	2.808
»	159	150.00	108.00	118.80	2.862
»	162	154.00	110.88	121.97	2.916
»	165	158.00	113.76	125.14	2.970
»	168	161.00	115.92	127.51	3.024
»	171	165.00	118.80	130.68	3.078
»	174	168.00	120.96	133.06	3.132
»	177	171.00	123.12	135.43	3.186
»	180	176.00	126.72	139.39	3.240
183	6	2.80	2.24	2.46	0.110
»	9	4.40	3.52	3.87	0.165
»	12	6.10	4.88	5.36	0.220
»	15	7.95	6.36	7.00	0.274
»	18	9.95	7.96	8.76	0.329
»	21	12.10	9.68	10.65	0.384
»	24	13.95	11.16	12.28	0.439
»	27	15.90	12.72	13.99	0.494
»	30	18.10	14.48	15.93	0.549
»	33	20.50	16.40	18.04	0.604
»	36	22.95	18.36	20.20	0.659
»	39	25.55	20.44	22.48	0.714
»	42	28.15	22.52	24.77	0.769
»	45	30.90	24.72	27.19	0.824
»	48	33.80	27.04	29.74	0.878
»	51	36.40	29.12	32.03	0.933

CENTIMÈTRES		PRIX du TARIF brut	VALEUR DE GLACE		SUPERFICIE de CHAQUE GLACE
HAUTEUR	LARGEUR		RABAIS déduit	BÉNÉFICE compris	
183	54	39.65	31.72	34.89	0.988
»	57	42.25	33.80	37.18	1.043
»	60	45.05	36.04	39.64	1.098
»	63	47.65	38.12	41.93	1.153
»	66	50.25	40.20	44.22	1.208
»	69	53.75	43.00	47.30	1.263
»	72	56.35	45.08	49.59	1.318
»	75	58.95	47.16	51.88	1.373
»	78	61.55	49.24	54.16	1.427
»	81	64.50	51.60	56.76	1.482
»	84	67.35	53.88	59.27	1.537
»	87	70.00	56.00	61.60	1.592
»	90	73.35	58.68	64.55	1.647
»	93	76.85	61.48	67.63	1.702
»	96	80.00	64.00	70.40	1.757
»	99	82.85	66.28	72.91	1.812
»	102	86.00	68.80	75.68	1.867
»	105	89.35	71.48	78.63	1.921
»	108	92.65	74.12	81.53	1.976
»	111	95.35	76.28	83.91	2.031
»	114	98.65	78.92	86.81	2.086
»	117	102.00	73.44	80.78	2.141
»	120	106.00	76.32	83.95	2.196
»	123	109.00	78.48	86.33	2.251
»	126	113.00	81.36	89.50	2.306
»	129	116.00	83.52	91.87	2.361
»	132	119.00	85.68	94.25	2.416
»	135	124.00	89.28	98.21	2.470
»	138	127.00	91.44	100.58	2.526
»	141	131.00	94.32	103.75	2.580
»	144	134.00	96.48	106.13	2.635
»	147	139.00	100.08	110.09	2.690
»	150	142.00	102.24	112.46	2.745
»	153	145.00	105.40	115.94	2.800
»	156	150.00	108.00	118.80	2.855
»	159	153.00	110.16	121.18	2.910
»	162	158.00	113.76	125.14	2.965
»	165	161.00	115.92	127.51	3.020
»	168	165.00	118.80	130.68	3.074
»	171	168.00	120.96	133.06	3.129
»	174	171.00	123.12	135.43	3.184
»	177	175.00	126.00	138.60	3.239
»	180	179.00	128.88	141.77	3.294
»	183	182.00	131.04	144.14	3.349
186	6	2.85	2.28	2.51	0.112
»	9	4.45	3.56	3.92	0.167
»	12	6.25	5.00	5.50	0.223
»	15	8.10	6.48	7.13	0.279
»	18	10.15	8.12	8.93	0.335
»	21	12.35	9.88	10.87	0.391
»	24	14.20	11.36	12.50	0.446
»	27	16.25	13.00	14.30	0.502
»	30	18.50	14.80	16.28	0.558
»	33	20.95	16.76	18.44	0.614

| CENTIMÈTRES | | PRIX du TARIF brut | VALEUR DE GLACE | | SUPERFICIE de CHAQUE GLACE |
HAUTEUR	LARGEUR		RABAIS déduit	BÉNÉFICE compris	
186	36	23.40	18.82	20.70	0.670
»	39	26.05	20.84	22.92	0.725
»	42	28.85	23.08	25.39	0.781
»	45	31.55	25.24	27.76	0.837
»	48	34.45	27.56	30.32	0.883
»	51	37.70	30.16	33.18	0.949
»	54	40.30	32.24	35.46	1.004
»	57	42.90	34.32	37.75	1.060
»	60	45.95	36.76	40.44	1.116
»	63	48.55	38.84	42.72	1.172
»	66	51.15	40.92	45.01	1.228
»	69	54.60	43.68	48.05	1.283
»	72	57.20	45.76	50.34	1.339
»	75	59.80	47.84	52.62	1.395
»	78	63.25	50.60	55.66	1.450
»	81	65.85	52.68	57.95	1.506
»	84	69.35	55.48	61.03	1.562
»	87	72.00	57.60	63.36	1.618
»	90	74.65	59.72	65.69	1.620
»	93	78.00	62.40	68.64	1.674
»	96	81.35	65.08	71.59	1.730
»	99	84.65	67.72	74.49	1.786
»	102	87.35	69.88	76.87	1.841
»	105	91.25	73.00	80.30	1.894
»	108	94.65	75.72	83.29	1.953
»	111	98.00	78.40	86.24	2.009
»	114	101.00	72.72	79.99	2.065
»	117	105.00	75.6	83.16	2.121
»	120	108.00	77.76	85.54	2.177
»	123	111.00	79.92	87.91	2.232
»	126	115.00	82.80	91.08	2.288
»	129	119.00	85.68	94.25	2.344
»	132	122.00	87.84	96.62	2.399
»	135	127.00	91.44	100.58	2.455
»	138	129.00	92.88	102.17	2.511
»	141	133.00	95.76	105.34	2.567
»	144	137.00	98.64	108.50	2.623
»	147	141.00	101.52	111.67	2.678
»	150	145.00	104.40	114.84	2.734
»	153	149.00	107.28	118.01	2.790
»	156	153.00	110.10	121.11	2.846
»	159	157.00	113.04	124.34	2.902
»	162	160.00	115.20	126.72	2.957
»	165	165.00	118.80	130.68	3.013
»	168	168.00	120.96	133.06	3.069
»	171	171.00	123.12	135.43	3.181
»	174	175.00	126.00	138.80	3.236
»	177	179.00	128.88	141.77	3.292
»	180	182.00	131.04	144.14	3.348
»	183	186.00	133.92	147.31	3.404
»	186	190.00	136.80	150.48	3.460
189	6	2.90	2.32	2.55	0.112
»	9	4.55	3.64	4.00	0.170
»	12	6.35	5.08	5.59	0.227

| CENTIMÈTRES | | PRIX du TARIF brut | VALEUR DE GLACE | | SUPERFICIE de CHAQUE GLACE |
HAUTEUR	LARGEUR		RABAIS déduit	BÉNÉFICE compris	
189	15	8.25	6 60	7.26	0.284
»	18	10.40	8.32	9.15	0.340
»	21	12.55	10.04	11.04	0.397
»	24	14.45	11.56	12.72	0.454
»	27	16.60	13.28	14.61	0.510
»	30	18.90	15.12	16.63	0.567
»	33	21.40	17.12	18.83	0.624
»	36	24.00	19.20	21.12	0.680
»	39	26.60	21.28	23.41	0.737
»	42	29.45	23.56	25.92	0.794
»	45	32.35	25.88	28.47	0.850
»	48	35.10	28.08	30.89	0.906
»	51	38.35	30.68	33.75	0.964
»	54	41.60	33.28	36.61	1.021
»	57	44.20	35.36	38.90	1.077
»	60	46.80	37.44	41.18	1.134
»	63	49.40	39.52	43.47	1.191
»	66	52.00	41.60	45.76	1.247
»	69	55.45	44.46	48.91	1.304
»	72	58.05	46.44	51.08	1.361
»	75	61.55	49.24	54.16	1.418
»	78	64.15	51.32	55.45	1.474
»	81	66.65	53.32	58.05	1.531
»	84	70.00	56.00	61.60	1.588
»	87	73.35	58.68	64.55	1.645
»	90	76.85	61.40	67.63	1.701
»	93	80.00	64.00	70.40	1.758
»	96	82.85	66.28	72.91	1.814
»	99	86.00	68.80	75.68	1.871
»	102	89.35	71.48	78.63	1.928
»	105	92.65	74.12	81.53	1.985
»	108	96.00	76.80	84.48	2.041
»	111	99.35	79.48	87.43	2.098
»	114	103.00	74.46	81.58	2.155
»	117	107.00	77.04	84.74	2.212
»	120	110.00	79.20	87.12	2.268
»	123	113.00	81.36	89.50	2.325
»	126	118.00	84.96	93.46	2.382
»	129	121.00	87.12	95.83	2.438
»	132	125.00	90.00	99.00	2.495
»	135	129.00	92.88	102.17	2.552
»	138	133.00	95.76	105.34	2.608
»	141	137.00	98.64	108.50	2.665
»	144	141.00	101.52	111.67	2.722
»	147	145.00	104.40	114.84	2.779
»	150	148.00	106.56	117.22	2.833
»	153	153.00	110.16	121.18	2.892
»	156	156.00	112.32	123.55	2.949
»	159	160.00	115.20	126.72	3.003
»	162	164.00	118.08	129.89	3.062
»	165	168.00	120.96	133.06	3.119
»	168	171.00	123.12	135.43	3.176
»	171	175.00	126.00	138.60	3.232
»	179	179.00	128.88	141.77	3.289

| CENTIMÈTRES | | PRIX du TARIF brut | VALEUR DE GLACE | | SUPERFICIE de CHAQUE GLACE |
HAUTEUR	LARGEUR		RABAIS déduit	BÉNÉFICE compris	
189	177	182.00	131.04	144.14	3.346
»	180	186.00	133.42	146.76	3.402
»	183	190.00	136.80	150.48	3.459
»	186	193.00	138.96	152.86	3.516
»	189	197.00	141.84	156.02	3.573
192	6	2.95	2.36	2.60	0.115
»	9	4.65	3.72	4.09	0.173
»	12	6.50	5.20	5.72	0.230
»	15	8.40	6.72	7.39	0.288
»	18	10.55	8.44	9.28	0.344
»	21	12.75	10.20	11.22	0.403
»	24	14.75	11.80	12.98	0.461
»	27	16.80	13.44	14.78	0.519
»	30	19.30	15.44	16.98	0.576
»	33	21.85	17.48	19.23	0.634
»	36	24.50	19.60	21.56	0.691
»	39	27.15	21.72	23.89	0.749
»	42	30.00	24.00	26.40	0.806
»	45	33.15	26.52	29.17	0.864
»	48	36.40	29.12	32.03	0.922
»	51	39.00	31.20	34.32	0.979
»	54	42.25	33.60	38.96	1.037
»	57	45.05	36.04	39.64	1.095
»	60	47.65	38.12	41.93	1.152
»	63	50.25	40.20	44.22	1.210
»	66	53.75	43.90	47.30	1.288
»	69	56.35	45.08	49.58	1.324
»	72	58.95	47.16	51.88	1.382
»	75	62.40	49.92	54.91	1.440
»	78	65.00	52.00	57.20	1.498
»	81	68.65	54.92	60.41	1.555
»	84	72.00	57.60	63.36	1.613
»	87	74.65	59.72	65.69	1.670
»	90	78.00	62.40	68.64	1.728
»	93	81.35	65.08	71.59	1.786
»	96	84.65	67.72	74.49	1.843
»	99	87.35	69.88	76.87	1.901
»	102	91.25	73.00	80.30	1.958
»	105	95.35	76.28	83.91	2.016
»	108	98.00	78.40	86.24	2.074
»	111	101.00	72.72	79.99	2.131
»	114	106.00	76.32	83.95	2.189
»	117	108.00	77.76	85.54	2.247
»	120	113.00	81.36	89.50	2.304
»	123	116.00	83.52	91.87	2.362
»	126	119.00	85.68	94.25	2.419
»	129	124.00	89.28	98.21	2.477
»	132	127.00	90.44	99.48	2.535
»	135	132.00	95.24	104.76	2.593
»	138	135.00	97.20	106.92	2.650
»	141	139.00	100.08	110.09	2.707
»	144	143.00	102.96	113.26	2.765
»	147	147.00	105.84	116.42	2.822
»	150	151.00	108.72	119.59	2.880

| CENTIMÈTRES | | PRIX du TARIF brut | VALEUR DE GLACE | | SUPERFICIE de CHAQUE GLACE |
HAUTEUR	LARGEUR		RABAIS déduit	BÉNÉFICE compris	
192	153	155.00	111.60	122.76	2.938
»	156	160.00	115.20	126.72	2.995
»	159	163.00	117.36	129.10	3.053
»	162	167.00	120.24	132.26	3.110
»	165	171.00	123.12	135.43	3.168
»	168	174.00	125.28	137.81	3.226
»	171	179.00	128.88	141.77	3.283
»	174	182.00	131.04	144.14	3.341
»	177	185.00	133.20	146.52	3.398
»	180	189.00	136.08	149.69	3.456
»	183	193.00	138.96	152.86	3.514
»	186	197.00	141.84	157.02	3.571
»	189	201.00	136.68	150.35	3.629
»	192	205.00	139.40	152.94	3.696
195	6	3.00	2.40	2.64	0.117
»	9	4.75	3.80	4.18	0.176
»	12	6.60	5.28	5.81	0.234
»	15	8.65	6.92	7.61	0.292
»	18	10.80	8.64	9.50	0.351
»	21	12.95	10.36	11.40	0.410
»	24	14.95	11.96	13.16	0.468
»	27	17.20	13.76	15.14	0.527
»	30	19.65	15.72	17.29	0.585
»	33	22.25	17.80	19.58	0.644
»	36	25.00	20.00	22.00	0.702
»	39	27.85	22.28	24.51	0.760
»	42	30.65	24.52	26.97	0.819
»	45	33.80	27.04	29.74	0.878
»	48	37.05	29.64	32.60	0.936
»	51	40.30	32.24	35.46	0.995
»	54	42.90	34.32	37.75	1.053
»	57	45.95	36.76	40.44	1.112
»	60	48.55	38.84	42.72	1.170
»	63	51.15	40.92	45.01	1.229
»	66	54.60	43.68	48.05	1.287
»	69	57.20	45.76	50.34	1.346
»	72	60.65	48.52	53.37	1.404
»	75	64.15	51.32	56.45	1.463
»	78	66.65	53.32	58.65	1.521
»	81	69.35	55.48	61.03	1.580
»	84	72.65	58.12	63.93	1.638
»	87	76.00	60.80	66.88	1.696
»	90	80.00	64.00	70.40	1.755
»	93	82.85	66.28	72.91	1.814
»	96	86.65	69.32	76.25	1.872
»	99	90.00	72.00	79.20	1.931
»	102	92.65	74.12	81.53	1.989
»	105	96.00	76.80	84.48	2.048
»	108	101.00	72.72	79.99	2.106
»	111	104.00	74.88	82.37	2.165
»	114	107.00	77.04	84.74	2.223
»	117	111.00	79.92	87.91	2.282
»	120	115.00	81.80	89.98	2.340
»	123	119.00	85.68	94.25	2.399

| CENTIMÈTRES | | PRIX du TARIF brut | VALEUR DE GLACE | | SUPERFICIE de CHAQUE GLACE |
HAUTEUR	LARGEUR		RABAIS déduit	BÉNÉFICE compris	
195	126	122.00	87.84	96.62	2.457
»	129	127.00	91.44	100.58	2.516
»	132	130.00	93.60	102.96	2.574
»	135	134.00	96.48	106.13	2.632
»	138	139.00	100.08	110.09	2.691
»	141	142.00	102.24	112.46	2.750
»	144	147.00	105.84	116.42	2.808
»	147	150.00	108.00	118.80	2.866
»	150	155.00	111.60	122.76	2.925
»	153	159.00	114.48	125.93	2.984
»	156	163.00	117.36	129.10	3.042
»	159	167.00	120.24	132.26	3.101
»	162	171.00	123.12	135.43	3.159
»	165	173.00	124.56	137.02	3.218
»	168	177.00	127.44	140.18	3.276
»	171	180.00	130.32	143.35	3.335
»	174	185.00	133.20	146.52	3.393
»	177	189.00	136.08	149.69	3.452
»	180	193.00	138.96	152.86	3.510
»	183	197.00	141.84	156.02	3.569
»	186	201.00	136.68	150.35	3.627
»	189	205.00	139.40	153.34	3.686
»	192	209.00	142.32	156.55	3.744
»	195	212.00	144.16	158.58	3.803
198	6	3.05	2.44	2.68	0.119
»	9	4.75	3.80	4.18	0.178
»	12	6.65	5.32	5.85	0.238
»	15	8.75	7.00	7.70	0.297
»	18	10.95	8.76	9.64	0.356
»	21	13.10	10.48	11.53	0.416
»	24	15.20	12.16	13.38	0.475
»	27	17.55	14.04	15.44	0.535
»	30	20.10	16.08	17.69	0.594
»	33	22.70	18.16	19.98	0.653
»	36	25.45	20.36	22.40	0.713
»	39	28.40	22.72	24.99	0.772
»	42	31.35	25.08	27.59	0.832
»	45	34.45	27.56	30.32	0.891
»	48	37.70	30.16	33.18	0.950
»	51	40.95	32.76	36.04	1.010
»	54	43.35	34.68	38.15	1.069
»	57	46.80	37.44	41.18	1.129
»	60	49.40	39.52	43.47	1.188
»	63	52.00	41.60	45.76	1.247
»	66	55.45	44.36	48.80	1.307
»	69	58.95	47.16	51.88	1.366
»	72	61.55	49.24	54.16	1.426
»	75	65.00	52.00	57.20	1.485
»	78	67.35	53.88	59.27	1.544
»	81	71.35	57.08	62.79	1.604
»	84	74.65	59.72	65.69	1.663
»	87	77.35	61.88	68.07	1.723
»	90	81.35	65.08	72.59	1.782
»	93	84.65	67.72	74.49	1.841

| CENTIMÈTRES | | PRIX du TARIF brut | VALEUR DE GLACE | | SUPERFICIE de CHAQUE GLACE |
HAUTEUR	LARGEUR		RABAIS déduit	BÉNÉFICE compris	
198	96	87.35	69.88	76.87	1.901
»	99	92.00	73.60	80.96	1.960
»	102	95.35	76.28	83.91	2.020
»	105	98.00	78.40	86.24	2.079
»	108	102.00	73.44	80.78	2.138
»	111	106.00	76.32	83.95	2.198
»	114	109.00	78.48	86.33	2.257
»	117	113.00	81.36	89.50	2.317
»	120	117.00	84.24	92.66	2.376
»	123	121.00	87.12	95.83	2.435
»	126	125.00	90.00	99.00	2.495
»	129	129.00	92.88	102.17	2.554
»	132	133.00	95.76	105.34	2.614
»	135	137.00	98.64	108.50	2.673
»	138	141.00	101.52	111.67	2.732
»	141	145.00	104.40	114.84	2.792
»	144	150.00	108.00	118.80	2.851
»	147	153.00	110.16	121.18	2.911
»	150	158.00	113.76	125.14	2.970
»	153	162.00	116.64	128.30	3.029
»	156	165.00	118.80	130.68	3.089
»	159	170.00	122.40	134.64	3.148
»	162	173.00	124.56	137.02	3.208
»	165	177.00	127.44	140.18	3.267
»	168	181.00	130.32	143.35	3.326
»	171	185.00	133.20	146.52	3.386
»	174	189.00	136.08	149.69	3.445
»	177	193.00	138.96	152.86	3.505
»	180	197.00	141.84	156.02	3.564
»	183	201.00	136.68	150.35	3.623
»	186	205.00	139.40	153.34	3.683
»	189	209.00	142.12	156.33	3.742
»	192	212.00	144.16	158.57	3.802
»	195	217.00	147.56	162.32	3.861
»	198	221.00	150.28	165.31	3.920
201	6	3.10	2.48	2.73	0.121
»	9	4.90	3.92	4.31	0.181
»	12	6.85	5.48	6.03	0.241
»	15	8.95	7.16	7.88	0.301
»	18	11.25	9.00	9.90	0.362
»	21	13.40	10.72	11.79	0.422
»	24	15.45	12.36	13.60	0.482
»	27	17.90	14.32	15.75	0.543
»	30	20.50	16.40	18.04	0.603
»	33	23.20	18.56	20.42	0.663
»	36	26.00	20.80	22.88	0.724
»	39	28.95	23.16	25.48	0.784
»	42	31.25	25.56	28.12	0.844
»	45	35.10	28.08	30.89	0.904
»	48	38.35	30.68	33.75	0.965
»	51	41.60	33.28	36.61	1.025
»	54	44.20	35.36	38.90	1.085
»	57	47.65	38.12	41.93	1.146
»	60	50.25	40.20	44.22	1.206

PEINTURE EN BATIMENT ET DÉCORATION.

CENTIMÈTRES		PRIX du TARIF brut	VALEUR DE GLACE		SUPERFICIE de CHAQUE GLACE
HAUTEUR	LARGEUR		RABAIS déduit	BÉNÉFICE compris	
201	63	53.75	43.00	47.30	1.266
»	66	56.35	45.08	49.59	1.327
»	69	59.80	47.84	52.62	1.387
»	72	62.40	49.92	54.91	1.447
»	75	65.85	52.68	57.95	1.508
:.	78	69.35	55.48	61.03	1.568
»	81	72.00	57.60	63.36	1.628
»	84	75.35	60.28	66.31	1.688
»	87	79.10	63.28	69.61	1.749
»	90	82.00	65.60	72.16	1.809
»	93	86.00	68.80	75.68	1.869
»	96	90.00	72.00	79.20	1.930
»	99	92.65	74.12	81.53	1.990
»	102	97.35	77.88	85.67	2.050
»	105	101.00	72.72	79.99	2.110
»	108	104.00	74.88	82.37	2.171
»	111	108.00	77.76	85.54	2.231
»	114	112.00	80.64	88.70	2.291
»	117	116.00	83.52	91.87	2.352
»	120	119.00	85.68	94.25	2.412
»	123	124.00	89.28	98.21	2.472
»	126	127.00	91.44	100.58	1.533
»	129	132.00	95.04	104.54	2.593
»	132	136.00	97.92	107.71	2.653
»	135	139.00	100.08	110.09	2.713
»	138	144.00	103.68	114.05	2.774
»	141	148.00	106.56	117.22	2.834
»	144	153.00	110.16	121.18	2.894
»	147	157.00	113.04	124.34	2.955
»	150	161.00	115.92	127.51	3.015
»	153	165.00	118.80	130.68	3.075
»	156	168.00	120.96	133.06	3.136
»	159	173.00	124.56	137.02	3.196
»	162	176.00	126.72	139.39	3.256
»	165	180.00	129.60	142.56	3.317
»	168	184.00	132.48	145.73	3.377
»	171	188.00	135.36	148.90	3.437
»	174	193.00	138.96	152.86	3.497
»	177	197.00	141.84	156.02	3.558
»	180	200.00	136.00	149.60	3.618
»	183	205.00	139.40	153.34	3.678
»	186	208.00	141.44	155.58	3.739
»	189	212.00	144.16	158.58	3.799
»	192	217.00	147.56	162.32	3.859
»	195	220.00	149.60	164.56	3.919
»	198	225.00	153.00	168.30	3.980
»	201	229.00	155.72	171.29	4.040
204	6	3.15	2.52	2.77	0.122
»	9	5.00	4.00	4.40	0.184
»	12	6.95	5.56	6.12	0.245
»	15	9.10	7.28	8.01	0.306
»	18	11.40	9.12	10.03	0.367
»	21	13.60	10.88	11.97	0.428
»	24	15.75	12.60	13.86	0.490

CENTIMÈTRES		PRIX du TARIF brut	VALEUR DE GLACE		SUPERFICIE de CHAQUE GLACE
HAUTEUR	LARGEUR		RABAIS déduit	BÉNÉFICE compris	
204	27	18.30	14.64	16.10	0.551
»	30	20.90	16.72	18.39	0.612
»	33	23.65	18.92	20.81	0.673
»	36	26.45	21.16	23.28	0.734
»	39	29.45	23.56	25.92	0.796
»	42	32.50	26.00	28.60	0.857
»	45	35.75	28.60	31.46	0.918
»	48	39.00	31.20	34.32	0.979
»	51	42.25	33.80	37.18	1.040
»	54	45.05	36.04	39.64	1.102
»	57	48.55	38.84	42.72	1.163
»	60	51.15	40.92	45.01	1.224
»	63	54.60	43.68	48.05	1.285
»	66	57.20	45.76	50.34	1.346
»	69	60.65	48.52	53.37	1.408
»	72	64.15	51.32	56.45	1.469
»	75	66.65	53.32	58.65	1.530
»	78	70.00	56.00	61.60	1.591
»	81	73.35	58.68	64.55	1.652
»	84	77.35	61.88	68.07	1.714
»	87	80.65	64.52	70.97	1.775
»	90	84.00	67.20	73.92	1.836
»	93	87.35	69.88	76.87	1.897
»	96	90.65	72.52	79.77	1.958
»	99	95.35	76.28	83.91	2.020
»	102	98.65	78.92	86.81	2.081
»	105	102.00	73.44	80.78	2.142
»	108	106.00	76.32	83.95	2.203
»	111	110.00	79.20	87.12	2.264
»	114	113.00	81.36	89.50	2.326
»	117	118.00	84.96	93.46	2.387
»	120	121.00	87.12	95.83	2.448
»	123	125.00	90.00	99.00	2.509
»	126	130.00	93.60	102.96	2.570
»	129	134.00	96.48	106.13	2.632
»	132	139.00	100.08	110.09	2.693
»	135	142.00	102.24	112.46	2.754
»	138	147.00	105.84	116.42	2.815
»	141	151.00	108.72	119.59	2.876
»	144	155.00	111.60	122.76	2.938
»	147	160.00	115.20	126.72	2.999
»	150	164.00	118.08	129.89	3.060
»	153	168.00	120.96	133.06	3.121
»	156	171.00	123.12	135.43	3.182
»	159	176.00	126.72	139.39	3.244
»	162	179.00	128.88	141.77	3.305
»	165	184.00	132.48	145.73	3.366
»	168	187.00	134.64	148.10	3.427
»	171	191.00	137.52	151.27	3.488
»	174	196.00	141.12	155.23	3.550
»	177	199.00	143.28	157.64	3.611
»	180	205.00	139.40	153.34	3.672
»	183	208.00	141.44	155.58	3.733
»	186	212.00	144.16	158.58	3.794
»	189	217.00	147.56	162.32	3.856

CENTIMÈTRES		PRIX du TARIF brut	VALEUR DE GLACE		SUPERFICIE de CHAQUE GLACE
HAUTEUR	LARGEUR		RABAIS déduit	BÉNÉFICE compris	
204	192	220.00	149.60	164.56	3.917
»	195	225.00	153.00	168.30	3.978
»	198	229.00	155.72	171.29	4.039
»	201	233.00	158.44	174.28	4.100
»	204	238.00	161.84	178.02	4.162
207	6	3.20	2.56	2.82	0.124
»	9	5.05	4.04	4.44	0.186
»	12	7.05	5.64	6.20	0.248
»	15	9.30	7.44	8.18	0.311
»	18	11.60	9.28	10.21	0.373
»	21	13.85	11.08	12.19	0.435
»	24	16.00	12.80	14.08	0.497
»	27	18.55	14.84	16.32	0.559
»	30	21.25	17.00	18.70	0.621
»	33	24.10	19.20	21.12	0.683
»	36	27.00	21.60	23.76	0.745
»	39	30.35	24.28	26.71	0.807
»	42	33.15	26.52	29.17	0.869
»	45	36.40	29.12	32.03	0.932
»	48	40.30	32.24	35.46	0.994
»	51	42.92	34.32	37.75	1.056
»	54	45.95	36.76	40.44	1.118
»	57	49.40	39.52	43.47	1.180
»	60	52.00	41.60	45.76	1.242
»	63	55.45	44.36	48.80	1.304
»	66	58.95	47.16	51.88	1.366
»	69	61.55	49.24	54.16	1.428
»	72	65.00	52.00	57.20	1.490
»	75	68.65	54.92	60.41	1.553
»	78	72.00	57.60	63.36	1.615
»	81	74.65	59.72	65.69	1.677
»	84	78.65	62.92	69.21	1.739
»	87	82.00	65.60	72.16	1.801
»	90	86.00	68.80	75.68	1.863
»	93	89.35	71.48	78.63	1.925
»	96	92.65	74.12	81.53	1.987
»	99	97.35	77.88	85.67	2.049
»	102	101.00	72.72	79.99	2.111
»	105	104.00	74.88	82.37	2.178
»	108	108.00	77.76	85.54	2.236
»	111	112.00	80.64	88.70	2.298
»	114	116.00	83.52	91.87	2.360
»	117	121.00	87.12	95.83	2.422
»	120	124.00	89.28	98.21	2.484
»	123	128.00	92.16	101.38	2.546
»	126	133.00	95.76	105.34	2.608
»	129	137.00	98.64	108.50	2.670
»	132	141.00	101.52	111.67	2.732
»	135	145.00	104.40	114.44	2.795
»	138	150.00	108.00	118.80	2.857
»	141	154.00	110.88	121.97	2.919
»	144	159.00	114.48	125.93	2.981
»	147	163.00	117.36	129.10	3.043
»	150	167.00	120.24	132.26	3.105

CENTIMÈTRES		PRIX du TARIF brut	VALEUR DE GLACE		SUPERFICIE de CHAQUE GLACE
HAUTEUR	LARGEUR		RABAIS déduit	BÉNÉFICE compris	
207	153	171.00	123.12	135.43	3.167
»	156	175.00	126.00	138.60	3.229
»	159	179.00	128.88	141.77	3.291
»	162	183.00	131.76	144.94	3.353
»	165	186.00	133.92	147.31	3.416
»	168	191.00	137.52	151.27	3.478
»	171	195.00	140.40	154.44	3.540
»	174	199.00	143.28	157.61	3.602
»	177	203.00	138.04	151.84	3.664
»	180	207.00	140.76	154.84	3.726
»	183	212.00	144.16	158.58	3.788
»	186	216.00	146.88	161.57	3.850
»	189	220.00	149.60	164.56	3.912
»	192	225.00	153.00	168.30	3.974
»	195	229.00	155.72	171.29	4.037
»	198	233.00	158.44	174.28	4.099
»	201	238.00	161.84	178.02	
»	204	242.00	164.56	181.02	4.161
					4.243
210	6	3.25	2.60	2.86	0.126
»	9	5.10	4.08	4.49	0.189
»	12	7.20	5.76	6.34	0.242
»	15	9.40	7.52	8.27	0.315
»	18	11.80	9.44	10.38	0.378
»	21	14.05	11.24	12.36	0.441
»	24	16.30	13.04	14.34	0.504
»	27	18.90	15.12	16.63	0.567
»	30	21.65	17.32	19.05	0.630
»	33	24.55	19.64	21.60	0.693
»	36	27.55	22.04	24.24	0.756
»	39	30.65	24.52	26.97	0.819
»	42	33.80	27.04	29.74	0.882
»	45	37.05	29.64	32.60	0.945
»	48	40.95	32.76	36.04	1.008
»	51	43.35	34.68	38.15	1.071
»	54	46.80	37.44	41.18	1.134
»	57	50.25	40.20	44.22	1.197
»	60	52.85	42.28	46.51	1.260
»	63	56.35	45.08	49.59	1.323
»	66	59.80	47.84	52.62	1.386
»	69	62.40	49.92	54.91	1.449
»	72	66.65	53.32	58.65	1.512
»	75	69.35	55.48	61.03	1.575
»	78	72.65	58.12	63.93	1.638
»	81	76.45	61.16	67.28	1.701
»	84	80.35	64.28	70.71	1.764
»	87	83.35	66.68	73.35	1.827
»	90	87.35	69.88	76.87	1.890
»	93	91.65	73.32	80.65	1.953
»	96	95.35	76.28	83.91	2.016
»	99	98.00	78.40	86.24	2.079
»	102	102.00	73.44	80.78	2.142
»	105	106.00	76.32	83.95	2.203
»	108	110.00	79.20	87.12	2.268
»	111	115.00	82.80	91.08	2.331

CENTIMÈTRES		PRIX du TARIF brut	VALEUR DE GLACE		SUPERFICIE de CHAQUE GLACE
HAUTEUR	LARGEUR		RABAIS déduit	BÉNÉFICE compris	
210	114	119.00	85.68	94.25	2.394
»	117	122.00	87.84	96.62	2.457
»	120	127.00	91.44	100.58	2.520
»	123	131.00	94.32	103.75	2.583
»	126	135.00	97.20	106.92	2.646
»	129	139.00	100.08	110.09	2.709
»	132	144.00	103.68	114.05	2.772
»	135	148.00	106.56	117.22	2.835
»	138	153.00	110.16	121.18	2.898
»	141	158.00	113.76	125.14	2.961
»	144	161.00	115.92	127.51	3.024
»	147	165.00	118.80	130.68	3.087
»	150	170.00	122.40	134.64	3.150
»	153	173.00	124.56	137.02	3.213
»	156	177.00	127.44	140.18	3.276
»	159	181.00	130.32	143.35	3.339
»	162	186.00	133.92	147.31	3.402
»	165	190.00	136.80	150.48	3.465
»	168	194.00	139.68	153.65	3.528
»	171	199.00	143.28	157.61	3.591
»	174	203.00	138.04	151.84	3.654
»	177	207.00	140.74	154.81	3.717
»	180	211.00	143.48	157.83	3.780
»	183	215.00	146.20	160.82	3.843
»	186	220.00	149.60	164.56	3.906
»	189	225.00	153.00	168.30	3.969
»	192	229.00	155.72	171.29	4.032
»	195	233.00	158.44	174.28	4.095
»	198	237.00	161.16	177.27	4.158
»	201	242.00	164.56	181.02	4.221
»	204	246.00	167.28	184.01	4.284
213	6	3.30	2.64	2.90	0.128
»	9	5.25	4.20	4.62	0.192
»	12	7.35	5.88	6.47	0.256
»	15	9.55	7.64	8.40	0.320
»	18	12.05	9.64	10.60	0.383
»	21	14.25	11.40	12.54	0.447
»	24	16.60	13.28	14.61	0.511
»	27	19.25	15.40	16.94	0.575
»	30	22.00	17.60	19.36	0.639
»	33	25.25	20.20	22.22	0.704
»	36	28.05	22.44	24.68	0.767
»	39	31.15	25.08	27.58	0.831
»	42	34.45	27.56	30.32	0.895
»	45	37.70	30.16	33.18	0.959
»	48	41.60	33.28	36.61	1.022
»	51	44.20	35.36	38.90	1.086
»	54	47.65	38.12	41.93	1.150
»	57	51.15	40.92	45.04	1.214
»	60	53.75	43.00	47.30	1.278
»	63	57.20	45.76	50.34	1.342
»	66	60.65	48.52	53.37	1.406
»	69	64.15	51.32	56.45	1.470
»	72	67.35	53.88	59.27	1.533

CENTIMÈTRES		PRIX du TARIF brut	VALEUR DE GLACE		SUPERFICIE de CHAQUE GLACE
HAUTEUR	LARGEUR		RABAIS déduit	BÉNÉFICE compris	
213	75	71.35	57.08	62.79	1.597
»	78	74.65	59.72	65.69	1.661
»	81	78.00	62.40	68.64	1.725
»	84	81.35	65.08	71.59	1.789
»	87	84.65	67.72	74.49	1.853
»	90	88.65	70.92	78.01	1.917
»	93	92.65	74.12	81.53	1.981
»	96	96.00	76.80	84.48	2.045
»	99	101.00	72.72	79.99	2.109
»	102	104.00	74.88	82.37	2.173
»	105	108.00	77.76	85.54	2.237
»	108	113.00	81.36	89.50	2.300
»	111	116.00	83.52	91.87	2.364
»	114	121.00	87.12	95.83	2.428
»	117	125.00	90.00	99.00	2.492
»	120	128.00	92.16	101.38	2.556
»	123	133.00	95.76	105.34	2.620
»	126	138.00	98.36	108.20	2.684
»	129	142.00	102.24	112.46	2.748
»	132	147.00	105.84	116.42	2.812
»	135	151.00	108.72	119.59	2.876
»	138	155.00	111.60	122.76	2.939
»	141	160.00	115.20	126.72	3.003
»	144	165.00	118.80	130.68	3.067
»	147	168.00	120.96	133.06	3.131
»	150	173.00	124.56	137.02	3.195
»	153	176.00	126.72	139.39	3.259
»	156	181.00	130.32	143.35	3.323
»	159	185.00	133.20	146.52	3.387
»	162	189.00	136.08	149.69	3.451
»	165	193.00	138.96	152.86	3.515
»	168	197.00	141.84	156.02	3.578
»	171	202.00	137.36	151.10	3.642
»	174	206.00	140.08	154.08	3.706
»	177	211.00	143.48	157.83	3.770
»	180	215.00	146.20	160.82	3.834
»	183	219.00	148.92	163.81	3.898
»	186	223.00	151.64	166.80	3.962
»	189	227.00	154.36	169.80	4.026
»	192	233.00	158.44	174.28	4.090
»	195	237.00	161.16	177.27	4.154
»	198	242.00	164.56	181.02	4.217
»	201	246.00	167.28	184.01	4.281
»	204	251.00	170.68	187.75	4.345
216	6	3.35	2.68	2.95	0.130
»	9	5.30	4.24	4.66	0.194
»	12	7.40	5.92	6.51	0.259
»	15	9.75	7.80	8.58	0.324
»	18	12.25	9.80	10.78	0.389
»	21	14.45	11.56	12.72	0.454
»	24	16.85	13.48	14.83	0.518
»	27	19.65	15.72	17.29	0.583
»	30	22.45	17.96	19.76	0.648
»	33	25.45	20.36	22.40	0.713

| CENTIMÈTRES | | PRIX du TARIF brut | VALEUR DE GLACE | | SUPERFICIE de CHAQUE GLACE |
HAUTEUR	LARGEUR		RABAIS déduit	BÉNÉFICE compris	
216	36	28.55	22.84	25.12	0.778
»	39	31.90	25.52	28.07	0.842
»	42	35.10	28.08	30.89	0.907
»	45	39.00	31.20	34.32	0.972
»	48	42.25	33.80	37.18	1.037
»	51	45.10	36.08	39.69	1.102
»	54	48.55	38.84	42.72	1.166
»	57	52.00	41.60	45.76	1.231
»	60	54.60	43.68	48.05	1.296
»	63	58.05	46.44	51.08	1.361
»	66	61.55	49.24	54.16	1.426
»	69	65.00	52.00	57.20	1.490
»	72	68.65	54.92	60.41	1.555
»	75	72.00	57.60	63.36	1.620
»	78	75.35	60.48	66.53	1.685
»	81	79.10	63.28	69.61	1.750
»	84	82.85	66.28	72.91	1.814
»	87	86.65	69.32	76.25	1.879
»	90	90.00	72.00	79.20	1.944
»	93	94.65	75.72	83.29	2.009
»	96	98.00	78.40	86.24	2.074
»	99	102.00	73.44	80.78	2.138
»	102	106.00	76.32	83.95	2.203
»	105	110.00	79.20	87.12	2.268
»	108	115.00	82.80	91.08	2.333
»	111	119.00	85.68	94.25	2.398
»	114	123.00	88.56	97.42	2.462
»	117	127.00	91.44	100.58	2.527
»	120	132.00	95.04	104.54	2.592
»	123	136.00	97.92	107.71	2.657
»	126	141.00	101.52	111.67	2.722
»	129	145.00	104.40	114.84	2.786
»	132	150.00	108.00	118.80	2.851
»	135	154.00	110.88	121.97	2.916
»	138	159.00	114.48	125.93	2.981
»	141	163.00	117.36	129.10	3.046
»	144	167.00	120.24	132.26	3.111
»	147	171.00	123.12	145.43	3.176
»	150	176.00	126.72	139.39	3.240
»	153	179.00	128.88	141.77	3.305
»	156	184.00	132.48	145.73	3.370
»	159	188.00	135.36	148.90	3.434
»	162	193.00	138.96	152.86	3.499
»	165	197.00	141.84	156.02	3.564
»	168	201.00	136.68	150.35	3.629
»	171	205.00	139.40	153.34	3.694
»	174	210.00	142.60	156.86	3.758
»	177	214.00	145.52	160.07	3.823
»	180	219.00	148.92	163.81	3.888
»	183	223.00	151.64	166.80	3.953
»	186	228.00	153.68	169.05	4.018
»	189	232.00	157.76	173.54	4.082
»	192	237.00	161.16	177.27	4.147
»	195	241.00	163.88	180.27	4.212
»	198	246.00	167.28	184.01	4.277

| CENTIMÈTRES | | PRIX du TARIF brut | VALEUR DE GLACE | | SUPERFICIE de CHAQUE GLACE |
HAUTEUR	LARGEUR		RABAIS déduit	BÉNÉFICE compris	
216	201	251.00	170.68	187.75	4.342
»	204	255.00	173.40	190.74	4.406
219	6	3.45	2.76	3.04	0.131
»	9	5.35	4.28	4.71	0.197
»	12	7.60	6.08	6.69	0.263
»	15	9.85	7.88	8.67	0.329
»	18	12.45	9.96	10.96	0.394
»	21	14.70	11.76	12.94	0.460
»	24	17.15	13.72	15.09	0.526
»	27	19.95	15.96	17.56	0.581
»	30	22.85	18.28	20.11	0.657
»	33	25.95	20.76	22.84	0.723
»	36	29.05	23.24	25.56	0.788
»	39	32.45	25.96	28.56	0.854
»	42	35.75	28.60	31.46	0.920
»	45	39.65	31.72	34.89	0.985
»	48	42.90	34.32	37.75	1.051
»	51	45.85	36.68	40.35	1.117
»	54	49.40	39.52	43.47	1.183
»	57	52.85	42.28	46.51	1.248
»	60	55.45	44.36	48.80	1.314
»	63	58.95	47.16	51.88	1.380
»	66	62.40	49.92	54.91	1.445
»	69	66.65	53.32	58.65	1.511
»	72	69.35	55.48	61.03	1.577
»	75	73.35	58.68	64.55	1.643
»	78	77.35	61.88	68.07	1.708
»	81	80.65	64.52	70.97	1.774
»	84	84.65	67.72	74.49	1.840
»	87	87.35	69.88	76.87	1.906
»	90	92.00	73.60	80.96	1.971
»	93	95.35	76.28	83.91	2.037
»	96	101.00	72.72	79.99	2.103
»	99	104.00	74.88	82.37	2.168
»	102	108.00	77.76	85.54	2.234
»	105	112.00	80.64	88.70	2.300
»	108	116.00	83.52	91.87	2.365
»	111	121.00	87.12	95.83	2.431
»	114	125.00	90.00	99.00	2.496
»	117	129.00	92.88	102.17	2.562
»	120	134.00	96.48	106.13	2.628
»	123	139.00	100.08	110.09	2.694
»	126	143.00	102.96	113.26	2.759
»	129	147.00	105.84	116.42	2.825
»	132	153.00	110.16	121.18	2.891
»	135	157.00	113.04	124.34	2.957
»	138	161.00	115.92	127.51	3.022
»	141	165.00	118.80	130.68	3.088
»	144	170.00	122.40	134.64	3.154
»	147	174.00	125.28	137.81	3.219
»	150	179.00	128.88	141.77	3.285
»	153	183.00	131.76	144.94	3.351
»	156	186.00	133.92	147.31	3.417
»	159	191.00	137.52	151.27	3.482

| CENTIMÈTRES | | PRIX du TARIF brut | VALEUR DE GLACE | | SUPERFICIE de CHAQUE GLACE |
HAUTEUR	LARGEUR		RABAIS déduit	BÉNÉFICE compris	
219	162	196.00	141.12	155.23	3.548
»	165	200.00	136.00	149.60	3.613
»	168	205.00	139.40	153.34	3.679
»	171	209.00	142.00	156.20	3.745
»	174	213.00	144.84	159.32	3.811
»	177	217.00	147.56	162.33	3.876
»	180	223.00	151.56	166.80	3.942
»	183	227.00	154.36	169.80	4.008
»	186	231.00	157.08	172.79	4.073
»	189	236.00	160.48	176.53	4.139
»	192	241.00	163.88	180.27	4.205
»	195	246.00	167.28	184.01	4.271
»	198	251.00	170.68	187.75	4.333
»	201	255.00	173.40	191.07	4.402
»	204	259.00	176.12	193.73	4.463
222	6	3.45	2.76	3.04	0.133
»	9	5.45	4.36	4.80	0.200
»	12	7.65	6.12	6.73	0.266
»	15	10.10	8.08	8.89	0.333
»	18	12.60	10.08	11.09	0.400
»	21	14.90	11.92	13.11	0.466
»	24	17.50	14.00	15.40	0.533
»	27	20.25	16.20	17.82	0.599
»	30	23.25	18.60	20.46	0.666
»	33	26.45	21.16	23.28	0.733
»	36	29.60	23.68	26.05	0.799
»	39	33.15	26.52	29.17	0.866
»	42	36.40	29.12	32.03	0.933
»	45	40.30	32.24	35.46	0.999
»	48	43.35	34.68	38.15	1.060
»	51	46.80	37.44	41.18	1.132
»	54	50.25	40.20	44.22	1.199
»	57	53.75	43.00	47.30	1.266
»	60	56.35	45.08	49.59	1.333
»	63	59.80	47.84	52.62	1.400
»	66	64.15	51.32	56.45	1.466
»	69	67.35	53.88	59.27	1.532
»	72	71.35	57.08	62.79	1.598
»	75	74.65	59.72	65.69	1.665
»	78	78.00	62.40	68.64	1.732
»	81	82.00	65.60	72.16	1.798
»	84	86.00	68.80	75.68	1.865
»	87	90.00	72.00	79.20	1.931
»	90	93.35	74.68	82.15	1.998
»	93	98.00	78.40	86.24	2.065
»	96	102.00	73.44	80.78	2.131
»	99	106.00	76.32	83.95	2.198
»	102	110.00	79.20	86.12	2.264
»	105	115.00	82.80	91.00	2.331
»	108	119.00	85.68	94.25	2.398
»	111	123.00	88.56	97.42	2.464
»	114	127.00	91.44	100.58	2.531
»	117	132.00	95.04	104.54	2.597
»	120	137.00	98.64	108.50	2.664

| CENTIMÈTRES | | PRIX du TARIF brut | VALEUR DE GLACE | | SUPERFICIE de CHAQUE GLACE |
HAUTEUR	LARGEUR		RABAIS déduit	BÉNÉFICE compris	
222	123	141.00	101.52	111.67	2.731
»	126	145.00	104.40	114.84	2.797
»	129	150.00	108.00	118.80	2.863
»	132	155.00	111.60	122.76	2.930
»	135	160.00	115.20	126.72	2.997
»	138	164.00	118.08	129.89	3.064
»	141	168.00	120.96	133.06	3.130
»	144	173.00	124.56	137.02	3.197
»	147	177.00	127.44	140.13	3.264
»	150	181.00	130.32	143.35	3.330
»	153	185.00	133.20	146.52	3.397
»	156	190.00	136.80	150.48	3.463
»	159	194.00	139.68	153.65	3.530
»	162	199.00	143.28	157.61	3.596
»	165	203.00	138.04	151.84	3.663
»	168	207.00	140.76	154.84	3.730
»	171	212.00	144.16	158.58	3.797
»	174	217.00	147.56	161.57	3.863
»	177	221.00	150.28	165.31	3.929
»	180	226.00	153.68	169.05	3.996
»	183	231.00	157.08	172.79	4.063
»	186	236.00	160.48	176.53	4.129
»	189	240.00	163.20	179.52	4.196
»	192	245.00	166.60	183.26	4.262
»	195	249.00	169.32	180.25	4.329
»	198	254.00	172.72	189.99	4.396
»	201	259.00	176.12	193.73	4.462
»	204	264.00	179.52	197.47	4.529
225	6	3.50	2.80	3.08	0.135
»	9	5.60	4.48	4.93	0.203
»	12	7.80	6.24	6.86	0.270
»	15	10.25	8.20	9.02	0.338
»	18	12.85	10.28	11.31	0.405
»	21	15.15	12.12	13.33	0.472
»	24	17.75	14.20	15.62	0.540
»	27	20.65	16.52	18.17	0.607
»	30	23.70	18.96	20.86	0.675
»	33	26.90	21.52	23.67	0.742
»	36	30.15	24.12	26.53	0.810
»	39	33.80	27.04	29.74	0.878
»	42	37.05	29.64	32.60	0.945
»	45	40.95	32.76	36.04	1.013
»	48	44.20	35.36	38.90	1.080
»	51	47.65	38.12	41.93	1.148
»	54	51.15	40.92	45.01	1.215
»	57	54.60	43.68	48.05	1.283
»	60	57.20	45.76	50.34	1.350
»	63	61.55	49.24	54.16	1.417
»	66	65.00	52.00	57.20	1.485
»	69	68.65	54.88	60.37	1.553
»	72	72.00	57.60	63.36	1.620
»	75	75.35	60.28	66.31	1.688
»	78	80.00	64.00	70.40	1.755
»	81	83.35	66.68	73.35	1.823

| CENTIMÈTRES | | PRIX du TARIF brut | VALEUR DE GLACE | | SUPERFICIE de CHAQUE GLACE |
HAUTEUR	LARGEUR		RABAIS déduit	BÉNÉFICE compris	
225	84	87.35	69.88	76.87	1.890
»	87	91.20	72.96	80.26	1.958
»	90	95.35	76.28	83.91	2.025
»	93	99.35	79.48	87.43	2.093
»	96	103.00	74.16	81.58	2.160
»	99	108.00	77.76	85.54	2.228
»	102	112.00	80.64	88.70	2.295
»	105	116.00	83.52	91.87	2.363
»	108	121.00	87.12	95.83	2.430
»	111	125.00	90.00	99.00	2.498
»	114	129.00	92.88	102.17	2.565
»	117	134.00	96.48	106.13	2.633
»	120	139.00	100.08	110.09	2.700
»	123	144.00	103.68	114.05	2.768
»	126	148.00	106.56	117.22	2.835
»	129	153.00	110.16	121.18	2.903
»	132	158.00	113.76	125.14	2.970
»	135	163.00	117.36	129.10	3.038
»	138	167.00	120.24	132.26	3.105
»	141	171.00	123.12	135.43	3.173
»	144	176.00	126.72	139.39	3.240
»	147	179.00	128.88	141.77	3.308
»	150	184.00	132.48	145.73	3.375
»	153	189.00	136.08	149.69	3.443
»	156	193.00	138.96	152.86	3.510
»	159	197.00	141.84	156.02	3.578
»	162	202.00	137.36	151.10	3.645
»	165	207.00	140.76	154.83	3.713
»	168	211.00	143.48	157.83	3.780
»	171	216.00	146.88	161.57	3.848
»	174	220.00	149.60	164.56	3.915
»	177	225.00	153.00	168.30	3.983
»	180	229.00	155.72	171.29	4.050
»	183	235.00	159.80	175.78	4.118
»	186	239.00	162.52	178.77	4.185
»	189	243.00	165.24	181.76	4.252
»	192	249.00	169.32	186.25	4.320
»	195	254.00	172.72	189.99	4.388
»	198	259.00	176.12	193.73	4.455
»	201	263.00	178.84	196.72	4.523
»	204	269.00	182.92	201.21	4.590
228	6	3.55	2.84	3.12	0.137
»	9	5.65	4.52	4.97	0.205
»	12	7.95	6.36	7.00	0.274
»	15	10.45	8.36	9.20	0.342
»	18	13.00	10.40	11.44	0.410
»	21	15.35	12.28	13.50	0.479
»	24	18.05	14.44	15.88	0.547
»	27	21.05	16.84	18.52	0.616
»	30	24.15	19.32	21.25	0.684
»	33	27.40	21.92	24.11	0.752
»	36	30.80	24.64	27.10	0.821
»	39	34.45	27.56	30.21	0.889
»	42	37.70	30.16	33.17	0.958

| CENTIMÈTRES | | PRIX du TARIF brut | VALEUR DE GLACE | | SUPERFICIE de CHAQUE GLACE |
HAUTEUR	LARGEUR		RABAIS déduit	BÉNÉFICE compris	
228	45	41.60	33.28	36.60	1.026
»	48	45.05	36.04	39.64	1.094
»	51	48.55	38.84	42.72	1.163
»	54	52.00	41.60	45.76	1.231
»	57	55.45	44.36	49.80	1.300
»	60	58.45	46.76	51.44	1.368
»	63	62.40	49.92	54.91	1.436
»	66	65.85	52.68	57.94	1.505
»	69	69.35	55.48	61.02	1.573
»	72	72.65	58.12	63.93	1.642
»	75	77.35	61.88	68.06	1.710
»	78	80.65	64.52	70.97	1.778
»	81	84.65	67.72	74.49	1.847
»	84	88.65	70.92	78.01	1.915
»	87	92.65	74.12	81.52	1.984
»	90	97.35	77.88	85.66	2.052
»	93	101.00	72.72	80.00	2.120
»	96	106.00	76.32	83.95	2.189
»	99	109.00	78.48	86.32	2.257
»	102	113.00	81.36	89.50	2.326
»	105	119.00	85.68	94.25	2.394
»	108	123.00	88.56	97.41	2.462
»	111	127.00	91.44	100.58	2.531
»	114	132.00	95.04	104.54	2.599
»	117	137.00	98.64	108.50	2.668
»	120	141.00	101.52	111.67	2.736
»	123	147.00	105.84	116.42	2.804
»	126	151.00	108.72	119.59	2.873
»	129	156.00	112.32	123.55	2.941
»	132	160.00	115.20	126.72	3.010
»	135	165.00	118.80	130.68	3.078
»	138	169.00	121.68	133.85	3.146
»	141	173.00	124.56	137.01	3.215
»	144	179.00	128.88	141.76	3.283
»	147	183.00	131.76	144.94	3.352
»	150	187.00	134.64	148.10	3.420
»	153	191.00	137.52	151.27	3.488
»	156	197.00	141.84	156.02	3.557
»	159	201.00	136.68	149.15	3.625
»	162	205.00	139.40	153.34	3.694
»	165	210.00	142.80	157.08	3.762
»	168	215.00	146.20	160.82	3.830
»	171	219.00	148.92	163.81	3.899
»	174	225.00	153.00	168.30	3.967
»	177	229.00	155.72	171.29	4.036
»	180	233.00	158.44	174.28	4.104
»	183	238.00	161.84	178.02	4.172
»	186	243.00	165.24	181.76	4.241
»	189	249.00	169.32	186.25	4.309
»	192	253.00	172.04	189.24	4.378
»	195	258.00	175.44	192.98	4.446
»	198	563.00	178.84	196.72	4.514
»	201	268.00	182.24	200.46	4.583
»	204	273.00	185.64	204.20	4.651

CENTIMÈTRES		PRIX du TARIF brut	VALEUR DE GLACE		SUPERFICIE de CHAQUE GLACE
HAUTEUR	LARGEUR		RABAIS déduit	BÉNÉFICE compris	
231	6	3.60	2.88	3.16	0.139
»	9	5.75	4.60	5.06	0.208
»	12	8.05	6.44	7.18	0.277
»	15	10.55	8.44	9.28	0.337
»	18	13.15	10.52	11.57	0.416
»	21	15.55	12.44	13.68	0.485
»	24	18.35	14.68	16.15	0.554
»	27	21.40	17.12	18.80	0.624
»	30	24.55	19.64	21.60	0.693
»	33	27.90	22.32	24.55	0.762
»	36	31.35	25.08	27.58	0.832
»	39	35.10	28.08	30.88	0.901
»	42	39.00	31.20	34.32	0.970
»	45	42.25	33.80	37.18	1.040
»	48	45.95	36.76	40.44	1.109
»	51	49.40	39.52	43.47	1.178
»	54	52.85	42.28	46.50	1.247
»	57	56.35	45.08	49.58	1.317
»	60	59.80	47.84	52.62	1.386
»	63	63.25	50.60	55.66	1.455
»	66	66.65	53.32	58.65	1.524
»	69	70.00	56.00	61.60	1.594
»	72	74.65	59.72	65.70	1.663
»	75	78.00	62.40	68.64	1.733
»	78	82.00	65.60	72.16	1.802
»	81	86.00	68.80	75.68	1.871
»	84	90.00	72.00	79.20	1.940
»	87	94.65	75.72	83.29	2.010
»	90	98.00	78.40	86.24	2.079
»	93	103.00	74.16	81.57	2.148
»	96	107.00	77.04	84.74	2.218
»	99	111.00	79.92	87.91	2.287
»	102	116.00	83.52	91.87	2.356
»	105	121.00	87.12	95.83	2.426
»	108	125.00	90.00	99.00	2.495
»	111	129.00	92.88	102.16	2.564
»	114	134.00	96.48	106.12	2.633
»	117	139.00	100.08	110.08	2.703
»	120	144.00	103.68	114.05	2.772
»	123	149.00	107.28	118.00	2.841
»	126	153.00	110.16	121.18	2.911
»	129	159.00	114.48	125.92	2.980
»	132	163.00	117.36	129.10	3.049
»	135	168.00	120.96	133.06	3.119
»	138	171.00	123.12	135.43	3.188
»	141	176.00	126.72	139.39	3.257
»	144	181.00	130.32	143.35	3.326
»	147	185.00	133.20	146.52	3.396
»	150	190.00	136.80	150.48	3.465
»	153	194.00	139.68	153.64	3.534
»	156	199.00	143.28	157.60	3.604
»	159	205.00	139.40	153.34	3.673
»	162	209.00	142.12	156.33	3.742
»	165	213.00	144.84	159.32	3.812
»	168	217.00	147.56	162.31	3.881

CENTIMÈTRES		PRIX du TARIF brut	VALEUR DE GLACE		SUPERFICIE de CHAQUE GLACE
HAUTEUR	LARGEUR		RABAIS déduit	BÉNÉFICE compris	
231	171	223.00	151.64	166.80	3.950
»	174	227.00	154.36	169.80	4.019
»	177	233.00	158.44	174.28	4.089
»	180	237.00	161.16	177.27	4.158
»	183	243.00	165.54	181.76	4.227
»	186	247.00	167.96	184.75	4.296
»	189	252.00	171.36	188.50	4.366
»	192	257.00	174.76	192.24	4.435
»	195	262.00	178.16	195.98	4.505
»	198	267.00	181.56	199.70	4.574
»	201	272.00	184.96	203.46	4.643
»	204	277.00	188.36	207.20	4.712
234	6	3.65	2.92	3.21	0.140
»	9	5.85	4.68	5.15	0.210
»	12	8.25	6.80	7.48	0.281
»	15	10.80	8.64	9.50	0.356
»	18	13.40	10.72	11.80	0.421
»	21	15.85	12.68	13.95	0.491
»	24	18.75	15.00	16.50	0.562
»	27	21.85	17.48	19.22	0.632
»	30	25.00	20.00	22.00	0.702
»	33	28.40	22.72	25.00	0.772
»	36	31.90	25.52	28.07	0.842
»	39	35.75	28.60	31.46	0.913
»	42	39.65	31.72	34.89	0.983
»	45	42.90	34.22	37.75	1.053
»	48	46.35	37.08	40.78	1.123
»	51	49.85	39.88	43.87	1.193
»	54	53.75	43.00	47.30	1.263
»	57	57.20	45.76	50.34	1.334
»	60	60.65	48.52	53.37	1.404
»	63	64.15	51.32	56.45	1.474
»	66	67.35	53.88	59.26	1.544
»	69	72.00	57.60	63.36	1.615
»	72	75.35	60.28	66.30	1.685
»	75	80.00	64.00	70.40	1.755
»	78	83.35	66.88	73.56	1.825
»	81	87.35	69.88	76.86	1.895
»	84	92.00	73.60	80.96	1.966
»	87	95.35	76.28	83.90	2.036
»	90	101.00	72.72	79.99	2.106
»	93	105.00	75.60	83.16	2.176
»	96	108.00	77.76	85.53	2.246
»	99	113.00	81.36	89.50	2.317
»	102	118.00	84.96	93.45	2.387
»	105	122.00	87.64	96.40	2.457
»	108	127.00	91.44	100.58	2.527
»	111	132.00	95.04	104.54	2.597
»	114	137.00	98.64	109.50	2.668
»	117	141.00	101.52	111.67	2.738
»	120	147.00	105.84	116.42	2.808
»	123	151.00	108.72	119.59	2.878
»	126	156.00	112.02	123.22	2.948
»	129	161.00	116.02	127.62	3.049

| CENTIMÈTRES | | PRIX du TARIF brut | VALEUR DE GLACE | | SUPERFICIE de CHAQUE GLACE | CENTIMÈTRES | | PRIX du TARIF brut | VALEUR DE GLACE | | SUPERFICIE de CHAQUE GLACE |
HAUTEUR	LARGEUR		RABAIS déduit	BÉNÉFICE compris		HAUTEUR	LARGEUR		RABAIS déduit	BÉNÉFICE compris	
234	132	165.00	118.80	130.68	3.089	237	93	106.00	76.32	83.95	2.204
»	135	171.00	123.12	135.43	3.159	»	96	111.00	79.92	87.91	2.276
»	138	175.00	126.00	138.60	3.229	»	99	115.00	82.80	91.08	2.346
»	141	179.00	128.88	141.76	3.299	»	102	119.00	85.68	94.25	2.417
»	144	184.00	132.48	145.72	3.370	»	105	124.00	89.28	98.21	2.488
»	147	189.00	136.08	149.68	3.440	»	108	129.00	92.88	102.17	2.559
»	150	193.00	138.96	152.85	3.510	»	111	134.00	96.48	106.13	2.631
»	153	197.00	141.84	156.02	3.571	»	114	139.00	100.08	110.09	2.702
»	156	202.00	137.36	151.10	3.650	»	117	144.00	103.68	114.05	2.773
»	159	207.00	140.76	154.84	3.721	»	120	149.00	107.28	118.01	2.844
»	162	212.00	144.16	158.57	3.791	»	123	154.00	110.88	121.97	2.915
»	165	217.00	147.56	162.31	3.861	»	126	159.00	114.48	125.93	2.986
»	168	222.00	150.96	166.05	3.931	»	129	164.00	118.08	129.89	3.057
»	171	226.00	153.68	169.05	4.004	»	132	168.00	120.96	133.06	3.128
»	174	231.00	157.08	172.78	4.071	»	135	173.00	124.56	137.01	3.199
»	177	236.00	160.48	176.52	4.141	»	138	177.00	127.44	140.18	3.271
»	180	241.00	163.88	180.26	4.211	»	141	182.00	131.04	144.14	3.342
»	183	246.00	167.28	184.00	4.281	»	144	186.00	133.92	147.31	3.413
»	186	251.00	170.68	187.75	4.352	»	147	191.00	137.50	151.25	3.484
»	189	257.00	174.76	192.23	4.422	»	150	196.00	141.12	155.23	3.556
»	192	261.00	177.48	195.22	4.493	»	153	201.00	136.68	150.35	3.627
»	195	267.00	181.56	199.72	4.563	»	156	205.00	139.40	153.34	3.699
»	198	272.00	184.96	203.45	4.633	»	159	211.00	143.48	157.83	3.771
»	201	277.00	188.36	207.20	4.700	»	162	215.00	146.20	160.82	3.842
»	204	283.00	192.44	211.68	4.774	»	165	220.00	149.60	164.56	3.913
						»	168	225.00	153.00	168.30	3.985
237	6	3.70	2.96	3.25	0.142	»	171	231.00	157.08	172.79	4.053
»	9	5.95	4.76	5.23	0.213	»	174	235.00	159.80	175.78	4.124
»	12	8.35	6.68	7.35	0.284	»	177	240.00	163.20	179.52	4.195
»	15	10.95	8.76	9.63	0.355	»	180	245.00	166.60	183.26	4.266
»	18	13.55	10.84	11.92	0.426	»	183	251.00	170.68	187.75	4.336
»	20	16.05	12.84	14.12	0.497	»	186	255.00	173.40	190.74	4.408
»	24	18.95	15.16	16.67	0.569	»	189	260.00	176.80	194.48	4.479
»	27	22.05	17.64	19.40	0.640	»	192	266.00	180.88	198.97	4.550
»	30	25.45	20.36	22.40	0.711	»	195	271.00	184.28	202.71	4.621
»	33	28.85	23.48	25.82	0.782	»	198	277.00	188.36	207.20	4.692
»	36	32.45	25.96	28.55	0.853	»	201	281.00	191.08	210.19	4.763
»	39	36.40	29.12	33.03	0.924	»	204	287.00	195.16	214.68	4.835
»	42	40.30	32.24	35.46	0.996						
»	45	43.35	34.68	38.15	1.067	240	6	3.75	3.00	3.30	0.144
»	48	46.80	37.44	41.18	1.138	»	9	6.00	4.80	5.28	0.216
»	51	50.25	40.20	44.22	1.210	»	12	8.40	6.72	7.39	0.288
»	54	54.60	43.68	48.05	1.280	»	15	11.10	8.88	9.77	0.360
»	57	58.08	46.46	51.10	1.351	»	18	13.75	11.00	12.10	0.432
»	60	61.55	49.24	54.16	1.422	»	20	16.30	13.04	14.34	0.504
»	63	65.00	52.00	57.20	1.492	»	24	19.30	15.44	16.98	0.576
»	66	69.35	55.48	61.02	1.562	»	27	22.45	17.96	19.76	0.648
»	69	72.65	58.12	63.93	1.635	»	30	25.75	20.60	22.66	0.720
»	72	77.35	61.88	68.07	1.706	»	33	29.35	23.48	25.83	0.792
»	75	80.65	64.52	70.97	1.777	»	36	33.15	26.52	29.17	0.864
»	78	84.65	67.72	74.49	1.848	»	39	37.05	29.64	32.60	0.936
»	81	89.35	71.48	78.63	1.920	»	42	40.95	32.76	36.04	1.008
»	84	92.65	74.12	81.53	1.991	»	45	44.20	35.36	38.90	1.080
»	87	98.00	78.40	86.24	2.062	»	48	47.65	38.12	41.93	1.152
»	90	102.00	73.44	80.78	2.133	»	51	51.15	40.92	45.01	1.224

| CENTIMÈTRES | | PRIX du TARIF brut | VALEUR DE GLACE | | SUPERFICIE de CHAQUE GLACE |
HAUTEUR	LARGEUR		RABAIS déduit	BÉNÉFICE compris	
240	54	55.45	44.36	48.80	1.296
»	57	58.95	47.16	51.88	1.368
»	60	62.40	49.92	54.91	1.440
»	63	66.65	53.32	58.65	1.512
»	66	70.00	56.00	61.60	1.584
»	69	74.65	59.72	65.69	1.656
»	72	78.00	62.40	68.60	1.728
»	75	82.00	65.60	72.16	1.800
»	78	86.65	69.32	76.25	1.872
»	81	90.00	72.00	79.20	1.944
»	84	95.35	76.28	83.91	2.016
»	87	98.65	78.92	86.81	2.088
»	90	103.00	74.16	81.58	2.160
»	93	108.00	77.76	85.54	2.232
»	96	113.00	81.36	89.60	2.304
»	99	117.00	84.24	92.66	2.376
»	102	121.00	87.12	95.83	2.448
»	105	127.00	91.44	100.58	2.520
»	108	132.00	95.04	104.54	2.592
»	111	137.00	98.64	108.50	2.664
»	114	141.00	101.52	111.67	2.736
»	117	147.00	105.84	116.42	2.808
»	120	151.00	108.72	119.59	2.880
»	123	157.00	113.04	124.34	2.952
»	126	161.00	115.92	127.51	3.024
»	129	165.00	118.80	130.68	3.096
»	132	171.00	123.12	135.43	3.168
»	135	176.00	126.72	139.39	3.240
»	138	180.00	129.60	142.56	3.312
»	141	185.00	133.20	146.52	3.384
»	144	189.00	136.08	149.69	3.456
»	147	194.00	140.40	154.44	3.528
»	150	199.00	144.00	158.40	3.600
»	153	205.00	139.40	153.34	3.672
»	156	209.00	142.12	156.30	3.744
»	159	214.00	145.52	160.07	3.816
»	162	219.00	148.92	163.81	3.888
»	165	223.00	151.64	166.80	3.960
»	168	229.00	155.72	171.29	4.032
»	171	233.00	158.44	174.28	4.104
»	174	238.00	161.84	177.82	4.176
»	177	243.00	165.24	181.76	4.248
»	180	249.00	169.22	186.14	4.320
»	183	254.00	172.72	189.99	4.394
»	186	259.00	176.12	193.73	4.464
»	189	264.00	179.52	197.47	4.536
»	192	269.00	182.92	201.21	4.608
»	195	275.00	187.00	205.70	4.680
»	198	280.00	190.40	209.44	4.754
»	201	286.00	194.48	213.93	4.824
»	204	291.00	197.88	217.67	4.896
243	6	3.80	3.04	3.34	0.146
»	9	6.05	4.84	5.32	0.219
»	12	8.55	6.84	7.52	0.292

| CENTIMÈTRES | | PRIX du TARIF brut | VALEUR DE GLACE | | SUPERFICIE de CHAQUE GLACE |
HAUTEUR	LARGEUR		RABAIS déduit	BÉNÉFICE compris	
243	15	11.30	9.04	9.94	0.365
»	18	13.90	11.12	12.23	0.437
»	21	16.60	13.28	14.61	0.510
»	24	19.65	15.72	17.29	0.583
»	27	22.85	18.28	20.11	0.656
»	30	26.25	21.00	23.10	0.729
»	33	29.85	23.88	26.27	0.802
»	36	33.50	26.80	29.48	0.875
»	39	37.70	30.16	33.18	0.948
»	42	41.60	33.28	36.61	1.021
»	45	45.05	36.04	39.64	1.093
»	48	48.35	38.68	42.55	1.166
»	51	52.00	41.60	45.76	1.239
»	54	56.35	45.08	49.59	1.312
»	57	59.80	47.84	52.62	1.385
»	60	63.25	50.60	55.66	1.458
»	63	67.35	53.88	59.27	1.531
»	66	71.35	57.08	62.79	1.604
»	69	75.25	60.20	66.22	1.677
»	72	79.10	63.28	69.61	1.750
»	75	83.35	66.68	73.35	1.823
»	78	87.35	69.88	76.87	1.895
»	81	92.00	73.60	80.96	1.968
»	84	96.00	76.80	84.48	2.041
»	87	101.00	72.72	79.99	2.114
»	90	106.00	76.36	84.00	2.187
»	93	110.00	79.20	87.12	2.259
»	96	115.00	82.80	91.08	2.332
»	99	119.00	85.68	94.25	2.405
»	102	124.00	89.28	98.21	2.478
»	105	129.00	92.88	102.17	2.551
»	108	133.00	95.76	105.34	2.624
»	111	139.00	100.08	110.08	2.697
»	114	144.00	103.68	114.05	2.770
»	117	149.00	107.28	118.01	2.843
»	120	154.00	110.88	121.97	2.916
»	123	159.00	114.76	125.93	2.989
»	126	164.00	118.08	129.89	3.062
»	129	168.00	120.96	133.06	3.135
»	132	173.00	124.56	137.02	3.208
»	135	179.00	128.88	141.77	3.281
»	138	183.00	131.76	144.94	3.353
»	141	187.00	134.64	148.10	3.426
»	144	193.00	138.96	152.76	3.500
»	147	197.00	141.84	156.02	3.572
»	150	202.00	137.36	151.10	3.645
»	153	207.00	140.76	154.84	3.718
»	156	212.00	144.16	158.58	3.791
»	159	217.00	147.56	162.32	3.863
»	162	222.00	150.96	166.06	3.936
»	165	227.00	154.36	169.80	4.009
»	168	232.00	157.76	173.54	4.082
»	171	237.00	161.16	177.28	4.155
»	174	243.00	165.24	181.76	4.227
»	177	248.00	168.64	185.50	4.301

| CENTIMÈTRES | | PRIX du TARIF brut | VALEUR DE GLACE | | SUPERFICIE de CHAQUE GLACE |
HAUTEUR	LARGEUR		RABAIS déduit	BÉNÉFICE compris	
243	180	253.00	172.04	189.24	4.374
»	183	258.00	175.44	192.98	4.447
»	186	263.00	178.84	196.72	4.519
»	189	269.00	182.92	201.21	4.592
»	192	275.00	187.00	205.70	4.665
»	195	279.00	189.72	208.69	4.738
»	198	285.00	193.80	213.18	4.811
»	201	290.00	197.20	216.92	4.884
»	204	295.00	200.60	220.66	4.937
246	6	3.85	3.08	3.38	0.148
»	9	6.20	4.96	5.46	0.221
»	12	8.70	6.96	7.66	0.295
»	15	11.45	9.16	10.08	0.369
»	18	14.15	11.32	12.45	0.442
»	21	16.80	13.44	14.78	0.517
»	24	19.95	15.96	17.56	0.593
»	27	23.25	18.60	20.46	0.664
»	30	26.60	21.28	23.41	0.738
»	33	30.35	24.28	26.71	0.812
»	36	34.05	27.24	29.96	0.886
»	39	38.35	30.68	33.75	0.960
»	42	41.90	33.52	36.87	1.033
»	45	45.50	36.40	40.04	1.107
»	48	48.95	39.16	43.08	1.181
»	51	52.85	42.28	46.51	1.255
»	54	56.75	45.40	49.94	1.328
»	57	60.65	48.52	53.37	1.402
»	60	64.15	51.32	56.45	1.476
»	63	68.65	54.92	60.41	1.550
»	66	72.00	57.60	63.36	1.624
»	69	76.00	60.80	66.88	1.697
»	72	80.85	64.68	71.15	1.771
»	75	84.65	67.72	74.49	1.845
»	78	89.35	71.48	78.63	1.919
»	81	92.65	74.12	81.53	1.993
»	84	98.00	78.40	86.24	2.067
»	87	102.00	73.44	80.78	2.141
»	90	107.00	77.04	84.74	2.214
»	93	111.00	79.92	87.91	2.288
»	96	116.00	83.52	91.87	2.362
»	99	121.00	87.12	95.83	2.435
»	102	125.00	90.00	99.00	2.509
»	105	131.00	94.32	103.75	2.583
»	108	136.00	97.92	107.71	2.657
»	111	141.00	101.52	111.67	2.731
»	114	147.00	105.84	116.42	2.804
»	117	151.00	108.72	119.59	2.875
»	120	157.00	113.04	124.34	2.952
»	123	162.00	116.64	128.30	3.026
»	126	167.00	120.24	132.26	3.100
»	129	171.00	123.12	135.43	3.176
»	132	176.00	126.72	139.39	3.247
»	135	181.00	130.32	143.35	3.321
»	138	185.00	133.20	146.52	3.395

| CENTIMÈTRES | | PRIX du TARIF brut | VALEUR DE GLACE | | SUPERFICIE de CHAQUE GLACE |
HAUTEUR	LARGEUR		RABAIS déduit	BÉNÉFICE compris	
246	141	191.00	137.52	151.27	3.469
»	144	195.00	140.40	154.44	3.543
»	147	200.00	136.00	149.60	3.616
»	150	205.00	139.40	153.34	3.690
»	153	210.60	142.80	157.08	3.764
»	156	215.00	146.20	160.82	3.838
»	159	220.00	149.60	164.56	3.912
»	162	225.00	153.00	168.30	3.986
»	165	231.00	157.08	172.79	4.060
»	168	236.00	160.48	176.53	4.134
»	171	241.00	163.88	180.27	4.207
»	174	246.00	167.28	184.01	4.280
»	177	251.00	170.68	187.75	4.354
»	180	257.00	174.76	192.24	4.427
»	183	261.00	177.48	195.23	4.502
»	186	267.00	181.56	199.72	4.576
»	189	273.00	185.64	204.20	4.649
»	192	278.00	189.04	207.94	4.723
»	195	284.00	193.12	212.43	4.797
»	198	289.00	196.52	216.17	4.871
»	201	295.00	200.60	220.66	4.945
»	204	301.00	192.64	211.90	5.018
249	6	3.90	3.12	3.43	0.149
»	9	6.30	5.67	6.24	0.224
»	12	8.80	7.04	7.74	0.299
»	15	11.65	9.32	10.25	0.374
»	18	14.30	11.44	12.58	0.448
»	21	17.15	13.72	15.09	0.523
»	24	20.25	16.20	17.82	0.598
»	27	23.65	18.92	20.81	0.672
»	30	27.10	21.68	23.85	0.747
»	33	30.85	24.68	27.15	0.822
»	36	34.55	27.64	30.40	0.896
»	39	39.00	31.20	34.32	0.971
»	42	42.25	33.80	37.18	1.046
»	45	45.95	36.76	40.44	1.121
»	48	49.40	39.52	43.47	1.195
»	51	53.75	43.00	47.30	1.270
»	54	57.20	45.76	50.34	1.344
»	57	61.55	49.24	54.16	1.419
»	60	65.00	52.00	57.20	1.494
»	63	69.35	55.48	60.93	1.568
»	66	73.35	58.68	64.55	1.643
»	69	77.35	61.88	68.07	1.718
»	72	81.35	65.08	71.59	1.793
»	75	86.00	68.80	75.68	1.867
»	78	90.00	72.00	79.20	1.942
»	81	95.35	76.28	83.91	2.017
»	84	99.35	79.48	87.43	2.092
»	87	104.00	74.88	82.37	2.166
»	90	108.00	77.76	85.53	2.241
»	93	113.00	81.36	89.50	2.315
»	96	119.00	85.68	94.25	2.390
»	99	123.00	88.56	97.42	2.464

| CENTIMÈTRES | | PRIX du TARIF brut | VALEUR DE GLACE | | SUPERFICIE de CHAQUE GLACE |
HAUTEUR	LARGEUR		RABAIS déduit	BÉNÉFICE compris	
249	102	128.00	92.16	101.38	2.539
»	105	133.00	95.76	105.34	2.614
»	108	138.00	99.36	109.30	2.689
»	111	143.00	102.96	113.26	2.734
»	114	148.00	106.56	117.22	2.839
»	117	154.00	110.88	121.97	2.914
»	120	159.00	114.48	125.93	2.988
»	123	164.00	118.08	129.89	3.063
»	126	168.00	120.96	133.06	3.138
»	129	173.00	124.56	137.02	3.213
»	132	179.00	128.88	141.77	3.287
»	135	184.00	132.48	145.73	3.362
»	138	188.00	135.36	148.90	3.435
»	141	193.00	138.96	152.86	3.511
»	144	199.00	143.28	157.61	3.586
»	147	203.00	138.04	151.84	3.661
»	150	208.00	141.44	155.58	3.740
»	153	213.00	144.84	159.32	3.810
»	156	219.00	148.92	163.81	3.884
»	159	223.00	151.64	166.80	3.959
»	162	229.00	155.72	171.29	4.034
»	165	234.00	159.12	175.03	4.109
»	168	239.00	162.52	178.77	4.184
»	171	245.00	166.60	182.82	4.258
»	174	249.00	169.32	186.25	4.333
»	177	255.00	173.40	190.74	4.407
»	180	261.00	177.48	195.23	4.482
»	183	266.00	180.88	198.97	4.556
»	186	272.00	184.96	203.46	4.631
»	189	277.00	188.36	207.20	4.706
»	192	283.00	192.44	211.68	4.781
»	195	288.00	195.84	215.42	4.856
»	198	294.00	199.92	219.91	4.931
»	201	300.00	192.00	211.00	5.005
»	204	305.00	195.20	214.72	5.080
252	6	4.04	3.20	3.52	0.151
»	9	6.35	5.08	5.59	0.227
»	12	8.95	7.16	7.87	0.302
»	15	11.80	9.44	10.38	0.378
»	18	14.45	11.96	13.16	0.454
»	21	17.30	13.84	15.22	0.529
»	24	20.55	16.44	18.08	0.605
»	27	24.00	19.20	21.12	0.680
»	30	27.55	22.04	24.24	0.756
»	33	31.35	25.08	27.59	0.832
»	36	35.10	28.08	30.89	0.907
»	39	39.65	31.72	34.89	0.983
»	42	42.90	34.32	37.75	1.058
»	45	46.80	37.44	41.18	1.134
»	48	50.25	40.20	44.22	1.210
»	51	54.60	43.68	48.05	1.285
»	54	58.05	46.44	51.08	1.361
»	57	62.40	49.92	54.91	1.437
»	60	66.65	53.32	58.65	1.512
252	63	70.00	56.00	61.60	1.588
»	66	74.65	59.72	65.69	1.663
»	69	78.65	62.92	69.21	1.739
»	72	82.00	65.60	72.16	1.814
»	75	87.35	69.88	76.87	1.890
»	78	92.00	73.60	80.96	1.965
»	81	96.00	76.80	84.48	2.041
»	84	101.00	72.72	79.99	2.116
»	87	106.00	76.32	83.95	2.192
»	90	110.00	79.20	87.12	2.268
»	93	115.00	82.80	91.08	2.344
»	96	120.00	86.40	95.04	2.420
»	99	125.00	90.00	99.00	2.496
»	102	130.00	93.60	102.96	2.570
»	105	135.00	97.20	106.92	2.646
»	108	141.00	101.52	111.67	2.722
»	111	145.00	104.40	114.84	2.797
»	114	151.00	108.72	119.59	2.873
»	117	156.00	112.32	123.55	2.949
»	120	161.00	115.92	127.51	3.024
»	123	167.00	120.24	132.26	3.100
»	126	171.00	123.12	135.43	3.175
»	129	176.00	126.72	139.39	3.251
»	132	181.00	130.32	143.35	3.326
»	135	186.00	133.92	147.31	3.402
»	138	191.00	137.52	151.27	3.478
»	141	196.00	141.12	155.20	3.553
»	144	201.00	136.68	150.35	3.629
»	147	206.00	140.08	154.09	3.704
»	150	211.00	143.48	157.83	3.779
»	153	217.00	147.56	162.32	3.855
»	156	222.00	150.96	166.06	3.931
»	159	227.00	154.36	169.80	4.006
»	162	232.00	157.76	173.54	4.082
»	165	237.00	161.16	177.28	4.158
»	168	243.00	165.24	181.76	4.234
»	171	249.00	169.32	186.25	4.309
»	174	254.00	172.72	189.99	4.385
»	177	259.00	176.12	193.73	4.460
»	180	263.00	178.84	196.72	4.536
»	183	271.00	184.28	202.71	4.611
»	186	275.00	188.36	207.20	4.687
»	189	281.00	192.44	211.68	4.763
»	192	287.00	196.52	216.17	4.838
»	195	293.00	200.60	220.66	4.914
»	198	298.00	204.00	224.40	4.990
»	201	304.00	194.56	214.00	5.065
»	204	310.00	198.40	218.24	5.141
255	6	4.05	3.24	3.56	0.153
»	9	6.40	5.12	5.63	0.230
»	12	9.10	7.28	8.01	0.306
»	15	12.00	9.60	10.56	0.383
»	18	14.65	11.72	12.89	0.459
»	21	17.60	14.08	15.40	0.536

CENTIMÈTRES HAUTEUR	LARGEUR	PRIX du TARIF brut	VALEUR DE GLACE RABAIS déduit	BÉNÉFICE compris	SUPERFICIE de CHAQUE GLACE
255	24	20.90	16.72	18.39	0.612
»	27	24.25	19.40	21.34	0.689
»	30	28.00	22.40	24.64	0.765
»	33	31.85	25.48	28.03	0.842
»	36	35.75	28.60	31.46	0.918
»	39	40.00	32.00	35.20	0.995
»	42	43.35	34.68	38.15	1.071
»	45	47.65	38.12	41.93	1.148
»	48	51.15	40.92	45.01	1.224
»	51	55.45	44.36	48.80	1.301
»	54	58.95	47.16	51.88	1.377
»	57	63.25	50.60	55.66	1.454
»	60	67.35	53.88	59.27	1.530
»	63	71.35	57.08	62.79	1.617
»	66	75.35	60.28	66.31	1.683
»	69	80.00	64.00	70.40	1.760
»	72	84.00	67.20	73.92	1.836
»	75	88.65	70.92	78.01	1.913
»	78	92.65	74.12	81.53	1.989
»	81	98.00	78.40	86.24	2.066
»	84	102.00	73.44	80.78	2.142
»	87	107.00	77.04	84.74	2.219
»	90	112.00	80.64	88.70	2.295
»	93	117.00	84.24	92.66	2.371
»	96	121.00	87.12	95.83	2.448
»	99	127.00	91.44	100.58	2.524
»	102	132.00	95.04	104.54	2.601
»	105	137.00	98.64	108.50	2.678
»	108	142.00	102.24	112.46	2.764
»	111	148.00	106.56	117.22	2.831
»	114	153.00	110.16	121.18	2.907
»	117	259.00	114.48	125.93	2.984
»	120	164.00	118.08	129.89	3.060
»	123	168.00	120.96	133.06	3.136
»	126	173.00	124.56	137.02	3.213
»	129	179.00	128.88	141.77	3.289
»	132	184.00	132.48	145.73	3.366
»	135	189.00	136.08	149.69	3.442
»	138	194.00	139.68	153.65	3.519
»	141	199.00	143.28	157.61	3.595
»	144	205.00	139.40	153.34	3.672
»	147	209.00	132.12	156.33	3.748
»	150	215.00	146.20	160.82	3.825
»	153	220.00	149.60	164.56	3.902
»	156	225.00	153.00	168.30	3.978
»	159	231.00	157.08	172.79	4.055
»	162	236.00	160.48	176.50	4.131
»	165	241.00	163.88	180.27	4.208
»	168	246.00	167.28	184.01	4.284
»	171	251.00	170.68	187.75	4.361
»	174	257.00	174.76	192.24	4.437
»	177	263.00	178.84	196.72	4.514
»	180	269.00	182.92	201.21	4.590
»	183	275.00	187.00	205.70	4.667
»	186	280.00	190.40	209.44	4.743

CENTIMÈTRES HAUTEUR	LARGEUR	PRIX du TARIF brut	VALEUR DE GLACE RABAIS déduit	BÉNÉFICE compris	SUPERFICIE de CHAQUE GLACE
255	189	285.00	193.80	213.18	4.820
»	192	291.00	177.20	216.92	4.896
»	195	297.00	201.28	221.41	4.973
»	198	303.00	193.92	213.31	5.049
»	201	309.00	197.64	217.40	5.125
»	204	315.00	201.60	221.76	5.202
258	6	4.10	3.28	3.61	0.155
»	9	6.55	5.24	5.76	0.232
»	12	9.20	7.36	8.10	0.310
»	15	12.15	9.72	10.69	0.387
»	18	14.85	11.88	13.07	0.464
»	21	17.90	14.32	15.75	0.542
»	24	21.15	16.92	18.61	0.619
»	27	24.65	19.72	21.69	0.697
»	30	28.45	22.76	25.04	0.774
»	33	32.35	25.88	28.47	0.852
»	36	36.40	29.12	32.03	0.929
»	39	40.55	32.44	35.68	1.007
»	42	44.20	35.36	38.90	1.084
»	45	48.10	38.48	42.33	1.162
»	48	52.00	41.60	45.76	1.239
»	51	55.90	44.72	49.19	1.317
»	54	59.60	47.84	52.62	1.394
»	57	64.15	51.32	56.45	1.471
»	60	68.65	54.92	60.41	1.548
»	63	72.00	57.60	63.36	1.625
»	66	76.45	61.16	67.28	1.703
»	69	80.65	64.52	70.97	1.780
»	72	84.65	67.72	74.49	1.858
»	75	90.00	72.00	79.20	1.935
»	78	94.65	75.72	83.29	2.012
»	81	98.65	78.92	86.81	2.090
»	84	104.00	74.88	82.37	2.167
»	87	108.00	77.76	85.54	2.245
»	90	113.00	81.36	89.50	2.322
»	93	119.00	85.68	94.25	2.400
»	96	124.00	89.28	98.21	2.477
»	99	129.00	92.88	102.17	2.554
»	102	134.00	96.48	106.13	2.632
»	105	139.00	100.08	110.09	2.709
»	108	145.00	104.40	114.84	2.787
»	111	150.00	108.00	118.80	2.864
»	114	156.00	112.32	123.55	2.942
»	117	161.00	115.92	127.51	3.020
»	120	165.00	118.80	130.68	3.097
»	123	171.00	123.12	135.43	3.175
»	126	176.00	126.72	139.39	3.252
»	129	181.00	130.32	143.35	3.330
»	132	186.00	133.92	147.31	3.407
»	135	191.00	137.52	151.27	3.485
»	138	197.00	141.84	156.02	3.562
»	141	202.00	137.36	151.10	3.638
»	144	207.00	140.76	154.84	3.715
»	147	212.00	144.16	158.56	3.793

| CENTIMÈTRES | | PRIX du TARIF brut | VALEUR DE GLACE | | SUPERFICIE de CHAQUE GLACE |
HAUTEUR	LARGEUR		RABAIS déduit	BÉNÉFICE compris	
258	150	217.00	147.56	162.32	3.870
»	153	223.00	151.64	166.80	3.948
»	156	227.00	154.36	169.80	4.025
»	159	233.00	158.44	174.28	4.103
»	162	238.00	161.84	178.02	4.180
»	165	245.00	166.60	183.26	4.258
»	168	249.00	169.32	186.25	4.335
»	171	255.00	173.40	190.74	4.413
»	174	262.00	178.16	195.98	4.490
»	177	267.00	181.56	199.72	4.567
»	180	272.00	184.96	203.46	4.644
»	183	278.00	189.04	207.94	4.721
»	186	284.00	193.12	212.43	4.798
»	189	290.00	197.20	216.92	4.876
»	192	295.00	200.60	226.66	4.954
»	195	301.00	192.64	211.90	5.031
»	198	307.00	196.48	216.12	5.108
»	201	314.00	200.96	221.05	5.185
»	204	319.00	204.16	224.57	5.263
261	6	4.15	3.32	3.65	0.157
»	9	6.65	5.32	5.85	0.235
»	12	9.35	7.48	8.23	0.313
»	15	12.35	9.88	10.87	0.392
»	18	15.05	12.04	13.24	0.470
»	21	18.05	14.44	15.88	0.548
»	24	21.50	17.20	18.92	0.626
»	27	25.10	20.08	22.09	0.705
»	30	28.90	23.12	25.43	0.783
»	33	33.15	26.52	29.17	0.861
»	36	37.05	29.64	32.60	0.939
»	39	41.10	32.88	36.17	1.017
»	42	45.05	36.04	39.64	1.096
»	45	48.55	38.84	42.72	1.175
»	48	52.85	42.28	46.51	1.253
»	51	56.35	45.08	49.59	1.331
»	54	60.65	48.52	53.37	1.409
»	57	65.00	52.00	57.20	1.488
»	60	69.35	55.48	60.93	1.566
»	63	73.35	58.68	64.55	1.644
»	66	78.00	62.40	68.24	1.723
»	69	82.00	65.60	72.16	1.801
»	72	86.65	69.32	76.25	1.879
»	75	90.65	72.52	79.77	1.957
»	78	95.35	76.28	83.91	2.036
»	81	101.00	72.72	79.99	2.114
»	84	106.00	76.32	83.95	2.192
»	87	111.00	79.92	87.91	2.270
»	90	115.00	82.80	91.08	2.348
»	93	121.00	87.12	95.83	2.426
»	96	125.00	90.00	99.00	2.506
»	99	131.00	94.32	103.75	2.584
»	102	137.00	98.64	108.50	2.662
»	105	142.00	102.24	112.46	2.740
»	108	147.00	105.84	116.42	2.819

| CENTIMÈTRES | | PRIX du TARIF brut | VALEUR DE GLACE | | SUPERFICIE de CHAQUE GLACE |
HAUTEUR	LARGEUR		RABAIS déduit	BÉNÉFICE compris	
»	111	153.00	110.16	121.18	2.897
»	114	158.00	113.76	125.14	2.975
»	117	163.00	117.37	129.10	3.053
»	120	168.00	120.96	133.06	3.131
»	123	173.00	124.56	137.02	3.210
»	126	179.00	128.88	141.77	3.288
»	129	184.00	132.48	145.73	3.367
»	132	189.00	136.08	149.69	3.446
»	135	194.00	139.68	153.65	3.524
»	138	199.00	143.28	157.61	3.602
»	141	205.00	139.40	153.34	3.680
»	144	210.00	142.80	157.08	3.758
»	147	215.00	146.20	160.82	3.836
»	150	220.00	149.60	164.56	3.920
»	153	225.00	153.00	168.30	3.993
»	156	231.00	157.08	172.79	4.072
»	159	237.00	161.16	177.28	4.150
»	162	243.00	165.24	181.76	4.228
»	165	248.00	168.64	185.50	4.307
»	168	254.00	172.72	189.99	4.385
»	171	259.00	176.12	193.73	4.463
»	174	265.00	180.20	198.22	4.541
»	177	271.00	184.28	202.71	4.619
»	180	277.00	188.36	207.20	4.698
»	183	283.00	192.44	211.68	4.777
»	186	288.00	195.84	215.42	4.855
»	189	294.00	199.92	219.91	4.934
»	192	301.00	192.64	211.90	5.011
»	195	306.00	195.84	215.42	5.090
»	198	312.00	199.68	219.64	5.168
»	201	318.00	203.52	223.87	5.246
»	204	324.00	206.36	227.00	5.324
264	6	4.20	3.36	3.70	0.158
»	9	6.70	5.36	5.90	0.238
»	12	9.50	7.60	8.36	0.317
»	15	12.45	9.96	10.96	0.396
»	18	15.20	12.16	13.38	0.475
»	21	18.35	14.68	16.15	0.554
»	24	21.95	17.48	19.23	0.633
»	27	25.45	20.36	22.40	0.712
»	30	29.35	23.48	25.83	0.792
»	33	33.45	26.76	29.44	0.871
»	36	37.70	30.16	33.18	0.950
»	39	41.60	33.28	36.61	1.029
»	42	45.95	36.76	40.44	1.109
»	45	49.40	39.52	43.47	1.188
»	48	53.75	43.00	47.30	1.267
»	51	56.80	45.44	49.98	1.346
»	54	61.55	49.24	54.16	1.415
»	57	65.85	52.68	57.95	1.503
»	60	70.00	56.00	61.60	1.584
»	63	74.65	59.72	65.69	1.663
»	66	78.65	62.92	69.24	1.742
»	69	83.35	66.68	73.35	1.822

| CENTIMÈTRES | | PRIX du TARIF brut | VALEUR DE GLACE | | SUPERFICIE de CHAQUE GLACE |
HAUTEUR	LARGEUR		RABAIS déduit	BÉNÉFICE compris	
264	72	87.35	69.88	76.87	1.901
»	75	92.65	74.12	81.53	1.980
»	78	97.35	77.88	85.67	2.059
»	81	102.00	73.44	80.78	2.138
»	84	107.00	77.04	84.74	2.216
»	87	112.00	80.64	88.70	2.297
»	90	117.00	84.24	92.66	2.376
»	93	122.00	87.84	96.62	2.455
»	96	127.00	91.44	100.58	2.534
»	99	133.00	95.76	105.34	2.614
»	102	139.00	100.08	110.09	2.693
»	105	144.00	103.68	114.05	2.772
»	108	150.00	108.00	118.80	2.851
»	111	155.00	111.60	122.76	2.930
»	114	160.00	115.20	126.72	2.009
»	117	165.00	118.80	130.68	2.088
»	120	171.00	123.12	135.43	3.168
»	123	176.00	126.72	139.39	3.247
»	126	181.00	130.32	143.35	3.326
»	129	186.00	133.92	147.31	3.405
»	132	191.00	137.52	151.27	3.484
»	135	197.00	141.82	156.00	3.563
»	138	202.00	137.36	151.10	3.642
»	141	207.00	140.76	154.84	3.722
»	144	212.00	144.16	158.58	3.802
»	147	217.00	147.56	162.32	3.881
»	150	223.00	151.64	166.80	3.960
»	153	229.00	155.72	171.29	4.039
»	156	235.00	159.80	175.78	4.118
»	159	240.00	163.20	179.52	4.197
»	162	246.00	167.28	184.01	4.277
»	165	251.00	170.68	187.75	4.356
»	168	257.00	174.76	192.24	4.435
»	171	263.00	178.84	196.72	4.514
»	174	269.00	182.92	201.21	4.593
»	177	275.00	187.00	205.70	4.672
»	180	280.00	190.40	209.44	4.752
»	183	287.00	195.16	214.68	4.831
»	186	293.00	199.24	219.16	4.910
»	189	298.00	202.64	222.90	4.989
»	192	304.00	194.56	214.00	5.069
»	195	310.00	198.40	218.24	5.149
»	198	316.00	202.24	222.46	5.229
»	201	323.00	206.72	227.37	5.306
»	204	329.00	210.56	231.61	5.385
267	6	4.30	3.44	3.78	0.160
»	9	6.80	5 44	5.98	0.240
»	12	9.65	7.72	8.49	0.320
»	15	12.65	10.12	11.13	0.401
»	18	15.45	12.36	13.60	0.481
»	21	18.65	14.92	16.41	0.561
»	24	22.20	17.76	19.54	0 644
»	27	25.85	20.68	22.75	0.721
»	30	29.80	23.84	26.22	0.801

| CENTIMÈTRES | | PRIX du TARIF brut | VALEUR DE GLACE | | SUPERFICIE de CHAQUE GLACE |
HAUTEUR	LARGEUR		RABAIS déduit	BÉNÉFICE compris	
267	33	33.80	27.04	29.74	0.881
»	36	38.35	30.68	33.75	0.961
»	39	42.25	33.80	37.18	1.041
»	42	46.80	37.44	41.18	1.121
»	45	50.25	40.20	44.22	1.201
»	48	54.60	43.68	48.05	1.281
»	51	58.05	46.44	51.08	1.361
»	54	62.40	49.92	54.91	1.442
»	57	66.65	53.32	58.65	1.522
»	60	71.35	57.08	62.79	1.602
»	63	75.35	60.28	66.31	1.682
»	66	80.00	64.00	70.40	1.762
»	69	84.65	67.72	74.49	1.842
»	72	89.35	71.48	78.63	1.922
»	75	93.35	74.68	82.15	2.002
»	78	98.65	78.92	86.81	2.082
»	81	103.00	74.16	81.58	2.162
»	84	108.00	77.76	85.53	2.242
»	87	113.00	81.36	89.50	2.322
»	90	119.00	85.68	94.55	2.402
»	93	124.00	89.28	98.21	2.482
»	96	129.00	92.88	102.17	2.563
»	99	134.00	96.48	106.13	2.643
»	102	141.00	101.52	111.67	2.723
»	105	147.00	105.84	116.42	2.803
»	108	151.00	108.72	119.59	2.884
»	111	158.00	113.76	125.14	2.964
»	114	163.00	117.36	129.10	3.044
»	117	168.00	120.96	133.06	3.124
»	120	173.00	124.56	137.02	3.204
»	123	179.00	128.88	141.77	3.284
»	126	184.00	132.48	145.73	3.364
»	129	189.00	136.08	149.69	3.444
»	132	194.00	139.68	153.65	3.524
»	135	199.00	143.28	157.61	3.604
»	138	205.00	139.40	153.34	3.684
»	141	210.00	142.80	157.08	3.764
»	144	216.00	146.88	161.57	3.844
»	147	221.00	150.28	165.31	2.924
»	150	227.00	154.36	169.80	4.004
»	153	232.00	157.76	173.53	4.085
»	156	238.00	161.84	178.02	4.165
»	159	243.00	165.24	181.76	4.245
»	162	249.00	169.32	186.25	4.325
»	165	255.00	173.40	190.74	4.405
»	168	261.00	177.48	195.23	4.485
»	171	267.00	181.56	199.72	4.565
»	174	272.00	184.96	203.46	4.645
»	177	278.00	189.04	207.94	4.725
»	180	285.00	193.80	213.18	4.806
»	183	290.00	197.20	216.92	4.886
»	186	297.00	201.96	222.16	4.966
»	189	303.00	193.92	213.31	5.046
»	192	309.00	197.76	217.54	5.126
»	195	315.00	201.60	221.76	5.207

| CENTIMÈTRES | | PRIX du TARIF brut | VALEUR DE GLACE | | SUPERFICIE de CHAQUE GLACE |
HAUTEUR	LARGEUR		RABAIS déduit	BÉNÉFICE compris	
267	198	321.00	205.44	225.98	5.286
»	201	327.00	209.28	230.20	5.367
»	204	333.00	213.12	234.43	5.447
»	6	4.30	3.44	3.78	0.162
»	9	6.90	5.52	6.07	0.243
»	12	9.75	7.80	8.58	0.324
»	15	12.85	10.28	11.31	0.405
»	18	15.60	12.48	13.74	0.486
»	21	18.90	15.12	16.63	0.567
»	24	22.45	17.96	19.76	0.648
»	27	26.25	21.00	23.10	0.729
»	30	30.15	24.12	26.53	0.810
»	33	34.30	27.44	30.18	0.891
»	36	39.00	31.20	34.32	0.972
»	39	42.90	34.32	37.75	1.053
»	42	47.25	37.80	41.58	1.134
»	45	50.70	40.56	44.62	1.215
»	48	55.05	44.04	48.44	1.296
»	51	58.95	47.16	51.88	1.377
»	54	63.25	50.60	55.66	1.458
»	57	67.35	53.88	59.27	1.538
»	60	72.00	57.60	63.36	1.620
»	63	76.45	61.16	67.28	1.701
»	66	81.35	65.08	71.59	1.782
»	69	86.00	68.80	75.68	1.863
»	72	90.00	72.00	79.20	1.944
»	75	95.35	76.28	83.91	2.025
»	78	101.00	72.72	79.99	2.106
»	81	106.00	76.32	83.95	2.187
»	84	110.00	79.20	87.12	2.268
»	87	115.00	82.80	91.08	2.349
»	90	121.00	87.12	95.83	2.430
»	93	127.00	91.46	100.58	2.511
»	96	132.00	95.04	104.54	2.592
»	99	137.00	98.64	108.50	2.673
»	102	142.00	102.25	112.46	2.754
»	105	148.00	106.56	117.22	2.835
»	108	154.00	110.88	121.97	2.916
»	111	160.00	115.20	126.72	2.997
»	114	165.00	118.80	130.68	3.078
»	117	171.00	123.12	135.43	3.159
»	120	176.00	126.72	139.39	3.240
»	123	181.00	130.32	143.35	3.321
»	126	186.00	133.92	147.31	3.402
»	129	191.00	137.52	151.27	3.483
»	132	197.00	141.84	156.02	3.564
»	135	202.00	137.36	151.10	3.645
»	138	207.00	140.76	154.83	3.726
»	141	213.00	144.84	159.32	3.807
»	144	219.00	148.92	163.81	3.888
»	147	225.00	153.00	168.30	3.969
»	150	229.00	155.72	171.29	4.050
»	153	236.00	160.48	176.53	4.131
»	156	241.00	163.88	180.27	4.212

| CENTIMÈTRES | | PRIX du TARIF brut | VALEUR DE GLACE | | SUPERFICIE de CHAQUE GLACE |
HAUTEUR	LARGEUR		RABAIS déduit	BÉNÉFICE compris	
270	159	247.00	167.96	184.76	4.293
»	162	253.00	172.04	189.25	4.374
»	165	259.00	176.12	193.74	4.455
»	168	263.00	178.84	196.72	4.536
»	171	271.00	183.88	202.27	4.617
»	174	277.00	187.96	204.76	4.698
»	177	283.00	192.04	209.25	4.779
»	180	289.00	196.12	213.74	4.860
»	183	295.00	200.20	218.23	4.941
»	186	301.00	192.64	211.90	5.022
»	189	307.00	196.48	216.13	5.103
»	192	314.00	200.96	221.06	5.184
»	195	319.00	204.16	224.58	5.265
»	198	326.00	208.64	229.51	5.346
»	201	332.00	212.48	233.74	5.427
»	204	339.00	216.96	238.67	5.508
273	6	4.35	3.48	3.83	0.164
»	9	6.95	5.56	6.12	0.246
»	12	9.80	7.84	8.62	0.328
»	15	12.95	10.36	11.40	0.410
»	18	15.85	12.68	13.95	0.492
»	21	19.20	15.36	16.90	0.574
»	24	22.80	18.24	20.06	0.656
»	27	26.60	21.28	23.41	0.738
»	30	30.65	24.52	26.97	0.819
»	33	34.80	27.84	30.62	0.901
»	36	39.65	31.72	34.89	0.983
»	39	43.35	34.68	38.15	1.065
»	42	47.65	38.12	41.93	1.147
»	45	51.15	40.92	45.01	1.229
»	48	55.45	44.36	48.80	1.310
»	51	59.80	47.84	52.62	1.392
»	54	64.15	51.32	56.45	1.474
»	57	68.65	54.92	60.41	1.556
»	60	72.65	58.12	63.93	1.638
»	63	77.45	61.96	68.16	1.720
»	66	82.00	65.60	72.16	1.802
»	69	87.35	69.88	76.87	1.884
»	72	92.00	73.60	80.96	1.966
»	75	96.00	76.80	84.48	2.048
»	78	102.00	73.44	80.78	2.129
»	81	107.00	77.04	84.74	2.211
»	84	112.00	80.64	88.70	2.293
»	87	117.00	84.24	92.66	2.375
»	90	122.00	87.84	96.62	2.457
»	93	128.00	92.16	101.37	2.539
»	96	133.00	95.76	105.33	2.621
»	99	139.00	100.08	110.09	2.703
»	102	145.00	104.40	114.85	2.785
»	105	150.00	108.00	118.80	2.867
»	108	156.00	112.32	123.55	2.948
»	111	162.00	116.64	128.31	3.030
»	114	167.00	120.24	132.28	3.112
»	117	173.00	124.56	137.04	3.190

| CENTIMÈTRES | | PRIX du TARIF brut | VALEUR DE GLACE | | SUPERFICIE de CHAQUE GLACE |
HAUTEUR	LARGEUR		RABAIS déduit	BÉNÉFICE compris	
273	120	177.00	127.44	140.18	3.276
»	123	183.00	131.76	144.94	3.358
»	126	189.00	136.08	149.70	3.440
»	129	194.00	139.68	153.65	3.522
»	132	199.00	143.28	157.61	3.604
»	135	203.00	138.04	151.84	3.686
»	138	210.00	142.80	157.08	3.768
»	141	216.00	146.88	161.57	3.850
»	144	222.00	150.96	166.06	3.932
»	147	227.00	154.36	169.79	4.013
»	150	233.00	158.44	174.28	4.095
»	153	238.00	161.84	178.02	4.177
»	156	245.00	166.60	183.26	4.259
»	159	251.00	170.68	187.74	4.341
»	162	257.00	174.76	192.24	4.423
»	165	261.00	177.48	195.23	4.505
»	168	269.00	182.92	201.21	4.586
»	171	275.00	187.00	205.70	4.668
»	174	280.00	190.40	209.43	4.760
»	177	287.00	195.16	214.67	4.842
»	180	293.00	199.24	219.17	4.914
»	183	299.00	203.32	223.35	4.996
»	186	305.00	195.20	214.72	5.078
»	189	311.00	199.04	218.94	5.160
»	192	318.00	203.52	223.87	5.242
»	195	324.00	207.36	228.10	5.324
»	198	330.00	211.20	232.33	5.406
»	201	337.00	215.68	137.26	5.487
»	204	343.00	219.52	241.47	5.569
276	6	4.40	3.52	3.87	0.166
»	9	7.05	5.64	6.20	0.248
»	12	10.05	8.04	8.84	0.331
»	15	13.15	10.52	11.57	0.414
»	18	16.00	12.80	14.08	0.497
»	21	19.40	15.52	17.07	0.580
»	24	23.15	18.52	20.37	0.662
»	27	27.00	21.60	23.76	0.745
»	30	31.05	24.84	27.32	0.828
»	33	35.35	28.28	31.11	0.911
»	36	40.30	32.24	35.46	0.994
»	39	44.20	35.36	38.90	1.076
»	42	48.55	38.84	42.72	1.159
»	45	52.00	41.60	45.76	1.242
»	48	56.35	45.08	49.59	1.325
»	51	60.65	48.52	53.37	1.408
»	54	65.00	52.00	57.20	1.490
»	57	69.35	55.48	61.03	1.573
»	60	74.65	59.72	65.69	1.656
»	63	78.65	62.92	69.21	1.739
»	66	83.35	66.68	73.35	1.823
»	69	88.65	70.92	78.01	1.906
»	72	92.65	74.12	81.53	1.987
»	75	98.00	78.40	86.24	2.070
»	78	103.00	74.16	81.58	2.153

| CENTIMÈTRES | | PRIX du TARIF brut | VALEUR DE GLACE | | SUPERFICIE de CHAQUE GLACE |
HAUTEUR	LARGEUR		RABAIS déduit	BÉNÉFICE compris	
276	81	108.00	77.76	85.54	2.236
»	84	113.00	81.36	89.50	2.318
»	87	119.00	85.68	94.25	2.391
»	90	124.00	89.28	98.21	2.484
»	93	129.00	92.88	102.17	2.567
»	96	135.00	97.20	106.92	2.650
»	99	141.00	101.52	111.67	2.732
»	102	147.00	105.84	116.42	2.815
»	105	153.00	110.16	121.18	2.898
»	108	159.00	114.48	125.93	2.981
»	111	164.00	118.08	129.89	3.064
»	114	169.00	121.68	133.85	3.147
»	117	175.00	126.00	138.60	3.229
»	120	180.00	129.60	142.56	3.312
»	123	185.00	133.20	146.52	3.395
»	126	191.00	137.52	151.27	3.478
»	129	197.00	141.84	156.02	3.561
»	132	202.00	137.36	151.10	3.643
»	135	207.00	140.76	154.84	3.726
»	138	213.00	144.84	159.32	3.809
»	141	219.00	148.92	163.81	3.892
»	144	225.00	153.00	168.30	3.975
»	147	231.00	157.08	172.79	4.058
»	150	236.00	160.48	176.53	4.140
»	153	242.00	164.56	181.02	4.223
»	156	248.00	168.64	185.50	4.306
»	159	254.00	172.72	189.99	4.389
»	162	260.00	176.80	194.48	4.472
»	165	266.00	180.88	198.97	4.555
»	168	272.00	184.96	203.46	4.638
»	171	278.00	189.04	207.94	4.720
»	174	284.00	193.12	212.43	4.802
»	177	290.00	197.20	216.92	4.885
»	180	297.00	201.96	222.16	4.968
»	183	303.00	193.92	213.31	5.051
»	186	309.00	197.76	217.54	5.134
»	189	316.00	202.24	222.46	5.217
»	192	321.00	205.44	225.98	5.299
»	195	329.00	210.56	231.62	5.282
»	198	335.00	214.40	235.84	5.465
»	201	342.00	218.88	240.77	5.548
»	204	349.00	223.36	245.70	5.630
279	6	4.45	3.56	3.92	0.167
»	9	7.20	5.76	6.34	0.251
»	12	10.15	8.12	8.93	0.355
»	15	13.25	10.60	11.66	0.419
»	18	16.25	13.00	14.30	0.503
»	21	19.75	15.80	17.38	0.586
»	24	23.40	18.72	20.79	0.670
»	27	27.45	21.96	24.16	0.754
»	30	31.55	25.24	27.76	0.837
»	33	35.85	28.68	31.55	0.921
»	36	40.95	32.76	36.04	1.005
»	39	45.05	36.04	39.64	1.089

CENTIMÈTRES		PRIX du TARIF brut	VALEUR DE GLACE		SUPERFICIE de CHAQUE GLACE	CENTIMÈTRES		PRIX du TARIF brut	VALEUR DE GLACE		SUPERFICIE de CHAQUE GLACE
HAUTEUR	LARGEUR		RABAIS déduit	BÉNÉFICE compris		HAUTEUR	LARGEUR		RABAIS déduit	BÉNÉFICE compris	
279	42	49.40	39.52	43.47	1.173	282	6	4.50	3.60	3.96	0.169
»	45	52.85	42.28	46.51	1.256	»	9	7.25	5.80	6.38	0.254
»	48	57.20	45.76	50.34	1.360	»	12	10.25	8.20	9.02	0.338
»	51	61.55	29.24	54.16	1.423	»	15	13.16	10.76	11.84	0.423
»	54	65.85	52.68	57.95	1.507	»	18	16.45	13.16	14.48	0.508
»	57	70.00	56.00	61.60	1.591	»	21	20.05	16.04	17.64	0.592
»	60	75.35	60.28	66.31	1.674	»	24	23.75	19.00	20.90	0.677
»	63	80.00	64.00	70.40	1.758	»	27	27.85	22.28	24.51	0.762
»	66	84.65	67.72	74.49	1.842	»	30	32.05	25.64	28.20	0.846
»	69	89.35	71.48	78.63	1.926	»	33	36.30	29.04	31.94	0.931
»	72	94.65	75.72	83.29	2.009	»	36	41.15	32.92	36.21	1.016
»	75	99.35	79.48	87.43	2.093	»	39	45.50	36.40	40.04	1.100
»	78	105.00	75.60	83.16	2.177	»	42	49.85	39.88	43.87	1.184
»	81	110.00	79.20	87.12	2.260	»	45	53.30	42.64	46.90	1.269
»	84	115.00	82.80	91.08	2.344	»	48	58.05	46.44	51.08	1.354
»	87	121.00	87.12	95.83	2.428	»	51	62.40	49.92	54.91	1.438
»	90	126.00	90.72	99.79	2.511	»	54	66.65	53.32	58.65	1.523
»	93	132.00	95.04	104.54	2.595	»	57	71.35	51.08	62.79	1.608
»	96	137.00	98.64	108.50	2.679	»	60	76.00	60.80	66.88	1.692
»	99	143.00	102.96	113.26	2.762	»	63	80.65	64.52	70.97	1.776
»	102	149.00	107.28	118.01	2.846	»	66	86.00	68.80	75.68	1.861
»	105	155.00	111.60	122.76	2.930	»	69	90.00	72.00	79.20	1.946
»	108	160.00	115.20	126.72	3.013	»	72	95.35	76.28	83.91	2.030
»	111	165.00	118.80	130.68	3.097	»	75	101.00	72.72	79.99	2.115
»	114	171.00	123.12	135.43	3.184	»	78	106.00	76.32	83.95	2.200
»	117	177.00	127.44	140.18	3.265	»	81	111.00	79.92	87.91	2.284
»	120	182.00	131.04	144.14	3.348	»	84	116.00	83.52	91.87	2.369
»	123	188.00	135.36	148.89	3.432	»	87	122.00	87.84	96.62	2.454
»	126	193.00	138.96	152.86	3.516	»	90	127.00	91.44	100.58	2.538
»	129	199.00	143.28	157.61	3.600	»	93	133.00	95.76	105.33	2.623
»	132	205.00	139.40	153.34	3.683	»	96	139.00	100.08	110.09	2.707
»	135	210.00	142.80	157.07	3.767	»	99	145.00	104.40	114.84	2.792
»	138	216.00	146.88	161.56	3.851	»	102	151.00	108.72	119.59	2.877
»	141	222.00	150.96	166.06	3.935	»	105	158.00	113.76	125.13	2.962
»	144	227.00	154.36	169.79	4.018	»	108	163.00	117.36	129.09	3.046
»	147	233.00	158.44	174.28	4.102	»	111	168.00	120.96	133.06	3.130
»	150	239.00	162.52	178.78	4.186	»	114	173.00	124.56	137.02	3.215
»	153	245.00	166.60	183.27	4.270	»	117	179.00	128.88	141.77	3.299
»	156	251.00	170.68	187.75	4.354	»	120	185.00	133.20	146.52	3.384
»	159	257.00	174.76	192.24	4.437	»	123	191.00	137.52	151.27	3.469
»	162	263.00	178.84	196.73	4.521	»	126	196.00	141.12	155.23	3.554
»	165	269.00	182.92	201.22	4.605	»	129	202.00	137.36	151.10	3.639
»	168	275.00	187.00	205.70	4.689	»	132	207.00	140.76	154.83	3.723
»	171	283.00	192.44	211.68	4.771	»	135	213.00	144.84	159.32	3.807
»	174	288.00	195.84	215.41	4.855	»	138	219.00	148.92	163.81	3.892
»	177	295.00	200.60	220.65	4.939	»	141	225.00	153.00	168.30	3.976
»	180	301.00	192.64	211.90	5.022	»	144	231.00	157.08	172.79	4.061
»	183	307.00	196.48	216.13	5.106	»	147	237.00	161.16	177.28	4.145
»	186	314.00	200.96	221.06	5.190	»	150	243.00	165.24	181.77	4.230
»	189	321.00	205.44	225.99	5.274	»	153	249.00	169.32	186.26	4.315
»	192	327.00	209.28	230.21	5.347	»	156	255.00	173.40	190.75	4.400
»	195	333.00	213.12	234.43	5.431	»	159	261.00	177.48	195.24	4.484
»	198	340.00	217.60	239.36	5.515	»	162	267.00	181.56	199.72	4.568
»	201	347.00	222.08	244.29	5.608	»	165	273.00	185.64	204.21	4.653
»	204	353.00	225.92	248.51	5.692	»	168	280.00	190.40	209.45	4.738

CENTIMÈTRES		PRIX du TARIF brut	VALEUR DE GLACE		SUPERFICIE de CHAQUE GLACE	CENTIMÈTRES		PRIX du TARIF brut	VALEUR DE GLACE		SUPERFICIE de CHAQUE GLACE
HAUTEUR	LARGEUR		RABAIS déduit	BÉNÉFICE compris		HAUTEUR	LARGEUR		RABAIS déduit	BÉNÉFICE compris	
282	171	286.00	194.48	213.93	4.822	285	132	210.00	142.80	157.08	3.762
»	174	292.00	198.56	218.42	4.907	»	135	216.00	146.88	161.57	3.848
»	177	298.00	202.64	222.90	4.992	»	138	222.00	150.96	166.06	3.933
»	180	305.00	195.20	214.72	5.076	»	141	227.00	154.36	169.79	4.019
»	183	311.00	199.04	218.95	5.161	»	144	233.00	158.44	174.27	4.104
»	186	318.00	203.52	223.88	5.245	»	147	239.00	162.52	178.76	4.190
»	189	324.00	207.36	228.10	5.330	»	150	246.00	167.28	184.01	4.275
»	192	331.00	211.84	233.02	5.414	»	153	251.00	170.68	187.75	4.361
»	195	338.00	216.32	237.95	5.499	»	156	258.00	175.44	192.98	4.446
»	198	345.00	220.80	242.88	5.584	»	159	263.00	178.84	196.72	4.532
»	201	351.00	224.64	247.10	5.668	»	162	271.00	184.28	202.71	4.617
»	204	358.00	229.12	252.03	5.753	»	165	277.00	188.36	207.20	4.702
285	6	4.55	3.64	4.00	0.171	»	168	283.00	192.44	211.68	4.788
»	9	7.35	5.88	6.47	0.257	»	171	289.00	196.52	216.16	4.874
»	12	10.45	8.36	9.20	0.342	»	174	295.00	200.60	220.66	4.959
»	15	13.35	10.68	11.75	0.428	»	177	303.00	193.92	213.31	5.045
»	18	16.70	13.36	14.70	0.513	»	180	309.00	197.76	217.54	5.131
»	21	20.25	16.20	17.82	0.599	»	183	316.00	202.24	222.46	5.216
»	24	24.15	19.32	21.25	0.684	»	186	323.00	206.72	227.39	5.302
»	27	28.15	22.52	24.77	0.770	»	189	329.00	210.56	231.61	5.387
»	30	32.50	26.00	28.60	0.855	»	192	336.00	215.04	236.54	5.473
»	33	37.05	29.64	32.60	0.941	»	195	342.00	218.88	240.77	5.558
»	36	41.60	31.28	36.61	1.026	»	198	346.00	223.36	245.70	5.643
»	39	45.95	36.76	40.44	1.112	»	201	356.00	227.84	250.62	5.729
»	42	50.25	40.20	44.22	1.197	»	204	363.00	232.32	255.55	5.815
»	45	53.75	43.00	47.30	1.283	288	6	4.60	3.68	4.05	0.173
»	48	58.95	47.16	51.88	1.368	»	9	7.40	5.92	6.51	0.259
»	51	63.25	50.60	55.66	1.454	»	12	10.55	8.44	9.28	0.346
»	54	67.35	53.88	59.27	1.539	»	15	13.75	11.00	12.10	0.432
»	57	72.00	57.60	63.36	1.625	»	18	16.85	13.48	14.83	0.518
»	60	77.35	61.88	68.07	1.710	»	21	20.55	16.44	18.08	0.605
»	63	82.00	65.60	72.16	1.796	»	24	24.50	19.60	21.56	0.691
»	66	86.65	69.32	76.25	1.881	»	27	28.55	22.84	25.12	0.778
»	69	92.00	73.60	80.96	1.967	»	30	33.15	26.52	29.17	0.864
»	72	97.35	77.88	85.67	2.052	»	33	37.70	30.16	33.18	0.950
»	75	102.00	73.44	80.78	2.138	»	36	42.25	33.80	37.18	1.036
»	78	107.00	77.04	84.74	2.223	»	39	46.20	36.96	40.66	1.122
»	81	113.00	81.36	89.49	2.309	»	42	50.60	40.48	44.53	1.208
»	84	119.00	85.68	94.24	2.394	»	45	54.60	43.68	48.05	1.295
»	87	124.00	89.28	98.20	2.480	»	48	59.80	47.84	52.62	1.382
»	90	129.00	92.88	102.16	2.565	»	51	64.15	51.32	56.45	1.469
»	93	135.00	97.20	106.92	2.651	»	54	68.65	54.92	60.41	1.555
»	96	141.00	101.52	111.67	2.736	»	57	72.65	58.12	63.93	1.642
»	99	147.00	105.84	116.42	2.822	»	60	78.00	62.40	68.64	1.728
»	102	153.00	110.16	121.18	2.907	»	63	83.35	66.68	73.35	1.814
»	105	159.00	114.48	125.93	2.993	»	66	87.35	69.08	76.87	1.901
»	108	165.00	118.80	130.68	3.078	»	69	92.65	74.12	81.53	1.987
»	111	171.00	123.12	135.43	.3164	»	72	98.00	78.40	86.24	2.074
»	114	176.00	126.72	139.39	3.249	»	75	103.00	74.16	81.58	2.160
»	117	181.00	130.32	143.35	3.335	»	78	108.00	77.76	85.54	2.246
»	120	187.00	134.64	148.10	3.420	»	81	115.00	82.80	91.08	2.333
»	123	193.00	138.96	152.86	3.506	»	84	120.00	86.40	95.04	2.419
»	126	199.00	143.28	157.61	3.591	»	87	125.00	90.00	99.00	2.505
»	129	205.00	139.40	153.34	3.677	»	90	132.00	95.04	104.54	2.592

| CENTIMÈTRES | | PRIX du TARIF brut | VALEUR DE GLACE | | SUPERFICIE de CHAQUE GLACE |
HAUTEUR	LARGEUR		RABAIS déduit	BÉNÉFICE compris	
288	93	137.00	98.64	108.50	2.678
»	96	143.00	102.96	113.26	2.764
»	99	150.00	108.00	118.80	2.851
»	102	155.00	111.60	122.76	2.938
»	105	161.00	115.92	127.51	3.024
»	108	167.00	120.24	132.26	3.110
»	111	173.00	124.56	137.02	3.197
»	114	179.00	128.88	141.77	3.284
»	117	184.00	132.48	145.73	3.370
»	120	189.00	136.08	149.69	3.456
»	123	195.00	140.40	154.44	3.542
»	126	201.00	136.68	150.35	3.628
»	129	207.00	140.76	154.84	3.715
»	132	212.00	144.16	158.58	3.802
»	135	219.00	148.92	163.81	3.889
»	138	225.00	153.00	168.30	3.976
»	141	231.00	157.98	172.79	4.061
»	144	237.00	161.16	177.28	4.147
»	147	243.00	165.24	181.76	4.233
»	150	249.00	169.32	186.25	4.320
»	153	255.00	173.40	190.74	4.406
»	156	262.00	178.16	195.98	4.293
»	159	268.00	182.24	200.46	4.579
»	162	275.00	187.00	205.70	4.665
»	165	280.00	190.40	209.44	4.752
»	168	287.00	195.16	214.68	4.838
»	171	293.00	199.24	219.16	4.925
»	174	301.00	192.64	211.90	5.012
»	177	307.00	196.48	216.13	5.098
»	180	314.00	200.96	221.06	5.184
»	183	320.00	204.80	225.28	5.271
»	186	327.00	209.28	230.21	5.357
»	189	333.00	213.12	234.43	5.444
»	192	340.00	217.60	239.36	5.530
»	195	347.00	222.08	244.29	5.616
»	198	355.00	227.20	249.92	5.703
»	201	361.00	231.04	254.14	5.789
»	204	368.00	235.52	259.07	5.875
291	6	4.65	3.72	4.09	0.175
»	9	7.55	6.04	6.64	0.262
»	12	10.65	8.52	9.37	0.349
»	15	13.85	11.08	12.19	0.437
»	18	17.15	13.73	15.09	0.524
»	21	20.90	16.72	18.39	0.611
»	24	24.75	19.80	21.78	0.698
»	27	29.00	23.20	25.52	0.785
»	30	33.80	27.04	29.74	0.873
»	33	38.05	30.44	33.48	0.960
»	36	42.45	33.96	37.36	1.047
»	39	46.75	37.40	41.14	1.134
»	42	51.00	40.80	44.88	1.221
»	45	55.45	44.36	48.80	1.308
»	48	60.65	48.52	53.37	1.396
»	51	65.00	52.00	57.20	1.484

| CENTIMÈTRES | | PRIX du TARIF brut | VALEUR DE GLACE | | SUPERFICIE de CHAQUE GLACE |
HAUTEUR	LARGEUR		RABAIS déduit	BÉNÉFICE compris	
252	54	69.35	55.48	61.03	1.571
»	57	74.65	59.72	65.69	1.658
»	60	78.65	62.92	69.21	1.746
»	63	84.00	67.20	73.92	1.833
»	66	89.35	71.48	78.63	1.921
»	69	94.65	75.72	83.29	2.008
»	72	99.35	79.48	87.43	2.095
»	75	105.00	75.60	83.16	2.183
»	78	111.00	79.92	87.91	2.290
»	81	116.00	83.52	91.87	2.357
»	84	121.00	87.12	95.83	2.444
»	87	127.00	91.44	100.58	2.531
»	90	133.00	95.76	105.34	2.619
»	93	139.00	100.08	110.09	2.706
»	96	145.00	104.40	114.84	2.793
»	99	151.00	108.72	119.59	2.881
»	102	158.00	113.76	125.14	2.968
»	105	163.00	117.36	129.10	3.055
»	108	169.00	121.68	133.85	3.143
»	111	175.00	126.00	138.60	3.230
»	114	180.00	129.60	142.56	3.317
»	117	186.00	133.92	147.31	3.404
»	120	191.00	137.52	151.27	3.492
»	123	197.00	141.84	156.02	3.579
»	126	203.00	138.04	151.84	3.666
»	129	210.00	142.80	157.08	3.756
»	132	215.00	146.20	160.82	3.843
»	135	221.00	150.28	165.31	3.929
»	138	227.00	154.36	169.80	4.016
»	141	233.00	158.44	174.28	4.103
»	144	240.00	163.20	179.52	4.190
»	147	246.00	167.28	184.01	4.277
»	150	252.00	171.36	188.50	4.365
»	153	259.00	176.12	193.73	4.452
»	156	263.00	178.84	196.72	4.539
»	159	271.00	184.28	202.71	4.626
»	162	277.00	188.36	207.20	4.713
»	165	284.00	193.12	212.43	4.800
»	168	290.00	197.20	216.92	4.888
»	171	297.00	201.96	222.16	4.976
»	174	304.00	194.55	214.02	5.063
»	177	311.00	199.04	218.94	5.150
»	180	317.00	202.88	223.17	5.238
»	183	324.00	207.36	228.10	5.325
»	186	331.00	211.84	233.02	5.412
»	189	338.00	216.32	237.95	5.499
»	192	345.00	220.80	242.88	5.586
»	195	352.00	225.28	247.81	5.673
»	198	359.00	229.76	252.74	5.761
»	201	366.00	234.24	257.66	5.849
»	204	373.00	238.72	262.59	5.936
294	6	4.70	3.76	4.14	0.176
»	9	7.65	6.12	6.73	0.265
»	12	10.85	8.68	9.55	0.353

| CENTIMÈTRES | | PRIX du TARIF brut | VALEUR DE GLACE | | SUPERFICIE de CHAQUE GLACE |
HAUTEUR	LARGEUR		RABAIS déduit	BÉNÉFICE compris	
294	15	14.05	11.24	12.36	0.441
»	18	17.30	13.84	15.22	0.529
»	21	21.05	16.84	18.52	0.617
»	24	25.15	20.12	22.13	0.705
»	27	29.45	23.56	25.92	0.793
»	30	34.10	27.28	30.01	0.882
»	33	38.60	30.88	33.97	0.970
»	36	42.90	34.32	37.75	1.058
»	39	47.25	37.80	41.58	1.146
»	42	51.60	41.28	45.41	1.234
»	45	55.90	44.72	49.19	1.322
»	48	61.10	48.88	53.77	1.411
»	51	65.40	52.32	57.55	1.499
»	54	78.00	62.40	68.64	1.587
»	57	75.35	60.28	66.31	1.675
»	60	80.00	64.00	70.40	1.764
»	63	84.65	67.72	74.49	1.852
»	66	90.00	72.00	79.20	1.940
»	69	95.35	76.28	83.91	2.028
»	72	101.00	72.72	79.99	2.117
»	75	106.00	76.32	83.95	2.205
»	78	112.00	80.64	88.70	2.293
»	81	118.00	84.96	93.46	2.381
»	84	123.00	88.56	97.42	2.469
»	87	129.00	92.88	102.17	2.558
»	90	135.00	97.20	106.92	2.646
»	93	141.00	101.52	111.67	2.734
»	96	147.00	105.84	116.42	2.822
»	99	153.00	110.16	121.18	2.910
»	102	160.00	115.20	126.72	2.998
»	105	165.00	118.80	130.68	3.087
»	108	171.00	123.12	135.43	3.175
»	111	177.00	127.44	140.18	3.263
»	114	183.00	131.76	144.94	3.351
»	117	189.00	136.08	149.69	3.439
»	120	194.00	139.68	153.65	3.528
»	123	200.00	136.00	149.60	3.616
»	126	206.00	140.08	154.09	3.704
»	129	212.00	144.16	158.58	3.792
»	132	217.00	147.56	162.32	3.880
»	135	225.00	153.00	168.30	3.969
»	138	231.00	157.08	172.79	4.057
»	141	237.00	161.16	177.28	4.145
»	144	243.00	165.24	181.76	4.233
»	147	249.00	169.32	186.25	4.321
»	150	255.00	173.40	190.74	4.410
»	153	261.00	177.48	195.23	4.498
»	156	269.00	182.92	201.21	4.586
»	159	275.00	187.00	205.70	4.674
»	162	281.00	191.08	210.19	4.762
»	165	288.00	195.84	215.42	4.850
»	168	295.00	200.60	220.66	4.939
»	171	301.00	192.64	211.90	5.027
»	174	309.00	197.76	217.54	5.115
»	177	315.00	201.60	221.76	5.203

| CENTIMÈTRES | | PRIX du TARIF brut | VALEUR DE GLACE | | SUPERFICIE de CHAQUE GLACE |
HAUTEUR	LARGEUR		RABAIS déduit	BÉNÉFICE compris	
294	180	321.00	205.44	225.98	5.291
»	183	329.00	210.56	231.62	5.379
»	186	335.00	214.40	235.84	5.467
»	189	342.00	218.88	240.77	5.556
»	192	350.00	224.00	246.40	5.645
»	195	357.00	228.48	251.33	5.733
»	198	364.00	232.96	256.26	5.821
»	201	371.00	237.44	261.18	5.909
»	204	379.00	242.56	266.82	5.997
297	6	4.75	3.80	4.18	0.178
»	9	7.70	6.16	6.78	0.267
»	12	10.95	8.76	9.64	0.356
»	15	14.20	11.36	12.50	0.446
»	18	17.55	14.04	15.44	0.535
»	21	21.40	17.12	18.83	0.624
»	24	25.45	20.36	22.40	0.713
»	27	29.85	23.88	26.27	0.802
»	30	34.45	27.56	30.32	0.891
»	33	39.10	31.28	34.41	0.980
»	36	43.35	34.68	38.15	1.069
»	39	47.85	38.28	42.11	1.158
»	42	52.45	41.96	46.16	1.247
»	45	56.35	45.08	49.59	1.336
»	48	61.55	49.24	54.16	1.425
»	51	65.85	52.68	57.95	1.514
»	54	71.35	57.08	62.79	1.603
»	57	76.00	60.80	66.88	1.692
»	60	81.35	65.08	71.59	1.782
»	63	86.00	68.80	75.68	1.871
»	66	92.00	73.60	80.96	1.960
»	69	97.35	77.88	85.67	2.049
»	72	102.00	73.44	80.78	2.138
»	75	108.00	77.76	85.54	2.227
»	78	113.00	81.36	89.50	2.316
»	81	119.00	85.68	94.25	2.405
»	84	125.00	90.00	99.00	2.494
»	87	131.00	94.32	103.75	2.583
»	90	137.00	98.64	108.50	2.672
»	93	143.00	102.96	113.26	2.763
»	96	150.00	108.00	118.80	2.852
»	99	156.00	112.32	123.55	2.941
»	102	162.00	116.64	128.30	3.029
»	105	168.00	120.96	133.06	3.118
»	108	173.00	124.56	137.02	3.208
»	111	179.00	128.88	141.77	3.297
»	114	185.00	133.20	146.52	3.386
»	117	191.00	137.52	151.27	3.475
»	120	197.00	141.84	156.02	3.564
»	123	203.00	138.04	151.84	3.653
»	126	209.00	142.12	156.33	3.742
»	129	215.00	146.20	160.82	3.831
»	132	221.00	150.28	165.31	3.920
»	135	227.00	154.36	169.80	4.009
»	138	233.00	158.44	174.28	4.099

CENTIMÈTRES		PRIX du TARIF brut	VALEUR DE GLACE		SUPERFICIE de CHAQUE GLACE
HAUTEUR	LARGEUR		RABAIS déduit	BÉNÉFICE compris	
297	141	239.00	162.52	178.77	4.188
»	144	246.00	167.28	184.01	4.277
»	147	252.00	171.36	188.50	4.366
»	150	259.00	176.12	193.73	4.455
»	153	265.00	180.20	198.22	4.544
»	156	272.00	184.96	203.46	4.633
»	159	278.00	189.04	207.94	4.722
»	162	285.00	193.80	213.18	4.811
»	165	292.00	198.56	218.42	4.900
»	168	298.00	202.64	222.90	4.990
»	171	305.00	195.20	214.72	5.079
»	174	312.00	199.68	219.65	5.168
»	177	319.00	204.16	224.58	5.257
»	180	326.00	208.64	229.50	5.346
»	183	333.00	213.12	234.43	5.435
»	186	340.00	217.60	239.36	5.524
»	189	347.00	222.08	244.29	5.613
»	192	355.00	227.20	249.92	5.702
»	195	361.00	231.04	254.14	5.791
»	198	368.00	235.52	259.07	5.890
»	201	376.00	240.64	264.70	5.970
»	204	384.00	245.76	270.34	6.059
300	6	4.85	3.88	4.26	0.180
»	9	7.80	6.24	6.86	0.270
»	12	11.10	8.88	9.77	0.360
»	15	14.30	11.44	12.58	0.450
»	18	17.75	14.20	15.62	0.540
»	21	21.65	17.32	19.05	0.630
»	24	25.75	20.60	22.66	0.720
»	27	30.15	24.12	26.53	0.810
»	30	35.10	28.08	30.89	0.900
»	33	39.75	31.80	34.98	0.990
»	36	44.20	35.36	38.90	1.080
»	39	48.45	38.76	42.64	1.170
»	42	52.85	42.28	46.51	1.260
»	45	57.20	45.76	50.34	1.350
»	48	62.40	49.92	54.91	1.440
»	51	66.65	53.32	58.65	1.530
»	54	72.00	57.60	63.36	1.620
»	57	77.35	61.88	68.07	1.710
»	60	82.00	65.60	72.46	1.800
»	63	87.35	69.88	76.87	1.890
»	66	92.65	74.12	81.53	1.980
»	69	98.00	78.40	86.24	2.070
»	72	103.00	74.16	81.58	2.160
»	75	109.00	78.48	86.33	2.250
»	78	115.00	82.80	91.08	2.340
»	81	121.00	87.12	95.83	2.430
»	84	127.00	91.44	100.58	2.520
»	87	133.00	95.76	105.34	2.610
»	90	139.00	100.08	110.09	2.700
»	93	145.00	104.40	114.84	2.790
»	96	151.00	108.72	119.59	2.880
»	99	158.00	113.76	125.14	2.970

CENTIMÈTRES		PRIX du TARIF brut	VALEUR DE GLACE		SUPERFICIE de CHAQUE GLACE
HAUTEUR	LARGEUR		RABAIS déduit	BÉNÉFICE compris	
300	102	164.00	118.08	129.89	3.060
»	105	170.00	122.40	134.64	3.150
»	108	176.00	126.72	139.39	3.240
»	111	181.00	130.32	143.35	3.330
»	114	187.00	134.64	148.10	3.420
»	117	193.00	138.96	152.86	3.510
»	120	199.00	143.28	157.61	3.600
»	123	205.00	139.40	153.34	3.690
»	126	211.00	143.48	157.83	3.780
»	129	217.00	147.56	162.32	3.870
»	132	223.00	151.64	166.80	3.960
»	135	229.00	155.72	171.29	4.050
»	138	236.00	160.48	176.53	4.140
»	141	243.00	165.24	181.76	4.230
»	144	249.00	169.32	186.25	4.320
»	147	255.00	173.40	190.74	4.410
»	150	261.00	177.48	195.23	4.500
»	153	269.00	182.92	201.21	4.590
»	156	275.00	187.00	205.70	4.680
»	159	281.00	191.08	210.19	4.770
»	162	289.00	196.52	216.17	4.860
»	165	295.00	200.60	220.66	4.950
»	168	303.00	193.92	213.31	5.040
»	171	309.00	197.76	217.54	5.130
»	174	316.00	202.24	222.46	5.220
»	177	323.00	206.72	227.39	5.310
»	180	330.00	211.20	232.32	5.400
»	183	337.00	215.68	237.25	5.490
»	186	345.00	220.80	242.88	5.580
»	189	252.00	225.28	247.81	5.670
»	192	359.00	229.76	252.74	5.760
»	195	366.00	234.24	257.66	5.850
»	198	373.00	238.72	262.59	5.940
»	201	381.00	243.84	268.22	6.030
»	204	388.00	248.32	273.15	6.120
303	6	4.95	3.96	4.36	0.182
»	9	7.95	6.36	7.00	0.273
»	12	11.25	9.00	9.90	0.364
»	15	14.55	11.64	12.80	0.455
»	18	18.05	14.44	15.88	0.545
»	21	21.95	17.56	19.32	0.636
»	24	26.15	20.92	23.01	0.727
»	27	30.60	24.48	26.93	0.818
»	30	35.75	28.60	31.46	0.909
»	33	40.30	32.24	35.46	1.000
»	36	45.05	36.04	39.64	1.091
»	39	49.00	39.20	43.12	1.182
»	42	53.75	43.00	47.30	1.273
»	45	58.25	46.60	51.26	1.364
»	48	65.25	50.60	55.66	1.455
»	51	67.35	53.88	59.27	1.546
»	54	72.65	58.12	63.93	1.637
»	57	78.00	62.40	68.64	1.728
»	60	83.35	66.68	73.35	1.818

| CENTIMÈTRES | | PRIX du TARIF brut | VALEUR DE GLACE | | SUPERFICIE de CHAQUE GLACE | CENTIMÈTRES | | PRIX du TARIF brut | VALEUR DE GLACE | | SUPERFICIE de CHAQUE GLACE |
HAUTEUR	LARGEUR		RABAIS déduit	BÉNÉFICE compris		HAUTEUR	LARGEUR		RABAIS déduit	BÉNÉFICE compris	
303	63	88 65	70.92	78.01	1.909	306	24	26.45	21.16	23.28	0.835
»	66	93.35	74.68	82.15	2.000	»	27	31.05	24.84	27.32	0.927
»	69	99.35	79.48	87.43	2.091	»	30	35.95	28.76	31.64	1.019
»	72	105.00	75.60	83.16	2.182	»	33	40.75	32.60	35.86	1.010
»	75	111.00	79.92	87.91	2.273	»	36	45.50	36.40	40.04	1.102
»	78	116.00	83.52	91.87	2.364	»	39	49.55	39.64	43.60	1.194
»	81	122.00	87.84	96.62	2.455	»	42	54.15	43.32	47.65	1.286
»	84	128.00	92.16	101.38	2.546	»	45	59.35	47.48	52.23	1.377
»	87	134.00	96.48	106.13	2.637	»	48	63.70	50.96	56.06	1.469
»	90	141.00	101.52	111.67	2.728	»	51	68.65	54.92	60.41	1.561
»	93	147.00	105.84	116.42	2.819	»	54	73.35	58.68	64.55	1.652
»	96	153.00	110.16	121.18	2.910	»	57	78.65	62.92	69.21	1.774
»	99	160.00	115.20	126.72	3.000	»	60	84.00	67.20	73.92	1.836
»	102	165.00	118.80	130.68	3.091	»	63	89.35	71.48	78.63	1.928
»	105	171.00	123.12	135.43	3.182	»	66	95.35	76.28	83.91	2.020
»	108	177.00	127.44	140.18	3.272	»	69	101.00	72.72	79.99	2.112
»	111	184.00	132.48	145.73	3.363	»	72	106.00	76.32	83.95	2.203
»	114	189.00	136.08	149.69	3.454	»	75	112.00	80.64	88.70	2.295
»	117	195.00	140.40	154.44	3.545	»	78	118.00	84.96	93.46	2.387
»	120	202.00	137.36	151.10	3.636	»	81	124.00	89.28	98.21	2.479
»	123	207.00	140.76	154.84	3.727	»	84	130.00	93.60	102.96	2.570
»	126	214.00	145.52	160.07	3.818	»	87	137.00	98.64	108.50	2.663
»	129	220.00	149.60	164.56	3.909	»	90	142.00	102.24	112.46	2.754
»	132	226.00	153.68	169.05	4.000	»	93	149.00	107.28	118.01	2.846
»	135	233.00	158.44	174.28	4.091	»	96	155.00	111.60	122.76	2.938
»	138	239.00	162.52	178.77	4.182	»	99	162.00	116.64	128.30	3.029
»	141	246.00	167.28	184.01	4.272	»	102	168.00	120.96	133.06	3.121
»	144	252.00	171.36	188.50	4.363	»	105	173.00	124.56	137.02	3.213
»	147	259.00	176.12	193.73	4.454	»	108	179.00	128.88	141.77	3.305
»	150	265.00	180.20	198.22	4.545	»	111	185.00	133.20	146.52	3.397
»	153	272.00	184.96	203.46	4.636	»	114	191.00	137.52	151.27	3.489
»	156	278.00	189.04	207.94	4.727	»	117	197.00	141.84	156.02	3.581
»	159	285.00	193.80	213.18	4.818	»	120	205.00	139.40	153.34	3.672
»	162	292.00	198.56	218.42	4.909	»	123	210.00	142.80	157.08	3.764
»	165	299.00	203.32	223.65	5.000	»	126	217.00	147.56	162.32	3.856
»	168	306.00	195.84	215.42	5.091	»	129	223.00	151.64	166.80	3.948
»	171	314.00	200.96	221.06	5.182	»	132	229.00	155.72	171.29	4.039
»	174	320.00	204.80	225.28	5.273	»	135	236.00	160.48	176.53	4.131
»	177	327.00	209.28	230.21	5.364	»	138	242.00	164.56	181.02	4.223
»	180	335.00	214.40	235.84	5.455	»	141	249.00	169.32	186.25	4.315
»	183	341.00	218.24	240.06	5.546	»	144	255.00	173.40	190.74	4.407
»	186	349.00	223.36	245.69	5.637	»	147	262.00	178.16	195.98	4.499
»	189	356.00	227.84	250.62	5.728	»	150	269.00	182.92	201.21	4.590
»	192	363.00	232.32	255.55	5.819	»	153	275.00	187.00	205.70	4.682
»	195	371.00	237.44	261.18	5.909	»	156	283.00	192.44	211.68	4.774
»	198	379.00	242.56	266.82	5.999	»	159	289.00	196.52	216.17	4.866
»	201	387.00	247.68	272.45	6.090	»	162	295.00	200.60	220.66	4.957
»	204	393.00	251.52	276.67	6.181	»	165	303.00	193.92	213.31	5.049
						»	168	310.00	198.40	218.24	5.141
306	6	5.00	4.00	4.40	0.184	»	171	317.00	202.88	223.17	5.233
»	9	8.05	6.44	7.08	0.275	»	174	324.00	207.36	228.10	5.325
»	12	11.40	9.12	10.03	0.367	»	177	332.00	212.48	233.72	5.417
»	15	14.65	11.72	12.89	0.459	»	180	339.00	216.96	238.66	5.508
»	18	18.30	14.64	16.10	0.551	»	183	346.00	221.44	243.58	5.600
»	21	22.25	17.80	19.58	0.743	»	186	353.00	225.92	248.51	5.692

| CENTIMÈTRES | | PRIX du TARIF brut | VALEUR DE GLACE | | SUPERFICIE de CHAQUE GLACE |
HAUTEUR	LARGEUR		RABAIS déduit	BÉNÉFICE compris	
306	189	351.00	230.04	254.14	5.784
»	192	368.00	235.52	259.07	5.876
»	195	376.00	240.64	264.70	5.967
»	198	384.00	245.76	270.31	6.059
»	201	392.00	250.88	275.97	6.151
»	204	399.00	255.36	280.90	6.242
309	6	5.05	4.04	4.44	0.185
»	9	8.10	6.48	7.13	0.278
»	12	11.55	9.24	10.16	0.371
»	15	14.85	11.86	13.05	0.464
»	18	18.45	14.76	16.24	0.557
»	21	22.45	17.96	19.76	0.650
»	24	26.85	21.48	23.63	0.743
»	27	31.45	25.16	27.68	0.836
»	30	36.40	29.12	32.03	0.927
»	33	41.30	33.04	36.34	1.020
»	36	45.95	36.76	40.44	1.113
»	39	50.10	40.08	44.09	1.206
»	42	54.60	43.68	48.05	1.298
»	45	59.80	47.84	52.62	1.391
»	48	64.15	51.32	56.45	1.484
»	51	69.35	55.48	61.03	1.576
»	54	74.65	59.72	65.69	1.669
»	57	80.00	64.00	70.40	1.761
»	60	84.65	67.72	74.49	1.854
»	63	90.00	72.00	79.20	1.947
»	66	96.00	76.80	84.48	2.039
»	69	102.00	73.44	80.78	2.132
»	72	107.00	77.04	84.74	2.224
»	75	113.00	81.36	89.50	2.317
»	78	119.00	85.68	94.25	2.410
»	81	126.00	90.72	99.79	2.503
»	84	132.00	95.04	104.54	2.596
»	87	138.00	99.36	109.30	2.689
»	90	145.00	104.40	114.84	2.781
»	93	151.00	108.72	119.59	2.874
»	96	158.00	113.76	125.14	2.967
»	99	164.00	118.08	129.89	3.060
»	102	170.00	122.40	134.64	3.152
»	105	176.00	126.72	139.39	3.245
»	108	181.00	130.32	143.35	3.337
»	111	188.00	135.36	148.90	3.430
»	114	194.00	139.68	153.65	3.523
»	117	200.00	136.00	149.60	3.616
»	120	206.00	140.08	154.09	3.708
»	123	212.00	144.16	158.58	3.801
»	126	219.00	148.92	163.81	3.894
»	129	225.00	153.00	168.30	3.986
»	132	231.00	157.08	172.79	4.079
»	135	238.00	161.84	178.02	4.172
»	138	245.00	166.60	183.26	4.265
»	141	251.00	170.68	187.75	4.358
»	144	258.00	175.44	192.98	4.450
»	147	265.00	180.20	198.22	4.543

| CENTIMÈTRES | | PRIX du TARIF brut | VALEUR DE GLACE | | SUPERFICIE de CHAQUE GLACE |
HAUTEUR	LARGEUR		RABAIS déduit	BÉNÉFICE compris	
309	150	272.00	184.96	203.46	4.635
»	153	279.00	189.72	208.69	4.728
»	156	285.00	193.80	213.18	4.821
»	159	293.00	199.24	219.16	4.914
»	162	300.00	192.00	211.20	5.007
»	165	307.00	196.48	216.13	5.099
»	168	314.00	200.96	221.06	5.191
»	171	321.00	205.44	225.98	5.284
»	174	329.00	210.56	231.62	5.377
»	177	335.00	214.40	235.84	5.470
»	180	343.00	219.52	241.47	5.562
»	183	350.00	224.00	246.40	5.655
»	186	358.00	229.12	252.03	5.748
»	189	366.00	234.24	257.66	5.840
»	192	373.00	238.72	262.59	5.933
»	195	381.00	243.84	268.22	6.026
»	198	388.00	248.32	273.15	6.119
»	201	396.00	253.44	278.78	6.211
»	204	404.00	258.56	284.42	6.304
312	6	5.10	4.08	4.49	0.187
»	9	8.25	6.60	7.26	0.281
»	12	11.70	9.36	10.30	0.374
»	15	14.95	11.96	13.16	0.468
»	18	18.75	15.00	16.50	0.562
»	21	22.80	18.24	20.06	0.655
»	24	27.20	21.76	23.94	0.749
»	27	31.90	25.52	28.07	0.842
»	30	37.05	29.64	32.60	0.936
»	33	41.60	33.28	36.61	1.030
»	36	46.80	37.44	41.18	1.123
»	39	50.75	40.60	44.66	1.216
»	42	55.45	44.36	48.80	1.311
»	45	60.65	48.52	53.37	1.404
»	48	65.00	52.00	57.20	1.498
»	51	70.00	56.00	61.60	1.591
»	54	75.35	60.28	66.31	1.685
»	57	80.65	64.52	70.97	1.779
»	60	86.65	69.32	76.25	1.872
»	63	92.00	73.60	80.96	1.966
»	66	97.35	77.88	85.67	2.060
»	69	103.00	74.16	81.58	2.153
»	72	108.00	77.76	85.54	2.247
»	75	115.00	82.80	91.08	2.340
»	78	121.00	87.12	95.83	2.434
»	81	127.00	91.44	100.58	2.528
»	84	133.00	95.76	105.34	2.621
»	87	139.00	100.08	110.09	2.715
»	90	147.00	105.84	116.42	2.808
»	93	153.00	110.16	121.18	2.902
»	96	160.00	115.20	126.72	2.996
»	99	165.00	118.80	130.68	3.089
»	102	171.00	123.12	135.43	3.182
»	105	177.00	127.44	140.18	3.276
»	108	184.00	132.48	145.73	3.370

CENTIMÈTRES		PRIX du TARIF brut	VALEUR DE GLACE		SUPERFICIE de CHAQUE GLACE
HAUTEUR	LARGEUR		RABAIS déduit	BÉNÉFICE compris	
312	111	190.00	136.80	150.48	3.463
»	114	197.00	141.84	156.02	3.557
»	117	202.00	137.36	151.10	3.651
»	120	209.00	142.12	156.33	3.744
»	123	215.00	146.20	160.82	3.838
»	126	222.00	150.96	166.06	3.932
»	129	227.00	154.36	169.80	4.025
»	132	235.00	159.80	175.78	4.119
»	135	241.00	163.88	180.27	4.213
»	138	248.00	168.64	185.50	4.306
»	141	255.00	173.40	190.74	4.400
»	144	262.00	178.16	195.98	4.494
»	147	269.00	182.92	201.21	4.587
»	150	275.00	187.00	205.70	4.681
»	153	283.00	192.44	211.68	4.775
»	156	289.00	196.52	216.17	4.868
»	159	297.00	201.96	222.16	4.962
»	162	303.00	195.92	213.31	5.055
»	165	310.00	198.40	218.24	5.148
»	168	318.00	203.52	223.87	5.242
»	171	325.00	208.00	228.80	5.336
»	174	332.00	212.48	233.73	5.429
»	177	340.00	217.60	239.56	5.523
»	180	347.00	222.08	244.29	5.617
»	183	355.00	227.20	249.92	5.710
»	186	362.00	231.68	254.85	5.804
»	189	370.00	236.80	260.48	5.898
»	192	378.00	241.92	266.11	5.991
»	195	385.00	246.40	271.34	6.084
»	198	393.00	251.52	276.67	6.178
»	201	401.00	256.64	282.30	6.271
»	204	409.00	261.76	287.94	6.365
315	6	5.15	4.12	4.53	0.189
»	9	8.30	6.64	7.30	0.284
»	12	11.90	9.44	10.38	0.378
»	15	15.75	12.60	13.86	0.473
»	18	18.80	15.12	16.63	0.567
»	21	23.10	18.48	20.33	0.662
»	24	27.35	21.88	24.07	0.756
»	27	32.55	26.04	28.64	0.851
»	30	37.70	30.16	33.18	0.945
»	33	42.25	33.80	37.18	1.040
»	36	47.25	37.80	41.58	1.134
»	39	51.30	41.04	45.14	1.229
»	42	56.35	45.08	49.59	1.323
»	45	61.55	49.24	54.16	1.418
»	48	65.85	52.68	57.95	1.512
»	51	71.35	57.08	62.79	1.607
»	54	76.00	60.80	66.88	1.701
»	57	82.00	65.60	72.16	1.796
»	60	87.35	69.88	76.87	1.890
»	63	92.65	74.12	81.53	1.985
»	66	98.00	78.40	86.24	2.079
»	69	104.00	74.88	82.37	2.174

CENTIMÈTRES		PRIX du TARIF brut	VALEUR DE GLACE		SUPERFICIE de CHAQUE GLACE
HAUTEUR	LARGEUR		RABAIS déduit	BÉNÉFICE compris	
315	72	110.00	79.20	87.12	2.268
»	75	116.00	83.52	91.87	2.363
»	78	122.00	87.84	96.62	2.457
»	81	129.00	92.88	102.17	2.552
»	84	135.00	97.20	106.92	2.646
»	87	142.00	102.24	112.46	2.741
»	90	148.00	106.56	117.22	2.835
»	93	155.00	111.60	122.76	2.930
»	96	161.00	115.92	127.51	3.024
»	99	168.00	120.96	133.06	3.119
»	102	173.00	124.56	137.02	3.213
»	105	179.00	128.88	141.77	3.308
»	108	186.00	133.92	146.31	3.402
»	111	191.00	137.52	151.27	3.497
»	114	199.00	143.28	157.61	3.591
»	117	205.00	139.40	153.34	3.686
»	120	211.00	143.48	157.83	3.780
»	123	217.00	147.56	162.32	3.875
»	126	225.00	153.00	168.30	3.969
»	129	231.00	157.08	172.79	4.064
»	132	237.00	161.16	177.28	4.158
»	135	243.00	165.24	181.76	4.253
»	138	251.00	170.68	187.75	4.347
»	141	257.00	174.76	192.24	4.442
»	144	264.00	179.52	197.47	4.536
»	147	272.00	184.96	203.46	4.631
»	150	278.00	189.04	207.94	4.725
»	153	285.00	193.80	213.18	4.820
»	156	293.00	199.24	219.16	4.914
»	159	300.00	192.00	211.20	5.009
»	162	307.00	196.48	216.13	5.103
»	165	314.00	200.96	221.06	5.198
»	168	321.00	205.44	225.98	5.292
»	171	329.00	210.56	231.62	5.387
»	174	337.00	215.68	237.25	5.481
»	177	344.00	220.16	242.18	5.576
»	180	352.00	225.28	247.81	5.670
»	183	359.00	229.76	252.74	5.764
»	186	367.00	234.88	258.37	5.859
»	189	375.00	240.00	264.00	5.953
»	192	382.00	244.48	268.93	6.048
»	195	390.00	249.60	274.56	6.142
»	198	398.00	254.72	280.19	6.237
»	201	401.00	256.64	282.30	6.332
»	204	414.00	264.96	291.46	6.426
318	6	5.20	4.16	4.58	0.191
»	9	8.35	6.68	7.35	0.286
»	12	12.00	9.60	10.56	0.382
»	15	15.30	12.24	13.46	0.477
»	18	19.20	15.36	16.90	0.572
»	21	23.35	18.68	20.55	0.667
»	24	27.90	22.32	24.55	0.763
»	27	32.50	26.00	28.60	0.859
»	30	37.95	30.36	33.40	0.954

| CENTIMÈTRES | | PRIX du TARIF brut | VALEUR DE GLACE | | SUPERFICIE de CHAQUE GLACE |
HAUTEUR	LARGEUR		RABAIS déduit	BÉNÉFICE compris	
318	33	42.60	34.08	37.49	1.049
»	36	47.55	38.04	41.84	1.145
»	39	51.85	41.48	45.63	1.240
»	42	56.75	45.40	49.09	1.336
»	45	61.95	49.56	54.52	1.431
»	48	66.95	53.56	58.92	1.527
»	51	72.00	57.60	63.36	1.622
»	54	77.35	61.88	68.07	1.718
»	57	83.35	66.68	73.35	1.813
»	60	88.65	70.92	78.01	1.908
»	63	93.35	74.68	82.15	2.003
»	66	99.35	79.48	87.43	2.099
»	69	106.00	76.32	83.95	2.194
»	72	111.00	79.92	87.91	2.290
»	75	118.00	84.96	93.46	2.385
»	78	124.00	89.28	98.21	2.480
»	81	130.00	93.60	102.90	2.576
»	84	137.00	98.64	108.50	2.371
»	87	143.00	102.96	113.26	2.767
»	90	150.00	108.00	118.80	2.362
»	93	157.00	113.04	124.34	2.957
»	96	163.00	117.36	129.10	3.053
»	99	170.00	122.40	134.64	3.148
»	102	176.00	126.72	139.39	3.244
»	105	181.00	130.22	143.35	3.339
»	108	188.00	135.36	148.90	3.434
»	111	194.00	139.68	153.65	3.530
»	114	201.00	136.68	150.35	3.625
»	117	207.00	140.76	154.84	3.721
»	120	214.00	145.52	160.07	3.857
»	123	220.00	149.60	164.56	3.912
»	126	227.00	154.36	169.80	4.007
»	129	233.00	158.44	174.28	4.102
»	132	240.00	163.20	179.52	4.198
»	135	247.00	167.96	184.76	4.293
»	138	254.00	172.72	189.99	4.389
»	141	261.00	177.48	195.23	4.485
»	144	268.00	182.24	200.46	4.580
»	147	275.00	187.00	205.70	4.675
»	150	281.00	191.08	210.19	4.770
»	153	289.00	196.52	216.17	4.865
»	156	297.00	201.96	222.16	4.961
»	159	303.00	193.92	213.31	5.056
»	162	311.00	199.04	218.94	5.152
»	165	318.00	203.52	223.87	5.247
»	168	326.00	208.64	229.50	5.342
»	171	333.00	213.12	234.43	5.438
»	174	341.00	218.24	240.06	5.533
»	177	349.00	223.36	245.70	5.629
»	180	356.00	227.84	250.62	5.724
»	183	363.00	232.32	255.55	5.819
»	186	371.00	237.44	261.18	5.915
»	189	379.00	242.56	266.82	6.010
»	192	387.00	247.68	272.45	6.106
»	195	395.00	252.80	278.08	6.201

| CENTIMÈTRES | | PRIX du TARIF brut | VALEUR DE GLACE | | SUPERFICIE de CHAQUE GLACE |
HAUTEUR	LARGEUR		RABAIS déduit	BÉNÉFICE compris	
318	198	403.00	257.92	283.71	6.296
»	201	411.00	263.04	289.34	6.392
»	204	419.00	268.16	294.98	6.487
321	6	5.25	4.20	4.62	0.193
»	9	8.45	6.76	7.44	0.289
»	12	12.10	9.68	10.65	0.385
»	15	15.45	12.36	13.60	0.482
»	18	19.35	15.48	17.03	0.578
»	21	23.65	18.92	20.81	0.674
»	24	28.30	22.64	24.90	0.770
»	27	33.15	26.52	29.17	0.866
»	30	38.35	30.68	33.75	0.963
»	33	43.10	34.48	37.93	1.059
»	36	48.10	38.48	42.33	1.156
»	39	52.50	42.00	46.20	1.252
»	42	57.20	45.76	50.34	1.348
»	45	62.40	49.92	54.91	1.445
»	48	67.35	53.88	59.27	1.541
»	51	72.65	58.12	63.93	1.637
»	54	78.00	62.40	68.64	1.733
»	57	84.00	67.20	73.92	1.829
»	60	89.35	71.48	78.63	1.926
»	63	95.35	76.28	83.91	2.022
»	66	101.00	72.72	79.99	2.118
»	69	107.00	77.04	84.74	2.214
»	72	113.00	81.36	89.50	2.310
»	75	119.00	85.68	94.25	2.407
»	78	125.00	90.00	99.00	2.503
»	81	132.00	95.04	104.54	2.600
»	84	139.00	100.08	110.09	2.696
»	87	145.00	104.40	114.84	2.792
»	90	153.00	110.16	121.18	2.889
»	93	159.00	114.48	125.93	2.985
»	96	165.00	118.80	130.68	3.081
»	99	171.00	123.12	135.48	3.177
»	102	177.00	127.44	140.18	3.274
»	105	184.00	132.48	145.73	3.370
»	108	190.00	136.80	150.49	3.467
»	111	197.00	141.84	156.02	3.563
»	114	203.00	138.04	151.84	3.659
»	117	210.00	142.80	157.08	3.746
»	120	216.00	146.88	161.57	3.852
»	123	223.00	151.64	166.80	3.948
»	126	229.00	155.72	171.29	4.045
»	129	236.00	160.48	176.53	4.141
»	132	243.00	165.24	181.76	4.237
»	135	249.00	169.32	186.25	4.333
»	138	257.00	174.76	192.24	4.429
»	141	263.00	178.84	196.72	4.526
»	144	271.00	184.28	202.71	4.622
»	147	278.00	189.04	207.94	4.718
»	150	285.00	193.80	213.18	4.815
»	153	293.00	199.24	219.16	4.911
»	156	300.00	192.00	211.20	5.008

CENTIMÈTRES		PRIX du TARIF brut	VALEUR DE GLACE		SUPERFICIE de CHAQUE GLACE	CENTIMÈTRES		PRIX du TARIF brut	VALEUR DE GLACE		SUPERFICIE de CHAQUE GLACE
HAUTEUR	LARGEUR		RABAIS déduit	BÉNÉFICE compris		HAUTEUR	LARGEUR		RABAIS déduit	BÉNÉFICE compris	
321	159	307.00	196.48	216.13	5.104	324	81	133.00	95.76	105.34	2.624
»	162	315.00	201.60	221.76	5.200	»	84	141.00	101.52	111.67	2.721
»	165	321.00	205.44	225.98	5.297	»	87	147.00	105.84	116.42	2.818
»	168	329.00	210.56	231.62	5.393	»	90	154.00	110.88	121.97	2.916
»	171	337.00	215.68	237.25	5.489	»	93	160.00	115.20	126.72	3.013
»	174	345.00	220.80	242.88	5.585	»	96	167.00	120.24	132.26	3.110
»	177	353.00	225.92	248.51	5.681	»	99	173.00	124.56	137.02	3.207
»	180	361.00	231.04	254.14	5.778	»	102	179.00	128.88	141.77	3.305
»	183	368.00	235.52	259.07	5.874	»	105	186.00	133.92	147.31	3.402
»	186	376.00	240.64	264.70	5.970	»	108	193.00	138.96	152.86	3.499
»	189	384.00	245.76	270.34	6.066	»	111	199.00	143.28	157.61	3.596
»	192	392.00	250.88	275.97	6.163	»	114	205.00	139.40	153.34	3.694
»	195	399.60	255.36	280.90	6.259	»	117	212.00	144.16	158.58	3.791
»	198	408.00	260.48	286.53	6.355	»	120	219.00	148.92	163.81	3.888
»	201	417.00	266.88	293.67	6.452	»	123	225.00	153.00	168.30	3.985
»	204	425.00	272.00	299.20	6.548	»	126	232.00	157.76	173.54	4.082
						»	129	238.00	162.84	179.12	4.180
324	6	5.30	4.24	4.66	0.194	»	132	246.00	168.28	185.11	4.277
»	9	8.55	6.84	7.52	0.292	»	135	253.00	173.04	190.34	4.374
»	12	12.25	9.80	10.78	0.389	»	138	260.00	177.80	195.58	4.471
»	15	15.60	12.48	13.73	0.486	»	141	267.00	181.56	199.72	4.568
»	18	19.65	15.72	17.29	0.583	»	144	275.00	187.00	205.70	4.666
»	21	24.00	19.20	21.12	0.680	»	147	281.00	191.08	210.19	4.763
»	24	28.55	22.84	25.12	0.778	»	150	289.00	196.52	216.17	4.860
»	27	33.80	27.04	29.74	0.875	»	153	295.00	200.60	220.66	4.957
»	30	39.00	31.20	34.32	0.972	»	156	303.00	193.92	213.31	5.054
»	33	43.60	34.88	38.37	1.069	»	159	311.00	197.04	218.94	5.151
»	36	45.55	38.84	42.72	1.166	»	162	318.00	203.52	223.87	5.248
»	39	53.05	42.44	46.68	1.263	»	165	326.00	208.64	229.50	5.346
»	42	58.05	46.44	51.08	1.361	»	168	333 00	213.12	234.43	5.443
»	45	63.25	50.60	55.66	1.457	»	171	341.00	218.24	240.06	5.540
»	48	68.65	54.92	60.41	1.554	»	174	349.00	223.36	245.70	5.637
»	51	73.35	58.68	64.55	1.652	»	177	357.00	228.48	251.33	5.734
»	54	80.00	64.00	70.40	1.749	»	180	365.00	233.60	256.96	5.832
»	57	84.65	67.72	74.49	1.846	»	183	373.00	238.72	262.59	5.929
»	60	90.00	72.00	79.20	1.944	»	186	381.00	243.84	268.22	6.026
»	63	96.00	76.80	84.48	2.041	»	189	389.00	248.96	273.86	6.123
»	66	102.00	73.44	80.78	2.138	»	192	397.00	254.08	279.49	6.220
»	69	108.00	77.76	85.54	2.235	»	195	405.00	259.20	285.12	6.317
»	72	115.00	82.80	91.08	2.333	»	198	413.00	264.32	290.75	6.415
»	75	121.00	87.12	95.83	2.430	»	201	422.00	270.08	297.09	6.512
»	78	127.00	91.44	100.58	2.527	»	204	430.00	275.20	302.72	6.610

Prix des grandes glaces en blanc.

Par mètre superficiel.

327. Au-dessus de 3^m,24 de hauteur et 2^m,04 de largeur.

Depuis	6^m,60	superficiel jusqu'à	»^{m} »	65	francs le mètre carré.	
»	6 ,60	»	»	6 ,80	66 »	» »
»	6 ,80	»	»	7 ,00	67 »	» »
»	7 ,00	»	»	7 ,20	68 »	» »
»	7 ,20	»	»	7 ,40	69 »	» »
»	7 ,40	»	»	7 ,60	70 »	» »
»	7 ,60	»	»	7 ,80	71 »	» »
»	7 ,80	»	»	8 ,00	72 »	» »
»	8 ,00	»	»	8 ,20	73 »	» »
»	8 ,20	»	»	8 ,40	74 »	» »
»	8 ,40	»	»	8 ,60	75 »	» »
»	8 ,60	»	»	8 ,80	76 »	» »
»	8 ,80	»	»	9 ,00	77 »	» »
»	9 ,00	»	»	9 ,20	78 »	» »
»	9 ,20	»	»	9 ,40	79 »	» »
»	9 ,40	»	»	9 ,60	80 »	» »
»	9 ,60	»	»	9 ,80	81 »	» »
»	9 ,80	»	»	10 ,00	82 »	» »
»	10 ,00	»	»	10 ,20	83 »	» »
»	10 ,20	»	»	10 ,40	84 »	» »
»	10 ,40	»	»	10 ,60	85 »	» »
»	10 ,60	»	»	10 ,80	86 »	» »
»	10 ,80	»	»	11 ,00	87 »	» »
»	11 ,00	»	»	11 ,20	88 »	» »
»	11 ,20	»	»	11 ,40	89 »	» »
»	11 ,40	»	»	11 ,60	90 »	» »
»	11 ,60	»	»	11 ,80	91 »	» »
»	11 ,80	»	»	12 ,00	92 »	» »
»	12 ,00	»	»	12 ,20	93 »	» »
»	12 ,20	»	»	12 ,40	94 »	» »
»	12 ,40	»	»	12 ,60	95 »	» »
»	12 ,60	»	»	12 ,80	96 »	» »
»	12 ,80	»	»	13 ,00	97 »	» »
»	13 ,00	»	»	13 ,20	98 »	» »
»	13 ,20	»	»	13 ,40	99 »	» »
»	13 ,40	»	»	13 ,60	100 »	» »
»	13 ,60	»	»	13 ,80	101 »	» »
»	13 ,80	»	»	14 ,00	102 »	» »
»	14 ,00	»	»	14 ,20	103 »	» »
»	14 ,20	»	»	14 ,40	104 »	» »
»	14 ,40	»	»	14 ,60	105 »	» »
»	14 ,60	»	»	14 ,80	106 »	» »
»	14 ,80	»	»	15 ,00	107 »	» »

328. De tous ces prix des grandes glaces en blanc il convient de déduire :

1° Un rabais de 20 francs 0/0 ;

2° Ce rabais déduit, sur la totalité restante, un second rabais de 20 francs 0/0.

Puis : le prix de ces glaces établi comme déboursés, augmenter le prix de 10 0/0 pour bénéfices.

OBSERVATION.

329. Les Séries antérieures avaient alloué après le prix de revient établi les sommes suivantes :

1° 10 0/0 pour bénéfice ;

2° 3 0/0 pour transport à pied-d'œuvre ;

3° 1 0/0 pour risques de casse.

Pourquoi ces allocations n'ont-elles pas été maintenues ?

Probablement parce que la Compagnie de Saint-Gobain livre ses glaces à pied-d'œuvre et que, par suite de ce non-transport, il n'y a plus risque de casse.

Cela ne nous paraît pas rigoureusement exact, car la Compagnie vous amènera vos glaces à pied-d'œuvre pour une commande de glaces par quantité, *mais non pour une unité.*

De plus, le terme à pied-d'œuvre s'entend pour le livreur dans le bâtiment où elles doivent être placées, mais non à leur emplacement ; or, entre ces deux points, il y a manipulation, transport et montage à bras d'hommes des glaces livrées, et il nous semble que dès lors les 4 0/0 appliqués au transport et risque de casse devraient en toute équité revenir à l'entrepreneur.

Du reste, MM. les Architectes dans la Série qu'ils ont élaborée en 1889 l'avaient reconnu juste puisqu'ils l'avaient alloué ; cependant, depuis cette époque jusqu'à présent, il n'y a rien de changé dans les usages de la construction en ce qui nous occupe.

Nous conseillons donc, à l'entrepreneur de faire son profit de cette observation, convaincus qu'examiner la question impartialement c'est la résoudre.

330. Reprenons les commentaires de la Série que nous avions arrêtés à l'article N° 56.

Garnissage de flanelle (travaux exceptionnels) pour fourniture et pose. Vaut 1ʳ,00 le mètre superficiel (N° 57).

Le mètre linéaire, 0ʳ,40 (N° 58).

Ce travail a son utilité quand malgré le parquet de glace, on veut garantir ladite d'une humidité possible provenant d'un mur.

331. Location de glaces nues ou encadrées (pour soirées ou bals pendant six jours au plus, compris pose, dépose et double transport (mesures prises hors du cadre).

Jusqu'à 1ᵐ,00 de surface, 6ʳ,00 le mètre superficiel (N° 59).

De 1ᵐ,00 à 2ᵐ,00 de surface, 8ʳ,00 le mètre superficiel (N° 60).

De 2ᵐ,00 à 3ᵐ,00 de surface, 10ʳ,00 le mètre superficiel (N° 61).

De 3ᵐ,00 à 4ᵐ,00 de surface, 12ʳ,00 le mètre superficiel (N° 62).

332. **Nettoyage de glace étamée ou non**, le mètre superficiel 0ʳ,15 (N° 63).

Pour les surfaces de moins de 1ᵐ,00 à l'équerre, la pièce 0ʳ,06 (N° 64).

333. **Parquet en sapin** comme à la Menuiserie (N° 65).

Le peintre miroitier n'étant pas menuisier, voyons ce que dit cette Série ?

Lambris d'assemblage arasé d'un parement et à glace de l'autre.

Bâtis et panneau en sapin.
Bâtis 0ᵐ,027 d'épaisseur panneaux 0ᵐ,018
   Vaut 7ʳ,45 le mètre carré (N° 189).
Bâtis 0ᵐ,034 d'épaisseur panneaux 0ᵐ,027
   Vaut 9ʳ,15 le mètre carré (N° 190).
Bâtis 0ᵐ,041 d'épaisseur panneaux 0ᵐ,034
   Vaut 11ʳ,20 le mètre carré (N° 191).
Bâtis 0ᵐ,054 d'épaisseur panneaux 0ᵐ,041
   Vaut 13ʳ,70 le mètre carré (N° 192).
Bâtis 0ᵐ,080 d'épaisseur panneaux 0ᵐ,054
   Vaut 17ʳ,85 le mètre carré (N° 193).

La première mesure est celle la plus souvent usitée pour des glaces même de fortes grandeurs ; les autres ne sont applicables qu'à des cas absolument spéciaux et pour des glaces étamées et encadrées de 15 mètres de surface et au dessus.

Le parquet de glace, comme son nom l'indique, est destiné à recevoir la glace elle-même et ensuite le cadre de ladite (doré, en bois ou en métal).

C'est un travail de bonne construction donnant avec la flanelle posée entre le parquet et la glace, le maximum de garantie de conservation.

334. **Polissage** (*au mètre superficiel*), travail dûment constaté et par ordre exprès.

De vieilles glaces compris risques.

Sur une face seulement.

Jusqu'à 3ᵐ,00 de surface. Vaut 8ʳ,00 le mètre (N° 66).

De 3ᵐ,00 à 6ᵐ,60 de surface. Vaut 12ʳ,00 le mètre (N° 67).

Polissage idem sur deux faces.

Jusqu'à 3ᵐ,00 de surface. Vaut 12ʳ,00 le mètre (N° 68).

De 3ᵐ,00 à 6ᵐ,60 de surface. Vaut 18ʳ,00 le mètre (N° 69).

335. **Pose de cadres de glace sur parquets** (*au mètre linéaire*).

Cadres jusqu'à 0ᵐ,095 de large. Vaut 0ᶠ,25 le mètre (N° 70).

De 0ᵐ,108 à 0ᵐ,112 de large. Vaut 0ᶠ,30 le mètre (N° 71).

OBSERVATION :

Cette pose ne sera pas due lorsque les glaces seront livrées toutes montées avec leur cadre (N° 72).

Le polissage des glaces est une opération qui consiste à redonner auxdites sur l'une ou les deux faces le brillant parfait, altéré par les coups de diamant et rayures ce qui a lieu fréquemment dans les établissements de nuit, par l'humidité ou l'ardeur des rayons solaires : ce travail n'a son utilité, en raison de son prix, que pour des glaces de fortes épaisseurs d'abord et de grande valeur.

Sous-détails établissant la valeur d'une glace à vitrage de 1ᵐ,50 × 1ᵐ,20 repolie des deux faces.

Dépose de ladite de 1ᵐ,50 et 1ᵐ,20 produit.................... 1ᵐ,80

A 1ᶠ,30 le mètre (N° 101 de la Série) produit...................... 2.35

Transport chez le polisseur y compris chargement et déchargement surface...................... 1ᵐ,80

A 6ᶠ,01 le mètre (N° 128) produit. 10.82

Plus-value pour *une glace* à chaque pour chargement, déchargement et compris risques surface de glace (N° 129) 1ᵐ,80 à 1ᶠ,35 le mètre.............. 2.44

Polissage de la glace des 2 faces produit...................... 1ᵐ,80

A 12ᶠ,00 le mètre (N° 67)....... 21.60

Reprise de ladite chez le polisseur et double transport (retour) à pied-d'œuvre surface 1ᶠ,80 à 6ᶠ,01 le mètre. 10.82

Plus-value à chaque pour chargement, déchargement et compris risques, surface de glace... .... 1ᵐ,80

A 1ᶠ,35 le mètre.............. 2.44

Pose de glaces avec mastic ou baguettes surface de ladite..... 1ᵐ,80

A 2ᶠ,50 le mètre.............. 4.50

Plus-value pour pose de glace sur châssis mobiles, portes ou parties en fer surface................. 1ᵐ,80

A 0ᶠ,63 le mètre (N° 125) produit. 1.13

Valeur de cette vieille glace repolie. 56ᶠ,10

Valeur d'une glace neuve à vitrage pour fourniture et pose.

336. Fourni ladite de 1ᵐ,50 et 1ᵐ,20 en vitrage 3ᵉ choix, vaut...... 82.00

Rabais 20 0/0 (N° 39)........ 16.40

Reste.............. 65ᶠ60

Bénéfice 10 0/0 (N° 43)...... 6.56

Pose de ladite comme précédente.

Surface 1ᵐ,80 à 2ᶠ,50 le mètre 4.50

Plus-value pour pose de glace sur châssis mobiles portes ou parties en fer même surface 1ᵐ,80 à 0ᶠ,63 le mètre........ 1.13

Valeur de cette glace neuve. 77.79   77.79

Soit une différence de 21ᶠ,69 en faveur de la vieille glace remise à neuf, différence compensée par la dépréciation de ladite causée par le temps.

337. **Plaques de propreté en glace** — compris biseau et deux trous de vis pour fournitures seulement, compris risques de casse (à la pièce).

HAUTEUR	LARGEUR	PRIX	HAUTEUR	LARGEUR	PRIX
0.15	0.05	0.50	0.24	0.11	1.20
0.15	0.06	0.55	0.24	0.12	1.30
0.15	0.07	0.65	0.27	0.05	0.85
0.15	0.08	0.70	0.27	0.06	0.90
0.15	0.09	0.75	0.27	0.07	0.95
0.15	0.10	0.90	0.27	0.08	1.05
0.15	0.11	1.00	0.27	0.09	1.15
0.15	0.12	1.05	0.27	0.10	1.25
0.18	0.05	0.60	0.27	0.11	1.35
0.18	0.06	0.65	0.27	0.12	1.40
0.18	0.07	0.70	0.30	0.05	0.90
0.18	0.08	0.75	0.30	0.06	1.05
0.18	0.09	0.80	0.30	0.07	1.10
0.18	0.10	0.85	0.30	0.08	1.25
0.18	0.11	1.05	0.30	0.09	1.35
0.18	0.12	1.15	0.30	0.10	1.40
0.21	0.05	0.65	0.30	0.11	1.50
0.21	0.06	0.75	0.30	0.12	1.60
0.21	0.07	0.80	0.33	0.05	1.00
0.21	0.08	0.85	0.33	0.06	1.10
0.21	0.09	0.90	0.33	0.07	1.20
0.21	0.10	1.00	0.33	0.08	1.35
0.21	0.11	1.10	0.33	0.09	1.40
0.21	0.12	1.25	0.33	0.10	1.55
0.24	0.05	0.70	0.33	0.11	1.70
0.24	0.06	0.85	0.33	0.12	1.75
0.24	0.07	0.90	0.36	0.05	1.05
0.24	0.08	1.00	0.36	0.06	1.20
0.24	0.09	1.05	0.36	0.07	1.30
0.24	0.10	1.10	0.36	0.08	1.50

HAUTEUR	LARGEUR	PRIX	HAUTEUR	LARGEUR	PRIX
0.36	0.09	1.55	0.48	0.11	2.50
0.36	0.10	1.65	0.48	0.12	2.55
0.36	0.11	1.75	0.51	0.05	1.55
0.36	0.12	2.00	0.51	0.06	1.70
0.39	0.05	1.10	0.51	0.07	1.75
0.39	0.06	1.25	0.51	0.08	2.10
0.39	0.07	1.40	0.51	0.09	2.25
0.39	0.08	1.55	0.51	0.10	2.40
0.39	0.09	1.65	0.51	0.11	2.60
0.39	0.10	1.80	0.51	0.12	2.75
0.39	0.11	1.90	0.54	0.05	1.70
0.39	0.12	2.10	0.54	0.06	1.75
0.42	0.05	1.20	0.54	0.07	1.85
0.42	0.06	1.35	0.54	0.08	2.25
0.42	0.07	1.50	0.54	0.09	2.40
0.42	0.08	1.70	0.54	0.10	2.70
0.42	0.09	1.80	0.54	0.11	2.80
0.42	0.10	1.95	0.54	0.12	3.10
0.42	0.11	2.10	0.57	0.05	1.75
0.42	0.12	2.25	0.57	0.06	1.90
0.45	0.05	1.30	0.57	0.07	2.10
0.45	0.06	1.40	0.57	0.08	2.30
0.45	0.07	1.60	0.57	0.09	2.50
0.45	0.08	1.80	0.57	0.10	2.80
0.45	0.09	1.95	0.57	0.11	2.90
0.45	0.10	2.00	0.57	0.12	3.25
0.45	0.11	2.25	0.60	0.05	1.90
0.45	0.12	2.45	0.60	0.06	2.00
0.48	0.05	1.40	0.60	0.07	2.30
0.48	0.06	1.55	0.60	0.08	2.50
0.48	0.07	1.70	0.60	0.09	2.70
0.48	0.08	1.90	0.60	0.10	2.90
0.48	0.09	2.00	0.60	0.11	3.30
0.48	0.10	2.25	0.60	0.12	3.70

338. Il se fait quelquefois, quoique très rarement, des plaques de propreté en verre double, au lieu de glace; dans ce cas, la Série les frappe d'une moins-value de 30 0/0 sur le prix du tableau ci-dessus (Observation n° 74).

La pose des plaques de propreté n'est pas liée avec la fourniture; elle comprend, la fourniture et pose de vis avec rosaces en os, façon ivoire, noires, façon buffle, cristal, bambou, cuivre, fondues et vernies, et vaut, en place, neuve, 0ʳ,30 la pièce (N° 75).

Il existe aussi des plaques de propreté fantaisie, telles que celles étamées, argentées, givrées, dorées sous glace; elles ne sont pas mentionnées à la Série; leur prix s'obtient en ajoutant, au prix de la plaque en glace, celui des opérations faites derrière, d'après facture majorée du bénéfice de droit.

339. *Dépose et repose de plaques de propreté* pour les nettoyer, y compris le nettoyage des deux faces, vaut la pièce, 0ʳ,15 (N°. 76).

Dépose de plaque de propreté pour suppression et rangement, vaut la pièce 0ʳ,08 (N° 77).

Nettoyage de plaque de propreté à une face; la pièce, prix moyen, 0ʳ,03 (N° 78).

Ce nettoyage s'entend évidemment, sur la face extérieure, sans dépose.

Percement à la pièce :

Pour entrée de clef, vaut 0ʳ,75 (N° 79).

Pour passage de bouton, vaut 0ʳ,60.

Entaille ou encoche :

Ordinaire, la pièce, vaut 0ʳ,55 (N° 81).

D'équerre, pour gâche de 0.08 à 0.09 × 0.04, vaut 1ʳ,25 (N° 82).

340. **Tablettes en glace.** — Les tablettes en glace ne seront jamais payées que comme glace à vitrage (Observ. N° 83).

Trous tamponnés dans la pierre dure, meulière ou brique, d'une profondeur moyenne de 0.05; chaque trou, 0ʳ,11 (N° 84).

Trou pour arrêt de félure, vaut, compris déplacement, 3ʳ,00 (N° 85).

341. **Trous dans une glace.** — Jusqu'à 0.05 de diamètre, la pièce pour glace de :

0ᵐ,00 à 0ᵐ,50 de surface, vaut		2ʳ,25 (N° 86)
0 ,51	1 ,00	»	3 ,00
1 ,01	1 ,50	»	4 ,25
1 ,51	1 ,75	»	5 ,75
1 ,76	2 ,00	»	7 ,50
2 ,01	2 ,50	»	9 ,75

De 0ᵐ,051 à 0ᵐ,090 de diamètre pour glace de :

0ᵐ,00 à 0ᵐ,50 de surface, vaut		3ʳ,00 (N° 87)
0 ,51	1 ,00	»	3 ,75
1 ,01	1 ,50	»	5 ,00
1 ,51	1 ,75	»	6 ,50
1 ,76	2 ,00	»	8 ,25
2 ,01	2 ,50	»	10 ,50

De 0ᵐ,091 à 0ᵐ,150 de diamètre pour glace de :

0ᵐ,00 à 0ᵐ,50 de surface, vaut		3ʳ,75 (N° 88)
0 ,51	1 ,00	»	4 ,50
1 ,01	1 ,50	»	5 ,75
1 ,51	1 ,75	»	7 ,25
1 ,76	2 ,00	»	8 ,75
2 ,01	2 ,50	»	11 ,25

De $0^m,151$ à $0^m,210$ de diamètre pour glace de :

```
0m,00 à 0m,50 de surface, vaut   4f,50 (No 89)
0 ,51   1 ,00        »           5 ,25
1 ,01   1 ,50        »           6 ,50
1 ,51   1 ,75        »           8 ,00
1 ,76   2 ,00        »          11 ,25
2 ,01   2 ,50        »          13 ,50
```

De $0^m,210$ à $0^m,300$ de diamètre pour glace de :

```
0m,00 à 0m,50 de surface, vaut   5f,25 (No 90)
0 ,51   1 ,00        »           6 ,75
1 ,01   1 ,50        »           8 ,00
1 ,51   1 ,75        »          10 ,50
1 ,76   2 ,00        »          15 ,00
2 ,01   2 ,50        »          18 ,00
```

Ces prix de percements sont en rapport avec le volume de manipulation des glaces, et le risque de casse afférent à chacune. Pour les glaces de plus de $2^m,50$ de surface et jusqu'à celles de $6^m,50$, dans lesquelles des trous de ventilation ou passage de tuyaux d'acoustique et d'autres sont susceptibles d'être percés, voici les prix qu'il conviendrait de demander, basés suivant la Série, et proportionnellement à la valeur du risque de casse.

Chaque trou jusqu'à $0^m,05$ de diamètre.

```
Glace de 2m,51 à 3m,00 de surface  10f,50
  »      3 ,01   3 ,55      »       11 ,75
  »      3 ,51   4 ,00      »       12 ,25
  »      4 ,01   4 ,50      »       14 ,00
  »      4 ,51   5 ,00      »       16 ,25
  »      5 ,01   5 ,50      »       19 ,00
  »      5 ,51   6 ,00      »       22 ,00
  »      6 ,01   6 ,50      »       25 ,25
```

De $0^m,051$ à $0^m,090$ de diamètre.

```
Glace de 2m,51 à 3m,00 de surface  11f,25
  »      3 ,01   3 ,50      »       12 ,50
  »      3 ,51   4 ,00      »       14 ,00
  »      4 ,01   4 ,50      »       15 ,75
  »      4 ,51   5 ,00      »       18 ,00
  »      5 ,01   5 ,50      »       21 ,00
  »      5 ,51   6 ,00      »       24 ,25
  »      6 ,01   6 ,50      »       27 ,50
```

Chaque trou de $0^m,091$ à $0^m,150$ de diamètre, pour :

Glace de $2^m,51$ à $3^m,00$. Vaut....   12f,00

```
  »      3 ,01   3 ,50   »    ....   13 ,25
  »      3 ,51   4 ,00   »    ....   14 ,75
  »      4 ,01   4 ,50   »    ....   16 ,50
  »      4 ,51   5 ,00   »    ....   18 ,75
  »      5 ,01   5 ,50   »    ....   21 ,50
  »      5 ,51   6 ,00   »    ....   24 ,50
  »      6 ,01   6 ,50   »    ....   27 ,75
```

Chaque trou de $0^m,151$ à $0^m,210$ de diamètre pour :

Glace de $2^m,51$ à $3^m,00$. Vaut....   14f,25

```
  »      3 ,01   3 ,50   »    ....   15 ,50
  »      3 ,51   4 ,00   »    ....   17 ,00
  »      4 ,01   4 ,50   »    ....   18 ,75
  »      4 ,51   5 ,00   »    ....   21 ,00
  »      5 ,01   5 ,50   »    ....   23 ,75
  »      5 ,51   6 ,00   »    ....   26 ,50
  »      6 ,01   6 ,50   »    ....   29 ,75
```

Chaque trou de $0^m,210$ à $0^m,300$ de diamètre pour :

Glace de $2^m,51$ à $3^m,00$. Vaut....   18f,75

```
  »      3 ,01   3 ,50   »    ....   20 ,00
  »      3 ,51   4 ,00   »    ....   21 ,50
  »      4 ,01   4 ,50   »    ....   23 ,25
  »      4 ,51   5 ,00   »    ....   25 ,50
  »      5 ,01   5 ,50   »    ....   28 ,25
  »      5 ,51   6 ,00   »    ....   31 ,25
  »      6 ,01   6 ,50   »    ....   34 ,50
```

Les demi-trous seront payés comme s'ils étaient entiers (Observation No 91).

Vis taraudées avec rosaces, comme ci-dessus pour plaques de propreté pour fourniture seulement en réparation, y compris pose. Valent la pièce 0f,10 (No 92).

Angles, coins ronds (*fig.* 232), valent chaque (No 93).

Pour glaces d'une superficie de :

```
0m,00 à 1m,00 .................   0f,25
1 ,01   2 ,00 .................   0 ,35
2 ,01   3 ,00 .................   0 ,50
3 ,01   4 ,00 .................   0 ,75
4 ,01   5 ,00 .................   1 ,00
5 ,01   6 ,60 .................   1 ,50
```

Les calibres seront payés en plus, s'il y a lieu d'en faire (No 94).

Les angles ronds à doubles crossettes (*fig.* 233) n'ont pas été prévus à la Série ; ils ne peuvent être assimilés aux angles ronds ordinaires, car ils sont l'objet d'un travail spécial et comportent un risque de casse triple que pour les coins ronds simples ; nous pensons que, pour rémuné-rer ce travail, il conviendrait de payer les angles comme ci-dessus, et chaque arrêt ou crossette 0ᶠ,25 pièce soit :

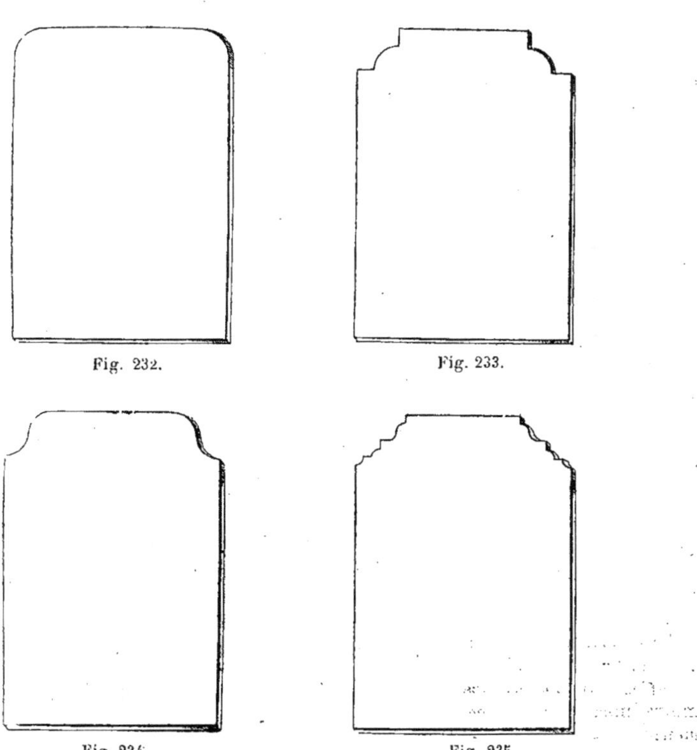

Fig. 232.

Fig. 233.

Fig. 234.

Fig. 235.

Angles coins ronds à double crossette. Valent chaque :

Pour glaces d'une superficie de 0 à 1ᵐ,00 .... 0ᶠ,75

Pour glaces d'une superficie de 1ᵐ,01 à 2ᵐ,00 .... 0ᶠ,85

Pour glaces d'une superficie de 2ᵐ,01 à 3ᵐ,00 .... 1ᶠ,00

Pour glaces d'une superficie de 3ᵐ,01 à 4ᵐ,00 .... 1ᶠ,25

Pour glaces d'une superficie de 4ᵐ,01 à 5ᵐ,00 .... 1ᶠ,50

Pour glaces d'une superficie de 5ᵐ,01 à 6ᵐ,60 .... 2ᶠ,00

Il se fait aussi quelquefois des angles à double courbure renversée, comme dans la figure 234 ; ces coupes n'offrent pas plus de difficultés que les angles ronds simples ; elles doivent être payées le même prix.

Il se fait aussi des angles coins ronds dessinés spécialement pour leur emplacement ; l'estimation de la valeur de chacun d'eux peut en être faite en décomposant comme suit :

Chaque angle circulaire *comme au Nᵒ 93 de la Série, suivant la superficie des glaces ;* enduite chaque arrêt ou crossette . 0ᶠ,25 pièce,

Ainsi, pour un angle de glace comme figure 235, cet angle vaudra, *suivant la su-*

perficie de la glace, celle de 0 à 1 mètre comme exemple :

2 angles ronds à 0ᶠ,25 l'un...... 0ᶠ,50
1 angle à double courbure...... 0ᶠ,25
3 arrêts à crossettes à 0ᶠ,25 l'un. 0ᶠ,75

Soit pour l'angle entier (le calibre à part)........ .... 1ᶠ,50

342. **Conservation de glaces en magasin,** compris emmagasinage, mais sans les transports dans Paris.

Vaut par an, le mètre superficiel (N° 95) :

Pour glace d'une superficie de 0 à 1ᵐ,00.......................... 1ᶠ,00

Pour glace d'une superficie de 1 à 2ᵐ,00.......................... 1ᶠ,25

Pour glace d'une superficie de 2ᵐ,01 à 3ᵐ,00.......................... 1ᶠ,60

Pour glace d'une superficie de 3ᵐ,01 à 4ᵐ,00.......................... 2ᶠ,00

Pour glace d'une superficie de 4ᵐ,01 à 5ᵐ,00.......................... 2ᶠ,50

Pour glace d'une superficie de 5ᵐ,01 à 6ᵐ,60.......................... 3ᶠ,10

Cette conservation n'a sa raison d'être que pour des glaces artistiques représentant une valeur que l'on veut garantir pendant un voyage.

Quand les glaces auront été conservées pendant moins de trois mois, il sera compté le quart de l'année (N° 96).

Au-dessus de trois mois, l'année entière sera comptée (N° 97).

343. **Coupes droites ou biaises,** au mètre linéaire, sur *glaces non fournies ou vieilles en blanc,* compris risques :

Pour glaces d'une superficie de 0 à 1ᵐ,00, le mètre linéaire.......... 1ᶠ,50 (N° 98)

Pour glaces d'une superficie de 1ᵐ,01 à 2ᵐ,00, le mètre linéaire.......... 2ᶠ,20

Pour glaces d'une superficie de 2ᵐ,01 à 3ᵐ,00, le mètre linéaire.......... 2ᶠ,50

Pour glaces d'une superficie de 3ᵐ,01 à 4ᵐ,00, le mètre linéaire.......... 3ᶠ,75

Pour glaces d'une superficie de 4ᵐ,01 à 5ᵐ,00, le mètre linéaire......... 5ᶠ,00

Pour glaces d'une superficie de 5ᵐ,01 à 6ᵐ,60, le mètre linéaire.......... 6ᶠ,25

Mêmes coupes sur *glaces étamées* compris risques :

Pour glaces d'une superficie de 0 à 1ᵐ,00, le mètre linéaire.......... 1ᶠ,90

Pour glaces d'une superficie de 1ᵐ,01 à 2ᵐ,00, le mètre linéaire.......... 2ᶠ,75

Pour glaces d'une superficie de 2ᵐ,01 à 3ᵐ,00, le mètre linéaire.......... 3ᶠ,15

Pour glaces d'une superficie de 3ᵐ,01 à 4ᵐ,00, le mètre linéaire.......... 4ᶠ,70

Pour glaces d'une superficie de 4ᵐ,01 à 5ᵐ,00, le mètre linéaire.......... 6ᶠ,25

Pour glaces d'une superficie de 5ᵐ,01 à 6ᵐ,60, le mètre linéaire.......... 7ᶠ,80

344. **Coupes cintrées ou chantournées.** — *Glaces neuves ou vieilles en blanc ou étamées,* à évaluer suivant les difficultés ou risques (Observation 100).

Évaluer, voilà ce que dit la Série ; mais les évaluations dans la confection des mémoires sont assez souvent réduites à leur plus simple expression, et, faute de base, l'évaluation est la propriété de chacun, si bien qu'il arrive que l'entrepreneur évalue à tant une chose fournie ou faite et non tarifée, et que le vérificateur, croyant être très juste, estime cette valeur à 40, 50 et 60 0/0 en moins que l'entrepreneur.

Dans le cas qui nous occupe, et pour les travaux ordinaires, compter les coupes circulaires faites dans les glaces le double de la valeur que celles droites ou biaises nous semble une base assez juste et équitable.

345. **Dépose de glaces en blanc ou étamées.** pour leur mesure réelle au mètre superficiel, sorties de leur parquet ou cadre, et compris rangement, transport dans le même établissement, quel que soit le nombre d'étages et risques de casse.

Valeur de 0ᵐ,00 à 1ᵐ,00 superficiel....... 1ᶠ,00 le mètre (N° 101).
  »   » 1 ,01 à 2 ,00   » .... 1 ,30   »   »
  »   » 2 ,04 à 3 ,00   » .... 1 ,70   »   »
  »   » 3 ,01 à 4 ,00   » .... 3 ,00   »   »
  »   » 4 ,01 à 5 ,00   » .... 4 ,50   »   »
  »   » 5 ,01 à 6 ,60   » .... 6 ,00   »   »

Si les glaces sont restées dans leur parquet ou cadre,

La valeur de dépose sera de $0^m,00$ à $1^m,00$ superficiel..... $0^f,50$ le mètre (N° 102)
»   »   1 ,01 à 2 ,00   »   ..... 0 ,65 ,   »   »
»   »   2 ,01 à 3 ,00   »   ..... 0 ,85   »   »
»   »   3 ,01 à 4 ,00   »   ..... 1 ,50   »   »
»   »   4 ,01 à 5 ,00   »   ..... 2 ,25   »   »
»   »   5 ,01 à 6 ,60   »   ..... 3 ,00   »   »

Dépose de glaces décorées, gravées ou bombées, en blanc ou étamées, 1/10 en plus des prix précédents (Observation N° 103).

346. Entailles à l'équerre (*fig.* 236), mesure prise sur la plus grande largeur, valent la pièce ;

Entailles de $0^m,040$ inclus sur glace de $0^m,00$ à $1^m,00$ de surface, $1^f,00$ pièce (N° 104)
»   »   »   »   1 ,01 à 2 ,00   »   2 ,00   »   »
»   »   »   »   2 ,01 à 3 ,00   »   3 ,00   »   »
»   »   »   »   3 ,01 à 4 ,00   »   4 ,00   »   »
»   »   »   »   4 ,01 à 5 ,00   »   5 ,00   »   »
»   »   »   »   5 ,01 à 6 ,60   »   6 ,00   »   »
Entailles de $0^m,041$ à $0^m,080$ »   0 ,00 à 1 ,00   »   2 ,00   »   (N° 105)
»   »   »   »   1 ,01 à 2 ,00   »   4 ,00   »   »
»   »   »   »   2 ,01 à 3 ,00   »   5 ,00   »   »
»   »   »   »   3 ,01 à 4 ,00   »   6 ,00   »   »
»   »   »   »   4 ,01 à 5 ,00   »   7 ,00   »   »
»   »   »   »   5 ,01 à 6 ,60   »   8 ,00   »   »
Entailles de $0^m,081$ à $0^m,120$ »   0 ,00 à 1 ,00   »   2 ,50   »   (N° 106)
»   »   »   »   1 ,01 à 2 ,00   »   5 ,00   »   »
»   »   »   »   2 ,01 à 3 ,00   »   6 ,00   »   »
»   »   »   »   3 ,01 à 4 ,00   »   7 ,00   »   »
»   »   »   »   4 ,01 à 5 ,00   »   8 ,00   »   »
»   »   »   »   5 ,01 à 6 ,00   »   9 ,00   »   »

Ces prix s'entendent pour des entailles brutes.

Lorsque les entailles seront *doucies*, les prix ci-dessus seront augmentés de un tiers (Observation N° 107).

Lorsqu'elles seront *polies*, deux tiers en plus que ci-dessus (N° 108).

Toute entaille plus grande suivant difficulté (Observation N° 109).

Pour les entailles à fausse équerre

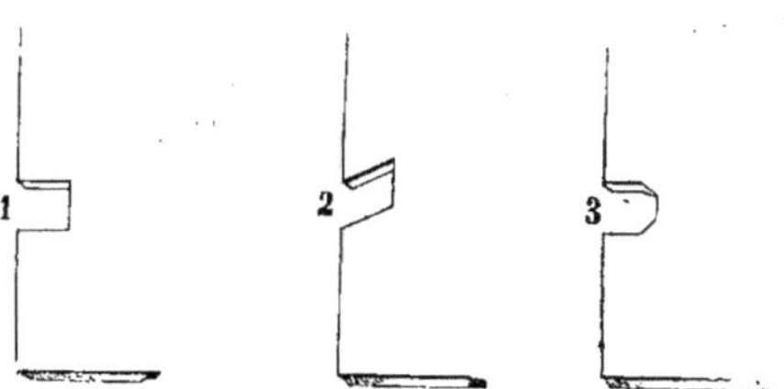

Fig. 236 à 238.

(*fig.* 237) et à cinq arasements (*fig.* 238), qui exigent plus de soins, et comportent plus de risques de casse, il est facile d'en établir un prix raisonnable, avec les renseignements ci-dessus : *trous percés, coupes circulaires et entailles,* valeur devant grandir avec les risques à courir.

347. Joints, chanfreins, biseaux, au mètre linéaire. | Les joints doucis, c'est-à-dire passés à l'émeri après la coupe valent :

Le mètre linéaire par glaces de 0m,00 à 1m,00 de surface 1f,00 (N° 110)
»   ».   »   »   1 ,01 à 2m,00   »   1 ,25   »
»   »   »   »   2 ,01 à 3 ,00   »   1 ,60   »
»   »   »   »   3 ,01 à 4 ,00   »   2 ,00   »
»   »   »   »   4 ,01 à 5 ,00   »   2 ,50   »
»   »   »   »   5 ,01 à 6 ,60   »   3 ,10   »
Les joints (*polis*)   »   0 ,00 à 1 ,01   »   1 ,50 (N° 111)
»   »   »   1 ,01 à 2 ,00   »   1 ,90   »
»   »   »   2 ,01 à 3 ,00   »   2 ,40   »
»   »   »   3 ,01 à 4 ,00   »   3 ,00   »
»   »   »   4 ,01 à 5 ,00   »   4 ,50   »
»   »   »   5 ,01 à 6 ,60   »   5 ,70   »

Joints ronds polis :

Le mètre linéaire, par glaces de 0m,00 à 1m,00   1f,90 (N° 112)
»   »   »   1 ,01 à 2 ,00   2 ,30   »
»   »   »   2 ,01 à 3 ,00   2 ,80   »
»   »   »   3 ,01 à 4 ,00   3 ,40   »
»   »   »   4 ,01 à 5 ,00   5 ,50   »
»   »   »   5 ,01 à 6 ,60   6 ,70   »

Chanfreins doucis :

Le mètre linéaire par glaces de 0m,00 à 1m,00   1f,50 (N° 113)
»   »   »   1 ,01 à 2 ,00   1 ,90   »
»   »   »   2 ,01 à 3 ,00   2 ,40   »
»   »   »   3 ,01 à 4 ,00   3 ,00   »
»   »   »   4 ,01 à 5 ,00   3 ,80   »
»   »   »   5 ,01 à 6 ,60   4 ,70   »
Chanfreins polis par glaces de 0 ,00 à 1 ,00   2 ,00 (N° 114)
»   »   »   1 ,01 à 2 ,00   2 ,40   »
»   »   »   2 ,01 à 3 ,00   2 ,90   »
»   »   »   3 ,01 à 4 ,00   3 ,30   »
»   »   »   4 ,01 à 5 ,00   4 ,40   »
»   »   »   5 ,01 à 6 ,60   5 ,30   »

Biseaux droits au mètre linéaire

de 0m,03 de largeur et au dessous, glace de 0m,00 à 1m,00   4f,00 (N° 115)
»   »   »   1 ,01 à 2 ,00   5 ,50   »
»   »   »   2 ,01 à 3 ,00   6 ,50   »
»   »   »   3 ,01 à 4 ,01   8 ,00   »
de 0m,035 de largeur, glace de   0 ,00 à 1 ,00   5 ,00 (N° 116)
»   »   »   1 ,01 à 2 ,00   6 ,50   »
»   »   »   2 ,01 à 3 ,00   7 ,60   »
»   »   »   3 ,01 à 4 ,00   9 ,00   »
de 0m,040 de largeur, glace de   0 ,00 à 1 ,00   6 ,00 (N° 117)
»   »   »   1 ,01 à 2 ,00   7 ,50   »
»   »   »   2 ,01 à 3 ,00   8 ,75   »
»   »   »   3 ,01 à 4 ,00   10 ,50   »

Pour les glaces ovales, chantournées et rondes, les calibres seront payés en plus
(Observation N° 118).

Les biseaux se font ordinairement dans les glaces de moyenne surface; au-dessus de 4ᵐ,00, cela devient très rare.

348. Montage à plat en parquet et cadre s'il y a lieu, lorsque les glaces ne sont pas posées par les miroitiers.

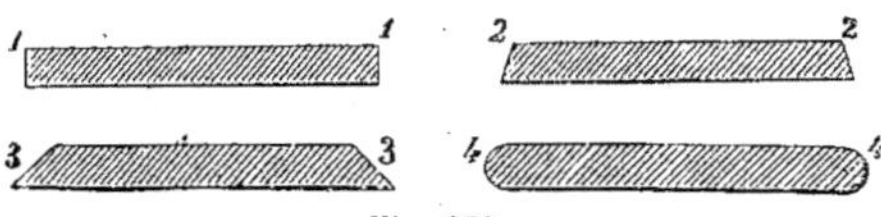

Fig. 239.

Vaut le mètre superficiel par glace de :

0ᵐ,00 à 1ᵐ,00	1ᶠ,50 le mètre (Nº 119)		
1 ,00 à 2 ,00	1 ,75	»	»
2 ,01 à 3 ,00	2 ,10	»	»
3 ,01 à 4 ,00	2 ,60	»	»
4 ,01 à 5 ,00	3 ,50	»	»
5 ,01 à 6 ,60	5 ,00	»	»

349. Pose de glaces neuves ou vieilles, au mètre superficiel en blanc ou étamées, compris pose en parquet et fournitures nécessaires, excepté les baguettes de calfeutrement, et compris risques, la mesure prise sur la glace.

Valeur de glace ayant moins de :

0ᵐ,40 à l'équerre, le mètre superficiel	6ᶠ,00 (Nº 120)			
0 ,50	»	»	»	5 ,00 (Nº 121)
0 ,60	»	»	»	4 ,00 (Nº 122)
0 ,80	»	»	»	3 ,00 (Nº 123)

Au-dessus de 0ᵐ,80 à l'équerre

Par glace de	0ᵐ,00 à 1ᵐ,00	1ᶠ,85 le mètre (Nº 124)	
»	1 ,01 à 2 ,00	2 ,50	» »
»	2 ,01 à 3 ,00	3 ,45	» »
»	3 ,01 à 4 ,00	4 ,25	» »
»	4 ,01 à 5 ,00	5 ,65	» »
»	5 ,01 à 6 ,60	7 ,70	» »

Les glaces posées dans des châssis mobiles, portes ou parties en fer, un quart en plus du prix ci-dessus (Observation Nº 125).

Lorsque ces glaces ne seront pas sorties de leur parquet, et qu'elles seront seulement replacées avec leurs cadres ou parquets, les prix ci-dessus seront réduits à moitié (Nº 126).

Pose de glaces en blanc ou étamées, décorées, gravées ou bombées, 1/10 en plus des prix qui précèdent (Observ. Nº 125).

350. *Transport dans Paris,* compris *un montage* ou *une descente, chargement et déchargement.*

Glaces vieilles, étamées ou non, compris risques; valeur fixe du transport ne dépassant pas, au total, 40 mètres superficiels, et compris déplacement spécial.

Par glace de	0ᵐ,00 à 1ᵐ,00, le mètre superficiel	4ᶠ,01 (Nº 128)		
»	1 ,01 à 2 ,00	»	»	6 ,01 »
»	2 ,01 à 3 ,00	»	»	7 ,02 »
»	3 ,01 à 4 ,00	»	»	7 ,62 »
»	4 ,01 à 5 ,00	»	»	8 ,03 »
»	5 ,01 à 6 ,60	»	»	9 ,04 »

Plus-value pour chaque glace pour chargement, déchargement et compris risques.

Par glace de	0ᵐ,00 à 1ᵐ,00 le mètre superficiel	0ᶠ,60 (Nº 129)		
»	1 ,01 à 2 ,00	»	»	1 ,35 »
»	2 ,01 à 3 ,00	»	»	2 ,40 »
»	3 ,01 à 4 ,00	»	»	3 ,80 »
»	4 ,01 à 5 ,00	»	»	5 .50 »
»	5 ,01 à 6 ,60 .	»	»	8 ,20 »

Transport *idem* de glaces vieilles, étamées ou non, *décorées, gravées ou bombées.*
10 0/0 en plus des prix précédents
(N° 130).

Exemple :

*Dépose des glaces ci-après existant au
4ᵉ étage d'une maison, pour les transporter
dans une autre maison, et les reposer dans
un appartement sis au 3ᵉ étage ; glaces
encadrées.*

1 de 1.00 × 1.00 produit...		1ᵐ,00
1 » 1.50 × 1.20 » ...		1 ,80
1 » 2.00 × 1.30 » ...		2 ,60
1 » 2.80 × 1.39 » ...		3 ,90
1 » 3.00 × 1.50 » ...		4 ,50
1 » 3.10 × 2.00 » ...		6 ,20

Surface de glaces à transporter ....   20 ,00

Métrage. -

Dépose de glaces encadrées pour transport
ultérieur.

1 de 1.00 de surface, vaut (N° 102)...			0.50
1 » 1.80	»	à 0ᶠ,85 le mètre.	1.17
1 » 2.60	»	à 0ᶠ,85 » ..	2.21
1 » 3.90	»	à 1ᶠ,50 » ..	5.85
1 » 4.50	»	à 2ᶠ,25 » ...	10.13
1 » 6.20	»	à 3ᶠ,00 » ...	18.60

Descente et chargement desdites
pour transport à leur nouvelle destination, en plus-value :

1 glace de 1.00 de surface vaut (N°129).			0.60
1 » 1.80	»	1ᶠ,35 le mètre.	2.43
1 » 2.60	»	2ᶠ,40 » .	6.24
1 » 3.90	»	3ᶠ,80 » .	14.82
1 » 4.50	»	5ᶠ,50 » .	24.75
1 » 6.20	»	8ᶠ,20 » .	50.84

Transport à nouvelle destination.
— Valeur fixe.

1 glace de 1.03 vaut (n° 128)........		4.01
1 » 1.80 à 6.01 le mètre		10.82
1 » 2.60 à 7.02 »		18.25
1 » 3.90 à 7.52 »		29.72
1 » 4.50 à 8.03 »		36.13
1 » 6.20 à 9.04 »		56.04

(Le montage est dû dans le transport.)

Repose de ces glaces à leur nouvel
emplacement.

1 de 1.00 de surface, vaut (N° 126)...		0.93
1 » 1.80 à 1.25 le mètre..........		2.25
1 » 2.60 à 1.73 »		4.50
1 » 3.90 à 2.12 »		8.26
1 » 4.50 à 2.83 »		12.73
1 » 6.20 à 3.85 »		23.87

Total de cette opération.....   345.65

Report................   345.65

Transport de vieilles glaces si lesdites
sont décorées, gravées ou bombées.
10 0/0 en plus du prix précédent
(N° 130).....................   34.55

Total pour vieilles glaces décorées, gravées ou bombées........   380.20

Observation N° 131.

Les prix de transport seront payés dans
les travaux d'entretien, lorsqu'il s'agira de
la fourniture d'une seule glace, de réparations nécessitant un transport chez le
miroitier, un transport d'un immeuble
dans un autre, ou dans un magasin de
garde.

Dans les travaux neufs, il ne sera jamais
payé de transport.

Observations générales.

351. Elles sont les mêmes que celles
indiquées à la Série Vitrerie, ci-dessus détaillée.

Nous allons terminer la miroiterie par
quelques modèles de métrage.

352. La figure 240 représente une
antichambre-galerie.

Métrage.

353. Fourni les glaces blanches ci-après
pour vitrage :

Façade longitudinale.

(Parties de châssis.)

4 chaque 2.00×0.60 à 50ᶠ,25 l'une		201ᶠ,00
4 » 2.00×0.60 à 50 ,25 »		201 ,00
2 » 2.00×0.50 à 41 ,60 »		83 ,20

Deux façades latérales.

8 glaces chaque 2.00×0.60 à 50ᶠ,25		402 ,00
4 » » 2.00×0.50 à 41 ,60		166 ,40
Ensemble.......		1 053ᶠ,60
Rabais à déduire 20 0/0 (art. 39).		210 ,72
Reste..........		842ᶠ,88
Reprendre bénéfice 10 0/0......		84 ,28
Ensemble.......		927ᶠ,16

La pose desdites en châssis de
fer entre deux mastics, ou avec baguettes en fer, percées de trous frai-
sés pour le passage des vis à métaux.
Glaces au-dessus de 1.00 de surface
16 fois 2.00 × 0.60 produit   19.20
à 2ᶠ,50 le mètre (N° 124 de la Série).   48 ,00

A reporter.............   975ᶠ,16

Fig. 240.

Report..............	975ᶠ,16	
Glaces de 1 mètre de surface.		
6 chaque 2.00 × 0.50 produit 6.00		
à 1.85 le mètre (N° 124 de la Série).	11 ,10	
Plus-value pour pose de ces glaces dans le fer (N° 125).		
19ᵐ,20 à 2ᶠ,50 le mètre prod. 48ᶠ,00		
6 ,00 à 1 ,85 » 11 ,10		
Ensemble. . . 59ᶠ,10		
dont le quart pour plus-value.....	14 ,78	
Plus-value pour miroiterie posée dans des châssis mobiles (N° 125).		
8 chaque 2.00 × 0.60 produit 9.60		
à 0ᶠ,45 le mètre................	4 ,41	
Parties vitrées en impostes.		
8 chaque 0.80 × 0.60		
à 15ᶠ,60 l'une.......... 124ᶠ,80		
A reporter..... 124ᶠ,80	124ᶠ,80	1005ᶠ,45

Reports.....	124ᶠ,80	1005ᶠ,45
8 chaque 0.75 × 0.60		
à 14ᶠ,35 l'une...........	114ᶠ,80	
6 chaque 0.70 × 0.50		
à 11ᶠ,35 l'une..........	68 ,10	
Ensemble... 307ᶠ,70		
Rabais à déduire 20 0/0 61 ,54		
Reste 246ᶠ,16		
Reprendre bénéf. 10 0/0 24 ,62		
Ensemble..........	270 ,78	
Coupes circulaires sur lesdites (valant le double des coupes droites).		
8 développant chaque 1.00 8.00		
8 » » 0.90 7.20		
8 » » 0.70 5.60		
Ensemble.... 20.80		
A reporter............		1276ᶠ,23

Report.............. 1276ᶠ,23
à 3ᶠ,00 le mètre, compris risques... 62 ,40
Pose desdites comme les précédentes.

8 chaque 0.80×0.60 produit 3.84
8   »   0.75×0.60   »   3.60
6   »   0.70×0.50   »   2.10
Ensemble..... 9.54
à 1ᶠ,85 le mètre (n° 124).......... 17 ,65
Plus-value de pose sur parties en fer.
Même surface.......... 9.54
à 0ᶠ,46 le mètre................ 4 ,38
Pour les coupes circulaires
Fourniture et façon de 3 gabarits
à 4ᶠ,00 l'un.................... 12 ,00
Nettoyage de ces glaces des deux faces :

4 chaque 2.00×0.60 produit 4.80
4   »   2.00×0.60   »   4.80
2   »   2.00×0.50   »   2.00
8   »   2.00×0.60   »   9.60
4   »   2.00×0.50   »   4.00
8   »   0.80×0.60   »   3.84
8   »   0.75×0.60   »   3.60
6   »   0.70×0.50   »   2.10
Ensemble.... 34.74
à 2 faces.............. 69.48
à 0ᶠ,15 le mètre (N° 63).......... 10 ,41
Total de la miroiterie de cette antichambre.................. 1 383ᶠ,07

Métrage d'une devanture de boutique en glaces
(fig. 241).

351. Fourni les glaces blanches à vitrage.
de 2.10 × 1.10 vaut..... 115.00
Rabais à déduire 20 0/0 .. 23.00
Reste............. 92.00
Rabais supplémentaire (N° 40 de la Série) 10 0/0...... 0.20
Reste............. 82.80
Bénéfice 10 0/0.......... 8.28
Pose de cette glace 2.10 × 1.10 produit 2.31 à 3ᶠ,45 le mètre (N° 124).......... 7.96
Ensemble... .... 99.04
1 autre glace de 2.10 × 2.20 vaut (prendre la glace de 2.28 × 2.04 par proportion)..... 273.00
Rabais 20 0/0.......... 54.60
Reste............. 218.40
Rabais supplémentaire 15 0/0 (N° 41)............. 32.76
Reste............. 185.64
Bénéfice 10 0/0.......... 18.56
Pose de cette glace 2.10 × 2.20 produit 4.62 à 5ᶠ,65 le mètre................. 26.10
Ensemble............. 230.30
A reporter.............. 329.34

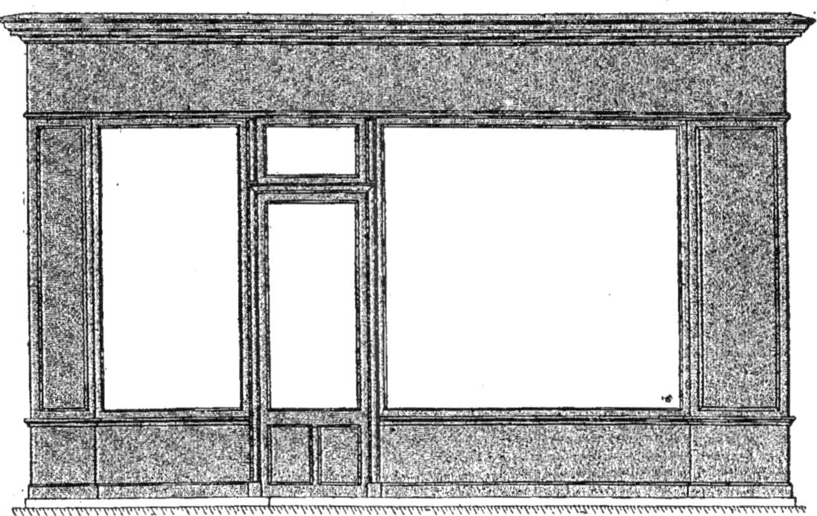

Fig. 241.

Report................ 329.34

A la porte 1 glace de 1.60
× 0.70, vaut.............. 48.55
Rabais 20 0/0.......... 9.70

Reste............. 38.85
Bénéfice 10 0/0......... 3.88
Pose 1.60 × 0.70 produit
1.12 à 1.85 le mètre....... 2.07
Plus-value pour pose de ladite sur parties mobiles surface 1.15 à 0.46 le mètre. 0.51

Ensemble.............. 45.31
Imposte 1 glace de 0.40
× 0.70 vaut.............. 8.95
Rabais 20 0/0........... 1.79

Reste............. 7.16
Bénéfice 10 0/0......... 0.72
Pose 0.40 × 0.70 produit 0.28 à 1ʳ,85 le mètre... 0.51
Plus-value de pose sur partie mobile surface 0.28 à 0ʳ,46 le mètre (Nᵒ 125)...... 0.13
Plus-value de pose sur fer surface 0.28 à 0ʳ,46 le mètre (Nᵒ 125)................. 0.13
Démontage et remontage du vasistas.............. 0.60

Ensemble..... 9.25
Nettoyage de ces glaces:
1 de 2.10 × 1.10 produit.. 2.31
1 » 2.10 × 2.20 » .. 4.62
1 » 1.60 × 0.70 » .. 1.12
1 » 0.40 × 0.70 » .. 0.28

Ensemble..... 8.33
A 2 faces.......... 16.66
à 0ʳ,15 le mètre............ 2.50
Total de cette devanture.. 386ʳ,40

Métrage d'une croisée Louis XV (*fig.* 242).

1ᵉʳ Exemple. — Sans biseaux.

355. Fourni les glaces blanches à vitrage 3ᵉ choix, 24 chaque 0.40 × 0.30 à 3ʳ,25 l'une.................... 78.00
Imposte
2 chaque 0.60 × 0.40 à 7ʳ,20 l'une.............. 14.40
2 chaque 0.50 × 0.40 à 5ʳ,95 l'une.............. 11.90
2 chaque 0.30 × 0.20 à 1ʳ,55 l'une.............. 3.10
2 chaque 0.40 × 0.30 à 3ʳ,25 l'une.............. 6.50

Ensemble.... 113.90
Rabais 20 0/0 à déduire.. 22.78

Reste............. 91.12
Bénéfice 10 0/0......... 9.11

Ensemble..... 100.23

Report................ 100.23
Coupes circulaires ou chantournées.
Croisée
46 chaque 0.35 ensemble. 16.10
2 » 0.25 » . 0.50
2 angles ronds chaque 0.35 0.70
Imposte
2 fois 0.60.............. 1.20
2 » 0.30.............. 0.60
2 » 0.45.............. 0.90
2 » 0.50.............. 1.00
2 » 0.40.............. 0.80
4 » 0.45.............. 1.80
4 » 0 40.............. 1.60
6 » 0.35.............. 2.10
4 » 0.15 pour estimat. 0.60

Ensemble..... 27.90
A 3.00 le mètre, compris risques.................. 83.70
Pose de ces glaces en châssis en bois.
24 fois 0.40 × 0.30..... 2.88
2 » 0.60 × 0.40..... 0.48
2 » 0.50 × 0.40..... 0.40
2 » 0.30 × 0.20..... 0.12
2 » 0.40 × 0.30..... 0.24

Ensemble..... 4.12
A 1.85 le mètre................ 7.62
Plus-value pour pose de glaces de 0.70 à l'équerre.
26 chaque 0.40 × 0.30 produit..................... 3.12
A 2.15 le mètre (Nᵒ 122).. 6.70
Idem glaces de 0.50 à l'équerre.
2 chaque 0.30 × 0.20 produit 0.12 à 3ʳ,15 le mètre... 0.38
Pour les chantournements, fourni 6 calibres à 3.00 l'un 18.00
Nettoyage de ces glaces des 2 faces.
48 faces 0.40×0.30 produit. 5.76
4 » 0.60×0.40 » 0.96
4 » 0.50×0.40 » 0.80
4 » 0.30×0.20 » 0.24
2 » 0.40×0.30 » 0.48

Surface....... 8.24 1.23
Total de cette croisée............ 217.86

Deuxième exemple.

356. Même croisée.
Vitrée avec glaces à biseaux.
Pour les glaces devant être biscautées, il est nécessaire de prendre la glace de 2ᵉ choix, le plus petit défaut dans la coulée se voyant à travers les biseaux.

Fig. 242.

Fourni les glaces de miroiterie 2e choix :
Croisée
24 chaque 0.40 × 0.30
à 3f,25 l'une............. 78f,00
Imposte
2 chaque 0.60 × 0.40
à 7f,20 l'une............. 14 ,40
2 chaque 0.50 × 0.40
à 5f,25 l'une............. 11 ,90
3 chaque 0.30 × 0.20
à 1f,55 l'une............. 3 ,10
2 chaque 0.40 × 0.30
à 3f,25 l'une............. 6 ,50

Ensemble..... 113f,90
Rabais 10 0/0.......... 11 ,40

Reste.......... 102f,50
Bénéfice 10 0/0........ 10 ,25

Ensemble............... 112f,75
Coupes circulaires chantournées.
Croisée
46 fois 0.35 ensemble..... 16.10
2 » 0.25 » 0.50
2 angles ronds chaque 0.35 0.70
Imposte 2 fois 0.60...... 1.20
2 » 0.30...... 0.60
2 » 0.45...... 0.90
2 » 0.50...... 1.00
2 » 0.40...... 0.80
4 » 0.45...... 1.80
4 » 0.40...... 1.60
6 » 0.35...... 2.10
4 » 0.15...... 0.60

Ensemble...... 27.90
à 3f,00 le mètre, compris risques..... 83 ,70
Au préalable de la pose, transport de ces glaces chez le biseauteur, compris chargement et déchargement.
24 fois 0.40 × 0.30....... 2.88
2 » 0.60 × 0.40....... 0.48
2 » 0.50 × 0.40....... 0.40
2 » 0.30 × 0.20....... 0.12
2 » 0.40 × 0.30....... 0.24

Surface........ 4.12
à 4f,01 le mètre (N° 125 de la Série)... 16 ,50
Biseautage de 0.03 de largeur.
Biseaux droits.
2 chaque 0.25 = 0.50 ⎰
2 » 0.15 = 0.30 ⎱ 0.80
48 fois 0.40 ensemble..... 19.20
Biseaux circulaires.
52 fois 0.35 ensemble 18.20
2 » 0.25 » 0.50
2 » 0.60 » 1.20
2 » 0.30 » 0.60
2 » 0.45 » 0.90

A reporter. 21.40 20.00 212f,95

Reports.. 21.40 20.00 212f,95
2 » 0.50 » 1.00
2 » 0.40 » 0.80
4 » 0.45 » 1.80
4 » 0.40 » 1.60
2 » 0.20 » 0.40
4 » 0.15 » 0.60

Ensemble.......... 27.60
Moitié en plus pour circulaire 13.80

Ensemble.......... 61.40
à 4f,00 le mètre linéaire (N° 115)... 245 ,60
Le biseautage effectué, reprise desdites glaces, chargement, transport à pied d'œuvre et déchargement.
Même surface que pour premier transport.................... 4.12
à 4f,01 le mètre.................. 16 ,52
Pose de ces glaces sur châssis en bois.
Même surface, soit........ 4.12
à 1f,85 le mètre.............. 7 ,62
Plus-value pour pose de glaces de moins de 0.60 à l'équerre (n° 122).
2 chaque 0.30×0.20 produit 0.12
à 2f,15 le mètre................ 6 ,25
Idem de glaces de 0.70 à l'équerre.
26 chaque 0.40×0.30 prod. 3.12
à 1f,15 le mètre................ 3 ,59
Nettoyage de ces glaces des 2 faces.
48 fois 0.40×0.30 produit... 5.76
4 » 0.60×0.40 » 0.96
4 » 0.50×0.40 » 0.80
4 » 0.30×0.20 » 0.24
4 » 0.40×0.30 » 0.48

Ensemble........ 8.24
à 0f,15 le mètre.................. 1 ,23
Pour les chantournements.
Fourni 6 calibres à 3f,00 l'un..... 18 ,00

Total de cette croisée en miroiterie à biscaux........................ 505f,76

Métrage d'une porte Louis XV avec ou sans biseaux (*fig.* 243).

Premier exemple (sans biseaux).

357. Fourni les glaces à vitrage 3e choix.
32 chaque 0.25×0.25 à 1f,85 l'une 59f,20
4 » 0.25×0.25 à 1 ,85 » 7 ,40
2 » 0.50×0.40 à 5 ,95 » 11 ,90
2 » 0.25×0.20 à 1 ,40 » 2 ,80
2 » 0.30×0.25 à 2 ,05 » 4 ,10
2 » 0.40×0.30 à 3 ,25 » 6 ,50
2 » 0.20×0.20 à 1 ,10 » 2 ,20
4 » 0.25×0.20 à 1 ,40 » 5 ,60
2 » 0.30×0.30 à 2 ,25 » 4 ,50
2 » 0.40×0.30 à 3 ,25 » 6 ,50

A reporter............. 110f,70

Fig. 243.

Georges Fanchon, Éditeur
25, Rue de Grenelle, Paris

L. Chauvet, *Inv. et fecit.*

DEVANTURE STYLE MODERNE

Report.............. 110ᶠ,70
2   »   0.40×0.40 à 4,75   »   9,50
2   »   0.40×0.25 à 2,90   »   5,80

Ensemble........ 126ᶠ,00
Rabais 20 0/0 à déduire.......... 25,20

Reste.............. 100ᶠ,80
Reprendre bénéfice 10 0/0........ 10,08

Ensemble......... 110ᶠ,88
Coupes circulaires chantournées.
2 chaque 0.20............. 0.40
2   »   0.25............. 0.50
2   »   0.20............. 0.40
2   »   0.25............. 0.50
2   »   0.25............. 0.50
2   »   0.40............. 0.80
2   »   0.35............. 0.70
2   »   0.40............. 0.80
2   »   0.30............. 0.60
2   »   0.25............. 0.50
2   »   0.25............. 0.50
2   »   0.20............. 0.40
4   »   0.35............. 1.40
2   »   0.45............. 0.90
2   »   0.25............. 0.50
2   »   0.45............. 0.90
2   »   0.30............. 0.60
2   »   0.20............. 0.40
2   »   0.25............. 0.50
2   »   0.20............. 0.40
2   »   0.25............. 0.50
2   »   0.25............. 0.50

Ensemble...... 13.20
à 3ᶠ,00 le mètre, compris risques...   39,60
Pose de ces glaces en châssis en
bois.
36 chaque 0.25×0.25 produit   2.25
2   »   0.50×0.40   »   0.40
2   »   0.25×0.20   »   0.10
2   »   0.30×0.25   »   0.15
2   »   0.40×0.30   »   0.24
2   »   0.20×0.20   »   0.08
4   »   0.25×0.20   »   0.20
2   »   0.30×0.30   »   0.18
2   »   0.40×0.30   »   0.24
2   »   0.40×0.40   »   0.32
2   »   0.40×0.25   »   0.20

Ensemble....... 4.36
à 1ᶠ,85 le mètre...............   8,06
Plus-value pour pose de glaces de
0.40 à l'équerre (n° 120).
2 chaque 0.20×0.20 produit 0.08
à 4ᶠ,15 le mètre...............   0,33
Idem glaces de 0.50 à l'équerre.
36 chaque 0.25 × 0.25.... 2.25
2   »   0.25 × 0.20.... 0.10

A reporter..... 2.35   158ᶠ,87

Reports........ 2.35   158ᶠ,87
2 chaque 0.30 × 0.25.... 0.15
4   »   0.25 × 0.20.... 0.20
2   »   0.30 × 0.30.... 0.18

Ensemble....... 2.88
à 2ᶠ,15 le mètre...............   6,19
Idem de 0.60 à 0.80 à l'équerre.
2 chaque 0.40 × 0.30..... 0.24
2   »   0.40 × 0.40..... 0.32
2   »   0.40 × 0.25..... 0.20
2   »   0.40 × 0.30..... 0.24

Ensemble....... 1.00
à 1ᶠ,15 le mètre...............   1,15
Pour les chantournements.
Fourni 10 calibres à 3ᶠ,00 l'un.....   30,00
Nettoyage de ces glaces des 2 faces.
36 chaque 0.25×0.25 produit 2.25
2   »   0.50×0.40   »   0.40
2   »   0.25×0.20   »   0.10
2   »   0.30×0.25   »   0.15
2   »   0.40×0.30   »   0.24
2   »   0.20×0.20   »   0.08
4   »   0.25×0.20   »   0.20
2   »   0.30×0.30   »   0.18
2   »   0.40×0.30   »   0.24
2   »   0.40×0.40   »   0.32
2   »   0.40×0.25   »   0.20

Ensemble....... 4.36
à 2 faces................. 8.72
à 0ᶠ,15 le mètre.................   1,30

Total de cette porte en miroiterie
ordinaire 197ᶠ,51

2ᵉ *Exemple. — Même porte vitrée avec
glaces biseautées.*

358. Fourni les glaces de miroiterie 2ᵉ choix.
32 chaque 0.25×0.25 à 1ᶠ,85 l'une   59.20
4   »   0.25×0.25 à 1,85   »   7.40
2   »   0.50×0.40 à 5,95   »   11.90
2   »   0.25×0.20 à 1,40   »   2.80
2   »   0.30×0.25 à 2,05   »   4.10
2   »   0.40×0.30 à 3,25   »   6.50
2   »   0.20×0.20 à 1,10   »   2.20
4   »   0.25×0.20 à 1,40   »   5.60
2   »   0.30×0.30 à 2,25   »   4.50
2   »   0.40×0.30 à 3,25   »   6.50
2   »   0.40×0.40 à 4,75   »   9.50
2   »   0.40×0.25 à 2,90   »   5.80

Ensemble........ 126.00
Rabais à déduire 10 0/0.......... 12.60

Reste............. 113.40
Bénéfice à reprendre 10 0/0...... 11.34

Ensemble........ 124.74

A reporter.......... 124.74

Report...............		124.74	
Coupes circulaires chantournées.			
2 chaque 0.20...........	0.40		
2 » 0.25...........	0.50		
2 » 0.20...........	0.40		
2 » 0.25........	0.50		
2 » 0.25...........	0.50		
2 » 0.40...........	0.80		
2 » 0.35...........	0.70		
2 » 0.40...........	0.80		
2 » 0.30...........	0.60		
2 » 0.25...........	0.50		
2 » 0.25...........	0.50		
2 » 0.20...........	0.40		
4 » 0.35...........	1.40		
2 » 0.45...........	0.90		
2 » 0.25...........	0.59		
2 » 0.45...........	0.90		
2 » 0.30...........	0.60		
2 » 0.20...........	0.40		
2 » 0.25...........	0.50		
2 » 0.20...........	0.40		
2 » 0.25...........	0.50		
2 » 0.25...........	0.50		
Ensemble..	13.20		
A 3^f,00 le mètre.................		39.60	

Transport de ces glaces chez le biseauteur, compris chargement et déchargement.

36 fois 0.25 × 0.25......	2.25	
2 » 0.50 × 0.40......	0.40	
2 » 0.25 × 0.20......	0.10	
2 » 0.30 × 0.25......	0.15	
2 » 0.40 × 0.30......	0.24	
2 » 0.20 × 0.20......	0.08	
4 » 0.25 × 0.25......	0.20	
2 » 0.30 × 0.30......	0.18	
2 » 0.40 × 0.30......	0.24	
2 » 0.40 × 0.40......	0.32	
2 » 0.40 × 0.25......	0.20	
Ensemble..	4.36	
A 4^f,01 le mètre..........		17.48

Biseautage de 0^m,03 de largeur sur ces glaces.

Biseaux circulaires.

2 chaque 0.20.........	0.40
2 » 0.25.........	0.50
2 » 0.20.........	0.40
	1.30
2 chaque 0.25.........	0.50
2 » 0.25.........	0.50
2 » 0.40.........	0.80
2 » 0.35.........	0.70
2 » 0.40.........	0.80
2 » 0.30.........	0.60
2 » 0.25.........	0.50
A reporter.... 5.70	181.82

Reports.........	5.70	181.82	
2 » 0.25...........	0.50		
2 » 0.20...........	0.40		
4 » 0.35...........	1.40		
2 » 0.45...........	0.90		
2 » 0.25...........	0.50		
2 » 0.45...........	0.90		
2 » 0.30...........	0.60		
2 » 0.20...........	0.40		
2 » 0.25...........	0.50		
2 » 0.20...........	0.40		
2 » 0.25...........	0.50		
2 » 0.25...........	0.40		
Ensemble..	13.20		
Moitié en plus pour circulaires.....................	6.60		
Biseaux droits.			
4 chaque 0.30.........	1.20		
2 » 0.20.........	0.40		
16 » 0.25.........	4.00		
2 » 0.15.........	0.30		
74 » 0.25.........	18.50		
64 » 0.30.........	19.20		
Imposte.			
4 » 0.25.........	1.00		
4 » 0.20.........	0.80		
4 » 0.25.........	1.00		
4 » 0.20.........	0.80		
2 » 0.30.........	0.60		
4 » 0.20.........	0.80		
Milieu.			
4 chaque 0.35.........	1.40		
Ensemble..	69.80		
A 4^f,00 le mètre.................		279.20	

Le biseautage terminé, reprise de ces glaces avec chargement, transport à pied d'œuvre et déchargement.

Même surface que le transport détaillé ci-dessus au biseautage.

Soit.....................	4.36	
A 4^f,01 le mètre.................		17.48

Pose de ces glaces en châssis en bois, même surface produit.. 4.36

A 1^f,85 le mètre................. 8.06

Plus-value pour pose de glace ayant moins de 0.50 à l'équerre.

2 chaque 0.25×0.20....	0.10	
2 » 0.20×0.20....	0.08	
4 » 0.25×0.20....	0.20	
Ensemble..	0.38	
A 3^f,15 le mètre.................		1.20

Plus-value pour glaces de moins de 0.60 à l'équerre.

36 chaque 0.25×0.25....	2.25	
2 » 0.30×0.25....	0.15	
Ensemble..	2.40	
A 2^f,15 le mètre.................		5.16
A reporter...............		492.92

Report 492.92

Plus-value pour glaces de moins de 0.80 à l'équerre.

2	chaque	0.40×0.30....	0.24
2	»	0.30×0.30....	0.18
2	»	0.40×0.30....	0.24
2	»	0.40×0.25....	0.80
		Ensemble ..	0.86

A 1^f,15 le mètre 0.99

Nettoyage des 2 faces.

36 fois	0.25×0.20	....	2.25
2 »	0.50×0.40	....	0.40
2 »	0.25×0.20	....	0.10
2 »	0.30×0.25	....	0.15
2 »	0.40×0.30	....	0.24
2 »	0.20×0.20	....	0.08
4 »	0.25×0.20	....	0.20
2 »	0.30×0.30	....	0.18
2 »	0.40×0.30	....	0.24
2 »	0.40×0.40	....	0.32
2 »	0.40×0.25	....	0.20
		Ensemble ..	4.36

A 2 faces 8.72

A 0^f,15 le mètre 1.31

Pour les chantournements

Fournis 10 calibres à 3^f,00 l'un.: 30.00

Total de cette pose en miroiterie biseautée 525.22

359. Si, comme il arrive très souvent pour faire des décorations de salon ou vestibule, par des fausses portes formant répétition, cette porte était en vitrerie étamée, voici quel en serait le prix.

Pour ces travaux de luxe, la miroiterie fournie est de premier choix, donc, comme fourniture :

32 glaces chaque	0.25×0.25 à 1.85 l'une		59.20
4 »	0.25×0.25 à 1.85	»	7.40
2 »	0.50×0.40 à 5.95	»	11.90
2 »	0.25×0.20 à 1.40	»	2.80
2 »	0.30×0.25 à 2.05	»	4.10
2 »	0.40×0.30 à 3.25	»	6.50
2 »	0.20×0.20 à 1.10	»	2.20
4 »	0.25×0.20 à 1.40	»	5.60
2 »	0.30×0.30 à 2.25	»	4.50
2 »	0.40×0.40 à 4.75	»	9.50
2 »	0.40×0.25 à 2.90	»	5.80
2 »	0.40×0.30 à 3.25	»	6.50
	Ensemble		126.00

Sur ce genre de glace, il n'est pas fait de rabais.

Bénéfice 10 0/0 .... 12.60

Ensemble 138.60

Le surplus comme à l'exemple ci-dessus.

Coupes chantournées

Ensemble . 13.20

A 3^f,00 le mètre 39.60

A reporter 78.20

Report 178.20

Transport au biseautage, surface 4.36

A 4^f,01 le mètre 17.48

Biseautage droit et circulaire .... 69.80 — 279.20

Reprise de ces glaces et transport chez l'étameur produit..... 4.36

A 4^f,01 le mètre 17.48

Étamage desdites au mercure et à l'étain, 32 0/0 de la valeur de ces glaces, qui est de 138.60, soit 44.35

Reprise desdites après étamage, chargement et transport à pied d'œuvre ; surface 4.36

A 4^f,00 le mètre 17.48

Pose desdites sur châssis en bois, surface 4.36

A 1^f,85 le mètre 8.06

Plus-value pour pose de glaces de moins de 0.50 à l'équerre, surface 0.38

A 3^f,15 le mètre 1.20

Pour glaces de moins de 0.60 à l'équerre, surface 2.40

A 2^f,15 le mètre 5.16

Pour glaces de moins de 0.80, surface 0.86

A 1^f,15 le mètre 0.99

Nettoyage desdites une seule face 4.36

A 0^f,15 le mètre 0.66

Pour les chantournements, fourni 6 calibres

A 3^f,00 l'un 18.00

Total de cette porte en miroiterie premier choix étamée 588.26

Toutes ces glaces se posent à l'aide de petites baguettes, lesquelles sont fournies par le menuisier.

Métrage d'une devanture de tailleur moderne

D'après la planche en couleurs de M. L. Chauvel, dont détail figure 244·

360. La miroiterie de cette devanture peut être considérée comme de la miroiterie d'art, en glaces biseautées ; en voic le modèle de métrage ci-dessous.

Fourni les glaces de miroiterie 2e choix.

Travée d'astragale.

4 glaces 1.40×0.55 à 29.90.	119.60
1 de 2.15×0.55 vaut...	52.00
2 de 1.80×0.80 à 63.25.	126.50
Ensemble .	298.10
Rabais à déduire 10 0/0..	29.81
Reste............	268.29

Fig. 241.

Report.............. 268.29	Report.............. 734.94

Châssis de devanture.

2 glaces 1.80×2.80 à 305.00	610.00
Rabais 10 0/0..........	61.00
Reste.....	549.00

Rabais supplémentaire pris
dans le N° 41 de la Série 15 0/0   82.35

Reste............	466.65
A reporter..........	734.94

Au dessous.

2 glaces chaque 2.70×2.80
produisant................   15ᵐ12
A 70ᶠ,00 le mètre........ 1.058.40
Rabais 10 0/0.......... 105.84

Reste.....	952.56

Rabais supplémentaire
(N° 42 Série) 20 0/0........   190.50

Reste.....	762.06	762.06
A reporter..........		1 497.00

Report.............. 1 497f,00

Tambour d'entrée.

2 glaces de côtés chaque 3.10×0.50
À 70f,00 l'une.......... 140.00
Rabais 10 0/0.......... 14.00
    Reste............ 126,00

En plafond.
1 glace de 1.20×0.50 vaut 20.90
Rabais 10 0/0............. 2 09
    Reste............ 18,81

Porte d'entrée. Partie basse.

1 glace de 1.80×0.90 vaut... 70.35
1 » 0.50×0.20 » ... 2.75
1 » 0.35×0.25 » ... 2.45
1 » 0.45×0.35 » ... 4.35
1 » 0.20×0.10 triangle 0.60
1 » 0.25×0.20 triangle 1.40
1 » 0.25×0.25 vaut... 1.85
1 » 0.50×0.25 » ... 3.60
1 » 0.40×0.25 » ... 2.90

Partie haute.

1 glace de 0.90×0.50 » ... 14.65
2 » 0.30×0.15
    à 1.05 l'une.... 2.10
2 » 0.25×0.10
    à 0.75 l'une.... 1.50
1 » 0.20×0.10 vaut... 0.60
2 » 0.40×0.20
    à 3.25 l'une.... 6.50
    Ensemble.. 115.60
Rabais 10 0/0............ 11.56
    Reste............ 104,04

Châssis d'imposte.

1 glace irrégulière de
    1.30 × 1.60 vaut. 102.00
Rabais 10 0/0.......... 10.20
    Reste..... 91.80
Rabais supplémentaire
15 0/0............ 13.77
    Reste............ 78,03
    Ensemble........ 1 823f,88
À reprendre le bénéfice 10 0/0... 182,38
    Ensemble........ 1 641f,50

Les coupes circulaires suivant calibres.

Travée d'Astragale.
4 fois 1.40 ensemble 5.60
1 » 2.00 » 2.00
10 crossettes
chaque 0.25........ 2.50
    Ensemble ... 10.10
À 4f,00 le mètre compris
risques................ 40f,40
    À reporter.... 40f,40 1 641f,50

Reports 40f,40 1 641f,50

Au dessous, en écoinçon.
2 fois 0.60........ 1.20
2 » 2.20........ 4.40
4 crossettes
chaque 0.25........ 1.00
6 dérasements sur
montant chaque 0.25 1.50
    Ensemble ... 8.10
À 4f,00 le mètre.......... 32,40

Châssis de devanture.
Glaces du bas.

2 fois 3.80........ 7.60
2 angles ronds 0.60 1.20
2 » 0.50 1.00
2 » 0.70 1.40
2 » 0.25 0.50
    Ensemble ... 11.70
À 10f,00 le mètre, vu le
risque de casse et la surface 117,00

Glaces au dessus.

2 fois 4.00........ 8.00
2 angles chaque 0.70 1.40
2 » 0.40 0.80
2 » 0.25 0.50
    Ensemble... 10.70
À 8f,00 le mètre, vu la surface et compris les risques de
casse.................. 85f,60

Porte d'entrée. Partie haute.

1 développement de
    3.00........ 3.00
2 développements
    chaque 1.00. 2.00
2 triangles comptés
pour circulaires vu
difficultés chaque 0.65 1.30
2 autres chaque 0.40 0.80

Partie basse.

1 développement de
    1.30........ 1.30
1 développement de
    1.40........ 1.40
1 développement de
    1.50........ 1.50
1 développement de
    1.00........ 1.00
1 triangle de 0.65. 0.65
1 » 0.35. 0.35
1 développement de
    1.40........ 1.40
    À reporter 14.70 275f,40 1 641f,50

Reports.... 14.70   275f,40   1 641f,50
1 développement de
    1.20........ 1.20
    Ensemble ... 15.90
A 3f,00 le mètre......... 47 ,70

Glace milieu.

1 chantournement
    Développant. 4.80
5 crossettes
    chaque 0.25. 1.25
    Ensemble ... 6.05
A 4f,00 le mètre......... 24 ,20

Glace d'imposte.

Chantournement particu-
lièrement difficultueux augmentant les risques de casse
    Développant....... 7.40
    A 7f,00 le mètre......... 51 ,80
       Ensemble........ 399 ,10
Fourni les calibres pour les coupes
6 à 3f,00 l'un.................. 18 ,00
1 à 5 ,00 »............... 5 ,00
1 à 7 ,00 »............... 7 ,00
1, vu le travail, à............... 10 ,00
1   »............... 4 ,00
1   »............... 2 ,00
1   »............... 10 ,00
8 à 2f,00..................... 16 ,00
Les prix de ces calibres ne sont que
des évaluations qui peuvent varier suivant la difficulté afférente à leur exécution.
Les coupes droites ne sont pas
reconnues par la Série, et ne font pas
partie du présent métrage.
Transport de ces glaces chez le biseauteur, compris chargement et déchargement.
4 chaque 1.40 × 0.55 pro-
duit..................... 3.08
  A 4f,01 le mètre jusqu'à
1 mètre de surface................ 12.35
De 1m,01 à 2m,00 de surface :
1 de 2.15×0.55 produit.. 1.18
2 » 1.80×0.80 » .. 2.88
    Ensemble. 4.06
A 6f,01 le mètre................ 24.40
De 5m,01 à 6m,60 de surface:
2 chaque 1.80×2.80 pro-
duit..................... 10.08
2 chaque 2.70×2.80 pro-
duit..................... 15.12
    Ensemble. 25.20
A 9f,04 le mètre................ 227.80
    A reporter............. 2 377.15

Report.................. 2 377.15
De 1m,00 à 2m,00 de surface :
2 chaque 3.10×0.50 pro-
duit....................... 3.10
A 6f,01 le mètre.............. 18.63
1 de 1.20 × 0.50 produit 0.60
A 4f,01 le mètre.............. 2.40
1 de 1.80 × 0.90 produit 1.62
A 6f,01 le mètre.............. 9.74
1 de 1.30 × 1.60 produit 2.08
A 7f,02 le mètre.............. 14.60
Petites glaces de moins de 1 mètre
de surface.
1 de 0.50×0.20 produit.. 0.10
1 » 0.35×0.25 » .. 0.09
1 » 0.45×0.35 » .. 0.16
1 » 0.20×0.10 » .. 0.02
1 » 0.25×0.20 » .. 0.05
1 » 0.25×0.25 » .. 0.06
1 » 0.50×0.25 » .. 0.13
1 » 0.40×0.25 » .. 0.10
1 » 0.50×0.50 » .. 0.45
2 » 0.30×0.15 » .. 0.09
2 » 0.25×0.10 » .. 0.05
2 » 0.20×0.10 » .. 0.04
2 » 0.40×0.30 » .. 0.24
    Ensemble. 1.58
A 4f,01 le mètre.............. 6.34
Biscautage de 0m,03 de largeur en
tous sens de ces glaces.
En suivant l'ordre du métré.
Parties circulaires à moitié en plus
de celles droites et d'après la superficie des glaces.

Astragale.

4 fois 1.40.............. 5.60
1 » 2.00.............. 2.00
10 coins ronds chaque 0.35. 3.50
    Ensemble. 11.10
A 6f,00 le mètre.............. 66.60

Ecoinçons au dessous.

2 fois 0.60............. 1.20
2 » 2.20............. 4.40
4 coins ronds chaque 0.25. 1.00
6 dérasements chaque 0.25 1.50
    Ensemble. 8.10
A 7f,75 le mètre.............. 62.77

Châssis de devanture.

Glaces du bas.
2 fois 3.80............. 7.60
2 angles ronds chaque 0.80 1.60
2 angles ronds chaque 0.50 1.00
2   »   0.70 1.40
2   »   8.25 0.50
    A reporter...... 12.10   2 558.23

Reports........ 12.10   2 558f,23

Glaces au dessus.

2 fois 4.00..............		8.00
2 angles ronds chaque 0.70		1.40
2 »	0.40	0.80
2 »	0.25	0.50
Ensemble..		22.80

A 12f,00 le mètre...............   273 ,60

Petites glaces sur porte d'entrée.

1 fois 3.00.............	3.00
2 » 1.00.............	2.00
2 » 0.65.............	1.30
2 » 0.40.............	0.80
1 » 1.30.............	1.30
1 » 1.40.............	1.40
1 » 1.50.............	1.50
1 » 1.00.............	1.00
1 » 0.65.............	0.65
1 » 0.35.............	0.35
1 » 1.40.............	1.40
1 » 1.20.............	1.20
Ensemble..	15.90

A 6f,00 le mètre...............   95 ,40

Glace milieu.

1 fois 4.80.............	4.80
5 coins ronds chaque 0.25.	1.25
Ensemble...	6.05

A 7f,75 le mètre...............   46 ,89

Imposte développant....... 7.40

A 9f,95 le mètre...............   73 ,63

Biseautage droit de 0.03 de largeur d'après la surface des glaces.

Astragale de 0 à 1 mètre.

8 fois 0.35.............		2.80
4 » 1.40.............		5.60
Ensemble...		8.40

A 4f,00 le mètre...............   33 ,60

Glaces de 1 à 2 mètres.

2 fois 0.35.............		0.70
1 » 2.15.............		2.15

Ecoinçons.

2 fois 0.60.............		1.20
Ensemble...		4.05

A 5f,50 le mètre...............   22 ,27

De 5.01 à 6.60 (*Châssis de devanture*) :

2 chaque 1.80...........	3.60
4 » 1.75...........	7.00
Ensemble..	10.60

A 10f,00 le mètre...............   106 ,00

De 1 à 2 mètres :

A reporter..............   3 209f,62

Report...............   3 209f,62

Tambour d'entrée.

4 fois 3.10.............		12.40
2 » 0.50.............		1.00
Ensemble..		13.40

A 5.50 le mètre...............   73 ,70

Plafond de 0 à 1 mètre :

2 fois 1.20.............		2.40
2 » 0.50.............		1.00
Ensemble...		3.40

A 4f,00 le mètre...............   13 ,60

Biseau circulaire de 1 à 2 mètres :

Côtés de tambour d'entrée.

2 fois 0.80.............   1.60

A 7f,75 le mètre...............   12 ,40

Après le biseautage, chargement,
double transport et déchargement à
pied d'œuvre de ces glaces.

Produisant la même valeur que le
premier transport détaillé ci-dessus.

Soit les surfaces ci-après :

3m,08 à 4f,01 le mètre...........		12 ,35
4 ,06 à 6 ,01 »	....	24 ,40
25 ,20 à 9 ,04 »	....	227 ,80
3 ,10 à 6 ,01 »	....	18 ,63
0 ,60 à 4 ,01 »	....	2 ,40
1 ,62 à 6 ,81 »	....	9 ,74
2 ,08 à 7 ,02 »	....	14 ,60
1 ,58 à 4 ,01 »	....	6 ,34

Pose de ces glaces d'après leur
surface :

De 0 à 1 mètre :

4 chaque 1.40 $\times$ 0.55 prod. 3.08

A 1f,85 le mètre...............   5 ,70

De 1 à 2 mètres :

1 de 2.15 $\times$ 0.55 produit...	1.18
2 de 1.80 $\times$ 0.80 » ...	2.88
Ensemble...	4.06

A 2f,50 le mètre...............   10 ,15

De 5.01 à 6.60 :

2 chaque 1.80 $\times$ 2.80 prod.	10.08
2 » 2.70 $\times$ 2.80 »	15.12
Ensemble..	25.20

A 7f,70 le mètre...............   194 ,04

De 1 à 2 mètres :

2 chaque 3.10 $\times$ 0.50 prod. 3.10

A 2f,50 le mètre...............   7 ,75

De moins d'un mètre :

1 de 1.20 $\times$ 0.50 produit... 0.60

A 1f,85 le mètre...............   1 ,11

De 1 à 2 mètres :

1 de 1.80 $\times$ 0.90 produit.. 1.62

A 2f,50 le mètre...............   4 ,05

De 2 à 3 mètres :

1 de 1.30 $\times$ 1.60 produit.. 2 08

A 3f,45 le mètre...............   7 ,17

A reporter..............   3 855f,55

Report.................... 3 855.55

De moins de 0.40 à l'équerre :
3 chaque 0.20 × 0.10 prod.   0.06
1 de 0.25 × 0.10 produit..   0.03

      Ensemble...   0.09

A 6^f,00 le mètre................   0 ,54

De moins de 0.50 à l'équerre :
1 de 0.25 × 0.20 produit...   0.05
2 chaque 0.30 × 0.15 prod.   0.09

      Ensemble...   0.14

A 5^f,00 le mètre................   0 ,70

De moins de 0.60 à l'équerre :
1 de 0.25 × 0.25 produit..   0.06

A 4^f,00 le mètre................   0 ,24

De moins de 0.80 à l'équerre :
1 de 0.50 × 0.20 produit..   0.10
1 » 0.35 × 0.25 » ..   0.09
1 » 0.45 × 0.35 » ..   0.16
1 » 0.50 × 0.25 » ..   0.13
1 » 0.40 × 0.25 » ..   0.10
2 » 0.40 × 0.30 » ..   0.24

      Ensemble...   0.82

A 3^f,00 le mètre................   2 ,46

Au-dessus de 0.80 :
1 de 0.90 × 0.50 produit..   0.45

A 1^f,85 le mètre................   0 ,83

Nettoyage de ces glaces des 2 faces.
4 chaque 1.40 × 0.55 prod.   3.08
1 » 2.15 × 0.55 »   1.18
2 » 1.80 × 0.80 »   2.88
2 » 1.80 × 2.80 »   10.08
2 » 2.70 × 2.80 »   15.12
2 » 3.10 × 0.50 »   3.10
1 » 1.20 × 0.50 »   0.60
1 » 1.80 × 0.90 »   1.62
1 » 1.30 × 1.60 »   2.08
1 » 0.50 × 0.20 »   0.10
1 » 0.35 × 0.25 »   0.09
1 » 0.45 × 0.35 »   0.16
1 » 0.28 × 0.10 »   0.02
1 » 0.25 × 0.20 »   0.05
1 » 0.25 × 0.25 »   0.06
1 » 0.50 × 0.25 »   0.13
1 » 0.40 × 0.25 »   0.10
1 » 0.90 × 0.50 »   0.45
2 » 0.30 × 0.15 »   0.09
2 » 0.25 × 0.10 »   0.05
2 » 0.20 × 0.10 »   0.04
2 » 0.40 × 0.30 »   0.24

      Ensemble... 41.32

A 2 faces produit... 82.64

A 0^f,15 le mètre................   12 ,39

Plus-value pour nettoyage de 16
petites glaces en plus du mètre :
16 à 0^f,05 l'une........ ....   0 ,80

Total de la miroiterie de cette
devanture..................... 3 873^f,51

---

361. Dans certaines demeures somptueuses, palais, châteaux, édifices nationaux et municipaux, les lanternes des marquises sont quelquefois vitrées en glace, dont la transparence est plus limpide que le verre. Voici, suivant nous, le moyen rationnel de métrer cette miroiterie.

Lanterne hexagonale (*fig.* 245).

Métrage de cette lanterne en glace à vitrage. Travail fait sur place.
Fourni les glaces à vitrage en 3e choix.
6 de 0.75 × 0.35 (fond de feuillures).
A 7^f,80 l'une....................   46.80
Rabais 20 0/0..................   9.36

      Reste....................   37.44

Reprendre :
Bénéfice 10 0/0..................   3.74

Présentation desdites pour le tracé de la coupe à angles différents.
6 fois 0.75 × 0.35 produit ..   1.58
A 1^f,00 le mètre (Travail nécessaire non compris à la Série)..............   1.58

Coupes biaises desdites pour épouser la forme des châssis devant les recevoir.
12 fois 0.75 ensemble.......   9.00
A 1^f,50 le mètre..................   13.50

La pose de ces glaces à bain de de mastic dans du fer.
6 fois 0.75 × 0.35 produit...   1.58
A 2^f,25 le mètre, comme à la vitrerie sous le n° 68 produit................   3.55

Dépose, démontage, remontage et repose de la partie ouvrante comme vasistas, vaut......................   0.60

Nettoyage de ces glaces des 2 faces.
A 0^f,05 l'une 0.30

Total de cette miroiterie pour lanterne.............................   60.71

Ces glaces sont dans certains cas biseautées. Pour en faire la valeur, se reporter aux sous-détails donnés plus haut, *croisée, porte et devanture biseautées.*

Lanterne de forme octogonale (*fig.* 246).

Métrage de cette lanterne. Travail fait sur place.
Fourni les glaces à vitrage 3e choix.
Corps milieu.
8 glaces de chaque 0.55 × 0.35
A 5^f 65 l'une....................   45.20
Rabais 20 0/0 ....   9.04

      Reste..................   36.16

Bénéfice 10 0/0..................   3.61

      Soit 39.77

      A reporter 39.77

Fig. 245.

Fig. 246.

Report..............................	39.77	
La pose desdites à bain de mastic		
8 fois 0.55 × 0.35 produit... 1.54		
à 2f,25 le mètre....................		3.46
Dépose, démontage, remontage et		
repose de la porte d'allumage comme		
vasistas, vaut.....................		0.60
Nettoyage des 2 faces de ces 8 glaces		
à 0f,05 l'une......................		0.40
A reporter................		44.23

Report.....................		44.23
Partie au dessous, formant cul-de-lampe.		
Fourni 8 glaces de chaque		
0.48 × 0.30		
à 1f,30 l'une.................	10.40	
Rabais 20 0/0	2.08	
Reste...........	8.32	
Bénéfice 10 0/0..........	0.83	
Soit	9.15	9.15
A reporter................		53.38

Report.................... 53.38

Présentation de ces glaces pour coupe en forme de trapèze.

8 chaque 0.30 × 0.18 produit 0.43
à 1f,00 le mètre 0.43

Coupes biaises sur lesdites, suivant la forme des châssis devant les recevoir.

16 fois 0.25 .... 4.00
à 1f,50 le mètre 6.00

Pose desdites comme précédentes

Surface 0.43
à 2f,25 le mètre.................. 0.97

A reporter................ 60.78

Report.................... 60.78

1 trou circulaire de 0.05 diamètre pour le passage de la clef d'ouverture, vaut.............................. 2.25

Démontage et remontage du châssis à bascule pour le nettoyage, comme vasistas, vaut...................... 0.60

Nettoyage de ces glaces des 2 faces.

8 à 0f,05 l'une.................. 0.40

Total de la miroiterie de cette lanterne............................. 64.03

Figures 247 à 249. — Gravure à un ton, 18 francs le mètre superficiel. Gravure à deux tons, 22 francs le mètre superficiel.

Gravure sur glaces.

362. Le prix de la gravure des glaces se compte en plein y compris les parties non atteintes ; ces prix ne se font pas à moins d'une surface de *soixante-quinze centimètres* au minimum, toutes les glaces au-dessous de cette surface doivent être comptées comme ayant 0,75 carré.

Les lettres gravées sur glaces faites à un seul ton se comptent à 15 francs le mètre linéaire et à 30 francs lorsqu'elles sont en relief ou à plusieurs tons.

Les chiffres, chimères, animaux depuis 45 francs la pièce.

Les têtes et armoiries depuis 25 francs la pièce.

Guerriers, hérauts d'armes, etc., depuis 30 francs la pièce.

Sujets divers depuis 35 francs la pièce.

Cartouches depuis 18 francs la pièce.

Ces prix ne sont donnés qu'à titre de renseignements, ils peuvent varier suivant la main employée, ou la perfection du travail exécuté.

Nous donnons également dans les figures 247 à 262 quelques aperçus de prix pour gravure sur glace.

Figures 250 à 252. — Gravure à un seul ton, 25 francs le mètre superficiel.
Gravure à deux tons, 30 francs   »   »
Gravure à trois tons, 35 francs   »   »

Figures 253 à 255. — Gravure à un seul ton, 35 francs le mètre superficiel.
Gravure à deux tons, 40 francs   »   »
Gravure à trois tons, 45 francs   »   »

Figures 256 à 258. — Gravure à deux tons, 45 francs le mètre superficiel.
Gravure à trois tons, 50 francs   »   »
Nota. — Ne se fait pas à un seul ton.

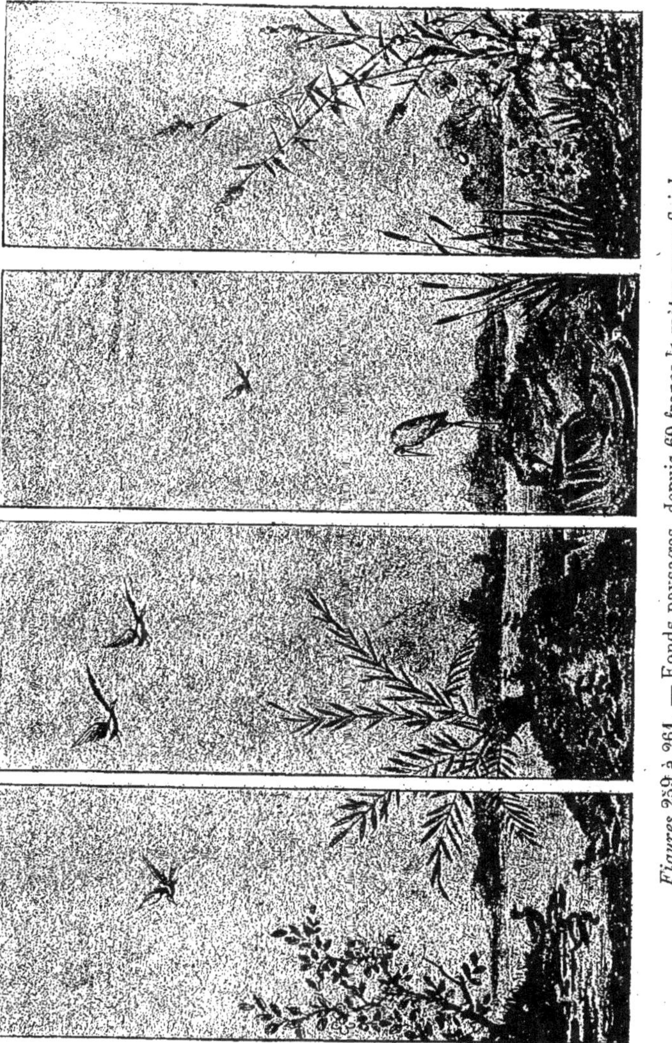

Figures 259 à 261. — Fonds paysages, depuis 60 francs le mètre superficiel.

A tous les prix ci-dessus, il y a lieu d'ajouter :

La valeur des glaces en fourniture ;

Les transports ;

La pose avec l'augmentation du risque de casse supérieur à celui de la glace blanche.

Suivant les emplacements, les glaces ont besoin d'être bombées ; pour le détail et le prix de ce travail de bombage, se rapporter à ce qui est décrit à la vitrerie.

Glaces encadrées.

363. Les glaces encadrées se placent ordinairement dans l'intérieur des appartements, principalement sur les chemi-

Figure 262. — Paysages animés, depuis 110 francs le mètre carré.

nées, dans les chambres à coucher, sur les murs des cabinets de toilette. Dans les salles à manger et les salons elles se placent aussi au-dessus des cheminées, vis-à-vis desquelles, souvent il est formé répétition par d'autres glaces encadrées placées dans l'axe des premières.

Les cadres de glaces sont de plusieurs sortes :

En bois blanc ;

En bois blanc blanchi pour dorure à l'huile ou à l'eau ;

En bois de chêne ;

En bois de noyer ;

En bois de bambou.

Quand les glaces ne sont pas fournies à prix convenus, voici quelques modèles de métrage de glaces, toutes mises en place avec principales et menues fournitures comprises.

Glace à coins carrés encadrée avec cadre doré, mat et bruni, sans fronton (*Miroiterie ordinaire*) (*fig.* 263).

Métrage de cette glace.

Fourni la glace de miroiterie 2ᵉ choix, de 1.41 × 0.84 vaut..............	49.40
Rabais 10 0/0..............	4.94
Reste...............	44.46
Bénéfice 10 0/0.............	4.45

Étamage de ladite glace à l'argent, une couche, avec une couche de vernis rouge, et une couche de vernis marron.

Valeur de la glace au tarif. 44.46	
Bénéfice 10 0/0..... 4.44	
Ensemble...... 48.90	
A 16 0/0 pour valeur d'argenture.	7.83

Le transport de ladite à pied-d'œuvre produit............. 1.08 à 6ᶠ,01 le mètre, compris chargement et déchargement............. — 7.09

Fourni le parquet de glace en menuiserie sapin 0.010 d'épaisseur, un parement rainé et collé de 1.41 × 0.84 produit. 1.18 à 3ᶠ,40 le mètre, nᵒ 97 Série menuiserie.................... 4.01

Montage à plat en parquet et cadre de cette glace. Surface........ 1.18 à 1ᶠ,75 le mètre.................. 2.06

Fourni et façonné le cadre en bois doré en dorure mate et brunie, avec cours de perles, sur apprêt de blanc d'usage en 4 sens y compris la plinthe (*Dorure à l'or fin au titre de 0.925*).

Moulure de 0.095 largeur de profil.

2 Montants chaque 1.53.... 3.05	
1 Traverse de 1.01......... 1.01	
Ensemble....... 4.07	
à 6.25 le mètre, compris cours de perles...........................	25.43

La plinthe de 0.055 de hauteur et de 1.01 de longueur à 2ᶠ,00 le mètre — 2.02

Pose de cette glace, compris mise en parquet et fournitures nécessaires, également compris risque de casse.

Glace de 1.41 × 0.04 produit 1.18 à 2ᶠ,50 le mètre superficiel......... 2.95

Nettoyage de ladite glace prod. 1.18 à 0ᶠ,15 le mètre................. 0.18

Valeur de cette glace encadrée (en place)...........................	100.48

Glace encadrée à coins ronds avec cadre doré (*fig.* 204).

Métrage de cette glace.

Fourni une glace de miroiterie 2ᵉ choix de 1.56 × 0.90 vaut..........	60.60
Rabais 10 0/0................	6.06
Reste............	54.54
Bénéfice 20 0/0...............	5.45

Avant l'étamage :

2 coupes d'angles arrondies à 0ᶠ,35 l'une, nᵒ 93 de la Série...............	0.70
Fourniture et façon d'un calibre pour la coupe des angles ronds, vaut	0.50

Étamage de la glace à l'argent comme précédemment.

Valeur de la glace au tarif. 54.54	
Bénéfice 10 0/0........ 5.45	
Ensemble...... 59.99	
à 16 0/0 valeur d'argenture.........	9.60

Le transport de ladite à pied-d'œuvre produisant une surface de .... 1.40 à 6ᶠ,01 le mètre................... 8.40

Fourni le parquet de glace en sapin 0.010 d'épaisseur, à un parement rainé et collé, même surface que transport................... 1.40 à 3ᶠ,40 le mètre................... 4.76

Montage à plat en parquet et cadre même surface............... 1.40 à 1ᶠ,75 le mètre.................. 2.45

Fourni et façonné le cadre en bois doré, sur apprêt d'usage, la dorure mate et brunie, au titre de 0.925.

2 Montants chaque 1.60 .... 3.38	
1 Traverse de 0.90......... 0.90	
Plus-value pour 2 coins ronds chaque 1.00 de longueur..... 2.00	
Ensemble....... 6.28	
à 6ᶠ,25 le mètre, compris coins de perles............................	39.25

La plinthe de 0.055 de hauteur et de 1.07 de longueur. à 2ᶠ,00 le mètre................. 2.14

Pose, compris mise en parquet avec fournitures nécessaires et risque de casse.

Glace de 1.56 × 0.90 produit 1.40 à 2ᶠ,50 le mètre superficiel 3.50

Nettoyage de ladite produit. 1.40 à 0ᶠ,15 le mètre................. 0.21

Valeur (en place) de cette glace encadrée..........................	131.50

Fig. 264.

Fig. 263.

Glace Louis XV à biseau avec milieu de la traverse haute et les deux angles arrondis. Cadre doré, mat et bruni, avec coins de perles et godrons (*Miroiterie de style*) (*fig*. 265).

Métrage de cette glace.

Fourni une glace de miroiterie 1er choix de
1.74 × 1.05, vaut 83.35
Pas de rabais pour ce choix de glace.
Bénéfice 10 0/0.............. 8.34
Coupe circulaire chantournée comprenant les deux angles et le fronton, développant une longueur de... 1.40
à 3f,00 le mètre, compris risques de casse............................ 4.20
Fourni et façonné un calibre pour le chantournement, vaut........... 3.00
Transport de cette glace chez le biseauteur, compris chargement et déchargement de
1.74 × 1.05 produit... 1.82
à 6f,01 le mètre.................. 10.93
Biseautage de 0.04 de largeur au pourtour de la glace.
Biseaux droits.
2 Montants chaque 1.74.
Ensemble............ 3.48
1 Traverse de 1.22.
Ci.................: 1.22

Longueur....... 5.70
à 7f,50 le mètre linéaire........... 35.25
Biseaux circulaires.
Traverse haute de la glace, développant..................... 1.40
A 11f,25 le mètre.............. 16.25
Reprise de ladite pour transport chez l'argenteur, même valeur que précédemment................. 10.93
Étamage de ladite à l'argent.
Valeur au tarif.......... 83.35
Bénéfice 10 0/0......... 8.33

Ensemble.......... 91.68
A 16 0/0, valeur d'argenture...... 14.66
Transport de ladite à pied d'œuvre, même valeur que précédemment.... 10.93
Fourni le parquet de glace en sapin 0.010, à un parement rainé et collé de
1.74 × 1.05 produit... 1.82
à 3f,40 le mètre.................. 6.18
Chantournement dudit par le haut de 1.40 de développement,
à 2f,00 le mètre.................. 2.80
Montage à plat en parquet et cadre de
1.74 × 1.05 produit... 1.82
à 1f,78 le mètre.................. 3.18
Fourni et façonné le cadre doré à

A reporter.............. 210.00

Report.................. 210.00
l'or fin mat et bruni, avec perles et godrons rapportés, également dorés mats et brunis.
2 Montants chaque 1.74..... 3.48
Traverse circulaire de 1.40. 1.40
Plus-value de trois arrondis.
Chaque 1.00 de longueur. 3.00

Ensemble.......... 7.88
à 12f,00 le mètre 94.56
La plinthe de............... 1.05
a 2f,00 le mètre 2.10
Fronton Louis XV. fourni, façonné et doré en dorures fines sur parties sculptées 0.23 × 0.70, vaut........ 25.00
Pose de cette glace tout compris, mise en parquet et fournitures diverses de
1.74 × 1.05 produit... 1.82
à 2f,50 le mètre 4.55
Nettoyage, même surface... 1.82
à 0f,15 le mètre 0.27

Valeur de cette glace 336.48

Glace Louis XV à biseaux avec fronton, deux angles arrondis, cadre doré mat et bruni, avec perles et cours de postes, fronton milieu et deux consoles d'angles sculptés (*fig*. 266).

Métrage de cette glace.

Fourni une glace de miroiterie 1er choix de
1.62 × 0.95, vaut.......... 68.65
Bénéfice 10 0/0.............. 6.87
2 Coupes d'angles circulaires.
à 0f,35 l'une 0.70
1 Calibre pour ces coupes........ 0.50
Transport de glace chez le biseauteur, y compris chargement et déchargement de
1.62 × 0.96 produit... 1.55
à 6f,01 le mètre 9.31
Biseautage de 0.035 de large au pourtour de la glace.
Ceux droits :
2 Montants chaque 1.55..... 3.10
1 Traverse de............. 0.96
1 » de............. 0.82

Ensemble.......... 4.88
à 6f,50 le mètre 31.72
Ceux circulaires :
2 angles, pour chaque 0.25. 0.50
à 9f,75 le mètre 4.88
Reprise de ladite pour transport chez l'argenteur, même valeur que précédent........................ 9.31

A reporter.............. 131.94

Fig. 266.

Fig. 265.

Report	131.94
Etamage de ladite à l'argent *idem*.	
Valeur au tarif	68.65
Bénéfice 10 0/0	6.87
Ensemble	75.52
A 16 0/0 pour valeur d'argenture.	12.08
Transport à pied d'œuvre, même valeur que celui précédent	9.31

Fourni le parquet en sapin 0.010 d'épaisseur, un parement rainé et collé de

1.62 × 0.96 produit... 1.55

à 3ᶠ,40 le mètre 5.27

2 angles arrondis pour recevoir la glace.

à 0ᶠ,50 l'un 1.00

Montage à plat en parquet et cadre de

1.62 × 0.96 produit... 1.55

à 1ᶠ,75 le mètre 2.71

Fourni et façonné le cadre Louis XV à crossettes d'angles, doré à l'or fin avec ornements en mat et bruni comme précédemment.

2 Montants chaque 1.76.

Ensemble 3.52

1 Traverse de 1.13

Plus-value de 2 angles circulaires à 4 coupes chaque à faux onglet.

Chaque 0.50 linéaire de cadre   1.00

Ensemble 5.65

à 15ᶠ,00 le mètre 84.75

La plinthe en 0.055 de large de   0.96

à 2ᶠ,00 le mètre 1.92

Le fronton Louis XV à coquille, treillage et rinceaux de

0.25 × 0.70 vaut 30.00

Dans les angles du cadre, 2 crossettes sculptées, rapportées et dorées comme le fronton.

à 3ᶠ,50 l'une 7.00

Pose de la glace de

1.62 × 0.96 produit... 1.55

à 2ᶠ,50 le mètre 3.88

Nettoyage de ladite, même surface 1.55

à 0ᶠ,15 le mètre 0.23

Valeur de cette glace 290.09

364. Pour les glaces encadrées avec des cadres en bois naturel, le prix desdites étant connu, voici quelques prix de cadres en bois pour fourniture des profils sans fond ni façon de cadre.

Au mètre linéaire.

Cadres en chêne, palissandre, noyer, acajou, suivant profil (*fig.* 267).

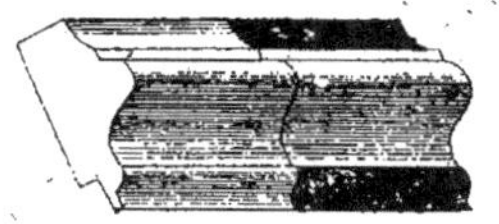

Fig. 267.

Profils de 0.055 = 2ᶠ,30 le mètre linéaire.
»   0.070 = 2 ,80   »   »
»   0.081 = 3 ,00   »   »
»   0.095 = 3 ,25   »   »
»   0.110 = 3 ,60   »   »
»   0.120 = 5 ,00   »   »

Suivant profil (*fig.* 268).

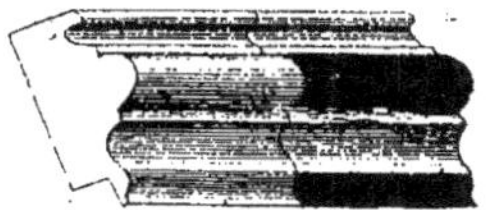

Fig. 268.

Profils de 0.055 = 6ᶠ,50 le mètre linéaire.
»   0.070 = 7 ,10   »   »
»   0.081 = 8 ,00   »   »
»   0.095 = 9 ,00   »   »
»   0.110 = 11 ,00   »   »
»   0.120 = 14 ,00   »   »

Cadres en bois noir dans le profil (*fig.* 269) ou analogue.

Fig. 269.

Profils de 0.055 = 8ᶠ,00 le mètre linéaire.
»   0.070 = 9 ,00   »   »
»   0.081 = 9 ,50   »   »
»   0.095 = 12 ,00   »   »
»   0.110 = 14 ,00   »   »
»   0.120 = 18 ,00   »   »

Chaque coin rond pour tous ces profils vaut en 0.055 de largeur de cadre   6ᶠ,00
»   0.070   »   »   6 ,25
»   0.081   »   »   6 ,50
»   0.095   »   »   7 ,00
»   0.110   »   »   7 ,00
»   0.120   »   »   7 ,50

Les cadres en bois sculpté se paient suivant la main employée et le fini du travail, et, pour éviter toute surprise, chaque fois que l'on aura du bois sculpté à fournir, il sera sage de convenir de prix avant toute livraison.

Glaces bombées.

365. Le prix du bombage de glace, étant le même que pour le verre, se rapporte à ce sujet à ce qui a été dit au chapitre *Vitrerie*, en tenant compte des risques de casse, existant pour chaque transport de *glace bombée*.

VITRAUX

366. Les vitraux sont des panneaux de verres de couleurs différentes réunis, soit en une mosaïque quelconque, formée de parties de verres irrégulières de forme et de dimension, soit par morceaux de tailles régulières, et assemblés avec symétrie pour faire une décoration à l'aide de petites bandes de plomb plates ou rondes ouvertes, à feuillures rabattues sur chaque verre, et points de soudures sur tous les angles arrêtés.

Ce genre de vitrerie, qui était usité anciennement pour la clôture des baies dans les églises, monastères et châteaux, s'est démocratisé de nos jours et se trouve d'un usage courant dans la construction des habitations de rapport et commerciales.

Les vitraux peuvent se diviser en trois catégories :

1° Vitraux blancs dits *emplombage* composés de verres blancs clairs ;

2° Les vitraux ordinaires composés de verres de couleurs comme il est dit ci-dessus ;

3° Les vitraux d'art composés de verres de couleurs et de sujets de couleurs différentes, peints et emplombés à la demande et suivant leurs formes.

Les vitraux blancs ne sont guère usités, ils coûtent relativement cher, et sont d'un effet décoratif presque nul.

Les autres genres de vitraux ayant leur application journalière, leur étude s'impose dans l'intérêt de nos lecteurs.

Voici d'abord les prix élémentaires des matériaux entrant dans leur composition.

367. *Verre blanc* simple, deuxième choix, vaut 2ᶠ,59 le mètre superficiel (Nᵒ 6).

Verres de couleurs plaqués *(au mètre superficiel).*

	SIMPLE	DEMI-DOUBLE	DOUBLE
Blanc émaillé demi-transparent, le m. sup.	4ᶠ,60	5ᶠ,75	6ᶠ,90 (Nᵒ 7)
Blanc émaillé, le mètre superficiel.	15 ,00	17 ,00	20 ,00 (Nᵒ 8)
Bleu sur blanc, teinte unie ou dégradée. . .	9 ,00	13 ,50	17 ,00 (Nᵒ 9)
Bleu xiiiᵉ *siècle et Isly* sur blanc.	10 ,00	15 ,00	19 ,00 (Nᵒ 10)
Jaune à l'argent.	12 ,00	14 ,00	16 ,00 (Nᵒ 11)
Rouge sur blanc, tous les tons.	6 ,00	9 ,00	11 ,75 (Nᵒ 12)
Rouge sur jaune.	10 ,00	15 ,00	19 0,0 (Nᵒ 13)
Rouge xiiiᵉ *siècle..*	10 ,00	15 ,00	19 ,00
Rose à l'or (ne se fait qu'en demi-double). .		35 ,00	(Nᵒ 14)
Vert sur blanc.	12 ,50	18 ,00	24 ,00 (Nᵒ 15)
Violet sur blanc.	9 ,00	13 ,00	17 ,00 (Nᵒ 16)

Verres colorés dans la masse *(au mètre superficiel).*

	SIMPLE	DEMI-DOUBLE	DOUBLE
Bleu cobalt clair.	5 ,00	7 ,50	10 ,00 (Nᵒ 17)
Bleu cobalt foncé et mixte..	5 ,50	8 ,00	11 ,00 (Nᵒ 18)
Bleu xiiiᵉ *siècle et Isly clair..*	5 ,50	8 ,00	11 ,00 (Nᵒ 19)
Bleu ordinaire mixte et foncé.	6 ,50	9 ,50	12 ,00 (Nᵒ 20)
Bleu riche, tous les tons.	7 ,00	10 ,00	13 ,50 (Nᵒ 21)
Bleuâtre.	2 ,50	3 ,75	5 ,00 (Nᵒ 22)
Bois brun clair..	5 ,00	7 ,50	10 ,00 (Nᵒ 23)
Grisâtre.	2 ,50	3 ,75	5 ,00 (Nᵒ 24)

	SIMPLE	DEMI-DOUBLE	DOUBLE
Huile..	5ʳ,00	7ʳ,50	10ʳ,00 (N° 25)
Jaunâtre.	2 ,50	3 ,75	5 ,00 (N° 26)
Jaune ordinaire, tous les tons.	5 ,00	7 ,50	10 ,00 (N° 27)
Jaune xiiiᵉ *siècle*..	5 ,25	8 ,00	10 ,00 (N° 28)
Neutre et noir opaque.	3 ,75	5 ,25	7 ,00 (N° 29)
Verdâtre.	2 ,50	3 ,75	5 ,00 (N° 30)
Vert ordinaire clair.	5 ,25	8 ,00	10 ,50 (N° 31)
Vert ordinaire, olive mixte et foncé.	6 ,00	9 ,00	11 ,50 (N° 32)
Vert russe et émeraude.	8 ,00	12 ,00	15 ,50 (N° 33)
Violet ordinaire, tous les tons..	5 ,00	7 ,50	10 ,00 (N° 34)
Violet xiiiᵉ *siècle*..	5 ,25	8 ,00	10 ,50 (N° 35)
Violet riche, tous les tons.	6 ,00	9 ,00	11 ,50 (N° 36)

Verres cannelés et losangés des couleurs ci-dessus.
Augmenter chaque prix ci-dessus de 2ʳ,50 par mètre superficiel (N° 37).

Verre coulé dit anglais au mètre superficiel.
Blanc, 4ʳ,00 le mètre (N° 38).
Teinté, 5ʳ,50 le mètre (N° 39).
De couleur, 6ʳ,00 le mètre (N° 40).
Verre granulé coulé ou à l'acide.
Blanc, 7ʳ,50 le mètre superficiel (N° 41).
Teinté, 8ʳ,00 le mètre superficiel (N° 42).
Couleurs, 9ʳ,00 le mètre superficiel (N° 43).
Rouge foncé, 12ʳ,50 le mètre superficiel (N° 44).
Rouge clair, 13ʳ,50 le mètre superficiel (N° 45).
Cives et cabochons.
Toutes les nuances non bordées, 15ʳ,00 le cent (N° 46).
Opales, 25ʳ,00 le cent (N° 47).
Rouges, 40ʳ,00 le cent (N° 48).
Taillés, carrés, losanges, ronds de 0.03.
Blancs ou de couleurs, 15ʳ,00 le cent (N° 49).
Roses à l'or, 25ʳ,00 le cent (N° 50).
Étain au cours du jour.
Plomb.
Simple, plat de 0.04 de largeur, 0ʳ,15 le mètre linéaire (N° 52).
Simple, plat de 0.05 de largeur, 0ʳ,21 le mètre linéaire (N° 53).
Simple, plat de 0.06 de largeur, 0ʳ,23 le mètre linéaire (N° 54).
Plomb rond avec filet, un tiers en plus des prix ci-dessus (N° 55).

Prix de règlement.

368. *Heure de coupeur*, 1ʳ,19 (N° 56).

Heure de monteur, 1ʳ,10 (N° 57).
Heures supplémentaires et *travaux à la lumière* comme aux corporations précédemment détaillées.
Chaque ouvrier doit être muni des outils de sa profession.

Travaux au mètre superficiel.

369. Nota. — *Tous les prix de panneaux qui vont suivre sont établis pour des panneaux mesurant un mètre de surface, ils comprennent l'emploi de plombs ronds et forts, ils comprennent aussi le masticage sur les deux faces, et tous les travaux accessoires pour obtenir une parfaite exécution. Tout vitrail mesurant moins de 1 mètre superficiel, y compris bordure, donnera lieu à une plus-value à apprécier par l'architecte; cette plus-value sera au minimum de 15 0/0 (Observation n° 63).*

Vitraux en verre blanc demi-double.

Dessin (*fig.* 270), panneau composé de parallélogrammes rectangles ayant au mètre superficiel :

50 pièces. Vaut 11ʳ,00 (N° 64);
100   »   » 14ʳ,50 (N° 65);
150   »   » 17ʳ,75 (N° 66).

Dessin (*fig.* 272), panneau composé de losanges ayant au mètre superficiel :

100 pièces. Vaut 14ʳ,25 (N° 67);
150   »   » 18ʳ,80 (N° 68);
200   »   » 21ʳ,50 (N° 69).

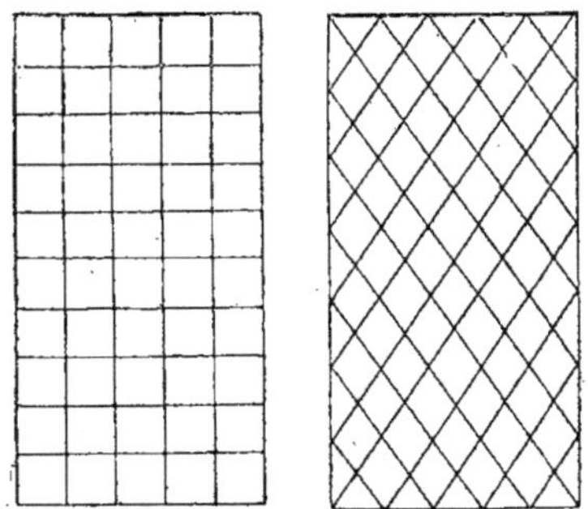

Fig. 270 et 271.

Dessin (*fig.* 272), panneau composé d'hexagones allongés dits fuseaux ayant au mètre superficiel :

100 pièces. Vaut 18f,00 (N° 70);
200   »   »   21f,50 (N° 71);
300   »   »   25f,00 (N° 72).

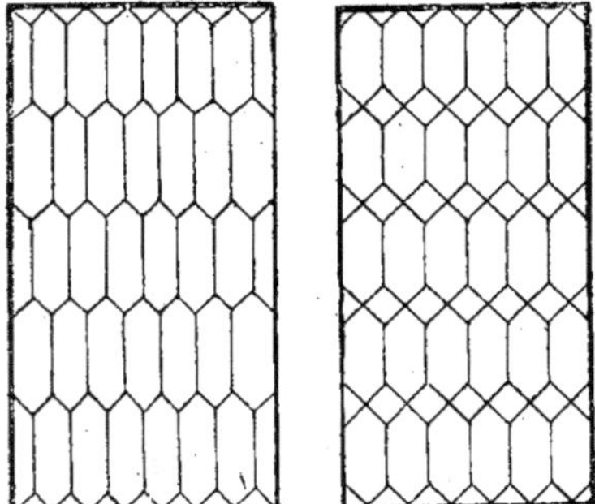

Fig. 272 et 273.

Dessin (*fig.* 273), modèle dit borne longue composé de polygones à six côtés et de carrés, ayant au mètre superficiel :

100 pièces. Vaut 18f,75 (N° 73);
200   »   »   23f,00 (N° 74);
300   »   »   27f,50 (N° 75).

Dessin (*fig.* 274), panneau modèle, dit borne couchée, composé de carrés encadrés par des hexagones, ayant au mètre superficiel :

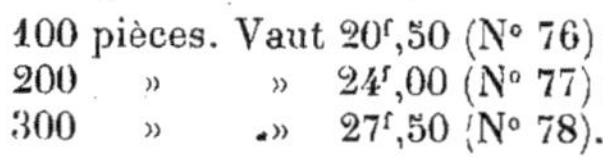

100 pièces. Vaut 20f,50 (N° 76);
200   »   »   24f,00 (N° 77);
300   »   .»   27f,50 (N° 78).

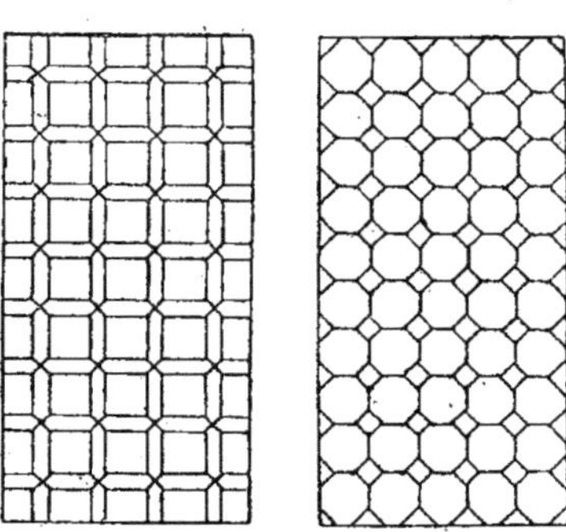

Fig. 274 et 275.

Dessin (*fig.* 275), panneau composé d'octogones et de carrés, ayant au mètre superficiel :

100 pièces. Vaut 18f,75 (N° 79);
200   »   »   23f,00 (N° 80);
300   »   »   27f,50 (N° 81).

Dessin (*fig.* 276) composé de rectangles avec angles évidés circulairement, et petits cercles aux jonctions, ayant au mètre superficiel :

100 pièces. Vaut 23f,00. (N° 82)
200   »   »   26f,00 (N° 83)
300   »   »   30f,00 (N° 84)

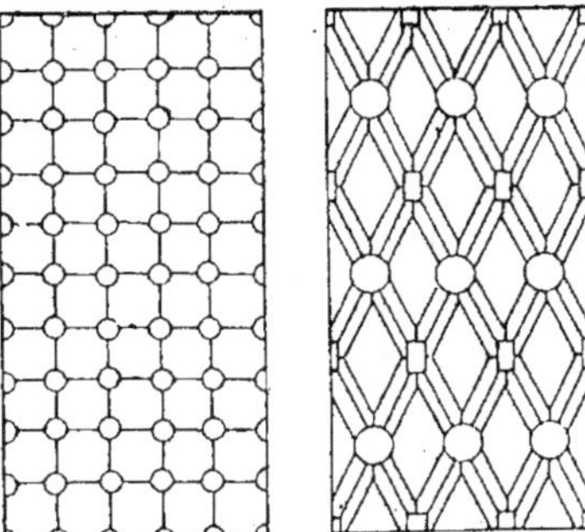

Fig. 276 et 277.

Dessin (*fig.* 277), panneau losanges à doubles filets avec carrés et cercles aux jonctions, ayant au mètre superficiel :

100 pièces. Vaut 22ᶠ,00 (Nᵒ 85) ;
200   »   »   26ᶠ,75 (Nᵒ 86) ;
300   »   »   29ᶠ,50 (Nᵒ 87).

Dessin (*fig.* 278), panneau écailles arrondies, ayant au mètre superficiel :

100 pièces. Vaut 21ᶠ,00 (Nᵒ 88) ;
200   »   »   26ᶠ,00 (Nᵒ 89) ;
300   »   »   29ᶠ,50 (Nᵒ 90).

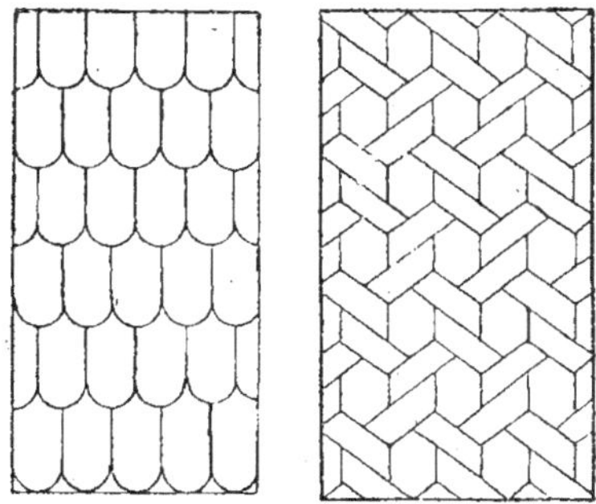

Fig. 278 et 279.

Dessin (*fig.* 279), panneau composé d'hexagones et de trapèzes, modèle dit à rubans, ayant au mètre superficiel :

100 pièces. Vaut 25ᶠ,50 (Nᵒ 91) ;
200   »   »   31ᶠ,50 (Nᵒ 92) ;
300   »   »   33ᶠ,75 (Nᵒ 93).

Travaux au mètre linéaire.

370. *Bordure en verre blanc demi-double, deux choix.*

Un filet de 0ᵐ,01 à 0ᵐ,03,
    Vaut 0ᶠ,75 (Nᵒ 94).
Un double filet de 0ᵐ,01 à 0ᵐ,03,
    Vaut 1ᶠ,25 (Nᵒ 95).
Un triple filet de 0ᵐ,03 à 0ᵐ,04,
    Vaut 1ᶠ,90 (Nᵒ 96).

Plus-value. — L'emploi de verres de couleurs, ou de verre autre que le verre blanc demi-double, donnera lieu, dans les travaux prévus ci-dessus, à une plus-value qui aura pour base la différence des prix de déboursés, entre le verre blanc demi-double, et le verre qui aura été employé à cette augmentation. Au déboursé de la matière première, il sera ajouté :

1ᵒ 5 0/0 pour le déchet ;

2ᶜ 10 0/0 pour le bénéfice (Observation Nᵒ 97).

Moins-values. — L'emploi de plombs plats ou ronds minces donnera lieu, pour les travaux prévus des numéros 64 à 93 et 94 à 96, à une moins-value de 5 0/0.

L'emploi de verre simple au lieu de verre demi-double donnera lieu, pour les travaux compris dans les mêmes numéros, à une moins-value de 25 0/0.

Travaux à la pièce.

Cives et cabochons. — Toutes les nuances non bordées (Nᵒ 46) des prix élémentaires formant bordures enchâssées tangentiellement et ayant longitudinalement trois filets (dessin *fig.* 280), la cive compris accessoires. Vaut 0ᶠ,75 (Nᵒ 100).

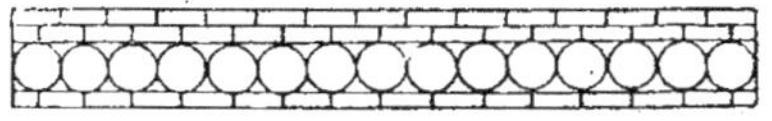

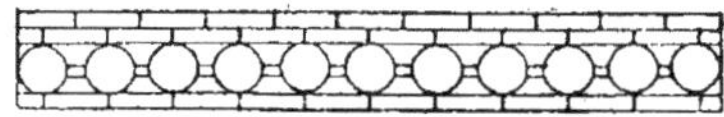

Fig. 280 et 281.

Cives et cabochons, comme ci-dessus, mais, de plus, disposées en chapelet et réunies par un filet central (Dessin *fig.* 281).

La cive, y compris accessoires. Vaut 1ᶠ,00 (Nᵒ 101).

L'emploi des cives et cabochons sous les numéros 46, 48 des prix élémentaires donnera lieu à une plus-value comportant la plus-value de déboursé, plus :

1ᵒ 10 0/0 pour le déchet ;

2ᵒ 10 0/0 pour le bénéfice (Nᵒ 102).

371. *Pose de vitraux,* avec attaches soudées sur tringles ou vergettes. Vaut le mètre superficiel 3ᶠ,30 (Nᵒ 103).

Nota. — Les triangles de fer à pattes et les châssis seront payés à part aux prix fixés à la Serrurerie (Nᵒ 104).

Les châssis en bois aux prix fixés à la Menuiserie (N° 105).

Travaux en réparation.

372. *Dépose de vitraux.* Vaut le mètre superficiel 1ᶠ,15 (N° 106).

Masticage sur deux faces et nettoyage, le mètre superficiel 1ᶠ,15 (N° 107).

Remontage à neuf de vitraux sans fourniture de verre, moitié des prix des vitraux neufs (Observation N° 108).

Attaches en plomb, ou en fil de fer galvanisé, soudées. Valent la pièce 0ᶠ,09 (N° 109).

Repiquage sur place des pièces de verre blanc. Vaut la pièce 0ᶠ,60 (N° 110).

Repiquage sur place des pièces de verre de couleur. Valent 0ᶠ,60 l'une (N° 111).

Soudure. — Sur ancien panneau, la pièce 0ᶠ,03 (N° 112).

Les observations générales de cette Série sont les mêmes que celles des Séries précédentes.

373. Voici quelques exemples de métrage de vitraux pouvant se répéter pour tous les genres se faisant couramment dans la construction moderne.

Premier exemple.

374. Figure 282, représentant un panneau de vitrail de 1ᵐ,45 × 0ᵐ,50 entre

Fig. 282.

filets, le filet extérieur de 0ᵐ,03 de large, celui intérieur de 0ᵐ,04 de large, posé avec tringles de fer à pattes, ou œil produisant complet un mètre superficiel.

Verre blanc demi-double 2ᵉ choix pour fourniture et façon en vitrail composé de carrés, pentagones, hexagones et octogones de

1.45 × 0.50 produit..... 0.73	
A 28ᶠ,00 le mètre, ayant de 100 à 200 pièces au mètre superficiel......	20.44
Filet extérieur de 0.03 de largeur.	
2 fois 1.59 ensemble........ 3.18	
2 » 0.64 » 1.28	
Longueur.......... 4.46	
A 0ᶠ,75 le mètre.................	3.35
Double filet intérieur de 0.04 de largeur.	
2 fois 1.53 ensemble....... 3.06	
2 » 0.58 » 1.16	
Ensemble.......... 4.22	
A 1ᶠ,25 le mètre.................	5.27
Pose de vitraux avec attaches soudées sur tringles de	
1.59 × 0.64 produit..... 1.01	
A 3ᶠ,30 le mètre.................	3.33
Fourni les tringles en fer rond de 0.009 de diamètre.	
4 chaque 0.64 ensemble... 2.56	
A 0ᶠ,45 le mètre (N° 1678 Série de serrurerie)........................	1.15
Plus-value, pour tringles de fer blanchies. Même longueur..... 2.56	
A 0ᶠ,65 le mètre.................	1.65
A chaque extrémité des tringles façon de pattes avec œil ou équerre à la demande des feuillures.	
Soit.................. 8	
A 0ᶠ,50 pièce, n° 1690 de la Série de serrurerie....................	4.00
Total de ce panneau en verre blanc	39.19

Ce même vitrail en verre de six couleurs d'après la légende ci-dessous (couleurs transparentes.

N° 1	Brun foncé coûte........	7.50
N° 2	Rouge »	10.00
N° 3	Jaunâtre »	3.75
N° 4	Bleuâtre »	3.75
N° 5	Jaune ordin. »	7.50
N° 6	Bleu clair »	7.50
Ensemble..............		40.00
Plus-value pour déchet 5 0/0......		2.00
Bénéfice 10 0/0 sur 40ᶠ,00........		4.00
Soit....................		46.00
Dont le 1/6 est de..............		7.67
A reporter..............		7.67

Report.................... 7.67

Sur lesquels il convient de déduire la valeur du verre blanc demi-double 2e choix de.................. 3.88

Bénéfice 10 0/0........... 0.38

Ensemble................ 4.26

Reste................ 3.41

Donc le même vitrail en blanc vaut comme ci-dessus........... 39.19

Plus-value pour verre de couleur transparente........ 3.41

Total pour un mètre superficiel... 42.60

Il se fait aussi des vitraux en verres spéciaux de Saint-Gobain, en blanc ou de couleurs ; l'exemple numéro 2 que nous donnons ci-dessus, en indique le mode de métrage.

Deuxième exemple.

375. Figure 283, représentant un anneau de vitrail de même mesure que le

Fig. 382.

précédent, avec doubles filets d'encadrement, le dessin intérieur se rapprochant de la figure 275 indiquée à la Série.

Métrage.

Verre blanc demi-double 2e choix pour fourniture et façon en vitrail composé de carrés et d'octogones de

1.45 × 0.50 produit... 0.73

A 18f.75 le mètre............... 13.68

Filet extérieur de 0m,03 de largeur.

2 fois 1.59 ensemble..... 3.18

2 » 0.64 » 1.28

Ensemble.......... 4.46

A 0f,75 le mètre............... 3.35

Double filet intérieur de 0.04 de largeur.

2 fois 1.53 ensemble..... 3.06

2 » 0.58 » 1.16

Longueur.......... 4.22

A 1f,25 le mètre............... 5.27

Pose de vitraux avec attaches soudées sur tringles de

1.59 × 0.69 produit..... 1.01

A 3f,30 le mètre............... 3.33

Fourni les tringles en fer rond blanchi de 0.009 de diamètre.

4 chaque 0.64 ensemble... 2.56

A 1f,10 le mètre............... 2.81

A chaque extrémité desdites, façon de 8 pattes à la demande.

A 0f,50 pièce.................. 4.00

Total en verre blanc (le mètre superficiel)........................ 32.44

Même vitrail en verre cannelé et losangé.

D'abord le prix du verre blanc.... 32.44

Plus-value pour verre cannelé ou losangé.................... 2.50

Déchet 5 0/0........... 0.13

Bénéfice 10 0/0........... 0.25

Ensemble................ 2.88

Soit prix complet................ 35.32

Le même vitrail en verre imprimé de Saint-Gobain. Blanc *quel que soit le dessin paru.*

En premier lieu :

Le prix du verre blanc demi-double 2e choix.

Soit..................... 32.44

Plus-value pour emploi de verre blanc imprimé de Saint-Gobain.

Vaut, le mètre superficiel. 8.00

Déchet 5 0/0............. 0.40

Bénéfice 10 0/0........... 0.80

Ensemble.......... 9.20

A déduire :

La valeur du verre blanc demi-double 2e choix de...... 3.88

Bénéfice 10 0/0...... 0.38

Ensemble.......... 4.26

Reste........... 4.94

Ce qui met le prix de ce vitrail en verre imprimé de Saint-Gobain à le mètre superficiel.   37.38

Troisième exemple.

376. Figure 284. Panneau de vitrail de même dimension, avec doubles filets

Fig. 284.

d'encadrement, dessin intérieur à losanges comme figure 271.

Métrage.

Verre blanc demi-double 2ᵉ choix pour fourniture et façon en vitrail composé de losanges de 1.45 × 0.50 produit...... 0.73

   A 20ᶠ,50 le mètre............... 14.97

Filet extérieur de 0.03 de largeur.

   2 fois 1.59.............. 3.18
   2 » 0.54.............. 1.28

   Ensemble.......... 4.46

   A 0ᶠ,75 le mètre............... 3.35

Double filet intérieur de 0.04 de largeur.

   2 fois 1.53 ensemble...... 3.06
   2 » 0.58   1   ...... 1.16

   Ensemble.......... 4.22

   A 1ᶠ,25 le mètre............... 5.27

Pose de vitraux avec attaches soudées sur tringles de

   1.59 × 0.64 produit..... 1.01

   A 3ᶠ,30 le mètre............... 3.33

Fourni les tringles en fer rond de 0.009 de diamètre, lesdites blanchies.

   A reporter............... 26.92

Report................... 26.92

4 chaque 0.64 ensemble... 2.56

A 1ᶠ,10 le mètre............... 2.81

8 pattes d'extrémités à la demande.

A 0ᶠ,50 l'une............... 4.00

Total en verre blanc au mètre superficiel....................... 33.73

Même vitrail, mais exécuté avec des verres incrustés de Saint-Gobain des couleurs suivant légende ci-après :

   Nᵒ 1   Brun foncé coûte........ 20.00
   Nᵒ 2   Rouge   » 24.00
   Nᵒ 3   Jaune   » 24.00
   Nᵒ 4   Bleuâtre   » 22.00

   Ensemble................. 90.00

Plus-value pour déchet 5 0/0..... 4.50

Bénéfice 10 0/0 sur 90ᶠ,00......... 9.00

   Soit............... 103.50

Dont le 1/4 est de................ 25.90

A déduire :

La valeur du verre blanc demi-double 2ᵉ choix de 3.88 ci.......... 3.88

Bénéfice 10 0/0............. 0.38

   Ensemble................. 4.26

   Reste............... 20.64

Prix du verre blanc, au mètre..... 33.73

Ce qui met le prix du mètre superficiel de vitrail en verre de couleur et imprimé de Saint-Gobain à......... 54.37

Quatrième exemple.

377. Figure 285. Panneau de vitrail à

Fig. 285.

double filet et composé de triangles, carrés et hexagones comme à la figure 273.

Métrage.

Verre blanc demi-double 2ᵉ choix pour fourniture et façon de vitrail composé de carrés, triangles, rectangles et hexagones de 100 à 200 pièces au mètre superficiel.

1.45×0.50 produit..... 0.73

A 24ᶠ,00 le mètre................ 17.52

Filet extérieur de 0.03 de largeur.

   2 fois 1.59 ensemble..... 3.18

   2 » 0.64 » 1.28

       Longueur.......... 4.46

A 0ᶠ,75 le mètre................ 3.35

Double filet intérieur de 0.04 de largeur.

   2 fois 1.53 ensemble..... 3.06

   2 » 0.58 » 1.16

       Ensemble.......... 4.22

A 1ᶠ,25 le mètre................ 5.27

Pose avec attaches soudées sur tringles de

   1.59×0.64 produit..... 1.01

A 3ᶠ,30 le mètre................ 3.33

Fourni les tringles en fer rond de 0.009 de diamètre.

   4 chaque 0.64 ensemble... 2.56

A 0ᶠ,45 le mètre................ 1.15

Plus-value pour tringles en fer blanchies même longueur.......... 2.56

A 0ᶠ,65 le mètre................ 1.65

Façon de 8 pattes aux extrémités à la demande des feuillures.

A 0ᶠ,50 l'une.................... 4.00

Total du panneau en verre blanc transparent...................... 36.27

Même vitrail en verre granulé de couleurs, coulé ou à l'acide, d'après légende :

Nᵒ 1	Brun coûte le mètre carré		9.00
Nᵒ 2	Rouge foncé	»	12.50
Nᵒ 3	Bleuâtre	»	8.00
Nᵒ 4	Jaune clair	»	9.00
Nᵒ 5	Rouge clair	»	13.50
	Ensemble................		52.00

En plus :

Déchet 5 0/0...................... 2.60

Bénéfice 10 0/0 sur 52ᶠ,00........ 5.20

      Ensemble................ 59.80

Dont le 1/5 est de.............. 11.96

A déduire :

La valeur du verre blanc demi-double 2ᵉ choix de.......... 3.88

    A reporter........ 3.88   11.96

Report............ 3.88   11.96

Bénéfice 10 0/0........... 0.38

    Ensemble................ 4.26

      Reste............ 7.70

Prix en verre blanc transparent... 36.27

Ce qui met le prix du mètre carré de ce vitrail en verre granulé de couleurs à........................ 43.97

Cinquième exemple.

378. Figure 286. Panneau de vitrail

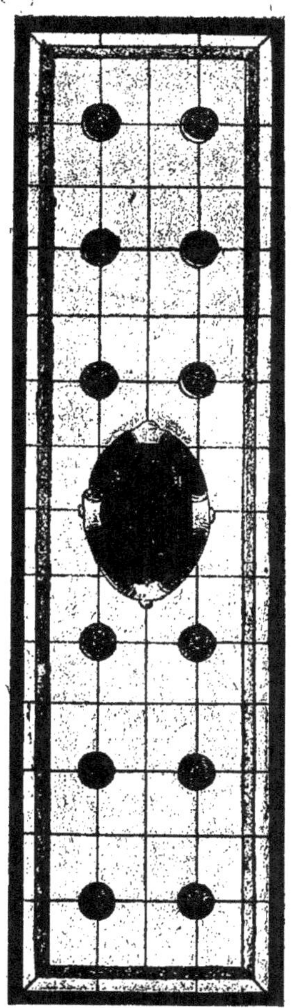

Fig. 286.

de croisée de $2^m,30$ de hauteur $\times$ $0^m,70$ de largeur extérieure avec filet extérieur de $0^m,04$ de large, celui milieu de $0^m,03$ et celui intérieur de $0^m,03$.

Panneau mobile monté sur châssis en bois. Verre blanc demi-double 2ᵉ choix pour façon de vitrail composé de rectangles, culs de bouteille et motif milieu de

2.00 $\times$ 0.50 produit..... 1.00		
A 18ᶠ,00 le mètre, jusqu'à 100 pièces au mètre......................		18.00
Filet extérieur de 0.04 de largeur.		
2 fois 2.20 ensemble.....	4.40	
2 » 0.70 »	1.40	
Longueur	5.80	
A 1ᶠ,90 le mètre linéaire..........		11.02
Filet milieu.		
2 fois 2.12..............	4.24	
2 » 0.62..............	1.24	
Ensemble...........	5.48	
A 1ᶠ,25 le mètre.................		6.85
Filet intérieur.		
2 fois 2.06..............	4.12	
2 » 0.56..............	1.12	
Ensemble...........	5.24	
A 0ᶠ,75 le mètre.................		3.93
Dans le milieu un médaillon dessiné avec chimère, vaut.............		20.00

Fourni le châssis mobile en chêne 0.013 d'épaisseur sur 0.03 de largeur comme bâtis à 4 parements assemblé à onglets.

2 montants chaque 2.20.		
Ensemble..........	4.40	
2 traverses chaque 0.70.....	1.40	
Ensemble	5.80	
A 0ᶠ,80 le mètre (Nº 363 Série menuiserie)......................		4.64

Feuillures dans le chêne de 0.025 développée environ.

Même longueur que ci-dessus 5.80	
A 0ᶠ,11 le mètre (Nº 689 menuiserie)	0.64

Plus-value pour quatre assemblages d'onglets.

A 0ᶠ,24 l'un (Nº 625 menuiserie)... 0.96

Pose de vitraux avec attaches soudées sur tringles de

2.20 $\times$ 0.70 produit..... 1.55	
A 3ᶠ,30 le mètre.................	5.11

Fourni les tringles blanchies en fer de 0.009 de diamètre.

5 chaque 0.70 ensemble... 3.50	
A 1ᶠ10 le mètre (Nº 1678 de serrurerie).................	3.85
A reporter	75.00

Report..................	75.00

A chaque extrémité façon de 10 pattes à la demande des feuillures.

A 0ᶠ,50 l'une (Nº 1690 de la Série de serrurerie).....................	5.00

Pour fixer ce vantail fourni et posé. 2 paumelles doubles de 0.08 en cuivre à nœuds ronds bague en fer, fournies, entaillées et fixées avec vis.

A 1ᶠ,75 l'une (Nº 1003 serrurerie)..	3.50

Fourni et posé un loqueteau en cuivre de 0.055 de longueur, à mentonnet, vaut 1ᶠ,10 (Nº 785 serrurerie).

	1.10

Fourni un mentonnet à patte entaillé et fixé avec vis, vaut (Nº 785 serrurerie)....................

	0.60
Pose du vantail et réglage du jeu...	0.50
Total de ce vantail en verre blanc	85.70

Soit 53ᶠ,40 le mètre superficiel.

Ce même vantail en verre transparent *des couleurs ci-après* :

Nº 1	Brun	coûte..........	7.50
Nº 2	Bleu clair	»	7.50
Nº 3	Jaune clair	»	7.50
Nº 4	Bleuâtre	»	3.75
Nº 5	Jaunâtre	»	3.75
		Ensemble..............	30.00
		Déchet 5 0/0	1.50
		Bénéfice 10 0/0	3.00
		Soit......................	34.50
		Dont le 1/5 est de.............	6.90

A déduire :

Prix du verre blanc demi-double en 2ᵉ choix....................	3.88	
Bénéfice 10 0/0..........	0.38	
Ensemble..............		4.26
Reste.................		2.64
Prix du panneau en verre blanc ;...		85.70
Ce qui met le prix de ce vantail en verre de couleur à.................		88.34

Soit le mètre superficiel à 55ᶠ,00.

Sixième exemple.

379. Figure 287. Panneau de vitrail de croisée de $2^m,20$ de hauteur $\times$ $0^m,70$ de largeur extérieure avec filets extérieurs de $0^m,04$ largeur, celui milieu de $0^m,03$ à coins ronds, celui intérieur de $0^m,03$ avec coins ronds et volute milieu.

Panneau mobile monté sur châssis en fer dit « Vasistas ».

Verre blanc demi-double 2ᵉ choix pour façon de vitrail composé de morceaux formant cloches

Fig. 287.

renversées et cartouche artistique milieu de
2.00 × 0.50 produit une surface de 1.00.
A 35f,00 le mètre de 200 à 300 pièces au
mètre superficiel 35f,00
Filet extérieur de 0.04 de largeur.
2 montants chaque 2.20
   Ensemble 4.40
2 traverses chaque 0.70..... 1.40
    Ensemble 5.80
A 1f,90 le mètre 11.02

   A reporter 46.02

   Report 46.02
Filet milieu.
2 montants chaque 2.12
   Ensemble 4.24
2 traverses chaque 0.62 .... 1.24

   Ensemble 5.48
A 1f,25 le mètre 6.85
Plus-value pour ajustement et en
plombage de 4 coins ronds.
   A 0f,75 l'un 3.00
Filet intérieur.
2 montants chaque 2.06
   Ensemble 4.12
2 traverses chaque 0.56
   Ensemble 1.12

   Longueur 5.24
A 0f,75 le mètre 3.93
Plus-values pour :
4 coins ronds doubles, à 0f,75 l'un. 3.00
2 volutes milieu, à 1f,50 l'une 3.00
Dans le milieu de ce panneau, des-
s.né un médaillon de style, avec cartouche et portrait central, vaut...... 40.00
Fourni le châssis mobile en fer rainé-
de 0.014 d'épaisseur sans assemblage,
ni pose.
2 montants chaque 2.21
   Ensemble 4.42
2 traverses chaque 0.71
   Ensemble 1.42

   Longueur 5.84
A 1f,95 le mètre (N° 1697 Série ser-
rurerie)........................... 11.39
Valeur fixe des 4 assemblages, de
la traverse mobile et de la pose
(N° 1703 serrurerie)............... 5.65
Double châssis en tôle en feuillures
formant battement.
2 montants chaque 2.23
   Ensemble 4.46
2 traverses chaque 0.73
   Ensemble 1.46

   Longueur 5.92
A 1f,95 le mètre (Serrurerie n° 1704).. 11.54
2 charnières en fer.
A 1f,60 l'une (N° 1705) 3.20
1 loqueteau en cuivre avec mentonnet compris pose sur fer, de force
ordinaire en 0.050 de largeur vaut
(N° 1712).......................... 2.05
Pose du vitrail en vasistas avec
attaches soudées sur tringles de
   2.20 × 0.70 produit..... 1.55
A 3f,30 le mètre................ 5.11
Fourni 5 tringles en fer blanchi de
0.009 de diamètre de chaque 0.70.

   A reporter................ 144.74

Report..................   144.74
   Ensemble..............   3.50
A 1ᶠ,10 le mètre...............   ·3.85
A chaque extrémité desdites, ajus-
tement et brasure sur fer. Soit 10 ajus-
tements.
   A 1ᶠ,45 l'un....................   14.50

Total de ce vantail...............   163.09
Soit 105ᶠ,00 le mètre superficiel.
Prix de ce vantail en verres de couleurs
ci-après :
   Nº 1   Brun............. coûte   7.50
   Nº 2   Jaune clair........   »   7.50
   Nº 3   Rouge ....   »   10.00
   Nº 4   Jaune clair ordin... »   7.50
   Nº 5   Jaunâtre..........   »   3.75
   Nº 6   Bleuâtre..........   »   .3.75

   Ensemble...............   40.00
Déchet 5 0/0....................   2.00
Bénéfice 10 0/0.................   4.00

   Ensemble...............   46.00

Dont le 1/6 est de.............   7.65
A déduire :
Le prix du verre blanc demi-double
2ᵉ choix. Le mètre carré vaut.   3.88
Bénéfice 10 0/0...........   0.38

   Ensemble................   4.26

   Reste.............   3.39
Ce qui donne pour le prix de ce vantail en
verre de couleurs (105.00 + 3.39) 108ᶠ,40 au
mètre superficiel en chiffres ronds.

Septième exemple.

380. Figure 288. Panneau de vitrail
de 2ᵐ,20 de hauteur × 0ᵐ,70 de largeur
avec un seul galon extérieur de 0ᵐ,05 de
large.

Panneau mobile monté en vasistas en
fer.

Verre blanc demi-double comme précédent
pour façon de vitrail composé de rectangles,
jusqu'à cent pièces au mètre superficiel de
   2.10 × 0.60 produit.....   1.25
A 14ᶠ,50 le mètre................   18.12
Galon extérieur de 0.05 de largeur.
2 montants chaque 2.20.....   4.40
2 traverses chaque 0.70....   1.40

   Ensemble..........   5.80
A 2ᶠ,00 le mètre...............   11.60
Décoration comportant un ciel, des
arbustes, fleurs, oiseau.
   2.10 × 0.60 produit.....   1.26
A 85ᶠ,00 le mètre...............   107.10

   A reporter...............   136.82

Fig. 288.

Report...................   136.82
Fourni le châssis vasistas en fer
rainé de 0.014 d'épaisseur. Sauf assem-
blage et pose.
2 montants chaque 2.21
   Ensemble..........   4.42
2 traverses chaque 0.71
   Ensemble..........   1.42
   Longueur..........   5.84
A 1ᶠ,95 le mètre................   11.39

   A reporter...............   148.21

Report..................	148.21
Valeur fixe des 4 assemblages, de la traverse mobile et de la pose 5.65	
Ci.......................	5.65
Double châssis en tôle en feuillures formant battement.	
2 montants chaque 2.23	
Ensemble........... 4.46	
2 traverses chaque 0.73 .... 1.46	
Longueur.......... 5.92	
A 1f,95 le mètre................	11.54
2 charnières en fer.	
A 1f,60 l'une...................	3.20
1 loqueteau en cuivre avec mentonnet compris pose sur fer de force ordinaire en 0.050 de largeur, vaut.	2.05
Pose du vitrail en vasistas avec attaches soudées sur tringles de	
2.20 × 0.70 produit..... 1.55	
A 3f,30 le mètre................	5.11
Fourni 5 tringles en fer blanchi de 0.009 de diamètre.	
Chaque 0.70 ensemble ... 3.50	
A 1f,10 le mètre................	3.85
A chaque extrémité des tringles, ajustement et brasure sur fer, soit 10 ajustements.	
A 1f,45 l'un....................	14.50
Total de ce vantail..............	194.11
Soit 125f,00 le mètre superficiel.	

Prix de ce vantail en verre de couleurs ci-après :

N° 1 Coûte (Verre brun).......	7.50
N° 2 » légèrement bleuâtre	3.75
Ensemble	11.25
Dont 1/4 pour le n° 1. Soit... 1.88	
» 3/4 pour le n° 2. Soit... 2.82	
Ensemble................	4.70
Déchet 5 0/0....................	0.23
Bénéfice 10 0/0.................	0.47
Ensemble................	5.40
A déduire :	
La valeur du verre blanc demi-double 2ᵉ choix d'après détails composés ci-dessus	4.26
Reste...................	1.14
Prix du mètre superficiel en verre blanc......................	125.00
Ce qui met le prix de ce vantail en verres de couleurs le mètre superficiel à..........................	126.15

Huitième exemple.

381. Panneau de vitrail de 2ᵐ,20 de hauteur × 1ᵐ,00 de largeur, composé de carrés et de trapèzes, entouré d'un cours

Fig. 289.

de cives et cabochons, et encadré par un galon de 0ᵐ,05 de largeur (*fig.* 289).

Pour châssis dormant.

Verre blanc demi-double 2ᵉ choix pour façon de vitrail composé comme il est dit ci-dessus

VITRAIL MODERNE

de 1.80 × 0.60 produit....... 1.08
A 25ʳ,50 le mètre produit......... 27.55
Filet intérieur de 0ᵐ,02 de largeur.
   4 montants, chaque 2.10.   8.40
   4 traverses,   »   1.00.   4.00

      Longueur......... 12.40
A 0ʳ,75 le mètre................ 9.30
Dans le milieu du panneau :
Un motif décoratif composé par un cadre Louis XV, entourant un camée ogival, et dans le centre un monographe artistique. Vaut............ 45.00
Entre les deux filets intérieurs :
72 cabochons avec attaches en quatre sens.
   A 0ʳ,75 l'un................... 54.00
Galon extérieur de 0.05 de largeur.
   2 montants, chaque 2.20.   4.40
   2 traverses,   »   0.90.   1.80

      Longueur.......... 6.20
A 2ʳ,20 le mètre................ 13.64
Pose de vitraux avec attaches en plomb soudées.
     2.20 × 1.00 produit.   2.20
A 3ʳ,30 le mètre................ 7.26
Fourni les tringles en fer rond blanchies de 0.009 diamètre.
   5, chaque 1.00 ensemble.   5.00
A 1ʳ,10 le mètre................ 5.50
A chaque about des tringles :
Façon de 10 pattes ou œil à la demande.
   A 0ʳ,50 l'une, soit.............. 5.00

   Valeur de ce panneau............ 167.25
Ce même panneau, composé en verre de couleurs ci-après :
   Nº 1   Brun foncé, coûte....... 7.50
   Nº 2   Jaune ordin.,   » 7.50
   Nº 3   Rouge vif,   » 9.00
   Nº 4   Jaunâtre,   » 3.75
   Nº 5   Bleuâtre,   » 3.75
   Nº 6   Bleu riche,   » 8.00
   Nº 7   Grisâtre,   » 3.75

   Ensemble................... 43.25
Déchet 5 0/0.................... 2.16
Bénéfice 10 0/0 sur 43ʳ,25........ 4.33

   Ensemble................... 49.74

dont le 1/7 est de.............. 7.10
A déduire :
Valeur du verre blanc demi-double
2ᵉ choix de 3ʳ,88. Ci.......... 3.88
Bénéfice 10 0/0............. 0.38

   Ensemble................ 4.26

     Reste............ 2.84
Donc, le prix de ce vitrail en verre demi-

double blanc est de................ 167.25
Plus-value pour verres de couleurs
    2.20 × 1.00 produit. 2.20
A 2ʳ,84 le mètre................ 6.25
Soit : valeur de ce panneau en verres de couleurs différentes............. 173.50

Fig. 290.

Neuvième exemple.

382. Panneau de vitrail de 2.20 de haut sur 1.00 de largeur, composé de losanges superposés, entouré d'un cours de cabochons alternés avec des losanges et encadré par un galon de 0.05 de largeur; dans le milieu un motif avec cadre (*fig.*290).

Métrage.

Verre blanc demi-double, 2e choix, pour façon de vitrail de la composition (*fig.* 290) de

1.80 × 0.60 largr. prod.. 1.08	
A 18f,75 le mètre...............	20.15

Filet intérieur de 0.02 de largeur.

4 fois 2.10 ensemble..... 8.40	
4 » 1.00 » 4.00	
Ensemble.......... 12.40	
A 0f,75 le mètre...............	9.30

Dans le milieu du panneau :

Un motif décoratif composé par un horizon montagne, arbre et au premier plan un arquebusier, le tout encadré et volutes d'attache aux angles, vaut. ... 50.00

Entre les deux filets :

34 cabochons avec accessoires.	
A 0f,75 l'un....................	25.50
26 losanges intermédiaires.	
A 0f,75 l'un....................	19.50

Galon extérieur de 0.05 de largeur.

2 fois 2.20 ensemble..... 4.40	
2 » 0.90 » 1.80	
Ensemble.......... 6.20	
A 2f,20 le mètre...............	13.64

Pose de vitraux avec attaches soudées.

2.20 × 1.00 produit. 2.20	
A 3f,30 le mètre...............	7.26

Fourni les tringles en fer rond blanchies de 0.009 diamètre.

5 chaque 1.00, ensemble. 5.00	
A 1f,10 le mètre...............	5.50

A chaque extrémité, façon de dix pattes ou œil à la demande.

A 0f,50 l'un....................	5.00
Valeur de ce panneau...........	155.85

Ce même panneau composé en verre de couleurs ci-après :

N° 1	Brun foncé, coûte........	7.50
N° 2	Bleu de roi, »	10.00
N° 3	Rouge clair, »	9.00
N° 4	Jaune ordin., »	7.50
N° 5	Jaunâtre, »	3.75
N° 6	Bleuâtre, »	3.75
N° 7	Grisâtre, »	3.75
	Ensemble...............	45.25

Déchet 5 0/0...................	2.25
Bénéfice 10 0/0 sur 45f,25........	4.53
Ensemble...............	52.03

Le 1/7 est de................... 7.43

Dont à déduire :

Valeur du verre blanc demi-double, 2e choix de 3.88. Ci.......... 3.88	
Bénéfice 10 0/0............. 0.38	
Ensemble...............	4.26
Reste............	3.17

Donc le prix de ce vitrail en verre blanc est de 155.85

Plus-value pour verre de couleurs.

2.20 × 1.00 produit.. 2.20	
A 3f,17 le mètre...............	6.97

Valeur de ce panneau en verre de couleurs........................ 162.82

Ce panneau peut être demandé en châssis mobile en bois ou en fer, dans ces deux cas se reporter à ce qui est dit ci-dessus.

Dixième exemple.

383. Grand panneau décoratif de 4.15 × 2.80, fermant une grande baie de jardin d'hiver, vitraux modernes montés sur fer (d'après la planche hors texte, en couleurs, de M. L. Chauvet).

Métrage.

Verre demi-double, 2e choix, pour vitrail composé suivant planche en couleurs de

4.15 × 2.80 produit. 11.62	
A 21f,00 le mètre...............	244.02

Décoration artistique moderne, feuilles d'eau et grenouilles, même surface, produit............. 11.62

A déduire :

2 écoinçons chaque :	
1.40 × 0.30 réduits 0.84	
Partie centrale à sujet	
2.70 réduite	
× 1.35 produit....... 3.65	
Ensemble.......... 4.49	
Reste...... 7.13	

A 35f,00 le mètre (prix moyen pouvant varier suivant la main de l'artiste exécutant)....................... 249.55

Décoration des 2 écoinçons de la partie haute.

A 20f,00 l'un....................	40.00

La partie centrale composée d'un sujet féminin en pied encadré de feuilles et rinceaux. Vaut, prix moyen....... 80.00

Pose de vitraux sur fer avec attaches soudées sur tringles.

4.15 × 2.80 produit 11.62	
A 3f,30 le mètre...............	38.35
A reporter...............	651.92

Report.................... 651.92
Fourni les tringles en fer rond de
0.009 de diamètre.
16 de chaque 0.60 ensemble   9.60
8   »   1.35   «   10.80

Ensemble......... 20.40
A 0f,45 le mètre...............   9.18
Plus-value pour tringles de fer blan-
chies, même longueur....... 20.40
A 0f,65 le mètre...............   13.26
A chaque extrémité des tringles
façon de pattes en T à la demande, du
fer à moulures.

Ensemble....... 48 pattes
A 0f,50 l'une..................   24.00
48 entailles de dérasement pour
pattes dans le fer à moulures au burin
et à la lime.
A 1f,00 l'une..................   48.00
48 brasures sur fer à moulures.
A 0f,75 l'une..................   36.00

Total de ce panneau en vitrail.....   782.36
Même panneau en vitraux de couleurs ci-
après.

Bleu riche coûte...............   10.00
Bleuâtre....................   3.75

Ensemble................   13.75
Déchet 5 0/0...................   0.69
Bénéfice 10 0/0.................   1.37

Ensemble................   15.81

Dont moitié....................   7.90
A déduire :
Valeur du verre blanc demi-double,
2e choix....................   3.88
Bénéfice 10 0/0............   0.38

Ensemble................   4.26

Reste............   3.64

Donc :
La valeur de ce panneau en verre
blanc............................   782.36
Plus-value pour emploi de verre de
couleur.
4.15 × 2.80 produit...   11.62
A 3f,64 le mètre.................   42.30

Total de ce panneau en verre de
couleurs.......................   824.66
Ce même panneau, vu ses dimensions, pourrait
être exécuté en verre de couleur *double*. Voici
alors quelle en serait la valeur :

Bleu riche, verre double........   13.50
Bleuâtre....................   5.00

Ensemble................   18.50
Déchet 5 0/0...................   0.93
Bénéfice 10 0/0.................   1.85

Ensemble................   21.28

Par moitié....................   10.64
A retrancher :
La valeur du verre demi-double   3.88
Bénéfice 10 0/0............   0.38

Ensemble................   4.26

Reste............   6.38
Soit la valeur du panneau en verre blanc
demi-double, comme ci-dessus......   782.36
Plus-value pour emploi de verre
double et de couleur.
4.15 × 2.80 produit...   11.62
A 6f,38 le mètre.................   74.14

Total de ce panneau en verre de
couleur double....................   856.50

Onzième exemple.

384. Grand panneau décoratif de 4.15
× 2.80 pour grande baie de serre. Vitraux
modernes montés sur fer (d'après la
planche hors texte, en couleurs, de M. L.
Chauvet).

Métrage.

Verre demi-double, 2e choix, pour façon de
vitrail, suivant de planche couleurs.
4.15 × 2.80 produit...   11.62
A 21f,00 le mètre...............   244.02
Décoration artistique composée de
fleurs, feuilles, rinceaux et vases.
4.15 × 2.80 produit...   11.62
Moins :
2 écoinçons chaque :
1.40 × 0.30 réduits   0.84
Partie centrale à sujet.
2.70 réduite × 1.35 prod.   3.65

Ensemble.............   4.49

Reste............   7.13
A 90f,00 le mètre, *prix moyen*....   641.70
2 écoinçons décorés avec cercles et
triangles.
A 10f,00 l'un...................   20.00
Décoration de la partie centrale,
composée d'un sujet masculin en pied
encadré de feuilles et de rinceaux.
Vaut, *prix moyen*...........   80.00
Fourni les tringles en fer rond
0.009 de diamètre.
16, chaque 0.60, ensemble   9.60
8   »   1.35   »   10.80

Ensemble..........   20.40
A 0f,45 le mètre...............   9.18
Plus-value pour tringles en fer blan-
chies, même longueur.......   20.40
A 0f,65 le mètre...............   13.26

A reporter................   1008.16

Report....................	1008.16

A chaque extrémité des tringles façon de pattes en **T** à la demande, du fer à moulures.

48 pattes.

| A 0ᶠ,50 l'une .... | 24.00 |

48 entailles pour pattes dans le fer, à moulures.

| A 1ᶠ,00 l'une .... | 48.00 |

48 brasures sur fer à moulures.

| A 0ᶠ,75 l'une .... | 36.00 |
| Total de ce panneau en verre blanc. | 1116.16 |

Même panneau en verre blanc demi-double de couleur comme figure précédente, soit :

Verre blanc produit.............	1 116.16

Verre de couleur.

4.15 × 2.80 produit. 11.62	
A 3ᶠ,77 le mètre...............	43.80
Total en verre demi-double de couleur......................	1159.96

Même panneau en verre double de couleurs.

| Verre blanc demi-double .... | 1116.16 |

Plus-value de verre de couleur double.

4.15 × 2.80 produit... 11.62	
A 6ᶠ,38 le mètre	74.14
Total en verre de couleur double	1190.30

TENTURE

Prix élémentaires.

385. Heure de jour de colleur, été et hiver, y compris outillage. Vaut Série 1901 (prix moyen) 8ᶠ,75 (N° 1).

Matériaux.

386. Nota. — *Tous les prix de matériaux comprennent le transport à pied-d'œuvre* (N° 2).

Bandes en tôle de 0ᵐ,027 de largeur. Vaut le mètre linéaire 0ᶠ,22 (N° 3).

Bandes en zinc n° 12 de 0ᵐ,027 de largeur, le rouleau de 100 mètres, 11ᶠ,00. Soit : 1ᶠ,10 le mètre (N° 4).

Bandes en zinc n° 10 à T de 0ᵐ,03 de développement. Vaut 0ᶠ,17 le mètre de longueur (N° 5).

Les bandes en zinc plat s'appliquent sur les portes d'armoires ou sous tenture pour en cacher les joints (*fig.* 291).

Les bandes de zinc à T se clouent dans la feuillure d'une porte et sur l'épaisseur extérieure du bâtis (*fig.* 292).

Calicot blanc de 0ᵐ,84 à 1ᵐ,00 de largeur. Le mètre linéaire 0ᶠ,40 (N° 6).

Calicot écru de 0ᵐ,95 de largeur. Vaut 0ᶠ,40 le mètre linéaire (N° 7).

Colle de pâte, le kilogramme 0ᶠ,10 (N° 8).

Molleton, première qualité, de 1ᵐ,40 de largeur. Vaut le mètre linéaire 1ᶠ,30 (N° 9).

Papier gris azuré, rose, pâte bien collée et sans bouton pesant 21 kilogrammes la balle de 100 rouleaux ayant chacun 8ᵐ,00 et 0ᵐ50. Vaut les 100 rouleaux 15ᶠ,00 (N° 10).

Papier bulle ou blanc pesant 23 kilo-

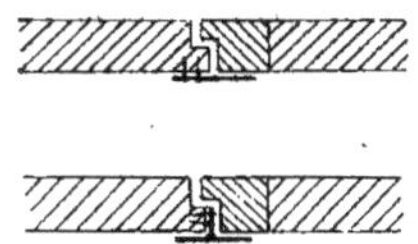

Fig. 291 et 292.

grammes. Vaut les 100 rouleaux 19ᶠ,00 (N° 11).

Papier goudron Cardon, le mètre carré 0ᶠ,15 (N° 12).

Papier bleu, pour armoires ou rayons, la rame de vingt mains donnant une surface de 4 mètres par main (comme le papier gris de 8ᵐ,00 × 0ᵐ,50). Vaut la rame 4ᶠ,00 (N° 13).

Papier métallique, doublé d'étain, le rouleau de 8 feuilles de 1ᵐ,00 et 0ᵐ,50 pesant 1 kilogramme. Vaut le rouleau 4ʳ,00 (Nᵒ 14).

Pointes, le paquet de 5 kilogrammes 475. Vaut le kilogramme 0ʳ,95 (Nᵒ 15).

Par moins de 5 kilogrammes, 1ʳ,40 le kilogramme (Nᵒ 16).

Pointes galvanisées à zinc, 1ʳ,70 le kilogramme (Nᵒ 17).

Semences, le paquet de 5 kilogrammes 450. Vaut 0ʳ,90 (Nᵒ 18).

Par moins de 5 kilogrammes. Vaut 1ʳ,20 (Nᵒ 19).

Galvanisées, le paquet de 5 kilogrammes 675. Vaut 1ʳ,35 (Nᵒ 20).

Par moins de 5 kilogrammes. Vaut 1ʳ,80 (Nᵒ 21).

Toile dite de Paris, largeur 1ᵐ,00, la pièce de 64 mètres, 30 fils par décimètre carré, le mètre linéaire 0ʳ,14 (Nᵒ 22).

Toile forte pour charnières de paravents, largeur 0ᵐ,80. Vaut 0ʳ,80 le mètre linéaire (Nᵒ 23).

Le papier gris, est un papier d'apprêts, qui se colle habituellement sous les papiers de tenture d'un certain prix, ou, encore, en attente de la location des habitations; pour permettre de donner au locataire le choix du papier de tenture définitif.

Le papier bulle s'emploie pour recouvrir les murs dans certains ateliers d'artistes, bureaux et agences d'architectes; ces murs sont arrêtés haut et bas par un champ de 0ᵐ,10 de largeur (ordinairement) servant de bordure.

Avant le collage des papiers ci-dessus (*gris et bulle*) les murs doivent être égrénés des grains de plâtre projetés par le travail des maçons.

Le papier goudron s'emploie pour le revêtement de parties légèrement humides; il sert aussi quelquefois de toiture, et, dans ce cas, est, non collé, mais cloué avec lattes en bois goudronnées et clouées également sur les joints.

Le papier bleu a son application presque exclusivement dans les intérieurs d'armoires.

Le papier métallique doublé d'étain a son emploi sur les parties murales humides, il se colle, ou à la colle de pâte, ou à la céruse.

La toile de Paris se cloue sur portes d'armoires, ou sur bâtis de tenture, elle est bordée d'un papier gris, collé par bandes sur les parties clouées sur la surface totale, un papier gris d'apprêt est collé, en attente du papier de tenture définitif.

La toile forte se cloue de chaque côté d'un joint d'ouverture de porte pour former charnière, et empêcher ainsi que le papier de tenture collé par dessus se déchire une fois la siccité de la colle complète. A ce sujet il est une recommandation importante à retenir, celle-ci:

Chaque fois que l'on aura à coller du papier de tenture sur une porte d'armoire, ou dissimulée dans le mur, ne pas oublier de fermer la porte et laisser sécher le papier (*la porte fermée*); faute de cette précaution le papier se tendra en séchant la porte ouverte, et se cassera dès que l'on la fermera.

Prix composés.

387. *Observation générale.* — Les prix de règlement ci-après, établis pour les travaux particuliers exécutés dans Paris sont composés:

1ᵒ Des déboursés pour la main-d'œuvre et les fournitures;

2ᵒ Des faux frais calculés sur la main-d'œuvre seulement;

3ᵒ Des bénéfices appliqués au prix de la main-d'œuvre et des fournitures et aux faux frais.

Les faux frais sont fixés à 21ʳ,35 0/0 y compris les risques d'accidents (Loi du 9 avril 1898).

Le bénéfice est fixé à 10 0/0.

Prix de règlement.

388. Tous les prix qui vont suivre s'appliquent à des travaux faits avec des matériaux de la première qualité dans l'espèce indiquée et avec toute la perfection possible d'exécution; ils comprennent le nettoyage et l'enlèvement de tous résidus provenant du travail exécuté, le temps de ces nettoyage et enlèvement figurant aux sous-détails.

Heure de jour. — De colleur (été et hiver) compris outillage. Vaut 1ʳ,60 (Nᵒ 24 de la Série).

Les prix des salaires, varient avec la

valeur de l'ouvrier, les prix portés à la présente Série sont des prix moyens, ayant servi de base pour l'établissement des sous-détails (Observation N° 24 *bis*).

Aucun travail ne pourra être exécuté à l'heure que sur un ordre écrit, et, dans ce cas, des attachements journaliers constateront le temps passé, et les travaux auxquels, il aura été employé, l'entrepreneur devra dresser ses attachements en double, et les faire reconnaître en temps utile (Observation N° 25).

Heure supplémentaire. — Les heures supplémentaires jusqu'à huit heures du soir, seront payées parfois le même prix que les heures de jour (N° 26).

Heure de nuit. — Les heures de nuit commenceront à huit heures du soir et finiront à six heures du matin. A défaut de conventions particulières, les heures de nuit seront payées le double des heures de jour (N° 27).

Travaux faits à la lumière. — En outre des stipulations qui précèdent, il ne sera accordé d'autre plus-value que celle relative aux fournitures d'éclairage déboursées par l'entrepreneur (N° 28); pour les observations relatives à ces genres de travaux se reporter aux commentaires correspondant à la Série de peinture.

Travaux faits dans l'embarras des meubles.

Même observation que celle N° 94 de la Série de Peinture (N° 29).

Matériaux. — Les prix des matériaux pour fournitures seulement, rendus à pied-d'œuvre, seront composés des prix de déboursés augmentés du bénéfice de 10 0/0 (N° 30).

**Travaux d'apprêts au mètre superficiel
ou au rouleau.**

389. *Calicot* (au mètre superficiel).

Fourni cousu, tendu, maroufé à la colle. Vaut 0ʳ,93 (N° 31).

Calicot posé seulement. Vaut 0ʳ,38 (N° 32).

Plus-value de collage en plafond 0ʳ,04 (N° 33).

Plus-value de collage en pente ne dépassant pas la largeur du calicot. Le mètre linéaire 0ʳ,04 (N° 34).

Égrenage des plâtres neufs (par ordre exprès) le mètre superficiel 0ʳ,07 (N° 35).

Encollage. — Pour obtenir l'adhérence du papier, il est nécessaire de donner une couche d'encollage sur la pierre de taille peintures à l'huile, les bois naturels 0ʳ,16 le mètre superficiel (N° 36).

Grattage à vif d'anciens papiers (*au mètre superficiel*).

Papiers ordinaires, mats, unis, satinés, dorés, 0ʳ,22 (N° 37).

Papiers à dessins veloutés ou vernis gaufré, 0ʳ,43 (N° 38).

Papier velouté en plein cuir repoussé, 0ʳ,58 (N° 39).

Papier cheviotte, 0ʳ,63 (N° 40).

Plus-values sur plafond, pour papiers ordinaires 0ʳ,04 (N° 41), pour les numéros 38 à 40-0ʳ,08 (N° 42).

Papier d'apprêt, fourni colle.

Gris bis, le rouleau 0ʳ,59 (N° 43).

Bulle, blanc, azuré ou rose 0ʳ,63 (N° 44).

Goudron. Le mètre superficiel 0ʳ,44 (N° 45).

Pâte bleue. Le rouleau 0ʳ,65 (N° 46).

Plus-value de collage en plafond des papiers d'apprêts. Vaut 0ʳ,07 le rouleau (N° 47).

Plus-value de collage de papier goudron sur marches d'escalier, le mètre superficiel 0ʳ,20 (N° 48).

Plus-value de collage, dans les armoires et casiers, de papier bleu, pâte ou bois ordinaire. Vaut le rouleau 0ʳ,20 (N° 49).

Collage dans les armoires ou les casiers, de papiers unis clairs ou bois soignés. Vaut le rouleau 0ʳ,80 (N° 50).

Papier métallique doublé d'étain (au mètre superficiel), fourni et collé à la colle de pâte 2ʳ,28 (N° 51), fourni et collé à la céruse y compris l'impression à l'huile, et l'encollage avant la tenture. Vaut 3ʳ,53 le mètre carré (N° 52).

Plus-value pour collage en plafond, 0ʳ,33 (N° 53).

Ponçage de papiers d'apprêts pour tenture très soignée. Vaut le mètre superficiel 0ʳ,04 (N° 54).

Toile (au mètre superficiel).

Neuve, fournie, tendue, cousue, compris maroufflage remplis, mais non compris bordage. Vaut 0ʳ,44 le mètre (N° 55).

Toile vieille, détendue, recousue, reclouée, marouflée, non compris bordage 0ʳ,28 (N° 56).

Plus-value de pose en plafond, 0ʳ,05 (N° 57).

Travaux d'apprêts au mètre linéaire.
Bande pour fourniture et pose.

En papier gris, posée à l'eau pour bordage de toile ou porte sous tenture. Vaut 0ʳ,05 (N° 58).

Le bordage se fait sur les coutures, à l'emplacement du clouage et sur les extrémités en quatre sens des parties de toiles clouées, il est d'usage courant de compter 4 mètres linéaires de bordage par mètre superficiel de toile clouée.

Bande en double papier gris posée à l'eau à l'anglaise sur huisseries et bois apparents. Vaut 0ʳ,06 (N° 59). Ces bandes se collent à l'eau, puis se trouvent comprise avec le papier de tenture qu'elles doublent en conservant de la dilatation ; et empêchant le papier décoratif de se casser par suite du retrait du bois et du plâtre.

On colle des bandes à l'eau sur les parties suivantes : *huisseries scellées en plafond, huisseries à chapeau, poteaux d'angles, poteaux de remplissage, et traverses d'entretoises.*

Plus-value pour pose de bande à l'eau en plafond. Le mètre linéaire 0ʳ,015 (N° 60).

Bandes de calicot de 0ᵐ,10 de largeur fournies et collées à la colle de pâte 0ʳ,12 (N° 61).

Dito fournies et collées à l'huile 0ʳ,16 (N° 62).

Plus-value de pose en plafond 0ʳ,04 (N° 63).

Bandes de toile forte de 0ᵐ,10 de largeur fournies et collées à la colle de pâte 0ʳ,18 (N° 64).

Pour les bandes de calicot sur crevasses, se reporter à ce qui a été décrit à ce sujet à la Peinture.

Plus-value pour charnière clouée en soufflet avec bandes en calicot ou toile. Vaut 0ʳ,07 le mètre (N° 65).

Les charnières en calicot ou toile, se font sur ouvertures de portes d'armoires, ou dissimulées dans les murs de la manière suivante : la bande de 0ᵐ,10 de largeur se trouve légèrement boursouflée sur le joint, ensuite le papier de tenture étant collé et le tout une fois sec, la tension de la toile sous l'action de la colle fait disparaître le bourrelet, en dissimulant complètement le joint d'ouverture.

Bande en tôle de 0ᵐ,027 de largeur, fournie et posée avec vis à garnir. Vaut le mètre linéaire 0ʳ,47 (N° 66).

Bande en zinc N° 12 de 0ᵐ,027 de largeur fournie et clouée. Vaut le mètre linéaire 0ʳ,33 (N° 67).

Dépose, redressage et clouage à neuf 0ʳ,20 (N° 68).

Bande de zinc à T, n° 10 de 0ᵐ,05 développé fournie et clouée en feuillures 0ʳ,53 (N° 69).

Dépose, redressage et repose avec clous neufs. Vaut le mètre linéaire 0ʳ,33 (N° 70).

Grattage d'anciennes bordures et champs veloutés jusqu'à 0ᵐ,10 de largeur. Le mètre linéaire 0ʳ,04 (N° 71).

Collage de tenture au mètre superficiel ou au rouleau.

390. *Collage* au rouleau de 8 mètres de longueur d'impression effective.

De papiers de 0ᵐ,47 de largeur d'impression.

Naturel et sans impression, le rouleau 0ʳ,46 (N° 72).

Ordinaire, imprimé, sans fond ou sur fond, mat ou satiné (le prix d'acquisition n'excédant pas 0ʳ,75 le rouleau) 0ʳ,33 (N° 73), les mêmes qu'à l'article précédent, mais d'un prix d'acquisition supérieur à 0ʳ,75 le rouleau. Vaut 0ʳ,39 (N° 74).

Collage de papier.
Imprimé sans fond et doré ou vernis, 0ʳ,39 le rouleau (N° 75).

Imprimé sur fond mat et doré ou vernis, 0ʳ,66 le rouleau (N° 76).

Imprimé en velouté sur fond mat ou satiné, 0ʳ,66 le rouleau (N° 76).

Fond uni, mat foncé, satin clair ou bronzé, 0ʳ,66 le rouleau (N° 76).

Fond uni, mat foncé et teintes soies 0ʳ,79 le rouleau (N° 77).

Carton à recouvrements, 0ʳ,79 le rouleau (N° 77).

Faïences justes et décomposées, 0ʳ,90 le rouleau (N° 78).

Tenture émargée des deux côtés et collée à demi-joint, 0ʳ,90 le rouleau (N° 78).

Carton à relief, velouté cheviotte et autres colles à joints vifs compris sous-joints, 1ʳ,32 le rouleau (N° 79).

Cuir repoussé à joints vifs, sous-joints, 1f,58 le rouleau (N° 80).

Pour le collage des tentures à joints vifs, avec sous-joints, il est utile après avoir *plombé et tringlé* le premier *lé* de tracer les sous-joints tout d'abord, et ensuite les faire assez larges pour qu'en cas d'irrégularité dans le pourtour à coller, les deux joints vifs viennent reposer sur une partie du sous-joint.

Plus-values de collage en plafond, ou par parties horizontales pour former lambris.

Pour les N°s 72 à 76, le rouleau 0f,07 (N° 81).

Pour les N°s 77 et 78, le rouleau 0f,13 (N° 82).

Pour les N°s 79 et 80, le rouleau 0f,26 (N° 83).

Plus-values de : Collage en marquise ou à pointe de diamant, 0f,13 (N° 84).

Tenture fermée ou à pointe de diamant, 0f,13 (N° 85).

En plus pour chaque onglet, 0f,025 (N° 86).

Tenture ajustée sur trait pour recevoir une bordure à joints ou arasée sur moulure (*le mètre linéaire*), 0f,05 (N° 87).

Pour collage, de papier de 0m,54 de largeur d'impression le rouleau, 0f,13 (N° 88).

Papier de 0m,66 de largeur d'impression, 0f,26 (N° 89).

Plus-value, pour papier de plus de 0m,66 de largeur d'impression par chaque décimètre ou fraction de décimètre en plus de 0m,66, il sera ajouté par rouleau 0f,13 (N° 90).

Collage par panneaux d'un seul morceau de papier, mat, satiné, velouté ou cheviotte (le mètre superficiel) 0f,66 (N° 91).

Plus-value sur plafond à estimer suivant difficulté (N° 92).

Le papier collé en plafond exigeant la présence de deux ouvriers, nous estimons qu'en l'espèce, il serait équitable de payer le collage *au double de la façon ordinaire.*

Collage par lés de papier dont le dessin n'occupe que partiellement la hauteur du lé.

Ce papier donnant 2, 3 ou 4 lés au rouleau, le lé sera payé à la pièce 3/4, 1/2 ou 3/8 du collage d'un rouleau de même nature. Observation (N° 93).

391. *Observation :* Le papier de tenture qui est compté valeur marchande comme ayant 8 mètres de longueur sur 0m,50 de largeur, n'a en réalité pour le collage que 7m,70 comme moyenne en déduisant la partie extérieure du rouleau inutilisable, en raison de sa manipulation, à 0m,47 de largeur, étant donné les deux revêtements de chaque 0m,015 qui ne sont pas peints et doivent être émargés ; il s'ensuit que le papier collé, n'a pas les mêmes surfaces couvrantes que le papier fourni. La quantité de dessins entrant dans un rouleau sert à déterminer la quantité de lés à fournir, suivant la hauteur des murs à coller.

Par exemple :

Un rouleau dont le dessin sera de :

	dessins	pour 3 lés	pour 4	pour 5	pour 6
0m,10 contiendra	80	26	20	16	10
0 ,15 »	53	14	13	10	8
0 ,20 »	40	13	10	8	6
0 ,25 »	32	10	8	6	5
0 ,30 »	26	8	6	5	4
0 ,35 »	22	7	5	4	3
0 ,40 »	20	6	5	4	3
0 ,45 »	17	5	4	3	2
0 ,50 »	16	5	4	3	2
0 ,55 »	14	4	3	2	2
0 ,60 »	13	4	3	2	2
0 ,65 »	12	4	3	2	2
0 ,70 »	11	3	2	2	2
0 ,75 »	10	3	2	2	1
0 ,80 »	9	3	2	1	1
0 ,85 »	9	3	2	1	1
0 ,90 »	8	2	2	1	1

VITRAIL MODERNE

Voici, étant donné que le rouleau émargé n'a que 0^m,42 de largeur (1 côté émargé, l'autre côté servant de recouvrement), la quantité des lés employés, d'après le pourtour des murs à couvrir :

1 lé couvre	0^m,47 de pourtour.
2 lés couvrent	0 ,94	»
3 » »	1 ,41	»
4 » »	1 ,88	»
5 » »	2 ,35	»
6 » »	2 ,82	»
7 » »	3 ,29	»
8 » »	3 ,76	»
9 » »	4 ,23	»
10 » »	4 ,70	»
11 » »	5 ,17	»
12 » »	5 ,64	»
13 » »	6 ,11	»
14 » »	6 ,58	»
15 » »	7 ,05	»
16 » »	7 ,42	»
17 » »	7 ,99	»
18 » »	8 ,46	»
19 » »	8 ,93	»
20 » »	9 ,40	»
21 » »	9 ,87	»
22 » »	10 ,34	»
23 » »	10 ,81	»
24 » »	11 ,28	»
25 » »	11 ,75	»
26 » »	12 ,22	»
27 » »	12 ,69	»
28 » »	13 ,16	»
29 » »	13 ,63	»
30 » »	14 ,10	»
31 » »	14 ,57	»
32 » »	15 ,04	»
33 » »	15 ,51	»
34 » »	15 ,98	»
35 » »	16 ,45	»
36 » »	16 ,92	»
37 » »	17 ,39	»
38 » »	17 ,86	»
39 » »	18 ,33	»
40 » »	18 ,80	»
41 » »	19 ,27	»
42 » »	19 ,74	»
43 » »	20 ,21	»
44 » »	20 ,68	»
45 » »	21 ,15	»
46 » »	21 ,62	»
47 » »	22 ,09	»
48 lés couvrent	22 ,56 de pourtour.
49 » »	23 ,03	»
50 » »	23 ,50	»

Dans chaque pièce collée il est sage de conserver un rouleau en cas de raccords, le papier de plus de deux années de fabrication ne se retrouvant plus dans le commerce.

392. *Collage de cuir Japonais.*

De 0^m,57 de largeur. Vaut le mètre carré 0^f,55 (N° 94).

De 0^m,80 de largeur. Vaut le mètre carré 0^f,80 (N° 95).

Ces papiers cuirs se collent avec de la colle de seigle ou à la dextrine.

Collage à la colle de dextrine par panneau d'un seul morceau, de toiles ou autres étoffes. Vaut le mètre superficiel 0^f,53 (N° 96).

Pose de cuir, par panneaux flottants, les lés assemblés avec joints évidés en feuillure, le mètre carré 1^f,60 (N° 97).

Les joints sont évidés en feuillures l'un dessus, l'autre dessous, afin de ne former aucune épaisseur de recouvrement une fois collés.

Pose de cuir par panneaux flottants, mais l'assemblage des lés étant fait par le fabricant. Vaut le mètre superficiel, 0^f,53 (N° 98).

Nota. — Des bandes de calicot de 0^m,05 collées à la colle de seigle, pour consolider les joints, seront payés en plus, au prix du N° 61 (Observation N° 99).

393. *Pose de toile peinte* ou imprimée, cretonne ou satinette, clouée et tendue, le mètre superficiel 0^f,46 (N° 100).

Plus value pour pose en plafond 0^f,13 (N° 101).

Il sera payé en plus par chaque mètre linéaire de couture 0^f,33 (N° 102).

Cretage clouage autour des ouvertures, le mètre linéaire. Vaut 0^f,20 (N° 103).

Plus-value pour repli à l'anglaise, le mètre linéaire 0^f,13 (N° 104).

394. *Pose de molleton*, le mètre superficiel 0^f,24 (N° 105).

Nota. — La couture du molleton sera payée comme au N° 102. (Observation N° 106).

Pli façonné et posé, le mètre linéaire 0^f,14 (N° 107).

Travaux d'escalier.
Sans échafaud. Plus value 1/3 (observation N° 108). Avec échafaudage au-dessus de 3 mètres à estimer (N° 109).

Dépose d'étoffe, tenture murale en outre compris dépose de cables, etc., le mètre superficiel 0ʳ,35 (N° 110).

Ouvrages au mètre linéaire.

396. *Baguette* pour fourniture et déchet.
Sapin raboté.

1 Jonc ou latte de	0ᵐ,010	de largeur, vaut	0ʳ,09	(N° 111)
1 »	»	0 ,020	»	»	0 ,21	(N° 112)
1 »	»	0 ,030	»	»	0 ,29	(N° 113)
Latte plate »	0 ,030	»	»	0 ,29	(N° 114)
»	»	0 ,040	»	»	0 ,35	(N° 115)

Noir verni.

Demi-jonc de	0 ,010	»	»	0 ,17	(N° 116)
»	0 ,012	»	»	0 ,18	(N° 117)
»	0 ,015	»	»	0 ,20	(N° 118)
»	0 ,017	»	»	0 ,22	(N° 119)
»	0 ,020	»	»	0 ,24	(N° 120)
Latte plate	0 ,010	»	»	0 ,17	(N° 121)
»	0 ,015	»	»	0 ,20	(N° 122)
»	0 ,020	»	»	0 ,23	(N° 123)
»	0 ,027	»	»	0 ,31	(N° 124)

Noir verni.

Latte 1 et 2 gorges tresse et jonc	0 ,015	»	»	0 ,23	(N° 125)
» » » »	0 ,020	»	»	0 ,29	(N° 126)
» 2 gorges » »	0 ,015	»	»	0 ,23	(N° 127)
» » » »	0 ,030	»	»	0 ,29	(N° 128)

Noir verni et un or chimique.

Latte 1 gorge de	0 ,015	»	»	0 ,32	(N° 129)
» »	0 ,020	»	»	0 ,38	(N° 130)
» »	0 ,027	»	»	0 ,45	(N° 131)
Jonc 2 gorges	0 ,015	»	»	0 ,32	(N° 132)
» »	0 ,020	»	»	0 ,38	(N° 133)
» »	0 ,027	»	»	0 ,45	(N° 134)

Baguette (au mètre linéaire).
Noir verni et deux ors chimiques ou tout or chimique.

Jonc 2 gorges de	0ᵐ,015	de largeur, vaut	0ʳ,39	(N° 135)
» »	0 ,020	»	»	0 ,44	(N° 136)
» »	0 ,027	»	»	0 ,58	(N° 137)

Tout or chimique.

Demi-jonc de	0 ,010	»	»	0 ,23	(N° 138)
»	0 ,012	»	»	0 ,24	(N° 139)
»	0 ,015	»	»	0 ,28	(N° 140)
»	0 ,017	»	»	0 ,31	(N° 141)
»	0 ,020	»	»	0 ,37	(N° 142)
Latte plate gorge ou tresse	0 ,010	»	»	0 ,29	(N° 143)
» » »	0 ,015	»	»	0 ,35	(N° 144)
» » »	0 ,020	»	»	0 ,40	(N° 145)
» » »	0 ,027	»	»	0 ,52	(N° 146)

Noir ciré.

Lattes	0 ,010	»	»	0 ,17	(N° 147)
»	0 ,015	»	»	0 ,20	(N° 148)
»	0 ,020	»	»	0 ,23	(N° 149)
»	0 ,027	»	»	0 ,31	(N° 150)

Noir ciré et un or.

Latte 1 gorge de	0 ,015	»	»	0 ,32	(N° 151)
» »	0 ,020	»	»	0 ,38	(N° 152)
» »	0 ,027	»	»	0 ,45	(N° 153)

Noir ciré deux ors.

Lattes 2 gorges	0 ,015	»	»	0 ,40	(N° 154)
» »	0 ,020	»	»	0 ,44	(N° 155)
» »	0 ,027	»	»	0 ,58	(N° 156)

Or fin.

Demi-jonc et latte plate	0 ,010	»	»	0 ,64	(N° 157)
» »	0 ,012	»	»	0 ,69	(N° 158)
» »	0 ,016	»	»	0 ,92	(N° 159)
» »	0 ,020	»	»	0 ,98	(N° 160)
» »	0 ,027	»	»	1 ,21	(N° 161)
Latte à gorge, tresse et jonc	0 ,015	»	»	0 ,98	(N° 162)
» » »	0 ,020	»	»	1 ,16	(N° 163)
» » »	0 ,027	»	»	1 ,39	(N° 164)

Deux gorges avec ornements, perles, rubans, raies de cœur.

» » »	0^m,015 de largeur, vaut	1^f,27	(N° 165)
» » »	0 ,020 » »	2 ,08	(N° 166)
» » »	0 ,027 » »	2 ,60	(N° 167)

Pour ajustement et pose en sapin naturel (compris coupes) le mètre linéaire 0^f,12 (N° 168).

Pour recouvrement en papier ou étoffe mètre linéaire 0^f,08 (N° 169).

Pour ajustement et pose de baguette recouverte.

Vernie, cirée, dorée. Vaut 0^f,20 (N°170).

Plus-values : De pose de baguette excédant 0,041. Vaut 0^f,04 (N° 171).

De pose de baguette en avant 0,041. Vaut 0^f,025 (N° 172).

De pose de baguette en plafond, 0^f,041. Vaut 0,04 (173).

De pose de baguette ornementée 0,041. Vaut 0,025 (N° 174).

Pour dépose avec soin devant être réemployée. Vaut 0^f,027 (N° 175).

Pour arrachage de clous devant être réemployés. Vaut 0^f,027 (N° 176).

Pour nettoyage de clous devant être réemployés. Vaut 0^f,027 (N° 177).

Pour arrachage de papier ou d'étoffe sur baguette en sapin naturel Vaut 0^f,025 (N° 178).

Rosace ou socle sans ornements. Vaut 0^f,025 (N° 178).

Noir verni grandeur moyenne, la pièce. Vaut 0^f,50 (N° 179).

Or fin grandeur moyenne, la pièce. Vaut 0^f,75 (N° 180).

Collage au mètre linéaire :

De bordure ordinaire sans fond, mate ou vernie jusqu'à 0,08 de largeur. Vaut 0^f,04 (N° 181).

De bordure dorée et veloutée jusqu'à 0,08. Vaut 0^f,05 (N° 182).

De bordure mate, vernie, dorée et veloutée de 0,09 à 0,12. Vaut 0^f,09 (N° 183).

De bordure de toutes sortes de 0,13 à 0,16. Vaut 0^f,13 (N° 184).

De bordure de toutes sortes de 0,17 à 0,24. Vaut 0^f,20 (N° 185).

De bordure de toutes sortes de 0,25 et au-dessus. Vaut 0^f,27 (N° 186).

Plus-value découpée d'un côté. Vaut 0^f,025 (N° 187).

Plus-value découpée des 2 côtés. Vaut 0^f,04 (N° 188).

Collage de champ, uni, mat, satin, verni

bronzé, velouté jusqu'à 0,10 de largeur. Vaut 0ᶠ,05 (Nᵒ 189).

Plus-value, au-dessus de 0,10 de largeur par chaque 5 centimètres, en plus ou fraction. Vaut 0ᶠ,04 (Nᵒ 190).

Plus-values, de bordure ou champ posé à joint vif des deux côtés. Vaut 0ᶠ,10 (Nᵒ 191).

Plus-values de pose en ornant ou par encadrement y compris angles. Vaut le mètre linéaire 0ᶠ,025 (Nᵒ 192).

Plus-values de pose sur plafond. Vaut 0ᶠ,015 (Nᵒ 193).

Plus-values de collage à la colle de seigle de bordures en toiles ou autres étoffes sur les nᵒˢ 181 à 186. Vaut le mètre linéaire 0ᶠ,13 (Nᵒ 194).

Plus-value d'un chou ordinaire. Vaut 0ᶠ,05 la pièce (Nᵒ 195).

Plus-value d'un chou sur calicot. Vaut 0ᶠ,06 la pièce (196).

Découpage de bordure.

Découpage galerie, crète, torsade d'un côté. Vaut le mètre linéaire 0ᶠ,025 (Nᵒ 197).

Découpage galerie des deux côtés. Vaut 0ᶠ,05 (Nᵒ 198).

Découpage à fleurs d'un côté. Vaut 0ᶠ,065 (Nᵒ 199).

Découpage à fleurs des deux côtés. Vaut 0ᶠ,13 (Nᵒ 200).

Découpage de boutons des deux côtés. Vaut 0ᶠ,05 (Nᵒ 201).

Passementerie cablé ou lanière, posé pour former bordure. Vaut 0,20 (Nᵒ 202).

Dito collé à la dextrine. Vaut 0ᶠ,25 (Nᵒ 203).

Plus-value pour chaque nœud en boucle. Vaut 0,05 (204).

Ouvrages à la pièce.

397. *Collage* d'un coin de bordure ordinaire à payer comme un mètre de collage de la bordure employée (Nᵒ 205).

Collage d'un coin de bordure, composé de plusieurs morceaux, chaque morceau 0,065 (Nᵒ 206).

Collage en plafond d'un coin de bordure ordinaire ou composé, plus-value sur la pose indiquée 205 et 206. Vaut 1/5 (Nᵒ 207).

Découpage de la tenture suivant la feuillure pour porté sous tenture. Vaut 0ᶠ,13 (Nᵒ 208).

Découpage d'attique ordinaire. Vaut 0ᶠ,20 (Nᵒ 209).

Façon d'un devant de cheminée en papier ordinaire, la pièce 2ᶠ,05 (Nᵒ 210).

Façon en papier velouté avec pose de baguette d'encadrement. Vaut la pièce 2ᶠ,70 (Nᵒ 211).

Façon d'un paravent ordinaire y compris apprêts, pose de toilé d'un côté et collage, la feuille. Vaut : 0ᶠ,70 (Nᵒ 212).

Idem soigné avec toile des deux côtés, 1ᶠ,90 (Nᵒ 213).

Idem soigné, avec toile des deux côtés, mais cintré, 2ᶠ,05 (Nᵒ 214).

Pose d'un clou à grosse tête doré ou bronzé, 0ᶠ,025 (Nᵒ 215).

Idem d'un ornement rosace, socle, etc., 0ᶠ,065 (Nᵒ 216).

Trou tamponné dans la pierre ou la brique dure jusqu'à 0ᵐ,03 de profondeur, la pièce, 0ᶠ,12 (Nᵒ 217).

Chaque centimètre en plus régulièrement constaté, 0ᶠ,03 (Nᵒ 218).

398. Pour terminer la tenture, nous donnons ci-après des exemples de métrés qui pourront être utilement consultés par nos lecteurs.

Premier exemple.

Métrage d'une chambre secondaire sous comble avec brisis en pente rampant à l'intérieur, cette pièce ayant 18ᵐ,33 de pourtour de frise et donnant 3 lés au rouleau.

En travaux neufs :

Egrenage des murs de 2.40 de hauteur et 18.33 de pourtour produit...................... 43.98

1 dessus de porte, 0.40 × 0.95, produit............... 0.38

1 dessus de croisée, 0.20 × 1.20, produit............... 0.24

1 dessus de cheminée, 1.70 et 4.00, produit........... 1.70

Ensemble...... 46.30

A 0ᶠ,07 le mètre (Nᵒ 35, série 1900).   3.24

Sur poteaux d'huisserie, entretoise et poteau de remplissage,

Fourni et collé à l'eau les bandes de papier gris ci-après :

Dessus de porte, 2 montants de 0.40, ensemble 0.80

Idem de croisée, 2 montants de 0.20, ensemble 0.40

A reporter..... 1.20   3.24

Report...... 1.20   3.24
Entretoises, 2 de 4.50..... 9.00
2 poteaux milieux de cloison de 2.40............... 4.80
     Ensemble...... 15.00
A 0f,06 le mètre (No 59).......... 0.90
Collage de 13 rouleaux tenture ordinaire à 0f,53 l'un (No 73).......... 6.89
Colle, 40.00 de bordure (en tenant
compte des recouvrements à chaque
coupe), à 0f,04 le mètre (No 184).... 1.64
Sur parties rampantes (brisis).
Plus-value pour collage de 5 rouleaux de tentures à 0f,07 l'un (No 81). 0.35
     Total de cette chambre...... 13.02

Deuxième exemple.

399. Même chambre.

*Travaux d'entretien : cette pièce refec-
tionnée par suite de dégradation pendant
l'habitation.*

Arrachage des clous (de tableaux,
portraits, bibelots, armes, etc.). Estimons ce travail (*comme d'usage*) en
temps passé pour une heure d'ouvrier
soit (No 24)...................... 1.00
Grattage à vif de 40.00 de bordure
à 0f,04 le mètre (No 71)............ 1.60
Grattage à vif de l'ancien papier en
plein (*un seul papier enlevé*) tenture ordinaire.
2.40 de hauteur × 18.33
de pourtour produit........ 43.98
1 dessus de porte 0.40 et
0.95..................... 0.38
1 dessus de croisée 0.20
× 1.20.................. 0.24
1 dessus de cheminée 1.70
× 1.00................... 1.70
     Surface...... 46.30
A 0f,22 le mètre............... 10.18
Petit rebouchage des trous de clous
déposés ou autres. Travail non prévu
à la série, mais nécessaire au point
de vue de l'hygiène ; ce rebouchage
se fait ordinairement au plâtre, même
surface..................... 46,30
A 0f,05 le mètre superficiel....... 2.31
Bandes à l'eau fournies et collées.
Ensemble 15.00 à 0.06 le mètre... 0.90
Collé 13 rouleaux de tenture ordinaire à 0f,53 l'une.............. 6.89
Collé 41.00 de bordure à 0f,04 le
mètre........................ 1.64
Plus-value pour collage en rampant
de 5 rouleaux à 0f,07 l'un......... 0.35
     Total...... 24.87

Troisième exemple.

400. *Chambre à coucher d'appartement
confortable de 4.50 de long × 4.00 de largeur et d'une hauteur d'étage de 2.80, avec
un stylobate par le bas, 2 portes à 1 vantail, une cheminée de 1.10 de largeur et
une croisée de 1.40 de largeur intérieure,
tendue en papier de 0.80 à 1,50 le rouleau d'acquisition avec haut et bas, une
bordure de 0.12 de largeur en travaux
neufs.*

Egrenage des murs :
2.60 de hauteur × 14.60
de pourtour produit........ 37.90
2 dessus de porte, chaque
0.50 × 0.95................ 0.95
1 dessus de croisée 0.25
× 1.40.................. 0.35
1 dessus de cheminée 1.80
× 1.10.................. 1.80
     Ensemble...... 41.00
A 0f,07 le mètre................. 2.87
Sur poteaux d'huisserie, etc., bandes
à l'eau, fournies et collées.
Dessus de porte, 4 montants,
chaque 0f,50................ 2.00
2 entretoises, chaque 2.90. 5.80
2 poteaux de remplissage,
chaque 2f,60 .... 5.20
     Ensemble...... 13.00
A 0f,06 le mètre................. 0.78
Collage de 11 rouleaux de tenture
d'un prix d'acquisition supérieur à
0f,75 par rouleau à 0f,59 le rouleau.. 6.49
Collage de 34 mètres de bordures
de 0.12 de largeur à 0f,13 le mètre
(No 184)......................... 4.42
     Total de cette chambre...... 14.56

Quatrième exemple.

401. *Même chambre à coucher que
celle précédente, mais ayant de plus une
porte d'armoire dissimulée en prolongement
du coffre de la cheminée et avec papier
gris pour apprêts, ledit poncé.*

Travaux neufs : Egrenage des murs du
pourtour de la pièce 14.60 × 2.60 de hauteur
produit..................... 37.90
2 dessus de portes chaque
0.50 × 0.95 produit........ 0.95
1 dessus de croisée à 0.25
× 1 40 produit............ 0.35
1 dessus de cheminée 1.80
× 1.00 produit............ 1.80
     Ensemble...... 41.00

A 0ᶠ,07 le mètre................ 2.87

Bandes à l'eau fournies et collées sur huisseries, etc., comme précédemment et même longueur 13.00, à 0ᶠ,06 le mètre...................... 0.78

Sur porte d'armoire à deux vantaux, toile neuve fournie, tendue, cousue, marouflée, mais non compris bordage de 2.40 de hauteur × 1.20 de largeur (*à deux vantaux*) produit...................... 2.88

A 0ᶠ,44 le mètre (N° 55)......... 1.27

Bande de papier gris pour bordage sur clouage et coutures.

4 montants chaque 2.30 ensemble................. 9.60

3 traverses chaque 1.20.. 3.60

        Ensemble...... 13.20

A 0ᶠ,05 le mètre (N° 58).. 0.66

Bandes de toile forte de 0.10 de largeur fournies et collées à la colle de pâte, sur les joints d'ouverture, pour former charnières à soufflet 2 fois 2.40 ensemble................... 4.80

A 0ᶠ,25 le mètre (N°ˢ 64 et 65)..... 1.40

Bandes de zinc à T N° 10 de 0.05 développé fournies et clouées sur feuillures.

1 montant de 2.40........ 2.40

2 traverses chaque 1.20 ensemble................. 2.40

        Linéaires..... 4.80

A 0ᶠ,53 le mètre (N° 69).......... 2.54

Bordage dudit avec le papier de tenture à coller dans la pièce, même longueur................... 4.80

A 0ᶠ,05 le mètre............... 0.24

Fourniture et collage de 11 rouleaux de papier gris (d'apprêts) à 0ᶠ59 le rouleau (N° 43)................ 6.49

Ponçage du papier gris, même surface que l'égrenage des murs, produit.................... 41.00

A 0ᶠ,04 le mètre (N° 54).......... 1.64

Collage de 11 rouleaux de tenture d'un prix supérieur à 0ᶠ75 d'acquisition à 0ᶠ,59 le rouleau............ 6.49

Collage de 34.00 de bordure de 0.12 de largeur à 0ᶠ,13 le mètre........ 4.42

Plus-value pour le découpage d'un bouton de tirage au droit de la porte sous tenture vaut (estimation)....... 0.08

        Total de cette chambre...... 28.88

Dans l'intérieur d'armoire de cette chambre, fourni et collé 3 rouleaux de papier bleu pâte à 0ᶠ,65 l'un (N° 46)..................... 1.95

        Report...... 1.95

Plus-value pour collage desdits en armoire et sur tablettes à 0ᶠ20 le rouleau (N° 49).. 0.60

Valeur pour une armoire intérieure. 2.55

Cinquième exemple.

402. *Détail de métrage pour une armoire en tenture à l'intérieur et à l'extérieur avec bandes de zinc (travaux d'entretien).*

Intérieurement :

Grattage à vif d'anciens papiers bleu pâle, détérioré et hors d'usage.

De 2.80 de hauteur × 3.40 de pourtour en 4 sens produit...... 9.52

10 faces de tablettes, chaque 1.50 × 0.20 produit........ 3.00

        Ensemble...... 12.52

A 0ᶠ,22 le mètre (N° 37).......... 2.75

Pour la facilité du grattage des murs, dépose des tablettes en menuiserie sapin 5, chaque 1.50 × 0.20 produit.................... 1.50

A 0ᶠ,25 le mètre (N° 473 menuiserie). 0.38

Fourni et collé 3 rouleaux de papiers bleu pâle, à 0ᶠ,65 l'un.............. 1.95

Plus-value pour collage desdits sur tablettes.

3 rouleaux à 0ᶠ,20 l'un........... 0.60

Repose sur tasseaux vieux des tablettes en menuiserie même surface que la dépose, 3.00 à 0ᶠ,66 le mètre (N° 482 menuiserie)............... 1.98

Extérieurement :

Toile vieille, détendue, recousue, reclouée et marouflée sans bordage.

2.40 hauteur × 1.20 de largeur produit...................... 2.88

A 0ᶠ,28 le mètre (N° 56).......... 0.81

Bandes de papier gris pour bordage sur clouage et coutures.

4 montants chaque 2.40, ensemble.................. 9.60

3 traverses chaque 1.20 ... 3.60

        Ensemble...... 13.20

A 0ᶠ,05 le mètre............... 0.66

Double papier gris fourni et collé en plein sur vieille toile retendue pour donner de la résistance.

2.40 × 1.20 produit...... 2.88

A 0.17 le mètre *compris perte*... 4.89

Au préalable; surcharge des anciennes charnières à soufflet, 2 fois 2.40 ensemble.............. 4.80

A 0ᶠ,10 le mètre 0.48

        A reporter................ 14.50

Report...... 14.50

En remplacement :
Charnières à soufflet neuves en toile forte fournies et collées.
   2 fois 2.40 ensemble...... 4.80
   A 0ᶠ,25 le mètre............... 1.20
Bandes de zinc à T déclouées, redressées et reclouées (avec clous neufs.)
   1 montant de 2.40........ 2.40
   2 traverses chaque 1.20... 2.40
       Ensemble....... 4.80
   A 0ᶠ,33 le mètre (Nº 70)......... 1.58
Valeur de cette armoire en réparations 17.28

Sixième exemple.

403. *Métrage d'une chambre à coucher de 6.00 × 4.00 de dimensions en papier doré, riche ou de style. Cette chambre possède une croisée sur rue de 1.40 de largeur 2 portes à 1 vantail de chaque 1.00 de largeur et une cheminée de 1.20 de largeur.*

Façon de tenture encadrée avec bordure de 0.13 de largeur, haut et bas et doublée dans les angles, *ladite bordure à onglets et découpée d'un côté.* Travail neuf, façade en pierre de taille.
Egrenage des murs 2.60 de hauteur
 × 15.40 de pourtour produit. 40.04
  1 dessus de croisée 0.25
 × 1.40...................... 0.35
  2 dessus de portes chaque
 0.50 × 1.00................. 1.00
  1 dessus de cheminée 1.80
 × 1.00..................... 1.80
      Ensemble...... 43.19
  A 0ᶠ,07 le mètre................ 3.03
Sur la pierre de taille de la façade.
Encollage à la colle de peau 2.60
 × 4.00 produit........... 10.40
 Idem croisée 2.50 × 1.40. 3.50
      Reste 6.90
  A 0ᶠ,16 le mètre (Nº 36)......... 1.10
Bandes à l'eau fournies et collées sur boiseries.
  Portes 4 fois 0.50........ 2.00
  2 entretoises chaque 5.00.. 10.00
  2 poteaux chaque 2.60.... 5.20
      Ensemble...... 17.20
  A 0ᶠ,06 le mètre.............. 1.03
Fourni et collé 12 rouleaux de papier gris d'apprêts à 0ᶠ,59 l'un.......... 7.08

      A reporter.... .... 12.24

Report...... 12.24

Ponçage dudit au papier de verre même surface que les murs
égrenés.................... 43.19
  A 0ᶠ,04 le mètre (Nº 54).......... 1.73
Collage de 11 rouleaux de papier de tenture à dessins dorés à 0ᶠ,66 le
rouleau (Nº 76)............... 7.26
Plus-value pour collage de tenture fermée 11 rouleaux à 0ᶠ,13 l'un
(Nº 85)..................... 1.43
Collage de bordure dorée de 0.13 de largeur.
  1 fois le pourtour du plafond
 en 4 sens................. 20.00
  1 fois le pourtour des stylobates.................... 15.40
  Dans les angles des murs :
  8 montants chaque 2.50... 20.00
      Ensemble...... 55.40
  A 0ᶠ,15 le mètre............... 8.31
Plus-value pour découpage de bordure d'un côté.
  Même longueur que ci-dessus. 55.40
  A 0ᶠ,025 le mètre (Nº 197)........ 1.39
  32 coupes d'onglets sur bordure à
0ᶠ,025 l'un (Nº 86)................. 0.80
    Total de cette chambre...... 33.16

Septième Exemple.

404. *Salon tendu en papiers très soigné, cette tenture fermée par une bordure veloutée de 0.20 de large, ladite bordure ajustée sur traits et encadrée par un champ velouté d'une autre nuance, en tous sens des murs, ce salon de même grandeur que la pièce précédente sauf cheminée. Travail neuf.*

Egrenage des murs 2.60
 × 12.40 produit........... 40.04
  1 dessus de croisée 0.25
 × 1.40 produit........... 0.35
  2 dessus de portes chaque
 0.50 × 1.00 produit....... 1.00
  1 dessus de cheminée 1.80
 × 1.00 produit........... 1.80
      Ensemble...... 43.19
  A 0ᶠ,07 le mètre............... 3.03
Encollage à la colle de peau sur pierre de taille 2.60 × 4.00 produit... 10.40
Moins croisée 2.50 × 1.40
produit.................... 3.50
     Reste......... 6.90
  A 0ᶠ,16 le mètre............... 1.10

      A reporter............... 4.13

Report...... 4.13

Bandes à l'eau fournies comme précédentes.

Portes 4 fois 0.50........ 2.00
2 fois 5.00 entretoises..... 10.00
2 fois 2.60 remplissages... 5.20

Ensemble...... 17.20
A 0f,06 le mètre.............. 1.03
Fourni et collé 12 rouleaux de papier gris d'apprêts à 0f,59 l'un.... 7.08
Ponçage au papier de verre, même surface que l'égrenage produit 43.19 × 0.04.......................... 1.73
Collage de 10 rouleaux de tenture très soignée teintes soies à 0f,79 l'un (N° 77).......................... 7.90
Plus-value pour ajustement de ladite sur trait (le trait d'arasement coupé à la règle de fer).

8 montants chaque 2.00 ensemble.................. 16.00
Au pourtour de la pièce.
4 fois 5.40 ensemble...... 21.60
4 fois 3.40 ensemble....... 13.60

Ensemble...... 51.20
Moins: pénétration de croisée.................. 1.40
Idem. 2 portes ch. 1.00. 2.00
Idem. cheminée..... 1.00

Ensemble....... 4.40

Reste........... 46.80
A 0f,05 le mètre (N° 87).......... 2.34
Collage de champ velouté de 0.20 de largeur

8 montants chaque 2.40 ensemble.................... 19.20
Traverses 4 fois 5.80...... 23.20
4 fois 3.80...... 15.20

Ensemble......... 57.60
A 0f,20 le mètre (N° 185).......... 11.52
Plus-value pour 32 coupes d'onglets à 0.025.......................... 0.80
Plus-value pour ajustement sur trait

Intérieurement :

8 montants chaque 2.00 ensemble.................... 16.00
Traverses 4 fois 5.40...... 21.60
4 fois 3.40 ..... 13.60
Extérieurement :
8 montants chaque 2.80 ensemble.................. 22.40
Traverses 4 fois 5.80........ 23.20
4 fois 3.80........ 15.20

Ensemble...... 112.00

A reporter....... 112.00 — 36.53

Report... 112.00 — 36.53
A déduire :

Pénétrations de croisées, portes et cheminées.
2 fois 4.40 ensemble...... 8.80

Reste...... 103.20
A 0f,025 le mètre............... 2.58
Ensuite pour encadrer le champ de 0.20 de largeur collé un champ d'autre nuance de 0.10 de largeur et également velouté.
8 montants chaque 2.60 ensemble.................. 20.80
Traverses 4 fois 6.00...... 24.00
4 fois 4.00...... 16.00

Ensemble...... 60.80
A déduire :

Pénétrations de croisées, portes et cheminées 4.40 ci.. 4.40

Reste....... 56.40
A 0f,09...................... 4.08
32 coupes d'onglets à 0.025 l'une.. 0.80
Coupes d'ajustement sur trait, et pour arasement sur plafond et stylobates :

Intérieurement :

8 fois 2.40 ensemble...... 19.20
Traverses 4 fois 5.80...... 23.20
4 fois 3.80...... 15.20
Extérieurement :
8 fois 2.60 ensemble...... 20.80
Traverses 4 fois 6.00...... 24.00
4 fois 4.00............... 16.00

Ensemble........ 118.40
A déduire :

Pénétration de croisée, etc.
2 fois 4.40 ensemble...... 8.80

Reste...... 109.60
A 0f,025 le mètre............... 2.74

Total de ce salon.......... 46.73

Huitième exemple.

405. — *Salon en tenture très soignée; teintes soies, à points vifs. Grand champ velouté de 0.20 de largeur coupé circulairement aux angles. Petit champ velouté de 0.10. Cette tenture fermée, ajustée sur traits, avec baguettes dorées sur tous les joints et arasements comme fig. 291; mêmes mesures que le salon précédent.*

Egrenage des murs 2.60 × 15.40 de profondeur........ 40.04

A reporter...... 40.04

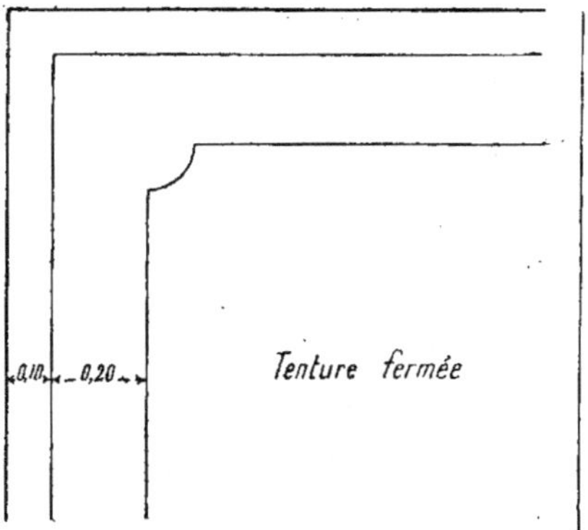

Fig. 291.

Tenture fermée

Report......	40.04
1 dessus de croisée 0.25 ×1.40	0.35
2 dessus de portes, chaque 0.50 × 1.00..............	1.00
1 dessus de cheminée 1.80 × 1.00	1.80
Ensemble.....	43.19

A 0ᶠ,073 le mètre................ 3.03

Encollage à la colle de peau sur pierre de taille, 2.60 × 4.00, produit............ 10.40
Moins croisée 2.50 × 1.40. 3.50
Reste...... 6.90

A 0ᶠ,16 le mètre................ 1.10

Bandes en papier gris, fournies et collées à l'eau sur huisseries, etc.
Portes 4 fois 0.50, ensemble. 2.00
Entretoises 2 fois 5.00.... 10.00
Remplissages 2 fois 2.60.. 5.20
Ensemble...... 17.20

A 0ᶠ,06 le mètre................ 1.03

Fourni et collé 12 rouleaux de papier gris d'apprêts, à 0ᶠ,59 l'un...... 7.08

Ponçage dudit au papier de verre, même surface que l'égrenage, produit............ 43.19

A 0ᶠ,04 le mètre................ 1.73

Collage de 10 rouleaux de tenture riche très soignée, à joints vifs avec sous-joints, à 1ᶠ,32 le rouleau (nᵒ 79). 13.20

A chaque lé, sous-joints de 0.05 de largeur à la colle dans le ton de la tenture, 14 montants chaque, 2.00, ensemble................ 28.00

A reporter............... 27.17

Report.................	27.17

A 0ᶠ,05 le mètre, pour le tracé seul de chaque sous-joint.............. 1.40

Plus-value pour ajustement sur trait de cette tenture.
8 montants, chaque 2.00, ensemble................. 16.00
Au pourtour de la pièce :
4 fois 5.40, ensemble...... 21.60
4 fois 3.40, ensemble...... 13.60
Ensemble...... 51.20
Moins pénétration de croisée.......... 1.40
Moins 2 portes, ch. 100................. 2.00
Moins cheminée... 1.00
Ensemble...... 4.40
Reste...... 46.80

A 0ᶠ,05 le mètre................ 2.34

Collage d'un champ velouté de 0.20 de largeur :
8 montants, chaque 2.40, ensemble................. 19.20
Traverses, 4 de 5.80...... 23.20
Idem 4 de 3.80 .... 15.20
Ensemble...... 57.60

A 0ᶠ,20 le mètre................ 11.52

Plus-value pour 32 coupes d'onglets, à 0.025 .... 0.80

Plus-value pour ajustement sur trait :

Intérieurement :
8 montants, chaque 2.00.. 16.00
Traverses 4, chaque 5.40.. 21.60
Idem 4, chaque 3.40 ..... 13.60

Extérieurement :
8 montants, chaque, 2.80, ensemble 22.40
Traverses 4 fois 5.80...... 23.20
Idem 4 fois 3.80 .... 15.20
Ensemble...... 112.00

A déduire :
Pénétrations de croisées, portes et cheminées.
2 fois 4.40. Ensemble..... 8.80
Reste........ 103.20

A 0ᶠ,25 le mètre................ 2.58

Aux angles des panneaux 32 coins ronds à 0ᶠ,10 l'un........ 3.20

Pour terminer l'encadrement de cette tenture, collé un champ velouté de 0.10 de largeur.

A reporter............... 49.01

Report....................		49.01
8 montants chaque 2.60 ens.	20.80	
Traverses 4 fois 6.00....	24.00	
— 4 — 4.00....	16.00	
Ensemble.........	60.80	
A déduire :		
Pénétration de : croisées, portes et cheminées 4.40, ci..	4.40	
Reste.............	56.40	
A 0^f,09 le mètre...............		5.08
32 coupes d'onglets à 0^f,025 l'une..		0.80

Coupes d'ajustement sur trait et pour arasements sur plafonds et stylobates :

Intérieurement :

8 montants chaque 2.40 ens.	19.20	
Traverses 4 fois 5.80.....	23.20	
— 4 — 3.80.....	15.20	

Extérieurement :

8 montants chaque 2.60 ens.	20.80	
Traverses 4 fois 6.00.....	24.00	
— 4 — 4.00.....	16.00	
Ensemble.........	118.40	
A déduire :		
Pénétration de croisées, portes et cheminée 2 fois 4.40.....................	8.80	
Reste.............	109.60	
à 0^f,025 le mètre.............		2.74

Fourni les baguettes dorées (*or chimique*).

En arasement plafond et stylobates.

Trèfle de 0.027 de largeur.

Pourtour plafond :		
2 fois 6.00 ensemble....	12.00	
Pourtour plafond :		
2 fois 4.00 ensemble...	8.00	
Pourtour stylobates *idem*.......	20.00	
Même pénétration de croisée, portes et cheminée. Ens...	4.40	
Reste.............	15.60	
4 montants d'angles de murs de chaque 2.60 ens....	10.40	
Ensemble.........	46.00	
à 0^f,52 le mètre (N° 147)........		23.92
Pose et ajustement des dites, même longueur produit.....................	46.00	
à 0^f,20 le mètre (N° 170)........		9.20
24 coupes d'onglets à 0^f,025 l'une..		0.60
A reporter...............		91.35

Report....................		91.35
Fourni 8 rosaces dorées à 0^f,75 l'une, compris la pose..............		6.00

En avant du champ, fourni les baguettes dorées demi-jonc de 0,017 de largeur.

8 montants chaque 2.40 ens.	19.20	
Traverses 4 chaque 4.80...	19.20	
— 4 — 3.80...	15.20	
Ensemble.........	53.60	
Même pénétration de portes, etc.................	4.40	
Reste.............	49.20	
à 0^f,31 le mètre (N° 141).......		15.25
Pose desdites même longueur....................	49.20	
à 0^f,20 le mètre...............		9.84
Plus-value pour pose de ces baguettes en avant des champs, même longueur = 49.20 à 0^f,025 le mètre (N° 172).........................		1.23
32 coupes d'onglets à 0^f,025 l'une.		0.80

Bordant intérieurement le champ.

Baguette dorée demi-jonc 0^m,010 pour fourniture seule.

8 montants chaque 2.00 ens.	16.00	
Traverses 4 chaque 5.40..	21.60	
— 4 — 3.40..	13.60	
Ensemble.........	51.20	
Plus-value pour 16 coins ronds, estimée sur le travail du cintrage à chaque 1.50...	24.00	
Soit.............	75.20	
A déduire :		
Pénétration de portes, croisées, cheminées........	4.40	
Reste...........	70.80	
à 0^f,23 le mètre (N° 138).......		16.28
Pose desdites, même longueur....................	70.80	
à 0^f,20 le mètre...............		14.16
Plus-value pour pose des dites en avant des champs, même longueur............	70.80	
à 0^f,025 le mètre...............		1.77
64 coupes d'onglets à 0^f,025 l'une..		1.60
Total de ce salon avec baguettes..		158.28

406. Le même salon mais les baguettes dorées à l'or fin au lieu d'or chimique.

Valeur complète de ce salon.......................		158.28
A reporter........		158.28

Report.......... 158.28

A déduire :

Baguettes chimiques.
Trèfle de 0ᶠ,27.... 46.00
A 0ᶠ,52 le mètre pro-
duit................. 23.92
Demi-jonc
de 0.017.... 49.20
A 0ᶠ,31 le mètre... 15.25
Demi-jonc
de 0.010.... 70.80
A 0ᶠ,23 le mètre... 16.28
  Ensemble............. 57.45

   Reste............. 100.83   100.83

Reprendre :

Fourniture de baguettes dorées à
l'or fin.
  Trèfle de 0.027 longueur... 46.00
A 1ᶠ,39 le mètre (N° 164)......... 63.94
Demi-jonc de 0.017........ 49.20
A 0ᶠ,92 le mètre (N° 159).......... 45.26
Demi-jonc de 0.010........ 70.80
A 0ᶠ,64 le mètre (N° 157).......... 43.31

Valeur de ce salon avec baguettes
à l'or fin......................... 253.34

Neuvième exemple.

407. *Métrage d'une grande salle à
manger des dimensions suivantes : 6ᵐ,50
× 4ᵐ,50. Cette pièce ayant une croisée-
vérandah de 2ᵐ,50 de largeur; deux portes à
deux vantaux de chaque 1ᵐ,50 de largeur,
une à un vantail de 1ᵐ,00 et une cheminée
de 1ᵐ,50 de largeur; hauteur entre planchers, 3ᵐ,20 avec lambris de 1ᵐ,40.*

*Cette salle à manger, collée en papier
cuir repoussé à joints vifs avec sous-joints,
et baguettes noir et or au pourtour et dans
les angles.*

Travaux neufs.

Égrenage des murs entre corniche et lambris
de 1.60 de hauteur × 14.00 de pourtour
produit.................... 28.40
 1 Dessus de croisée
      0.50 × 2.50..... 1.25
 2 » de portes à 2 van-
taux chaque 0.60 × 1.50.... 1.80
 1 Dessus de porte à 1 vantail 0.60 × 1.00......... 0.60
 1 Dessus de cheminée
    1.60 × 1.50....... 2.40
  Ensemble.......... 34.45
A 0ᶠ,07 le mètre................ 2.41

   A reporter.............. 2.41

Report................... 2.41

Sur la partie en façade en pierre :
Encollage à la colle de peau de
1.60 hauteur × 4.50 produit... 7.20
Moins pénétration de la croisée 1 10 × 2.50.............. 2.75
   Reste............ 4.45
A 0ᶠ,16 le mètre............... 7.12
Bandes à l'eau à l'anglaise sur boiseries.
6 fois dessus de portes
chaque 0.60................ 3.60
4 Poteaux de remplissages
chaque 1.60................ 3.20
  Ensemble.......... 6.80
A 0ᶠ,06 le mètre.............. 0.41
Fourni et collé 9 rouleaux de papier
gris.
 A 0ᶠ,59 l'un............... 5.31
Ledit poncé au papier de verre de
même surface que l'égrenage des murs
détaillé ci-dessus produit.... 34.45
 A 0ᶠ,04 le mètre............... 1.38
Collage à la dextrine de 10 rouleaux
de papier cuir repoussé (*imitant le
cuir de Cordoue*) à joints vifs.
A 1ᶠ,58 le rouleau (N° 158)........ 15.80

Pour consolider les joints :
Fourni et collé les bandes de calicot
de 0.05 de large, formant sous-joints.
30 fois 1.60 ensemble...... 48.00
A 0ᶠ,12 le mètre (N° 61)........... 5.76
Ces bandes teintées à la colle dans
le ton du cuir apposé dessus. Même
longueur................... 48.00
A 0ᶠ,05 le mètre.............. 2.40
Plus-value pour collage de papier
cuir repoussé, ajusté et arasé sur
moulures.
Pourtour du plafond :
2 fois 6.50 ensemble...... 13.00
2 » 4.50 » 9.00
Pourtour du lambris...... 14.00
Pourtour du chambranle de
croisée :
2 Montants chaque 1.10... 2.20
1 Traverse de............ 2.50
Pourtour des chambranles
de portes :
6 Montants chaque 1.10.... 6.60
2 Traverses » 1.50.... 3.00
1 autre de 1.00. Ci........ 1.00
  Longueur.......... 51.30
A 0ᶠ,05 le mètre (N° 87)......... 2.56

   A reporter.............. 43.15

Report.................. 43.15

Fourni les baguettes dites lattes à deux gorges en noir *ciré et deux ors* de 0.027 de largeur.

1 fois le pourtour du plafond.

   Soit 22.00

1 fois le pourtour du lambris 14.00

4 Montants aux angles des murs de chaque 1.60 de haut. 6.40

Plus-value de 16 coupes d'onglet sur les traverses chaque 0.06 de longueur de baguette, ensemble........ 0.96

Sur les montants d'angles : 8 Coupes à faux onglets chaque 0.10 .... 0.80

  Longueur 44.16

A 0^f,58 le mètre (N° 156).......... 25.61

Pose et ajustement desdites baguettes, même longueur..... 44.16

A 0^f,20 le mètre (N° 170).......... 8.83

Aux angles, haut et bas, fourni et posé 8 rosaces en noir et or assorties.

A 0^f,75 l'une 6.00

Total de cette salle à manger 83.59

Dixième exemple.

408. *Métrage d'une salle à manger de mêmes dimensions, mais style Henri II, avec plafond à solives et entrevous, et lambris haut et bas au pourtour des murs en quatre sens avec panneaux réservés entre portes et croisées ;*

Colle en papier velouté plein par panneaux et d'un seul morceau. Petite baguette dorée au pourtour de chaque panneau.

Travaux neufs.

Egrenage des murs sur panneaux devant recevoir de la tenture.

2 Panneaux chaque 1.50 $\times$ 1.00 produit................... 3.00

6 autres panneaux semblables chaque 1.50 ensemble. 9.00

2 autres panneaux chaque 1.50 $\times$ 0.60............... 1.80

2 autres chaque 1.50$\times$0.85 2.55

2 » chaque 1.50$\times$0.50 1.50

Dessus de croisée :

1 Panneau de 0.30 $\times$ 2.10. 0.63

Dessus de portes :

2 chaque 0.30 $\times$ 1.10 ..... 0.66

1 de 0.30 $\times$ 0.80 .... 0.24

  Ensemble.......... 19.38

A 0^f,07 le mètre 1.35

   A reporter............... 1.35

Report.................. 1.35

Papier gris d'apprêt fourni et collé même surface que ci-dessus.. 19.38

A 0^f,18 le mètre 3.48

Ponçage dudit même surf.. 19.38

A 0^f,04 le mètre 0.78

Collage de papier velouté par panneaux et *d'un seul morceau* arasés sur moulures (*ou papier mat très soigné, satiné ou cheviotte*).

8 Panneaux ch.	1.50$\times$1.00.	12.00	
2 »	1.50$\times$0.60.	1.80	
2 »	1.50$\times$0.85.	2.55	
2 »	1.50$\times$0.50.	1.50	
1 »	0.30$\times$2.10.	0.63	
2 »	0.30$\times$1.10.	0.66	
1 »	0.30$\times$0.80.	0.24	

  Surface............ 19.38

A 0^f,66 le mètre superficiel (N° 91). 12.79

Plus-value pour coupes d'arasements sur moulures :

16 fois	1.50	ensemble.....	24.00	
16 »	1.00	»	.....	16.00
4 »	1.50	»	.....	6.00
4 »	0.60	»	.....	2.40
4 »	1.50	»	.....	6.00
4 »	0.85	»	.....	3.40
4 »	1.50	»	.....	6.00
4 »	0.50	»	.....	2.00
2 »	0.30	»	.....	0.60
2 »	2.10	»	.....	4.20
4 »	0.30	»	.....	1.20
4 »	1.10	»	.....	4.40
2 »	0.30	»	.....	0.60
2 »	0.80	»	.....	1.60

  Longueur.......... 78.40

A 0^f,05 le mètre................. 3.92

Fourni les baguettes dorées à l'or fin genre demi-jonc de 0.016 d'épaisseur.

Panneaux entre croisées et portes :

4 Montants chaque	1.50..	6.00	
4 Traverses »	1.00..	4.00	
12 Montants »	1.50..	18.00	
12 Traverses »	1.00..	12.00	
4 Montants »	1.50..	6.00	
4 Traverses »	0.60..	2.40	
4 Montants »	1.50..	6.00	
4 Traverses »	0.85..	3.40	
4 Montants »	1.50..	6.00	
4 Traverses »	0.50..	2.00	

Dessus de croisée :

2 Montants chaque	0.30..	0.60	
2 Traverses »	2.10..	4.20	

Dessus de portes :

6 Montants chaque 0.30.. 1.80

   A reporter........ 72.40   22.32

Report............	72.40	22.32
4 Traverses » 1.10..	4.40	
2 autres » 0.80..	1.60	
Plus-value de :		
144 Coupes d'onglets chaque		
0.06 de valeur de bois ensemb.	8.64	
Ensemble..........	87.04	
A 0ᶠ,92 le mètre (Nº 159)........		80.08
Pose et ajustement desdites même		
longueur, soit : 87ᵐ,04 à 0ᶠ,20 le mètre.		17.40
Total de cette salle à manger..		119.80

Onzième exemple.

409. *Métrage de la tenture* (TYPE) *escalier d'une maison de rapport à six étages, en toile, cretonne ou satinette par lés de 0.80 à 1.30 de largeur avec replis à l'anglaise, la cage d'escalier ayant à chaque étage deux portes à deux vantaux et une croisée. Passementerie haut et bas pour former bordure.*

Etablissement de la surface des murs à couvrir.

Les murs de l'escalier en commençant par en haut.

Sixième étage :

Partie en descendant 3.00 de haut.		
× 3.16 produit............		9.48
Ensuite		
4.05 × 2.42 produit..	9.80	
Moins croisée		
2.30 × 1.30 produit..	2.99	
Reste............		6.80
Ensuite jusqu'au chambranle de porte		
4.80×3.10 produit 14.88		
Moins pénétration de limon		
0.25×0.70 produit 0.17		
Reste............		14.71

Cinquième étage :

2 Dessus de portes chaque		
0.20 × 1.50 produit........		0.60
Murs droits 2.65×2.50...		6.62
En descendant 2.60×3.08.		8.00
Ensuite		
2.63 × 2.40 produit..	6.30	
Moins croisée		
1.95 × 1.28 produit..	2.49	
Reste............		3.82
En descendant 2.58×3.10.		8.00

Quatrième étage :

2 Dessus de portes chaque		
0.20 × 1.50 produit........		0.60
A reporter.......		58.63

Report..........	58.63
Murs droits 2.60 × 2.50..	6.50
En descendant 2.55×3.08.	7.85
Ensuite	
2.60 × 2.40 produit.. 6.24	
Moins croisée	
1.95 × 1.28 produit.. 2.49	
Reste............	3.75
En descendant 2.55×3.10.	7.90

Troisième étage :

2 Dessus de portes chaque	
0.25 × 1.50 produit........	0.75
Murs droits 2.65×2.50...	6.62
En descendant 2.60×3.08.	8.00
Ensuite	
2.60 × 2.40 produit.. 6.24	
Moins croisée	
1.95 × 1.28 produit.. 2.49	
Reste............	3.75
En descendant 2.60×3.10.	8.06

Deuxième étage :

2 Dessus de portes chaque	
0.24 × 1.50 produit........	0.72
Murs droits 2.67 × 2.50..	6.68
En descendant 2.65×3.08.	8.16
Encore en descendant	
2.48 × 2.42 produit.. 6.80	
Moins croisée	
2.00 × 1.37 produit.. 2.74	
Reste............	4.06
En descendant 2.62×3.08.	8.06

Premier étage :

2 Dessus de portes chaque	
0.20 × 1.50 produit........	0.60
Murs 2.65 × 2.50 produit.	6.62
En descendant 2.45×2.43.	5.95
1 Pan coupé 2.44×0.38...	0.93
Ensuite	
2.25 × 1.85 produit.. 4.16	
Moins croisée	
1.20 × 1.40 produit.. 1.68	
Reste............	2.48
1 Pan coupé 2.44×0.38..	0.93
Ensuite	
2.25 × 1.85 produit.. 4.16	
Moins croisée	
1.20 × 1.40 produit.. 1.68	
Reste............	2.48
1 Pan coupé 2.44×0.38..	0.93
En descendant 2.32×3.10.	7.20

Rez-de-chaussée :

1 Dessus de porte 0.47×1.44	0.68
1 autre de 0.70×0.98....	0.69
1 de 0.43 × 1.61........	0.69
Murs droits 3.10×0.06...	0.19
A reporter.......	169.81

Report...........	169.81	
Partie 3.10×0.74........	2.29	
» 3.10×0.74........	2.29	
» 3.10×0.04........	0.12	
Murs ensuite 2.60×2.90..	7.54	
Pan coupé 2.05×0.34....	0.70	
1 Dessus de porte 0.13×0.70	0.09	
Reste...........	182.84	

A déduire :

Par le bas des murs sur parties rampantes.

Stylobates

41.31×0.24 produit..   9.91

Sur les paliers :

Plinthes 26.65×0.11   2.86

      Ensemble........   12.77

Reste comme surface à couvrir................ 170.07

Pour laquelle il a fallu fournir, en y ajoutant un quart en plus pour déchets d'étoffe, 212^m,65.

A 3^f,00 le mètre (fourniture seule).   637.95

Pose et clouage de cette tenture.

Surface des murs ci-dessus sans déchets, 170^m,07.

A 0^f,46 le mètre (N° 100).   78.25

Plus-value de crétage autour des ouvertures.

Dessus de portes :

20 Montants chaque 2.30 ens...	46.00
10 Traverses chaque 1.50 ens...	15.00
2 Montants chaque 2.50 ens...	5.00
1 Traverse 1.44..	1.44
2 Montants chaque 2.40 ens...	4.80
1 Traverse 0.98..	0.98
2 Montants chaque 2.40 ens...	4.80
1 Traverse 1.60..	1.60

Dessus de croisées :

10 Montants chaque 2.30 ens...	23.00
5 Traverses chaque 1.28 ens...	6.40
2 Montants chaque 2.30 ens...	4.60
1 Traverse 1.40..	1.40
Ensemble...	115.02

A 0^f,13 le mètre (N° 104)..   14.05

Coutures au mètre linéaire tous les 1.30 de longueur.

     A reporter.......   93.20   639.95

Report...........	93.20	637.95

En suivant l'ordre du métré.

1 fois 3.00.......	3.00
1 » 4.05.......	4.05
1 » 4.80.......	4.80
2 Dessus de portes chaque 0.20........	0.40
1 fois 2.65.......	2.65
1 » 2.63.......	2.63
1 » 2.58.......	2.58
2 Dessus de portes chaque 0.20........	0.40
1 fois 2.60.......	2.60
1 » 2.55.......	2.55
1 » 2.60......	2.60
1 » 2.55.......	2.55
2 Dessus de portes chaque 0.25........	0.50
1 fois 2.65.......	2.65
1 » 2.60.......	2.60
1 » 2.60.......	2.60
1 » 2.60.......	2.60
2 Dessus de portes chaque 0.24........	0.48
1 fois 2.64.......	2.64
1 » 2.65.......	2.65
1 » 2.48.......	2.48
1 » 2.62.......	2.62
2 Dessus de portes chaque 0.20........	0.40
1 fois 2.65.......	2.65
1 » 2.45.......	2.45
1 » 2.25.......	2.25
1 » 2.25.......	2.25
1 » 2.32.......	2.32
Dessus de porte de 0.47............	0.47
1 de 0.70........	0.70
1 de 0.43........	0.43
1 Mur de 2.60....	2.60
Ensemble....	69.15

à déduire :

Pénétrations de croisées 6 fois 2.30..   13.80

     Reste........   55.35

A 0^f,33 le mètre (N° 102)..   18.27

Fourniture et pose de passementerie, câblé ou lanière, haut et bas des murs et au pourtour de portes et croisées.

2 fois pourtour des stylobates chaque 41.31.   82.62

Dessus des portes :

10 fois 1.50.....	15.00
1 » 1.44.....	1.44
1 » 0.98.....	0.98
1 » 1.61.....	1.61

     A reporter.....   101.65   111.47   637.95

Report........ 101.65 111.47 637.95
Croisées :
5 fois 1.28...... 6.40
1 » 1.40...... 1.40
Au pourtour des portes :
20 fois 2.30..... 46.00
10 » 1.50..... 15.00
2 » 2.50..... 5.00
1 » 1.44..... 1.44
2 » 2.40..... 4.80
1 » 0.98..... 0.98
2 » 2.40..... 4.80
1 » 1.60..... 1.60
Dessus de croisée :
10 fois 2.30..... 23.00
5 » 1.28..... 6.40
2 » 4.30..... 8.60
1 » 1.40..... 1.40

Ensemble.... 228.47
A 0^f,75 le mètre........ 171.36

Ensemble........ 282.83
Plus-value pour travail d'escalier sans échafauds 1/3 en plus (N° 108)........ 94.28
Ensemble............... 377.11

Total de la tenture de cet escalier.. 1015.06

Douzième exemple.

410. *Métrage d'un cabinet de toilette de 3ᵐ,00 de longueur et 2ᵐ,00 de largeur, avec une croisée de 1ᵐ,40 et une porte à un vantail de 1ᵐ,00 de largeur. Tenture vernie, à dessins avec bordure assortie (hauteur de la pièce 2ᵐ,80) avec un stylobate au pourtour.*

Travaux neufs.

Egrenage des murs :
2.60 × 7.60 de pourtour produit................... 19.76
1 Dessus de croisée
0.50 × 1.40........ 0.70
1 Dessus de porte
0.70 × 1.00........ 0.70
Ensemble.......... 21.16
A 0^f,07 le mètre................. 1.48
Bandes à l'eau à l'anglaise comme précédentes.
Dessus de croisée :
2 Montants chaque 0.50..... 1.00
1 Entretoise de........... 2.00
1 Poteau de remplissage de. 2.80
Ensemble.......... 5.80
A 0^f,06 le mètre............... 0.35

A reporter............... 1.83

Report.................... 1.83
Pour apprêts :
Fourni et collé 6 rouleaux de papier gris.
A 0^f,59 le rouleau............... 3.54
Ponçage dudit au papier de verre, même surface que l'égrenage des murs produisant.......... 21.16
A 0^f,04 le mètre............... 0.85
Collage de 6 rouleaux de papier de tenture vernie à dessins, faïences justes et décomposées.
A 0^f,90 le rouleau (N° 78)........ 5.40
Collage de 18.00 de bordure y compris les recouvrements, ladite de 0.12 de largeur.
A 0^f,09 le mètre (N° 183)........ 1.62

Total de ce cabinet de toilette..... 13.24

Treizième exemple.

411. *Métrage d'un cabinet de toilette de mêmes dimensions que celui précédent, mais la bordure remplacée par une baguette vernie haut et bas des murs et dans les angles.*

Travaux d'entretien.

Grattage à vif des anciens papiers de tenture vernie hors d'usage par dégradation ou usure.
2.60 × 7.60 de pourtour prod. 19.76
1 Dessus de croisée
0.50 × 1.40....... 0.70
1 Dessus de porte
0.70 × 1.00....... 0.70
Ensemble.......... 21.16
A 0^f,43 le mètre (N° 38).......... 9.30
Après arrachage, rebouchage des trous de clous ou autres, même surface.................... 21.16
A 0^f,05 le mètre............... 1.05
Avant tout grattage :
Dépose avec soin des anciennes baguettes.
1 fois le pourtour du plafond 10.00
1 fois le pourtour des murs. 7.60
Angles des murs :
4 fois 2.60 ensemble...... 10.40
Longueur.......... 28.00
A 0^f,027 le mètre (N° 175)....... 0.76
Plus-value pour arrachage de clous même longueur............ 28.00
A 0^f,027 le mètre (N° 176)....... 0.76

A reporter............... 11.87

Report.................... 11.87
Plus-value pour nettoyage de ba-
guettes, devant être réemployées.
    Même longueur........... 28.00
    A 0ᶠ,027 le mètre (Nᵒ 177)........   0.75
Pour apprêts :
Fourni et collé 6 rouleaux de papier
gris.
    A 0ᶠ,59 l'un....................   3.54
Ponçage dudit au papier de verre,
même surface que le grattage des
murs, produit.............. 21.16
    A 0ᶠ,04 le mètre................   0.85
Collé 6 rouleaux de papier de ten-
ture à dessins, vernie, faïences.
    A 0ᶠ,90 le rouleau 5.40
Pose des baguettes vernies.
Pourtour plafond :
    2 fois 3.00 ensemble.......   6.00
    2 » 2.00   » 4.00
    Pourtour des murs........   7.60
Angles des murs :
    4 fois 2.60 ensemble......   10.40
        Longueur.......... 28.00
    A 0ᶠ,20 le mètre (Nᵒ 170) 5.60
Dépose et repose de 8 rosaces, ou
ornements dans les angles des murs.
    A 0ᶠ,30 l'un (*non prévu à la Série*)   2.40

Total de ce cabinet de toilette en
entretien........................   30.42

Quatorzième exemple.

412. *Métrage d'une grande salle pour
réunions, Billards, table d'hôte ou analogues, de 20ᵐ,00 de longueur × 10ᵐ,00 de
largeur, avec quatre croisées de 2ᵐ,00 de
largeur et quatre portes à deux vantaux
de 1ᵐ,50 et une cheminée monumentale de
3ᵐ,00 de large. Sur murs, un stylobate en
bois, frise de 0ᵐ,80 en papier de tenture,
décors chêne ou noyer et vernis, fausse
cimaise en papier verni et papier imitation
de marbre pour le haut des murs (jaune
de Sienne) avec un champ de 0ᵐ,20 haut et
bas, en papier imitation marbre verni
(Napoléon ou assimilés); hauteur des murs
entre planchers, 3ᵐ,90. Le plafond également collé en papier imitation de faux
ciel ou vélum, faux écoinçons, faux lar-
miers, fausses moulures bordant les écoinçons, et fausse corniche.*

Travaux neufs.

Egrenage des murs.
Plafond 20.00 × 10.00 ...   200.00

    A reporter.......   200.00

Report...........   200.00
Murs 2.90 de hauteur
×60.00 de pourtour   174.00
    A déduire :
Pénétrations   de
croisées 4 chaque
1.70 × 2.00   13.60
    Pénétra-
tions   d e
portes
    4 chaque
1.60 × 1.50   9.60
    Pénétra-
tion de croi-
sée
1.90 × 3.00   5.70

    Ensemble.......   28.90

        Reste............   145.10
        Surface totale..   345.10
    A 0ᶠ,07 le mètre................   24.15
Pour apprêts : en plafond.
Fourni et collé le papier gris.
    20.00 × 10.00........   200.00
    A 0ᶠ,15 le mètre................   30.00
Plus-value pour collage dudit en
plafond, même surface 200.00
    A 0ᶠ,04 le mètre................   8.00
Ponçage du papier gris, même surface, produit..............   200.00
    A 0ᶠ,04 le mètre................   8.00
Collage de ce plafond en panneaux
décoratifs d'un seul morceau, même
surface...................   200.00
    A 0ᶠ,66 le mètre................   132.00
Plus-value pour travail difficultueux
fait en plan renversé à plusieurs
hommes, y compris tracé de distribution sur papier gris, même surface
que papier gris 200.00
    A 0ᶠ,50 le mètre................   100.00
8 Coupes d'onglets pour fausse corniche.
    A 0ᶠ,10 l'une (*en plan renversé*)..   0.80
Joints d'arasements :
Pourtour de la corniche (*intérieur*).
    2 fois 18.40............   36.80
    2 » 8.40............   16.80
Pourtour extérieur.
    2 fois 20.00............   40.00
    2 » 10.00............   20.00
        Longueur........   113.60
    A 0ᶠ,10 le mètre (*en plafond*) 11.36
Collage de fausses moulures d'en-
cadrement des panneaux.

    A reporter...............   314.31

INTÉRIEUR MODERNE

Report...................... 381.77

Petit panneau :

8 fois 3.85 ensemble......	30.80
8 » 1.70 »	13.60

Grand panneau :

2 fois 14.00 ensemble.....	28.00
2 » 7.90 »	15.80
Ensemble..........	88.20

A 0ᶠ,04 le mètre (N° 181)......... 3.52

Plus-value pour collage de ladite moulure par encadrement.

Même longueur.......... 88.20

A 0ᶠ,025 le mètre (N° 192)........ 2.20

Plus-value pour moulure collée en plafond.

Même longueur que ci-dessus 88.20

A 0ᶠ,015 le mètre.............. 1.32

Plus-value de 40 coupes d'onglets pour ajustement.

A 0ᶠ,05 l'une, comme travail fait en plan renversé..................... 2.00

Sur murs. Papier gris fourni et collé pour apprêts.

De 1.90 de hauteur × 43.00 de pourtour produit........... 81.70

4 Dessus de croisées

chaque 1.20 × 2.00 ensemble   4.80

4 Dessus de portes

chaque 1.30 × 1.50........ 7.80

Ensemble.......... 94.30

A 0ᶠ,15 le mètre produit......... 14.15

Ponçage de ce papier gris, même surface, produit............. 94.30

A 0ᶠ,04 le mètre................. 3.77

Collage de 45 rouleaux de tenture imitation de marbre vernis.

A 0ᶠ,90 le rouleau, par analogie avec le n° 78 de la Série, indiquant une plus-value pour tenture émargée des deux côtés et collée à demi-joint..... 40.50

Plus-value pour tenture ajustée sur trait.

2 fois 20.00............	40.00
2 » 10.00............	20.00
1 fois le pourtour des murs en quatre sens.......	60.00

Déduire :

Pénétration de croisée.

4 fois 2.00...	8.00
Portes.	
4 fois 1.50...	6.00
Cheminées..	3.00
Ensemble.......	17.00
Reste.............	43.00

A reporter........ 103.00 381.77

Report........... 103.00 381.77

Au pourtour des croisées :

8 Montants chaque 1.70....	13.60
4 Traverses chaque 2.00...	8.00

Au pourtour des portes :

8 Montants chaque 1.60...	12.80
4 Traverses chaque 1.50...	6.00
2 Montants de cheminées chaque 2.90.........	5.80
Ensemble..........	149.20

A 0ᶠ,05 le mètre.............. 7.46

Haut et bas des murs, collé le champ en papier marbre verni de 0.20 de largeur.

2 fois 20.00 ensemble....	40.00
2 » 10.00 »	20.00
1 fois le pourtour des murs, déduction faite de toutes les pénétrations.............	43.00

Aux 4 angles des murs :

8 Montants chaque 2.90...	23.20
Ensemble........	126.20

A 0ᶠ,05 le mètre.............. 6.31

Plus-value pour pose de champ de 0.20 de largeur.

Même longueur.......... 126.20

A 0ᶠ,08 le mètre.............. 10.10

Plus-value de 16 coupes d'onglets.

A 0ᶠ,025 l'une................. 0.40

Par le bas des murs, sur le stylobate, et pour former frise :

Collé 8 rouleaux papier de tenture chêne vernis.

A 0ᶠ,90 le rouleau, *collé à demi-joint*............................. 7.20

Traits d'arasements à la règle de fer.

2 fois le pourtour du lambris

Chaque 43.00 ensemble.. 86.00

A 0ᶠ,05 le mètre.............. 4.30

Collage de 43.00 de bordure de 0.15 de large formant cimaise.

A 0ᶠ,13 le mètre.............. 5.60

Total de la tenture à façon de cette table d'hôte.................. 423.14

Quinzième exemple.

413. *Métrage d'une chambre d'intérieur moderne d'après la planche en couleurs de M. L. Chauvet (Travail neuf).*

Mesures supposées.

Egrenage des murs : 2.40 de haut × 16.00 de pourtour prod.... 38.40

1 Dessus de porte.

0.25 × 1.60 prod............. 0.40

1 autre.

0.25 × 1.00 prod............. 0.25

A reporter........ 39.05

```
        Report............ 39.05
1 Dessus de croisée.
0.25 × 1.40...............  0.35
1 Dessus de cheminée.
2.50 × 1.20 prod...........  3.00
        Ensemble..........  42.40
A 0f,07 le mètre.................        2,96
Bandes à l'eau à l'anglaise sur huisse-
ries et poteaux de remplissage.
    Huisseries.
4 Montants, chaque 3.50 ens.  14.00
1 Traverse de 1.60........   1.60
1    »    de 1.00........   1.00
    Sur murs.
4 Montants, chaque 2.50 ...  10.00
1 Entretoise de............   6.00
1    »    de............   5.00
        Longueur..........  37.00
A 0f,06 le mètre.................        2,22
Les murs égrenés et apprêtés;
Fourni et collé 11 rouleaux de papier
gris.
A 0f,59 l'un....................        6,49
Ponçage de ce papier à l'aide du
papier de verre. Même surface que
l'égrenage des murs......... 42.40
A 0f,04 le mètre.................        1,70
Collage par panneaux d'un seul mor-
ceau de tenture murale à jeux de fonds.
    Très soignée.
4 Panneaux.
Chaque 2.00 × 1.50 prod.....  12.00
2 Panneaux.
Chaque 2.00 × 1.00 prod.....   4.00
4 Panneaux.
Chaque 2.00 × 1.40 prod.....  11.20
4 Panneaux.
Chaque 2.00 × 0.50 prod.....   4.00
        Ensemble..........  31.20
A 0f,66 le mètre.................       20 54
Ajustement sur trait pour la bor-
dure à joints vifs.
28 Montants chaque 2.00 ens.  56.00
 4 Traverses   »   1.50   »    6.00
 4     »       »   1.50   »    6.00
 4     »       »   1.00   »    4.00
 8     »       »   1.40   »   11.20
 8     »       »   0.50   »    4.00
        Longueur..........  87.20
A 0f,05 le mètre.................        4.36
Bordure d'encadrement collée à joint
avec ajustement sur trait à la règle de fer
28 fois 2.00 ensemble.......  56.00
 8  »   1.50   »    .......  12.00
 4  »   1.00   »    ......    4.00
        A reporter........  72.00   38f,27
```

```
        Report............ 72.00   38f,2[7]
 8  »   1.40   »     ......  11.00
 8  »   0.50   »     ......   4.00
        Ensemble..........  87.20
A 0f,04 le mètre.................        3,48
Plus-value pour bordure collée à
joint vif des deux côtés, même lon-
gueur que ci-dessus......... 87.20
A 0f,10 le mètre (N° 191 de la Série)    8,70
Plus-value pour pose de bordure par
encadrement. Même longueur.  87.20
A 0f,025 le mètre.................       2,18
Plus-value pour pose de cette bor-
dure en avant du champ.
Même longueur............  87.20
A 0f,025 le mètre.................       2,18
Collés à joints vifs et arasés les
champs de 0.20 de largeur.
28 fois 2.40 montants ens.... .67.20
 8  »   1.50   »     »  ....  12.00
 4  »   1.00   »     »  ....   4.00
 8  »   1.40   »     »  ....  11.20
 8  »   0.50   »     »  ....   4.00
        Ensemble..........  98.40
A 0f,05 le mètre.................        4,92
Plus-value pour pose de champ de
0.20 au lieu de 0.10.
Même longueur, soit.......  98.40
A 0f,08 le mètre (N° 189)..........      7,57
Plus-value pour champ collé à joints
vifs entre la bordure milieu et les cham-
branles ou moulures en bois.
Même longueur............  98.40
A 0f,10 le mètre.................        9,84
Plus-value pour pose formant enca-
drement, y compris coupes d'onglets.
28 Montants chaque 2.40 ens.  67.20
Traverses.
 8 fois 1.50 ensemble.......  12.50
 4  »   1.00   »    ......    4.00
 8  »   1.40   »    ......   11.20
 8  »   0.50   »    ......    4.00
        Longueur..........  98.40
A 0f,025 le mètre.................       2,46
        Total de cette chambre........  79f,60
```

Seizième exemple.

414. *Métrage d'une chambre à coucher
modern style, d'après la planche en couleurs de M. L. Chauvet. Travail très
soigné (neuf).*

Egrenage des murs avant papier gris.
2.40 de hauteur
× 16.00 de pourtour produit.. 38.40
        A reporter........ 38.40

Report............ 38.40

1 Dessus de porte.

0.40 × 1.60 prod........... 0.64

1 Dessus de porte.

0.40 × 1.00 prod........... 0.40

1 Dessus de croisée.

0.40 × 1.40 prod........... 0.56

1 Dessus de cheminée.

2.50 × 1.20 prod........... 3.00

Ensemble.......... 43.00

A 0ᶠ,07 le mètre..............   3,00

Bandes à l'eau sur huisseries, poteaux et entretoises.

4 Poteaux, chaque 3.20.... 12.80

4 Entretoises, chaque 3.00 en moyenne. Ensemble........ 12.00

Ensemble............ 24.80

A 0ᶠ,06 le mètre..............   1,48

Pour apprêts.

Fourni et collé 11 rouleaux de papier gris.

A 0ᶠ,59 le rouleau..............   6,49

Ponçage dudit au papier de verre. Même surface que l'égrenage des murs, produit.................. 43.00

A 0ᶠ,04 le mètre..............   1.72

Collage *très soigné, arasé sur moulures* de 11 rouleaux satin rayures mates et brillantes.

A 0ᶠ.79 le rouleau (Nᵒ 77).........   8,68

Plus-value pour trait d'arasement à la règle.

Pourtour plafond.

2 fois 6.00 ensemble....... 12.00

2 » 5.00   » 10.00

Pourtour de frise......... 16.00

Autour des portes :

2 fois 2.50 .... 5.00

1 » 1.50 .... 1.50

2 » 2.50 .... 5.00

1 » 1.00 .... 1.00

Pourtour de la croisée.

2 fois 2.50 .... 5.00

1 » 1.60 .... 1.60

Ensemble.......... 57.10

A reporter.... .... 21ᶠ,37

Report.................. 21ᶠ,27

A 0ᶠ,05 le mètre..............   2,85

Par le haut :

Collage d'une bordure à guirlandes ajustée sur trait de 0.40 de largeur.

2 fois 6.00 ensemble....... 12.00

2 » 5.00   » 10.00

Ensemble.......... 22.00

A 0ᶠ,05 le mètre..............   1,10

Plus-value pour bordure de 0.40 de largeur.

6 fois 0ᶠ,04 (Nᵒ 190) sur 22.00 de longueur de bordure.

Soit 0ᶠ,24 × 22.00..............   5,28

Plus-value pour bordure découpée d'un côté en guirlande à fleurs. Même longueur : 22.00.

Au double pour découpements circulaires, soit.................. 44.00

A 0ᶠ,065 le mètre..............   2,86

Plus-value pour le découpement de 44 rubans.

A 0ᶠ,15 l'un, *non prévu à la Série.*   6,60

Par le bas, collé une bordure de 0.20 largeur, également arasée sur traits.

Ensemble.............. 16.00

A 0ᶠ,05 le mètre..............   0,80

Plus-value pour 0.20 de larg. 16.00

A 0ᶠ,08 le mètre..............   1,28

Plus-value de ladite bordure découpée de fleurs d'un seul côté.

Même longueur.......... 16.00

A 0ᶠ,065 le mètre..............   1,04

Plus-value pour traits d'arasement.

Pourtour de la corniche extérieure.

2 fois 6.00 ensemble....... 12.00

2 » 5.00   » 10.00

Pourtour de frise.......... 16.00

Ensemble.......... 38.00

A 0ᶠ,05 le mètre..............   1.90

Total de cette chambre à coucher modern style...................... 45ᶠ,09

Observations générales de la tenture, se reporter aux Séries précédentes.

DORURE

415. *Heure de jour* de doreur, été ou hiver, y compris outillage :
Vaut 1ʳ,00. Nᵒ 1 de la Série.

416. Tous les prix des matériaux comprennent le transport à pied d'œuvre. — Observation Nᵒ 2.

Absinthe en herbe.	le kil.	0ʳ,60.	Nᵒ	3
Bol d'Arménie	»	10 ,00.	Nᵒ	4
Blanc de Bougival.	les 1 040 pains	8 ,00.	Nᵒ	5
Blanc de céruse en pierre.	le kil.	0 ,56.	Nᵒ	6
Colle double à doreur.	»	0 ,22.	Nᵒ	7
Colle de parchemin.	»	0 ,30.	Nᵒ	8
Colle de peau de lapin.	»	0 ,16.	Nᵒ	9
Couleur détrempée à l'huile	»	1 ,05.	Nᵒ	10
Esprit-de-vin à 36 degrés	»	3 ,00.	Nᵒ	11
Essence	»	1 ,25.	Nᵒ	12
Huile grasse.	»	1 ,65.	Nᵒ	13
Mastic à l'huile, première qualité	»	0 ,20.	Nᵒ	14
Mixtion détrempée	»	2 ,50.	Nᵒ	15

Argent. — 40 livrets de chacun 25 feuilles d'argent.
Les mille feuilles 20ʳ,00 Nᵒ 16.

Or jaune. — 40 livrets en feuilles semblables au Nᵒ 17, mais au titre de 888 millièmes, pesant 12 grammes.
Les mille feuilles 62ʳ,00 Nᵒ 18.

Or vert. — Livrets en feuilles semblables au Nᵒ 17, mais au titre de 735 millièmes, pesant 12 grammes.
Les mille feuilles 50ʳ,00 Nᵒ 19.

Or jaune. — Livrets en feuilles semblables au Nᵒ 17, mais d'un titre différent, par chaque millième de titre en moins de 925 millièmes, ou en plus de 925 millièmes jusqu'à 961 millièmes.

Or au titre de 0.961 le mille. . 70ʳ,00
»   »   0.925   »   . . 62 ,00
Différences. .   36   . . 8ʳ,00
D'où par titre $\frac{8}{36}$ ou 0ʳ,22 Nᵒ 20.

Différence pour chaque décigramme d'or jaune, au titre de 925 millièmes en plus ou en moins du poids de 12 grammes :

Or jaune :
Au titre de 0.925 pesant 12 gr.   62ʳ,00
Prix du gramme $\frac{62}{12}$ = 5ʳ,17
Le décigramme   5ʳ,17
Différence pour ch.   10 = 0ʳ,517. Nᵒ 21

Différence pour chaque décigramme d'or de 925 à 961 millièmes de titre en plus du poids de 12 grammes, après déduction d'un poids de *trente-trois* milligrammes pour chaque titre :

Prix ci-dessus du décigr.   0ʳ,517
Moins 33 milligrammes à 5ʳ,17 le décigramme. . . . . 0 ,170
Reste pour chaque décigr.   0ʳ,347 Nᵒ 22

Or citron. — Livrets en feuilles semblables au N° 18, mais d'un titre différent
par chaque millième de titre, en moins
de 889 ᵐ/ᵐ ou en plus de 888 ᵐ/ᵐ jusqu'à
934 millièmes.

Or au titre de 0.934 le mille. . 70ᶠ,00
   »   »   0.886   » . . 62 ,00

Différences   46   . . 8ᶠ,00

D'où par titre $\frac{8}{46}$ ou 0ᶠ,174. N° 23.

Différence pour chaque décigramme
d'or citron, au titre de 888 pesant 12
grammes 62ᶠ,00.

Le gramme. Vaut $\frac{62}{12}$ = 5ᶠ,17

Le décigramme $\frac{517}{10}$ = 0ᶠ,517 N° 24

Différence pour chaque décigramme
d'or citron de 888 à 934 millièmes de titre,
en plus du poids de 12 grammes, après
déduction d'un poids de 33 milligrammes
par chaque titre :

Prix ci-dessus du décigr.   0ᶠ,517
Moins 33 milligrammes à
0ᶠ,517 le décigramme. . . .   0 ,170

Soit pour chaque décigr.   0ᶠ,347 N° 25

Or vert en feuilles semblables au N° 19,
mais d'un titre différent, par chaque millième de titre en moins de 735 ou en plus
de 735 jusqu'à 892 millièmes.

Or au titre de 0.892 le mille. . 64ᶠ,00
   »   »   0.735   » . . 50ᶠ,00

Différences   0.157   » . . 14ᶠ,00

D'où par titre $\frac{14}{157}$ ou 0.089. N° 26.

Or vert. — Différence pour chaque décigramme d'or vert au titre de 735 millièmes
en plus ou en moins du poids de 12
grammes.

Or vert :
Au titre de 0.735 pesant 12 gr.   50ᶠ,00

Prix du gramme $\frac{50}{12}$ = 4ᶠ,17

Prix du décigramme $\frac{417}{10}$ = 0ᶠ,407. N° 27

Différence pour chaque décigramme
d'or vert de 735 à 892 de titre en plus du
poids de 12 grammes après déduction
d'un poids de 33 milligrammes par chaque
titre :

Prix ci-dessus du décigr.   0ᶠ,417
Moins 33 milligrammes à
0ᶠ,417 le décigramme. . . .   0 ,138

Reste pour chaque décigr.   0ᶠ,279 N° 28

Papier de verre. Vaut les 100 feuilles
3ᶠ,75. N° 29.
Pierre ponce en pierre ou en poudre, le
kilogramme 0ᶠ,50. N° 30.
Platine. — 40 livrets de 25 feuilles de
platine de 0.085 × 0.085 de dimensions,
les mille feuilles 80ᶠ,00. N° 31.
Prêle, le kilogramme 2ᶠ,00. N° 32.
Teinte dure, le kilogramme 1ᶠ,10. N° 33.
Vernis gomme laque pour doreur, le
kilogramme 3ᶠ,50. N° 34.
Vernis Sœhnée, le litre 12ᶠ,00. N° 35.
Vermillon de France broyé à l'huile, le
kilogramme 11ᶠ,00. N° 36.

Prix composés

417. *Observations générales.* — Les
prix de règlement ci-après; établis pour
les travaux particuliers, exécutés à **Paris**,
sont composés :
1° Des déboursés pour la main-d'œuvre
et les fournitures ;
2° Des faux frais appliqués à la main-
d'œuvre seulement ;
3° Du bénéfice appliqué aux prix des
fournitures, de la main-d'œuvre et aux
faux frais.
Pour la dorure, les faux frais sont fixés
à 17 0/0, y compris les risques d'accidents
(*Loi du 9 avril* 1898).
Le bénéfice à 10 0/0.

418. Tous les prix suivant s'appliquent à des travaux faits avec des *matériaux de première qualité dans l'espèce indiquée, et avec toute la perfection possible d'exécution ;* ils comprennent le nettoyage et l'enlèvement de tous les résidus provenant du travail exécuté.

Heure de jour de doreur (été et hiver). Vaut 1f,30 (N° 37).

Les prix des salaires varient avec la valeur de l'ouvrier ; ceux portés à la Série présente sont des prix moyens, ayant servi de base pour l'établissement des sous-détails (37 *bis*).

Aucun travail ne pourra être exécuté à l'heure que sur un ordre écrit et, dans ce cas, des attachements journaliers constateront le temps passé, et les travaux auxquels il aura été employé, l'entrepreneur devra dresser ses attachements en double et les faire reconnaître en temps utile (N° 38).

Heures supplémentaires. — Les heures supplémentaires jusqu'à dix heures du soir seront payées le même prix que les heures de jour (39).

Heures de nuit. — Les heures de nuit commenceront à dix heures du soir et finiront à six heures du matin. A défaut de convention particulière, les heures de nuit seront payées le double des heures de jour (N° 40).

Travaux faits à la lumière. — Il ne sera accordé, en outre, des stipulations qui précèdent pour les travaux faits à la lumière d'autre plus-value que celle relative aux fournitures d'éclairage, déboursées par l'entrepreneur (N° 41).

Matériaux. — Les prix de règlement, pour fourniture seulement, seront composés des prix de déboursés, augmentés du bénéfice de 10 0/0 (N° 42).

Mode de mesurage de la dorure et observations diverses.

419. Tous les travaux, tant sur parties unies que sur parties sculptées, seront mesurées suivant leur surface réelle en œuvre développée sans aucune plus-value ni évaluation pour le plus ou moins de difficultés éprouvées pour atteindre les fonds (N° 43).

Pour les moulures sculptées, la surface réelle s'obtiendra en pourtournant toutes les sinuosités de la sculpture dans le sens de la longueur ; la largeur au contraire sera prise en épousant seulement la forme du profil, mais sans développement des sinuosités de la sculpture (N° 44).

Toute partie de sculpture présentant une surface assez considérable, pour que la feuille d'or puisse être appliquée entière, sera comptée comme partie de dorure unie N° 45.

Les filets et parties unies au-dessous de 0m,015 *de largeur* seront comptés comme 0m,015, s'ils sont isolés (N° 46).

Pour la dorure à l'eau, les carrés, épaisseurs et toutes moulures mates ou brunies au-dessous de 0m,010 seront comptés pour 0m,010 (N° 46 *bis*).

Les filets de mixtion seront comptés à part, *comme à la Série de peinture* (N° 47).

Toutes les opérations faites pour l'exécution complète de la dorure devront être rigoureusement reconnues par attachement ; à moins d'ordre exprès, il ne sera accordé dans les dorures à l'huile plus d'une couche de vernis gomme laque, sauf, sur bois nature ou colle, cette deuxième couche devra être rigoureusement constatée (N° 48). *Mêmes réserves pour ces constatations qu'au chapitre précédent, Peinture.*

420. *Le réparage aux petits fers* sur les parties sculptées sera estimé suivant la perfection du travail, et le temps employé régulièrement constaté par attachement (N° 49).

Il en sera de même pour le réparage des angles sur dorure unie, lorsqu'il aura été demandé spécialement par ordre écrit (N° 50).

Les prix ci-après sont applicables aux travaux faits au bâtiment à l'exclusion de ceux exécutés à l'atelier (N° 51).

421. Afin de pouvoir déterminer exactement le prix de *mille feuilles* d'or, le *bol d'Arménie,* appliqué sur les livrets, ne devra jamais laisser aucune trace sur les feuilles d'or ; toute feuille d'or, recouverte d'un dépôt de bol d'Arménie ou autre substance quelque faible que soit la quantité, motivera le rejet total du millier, et les travaux déjà exécutés subiront une moins-value d'un sixième du prix de l'or employé (N° 52).

Le titre maximum de l'or employé dans les travaux de dorure de bâtiment est fixé, pour l'or jaune, à 961 millièmes, pour l'or citron à 934 millièmes et pour l'or vert à 892 millièmes (N° 53).

422. *Pour les ouvrages de dorure faits à l'extérieur avec ou sans bannes*, il sera ajouté une plus-value de 20 0/0, s'il y a emploi de bannes. La location de ces bannes sera payée suivant Série de maçonnerie, avec 10 0/0 de plus-value, comprenant double transport, la pose et la dépose (N° 54).

423. *Pour la dorure des rampes d'escalier*, il sera ajouté une plus-value de 10 0/0, cette plus-value comprendra tous les échafaudages nécessaires (N° 55).

424. *Dorure en rehaussé.* — Le prix du rehaussé sera payé à part et suivant la nature et le fini du travail (N° 55 *bis*).

Il existe deux genres de dorure, la dorure à l'eau et la dorure à l'huile dont les éléments ne sont pas les mêmes et que le métreur a besoin de connaître, pour mener à bien l'établissement d'un mémoire ; nous les étudierons donc ci-après :

425. *Eléments de dorure à l'eau* **sur parties unies.**

Epoussetage, soit le nettoyage à la brosse, avant tout autre travail, des parties à dorer.

Couche d'encollage à la colle faible, qui comprend une couche de colle de peau diluée dans de l'eau, en quantité suffisante, selon que l'on doit encoller faiblement ou plus fortement.

Rebouchage à la colle comme à la peinture.

Couche de blanc en plein à la colle double. — L'on donne habituellement de trois à six couches de blanc, la première couche doit être faite avec un encollage léger, en colle très chaude mélangée de blanc de Meudon.

La deuxième couche se compose d'un blanc laiteux très clair, et aussi appliquée à chaud.

La troisième couche, d'un blanc iden-

tique, mais plus dense, sur les moulures et parties planes.

Les autres couches se donnent à la demande du travail à faire, et au fur et à mesure de la sécheresse des précédentes.

Tiré des carrés dans un cadre de glace, ou autre, très bien blanchi, il arrive que les carrés ont très souvent disparu ; on les refait alors au fer, afin d'obtenir moins de difficulté dans le travail *de l'adoucissage*.

Ponçage à sec au papier de verre, et le ponçage à l'eau à la ponce en poudre. Ces deux opérations se font comme il a été décrit à la Peinture.

Dégorgement des moulures.

A l'aide de petits fers spéciaux, l'on enlève, en grattant, toutes les boursouflures, granulations et empâtements de blanc existant dans les tarabiscots des moulures, de façon à rendre les cueillies et les lignes absolument nettes.

Prélage et dégraissage, c'est-à-dire nettoyage avec de la prêle et une petite brosse de soie.

Le prêle est une herbe rugueuse, qui se développe sur le bord des ruisseaux et dans les endroits humides.

Couche d'encollage, en réchampissage des parties à dorer. Ce travail s'exécute avant la couche d'assiette.

Couche d'assiette. — L'assiette, qui, comme son nom l'indique, est destinée à asseoir l'or, est un composé de bol d'Arménie, mine de plomb, de la sanguine, et de l'huile d'olive ; ces substances, broyées séparément, mélangées ensuite, puis broyées à nouveau ensemble avec de l'huile d'olive, et détrempées dans de la colle de parchemin.

Bol d'Arménie. — Le bol d'Arménie est une argile d'ocre, rouge, grasse et huileuse, d'un toucher très doux, mais fragile.

426. Voici les prix appliqués *aux éléments de la dorure à l'eau* au mètre superficiel :

Sur parties unies.

Epoussetage, vaut le mètre	0f,26.	N° 56
Couche d'encollage en plein à la colle faible. . .	0 ,21.	N° 57
Rebouchage à la colle. . .	0 ,64.	N° 58
Couche de blanc en plein à la colle double.	0 ,47.	N° 59

Couche de blanc en ré-champissage sur les parties à dorer . . . . 0 ,83. N° 60

Tiré des carrés. . . . . . 9 ,00. N° 61

Ponçage à sec au papier de verre. . . . . 0ʳ,79. N° 62

Ponçage à l'eau à la ponce en pierre. . . . . 7 ,75. N° 63

Dégorgement des mou-lures . . . . : . 9 ,00. N° 64

Prélage et dégraissage . . 0 ,48. N° 65

Couche d'encollage en ré-champissage des parties à dorer . . . . 0 ,72. N° 66

Couche d'assiette. . . . . 1 ,38. N° 67

Dorure à l'or jaune, au titre de 0.925, les mille feuilles pesant 12 grammes, le mètre carré 39ʳ,57. N° 68.

Différence sur l'or jaune.

Par chaque millième de titre en plus ou en moins 0ʳ,04. N° 69.

Par chaque décigramme d'or jaune au titre de 0.925, en plus ou en moins, du poids de 12 grammes 0ʳ,10. N° 70.

Par chaque décigramme d'or de 0.925 à 0.960 de titre en plus du poids de 12 grammes, après déduction d'un poids de 33 milligrammes par chaque titre 0ʳ,07. N° 71.

Or citron (au titre de 0.888), les mille feuilles pesant 12 grammes : 39ʳ,57. N° 72.

Différence sur l'or citron.

Par chaque millième de titre en plus ou en moins. Valeur 0ʳ,04. N° 73.

Par chaque décigramme d'or citron de 0.888 à 0.934 de titre en plus du poids de 12 grammes, après déduction d'un poids de 33 milligrammes par chaque titre 0ʳ, 07. N° 75.

Par chaque décigramme d'or citron au titre de 0.888 en plus ou en moins du poids de 12 grammes 0ʳ,10. N° 74.

Or vert au titre de 0.735 les mille feuilles pesant 12 grammes, 37ʳ,39. N° 76.

Différence sur l'or vert.

Par chaque millième de titre en plus ou en moins. Vaut 0ʳ,015. N° 77.

Par chaque décigramme d'or vert au titre de 0.735 en plus ou en moins du poids de 12 grammes 0ʳ,08. N° 78.

Par chaque décigramme d'or vert de 0.735 à 0.892 de titre en plus du poids de 12 grammes, après déduction d'un poids de 33 milligrammes par chaque titre. Vaut 0ʳ,05. N° 79.

Matage, vaut 0ʳ,90. N° 80.

Le matage, comme son nom l'indique, a pour but d'effacer l'éclat trop vif de l'or ; ce travail se fait à la colle, en réchampissant avec le plus grand soin les parties brunies.

Brunissage en plein vaut 15ʳ,44. N° 81

Brunissage entre parties mates. . . . . 20 ,60. N° 82

Coups de vifs sur parties mates. . . . . 3 ,86. N° 83

127. *Éléments de dorure sur parties sculptées.*

Époussetage, vaut le mètre superficiel . . . . 0ʳ,39.. N° 84

Couche d'encollage en plein à la colle faible. . . . 0 ,42. N° 85

Rebouchage à la colle . . 0 ,78. N° 86

Couche de blanc en plein à la colle double . . . . . . 0 ,77. N° 87

Couche de blanc en ré-champissage sur les parties à dorer. . . . . 1 ,28. N° 88

Ponçage à sec au papier de verre . . . . 2 ,00. N° 89

Prélage et dégraissage . . 10 ,38. N° 90

Adoucissage au bâton et à la prêle. . . . . 7 ,81. N° 91

Couche d'encollage en ré-champissage des parties à dorer . . . . 1 ,00. N° 92

Couche d'assiette . . . . . 1 ,96. N° 93

Dorure :

L'or jaune au titre de 0.925, les mille feuilles pesant 12 grammes, 50ʳ,37. N° 94.

Différence sur l'or jaune.

Par chaque millième de titre en plus ou en moins, 0ʳ,044. N° 95.

Par chaque décigramme d'or au titre de 0.925 en plus ou en moins du poids de 12 grammes, 0ʳ,10. N° 96.

Par chaque décigramme d'or jaune de 0.925 à 0.961 de titre en plus du poids de 12 grammes, après déduction d'un poids de 33 milligrammes par chaque titre, 0ʳ,07. N° 97.

Dorure à l'or citron.

L'or au titre de 0.888, les mille feuilles pesant 12 grammes 50ʳ,36. N° 98.

GEORGES FANCHON, Éditeur,
25, rue de Grenelle, Paris.

L. CHAUVET, Inv. et fecit

INTÉRIEUR MODERNE

Différence sur l'or citron.

Par chaque millimètre de titre en plus ou en moins, vaut 0ʳ,034. N° 99.

Par chaque décigramme d'or, au titre de 0.888, en plus ou en moins du poids de 12 grammes 0ʳ,10. N° 100.

Différence sur l'or citron.

Par chaque décigramme d'or de 0.888 à 0.934 de titre en plus du poids de 12 grammes, après déduction d'un poids de 33 milligrammes par chaque titre, valeur 0ʳ,07. N° 101.

Dorure, l'or vert au titre de 0ʳ,735 les mille feuilles, pesant 12 grammes, 48ʳ,10. N° 102.

Différence sur l'or vert.

Par chaque millième de titre en plus ou en moins 0ʳ,02. N° 103.

Par chaque décigramme d'or vert, au titre de 0.0735 en plus ou en moins du poids de 12 grammes 0ʳ,08. N° 104.

Par chaque décigramme d'or vert de 0.735 à 0.892 de titre en plus du poids de 12 grammes, après déduction d'un poids de 33 milligrammes par chaque titre, 0ʳ,055. N° 105.

Ramendage se fait sur parties brunies, divisées par petites parties; il se compose ordinairement d'un liquide préparé comme suit : eau pure et alcool blanc, mélange ne refusant pas et séchant très vite.

Ramendage à l'or jaune au titre de 0.925. Vaut . . 5ʳ,83. N° 106

Ramendage à l'or citron au titre de 0.888. Vaut . 5 ,83. N° 107

Ramendage à l'or vert au titre de 0.735 . . . . . 5 ,69. N° 108

Matage . . . . 1 ,21. N° 109

Brunissage en plein. . 30 ,88. N° 110

Brunissage entre parties mixtes. . . . . 38 ,61. N° 111

Coups de vifs sur parties mates . . . . 6 ,43. N° 112

428. *Eléments de dorure à l'huile,* au mètre superficiel *sur parties unies.*

Epoussetage . . . . . . 0ʳ,26. N° 113

Rebouchage à l'huile. . 1 ,05. N° 114

Tiré des carrés. . . . . 5 ,79. N° 115

Ponçage à l'eau à la ponce en pierre (par ordre exprès) 5 ,18. N° 116

Ponçage à sec au papier de verre. . . . . 0 ,79. N° 117

Dégorgement des moulures (par ordre exprès) . 6 ,43. N° 118

Prélage et dégraissage (par ordre exprès) . . . . 5 ,19. N° 119

Couche de vernis gomme laque . . . . 3 ,00. N° 120

Couche de mixtion. . . 2 ,68. N° 121

Dorure à l'or jaune, au titre de 0.925 les milles feuilles, pesant 12 gr. . . 26ʳ,70. N° 122

Différence sur l'or jaune.

Par chaque millième de titre en plus ou en moins, vaut 0ʳ,64. N° 123.

Par chaque décigramme d'or jaune au titre de 0.925 en plus ou en moins du poids de 12 grammes. Vaut 0ʳ,09. N° 124.

Par chaque décigramme d'or de 0.925 à 0.961 de titre en plus du poids de 12 grammes, après déduction d'un poids de 33 milligrammes par chaque titre 0ʳ,06. N° 125.

Dorure à l'or citron au titre de 0.888 les mille feuilles, pesant 12 grammes, vaut 26ʳ,70. N° 126.

Différence sur l'or citron.

Par chaque millième de titre en plus ou en moins, vaut 0ʳ,03. N° 127.

Par chaque décigramme d'or citron au titre de 0.888, en plus ou en moins du poids de 12 grammes 0ʳ,09. N° 128.

Par chaque décigramme d'or de 0.888 à 0.934 de titre en plus du poids de 12 grammes, après déduction d'un poids de 33 milligrammes par chaque titre 0ʳ,06. N° 129.

Dorure à l'or vert, au titre de 0.735 les mille feuilles pesant 12 grammes, 25ʳ,51. N° 130.

Différence sur l'or vert.

Par chaque millième de titre en plus ou en moins, valeur 0ʳ,02. N° 131.

Par chaque décigramme d'or vert, au titre de 0.735 en plus ou en moins du poids de 12 grammes 0ʳ,07. N° 132.

Par chaque décigramme d'or vert de 0.735 à 0.892 de titre en plus du poids de 12 grammes, après déduction d'un poids de 33 milligrammes par chaque titre, valeur 0ʳ,05. N° 133.

Matage, le mètre superficiel . . . . 0ʳ,95. N° 134

Dorure unie lavée à l'eau mitigée . . . . 2 ,68. N° 135

Couche de vernis Sœhnée pour fixer l'or. . . . . . 4 ,03. N° 136

Sur parties sculptées.

Epoussetage, le mètre
superficiel. . . . .   0 ,39. N° 137

Rebouchage huile. . . .   1 ,57. N° 138

*Adoucissage au bâton et
à la prêle* . . . .   7 ,81. N° 139

*Ponçage à sec au papier
de verre*. . . . .   1 ,86. N° 140

Prêlage et dégraissage
(par ordre exprès) . . . . 10 ,38. N° 141

*Couche de vernis gomme
laque* . . . .   4 ,48. N° 142

Couche de mixtion. . .   4 ,03. N° 143

Dorure.

L'or jaune au titre de 0.926 les mille
feuilles pesant 12 grammes, 36f,20. N° 144.

Différence sur l'or jaune :
Par chaque millième de titre en plus ou
en moins, 0f,04 (N° 145).

Par chaque décigramme d'or jaune, au
titre de 0.625 en plus ou en moins du
poids de 12 grammes, 0f,10. N° 146.

Par chaque décigramme d'or jaune au
titre de 0.925 à 0.961 de titre en plus du
poids de 12 grammes après déduction d'un
poids de 33 milligrammes par chaque titre,
0f,07. N° 147.

Dorure à l'or citron au titre de 0.888 les
mille feuilles pesant 12 grammes, 36f,20.
N° 148.

Différence sur l'or citron.
Par chaque millième de titre en plus ou
en moins, 0.033. N° 149.

Par chaque décigramme d'or citron, au
titre de 0.888 en plus ou en moins du
poids de 12 grammes 0f,10. N° 150.

Par chaque décigramme d'or citron, au
titre de 0.888 à 934 de titre, en plus du
poids de 12 grammes, après déduction
d'un poids de 33 milligrammes par chaque
titre, vaut 0f,07. N° 151.

Dorure à l'or vert, au titre de 0.735 les
mille feuilles pesant 12 grammes, 34f,08.
N° 152.

Différence sur l'or vert.
Par chaque millième de titre en plus ou
en moins, valeur 0f,02. N° 153.

Par chaque décigramme d'or vert au
titre de 0.735 en plus ou en moins du
poids de 12 grammes, 0f,08. N° 154.

Par chaque décigramme d'or vert de
0.735 à 0.892 de titre en plus du poids de
12 grammes, après déduction d'un poids

de 33 milligrammes par chaque titre, 0f,05.
N° 155.

Ramendage :
A l'or jaune, au titre de
0.925 . . . .   5f,56. N° 156

A l'or citron, au titre de
0.888 . . . .   5 ,56. N° 157

A l'or vert, au titre de
0.735 . . . .   5 ,48. N° 158

Matage . . . .   1 ,22. N° 159

Couche de vernis Sæhnée,
pour fixer l'or. . . . . . .   5 ,97. N° 160

Dorure sculptée, lavée à
l'eau mitigée . . . .   3 ,98. N° 161

Argenture à l'huile, **au platine,** la feuille
des dimensions de 0.08 × 0.08.

Prix complet comprenant : Epoussetage
et couche de mixtion :

Sur parties unies (le
mètre superficiel). . . . . 32f,90. N° 162

Sur parties sculptées (le
mètre superficiel). . . . . 44 ,05. N° 163

Blanc d'œuvage. . . .   0 ,60. N° 164

Salissage sur fonds bois ou décors de
même ton de dorure à l'huile pour raccords
au moyen de frotter gomme laque sur
parties unies. 1f,58. N° 165.

Même travail sur parties sculptées 2f,24.
N° 166.

*Oxydation ou vieillissage de dorure à
l'eau*, à estimer suivant le travail. N° 167.

Le vieillissage de l'or a pour but de
faire de l'imitation du genre ancien, pour
arriver à faire une vieillissure convenable
il est de toute nécessité que la dorure et
les apprêts aient été faits avec toute la
perfection désirable.

Quand la dorure sera terminée sur les
parties à vieillir, on donnera une couche
de vernis Sœhnée, puis on passera à la
vieillissure ; mélange composé ordinairement dans des proportions variables suivant le travail à faire, et l'effet à produire
de :

Jaune clair, en tube ;
Laque jaune, en tube ;
Vert Véronèse, en tube ;
Terre de Sienne naturelle, en tube ;
Terre de Sienne brûlée, en tube ;
Terre d'ombre, en tube ;
Noir de fumée, en tube.

Ce mélange additionné avec de l'essence
de térébentine et un peu de colle d'or,

puis du vernis mat, le tout passé soigneusement, pour s'assurer qu'il n'existe plus
aucuns grains dans le liquide, la vieillissure est faite et prête à être employée.

429. *Dorure à l'eau. — Prix composés.*
— Les prix de dorure ci-après seront
généralement appliqués en déduisant toutefois la valeur des apprêts qui n'auraient
pas été faits ; mais aucun apprêt en plus
de ceux indiqués, en plus-value d'or, ne
seront alloués si l'entrepreneur ne justifie
l'exécution par un ordre écrit de l'architecte. Observation 168.

Dorure à l'eau, prix complets au mètre
superficiel :

Or jaune au titre de 0.925 pesant
12 grammes les mille feuilles de 0.085 ×
0.085.

Mate sur parties unies avec apprêts
composés comme au sous-détail ci-
dessous.................... 76f,22 N° 169

Sous-détail.

Epousselage................	0,26
Couche d'encollage en plein à la colle faible.............	0,21
Rebouchage colle..........	0,64
2 Couches de blanc en plein à la colle double à 0f,47......	0,94
Couches de blanc en recham-pissage sur les parties à dorer (2 couches à 0f,85)...........	1,70
Ponçage à sec.............	0,79
Tiré des carrés............	4,50
Ponçage à l'eau............	7,75
Dégorgement des moulures.	9,00
Prêlage et dégraissage.....	6,48
Couche d'encollage en ré-champissage des parties à dorer	0,72
2 Couches d'assiette à 1f,38.	2,76
Matage...................	0,90
Or jaune.................	39,57
Total...............	76f,22

430. *Dorure mate sur parties
sculptées*, avec apprêts composés
comme ci-dessous........... 90f,49 N° 170

Sous-détail.

Epousselage.............	0,39
Couche d'encollage en plein à la colle faible.............	0,42
Rebouchage colle..........	0,78
2 Couches de blanc en plein à la colle double.	
A 0f,77 l'une..............	1,54
A reporter........	3f,13

Report............. 3f,13

2 Couches de blanc en ré-champissage sur les parties à dorer....................	2,56
Ponçage à sec.............	2,00
Adoucissage au bâton et à la prêle.....................	7,81
Prêlage et dégraissage.....	10,38
Ponçage à sec.............	2,00
Couche d'encollage en ré-champissage des parties à dorer	1,28
2 Couches d'assiette.	
A 1f,96 l'une..............	3,92
Matage...................	1,21
Or jaune.................	50,37
Ramendage..............	5,83
Total...............	90,49

431. *Dorure brunie sur parties
unies*, d'après le sous-détail suivant,
vaut le mètre superficiel...... 93f,78 N° 171

Sous-détail.

Epousselage..............	0,26
Couche d'encollage en plein à la colle faible.............	0,21
Rebouchage colle..........	0,64
2 Couches de blanc en plein à la colle double.	
A 0f,47 l'une..............	0,94
2 Couches de blanc en récham-pissage sur les parties à dorer.	
A 0f,85 l'une..............	1,70
Ponçage à sec.............	0,79
Tiré des carrés............	4,50
Ponçage à l'eau............	7,75
Dégorgement des moulures.	9,00
Prêlage et dégraissage.....	6,48
Couche d'encollage en ré-champissage des parties à dorer	0,72
2 Couches d'assiette.	
A 1f,38 l'une..............	2,76
Ponçage à sec.............	0,79
Couche de blanc en récham-pissage sur les parties à dorer.	0,85
Couche d'assiette..........	1,38
Dorure or jaune...........	39,57
Brunissage en plein........	15,44
Total...............	93f,78

432. *Dorure brunie sur parties
sculptées*, d'après le sous-détail ci-
après. Le mètre superficiel.. 125f,40 N° 172

Sous-détail.

Epousselage..............	0,39
Couche d'encollage en plein à la colle faible............	0,42
Rebouchage colle..........	0,78
A reporter........	1f,59

Report............	1f,59
2 Couches de blanc en plein à la colle double.	
A 0f,77 l'une.............	1,54
2 Couches de blanc en réchampissage sur parties à dorer....................	2,56
Ponçage à sec.............	2,00
Adoucissage au bâton et à la prèle...................	7,81
Prélage et dégraissage....	10,38
Ponçage à sec.............	2,00
Couche d'encollage en réchampissage des parties à dorer....................	1,28
2 Couches d'assiette.	
A 1f,96 l'une..............	3,92
Couche de blanc en réchampissage sur les parties à dorer	1,28
Ponçage à sec.............	2,00
Couches d'assiette........	1,96
Dorure à l'or jaune.......	50,37
Ramendage..............	5,83
Brunissage en plein.......	30,88
Total..............	125f,40

433. *Dorure à l'huile.* — Prix complets au mètre superficiel :

Or jaune au titre de 0.925 pesant 12 grammes les mille feuilles de 0.085 × 0.085.

Sur parties unies, avec apprêts composés d'un époussetage, une couche de mixtion et or jaune, 29f,64. N° 173.

Sur parties sculptées avec apprêts composés d'un époussetage une couche de mixtion et or jaune 40f,62. N° 174.

434. *Dorure au cuivre* au mètre superficiel.

Sur parties unies, avec apprêts composés d'un époussetage, une couche de mixtion et dorure au cuivre vaut 12f,86. N° 175.

Sur parties sculptées avec apprêts composés d'un époussetage, une couche de mixtion et dorure au cuivre vaut 18f,52. N° 176.

Exemples de métrés de Dorure à l'huile sur parties unies.

Premier exemple.

Dorure sur une porte à un vantail de mesures courantes, ladite porte à grands cadres avec tables saillantes moulurées, chambranles Louis XV.

Dorure à l'or jaune au litre de 0.925 les mille feuilles, sur apprêts suivants : époussetage et couche de mixtion.

La Porte.

Sur cadre listel extérieur de 0.02 de largeur.

2 Montants chaque 1.00 ens.				2.00
2 »	»	0.25	»	0.50
2 »	»	0.55	»	1.10
6 Traverses	»	0.55	»	3.30
Ensemble............				6.90

× 0.020 produit.................... 0.1380

La dorure se calcule jusqu'au dix-millième (*usage*)

Petit boudin intérieur des cadres.

2 Montants chaque 0.90.....			1.80
2 »	»	0.15.....	0.30
2 »	»	0.45.....	0.90
2 Traverses	»	0.90.....	2.70
Ensemble...........			5.70

A 0.015, cette moulure, n'ayant que 0.010 de développé, doit être comptée comme ayant 0.015 d'après l'observation 46 de la Série, produit....... 0.0855

Petite moulure (*congé*) entourant la table saillante.

2 Montants chaque 0.80.....			1.60
2 »	»	0.05.....	0.10
2 »	»	0.35.....	0.70
6 Traverses	»	0.35.....	2.10
Ensemble............			4.50

× 0.015 produit.................... 0.0675

Sur chambranle de porte, listel à l'extérieur.

2 Montants chaque 2.30 ens.	4.60
1 Traverse de 0.85.........	0.85
Ensemble............	5.45

× 0.020 .... 0.1090

Boudin à l'intérieur.

2 Montants chaque 2.25 ens.	4.50
1 Traverse de 0.80, ci......	0.80
Ensemble............	5.30

× 0.015 produit.................... 0.0795

Surface dorée pour une porte à un vantail............................ 0.4795

A 29f,64 le mètre................ **14f,21**

Deuxième exemple.

436. *Dorure sur une porte à deux vantaux à grands cadres, avec plate-bande simple dorée à plat, même chambranle que précédent.*

Même dorure que sur la porte à un vantail ci-dessus :

La porte :

Sur les cadres, listel extérieur de 0.020 de large.

4 Montants chaque 1.00 ens.   4.00
4   »   »   0.25 »   0.50
4   »   »   0.55 »   2.20
12 Traverses   »   0.45 »   5.40

          Linéaire 12.10
$\times$ 0.020 produit.................   0.2420
          Boudin intérieur des cadres.
4 Montants chaque 0.90...   3.60
4   »   »   0.15...   0.60
4   »   »   0.45...   1.80
12 Traverses   »   0.35...   4.20

          Linéaire 10.20
$\times$ 0.015 ....   0.1530
          Filet étrusque sur le bord de la
plate-bande :
4 Montants chaque 0.80 ens.   3.20
4   »   »   0.05 »   0.20
4   »   »   0.35 »   1.40
12 Traverses   »   0.25 »   3.00

          Linéaire 7.80
. $\times$ 0.015 produit.................   0.1170
          Sur chambranle.
          Listel extérieur de 0.020.
2 Montants chaque 2.25 ens.   4.60
1 Traverse de 1.65, ci.......   1.65

          Linéaire 6.30
$\times$ 0.020 produit.................   0.1260
          Boudin intérieur.
2 Montants chaque 2.35 ens.   4.50
1 Traverse de 1.65, ci.......   1.65

          Linéaire 6 15
$\times$ 0.015 produit.................   0.0923

          Surface dorée pour une porte à
deux vantaux....................   0.7303

          A 29^f,64 le mètre..............   **21^f,65**
          Pour la dorure de la plate-bande ;
          Plus-value pour filage de mixtion
fait à la règle.
4 fois 0.80 ensemble........   3.20
4   »   0.05   » 0.20
4   »   0.25   » 1.00
12 »   0.25   » 3.00

          Ensemble.......... 7.40
          A 0^f,14 le mètre, n° 341 Série Pein-
ture..............................   **1,05**

          Total pour dorure de cette porte à
deux vantaux....................   **22^f,70**

Troisième exemple.

437. *Dorure sur une croisée composée
de six verres, calfeutrement, moulure,
cadre de soubassement, ébrasement et
chambranle.*

Dorure à l'huile à l'or jaune au litre de 0.925
les mille feuilles, sur mêmes apprêts que ci-
dessus..
          Moulure de petits bois autour des verres.
2 Montants chaque 0.35 ens.   0.70
2   »   »   1.10 »   2.20
2   »   »   0.40 »   0.80
6 Traverses   »   0.40 »   2.40

          Soit, pour un vantail.....   6.10
          L'autre vantail semblable...   6.10

          Ensemble 12.20
$\times$ 0.020 produit.................   0.2440
          Congé sur calfeutrement.
2 Montants chaque 2.30 ens.   4.60
          Sur traverse haute.
1 fois 1.20, ci............   1.20
          Sur traverse basse.
2 fois 1.20 ensemble........   2.40

          Ensemble 8.20
$\times$ 0.015 produit.................   0.1230
          Cadre de soubassement.
          Moulure extérieure.
2 fois 0.35 ensemble........   0.70
2   »   1.10   » 2.20
          Moulure extérieure.
2 fois 0.30.................   0.60
2   »   1.05.................   2.10

          Ensemble 5.60
$\times$ 0.015 produit.................   0.0840
          Sur chambranle.
          Listel extérieur.
2 Montants chaque 2.50.....   5.00
1 Traverse de 1.40.........   1.40

          Ensemble 6.40
$\times$ 0.020 produit.................   0.1280
          Moulure intérieure.
2 Montants chaque 2.45.....   4.90
1 Traverse de 1.30.........   1.30

          Ensemble 6.20
$\times$ 0.015 produit.................   0.0930

          Surface dorée pour cette croisée...   0.6720

          A 29^f,64 le mètre..............   **19^f,92**

Dorure sur parties sculptées.

Quatrième exemple.

438. *Métrage d'une rosace de salle à
manger (fig. 292).*
Dorure à l'or jaune au litre de 0.925 les mille
feuilles sur époussetage et mixtion.
          Détail du triangle ABC formant le quart de
la rosace ;

Fig. 292. — Rosace en pâtisserie losangulaire, de 1^m,40 $\times$ 1^m,00 pour salle à manger (détail à 0,20 par mètre).

En commençant par l'angle A.
Crossette d'extrémité.
    0.040 $\times$ 0.015 produit   0.00060
1 autre au devant.
    0.06 $\times$ 0.015 ....   0.00090
1 autre.
    0.035 $\times$ 0.015 ....   0.00053
Trèfle de feuilles en-suite.

    A reporter ..... 0.00203.

        Report 0.00203
Moitié de la feuille de tête
0.05 $\times$ 0.0017 réduit prod.   0.00085
Feuille de gauche.
    0.035 $\times$ 0.03 ....   0.00105
1 Tige.
    0.03 $\times$ 0.015 ....   0.00045
1 de 0.05 réduite pour
moitié $\times$ 0.015 ....   0.00038

        A reporter 0.00476

Report	0.00476
Fleur ensuite composée de :	
8 Pétales chaque 0.25 réd. × 0.015	0.00300
Pistil. 0.018 × 0.018	0.00022
Brindille reliant deux fleurs. Dév. 0.10 × 0.015	0.00150
2 Folioles chaque : 0.015 × 0.015	0.00450
1 Groupe de feuilles de 0.05 × 0.025	0.00125
Fleur attenante composée de :	
7 Pétales chaque : 0.025 × 0.015	0.00262
Pistil. 0.018 × 0.018	0.00032
1 Tige. 0.035 × 0.015	0.00053
2 *Groupes de feuilles*, dont :	
1 de 0.03 × 0.03	0.00090
1 de 0.025 × 0.025.....	0.00063
3 Folioles chaque : 0.015 × 0.015	0.00067
Brindille d'extrémité. 0.15 × 0.015	0.00225
Première agrafe de rinceaux.	
Moitié de l'ovale 0.07 × 0.015	0.00105
5 Arceaux chaque : 0.015 × 0.015	0.00113
1 Crossette. 0.025 × 0.015	0.00038
5 petites cannelures ch.: 0.015 × 0.015	0.00113
Par le bas de l'agrafe :	
2 Arceaux chaque : 0.015 × 0 015	0.00045
1 Crossette. 0.020 × 0.015	0.00030
Cannelure sous l'ovale. 0.015 × 0.015 pour moitié.	0.00011
Cerce de liaison des parties haute et basse, dév. : 0.11 × 0.015	0.00165
Dont de long sous la partie inférieure de l'agrafe 0.035 × 0.015	0.00053
1 Rinceau de 0.13 × 0.015	0.00195
1 Volute d'extrémité. 0.018 × 0.018	0.00032
A reporter	0.03215

Report	0.03215
Par le haut du rinceau.	
1 Revers de 0.05 × 0.015	0.00075
1 Crossette à la suite. 0.03 × 0.03	0.00090
2 Feuilles chaque : 0.025 × 0.025	0.00125
Nervure de feuille partant du dessous de la crossette jusqu'à la volute. 0.13 × 0.015	0.00195
1 autre à droite. 0.08 × 0.015	0.00120
1 Crossette. 0.035 × 0.02	0.00070
2 feuilles chaque : 0.020 × 0.015	0.00060
1 Volute. 0.025 × 0.020	0.00050
Rinceau au dessous. 0.20 × 0.015	0.00300
1 Volute. 0.035 × 0.03	0.00105
Au dessus de ladite.	
1 Feuille. 0.05 × 0.015	0.00075
1 autre. 0.035 × 0.018	0.00063
Nervure. 0.12 × 0.015	0.00180
Epaisseurs intérieures du rinceau développant ens. : 0.30 × 0.015	0.00450
Trèfle de feuilles milieu sur la ligne A composé de :	
3 Feuilles chaque : 0.020 × 0.015	0.00090
1 Nervure intérieure. 0.045 × 0.015	0.00068
Revers de feuilles. 0.06 × 0.015	0.00090
Celui attenant. 0.09 × 0.015	0.00135
3 feuilles ensuite chaque 0.02 × 0.015	0.00090
Entre deux trèfles.	
1 Bouton. 0.015 × 0.015	0.00016
Trèfle ensuite composé de:	
2 Feuilles chaque : 0.035 × 0.025	0.00175
2 autres chaque : 0.015 × 0.015	0.00045
Bouton au dessus. 0.015 × 0.015	0.00016
A reporter	0.05898

Report.........	0.05898
Rinceau ensuite.	
0.18 × 0.015........	0.00220
2 Volutes chaque :	
0.02 × 0.02.........	0.00080
Revers de rinceau ens.	
0.20 × 0.015........	0.00300
Rosace reliant trois rinceaux.	
5 Pétales chaque :	
0.015 × 0.015.......	0.00113
Pistil.	
0.015 × 0.015.......	0.00016
2 Epaisseurs chaque :	
0.04 × 0.015........	0.00120
Partie E.	
Par le haut :	
1 Brindille.	
0.03 × 0.015	0.00045
2 Folioles chaque :	
0.015 × 0.015	0.00045
1 Brindille.	
0.05 × 0.015	0.00075
Groupe de feuilles attenant.	
0.04 × 0.03	0.00120
2 Tiges chaque :	
0.05 × 0.015	0.00150
3 Folioles chaque :	
0.015 × 0.015	0.00067
1 *Rosace.*	
8 Pétales chaque :	
0.020 × 0.015	0.00240
Pistil.	
0.015 × 0.015	0.00016
Tige.	
0.015 × 0.015	0.00075
Rosace ensuite.	
8 Pétales chaque :	
0.015 × 0.015	0.00180
Pistil.	
0.015 × 0.015	0.00016
Grand rinceau composé de :	
1 Crossette d'extrémité.	
0.045 × 0.03........	0.00135
Feuilles intérieures développant ensemble :	
0.25 × 0.018 réduits.	0.00450
Nervure extérieure dév.	
0.30 × 0.015........	0.00450
1 Volute d'extrémité.	
0.015 × 0.015......	0.00016
1 Nervure intérieure en remontant.	
0.20 × 0.015.......	0.00300
A reporter.....	0.09127

Report.........	0.09127
1 Crossette.	
0.035 × 0.033......	0.00193
1 grosse feuille milieu.	
0.08 × 0.04 réduits..	0.0032
Petit rinceau partant de cette feuille.	
0.08 × 0.015.......	0.00120
1 Volute.	
0.025 × 0.020	0.00050
1 Feuille entre 2 volants.	
0.04 × 0.015........	0 00060
1 autre au dessus.	
0.04 × 0.03 réduits..	0.00120
Rinceau de liaison ensuite vers l'extérieur de la rosace composé de :	
Crossette d'extrémité.	
0.055 × 0.04	0.00220
1 autre au devant.	
0.08 × 0.02........	0.00160
Grande nervure milieu développant :	
0.28 × 0.015	0.00420
Epaisseur intérieure.	
0.20 × 0.015	0.00300
Epaisseur extérieure.	
0.35 × 0.015	0.00525
En retour vers l'intérieur :	
La cerce composée de :	
Nervure intérieure.	
0.20 × 0.015	0.00300
1 Volute.	
0.02 × 0.02	0.00040
1 autre.	
0.04 × 0.03	0.00120
Epaisseur de la cerce.	
0.20 × 0.015	0.00300
Motif de fleurs entre les parties E et D.	
A l'extrémité :	
Brindille.	
0.15 × 0.015	0.00225
1 Feuille.	
0.03 × 0.02	0.00060
1 Tige.	
0.03 × 0.015	0.00045
1 Groupe de feuilles.	
0.04 × 0.03	0.00120
1 Tige.	
0.025 × 0.015	0.00037
Autre groupe composé de :	
4 Feuilles chaque :	
0.015 × 0.015	0.00090
Branche ensuite dév.	
0.25 × 0.015 prod...	0.00375
A reporter.....	0.13327

Report........	0.13327
1 Groupe de feuilles.	
0.04 × 0.03	0.00120
7 Folioles chaque :	
0.015 × 0.015	0.00158
Tige.	
0.040 × 0.015	0.00060
Dans l'intérieur du triangle formé par trois rinceaux.	
. Groupe de fleurs composé de :	
28 Pétales ou folioles ch.	
0.018 × 0.015	0.00756
1 Tige traversant le rinceau du haut.	
0.015 × 0.015	0.00075
Trèfle de feuilles ensuite composé de :	
1 Groupe de feuilles.	
0.04 = 0.03	0.00120
1 autre.	
0.06 × 0.035	0.00210
1 autre.	
0.06 × 0.035	0.00210
Rinceau attenant.	
Epaisseur.	
0.20 × 0.015	0.00300
Nervure.	
0.18 × 0.015	0.00270
1 Volute.	
0.03 × 0.02	0.00060
1 Crossette.	
0.05 × 0.03	0.00150
Partie E.	
Grand rinceau composé de :	
En commençant par en haut.	
Brindille.	
0.010 × 0.015	0.00150
2 Feuilles chaque :	
0.02 × 0.02	0.00080
Tige de	
0.07 × 0.015	0.00105
2 Feuilles chaque :	
0.03 × 0.03	0.00180
Tige.	
0.06 × 0.015	0.00090
1 Crossette intérieure.	
0.045 × 0.03	0.00135
Nervure développant	
0.20 × 0.015	0.00300
1 Crossette extérieure.	
0.055 × 0.03	0.00165
Epaisseur extérieure dév.	
0.28 × 0.015	0.00420
A reporter.....	0.17441

Sciences générales.

Report........	0.17441
Suite de cette épaisseur jusqu'à la grosse crossette.	
0.45 × 0.015	0.00675
Nervure intérieure.	
0.30 × 0.015	0.00450
Petite crossette.	
0.06 × 0.03	0.00180
Grosse crossette en deux parties :	
1 de 0.07 × 0.03	0.00210
1 de 0.05 × 0.02	0.00100
1 Volute.	
0.025 × 0.025	0.00063
Cerce au dessous dév.	
0.12 × 0.020 réduits.	0.00024
2 Volutes chaque :	
0.020 × 0.020	0.00080
Groupe de fruits et feuilles	
20 Feuilles chaque :	
0.02 × 0.02	0.00800
Tiges ensemble.	
0.20 × 0.015	0.00300
1 Grenade.	
0.05 × 0.05	0.00250
Agrafe de l'angle B.	
2 Feuilles chaque :	
0.02 × 0.015	0.00060
Dard.	
0.15 × 0.015	0.00225
1 Feuille.	
0.03 × 0.03	0.00090
1 Crossette.	
0.05 × 0.03	0.00150
Sa volute.	
0.015 × 0.015	0.00022
2 Lignes chaque :	
0.10 × 0.015	0.00300
5 Godrons chaque :	
0.015 × 0.015	0.00113
Epaisseur.	
0.10 × 0.015	0.00150
Au dessous :	
1 Cerce.	
0.10 × 0.015	0.00150
1 Volute.	
0.015 × 0.015	0.00025
Moulure intérieure sous les godrons développant :	
0.28 × 0.015	0.00420
Partie D.	
Acanthe milieu.	
Revers de feuille milieu.	
0.03 × 0.02	0.00060
1 Feuille 0.03 × 0.03.	0.00120
1 » 0.04 × 0.04.	0.00160
1 » 0.04 × 0.03.	0.00120
A reporter.....	0.22738

Report		0.22738
1 » 0.05 × 0.04.		0.00200
1 » 0.03 × 0.03.		0.00090
1 » 0.04 × 0.04.		0.00160
1 » 0.10 × 0.015		0.00150
Nervures.		
1 de 0.10 × 0.015...		0.00150
1 » 0.15 × 0.015...		0.00225
1 » 0.20 × 0.015...		0.00300
1 » 0.20 × 0.015...		0.00300
3 Têtes de nervures ch.		
0.02 × 0.02 réduites.		0.00126
Au dessous :		
1 Crossette.		
0.10 × 0.025 réduit.		0.00250
Bouton.		
0.015 × 0.015		0.00022
1 Feuille de culot au dessous.		
0.02 × 0.015		0.00030
1 Demi-feuille.		
0.015 × 0.015		0.00022
1 Feuille au dessous.		
0.03 × 0.02		0.00060
1 Bouton.		
0.02 × 0.015		0.00030
Collerette ensuite.		
6 Dentelures chaque :		
0.02 × 0.015		0.00180
4 Côtes intérieures ch.		
0.02 × 0.015		0.00120
Collier.		
0.25 × 0.015		0.00375
Rinceau de gauche composé de :		
Feuilles.		
1 de 0.25 × 0.020		0.00500
1 de 0.12 × 0.025 réd.		0.00300
1 de 0.06 × 0.015		0.00090
1 de 0.04 × 0.02		0.00080
1 de 0.12 × 0.02		0.00240
Volute.		
0.015 × 0.015		0.00022
Galerie composée de coquilles.		
34 Dentelures chaque :		
0.015 × 0.015		0.00765
20 Dards chaque :		
0.015 × 0.015		0.00450
5 Volutes chaque :		
0.020 × 0.015		0.00150
2 Triangles intermédiaires chaque :		
0.15 × 0.015		0.00450
Rinceau bordant la galerie.		
0.25 × 0.035 réduits.		0.00875
A reporter		0.29450

Report		0.29450
1 Crossette.		
0.10 × 0.04		0.00400
1 autre.		
0.20 × 0.04		0.00800
Médaillon au dessous.		
Ovale.		
0.15 × 0.015		0.00225
Collerette supérieure.		
4 Dents chaque :		
0.02 × 0.015		0.00120
Collerette inférieure.		
3 Dents chaque :		
0.015 × 0.015		0.00067
Epaisseur intérieure.		
0.08 × 0.015		0.00120
Partie basse :		
5 Dentelures chaque :		
0.02 × 0.015		0.00150
5 Nervures chaque :		
0.02 × 0.015		0.00150
Partie G.		
Galerie de pirouettes.		
3 Pirouettes chaque :		
0.04 × 0.02		0.00240
8 Entre-deux chaque :		
0.015 × 0.015		0.00180
Rive supérieure.		
0.25 × 0.015		0.00375
Rive inférieure.		
0.18 × 0.015		0.00270
Rosace au dessous composée de :		
8 Pétales chaque :		
0.015 × 0.015		0.00180
Pistil.		
0.015 × 0.015		0.00022
2 Quadrilles dév. chaque		
0.20 × 0.015		0.00300
Epaisseur au dessous.		
0.15 × 0.015		0.00225
Culot central.		
Pour l'acanthe.		
1 Revers de feuille de :		
0.02 × 0.015...		0.00030
1 de 0.02 × 0.02....		0.00040
1 de 0.015 × 0.015...		0.00023
Dard milieu.		
0.12 × 0.025 réduit.		0.00300
Bouton.		
0.015 × 0.015		0.00023
1 Crossette.		
0.10 × 0.03 réduits.		0.00300
1 de 0.12 × 0.035....		0.00420
1 de 0.10 × 0.03.....		0.00300
1 de 0.12 × 0.035....		0.00420
A reporter		0.35130

Report........	0.35130
Petit cartouche milieu.	
0.05 × 0.04	0.00200
1 Epaisseur extérieure.	
0.20 × 0.015	0.00300
1 Epaisseur intérieure.	
0.15 × 0.015	0.00225
Trygliphe de tirefond.	
2 Revers de graines ch.	
0.03 × 0.02	0.00120
6 Quadrilles chaque :	
0.015 × 0.015	0.00135
Ensemble du triangle ABC	0.36110
3 autres triangles sem-	
blables prod. ch. 0.36110	
Ensemble.......	1.08330
Surface de la rosace....	1.44440
A 40f,62 le mètre de dorure	
sculptée	**58f,67**

Cinquième exemple.

439. *Métrage d'une rosace circulaire pour chambre à coucher (fig. 293).*

Dorure à l'or jaune au titre de 0.925. les mille feuilles sur époussetage et mixtion (matage après dorure pour ternir l'or), *sur parties sculptées.*

Détail d'un quart de cette rosace en commençant par les extrémités.

Motif encadrant un trophée de musique.

1 Graine supérieure	
0.015 × 0.015 produit.	0.00023
1 autre au dessous	
de 0.025 × 0.025....	0.00063
2 Crossettes de culot au	
dessous ch. 0.035 × 0.02..	0.00140
4 Rives de cerces chaque	
0.06 × 0.015 produit.	0.00360
4 autres chaque	
0.08 × 0.015........	0.00480
2 Crossettes chaque	
0.045 × 0.025.......	0.00225
Nœud d'attache du ruban	
de 0.03 × 0 02......	0.00060
A reporter	0.01351

Fig. 293. — Rosace circulaire en pâtisserie de 1 mètre de diamètre pour chambre à coucher (à 0m,20 par mètre).

Report.........	0.01351

A droite et à gauche,
deux groupes de feuilles
composés de :
2 Feuilles chaque :

0.03 × 0.02.........	0.00120

4 Feuilles chaque :

0.045 × 0.02 réduit..	0.00360

2 Feuilles chaque :

0.05 × 0.02.........	0.00200

2 Tiges chaque :

0.03 × 0 015........	0.00090

Rives extérieures des
cerces au dessous :

2 fois 0.05 ens...	0.10
2 » 0.09 » ...	0.18
2 » 0.10 » ...	0.20

Rives intérieures :

2 fois 0.03.......	0.06
2 » 0.06.......	0.12
2 » 0.08.......	0.16
Ensemble...	0.82

× 0.015 produit.........	0.01230

2 Volutes chaque :

0.02 × 0.02.........	0.00080

2 Crossettes aux abouts
des cerces, chaque :

0.05 × 0.02.........	0.00200

2 Volutes desdites ch. :

0.015 × 0.015.......	0.00045

2 autres crossettes atte-
nantes à ces volutes chaque :

0.08 × 0.02.........	0.00320

2 Cerces intérieures ch. :

0.09 × 0.015 produit.	0.00270

2 Volutes desdites ch. :

0.02 × 0.02.........	0.00080

Au dessous :
2 S chaque :

0.15 × 0.015........	0.00450

4 Volutes chaque :

0.025 × 0.02........	0.00200

Trophée de musique,
composé de :

Clarinette :

Anche : 0.04 × 0.015..	0.00060

Pavillon développant :

0.08 × 0.015.........	0.00120
Trou : 0.02 × 0.015....	0.00030

Collerette au-dessous du
pavillon :

0.03 × 0.02.........	0.00060

Guitare :
Les cordes :

3 fois 0.10 × 0.015...	0.00450
3 fois 0.06 × 0.015 ..	0.00270
A reporter.....	0.05986

Report.........	0.05986

Rives de serrage dév. :

0.10 × 0.015........	0.00150

2 Clefs chaque :

0.015 × 0.015.......	0.00045

Rives de corps de gui-
tare ensemble :

0.20 × 0.015........	0.00300

Flûte de Pan :
5 Roseaux chaque :

0.04 × 0.015........	0.00300

3 Liens chaque :

0.04 × 0.015........	0.00180

2 Feuilles chaque :

0.04 × 0.02.........	0.00160
1 de 0.06 × 0.015	0.00150
1 de 0.025 × 0.025.....	0.00063

Rosace composée de :
4 Pétales chaque :

0.02 × 0.015........	0.00120
Pistil 0.015 × 0.015....	0.00023

Ruban entourant la gui-
tare : 0.15 × 0.015......
Ruban au dessus.

1 Partie de....	0.04
1 Partie de....	0.07
1 Partie de....	0.03
Ensemble..	0.14

× 0.015	0.00210

Ruban roulé.

0.12 × 0.015........	0.00180

2 Revers dudit chaque :

0.04 × 0.015........	

Sous la guitare :
1 Macaron.

0.02 × 0.02.........	0.00040

Trèfle au dessous :
9 côtes chaque :

0.02 × 0.015........	0.00270

3 Nervures chaque :

0.015 × 0.015.......	0.00068

2 autres chaque :

0.025 × 0.015.......	0.00075

2 fortes crossettes atte-
nantes chaque :

0.06 × 0.02.........	0.00240

2 Volutes chaque :

0.015 × 0.015.......	0.00045

Macaron entre ces deux
crossettes.

0.03 × 0.03.........	0.00090

Au dessous, groupe de
feuilles composé de :
13 Feuilles extérieures.

Ch. : 0.025 × 0.02...	0.00650

4 Feuilles intérieures.

Ch. : 0.025 × 0.017..	0.00170
A reporter.....	0.09515

Report........	0.09515
2 autres chaque :	
0.03 × 0.015........	0.00090
2 autres chaque :	
0.02 × 0.015........	0.00060
2 Croissants chaque :	
0.02 × 0.015........	0.00060
Dans l'intérieur du motif:	
5 graines chaque :	
0.015 × 0.015.......	0.00113
2 grandes cerces fermant	
ce motif, chaque :	
0.10 × 0.025........	0.00500
4 Crossettes chaque :	
0.04 × 0.025........	0.00400

Grand motif intermédiaire.

En commençant par en haut :

1 Crochet :	
0.02 × 0.015........	0.00030
1 Graine :	
0.02 × 0.015........	0.00030
Culot au dessous :	
Milieu :	
0.04 × 0.03........	0.00120
2 Côtés chaque :	
0.05 × 0.02........	0.00200
2 Cerces au dessous ch. :	
0.09 × 0.015........	0.00270
2 Volutes chaque :	
0.02 × 0.02........	0.00040

A droite et à gauche des cerces.

4 Feuilles chaque :	
0.03 × 0.015........	0.00180
2 Feuilles chaque :	
0.015 × 0.015.......	0.00045
2 Brindilles chaque :	
0.03 × 0.015........	0.00090
4 Feuilles chaque :	
0.025 × 0.002.......	0.00200
2 Feuilles d'extrémité ch.	
0.07 × 0.02 réduit...	0.00280

Coquille milieu sans volutes :

9 Carreaux chaque :	
0.03 × 0.015........	0.00405
7 Nervures chaque :	
0.015 × 0.015.......	0.00158
Embase.	
0.02 × 0.015........	0.00030

Deux panneaux à quadrille.

Cerces.

A reporter.....	0.12816

Report........	0.12816
2 chaque 0.12 ens.	0.24
2 autres ch. 0.07.	0.14
2 » ch. 0.18.	0.36
2 » ch. 0.08.	0.16
Ensemble... 0.90	
× 0.015 produit........	0.01350
2 Crossettes chaque :	
0.025 × 0.02........	0.00100
2 autres chaque :	
0.045 × 0.02 réduits.	0.00180
2 Volutes chaque :	
0.02 × 0.02........	0.00080
64 Quadrilles chaque :	
0.045 × 0.015.......	0.04320
2 Feuilles entrant dans	
les quadrilles chaque :	
0.055 × 0.03........	0.00330
2 Tiges chaque :	
0.06 × 0.015........	0.00180
2 Feuilles chaque :	
0.05 × 0.02........	0.00200
2 autres chaque :	
0.03 × 0.02........	0.00120
2 Rosaces chaque :	
0.03 × 0.03........	0.00180
2 Tiges chaque :	
0.015 × 0.015.......	0.00045

2 autres rosaces composées de :

18 Pétales chaque :	
0.015 × 0.015.......	0.00385
2 Liens chaque :	
0.05 × 0.015........	0.00150
2 Feuilles sous liens ch.	
0.025 × 0.025.......	0.00125
2 autres ensuite chaque :	
0.015 × 0.015.......	0.00045
2 Cerces au dessous ch.	
0.13 × 0.015........	0.00390
2 Crossettes basses ch.	
0.05 × 0.015........	0.00150
2 Crossettes hautes ch.	
0.06 × 0.02........	0.00240
Au-dessus de la rosace.	
2 Feuilles chaque :	
0.02 × 0.015........	0.00060
2 Tiges chaque :	
0.04 × 0.015........	0.00120
2 Crossettes d'abouts de	
cercles chaque :	
0.07 × 0.025........	0.00350
2 Feuilles attenantes ch.	
0.04 × 0.03........	0.00240
2 autres au dessus ch.	
0.015 × 0.015.......	0.00045
A reporter.....	0.22201

Report........	0.22201

Sous la coquille, rosace composée de :
6 Pétales chaque :

0.015 × 0.015......	0.00135
Pistil. 0.015 × 0.015...	0.00023

2 Crossettes chaque :

0.15 × 0.02 réduit...	0.00600

Agrafe au dessous :
Feuilles.

1 de 0.02 × 0.015.....	0.00030
2 ch. 0.03 × 0.015.....	0.00090
2 ch. 0.02 × 0.015.....	0.00060
2 ch. 0.03 × 0.015.....	0.00090
2 ch. 0.02 × 0.015.....	0.00060
Dard. 0.06 × 0.015.....	0.00090

Culot au dessous :

3 fois 0.015 × 0.015..	0.00068

Cadre du quadrille au dessous :
Epaisseurs de rives :

4 fois 0.07 ens..	0.28
4 » 0.10 ens..	0.40
4 » 0.15 ens..	0.60
4 » 0.05 ens..	0.20
Ensemble...	1.48

× 0.015	0.02220

40 Quadrilles développant chaque :

0.045 × 0.015......	0.02700

4 Feuilles isolées ch. :

0.025 × 0.015......	0.00150

2 Tiges chaque :

0.04 × 0.015........	0.00120

Motif milieu dans le panneau quadrillé, revers de feuille supérieure :

0.025 × 0.015......	0.00038

2 Feuilles à droite et à gauche chaque :

0.015 × 0.015......	0.00045

En descendant :
2 Feuilles chaque :

0.03 × 0.02........	0.00120

2 Côtes chaque :

0.07 × 0.015.......	0.00240

2 autres chaque :

0.03 × 0.03........	0.00180

2 autres chaque :

0.025 × 0.02.......	0.00200
2 de 0.02 × 0.02	0.00080
2 de 0.06 × 0.015	0.00180

2 Volutes chaque :

0.02 × 0.02........	0.00080

2 Velours desdites ch. :

0.10 × 0.015.......	0.00300
A reporter.....	0.30070

Report........	0.30070

Nervures intérieures :

2 chaque 0.04 × 0.018.	0.00144
2 chaque 0.03 × 0.015.	0.00090

Celle milieu :

0.06 × 0.0015.......	0.00090

Au dessous :
5 Graines chaque :

0.015 × 0.015.......	0.00113

Coquille au dessous, revers 0.10 × 0.015....

	0.00150

7 anneaux chaque :

0.015 × 0.015.......	0.00158

2 Crossettes composées de 8 parties chaque :

0.015 × 0.015.......	0.00180

14 Godrons à droite et à gauche de coquille chaque :

0.02 × 0.015........	0.00420
2 Rives ch. 0.07.	0.14
2 autres ch. 0.09.	0.18
Ensemble...	0.32

× 0.015	0.00480

Motif au dessous rejoignant le chou central.
Culot composé de :
3 Graines chaque :

0.015 × 0.015.......	0.00068
2 Cerces ch. 0.06 × 0.02.	0.00240

2 autres chaque :

0.045 × 0.015......	0.00135

2 autres chaque :

0.035 × 0.015......	0.00105

12 Volutes de cerces ch. :

0.015 × 0.015.......	0.00270

2 Crossettes sous godrons chaque 0.03 × 0.02.

	0.00120

2 Grandes S clôturant ce motif ch. 0 25 × 0.015...

	0.00750

2 autres accolées ch. :

0.08 × 0.015........	0.00240

2 Crosses chaque :

0.02 × 0.02........	0.00080

4 Volutes chaque :

0.02 × 0.02........	0.00160

Chou central :

Acanthe:

1 côte 0.015 × 0.015...	0.00023

2 autres chaque :

0.015 × 0.015.......	0.00045

2 autres chaque :

0.02 × 0.015........	0.00060

2 autres chaque :

0.05 × 0.015........	0.00150
2 autres 0.04 × 0.02...	0.00160
2 autres 0.06 × 0.015..	0.00180
A reporter.....	0.34681

Report........	0.34681
Dard 0.06 × 0.015.....	0.00090
1 Point 0.015 0.015.....	0.00023
Entre deux acanthes :	
5 Anneaux chaque :	
0.015 × 0.015.......	0.00113
1 Nervure 0.015 × 0.015.	0.00023
4 Canaux chaque :	
0.045 × 0.015.......	0.00270
2 Rives de cercles ch. :	
0.18 × 0.015........	0.00270
Ensemble........	0.35470
3 autres quart semblables chaque ensemble........	1.06410
Surface dorée de la Rosace..................	1.41880
A 40ᶠ,62 le mètre..............	**57.63**
Matage de ladite pour enlever le brillant de l'or, même surface..........	1.41880
A 0ᶠ,22 le mètre...............	**1.73**

Sixième exemple.

440. *Angle de corniche ordinaire.*

Dorure à l'or jaune au titre de 0.925 les mille feuilles sur époussetage et mixtion, *sur parties sculptées :*

Agrafe d'angle en commençant vers le nu du plafond.

Groupe d'ornements en éventail :
Epaisseur de la feuille du milieu développant :

0.15 × 0.015 produit.	0.00225
A reporter.....	0.00225

Report........	0.00225
Revers du milieu :	
0.02 × 0.025 réduits.	0.00050
2 autres épaisseurs de feuilles attenantes chaque :	
0.42 × 0.015 produit..	0.00360
2 autres ensuite chaque :	
0.08 × 0.015........	0.00240
Intérieurement des feuilles :	
1 Dard 0.035 × 0.015...	0.00053
2 autres chaque :	
0.025 × 0.015.......	0.00075
2 autres chaque :	
0.02 × 0.015........	0.00060
Collerette de composition :	
2 rives chaque 0.09 pour moyenne ensemble :	
0 18 × 0.015 produit.	0.00270
2 Crossettes au dessous composées de :	
2 Parties chaque :	
0.025 × 0.015.......	0.00075
2 autres chaque :	
0.02 × 0.015........	0.00060
2 autres chaque :	
0.04 × 0.015........	0.00120
2 Revers de dessus de de crossettes chaque :	
0.10 × 0.015 produit.	0.00300
2 Volutes d'extrémités chaque :	
0.015 × 0.015 produit.	0.00045
2 S au dessous :	
A reporter.....	0.01933

Fig. 294. — Angle de corniche ordinaire.

Report.........	0.01933	
2 Rives développant ch. :		
0.25 × 0.015........	0.00750	
2 Epaisseurs chaque :		
0.30 × 0.018........	0.01080	
2 Crossettes de volutes		
chaque 0.015 × 0.015....	0.00045	
2 Rinceaux attenants		
composés de 2 crossettes		
chaque 0.06 × 0.025.....	0.00300	
2 Développements de		
rives chaque :		
0.12 × 0.015 produit.	0.00360	
2 Epaisseurs chaque :		
0.08 × 0.015 produit.	0.00240	
2 Nervures intérieures		
chaque 0.07 × 0.015.....	0.00210	
2 Volutes aux extrémités		
chaque :		
0.045 × 0.015 produit.	0.00135	0.05053

Détail d'une coquille encadrant le bouquet central.

Par le haut à l'extérieur :		
Première crossette :		
0.05 × 0.02.........	0.00100	
Deuxième crossette :		
0.04 × 0.015........	0.00060	
Troisième crossette :		
0.035 × 0.015.......	0.00053	
Rive intérieure rejoi-		
gnant la volute du bas dé-		
veloppant 0.25 × 0.015...	0.00375	
Volute du bas déve-		
loppant 0.045 × 0.015 ...	0.00068	
Rive extér. en remontant :		
0.35 × 0.015 produit.	0.00525	
Revers de coquille déve-		
loppant :		
0.30 × 0.015 produit.	0.00450	
13 Nervures intérieures		
chaque 0.02 réduites		
× 0.015..............	0.00390	
3 autres chaque :		
0.015 × 0.015.......	0.00068	
Epaisseur allant de la		
volute précédente à la cros-		
sette du haut de :		
0.14 × 0.015 produit.	0.00210	
Ligne intérieure :		
0.14 × 0.015........	0.00210	
Crossette du haut déve-		
loppant 0.05 × 0.015	0.00075	
Epaisseur attenante et re-		
joignant la volute du bas.		
0.18 × 0.015........	0.00270	
Ensemble de la coquille.........	0.02854	
A reporter.............	0.07907	

Report..................	0.07907	
L'autre coquille sem-		
blable produit...................	0.02854	

Agrafe de liaison des coquilles.

Cerces : 2 rives chaque :		
0.10 × 0.015........	0.00150	
2 autres chaque :		
0.14 × 0.015........	0.00420	
2 volutes chaque :		
0.055 × 0.015........	0.00165	
2 plus petites chaque :		
0.03 × 0.015........	0.00090	
Entre ces cerces :		
2 Feuilles chaque :		
0.015 × 0.015.......	0.00045	
2 autres chaque :		
0.03 × 0.015........	0.00090	
2 autres chaque :		
0.04 × 0.015........	0.00120	
Feuille milieu contre le		
nu du mur :		
0.06 × 0.015........	0.00090	
Macaron intérieur :		
0.015 × 0.015.......	0.00023	
Epaisseur autour :		
0.045 × 0.015.......	0.00068	0.01261

Bouquet central.

En commençant par le		
haut :		
3 Folioles chaque :		
0.015 × 0.015.......	0.00068	
Au dessous :		
1 Feuille de bananier de :		
0.035 × 0.015.......	0.00053	
1 autre au dessus :		
0.025 × 0.015.......	0.00038	
1 autre 0.050 × 0.015..	0.00075	
1 de 0.045 × 0.015	0.00068	
1 de 0.035 × 0.015	0.00053	
1 de 0.025 × 0.015	0.00038	
Une banane :		
0.045 × 0.045.......	0.00203	
Feuilles à gauche :		
0.045 × 0.017,......	0.00077	
Feuilles à gauche :		
0.04 × 0.03.........	0.00120	
Feuilles à droite :		
1 fois 0.025 × 0.025.	0.00073	
4 » 0.015 × 0.015.	0.00090	
1 » 0.025 × 0.015.	0.00038	
1 » 0.035 × 0.025.	0.00088	

Au dessous :

1 Pomme de :		
0.045 × 0.045.......	0.00203	
A reporter.....	0.01285	0.12022

Reports........	0.01285	0.12022
3 Feuilles à gauche ch. :		
0.025 × 0.015.......	0.00113	
1 au-dessous :		
0.02 × 0.015........	0.00030	
A côte :		
1 de 0.035 × 0.02 ...	0.00070	
1 de 0.025 × 0.015 ..	0.00038	
1 de 0.03 × 0.02	0.00060	
1 de 0.04 × 0.03	0.00120	
1 de 0.03 × 0.025 ...	0.00075	
1 de 0.05 × 0.03	0.00150	
1 de 0.03 × 0.015 ...	0.00045	
Celle d'extrémité reliant la coquille 0.045 × 0.015.	0.00068	
1 Fruit 0.025 × 0.025..	0.00063	0.02117
Vase au dessous :		
Rebord 0.20 × 0.015...	0.00300	
Au dessous :		
0.25 × 0.015........	0.00375	
Côtes de vase au dessous :		
2 ch. 0.10 × 0.015...	0.00300	
4 chaque 0.06 réduits × 0.015	0.00360	
1 Point de Culot :		
0.015 × 0.015.......	0.00023	
Culot au dessous composé de 1 trèfle à 3 côtes chaque 0.02 × 0.015.....	0.00090	
2 Graines chaque :		
0.015 × 0.015.......	0.00045	
3 Cerces se reliant avec les coquilles composées de :		
3 Rives intérieures ch. :		
0.09 × 0.015........	0.00405	
3 Rives extérieures ch. :		
0.11 × 0.015........	0.00495	
6 Points de volutes ch. :		
0.015 × 0.015.......	0.00135	0.02528

Détail d'un motif dans la gorge de la corniche et se reliant avec l'agrafe en commençant par l'extrémité.

Premier rinceau composé de :		
1 Dard 0.02 × 0.015 produit..............	0.00030	
2 Feuilles chaque :		
0.02 × 0.015........	0.00060	
1 Tige 0.03 × 0.015....	0.00045	
Trèfle au dessous :		
3 Feuilles chaque :		
0.025 × 0.015.......	0.00113	
1 Tige 0.03 × 0.015....	0.00045	
A reporter.....	0.00293	0.16667

Reports........	0.00293	0.16667
Deuxième trèfle au dessous :		
3 Feuilles chaque 0.03 × 0.018 réduits de largeur....................	0.00162	
Tige 0.015 × 0.015....	0.00023	
Rinceau du haut :		
1 Crossette 0.06 × 0.02 réduits	0.00120	
3 Feuilles chaque :		
0.025 × 0.02........	0.00150	
Nervure extérieure :		
0.20 × 0.015........	0.00300	
Volute de terminaison :		
0.02 × 0.02.........	0.00040	0.01088
Rinceau du bas :		
Première nervure partant de la volute :		
0.12 × 0.015 produit...	0.00180	
1 Feuille 0.045 × 0.015.	0.00023	
1 autre 0.018 × 0.015..	0.00027	
Crossette 0.03 × 0.02 réduits	0.00060	
Cueillie intérieure :		
0 09 × 0.015........	0.00135	
Nervure ensuite partant de la première feuille de la précédente :		
0.10 × 0.015........	0.00150	
Nervure en retours :		
0.07 × 0.015........	0.00105	
1 Feuille 0.02 × 0.015 .	0.00030	
1 autre 0.03 × 0.02 réduite	0.00060	
Cerce ensuite composée de :		
Etoile 4 pétales chaque : 0.018 × 0.015 pour moyenne	0.00108	
4 autres chaque 0.03 × 0.017 réduit produit ...	0.00204	
Rive circulaire développant 0.11 × 0.015 produit.	0.00165	
La cerce :		
Volute 0.02 × 0.02 réd.	0.00040	
Rive intérieure développant 0.20 × 0.015	0.00300	
Celle extérieure développant 0.25 × 0.015 prod.	0.00375	
Double rinceau ensuite trait d'union :		
2 Lignes chaque :		
0.045 × 0.015.......	0.00135	
Celle milieu :		
0.035 × 0.015.......	0.00053	
A reporter.....	0.02150	0.17755

Reports 0.02150 0.17755

Volute de grande cerce. :
0.03 × 0.03 .... 0.00090

2 autres chaque :
0.035 × 0.015 .... 0.00105

2 Rives extérieures développant ch. 0.36 × 0.015.. 0.01080

1 Rive intérieure développant 0.30 × 0.015 produit 0.00450

Petite cerce intérieure :
1 Rive développant (extérieure) 0.17 × 0.015 produit 0.00255

1 autre intérieure :
0.14 × 0.015 .... 0.00210

1 Crossette d'extrémité de 0.025 × 0.02 ..... 0.00050

2 Feuilles ensuite ch. :
0.015 × 0.015 produit. 0.00045

Nervure intérieure :
0.09 × 0.015 .... 0.00135

1 autre 0.08 × 0.015 produit 0.00120

Dans les parties libres :

3 Folioles chaque :
0.015 × 0.015 .... 0.00068

1 Feuille de 0.06 × 0.02 réduit 0.00120

1 autre 0.035 × 0.015.. 0.00053

1 » 0.05 × 0.02.... 0.00100

1 » 0.07 × 0.025 réduit 0.00175

Tiges :

2 fois 0.02 ensemble 0.04 × 0.015 .... 0.00060

2 fois 0.035 ensemble 0.07 × 0.015 produit........ 0.00105

A l'extérieur de grande cerce tige, 2 fois 0.04 ensemble 0.08 × 0.015 produit 0.00120

Grand rinceau rejoignant le motif d'angle de corniche.

Volute attenante à la coquille extérieure du motif d'angle de 0.03 × 0.03 réduit 0.00090

Rive extérieure développant 0.30 × 0.015 produit. 0.00450

Celle intérieure :
0.15 × 0.015 .... 0.00023

1 Feuille ensuite :
0.015 × 0.015 .... 0.00023

A reporter 0.06077 0.17755

Reports 0.06077 0.17755

1 autre 0.06 × 0.015... 0.00090

1 » 0.03 × 0.018... 0.00054

1 » 0.04 × 0.025... 0.00100

Nervure milieu entre les 2 rives 0.18 × 0.015 ..... 0.00270

Ensuite en remontant :
1 Feuille 0.015 × 0 015. 0.00023

1 autre 0.020 × 0.015... 0.00030

1 Crossette 0.05 × 0.02 réduit 0.00100

Tiges et fleurs partant du rinceau du haut :

2 Rives sur tablette à godrons chaque 0.065 réduits ensemble 0.13 × 0.015 produit 0.00195

1 Feuille isolée :
0.03 × 0.025 .... 0.00075

2 Tiges sous la tablette chaque 0.05 ensemble 0.10 × 0.015 .... 0.00150

7 Pétales de fleurs ch. :
0.015 × 0.015 .... 0.00158

Le pistil 0.02 × 0.02... 0.00040

1 Feuille ensuite :
0.02 × 0.018 .... 0.00036

1 autre :
0.035 × 0.02 .... 0.00070

3 chaque :
0.02 × 0.015 .... 0.00090

1 de 0.05 × 0.03 réduits 0.00150

1 de 0.06 × 0.02 » 0.00120

1 de 0.09 × 0.02 » 0.00180

Tiges.
1 fois 0.06 × 0.015 .... 0.00090

1 » 0.04 × 0.015 .... 0.00060

1 » 0.02 × 0.015 .... 0.00030

2 Rives de cerce sous la tablette chaque :
0.10 × 0.015 .... 0.00300

1 Nervure.
0.10 × 0.015 .... 0.00150

2 autres rives au dessous développant chaque 0.15 réduits. Ensemble :
0.30 × 0.015 .... 0.00450

Nervure intérieure.
0.14 × 0.015 .... 0.00210

1 Volute.
0.03 × 0.02 .... 0.00060

1 Feuille attenant.
0.05 × 0.02 réd. prod. 0.00100

1 autre.
0.03 × 0.017 réduits.. 0.00051

Tablette à godrons.

A reporter 0.09509 0.17755

Reports........ 0.09509	0.17755
8 Godrons dév. chaque :	
0.35, ensemble..... 0.28	
× 0.015 produit........	0.00420
1 Rive supérieure de :	
0.09 × 0.015 produit.	0.00135
1 autre au dessous de :	
0.10 × 0.015 produit.	0.00150
1 autre au dessous.	
0.08 × 0.015........	0.00120
1 autre inférieure de :	
0.09 × 0.015 produit.	0.00135

Cerce reliant la tablette au rinceau.

2 Rives développant ch.	
0.16 ensemble..... 0.32	
× 0.015 produit........ 0.00544	
Ensemble de ce motif............	0.11013
L'autre motif opposé en tout semblable produit............	0.11013
Ensemble de l'angle entier.........................	0.39781
A 40ᶠ,62 le mètre...............	**16ᶠ,16**

Observation relative au couchage de mixtion.

441. Le couchage de mixtion ne nous paraît pas être rétribué à sa valeur de façon ; car en quoi consiste le couchage de mixtion, sur parties sculptées, qu'il s'agit ensuite de *dorer à jour ?*

Ce n'est pas autre chose qu'un réchampissage à jour, *à une couche de mixtion, d'ornements détachés ;* ce travail est prévu à la Série *Peinture* sous l'article 228 ainsi conçu : « Ornements détachés réchampis à jour, en blanc d'argent **ou autres tons** à une couche, au prix du mètre superficiel de 10ᶠ,15. »

Si ce réchampissage à jour était fait par un ouvrier peintre, *avec de la mixtion,* il serait payé ce prix ; alors, pourquoi donc payer à la Série *Dorure* un réchampissage à jour de mixtion, sous le numéro 143, le mètre superficiel 4ᶠ,03, quand ce même travail à la Série *Peinture* est tarifé sous le numéro 228 au mètre carré 10ᶠ,15 ?

Serait-ce peut-être par différence sur le prix des marchandises employées ? Cependant nous constatons *qu'aux prix élémentaires des Séries* la peinture préparée est payée, série *Peinture,* sous le numéro 19, le kilogramme 1ᶠ,30 ; et la mixtion préparée à l'article 15 de la Série *Dorure* est tarifée 2ᶠ,50 le kilogramme ; le blanc d'argent ou autres tons coûte moins cher que la mixtion ; mais son emploi, qui est analogue, est

Fig. 295. — Dorure d'angle de corniche et écoinçon Louis XV.

payé 60 0/0 plus cher; n'y a-t-il pas là une anomalie frappante ?

Nous appuyant sur cette thèse, nous pensons que le couchage de mixtion devrait être demandé sur les parties à dorer, *en plein de la surface ornée* à 10f,15 le mètre carré, au lieu de 4f,03, *la surface prise pleine sans développements pour saillies, bosses, etc.*

La cause est la même pour le couchage de mixtion sur *parties unies.*

Exemple :

1° Vous avez à peindre en réchampissage à *main levée, sans l'aide d'une règle,,* une moulure quelconque à une couche d'huile; vous serez payé à la Série peinture, pour ce travail, 0f,11 le mètre linéaire (N° 314).

2° Si vous réchampissez avec de la mixtion, pour la dorer ensuite à main levée également, la même moulure, ou un boudin, carré, congé, listel, etc., que nous supposons avoir 0m,02 de largeur, vous ne toucherez plus que (Série Dorure, sous le numéro 121) 1 mètre de longueur sur 0m,02 de largeur : surface produite 0m,020; à 2f,68 le mètre superficiel, 0f,054, d'où 0f,054 par mètre *linéaire*, soit pour un travail également ou plus difficile *une moins-value de façon de* 50 0/0.

La conclusion s'impose : c'est de compter les moulures à dorer, ou filets sur ces moulures, *au mètre linéaire*, par analogie avec la Série de peinture, quand ils sont faits par les mêmes procédés.

Septième exemple.

442. *Angle de corniche et écoinçon Louis XV (riche) (fig. 295).*

Dorure à l'or jaune au titre de 0.925 les mille feuilles avec époussetage et mixtion préalable, sur parties sculptées :

Détail de l'angle, en commençant par l'agrafe reposant sur le nu du plafond.

Pour la moitié du motif complet.

Moitié de la feuille de trèfle.
0.02 × 0.015 produit. 0.00030
Feuille à gauche.
0.023 × 0.02........ 0.00046
Au dessous :
Moitié de feuille.
0.033 × 0.02 réduits. 0.00066

A reporter..... 0.00142

Report......... 0.00142
Celle attenante.
0.04 × 0.017 réduits. 0.00068
Moitié de la graine au dessous.
0.015 × 0.015....... 0.00023
Rinceau en descendant :
Moitié de la feuille milieu.
0.02 × 0.015........ 0.00030
Une volute.
0.02 × 0.02......... 0.00040
Épaisseurs de feuilles,
Ens.: 0.14 × 0.015.. 0.00210
Crossette d'extrémité.
0.02 × 0.02......... 0.00040
Revers de rinceau développant une longueur de :
0.15 × 0.015........ 0.00225
Ligne d'épaisseur centrale au dessous dév. :
0.04 réduits × 0.015. 0.00060
Macaron au dessous.
0.02 × 0.02......... 0.00040

Rinceau au dessous.

Volute.
0.02 × 0.02 produit.. 0.00040
Rive dorsale du rinceau ensuite développant :
0.18 × 0.015 produit. 0.00270
1 Crossette.
0.045 × 0.017 réduits 0.00076
1 Feuille attenante.
0.02 × 0.015........ 0.00030
1 autre 0.05 × 0.02.... 0.00100
1 autre 0.02 × 0.015... 0.00030
1 autre 0.035 × 0.015.. 0.00053
2 Rives de S développant chaque 0.20 ens.... 0.40
× 0.015 produit......... 0.00600
1 Crossette composée de :
1 Feuille.
0.05 × 0.015 produit. 0.00075
1 autre 0.02 × 0.015... 0.00030
Rive de crossette pénétrant dans la coquille dév.
0.10 × 0.015........ 0.00150
Dans le vide supérieur des S.
Moitié d'une graine.
0.015 × 0.015....... 0.00023
1 Feuille.
0.035 × 0.015....... 0.00053
1 autre pour moitié.
0.025 × 0.015....... 0.00038
Coquille dans le vide inférieur des S.

A reporter..... 0.02446

Report.........	0.02446
4 côtés chaque :	
0.018 × 0.015... ...	0.00108
3 Nervures intér. chaque :	
0.025 réduites × 0.015	0.00113
1 autre 0 015 × 0.015..	0.00023
Moitié du revers de la coquille.	
0.025 × 0.02 produit.	0.00050
Au dessous :	
Rives pour une cannelure développant :	
0.16 × 0.015 produit.	0.00240
Pour la deuxième cannelure.	
0.12 × 0.015 produit.	0.00180
Pour la troisième cannelure.	
0.08 × 0.015........	0.00120
Grand rinceau de gauche.	
Revers intérieur dudit.	
0.08 × 0.015........	0.00120
Côte dorsale.	
0.20 × 0.015........	0.00300
1 Volute.	
0.02 × 0.02........	0.00040
Côte intérieure.	
0.17 × 0.015........	0.00260
Revers extérieur.	
0.15 × 0.015........	0.00225
A l'extrémité haute :	
1 Crossette développant y compris sa volute :	
0.07 × 0.02 réduits..	0.00140
1 autre attenante.	
0.05 × 0.02........	0.00100
1 autre reposant sur l'S développant :	
0.05 × 0.018 réduits.	0.00090

Rinceau au-dessous de la troisième cannelure.

Crossette composée de :	
1 Feuille.	
0.015 × 0.015.......	0.00023
1 autre 0.025 × 0.02...	0.00050
1 autre 0.02 × 0.02....	0.00040
1 autre 0.035 × 0.015..	0.00053
Rive dorsale.	
0.11 × 0.015........	0.00165
A la base :	
1 Volute de rinceau.	
0.015 × 0.015.......	0.00023
1 autre à l'extrémité inférieure.	
0.02 × 0.02 produit..	0.00040
A reporter.....	0.04949

Report.........	0.04949
Epaisseurs de rives et nervures.	
1 développant.... 0.20	
1 » 0.15	
1 » 0.25	
1 » 0.15	
Ensemble . 0.75	
× 0.015 produit........	0.01125
Grand rinceau attenant.	
Epaisseurs de rives et nervures développant :	
1 de............ 0.12	
1 de............ 0.14	
1 de............ 0.18	
1 de............ 0.25	
1 de............ 0.28	
1 de............ 0.18	
Ensemble . 1.15	
× 0.015...............	0.01725
1 Volute.	
0.035 × 0.035.......	0.00122
Attenant à la volute.	
4 côtes chaque :	
0.02 × 0.015........	0.00030
Nervure partant de la dernière côte et rejoignant l'autre rinceau.	
0.10 × 0.015 produit.	0.00150
Rive en V retournant sur la droite développant :	
0.06 × 0.015........	0.00900
Crossettes reposant sur le cours de godrons.	
1 Volute.	
0.025 × 0.025.......	0.00625
Première crossette composée de :	
1 Feuille.	
0.035 × 0.015.......	0.00053
1 autre 0.02 × 0.015...	0.00030
1 autre 0.03 × 0.020...	0.00060
Nervure dorsale dév. :	
0.18 × 0.015........	0.00270
Deuxième crossette.	
1 Feuille.	
0.015 × 0.015.......	0.00023
1 autre 0 02 × 0.015...	0.00030
1 de 0.03 × 0.015.....	0.00045
1 de 0.02 × 0.015.....	0.00030
1 de 0.04 × 0.015.....	0.00060
1 de 0.015 × 0.015....	0.00023
1 de 0.02 × 0.015.....	0.00030
Tige extrême.	
0.03 × 0.015........	0.00045
A reporter.....	0.10325

Report.......... 0.10325

Epaisseur de trapèze irré-
gulier ens. :

0.20 × 0.015........ 0.00300

Moitié du motif en pen-
dentif dans le petit car-
touche.

Moitié de graine supé-
rieure.

0.015 × 0.015....... 0.00023

1 Feuille.

0.05 × 0.015....... 0.00075

1 autre 0.025 × 0.02... 0.00050

Moitié de graine au-
dessous.

0.015 × 0.015.......

1 Feuille.

0.02 × 0.015........ 0.00030

1 autre.

0.03 × 0.017 réduits. 0.00050

Graine finale pour moitié.

0.015 × 0.015....... 0.00023

*Grande feuille d'a-
canthe agrafant le mé-
daillon.*

Moitié du revers de feuille
de tête.

0.025 × 0.018 réduits. 0.00045

1 autre au dessous.

0.015 × 0.015....... 0.00023

En descendant.

1 Feuille.

0.03 × 0.015 produit. 0.00045

1 autre 0.015 × 0.015.. 0.00023

1 autre 0.05 × 0.015... 0.00075

1 autre 0.07 × 0.015... 0.00105

1 autre 0.06 × 0.015... 0.00090

1 autre 0.025 × 0.015.. 0.00038

En décrochement.

1 autre 0.025 × 0.015.. 0.00038

1 autre 0.07 × 0.015... 0.00105

1 autre 0.045 × 0.015.. 0.00068

Revers et dentelures de
feuilles ensuite dév. :

0.11 × 0.015........ 0.00165

1 Feuille.

0.02 × 0.015........ 0.00030

1 autre 0.08 × 0.015... 0.00120

1 autre 0.015 × 0.015.. 0.00023

Les lignes de nervures
intérieures en commençant
par le haut de l'acanthe.

2 fois 0.025 × 0.015.... 0.00075

Milieu pour moitié.

0.015 × 0.015....... 0.00023

1 fois 0.12 × 0.015..... 0.00180

1 » 0.07 × 0.015..... 0.00105

A reporter..... 0.12253

Report........ 0.12353

1 » 0.15 × 0.015.... 0.00225

1 » 0.13 × 0.015.... 0.00190

1 » 0.09 × 0.015.... 0.00135

1 » 0.11 × 0.015.... 0.00165

1 » 0.07 × 0.015.... 0.00105

1 » 0.10 × 0.015.... 0.00150

Le pourtour de la volute
basse développant :

0.15 × 0.015....... 0.00225

Dans la nervure centrale
de l'acanthe.

1 Ligne.

0.10 × 0.015........ 0.00150

Demi-cerce au dessous.

0.05 × 0.015........ 0.00075

Demi-cerce au dessous.

0.06 × 0.015........ 0.00090

Au dessous.

0.045 × 0.015....... 0.00068

Ligne d'agrafe du camée

0.065 × 0.015....... 0.00098

Denticule attenante.

0.035 × 0.015....... 0.00053

*Motif d'ornement qua-
drillé encadrant le mé-
daillon.*

En commençant par en
haut.

4 Lignes d'épaisseur en-
cadrant les godrons déve-
loppant chaque 0.28.

Ensemble 1.12

× 0.015............... 0.01680

15 godrons en plein ch.:

0.025 × 0.02 réduits . 0.00750

Cerce touchant l'acanthe.

0.22 × 0.015........ 0.00330

Le pourtour des qua-
drilles.

1 fois 0.07....... 0.07

1 » 0.10....... 0.10

1 » 0.15....... 0.15

1 » 0.08....... 0.08

1 » 0.14....... 0.14

Ensemble . 0.54

× 0.015 .... 0.00810

Epaisseurs de quadrilles.

3 chaque 0.10 ens. 0.30

1 » 0.08.... 0.08

1 » 0.06.... 0.06

1 » 0.07.... 0.07

1 » 0.18.... 0.18

1 » 0.15.... 0.15

1 » 0.10.... 0.10

Ensemble . 0.94

× 0.015 .... 0.01410

A reporter..... 0.18962

Report........	0.18962

Quadrille au dessous.
Ses pourtours.

1 Ligne de......	0.06
1 »	0.10
1 »	0.35

Epaisseurs des quadrilles.

1 fois 0.09.......	0.09
1 » 0.07.......	0.07
1 » 0.08.......	0.08
1 » 0.07.......	0.07
1 » 0.06.......	0.06
1 » 0.04.......	0.04
1 » 0.03.......	0.03
1 » 0.02.......	0.02
1 » 0.07.......	0.07
1 » 0.15.......	0.15
1 » 0.30.......	0.30
1 » 0.18.......	0.18
Ensemble.	1.67

| $\times$ 0.015 produit........ | 0.02505 |

Rosace entre les deux quadrilles.
4 Pétales développant chaque 0.025. Ensemble :

| 0.10 $\times$ 0.015........ | 0.00150 |
| Pistil 0.015 $\times$ 0.015.... | 0.00023 |

Cadre du médaillon.

La crossette supérieure composée de :
Son revers intérieur dév.

| 0.05 $\times$ 0.015........ | 0.00075 |
| 1 côte. 0.05 $\times$ 0.015.... | 0.00075 |

1 autre au dessous.

| 0.07 $\times$ 0.015........ | 0.00105 |
| 1 autre 0.055 $\times$ 0.015.. | 0.00083 |

La rive extérieure de la crossette développant :

| 0.55 $\times$ 0.015........ | 0.00083 |

Celle intérieure.

| 0.40 $\times$ 0.015........ | 0.00600 |

Intérieur du cadre.

Détail d'un trèfle :
3 Feuilles chaque :

| 0.025$\times$0.015 | 0.00112 |

Boutons.

| 0.015$\times$0.015 | 0.00023 |
| Ensemble........ | 0.00135 |

10 autres trèfles semblables chaque.. 0.00135

| Ensemble.......... | 0.01350 |

10 Entredeux de trèfles

| Ch. : 0.015 $\times$ 0.015 prod. | 0.00225 |
| *A reporter*..... | 0.24371 |

Report........	0.24371

La moulure intérieure du cadre développant :

| 0.45 $\times$ 0.015........ | 0.00675 |

Epaisseur de ladite.

| 0.45 $\times$ 0.015........ | 0.00675 |

Les deux crossettes attenantes composées de :

1 côte : 0.07 $\times$ 0.015...	0.00105
1 de 0.035 $\times$ 0.015.....	0.00053
1 de 0.045 $\times$ 0.015.....	0.00068
1 de 0.20 $\times$ 0.015.....	0.00030
1 de 0.04 $\times$ 0.015.....	0.00060
1 de 0.20 $\times$ 0.015.....	0.00300

Médaillon, ledit compté comme plein pour dorure rehaussée, de :

| 0.50 $\times$ 0.40 prod. 0.20 | |
| A moitié pour détail...... | 0.10000 |

Agrafe de nu du mur.

Demi-graine.

| 0.025 $\times$ 0.015....... | 0.00037 |

1 Feuille.

0.045 $\times$ 0.015.......	0.00068
1 de 0.060 $\times$ 0.015.....	0.00090
1 de 0.015 $\times$ 0.015.....	0.00023
1 de 0.055 $\times$ 0.015.....	0.00083
1 de 0.025 $\times$ 0.015.....	0.00038

Cerce de coquille.

| Volute : 0.08 $\times$ 0.015... | 0.00120 |

2 Lignes intérieures ch. :

| 0.18 $\times$ 0.015........ | 0.00540 |

1 Ligne extérieure.

| 0.15 $\times$ 0.015........ | 0.00225 |

1 Retour.

| 0.02 $\times$ 0.015........ | 0.00030 |

2 autres chaque :

| 0.035 $\times$ 0.015....... | 0.00105 |

Grosse volute du cadre.

| Dév. : 0.15 $\times$ 0.015...... | 0.00225 |

Liaison circulaire entre les deux volutes.

| 0.015 $\times$ 0.015....... | 0.00023 |

10 Points de mosaïque.

| Ch. : 0.015 $\times$ 0.015..... | 0.00225 |

Rinceau contre le mur.

1 côte : 0.20 $\times$ 0.015...	0.00300
1 de 0.015 $\times$ 0.015.....	0.00023
1 de 0.30 $\times$ 0.015.....	0.00450
1 de 0.04 $\times$ 0.015.....	0.00060
1 de 0.10 $\times$ 0.015.....	0.00225
1 de 0.38 $\times$ 0.015.....	0.00565
1 de 0.035 $\times$ 0.015.....	0.00525
1 de 0.015 $\times$ 0.015.....	0.00225
1 de 0.15 $\times$ 0.015.....	0.00225
A reporter.....	0.40767

Report......... 0.40767

Autre partie de rinceau supérieur.

1 côte : 0.07 × 0.015... 0.00105
1 » 0.025 × 0.015.. 0.00038

1 Nervure.

0.10 × 0.015........ 0.00150
1 côte : 0.10 × 0.015... 0.00150
1 de 0.03 × 0.015...... 0.00045

Nervure dorsale.

0.15 × 0.015......... 0.00225

1 Côte en retour.

0.035 × 0.015....... 0.00053
1 de 0.03 × 0.015..... 0.00045
1 de 0.04 × 0.015..... 0.00060
1 de 0.06 × 0.015...... 0.00090

Petite coquille d'angle composée de :

3 Dentelures chaque :

0.015 × 0.015....... 0.00068

1 Feuille à côtes développant en tous sens.

0.15 × 0.015........ 0.00225
1 autre 0.17 × 0.015... 0.00255
1 » 0.20 × 0.015... 0.00300

1 demi-feuille.

0.10 × 0.015........ 0.00150

Revers de coquille.

0.03 × 0.015........ 0.00045

3 Dards chaque 0.04 réduits × 0.015........... 0.00180

3 Points chaque 0.015 × 0.015............... 0.00068

Au-dessous de cette coquille :

1 Crossette de 0.05 × 0.025 réduits......... 0.00125

Sa volute 0.02 × 0.02.. 0.00040

Moitié de feuille ensuite ; Les épaisseurs de rives développant ensemble 0.14 × 0.015............... 0.00060

1 Nervure intérieure 0.08 × 0.015............... 0.00120

Départ du motif d'écoinçon.

En commençant vers le nu du mur.

1 Grande feuille renversée.

Partie moyenne 0.12 × 0.03 réduits.......... 0.00360

Revers de crossette 0.045 × 0.035 réduits......... 0.00158

Volute opposée 0.02 × 0.02 produit.......... 0.00040

A reporter..... 0.43922

Report......... 0.4392

Au-dessus de cette feuille Cerce composée de :

2 Lignes ch. 0.25. 0.50
1 autre de 0.20 .. 0.20
1 de 0.15........ 0.15
2 chaque 0.12... 0.24

Ensemble.... 1.09
× 0.015 produit........ 0.01635

Extrémité de la cerce traversant la feuille du bas 0.07 × 0.03 réduits...... 0.00210

Une fleur composée de :

7 Pétales chaque 0.018 × 0.018.............. 0.00227

Pistil 0.02 × 0.02 prod. 0.00040

Tige développant 2 fois 0.12 ensemble 0.24 × 0.015.............. 0.00360

Fleur plus grande ensuite 12 Pétales chaque 0.02 × 0.015.............. 0.00360

Cœur : en 4 parties de chaque 0.015×0.015 prod. 0.00090

Fleurette attenante composée de :

4 Pétales chaque 0.02 × 0.015 .... 0.00120

1 Tige composée de 3 lignes développant ensemble 0.20 × 0.015 produit........ 0.00300

Grand rinceau ensuite se reliant aux parties quadrillées.

La volute 0.035 × 0.035. 0.00123

Groupe de nervures et côtes ensemble 0.25×0.05 réduit et développé...... 0.01250

1 Feuille ensuite entrant dans les quadrillés 0.18 × 0.025 réduits........ 0.00450

1 autre à gauche développant une longueur de 0.30 × 0.035 réduits..... 0.01050

1 autre entre les deux 0.20 × 0.04, réduit...... 0.00800

Fleur dans la volute de départ de ce rinceau.

7 Pétales chaque 0.015 × 0.015 .... 0.01575

Pistil 0.015 × 0.015.... 0.00023

Feuilles ensuite :

1 de 0.15 × 0.015..... 0.00225
1 de 0.25 × 0.02 ..... 0.00500
1 de 0.10 × 0.015..... 0.00150
1 de 0.20 × 0.015..... 0.00300

A reporter..... 0.53710

Report.........	0.53710
1 de 0.12 × 0.015.....	0.00180
1 de 0.10 × 0.02	0.00200
Groupe de tiges derrière la fleur.	
0.15 × ens. 0.03 prod.	0.00450
Rinceau forme corne d'abondance.	
Epaisseur dorsale 0.30 × 0.015	0.00450
Feuilles :	
1 de 0.10 × 0.02......	0.00200
1 de 0.15 × 0.02......	0.00300
1 de 0.20 × 0.02......	0.00400
1 de 0.10 × 0.025 réd..	0.00250
La grande feuille d'extrémité en trois parties.	
Première partie 0.08 × 0.04	0.00120
Deuxième partie 0.25 × 0.04 réduits	0.01000
Troisième partie 0.28 × 0.035 réduits........	0.00980
Groupe de crossettes à droite.	
1 fois 0.15 × 0.02.....	0.00300
1 » 0.18 × 0.02.....	0.00360
1 » 0.20 × 0.035 réd.	0.00700
Epaisseurs d'armature droites et circulaires en plusieurs fois.	
2 Lignes circulaires chaque 0.15....... 0.30	
1 Pan coupé 0.03. 0.03	
1 Ligne droite 0.13 0.13	
1 autre 0.15..... 0.15	
1 de 0.16....... 0.16	
2 chaque 0.04.... 0.08	
Grande révolution	
2 Lignes développant chaque 1.25 ensemble 2.30	
Ensemble.... 3.35	
× 0.015 produit.........	0.05025
10 Lignes d'arceaux chaque 0.08 ensemble 0.80 × 0.015 produit........	0.01200
Intermédiaires.	
2 fois 0.15...... 0.30	
2 » 0.18...... 0.36	
2 » 0.12...... 0.24	
2 » 0.10...... 0.20	
2 » 0.14...... 0.28	
Ensemble.... 1.38	
× 0.015 produit........	0.02070
Grande cerce basse.	
A reporter.....	0.67895

Report.........	0.67895
Epaisseur extérieure développant 0.50 × 0.015...	0.00750
Epaisseur milieu 0.40 × 0.015...............	0.00600
Epaisseur double 0.40 × 0.015...............	0.00600
2 Volutes chaque 0.03 × 0.03 réduit..........	0.00180
Crossette attenante à la volute de droite.	
La volute 0.03 × 0.025.	0.00075
1 Côte au dessus 0.09 × 0.02................	0.00180
1 autre avec revers 0.07 × 0.02................	0.00140
Grande membrane ensuite retrouvant le motif d'angle développant une longueur de 0.28 × 0.035 réduits en plusieurs lignes	0.00980
Volute du haut 0.02 × 0.02	0.00040
7 Cannelures attenantes chaque 0.02 pour moyenne × 0.015 produit........	0.00210
Ligne d'épaisseur au dessus 0.13 × 0.015......	0.00195
Anneau d'attache développant 0.08 × 0.015.....	0.00120
Trou 0.015 × 0.015....	0.00023
Groupe de feuilles dans le milieu du motif circulaire	
Sous la grande cerce :	
Tige de la grosse crossette d'arrivée développant 0.10 × 0.05 réduit produit compris les deux côtes à droite et à gauche............	0.00500
1 autre côte intérieure 0.08 × 0.03............	0.00240
1 autre milieu 0.20 × 0.025 réduits	0.00500
1 autre d'extrémité 0.25 × 0.03 réduits..........	0.00750
Dans les intervalles sur 4 Lignes ch. 0.03. 0.12 × 0.015...............	0.00180
2 autres chaque 0.018 × 0.015...............	0.00054
9 autres chaque 0.015 × 0.015...............	0.00203
Groupe de feuilles.	
Premier groupe :	
1 Feuille 0.04 × 0.04..	0.00160
1 autre 0.03 × 0.02....	0.00060
1 de 0.05 × 0.03.......	0.00150
5 chaque 0.02 × 0.015..	0.00150
A reporter.....	0.74935

Report........ 0.74935
Deuxième groupe :
1 Feuille 0.06 × 0.04... 0.00240
1 de 0.06 × 0.035...... 0.00210
5 chaque 0.025 réduites
× 0.02................. 0.00250
1 Tige reliant la fleur
aux quadrillés du bas 0.10
× 0.015............... 0.00150
Fleur du bas :
6 Feuilles chaque 0.025
× 0.02 produit......... 0.00300
Bouton 0.02 × 0.02.... 0.00040
1 Feuille 0.02 × 0.015.. 0.00030
1 autre 0.07 × 0.03 réd. 0.00210
Grosse fleur à gauche de
la précédente :
6 Pétales chaque 0.03
réduits × 0.02.......... 0.00360

Cœur :
4 fois 0.015 × 0.015.... 0.00090
Pistil 0.02 × 0.02...... 0.00040
1 Feuille ensuite 0.10
× 0.025 réduits......... 0.00025
1 autre 0.03 × 0.015... 0.00045
De l'autre côté de la
grosse fleur :
1 Tige 0.05 × 0.015 ... 0.00075
1 autre 0.04 × 0.015... 0.00060
1 Feuille 0.06 × 0.02... 0.00120
1 Tige 0.03 × 0.015.... 0.00045
1 Feuille à droite 0.03
× 0.02................. 0.00060
Son extrémité à l'exté-
rieur du cercle :
0.015 × 0.015 produit.. 0.00023
Feuilles dans la gorge
de la corniche :
2 de chaque 0.015×0.015 0.00045
1 Tige 0.03 × 0.015.... 0.00045
1 Feuille.
0.03 × 0.02......... 0.00060
Tige 0.05 × 0.015...... 0.00075
Feuille dernière.
0.07 × 0.02.......... 0.00140
Partie de cadre quadrillé
vers le nu du mur.
Feuilles et fleurs inté-
rieures :
1 Tige.
0.05 × 0.015........ 0.00075
1 Feuille.
0.04 × 0.02........ 0.00080
6 autres chaque :
0.015 × 0.015...... 0.00135
Bouton.
0.015 × 0.015....... 0.00023

    A reporter..... 0.77986

Report........ 0.77986
1 Tige.
0.04 × 0.015........ 0.00060
3 Feuilles chaque :
0.06 × 0.02 réduits.. 0.00360
Lignes de quadrilles.
22 chaque 0.04 pour réd.
Ens. 0.88 × 0.015 prod. 0.01320
Cadre des quadrilles.
Epaisseurs intérieures,
par le bas :
1 de 0.30........ 0.30
1 de 0.28........ 0.28
Sur volute.
1 de 0.18........ 0.18
1 de 0.15........ 0.15
1 pan coupé cir-
culaire 0.04....... 0.04
1 épaisseur à
droite 0.20........ 0.20
1 en retour à droite
et circulaire sur
l'embase 0.12...... 0.12
Ensemble..... 1.27
× 0.015 produit........ 0.01905
1 Volute à gauche du
quadrille de :
0.02 × 0.02........ 0.00040
1 Crossette à droite.
0.05 × 0.035........ 0.00175
Au dessus 1 autre de :
0.05 × 0.03........ 0.00150
1 autre.
0.05 × 0.03........ 0.00150
1 grande feuille et sa tige.
0.18 × 0.02........ 0.00360
1 autre.
0.10 × 0.02........ 0.00200
Revers de crossette.
0.02 × 0.015........ 0.00030
Motif de rinceaux faisant
suite au précédent.
Tige d'attache :
3 Lignes ch. : 0.045
Ensemble.... 0.135
× 0.015 produit........ 0.00203
3 autres ch. : 0.035
Ensemble.... 0.105
× 0.015 produit........ 0.00158
Grosse tige et volute
attachées à cette partie.
0.18 × 0.02 produit.. 0.00360
En contournant le motif
suivant.
1 Feuille à crossette.
0.12 × 0.04 réduits.. 0.00480
1 autre 0.05 × 0.015... 0.00750

    A reporter..... 0.84657

<table>
<tr><td>

Report........ 0.84657
1   »   0.15 × 0.04 réd. 0.00600
1   »   0.20 × 0.05 réd. 0.01000
1   »   0.30 × 0.03.... 0.00900
Barre transversale.
3 Lignes.
  Ch. : 0.02 réd..   0.06
× 0.015............... 0.00090
3 autres chaque :
  0.05 × 0.015........ 0.00225
1 Crossette.
  0.12 × 0.02......... 0.00240
1 autre 0.03 × 0.02.... 0.00060
En retournant vers l'angle
de corniche.
1 Volute.
  0.025 × 0.025....... 0.00063
Tige au dessous en trois
parties.
  Première partie.
    0.15 × 0.025........ 0.00038
  Seconde partie.
    0.10 × 0.02......... 0.00020
  Troisième partie.
    0.10 × 0.05 réduits.. 0.00050
Motif partant du milieu
de cette troisième partie.
1 Feuille à crossette.
  0.18 × 0.03 réduits.. 0.00540
1 Tige en retour.
  0.15 × 0.02......... 0.00300
Crossette faisant suite.
  0.20 × 0.05 réduits.. 0.01000
1 autre crossette à droite
  0.10 × 0.03......... 0.00300
Fleurs et fleurettes indé-
pendantes.
1 Feuille.
  0.04 × 0.02......... 0.00800
4 chaque 0.015 × 0.015. 0.00090
1 de 0.018 × 0.018..... 0.00032
12 Pétales de fleurs ch. :
  0.015 × 0.015....... 0.00270
7 autres chaque :
  0.015 × 0.015....... 0.00158
1 Bouton.
  0.015 × 0.015....... 0.00023
1 autre 0.02 × 0.015... 0.00030
Tiges.
1 de 0.10 × 0.015...... 0.00150
1 de 0.12 × 0.015...... 0.00180
1 de 0.06 × 0.015...... 0.00090
1 de 0.08 × 0.015...... 0.00120
1 Extrémité.
  0.07 × 0.015........ 0.00105
1 autre opposée.
  0.05 × 0.015........ 0.00075
    A reporter..... 0.92206

</td><td>

Report......... 0.92206
Rinceaux au-dessus de
l'attache du 2ᵉ motif.
1 Feuille et crossette.
  0.20 × 0.03......... 0.00600
1 autre 0.12 × 0.03.... 0.00360
1   »   0.04 × 0.02.... 0.00080
1   »   0.15 × 0.03 ... 0.00450
1   »   0.20 × 0.03.... 0.00600
1 Crossette milieu.
  0.10 × 0.02......... 0.00200
Sa volute.
  0.025 × 0.025....... 0.00625
Crosse en retour à gauche
  0.10 × 0.02......... 0.00200
1 autre au dessous.
  0.08 × 0.035........ 0.00280
Groupe de graines au
dessous.
2 Feuilles chaque :
  0.05 × 0.02........ 0.00200
8 autres chaque :
  0.03 × 0.015........ 0.00360
2 autres chaque :
  0.02 × 0.015........ 0.00060
6 graines chaque :
  0.015 × 0.015....... 0.00135
Feuilles au dessous.
2 chaque :
  0.04 réduits × 0.02 .. 0.00160
1 de 0.03 × 0.02...... 0.00060
1 de 0.035 × 0.015..... 0.00053
1 milieu.
  0.08 × 0.02......... 0.00160
Dernière partie termi-
nant le motif d'écoinçon.
Au-dessus de la traverse
d'attache.
4 Graines chaque :
  0.015 × 0.015....... 0.00090
1 Feuille.
  0.06 × 0.025 prod... 0.00150
Une grande cerce avec
volute développant :
  0.25 × 0.02 produit.. 0.00500
2 Volutes chaque :
  0.02 × 0.02......... 0.00080
1 Côte cannelée.
  0.09 × 0.015........ 0.00135
1 autre 0.07 × 0.015... 0.00105
Petite cerce intérieure.
2 Lignes ch. : 0.18
  Ensemble.....   0.36
× 0.015 produit........ 0.00540
1 Volute.
  0.02 × 0.02......... 0.00040
    A reporter..... 0.98429

</td></tr>
</table>

Report.........	0.98429
1 Feuille.	
0.015 × 0.015......	0.00023
1 Tige.	
0.025 × 0.015......	0.00038
1 autre 0.015 × 0.015..	0.00023
2 Feuilles chaque :	
0.02 × 0.015........	0.00030
1 de 0.02 × 0.02......	0.00040
1 de 0.035 × 0.02......	0.00070
1 de 0.05 × 0.02......	0.00100
Au-dessus de fleur.	
1 Feuille.	
0.07 × 0.025........	0.00175
1 de 0.03 × 0.025......	0.00075
Fleur.	
5 Pétales chaque :	
0.015 × 0.015......	0.00123
Bouton 0.015 × 0.015..	0.00023
1 Tige.	
0.025 × 0.015......	0.00038
Ensuite 1 de :	
0.015 × 0.015......	0.00023
Grosse fleur extérieure.	
15 Pétales chaque :	
0.015 × 0.015......	0.00338
Cœur 0.025 × 0.025 réd.	0.00625
4 Feuilles chaque :	
0.015 × 0.015......	0.00090
1 Tige.	
0.03 × 0.015........	0.00045
1 Feuille.	
0.07 × 0.025........	0.00175
1 autre 0.04 × 0.03....	0.00120
1 » 0.06 × 0.025...	0.00150
Tige attenante à la fleur.	
0.018 × 0.015......	0.00027
1 Feuille d'extrémité.	
0.045 × 0.02........	0.00090
Celle attenante.	
0.035 × 0.02........	0.00070
Ensemble de la moitié du motif............	1.00940
L'autre moitié semblable	1.00940
Surface.........	2.01880

A 40f,62 le mètre de dorure sculptée............ **82f,01**

Huitième exemple (fig. 296).

443. Métrage d'un médaillon
« La Chasse »

Dorure à l'or jaune au titre de 0.925. Les mille feuilles sur époussetage et couche de mixtion.

Sur parties sculptées.
Arbrisseau de gauche.
En commençant par la cime :

Fig. 296.

16 feuilles ch. 0.03×0.02	0.00960
Tige 0.10 × 0.02 réduit.	0.00200
En remontant, nœud de branchage 0.05×0.03 prod.	0.00150
1 Groupe de feuilles développant ensemble 0.04 × 0.02 produit..........	0.00080
6 autres ch. 0.03 × 0 02	0.00360
Au-dessous :	
1 Groupe de feuilles 0.08 × 0.04................	0.00320
1 autre 0.06 × 0.04....	0.00240
2 autres ch. 0.04×0.03.	0.00240
1 de 0.04 × 0.025.....	0.00100
1 extrémité 0.025×0.015	0.00032
Branche en descendant développant 0.15×0.05 pr.	0.00750
1 Moignon 0.03×0.02..	0.00060
Groupe de feuilles au dessous :	
1 de 0.05 × 0.04 produit	0.00200
1 de 0.03 × 0.03........	0.00090
1 de 0.04 × 0.03........	0.00120
1 de 0.03 × 0.02........	0.00060
1 de 0.04 × 0.02 réduit.	0.00080
1 de 0.03 × 0.025 réduit.	0.00075
Tronçon de branche ensuite 0.20 × 0.04 produit.	0.00800
A reporter	0.04117

Report......... 0.04117
Groupe de feuilles ensuite
1 de 0.05×0.03 produit. 0.00150
1 de 0.04 × 0.03...... 0.00120
1 de 0.025 × 0.02..... 0.00050
4 chaque 0.02×0.02 réd. 0.00160
2 chaque 0.02 × 0.015. 0.00060
Branche coupée
0.04 × 0.02 réduit....... 0.00080
Tronc :
1 Partie 0.04 × 0.04... 0.00160
1 autre 0.40 × 0.05.... 0.02000
10 Feuilles isolées
chaque 0.02 × 0.015 pour
moyenne................. 0.00300
Futaies :
1 Partie de 0.10 ×0.04. 0.00400
1 de 0.06 × 0.04....... 0.00240
1 de 0.05 × 0.04....... 0.00200

Arbrisseau de droite.

En commençant de même
que pour le précédent :

1 Feuille de 0.03 × 0.02 0.00060
1 de 0.04 × 0.02....... 0.00080
1 de 0.02 × 0.02....... 0.00040
1 de 0.05 × 0.02....... 0.00100
1 de 0.025 × 0.02..... 0.00050
1 Tige, en descendant
de 0.10 × 0.015......... 0.00150
1 Feuille à droite 0.02
× 0.02.................. 0.00040
1 Feuille à gauche 0.015
× 0.015................. 0.00023
6 Feuilles du groupe au
dessous, chaque 0.015
× 0.02 produit.......... 0.00180
Tige au dessous 0.04
× 0.015................. 0.00060
Feuilles au dessous :
11 chaque 0.015 × 0.015 0.00248
1 Branche de 0.20×0.015 0.00300
1 autre de 0.25 × 0.015. 0.00375
Groupe de feuilles ensuite
A gauche, 2 chaque 0.03
× 0.02.................. 0.00120
A droite, 4 chaque 0.03
× 0.02 pour moyenne.... 0.00240
1 Tige 0.05 × 0.02 prod. 0.00100
Au dessous :
15 Feuilles chaque 0.04
pour moyenne × 0.02
pour *idem*............. 0.01200
Tronc, 0.50×0.03 prod. 0.01500
Futaies :
1 Partie 0.10 × 0.03... 0.00300
1 autre 0.60 × 0.05.... 0.03000

    A reporter..... 0.16203

Report......... 0.16203
Entre les jambes du
chérubin :
1 Partie 0.05 × 0.02... 0.00100
1 autre 0.10 × 0.02.... 0.00200
Entre les deux chérubins
1 Partie 0.05 × 0.02... 0.00100
1 autre 0.04 × 0.03.... 0.00120
Séraphins.
Fille :
Chevelure, 1re partie
0.10 × 0.04............. 0.00400
2e partie 0.04 × 0.03.. 0.00120
Visage 0.08 × 0.08 pour
le développement des
bosses.................. 0.00640
Bras gauche :
Partie supérieure 0.09
× 0.07 développé........ 0.00630
Avant-bras 0.06×0.05.. 0.00300
Main 0.04 × 0.02...... 0.00080
Jambe gauche :
Cuisse et genou 0.10
× 0.12.................. 0.01200
Mollet et cheville 0.10
× 0.09 réduit et développé
produit................. 0.00900
Pied 0.04 × 0.04....... 0.00160
Jambe droite :
Pied 0.05 × 0.03 ...... 0.00150
Mollet et jarret.
0.08 × 0.09............. 0.00720
Cuisse et genoux.
0.07 × 0.11............. 0.00770
Torse 0.20 × 0.16 dév.. 0.03200
Bassin 0.05 × 0.04..... 0.00200
Bras droit.
Partie supérieure.
0.05 × 0.09............. 0.00450
Avant-bras 0.07 × 0.05. 0.00350
Main 0.05 × 0.025..... 0.00125
Lapin.
1 patte de derrière.
0.05 × 0.02 réduits.. 0.00100
1 autre 0.08 × 0.02.... 0.00160
Corps 0.10 × 0.05 ..... 0.00500
1 patte de devant.
0.05 × 0.02............. 0.00100
1 autre 0.06 × 0.02.... 0.00120
Tête 0.05 × 0.03....... 0.00150
2 oreilles chaque :
0.05 × 0.015.......... 0.00150
Chien.
Museau 0.03 × 0.03.... 0.00090
Tête 0.05 × 0.04....... 0.00200
Corps 0.18 × 0.07...... 0.01260

    A reporter..... 0.29948

Report........		0.29948
1 Palte 0.06 × 0.015...		0.00090
1 autre 0.03 × 0.015...		0.00045
1 autre 0.045 × 0.015..		0.00068
Queue 0.10 × 0.02 réduite et développée.......		0.00200

Garçon.

Chevelure 0.10 × 0.06..	0.00600
Visage 0.09 × 0.09.....	0.00810
Bras droit.	
Arrière-bras.	
0.10 × 0.08........	0.00800
Avant-bras 0.05 × 0.05.	0.00250
Main 0.045 × 0.03.....	0.00135
Trompette.	
Le pavillon 0.06 × 0.03.	0.00180
Embouchure.	
0.02 × 0.015........	0.00030
Torse 0.22 × 0.18 dév..	0.03960
Jambe droite.	
Cuisse 0.08 × 0.10.....	0.00800
Mollet 0.09 × 0.09.....	0.00810
Pied 0.05 × 0.03.......	0.00150
Jambe gauche.	
0.19 × 0.09 dév. et réd.	0.01710
Pied 0.05 × 0.02......	0.00100

Fusil.

Bretelle 0.10 × 0.015 ..	0.00150
Crosse 0.08 × 0.03	0.00240
Canon.	
1 Partie 0.05 × 0.015..	0.00075
1 autre 0.02 × 0.015...	0.00030
1 autre 0.045 × 0.015..	0.00068

Sol.

Partie de 0.10 × 0.10..		0.01000
»	0.25 × 0.15..	0.03750
»	0.15 × 0.10..	0.01500
	Surface........	0.47499

A 40.02 le mètre............... **19.01**

Neuvième exemple.

444. *Frise de corniche (fragment).*

Dorure en rehaussés à deux ors, les ornements à l'or jaune et les personnages à l'or vert (fig. 297).

Le rehaussé de mixtion pour dorure est un véritable travail d'artiste; il consiste à l'ornementation des bosses avec hachures et nervures bien ordonnées; il n'est pas prévu à la Série comme prix, mais il doit être rétribué suivant la main et le fini de l'ouvrage.

Dorure à l'or jaune au titre de 0.925 les mille feuilles sur apprêt d'épousselage seulement (*la mixtion étant comptée à part*).

Sur parties sculptées.

Fig. 297.

En commençant par le repère AB.

Vase à parfums.

Boule de couronnement.

0.03 × 0.03 dév...... 0.00090

Couvercle au dessous.

0.05 réduits × 0.03.. 0.00150

Fumées de gauche 0.12
de développement y compris
le départ × 0.025 réduits. 0.00300

Fumée de droite.

0.08 × 0.03......... 0.00240

Assiette 0.12 × 0.02 ... 0.00240

Cavité 0.04 × 0.03..... 0.00120

Trèfle de feuille au
dessous.

Feuille milieu.

0.03 × 0.02......... 0.00060

2 autres chaque :

0.05 × 0.015 .... 0.00150

Tige ensuite.

0.07 × 0.015 .... 0.00105

Pâquerette au dessous,
composée de .

9 Pétales chaque :

0.015 × 0.015 .... 0.00212

Pistil 0.015 × 0.015.... 0.00023

Enroulement dév. :

0.38 × 0.02 réduits.. 0.00760

1 Crosse attenante.

0.07 × 0.015 .... 0.00105

Feuilles et rinceaux en
descendant.

1 fois 0.055 × 0.02 prod. 0.00110

2 »   0.07 × 0.015.... 0.00210

1 »   0.08 × 0.015.... 0.00120

1 »   0.07 × 0.02 réd . 0.00140

1 »   0.04 × 0.02..... 0.00080

1 »   0.05 × 0.03..... 0.00150

Tige basse 0.10 × 0.02. 0.00200

Feuilles et rinceaux en-
suite.

1 fois 0.07 × 0.02...... 0.00140

1 »   0.09 × 0.25 réd.. 0.00225

1 »   0.05 × 0.015..... 0.00075

1 »   0.08 × 0.02...... 0.00160

Tige ensuite partant des
jambes des Chérubins dév.

0.11 × 0.015 .... 0.00165

1 Crossette 0.06 × 0.03
réduite............... 0.00180

Tige ensuite 0.13 × 0.02
réduits............... 0.00260

Griffon.

Le bec 0.03 × 0.015.... 0.00045

0.015 × 0.015 .. 0.00023

Tête 0.04 × 0.03....... 0.00120

A reporter..... 0.04958

Report......... 0.04958

Cou 0.05 × 0.025...... 0.00125

Corps. Partie de 0.07
× 0.04................ 0.00280

Idem 0.08 × 0.06..... 0.00480

Ailes 0.07 × 0.04...... 0.00280

Queue 0.08 × 0.025 réd. 0.00210

1 Patte 0.06 × 0.015... 0.00090

1 autre 0.075 × 0.015.. 0.00113

4 Ergots visibles de
chaque 0.02 pour moyenne
× 0.015 .... 0.00120

Tige d'appui des pattes :

Grosse crosse d'extré-
mité 0.08 × 0.02........ 0.00160

1 autre plus petite 0.04
× 0.02 .... 0.00080

Suite en rentrant 0.06
× 0.03 .... 0.00180

1 partie entre les deux
pattes 0.06 × 0.015...... 0.00090

2 petites crossettes
chaque 0.02 × 0.015..... 0.00060

Extrémité de tige 0.02
× 0.015............... 0.00030

2 Volutes chaque compris
tige et points 0.03 × 0.015
produit 0.00090

En repartant de la volute
inférieure et jusqu'aux dra-
peries de la déesse.

Grande tige de 0.33
× 0.02 pour moyenne prod. 0.00660

Colombes.

Celle de gauche :

Bec, 2 fois 0.015 × 0.015 0.00046

Tête 0.02 × 0.02....... 0.00040

1 Aile 0.055 × 0.025... 0.00138

1 autre 0.04 × 0.025... 0.00100

Corps 0.04 × 0.03 ..... 0.00120

Queue, 2 fois 0.025 × 0.015 0.00075

Pattes 0.015 × 0.015... 0.00023

Colombe de droite :

Bec, 2 fois 0.015 × 0.015. 0.00046

Tête, 0.02 × 0.02...... 0.00040

Corps 0.045 × 0.03 .... 0.00135

1 Aile 0.045 × 0.025... 0.00113

1 autre 0.05 × 0.03.... 0.00150

Queue 0.06 × 0.025 réd. 0.00150

Pattes 0.015 × 0.015... 0.00023

Rubans attachant ces
oiseaux :

1 dévelop. 0.70 × 0.015 0.00105

1 autre 0.50 × 0.015... 0.00750

2 Boules d'extrémité
chaque 0.015 × 0.015.... 0.00046

A reporter..... 0.10106

Report......... 0.10106

Rinceau supportant la déesse :

La rosace composée de :

12 Pétales chaque 0.015 × 0.015	0.00276
Bouton 0.015 × 0.015..	0.00023
Collerette développant 0.20 × 0.015	0.00300
Crossette attenante 0.06 × 0.015	0.00090
Attache sur collerette 0.02 × 0.015	0.00030
Au dessus, une nervure composée de deux lignes développant 0 23 × 0.02..	0.00460
Nervure au dessus jusqu'à la volute 0 13 × 0.015	0.00195
Volute 0.025 × 0.025...	0.00063
Crossette de ladite 0.03 × 0.015	0.00045
Nervure ensuite jusqu'à la jonction développant 0.10 × 0.015	0.00150
1 autre en redescendant jusqu'au rinceau de traverse 0.07 × 0.015.......	0.00105
Arête milieu 0.05×0.015	0.00075
Nervure de jonction allant au milieu des deux rinceaux supérieurs 0.08×0.02 réd.	0.00160
Rinceau de gauche jusqu'aux crossettes dévelop. 0.17 × 0.025 réduit......	0.00425
1 Crossette ensuite 0.03 × 0.02	0.00060
1 autre 0 07 × 0.02 réd.	0.00140
1 autre reprenant sur le bras de la femme de 0.035 × 0.015 produit.........	0.00053
Volute y compris son point développant 0.09 × 0.03 réduit...........	0.00270
1 Feuille 0.02 × 0.02...	0.00040
1 Crossette 0.04 × 0.02.	0.00080
1 autre 0.03 × 0.02....	0.00060
Celle d'extrémité 0.04 × 0.025	0.00100
Tige au dessus 0.025 × 0.015	0.00038
2 Côtes de chaque 0.02 × 0.015	0.00060
2 autres de chaque 0.025 × 0.015	0.00075
3 autres de chaque 0.015 × 0.015	0.00068

A reporter..... 0.13547

Report........ 0.13547

Grand motif de rinceaux ensuite.

Crossette d'extrémité basse 0.08 × 0.025 réduit.	0.00200
1 autre en remontant en dessous 0.07×0.015 prod.	0.00105
1 autre au dessous 0.08 × 0.025 réduit.........	0.00200
1 de 0.04 × 0.025.....	0.00100
1 autre partant de cette dernière de 0.08 × 0.015..	0.00120
1 autre ensuite 0.07 × 0.025	0.00175
1 autre entrant dans la nervure du haut développant 0.12 × 0.04 réduit...	0.00480
A droite 1 crossette 0.06 × 0.03	0.00180
1 autre 0.10×0.025 réd	0.00250
Par le bas, 1 volute et sa tige ensemble 0.10×0.015.	0.00150

Trèfle de crossettes ensuite :

1 de 0.04 × 0.02	0.00080
1 de 0.09 × 0.02	0.00180
1 de 0.05 × 0.015	0.00075
1 de 0.10 × 0.02 réd...	0.00200
1 de 0.48 × 0.03	0.00540
1 de 0.07 × 0.045	0.00105
1 de 0.03 × 0.015	0.00045
1 de 0.08 × 0.035 réd..	0.00280

Nervures supportant ces crossettes développant :

0.20 × 0.015	0.00030

En dedans de la jambe :

1 Feuille de :

0.05 × 0.035........	0.00175

Tige d'extrémité.

0.05 × 0.015........	0.00075

Brûle-parfums.

Flammes.

1 de 0.05 × 0.035 réd..	0.00175
1 de 0.05 × 0.03 » ..	0.00150
1 de 0.08 × 0.04 » ..	0.00320
1 de 0.05 × 0.03 » ..	0.00150
1 de 0.045 × 0.025 » ..	0.00113

5 côtes du réchaud ch. :

0.025 × 0.02 p. moyenne.	0.00250
Rebord 0.045 × 0.015..	0.00068

Ligne au dessous.

0.02 × 0.015........	0.00030

Tige de pied.

0.10 × 0.018 réduits.	0.00180

Au dessous :

5 Feuilles chaque :

0.025 × 0.015	0.00188

A reporter..... 0.18916

Report........ 0.18916

Cerce-tige développant :

   0.18 × 0.015........ 0.00270

1 Crossette ensuite.

   0.06 × 0.025 réduits. 0.00150

1 autre relevée.

   0.04 × 0.025 .... 0.00100

Tige d'extrémité.

   0.025 × 0.015 .... 0.00038

Cerce partant de la tige-pied et allant jusqu'au trèfle de crossettes du bas dév. : 0.30 × 0.018 réd... 0.00540

Pied de support ensuite.

   0.09 × 0.02........ 0.00180

Parties supportant la femme de :

   0.05 × 0.05 produit.. 0.00250

Entre jambes

   0.05 × 0.03 .... 0.00150

Ensuite 0.04 × 0.03.... 0.00120

Tête de volute.

   0.04 × 0.04 .... 0.00160

1 Crossette au dessous dév. : 0.15 × 0.02 réduit. 0.00300

1 autre milieu.

   0.17 × 0.015 .... 0.00255

1 autre partie détachée à gauche 0.04 × 0.03..... 0.00120

1 dernière 0.075 × 0.03. 0.00225

Tige d'extrémité.

   0.04 × 0.015........ 0.00060

Bouquet de fleurs présenté par l'enfant :

1 Tige par le bas.

   0.04 × 0.015........ 0.00060

1 Feuille 0.025 × 0.015. 0.00038

1 de 0.02 × 0.02...... 0.00040

1 Fleur.

   0.035 × 0.035 (milieu) 0.00123

1 Feuille sur la main.

   0.025 × 0.015 .... 0.00038

1 autre au dessus.

   0.04 × 0.015........ 0.00060

1 de 0.025 × 0.02...... 0.00050

3 chaque 0.015 × 0.015. 0.00068

1 de 0.02 × 0.025..... 0.00050

1 de 0.02 × 0.015..... 0.00030

Tige 0.17 × 0.015 ..... 0.00255

1 autre à droite.

   0.04 × 0.015........ 0.00060

1 Fleur ensuite.

   0.025 × 0.025 .... 0.00063

1 Feuille 0.025 × 0.015. 0.00038

Tige d'extrémité.

   0.04 × 0.015........ 0.00060

A reporter 0.22867

Report........ 0.22867

1 autre feuille du haut.

   0.035 × 0.03........ 0.00105

Tige au dessus

   0.025 × 0.015 .... 0.00038

Grande nervure supportant l'enfant développant :

   0.28 × 0.02 réduits.. 0.00560

Le repère BC étant compté dans la composition du motif n'est pas métré ici.

Ensemble 0.23570

A 36f,59 le mètre.............. 8.62

Couchage de mixtion en rehaussés artistiques, même surface de dorure que ci-dessus produit..... 0.23570

A 30f,00 le mètre.............. 7.07

Dorure *à l'or vert* au titre de 0.735 les mille feuilles, en rehaussés artistiques époussetage seulement.

Sur parties sculptées.

Chérubin au griffon.

La main droite.

   0.03 × 0.025 produit. 0.00075

Pouce 0.015 × 0.015... 0.00023

Avant-bras droit.

   0.05 × 0.03 .... 0.00150

Avant-bras gauche.

   0.03 × 0.02........ 0.00060

Bras d'épaule droite.

   0.085 × 0.04........ 0.00340

Torse 0.10 × 0.065 .... 0.00650

Jambe gauche repliée.

   0.07 × 0.045 .... 0.00315

Jambe droite allongée.

Cuisse 0.07 × 0.05..... 0.00350

Mollet 0.09 × 0.035 réd. 0.00315

Pied 0.03 × 0.02 ...... 0.00060

Draperie extérieure.

   0.09 × 0.035........ 0.00315

Entourant la cuisse et jusqu'à l'épaule gauche développant 0.35 × 0.03...... 0.01050

1 Aile 0.045 × 0.025 ... 0.00113

1 autre 0.035 × 0.015.. 0.00053

Visage 0.06 × 0.04..... 0.00240

Chevelure.

1 Partie 0.04 × 0.02 ... 0.00080

1 autre 0.055 × 0.035.. 0.00193

Déesse aux colombes.

Chevelure.

1 partie 0.055 × 0.04 .. 0.00220

1 autre 0.03 × 0.02 .... 0.00060

Chignon 0.025 × 0.02.. 0.00050

Visage 0.065 × 0.045... 0.00293

A reporter 0.05005   15.69

Report........	0.05005	15.59
Bras gauche jusqu'au coude 0.12 × 0.045......	0.00540	
Avant-bras 0.08 × 0.055	0.00440	
Main 0.04 × 0.035.......	0.00140	
Index 0.02 × 0.015	0.00030	
Bras droit, épaule 0.08 × 0.045..............	0.00360	
Avant-bras 0.11×0.055.	0.00605	
Main et doigts 0.05 × 0.035 réduits........	0.00175	
Torse 0.11 × 0.09.....	0.00990	
Bassin 0.05 × 0.10.....	0.00500	
Jambe gauche, genou 0.05 × 0.04.............	0.00200	
Mollet 0.10×0.03 réd..	0.00300	
Pied 0.04 × 0.02 réduit.	0.00080	
Jambe droite 0.14 × 0.035 réduit..........	0.00140	
Pied 0.06 × 0.025.....	0.00150	
Draperie sur le bassin 0.04 × 0.03............	0.00120	
Sur la cuisse droite 0.10 × 0.04 réduit..........	0.00400	
Sur celle de gauche 0.05 × 0.025 réduit..........	0.00125	
A l'extérieur 0.10×0.05	0.00500	

Déesse aux fleurs :

Bras droit, main 0.05 × 0.035 réduit..........	0.00175	
Avant-bras 0.11×0.055	0.00605	
Epaule 0.08 × 0.045...	0.00360	
Bras gauche :		
Epaule 0.08 × 0.045...	0.00360	
Avant-bras 0.11 × 0.035 pour moyenne..........	0.00385	
Main 0.05 × 0.035 réd.	0.00175	
Torse et bassin développant 0.15 × 0.095 réduit produit...................	0.01425	
Cou 0.045 × 0.02......	0.00090	
Visage 0.065 × 0.045...	0.00293	
Chevelure 0.08 × 0.04 moyenne................	0.00320	
Epingle 0.035 × 0.015...	0.00053	
Jambe gauche :		
Cuisse et genoux 0.09 × 0.04.................	0.00360	
Mollet 0.11×0.03	0.00330	
Pied 0.05 × 0.02......	0.00100	
Jambe droite :		
Cuisse et genou. 0.09 × 0.045........	0.00405	
Mollet 0.11 × 0.035 réd.	0.00385	
Pied 0.055 × 0.025....	0.00138	
Draperie, partie extérieure développant :		
A reporter.....	0.16759	15.69

Report........	0.16759	15.69
0.27 × 0.04 réduits..	0.01080	
Sur cuisse.		
0.18 × 0.025 réduits.	0.00450	
Chérubin aux fleurs.		
Main gauche.		
0.035 × 0.025.......	0.00088	
Avant-bras gauche.		
0.05 × 0.035........	0.00175	
Epaule 0.06 × 0.04....	0.00240	
Visage 0.05 × 0.04.....	0.00200	
Chevelure.		
0.08 × 0.04 moyenne.	0.00320	
Cou 0.035 × 0.015.....	0.00053	
0.035 × 0.015.......	0.00053	
Partie de bras droit.		
0.02 × 0.015........	0.00030	
1 Aile 0.06 × 0.04.....	0.00240	
1 autre 0.055 × 0.02...	0.00110	
Torse et bassin.		
0.08 × 0.065........	0.00520	
Jambe droite.		
Genou et cuisse.		
0.055 × 0.035.......	0.00193	
Mollet 0.085 × 0.04....	0.00340	
Pied 0.025 × 0.015	0.00038	
Jambe gauche.		
Cuisse et genou.		
0.10 × 0.035 réduits.	0.00350	
Mollet 0.05 × 0.04.....	0.00200	
Pied 0.05 × 0.025.....	0.00125	
Ensemble.......	0.21564	
A 34f,47 le mètre..............		7.44

Couchage de mixtion en rehaussés des bosses, hachures et effets, travail artistique spécial, même surface que la dorure ci-dessus 0.21564.

A 40f,00 le mètre...............		8.63

Total de cette frise de corniche, rehaussée et à deux ors............. **31.77**

Fragment de rampe d'escalier (*fig.* 298).

445. Dorure à l'or jaune au titre de 0,925 les mille feuilles avec apprêts suivants : époussetage, mixtion, dorure, matage, verni Sœhnée pour fixer l'or.

Sur parties unies.
Détail d'une face sous la main courante.

2 ovales développant chaque 0.60, ensemble 1.20 × 0.025, produit........	0.03000	
4 tiges de volutes, chaque 0.10 × 0.025.....	0.01000	
4 points de volutes, chaque 0.04 × 0.04......	0.00640	
A reporter.....	0.04640	

Fig. 298. — Fragment de rampe d'escalier, dorure unie et sculptée.

Report........	0.04640

Grand panneau de rampe.

1 crosse développant 1.10 × 0.025..............	0.02750
1 point de volute, 0.04 × 0.04	0.00160
1 autre, 0.50×0.025...	0.00125
1 » 0.25×0.025..:	0.00625
1 » 0.40×0.025...	0.01000
1 » 0.50×0.025...	0.01250
1 » 0.35×0.025...	0.00875
1 » 0.30×0.025...	0.00750
1 » 0.50×0.025...	0.01250
1 » 0.80×0.025...	0.02000

Petit panneau, par en haut.

1 crosse 0.35....	0.35
1 de 0.25.......	0.25
1 de 0.40.......	0.40
1 de 0.70.......	0.70
1 de 0.40.......	0.40
1 de 0.25.......	0.25
1 de 0.75.......	0.75
1 de 0.20.......	0.20
Ensemble.	3.70
× 0.025 produit........	0.09250
A reporter.....	0.24675

Report........	0.24675
16 points de volute, chaque 0.04 × 0.04......	0.02560
1 dard 0.30 × 0.02....	0.00600
1 de 0.25 × 0.02.......	0.00500
1 de 0.50 × 0.02.......	0.01000
1 de 0.20 × 0.02.......	0.00400
1 de 0.20 × 0.02.......	0.00400
1 attache ovale développant 0.30 × 0.025........	0.00750

Console de pilastre.

1 crosse de 0.15×0.025	0.00375
1 autre 0.25 × 0.025...	0.00625
1 autre 0.40 × 0.025...	0.01000
2 points de volute, chaque 0.04 × 0.04......	0.00320
1 autre 0.05×0.05 prod.	0.00250
Ensemble.....	0.33455
La double face semblable	0.33455

Pilastre.

Moulure du haut développant 0.40 × 0.05......	0.02000
Milieu, bague 0.45 × 0.02	0.00900
A reporter.....	0.69810

Report........	0.69810	
Carré au dessous 0.48 $\times$ 0.015...............	0.00720	
Moulure entre deux carrés 0.60 $\times$ 0.05	0.03000	
Carré au dessous 0.50 $\times$ 0.015...............	0.00750	
Bague ensuite 0.45$\times$0.02	0.00900	
Embase, 1 bague 0.45 0.025..................	0.01125	
Moulure 0.50 $\times$ 0.04 ...	0.02000	
Bague au dessous 0.45 $\times$ 0.025...............	0.01125	
Socle.		
Bague 0.45 $\times$ 0.015....	0.00675	
Doucine au dessous 0.50 $\times$ 0.035...............	0.01750	
Carré 0.55 $\times$ 0.015....	0.00825	
Boudin de plinthe 0.60 $\times$ 0.02................	0.04200	
Ensemble.....	0.83880	
Plus-value pour travail de rampe d'escalier 10 0/0. N° 55 de la série........	0.08388	
Surface.....	0.92268	

A 34^f,62 le mètre prix composé... **31^f,94**

Dorure sur mêmes apprêts, sur parties sculptées, grand panneau de rampe.

Premier motif à côté du pilastre.		
1 Volute et sa tige Tige 0.06 $\times$ 0.0015....	0.00090	
Point et moitié du revers de volute 0.04 $\times$ 0.04 réd.	0.00160	
Base du motif ensuite 0.25 $\times$ 0.10...	0.02500	
En excédant.		
1 Feuille 0.20 $\times$ 0.065.	0.01300	
1 de 0.15 $\times$ 0.05	0.00750	
Tige 0.15 $\times$ 0.025.....	0.00375	
Volute et moitié de son revers 0.05 $\times$ 0.05.......	0.00250	
Motif attenant par une flamme.		
Tulipe 0.48 $\times$ 0.10.....	0.01800	
Clochette au dessous composée de :		
2 Feuilles d'extrémité et revers de ch. 0.30 $\times$ 0.05.	0.03000	
2 autres ensuite chaque : 0.18 $\times$ 0.40 pour moyenne.	0.03600	
Culot 0.33 $\times$ 0.12 réduit développé produit........	0.03960	
Reports........	0.17785	31.94

Reports........	0.17785	31.94
Rosace de grande volute. 8 Feuilles chaque 0.09 $\times$ 0.06.................	0.04320	
Macaron milieu 0.07 $\times$ 0.07........	0.00490	
Revers de feuille au dessus 0.25 $\times$ 0.03......	0.00750	
Motif ensuite à deux flammes.		
Petit culot, 1 partie 0.20 $\times$ 0.025	0.00500	
1 de 0,15 $\times$ 0.02.......	0.00300	
Au dessous après la bague moulurée.		
Grand culot de motif de 0.25 $\times$ 0.10........	0.02500	
Feuille de gauche 0.20 $\times$ 0.025	0.00500	
Point de volute. 0.05 $\times$ 0.05........	0.00250	
1 Feuille milieu 0.25 $\times$ 0.05 réduit...	0.01250	
1 autre ensuite 0.30 $\times$ 0.05........	0.01500	
1 de 0.28 $\times$ 0.04 réduit.	0.01120	
Volute et revers 0.05 $\times$ 0.03........	0.00150	
Motif s'attachant à cette volute.		
Tulipe 0.20 $\times$ 0.15.....	0.03000	
1 Graine 0.04 $\times$ 0.03...	0.00120	
1 autre 0.025 $\times$ 0.02...	0.00050	
Clochette ensuite composée de :		
2 Feuilles d'extrémité chaque 0.30 $\times$ 0.05 y compris revers..............	0.03000	
2 autres ensuite chaque : 0.18 $\times$ 0.10 pour moy.	0.03600	
Culot 0.33 $\times$ 0.12 développé et réduit..........	0.03960	
Feuille attenante à la traverse sous main courante 0.30 $\times$ 0.03..............	0.00900	
Revers 0.05 $\times$ 0.03....	0.00150	
Rosace ensuite composée de :		
8 Feuilles chaque : 0.09 $\times$ 0.06........	0.04320	
Macaron 0.07 $\times$ 0.07...	0.00490	
Motif attenant un petit panneau.		
Culot 0.20 $\times$ 0.08 réd..	0.01600	
Feuille de gauche 0.08 $\times$ 0.03.................	0.00240	
Revers 0.04 $\times$ 0.03	0.00120	
A reporter.....	0.52905	31.94

Reports........	0.52965	31.94
Excédent de feuille milieu 0.10 × 0.04 réduit...	0.00400	
Feuille à droite 0.05 × 0.03........	0.00150	
Revers 0.06 × 0.05....	0.00300	
Feuille-dard 0.30 × 0.03 réduit.................	0.00900	
Sur la traverse basse de la rampe.		
1 Crossette de feuilles de 0.30 × 0.04........	0.01200	
1 Revers 0.05 × 0.04...	0.00200	
2 Crossettes ensuite ch. 0.25 × 0.025........	0.01250	
2 Revers chaque : 0.035 × 0.03........	0.00210	
Petit panneau.		
1 Feuille par le bas 0.25 × 0.02.................	0.00500	
1 autre au dessus 0.45 × 0.04 réduite...........	0.01800	
Crossette à droite au dessus.		
1 Partie 0.30 × 0.055 réduite.................	0.01650	
1 autre 0.20 × 0.055...	0.01100	
2 Revers ch. 0.05×0.05.	0.00500	
1 Feuille plus haute 0.40 × 0.03.................	0.01200	
1 autre au dessus 0.25 × 0.02.................	0.00500	
Revers 0.05 × 0.05....	0.00250	
7 Boules de rivure cb. 0.05×0.04 pour moyenne.	0.01400	
Console de pilastre.		
Rosace centrale composée de :		
8 Feuilles ch. 0.08×0.08	0.05120	
Macaron 0.07 × 0.07...	0.00490	
A reporter.....	0.72085	31.94

Reports........	0.72085	31.94
Tige et feuille partant dudit 0.50 × 0.04 réduite.	0.02000	
Excédent de feuilles 0.25 × 0.02.................	0.80500	
1 Revers 0.05 × 0.06...	0.00300	
Feuille sur traverse basse 0.30 × 0.025......	0.00750	
Son revers 0.05 × 0.06.	0.00300	
Grande feuille en remontant.		
Première partie 0.30 × 0.07 réduit...........	0.02100	
Seconde 0.30 × 0.06...	0.01800	
Troisième 0.40 × 0.04 réduit.................	0.01600	
Petite feuille milieu 0.05 × 0.04.................	0.00200	
A droite et plus bas 1 feuille de 0.30 × 0.04..	0.01200	
1 autre au dessous 0.15 × 0.025.................	0.00375	
Revers 0.03 × 0.03...	0.00090	
Sur le haut du pilastre et y attenant 1 crossette de 0.25 × 0.035 réduit	0.00875	
Revers 0.04×0.04 prod.	0.00160	
Sur la plinthe du pilastre 1 feuille 0.20 × 0.025....	0.00500	
Revers 0.04 × 0.04.....	0.00160	
2 Boules de rivures chaque 0.04 × 0.04......	0.00320	
Ensemble....	0.85315	
L'autre face semblable produit.................	0.85315	
Surface. ..	1.70630	
Plus-value pour dorure de rampe d'escalier 10 0/0	0.17063	
Ensemble...	1.87693	
A 47f,81 le mètre................		89.74
Total de ce fragment de rampe..		**121.68**

Fig. 299. — Balcon doré et argenté au platine.

Balcon extérieur doré et argenté au platine
(*fig.* 299).

446. Dorure à l'or jaune au titre de 0,925 les mille feuilles sur apprêts suivants, époussetage, mixtion. Dorure et vernis Sœhnée, une couche.

Sur parties unies face extérieure seulement travaux faits à l'extérieur avec l'emploi de bannes pour garantie.

Fer carré sous main courante.

La face de 6.00	6.00
2 montants chaque 1.00 . .	2.00
Traverse basse 6.00	6.00

Détail d'une double grecque

1 fois 0.05		0.05
1 » 0.08		0.08
1 » 0.20		0.20
1 » 0.10		0.10
1 » 0.10		0.10
3 » 0.05		0.15
Ensemble		0.68

15 autres grecques semblables produisent ch. 0.68, ensemble	10.20
8 Montants de grecques, chaque 0.80	6.40
4 Traverses des grands panneaux chaque 0.30	1.20
4 autres chaque 0.30	1.20
2 Cerces intérieures développant chaque 0.90	1.80
2 autres extér. ch. 0.80 . . .	1.60
2 Demi-cercles sur traverse basse chaque 0.45	0.90
4 Grecques attenantes aux cerces, développant ch. 0.30.	1.20
4 Montants chaque 0.50 . . .	2.00
2 Cercles chaque 0.20	0.40
4 Montants intér. ch. 0.25.	1.00
2 Cercles chaque 0.25	0.50
2 Parties circulaires chaque 0.15	0.30
4 Volutes des grands panneaux développant ch. 2.00, ensemble	8.00
4 Crosses chaque 0.45 ensemble	1.80

Encadrement des panneaux quadrillé.

4 Montants chaque 0.55 . . .	2.20
4 Traverses chaque 0.20 . . .	0.80
8 Grecques simples ch. 0.40.	0.80
Ensemble	56.98
$\times$ 0.02 produit	1.13960
16 Boules terminant les montants	

A reporter 1.13960

Report 1.13960

des grecques chaque 0.02 $\times$ 0.02 produit	0.00640
8 Cercles des quadrilles ch. 0.20 $\times$ 0.015	0.02400
4 autres chaque 0.20 $\times$ 0.02	0.01600
32 Boulons de rivures en scellements de chaque. 0.025 $\times$ 0.02 produit	0.01600

Quadrilles.

70 Rosaces chaque 0.025 $\times$ 0.025.	0.43750
70 Lignes de losanges chaque 0.06 $\times$ 0.015	0.63000
Moulure de médaillon du petit panneau développant 0.75 $\times$ 0.035	0.02625

Détail d'une console d'about.

Crossette du haut 0.10 $\times$ 0.02 produit . . . . :	0.00200
Point de volute 0.025 $\times$ 0.025 produit	0.00060
Crossette au dessous en retour développant 0.20 $\times$ 0.02 produit	0.00400
Point de volute 0.025 $\times$ 0.025 produit	0.00060
Galbe extérieur 0.10 $\times$ 0.02	0.00200
Carré au dessous 0.07 $\times$ 0.02	0.00140
Revers extérieur de la console y compris le carré développant 0.60 $\times$ 0.02 .	0.01200
Plinthe 0.19 $\times$ 0.02	0.00380

Grecques en retour jusqu'à l'intérieur :

1 ligne de 0.20 . . .		0.20
» 0.12 . . .		0.12
» 0.08 . . .		0.08
» 0.06 . . .		0.06
» 0.04 . . .		0.04
» 0.04 . . .		0.04
» 0.08 . . .		0.08
» 0.10 . . .		0.10
Ensemble .		0.72

$\times$ 0.02 produit	0.01440
Revers intérieur de la console compris galbe et tête dévelop. 0.05 $\times$ 0.02 .	0.01700
1 Ovale intérieur dans le milieu du galbe développant 0.24 $\times$ 0.02	0.00480
1 petit cercle au droit de la plinthe, développant 0.18 $\times$ 0.02	0.00360
Ensemble	0.06620

A reporter 2.36195

Report................... 2.36195

L'autre console semblable produit. 0.06620

Surface................... 2.42815

Plus-value pour dorure exécutée à l'extérieur (Nº 54 de la Série), 20 0/0. 0.48563

Soit...................... 2.91378

A 33ʳ,67 le mètre.............. 98ʳ,11

Argenture au platine avec époussetage, mixtion et une couche de vernis Sœhnée, à l'extérieur, *sur parties sculptées*.

Détail d'un grand panneau.

Feuille dans l'intérieur de la cerce au-dessous de la main-courante, composée de :

Acanthe du bas 0.035 × 0.03 réduits, produit... 0.00105

2 feuilles à droite et à gauche, chaq. 0.045 × 0.02 réduits, produit.......... 0.00180

2 autres au dessus, chaq. 0.04 × 0.035 réduits 0.00280

Dard ou nervure, milieu 0.06 × 0.015............. 0.00090

Au-dessus de la liaison des deux volutes.

1 feuille 0.025 × 0.015. 0.00037

A droite et à gauche des volutes.

2 feuilles, chaque 0.06 × 0.015, produit........ 0.00180

Draperie au-dessous de la cerce.

2 pendantifs ch. 0.12 × 0.035 pour moyenne produit 0.00840

Milieu 0.17 × 0.03...... 0.00510

Épi au dessous.

11 graines chaque 0.015 × 0.018................ 0.00297

Rosace au dessous.

8 feuilles chaque 0.015 × 0.015................ 0.00180

Bouton 0.015 × 0.015... 0.00020

Branchages de lauriers composés de :

6 feuilles chaque 0.05 × 0.015 .... 0.00450

2 de chaque 0.05×0.02. 0.00200

2 de chaque 0.04 réduites × 0.0015 .... 0.00360

6 de ch. 0.035×0.015.. 0.00315

2 chaque 0.04×0.015.. 0.00120

2 de ch. 0.015×0.015.. 0.00045

8 chaque 0.04 × 0.015.. 0.04800

A reporter..... 0.09009   98.11

Report........ 0.09009   98.11

4 graines chaque 0.015 × 0.015 .... 0.00090

2 branches chaque 0.14 × 0.015 .... 0.00420

Cœur sous rosace 0.04 × 0.025 .... 0.00100

Ruban au dessous développant 0.30 × 0.015 produit................... 0.00450

2 coupes de branches chaque 0.015 × 0.015.... 0.00045

Guirlandes reliant les groupes.

20 graines chaque 0.015 × 0.015 .... 0.00450

Les doubles rinceaux.

4 crossettes chaque 0.035 × 0.015................. 0.00211

4 autres chaque 0.045 × 0.0015............... 0.00270

2 parties supérieures chaque 0.06 × 0.025..... 0.00300

2 parties inférieures chaque 0.075 × 0.025.... 0.00375

Ensemble du panneau. 0.11720

L'autre panneau semblable produit.......... 0.11720

Détail d'un entre-deux de panneaux.

4 graines du haut ch. 0.015 × 0.015 .... 0.00090

Graine centrale 0.020×0.015 0.00030

Clocheton au dessous 0.06 × 0.03........ 0.00180

5 groupes de feuilles ch. 0.05 pour moyenne × 0.035 réduits. 0.00875

1 autre au dessous 0.035×0.02 0.00070

3 graines du bas chaque 0.015 × 0.015....... 0.00068

Celle centrale 0.02 × 0.015 ... 0.00030

2 rubans développant chaque 0.25=0.50×0.015 produit....... 0.00750

2 glands ch. 0.015 × 0.15 ... 0.00045

Ensemble 0.02138

A reporter 0.25578   99.11

Report........ 0.25578   98.11

2 autres entre-deux sem-blables chaque.. 0.02138

    Ensemble........... 0.04276

Médaillon du petit pan-neau.

Acanthe en cinq parties.

2 chaque 0.03 × 0.03 réd. 0.00180

2 chaque 0.03 × 0.02 » 0.00120

Une milieu 0.025 × 0.02: 0.00050

4 Revers chaque 0.02 × 0.015.............. 0.00120

Détail d'une console d'abouts.

Crossette haute dévelop-pant 0.10 × 0.025 0.00250

Entre les deux galbes.

3 Groupes de feuilles chaque : 0.03 × 0.025... 0.00225

2 autres ch. : 0.025 × 0.02 réd. 0.00100

Couronne dé-veloppant 0.10 × 0.05 réduit... 0.00500

Petite rosace dans l'ovale.

4 Feuilles ch. : 0.015 × 0.015.. 0.00090

Boutons 0.015 × 0.015 produit. 0.00020

6 Graines à droite et à gauche à l'extérieur de cette rosace de ch. 0.015×0.015 produit........ 0.00135

4 Graines atte-nant à l'intérieur entre galbe et pi-lastre ch. 0.015 × 0.015........ 0.00090

Rosace entre plinthes 0.02 × 0.015........ 0.00030

    Ensemble de cette console............... 0.01440

L'autre console sem-blable............... 0.01440

Détail d'un pilastre :

Vase :

Bouton de couvercle 0.015 × 0.015.. 0.00020

2 Anneaux d'anse ch. 0.03 × 0.015........ 0.00090

A reporter .. 0.00110   0.33204   98.11

Reports 0.00110   0.33204   98.11

2 Feuilles inté-rieures ch. 0.025 × 0.015........ 0.00075

Garniture du fût 0.10 × 0.035. 0.00350

Celle milieu 0.10 × 0.03.... 0.00300

Embase :

4 Feuilles de tulipe ch. 0.05 × 0.025........ 0.00500

Au dessous.

4 Rosaces car-mées ch. 0.025 × 0.025........ 0.00250

Ensemble du pilastre... 0.01585

L'autre pilastre sembla-ble produit............. 0.01585

    Ensemble........... 0.36374

Plus-value de 20 0/0 pour dorure exécutée à l'extérieur............. 0.07275

    Surface............ 0.43699

× 50.02 le mètre................. 21.83

Pour l'exécution de ce travail à l'intempérie. — Location de bâche y compris double transport, pose et dépose à la demande du travail, prix moyen comprenant toute plus-value. 5.00

    TOTAL de ce balcon......... **124.94**

Mesurage d'une devanture de boutique en fer à usage de boucherie (*fig.* 300).

447. Dorure à l'or jaune au titre de 0.925 les mille feuilles sur apprêt suivant : époussetage, glaisage, mixtionnage et do-rure, vernis sœhnée une couche, exécutée avec bannes de garantie sur parties sculp-tées.

Détail d'un caisson renfermant la grille de fermeture.

Pilastre du haut.

15 Denticules ch. 0.025 × 0.03 produit......... 0.01125

Grand cadre milieu.

92 Pourtours d'óves ch. : 0.06 × 0.015........ 0.08280

92 Raies de cœur entre les cônes ch. 0.03 × 0.02 réduit................. 0.05520

Une rosace d'angle com-posée de :

A reporter......... 0.14025

Fig. 300.

Report............ 0.14925
6 Côtes ch. 0.02
× 0.015....... 0.00018
Boulon milieu
0.015 × 0.015.. 0.00020
    Ensemble....... 0.00200
3 autres rosaces sem-
blables chaque 0.0200.... 0.00600

*Petit cadre
du bas.*

40 pourtours d'oves
chaque 0.06 × 0.015..... 0.03600
40 Raies de cœur entre
deux chaque 0.03 × 0.02
produit....,............. 0.02400
4 Rosaces d'angles *idem,*
celle détaillée précédem-
ment chaque 0.00200..... 0.00800

Ensemble du caisson. 0.22525
1 autre caisson sem-
blable produit.......... 0.22525
Chambranle encadrant
la grande baie.

A reporter........ 0.45050

Sciences générales.

Report............ 0.45050
*Détail d'une ove orne-
mentée, composée de :*

2 Feuilles bas-
ses chaque 0.02
× 0.015........ 0.00060
2 Feuilles au
dessus chaque
0.015 × 0.015.. 0.00045
Dard 0.02
× 0.015........ 0.00030
    Ensemble.......... 0.00135
147 oves ornementées
semblables ch. 0.00135
ensemble.............. 0.19845

*Détail d'un motif d'en-
tre-deux, composé de :*

2 Côtes de culot
ch. 0.015×0.015 0.00045
Milieu 0.020
× 0.015 .... 0.00030
Dard 0.02
× 0.015........ 0.00030
    Ensemble.......... 0.00105

A reporter... 0.65135

Report............ 0.65135

145 autres motifs d'entre-deux semblables chaque 0.00105 ensemble........ 0.15225

Dans les angles circu-laires.

6 Majuscules cb. 0.15 développées × 0.10 p.... 0.09000

Traverse d'imposte.

84 Motifs chaque 0.05 × 0.06 produit.......... 0.25200

90 Entre-deux chaque × 0.005 .... 0.06750

Quadrilles d'imposte.

Détail d'un :
4 Fleurettes ch. 0.025×0.015 0.00150
Bouton milieu 0.015×0.02 ... 0.00030
　　Ensemble 0.00180
155 autres quadrilles semblables ch. 0.00180... 0.27900

Détail d'un petit pan-neau de caisson milieu :

Motif sculpté par le haut compte en plein 0.40×0.20 produit................ 0.08000

Pilastre au dessous :
4 Denticules chaque 0.025 × 0.02............ 0.00200

Sur cadres au dessous :
460 Perles chaque 0.015 × 0.015 .... 0.10350

460 Liens d'entre-deux chaque 0.015 × 0.015.... 0.10350

Sur panneaux de la porte milieu roseau com-posée de :
8 Côtes chaque 0.02 × 0.015 ... 0.00240
Bouton 0.015 × 0.015........ 0.00002
　　Ensemble.......... 0.00242

7 Autres rosaces sem-blables chaque 0.00242... 0.01694

Rosaces centrales :
16 Côtes chaque, soit 32 de 0.06 × 0.025.......... 0.04800

2 Boutons chaque 0.08 × 0.08 .... 0.01240

Détail d'un quadrille de soubassement :
4 Fleurettes ch. 0.025×0.015 0.00150

A reporter........ 1.86266

Report.......... 1.86266

Bouton 0.015 × 0.015 ...... 0.00020
　　Ensemble 0.00170
191 Quadrilles sembla-bles chaque 0.00170...... 0.32470

Marquise le lambre-quin ;

Détail d'un motif en zinc estampé par le haut :
1 Huit dévelop-pant 0.12×0.015 produit........ 0.00180

2 Ailettes à droite et à gau-che chaque 0.05 × 0.02 produit. 0.00200

Culot au des-sus composé de :
3 Graines cb. 0.02 × 0.015... 0.00090

Entre-deux de motif.
2 Crossettes à volutes chaque 0.06 × 0.015 ... 0.00180

Au milieu.
1 Petite graine 0.015 × 0.015... 0.00020

3 Autres au dessus chaque 0.02 × 0.015... 0.00090

Au dessous :
4 Pirouettes ch. 0.04 × 0.02. 0.00320

Au dessous :
4 Crossettes ch. 0.05×0.015. 0.00300

1 Écusson 0.04 × 0.015........ 0.00060

Pendantif :
Tête milieu 0.15 ×0.10. 0.01500

2 Volutes ch. : 0.05 × 0.015 ... 0.00150

2 Parties d'enca-drement droites ch. 0.15 × 0.015 produit 0.00450

Partie milieu entrée par le bas 0.10 × 0.015 ... 0.00150

Au dessous :
5 Graines ch. : 0.015 × 0.015.. 0.00113

A reporter.. 0.03803　2.18906

Report... 0.03803 2.18906

Attache 0.015 × 0.015........ 0.00020

2 Crossettes ch. 0.05 × 0.015. 0.00150

Rosette d'entre-deux développant une circonfér. de 0.16 × 0.015... 0.00240

Motif au dessus.

4 Feuilles ch. : 0.015 × 0.015.. 0.00090

Motif au dessous.

1 Tige 0.10 × 0.015 .... 0.00150

3 Graines ch. : 0.015 × 0.015.. 0.00068

Ensemble d'un motif en zinc estampé.... 0.04521

37 autres motifs semblables chaque ensemble 0.04521 .... 1.67277

Les 2 balustres d'angles pour chacune 2 motifs, soit ensemble 4 de ch. 0.04521. 0.18084

Surface 4.08788

à 47ᶠ,20 le mètre................. 192.95

Plus-value pour emploi de bannes pour cette dorure d'après le n° 54 de la série 20 0/0.................. 38.59

Dorure sur mêmes apprêts, mais sur parties unies :

Un grand panneau de caissons de fermeture.

Pilastre du haut.

3 Traverses chaque 0.70 développé et réduit.... 2.10

Sous les denticules.

2 fois 0.60 ensemble 1.20

Grand panneau ensuite.

Listel extérieur du cours d'oves.

2 Montants chaque 2.25...... 4.50

2 Traverses chaque 0.60 ...... 1.20

4 Angles circulaires ch. 0.15.... 0.60

Listel intérieur du panneau.

A reporter. 9.60   231.54

Report..... 9.60   231.54

2 Montants ch. 1.90 ensemble. 3.80

2 Traverses chaque 0.25 ...... 0.50

4 Angles circulaires ch. 0.10.... 0.40

Baguette bordant l'intérieur du cours d'oves.

2 fois 2.00...... 4.00

2 » 0.40...... 0.80

4 Angles circulaires ch. 0.10 .... 0.40

Cimaise entre les deux cadres.

4 Corps de moulures, ch. 0.60.... 2.40

8 Retours chaque 0.03 réduit 0.24

Petit cadre au dessous.

Listel extérieur du cours d'oves.

2 Montants chaque 0.60 ...... 1.20

2 Traverses chaque 0.60 ...... 1.20

4 Angles circulaires ch. 0.15.... 0.60

Baguette bordant l'intérieur du cours d'oves......

2 fois 0.40...... 0.80

2 » 0.40...... 0.80

4 Ongles circulaires ch. 0.10.... 0.40

Listel intérieur du panneau.

2 Montants chaque 0.25 ...... 0.50

2 Traverses chaque 0.22 ...... 0.44

4 Angles circulaires ch. 0.10.... 0.40

                                28.48

Plinthe de 0.70. 0.70

Ensemble 29.18

× 0.015 produit......... 0.43770

L'autre panneau de caisson de fermeture semblable à celui ci-dessus détaillé produit........... 0.43770

Ébrasement de baie de la devanture.

Listel extérieur du chambranle.

A reporter........ 0.87540   231.54

Report............	0.87540	231.54
2 Montants chaque 300		
ensemble........	6.00	
1 Traverse de		
5.70	5.70	
8 Côtés de tri-		
angles chaque 0.50.	4.00	
6 Angles circu-		
laires chaque 0.70.	4.20	
Ensemble....	19.90	
× 0.02 produit.........		0.39800

Boudin intérieur du chambraule.

2 Montants		
chaque 3.00	6.00	
3 Traverses		
chaque 1.25	3.75	
6 Angles circu-		
laires chaque 0.55.	3.30	
Ensemble....	13.05	
× 0.02 produit.........		0.26100

Listel d'imposte.

3 fois 1.60 ensemble 4.80		
× 0.02 produit..........		0.09600

Baguettes au dessous.

3 fois 1.60 ensemble 4.80		
× 0.015 produit.........		0.07200

Petits panneaux de caissons milieu, ensemble pilastres.

6 fois 0.20 développé et		
réduit	1.20	

Listels des cadres.

4 Montants.		
chaque 1.30	5.20	
4 autres ch. 0.70.	2.80	
8 Traverses		
chaque 0.20	1.60	
16 Angles circu-		
laires chaque 0.05.	0.80	

Cimaises entre les deux panneaux.

8 fois 0.20 déve-		
loppé et réduit....	1.60	

Plinthes.

2 fois 0.25 ens..	0.50	

Listels extérieurs des petits panneaux.

4 Montants cha-		
que 2.95.........	11.80	
Ensemble....	25.50	
× 0.015 produit.........		0.38250

Panneaux de soubassement de devanture.

A reporter........	2.08490	231.54

Report............	2.08490	231.54
768 Travaux de		
quadrille chaque		
0.05 = ...	38.40	
× 0.015...............		0.57600

Quadrilles d'impostes.

624 Traverses		
ch. 0.05 ensemble.	31.20	
× 0.015 produit........		0.46800

Plinthes de soubassement.

2 chaque 1.70		
ensemble........	3.40	
× 0.015		0.05100

Fermeture d'hiver, petits bois en fer.

12 Montants		
chaque 1.75......	21.00	
12 Traverses		
chaque 0.30......	3.60	
24 Angles		
chaque 0.15......	3.60	

Porte du milieu.

4 Montants		
chaque 1.75......	7.00	
4 Traverses		
chaque 0.50......	2.00	
8 Angles		
chaque 0.15......	3.60	

Cadres du soubassement de la porte.

4 Montants		
chaque 0.55......	2.20	
4 Traverses		
chaque 0.50......	2.00	
8 Angles		
chaque 0.15......	1.20	
Ensemble....	46.20	
× 0.015 produit........		0.69300

Listels intérieurs des deux cadres du soubassement de la porte, milieu à deux vantaux.

4 Montants		
chaque 0.40......	1.60	
4 Traverses		
chaque 0.30......	1.20	
8 Angles circu-		
laires chaque 0.15.	1.20	
Battement milieu		
de la porte.......	2.95	
Ensemble....	6.95	
× 0.015 produit........		0.10430

A reporter........	3.97720	231.54

Report............ 3.97720   231.54
Tableau de devanture au dessus de l'Architrave moulures 4 montants chaque 0.70...... 2.80
4 Traverses chaque 7.10...... 28.10

Ensemble.... 31.20
$\times$ 0.015 produit........ 0.46800
Dans les ornements de la marquise.
3 Listels de chaque 15.00 y compris les retours ensemble 45.00 $\times$ 0.02 prod. 0.90000

Ensemble....... 5.34520
A 34^r,25 le mètre.............. 183.07
Plus-value pour dorure faite avec emploi de bannes, 20 0/0......... 36.61
Pour l'exécution de ce travail.
Location de bannes, pendant trois mois (minimum) 1 de 500 $\times$ 10.00 produit.................. 50.00
A 0^r,30 le mètre (série Maçonnerie n° 458)..................... 15.00
Plus-value pour le double transport, la pose et la dépose 10 0/0 (série Dorure n° 54)............... 1.50

Total de cette devanture. **467^r,72**

Métrage de différents chapiteaux de pilastres en pierre de taille non peinte, pour palais ou églises (*fig.* 301).

Chapiteau renaissance.

448. Dorure à l'huile sur apprêts suivants :
Epoussetage, une couche de silicate de

Fig. 301.

pierre pour faire un fond en rechampissage à jour d'ornements, vernis gomme laque,

deux couches, couche de mixtion. Dorure et vernis Sœhnée, une couche sur matage.

Sur parties unies. Détail d'une face.

Quart de rond supérieur de 140 en 2 sens $\times$ 0.05 produit................. 0.07000
Carré au-dessous 1.20 $\times$ 0.015 p.............. 0.01800
2 arêtes chaque 0.15 $\times$ 0.015 .... 0.00450
10 nervures intérieures chaque 0.40 $\times$ 0.015..... 0.01500
10 têtes de nervures chaque 0.04 réduites $\times$ 0.015 .... 0.00600
Ligne d'architrave de 1.00 $\times$ 0.015 p. 0.01500
Travée d'astragale au-dessous :
2 traverses chaque 0.40 ensemble 0.80
2 autres chaque 0.20 ensemble.. 0.40

Longueur.. 1.20
$\times$ 0.025 produit........ 0.03000
Nervures de volutes.
2 développant chaque 0.60.... 1.20
2 autres chaque 0.30....... 0.60

Longueur.. 1.80
$\times$ 0.03 réduites 0.05400
2 points de volutes chaque 0.05 $\times$ 0.05 y compris épaisseur des revers.... 0.00500
Embase de motif, milieu de la face.
1 doucine développant 0.15 $\times$ 0.045........... 0.00675
1 carré développant 0.25 $\times$ 0.015 .... 0.00375
1 Plinthe développant 0.35 $\times$ 0.035 .... 0.01225
Gros boudin de base du pilastre pour un quart développant 0.80 $\times$ 0.05 ... 0.04500
Listel au-dessous 0.80 $\times$ 0.025 .... 0.02000

Surface unie 0.30525
à 53^r,45 le mètre 16.32
Dorure *idem* sur parties sculptées, sur mêmes apprêts.

A reporter.............   16.32

Report................... 16.32

Rinceaux extérieurs formant réunion des deux volutes.

2 fois 0.15 × 0.04 produit.................... 0.01200

2 boules milieu chaque 0.045 × 0.045........... 0.00405

2 *Acanthes sous volute.*

Détail d'une :

1 feuille de revers 0.045 × 0.03........ 0.00135

1 autre à côté 0.035 × 0.03... 0.00105

1 autre en descendant développant 0.10 × 0.03 réduit........ 0.00300

1 autre 0.25 × 0.25 p...... 0.00625

1 autre 0.20 × 0.025 p..... 0.00500

Nervures intérieures en remontant :

2 chaque 0.15 × 0.015 p..... 0.00450

2 chaque 0.25 × 0.015....... 0.00750

1 de 0.30 × 0.015....... 0.00450

Celle rejoignant la volute 0.35 × 0.15.... 0.00525

Ensemble....... 0.03840

1 autre acanthe semblable produit.......... 0.03840

Motif milieu.

Panse 0.08 × 0.06 produit.................... 0.00480

2 rinceaux à droite et à gauche chaque 0 50 × 0.025 0.02500

Par le haut :

2 feuilles pleines chaque 0.20 × 0.075 réduit...... 0.03000

2 autres chaque 0.15 × 0.06............... 0.01800

2 autres chaque 0.20 × 0.08............... 0.03200

Par le bas :

2 points de volute ch. 0.02 × 0.02............ 0.00080

Au-dessus de la pause :

Collerette composée de 3 parties développant ensemble 0.25 × 0.02...... 0.00500

A reporter.............. 16.32

Report................... 16.32

Bague intermédiaire 0.15 × 0.015............... 0.00225

2 crossettes à droite et à gauche chaque 0.30 × 0.065 réduits................ 0.03900

Bague au-dessus 0.06 × 0.015............... 0.00090

2 crossettes ensuite chaque 0.20 × 0.05 réduits. 0.02000

2 autres au-dessus chaque 0.30 × 0.03 réduits.. 0.01800

Au milieu :

2 tiges chaque 0.05 × 0.015............... 0.00150

Calice au-dessus 0.18 × 0.03............... 0.00540

2 feuilles extrêmes chaque 0.30 × 0.045 réduit.. 0.02700

Celle milieu 0 20 réduite × 0.15 réduite.......... 0.03000

Surface sculptée . 0.35250

à 66ʳ,90 le mètre 23.58

Ensemble pour une face.......... 39.90

3 autres faces semblables chaque 39ʳ,90......................... 119.70

Total de ce chapiteau renaissance....................... **159ʳ,60**

Fig. 302.

Chapiteau Louis XIV (*fig.* 302).

449. Parties unies : pour une face seulement.

Listel supérieur de 1.60 en 2 sens × 0.02........ 0.03200

2 arêtes galbées chaque 0.15 × 0.015............ 0.00450

Ligne d'architrave de 1.20 × 0.015............ 0.01800

Astragale au-dessous :

Listel supérieur de 1.60 × 0.025 produit........ 0.04000

A reporter........ 0.09450

Report............	0.09450
Epaisseurs de volutes :	
2 fois 0.55 ensemble 1.10	
× 0.02	0.02200
2 points de volute chaque	
0.03 × 0.03............	0.00180
Listel intérieur d'astra-	
gale.	
2 fois 0.25 × 0.02	0.01000
Encadrement du Cour	
d'oves et pirouettes.	
1 Ligne de dessus 0.60	
× 0.015	0.00900
Listel extérieur 0.60	
× 0.02	0.01200
Gros boudin de base du	
pilastre pour le quart de	
100 × 0.055 p...........	0.05550
Listel au-dessous 0.90	
× 0.03 p...............	0.02700
Surface unie	0.22180

à 53ᶠ,45 le mètre........\.......... 12ᶠ,39

Dorure sur parties sculptées.	
Sous les pans coupés d'astragale.	
2 feuilles de chaque 0.10	
× 0.08 réduit	0.01600
Motif milieu composé de :	
Feuille supérieure déve-	
loppant 0.20 × 0.025	0.00500
2 arêtes de nervures	
chaque 0.15 × 0.015.....	0.00450
Dard 0.18 × 0.015.....	0.00270
Bouton 0.025 × 0.025..	0.00063
2 feuilles à droite et à	
gauche chaque 0.14 × 0.04	
produit................	0.01120
2 feuilles d'extrémité et	
revers chaque 0.05 × 0.03.	0.00300
Rosace sous le dard	
0.025 × 0.025..........	0.00063
Trèfle au-dessous déve-	
loppant 0.10 × 0.02......	0.00200
Au-dessous :	
2 crossettes chaque 0.20	
ensemble 0.40	
× 0.025 réduit produit...	0.01000
2 volutes d'extrémité	
chaque 0.03 × 0.02......	0.00120
Trèfle milieu développant	
0.20 × 0.02............	0.00400
Oves au-dessous.	
6 nervures chaque 0.18 .	
ensemble 1.08	
× 0.025 produit........	0.02700
A reporter.............	12.39

Report................	12.39
2 tiges chaque 0.05	
× 0.015	0.00150
2 dards chaque 0.05	
× 0.025	0.00250
Au dessous :	
3 pirouettes chaque 0.10	
× 0.03	0.00900
2 godrons chaque 0.03	
× 0.03	0.00180
8 entre-deux chaque 0.03	
× 0.015	0.00360
Nervures extérieures d'accouplement des grosses volutes.	
2 cannelures supérieures	
chaque 0.18 × 0.02......	0.00720
2 boutons chaque 0.025	
× 0.025	0.00125
2 cannelures ensuite	
chaque 0.35 × 0.02......	0.01400
2 crossettes d'embases	
chaque 0.20 × 0.05 réduit.	0.02000
Aux départs des volutes intérieures.	
2 tiges chaque 0.15	
× 0.02 réduites	0.00600
2 bagues chaque 0.04	
× 0.015	0.00120
2 crossettes chaque 0.15	
× 0.025 réduit	0.00750
Feuilles tombantes.	
2 fois 0.05 × 0.02	0.00200
10 » 0.02 × 0.015	0.00300
12 » 0.015 × 0.015 ...	0.00270
4 tiges chaque 0.04	
× 0.015	0.00240
Feuilles ensuite.	
2 de 0.04 × 0.02 réduits.	0.00160
2 de 0.02 × 0.02 » .	0.00080
2 de 0.06 × 0.03 » .	0.00360
14 de 0.015 × 0.015 » .	0.00032
2 de 0.05 × 0.02 » .	0.00200
2 de 0.07 × 0.02 » .	0.00280
Surface sculptée .	0.18460

à 66ᶠ,90 le mètre	12.35
Ensemble pour une face........	24.74
3 autres faces semblables chaque 24ᶠ,74...........................	74.22
Total de ce chapiteau Louis XIV..	**98ᶠ,96**

Chapiteau Louis XV (fig. 303).

450. Ce chapiteau peut être considéré comme équivalant à celui représenté par la figure 302, quoique n'étant pas exactement semblable. Sa valeur de dorure serait donc de 98ᶠ,96

Fig. 303.

Fig. 304.

Chapiteau Composite (fig. 304).

451. Mêmes dorures sur parties unies.

Pour une seule face.

Grosse moulure quart de rond supérieur en deux sens de 1.30 × 0.07 produit...................	0.09100
Listel au dessous 1.15 × 0.015................	0.01725
2 lignes d'architrave de 1.05 chaque, ensemble 2.10 × 0.015.................	0.03150
2 autres au dessous chaque 1.05 × 0.015........	0.03150
2 nervures de volutes développant chaque 0.60 ensemble 1.20 × 0.02....	0.02400
2 points de volutes chaque 0.03 × 0.03.........	0.00180
Travée entre les ôves.	
1 listel supérieur 0.80 × 0.02..................	0.01600
1 listel inférieur 0.80 × 0.03.................	0.02400
1 ligne au dessous 0.80 × 0.015................	0.01200
Grosse moulure d'em-	
A reporter........	0.24905

Report.........	0.24905	
base pour un quart 0.90 × 0.05.................	0.04500	
Congé au dessous 0.90 × 0.015.................	0.01350	
Surface unie.....	0.30755	
à 53ᶠ,45 le mètre		16.44

Sur parties sculptées.

Sous les pans coupés au dessus de grosses volutes, deux feuilles composées de :		
2 parties chaque 0.05 × 0.015 produit........	0.00150	
2 autres chaque 0.08 × 0.02.................	0.00320	
2 autres chaque 0.05 × 0.025.................	0.00250	
Au dessous :		
A l'accouplement des deux volutes.		
2 nervures dorsales chaque 0.10 × 0.02........	0.00400	
2 boutons chaque 0.02 × 0.02.................	0.00080	
2 nervures au dessous chaque 0.10 × 0.02......	0.00400	
Grosses acanthes sous volutes.		
Détail d'une :		
Le gros revers composé de :		
1 feuille 0.03 × 0.02........	0.00060	
1 autre 0.07 × 0.035........	0.00245	
1 autre 0.03 × 0.03	0.00090	
1 nervure verticale 0.40 × 0.02 réduit ..	0.00100	
1 autre attenante 0.50 × 0.025	0.01250	
1 feuille ensuite.		
Partie haute 0.20 × 0.08 produit..........	0.01600	
Partie basse 0.30 × 0.035 produit..........	0.01050	
Ensemble	0.04395	
L'autre grosse acanthe semblable..............	0.04395	
Motif milieu sous le cours d'ôves :		
A reporter........	0.10390	16.44

Report.............	0.10390	16.44
2 revers supérieurs chaque 0.10 × 0.03 réduits.	0.00600	
Dans le bas de la nervure :		
7 graines chaque 0.015 × 0.015	0.00158	
2 autres chaque 0.025 × 0.025	0.00125	
2 montants à droite et à gauche chaque 0.45 ensemble 0.90 × 0.025 réduits	0.02250	
2 autres chaque 0.30 × 0.015	0.00900	
2 feuilles chaque 0.20 × 0.055 réduits	0.02200	
2 autres chaque 0.18 × 0.02 réduits...........	0.00720	
2 autres chaque 0.40 × 0.045 réduits...........	0.03600	
2 de 0.30 × 0.03	0.01800	
2 de 0.25 × 0.025 produit.	0.01250	
Cours d'ôves :		
6 nervures chaque 0.12 × 0.02	0.01440	
4 entre-deux chaque 0.12 × 0.015	0.00720	
4 dards chaque 0.15 × 0.015	0.00900	
4 points chaque 0.015 × 0.015	0.00090	
Rosace supérieure composée de :		
18 pétales chaque 0.03 × 0.02	0.01080	
Dans le pistil :		
9 graines chaque 0.015 × 0.015	0.00200	
6 Revers d'écosses ch. : 0.02 × 0.015........	0.00180	
Surface sculptée...	0.28603	
à 66f,90 le mètre		19.14
Ensemble pour une face...		35.58
3 autres faces semblables. à 35f,58 l'une		106.74
Total de ce chapiteau composite..		**142.32**

Métrage de trophées différents *(fig.* 305 à 308).
Celui n° 307 pris pour exemple.

452. Ces trophées peints à plat sur les murs dans certains salons sont ensuite rehaussés de dorure, il nous a paru utile d'en donner la valeur de dorure pour un exemplaire, soit :

Dorure à l'or jaune (en rehaussés artis-

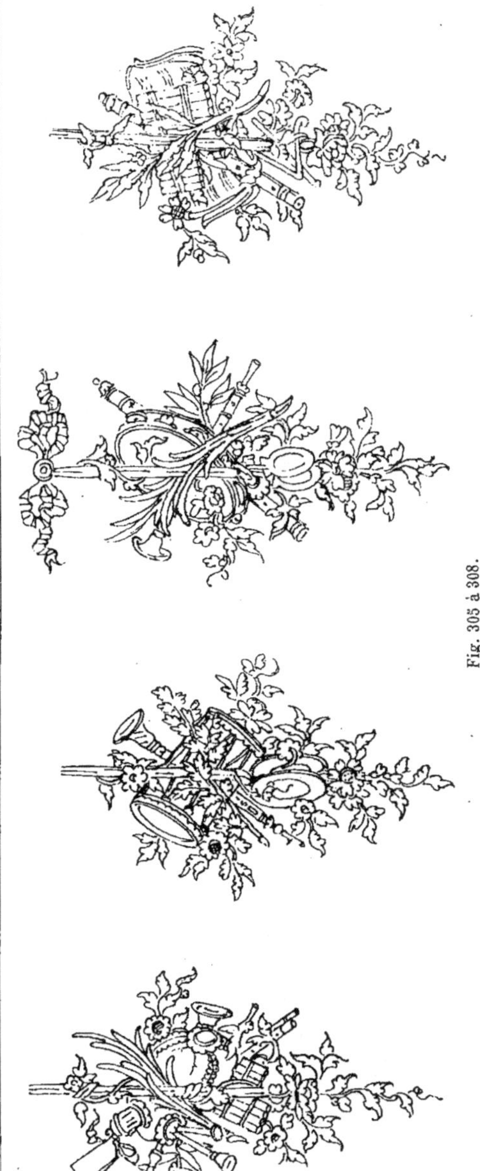

Fig. 305 à 308.

tiques), sur époussetage, mixtion et dorure considérée comme parties unies.

Rubans.
2 fois 0.30 = 0.60
× 0.025 réduits......... 0.01500
2 fois 0.10 = 0.20 × 0.02 0.00400
2 » 0.10 = 0.20 × 0.015 0.00300
2 » 0.04 = 0.08 × 0.015 0.00120
2 » 0.08 × 0.03...... 0.00480
4 Coupes d'angle chaque
0.03 × 0.015........ 0.00300
Rosace d'attache.
0.065 × 0.065....... 0.00423
Ruban descendant :
1 Partie de 0.15.. 0.15
1 de 0.20....... 0.20
1 de 0.02....... 0.02
1 de 0.06....... 0.06
1 de 0.04....... 0.04

Ensemble..... 0.47
× 0.025 réduits......... 0.01175
Première feuille au-des-
sus du tambour de basque,
composée de :
1 Partie 0.12 × 0.03 réd. 0.00360
1 autre 0.08 × 0.025 réd. 0.00020
1 Tige 0.10 × 0.15.... 0.00150
2 Petites feuilles chaque :
0.015 × 0.015....... 0.00045
3 Graines chaque :
0.015 × 0.015....... 0.00068
Au dessous dans le mi-
lieu du tambour.
1 Feuille 0.05 × 0.025.. 0.00125
1 autre 0.08 × 0.02.... 0.00160
Tambour de basque.
Rive intérieure dév. :
0.40 × 0.015........ 0.00600
Rive extérieure dév. :
0.25 × 0.015........ 0.00375
5 Cymbales chaque :
0.025 × 0.015....... 0.00075
5 Ouvertures pour le jeu
desdites chaque :
0.05 × 0.015........ 0.00375
1 Grelot 0.02 × 0.02... 0.00040
Clarinette.
Le Pavillon 0.15 × 0.015. 0.00225
Cloche dudit.
0.12 × 0.015....... 0.00180
Anneau au dessous.
0.025 × 0.02........ 0.00050
Fût 0.12 × 0.02....... 0.00240
Collerette 0.045 × 0.02. 0.00090
Anche 0.06 × 0.015.... 0.00090

A reporter........ 0.07966

Report............ 0.07966
Palme traversant le tam-
bour en commençant par
en haut :
1 Feuille de 0.16. 0.16
1 autre de 0.12... 0.12
1 » 0.04... 0.04
1 » 0.18... 0.18
1 » 0.14... 0.14
1 » 0.06... 0.06
1 » 0.20... 0.20
1 » 0.15... 0.15
1 » 0.30... 0.30
1 » 0.25... 0.25

Ensemble... 1.60
× 0.02 produit......... 0.03200
Coupe de branche en
sifflet 0.07 × 0.018...... 0.00126
Partie de fût entre deux
feuilles de 0.20 × 0.015.. 0.00300
Flûte.
Embouchure 0.07 × 0.03 0.00120
1 Partie au dessous.
0.04 × 0.03........ 0.00120
1 autre au dessous.
0.025 × 0.03....... 0.00075
Pavillon 0.05 × 0.03... 0.00150
1 Partie au dessus.
0.035 × 0.03........ 0.00105
Groupe de feuilles entre
les pavillons de clarinette
et flûte.
1 Feuille 0.08 × 0.02... 0.00160
1 autre 0.06 × 0.02.... 0.00120
1 de 0.05 × 0.02....... 0.00100
2 de 0.015 × 0.015..... 0.00045
1 de 0.03 × 0.02....... 0.00060
Tige 0.10 × 0.015...... 0.00150
1 Fleur composée de :
6 Pétales chaque :
0.015 × 0.015....... 0.00135
Pistil 0.015 × 0.015.... 0.00020
1 Tige 0.05 × 0.015.... 0.00075
1 Fleur ensuite.
8 Pétales chaque :
0.015 × 0.015....... 0.00180
3 Graines milieu ch. :
0.015 × 0.015....... 0.00068
3 Feuilles au dessus ch. :
0.015 × 0.015....... 0.00068
1 Tige développant :
0.05 × 0.015........ 0.00075
Branche de laurier pa-
rallèle 0.08 × 0.015...... 0.00120
2 Graines chaque :
0.015 × 0.015....... 0.00045
1 Feuille 0.06 × 0.02... 0.00120
1 de 0.04 × 0.02....... 0.00080

A reporter........ 0.13783

Report............	0.13783
1 de 0.08 × 0.025 réd..	0.00200
1 de 0.07 × 0.02......	0.00140
1 de 0.055 × 0.015.....	0.00083
1 de 0.06 × 0.015......	0.00090
1 de 0.07 × 0.025......	0.00175
1 de 0.07 × 0.02.......	0.00140
Castagnettes :	
1 de 0.24 × 0.02.......	0.00480
1 de 0.22 × 0.02.......	0.00440
2 ficelles chaque 0.04 × 0.015	0.00120
Groupe de feuilles à gauche desdites :	
4 pétales ch. 0.02×0.015	0.00120
Collerette 0.06 × 0.015.	0.00090
Tige 0.05 × 0.015......	0.00075
Après les pétales et au dessous :	
1 Tige 0.05 × 0.015....	0.00075
1 Feuille 0.06 × 0.02..	0.00120
1 de 0.03 × 0.05.......	0.00150
1 de 0.015 × 0.015.....	0.00020
1 de 0.10 × 0.025......	0.00250
Groupe à droite des castagnettes :	
4 Graines chaque 0.02 × 0.02	0.00160
1 Feuille 0.05 × 0.03 ..	0.00150
1 autre 0.07 × 0.03....	0.00210
1 de 0.06 × 0.03.......	0.00180
1 tige 0.08 × 0.015....	0.00120
1 feuille 0.07 × 0.025..	0.00175
1 autre 0.08 × 0.03....	0.00240
1 de 0.07 × 0.025.....	0.00175
1 de 0.04 × 0.015......	0.00060
Groupe de fleurs et feuilles pendantes :	
1 feuille 0.05 × 0.02 ...	0.00100
12 de 0.015 × 0.015....	0.00270
Graine milieu 0.02×0.02	0.00040
4 feuilles chaque 0.045 × 0.025	0.00450
1 de 0.20 × 0.025	0.00500
1 de 0.06 × 0.03.......	0.00180
3 Tiges chaque 0.04 × 0.015	0.00180
1 feuille 0.06 × 0.04 ...	0.00240
1 feuille de 0.02 × 0.015	0.00030
1 de 0.05 × 0.035......	0.00175
4 chaque 0.05 réduites ensemble 0.20×0.02 prod.	0.00400
1 de 0.10 × 0.02	0.00200
1 de 0.08 × 0.02	0.00160
1 de 0.075×0.025 réd..	0.00188
Surface......	0.21134
à 29ᶠ,64 le mètre	6.26
A reporter................	6.26

Report.................	6.26
Plus-value pour rehaussées de mixtion faits par main d'artiste, même surface........... 0.21134	
à 35ᶠ,00 le mètre superficiel........	7.40
Total de ce trophée.......	**13.66**

Les 3 autres trophées considérés comme semblables et de même valeur.

453. Dorure à l'huile sur apprêts suivants : filets en minium une couche, dessus un filet en teinte à l'huile à une couche, ponçage, vernis gomme laque deux couches, une couche de mixtion comme filets, dorure et matage.

Parties unies :

Détail pour une face :
Linéaire de filets de minium à une couche.
Montants d'extrémités.

2 fois 1.60 ensemble	3.20
2 » 1.60 »	3.20
8 autres en allant vers le milieu chaque 1.25 = ...	10.00
8 autres de 0.75 ensemble.	6.00
4 de 0 50..............	2.00
Sur traverses droites des encadrements :	
12 de 0.75 ensemble	9.00
8 de 0.70..............	5.60
8 de 0.75..............	6.00
Sur traverses biaises :	
4 fois 1.00 ensemble....	4.00
Sur traverses droites et circulaires :	
4 fois 0.80	3.20
1/2 en plus pour parties circulaires	1.60
6 filets d'encadrement des scellements pour chaque 1.00	6.00
2 filages sur enroulements de fer chaque 2.00........	4.00
4 embases de fleurs de lys chaque 1.00.............	4.00
6 demi-cercles ch. 0.20..	1.20
112 cercles pour chaque 1.00 y compris plus-value (Nº 349 Série Peinture)....	112.00
Montants et traverses d'encadrements des cercles :	
8 fois 0.70..............	5.60
8 » 0.75..............	6.00
16 » 0.40..............	6.40
A reporter.........	199.00

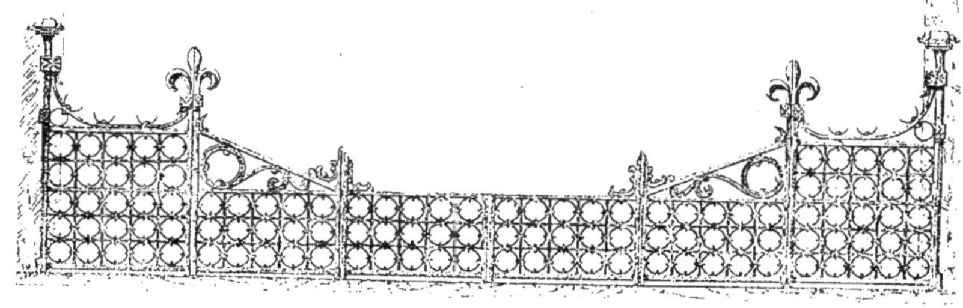

Fig. 309.

Report............	199.00	
4 » 0.70............	2.80	
4 » 0.75............	3.00	
Filage circulaire sur :		
2 grands cercles ch. 1.00.	2.00	
4 rinceaux à crossettes, développant chaque 0.65 ensemble............	2.60	
1/2 en plus pour plus-value	1.30	
10 cornières pour chacune 1.00............	10.00	
16 clous pour chaque 0.25	0.50	
448 arêtes de cercles pour chaque 0.25, estimées comme une ferrure............	112.00	
Ensemble....	333.20	
à 0f,11 le mètre............		36.65
Filet de peinture une couche sur celui de minium.		
Même longueur........ 333.20		
à 0f,11 le mètre............		36.65

Enduite, ponçage, vernis gomme laque, deux couches et dorure après mixtion comptée ci-après :

La longueur totale du filet de minium soit 333.20×0.015 prod. 5.000
à 33f,50 le mètre superficiel........ 167.50

Matage après dorure, même surface............ 5.00
à 0f,95 le mètre............ 4.75

Avant la dorure :

Filets de mixtion même longueur que les premiers comptés.. 333.20
à 0f,14 le mètre............ 46.65

Ensemble pour une face.....	292.20
L'autre face semblable.........	292.20
Total de cette grille de chœur..	**584.40**

454. *Dorure à l'eau, d'un cadre de glace (fig. 310), pris sur le bois, sur apprêts suivants. Parties unies.*

Époussetage, encollage en plein à la colle faible. Rebouchage à la colle, 2 couches de blanc en plein à la colle

Fig. 310.

double. Tiré des carrés, ponçage à sec au papier de verre, ponçage à l'eau à la ponce en pierre, dégorgement des moulures, prélage et dégraissage, une couche d'encollage, 3 couches d'assiette et dorure à l'or jaune fin au titre de 0.925 les mille feuilles.

Apprêts de **Parties sculptées**.

Epoussetage, couche d'encollage à la colle faible. Rebouchage à la colle, 2 couches de blanc en plein à la colle double, ponçage à sec au papier de verre, prèlage et dégraissage, couche d'encollage. Trois couches d'assiette et dorure. Les feuilles et oves brunies.

Listel de fronton.
2 fois 0.50 ens... 1.00
2 retours ch. 0.05   0.10

Ensemble.... 1.10
× 0.02 produit.......... 0.02200
2 Traverses d'élégies au dessous à droite et à gauche du fronton de chaque 0.25 ensemble 0.50×0.05 prod. 0.02500
Elégies de double cadre.
2 Montants chaque 2.00 ensemble.......... 4.00
× 0.03 produit.......... 0.12000
Listel du cadre extérieur.
2 Montants chaque 1.70 ensemble.......... 3.40
2 Traverses de 0.20   0.40

Ensemble.... 3.80
× 0.015 produit........ 0.05700
Doucine intérieure bordant le cours d'oves :
2 Montants ch. 1.85   3.70
2 Traverses ch. 0.40   0.80

Ensemble... 4.50
× 0.02 produit.......... 0.09000
Elégies entre perles et doucine.
2 Montants ch. 1.70   3.40
2 Traverses ch. 0.25   0.50

Ensemble ... 3.90
× 0.02 produit.......... 0.07800
4 parties de coins ronds chaque 0.10×0.04 réduites produit............... 0.01600
2 Angles chaque 0.08
× 0.03 réduits.......... 0.00480
Plinthe de 1.30×9 05 pr. 0.06500

Surface......... 0.47780
à 79ᶠ,75 le mètre 38.10

A reporter.............. 38.10

Report................. 38.10
Brunissage entre parties mates.
Listel de fronton.
2 fois 0.50....... 1.00
2 fois 0.05....... 0.10

Ensemble... 1.10
× 0.02 .... 0.02200
Listel de cadre extérieur.
2 fois 1.70 ensemb. 3.40
2 » 0.20   »   0.40

Ensemble... 3.80
× 0.015 produit........ 0.05700
Doucine intérieure bordant le cours d'oves :
2 fois 1.85....... 3.70
2 fois 0.40....... 0.80

Ensemble... 4.50
× 0.02 produit.......... 0.09000
Sur la plinthe.
2 Gorges chaque 0.05
× 0.03 produit.......... 0.00300
2 autres chaque 0.05
× 0.02 .... 0.00400
2 autres chaque 0.05
× 0.04 .... 0.00200

Surface......... 0.17800
à 20ᶠ,60 le mètre................. 3.67
Sur parties sculptées, les perles et les oves brunies.
Cadre intérieur.
Cours de perles composé de 350 perles de chaque 0.02
× 0.02 .... 0.14000
Deux rosaces composées de :
8 Pétales chaque 0.02
× 0.02 produit.......... 0.00320
2 Boutons chaque 0.02
× 0.02 produit.......... 0.00080
Cours d'oves entre listel et doucine.
200 oves de chaque 0.035
× 0.025 produit........ 0.17500
200 entredeux chaque 0.07............. 14.00
× 0.015 produit........ 0.21000
Oves de fronton.
26 oves compris ceux des retours de chaque 0.035
× 0.02 produit........ 0.01820
26 entredeux chaque 0.03
× 0.03 pour moyenne de largeur............... 0.02340
Fronton.
4 feuilles ch. 0.04×0.015   0.00240

A reporter..... 0.57300   41.77

Report.......... 0.57300   4:.77

6 feuilles ch.	0.06×0.02	0.00720
2 »	0.03×0.015	0.00009
2 »	0.035×0.015	0.00105
2 »	0.10×0.02	0.00400
6 »	0.08×0.02	0.00960
2 »	0.06×0.02	0.00240
2 »	0.06×0.015	0.00180
2 »	0.05×0.02	0.00200
2 »	0.06×0.02	0.00240
2 »	0.02×0.015	0.00006

Ecusson et tête déve-
loppant y compris les
saillies et bosses 0.60×0.40   0.24000
Feuillet de couronnement.
10 de 0.05 × 0.025 réd..   0.01250
4 de 0.04 × 0.02......   0.00320

Surface.......... 0.85930
à 72f,75 le mètre 62.51
Brunissage entre parties mates.
350 perles intérieures de chaque
0.02 × 0.02 produit...... 0.14000
8 pétales de rosaces
chaque 0.82 × 0.02...... 0.00320
2 boutons chaque 0.02
× 0.02 .... 0.00080
200 oves de cadre chaque
0.035 × 0.025 .... 0.17500
26 oves de fronton chaque
0.03 × 0.03 .... 0.02340
Feuilles de fronton.

4 chaque	0.04×0.015...	0.00240
6 »	0.06×0.02 ...	0.00720
2 »	0.03×0.015...	0.00090
2 »	0.035×0.015...	0.00105
2 »	0.10×0.02 ...	0.00400
6 »	0.08×0.02 ...	0.00960
2 »	0.06×0.02 ...	0.00240
2 »	0.06×0.015...	0.00180
2 »	0.05×0.02 ...	0.00240
5 »	0.06×0.02 ...	0.00240
2 »	0.02×0 015...	0.00060

Feuilles de couronnement.
10 de 0.05×0.025 réduit 0.01250
4 de 0.04×0.02...... 0.00320

Surface.......... 0.39285
à 38f,60 le mètre................   15.17

Total de la dorure de ce cadre... **119.45**

455. *Dorure à l'eau* d'un cadre de
glace pris sur le blanc, c'est-à-dire le
cadre en bois étant apprêté par le fabricant sur apprêts suivants :

Parties unies.

Epoussetage, rebouchage à la colle,
tiré des carrés, ponçage à sec au papier
de verre, ponçage à l'eau à la ponce en
pierre, dégorgement des moulures, prèlage et dégraissage, couche d'encollage en
rechampissage de parties à dorer, trois
couches d'assiette et dorure à l'or fin
comme précédent.

Apprêts de Parties soulptées.

Epoussetage, rebouchage à la colle,
ponçage à sec au papier de verre, prèlage
et dégraissage, adoucissage au bâton et
à la prêle, 1 couche d'encollage, 3 couches
d'assiette et dorure.

Les listels et les ôves, feuilles brunies,
sur le surplus, mâtage.

Détail des parties unies.
Petit listel extérieur de cadre.

2 fois 0.05	0.10
2 » 0.10.......	0.20
2 » 0.30.......	0.60
2 » 1.70.......	3.40
1 » 1.50.......	1.50

Ensemble.... 5.80
× 0.015 .... 0.08700
Gorge ensuite :

4 fois 0.05.......	0.20
2 » 0.10.......	0.20
2 » 0.25.......	0.50
2 » 1.70.......	3.40
1 » 1.50.......	1.50

Ensemble.... 5.80
× 0.03 produit.......... 0.17400
Listel encadrant les oves :

2 montants chaque 1.90.......	3.80
1 traverse de 1.50	1.50
2 traverses de 0.25	0.50
2 cintres ch. 0.05.	0.10
2 parties ch. 0.05.	0.10
2 autres ch. 0.05.	0.10
2 ressauts ch. 0.05	0.10

Ensemble.... 6.20
× 0.02 produit.......... 0.12400
Doucine intérieure des
oves :

2 montants chaque 1.75.......	3.50
1 traverse de 1.35.	1.35
2 ressauts ch. 0.15	0.30
2 cintres ch. 0.40.	0.80

Ensemble.... 5.95
× 0.025 produit.......... 0.14875
A reporter...... 0.53375

Report..........		0.53375		
Carré sur perles :				
2 montants				
chaque 1.70.......	3.40			
1 traverse de 1.30.	1.30			
2 » de 0.15.	0.30			
2 cintres ch. 0.40.	0.80			
Ensemble....	5.80			
× 0.015 produit........		0.08700		
Elégies entre boudin et				
doucine :				
2 montants				
chaque 1.70.......	3.40			
1 traverse de 0.20	0.20			
1 » de 0.20	0.20			
1 » de 1.30	1.30			
2 cintres ch. 0.30	0.60			
Ensemble....	5.70			
× 0.025 produit........		0.14250		
2 listels sur consoles dé-				
veloppant chaque 0.50				
× 0.02 produit..........		0.02000		
Ensemble..........		0.78325		
à 78f,60 le mètre................			61.56	
Brunissage entre parties mates.				
Listel des oves :				
2 fois 1.90 ensemb.	3.80			
1 » 1.50........	1.50			
2 » 0.25........	0.50			
2 cintres ch. 0.05.	0.10			
2 parties ch. 0.05.	0.10			
2 ressauts ch. 0.05	0.10			
Ensemble....	6.10			
× 0.02 produit..........		0.12200		
Doucine des oves :				
2 fois 1.75 ensemb.	3.50			
1 » 1.35........	1.35			
2 » 0.15........	0.30			
2 cintres ch. 0.40.	0.80			
Ensemble....	5.95			
× 0.025 produit........		0.14875		
Carré sur perles :				
2 fois 1.70 ensemb.	3.40			
1 » 1.30........	1.30			
2 » 0.15........	0.30			
2 cintres ch. 0.40.	0.80			
Ensemble....	5.80			
× 0.015 produit........		0.08700		
Surface........		0.35775		
à 20f,60 le mètre................			7.36	
La surface to-				
tale dorée est de	0.78325			
A déduire les				
parties brunies.	0.35975			
Reste......	0.42350			
A reporter.............			68.92	

Report...................		68.92	
Ce surplus maté à 0f,95 le mètre..		0.40	
Dorure sur *parties sculptées* les feuilles et bordures d'agrafes brunies, le surplus maté.			
Dans l'intérieur du cadre, cours de perles composé de :			
450 perles chaque 0.02			
× 0.02 produit..........	0.18000		
76 Oves chaque 0.05			
× 0.035 réduit..........	0.13300		
76 entredeux chaque 0.04			
× 0.05	0.15200		
76 Culots chaque 0.02			
× 0.02................	0.03040		
Consoles extérieures du cadre :			
2 feuilles ch. 0.05×0.015	0.00150		
2 » » 0.05×0.02.	0.00200		
2 » » 0.04×0.025	0.00200		
2 » » 0.03×0.015	0.00090		
2 » » 0.02×0.015	0.00060		
2 crossettes chaque 0.03			
× 0.02................	0.00120		
Au dessous :			
2 pendentifs chaque 0.08			
× 0.02 réduits..........	0.00320		
Pendentifs intérieurs :			
2 rosettes d'attaches			
chaque 0.08 × 0.04......	0.00640		
Au dessous :			
2 feuilles ch. 0.04×0.025	0.00200		
2 » » 0.06×0.02.	0.00240		
2 » » 0.06×0.04.	0.00480		
16 graines ch. 0.015 0.015	0.00360		
2 feuilles extrêmes			
chaque 0.05×0.03 réduit..	0.00300		
Deux agrafes aux extré- mités du fronton :			
4 nervures extérieures			
chaque 0.20 ensemble 0.80			
× 0.015	0.01200		
4 points de volutes			
chaque 0.015×0.015	0.00090		
4 crossettes chaque 0.05			
× 0.015	0.00300		
2 coquilles au bas des			
nervures ch. 0.06×0.05...	0.00600		
Au milieu :			
2 godrons ch. 0.03×0.03	0.00180		
2 cerces ch. 0.04×0.015	0.00120		
2 coquilles supérieures			
chaque 0.10 × 0.08 pour moyenne...............	0.01600		
2 Côtés de fronton.			
2 rubans chaque 0.25			
× 0.04................	0.02000		
A reporter.....	0.58990	69.32	

Report........	0.58990	69.32
4 pointes de rubans chaque 0.04 × 0.015.....	0.00240	
2 feuilles ch. 0.06×0.03.	0.00360	
4 » » 0.04×0.02.	0.00320	
4 » » 0.10×0.03.	0.01200	
8 » » 0.05×0.02.	0.00800	
4 » » 0.08×0.03.	0.00960	
2 » » 0.15×0.02.	0.00600	
6 » » 0.04 × 0.02 réduits	0.00480	
14 feuilles chaque 0.05 réduit × 0.03	0.02100	
Fronton 0.50 développé × 0.45 développé........	0.22500	
Surface	0.85550	
à 78f,20 le mètre		66.90
Brunissage entre parties mates.		
450 perles ch. 0.02×0.02	0.18000	
76 oves ch. 0.05×0.035.	0.13300	
Consoles de cadre :		
2 feuilles ch. 0.05×0.015	0.00150	
2 » » 0.05×0.02.	0.00200	
2 » » 0.04×0.025	0.00200	
2 » » 0.03×0.015	0.00090	
2 » » 0.02×0.015	0.00060	
2 crossettes chaque 0.03 × 0.02......	0.00120	
2 pendentifs chaque 0.08 × 0.02......	0.00320	
Pendentifs intérieurs : 2 feuilles ch. 0.04×0.025	0.00200	
A reporter.....	0.32640	136.22

Report........	0.32640	136.32
2 » » 0.06×0.02.	0.00240	
2 » » 0.06×0.04.	0.00480	
16 graines chaque 0.015 × 0.015	0.00360	
2 feuilles extrêmes chaque 0.05×0.03 réduit.	0.00300	
2 godrons d'agrafes de fronton chaque 0.03×0.03.	0.00180	
2 cerces 0.04×0.015...	0.00120	
4 nervures extérieures chaque 0.20 × 0.015	0.01200	
4 points ch. 0.015×0.015	0.00090	
Côtés de fronton :		
2 rubans ch. 0.25×0.04.	0.00200	
4 pointes ch. 0.04×0.015	0.00240	
2 feuilles ch. 0.06×0.03.	0.00360	
4 » » 0.04×0.02.	0.00320	
4 » » 0.10×0.03.	0.01200	
8 » » 0.05×0.02.	0.00800	
4 » » 0.08×0.03.	0.00960	
2 » » 0.15×0.02.	0.00600	
6 » » 0.04×0.02.	0.00480	
14 » » 0.05×0.03.	0.02100	
Surface.........	0.42870	
à 38f,60 le mètre		14.11
Surface sculptée, dorée, produit................	0.85550	
Mêmes parties brunies, produit................	0.42870	
Reste...........	0.42680	
Matage à 1f,20 le mètre.........		0.63
Total de la dorure de ce cadre..		**150.96**

SCUPTURE D'ORNEMENT EN CARTON-PIERRE, PLATRE ET STAFF

Prix élémentaires.

456. Heure de mouleur en plâtre 1f,80 (N° 1, Série centrale).

Heure de cartonnier, estampeur ou poseur 1f,35 (N° 2).

Chaque ouvrier devra être muni des outils de sa profession, conformément à l'usage (Observation N° 3).

Matériaux.

Tous les matériaux comprennent le transport à pied d'œuvre			(N° 4)
Colle forte suivant la qualité.	Vaut le kilog.	0f,90 à 1f,25	(N° 5)
Colle de peau double.	»	0f,25	(N° 6)
Craie pulvérisée.	Vaut les 100 kilog.	6,50	(N° 7)
Étoupe.	Le kilog.	0 ,90	(N° 8)
Fils de zinc suivant la grosseur.	Le kilog. de	3f,00 à 3f,60	(N° 9)
Gélatine suivant la qualité.	»	2 ,25 à 2 ,75	(N° 10)

Huile cuite spéciale pour mouleurs.	Le kilog.	2ʳ,00	(Nº 11)
Papier de soie.	»	0 ,90	(Nº 12)
Papier d'orangers.	»	0 ,70	(Nº 13)
Papier roux.	»	0 ,40	(Nº 14)
Plâtre fin de mouleurs.	Les 100 kilog.	6 ,00	(Nº 15)

Pointes en fer, le paquet de 5 kilog. :

de longueur	0.018	les 5 kilog.	6ʳ,75	(Nº 16)
de »	0.027	»	6 ,00	(Nº 17)
de »	0.035	»	5 ,85	(Nº 18)
de »	0.040	»	5 ,75	(Nº 19)
de »	0.055	»	5 ,00	(Nº 20)

Pointes en zinc les 5 kilog.

de longueur	0.018	»	8 ,60	(Nº 21)
de »	0.027	»	7 ,30	(Nº 22)
de »	0.035	»	6 ,40	(Nº 23)
de »	0.040	»	6 ,30	(Nº 24)
de »	0.055	»	6 ,15	(Nº 25)

Savon vert.	Le kilog.	0 ,60	(Nº 26)
Soufre en canon.	»	0 ,35	(Nº 27)
Talc de Venise.	»	0 ,15	(Nº 28)

Toile écrue pour le staff. La pièce de 75 mètres vaut 35ʳ,00 (Nº 29)

Zinc par bottes de 5 kilog. :

Marque PP.	Les 5 kilog.	15ʳ,50	(Nº 30)
» P	»	13 ,50	(Nº 31)
» Nº 1.	»	12 ,50	(Nº 32)
» Nº 2.	»	10 ,75	(Nº 33)
» Nº 3.	»	7 ,50	(Nº 34)

Prix composés.

457. *Observation générale.* — Les prix de règlement ci-après, établis pour les travaux particuliers exécutés dans Paris, sont composés :

1º Des déboursés pour la main-d'œuvre et les fournitures ;

2º Des faux frais calculés sur la main-d'œuvre seulement ;

3º Des bénéfices appliqués aux prix de la main-d'œuvre et des fournitures et aux faux frais.

Pour la sculpture d'ornements.

Les faux frais sont fixés à 20 0/0, y compris les risques d'accidents (Loi du 9 avril 1898).

Le bénéfice à 10 0/0.

Prix de règlement.

458. Tous les prix suivants s'appliquent à des travaux faits avec des *matériaux de la meilleure qualité dans l'espèce indiquée et avec toute la perfection possible d'exécution ;* ils comprennent le nettoyage et l'enlèvement de tous résidus provenant du travail exécuté.

Heure de jour de mouleur en plâtre 1ʳ,70 (Nº 35).

Heure de jour de cartonnier-estampeur ou poseur 1ʳ,65 (Nº 36).

Les prix des salaires varient avec la valeur de l'ouvrier, les prix portés à la présente Série sont des prix moyens ayant servi de base pour l'établissement des sous-détails (Nº 37).

Aucun travail ne pourra être exécuté à la journée que sur un ordre écrit, et, dans ce cas, des attachements journaliers constateront le temps passé, et les travaux auxquels il aura été employé, l'entrepreneur devra dresser ses attachements et les faire connaître en temps utile (Nº 38).

Heures supplémentaires. — Les heures supplémentaires jusqu'à 8 heures du soir seront payées le même prix que les heures de jour (Nº 39).

Heures de nuit. — Les heures de nuit commenceront à huit heures du soir et finiront à six heures du matin ; à défaut de conventions particulières, les heures de nuit seront payées le double des heures de jour (N° 40).

Travaux faits à la lumière.

En outre des stipulations qui précèdent, il ne sera accordé d'autres plus-values que celle relative aux fournitures d'éclairage déboursées par l'entrepreneur (N° 41).

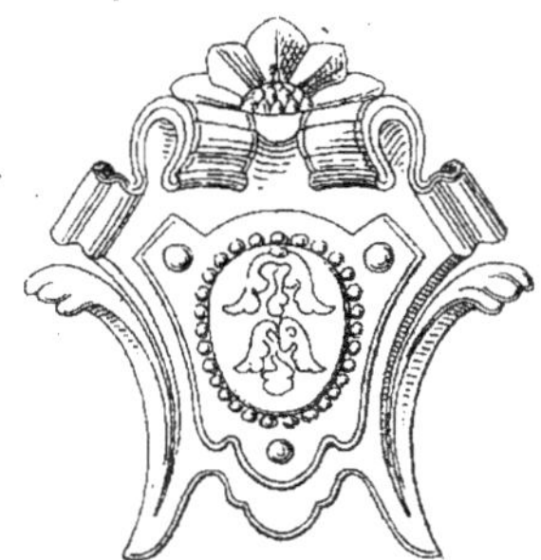

Fig. 311. — Agrafe simple.

Matériaux.

Les prix de règlement pour fourniture seulement sont composés des prix de déboursés augmentés du bénéfice de 10 0/0 (Observation N° 42).

Nota : Tous les prix qui vont suivre sont établis pour les ornements qui se trouvent le plus ordinairement dans le commerce (N° 43).

Ornements en carton-pierre.

Les ornements composant la série complète des travaux à exécuter ont besoin d'être connus pour en faire le métré ; en conséquence nous donnons ci-dessous (*fig.* 311 à 379) les différents genres prévus par la Série. Cela permettra d'établir les

Fig. 312. — Agrafe riche.

mémoires de travaux d'ornements avec des données aussi précises que possible.

459. *Agrafe simple* (*fig.* 311), pour cadre de glace ou de panneau de distribution de 0.20 de large. Vaut la pièce 4ᶠ,10 (N° 44).

Agrafe riche (*fig.* 312), pour mêmes objets avec branches, feuillages, chutes ou rinceaux. La pièce 7ᶠ,40 (N° 45).

Angles de corniches.

A feuilles simples, acanthe ou autres.

Les mesures prises suivant la hauteur de la côte.

de	0.15	de hauteur	vaut la pièce	1ᶠ,40	(N° 46)
de	0.20	»	»	2 ,05	(N° 47)
de	0.25	»	»	2 ,55	(N° 48)
de	0.30	»	»	3 ,05	(N° 49)
de	0.35	»	»	4 ,00	(N° 50)
de	0.40	»	»	5 ,10	(N° 51)
de	0.50	»	»	6 ,10	(N° 52)

Angles de corniches.

A feuilles riches ou cartouches (*fig.* 313 et 314).

Posés dans l'angle des gorges et accompagnés de rinceaux, de brindilles, de feuillages, etc.

de 0.12 de dév. de la gorge et	1.00	d'ensemble du motif, vaut	4ᶠ,10	(N° 53)
de 0.15	»	»	1.10	»	»	4 ,60	(N° 54)
de 0.18	»	»	1.20	»	»	5 ,60	(N° 55)
de 0.22	»	»	1.50	»	»	6 ,60	(N° 56)
de 0.25	»	»	1.60	»	»	8 ,15	(N° 57)
de 0.30	»	»	2.00	»	»	10 ,20	(N° 58)
de 0.35	»	»	2.20	»	»	13 ,25	(N° 59)
de 0.40	»	»	2.80	»	»	16 ,85	(N° 60)

Fig. 313 et 314. — Angles de corniche à quadrilles et à rinceaux.

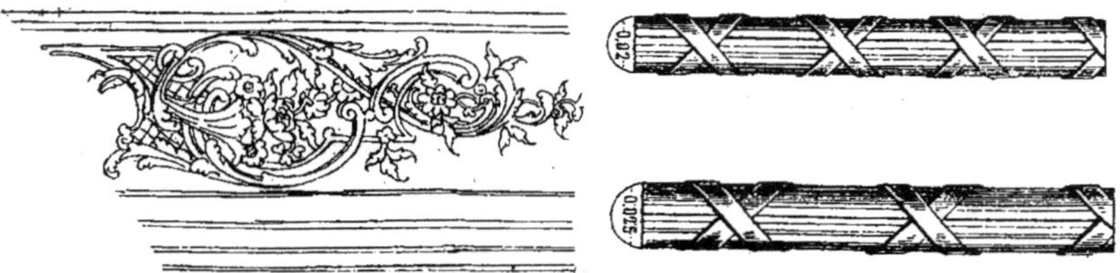

Fig. 315. — Angle d'ornement de corniche.   Fig. 316 et 317. — Baguettes faisceaux.

Angles d'ornement (*fig.* 315), plus-values :

Chaque raccord d'angle sera compté pour 0.20 de longueur de l'ornement raccordé (N° 61).

Les motifs d'angles raccordant les ornements placés sur les plafonds en avant des corniches seront payés par chaque décimètre carré, moitié du prix du mètre linéaire de l'ornement raccordé (N° 62).

Baguettes unies (au mètre linéaire).

Jusqu'à 0.015 valent 0^f,80 (N° 63).

Baguettes formant faisceaux (*fig.* 316 et 317).

Jusqu'à 0.015, valent 0^f,80 (N° 64).

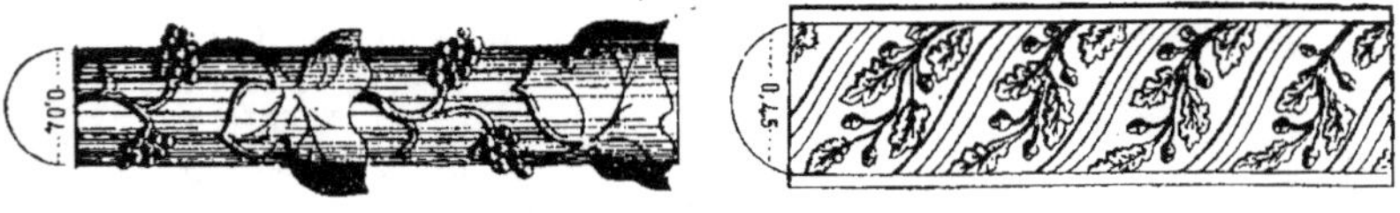

Fig. 318 et 319. — Baguettes ornées.

Baguettes ornées (*fig.* 318 et 319) et courants d'ornements (au mètre linéaire).

de	0.04	à	0.06	Valent	....	1ʳ,25	(Nº 65)
de	0.06	à	0.08	»	....	1 ,50	(Nº 66)
de	0.09	à	0.10	»	....	2 ,05	(Nº 67)
de	0.11	à	0.12	»	....	2 ,55	(Nº 68)
de	0.13	à	0.15	»	....	3 ,05	(Nº 69)

Fig. 320. — Canaux.

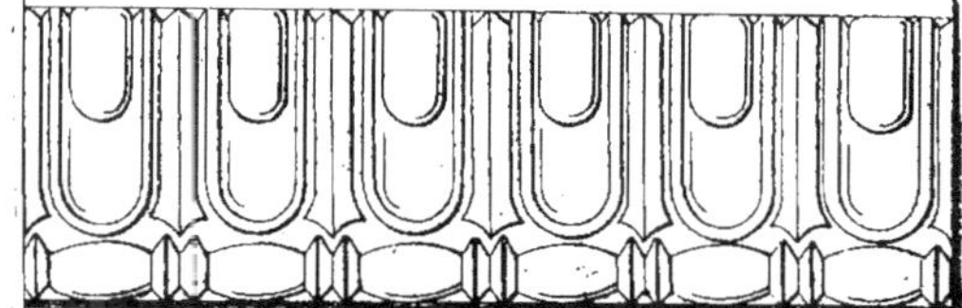

Fig. 321. — Canaux composés avec godrons et pirouettes.

Canaux (*fig.* 320 et 321) au mètre linéaire.
En plein sur fond.

»	de 0.15 de haut	Vaut	....	2ʳ,05	(Nº 70)
»	de 0.20	»	»	....	2 ,55	(Nº 71)
»	de 0.25	»	»	....	4 ,60	(Nº 72)
»	de 0.30	»	»	....	5 ,10	(Nº 73)
»	de 0.35	»	»	....	6 ,10	(Nº 74)
»	de 0.40	»	»	....	8 ,15	(Nº 75)

Canaux découpés à jour.
1/3 en plus des prix ci-dessus (Nº 76)

Fig. 322. — Clou pendentif.

Fig. 323 à 325. — Entrelacs sur fonds non découpés.

Clous pendentifs (*fig.* 322), à la pièce.

de 0.05	0f,50	(N° 77)
de 0.06	0 ,65	(N° 78)
de 0.07	0 ,80	(N° 79)
de 0.08	0 ,95	(N° 80)
de 0.09	1 ,10	(N° 81)
de 0.10	1 ,25	(N° 82)

Entrelacs au mètre linéaire.

Plats sur fond non découpé (*fig.* 323 à 325).

de 0.07 de largeur Vaut	2f,05	(N° 83)
de 0.08 » »	2 ,35	(N° 84)
de 0.09 » »	2 ,65	(N° 85)
de 0.10 » »	2 ,85	(N° 86)
de 0.12 » »	3 ,25	(N° 87)
de 0.15 » »	5 ,10	(N° 88)
de 0.20 » »	6 ,70	(N° 89)

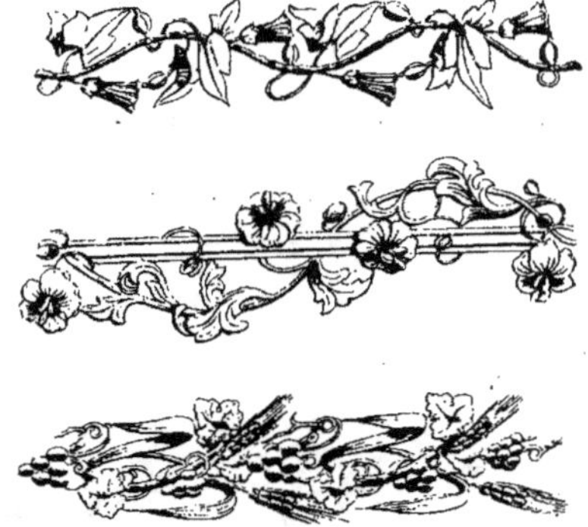

Fig. 326 à 328. — Entrelacs découpés à jour.

Entrelacs découpés à jour (*fig.* 326 à 328).

de 0.06 de largeur Vaut	2f,05	(N° 90)
de 0.07 » »	2 ,40	(N° 91)
de 0.08 » »	2 ,75	(N° 92)
de 0.10 » »	3 ,35	(N° 93)
de 0.12 » »	4 ,10	(N° 94)
de 0.15 » »	5 ,50	(N° 95)
de 0.20 » »	6 ,60	(N° 96)

Haut relief (*fig.* 329 et 330) au mètre linéaire.

de 0.03 de largeur sur 0.01 de saillie Vaut	2f,05	(N° 97)
de 0.03 » 0.02 » »	2 ,35	(N° 98)
de 0.04 » 0.015 » »	2 ,45	(N° 99)
de 0.04 » 0.020 » »	2 ,75	(N° 100)
de 0.05 » 0.025 » »	2 ,95	(N° 101)
de 0.05 » 0.030 » »	3 ,25	(N° 102)
de 0.06 » 0.030 » »	3 ,55	(N° 103)
de 0.07 » 0.040 » »	4 ,10	(N° 104)

Fig. 329 et 330. — Hauts-reliefs.

de 0.08	»	0.040	»	»	4 ,70	(N° 105)
de 0.09	»	0.040	»	»	5 ,10	(N° 106)
de 0.10	»	0.045	»	»	5 ,60	(N° 107)
de 0.11	»	0.045	»	»	6 ,60	(N° 108)
de 0.12	»	0.045	»	»	7 ,35	(N° 109)
de 0.15	»	0.050	»	»	9 ,20	(N° 110)

Frises sur fond non découpé à jour (*fig.* 331 et 332) de même valeur que les entrelacs détaillés sous les numéros 85 à 89 (Observation n° 111).

Fig. 331 et 332. — Frises sur fond non découpé à jour.   Fig. 333 et 334. — Frises découpées à jour.

Frises sur fond et découpées à jour (*fig.* 333 et 334) comme les entrelacs des n°˙ 90 à 96 (N° 112).

Galeries en avant des corniches (*fig.* 335 et 336). Mêmes prix que les baguettes ornées numéros 65 à 69 (N° 113).

Grecques (au mètre linéaire) sur fond non découpé à jour. Mêmes prix que les entrelacs numéros 83 à 89 (N° 114).

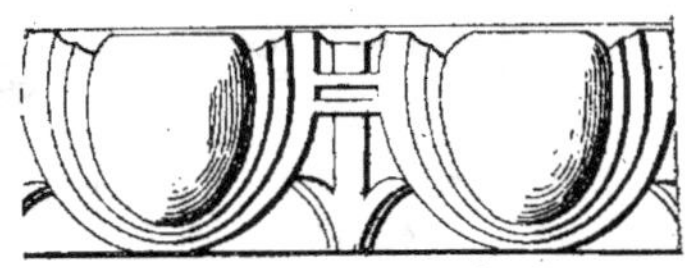

Fig. 335 et 336. — Galeries en avant de corniche.   Fig. 337 et 338. — Godrons et oves.

Grecques découpées à jour. Mêmes prix que les entrelacs n°ˢ 90 à 96 (N° 115).
Godrons et oves- (*fig.* 337 et 338) au mètre linéaire.

de 0.02 de largeur	Vaut.......	1ᶠ,00 le mètre	(N° 116)
de 0.03	»	»	1,20	»	(N° 117)
de 0.04	»	»	1,60	»	(N° 118)
de 0.05	»	»	1,70	»	(N° 119)
de 0.06	»	»	1,80	»	(N° 120)
de 0.07	»	»	2,15	»	(N° 121)
de 0.08	»	»	2,45	»	(N° 122)
de 0.10	»	»	3,05	»	(N° 123)
de 0.12	»	»	3,55	»	(N° 124)

Moulures ornées.

Cimaises, talons, doucines (au mètre linéaire). Mêmes prix que les baguettes
ornées des numéros 65 à 69 (Observation n° 125).

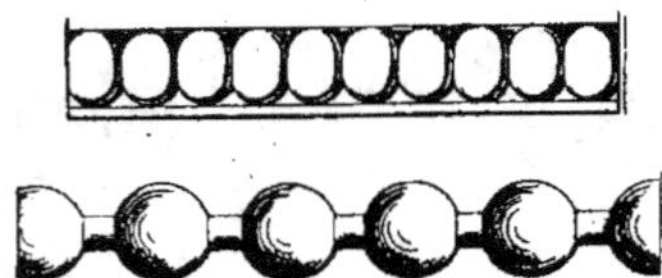

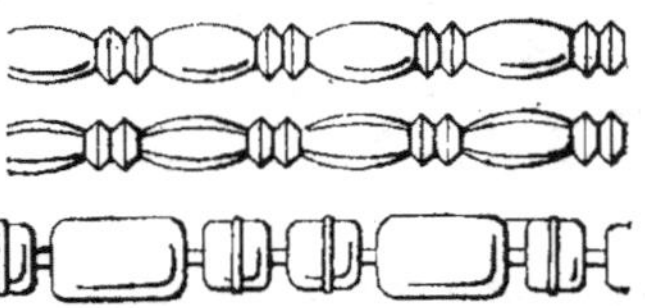

Fig. 339 et 340. — Perles.   Fig. 341 et 342. — Pirouettes.

Perles (*fig.* 339 et 340) (au mètre linéaire).

de 0.02 de largeur et au dessous	Vaut 1ᶠ,00 le mètre	(N° 126)
de 0.03	»	» 1,10	»	(N° 127)
de 0.04	»	» 1,40	»	(N° 128)

Pirouettes (*fig.* 341 et 342) (au mètre linéaire).

de 0.02 de largeur	» 1,00	»	(N° 129)
de 0.03	»	» 1,10	»	(N° 129)
de 0.04	»	» 1,40	»	(N° 129)

Postes (*fig.* 343 à 345) (au mètre linéaire), sur fond non découpé. Mêmes prix que
les entrelacs numéros 90 à 96 (N° 130).

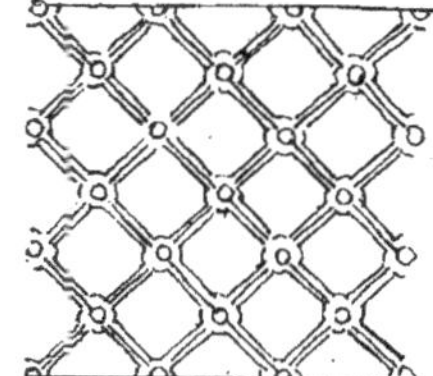

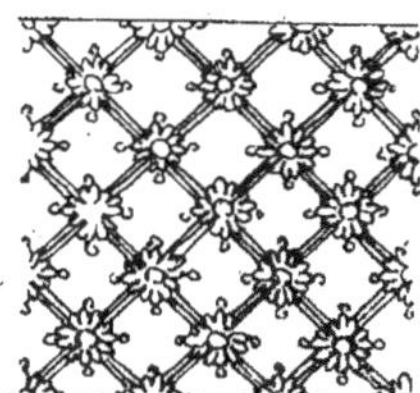

Fig. 343 à 345. — Postes.   Fig. 346 et 347. — Quadrilles découpés à jour.

Postes découpées à jour. Mêmes prix que les entrelacs numéros 90 à 96 (N° 131).
Quadrilles (au mètre linéaire).
En plein sur fond. Mêmes prix que les canaux numéros 70 à 75 (N° 132).
Quadrilles découpés à jour (*fig.* 346 et 347). Mêmes prix que les canaux numéro 76 (N° 133).

Fig. 348 et 349. — Rais de cœur.

Rais de cœur (*fig.* 348 et 349) (au mètre linéaire). Mêmes prix que les godrons numéros 116 à 124 (N° 134).
Rosaces (à la pièce).
Pleines de 0.05 de diamètre Vaut......   0^f,50   (N° 135)
  »   0.10   »   » ......   1 ,20   (N° 136)
  »   0.15   »   » ......   1 ,60   (N° 137)
  »   0.20   »   » ......   2 ,05   (N° 138)

Fig. 350. — Rosace pleine avec ornements   Fig. 351. — Rosace à ornements, découpée avec
    sur fond non découpé.   cœur et motifs séparés, estampés isolément,
                                                     réunis et ajustés à la pose.

Rosaces avec culots ou fleurons.
        de 0.20 de diamètre   Vaut..............   2 ,55   (N° 139)
        de 0.25   »   »   ....   3 ,05   (N° 140)
        de 0.30   »   »   ....   4 ,60   (N° 141)
        de 0.35 à 0.40   »   ....   6 ,10   (N° 142)
Rosaces à ornements sur fond non découpé (*fig.* 350).
        de 0.40 de diamètre   Vaut..............   4 ,10   (N° 143)
        de 0.50   »   »   ....   4 ,60   (N° 144)
        de 0.60   »   »   ....   5 ,60   (N° 145)
        de 0.70   »   »   ....   6 ,60   (N° 146)
        de 0.80   »   »   ....   8 ,15   (N° 147)
Rosaces découpées, avec cœur et motifs séparés, estampés isolément, réunis et ajustés à la pose (*fig.* 351).
        de 0.50 de diamètre   Vaut..............   5 ,60   (N° 148)
        de 0.60   »   »   ....   6 ,60   (N° 149)
        de 0.70   »   »   ....   8 ,15   (N° 150)
        de 0.80   »   »   ....   10 ,20   (N° 151)
        de 0.90   »   »   ....   12 ,25   (N° 152)
        de 1.00   »   »   ....   14 ,30   (N° 153)
        de 1.10   »   »   ....   17 ,35   (N° 154)
        de 1.20   »   »   ....   19 ,40   (N° 155)
        de 1.30   »   »   ....   23 ,45   (N° 156)
        de 1.40   »   »   ....   27 ,55   (N° 157)
        de 1.50   »   »   ....   31 ,60   (N° 158)
        de 1.60   »   »   ....   35 ,70   (N° 159)
        de 1.70   »   »   ....   37 ,75   (N° 160)
        de 1.80   »   »   ....   49 ,90   (N° 161)
        de 1.90   »   »   ....   51 ,00   (N° 162)
        de 2.00   »   »   ....   56 ,10   (N° 163)

Fig. 352. — Rosace elliptique.

Rosaces elliptiques (*fig.* 352). Mêmes prix que pour les rosaces circulaires en prenant pour diamètre la moyenne entre les deux axes (N° 164).

Tores, haut relief, laurier, chêne, fruits ou fleurs (au mètre linéaire).
        de 0.05 de diamètre et au dessous   Vaut.   1',85   (N° 165)
        de 0.06   »   »   »   2 ,05   (N° 166)
        de 0.07   »   »   »   2 ,35   (N° 167)
        de 0.08   »   »   »   2 ,70   (N° 168)
        de 0.10   »   »   »   3 ,35   (N° 169)
        de 0.12   »   »   »   3 ,90   (N° 170)

Entrelacs en relief et à grande saillie.

de 0.06 de largeur	Vaut le mètre linéaire	3ʳ,55	(Nᵒ 171)
de 0.07 »	» »	4,10	(Nᵒ 172)
de 0.08 »	» »	4,70	(Nᵒ 173)
de 0.09 »	» »	5,10	(Nᵒ 174)
de 0.10 »	» »	5,60	(Nᵒ 175)
de 0.11 »	» »	6,60	(Nᵒ 176)
de 0.12 »	» »	7,35	(Nᵒ 177)

Godrons et oves en relief et à grande sa llie.

de 0.05 de largeur	Vaut le mètre linéaire	2,45	(Nᵒ 178)
de 0.06 »	» »	2,70	(Nᵒ 179)
de 0.07 »	» »	3,05	(Nᵒ 180)
de 0.08 »	» »	3,55	(Nᵒ 181)
de 0.10 »	» »	4,10	(Nᵒ 182)
de 0.12 »	» »	5,10	(Nᵒ 183)

Ornements divers. Mêmes prix que pour les ornements semblables en carton-pierre (Observation nᵒ 184).

Rais de cœur en relief et à grande saillie. Mêmes prix que les godrons numéros 178 à 183 (Nᵒ 186).

Tores en relief et à grande saillie (fig. 353 et 354). Mêmes prix que les entrelacs numéros 171 à 177 (Nᵒ 186).

Chaque raccord d'angle sera compté pour 0,20 de l'ornement raccordé (Nᵒ 187).

NOTA. Pour les courants d'ornements (*baguettes et moulures ornées posées en plafond*), il sera alloué une plus-value de 10 0/0 sur les prix portés dans la précédente Série (Nᵒ 188).

Clés à la pièce (*fig.* 355).

de 0.30 de hauteur	Vaut............	5ʳ,20	(Nᵒ 189)
de 0.40 »	»	6,70	(Nᵒ 190)
de 0.50 »	»	8,30	(Nᵒ 191)

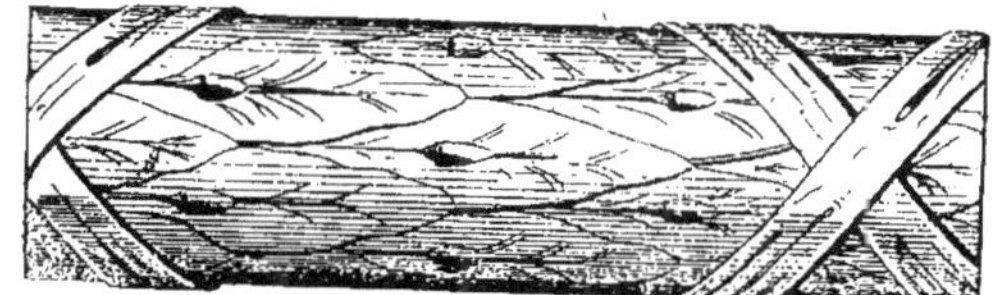

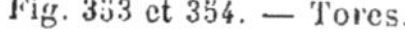

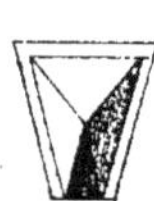

Fig. 353 et 354. — Tores.   Fig. 355.   Fig. 356. — Clef riche.
                                             Clef simple.

Clés riches (*fig.* 356) *et mascarons* à la pièce.

de 0.25 de hauteur	Vaut..............	10,40	(Nᵒ 192)
de 0.35 à 0.40 »	»	12,50	(Nᵒ 193)
de 0.40 à 0.50 »	»	15,60	(Nᵒ 194)
de 0.50 à 0.70 »	»	18,70	(Nᵒ 195)

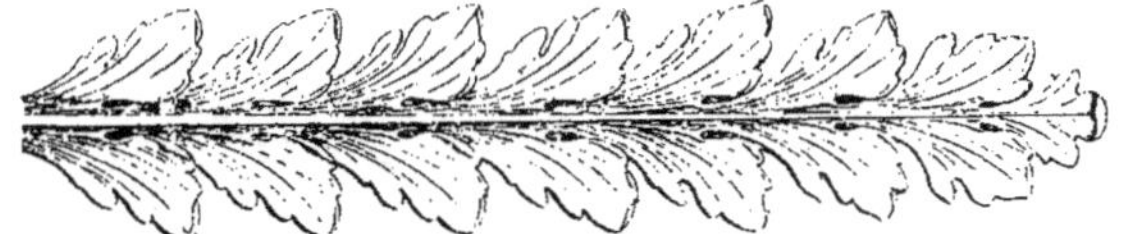

Fig. 357. — Cours de feuilles (au mètre linéaire).

Fig. 358. — Feuilles d'acanthes.

Fig. 359. — Groupe de fleurs.

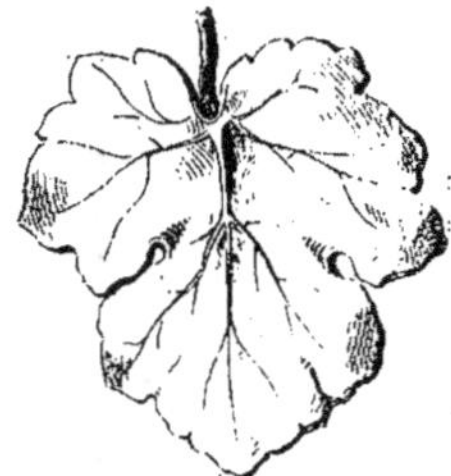 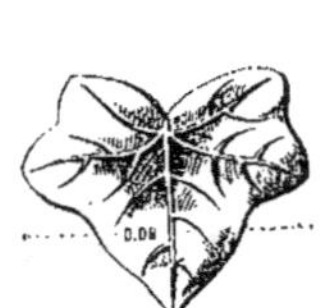 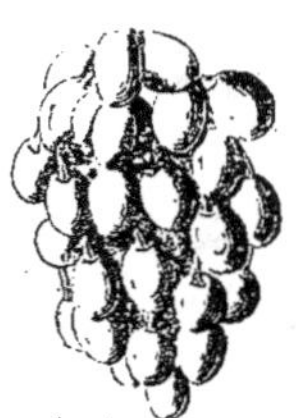

Fig. 360. — Feuille de vigne.   Fig. 361. — Feuille de lierre.   Fig. 362. — Grappe de raisin.

Fig. 363. — Attribut d'harmonie.

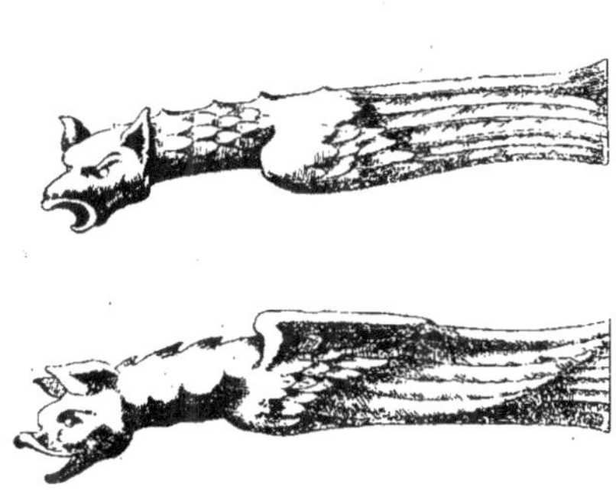

Fig. 364 et 365. — Gueulards.

Fig. 366. — Tête de bœuf.

Fig. 367 et 368. — Console unie.

Fig. 369 et 370. — Console ornée.

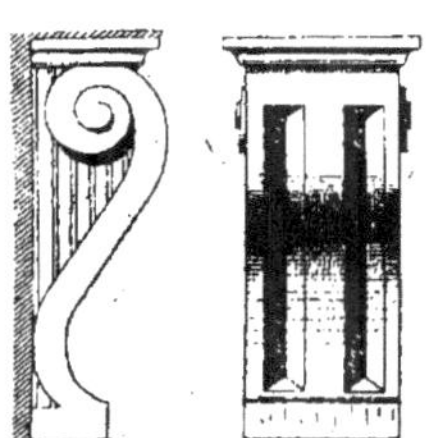

Fig. 371 et 372. — Modillon uni.

Fig. 373 et 374. — Modillon orné.

Fig. 375. — Dessus de porte pour salon.

Fig. 376. — Dessus de porte pour salle à manger.

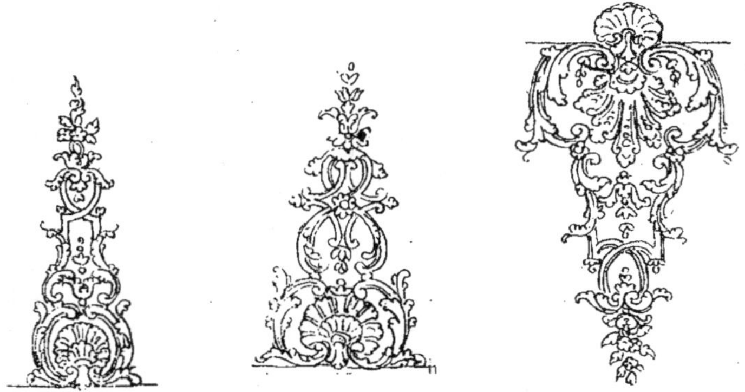

Fig. 377 à 379. — Ornements de panneaux haut et bas pour salons.

Consoles unies à la pièce.

    de 0.15 à 0.20 de hauteur   Vaut........   2,60 (N° 196)
    de 0.30 à 0.40   »   » ....   3,20 (N° 197)
    de 0.40 à 0.50   »   » ....   6,20 (N° 198)

Modillons unis. Mêmes prix que pour les consoles unies numéros 196 à 198 (Observation n° 199).

Modillons ornés à la pièce.

    de 0.15 à 0.20 de hauteur   Vaut........   3,10 (N° 200)
    de 0.30 à 0.40   »   » ....   6,70 (N° 201)
    de 0.40 à 0.50   »   » ....   8,30 (N° 202)

Rosaces simples dites Scipion, à la pièce.

de 0.08 de diamètre	Vaut	....	1,05	(N° 203)
de 0.10	»	»	1,55	(N° 204)
de 0.15	»	»	2,10	(N° 205)
de 0.20	»	»	2,60	(N° 206)
de 0.25	»	»	4,20	(N° 207)
de 0.30	»	»	6,20	(N° 208)

Nous donnons, figures 357 à 379 divers ornements dont certains ne sont pas prévus à la Série.

460. Staff. Au mètre superficiel.

Décoration en staff, pour plafonds à caissons, compartiments, poutres et solives apparentes, et tous autres travaux analogues. Vaut le mètre carré 10ᶠ,40 (N° 209).

Le prix ci-dessus comprend toutes les fournitures de plâtre, étoupe, toile, fil de fer, taquets et tringles en bois, clous et accessoires indispensables à l'établissement du staff; mais ne sont pas comprises les ossatures en bois ou en fer à poser sur les parties à recouvrir de staff, ces bois ou ces fers seront payés suivant les prix des séries de menuiserie et de serrurerie (N° 210).

Ces travaux seront évalués ainsi qu'il suit pour les parties unies sans ornements

Les faces planes ou courbes, sur plan droit, seront développées et comptées à l'entier de l'unité ci-dessus fixée. Soit 1.00 de surface (N° 211).

Celles au-dessus de 0.05 de largeur seront comptées pour 0.05 (N° 212).

Les mêmes parties sur plan circulaire à simple courbure seront payées en plus des évaluations un tiers, soit 0ᵐ,33 (N° 213).

Les parties à double courbure seront estimées au double (N° 214).

Les angles retournés sur surface verticale ou horizontale seront ajoutés à la longueur.

Ceux saillants pour 0.15 (N° 215).

Ceux rentrants pour 0.25 (N° 216).

Les amortissements pour 0.05 (N° 217).

Les angles formés par la rencontre d'une partie droite avec une partie circulaire seront comptés :

Ceux saillants pour 0.20 (N° 218).

Ceux rentrants pour 0.35 (N° 219).

Les angles formés par la rencontre de deux parties circulaires seront comptés :

Ceux saillants pour 0.30 (N° 220).

Ceux rentrants pour 0.45 (N° 221).

Nota. — Lorsque des ornements seront moulés avec les parties indiquées ci-dessus, il sera alloué une plus-value de moitié des prix portés pour les ornements similaires indiqués dans la présente Série (N° 222).

Nous donnons ci-après différents exemples de métrages qui forment le complément indispensable de notre tableau des ornements ordinairement usités.

Premier exemple.

461. *Métrage des ornements en plafond d'une chambre à coucher ainsi composée au milieu du plafond, une rosace circulaire découpée à jour, et dans la corniche aux angles quatre motifs d'ornements. La chambre supposée de 5.00 de longueur et 4.00 de largeur avec une corniche de 0.40 de saillie.*

Fourni et posé avec clous en zinc une rosace découpée à jour avec cœur, motifs séparés, estampés isolément, réunis et ajustés à la pose. Ladite de 1.10 de diamètre. Vaut (N° 154)........................... 17.35

Dans la corniche.

4 Angles de corniches à feuilles riches accompagnées de rinceaux se raccordant avec les agrafes de 0.25 de développement de gorge et 1.60 de longueur totale. A 8ᶠ,15 l'un (N° 57) 32.60

Total de ce plafond **49.95**

Deuxième exemple.

462. *Métrage d'une grande chambre de mêmes dimensions et composée comme suit: au plafond, une grande rosace découpée à jour; sur ce même plafond, en avant de la corniche, une galerie d'ornement en quatre sens avec angles d'ornements; dans la corniche, quatre motifs aux angles et quatre au milieu.*

Fourni et posé une rosace découpée à jour avec cœur et motifs réunis et ajustés à la pose.

Ladite de 1.20 de diamètre. Vaut (N° 155)............................ 19.40

Galerie d'ornement au pourtour de ce plafond, de 0.10 de largeur.

2 Longueurs ch. 4.00 ens..	8.00	
2 Largeurs ch. 3.00.......	6.00	
Ensemble.............	14.00	

A 2f,05 le mètre (N° 67).......... 28.70

Plus-value de 10 0/0 pour travail exécuté en plafond.............:..... 2.87

4 Angles d'ornements de chaque 0.30 de longueur et 0.20 de largeur, fournis et posés.

A 3f,05 l'un (N° 49) 12.20

Plus-value de raccordement des 4 angles avec galerie de chaque 0.30 × 0.20 produit 0.24.

A 0f,60 la pièce (N° 62)........... 2.40

Total de cette chambre........ **65.57**

touchant le plafond, cours de baguettes faisant faisceaux avec rubans d'attache.

Fourni, ajusté et posé :

1 Rosace découpée à jour de 1.20 de diamètre. Vaut (N° 155)............. 19.40

Galerie d'ornements au pourtour du plafond, de 0.15 de largeur moyenne.

2 Longueurs ch. 4.60 ens.	9.20	
2 Largeurs ch. 3.10 ens.	6.20	
Ensemble........	15.40	

A 3f,05 le mètre (N° 69)........ 46.97

Plus-value de 10 0/0 pour travail en plafond..:................... 4.70

4 Angles d'ornements de chaque 0.40 × 0.30.

A 5f,10 l'un (N° 51) 20.40

Plus-value de raccordement de 4 angles de chaque 0.40 × 0.30 produit................... 0.48

A 1f,85 l'une................. 7.40

Fig. 380.

Troisième exemple.

463. *Métrage d'une salle de* 6.00 *de longueur et* 4.50 *de largeur avec une corniche, suivant figure* 380, *composée de : au plafond, une grande rosace découpée à jour; galerie autour du plafond avec angles raccordés; en avant de cette galerie, un cours de baguettes ornées; dans la corniche ayant* 0.60 *de saillie, un cours d'oves, et dans la gorge cours d'entrelacs en relief, à grande saillie, avec ornements raccordés aux angles, macarons dans le larmier, et*

Cours de baguettes ornées de 0.05 de large en avant de cette galerie.

2 Longueurs ch. 4.40 ens.	8.80	
2 Largeurs ch. 2.90 ens..	5.80	
Plus-value de 8 raccords d'angles chaque 0.20 (N° 61) ensemble	1.60	
Ensemble........	16.20	

A 1f,25 le mètre (N° 65)....... 20.25

Plus-value de 10 0/0 pour travail en plafond..................... 2.03

Dans la corniche.

Un cours d'oves de 0.05 de largeur.

2 fois 5.00 ensemble.....	10.00	
2 fois 3.50 »	7.00	
Plus-value de 8 raccords d'angles pour chaque 0.20 de longueur...........	1.60	
Ensemble........	18.60	

A 1f,70 le mètre (N° 119)....... 31.62

A reporter............. 152.77

Report................ 152.77
Plus-value de 10 0/0 pour travail
en plafond.................... 3.16
Dans le larmier.
28 Mascarons comptés comme
clous pendentifs de 0.07 de diamètre.
A 0ᶠ,80 l'un (Nº 79)........... 22.40
Dans la gorge de la corniche.
Cours d'entrelacs en relief à
grande saillie de 0.15 de largeur.
2 Longueurs ch. 5.20 ens. 10.40
2 Largeurs ch. 3.70 ens..   7.40
Plus-value de 8 raccords
d'angles pour chaque 0.20
de longueur............... 1.60
     Ensemble........ 19.40
A 5ᶠ,60 le mètre (Nº 95)........ 108.64

Report............ 20.60   322.23
Plus-value de 8 raccords
d'angles pour chaque 0.20
de longueur.............. 1.60
     Ensemble........ 22.20
A 0ᶠ,80 le mètre (Nº 64)........ 17.76
Plus-value de 10 0/0 pour travail
en plafond.................... 1.76
     Total de cette salle........ **341.75**

Quatrième exemple.

464. *Métrage d'une salle à manger de
mêmes dimensions que la pièce précédente
et composée d'une rosace ovale ou losangulaire découpée à jour, galerie d'avant-
corps de corniche avec angles raccordés,
dont au-devant une petite baguette unie;*

Fig. 381.

*dans la corniche, à l'intérieur, une petite
galerie d'acanthes et palmettes, la gorge
en entrelacs découpés à jour, à haut
relief, avec angle-agrafe d'ornements raccordé; à l'extérieur, entrelacs découpés
à jour (fig. 381).*

Fourni, ajusté et posé :
1 Rosace ovale découpée à jour de 1.50 de
grand axe et 1.10 de petit axe. Vaut (Nᵒˢ 156
et 164)................. 23.45
Baguette unie en avant de galerie.
2 Longueurs ch. 4.40 ens. 8.80
2 Largeurs ch. 2.90 ens.. 5.80
Plus-value de 8 raccords
d'angles chaque 0.20 de
longueur ensemble........ 1.60
     Ensemble........ 16.20
A 0ᶠ,80 le mètre (Nº 63) produit. 12.96
10 0/0 en plus pour travail en
plafond...................... 1.30
Entre corniche et baguette.
Galerie d'ornements de 0.15 de
largeur moyenne.

Plus-value de 10 0/0 pour travail
en plafond.................... 10.86
4 Angles de corniche à feuilles
d'acanthe et autres de 0.50 de longueur jusqu'à la palmette de l'agrafe
intérieure du plafond, de 0.50 de
longueur.
A 6ᶠ,10 l'un (Nº 52)........... 24.40
Au-dessus de cette gorge d'entrelacs :
Cours de baguettes faisant
faisceaux avec rubans d'attache.
2 fois 5.90 ensemble.... 11.80
2 fois 4.40   » 8.80
     A reporter........ 20.60   322.23

     A reporter............ 37.71

Georges Fanchon. Éditeur
rue de Grenelle. Paris.

Report 37.71
Galerie d'avant-corps de 0.15 de largeur réduite.
2 fois 4.60 ensemble 9.20
2 fois 3.10 » 6.20
Ensemble 15.40
A 3f,05 le mètre 46.97
10 0/0 en plus pour travail en plafond 4.70
4 Angles d'ornements de chaque 0.35 × 0.25.
A 4f,10 l'un (N° 50) 16.40
Plus-value de raccordement de 4 angles de chaque 0.35 × 0.25.
A 1f,35 l'un 5.40

Dans la corniche.
Galerie d'acanthes découpée comme entrelacs découpés à jour de 0.06 de largeur.
2 Longueurs ch. 5.00 ens. 10.00
2 Largeurs ch. 3.50 ens.. 7.00
8 Raccords d'angles chaque 0.20 .... 1.60
Ensemble 18.60
A 2f,05 le mètre (N° 90) 38.13
10 0/0 en plus pour travail en plafond 3.81
4 agrafes d'angle (acanthe) de 0.10 de hauteur.
A 1f,40 l'une 5.60

Dans la gorge de la corniche.
Entrelacs découpés à jour haut relief de 0.15 de hauteur.
2 fois 3.20 ensemble 10.40
2 fois 3.70 » 7.40
8 Raccords d'angle chaque 0.20 de longueur pour plus-value 1.60
Ensemble 19.40
A 9f,20 le mètre (N° 110) 178.48
10 0/0 en plus pour travail en plafond 17.85
4 Angles de corniche à feuille d'acanthe de 0.25 de hauteur.
A 2f,55 l'une 10.20

Extérieur de la corniche.
Entrelacs découpés à jour de 0.06 de largeur.
2 fois 5.90 ensemble 11.80
2 fois 4.40 » 8.80
8 Raccords d'angle ch.0.20 1.60
Ensemble 22.20
A 2f,05 le mètre 45.51
10 0/0 en plus pour travail en plafond 4.55
Total de cette salle à manger.. **415.31**

Sciences générales.

Cinquième exemple.

465. *Plafond de salon de 6.00 de long sur 5.00 de large avec cette composition : corniche de 0.60 de saillie bordée à l'intérieur d'un cours de perles, quatre motifs aux angles et quatre motifs milieu ; à l'extérieur, au nu du mur, un cours d'oves avec entredeux ; dans le plafond, au pourtour d'un ciel, un tore de feuilles de 0.15, développé, bordé à l'intérieur par un cours de perles, et à l'extérieur par une moulure ornée. Ensuite, aux angles du plafond, quatre écoinçons triangulaires et circulaires faisant saillie légère et dans lesquels se trouve un motif découpé à jour, l'intérieur bordé d'un cours de perles, l'extérieur d'un cours de pirouettes.*

Plafond.
Fourni et posé le tore en relief et à grande saillie de 0.12 de largeur à plat développant la circonférence d'un ovale de 4.20 de grand axe × 3.20 de petit.
Soit un développement de. 11.50
A 7f,35 le mètre (N° 177) 84.52
Plus-value de 1/10 pour travail en plafond 8.45
Sur le bord intérieur de ce tore, cours de perles de 0.03 autour d'un ovale de 3.40 de diamètre réd. 10.55
A 1f,10 le mètre (N° 127) 11.60
Plus-value de 10 0/0 pour pose en plafond 1.16
Extérieurement, moulure ornée de 0.05 de largeur développant une longueur de 11.80
A 1f,25 le mètre (N° 65) 14.75
Plus-value de 10 0/0 pour pose en plafond (N° 188) 1.48
Dans les panneaux d'écoinçons :
4 Motifs triangulaires découpés à jour de chaque 1.40 × 0.50 réduits.
A 14f,30 la pièce (Nos 184 et 153). 57.20
Intérieurement, cours de perles de 0.015 d'épaisseur.
Parties droites.
4 fois 1.70 ensemble..... 6.80
4 fois 1.20 » 4.80
Parties circulaires.
4 fois 2.20 ensemble..... 8.80
Ensemble 20.40
A 1f,00 le mètre (N° 126) 20.40
Plus-value de 10 0/0 pour pose en plafond 2.04
Extérieurement, cours de pirouettes de 0.025 de largeur.
A reporter 201.60

Report..................	201.60

Parties droites.
4 fois 1.80 ensemble.....   7.20
4 fois 1.30   » 5.20
Parties circulaires.
4 fois 2.30 ensemble.....   9.20

   Ensemble........ 21.60
A 1^f,10 le mètre (N° 127).......   23.76
Plus-value de 10 0/0 pour travail
en plafond.....................   2.38
Corniche.
Cours de perles intérieur, perles
de 0.03.
 2 Longueurs chaque 4.80.   9.60
 2 Largeurs chaque 3.80..   7.60

   Ensemble....... 17.20
A 1^f,10 le mètre..............   18.92
Plus-value de 10 0/0 pour travail
en plafond.....................   1.89
Extérieurement, cours d'oves de
0.06 de large.
 2 fois 6.00 ensemble..... 12.00
 2 fois 5.00   » 10.00

   Ensemble........ 22.00
Plus-value de 8 raccords
d'angles pour chaque 0.20
ensemble.................   1.60

   Longueur........ 23.60
A 1^f,80 le mètre..............   42.48
Plus-value de 10 0/0 pour travail
en plafond.....................   4.25
4 Angles de corniche à feuilles
riches accompagnées de rinceaux se
raccordant avec les agrafes de 0.30
de gorge et 2.00 de développement.
A 10^f,20 l'un..................   40.80
4 Motifs milieu semblables comme
composition aux angles ci-dessus
et développant chaque 2.00 linéaires
A 10^f,20 l'un..................   40.80

 Total de ce plafond de salon.. **376.88**

Sixième exemple.

466. *Salon de mêmes dimensions que
le précédent et composé de : au plafond,
un ciel rond bordé d'un tore encadré d'un
cours de perles intérieurement et de grosses
pirouettes extérieurement, quatre motifs
d'écoinçons de genre trapèze avec parties
droites et circulaires, ces motifs rehaussés
d'un ornement découpé à jour en épousant
la forme, les cadres bordés à l'intérieur
de chaque panneau d'un cours de pirouettes,
la moulure du cadre garnie de rais-de-
cœur, entre chaque écoinçon une petite*

*rosace pleine ; la corniche de 0.60 de saillie
sera composée d'une frise dans la gorge
avec motifs d'angles, moulure ornée encadrant la corniche intérieurement et
extérieurement.*

 Plafond, fourni et posé le tore circulaire
haut relief de 0.15 de largeur × 0.05 de saillie.
Développant la circonférence d'un cercle de
3.00 de diamètre produit....   9.30
A 9^f,20 le mètre (N° 110).......   84.56
10 0/0 en plus pour travail en
plafond.....................   8.45
Cours de perles intérieur, perles
de 0.025 ensemble........   8.10
A 1^f,10 le mètre.............   8.91
10 0/0 pour travail en plafond...   0.89
Extérieurement cours de pirouettes
de 0.045 développant.......   9.30
A 1^f,40 le mètre.............   13.02
1/10 en plus pour travail en plafond   1.30

Écoinçons.

4 Motifs découpés à jour de
chaque 2.00 × 0.90 réduit.
A 31^f,60 l'un produit..........   126.40
A l'intérieur des cadres.
Cours de pirouettes de 0.02 de
large.
Parties droites.
 4 fois 2.10 ensemble.....   8.40
 4 fois 1.90   » 7.60
Circulaires.
 4 fois 2.25 ensemble.....   9.00
 4 fois 0.70   » 2.80
 4 fois 0.20   » 0.80

   Ensemble........ 28.60
A 1^f,00 le mètre..............   28.60
Plus-value de 10 0/0 pour travail
exécuté en plafond..............   2.86
A l'intérieur de la moulure du
cadre, rais-de-cœur de 0.03 de large.
Parties droites.
 4 fois 2.00 ensemble.....   8.00
 4 fois 1.80   » 7.20
Circulaires.
 4 fois 2.15 ensemble.....   8.60
 4 fois 0.60   » 2.40
 4 fois 0.10   » 0.40

   Ensemble........ 26.60
A 1^f,20 le mètre..............   31.92
Plus-value de 10 0/0 pour travail
en plafond.....................   3.19
Entre les écoinçons.
4 rosaces simples de 0.15 réduit
de diamètre à 2^f,10 l'une........   8.40

  A reporter............   318.50

Report................	318.50

Corniche.

Dans la gorge, frise riche de 0.35 développé découpée à jour comme canaux.

2 Longueurs chaque 5.80	11.60	
2 Largeurs chaque 4.80 .	9.60	
Ensemble........	21.20	

8 raccords d'angles avec l'ornement pour chaque 0.20 ensemble 1.60

| Linéaire......... | 22.80 | |
| A 8f,15 le mètre.............. | | 185.82 |

Plus-value de 10 0/0 pour travail en plafond.................... 18.58

4 Angles de corniche fantaisie appropriés à la composition de la frise à 9f,00 l'un................ 36.00

Pour encadrer la corniche. Intérieurement, moulure ornée de 0.04 de large.

2 fois 4.80 ensemble.....	9.60	
2 fois 3.80 »	7.60	
Ensemble........	17.20	
A 1f,25 le mètre..............		21.50

10 0/0 en plus pour travail en plafond........................ 2.15

| Total de ce salon.......... | **582.55** |

Staff.

Premier exemple.

467. *Métrage d'un plafond de salle à manger d'après la planche en couleurs de M. L. Chauvel à l'échelle de 0ᵐ,02 par mètre.*

Fourni, façonné (non compris les armatures en fer) et posé le plafond et compartiments ci-après :

Parties planes.

6 Longueurs chaque 9.30 ensemble	55.80	
8 Largeurs chaque 6.40 ensemble.....	51.20	
140 Pans coupés chaque 0.30 réduits ensemble	42.00	
Ensemble...	149.00	

× 0.15 courant pour réduire à l'unité du mètre superficiel de staff................ 22.35

Parties à moulures.

Les octogones.

| A reporter........ | 22.35 |

Report..........	22.35
280 Pans de chaque 0.40 ensemble........	112.00	

Plus-value pour 280 angles rentrants chaque 0.25....... 70.00

| Ensemble... | 182.00 | |
| × 0.15 développé......... | | 27.30 |

Plate-bande saillante de 0.025 de largeur sur octogones.

| 280 fois 0.50 ens. | 140.00 | |
| 280 Angles saillants chaque 0.15.. | 42.00 | |

Carrés intermédiaires.

| 96 fois 0.35 ens. | 33.60 | |
| 96 Angles saillants chaque 0.15....... | 14.40 | |

Triangles.

40 Côtés ch. 0.35.	14.00	
20 Bases ch. 0.45.	9.00	
60 Angles saillants chaque 0.15.......	9.00	

Quatre petits triangles d'écoinçons.

12 Côtés ch. 0.20.	2.40	
12 Angles saillants chaque 0.15.......	1.80	
Ensemble...	266.20	
× 0.05 produit............		13.30

Corniche

2 fois 10.00 ensemble...........	20.00	
2 fois 7.00 ensemble...........	14.00	
Ensemble	34.00	
× 0.50 développé..	17.00	
A l'entier de Staff.......		17.00

Plus-value de 4 angles rentrants chaque 0.25 ensemble........... 0.50

× 0.40 développé..	0.25	
A l'entier de Staff		0.25
Surface de staff	80.20	
A 10.40 le mètre superficiel......		834.08

Dans les milieux de compartiments 24 Rosaces pleines de 0.25 de diamètre à 3.05 l'une 73.20

Plus-value pour 24 rosaces moulées avec les parties planes.

A 1.50 l'une (n° 222 de la série)... 36.00

| Valeur de la décoration de ce plafond en staff.................... | **943.28** |

Deuxième exemple.

468. *Plafond en marqueterie d'après la planche en couleurs de M. L. Chauvet.*

Fourni les parties planes en compartiments :

4 Long^rs ch. 9.60 ensemble 38.40
4 Larg^rs ch. 6.30 ensemble 25.20
4 Pour coupes chaque 1.60 ...... 6.40
Ensemble ... 70.00
$\times$ 0.20 courant d'unité de staff 14.00

Parties moulurées au pourtour des caissons ;

4 fois 3.80 ensemble 15.20
8 fois 2.85 ensemble 22.80
36 fois 0.90 ensemble 32.40

Triangles de pan coupé :

4 Triangles 1.20. 4.80
8 » 0.80. 6.40

Grand octogone milieu :

2 fois 4.60 ...... 9.20
2 » 1.40 ...... 2.80
4 » 1.60 ...... 6.40
Ensemble ... 100.00

Plus-value pour :
68 Angles rentrants chaque 0.25. 17.00
Longueur ... 117.00
$\times$ 0.15 développé 17.55

Plate-bande saillante de 0.025.

4 fois 3.80 ensemble 15.20
8 fois 3.85 ensemble 22.80
36 fois 0.90 ensemble 32.40
4 fois 1.20 ensemble 4.80
A reporter ... 75.20 — 31.55

Report ...... 75.20 — 31.55
8 fois 0.80 ensemble 6.40
2 fois 4.60 ensemble 9.20
2 fois 1.40 ensemble 2.80
4 fois 1.60 ensemble 6.40

Plus-value pour :
68 Angles saillants chaque 0.15 ...... 10.20
Longueur ... 110.20
$\times$ 0.05 produit 5.50

Plate-bande intérieure des panneaux et caissons.

4 fois 3.60 ensemble 14.40
8 fois 2.65 ensemble 21.20
36 fois 0.70 ensemble 25.20
4 fois 1.00 ensemble 4.00
8 fois 0.60 ensemble 6.40
2 fois 4.40 ensemble 8.80
2 fois 1.20 ensemble 2.40
4 fois 1.40 ensemble 5.60
Ensemble ... 88.00
$\times$ 0.08 .... 7.04

Panneaux saillants :

2 chaque 3.30 ensemble. 6.60 $\times$ 0.50 $=$ 3.30
4 chaque 2.40 ensemble 9.60
$\times$ 0.40 produit 3.84
4 de 0.50 $\times$ 0.50. 1.00
2 » 0.50 $\times$ 0.40. 0.40
Ensemble ... 8.54
A l'entier de staff 8.54

Surface 52.63
A 10^f,40 le mètre 547.35
Valeur de la Décoration de ce plafond en staff **547.35**

DU MODE DE MÉTRER

469. Le mode de métrer le plus simple sera toujours le meilleur ; il consiste à mensurer toutes les parties telles qu'elles se comportent sans *faire aucune estimation ;* l'estimation étant personnelle à chacun, il s'ensuit que le métreur ayant

Fig. 382 et 383.

demandé un dixième en plus pour les développements d'une porte, par exemple, voit son estimation, réduite au vingtième par le vérificateur, aucun n'ayant raison.

Voici le métrage d'une porte à un vantail figuré ci-dessus (*fig.* 382 et 383), qui viendra à l'appui de notre allégation.

1 Porte à un vantail de 2.30 × 1.00
produit...................... 2 30

Excédent de développement des cadres :
2 Montants chaque 1.10 ensemble...................... 2.20
2 Autres chaque 0.20 ensemble. 0.40
2 Autres chaque 0.50 ensemble. 1.00
6 Traverses chaque 0.60 ensemble...................... 3.60

    Ensemble............... 7.20

× 0.03 d'excédent de développement
de moulure 0.21

Épaisseur de la table saillante :
2 fois 1.05............... 2.10
2 » 0.15............... 0.30
2 » 0.45............... 0.90
6 » 0.55............... 3.30

    Ensemble............... 6.60

× 0.005 produit.................... 0.03

Développement de la moulure du
chambranle :
2 fois 2.30, ensemble........ 4.60
1 » 0.90 .... 0.90

    Ensemble............... 5.50

× 0.04 produit.................... 0.22

Feuillures de porte.
2 fois 2.20 ensemble........ 4.40
1 » 0.90 .... 0.80

    Ensemble............... 5.20

× 0.05 développée 0.26

Epaisseur de la porte (le plus souvent
en bois de 0.035) :
2 fois 2.20 ensemble 4.40
1 » 0.80 .... 0.80

    Ensemble............... 5.20

× 0.034 produit.................... 0.18

    Ensemble.................... **3.20**

Voilà donc une porte qui produira d'une
façon indiscutable une surface de 3^m,20
dont 0^m,46 justifiés pour le développe-
ment des cadres, alors que, suivant certains usages, elle produirait seulement
230 × 100...................... 2.30
1/10 pour développement des
cadres........................ 0.23

Soit une différence de 0.25 de peinture
en moins par chaque porte, soit 7 0/0 en
moins de la valeur du métrage, ce qui
constitue un rabais déjà raisonnable, avant
tout règlement. Si l'on veut bien ensuite
supposer qu'il s'agisse de peinture à
l'huile, en décor, en demi-poli, en poli,

c'est-à-dire à 2, 5, 18 et 30 francs le
mètre superficiel, la nécessité de tout dé-
velopper apparaîtra indispensable.

470. Le métrage d'une croisée intérieure doit se faire comme suit :

La hauteur multipliée par la largeur
(*à plat*) y compris l'allège jusque sur le
parquet.

Déduire les verres en diminuant 5 centimètres sur chaque mesure (pour la plus-
value de rechampissage des verres).

Cette déduction faite, reprendre les
feuillures consistant en :

Une fois la hauteur ouvrante ;

Deux fois la largeur ouvrante.

× 0.10 de moyenne tout compris, gueule
de loup et la moitié du battant mouton ;

L'épaisseur en trois sens du calfeutrement ;

L'épaisseur de la noix ;

L'épaisseur du battement ;

L'épaisseur de cimaise, s'il y en a ;

L'épaisseur de stylobates ou plinthes ;

L'excédent de la crémone.

Toutes les ferrures saillantes au nombre
de 13 pour chaque 0^m,005, l'ébrasement en
trois sens.

Le chambranle développé ou la baguette
bornant la rive.

Au surplus, la Série dit ceci :

Tous les travaux comptés au mètre superficiel seront mesurés :

1° Suivant les mesures réelles et avec
déduction de tous les vides aussi, suivant
leur dimensions réelles ;

2° En ajoutant les épaisseurs et les développements des feuillures donnant, noix,
gueules de loup, jet d'eau, pièces d'appui,
moulures et tous autres ;

3° Les verres ayant moins de 0^m,66 à
l'équerre (dimension effective), ne seront
pas déduits, les verres ayant plus de 0^m,66
seront déduits suivant leurs dimensions
diminuées de 5 centimètres sur la hauteur
et 5 centimètres sur la largeur, les petits
bois moulurés ou non encadrant les verres
déduits seront développés et comptés
pour l'excédent réel de la surface ainsi
obtenue ;

4° Les persiennes en bois, fer, fer et
bois seront mesurées sans développements
ni épaisseurs, compris toutes ferrures, à
l'exception seulement des ferrures recham-

pies dans les ravalements en pierre qui seront comptées à part; les persiennes ainsi mesurées seront comptées.

Celles à deux vantaux à trois faces pour deux;

Celles à quatre vantaux à quatre faces pour deux;

Celle à six vantaux et au dessus à cinq faces pour deux;

5° Les treillages seront comptés, y compris deux faces de poteaux, les deux autres faces comptées pour leur surface réelle (savoir):

Treillages à mailles:

De 0^m,05 et au dessous trois faces pour deux;

De 0^m,05 à 0^m,08 deux faces et demie pour deux;

De 0^m,081 à 0^m,11, deux faces pour deux;

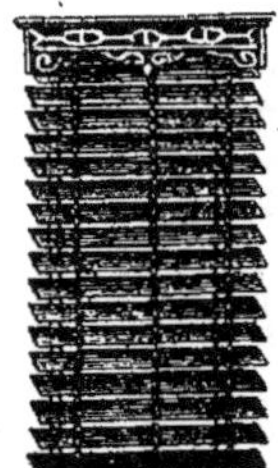

Fig. 384.

De 0^m,111 à 0^m,15, une face et demie pour deux;

De 0^m,151 à 0^m,20, une face pour deux.

Les treillages peints à une face seulement seront estimés aux trois quarts des évaluations ci-dessus:

6° Les grillages, y compris les châssis d'encadrement, seront comptés:

Ceux à mailles de 0^m,019 et au-dessous, trois faces pour deux;

Ceux à mailles de 0^m,020 à 0^m,024, deux faces et demi pour deux;

Ceux à mailles de 0^m,025 à 0^m,029, deux faces pour deux;

Ceux à mailles de 0^m,030 à 0^m,040, une face et demie pour deux;

Ceux à mailles de 0^m,041 à 0^m,950, une face pour deux.

Les grillages ondulés seront mesurés suivant les évaluations ci-dessus augmentées de un quart de face pour deux.

Les ornements en carton-pierre staff, etc., seront comptés à trois fois la surface réelle, la mesure prise sans aucun développement, mais seulement pour le travail réellement exécuté.

471. Dans tout ceci, il n'est pas question de métrage d'une jalousie, qui, étant donné ses manipulations successives (sans compter le démontage ni le remontage) est un travail assez onéreux. Voici donc, à notre avis, le mode de métrer d'une jalousie.

Ladite supposée peinte à l'huile deux couches avec un lessivage préalable (*fig.* 384). Pour une baie de 200 à 100.

20 Lames chaque 1.00 ensemble 20.00
× 0.19 développé y compris les deux faces et les deux épaisseurs produit 3.80
Pavillon découpé de 0.25 à 1.00 produit 0.25
A 3 faces pour deux produits.. 0.75

    Ensemble 4.55
A 1.02 le mètre................... 4.64

Les armatures en fil de fer même travail compté comme barreaux:
6 Montants chaque 2.00 ensemble 12.00
60 Traverses dévelop^t ch. 0.20 ensemble 12.00

    Ensemble ...:........ 24.00
A 0^f,14 le mètre 3.36
Valeur de la peinture d'une jalousie —
de 2.00 de surface................... 8.00
Équivalent à quatre faces pour deux.

472. Nous donnons ci-dessous le modèle de métrage d'un bâtiment neuf entier, détaillé minutieusement; ce modèle renferme les modes de métrés consacrés par l'usage, ainsi que les différents genres de travaux qui se font dans les maisons de rapport, et la façon rationnelle de commencer et terminer la mensuration d'une construction sans tâtonnements.

Détail d'un bâtiment neuf édifié à Paris.

SAVOIR :

2e, 3e, 4e et 5e étages semblables.

Détails d'un étage pris pour moyenne.

TRAVAUX SOIGNÉS.

Chambre à coucher mitoyenne.

Hauteur moyenne d'étages entre planchers........:..   2ᵐ,95
Plafond égrené, imprimé, rebouché colle et colle deux couches.
           4.40 × 3.40... produit....   14.96
A déduire :
La corniche.................... 14.40 × 0.30 .   4.32)
Avant-corps de bow-window..... 0.85 × 0.50   0.42)   4.74
         Reste.................................... 10.22
        A 0ᶠ,92 le mètre...............................   9.40
Le parquet lavé, gratté, encaustiqué à l'essence et frotté.
          4.40 × 3.40... produit.... 14.96
A déduire :
Foyer....................... 1.00 × 0.50   0.50)
Avant-corps.................. 0.85 × 0.50   0.42)   0.92
        Reste.......................... 14.04
Reprendre :
2 Huisseries de portes à 1 vantail.
Chaque..................... 0.85 × 0.08   0.14
        Surface................................ 14.18
       A 0.73 le mètre...............................   10.35
Égrenage, impression, rebouchage céruse, huile 2 couches, 2 tons
à une couche.
Corniche........................ 14.40 × 0.50.. développée..   7.20
4 Motifs d'ornements aux angles refouillés.
Chaque..................... 1.60 × 0.20 réduit.   1.28
Au double pour refouillement....... .... 2.56
        Surface................................ 9.76
       A 2ᶠ,00 le mètre....................   19.52
Égrenage, impression, enduit soigné sur parties moulurées, les
moulures enduites, huile deux couches soignées, deux tons à une
couche.
1 porte à 1 vantail de............ 2.40 × 0.95 produit   2.28
Développement des cadres :
2 Montants chaque.............. 1.10 = 2.20
2 Autres chaque................ 0.25 = 0.50
2   »   »   .... 0.50 = 1.00
6 Traverses chaque .... 0.55 = 3.30
       Ensemble 7.00
      × 0.03 y compris la table saillante.......   0.21
Feuillure de porte : 2 fois 2.30=4.60)
            1 fois 0.85=0.85) 5.45×0.05=0.27
Épaisseur de porte.
Même pourtour..................... 5.45 × 0.03   0.16
Épaisseur d'huisserie pour l'autre face.... 5.45 × 0.04   0.22
       Ensemble....................... 0.65
A moitié pour une face..........................   0.32
      A reporter...........................   2.81   39.27

Fd. Crété, sc. imp.

L. Chauvet, inv. et fecit.

PLAFOND EN MARQUETERIE

Report..	2.81	39.27

Développement du chambranle :
2 Montants chaque............... 2.40 = 4.80
1 Traverse...................... 0.90 = 0.90

  Ensemble........... 5.70 $\times$ 0.04   0.22

  Ensemble de la porte.................................... 3.03
1 Croisée.................... 2.60 $\times$ 1.60   4.16
Moins les verres :
2 de........................ 1.25 $\times$ 0.55   1.36
2 de........................ 0.40 $\times$ 0.55   0.44
2 de........................ 0.40 $\times$ 0.55   0.44

  Ensemble....................... 2.24

  Reste...................... 1.92

Reprendre : les développements, épaisseurs des petits bois en quatre sens du pourtour des verres :
4 fois......................... 1.30 = 5.20
4 fois......................... 0.45 = 1.80
4 fois......................... 0.45 = 1.80
12 fois........................ 0.60 = 7.20

  Ensemble.............. 16.00 $\times$ 0.025   0.40
Feuillures et gueule-de-loup et moitié du battant mouton :
1 fois......................... 2.30 = 2.30
2 fois......................... 1.25 = 2.50

  Ensemble.............. 4.80 $\times$ 0.10   0.48
Epaisseur de gorge, battement et crémone..... 2.30 $\times$ 0.06   0.13
Epaisseurs de cimaise et plinthes.............. 1.45 $\times$ 0.04   0.05
13 Ferrures saillantes chaque................ 0.005   0.06
Développement du chambranle en trois sens :
2 Montants chaque............ 2.60 = 5.20
1 Traverse................... 1.45 = 1.45

  Ensemble.............. 6.65 $\times$ 0.04   0.26

Surface de la croisée..................................... 3.30
Frise de soubassement de 0.65 développé non compris cimaise et plinthes $\times$ 11.10 de pourtour....................... 7.22
Développements des cadres :
60 Montants chaque 0.40.......................... 24.00
60 Traverses réduites chaque 0.30.................... 18.00

  Ensemble....................... 42.00
  $\times$ 0.03 produit.................... 1.26
Epaisseurs de cimaise et plinthe 0.05 $\times$ 11.10.............. 0.56
1 Autre porte à un vantail produisant comme précédente....... 3.03

  Surface.................... 18.40
  à 4^f,00 le mètre....................... 74.36
Cheminée à consoles nettoyée........................ 0.40
Rétrécissement (d°) 0.30
Rideau passé à la mine de plomb.................... 0.20
Contre-cœur en noir à la colle..................... 0.34

  Ensemble...................... 1.24
Ornements réchampis à jour à une couche en ton blanc.
Dans la corniche :
4 Ornements chaque .... 1.60 $\times$ 0.20 ..... 1.28

  à 10^f,15 le mètre....................... 12.99
5 Ferrures réchampies à 0^f,06 l'une...................... 0.30
Apprêts sur murs.

Égrenage 2.20 hauteur $\times$ 11.10 de pourtour produit 24.42
1 Dessus de cheminée............ 1.80 $\times$ 1.00 .... 1.80
2 Dessus de porte chaque......... 0.40 $\times$ 0.95 .... 0.76
1 Dessus de croisée............. · 0.20 $\times$ 1.60 .... 0.32

Surface................................ 27.30
à 0ᶠ,07 le mètre........ ....   1.91

Grande chambre milieu.

Plafond *idem* précédent.
De............... 5.60 $\times$ 3.36 produit 18.81
—Moins : l'emplacement de la corniche 16.72 $\times$ 0.30 $=$ .... 5.01 }
Petit pan coupé de bow-window 0.40 $\times$ 0.20 réduit $=$ .... 0.08 } 5.09

Reste.................................... 13.72
à 0ᶠ,92 le mètre.............................   12.62
Parquet comme précédent.
De............. 5.60 $\times$ 3.36 produit............. 18.81 }
Moins : foyer..... 1.00 $\times$ 0.50.................... 0.50 } 18.31
2 Tableaux de portes à 1 vantail.
Chaque.......... 0.85 $\times$ 0.35 .... 0.59

Surface............................... 18.90
à 0ᶠ,73 le mètre...........................   13.79
Corniche, même travail que chambre précédente.
16.72 $\times$ 0.50 développée.................... 8.36
Refouillement des ornements.
4 Motifs d'angle chaque 1.60 $\times$ 0.20 $=$ 1.28
Au double pour refouillement.............................. 2.56

Ensemble.............................. 10.92
à 2ᶠ,00 le mètre..............................   21.84
Sur les boiseries, même travail que chambre précédente.
3 Portes à 1 vantail et dépendances *idem* précédentes.
Chaque.................. 3.03 .... 9.09
Plus :
2 Tableaux chaque........ 5.45 $\times$ 0.35 .... 3.81
1 Croisée *idem* précédente avec ses développements, produit.... 3.30
Frise de soubassement de 0.65 développée $\times$ 12.45, produit..... 8.09
Plus grand développement des cadres :
48 Montants chaque 0.40 $=$ .... 19.20 }
48 Traverses chaque 0.30 $=$ .... 14.40 } 33.60 $\times$ 0.03 $=$ 1.00
Épaisseurs de cimaise et plinthes 0.05 $\times$ 12.45 .... 0.62

Surface............................... 25.91
à 4ᶠ,00 le mètre.............................   103.64
Cheminée nettoyée avec ses dépendances *idem* précédente, vaut.   1.24

Ornements réchampis à jour en ton blanc une couche :
4 Ornements d'angles dans la corniche
Chaque 1.60 $\times$ 0.20 réduit, produit.......................... 1.28
à 10ᶠ,15 le mètre.................................   12.99
5 Ferrures réchampies à 0ᶠ,06..............................   0.30
Apprêts sur murs.
Égrenage   2.20 de hauteur $\times$ 12.45
de pourtour, produit........................ 27.39
1 Dessus de cheminée   1.80 $\times$ 1.00 .... 1.80
3 » de portes chaque 0.40 $\times$ 0.95 .... 1.14
1 » de croisée 0.20 $\times$ 1.60 .... 0.32

Ensemble.............................. 30.65
à 0ᶠ,07 le mètre.................................   2.15

Chambre attenante au salon.

Même travail que les deux premières détaillées ci-dessus pour :
Plafond de 4.15 × 2.76 produit.................................... 11.45
Moins: emplacement de la corniche 12.62 × 0.30 produit....... 3.78

     Reste................................. 15.23
     à 0ᶠ,92 le mètre....................................... 14.00
Parquet   4.15 × 2.76 produit.,................. 11.45
Déduire : Foyer 1.00 × 0.50   .... 0.50

     Reste..................................... 10.95
Reprendre :
1 Ébrasement de croisée.
De 1.45 réduit × 0.15..................... 0.22
1 Huisserie 0.85 × 0.08 .... 0.06
1 Tableau 0.85 × 0.35 .... 0.30

     Ensemble............................. 11.53
     à 0ᶠ,73 le mètre....................... 8.41
Corniche 12.62 × 0.50 développé....................... 8.31
Refouillement de 4 motifs d'angles ornés.
Chaque   1.60 × 0.20 = 1.28.
Au double pour refouillements............................. 2.56

     Ensemble............................. 10.87
     à 2ᶠ,00 le mètre...................... 21.74
Boiseries.
3 Portes à 1 vantail chaque 3.03 compris dépendances.......... 9.09
Plus : 1 tableau 5.45 × 0.35 .... 1.90
1 Croisée comme précédente, produit........................ 3.30
Frise   0.65 × 8.37 de pourtour..................... 5.44
Développement des cadres :
32 Montants chaque   0.40 = 12.80
32 Traverses chaque   0.30 = 9.60
    Ensemble....... 22.40 × 0.03 = ... 0.67
Épaisseur de cimaise et plinthes 0.05 × 8.37 = ... 0.42

     Ensemble 20.82
     à 4ᶠ,00 le mètre...................... 83.28
Cheminée nettoyée et ses dépendances *idem* précédente, vaut... 1.24
Ornements réchampis à jour à une couche, ton blanc.
4 Ornements dans la corniche, aux angles.
Chaque   1.60 × 0.20 .... 1.28
     à 10ᶠ,15 le mètre.................... 12.99
5 Ferrures réchampies à 0ᶠ,06........................... 0.30
Apprêts sur murs.
Égrenage.
    2.20 hauteur × 8.37 de pourtour, produit............ 18.41
1 Dessus de cheminée   1.80 × 1.00 .... 1.80
3 Dessus de portes chaque 0.40 × 0.95 .... 1.14
1 Dessus de croisée   0.20 × 1.60 .... 0.32

     Ensemble 21.67
     à 0ᶠ,07 le mètre...................... 1.51

Salon.

Égrenage, impression, enduit céruse uni et huile deux couches soignées.

Plafond   4.84 $\times$ 4.30 réduit............................ 20.81
Moins : emplacement de la corniche.
        16.68 $\times$ 0.40 produit......................... 6.67

       Ensemble.............................. 14.14
        à 2^f,70 le mètre......................   38.17
Egrenage, impression, rebouchage au mastic à la céruse et huile
deux couches, deux tons à une couche
Corniche   16.68 $\times$ 0.60 développée.................... 10.00
Ornements refouillés.
8 Motifs dans les angles et au milieu.
Chaque   1.60 $\times$ 0.25 réduit...................... 3.20
Au double pour refouillement............................. 6.40

       Ensemble............................. 16.40
        à 2^f,00 le mètre........................   32.80
Égrenage, impression, enduit céruse sur parties moulurées, les moulures enduites, huile deux couches soignées, deux tons à une couche.
Murs et boiseries de 2.90 hauteur $\times$ 18.28 de pourtour à plat.... 53.02
Déduire :
1 Cheminée................... 1.00 $\times$ 1.00   1.00
Verres des croisées :
4 de......................... 1.25 $\times$ 0.55   2.72
8 de......................... 0.40 $\times$ 0.55   1.76
Ceux de la porte à 4 vantaux ne sont pas déductibles.

       Ensemble.............................. 5.48

       Reste 47.54
Reprendre :
Développements complets.
Pour une porte à 1 vantail produit......................... 0.75
Autre *idem*.. 0.75
Pour 2 croisées chaque...................... 1.38   2.76
Pour la porte à 4 vantaux.
Cadres de soubassement.
8 Montants chaque.............. 0.50 ensemble..... 4.00
8 Traverses chaque .... 0.40   » 3.20

       Ensemble 7.20

      $\times$ 0.03 produit............................. 0.22
Feuillures et épaisseurs :
5 fois la hauteur ouvrante de.......... 2.30 $=$ 11.50
1 fois la largeur................................ 2.40

       Ensemble 13.90

      $\times$ 0.03 produit................... 1.12
Épaisseurs d'huisserie :
2 Montants chaque.............. 2.30 $=$ 4.60
1 Traverse 2.40

       Ensemble 7.00
      $\times$ 0.04 produit................ 0.28

       Ensemble 1.40
A moitié pour une face.   0.70
Développement du chambranle.
2 Montants chaque 2.40 ensemble 4.80
1 Traverse................... 2.50

      Ensemble .... 7.30 $\times$ 0.04 $=$ 0.29
       Ensemble................................. 1.21

       A reporter 53.01

Report.. 53.01
Épaisseur et développement de cimaise et plinthes.
                               0.05 × 9.60... produit.....   0.48
Développement de cadres du haut des murs :
40 Montants chaque............ 2.00 ensemble....... 80.00
40 Cours de traverses chaque ... 0.35 en moyenne..... 14.00
                Ensemble.................... 94.00
                × 0.05 produit............................... 4.70
Développement des cadres entre cimaise et plinthes :
40 Montants chaque............ 0.50 = 20.00
40 Traverses chaque............ 0.35 = 14.00
                Ensemble........ 34.00 × 0.03 produit. 1.02
                Surface......................... 59.21
                A 4f,00 le mètre.....................................   236.84
Moulure réchampie à une couche pour 3e ton :
1 fois le pourtour des cadres d'une porte à 1 vantail........ =   7.00
1 Autre porte et tableau *idem*...............................   7.00
2 fois le pourtour du chambranle de porte à 1 vantail
chaque.. 5.70   11.40
Pour deux croisées :
2 fois la cimaise chaque 1.45 ....   2.90
2 fois le calfeutrement chaque 6.55 .... 13.10
2 fois le chambranle chaque 6.65 .... 13.30
Porte à 4 vantaux :
1 fois le pourtour des cadres.............................   7.20
3 fois le battement chaque................... 2.30   6.90
1 fois le chambranle 7.30
Sur le haut des murs :
1 fois le pourtour des cadres............................ 94.00
1 fois le pourtour de cimaise...........................   9.60
Sur bas des murs entre plinthe et cimaise.
1 fois le pourtour des cadres............................ 34.00
                Longueur......................... 213.70
                à 0f,11 le mètre............................   23.50
Ornements réchampis à jour en blanc une couche.
8 Motifs dans la corniche de :
Chaque   1.60 × 0.25 produit............... 3.20
                à 10f,15 le mètre..............................   32.48
Parquet même travail que précédent.
                4.84 × 4.30 produit.................. 20.81
Moins : foyer   1.00 × 0.50   ....   0.50
                Reste............................. 20.31
2 Ébrasements de croisées chaque 1.45 × 0.15 = ...   0.43
1 Huisserie à 1 vantail   0.85 × 0.08 = ...   0.06
1 Huisserie à 4 vantaux   2.40 × 0.08 = ...   0.19
                Ensemble........................... 20.99
                à 0f,73 le mètre.............................   15.32
Nettoyage de cheminée et dépendances *idem* précédente...............   1.24

Salle à manger.

Plafond égrené, imprimé, rebouché colle et colle deux couches
De   4.84 × 3.20 produit......................... 15.49
Moins : 1 pan coupé de 1.70 hypoténuse.............. 1.42 ⎫
        1 autre de 1.60 .... 1.28 ⎬ 7.88
Emplacement de corniche 14.80 × 0.35 = ... 5.18 ⎭
                Reste.............................   7.61
                à 0f,92 le mètre.............................   7.00

Parquet *idem* précédent.

4.80 × 3.20 produit		15 36

Moins : 1 pan coupé de	1.60 hypoténuse	1.28	
»	1.70 »	1.42	4.25
1 foyer	1.10 × 0.50	0.55	

Reste............................... 11.11

Reprendre :

1 Ébrasement de croisée 1.45 × 0.15 .... 0.21

1 Dégagement sur antichambre

0.90 × 0.60 réduit............................ 0.54

Placard   2.20 × 1.20 réduit............................ 2.64

Ensemble.............................. 14.50

à 0ᶠ,73 le mètre................................. 10.42

Égrenage, impression, enduit céruse sur parties moulurées, les moulures enduites, huile deux couches soignées, façon de décors soignée, vernis, une couche encaustiquée à la cire, à l'essence et lustré à la flanelle.

1 Croisée *idem* précédente............................... 3.30

Plus 1 ébrasement de :

2 Montants chaque	2.55 =	5.10
1 Traverse	1.45 =	1.45

Ensemble........................ 6.55

× 0.10 produit............................... 0.65

1 Porte à 4 vantaux et ses dépendances comme celle du salon de

2.40 × 2.60 produit.......................... 6.24

Les développements produisant comme précédemment ensemble. 1.24

Lambris de   1.35 hauteur × 10.74 de pourtour à plat.......... 14.50

Épaisseur de cimaise, astragale et plinthes réunies

0.07 × 10.74 produit........................ 0.75

Développement des cadres.

64 Montants chaque 1.00 ensemble. 64.00		
64 Traverses chaque 0.25 » . 16.00	80.00 × 0.03 =	2.40

Murs et boiseries au pourtour du dégagement sur antichambre

2.95 × 2.20 .... 6.50

Les développements d'une porte à 1 vantail comme précédent.... 0.75

Surface.............................. 36.20

à 6ᶠ,25 le mètre.............................. 226.25

Égrenage, impression, rebouchage huile, huile 2 couches soignées, façon de décors soignée, vernis une couche, encaustiqué et lustré à la flanelle.

Corniche   14.80 × 0.60 développée.................. 8.88

6 Motifs d'ornements refouillés chaque 1.60 × 0.20 = ...   1.92

Au double, produit........................... 3.84

Ensemble.......................... 12.72

à 4ᶠ,20 le mètre.............................. 53.42

Filets de tables adoucis et repiqués sur lambris.

64 Montants chaque	1.00 =	64.00
64 Traverses chaque	0.25 =	16.00

Ensemble.............................. 80.00

à 0ᶠ,18 le mètre........................... 14.40

Cheminée et ses dépendances nettoyées. 1.24

Égrenage des murs sous tenture 1.50 × 10.74 de pourtour...... 16.11

1 Dessus de croisée   0.20 × 1.60 .... 0.32

A reporter.............................. 16.43

Report..............................	16.43	
1 Dessus de cheminée 1.50 × 1.10	1.65	
1 Dessus de porte à 4 vantaux 0.40 × 2.60	1.04	

Ensemble............................ 19.12

à 0^f,07 le mètre................................   1.34

Égrenage, impression, rebouchage colle et colle 2 couches.
Plafond de dégagement sur antichambre

0.90 × 0.60	0.54
Celui du placard 2.20 × 1.20	2.64

Ensemble............................ 3.18

à 0^f,92 le mètre...............................   2.92

Intérieur de placard égrené, imprimé, rebouché huile et huile
2 couches de 2.95 hauteur × 7.20 de pourtour.

En quatre sens, produit...................		21.24
6 Faces de tablettes de chaque	2.20 × 1.20	15.84
6 Tasseaux chaque....................	0.02	0.12
1 Épaisseur d'huisserie de porte.......	5.20 × 0.04	0.21
Feuillure de porte...................	5.20 × 0.05	0.26
Épaisseur de ladite	5.20 × 0.03	0.16
Épaisseurs de tables sur portes ensemble.	7.00 × 0.01	0.07

Ensemble............................ 37.90

A 1^f,58 le mètre 55.88

Antichambre.

Plafond même travail que celui de la salle à manger précédente................................ 3.80 × 1.80   6.80
Moins : emplacement de la corniche.

       10.20 × 0.25 produit.   2.55

Reste................................ 4.33

A 0^f,92 le mètre................................   3.98

Parquet encaustiqué et frotté comme précédents.

	3.80 × 1.80 produit.	6.84
2 Huisseries de portes chaque.........	0.85 × 0.08 produit.	0.12
1 Autre	1.35 × 0.08	0.10
Placard.............................	1.00 × 0.50 réduit..	0.50

Ensemble 7.56

A 0^f,73 le mètre...............................   5.52

Égrenage, impression, rebouchage céruse et huile 2 couches deux
tons ; mat soigné.
Corniche... 10.20 × 0.40 développé = 4.08 à 2^f,00 le mètre..............   8.16
Égrenage, impression, enduit céruse sur parties moulurées, les
moulures enduites, huile 2 couches soignées 2 tons à une couche
ton mat :
3 Portes à 1 vantail et dépendances :

Produisant chaque....................	3.03		9.09
1 Porte à 2 vantaux	2.40 × 1.50	3.60	

Développement des cadres :

4 Montants chaque............	1.10 = 4.40	
4 »	0.25 = 1.00	
4 »	0.50 = 2.00	
12 Traverses chaque..........	0.55 = 6.60	

Ensemble .... 14.00 × 0.03   0.42

A reporter 4.02   9.09

Report		4.02	9.09	

Feuillures et épaisseurs :

3 Montants chaque..............   2.30 = 6.90
1 Traverse ....   1.40 = 1.40

       Ensemble ....   8.30 $\times$ 0.08 = 0.66
Épaisseur d'huisserie en trois sens....   6.00 $\times$ 0.04 = 0.24

       Ensemble 0.90
     A moitié pour deux faces 0.45

Développement de chambranle :

2 Montants chaque.............   2.40 = 4.80 } 6.20 $\times$ 0.04   0.25
1 Traverse ....   1.40 = 1.40 }

      Ensemble 4.72

1 Croisée ....   2.60 $\times$ 1.20   3.12 }
Moins : 2 verres chaque........   1.50 $\times$ 0.40   1.20 } 1.52 } 1.60
       2 chaque............   0.40 $\times$ 0.40   0.32 }

Reprendre :

Épaisseurs des petits bois.

4 fois ....   1.55 = 6.20 }
4 fois ....   0.45 = 1.80 } 11.60 $\times$ 0.025   0.29
8 Traverses chaque...........   0.45 = 3.60 }

Feuillures et gueule-de-loup :

1 fois ....   2.10 = 2.10 }
2 fois ....   0.90 = 1.80 } 5.90 $\times$ 0.10   0.39

Épaisseur de gorge battement en crémone.

      2.10 $\times$ 0.06   0.13
Epaisseur de crémone et plinthe.   1.00 $\times$ 0.04   0.04
13 Ferrures saillantes chaque 0.005 ....   0.06

Développement du chambranle en 3 sens :

2 Montants chaque.............   2.60 = 5.20 } 6.30 $\times$ 0.04 = 0.25
1 Traverse...................   1.10 = 1.10 }
      Surface de la croisée 2.76
Lambris ....   1.20 $\times$ 5.00 de pourtour à plat 6.00

Développements des cadres :

30 Montants chaque.............   0.80 = 24.00 } 31.50 $\times$ 0.03......   0.95
30 Traverses chaque ....   0.25 = 7.50 }
Épaisseur de cimaise et plinthe..   0.06 $\times$ 5.00 produit.............   0.30

Cadre de lambris au-dessus et jusquè sous la corniche :

12 Montants chaque.............   1.40 = 16.80 } 26.80 $\times$ 0.15......   4.02
2 Cours de traverses chaque ....   5.00 = 10.00 }

      Surface 27.84
     A 4^f,00 le mètre 111.36
3 Ferrures réchampies à 0.06................................   0.18

Égrenage des murs sous les panneaux de tenture.

      1.40 $\times$ 4.50 de pourtour...   6.30
4 Dessus de portes chaque......   0.40 $\times$ 0.60   0.96
1 de.................   0.40 $\times$ 1.10   0.44
1 D° de croisée ....   0.20 $\times$ 1.00   0.20

      Ensemble 7.90
     A 0^f,07 le mètre 0.55

Intérieur d'armoire égrené, imprimé, rebouchage huile et huile
2 couches.

De 2.95 hauteur $\times$ 3.00 de pourtour 8.85
7 Faces tablettes y compris plafond chaque...   1.00 $\times$ 0.50 =   3.50
6 Tasseaux chaque......................   0.02 =   0.12

      A reporter 12.47

Report.. 12.47
Feuillure et épaisseur de la porte.
Développant   5.20 × 0.08   .... 0.41
Épaisseurs des tables sur la porte.
    Ensemble   7.00 × 0.01   .... 0.07
            Surface............................. 12.95
       à 1f,58 le mètre.............................   20.46

Cabinet de toilette.

Égrenage enduit uni et ripolin deux couches, deux tons sur ponçage
à sec au papier de verre.
Plafond   2.40 × 2.00   .... 4.80 } 4.20
Moins : 1 avant-corps   1.20 × 0.50 réduit .... 0.60 }
Murs et boiseries 2.75 de hauteur × 8.80 de pourtour.... 24.20 } 23.80
Déduire : 4 verres à la croisée chaque   0.40 × 0.25 =   0.40 }
Reprendre : Épaisseurs des petits bois.
8 fois   0.45 = ...   3.60 } 6.00 × 0.025 0.15
8 fois   0.30 = ...   2.40 }
Feuillure et gueule-de-loup 3.40 × 0.10 .... 0.34
Épaisseur de gorge battement et crémone 1.80 × 0.06 ..... 0.10
13 Ferrures saillantes chaque 0.05....................... 0.06
Développement d'une porte à un vantail comme précédents...... 0.75
      Ensemble.............................. 29.40
        à 2f,88 le mètre.......................   84.67
Parquet comme précédent   2.40 × 2.00 = 4.80 à 0f,73 le mètre.............. 3.50
3 Ferrures réchampies à 0f,06.   0.18
Plus-value pour impression et enduit entre moulures au lieu d'enduit uni sur
une porte à un vantail et ses dépendances.
    Produit   3.03   à 0f,63 le mètre.......................... 1.91

Water-closets.

Même travail que cabinet de toilette ci-dessus détaillé :
Plafond   1.00 réduit × 0.85 produit 0.85
Murs et boiseries, hauteur 2.95 × 3.90 produit tout
compensé... 10.90
      Ensemble 11.75
       à 2f,88 le mètre........................   33.84
Plus-value pour impression enduits entre moulures :
Sur porte, produit 3.03 à 0f,63 le mètre...................   1.91
Parquet *idem* précédent . 1.00 × 0.85   0.85 } 0.91
1 Huisserie de porte...... 0.85 × 0.08   0.06 }
     à 0f,73 le mètre.........................   0.66
3 Ferrures réchampies à 0f,06 ....   0.18
La cuvette nettoyée avant la prise d'habitation.................   0.60

Cuisine.

Même travail que cabinet de toilette :
Plafond   3.00 × 3.00 produit.......   9.00
Murs et boiseries 2.95 hr × 12.00 de pourtour = 35.40
A déduire :
2 Verres   1.50 × 0.40   1.20
2   »   0.40 × 0.40   0.32
2   »   1.40 × 0.40   1.12
2   »   0.40 × 0.40   0.32
    A reporter............   2.96   35.40   9.00

Report................ 2.96 35.40 9.00
Les autres non déductibles :
Fourneau 0.80 $\times$ 1.10 0.88
Évier 0.80 $\times$ 0.90 0.72
Faïences 0.44 $\times$ 2.60 1.14

   Ensemble.................. 5.70

   Reste 29.70
Reprendre :
Épaisseurs des petits bois.
4 fois 1.55 6.20
4 » 0.45 1.80
4 » 1.45 5.80
4 » 0.45 1.80
16 » 0.45 7.20

   Ensemble.......... 22.80$\times$0.0025 p'.0.57
3 Feuillures et épaisseurs de châssis :
Chaque 2.80 $\times$ 0.10 0.84
2 Développements de portes à 1 vantail chaque 0.75 = 1.50
Tablettes :
2 fois 1.10 2.20
2 » 2.20 4.40

  Ensemble .... 6.60$\times$0.30= 1.98
Dessous de manteau 2.60 $\times$ 0.15 0.39
Planche de ventouse 2.60 $\times$ 0.10 0.26
Tout le surplus compensé » »

  Ensemble 44.24
  à 2^f,88 le mètre............................. 127.41
Plus-value pour enduit comme précédent, sur :
2 Portes à 1 vantail chaque 3.03 = 6.06 à 0^f,63 le mètre... 3.81
8 Ferrures réchampies à 0^f,06................................. 0.48
Fourneaux faïences et cuivres nettoyés....................... 1.50
Évier et faïences nettoyées................................. 0.50
Carrelage neuf, lavé, gratté et passé au grès :
De 3.00 $\times$ 3.00 = 9.00 à 0^f,50 le mètre.... 4.50
Intérieur de garde-manger huile 3 couches sur égrenage et rebouchage.
  0.90 hauteur $\times$ 5.20 de pourtour.
   Produit.................. 4.68
4 Faces de tablettes y compris fond sur plafond :
Chaque 2.30 $\times$ 0.30 .... 2.76
2 Tasseaux chaque 0.02 .... 0.04
Partie lamée 0.70 $\times$ 2.10
A 1 face en plus (pour l'extérieur)...................... 1.47
Feuillures et épaisseurs de la porte à 2 vantaux;
  6.30 $\times$ 0.08 .... 0.50
Épaisseurs de tables 6.00 $\times$ 0.01 .... 0.06

  Ensemble...................... 9.51
  à 1^f,58 le mètre 15.03

Dégagement.

Egrenage, enduit uni, ponçage au papier de verre et ripolin deux couches, 2 tons.
Plafond 4.60 $\times$ 1.00 produit.............. 4.60
Murs et boiseries 2.95 de hauteur $\times$ 11.20 de pourtour .. 33.04

  A reporter........................ 37.64

Report.. 37.64
Murs et boiseries du petit dégagement devant :
Toilette   2.95 $\times$ 2.20 de pourtour 6.49
Développements de 5 portes à 1 vantail chaque 0.75 = ..   3.75
Épaisseurs de cimaise et plinthe   0.06 $\times$ 7.60 = ...   0.45

      Ensemble 48.33
      à 2^f,88 le mètre.......................................   139.19
Plus-value pour impression et enduit entre moulures.
Sur 5 portes chaque   3.03 = 15.15 à 0^f,63 le mètre 9.54
3 Ferrures réchampies à 0^f,06.................................   0.18
Parquet *idem* précédent   4.60 $\times$ 1.00 = ...   4.60
                           1.10 $\times$ 0.90 = ...   0.99

      Ensemble 5.59
      à 0^f,73 le mètre...............................   4.08
      Total du 2e étage = ... 1 781^f,68
3e Étage semblable au 2e, produit............................   1 781.68
4e Étage semblable au 3e, produit............................   1 781.68

5e Étage.

Chambre à coucher mitoyenne (sur Avenue).

En retraite sur les étages inférieurs.

Plafond égrené, imprimé, rebouché colle et colle 2 couches :
De .   3.50 $\times$ 3.40 produit.   11.90
A déduire :
Emplacement de la corniche   13.80 $\times$ 0.30 = ...   4.14

      Reste 7.76
      à 0^f,92 le mètre.................................   7.14
Parquet lavé, gratté, encaustiqué à l'essence et frotté :
De .   3.50 $\times$ 3.40   .....   11.90
Déduire : foyer de cheminée   1.00 $\times$ 0.50   .....   0.50

      Reste 11.40
Reprendre :
2 Huisseries chaque   0.80 $\times$ 0.08   .....   0.12

      Ensemble 11.52
      à 0^f,73 le mètre.................................   8.41
Égrenage, impression, rebouchage céruse, huile 2 couches 2 tons
à une couche.
Corniche   13.80 $\times$ 0.50 dével.. = 6.90
Refouillement de 4 motifs d'angle :
Chaque   1.60 $\times$ 0.20 réduit. = 1.28
      Au double, produit 2.56

      Ensemble 9.46
      à 2^f,00 le mètre.................................   18.92
Égrenage, impression, enduit soigné sur partie moulurée, les
moulures enduites, huile 2 couches soignées, 2 tons à une couche.
1 Porte à 1 vantail   2.30 $\times$ 0.95 produit.   2.18
Développement des cadres :
2 Montants chaque   100 = 200
2 Autres   »   0.25 = 0.50
2   »   »   0.50 = 1.00
6   »   »   0.55 = 3.30
      Ensemble .... 6.80 $\times$ 0.03 = 0.20

      A reporter...........................   2.38

Report...   2.38

Feuillures : 2 fois.......   2.20 = 4.40 ⎱ 5.25 × 0.05
            1 fois.......   0.85 = 0.85 ⎰

            Produit à moitié pour une face..........   0.13
Épaisseur, même pourtour 5.25 × 0.03, prod¹ à moitié.   0.08
Épaisseur d'huisserie 5.25 × 0.04 à moitié *idem* 0.10

Développement de chambranle :

2 Montants chaque   2.30 = 4.60
1 Traverse   0.85 = 0.85

    Ensemble.............   5.45 × 0.04 produit.   0.21

        Ensemble 2.90
1 Autre porte semblable..........................   2.90
1 Croisée.   2.60 × 1.50 produit.   3.90
Déduire : les verres.
2 Chaque   1.25 × 0.55 ....   1.36
2   0.40 × 0.55 ....   0.44
2   0.40 × 0.55 ....   0.44

    Ensemble.................   2.24   2.24

        Reste....................   1.66   1.66
En plus : les développements.
4 fois   1.30 = 5.2 ⎞
4 »   0.45 = 1.80
4 »   0.45 = 1.80
12 »   0.60 = 7.20

        Ensemble............   16.00 × 0.025 produit   0.40
Feuillure et gueule-de-loup   4.80 × 0.10 ....   0.48
Épaisseurs de gorge battement et crémone.   2.30 × 0.06.....   0.13
Épaisseurs de cimaise et plinthe.   1.45 × 0.04....   0.05
13 Ferrures saillantes chaque   0.005............   0.06

Développement du chambranle en trois sens :

Développant ensemble   6.65 × 0.04 produit.   0.26
        Surface de la croisée (3.04)
Frise de soubassement 0.65 développé × 9.40 de pourtour 6.11
Développement des cadres :
50 Montants chaque   0.40 = 20.00 ⎱ 35.00 × 0.03   1.05
50 Traverses chaque   0.30 = 15.00 ⎰
Épaisseur de cimaise et plinthe :
                         0.05 × 9.40 ....   0.47

        Ensemble........................   16.47
        à 4ᶠ,00 le mètre................................   65.88
Cheminée et dépendances nettoyées 1.24
Ornements réchampis à jour à une couche.

Dans la corniche :

4 Chaque   1.60 × 0.20 produit.   1.28
        à 10ᶠ,15 le mètre.......................   12.99
5 Ferrures réchampies à 0ᶠ,06........................   0.30
Apprêts des murs   2.15 hauteur × 9.40 de pourtour.   20.21
1 Dessus de cheminée   1.75 × 1.00 ....   1.75
2 Dessus portes chaque   0.35 × 0.95 ....   0.66
1 Dessus de croisée   0.15 × 1.60 ....   0.24

        Ensemble 22.86
        à 0ᶠ,07 le mètre 1.60

Chambre milieu.

Plafond *idem* précédent de   4.00 × 3.35 .... 13.40
Moins : Corniche   13.50 × 0.30 .... 4.05

                    Reste......................... .9.35
                    à 0ᶠ,92 le mètre..............................   8.60

Égrenage, impression, rebouchage céruse, huile 2 couches, 2 tons
à une couche.

Corniche................ 13.50 × 0.50 développé... 6.75
Refouilllement de 4 motifs d'angles :
Chaque   1.60 × 0.20 réduit = 1.28
Au double produit................................... 2.56

                    Ensemble....................... 9.31
                    à 2ᶠ,00 le mètre..............................   18.62

Égrenage, impression, enduit soigné sur parties moulurées, les
moulures enduites, huile 2 couches soignées, 2 tons à une couche.

3 Portes à un vantail semblables à la précédente.
Chaque   2.90   .... 8.70
1 Tableau   5.25 × 0.35   .... 1.83
1 Autre   5.25 × 0.30   .... 1.57
1 Croisée et dépendances *idem* précédent, produit........... 3.04
Frise   0.65 développé × 10.40 de pourtour produit.......... 6.76

Développement des cadres.

56 Montants chaque   0.40   .... 22.40
56 Traverses chaque   0.30   .... 16.80

                    Ensemble....................... 39.20
                    × 0.03 produit......................... 1.17
Épaisseur de cimaise et plinthe 0.05 × 10.40 produit.......... 0.52

                    Surface........................ 23.59
                    à 4ᶠ,00 le mètre..............................   94.36
Ornements réchampis à jour à une couche dans la corniche.
4 chaque   1.60 × 0.20 produit..................... 1.28
                    à 10ᶠ,15 le mètre..............................   12.99
5 Ferrures réchampies   à 0ᶠ,06   ....   0.30
Cheminée et dépendances *idem* précédente, vaut.................   1.24

Égrenage des murs sous tenture.

2.15 hauteur × 10.40 de pourtour....................... 22.36
1 Dessus de croisée   0.15 × 1.60   .... 0.24
3 Dessus de portes chaque   0.35 × 0.95   .... 0.99
1 Dessus de cheminée   1.75 × 1.00   .... 1.75

                    Ensemble....................... 25.34
                    à 0ᶠ,07 le mètre..............................   1.77
Parquet balayé, encaustiqué à l'essence et frotté.
De   4.00 × 3.35   .... 13.40
Moins : foyer   1.00 × 0.50   .... 0.50

                    Reste.......................... 12.90

Reprendre :

3 Huisseries chaque   0.80 × 0.08   .... 0.18

                    Ensemble....................... 13.08
                    à 0ᶠ,73 le mètre..............................   9.55

Petite chambre ensuite.

Plafond *idem* précédent.
De   3.50 × 2.76   .... 9.66
Moins : emplacement de corniche.
De   ·   11.30 × 0.30   .... 3.39

            Reste.................................. 6.27
            à 0ᶠ,92 le mètre...........................   5.77
Parquet comme précédent   3.50 × 2.76   .... 9.66
Moins : foyer   1.00 × 0.50   .... 0.50

            Reste.................................. 9.16
Reprendre :
1 Huisserie   0.80 × 0.08   .... 0.06
1 Tableau   0.80 × 0.35   .... 0.28

            Ensemble.............................. 9.50
            à 0ᶠ,73 le mètre...........................   6.94
Corniche *idem* précédente 11.30 × 0.50 développé............. 5.65
4 Motifs d'ornements refouillés.
Chaque   1.60 × 0.20 réduit = 1.28
                Au double.............................. 2.56

            Ensemble.............................. 8.21
            à 2ᶠ,00 le mètre......................   16.42
Boiseries comme précédentes.

3 Portes à 1 vantail chaque 2.90 ensemble.................... 8.70
1 Tableau   5.25 × 0.35   .... 1.84
1 Croisée et dépendances comme la dernière produit........... 3.04
Frise   0.65 développée × 8.20   .... 5.33
Développement des cadres.

32 Montants chaque   0.40   .... 12.80
32 Traverses chaque   0.30   .... 9.60

            Ensemble........................ 22.40
            × 0.03.. 0.67
Epaisseurs de cimaise et plinthe 0.05 × 8.20................. 0.41

            Ensemble 19.99
            à 4ᶠ,00 le mètre.................................   79.96
5 Ferrures réchampies à 0ᶠ,06.....................................   0.30
Cheminée et dépendances nettoyées 1.24
Egrenage des murs   2.15 hauteur × 8.20 pourtour   .. 17.63
3 Dessus de portes chaque 0.35 × 0.95   .... 0.99
1 Dessus de croisée   0.15 × 1.60   .... 0.24
1 Dessus de cheminée   1.75 × 1.00   .. .. 1.75

            Ensemble 20.61
            à 0ᶠ,07 le mètre.....................................   1.44

Salon.

Egrenage, impression, enduit céruse uni et huile 2 couches soignées.
Plafond   3.60 × 3.70 réduit....................... 13.32
Moins : emplacement de corniche
          13.40 × 0.35 produit.................... 4.69

            Reste 8.63
            à 2ᶠ,70 le mètre.......................................   23.30

Egrenage, impression, rebouchage au mastic à la céruse et huile
2 couches soignées, 2 tons à une couche.
    Corniche   13.40 pourtour $\times$ 0.55 développé................   7.37
    6 Motifs d'angles refouillés chaque 1.60 $\times$ 0.25 réduit..... 2.40
             Au double.....................................   4.80

             Ensemble............................ 12.17
          à 2^f,00 le mètre......................................   24.34
Egrenage, impression, enduit céruse sur parties moulurées, les moulures
enduites, huile 2 couches soignées, 2 tons à une couche.
    Murs et boiseries   2.90 hauteur $\times$ 12.80 de pourtour à plat
                      produit......................... 37.12
à déduire :
    Cheminée   1.00 $\times$ 1.00   ....   1.00
    Verres des croisées.
    4 de   1.25 $\times$ 0.55   ....   2.72
    8 de   0.40 $\times$ 0.55   ....   1.76

             Ensemble...................... 5.48   5.48
             Reste......................... 31.64

Reprendre :
Les développements des petits bois.
    8 fois   1.30   12.40
  16 »   0.45   7.20
  24 »   0.60   14.40

         Ensemble .... 34.00 $\times$ 0.025 produit............   0.85
(Nota): Les verres de la porte à 4 vantaux sur la salle à manger
ne sont pas déductibles....................................   » »
    2 Feuillures et gueule-de-loup chaque 4.80 $\times$ 0.10............ 0.96
Epaisseur de gorge, battement et crémone.
    2 fois   2.30 $\times$ 0.06   ....   0.28
Epaisseur de cimaise et plinthe.
    2 fois   1.45 $\times$ 0.04   ....   0.11
    26 Ferrures saillantes chaque 0.005...................... 0.13
    2 Développements de chambranle de croisées.
    Chaque   6.65 $\times$ 0.04   ....   0.52
Développement complet de 2 portes à 1 vantail.
    Chaque   0.75   ....   1.50
    Idem de la porte à 4 vantaux produisant ensemble............ 1.21
Epaisseur et développement de cimaise et plinthe.
    De   0.05 $\times$ 5.10 produit 0.26
Excédent de développement des cadres du haut des murs.
    20 Montants chaque   1.95 = 39.00
    20 Traverses chaque   0.35 = 7.00

           Ensemble.............. 46.00 $\times$ 0.05   2.30
Cadres entre cimaise et plinthes :
    20 Montants chaque   0.50 = 10.00
    20 Traverses chaque   0.35 = 7.00

           Ensemble .... 17.00 $\times$ 0.03   0.51

            Ensemble.................... 40.27
         à 4^f,00 le mètre 161.08
Moulures réchampies à une couche pour 3e ton.
1 fois le pourtour des cadres d'une porte à un vantail 6.80
1 Autre fois semblable 6.80
2 fois le pourtour du chambranle chaque 5.45 = ... 10.90
     A reporter................................. 64.77

Report....................................	64.77	
Pour les croisées.		
2 fois la cimaise chaque 1.45....................	2.90	
2 fois le calfeutrement chaque 6.45...............	12.90	
2 fois le chambranle chaque 6.65	13.30	
Porte à 4 vantaux.		
1 fois le pourtour des cadres	7.20	
3 fois le battement chaque 2.20	6.60	
1 fois le chambranle.............................	7.10	
Cadres sur le haut des murs.		
1 fois leur pourtour........,....................	46.00	
1 fois le pourtour de la cimaise	5.10	
Sur le bas des murs, entre cimaise et plinthe.		
1 fois le pourtour des cadres....................	27.00	
Ensemble	152.60	
à 0ʳ,11 le mètre		16.78

Ornement réchampis à jour une couche.
Dans la corniche :

6 Motifs de chaque	1.60 × 0.25 produit	2.40	
à 10.65 le mètre..............................			25.56

Parquet comme précédent.

De	3.60 × 3.70 réduit, produit.	13.32	
Moins : foyer	1.00 × 0.50	0.50	
Reste............................		12.82	

Reprendre :

1 Huisserie à 1 vantail	0.80 × 0.08	0.06	
1 Huisserie à 4 vantaux	2.00 × 0.08	0.16	
1 Tableau	0.80 × 0.35	0.28	
Ensemble............................		13.32	
à 0ʳ,73 le mètre................................			9.72
Cheminée et dépendances nettoyées			1.24

Salle à manger.

Plafond égrené, imprimé, rebouché, colle et colle deux couches :

De	3.60 × 3.70 réduit, produit.	13.32	
Moins : emplacement de la corniche.			
	13.40 × 0.30 produit	4.02	
Reste............................		9.30	
à 0ʳ,92 le mètre			8.56
Parquet *idem* précédent	3.60 × 3.70 produit	13.32	
Moins : foyer	1.00 × 0.50	0.50	
Reste............................		12.82	

En plus :

1 Huisserie à 1 vantail	0.80 × 0.08	0.06	
1 Huisserie à 4 vantaux	2.00 × 0.08	0.16	
Ensemble		13.04	
à 0ʳ,73 le mètre................................			9.52

Egrenage, impression, enduit céruse sur parties moulurées, les moulures
enduites, huile 2 couches soignées, façon de décors soignée, vernis une
couche, encaustiquage et lustrage à la flanelle.

1 Croisée produit....................	3.04	
2 Portes à 1 vantail chaque 2.90	5.80	
1 Porte à 4 vantaux 2.30 × 2.20	5.06	
A reporter	13.90	

Report... 13.90
Les développements complets de la porte à 4 vantaux produisent. 1.21
Lambris   1.35 hauteur × 7.50 de pourtour à plat = ... 10.12
Développement des cadres:
48 Montants chaque   1.00   ensemble................. 48.00
48 Traverses chaque   0.20   » 9.60
                                                         ──────
                    Ensemble...................... 57.60
                 × 0.03 produit............................... 1.73
Epaisseur de cimaise, astragale et plinthes
                    0.07 × 7.50   .... 0.52
Haut des murs du dégagement sur antichambre.
De   1.75 × 2.00 de pourtour.......... 3.50
                                                         ──────
                    Ensemble................................ 30.98
                 à 6f,25 le mètre.................................   193.63
Egrenage, impression, rebouchage au mastic à l'huile, huile 2 couches
soignées, façon de décors soignée, vernis une couche, encaustiquage et
lustrage.
Corniche   13.40 × 0.50 développé.................... 6.70
Refouillement de 6 motifs d'angles.
Chaque   1.20 × 0.20 = 1.44
                         au double, produit................. 2.88
                                                         ──────
                    Surface................................ 9.58
                 à 4f,20 le mètre..   40.24
Cheminée et ses dépendances nettoyée
                         Vaut....................................   1.24
Filets de tables repiqués et adoucis.
48 Montants chaque   1.00 ensemble......................... 48.00
48 Traverses chaque   0.25   » 9.60
                                                         ──────
                    Longueur.............................. 57.60
                 à 0f,18 le mètre....................................   10.37
Egrenage, impression, rebouchage colle et colle 2 couches.
Plafond de placard   1.60 × 1.00   .... 1.60
Celui de dégagement sur antichambre
                    0.90 × 0.40 réduit............... 0.36
                                                         ──────
                    Ensemble................................. 1.96
                 à 0f,92 le mètre.............................   1.80
Parquet même travail que les précédents et même surface....... 1.96
                 à 0f,73 le mètre................................   1.43
Egrenage des murs de salle à manger

1.45 hauteur × 7.50 de pourtour............................ 10.87
1 Dessus de croisée   0.15 × 1.60   .... 0.24
2 Dessus de portes à 1 vantail chaque   0.35 × 0.95 .... 0.66
1 Dessus de cheminée   1.75 × 1.00   .... 1.75
1 Dessus de porte à 4 vantaux   0.35 × 2.20 .... 0.77
                                                         ──────
                    Ensemble 14.29
                 à 0f,07 le mètre....................................   1.00
Intérieur de placard égrené, imprimé, rebouché huile et huile 2 couches.
De   2.90 hauteur × 5.20 de pourtour en 4 sens produit... 15.08
6 Faces tablettes chaque   1.60 × 1.00   .... 9.60
6 Tasseaux chaque   0.02   .... 0.12
1 Épaisseur d'huisserie de porte   5.20 × 0.04   .... 0.21
Feuillure de porte   5.20 × 0.05   .... 0.26
Epaisseurs   5.20 × 0.03   .... 0.16
                                                         ──────
                    A reporter..................... 25.43

Report.................................... 25.43
Épaisseurs des tables sur portes.
Ensemble   7.00 $\times$ 0.01   .... 0.07

Ensemble 25.50
à 1^f,58 le mètre..   40.29

Antichambre.

Plafond *idem* précédent
De   3.80 $\times$ 1.80 produit..................... 6.84
Moins : Corniche   10.20 $\times$ 0.25   .... 2.55

Reste................................. 4.29
à 0^f,93 le mètre.......................................   3.98
Parquet *idem* précédent.
De   3.80 $\times$ 1.80 produit..................... 6.84
2 Huisseries de portes chaque   0.85 $\times$ 0.08 courant.......... 0.12
1 Autre   1.35 $\times$ 0.08   .... 0.10
Placard   1.00 $\times$ 0.50 réduit....................... 0.50

Ensemble 7.56
à 0^f,73 le mètre..   5.52
Corniche, même travail qu'antichambre précédent.
De   10.20 $\times$ 0.40 développé = ... 4.08
à 2^f,00 le mètre.......................................   8.16
Boiseries comme précédentes.
4 Portes à 1 vantail et dépendances *idem* précédentes.
Chaque   2.90   .... 11.60
1 Porte à 2 vantaux et tous ses développements *idem*........... 4.72
1 Petite croisée sans ébrasement produit....................... 2.76
Lambris   1.20 $\times$ 5.00   .... 6.00
Développement de cadres.
30 fois   0.80   .... 24.00
30 »   0.25   .... 7.50

Ensemble........................ 31.50
$\times$ 0.03 produit.............................. 0.95
Épaisseur de cimaise et plinthe.
De   0.06 $\times$ 5.00   .... 0.30
Cadres de lambris au-dessus et jusque sous la corniche.
12 Montants chaque 1.40............................. 16.80
2 Cours de traverses chaque 5.00 = ... 10.00

Ensemble........................ 26.80
$\times$ 0.15 produit.............................. 4.02

Ensemble............................... 30.35
à 4^f,00 le mètre.......................................   121.40
3 Ferrures réchampies à 0^f,06..   0.18
Égrenage des murs sous les panneaux de tenture
                  1.40 $\times$ 4.50   .... 6.30
4 Dessus de portes chaque 0.35 $\times$ 0.60   .... 0.84
1 Dessus de   0.35 $\times$ 1.10   .... 0.39
1 Dessus de croisée   0.15 $\times$ 1.00   .... 0.15

Ensemble............................. 7.68
à 0^f,07 le mètre.......................................   0.54
Intérieur d'armoire égrené, imprimé, rebouchage huile et huile 2 couches.
De   2.90 hauteur $\times$ 3.00 de pourtour produit............ 8.70

A reporter............................... 8.70

Report..............................	8.70	
7 Faces tablettes y compris plafond.		
Chaque 1.00 × 0.50	3.50	
6 Tasseaux chaque 0.02	0.12	
Feuillure et épaisseur de la porte développant 5.20 × 0.08 ..	0.41	
Epaisseurs de tables sur la porte à l'intérieur, ensemble		
7.00 × 0.01	0.07	
Ensemble............................	12.80	
à 1f,58 le mètre		20.22

Cabinet de toilette.

Egrenage, enduit uni et ripolin 2 couches, 2 tons sur un ponçage à sec au papier de verre.		
Plafond 2.50 × 1.50 produit	3.75	
Murs et boiseries 2.90 hauteur × 8.00 de pourtour............	23.20	
Ensemble....................................	26.95	
Déduire :		
8 Verres à la croisée chaque 0.40 × 0.25 produit..............	0.80	
Reste................................	26.15	
Reprendre :		
Epaisseur des petits bois.		
16 fois 0.45 ensemble.....................	7.20	
16 fois 0.30 »	4.80	
Ensemble........................	12.00	
× 0.025 produit..................................	0.30	
2 Feuillures et gueule-de-loup chaque		
De 3.40 × 0.10	0.68	
Epaisseur de gorge, battement et crémone		
2 fois 1.80 × 0.06	0.20	
26 Ferrures saillantes chaque 0.005.........................	0.13	
Développements d'une porte à un vantail produit..............	0.75	
Ensemble...............................	28.21	
à 2f,88 le mètre..............................		81.24
Parquet *idem* précédent 2.50 × 1.50 produit.................	3.75	
à 0f,73 le mètre		2.74
3 Ferrures réchampies à 0f,06..............................		0.18
Plus-value pour impression et enduit entre moulures au lieu d'enduit uni.		
Sur une porte à 1 vantail et ses dépendances produit...........	2.90	
à 0f,63 le mètre..............................		1.83

Water-closets.

Même travail que cabinet de toilette.		
Plafond 1.00 réduit × 0.85.......................	0.85	
Murs et boiseries 2.90 hauteur × 3.70 pourtour tout compensé..	10.73	
Ensemble.............................	11.58	
à 2f,28 le mètre..............................		33.35
Plus-value pour impression et enduit entre moulures sur porte,		
Produit...........................	2.90	
à 0f,63 le mètre..............................		1.83
Parquet *idem* précédent 1.00 × 0.85 produit..............	0.85	
1 Huisserie de porte 0.80 × 0.08	0.06	
Ensemble.............................	0.91	
à 0f,73 le mètre..............................		0.66

3 Ferrures réchampies à 0^f,06.. 0.18
La cuvette nettoyée.. 0.60

Cuisine.

Même travail que cabinet de toilette.
Plafond   3.00 × 3.00 réduit........................... 9.00
Murs et boiseries 2.90 hauteur × 12.00 de pourtour produit.   34.80
A déduire :
2 Verres chaque   1.50 × 0.40 = ... 1.20
2 de   0.40 × 0.40 = ... 0 32
2 de   1.40 × 0.40 = ... 1.12
2 de   0.40 × 0.40 = ... 0.32
Les autres indéductibles
Fourneau   0.80 × 1.10 = ... 0.88
Evier   0.80 × 0.90 = ... 0.72
Faïences   0.44 × 2.60 = ... 1.16
     Ensemble................. 5.70   5.70
     Reste....................... 29.10   29.10
Reprendre :
Epaisseurs des petits bois.
4 fois   1.55 ensemble 6.20
4 »   0.45 ensemble 1.80
4 »   1.45 ensemble 5.80
4 »   0.45 ensemble 1.80
16 »   0.45 ensemble 7.20
     Ensemble........... 22.80
     × 0^f,025 produit................................. 0.57
3 Feuillures et épaisseurs de châssis :
Chaque   2.80 × 0.10   .... 0.84
2 Développements de portes à 1 vantail :
Chaque   0.75   .... 1.50
Tablettes :
2 fois   1.10 ensemble 2.20
2 »   2.20 ensemble 4.40
     Ensemble............. 6.60
     × 0^f,30 produit 1.98
Dessus de manteau   2.60 × 0.15   .... 0.39
Planche de ventouse   2.60 × 0.10   .... 0.26
     Ensemble.............................. 43.54
     à 2^f,88 le mètre................................ 124.40
Plus-value pour enduit comme précédemment :
Sur : 2 portes à 1 vantail chaque 2.90........................ 5.80
     à 0^f,63 le mètre................................ 3.65
8 Ferrures réchampies à 0^f,06................................ 0.48
Fourneau, faïences et cuivres nettoyés........................... 1.50
Evier et faïences nettoyés................................ 0.50
Carrelage neuf, lavé, gratté et passé au grès :
De   3.00 × 3.00 = 9.00
     à 0^f,50 le mètre................................ 4.50
Intérieur de garde-manger :
Huile 3 couches sur égrenage et rebouchage.
     0.90 hauteur × 5.20 de pourtour, produit....... 4.68
     A reporter........................ 4.68

Report		4.68	
Faces de tablettes y compris fond et plafond :			
Chaque	2.30 × 0.30	2.76	
2 Tasseaux chaque	0.02	0.04	
Partie lamée	0.70 × 2.10		
A une face en plus pour l'extérieur		1.47	
Feuillures et épaisseurs de la porte à 2 vantaux :			
De	6.30 × 0.08	0.50	
Epaisseurs de tables	6.00 × 0.01	0.06	
Ensemble		9.51	
à 1ʳ,58 le mètre			15.03

Dégagement.

Egrenage, enduit uni, ponçage au papier de verre et ripolin deux couches deux tons.

Plafond	4.60 × 1.00 produit	4.60	
Dégagement	0.90 × 0.80	0.72	
Murs et boiseries de	2.90 hauteur × 11.00 de :		
Pourtour produit		31.90	
Développement de 6 portes à un vantail :			
Chaque 0.72, ensemble		4.32	
Epaisseur de cimaise et plinthe :			
	0.06 × 5.30 produit	0.31	
Les verres du châssis se trouvent compensés par ses développements.		» »	
Ensemble		41.85	
à 2ʳ,88 le mètre			120.53
Plus-value pour impression et enduit entre moulures sur 6 portes à 1 vantail chaque 2.90 ensemble		17.40	
à 0ʳ,63 le mètre			10.96
4 Ferrures réchampies à 0ʳ,06			0.24
Parquet *idem* précédent.			
1 fois	4.60 × 1.00	4.60	
1 fois	0.90 × 0.80	0.72	
Ensemble		5.32	
à 0ʳ,73 le mètre			3.88

Premier étage.

Grande chambre.

Plafond égrené, imprimé, rebouché au mastic à la colle et colle 2 couches.

De	6.80 × 5.60 produit	38.08	
Moins : Corniche 23.40 × 0.35 »		8.19	
Reste		29.89	
à 0ʳ,92 le mètre			27.50
Parquet balayé, encaustiqué à l'essence et frotté			
De	6.80 × 5.60 produit	38.08	
Moins : foyer	1.00 × 0.50 »	0.50	
Reste		37.58	
Reprendre :			
1 Tableau de	0.80 × 0.35	0.28	
1 de	0.80 × 0.30	0.24	
1 de	0.80 × 0.25	0.20	
1 Huisserie	0.80 × 0.08	0.06	
Ensemble		38.36	
à 0ʳ,73 le mètre			28.00

Corniche comme aux étages détaillés ci-dessus.
De   23.40 × 0.60 développée...................... 14.04
Refouillement de 8 motifs d'angle chaque 1.60 × 0.30 =   2.88
                                     Au double......................... 5.76
                                                                       ———
                      Surface............................... 19.80
                      à 2f,00 le mètre.....................:..............   39.60
Egrenage, impression, enduit soigné sur parties moulurées, les moulures
enduites, huile 2 couches soignées, 2 tons à une couche.
Les boiseries :
1 Porte à 1 vantail de 2.60 hauteur × 0 95 produit............. 2.47
Développement des cadres.
2 Montants chaque   1.15   ensemble................... 2.30
2 Autres   »   0.25   » 0.50
2 Autres   »   0.55   » 1.10
6 Traverses   »   0.55   » 3.30
                                                          ———
                      Ensemble...................... 7.20
                      × 0.03 produit.............................. 0.22
Feuillures.
2 fois   2.50 ensemble................... 5.00
1 fois   0.85   » 0.85
                                               ———
                      Ensemble 5.85
                      × 0.05 produit.......................... 0.29
Epaisseurs, même pourtour   5.85 × 0.03   0.18
Epaisseurs d'huisserie pour l'autre face   5.85 × 0.04   0.23
                                                      ———
                      Ensemble...................... 0.70
A moitié pour une face... 0.35
Développement du chambranle.
2 Montants chaque   2.60 = ... 5.20
1 Traverse de 0.90
                                                       ———
                      Ensemble......................... 6.10
                      × 0.04 produit............................. 0.24
Surface de la porte (3.06).
2 Autres portes semblables chaque 3.06...................... 6.12
1 Tableau   5.85 × 0.35   .... 2.05
1 Autre   5.85 × 0.30 réduit.................... 1.75
1 Autre   5.85 × 0.25   .... 1.46
1 Croisée   3.00 hauteur × 1.60 produit............... 4.80
Moins : les verres.
2 Chaque   1.50 × 0.55   ..... 1.65
2   »   0.40 × 0.55   ..... 0.44
                                              ———
                      Ensemble............................. 2.09
                                                            ———
                      Reste............................ 2.71
Reprendre les développements :
Epaisseurs des petits bois au pourtour des verres :
4 Montants chaque   1.55   ..... 6.20
4   » 1.80
8 Traverses chaque   0.60   ..... 4.80
                                             ————
                      Ensemble................. 12.80
                      × 0.025 produit....................... 0.32
Feuillures, battant mouton et gueule-de-loup.
1 fois   2.50   ..... 2.50
    »   1.25   ..... 2.50
                                             ————
                      Ensemble................. 5.00
                      × 0.10 produit 0.50
                                                           ————
                      A reporter 3.53   14.66

                    Report......................... 3.53 14.66
Epaisseur de gorge, Battement et crémone.
                    2.50 × 0.06   .... 0.15
Epaisseur de cimaise et plinthe.
                    1.45 × 0.05   .... 0.08
13 Ferrures saillantes chaque 0.005 .... 0.06
Développement de chambranle :
2 Montants chaque   3.05   ..... 6.10
1 Traverse de................................. 1.45
                    Ensemble 7.55
            × 0.04 produit 0.30
                        Surface de la croisée.............. 4.12
1 Autre croisée semblable 4.12
Frise de 0.75 hauteur compris développement de cimaise et plinthe
× 16.75 de pourtour.
                    Produit.................... 12.56
Développement des cadres :
96 Montants chaque   0.50   ..... 48.00
96 Traverses chaque   0.30   ..... 28.80
                    Ensemble....................... 76.80
            × 0.03 produit...................... 2.30
                    Surface............................. 37.76
            à 4f,00 le mètre 151.04
Cheminée et dépendances nettoyées 1.24
Ornements réchampis à jour en blanc d'argent à une couche.
8 Motifs dans la corniche :
Chaque   1.60 × 0.30 produit.. 3.84
            à 10f,15 le mètre....................................... 38.97
8 Ferrures réchampies à 0f,06..................................... 0.48
Egrenage des murs sous tenture :
            2.20 de hauteur × 16.75 produit................ 36.85
1 Dessus de cheminée   1.90 × 1.00   .... 1.90
2 Dessus de croisées chaque 0.05 × 1.60   .... 0.16
3 Dessus de portes chaque   0.20 × 0.95   .... 0.38
                    Ensemble 39.29
            à 0f,07 le mètre...................................... 2.75
Intérieur d'armoire égrené, imprimé, rebouché au mastic à l'huile et
huile deux couches :
De 3.00 de hauteur × 4 60 pourtour produit................... 13.80
6 Faces tablettes chaque....... 2.20 × 0.10   .... 1.32
6 Tasseaux chaque 0.02 .... 0.12
2 Feuillures et épaisseurs de portes en 4 sens :
Chaque   6.00 × 0.08   .... 0.96
Epaisseur des tables.
2 fois   7.00 × 0.01   .... 0.14
                    Ensemble............................... 16.34
            à 1f,58 le mètre 25.82

                        Cabinet de toilette.

Egrenage, impression, rebouchage céruse, ponçage et ripolin 2 couches,
2 tons à une couche.
Plafond   3.75 × 2.75   ..... 10.31
Moins :
Emplacement de la corniche   11.80 × 0.30   ..... 3.54
                    Reste......................... 6.77 6.77
                A reporter 6.77

$$\textit{Report}\dots\dots\dots\dots\dots\dots\dots\dots \quad 6.77$$

Corniche   11.80 × 0.50 développé................... 5.90

Murs et boiseries de 2.90 hauteur sous corniche × 13.00 de
pourtour, produit.. 37.70

Déduire :

| 2 Verres chaque | 1.50 × 0.55 = ... | 1.65 |
| 2   »   » | 0.40 × 0.55 = ... | 0.44 |

Ensemble 2.09   2.09

Reste........................ 35.61   35.61

Reprendre :

Développements complets d'une croisée *idem* précédente, produit.   1.41

Développements complets de 4 portes à 1 vantail chaque 0.81....   3.24

1 Ebrasement de croisée de 7.40 × 0.20 = ...   1.48

Développement de cimaise et plinthe sur murs   0.05 × 8.45 ..   0.42

Dito des cadres sur frise.

| 48 Montants chaque | 0.50 | .... | 24.00 |
| 48 Traverses chaque | 0.30 | .... | 14.40 |

Ensemble....................... 38.40

× 0.03 produit............................. 1.15

Surface................................. 55.98

à 2f,88 le mètre....................................   161.22

Plus-value pour impression et enduit sur moulures, sur :

4 Portes à 1 vantail chaque   3.06 = 12.24

à 0f,63 le mètre....................................   7.11

7 Ferrures réchampies à 0f,06............................   0.42

Parquet *idem* précédent	3.75 × 2.75	....	10.30
1 Ebrasement de croisée	1.45 × 0.20	....	0.29
1 Tableau de porte	0.80 × 0.35	....	0.28
2 Huisseries chaque	0.80 × 0.08	....	0.12
Placard	1.00 × 0.40 réduit	....	0.40

Ensemble............................ 11.39

à 0f,73 le mètre....................................   8.31

Egrenage, impression, rebouchage huile et huile 2 couches.

Intérieur d'armoire 3.00 de hauteur × 2.80 de pourtour, produit.   8.40

7 Faces tablettes y compris plafond chaque   1.00 × 0.40 .....   2.80

6 Tasseaux chaque   0.02   .... 0.12

Feuillure et épaisseurs de porte et développements complets *idem*
précédente...   0.81

Surface................................. 12.13

à 1f,58 le mètre....................................   19.16

Chambre à coucher sur pan coupé.

Même genre de travail que chambre précédente pour :

| Plafond | 4.80 réduit × 3.80 produit........ | 18.24 |
| Moins : corniche | 15.80 × 0.35 .... | 5.53 |

Reste................................. 12.71

à 0f,92 le mètre....................................   11.69

| Parquet | 4.80 × 3.80 produit.. | 18.24 |
| Moins : foyer | 1.00 × 0.50 = ... | 0.50 |

Reste................................. 17.74   17.74

Reprendre :

| 1 Ebrasement de croisée | 1.45 × 0.02 = ... | 0.29 |
| 1 Huisserie de porte | 0.80 × 0.08 = ... | 0.06 |

A reporter................. 0.35   17.74

	Report 0.35	17.74

1 Petit ébrasement de croisée.

                      1.45 $\times$ 0.10 = ... 0.15

           Ensemble 18.24

               à 0^f,73 le mètre 13.11

Corniche   15.80 $\times$ 0.55 développé = .. 8.69

4 Ornements refouillés.

Chaque   1.60 $\times$ 0.25 = ... 1.60

                Au double 3.20

           Ensemble 11.89

              à 2^f,00 le mètre 23.78

Boiseries :

2 Croisées sans ébrasement *idem* précédents.

Chaque   4.12 .... = ... 8.24

1 Ébrasement   7.40 $\times$ 0.20 = ... 1.48

1 Autre   7.40 $\times$ 0.10 = ... 0.74

2 Portes à 1 vantail chaque de   3.06 .... = ... 6.12

Frise 0.75 hauteur développée compris cimaise et plinthe

$\times$ 11.00 de pourtour = ... 8.25

Développement des cadres.

66 Montants chaque   0.50 .... 33.00

66 Traverses chaque   0.30 .... 19.80

           Ensemble 52.80

               $\times$ 0.03 produit....... .... 1.58

                Surface 26.41

            à 4^f,00 le mètre 105.64

Cheminée et dépendances nettoyées......................... 1.24

Ornements réchampis à jour, une couche.

4 Angles chaque   1.60 $\times$ 0.25 dans la corniche

        Produit   1.60 à 10^f,15 le mètre 16.24

4 Ferrures réchampies à 0^f,06......................... 0.24

Egrenage des murs de 2.20 hauteur $\times$ 11.00 de :

Pourtour..................................... 24.20

1 Dessus de cheminée de   1.90 $\times$ 1.00 = ... 1.90

2 Dessus de croisées chaque   0.05 $\times$ 1.60 = ... 0.16

2 Dessus de portes chaque de 0.20 $\times$ 0.95 = ... 0.38

          Ensemble 26.64

        à 0^f,07 le mètre.............................. 1.86

Chambre contiguë.

Même travail que la précédente.

Plafond   4.20 $\times$ 3.50 .... 14.70

Moins : corniche   14.00 $\times$ 0.35 .... 4.90

          Reste.................................... 9.80

           à 0^f,92 le mètre.............................. 9.02

Parquet   4.20 $\times$ 3.50 = ... 14.70

Moins : foyer   1.10 $\times$ 0.55 = ... 0.60

          Reste..................... 14.10

Plus :

1 Ébrasement de croisée   0.10 $\times$ 1.45 = ... 0.15

2 Huisseries chaque   0.80 $\times$ 0.08 = ... 0.12

          Ensemble 14.37

           à 0^f,73 le mètre.............................. 10.49

Corniche   14.00 $\times$ 0.55 développé...... 7.70

Refouillements de 4 ornements comme les précédents, produisent. 3.20

          Ensemble 10.90

           à 2^f,00 le mètre 21.80

Boiscries :
1 Croisée produit.................................... 4.12
1 Ebrasement　　　　7.40 × 0.10 = ... 0.74
2 Portes à 1 vantail chaque de 3.06 = ... 6.12
Frise　　　　0.75 développé × 10.80
de pourtour produit..................................... 8.10
Développement des cadres
60 fois　　　　0.50　　　　................. 30.00
60　》　　　　0.30　　　　................. 18.00
　　　　　　Ensemble 48.00
　　　× 0.03 produit............................. 1.44
　　　　　　Ensemble 20.52
　　　　　à 4ʳ,00 le mètre............................. 82.08
Cheminée nettoyée *idem*...................................... 1.24
Ornements réchampis à 1 couche
4 de　　　　1.60 × 0.25 = 1.60
　　　　　à 10ʳ,15 le mètre............................. 16.24
5 Ferrures réchampies à 0ʳ,06 .... 0.30
Egrenage des murs　　　　2.20 × 10.80　　　　............... 23.76
1 Dessus de cheminée　　　1.90 × 1.10　　　　............... 2.09
1 Dessus de croisée　　　0.05 × 1.60　　　　............... 0.08
2 Dessus de portes chaque　0.20 × 0.95　　　　............... 0.38
　　　　　　Ensemble............................ 26.31
　　　　　à 0ʳ,07 le mètre................................. 1.84

Lingerie.

Egrenage, enduit uni, ponçage et ripolin deux couches, deux tons à une couche.
Plafond　　　　2.80 × 1.10 réduit = ... 3.08
Murs et boiseries de 3.00 hauteur × 7.80 de pourtour)
produit.. 23.40 } 22.56
Moins : 1 verre 1.40 × 0.60 = ... 0.84)
Reprendre :
Petits bois autour des verres.
2 fois　　　　1.45　　　　.......................... 2.90
2 fois　　　　0.65　　　　.......................... 1.30
　　　　　　Ensemble........................ 4.20
　　　× 0.025 produit............................. 0.11
Feuillure et épaisseurs de châssis.
　　　　　　4.40 × 0.10　　　　............... 0.44
Calfeutrement　　　　6.70 × 0.01　　　　............... 0.07
10 Ferrures saillantes chaque 0.005　　　............... 0.05
Ebrasement　　　　7.00 × 0.20　　　　............... 1.40
Chambranle　　　7.10 × 0.04　　　　............... 0.28
Développements d'une porte à 1 vantail produit 0.81
Epaisseurs développées de cimaise et plinthe
　　　　　　0.05 × 6.00 produit.................. 0.30
　　　　　　Ensemble.............................. 29.10
　　　　　à 2ʳ,88 le mètre 83.80
Plus-value pour impression et enduit entre parties moulurées.
Sur porte, produit　　　　3.06 à 0ʳ,63 le mètre.................... 1.93
2 Ferrures réchampies à 0ʳ,06 .... 0.12
Parquet *idem* précédent　　　2.80 × 1.10 réduit = ... 3.08
1 Ebrasement de châssis　　　1.10 × 0.20　　　....... 0.22
　　　　　　Ensemble............................. 3.30
　　　　　à 0ʳ,73 le mètre................................. 2.41

Salle de bains.

Même travail que lingerie, pour :
Plafond   3.00 × 3.00 produit 9.00
Murs et boiseries de 3.00 hauteur × 12.00 pourtour = ... 36.00
Les verres non réductibles................................... » »
1 Ebrasement de jour de souffrance :
              3.60 × 0.20   .... 0.72
Développements de 2 portes à 1 vantail :
Chaque   0.81   .... 1.62
Epaisseur de cimaise et plinthe :
              0.05 × 10.00 = ... 0.50
                                                      ──────
        Ensemble 17.84
              à 2ᶠ,88 le mètre 137.78
Plus-value pour impression et enduit entre moulures sur 2 portes
chaque 3.06
        Ensemble   6.12 à 0ᶠ,63 le mètre........................... 3.86
6 Ferrures réchampies à 0ᶠ,06..................................... 0.36
Dallage lavé, gratté et passé au grès :
              3.00 × 3.00 = 9.00 à 0ᶠ,50 le mètre........................ 4.50

Water-closets.

Même travail que salle de bains :
Plafond   1.20 × 1.20   .... 1.44
Murs et boiseries 3.00 hauteur × 4.80 de pourtour 14.40
Tout compensé.. » »
                                                      ──────
        Ensemble.................................... 15.84
              à 2ᶠ,88 le mètre.................................. .... 45.62
Plus-value pour impression et enduit entre moulures :
Sur une porte à 1 vantail 3.06 à 0ᶠ,63.. 1.93
2 Ferrures réchampies à 0ᶠ,06..................................... 0.12
Parquet *idem* précédent   1.20 × 1.20 = ... 1.44
              à 0ᶠ,73 le mètre 1.05
La cuvette nettoyée : 0.60

Dégagement.

Même travail que closets.
Plafond   5.85 × 1.10 produit 6.43
Murs et boiseries   3.00 × 13.90 de pourtour = ... 41.70
Les verres non déductibles :
Développements complets de 4 portes à 1 vantail chaque   0.81   3.24
Epaisseur de cimaise et plinthe :
              0.05 × 10.00 produit 0.50
                                                      ──────
        Ensemble.................................... 51.87
              à 2ᶠ,88 le mètre....................................... 149.39
Plus-value pour impression et enduit entre parties moulurées, sur :
4 Portes à 1 vantail chaque   3.12 = 12.24
              à 0ᶠ,63 le mètre...................................... 7.11
2 Ferrures réchampies 0ᶠ,06....................................... 0.12
Parquet comme précédent ;
              5.86 × 1.10   .... 6.45
              à 0ᶠ,73 le mètre...................................... 4.71

Antichambre.

Même travail qu'antichambres précédentes, pour :

Plafond	4.00 × 2.30	....	9.20
Moins : corniche	11.40 × 0.30	....	3.42

Reste........................ 5.78
à 0ʳ,92 le mètre.. 5.32

Parquet	4.00 × 2.30	....	9.20
1 Ebrasement	2.10 × 0.30	....	0.63
1 Huisserie à 1 vantail 0.80 × 0.08		....	0.06
1 » à 2 vantaux 1.40 × 0.08		....	0.11

Ensemble........................ 10.00
à 0ʳ,73 le mètre.. 7.30

Corniche   11.40 × 0.50   développé.............. 5.70
à 2ʳ,00 le mètre.. 11.40

Boiseries.

5 Portes à un vantail chaque 3.06 ensemble................ 15.30
1 Porte à 2 vantaux et ses développements produit.......... 4.72
1 Ebrasement sur pan coupé.
De   7.70 × 0.30   .... 2.31
1 Petite croisée sans ébrasement *idem* précédente.......... 2.76
Lambris   1.20 × 6.30   .... 7.56
Développement des cadres.

36 Montants chaque 0.80 = ... 28.80
36 Traverses chaque 0.25 = ... 9.00

Ensemble........................ 37.80
× 0.03 .... 1.13
Épaisseur de cimaise et plinthe   0.06 × 6.30   .... 0.38
Cadres de lambris jusque sous corniche.

16 Montants chaque 1.50 = ... 24.00
2 Cours de traverses chaque 6.30 = ... 12.60

Ensemble........................ 36.60 × 0.15 = 5.49
Ensemble........................ 39.65
à 4ʳ,00 le mètre.. 158.60
3 Ferrures réchampies à 0ʳ,06........................ 0.18

Egrenage des murs	1.50 × 4.00 =	....	6.00
5 Dessus de portes chaque 0.40 × 0.60 =		....	1.20
1 Dessus de porte	0.40 × 1.10 =	....	0.44
1 Dessus de châssis	0.20 × 1.00 =	....	0.20

Ensemble........................ 7.84
à 0ʳ,07 le mètre.. 0.55

Entresol.

Grand salon.

Egrenage, impression, enduit céruse uni et huile deux couches soignées.

Plafond	5.80 × 4.75 produit	....	27.55
Moins : corniche	19.70 × 0.35	....	6.89

Reste........................ 20.66
à 2ʳ,70 le mètre.. 55.78

Égrenage, impression, rebouchage céruse et huile deux couches, deux tons à une couche.

Corniche   19.70 × 0.55 développé produit.............. 10.83
Refouillement de 8 motifs dans les angles et au milieu de la corniche.
Chaque   1.60 × 0.25 réduit   produit   3.20   au double.   6.40

Surface........................ 17.23
à 2ʳ,00 le mètre.. 34.46

Égrenage, impression enduit céruse, les moulures enduites, huile deux couches soignées, deux tons à une couche.

Murs et boiseries de 3.25 de hauteur × 21.10 de pourtour, produit 68.58
A déduire : Les verres de croisées.

4 chaque	1.50 × 0.55	....	3.32
4 chaque	0.45 × 0.55	....	1.00
Cheminée	1.00 × 1.40	....	1.40

Ensemble...................... 5.72   5.72

Reste........................... 62.86

Reprendre :
Développements complets de deux croisées.

Chaque	1.42	ensemble.....................	2.84
2 Ébrasements chaque	7.65 × 0.20	....	3.06

2 Ébrasements de 2 portes à 1 vantail

Chaque		0.81 ensemble	1.62
2 Ebrasements sur porte à 4 vantaux		....	1.21
2 Tableaux chaque	6.20 × 0.35	....	4.34

Développement de cimaise et plinthe :

0.05 × 12.40   .... 0.62

Développements des cadres du haut des murs :

50 montants chaque 2.40	....	120.00
50 Traverses chaque 0.35	....	17.50

Ensemble 137.50
× 0.05 produit............................... 6.87

Développement de cadres entre cimaise et plinthe.

50 montants chaque 0.50	....	25.00
50 Traverses chaque 0.35	....	17.50

Ensemble 42.50
× 0.03 produit.............................. 1.28

Ensemble............................... 84.70
à 4f,00 le mètre... 338.80

Moulures réchampies à l'huile une couche pour 3e ton.

2 Fois le pourtour des cadres d'une porte à 1 vantail :

Chaque   7.20   ...... 14.40

2 Fois le pourtour du chambranle :

Chaque   6.10   ...... 12.20

Pour deux croisées :

2 Fois la cimaise chaque 1.45 =	....	2.90
2 Fois le calfeutrement chaque 7.45 =	....	14.90
2 Fois le chambranle chaque 7.55 =	....	15.10

Porte à 4 vantaux.

1 Fois le pourtour des cadres	....	7.20
3 Fois le battement chaque 2.70	....	8.10
1 Fois le chambranle 7.70	....	7.70

Sur le haut des murs.

1 Fois le pourtour des cadres	....	137.50
1 Fois le pourtour de cimaise	....	12.40

Sur bas des murs entre plinthe et cimaise.

1 fois le pourtour des cadres........................ 42.50

Linéaires....................... 274.90
à 0f,11 le mètre 30.24

Ornements réchampis à jour en blanc à une couche.

8 Motifs dans la corniche :

Chaque   1.60 × 0.25 réduit = 3.20
à 10f,15 le mètre 32.48

Parquet même travail qu'aux étages précédents.

	5.80 × 4.75 =	....	27.55
Moins : foyer	1.40 × 0.55 =	....	0.77
	Reste...........		26.78

Reprendre :
2 Ebrasements de croisée chaque :

De	1.45 × 0.20	....	0.58
1 de porte	0.80 × 0.35	....	0.28
1 de porte	0.80 × 0.30	....	0.24
1 de porte à 4 vantaux	2.00 × 0.35	....	0.70

Surface		28.58
à 0ʳ,73 le mètre......................			20.86

Cheminée et dépendances nettoyées, vaut............................. 1.24

Petit salon.

Même travail que grand salon :

Pour : plafond	3.70 × 2.75	....	10.18
Moins : corniche	11.50 × 0.35	....	4.02
	Reste.......		6.16
	à 2ʳ,70 le mètre......			16.63
Corniche	11.50 × 0.55	....	6.32

4 Motifs d'angle refouillés :

Chaque	1.60 × 0.25 réduit.........	1.60
	Au double....................	3.20
	Ensemble....................	9.52
	à 2ʳ,00 le mètre......		19.04

Boiseries et murs 3.25 hauteur × 12.90 pourtour :

Produit................................. 41.93

Déduire :

2 Verres chaque	1.50 × 0.55	....	1.65
2 Autres chaque	0.45 × 0.55	....	0.49
	Ensemble....................		2.14
	Reste		39.79

Reprendre :

Les développements pour une porte à 1 vantail	0.81
1 à 4 vantaux.................................	1.21
1 Croisée	1.42
1 Ebrasement de croisée.........................	1.53

Développement des cadres du haut des murs :

32 Montants chaque 2.40	....	76.80
32 Traverses chaque 0.35	....	11.20
	Ensemble	88.00
	× 0.05		4.40

Epaisseur de cimaise et plinthe 0.05 × 8.10 produit 0.41

Développement des cadres entre cimaise et plinthe :

32 Montants chaque	0.50 = ...	16.00
32 Traverses chaque	0.35 = ...	11.20
	Ensemble	27.20
	× 0.03 produit..............		0.82
	Ensemble	50.39
	à 4ʳ,00 le mètre......		201.56

Moulures réchampies à l'huile 1 couche formant 3e ton :

1 Fois le pourtour des cadres d'une porte à 1 vantail	7.20
1 Fois celle à 4 vantaux................................	7.20
3 Fois le battement chaque 2.70 = ...	8.10
1 Fois le chambranle.................................	7.70

2 Fois le chambranle à 1 vantail :

Chaque 6.10...............................	12.20

Pour la croisée :

1 Fois la crémone	1.45	....	1.45
1 Fois le calfeutrement	7.45	....	7.45
1 Fois le chambranle	7.55	....	7.55

Sur le haut des murs :

1 Fois le pourtour des cadres.....................			88.00
1 Fois la cimaise	8.10	....	8.10

Sur bas des murs, entre cimaise et plinthe :

1 Fois le pourtour des cadres	27.20
Ensemble	182.15
à 0ᶠ,11 le mètre...	20.04

Ornements réchampis à jour en blanc d'argent une couche :

4 Motifs dans la corniche :

Chaque	1.60 $\times$ 0.25 produit..........		1.60
à 10ᶠ,15 le mètre..			16.24
Cheminée et dépendances nettoyées *idem* vaut.........................			1.24
Parquet *idem* précédent	3.70 $\times$ 2.75 =	....	10.18
1 Ebrasement de croisée	0.20 $\times$ 1.45 =	....	0.29
1 Huisserie	0.80 $\times$ 0.08 =	....	0.06
Ensemble...............................			10.53
à 0ᶠ,73 le mètre			2.42

Salle à manger.

Plafond égrené, imprimé, rebouché colle et colle deux couches :

	8.00 $\times$ 4.00	....	32.00
Moins corniche	22.40 $\times$ 0.40	....	8.96
Reste.................................			23.04
à 0ᶠ,92 le mètre..			21.20
Parquet *idem* précédent	8.00 $\times$ 4.00	....	32.00
Moins : foyer	1.10 $\times$ 0.40	....	0.44
Reste.................................			31.56

Reprendre :

2 Ebrasements de croisées :

Chaque	2.00 $\times$ 0.20 =	....	0.80
1 Ebrasement de porte	1.40 $\times$ 0.50 =	....	0.70
1 Autre	1.80 $\times$ 0.20 réduit =	....	0.36
1 Huisserie	0.80 $\times$ 0.08 =	....	0.06

1 Petit Ebrasement de croisée :

	1.45 $\times$ 0.20 réduit =	....	0.29
1 Ebrasement de placard	1.00 $\times$ 0.40 =	....	0.40
Emplacement de buffet	2.90 $\times$ 0.60 =	....	1.74
1 Huisserie à 1 vantail	1.30 $\times$ 0.08 =	....	0.10
Ensemble			36.01
à 0ᶠ,73 le mètre...............................			26.28

Egrenage, impression, enduit céruse sur parties moulurées, les moulures enduites, huile deux couches soignées, façon de décor soignée, vernis une couche, encaustiquage et lustrage à la flanelle.

Les boiseries :

1 Croisée *idem* précédente, produit 4.12
1 Ébrasement *idem* $7.40 \times 0.20 =$ 1.48

Une grande croisée de pan coupé :

         $3.10 \times 2.30 =$ 7.13

Déduire les verres :

2 Chaque $1.50 \times 0.30 =$ 0.90
2   » $0.40 \times 0.30 =$ 0.24
2   » $1.50 \times 0.40 =$ 1.20
2   » $0.40 \times 0.40 =$ 0.32

            Ensemble 2.66
               Reste 4.47

Reprendre :

Epaisseurs des petits bois.

4 Fois   1.55   6.20
4 »   0.35   1.40
4 »   0.45   1.80
4 »   0.35   1.40
4 »   1.55   6.20
4 »   0.45   1.80
4 »   0.45   1.80
4 »   0.45   1.80

         Ensemble.... $22.40 \times 0.025 =$ 0.56
Feuillure et gueule-de-loup $7.00 \times 0.10 =$ 0.70
Epaisseur de gorge, battement et crémone 2.30×0.10 0.23
26 Ferrures saillantes chaque 0.005 = ... 0.13

Epaisseur de cimaise et plinthe :

         1.80×0.05 .... 0.09
Ébrasement 8.20×0.20 .... 1.64

Développement du chambranle :

         8.50×0.04 .... 0.34
           Ensemble de la croisée 8.16
1 Autre croisée semblable................................. 8.16
1 Porte à 1 vantail et ses dépendances...................... 2.90
1 Porte à 4 vantaux comme précédentes 6.27
1 Porte à 2 vantaux sur antichambre........................ 4.72
Lambris   1.50 de hauteur $\times$ 13.00 de pourtour   19.50

Développement des cadres :

80 Montants chaque 1.30   .... 104.00
80 Traverses chaque 0.25   .... 20.00

          Ensemble 124.00
         $\times 0.03$ produit........................... 3.72
Epaisseur de cimaise, astragale et plinthes 0.10×13.00 ... 1.30

Champ de haut lambris :

14 Montants chaque 1.50   .... 21.00
2 Cours de traverses chaque 11.60   .... 23.20

          Ensemble 44.20
         $\times 0.20$ développé........................... 8.84

           Surface 69.17
       à 6^f,25 le mètre.. 432.31

Egrenage, impression, rebouchage au mastic à l'huile, huile deux couches soignées, façon de décors soignée, vernis une couche encaustiquage et lustrage.

Corniche   22.40 $\times$ 0.65 développé................   14.56
Refouillement de 8 motifs d'ornements dans la gorge,
chaque   1.60 $\times$ 0.30 = ...   3.84
                  Au double, produit....................   7.68

                  Ensemble 22.24
                  à 4^f,20 le mètre 93.40
Cheminée et dépendances nettoyées 1.24

Filets de tables adoucis et repiqués :

80 Montants chaque 1.30 = ...   104.00
80 Traverses chaque 0.25 = ...   20.00

                  Longueur 124.00
                  à 0^f,18 le mètre 22.32
Egrenage, impression, rebouchage et colle 2 couches.
Plafond du placard   1.40 $\times$ 0.40   ....   0.56
Celui du buffet   2.90 $\times$ 0.60   ....   1.74

                  Ensemble.............................   2.30
                  à 0^f,92 le mètre...   2.12
Egrenage des murs de la salle à manger.
                  1.40 de hauteur $\times$ 13.00 de pourtour 18.20
1 Dessus de cheminée   1.40 $\times$ 1.10   ....   1.54
1   »   de croisée   0.10 $\times$ 1.60   ....   0.16
2 De   0.10 $\times$ 2.20   ....   0.44
1 Dessus de porte à 1 vantail   0.30 $\times$ 0.95   ....   0.29
1 Dessus de porte à 2 vantaux   0.30 $\times$ 1.60 = ...   0.48
1 Dessus de porte à 4 vantaux 0.30 $\times$ 2.20 = ...   0.69

                  Ensemble................................   21.80
                  à 0^f,07 le mètre...   1.53
Intérieur de placard huile 3 couches.
Egrenage et rebouchage.
De   3.30 hauteur $\times$ 3.60 de pourtour produit.............   11.18
6 Faces de tablettes chaque   1.00 $\times$ 0.40   réduites, produit..   2.40
6 Tasseaux chaque   0.02   ....   0.12
1 Epaisseur d'huisserie   5.20 $\times$ 0.04   ....   0.21
Feuillure de porte   5.20 $\times$ 0.05   ....   0.26
Epaisseur de ladite   5.20 $\times$ 0.03   ....   0.16
Epaisseurs des tables sur la porte
                  Ensemble   7.00 $\times$ 0.01   ....   0.07

                  Ensemble................................   15.10
                  à 1^f,58 le mètre...   23.85

Antichambre.

Même travail qu'antichambres précédentes pour :
Plafond   4.00 $\times$ 2.20   ....   8.80
Moins : corniche 11.20 $\times$ 0.30   ....   3.36

                  Reste.................................   5.44
                  à 0^f,92 le mètre...   5.00
Parquet   4.00 $\times$ 2.20   ....   8.80
3 Huisseries à 1 vantail chaque 0.85 $\times$ 0.18 = ...   0.18
1 à 2 vantaux   1.40 $\times$ 0.08   ....   0.11
1 Tableau   1.40 $\times$ 0.50   ....   0.70

                  Ensemble................................   9.79
                  à 0^f,73 le mètre...   7.14

Corniche	11.20 × 0.50 développée, produit...........		5.60	
	à 2f,00 le mètre....................................			11.20
Boiseries,				
3 Portes à 1 vantail, chaque	3.06	....	9.18	
2 Portes à 2 vantaux chaque	4.72	....	9.44	
1 Tableau	7.70 × 0.50	....	3.85	
1 Croisée sans ébrasement.				
Lambris	1.20 × 6.40	....	7.68	
Développement des cadres.				
36 Montants chaque	0.80	.... 28.80		
36 Traverses »	0.25	.... 9.00		

Ensemble 37.80
× 0.03.. 1.13
Epaisseur de cimaise et plinthe.
  0.06 × 6.40   .... 0.38
Cadres de haut lambris jusque sous corniche.
16 Montants chaque 1.50............................ 24.00
2 Cours de traverses chaque 6.40...................... 12.80

Ensemble 36.80
× 0.15 produit................................ 5.52

Ensemble 39.94
à 4f,00 le mètre.................................... 159.76
4 Ferrures réchampies à 0f,06...................................... 0.24
Egrenage des murs 1.50 × 6.40 .... · 9.60
3 Dessus de portes à 1 vantail chaque 0.30 × 0.95 ...... 1.12
3 à 2 vantaux chaque 0.30 × 1.60 .... 0.96
 Dessus de croisée 0.10 × 1.60 .... 0.16

Ensemble 11.84
à 0f,07 le mètre...................................... 0.83
Intérieur d'armoire huile 3 couches, égrenage et rebouchage.
De 3.30 hauteur × 1.60 de pourtour 5.28
7 Faces de tablettes y compris plafond
Chaque 0.50 × 0.30 .... 1.05
6 Tasseaux chaque 0.02 .... 0.12
Feuillure et épaisseur de porte.
Ensemble 5.20 × 0.08 .... 0.42
Epaisseurs de tables sur portes 7.00 × 0.01 = ... 0.07

Ensemble 6.94
à 1f,58 le mètre 10.97

Cuisine.

Même travail que précédentes.
Plafond 4.00 × 3.00 produit 12.00
Murs et boiseries 3.30 hauteur × 14.00 de pourtour,
produit 46.20
Déduire :
2 Verres chaque 1.50 × 0.40 = ... 1.20
2 Chaque 0.40 × 0.40 = ... 0.32
2 » 1.40 × 0.40 = ... 1.12
Les autres indéductibles » »
Fourneau 0.80 × 1.10 = ... 0.88
Evier 0.80 × 0.90 = ... 0.72
Faïences 0.44 × 2.60 = ... 1.14

Ensemble 5.38

Reste 40.82

A reporter 52.82

				Report........................	52.82	

Report............................ 52.82

Reprendre :

Epaisseur des petits bois.

4 Fois	1.55	ensemble	....	6.20	
4 »	0.45	»	....	1.80	
4 »	1.45	»	....	5.80	
4 »	0.45	»	....	1.80	
16 »	0.45	»	....	7.20	

Ensemble........................ 22.80

$\times$ 0.025.. 0.57

3 Feuillures et épaisseurs de châssis :

Chaque   2.80 $\times$ 0.10   .... 0.84

2 Développements de portes à 1 vantail :

Chaque   0.75   .... 1.50

Tablettes :

2 Fois	1.10	ensemb'e	....	2.20
2 »	2.20	»	....	4.40

Ensemble........................ 6.60

$\times$ 0.30   .... 1.98

Dessus de manteau   2.60 $\times$ 0.15   .... 0.39

Planche de ventouse   2.60 $\times$ 0.10   .... 0.26

Tout le surplus compensé   » »

Ensemble.............................. 58.36

à 2f,88 le mètre.. 168.07

Plus-value pour enduit comme précédemment sur :

3 Portes à 1 vantail chaque 2.90 = ... 8.70

à 0f,63 le mètre.. 5.48

8 Ferrures réchampies à 0f,06 .... 0.48

Fourneau, faïences et cuivres nettoyés.............................. 1.50

Evier et faïences nettoyés.. 0.50

Carrelage neuf, lavé, gratté et passé au grès.

4.00 $\times$ 3.00   .... 12.00

à 0f,50 le mètre.. 6.00

Water-closets.

Même travail que précédents.

Plafond	1.10 $\times$ 0.90	....	0.99
Murs et boiseries	3.30 $\times$ 4.00	....	13.20

Tout compensé............................. » »

Ensemble.............................. 14.19

à 2f,88 le mètre.. 40.87

Plus-value pour impression et enduit sur une porte à un vantail.. 3.06

à 0f,63 le mètre.. 1.93

2 Ferrures réchampies à 0f,06.. 0.12

Parquet   1.10 $\times$ 0.90   .... 0.99

à 0f,73 le mètre.. 0.73

Cuvette nettoyée.. 0.60

Dégagement.

Même travail que closets.

Plafond	0.90 $\times$ 0.85	....	0.76
Murs et boiseries	3.30 $\times$ 3.50	....	11.55
Développement de 3 portes à un vantail, chaque	0.75	...	2.25

Ensemble.............................. 14.56

à 2f,88 le mètre.. 41.93

Plus-value pour impression et enduit.
3 Portes chaque   3.06   .... 9.18
            à 0ʳ,63 le mètre 5.78
6 Ferrures réchampies à 0ʳ,06 ....   0.36
Parquet   0.90 × 0.85   .... 0.76
            à 0ʳ,73 le mètre.......................................   0.55

Escalier conduisant au premier étage.

Travail au ripolin comme salle de bains au premier étage.
Plafond droit   2.90 × 2.50   .... 7.25
Moins : vide   1.00 × 1.00   .... 1.00

            Reste................................. 6.25
Rampant   4.00 × 1.00   .... 4.00
Lambris   1.55 développé
            × 7.00 produit.............................. 10.85
3 Châssis chaque 1.00... 3.00
2 Portes à un vantail chaque 3.06........................... 6.12
1 Tableau   7.20 × 0.25   .... 1.80
20 Contremarches chaque   1.00 × 0.20   .... 4.00
Limon   3.50 × 0.45 développé et réduit........... 1.58
Développement des cadres sur lambris
ensemble   60.00 × 0.03   .... 1.80

            Ensemble.............................. 39.40
            à 2ʳ,88 le mètre...   113.47
Plus-value pour impression et enduit entre moulures.
Lambris produit.. 10.85
Cadres... 1.80
2 Portes à un vantail chaque 3.06 = ... 6.12
1 Tableau   7.20 × 0.25   .... 1.80

            Ensemble.............................. 20.57
            à 0ʳ,63 le mètre...   12.95
La rampe en blanc ripolin, 2 couches sur impression au minium.
30 Barreaux chaque 1.20 réduit.............................. 36.00
Bandelette... 3.50

            Ensemble 39.50
            à 0ʳ,40 le mètre...   15.80
30 Ferrures réchampies à 0ʳ,06...............................   1.80
Parquet comme précédent   2.90 × 1.50   .... 4.35
Moins :   1.00 × 1.00   .... 1.00

            Reste................................. 3.35
Plus palier du haut   2.50 × 1.00 = ... 2.50

            Ensemble 5.85
            à 0ʳ,73 le mètre 4.27
Egrenage des murs   1.60 × 10.80 réduit
et compensé, produit 17.28 à 0ʳ,07 le mètre..............................   1.21
20 Dessus de marches encaustiqués à l'essence et frottés à 0ʳ,30 l'un....   6.00

Rez-de-chaussée.

Grande salle.

Même travail que les salles à manger précédentes pour :
Plafond   7.60 × 4.75   .... 36.10
Moins : emplacement de corniche
        23.10 × 0.40   .... 9.24

            Reste................................. 26.86
            à 0ʳ,92 le mètre...   24.71

Parquet	7.60 × 4.75	.... 36.10	
Moins : foyer	1.60 × 0.50	.... 0.80	
	Reste	.... 35.30	
Reprendre :			
2 Ebrasements de croisées			
Chaque	1.45 × 0.20	.... 0.58	
1 Huisserie de porte	1.30 × 0.08	.... 0.10	
	Ensemble	.... 35.98	
	à 0f,73 le mètre	....	26.37
Corniche	23.10 × 0.60 développé	.... 13.86	
Refouillement de 8 motifs d'ornements			
Chaque	1.60 × 0.30 = 3.84		
	au double, produit	.... 7.68	
	Ensemble	.... 21.54	
	à 4f,20 le mètre	....	90.74
Les boiseries.			
2 Croisées chaque 4.12		.... 8.24	
2 Ebrasements chaque 1.48		.... 2.96	
1 Porte à 2 vantaux		.... 4.70	
Lambris	4.50 × 18.70 de pourtour	.... 28.05	
Développement des cadres.			
120 Montants chaque	1.30 =	.... 156.00	
120 Traverses chaque	0.30 =	.... 36.00	
	Ensemble	.... 192.00	
	× 0.03 produit	.... 5.76	

(Limon et contremarches d'escalier laissés dans les murs.)
Champ au-dessus du lambris et jusque sous la corniche.

18 Montants chaque	1.50 =	.... 27.00	
2 Cours de traverses chaque	18.70 =	.... 37.40	
	Ensemble	.... 64.00	
	× 0.20 développé	.... 12.88	
Epaisseur de cimaise, astragale et plinthe	0.10 × 18.70	.... 1.87	
	Ensemble	.... 64.46	
	à 6f,25 le mètre	....	402.88
Cheminée et dépendances nettoyées		....	1.24
Filets de tables adoucis et repiqués :			
120 Montants chaque	1.30	.... 156.00	
120 Traverses chaque	0.30	.... 36.00	
	Ensemble	.... 192.00	
	à 0f,18 le mètre	....	34.56
Egrenage des murs sous tenture :			
	1.40 × 16.00	.... 22.40	
2 Dessus de croisées chaque :			
De	0.10 × 1.60 produit	.... 0.32	
1 Dessus de porte	0.30 × 1.50	.... 0.45	
1 Dessus de cheminée 1.40 × 1.40		.... 1.96	
	Ensemble	.... 25.13	
	à 0f,07 le mètre	....	1.76

La rampe de l'escalier en bois naturel passée à l'huile bouillante
deux couches, encaustiquée et frottée :

De	1.20 × 5.00 produit	.... 6.00	
A 4 faces pour 2, pour refouillements des balustres 24.00			
	à 1f,40 le mètre	....	33.40
21 Dessus de marches encaustiqués à l'essence et frottés.			
	à 0f,30 l'un	....	6.30

Water-closets.

Même travail que précédents.

Plafond	1.10 × 1.20	....	1.32
Murs et boiseries	3.20 × 4.60	....	14.72
Tout compensé			» »

Ensemble............................. 16.04
    à 2f,88 le mètre... 46.20

Plus-value pour impression et enduit entre moulures.
1 Porte produit   3.06
    à 0f,63 le mètre... 1.93
Parquet   1.10 × 1.20 produit 1.32
    à 0f,73 le mètre... 0.96
Cuvette nettoyée... 0.60

Cuisine du concierge.

Comme précédentes pour le travail :
Plafond   5.10 × 4.00 produit 20.40
Murs et boiseries   3.20 × 18.20   de pourtour et tout compensé, les développements laissés pour les vides, produit.......... 58.24

Ensemble 78.64
    à 2f,88 le mètre...................................... 226.48
Carrelage au grès (d°)   5.10 × 4.00 = 20.40
    à 0f,50 le mètre...................................... 10.20
Plus-value pour impression et enduit sur porte à un vantail, produit   3.06
    à 0f,63 le mètre...................................... 1.93
6 Ferrures réchampies à 0f,06... 0.36
Cheminée et dépendances nettoyées 1.24

Galerie conduisant à l'escalier de service.

Egrenage, impression, rebouchage huile et huile 2 couches.
Plafond   7.80 × 2.30 produit................... 17.94
Moins : avant-corps 5.20 × 1.50   .... 7.65

Reste..................................... 10.29
Murs et boiseries 3.20 hauteur × 20.20 de pourtour, produit.... 64.64
Tout compensé .... » »

Ensemble 74.93
    à 1f,58 le mètre 118.39
Sol passé au grès.
Surface (d°) plafond   10.29 à 0f,50 le mètre..................... 5.15
4 Ferrures réchampies à 0f,06... 0.24

Loge.

Même travail que salle à manger.

Plafond	4.00 × 2.60 réduit 10.40 à 0f,92.................		9.57
Parquet	4.00 × 2.60	....	10.40
1 Ebrasement de croisée	1.45 × 0.20	....	0.29
1 Autre	0.70 × 0.20	....	0.14

Ensemble 10.83
    à 0f,73 le mètre... 7.91

Boiseries.

1 Croisée, produit			4.12
1 Ebrasement			1.48
1 Demi-croisée			2.06
1 Ebrasement	5.70 × 0.20 =		1.14
1 Porte à 2 vantaux			4.70
Lambris	1.00 × 9.00 =		9.00

Cadres.

54 Montants chaque	0.80 =		43.20
54 Traverses chaque	0.30 =		16.20
	Ensemble		59.40
	× 0.03 produit		1.78
Cimaise et plinthe	0.05 × 0.09		0.45
	Ensemble		24.73
	à 6f,25 le mètre		154.56
Egrenage des murs	2.20 × 9.00		19.80
1 Dessus de porte	0.40 × 0.95		0.38
1 Dessus de croisée	0.10 × 1.60		0.16
1 Dessus de demi-croisée	0.10 × 0.80		0.08
	Ensemble		20.42
	à 0f,07 le mètre		1.43
4 Ferrures réchampies à 0f,06			0.24

Bureau.

Plafond, murs et boiseries comme cuisines.

Plafond	4.80 × 4.00		19.20
Murs et boiseries	3.20 × 17.60		56.32
2 Ebrasements de croisées chaque			
De 1.48 ensemble			2.96
Escalier compensé			» »
	Produit		78.48
	à 2f,88 le mètre		226.02
Parquet	4.80 × 4.00		19.20
1 Ebrasement de croisée	2.20 × 0.20 =		0.44
1 Autre	1.00 × 0.20 =		0.20
	Ensemble		19.84
	à 0f,73 le mètre		14.48
6 Ferrures réchampies à 0f,06			0.36

Différentes rampes d'escaliers huiles 3 couches.

Développant ensemble 70.00 0f,15 le mètre 10.50

Premier sous-sol.

Ateliers.

En Ripolin comme cuisine des étages.

Plafond	9.20 × 4.00		36.80
Murs et boiseries	2.10 × 26.40	de pourtour en 4 sens,	
tout compensé			55.40
	Ensemble		92.20
	à 2f,88 le mètre		265.54
Sol lavé, gratté	9.20 × 4.00 = 36.80	à 0f,14	5.15
5 Ferrures réchampies à 0f,06			0.30

Pièce sur pan coupé ou entresol du rez-de-chaussée.

Même travail :
Plafond   6.00 × 4.00 produit.................... 24.00
Murs et boiseries   2.10 × 20.00   .... 42.00
                       Ensemble.............................. 66.00
                       à 2ᶠ,88 le mètre 190.08
4 Ferrures réchampies à 0ᶠ,06 .... 0.24
Sol lavé, gratté   6.00 × 4.00 = ... 24.00
                       à 0ᶠ,14 le mètre................................... 3.36

Water-closets.

Même travail :
Plafond   1.20 × 1.20   .... 1.44
Murs et boiseries   2.10 hauteur × 4.80   de pourtour.... 10.08
                       Ensemble.............................. 11.52
                       à 2ᶠ,88 le mètre.................................... 33.18
2 Ferrures réchampies à 0ᶠ,06 .... 0.12
Cuvette nettoyée.. 0.60

Poste d'eau.

Même travail :
Plafond   1.20 × 1.00   .... 1.20
Murs et boiseries   2.10 × 4.40   .... 9.24
                       Ensemble.............................. 10.44
                       à 2ᶠ,88 le mètre.................................... 30.07
2 Ferrures réchampies à 0ᶠ,06 .... 0.12
Sol lavé, gratté   1.20 × 1.00 = 1.20   à 0ᶠ,14............... 0.16

Dégagement au devant.

Même travail.
Plafond   2.10 × 1.10 = ... 2.31
Murs et boiseries 2.10 hauteur × 6.40 de pourtour............ 13.44
1 Ebrasement de porte   5.00 × 0.50 = ... 2.50
                       Ensemble.............................. 18.25
                       à 2ᶠ,88 le mètre.................................... 52.56
4 Ferrures réchampies à 0ᶠ,06 .... 0.24
Sol lavé, gratté   2.10 × 1.10 = ... 2.31
                       à 0ᶠ,14 le mètre................................... 0.32

Escalier.

Même travail.
Plafond   2.00 × 0.80   .... 3.20
Mur de cage de 2.50 hauteur × 8.00 de pourtour.............. 2.00
Tout compensé..................................... »   »
                       Ensemble.............................. 5.20
                       à 2ᶠ,88 le mètre.................................... 14.98
15 Dessus de marches encaustiqués à l'essence et frottés à 0ᶠ,30 le mètre. 4.50
Egrenage, minium une couche et huile une couche.
Tuyaux rejoignant la conduite souterraine des eaux pluviales et ménagères.
                       40.00 × 0.65 développé 26.00
                       à 0ᶠ,90 le mètre.................................... 23.40
Dans les caves.
Gris fer huile deux couches.

Ailes des solives :

30 Fois	5.00	....	150.00
30 »	4.50	....	135.00

Linteaux :

2 De	1.20	....	2.40
2 »	1.25	....	2.50
4 »	2.10	....	8.40
2 »	1.50	....	3.00
2 »	1.10	....	2.20
2 »	1.20	....	2.40
5 »	1.30	....	6.50
2 »	2.70	....	5.40
4 »	3.00	....	12.00

$$\text{Ensemble} \ldots\ldots\ldots\ldots\ldots\ldots\ldots 329.80$$

à 0^f,20 le mètre pour 2 rives en réchampissage 65.96

Grand escalier.

Égrenage, impression, enduit céruse sur parties moulurées, les moulures enduites trois couches de teinte dure, ponçage à l'eau à la pierre ponce sur parties à moulures, vernis à polir deux couches sur façon de décors bois, ponçage à l'eau à la ponce en poudre sur parties moulurées et lustrage.

Travaux demi-polis.

Les boiseries :

Étage des combles (Rien).

5° étage. — 2 Croisées sur cour sans ébrasements :

Chaque	1.50 ensemble	3.00
1 Porte à 2 vantaux......................		4.72
	Ensemble	7.72
4° étage. — Semblable au 5°, produit		7.72
3° étage. — Semblable au 4°, produit......................		7.72
2° étage. — Semblable au 3°, produit		7.72
1er étage. — Semblable au 2°, produit		7.72
Entresol. — Semblable au 2°, produit......................		7.72
Rez-de-chaussée. — 1 Porte à 2 vantaux, produit		4.72
4 portes à 1 vantail chaque	3.06 = ...	12.24
1 Châssis comme la moitié d'une croisée, produit		1.65
	Surface	64.93

à 12^f,20 le mètre........ ....   792.15

Égrenage, impression, enduit céruse uni huile 2 couches pochées aux deux couches, façon de coupe de pierre sans frottis, mais avec filets d'appareils, travaux soignés.

Les murs de 21^m,65 de hauteur de la cage entre planchers ✕ 11.20 de pourtour, produit 242.48

Rez-de-chaussée..........................	3.25
Entresol..........................	3.40
1er étage..........................	3.20
2° étage..........................	3.00
3° étage..........................	3.00
4° étage..........................	2.90
5° étage..........................	2.90
Hauteur totale..................	21.65

A reporter 242.48

Report 242.48

A déduire : les boiseries.

13 Châssis chaque 3.00 $\times$ 1.00 = ... 39.00

13 Portes à 2 vantaux chaque 2.40 $\times$ 1.50 produit.... 46.80

4 Portes à 1 vantail chaque 2.40 $\times$ 0.95 .... 9.12

Ensemble...................... 94.92   94.92

Reste... 147.56

Limon   32.00 $\times$ 0.45 développé et réduit, produit......... 14.40

126 Contremarches chaque 1.10 $\times$ 0.20 développée et réduite.. 27.72

Surface................................ 189.68

à 4^f,00 le mètre 758.72

Les plafonds même travail, mais avec plus-value de plan renversé.

Cage   3.30 réduit $\times$ 3.00 produit........................ 9.90

Rampants ensemble 37.80 $\times$ 1.20 produit..................... 45.36

5 Paliers chaque   1.60 $\times$ 1.20   .... 9.60

Ensemble............................. 64.86

à 4^f,10 le mètre 265.93

La rampe égrenée, imprimée, huile deux couches, décor bronze à l'effet et verni une couche.

De 1.20 hauteur $\times$ 32.00 de pourtour à plat produit.... 38.40

A 3 faces pour 2 pour refouillement........................ 115.20

à 3^f,10 le mètre....................................   357.12

Les paliers lavés, grattés, encaustiqués à l'essence et frottés.

5 fois   1.60 $\times$ 1.20 = 9.60

à 0^f,73 le mètre....................................   7.01

126 Dessus de marches à 0^f,30 l'une 37.80

Dallage du rez-de-chaussée passé au grès   3.00 $\times$ 1.20 réduit.. 3.60

à 0^f,50 le mètre....................................   1.80

24 Ferrures réchampies à 0^f,06 ....   1.44

Vestibule.

Égrenage huile bouillante deux couches et vernis à polir deux couches avec un rebouchage au mastic au vernis, ponçage à l'eau à la ponce en poudre sur parties à moulures.

Boiseries restant en bois naturel.

3 Portes à 2 vantaux :Chaque 4.72 .... 14.16

à 4^f,85 le mètre 68.68

Plafond en coupe de pierre comme escalier précédent :

5.00 $\times$ 2.75   .... 13.75

Moins : corniche   14.30 $\times$ 0.30 = ... 4.29

Reste................................... 9.46

Reprendre : corniche 14.30 $\times$ 0.45 développé 6.44

Ensemble................................. 15.90

à 4^f,10 le mètre 65.19

Plus-value pour coupe de pierre exécutée sur moulure en plafond :

Corniche   14.30 $\times$ 0.45 développé = ... 6.44

à 0^f,22 le mètre 1.42

Dallage passé au grès :

5.00 $\times$ 2.75 produit................ 13.75

à 0.50 le mètre....................................   6.88

Escalier de service.

Égrenage, impression, rebouchage huile et huile deux couches.
Les murs de hauteur entre planchers.

$$\left.\begin{array}{l} 3.40 \\ 3.20 \\ 3.00 \\ 3.00 \\ 2.90 \\ 2.90 \\ 2.85 \end{array}\right\}$$ 21.25 × 8.20 de pourtour, produit...... 174.25

Tout compensé .... » »
132 Contremarches :
Chaque   0.70 × 0.20 développé................ 18.48
Limon   33.00 × 0.40   »   et réduit....... 13.20

   Surface 205.93
    à 1f,58 le mètre... 325.37
Plafonds droits et rampants, même travail 4.00×0.90 produit.. 36.00
    à 1f,58 le mètre 56.88
Rampe huile 3 couches dont une de brun Van Dick, au vernis
Rampe composée de 170 barreaux chaque 1.10 développé, réduit,
produit 187.00
 Main courante................................ 33.00

   Linéaire................................ 220.00
    à 0f,20 le mètre................................... 44.00
167 Rosaces réchampies à 0f,06 .... 10.02
Paliers et marches lavés et grattés :
132 Fois   0.70 × 0.25 = ... 23.76
5 Paliers chaque   0.85 × 0.80 =................. 4.14

   Ensemble 27.90
    à 0f,14... 3.91

Étage des combles.

Détail d'une chambre de bonne pour moyenne.

Huile trois couches sur égrenage et rebouchage.
Plafond   2.75 × 2.30   .... 6.33
Murs et boiseries 2.50 réduit × 10.10 de pourtour.......... 25.25
Tout compensé.. » »

   Ensemble 31.58
    à 1f,58 le mètre... 49.90
Carrelage lavé, gratté et passé au grès 2.75 × 2.30   .... 6.33
    à 0f,50 le mètre.. 3.16
3 Ferrures réchampies à 0f,06 .... 0.18
7 Autres chambres semblables à la précédente à 53f,24 l'une 372.68

Débarras.

Huile trois couches, égrenage et rebouchage.
Plafond   1.50 × 1.20   .... 1.80
Murs et boiseries 2.60 hauteur × 5.40 de pourtour......... 14.04

   Ensemble...................:.......... 15.84
    à 1f,58 le mètre 25.03
2 Ferrures réchampies à 0f,06............................. 0.12
Sol lavé, gratté et passé au grès 1m,80 à 0f,50....................... 0.90

Water-closets.

Même travail.
Plafond   2.40 × 0.70   .... 1.68
Murs et boiseries 2.60 hauteur × 6.20 = ... 6.12

   Ensemble 17.80
    à 1f,58 le mètre.. 28.12

Sol passé au grès   2.40 × 0.70   .... 1.68
       à 0^f,50 le mètre 0.84
2 Ferrures réchampies à 0^f,06..   0.12

Couloirs.

Egrenage, impression, rebouchage huile et huile deux couches.
Plafonds :
1 De	2.00 × 1.00	....	2.00
1 »	1.90 × 1.00	....	1.90
1 »	8.80 × 1.00	....	8.80
1 »	3.00 × 1.00	....	3.00

Murs et boiseries   2.60 hauteur × 31.00 de pourtour........ 80.60
5 Tableaux de portes à 1 vantail :
Chaque   0.75 × 0.25   .... 0.95
5 Huisseries chaque   5.15 × 0.04   .... 1.00
         Ensemble 98.25
       à 1^f,58 le mètre....................   155.24

Sols passés au grès après lavage et grattage.
2.00 × 1.00	....	2.00
1.90 × 1.00	....	1.90
8.80 × 1.00	....	8.80
3.00 × 1.00	....	3.00

         Ensemble 15.70
       à 0^f,50 le mètre....................   7.85

La peinture à l'huile 3 couches de 7 châssis à tabatière avec
leurs dormants à 1^f,50 l'un 10.50

Extérieurs sur courette.

Égrenage, impression, rebouchage huile et ripolin 2 couches, travail exécuté à l'échafaudage volant.
Ravalement de 23.00 de hauteur à plat × 7.00 de pourtour en
trois sens produit..................................... 161.00
   2 têtes de murs mitoyen : chaque 23.20 × 0.50   .... 23.20
   Développements de bandeaux :
1 De	7.00 × 0.25 développé	....	1.75
1 »	7.00 × 0.25 »	....	1.75
1 »	7.00 × 0.35 »	....	2.45
Corniche	7.00 × 0.50 »	....	3.50

         Ensemble 193.65
Déduire :
6 Châssis chaque	2.20 réduit × 1.00 produit	....	13.20	
6 De	2.00 × 1.00	....	12.00	
1 De	1.70 × 1.10	....	1.87	

         Ensemble 27.07   27.07
       Reste............................. 166.58
1/10 en plus pour échafaudages 16.65
6 Persiennes de garde-manger : chaque 0.80 × 1.20 = 5.76
à 2 faces en plus pour lames et échafaudages 11.52
         Ensemble 194.75
       à 2^f,70 le mètre....................   525.83

Égrenage, impression, rebouchage huile et huile deux couches.
Les boiseries :   6 Chaque   2.20 × 1.00   .... 13.20
             6 »   2.00 × 1.00   .... 12.00
             1 »   1.70 × 1.10   .... 1.87
         Ensemble 27.07

       A reporter..................... 27.07

Report		27.07	

Moins : les verres.

12 Chaque	1.50 × 0.35 =	....	6.24	
12 »	1.25 × 0.35 =	....	5.16	
2 »	1.05 × 0.35 =	....	0.72	
26 »	0.45 × 0.35 =	....	3.96	

Ensemble 16.08   16.08

Reste 10.99

à 1ᶠ,58 le mètre 17.36

Petits bois du châssis de la courette, égrenage, minium une couche et huile deux couches.

Développant ensemble 80ᵐ,00 à 1 face 1/2 pour 2 .... 120.00

à 0ᶠ,20 le mètre 24.00

Même travail en surface.

| Chéneau développant | 7.60 × 0.80 = | 6.08 |
| Grillages | 2.50 × 1.50 à | |

2 faces 1/2 pour 2 .... 5.65

Ensemble 11.73

à 1ᶠ,35 le mètre 15.83

Cour.

Même travail que courette.

Pour :

Ravalement de	23.20 × 9.30		215.76
2 têtes mitoyennes chaque	23.20 × 0.50	....	23.20
1 Bandeau	9.30 × 0.35	....	3.26
1 De	9.30 × 0.35	....	3.26
1 »	9.30 × 0.35	....	3.26
Corniche	9.30 × 0.50	....	4.65

Ensemble 253.39

Déduire les châssis

12 Chaque	2.00 × 1.30 = 31.20
12 »	2.00 × 0.70 = 16.80
6 »	2.00 × 0.80 = 9.60

Ensemble 57.60   57.60

Reste 195.79

1/10ᵉ pour échafaudages 19.58

Ensemble 215.37

à 2ᶠ,70 le mètre 581.50

Les châssis en bois :

12 Chaque	2.00 × 1.30	....	31.20
12 »	2.00 × 0.70	....	16.80
6 »	2.00 × 0.80	....	9.60

Ensemble 57.60

Moins : les verres.

24 De	1.60 × 0.40 = 15.36
12 »	1.60 × 0.45 = 8.64
6 »	1.60 × 0.60 = 5.76

Ensemble 29.76   29.76

Reste 27.84

à 1ᶠ,58 le mètre 43.99

Petits bois de châssis de toit.

Égrenage, minium une couche et huile 2 couches.

Développant   120.00   à une face 1/2 pour 2   180.00

        à 0^f,20 le mètre....................................   36.00

Même travail en surface.

Chéneau   10.40 $\times$ 0.80 développé =   8.32

Grillage   3.00 $\times$ 3.00 = 9.00

à 2 faces 1/2 pour 2 .... 22.50

         Ensemble.............................. 30.82

      à 1^f,35 le mètre....................................   41.61

Extérieurs sur rue.

Égrenage, impression, rebouchage huile et huile 2 couches.

6e étage. 2 Œils-de-bœuf chaque   0.75   ....   1.50

           3 Lucarnes chaque   1.50   ....   4.50

5e étage. 1 Croisée   2.40 $\times$ 1.40 = ...   3.36

           Moins : les verres.

           2 Chaque   1.70 $\times$ 0.55 = ...   1.87

           2   »   0.35 $\times$ 0.55 = ...   0.38

                Ensemble...................... 2.25   2.25

                   Reste...........................   1.11

Feuillures montantes : 2.30 $\times$ ensemble 0.20   ....   0.46

Feuillures de traverse haute :   1.30 $\times$ 0.10 = ...   0.13

Jet d'eau et pièce d'appui :   1.30 $\times$ 0.15 = ...   0.19

                Ensemble................................ 1.89   1.89

3 Autres croisées semblables. Ensemble............................   5.67

Sur pan coupé.

1 Croisée   2.40 $\times$ 1.00 = ...   2.40

Moins : verres.

2 Chaque   1.70 $\times$ 0.35 = ...   1.19

2   »   0.35 $\times$ 0.35 = ...   0.24

                Ensemble...................... 1.43   1.43

                   Reste...........................   0.97

Feuillures montantes.   2.30 $\times$ 0.20 ensemble = ...   0.46

Traverse haute   0.80 $\times$ 0.10   ....   0.08

Jet d'eau et pièce d'appui. 0.80 $\times$ 0.15   ....   0.12

                Ensemble................................ 1.63   1.63

1 Autre croisée semblable 1.63

         4° Étage.

1 Croisée   2.40 $\times$ 1.40   ....   3.36

Moins : verres.

2 Chaque   1.70 $\times$ 0.55 = ...   1.87

2   »   0.35 $\times$ 0.55 = ...   0.38

                Ensemble...................... 2.25   2.25

                   Reste...........................   1.11

Feuillures montantes   2.30 $\times$ ensemble 0.20   ....   0.46

Traverse haute   1.30 $\times$ 0.10 = ...   0.13

Jet d'eau et pièce d'appui   1.30 $\times$ 0.15 = ...   0.19

                Ensemble................................ 1.89   1.89

3 Autres croisées semblables.

Chaque   1.89   ....   5.67

Sur pan coupé.

1 Croisée   2.40 $\times$ 1.40   ....   3.36

Moins : verres.

2 Chaque   1.75 $\times$ 0.55 = ...   1.92

2   »   0.35 $\times$ 0.55 = ...   0.38

                Ensemble...................... 2.30   2.30

                   Reste...........................   1.06   24.38

Reports..........		1.06	24.38
Feuillures montantes	2.30 × ensemble 0.20 produit........	0.46	
Traverse haute	1.30 × 0.10 = ...	0.13	
Jet d'eau et pièce d'appui. 1.30 × 0.15 = ...		0.19	
Ensemble		1.84	1.84
1 Autre croisée semblable..........			1.84
3ᵉ étage, semblable au 4ᵉ étage produit..........			11.24
2ᵉ étage, semblable au 3ᵉ produit..........			11.24

1ᵉʳ étage.

1 Croisée	2.70 × 1.40 = ...	3.78	
Moins : v rres.			
2 Chaque	1.50 × 0.55 = ...	1.65	
2 »	0.35 × 0.55 = ...	0.38	
Ensemble		2.03	2.03
Reste		1.75	
Feuillures montantes.	2.50 × ensemble 0.20 = ...	0.50	
Traverse haute	1.30 × 0.10 = ...	0.13	
Jet d'eau et pièce d'appui. 1.30 × 0.15 = ...		0.19	
Ensemble..........		2.57	2.57

5 Autres croisées semblables.

Chaque	2.57		12.85

Entresol.

4 Croisées *idem* dernières chaque 1.89 = ...			7.56

Sur pan coupé.

1 Croisée	2.70 × 1.80 = ...	4.86	
Moins : verres.			
2 Chaque	1.55 × 0.35 = ...	1.08	
2 »	0.35 × 0.25 = ...	0.17	
2 »	1.55 × 0.25 = ...	0.77	
2 »	0.35 × 0.25 = ...	0.17	
Ensemble..........		2.19	2.19
Reste..........		2.67	
Feuillures montantes	2.50 × 0.20 = ...	0.50	
Traverse haute	1.70 × 0.10 = ...	0.17	
Jet d'eau et pièce d'appui. 1.70 × 0.15 = ...		0.25	
Ensemble		3.59	3.59
1 Autre croisée semblable			3.59

Rez-de-chaussée.

3 Croisées sur rue semblables à celles du 4ᵉ étage à 1ᶠ,89..........			5.67
1 Croisée sur pan coupé. 2.40 × 1.80 = ...		4.32	
Moins : verres.			
2 De	1.65 × 0.40 = ...	1.32	
2 »	0.35 × 0.40 = ...	0.28	
2 »	1.65 × 0.30 = ...	0.99	
2 »	0.35 × 0.30 = ...	0.21	
Ensemble		2.80	2.80
Reste..........		1.52	
Feuillures et gueule de loup.	2.40 × 0.20 = 0.48		
Traverse haute..........	1.70 × 0.10 = 0.17		
Jet d'eau et pièce d'appui.	1.70 × 0.15 = 0.25		
Ensemble..........		2.42	2.42
1 autre croisée semblable..........			2.42
Ensemble..........			91.21
à 1ᶠ,58 le mètre..........			144.10

Egrenage, minium une couche et huile deux couches.
Les balcons.

5e Etage. 1 de	0.90 $\times$ 10.50	....	9.45
1 »	0.90 $\times$ 1.60	....	1.44
1 »	0.90 $\times$ 3.00	....	2.70
4e étage. 1 »	0.90 $\times$ 15.00	....	13.50
1 »	0.90 $\times$ 8.50	....	7.65
3e étage. 4 »	0.90 $\times$ 2.40	....	8.64
2 »	0.90 $\times$ 2.40	....	4.32
2e étage. 4 »	0.90 $\times$ 2.40	....	8.64
2 »	0.90 $\times$ 2.50	....	4.50
1er étage. 1 »	0.90 $\times$ 15.00	....	13.50
1 »	0.90 $\times$ 9.00	....	8.10
Entresol. 4 »	0.90 $\times$ 2.60	....	9.36
2 »	0.90 $\times$ 2.30	....	4.14
R.-de-ch. 3 »	0.50 $\times$ 1.40	....	2.10
2 »	0.50 $\times$ 1.80	....	1.80

3 grilles de soupiraux.
Chaque　　0.20 réduit $\times$ 1.20　　..................　　0.72

Ensemble............................... 100.56　100.56
à 3 faces pour 2 pour les refouillements produit...................　　301.68
Les persiennes brisées à 6 et 8 vantaux.

5e étage. 4 Chaque	2.40 $\times$ 1.40	....	13.44
2 »	2.40 $\times$ 1.00	....	4.80
4e étage. 4 »	2.40 $\times$ 1.40	....	13.44
2 »	2.40 $\times$ 1.00	....	4.80
3e étage. 6 De	2.40 $\times$ 1.40	....	20.16
2e étage. 6 »	2.40 $\times$ 1.40	....	20.16
1er étage. 6 »	2.40 $\times$ 1.40	....	20.16
1er étage. 6 »	2.70 $\times$ 1.40	....	22.68
Entresol. 4 Chaque	2.70 $\times$ 1.40	....	15.12
2 »	2.70 $\times$ 1.80	....	7.56
Rez-de-chaussée. 3 Chaque	2.40 $\times$ 1.40 =	.....	10.08
2 De	2.40 $\times$ 1.80 =	.....	8.64

Ensemble............................... 161.04
à 5 faces pour 2..　　805.20

Surface................................ 1207.44
à 1f,35 le mètre................................　　　　　　　1 630.04
Egrenage, minium une couche, huile deux couches à la corde à
nœuds.　　　　Ensemble...................... 50.00
à 1f,00 le mètre ....　　　　　　50.00
La porte extérieure d'entrée de l'immeuble en bois naturel comme
celles du vestibule. 3.10 $\times$ 1.70　　　　　　　5.27
à 2 faces 1/2 pour 2 pour refouillements et épaisseurs produit...... 13.17
à 4f,85 le mètre................................　　　　　　63.87
Egrenage, minium une couche, enduit céruse sur parties moulurées, les
moulures enduites, huile trois couches, vernis trois couches, ponçage à l'eau
à la ponce en poudre et lustrage.
Porte grille d'entrée des sous-sols.　　3.50 $\times$ 2.30　produit 8.05
à 3 faces pour 2 pour refouillements........................... 24.15
à 7f,95 le mètre ....　　　　　191.99
14 jours de souffrance de châssis et barreaux peints à l'huile 3 couches.
à 2f,00 l'un ....　　28.00

Total de la peinture................　　19 411.93

Vitrerie.

Verre double 4e choix fourni et posé à bain de mastic sur fer.

14 De	0.90 × 0.38		4.78
4 Œils-de-bœuf chaque	0.40 × 0.40		0.64

Ensemble....................... 5.42

à 7f,00 le mètre... 37.94

Dépose et repose de 7 châssis à tabatières à 0f,30 pièce................ 2.10

4 Coupes sur verre en cercle parfait à 0f,28 pièce.................... 1.12

Verre double 2e choix hors mesure pour fourniture.

Sur rue.

5e étage. 8 Verres de	1.25 × 0.60	produit	6.00 à 7.35 pièce		58.80
4 De	1.25 × 0.40	»	2.10 à 4.80 »		19.20
4e étage. 12 »	1.30 × 0.60	»	9.48 à 7.90 ».		94.80
3e étage. 12 »	1.25 × 0.60	»	9.12 à 7.35 »		88.20
2e étage. 12 »	1.35 × 0.60	»	9.72 à 8.20 »		98.40
1er étage. 12 »	1.50 × 0.60	»	10.80 à 9.65 »		115.80
Entresol. 8 »	1.55 × 0.60	»	7.52 à 10..25 »		82.00
4 De	1.55 × 0.40	produit	2.64 à 6.55 pièce		26.20
4 »	1.55 × 0.30	»	2.04 à 4.90 »		19.60
Rez-de-ch. 6 »	1.80 × 0.60	»	6.48 à 12.85 »		77.10
4 »	1.80 × 0.40	»	3.04 à 8.10 »		32.40
4 »	1.80 × 0.30	»	2.36 à 6.04 »		24.16

Pose en travaux neufs de verres hors mesure.

Surface.................... 71.30

à 1f,60 le mètre.. 114.41

Verre 1/2 double 2e choix du commerce.

Lucarnes sur combles :

6 De	0.90 × 0.36	....	1.92
5e étage. 8 »	0.40 × 0.60	....	1.92
4 »	0.40 × 0.40	....	0.64
4e étage. 8 »	0.40 × 0.60	....	1.92
4 »	0.35 × 0.60	....	0.84
3e étage. 12 »	0.40 × 0.60	....	2.88
2e étage. 12 »	0.40 × 0.60	....	2.88
1er étage. 12 »	0.40 × 0.60	....	2.88
Entresol. 8 »	0.40 × 0.60	....	1.92
4 »	0.40 × 0.40	....	0.64
4 »	0.30 × 0.30	....	0.36
R.-de-ch. 6 »	0.40 × 0.60	....	1.44
4 »	0.40 × 0.40	....	0.64
4 »	0.40 × 0.30	....	0.48

Ensemble..................... 21.36

à 5f,00 le mètre.. 106.80

26 Coupes circulaires à 0f,07 l'une........................... 1.82

Sur cour.

Verre double 2e choix hors mesures pour fourniture.

14 De	1.50 × 0.40	produit 8.82 à 6f,15 .	pièce	86.10
12 »	1.30 × 0.35	» 5.76 à 4 25 .	»	51.00
2 »	1.15 × 0.40	» 0.98 à 4 10 .	»	8.20

La pose d° .... 15.56 à 1f,60 le mètre. 24.89

Verre 1/2 double du commerce :

26 De	0.40 × 0.40	produit	4.16

à 5f,00 le mètre 20.80

Verre 1/2 double 2e choix du commerce.

Petite courette : 7 fois.	1.50 × 0.60	....	6.30
Water-closets : 7 fois	0.70 × 0.40	....	1.96
Toilettes : 7 fois	1.20 × 0.80	....	6.72
Grande courette. Verres de cuisine :			
14 Fois	1.50 × 0.50	....	10.50
7 Fois	1.50 × 0.70	....	7.35
Sur dégagements et antichambres. 7 fois	1.80 × 0.80	.....	10.08
7 »	1.50 × 0.70	.....	7.35
Jours de souffrance. 14 fois	0.45 × 0.60	....	3.78

Ensemble 54.04

à 5f,00 le mètre.................................... **270.20**

Escalier de service. Verre imprimé de Saint-Gobain :

15 fois	1.80 × 0.80	....	21.60
1er étage. 2 fois	1.80 × 0.60	....	2.16
1 »	1.80 × 0.65	....	1.17
Salle de bains. 1 fois	1.80 × 0.80	....	1.44
1 »	1.80 × 0.50	....	0.90
1 »	1.80 × 1.60	....	2.88
Entresol. 2 fois	1.80 × 0.60	....	2.16
1 »	1.80 × 0.65	....	1.17
Cuisine. 1 »	1.80 × 0.50	....	0.90
Grand escalier. 14 fois	1.70 × 1.00	....	23.80
Rez-de-chaussée. Galerie conduisant à l'escalier de service.			
2 Fois	1.80 × 0.60	....	2.16
1 »	1.80 × 1.00	....	1.80
1 »	1.80 × 1.80	....	3.24

Ensemble 65.38

à 8f,85 le mètre **578.61**

Verre double 2e choix hors mesure.

2 De	1.60 × 0.50	.... à 8.80	pièce	17.60
La pose en travaux neufs. Produit		1.60		

à 1f,60 le mètre **2.56**

Verre Saint-Gobain *idem*.

Water-closets à rez-de-chaussée. 1 de	0.70 × 0.60	.....	0.42
Bureaux. 1 de	1.50 × 0.60	....	0.90

Ensemble 1.32

à 8f,85 le mètre **11.68**

Plus-value pour bombage d'un verre pour les water-closets du 1er étage dans la cour **10.00**

Nettoyage de tous ces verres produisant une surface de 219m,34.

à 0f,20 le mètre pour les 2 faces **43.86**

Verre strié fourni et posé à bain de mastic.

Châssis de combles sur courette : 24 fois	1.50 × 0.30	....	10.80
1 Faux plafond vitré : De 3.00 × 3.00		....	9.00
Petite courette vitrée : 12 de 1.10 × 0.33		....	4.32

Ensemble 24.12

à 7f,60 le mètre **183.31**

Nettoyage des dits verres des 2 faces. Produit 24.12

à 0f,20 le mètre.................................... **4.82**

Total de la vitrerie............................ **2 314f,48**

Petite miroiterie.

Fourniture de glaces Louis XV.

Porte intérieure du vestibule..............................	24 glaces
Petite porte sur le passage allant à l'escalier de service......	20
Entre les salons et salles à manger des 4 étages supérieurs...	128
Entresol.	
Entre la salle à manger, le petit salon et le grand salon	64

Ensemble .... 236 glaces

Détail d'une : ladite de   0.33 $\times$ 0.25 vaut 2.25
        Déduire : rabais 5 0/0..................... 0.11
                                                 ─────
        Reste......................... 2.14   2.14
2 Coupes cintrées à 0ᶠ,25 pièce 0.50
Sur ladite : Biseau de 0.025 de largeur.
2 fois 2 traverses circulaires. Chaque   0.33 = 0.66
                                            0.25 = 0.50
1/10 en plus pour calibre circulaire 0.05
                                          ─────
        Ensemble .... 1.21   à 4ᶠ,00 le mètre 4.84
Pose de cette glace produisant 0.08 à 4ᶠ,00 le mètre 0.32
Nettoyage de ladite des deux faces 0.05
                                                            ─────
        Ensemble d'une glace....................... 7.85   7.85
235 autres glaces semblables à 7ᶠ,85 l'une 1 844.75
Glaces étamées.
Portes à 2 vantaux à droite et à gauche de vestibule.
40 Glaces...................... 40
Porte au départ à gauche du grand
escalier...................... 10
2 Portes à 2 vantaux à droite et à
gauche de la cheminée de la grande
salle à manger à l'entresol........... 40
                                       ────
        Ensemble.................. 90 glaces
Détail d'une :
Ladite.
Mêmes mesures que précédentes vaut, compris biseautage,
nettoyage et pose...................................... 7.85
Etamé ladite à l'argent ou au mercure et à l'étain.............. 0.50
                                                             ─────
        Ensemble de la glace.......................... 8.35   8.35
89 Autres glaces semblables à 8ᶠ,35 l'une........................... 743.15
Grande porte grillée sur le pan coupé.
3 Glaces de   2.20 $\times$ 0.70 = 4.62 à 74ᶠ,00 l'une........ 222.00
3 Autres de   0.60 $\times$ 0.70 = 1.26 à 14ᶠ,90 l'une........ 44.70
                                                                ───────
        Ensemble.................................. 266.70
A déduire :   Rabais 10 0/0........................... 26.67
                                                         ───────
        Reste............................. 240.03   240.03
Pose desdites sur parties mobiles en vasistas en fer
        produit 5.88 à 4ᶠ,00 le mètre.......................   23.52
Nettoyage desdites des 2 faces
        produit 5.88 à 0ᶠ,30 le mètre.......................   1.76
Démontage et remontage de 6 vasistas à 0ᶠ,75 l'un..................   4.50
                                                                   ───────
        Total de la Miroiterie............................   **2 873.91**

MODÈLE DE MÉTRÉ DE TRAVAUX EN RÉPARATION
MÉMOIRE ÉTABLI EN DEMANDE SUR ANCIENNE SÉRIE

───────

Maison sise à Paris, rue du Temple

───────

Appartement au 5ᵉ Etage à gauche.

Salon.

Ancien plafond à la colle. Ledit gratté de colle, imprimé rebouchage à la
céruse, huile une couche et blanc à la colle une couche

De 3.58 $\times$ 3.58 produit... 12.88
Moins 1 coffre 1.00 $\times$ 0.32 produit........................... 0.32

          Reste... 12.50
Refouillement d'une rosace de 0.90 de diamètre au double pour
plus-value 1.20

          Ensemble 13.76
à 1f,75 le mètre...   24.09
    Parquet (neuf), balayé, époussèté, encaustiqué à la cire à l'eau et frotté
De 3.92 $\times$ 3.92 produit... 15.37
Moins coffre et foyer 0.84 $\times$ 1.00............................ 0.84

          Reste... 14.59
à 0f,62 le mètre...   9.05
    Sur anciennes peintures à l'huile.

Lessivage, rebouchage céruse, ponçage à sec au papier de verre, huile
deux couches, deux tons à une couche (travaux ordinaires).
    1 Croisée de 2.25 $\times$ 1.22 produit 2.75
Moins 6 verres chaque 0.45 $\times$ 0.37........................... 1.00

          Reste 1.75
Reprendre :

Epaisseurs au pourtour des verres 1.104 $\times$ 0.025 = ... 0.28
Feuillures et gueules de loup.
1 Fois 2.00.. 2.00
2 »   1.10.. 2.20

          Ensemble 4.20
$\times$ 0.10 produit.. 0.42
Epaisseur de gorge, battement et crémone
                2.00 $\times$ 0.06......................... 0.12
7 Ferrures ornées, chaque 0.02................................ 0.14
6 Paumelles, chaque 0.01..................................... 0.06
Baguette 4.56 $\times$ 0.01................................... 0.05

          Ensemble de la croisée 2.82
1 Autre croisée semblable produit............................. 2.82
1 Porte 2.18 $\times$ 0.88 produit................. 1.92
Développement des cadres :

2 Montants chaque 1.00 = ... 2.00
2   »   » 0.17 = ... 0.34
2   »   » 0.62 = ... 1.24
6 Traverses » 0.48 = ... 2.88

          Ensemble 6.46
$\times$ 0.025 produit.. 0.16
Développement du chambranle   5.08 $\times$ 0.02 ..... 0.10
          Ensemble 2.18
1 Autre porte semblable produit....................... 2.18
Moins 1 verre 0.43 $\times$ 0.77 .... 0.33
          Reste............................... 1.85
Reprendre :

1 Epaisseur d'huisserie 4.92 $\times$ 0.05 .... 0.25
1 Feuillure et épaisseur 4.92 $\times$ 0.08 .... 0.39
Fausse porte 2.10 $\times$ 0.82 produit...................... 1.72
Cadres et chambranle comme porte précédente................. 0.26
Frise de 0.62 hauteur développée y compris cimaise et plinthe et
en commençant à droite de la cheminée (il est très important d'in-

diquer le départ des mesures de pourtour, pour faciliter la vérification sur place).

<pre>
                    0.31
                    0.58
                    0.16
                    0.31
                    2.73
                    2.80
                    0.28
                    0.30
                    0.95
                    0.24
                    1.41
                    0.32
</pre>

      Ensemble...... 10.39   de pourtour produit............ 6.44
    Corniche 0.22 développé par 15.64 produit.................... 3.44

        Surface.. 22.17

à 1ᶠ,80 le mètre..   39.90
  4 Ferrures réchampies à 0ᶠ,05 l'une....................   0.20
  4 Socles de chambranles *idem* à 0ᶠ,05 ....   0.20
  Cheminée à consoles nettoyée.................... 0.60
  Rétrécissement nettoyé.......................... 0.40
        Ensemble............................   1.00
  2 Boulons de cuivre nettoyés au tripoli à 0ᶠ,10 l'un 0.20
  12 Verres nettoyés (ordinaires) à 0ᶠ,07 l'un 0.84
  1 Grand verre dépoli au grès, nettoyé à la ponce en poudre, vaut........   0.15
Pour assainissement et destruction des insectes.

Murs : grattage à vif de l'ancien papier de tenture, ensuite rebouchage des trous au mastic à la colle.

  De 1.80 de hauteur × 10.40 de pourtour 18.72

Plus :

  2 Dessus de croisées chaque 1.22 × 0.13 .... 0.32
  2 Dessus de portes chaque 0.23 × 0.88........................ 0.40
  Dessus de fausse porte 0.27 × 0.82............................ 0.23
  Dessus de cheminée 1.45 × 1.00................................ 1.45

      Surface.................................... 21.12

à 0ᶠ,40 le mètre...   8.45
Sur une porte condamnée.
  Toile neuve, fournie et clouée, surface........................ 1.50
à 0ᶠ,65 le mètre 0.98
  Bordage de toile 8.00 × 0.05 le mètre 0.40
  Sur poteaux d'huisserie, fourni et collé 1.00 de bandes à l'eau, vaut.....   0.08
  Fourniture et collage de 7 rouleaux de papier gris (pour apprêts) à 0ᶠ,80
le rouleau..   5.60
  Collage de 8 rouleaux de tenture dorée, à 0ᶠ,75 le rouleau..............   6.00
  Colle 29.00 de champ doré de 0.12 de large × 0.11, le mètre 3.19

Chambre à coucher.

Plafond, même travail que le précédent.
  Entre corniche 2.78 × 3.56 produit............................ 9.90
  Moins un coffre 3.57 × 0.30 .... 1.07

      Reste.................................... 8.83

Reprendre :
  Refouillement d'une rosace comme la précédente, produit........ 1.26

      Surface 10.09
à 1ᶠ,75 le mètre 7.65

Parquet, même travail que précédent 3.12 $\times$ 3.90 produit....... 12.17
Moins : 1 coffre 2.40 $\times$ 0.30........................... 0.72
Foyer 0.55 $\times$ 1.10 .... 0.61
Ensemble.................................... 1.32

Reste............................... 10.84
à 0^f,62 le mètre.. 6.72

Les anciennes peintures refaites à deux tons comme pièce précédente :

Corniche 0.22 développée $\times$ 13.36 produit.................... 2.94
1 Croisée *idem* précédente............................... 2.82
2 Portes *idem* précédentes :
Chaque 2.18 ensemble................................. 4.36
Moins 1 verre 0.85 $\times$ 0.43........................... 0.37

Reste................................ 3.99
2 Feuillures et épaisseurs, chaque 0.39...................... 0.78
Lambris 0.62 hauteur développée et en commençant comme
précédent 0.88
0.75
0.82
0.27
2.78
2.30
1.50
0.30
0.47

Ensemble........ 10.07 produit..................... 6.24

Surface............................. 16.77
à 1^f,80 le mètre... 30.18
5 Ferrures réchampies, à 0^f,05 l'une................................ 0.25
4 Socles *idem* à 0^f,05...................................... 0.20
Egrenage, impression, rebouchage huile et huile une couche (armoire neuve)
Intérieur 2.46 de hauteur $\times$ 1.70 de pourtour, produit.......... 4.18
10 Faces de tablettes, chaque 0.55 $\times$ 0.30..................... 1.65
8 Tasseaux, chaque 0.03............................. 0.24
Feuillures et épaisseurs de porte 4.94 $\times$ 0.08 = ... 0.40
2 Développements de tables, chaque 2.90 $\times$ 0.01 produit........ 0.06

Ensemble......................... 6.53
à 4^f,30 le mètre... 8.49
Pour pouvoir peindre l'intérieur de l'armoire à l'emplacement des
tablettes simplement posées sur tasseaux, dépose et repose de tablettes en
sapin 0.034, tarif de menuiserie.
5 Tablettes, chaque 0.55 $\times$ 0.30 produit..................... 1.65
à 0^f,90 le mètre... 1.49
1 Ferrure réchampie, vaut.............................. 0.05
Cheminée et rétrécissement nettoyés..................... 1.00
3 Cuivres passés au tripoli et nettoyés à 0^f,10 l'un............... 0.30
6 Verres nettoyés à 0^f,07 la pièce...................... 0.42
Les murs sans tentures, même travail que la pièce précédente.
De 1.81 de hauteur $\times$ 10.07 de pourtour, produit.............. 18.22
2 Dessous de portes, chaque 0.20........................ 0.40
1 Dessus de croisée................................ 0.16
1 » de cheminée 1.42 $\times$ 1.10.................... 1.56

Surface......................... 20.34
0^f,40 le mètre... 8.14

Sur porte d'armoire :

Fourni et collé 9.75 de bandes de calicot à 0^f,30 le mètre.............. 2.93

Fourni et cloué 2.00 de zinc en T à 0ᶠ,65 le mètre 1.30
Bordage dudit 2.00 à 0ᶠ,05 le mètre................................. 0.10
Fourni et collé un rouleau de papier gris........................... 0.80
Collé sept rouleaux tenture soignée (mat fin), à 0ᶠ,75 l'un............. 5.25
Collé 27.00 de bordure à 0ᶠ,05 le mètre............................. 1.35
Sur les soubassements de croisées.
Pour former panneaux.
Tracé au crayon pour former cadres.
12 Montants chaque 0.31 ensemble........................... 3.72
12 Traverses chaque 0.44 ensemble......................... 5.28
        Longueur 9.00
à 0ᶠ,09 le mètre... 0.81
Dans ces deux dernières pièces (sur parties dégradées laissant apparaître
le plâtre), impression à l'huile une couche.
Chambre à coucher.
La moitié de la surface du lambris produit.................... 3.12
Sur corniche 1 mètre carré................................. 1.00
Salon.
1 Partie de lambris 0.62 dév. × 0.90........................ 0.56
        Ensemble.................................... 4.68
à 0ᶠ,45 le mètre... 2.11
Lessivage, rebouchage au mastic à l'huile et huile une couche.
3 Dehors de croisées sur la vue de chaque 2.15 de hauteur développée,
compris jet d'eau et pièce d'appui × 1.35 de largeur, compris feuillures,
noix et battement, produit....................................... 8.71
Moins 18 verres chaque 0.45 × 0.37........................... 3.00
        Reste...................................... 5.71
à 0ᶠ,95 le mètre... 5.42

Salle à manger.

Egrenage sur la moitié de la surface, sur l'autre moitié grattage de colle
sur le tout, impression à l'huile, rebouchage au mastic à la céruse, huile
une couche et colle une couche.
Plafond entre corniche de 3.03 × 2.56 produit................. 7.76
Refouillement d'une rosace de 0.80 de diamètre produit... 0.50
Au double produit 1.00
        Ensemble.................................... 8.76
à 1ᶠ,65 le mètre... 5.69
Parquet même travail que précédent
    3.00 × 3.47 produit........................... 10.41
Moins foyer 0.60 réduite × 0.74.......................... 0.44
        Reste...................................... 9.97
Reprendre :
1 Tableau de porte 0.73 × 0.18............................. 0.13
        Surface.................................... 10.10
à 0ᶠ,62 le mètre 6.26
Egrenage, impression, rebouchage huile, ponçage au papier de verre,
huile deux couches et tout à une couche, façon de décors à 2 tons (chêne et
noyer) et vernis anglais Nobles-Hoard n° 2, une couche.
Corniche 0.28 développée × 12.06 produit.................. 3.38
1 Croisée 2.17 × 1.20 produit........................... 2.60
Moins 6 verres chaque 0.47 × 0.36..................... 1.02
        Reste........................... 1.58
          A reporter.................... 3.38

Report...................... 3.38

Reprendre :

Epaisseurs des petits bois au pourtour des verres
      11.16 $\times$ 0.025 produit................... 0.28
Feuillures et gueule-de-loup
1 Fois 1.74.................................... 1.74
2 » 1.10.................................... 2.20

      Ensemble 3.94
$\times$ 0.10 produit....................................... 0.39
  Gorge, battement et crémone 1.74 $\times$ 0.06............... 0.10
  6 Ferrures saillantes, chaque 0.01 .... 0.06
  7 Ferrures ornées, chaque 0.02....................... 0.14
  Cadres en soubassement 2.00 $\times$ 10.25 .... 0.05
  Baguette 6.60 $\times$ 0.01.................................. 0.07
      Ensemble de la croisée 2.67
2 Portes *idem* précédentes, chaque 2.18 = ... 4.36

Moins parties ouvrantes :

2 Fois 2.10 $\times$ 0.75.................................... 3.15
      Reste.................................. 1.21
1 Tableau 5.70 $\times$ 0.09 développé............................ 1.08
1 Feuillure et épaisseur 4.92 $\times$ 0.08........................ 0.39
Lambris de 1.05 de hauteur développée
            3.04
            0.74
            1.41
            2.53
            0.61
            0.72

    Ensemble........... 9.05   produit.................. 9.50
25 Développements de cadres chaque 1.75 $\times$ 0.02 produit 0.87

      Surface 19.10
à 4^f,65 le mètre 88.82
  Lessivage, rebouchage huile, ponçage à sec au papier de verre, huile
deux couches, 2 tons, façon de décors à 2 tons, et vernis *idem* une couche
2 parties ouvrantes de portes *idem* à la déduction opérée ci-dessus,
produit.. 3.15
  Moins 2 verres, chaque 0.85 $\times$ 0.43 .... 0.74

      Reste................................. 2.41
à 4^f,30 le mètre... 10.36
  Filage adouci et repiqué pour former fausses tables.
  50 Montants chaque 0.57 ensemble...................... 28.50
  Traverses.
    4 chaque 0.09.. 0.36
    2 »   0.13... 0.26
  14 »   0.17... 2.38
    8 »   0.13... 1.04
  14 »   0.15... 2.10
    4 »   0.67... 0.28
  Sur les portes :
  4 Montants chaque 0.04 .... 0.16
  4 »   » 0.44..................................... 1.76
  8 Traverses chaque 0.47................................. 3.76

      Ensemble................................. 41.12
à 0^f,22 le mètre 9.05
  Le traçage au crayon, même longueur 41.12
à 0^f,09 le mètre.. 3.70

3 Ferrures réchampies à 0ᶠ,05...................................	0.15
6 Verres nettoyés à 0ᶠ,07...................................	0.42
3 Cuivres nettoyés à 0ᶠ,10...................................	0.30
Le poêle en faïence et ses cuivres nettoyés...................	1.25
Un grand verre dépoli, nettoyé à la ponce...................	0.15

1/2 égrenage et 1/2 grattage des anciens papiers et demi-rebouchage à la colle.

Murs sous tenture 1.35 × 9.05 produit...................	12.22	
2 Dessus de portes chaque 0.20...........................	0.40	
1 » de croisée 0.20 × 1.20...........................	0.24	
1 » de poêle 1.24 × 1.10...........................	1.36	
Ensemble...........................	14.22	
à 0ᶠ,25 le mètre...................................		3.55
Toile neuve, fournie et tendue...........................	1.20	
à 0ᶠ,65 le mètre...................................		0.78
Bordage de ladite en papier gris...........................	7.00	
à 0ᶠ,05 le mètre...................................		0.35
Zinc neuf à T, fourni et cloué...........................	1.75	
à 0ᶠ,65 le mètre...................................		1.14
Bordage dudit 1.75 à 0ᶠ,05...........................		0.09
Fourni et collé un rouleau de papier gris...................		0.80

Sur porte sous tenture.

Fourni et collé 10.00 de bandes de calicot à 0ᶠ,30 le mètre...........	3.00
Collé 5 rouleaux tenture mat fin à 0ᶠ,75 l'un...................	3.75
Dito 25.00 de bordure à 0ᶠ,05 le mètre...................	1.25

Égrenage, impression, rebouchage et huile 2 couches.

Extérieur de croisée 1.87 développé × 1.31 développé produit....	2.45	
Moins 6 verres *idem* intérieur...........................	1.02	
Reste...........................	1.43	
à 1ᶠ,75 le mètre...................................		2.50

Même travail, mais sans rebouchage.

Balcon 0.58 × 1.11 produit...........................	0.64	
A 3 faces pour 2 pour refouillement...........................	1.92	
à 1ᶠ,48 le mètre...................................		2.84
1 Barre d'appui réchampie en brun Van Dyck, vaut...................		0.25

Verres simples, 3ᵉ choix, fournis et posés en travaux neufs (par surface au-dessous de 4ᵐ,00).

6 de 0.53 × 0.42 produit...........................	1.34	
à 4ᶠ,50 le mètre...................................		6.03

Cabinet attenant.

Plafond *idem* précédent 3.48 × 1.50 produit...................	5.22	
Moins 1 coffre 1.60 × 0.28...........................	0.45	
Reste...........................	4.77	
à 1ᶠ,65 le mètre...................................		7.87
Parquet *idem* précédent 3.48 × 1.50 produit...................	5.22	
Moins coffre 0.28 × 1.95...........................	0.55	
Reste...........................	4.67	
Reprendre :		
1 Huisserie de porte 0.72 × 0.08...........................	0.06	
Surface...........................	4.73	
à 0ᶠ,62 le mètre...................................		2.93

Égrenage, impression, rebouchage céruse, ponçage au papier de verre, huile 2 couches, deux tons à une couche.

1 Croisée 2.15 $\times$ 1.02 produit................................. 2.19

Moins 6 verres chaque 0.36 $\times$ 0.29........................... 0.56

Reste.................................. 1.63

Epaisseurs autour des verres 9.00 $\times$ 0.025.................... 0.23

Feuillures et gueule-de-loup.

1 Fois 1.43... 1.43

2 » 0.88... 1.76

Ensemble............................. 3.19

$\times$ 0.10 produit... 0.32

Epaisseur de gorge, battement et crémone

1.43 $\times$ 0.06 produit.................. 0.09

6 Ferrures saillantes chaque 0.01............................. 0.06

7 Ferrures ornées chaque 0.02.............................. 0.14

Baguette 6.24 $\times$ 0.01 .... 0.06

1 Porte 2.12 $\times$ 0.76.................................... 1.62

Epaisseurs de tables.

2 Fois 0.85................................ 1.70

2 » 0.20................................ 0.40

2 » 0.57................................ 1.14

6 » 0.43................................ 2.58

Ensemble.......................... 5.82

$\times$ 0.01 produit... 0.06

Epaisseur d'huisserie 4.70 $\times$ 0.04...................... 0.19

Développement du chambranle 4.80 $\times$ 0.015 = ... 0.07

Ensemble................................... 1.94

Surface.............................. 4.47

à 2f,15 le mètre.. 9.61

Plinthes imprimées, rebouchées et huile 2 couches

3.48

0.28

1.50

1.84

0.88

0.18

Ensemble............ 8.16 à 0f,26 le mètre.................. 2.12

4 Ferrures réchampies à 0f,05..................................... 0.20

2 Socles *idem* à 0f,05.. 0.10

6 Verres nettoyés à 0f,07.. 0.42

Egrenage des murs sous tenture (les murs sont neufs)

2.30 hauteur $\times$ 8.16..................... 18.77

1 Dessus de croisée 0.26 $\times$ 1.02............................ 0.27

1 » de porte 0.28 $\times$ 0.76 .... 0.21

Ebrasement de porte 4.20 $\times$ 0.28............................ 1.17

Ensemble..................... 20.42

à 0f,07 le mètre... 1.40

Bandes à l'eau, fournies et collées 1.00, vaut...................... 0.08

Collage de 7 rouleaux tenture à 0f,65 l'un......................... 4.55

Collage de 24.00 bordure à 0f,05 le mètre.......................... 1.20

Egrenage, impression, rebouchage huile, huile 2 couches.

Dehors de croisée 1.60 développé $\times$ 1.10 de largeur dév., produit. 1.76

Moins les verres, comme à l'intérieur.......................... 0.55

Reste................................. 1.20

à 1f,75 le mètre... 2.10

Même travail, sans rebouchage.

Balcon 0.15 $\times$ 0.90 produit................................. 0.14

A 3 faces pour 2, pour refouillements........................... 0.42

à 1f,48 le mètre... 0.62

1 Barre d'appui en brun Van Dyck, vaut.............................. 0.25
1 Cuivre nettoyé au tripoli.................................... 0.10

Entrée.

Plafond *idem* travail que le précédent.
        3.39 $\times$ 0.86 produit.................... 2.92
  1 Chou refouillé pour.................................... 0.25
       Ensemble.................................... 3.17
à 1^r,65 le mètre..   5.23
  Egrenage, impression, rebouchage huile, ponçage au papier de verre,
huile 2 couches 2 tons.
  Porte et imposte sur closets de 2.36 $\times$ 0.83 produit............ 1.97
  Moins 1 verre de 0.11 $\times$ 0.54................................ 0.06
       Reste.................................... 1.91
Reprendre :
Epaisseurs autour des verres 1.50 $\times$ 0.025 produit............. 0.04
Cadres et chambranle sur une porte pour plus grand développement. 0.26
Feuillures et épaisseurs *idem*................................ 0.39
5 Ferrures saillantes, chaque 0.01............................ 0.05
Imposte sur cuisine 0.25 $\times$ 0.88...................... 0.22
Moins 1 verre 0.60 $\times$ 0.13............................ 0.08
       Reste.................................... 0.14
Epaisseur autour dudit 1.76 $\times$ 0.025........................ 0.04
Châssis sur cuisine 0.56 $\times$ 1.20...................... 0.67
Moins 3 verres chaque 0.41 $\times$ 0.30..................... 0.37
       Reste.................................... 0.30
Epaisseur autour dudit 4.86 $\times$ 0.025........................ 0.18
Baguette 3.52 $\times$ 0.01................................ 0.04
Lambris de 1.05 de hauteur $\times$ 0.69
                  1.24
                  0.08
                  0.04
                  1.30
                  1.31
    Ensemble............ 4.68   produit.............. 4.85
Corniche 0.12 développée $\times$ 8.78........................... 1.05
       Ensemble.................................... 9.19
à 2^r,05 le mètre...   18.84
  Lessivage, rebouchage, ponçage et huile 2 couches 2 tons.
  Porte sur cuisine 2.11 $\times$ 0.87............................ 1.84
  Moins 1 verre 0.84 $\times$ 0.43............................ 0.36
       Reste.................................... 1.48
Développements de cadres et chambranle *idem* précédente...... 0.26
1 Huisserie 4.92 $\times$ 0.04.............................. 0.20
Porte d'entrée sur escalier 2.20 $\times$ 1.00.................. 2.20
Cadres et chambranle *idem* précédente..................... 0.26
Feuillures et épaisseurs.................................... 0.39
5 Ferrures saillantes, chaque 0.01............................ 0.05
2 Portes *idem*, première détaillée, chaque 2.18 ensemble. 4.36
Moins 2 verres chaque 0.85 $\times$ 0.43 .... 0.74
       Reste.................................... 3.62
1 Tableau   4.92 $\times$ 0.18 développé..................... 0.88
1 Huisserie   4.92 $\times$ 0.04............................. 0.20
       Ensemble.................................... 9.54
à 1^r,70 le mètre 16.21

Impression à l'huile une couche sur moulures neuves rapportées.

2 Ferrures réchampies à 0ʳ,05.. 0.10
5 Cuivres nettoyés à 0ʳ,10 l'un.................................... 0.50
5 Verres nettoyés à 0ʳ,07 l'un..................................... 0.35
Demi-égrenage, demi-grattage de papier, demi-rebouchage colle.
Murs sous tenture   1.40 × 4.62 produit......... .... 6.47
à 0ʳ,30 le mètre 1.94
Collé 3 rouleaux de tenture à 0ʳ,65 l'un........................ 1.95
Collé 12.00 de bordure à 0ʳ,05 le mètre......................... 0.60
Bandes à l'eau, fournies et collées ensemble   2.00 à 0ʳ,08 le mètre...... 0.16

Cuisine.

Ladite neuve (réparée de maçonnerie).
Egrenage, impression, rebouchage huile et huile 2 couches.
Plafond   2.37 × 2.00 produit............................. 4.74
Moins 1 verre 0.90 réduits × 1.40............................ 1.26

        Reste................................... 3.48
Murs et boiseries en 4 sens de 2.44 de hauteur × 0.74 de pourtour.   21.33

       Ensemble.................................... 24.81
Déduire :

4 Verres sur closets, chaque   0.37 × 0.26.............. 0.39
Sur entrée   1 de 0.60 × 0.13..................... 0.08
            1 de 0.84 × 0.43 .... 0.36
            3 de 0.41 × 0.30...................... 0.37
Sur cour   2 de 0.45 × 0.27...................... 0.24
Faïences du fourneau   0.38 × 2.55.................... 0.97
       Ensemble.................................... 2.41

        Reste............................... 22.40
(le fourneau est peint).
Reprendre les développements :
Epaisseurs autour des verres   24.44 × 0.025.................. 0.61
1 Vasistas 16.40 × 0.14 d'usage............................. 0.23
Bâtis de châssis   6.00 × 0.02......................... 0.12
Ebrasement dudit en 3 sens   3.00 × 0.16 développé......... 0.48
Tuyau d'évier   0.40 × 0.15............................... 0.06
Dessus et dessous du manteau   1.70 × 0.28.............. 0.48
2 Costières de hotte, chaque 0.75 × 0.25.................... 0.38
Excédent de contre-cœur   0.25 × 1.80 .... 0.45
Huisserie de châssis   5.80 × 0.04...................... 0.23
Feuillures, ferrures, cadres et chambranles d'une porte idem... 0.70
1 Tablette   2.00 × 0.31 à 2 faces........................ 1.24
Dossier et barre à casseroles   3.20 × 0.05............... 0.16
2 Tasseaux chaque 0.10 ensemble........................... 0.20
Tuyaux   5.00 × 0.08   .... 0.40

        Surface..................................... 28.14
          à 1ʳ,75 le mètre...................................... 49.25
3 Ferrures réchampies à 0.05 l'une 0.15
Carrelage neuf, lavé et gratté, même surface que plafond produit.   3.48
         à 0ʳ,21 le mètre 0.73
6 Verres nettoyés à 0ʳ,07 l'un 0.42
1 Grand verre dépoli au grès nettoyé à la ponce 0.25
2 Cuivres nettoyés à 0ʳ,10 l'un................................. 0.20
Traçage de la frise au crayon 6.00
         à 0ʳ,09 le mètre 0.54
Fourneau et faïences nettoyées................................. 0.50
Evier nettoyé et passé au grès 0.50

Water-closets.

Même travail que dans la cuisine :

Plafond 1.38 $\times$ 0.80 produit 1.10
Murs et boiseries en 4 sens de 2.44 de hauteur $\times$ 4.36 de
pourtour 10.54

Déduire, les verres.

Sur cuisines 4 de 0.37 $\times$ 0.26 .... 0.39
Sur entrée 1 de 0.54 $\times$ 0.11 .... 0.06
Sur courette 1 de 0.31 $\times$ 0.30 .... 0.09

    Ensemble 0.54

    Reste 10.10

Reprendre :

Epaisseurs autour des verres 8.76 $\times$ 0.025 produit 0.22
Huisserie d'imposte et châssis 3.25 $\times$ 0.04 .... 0.14
                                   11.56

Cadres et huisserie d'une porte *idem* précédente 0.36
Tuyau de chute 2.42 $\times$ 0.45 développé 1.09
1 Autre 2.42 $\times$ 0.80 développé 0.73
Réservoir et tuyaux 1.00 $\times$ 1.00 .... 1.00
Double face de châssis 0.48 $\times$ 0.46 .... 0.22
Moins 1 verre 0.31 $\times$ 0.30 .... 0.09

    Reste 0.13

    Surface 15.02
    à 1^f,75 le mètre 26.29
2 Ferrures réchampies à 0.05 .... 0.10
2 Cuivres nettoyés à 0.10 .... 0.20
2 Verres nettoyés à 0.07 .... 0.14
Tracé de frise au crayon 5.00
    à 0^f,09 le mètre 0.45
Verre demi-double 3e choix fourni et posé en travaux neufs (au-dessous
de 4.00 de surface).
Châssis de cuisine sur cour ;
2 De 0.41 $\times$ 0.53 .... 0.43

Châssis sur entrée :

3 De 0.48 $\times$ 0.37 produit............................. 0.53
Imposte   1 de 0.18 $\times$ 0.65.......................... 0.12
Sur closets   4 de 0.43 $\times$ 0.32...................... 0.55

Châssis de closets sur courette :

1 De 0.36 $\times$ 0.38 .... 0.14
1 De 0.38 $\times$ 0.21 .... 0.08
Imposte   1 de 0.18 $\times$ 0.61....................... 0.11

    Ensemble 1.96
    à 5^f,95 le mètre................................. 41.66

Plus-value pour pose en bois et fer :

3 De 0.48 $\times$ 0.37 .... 0.53
1 De 0.18 $\times$ 0.65 .... 0.12
4 De 0.43 $\times$ 0.32 .... 0.55
1 De 0.41 $\times$ 0.53 .... 0.22

    Ensemble............................. 1.42
    à 0^f,55 le mètre 0.78
Démontage et remontage d'un vasistas, vaut 0.75

Parquet comme précédent :

Closets *idem* surface que plafond	1.10	
Entrée 3.53 × 1.00	3.53	
1 Tableau de porte *idem* salle à manger	1.08	
4 Huisseries de portes, chaque 0.20	0.80	
Ensemble	6.51	
à 0ᶠ,62 le mètre		4.04

A une croisée du salon :

Fourni et posé en réparation (*idem*).

1 Verre simple 3ᵐᵉ choix de 0.43 × 0.51	0.22	
à 5ᶠ,75 le mètre		1.27

A la porte sur entrée :

Fourni et posé en réparation, un verre demi-double, 2ᵐᵉ choix, dépoli

au grès de 0.50 × 0.84	0.42	
à 12ᶠ,25 le mètre		5.15

Appartement au 4ᵐᵒ étage à gauche.

Salon.

Grattage de colle, impression, rebouchage céruse, huile une couche et colle une couche.

Plafond 3.71 × 3.51 produit	13.02	
Moins un coffre 1.20 × 0.31	0.37	
Reste	12.65	

Rosace en pâtisserie, refouillée de 0.80 de diamètre produit 0.50

au double	1.00	
Surface	13.65	
à 1ᶠ,75 le mètre		23.99
Parquet *idem* précédent 4.07 × 3.87	15.75	
Moins coffre et foyer 0.82 × 1.15	0.94	
Reste	14.81	
2 Ebrasements de croisée, chaque 1.28 × 0.16	0.39	
1 Huisserie de porte 0.72 × 0.08	0.06	
Ensemble	15.26	
à 0ᶠ,62 le mètre		9.46

Lessivage, rebouchage céruse et ponçage à sec, puis huile 2 couches, 2 tons.

1 Croisée 2.25 × 1.30 produit	2.93	
Moins 6 verres, chaque 0.40 × 0.50	1.20	
Reste	1.73	
Epaisseurs autour des verres 12.00 × 0.025	0.30	
Feuillure et gueule-de-loup 4.00 × 0.10	0.40	
Gorge, battement et crémone 1.84 × 0.06 produit	0.11	
6 Ferrures saillantes, chaque 0.01	0.06	
7 Ferrures ornées, chaque 0.02	0.14	
Calfeutrement 7.60 × 0.01	0.08	
Ebrasement 5.80 × 0.21 développé	1.22	
Ensemble	4.04	
1 Autre croisée semblable	4.04	
1 Porte 2.30 × 0.90 produit	2.07	
A reporter	2.07	4.04

Report........................ 2.07   4.04

Développement des cadres :

2 Fois 1.11.................................	2.22	
2 » 0.17.................................	0.34	
2 » 0.61.................................	1.22	
6 » 0.58.................................	3.48	

Ensemble........................ 7.26

$\times$ 0.025 produit............................. 0.18

Développement du chambranle :

5.30 $\times$ 0.03 produit.. .... 0.16

Ensemble........................... 2.41

1 Autre semblable...................................... 2.41

Moins 1 verre   0.93 $\times$ 0.43   .... 0.44

Reste........................... 2.01

1 Epaisseur d'huisserie   5.11 $\times$ 0.04   .... 0.20

1 Feuillure et épaisseur de porte   5.11 $\times$ 0.08   .... 0.41

5 Ferrures, chaque 0.01 .... 0.05

Corniche 0.25 développée $\times$ 15.75............................ 3.94

Ensemble...................................... 17.10

à 1f,65 le mètre...   28.2

Lessivage, rebouchage huile et huile 2 couches.

Stylobates	0.05
	0.31
	1.42
	0.30
	2.72
	2.93
	0.27
	0.20
	0.86
	0.21
	1.48
	0.31
	0.05

Ensemble ...... 11.11 $\times$ 0.24 développé.. .... 2.67

à 1f,40 le mètre.......................................   3.74

6 Ferrures réchampies à 0f,05 l'une..............................   0.30

4 Socles *idem* à 0f,05 l'un.......................................   0.20

12 Verres nettoyés à 0f,07 l'un 0.84

Cheminée à consoles et rétrécissement nettoyés......................   1.00

1 Grand verre dépoli au grès, nettoyé à la ponce, vaut.................   0.25

Grattage à vif d'anciens papiers et rebouchage des trous à la colle.

Murs sous tenture 2.30 hauteur $\times$ 11.11...................... 25.55

1 Dessus de cheminée   1.53 $\times$ 1.21   .... 1.83

2 Dessus de portes, chaque 0.25 $\times$ 0.90..................... 0.45

2 Dessus de croisées, chaque 0.23 $\times$ 1.30 .... 0.60

Ensemble............................... 28.45

à 0f,40 le mètre.......................................   11.38

Fourni et collé 9 rouleaux de papier gris à 0f,80 l'un.................   7.20

Toile neuve, fournie, tendue, marouflée   2.10 $\times$ 1.00   .... 2.10

à 0f,65 le mètre   1.37

Bordage de ladite en papier gris   10.00 $\times$ 0.05   ....   0.50

Bandes à l'eau, fournies et collées 1.00, vaut 0.08

Collé 9 rouleaux de tenture dorée, gibelinée, à 0f,85 le rouleau 7.65

Collage de 27.00 de champ doré de 0.11 de large, à 0f,11 le mètre......   2.97

Sur parties de bois neuf :

Impressions partielles, vaut 0.50
Lessivage, rebouchage huile et huile 2 couches.
2 Extérieurs de croisées chaque 2.00 développé $\times$ 1.34 dév. produit.   5.36
Moins 12 verres chaque 0.40 $\times$ 0.50 . . . .   2.40

Reste 2.96
à 0ᶠ,95 le mètre 2.81

Chambre à coucher.

Demi-égrenage, demi-grattage de colle, impression, rebouchage céruse,
huile une couche et colle une couche.
Plafond entre corniche de 3.71 $\times$ 2.76 . . . .   10.24
Refouillement d'une rosace de 0.75 de diamètre en double 0.88

Ensemble 10.46
à 1ᶠ,65 le mètre 17.26
Parquet *idem* précédents   4.07 $\times$ 3.12   . . . .   12.70
Moins 1 coffre   2.10 $\times$ 0.25   . . . .   0.54
Foyer   0.58 $\times$ 1.10   . . . .   0.64
Ensemble 1.16

Reste 11.54
1 Ebrasement de croisée *idem* salon 0.20

Ensemble 11.74
à 0ᶠ,62 le mètre 7.28
Boiseries à l'huile deux couches et à deux tons comme dans le salon.
1 Croisée produisant comme la précédente 4.04
Moins stylobates   0.24 $\times$ 1.70   . . . .   0.41

Reste 3.63
2 Portes *idem* chaque 2.41 . . . .   4.82
Moins 1 verre   0.93 $\times$ 0.43   . . . .   0.40
Reste 4.42
2 Feuillures et épaisseurs à reprendre chaque 0.41 . . . .   0.82
10 Ferrures saillantes chaque 0.01 . . . .   0.10
Corniche 0.25 développé $\times$ 13.66 . . . .   3.42

Ensemble 12.39
à 1ᶠ,65 le mètre 20.44
Lessivage, rebouchage et huile deux couches, façon de décors marbre et
verre une couche.
Stylobates   0.95
                                   0.73
                                   0.83
                                   0.25
                                   2.93
                                   2.32
                                   2.02
                                   0.32

Ensemble . . . . . .   10.36 $\times$ 0.24 de hauteur 2.49
Stylobates de la croisée *idem* à la déduction ci-dessus produit . . .   0.41
2 Côtés de cheminée chaque 0.93 $\times$ 0.34 . . . .   0.66

Ensemble 3.56
à 3ᶠ,85 le mètre 13.71
6 Ferrures réchampies à 0ᶠ,05 . . . .   0.30
4 Socles en décors à 0ᶠ,05 . . . .   0.20
2 Cuivres nettoyés à 0ᶠ,10 l'un 0.20

Egrenage, impression, rebouchage huile et huile une couche.
Intérieur d'armoire :
De 2.58 de hauteur × 1.62 de pourtour produit.............. 4.18
10 Faces de tablettes y compris fond et plaques :
Chaque 0.57 × 0.24 .... 1.34
8 Tasseaux chaque 0.03................................... 0.24
Feuillures et épaisseurs de porte 5.16 × 0.08 .... 0.41
2 Tables chaque 2.60 × 0.01.............................. 0.05
                    Ensemble 6.22
                        à 1f,30 le mètre 8.09
1 Ferrure réchampie vaut 0.05
Cheminée à la capucine nettoyée 0.40
Rétrécissement *idem* 0.40
Huile une couche en plus pour impression.
La moitié de la surface des stylobates 1.24
                        à 0.45 le mètre....................   0.56
Murs sous tenture, même travail que précédemment :
                    2.35 × 10.36 produit 24.35
2 Dessus de porte 0.45
1 Dessus de croisée *idem* 0.30
1 De cheminée 1.60 × 1.10.............................. 1.76
                    Ensemble 26.86
                        à 0f,40 le mètre 10.74
Fourni et collé, 1 rouleau papier gris......................   0.80
Zinc neuf à T fourni et cloué 2.60
                        à 0f,65 le mètre 1.69
Bandage dudit 2.60 à 0f,05 le mètre......................   0.13
Bandes de calicot fournies et collées sur porte d'armoire pour former
charnières à soufflet, à 0f,30 le mètre.....................   3.45
Collé 2 rouleaux tenture soignée à 0f,75....................   6.75
Dito 27.00 bordure à 0f,05 le mètre 1.35
Lessivage, rebouchage huile et huile une couche.
1 Dehors de croisée 2.00 développé × 1.34 développé, produit... 2.68
Moins 6 verres, chaque 0.40 × 0.50 .... 1.20
                    Reste................................ 1.48
à 0f,95 le mètre..   1.41
Lessivage en conservation d'anciennes peintures.
3 Balcons chaque 0.40 × 1.14 produit................... 1.37
A 3 faces pour 2 pour les refouillements................. 4.11
à 0f,17 le mètre..   0.70
6 Verres nettoyés à 0f,07 l'un 0.42
1 Grand verre dépoli, nettoyé à la ponce, vaut...........   0.25

Salle à manger.

Plafond, même travail que le salon précédent.
De   2.98 × 2.56 produit..................... 7.63
Rosace refouillée de 0.80 de diamètre produit 0.50 au double.... 1.00
                    Ensemble............................ 8.63
à 1f,75 le mètre..   15.10
Parquet encaustiqué à l'essence comme le précédent
          3.42 × 3.00 produit................... 10.26
Moins foyer   0.60 × 0.74........................... 0.44
                    Reste................................ 9.22
Reprendre :
1 Tableau de porte   0.72 × 0.20   .... 0.14
                    Ensemble............................ 9.96
à 0f,62 le mètre..   6.18

Peintures (neuves) en décors à 2 tons comme salle à manger au dessus.
Corniche 0.28 développée $\times$ 11.96 produit......................   3.35
1 Croisée   2.36 $\times$ 1.21 produit...................   2.86
Moins 6 verres chaque 0.47 $\times$ 0.36 produit..............   1.02
               Reste...................................   1.84
Epaisseur autour des verres, ensemble 11.16 $\times$ 0.025 ....   0.28
Feuillures et gueule-de-loup :

      1 Fois 1.78 ci...................................   1.78
      2 »   1.10 ci...................................   2.20

           Ensemble.........................   3.93
$\times$ 0.10 produit...   0.39
Epaisseur de gorge, battement et crémone
              1.73 $\times$ 0.06 produit....................   0.10
6 Ferrures saillantes chaque 0.01...........................   0.06
7 Ferrures ornées chaque 0.02...............................   0.14
Développement de cadres de soubassement   2.54 $\times$ 0.03 ....   0.08
Baguette   6.80 $\times$ 0.01 ....   0.07
2 Portes *idem* précédentes chaque 2.41.................   4.82
Moins 2 verres chaque 0.93 $\times$ 0.43.....................   0.84
           Reste...................................   3.98
1 Tableau de 5.11 $\times$ 0.18 développé........................   0.92
1 Feuillure et épaisseur...................................   0.41
5 Ferrures saillantes chaque 0.01..........................   0.05
Lambris de 1.05 de hauteur
               0.05
               2.96
               0.72
               1.41
               2.53
               0.60
               0.70

     Ensemble............   8.97   produit..................   9.42
25 Cadres chaque 1.80 $\times$ 0.03............................   1.35

       Ensemble......................................   22.44
Moins les deux portes détaillées ci-dessus.....................   5.56

         Reste...............................   17.08
à 4^f,65 le mètre...   79.42
   Les deux portes déduites ci-dessus, même travail que les boiseries vieilles
dans la salle à manger qui précède, produisant une surface de......   5.36
     à 4^f,30 le mètre...   23.05
Filets de tables adoucis et repiqués.
Lambris 50 montants chaque 0.55 ensemble...................   27.50
    16 traverses   »   0.14   » 2.74
    12   »   »   0.12   » 1.44
    14   »   »   0.13   » 1.82
    4   »   »   0.05   » 0.20
    4   »   »   0.08   » 0.32
Soubassement de croisée.
    2 montants chaque 0.12   » 0.24
    2 traverses   »   0.88   » 1.76
Sur portes.
    4 montants   »   0.04   » 0.16
    4   »   »   0.44   » 1.76
    8 traverses   »   0.48   » 3.84
      Linéaires............................   41.78
à 0^f,22 le mètre..   9.19

Tracé au crayon, même longueur............................ 41.78	
à 0ᶠ,09 le mètre...	3.76
3 Ferrures réchampies à 0ᶠ,05 l'une................................	0.15
3 Cuivres nettoyés à 0ᶠ,10 l'un	0.30
6 Verres nettoyés à 0ᶠ,07 l'un.....................................	0.42
1 Grand verre nettoyé...	0.09
Poêle en faïence et cuivres nettoyés................................	0.50

Sur murs, demi-grattage des anciens papiers, demi-égrenage, demi-rebouchage colle.

Murs sous tenture 1.52 de hauteur $\times$ 8.97 de pourtour produit..	13.63	
Dessus de cheminée 1.37 $\times$ 1.10	1.51	
Dessus de croisée 0.12 $\times$ 1.21	0.15	
2 Dessus de portes *idem*	0.45	
Ensemble...	15.74	
à 0ᶠ,25 le mètre		3.94
Zinc neuf à T, fourni et cloué....................................	1.85	
à 0ᶠ,65 le mètre..		1.20
Bordage dudit en tenture...	7.40	
à 0ᶠ,05 le mètre..		0.37
Bandes de calicot, fournies et collées.............................	11.00	
à 0ᶠ,25 le mètre..		2.75
Toile neuve, fournie et tendue....................................	1.30	
à 0ᶠ,65 le mètre..		0.85
Bordage de toile en papier gris...................................	8.00	
à 0ᶠ,05 le mètre..		0.40
Fourni et collé un rouleau de papier gris...........................		0.80
Collé 5 rouleaux tenture mat fin à 0ᶠ,75 l'un.......................		3.75
Collé 25.00 de bordure à 0ᶠ,05 le mètre............................		1.25

Egrenage, impression, rebouchage huile et huile deux couches.

Extérieur de croisée 1.88 développé $\times$ 1.31 développé...........	2.46	
Moins 6 verres chaque 0.47 $\times$ 0.36............................	1.02	
Reste..	1.44	
à 1ᶠ,75 le mètre..		2.52

Même travail, mais sans rebouchage.

Balcon 0.40 $\times$ 0.11 produit.................... 0.44		
A 3 faces pour 2 pour refouillements.............................	1.32	
à 1ᶠ,48 le mètre..		1.95
1 Barre d'appui réchampie en brun Van Dyck, vaut..................		0.25

Verres simples, 3ᵐᵉ choix, fournis et posés en travaux neufs par surface de moins de 4 mètres (dans une croisée neuve).

6 de 0.58 $\times$ 0.43 produit............................	1.50	
à 4ᶠ,50 le mètre..		6.75

Cabinet attenant.

Egrenage, impression, rebouchage huile et huile une couche, puis colle une couche.

Plafond 3.50 $\times$ 1.48 produit.........................	5.18	
Moins un coffre 0.30 $\times$ 1.55	0.47	
Reste..	4.71	
à 1ᶠ,58 le mètre..		7.44
Parquet *idem* précédent, même surface.....................	4.71	
1 Huisserie 0.60 $\times$ 0.08 produit.....................	0.05	
Ensemble...	4.76	
à 0ᶠ,62 le mètre..		2.95

Egrenage, impression, rebouchage céruse, ponçage et huile deux couches, deux tons.

1 Croisée 1.55 × 1.02 produit.................. 1.58		
Moins 6 verres chaque 0.37 × 0.30 .... 0.66		
Reste...............................	0.92	
Reprendre :		
Epaisseur autour des verres 9.24 × 0.025	0.23	
Feuillures et épaisseurs de gueule-de-loup.		
1 Montant de 1.45............................ 1.45		
2 Traverses de 0.90 .... 1.80		
Ensemble............................ 3.25		
× 0.10 produit.......................	0.33	
Gorge, battement et crémone 1.45 × 0.06	0.09	
6 Ferrures saillantes chaque 0.01..........................	0.06	
7 Ferrures ornées chaque 0.02	0.14	
Baguette 5.14 × 0.01	0.05	
1 Porte 2.25 × 0.75	1.69	
Cadres et chambranle à un vantail pour développements *idem*		
précédente....................	0.26	
Epaisseur d'huisserie 4.93 × 0.04	0.20	
Ensemble...................... 3.97		
à 2f,15 le mètre.................		8.54
Plinthes rebouchées et huile trois couches, ensemble 9.80 × 0.26 le mètre.		2.55
2 Ferrures réchampies à 0f,05....................		0.10
1 Cuivre nettoyé.		0.10
2 Socles de chambranles réchampis à 0f,05....................		0.10
6 Verres nettoyés à 0f,05....................		0.30
Egrenage des murs de 2.50 hauteur × 9.80 produit.............	24.50	
Moins croisée 1.55 × 1.02	1.58	
Reste...............................	22.92	
Plus : 1 dessus de porte 0.34 × 0.75	0.26	
Ensemble.......................	23.18	
à 0f,07 le mètre.................		1.62
1.00 de bandes à l'eau, fournies et collées, vaut......................		0.08
Collé 7 rouleaux de tenture à 0f,65......................		4.55
Collé 24.00 de bordure à 0f,05 le mètre....................		1.20
Egrenage, impression, rebouchage huile et huile deux couches.		
Extérieur de croisée 1.62 développé × 1.12 développé produit....	1.81	
Moins 6 verres *idem* intérieur....................	0.66	
Reste...............................	1.15	
à 1f,75 le mètre.................		2.01
Même travail, sans rebouchage.		
Balcon de 0.20 × 0.92 produit........................	0.18	
A 3 faces pour 2 pour refouillements....................	0.54	
à 1f,48 le mètre.................		0.80
A cette croisée, fournis et posés en travaux neufs.		
6 Verres simples, 3me choix, de 0.46 × 0.36..................	1.02	
à 4f,50 le mètre.................		4.59
Dans ces deux cabinets.		
2 Tuyaux de poêle noircis à la mine de plomb à 0f,50 l'un.............		1.00

Entrée.

Plafond, même travail que celui du salon		
3.41 × 0.86 entre corniche....................	2.93	
Rosace refouillée, produisant....................	0.25	
Ensemble.......................	3.18	
à 1f,75 le mètre.................		5.57

Parquet comme précédent de 3.55 × 1.00 produit..............   3.55
1 Tableau de porte *idem* salle à manger....................   1.08
4 Huisseries chaque 0.72 × 0.08............................   0.23

      Ensemble.....................................   4.86
à 0f,62 le mètre 3.01
Égrenage, impression, rebouchage, ponçage, huile 2 couches, 2 tons.
Porte et imposte sur closets de
        2.51 × 0.77 produit.........................   1.93
Moins 1 verre   0.28 × 0.44   ....   0.12

      Reste...................................   1.81
Épaisseur autour dudit   1.64 × 0.025 ....   0.04
Feuillures, cadres et chambranle, comme précédent............   0.65
Imposte sur cuisine 0.41 × 0.88 produit............. 0.36
Moins 1 verre   0.28 × 0.57 .... 0.16
      Reste...................................   0.20
Épaisseur autour dudit 1.90 × 0.025 ....   0.05
Châssis sur cuisine 0.72 × 1.17 .... 0.84
Moins 3 verres chaque 0.55 × 0.28 .... 0.45
      Reste...................................   0.38
Épaisseur autour desdites 5.58 × 0.025 ....   0.14
Lambris de 1.07 de hauteur développée
      1.35
      1.30
      1.20
      0.77

   Ensemble.......... 4.62 produit...................   4.94
   Corniche 0.12 développée × 8.82............................   2.06

      Surface...............................   9.27
à 2f,05 le mètre 19.00
Lessivage, rebouchage huile, ponçage, huile 2 couches, 2 tons.
Porte d'entrée   2.25 × 1.00 produit...................   2.25
Cadres, feuillure et chambranle pour développements *idem* pré-
cédente...   0.65
Porte sur cuisine   2.11 × 0.88 produit........... 1.86
Moins 1 verre   0.85 × 0.43.................. 0.37
      Reste...................................   1.49
Cadres et chambranle d'une porte *idem* précédente, produit .. .   0.26
1 Huisserie   4.92 × 0.04 ....   0.20
2 Portes sur salon chaque 2.41......................... 4.82
Moins 2 verres chaque 0.93 × 0.43..................... 0.80
      Reste...................................   4.02
Cadres et chambranles de 2 portes chaque 0.34.................   0.68
1 Tableau   5.20 × 0.20 développé....................   1.04
1 Huisserie   5.30 × 0.04 ....   0.20

      Ensemble...............................   9.27
à 2f,05 le mètre 19.00
Lessivage, rebouchage huile, ponçage huile 2 couches, 2 tons à la der-
nière couche.
Porte d'entrée   2.25 × 1.00 produit...................   2.25
Cadres, feuillures et chambranle d'une porte *idem* précédente...   0.65
Porte sur cuisine   2.11 × 0.88 .... 1.86
Moins 1 verre   0.85 × 0.43 .... 0.37
      Reste...................................   1.49
Cadres et chambranle d'une porte *idem*......................   0.26
1 Huisserie   4.92 × 0.04 ....   0.20

      A reporter...............................   4.85

Report......................................	4.85	
2 Portes *idem* salon chaque 2.41.....................	4.82	
Moins 2 verres chaque 0.93 × 0.43	0.80	
Reste................................	4.02	
2 Cadres et chambranle de porte comme précédente chaque 0.34.	0.68	
1 Tableau 6.20 × 0.20 développé...................	1.04	
1 Huisserie 5.30 × 0.04.............................	0.21	
Ensemble..................................	10.80	
à 1f,70 le mètre.....................................		18.36
Impressions partielles sur bois neuf, vaut		0.50
2 Ferrures réchampies à 0f,05		0.10
5 Cuivres nettoyés au tripoli à 0f,10		0.50
5 Verres nettoyés à 0f,07...................................		0.35
1 Grand verre dépoli au grès, nettoyé à la ponce, vaut...............		0.25

Demi-égrenage, demi-grattage de papiers et demi-rebouchage colle.
Murs sous tenture 1.50 × 4.62 produit (tout compensé)

6.93 × 0.25 le mètre prix réduit......................		1.73

Le collage de la tenture en tout semblable à l'entrée de l'appartement du
quatrième étage, détaillée plus haut...., ...   2.70

Cuisine.

En tout semblable à celle du cinquième étage, détaillée précédemment..		52.54

Plus, excédent de hauteur des murs

0.16 × 8.74 produit...........................	1.40	
1 Tablette 2.00 × 0.31 à 2 faces.....................	1.24	
Ensemble..................................	2.64	
à 1f,75 le mètre..		4.62

Cabinet d'aisances.

Comme celui du 5me étage pour peintures seulement..................		27.68

Plus, excédent de hauteur

0.16 × 4.36 de pourtour produit 0.70 à 1f,75 le mètre.............		1.23
Parquet même travail que précédent de 1.38 × 0.80 produit.....	1.10	
à 0f,62 le mètre...		0.68

Vitrerie, fournie et posée en travaux neufs.
Verre demi-double, 3me choix.
Châssis de la cuisine sur la cour.

1 de 0.43 × 0.43 produit...................................	0.18	

Impostes de portes.

1 de 0.35 × 0.64..............................	0.22	
1 de 0.35 × 0.51	0.18	

Châssis d'aisances.

1 de 0.38 × 0.36	0.14	
1 de 0.38 × 0.20	0.08	
Ensemble..................................	0.80	
à 5f,95 le mètre......................................		4.76

Verre *idem*, mais posé sur châssis en bois et fer.
Châssis de cuisine sur cour.

1 de 0.42 × 0.42 produit...............................	0.17	

Châssis d'aisances.

4 de 0.40 × 0.33.............................	0.53	

Châssis de cuisine.

3 de 0.62 × 0.34.............................	0.63	
Surface............................	1.33	
à 6f,50 le mètre.......................................		8.65
Démontage et remontage d'un vasistas............................		0.75

Appartement au 3ᵉ étage.

Salle à manger.

Grattage de colle, impression, rebouchage céruse huile une couche et colle 1 couche.

Plafond entre corniches 3.36 × 2.08 produit	7.00	
Rosace refouillée de 1.10 × 0.70 = 0.77 au double	1.54	
Surface	8.54	
à 1ᶠ,75 le mètre		14.94
Parquet même travail que précédent 4.22 × 2.60 produit	10.97	
Moins foyer 0.50 × 0.84	0.42	
Coffre 0.40 × 0.30	0.12	
Ensemble	0.54	
Reste	10.46	
1 Ebrasement de croisée 1.25 × 0.16	0.20	
Surface	10.63	
à 0ᶠ,62 le mètre		6.59

Egrenage, impression, rebouchage, genre ponçage huile, deux couches, façon de décors érable soigné et vernis anglais, Nobles Hoard, n° 2, une couche.

Corniche 0.25 développement × 11.92 produit	4.17	
à 4ᶠ,42 le mètre		18.43

Même travail, mais à deux tons sur la dernière couche.

Croisée de 2.45 × 1.30 produit	3.19	
Moins 6 verres, chaque 0.53 × 0.38	1.21	
Reste	1.98	

En plus :
Epaisseur des petits bois au pourtour des verres ensemble 12.12 × 0.25 produit 0.30

Feuillures et gueule-de-loup.

1 Montant de 1.95 à	1.95	
2 Traverses chaque 1.10	2.40	
Ensemble	4.15	
× 0.10 produit		0.42
Gorge, battement et crémone 1.95 × 0.06		0.12
6 Ferrures saillantes, chaque 0.01		0.06
7 Ferrures ornées, chaque 0.02		0.14
Epaisseur de calfeutrement 8.50 × 0.01		0.09
Ebrasement 6.20 × 0.20 développé		1.24
Ensemble de la croisée		4.35
1 Porte 2.35 × 0.90	2.12	

Développement des cadres.

2 Montants chaque 0.96	1.92	
2 — — 0.24	0.48	
2 — — 0.38	0.76	
6 Traverses chaque 0.54	3.24	
Ensemble	6.40	
à 0.25 produit		0.16
Développement du chambranle 5.40 × 0.03		0.16
Ensemble		2.44
Déduire 1 verre 0.85 × 0.50		0.43
Reste		2.01
1 Feuillure et épaisseur 5.00 × 0.08		0.40
A reporter		6.76

Report..		6.76
5 Ferrures saillantes, chaque 0.01.............................		0.05
Feuillures et épaisseur de porte sous tenture 5.00 × 0.08 ..		0.40
Imposte de 0.26 × 0.90 produit........................	0.23	
Moins 1 verre 0.13 × 0.60	0.08	
Reste......................................		0.15
Epaisseur autour dudit 1.06 × 0.025		0.04

Lambris 1.05 développé de hauteur

1.58
0.28
0.40
1.41
4.02
0.44
0.75
0.20
0.56

Ensemble........... 9.64 produit....................		10.12	
Développement de 29 cadres chaque 1.85 × 0.025..............		1.34	
Ensemble.......................................		18.86	
à 4f,72 le mètre..			89.02

Filets de tables adoucis et repiqués sur le lambris.

54 Montants chaque 0.56 ensemble.............................		30.24

Traverses.

16 de 0.17 ensemble..		2.72
2 de 0.11..		0.22
8 de 0.15..		1.20
28 de 0.17...		4.76
Linéaires..............................		39.14
à 0f,22 le mètre..		8.61
Tracé au crayon, même longueur..............................	39.14	
à 0f,09 le mètre..		3.52
4 Ferrures réchampies à 0f,05...................................		0.20
2 Cuivres nettoyés au tripoli à 0f,10............................		0.20
7 Verres nettoyés à 0f,07 l'un..................................		0.49
1 Grand verre mousseline, nettoyé à la ponce................		0.25
Poêle en faïence et ses cuivres nettoyés, vaut..............		0.50

Sur mur neuf, égrenage avant tenture.

1.64 de hauteur × 9.64 produit................................		15.81	
1 Dessus de porte 0.25 × 0.90		0.23	
1 » de croisée 0.20 × 1.30		0.26	
1 » de poêle 0.84 × 1.25		1.06	
1 Plafond de fausse baie 2.30 × 0.40		0.92	
Ensemble................................		18.28	
à 0f,07 le mètre..			1.28
Fourni et collé 1 rouleau de papier gris......................			0.80

Sur porte sous tenture.

Fourni et collé 15.00 de bandes de calicot à 0f,25 le mètre.............		3.75
Zinc neuf à T, fourni et cloué................................ 2.00		
à 0f,65 le mètre..		1.30
Bordage de zinc 2.00 à 0f,05 le mètre.................		0.10
3.00 de bandes à l'eau, fournies et collées, à 0f,08 le mètre...........		0.24
Collé 7 rouleaux de tenture mat fin soigné, à 0f,75 le rouleau..........		5.25
Collé 24.00 de bordure à 0f,05 le mètre........................		1.20
1.00 de bandes à l'eau, vaut..................................		0.08

Lessivage, rebouchage huile et huile une couche.

Extérieur de croisée 2.10 développé $\times$ 1.34 développé produit... 2.81
Moins 6 verres chaque 0.53 $\times$ 0 38 = ... 1.21

Reste........................... 1.60
2 Autres croisées semblables chaque 1.60, ensemble........... 3.20

Surface............................ 4.80
à 0ᶠ,95 le mètre... 4.56

Cabinet de toilette.

Plafond *idem* précédent   3.85 $\times$ 1.20 produit.............. 4.62
à 1ᶠ,75 le mètre.. 8.09
Parquet *idem* précédent et même surface que le plafond, produit. 4.62
1 Ebrasement de croisée produit.............................. 0.20
2 Huisseries de portes chaque 0.72 $\times$ 0.03................ 0.12

Ensemble........................... 4.94
à 0ᶠ,62 le mètre.. 3.06
Egrenage, impression, rebouchage céruse, ponçage et huile 2 couches,
2 tons.
1 Croisée *idem* précédente produit.......................... 4.88
2 Epaisseurs d'huisseries chaque 5.00 $\times$ 0.04............ 0.40
Porte et imposte   2.88 $\times$ 0.91 produit............ 2.26
Moins 1 verre   .   0.20 $\times$ 0.78   .... 0.16
Reste........................... 2.10
Epaisseurs autour desdits ensemble 2.16 $\times$ 0.025 = ... 0.05
Feuillures et épaisseurs de porte produit.................... 0.40
2 Cadres chaque 0.05... 0.10
Baguette   6.80 $\times$ 0.01   .... 0.07
Ebrasement d'imposte   2.46 $\times$ 0.40 développé............ 0.98

Ensemble........................... 13.33
à 2ᶠ,15 le mètre.. 28.66
Plinthes imprimées, rebouchées et huile 2 couches.
0.29
2.97
0.28
0.42
2.82
Ensemble........ 6.78   à 0ᶠ,26 le mètre.................. 1.76
Egrenage, impression, rebouchage huile et huile une couche.
Intérieur d'armoire de 2.10 de hauteur $\times$ 2.56 de pourtour produit. 5.38
10 Faces de tablettes y compris fond et plafond chaque 0.92$\times$0.36 3.31
8 Tasseaux chaque 0.03...................................... 0.24
2 Tables chaque 0.05... 0.10
Ensemble........................... 9.03
à 1ᶠ,30 le mètre.. 11.74
4 Ferrures réchampies à 0ᶠ,05............................... 0.20
4 Socles *idem* à 0ᶠ,05..................................... 0.20
7 Verres nettoyés à 0ᶠ,07 l'un.............................. 0.49
2 Cuivres nettoyés à 0ᶠ,10 l'un............................. 0.20
Egrenage des murs de 2.64 de hauteur $\times$ 6.78 de pourtour..... 17.90
1 Dessus de croisée   0.25 $\times$ 1.30   .... 0.38
2 Dessus de porte chaque 0.56 $\times$ 0.90................. 0.96
1 de 0.30 $\times$ 0.90..................................... 0.27
Ensemble........................... 19.45
à 0ᶠ,07 le mètre... 1.37
Bandes à l'eau, fournies et collées 7.50 $\times$ 0.08, le mètre.............. 0.60
Collé 6 rouleaux de tenture ordinaire à 0ᶠ,65.............. 3.90
Collé 18.00 de bordure à 0ᶠ,05 le mètre.................... 0.90

Chambre sur rue.

Demi-égrenage, demi-grattage de colle, impression, rebouchage céruse
huile une couche et blanc colle une couche.

Plafond	3.35 × 2.60 produit........................	8.71
Moins 1 coffre	2.10 × 0.28...........................	0.59
	Reste................................	8.18

En plus :
Une rosace refouillée de 1.00 de diamètre au double produit 1.78

Surface............................ 9.70

à 1f,65 le mètre.. 16.01

Parquet *idem* précédent	4.25 × 3.10	13.18
Moins 1 coffre *idem* précédent..........................		0.59
1 Autre	0.40 × 0.30	0.12
Foyer	1.04 × 0.58	0.60
	Ensemble................................	1.31

Reste............................... 11.87
1 Ébrasement de croisée................................... 0.20

Ensemble....................................... 12.07

à 0f,62 le mètre.. 7.48

Peintures à deux tons *idem* cabinet de toilette.

1 Croisée *idem* précédente produit..........................		4.35
1 Porte *idem* salle à manger, avec cadres et chambranles.......		2.41
1 Feuillure et épaisseur		0.40
Porte et imposte	2 47 × 0.78	1.93
Moins 1 verre	0.54 × 0.16	0.09

Reste....................... 1.84
Cadres et chambranle *idem*............................... 0.34
Feuillures et épaisseurs................................ 0.40

Épaisseur autour des verres	1.60 × 0.025	0.04
Corniche	0.35 développé × 12.90	4.52

Ensemble.................................... 14.30

à 2f,15 le mètre.. 30.75

Égrenage, impression, rebouchage huile et huile deux couches.
Stylobates 0.24 développé × 0.90

<pre>
                    0.74
                    0.82
                    3.34
                    2.15
                    0.40
                    0.24
                    1.77
                    0.28
                    0.15
</pre>

Ensemble........ 10.79 de pourtour = ... 2.59
à 1f,75 le mètre.. 4.53

Égrenage, impression, rebouchage huile et huile une couche.

Intérieur d'armoire	2.77 × 1.86 de pourtour..............	5.12
10 Faces de tablettes chaque 0.23 × 0.70 réduit..............		1.61
8 Tasseaux chaque 0.03.....................................		0.24
2 Tables chaque 2.60 × 0.01...............................		0.05
Feuillures et épaisseurs de porte	5.30 × 0.08	0.42

Surface............................ 7.47

à 1f,30 le mètre.. 9.71
7 Ferrures réchampies à 0f,05.. 0.35

4 Socles *idem* à 0f,05..		0.20
2 Cuivres nettoyés à 0f,10.......................................		0.20
6 Verres nettoyés à 0f,07.......................................		0.42
Cheminée à consoles et rétrécissement en faïence nettoyés............		1.00

Demi-égrenage de murs, demi-grattage à vif, demi-rebouchage colle.

Murs sous tenture 2.48 hauteur × 10.79 de pourtour produit....	26.76	
1 Dessus de cheminée 1.72 × 1.10	1.89	
1 » de croisée 0.22 × 1.30	0.29	
1 » de porte 0.50 × 0.90	0.45	
Plafond de fausse baie 0.40 × 2.30	0.92	
Ensemble............................	30.31	
à 0f,25 le mètre..		7.58
5.00 de bandes à l'eau, fournies et collées à 0f,08 le mètre............		0.40
Fourni et collé un rouleau de papier gris............................		0.80
Sur armoire, fourni et collé 26.60 de bandes de calicot à 0f,25 le mètre..		6.50
2.50 de zinc à T, fourni et cloué à 0f,65 le mètre....................		1.63
Bordage dudit 2.50 × 0.05 le mètre....................		0.13
Collé 9 rouleaux de papier mat fin, à 0f,75 l'un....................		6.75
dito 30 de bordure à 0f,05............................		1.50

Chambre sur cour.

Plafond comme celui de salle à manger 2.68 × 3.02 produit....	8.09	
Moins 1 coffre 1.68 × 0.28	0.47	
Reste................................	7.62	
Refouillement de la rosace de 0.90 de diamètre = 0.63 au double.	1.26	
Ensemble....................................	8.88	
à 1f,75 le mètre..		15.54
Parquet *idem* précédent 3.50 × 3.54	12.39	
Moins coffre 1.98 × 0.28 .... 0.55		
— foyer 0.54 × 0.09 .... 0.09		
Ensemble....................................	1.14	
Reste................................	11.25	
1 Huisserie 0.70 × 0.08..................................	0.06	
Surface..............................	11.31	
à 0f,62 le mètre..		7.01

Peintures *idem* précédentes.

Corniche 0.35 développement × 12.44......................	4.35	
1 croisée 1.56 × 2.08 produit.............. 3.24		
Moins 8 verres, chaque 0.50 × 0.32 .... 1.28		
Reste..............................	2.96	
Épaisseur autour des verres 14.74 × 00.25	0.37	

Feuillures et gueule-de-loup.

1 Montant de 1.25.................................... 1.25		
2 Traverses, chaque 1.00............................ 2.00		
Ensemble..............................	3.25	
× 0.10 produit....................................	0.33	
Gorge, battement et crémone 1.25 × 0.06	0.08	
Calfeutrement 9.00 × 0.01	0.09	
6 Ferrures saillantes, chaque 0.01.........................	0.06	
7 Ferrures ornées, chaque 0.02...........................	0.14	
Baguette 7.28 × 0.01............................	0.07	
Porte et imposte sur chambre de 2.55 × 0.75, produit... 1.91		
Moins 1 verre 0.20 × 0.78.................... 0.16		
Reste..............................	1.75	
Épaisseurs autour dudit 2.16 × 0.25	0.05	
Huisserie de porte et imposte 6.50 × 0.04	0.26	
A reporter..............................	10.51	

Report.. 10.51

Porte et imposte sur entrée	2.67 $\times$ 0.90	.....	2.40
Moins 1 verre	0.60 $\times$ 0.32	.....	0.19

Reste.. 2.21

Epaisseur autour du verre   2.04 $\times$ 0.025   .... 0.05

Cadres et chambranles de 2 portes comme précédentes, chaque 0.34   0.68

1 Feuillure et épaisseur *idem*................................ 0.40

Ensemble,.................................. 13.85

à 2^f,15 le mètre...   29.78

Egrenage, impression, rebouchage huile et huile, deux couches.

Stylobates   0.24 développé $\times$ 1.63

                                     0.28

                                     2.42

                                     0.33

                                     0.10

                                     2.50

                                     3.28

                                     0.80

Ensemble.................. 11.34 de pourtour = 2.72

à 0^f,75 le mètre..   4.76

Egrenage, impression, rebouchage huile, huile 1 couche.

Intérieur d'armoire 2.40 hauteur $\times$ 1.40..................... 3.36

10 faces de tablettes chaque   0.45 $\times$ 0.25 .... 1.12

8 tasseaux chaque 0.03................................ 0.24

Feuillures et épaisseurs de porte   5.00 $\times$ 0.08 .... 0.40

Ensemble...................................... 5.12

à 1^f,30 le mètre..   6.65

4 Ferrures réchampies à 0^f,05..   0.20

4 Socles *idem* à 0^f,05...   0.20

9 Verres nettoyés à 0^f,07..   0 63

2 Grands verres nettoyés à 0^f,10....................................   0.20

Cheminée et dépendances *idem* précédentes 1.00

Egrenage des murs de 2.50 de haut $\times$ 11.34 de pourtour........ 28.35

Moins 1 verre de 1.56 $\times$ 2.08 .... 3.24

Reste................................. 25.11

Reprendre :

1 Dessus de cheminée	1.60 $\times$ 1.10	....	1.76
1 » de porte	0.15 $\times$ 0.75	....	0.11
Plafond de fausse baie	0.30 $\times$ 3.20	....	0.96

Ensemble... 27.94

à 0^f,07 le mètre..   1.97

6.00 de bandes à l'eau, fournies et collées, à 0^f,08 le mètre............   0.48

2.50 de zinc à T, fourni et cloué à 0^f,65 ....   1.63

Bordage dudit   10.00 à 0^f,05...............................   0.50

16.00 de bandes de calicot, fournies et collées sur armoire à 0^f,25 le mètre.   4.00

Fourni et collé un rouleau de papier gris........................   0.80

Collé 9 rouleaux tenture soignée à 0^f,75............................   6.75

Collé 26.00 de bordure à 0^f,05 le mètre 1.30

Egrenage, impression, rebouchage huile et huile deux couches.

Extérieur de croisée de 1.42 développé $\times$ 2.20 développé produit   3.12

Moins 8 verres chaque 0.50 $\times$ 0.32........................... 1.28

Reste................................. 1.84

à 1^f,75 le mètre..   3.22

Verres simples, 3me choix, fournis et posés en travaux neufs.

8 chaque 0.56 $\times$ 0.39 produit................................ 1.75

à 4^f,50 le mètre..   7.88

Entrée.

Plafond même travail que chambre sur rue
4.41 × 0.89 produit.................... 3.92
Chou refouillé de 0.25........................ 0.25
    Ensemble............................ 4.17
à 1f,75 le mètre.................................   7.30
  Parquet *idem* précédent   4.65 × 1.13 .... 5.25
  5 Huisseries chaque   0.70 × 0.08 .... 0.28
    Ensemble.............................. 5.53
à 0f,62 le mètre.................................   3.43
  Peinture à 2 tons *idem* précédente.
  Porte et imposte sur salle à manger   2.47 × 0.87 produit.... 2.15
  Moins 1 verre   0.85 × 0.50 .... 0.43
    1 »   0.26 × 0.90 .... 0.23
    Ensemble.............................. 0.66
    Reste............................ 1.49
Epaisseur d'huisserie de porte et imposte   6.84 × 0.04 ..... 0.27
Porte et imposte sur chambre, sur cour   2.67 × 0.87 ... 2.32
Moins 1 verre   0.20 × 0.78 .... 0.16
    Reste............................ 2.16
Huisserie   7.24 × 0.04 .... 0.29
2 autres portes semblables à celle ci-dessus.
De chaque 2.16 ensemble....................... 4.32
Moins 1 verre   0.85 × 0.53 .... 0.45
    Reste............................ 3.87
Baguette 6.16 × 0.01 .... 0.06
1 Huisserie   5.00 × 0.04 .... 0.20
1 Feuillure et épaisseurs   5.00 × 0.08 .... 0.40
Cadres et chambranles de 4 portes chaque 0.34............. 1.36
5 ferrures, chaque 0.01........................ 0.05
Châssis sur cuisine   0.85 × 2.23   produit...... 1.90
Moins 6 verres, chaque   0.71 × 0.30 .... 1.28
    Reste............................ 0.62
Epaisseurs autour des verres   43.32 × 00.25 .... 0.33
Corniche 0.18 développée × 11.08.................. 2.00
Lambris 1.05 de hauteur développée y compris cimaise et
plinthe........................   0.04
  0.69
  0.11
  2.23
  0.13
  0.11
  2.40
  1.40
    Ensemble.......... 7.11 produit............ 7.47
Châssis sur toilette   0.32 × 0.90 .... 0.29
Moins 1 verre   0.20 × 0.78 .... 0.16
    Reste............................ 0.13
Ebrasement   0.07 × 2.44 .... 0.17
    Ensemble.............................. 20.87
à 2f,15 le mètre...............................   44.87
Croisage, rebouchage, ponçage, huile deux couches, 2 tons à la dernière
couche.
Porte sur escalier   2.30 × 1.00   produit............. 2.30
Cadres feuillures et chambranles d'une porte.................. 0.74
5 Ferrures, chaque 0.01 .... 0.05
    Ensemble.............................. 3.09
à 1f,70 le mètre...............................   5.25

2 ferrures réchampies à 0.05 l'une.................................... 0.10
5 cuivres nettoyés à 0.10... 0.50
8 verres nettoyés à 0.07 .... 0.56
Murs sous tenture, même travail que chambre précédente 1.68 $\times$ 7.11
produit... 11.94
Tout compensé, à 0.07, le mètre.................................... 0.83
4 Rouleaux de bandes à l'eau fournies et collées à 0.08.............. 0.32
Collé 4 rouleaux tenture à 0.65 l'un................................ 2.60
Dito : 14 rouleaux de bordure à 0.05 le rouleau.................... 0.70

Cabinet d'aisances.

En tout semblable à ceux du 4ᵉ étage ci-dessus...................... 29.59
Plus : excédent de hauteur   0.10 $\times$ 4.36   de pourtour produit   0.44 $\times$ 1.75 le mètre............................... 0.77

Cuisine.

Demi-grattage de colle, demi-égrenage, impression, rebouchage huile, et
huile deux couches.

Plafond   3.05 $\times$ 2.10   .... 6.10
Moins coffre   0.90 $\times$ 1.40   .... 1.26
                      Reste 4.84
à 1ᶠ,85 le mètre.. 8.95
Carrelage neuf, lavé, gratté, même surface 4.80
à 0ᶠ,21 le mètre.. 1.01
Egrenage, impression, rebouchage huile, et huile 2 couches, murs et
boiseries en 4 sens de 2.74 de hauteur $\times$ 10.10 de pourtour, produit. 27.67
Déduire :
4 verres sur cour chaque   0.42 $\times$ 0.51   .... 0.85
Sur entré cour 6 de   0.71 $\times$ 0.30   .... 1.28
   —   —   1 de   0.20 $\times$ 0.98   .... 0.16
   —   —   1 de   0.85 $\times$ 0.53   .... 0.45
Sur aisances :
              3 de   0.37 $\times$ 0.33   .... 0.37
Faïences   0.42 $\times$ 2.37   .... 1.00
              Ensemble 4.11
                 Reste 23.56
Epaisseur autour des verres   18.44 $\times$ 0.025   .... 0.46
Ebrasement de croisée   6.48 $\times$ 0.30   .... 1.94
Feuillures de croisée   3.60 $\times$ 0.10   .... 0.36
Gorge, battement et crémone   1.25 $\times$ 0.06   .... 0.08
6 Ferrures chaque 0.01... 0.06
7 Ferrures ornées chaque 0.02...................................... 0.14
Baguette   5.30 $\times$ 0.01   .... 0.05
Intérieur sous évier 0.67 $\times$ 2.80   .... 1.88
2 Tablettes chaque   1.65 $\times$ 0.28   .... 0.92
              à 2 faces.. 1.84
4 Potences chaque 0.10... 0.40
Dossier et barre à casseroles   3.90 $\times$ 0.05   .... 0.20
Feuillure, cadres et chambranle d'une porte à un vantail *idem* .. 0.74
5 Ferrures chaque 0.01... 0.05
Tuyaux   10.00 $\times$ 0.08   .... 0.80
Excédent de manteau semblable au détail précédent dans la
cuisine du 5ᵐᵉ étage, produit...................................... 1.31
Extérieur de croisée 1.41 développé $\times$ 1.40 dév. produit.. 1.87
Moins 4 verres *idem* intérieur......................... 0.39
              Reste... 1.48
              Ensemble 35.35
à 1ᶠ,75 le mètre... 61.86

Tracé de frise au crayon   6.00 à 0ʳ,09.............................   0.54
3 Ferrures réchampies à 0ʳ,05...   0.15
2 Cuivres nettoyés à 0ʳ,10..........:................................   0.20
4 Verres nettoyés à 0ʳ,07...   0.28
Fourneau et faïence nettoyés.......................................   0.50
Evier et faïences nettoyés...   0.25
1 Grand verre mousseline nettoyé à la ponce, vaut...................   0.15
Verre demi-double, 3ᵐᵉ choix, fourni et posé en travaux neufs.
Châssis d'aisances 1 de 0.35 × 0.28 produit...................   0.10
                   1 de 0.35 × 0.22 produit...................   0.08
Imposte 2 chaque 0.42 × 0.65.............................   0.55
Imposte de salle à manger, toilette et chambre.
       1 de 0.20 × 0.54............................   0.11
       1 de 0.25 × 0.85............................   0.21
       1 de 0.22 × 0.55............................   0.12
       1 de 0.40 × 0.70............................   0.28
                                                     ____
              Ensemble.....................................   1.45
à 5ʳ,95 le mètre..   8.63
       Verre *idem*, mais sur bois et fer.
Cuisine 6 de 0.78 × 0.35 ....   1.64
        3 de 0.45 × 0.40 ....   0.54
                                                     ____
              Ensemble.....................................   2.18
à 6ʳ,50 le mètre..   14.17
       Verre simple, 3ᵐᵉ choix.
Croisée de cuisine 4 de 0.55 × 0.46......................   1.01
à 4ʳ,50 le mètre..   4.55
       Verre demi-double mousseline, mat sur mat, pour fourniture seulement.
2 de 0.91 × 0.58 à 3ʳ,90 l'un...   7.80
Pose desdites en travaux neufs, surface......................:   1.02
à 1ʳ,90 le mètre..   1.94
       A une chambre sur rue.
Croisée, fourni et posé en entretien.
4 Verres simples, 3ᵐᵉ choix, chaque 0.59 × 0.45 produit........   1.06
à 5ʳ,75 le mètre..   6.10

Appartement au premier étage à gauche.

Salle à manger.

Grattage de colle, impression, rebouchage céruse, huile une couche et
colle une couche.
Plafond   3.33 × 2.08, produit.....................   6.93
Refouillement d'une rosace de   0.90 × 0.70,   produit
0.63, au double.....:...   1.20
                                                     ____
              Ensemble.................................   8.19
à 1ʳ,75 le mètre..   14.35
Parquet *idem* précédent   4.20 × 2.60   produit........   10.92
Moins foyer   0.50 × 0.85   ....   0.42
  —   coffre   0.35 × 0.30   ....   0.11
                                                     ____
              Ensemble.................................   0.53
                                                     ____
              Reste 10.39
Reprendre :
1 Ebrasement de croisée   0.23 × 1.20   produit..........   0.29
                                                     ____
              Ensemble.................................   10.68
à 0ʳ,52 le mètre..   6.62
Egrenage, impression, rebouchage céruse, ponçage huile, deux couches
façon de décors soignés et vernis une couche.

Corniche 0.35 développé $\times$ 11.86 produit...................... 4.13
Porte et imposte produit 2.35 $\times$ 0.89 produit... 2.09
Moins 1 verre 0 05 $\times$ 0.62 ... 0.03
1 verre de 0.48 $\times$ 0.86 ... 0.41
Ensemble............................... 0.44
Reste.............................. 1.65
Cadres, feuillures, ferrures et chambranle d'une porte *idem* précédente... 0.79
Châssis 0.55 $\times$ 1.45 produit......... 0.80
Moins 3 verres ch. 0.40 $\times$ 0.40 .... 0.48
Reste..................................... 0.32
Epaisseurs autour des verres 5.40 $\times$ 0.25..................... 0.14
Lambris 1.05 développé $\times$ 1.55
0.28
0.36
1.45
4.08
0.87
0.81
0.19
1.55

Ensemble........ 10.64 produit.......... 11.17
Développement de 29 cadres chaque 1.85 $\times$ 0.25.......... 1.36

Surface............................... 19.58
à 4.42 le mètre... **86.54**
Lessivage, rebouchage céruse, ponçage huile, deux couches, façon de décors et vernis une couche.
1 Croisée 2.38 $\times$ 1.32 produit.............. 3.24
Moins 6 verres chaque 0.50 $\times$ 0.40 .... 1.20

Reste................................... 2.04
Reprendre épaisseurs autour des murs 42.00 $\times$ 0.25 produit... 0.30
Feuillures et gueule-de-loup.
2 Fois 1.14 ensemble................................... 2.28
1 Fois 1.84.. 1.84

Ensemble................................... 4.12
à 0^f,10 le mètre.. 0.40
Gorges, battement et crémone 1.84 $\times$ 0.06 .... 0.11
13 Ferrures saillantes, chaque 0.01....................... 0.13
Calfeutrement 8.00 $\times$ 0.01 .... 0.08
Ebrasement 5.78 $\times$ 0.25 développé.............. 1.45

Ensemble.............................. 4.52
à 4^f,10 le mètre... **18.53**
Egrenage, rebouchage, huile deux couches intérieur d'armoire 2.10 de hauteur $\times$ 2.24 de pourtour, produit..................... 4.70
10 faces de tablettes, chaque 0.76 $\times$ 0.36................. 2.74
8 tasseaux, chaque 0.03.................................... 0.24
2 Epaisseurs de tables, chaque 0.05..................... 0.10
Feuillures et épaisseurs de porte 5.46 $\times$ 0.08............. 0.44

Ensemble............................... 8.22
à 1^f,30 le mètre.. **10.69**
Filage d'épaisseur adouci et repiqué sur le lambris.
54 montants chaque 0.56.................................. 30.24
8 traverses — 0.17...................................... 1.36
4 — — 0.17...................................... 0.68

A reporter................................... 32.28

Report....................................	32.28
2 traverses chaque 0.10....................	0.20
4 — — 0.20....................	0.80
18 — — 0.17....................	3.06
8 — — 0.15....................	1.20
2 — — 0.06....................	0.12
4 — — 0.20....................	0.80
4 — — 0.17....................	0.68

Ensemble 39.14

à 0f,22 le mètre.. 8.60

Tracé au crayon, même longueur......................... 39.14

à 0f,09 le mètre.. 3.54

4 Ferrures réchampies à 0f,05............................ 0.20

Lessivage, rebouchage et huile une couche croisée extérieure de 1.95 de hauteur développé $\times$ 1.35 développé produit.................... 2.67

Moins 6 verres, chaque 0.50 $\times$ 0.40.................... 1.20

Reste............................... 1.47

à 0f,95 le mètre.. 1.40

Balcon lessivé 0.15 $\times$ 1.15 produit.................. 0.17

A 3 faces pour deux par refouillements....................... 0.51

à 0f,17 le mètre.. 0.10

10 Verres nettoyés à 0,07 l'un............................ 0.70

1 Grand verre mousseline nettoyé à la pièce........................ 0.15

2 Cuivres nettoyés au tripoli à 0.10........................ 0.20

Poêle en faïence et ses cuivres nettoyés 0.50

Demi-grattage de papier ou de badigeon.

Demi-égrenage, rebouchage, colle, murs sous tenture, 1.58 de hauteur $\times$ 10.64 de pourtour, produit................................... 16.81

1 Dessus de croisée 0.22 $\times$ 1.32 .... 0.29

1 Dessus de porte 1.22 $\times$ 0.85 .... 1.04

1 Dessus de porte 0.23 $\times$ 0.90 .... 0.21

1 Plafond de fausse baie 0.35 $\times$ 2.25 .... 0.79

Ensemble................................ 19.14

Moins châssis 0.55 $\times$ 1.45................................ 0.80

Reste................................... 18.34

à 0.25 le mètre.................................... 4.59

Le surplus de la tenture comme salle à manger précédente............ 12.72

A la croisée, fourni et posé, on entretient :

1 Verre simple, 3me choix, de 0.46 $\times$ 0.56.................... 0.26

à 5f,75 le mètre (au-dessous de 4m,00)................. 1.50

Cabinet de Toilette.

Plafond *idem* précédent 3.85 $\times$ 1.20 produit............... 4.62

à 1f,75 le mètre.. 8.09

Parquet *idem* précédent 3.85 $\times$ 1.20 .... 4.62

1 Ébrasement de croisée *idem* précédent....................... 0.29

2 Huisseries *idem*, chaque 0.72 $\times$ 0.08 .... 0.12

Ensemble................................. 5.03

à 0.62 le mètre.............................. 3.12

Lessivage, rebouchage céruse, ponçage au papier de verre, huile 2 couches, 2 tons à une couche.

1 Porte 2.18 $\times$ 0.88 .... 1.92

Cadres huisserie et chambranle d'une porte comme précédente.. 0.52

1 Autre porte semblable....................................... 2.44

Porte sur placard 2.35 $\times$ 0.91 produit.................. 2.14

Moins 1 verre 0.08 $\times$ 0.77 .... 0.06

Reste................................. 2.08

A reporter..................................... 6.96

Report..		6.96	
Épaisseur autour du verre	1.90 × 0.025	0.05	
Ébrasement d'imposte	1.82 × 0.38	0.70	
Feuillures et épaisseurs de porte	5.00 × 0.08	0.40	
Baguette	5.20 × 0.01	0.05	
2 Tables chaque	0.05	0.10	
Ensemble............................		8.26	
à 2f,15 le mètre..			17.76
Égrenage, rebouchage et huile deux couches, intérieur d'armoire,			
	2.15 × 2.52	5.42	
10 Faces de tablettes chaque 0.35 × 0.91		3.19	
8 Tasseaux chaque	0.03	0.24	
2 Tables chaque	0.05	0.10	
Ensemble............................		8.95	
à 1f,30 le mètre..			11.64
Plinthes imprimées, rebouchées et huile deux couches ensemble			
	0.30		
	2.85		
	0.41		
	0.28		
	2.98		
	6.82 à 0f,26 le mètre.....................		1.77
8 ferrures rechampies à	0.05		0.40
4 Socles rechampis à	0.05		0.20
7 Verres nettoyés à	0.07 l'un		0.49
2 Cuivres nettoyés au tripoli à	0.10		0.20
Extérieur de croisée, peint à l'huile, une couche, comme précédemment			
vaut..			1.50
Murs sous tenture, même travail que précédemment 2.54 de hauteur			
× 5.82 de pourtour...........................		17.32	
3 Dessus de porte chaque	0.47 × 0.90	1.27	
1 Dessus de croisée *idem*.................................		0.29	
Ensemble............................		18.88	
à 0f,25 le mètre..			4.72
Tenture produisant comme dans le cabinet de toilette précédent........			5.40

Chambre à coucher ensuite.

Plafond même travail que précédent			
	3.30 × 2.63 produit...................	8.68	
Moins un coffre	2.10 × 0.30	0.63	
Reste........................		8.05	
Rosace refouillée de 0.80 de diamètre × 0.50 au double........		1.00	
Ensemble............................		9.05	
à 1f,75 le mètre..			15.84
Parquet *idem* précédent	4.22 × 3.15 produit.........	13.29	
Moins un coffre produit.................................		0.68	
1 Foyer	0.55 × 1.15	0.12	
Ensemble.......................		0.75	
Reste...........................		12.57	
1 Ebrasement de croisée *idem* produit......................		0.20	
Ensemble.......................		12.77	
à 0f,62 le mètre..			7.90
1 Croisée et dépendances *idem* précédente.................			8.14

Egrenage, impression, rebouchage céruse, ponçage et huile 2 couches,
2 tons à une couche.

1 Porte 2.20×0.90 .... 1.98
Cadres, feuillures et chambranle 0.92
Porte et imposte 2.35×0.78 .... 1.83
Moins un verre 0.05×0.51 .... 0.03
             Reste...................... 1.80
Épaisseurs autour desdits 1.32×0.025 .... 0.03
Feuillures, ferrures, cadre et chambranle d'une porte, *idem*
précédente... 0.92
Châssis 0.43×2.24 produit........... 0.96
Moins 4 verres chaque 0.28×0.43 .... 0.48
            Reste...................... 0.48
Épaisseurs autour des verres 6.48×0.025 .... 0.16
Baguette 2.24×0.01 .... 0.02
Corniche 0.35 développée $\times 12.90$ 4.51
           Ensemble.......................... 10.82
       à $2^f,15$ le mètre....................................   23.26

Egrenage, impression, rebouchage huile, huile 2 couches, façon de décors
marbre, soigné et verni une couche.

Stylobates   0.90
                 0.74
                 0.79
                 3.24
                 2.25
                 0.37
                 0.20
                 1.80
                 0.30
                 0.05

Ensemble........ 10.64 produit 2.55
       à $4^f,20$ le mètre....................................   10.71

Égrenage, impression, rebouchage et huile une couche.

Intérieur d'armoire de 2.66 de hauteur$\times 2.28$ de pourtour produit   6.06
10 Faces de tablettes chaque 0.26×0.88.................. 2.29
8 Tasseaux chaque 0.03................................ 0.24
2 Tables chaque 0.05................................. 0.10
Feuillures et épaisseurs de porte 5.86×0.08 .... 0.47
           Ensemble........................ 9.16
       à $1^f,30$ le mètre................................   11.91
6 Ferrures réchampies à $0^f,07$ l'une..........................   0.42
4 Socles *idem* en décors à $0^f,10$ le mètre....................   0.40
11 Verres nettoyés à   0.07 l'un 0.77
2 Cuivres nettoyés à   0.10 l'un 0.20
Cheminée à consoles et dépendances, *idem* précédente, vaut...........   1.00
Murs sous tenture, même travail que précédent
       2.38×10.64 de pourtour produit...... 25.33
Plafond de fausse baie 0.40×2.75 .... 1.10
1 Dessus de croisée *idem* précédent................... 0.29
2 Dessus de portes chaque 0.21.................... 0.42
1 Dessus de cheminée 1.57×1.15.................... 1.81
         Ensemble......................... 28.95
Moins châssis 0.43×2.24 .... 0.96
         Reste........................ 27.99
       à $0^f,25$ le mètre................................   7.00
Tenture collée, semblable à celle de la chambre.
Sur vue précédente, vaut....................................   17.71
1 Extérieur de croisée comme le précédent détaillé...................   1.50

Chambre sur Cour.

Plafond *idem* précédent	2.73 × 3.00	....	8.19
Moins un coffre	1.60 × 0.26	....	0.42
	Reste.................................		7.77
4 Rosaces refouillées de 0.80 de diamètre produit 0.50 au double.			1.00
	Surface.................................		8.77
	à 1f,75 le mètre.................................		15.35
Parquet même travail que précédent 3.50 × 3.52 produit.......			12.32
Moins 1 coffre	1.85 × 0.26	....	0.48
Moins 1 foyer	0.56 × 1.10	....	0.62
	Ensemble.................................		1.10
	Reste.................................		11.42
Plus 1 huisserie *idem* précédente.................................			1.20
	Surface		11.42
	à 0f, 62 le mètre.................................		7.08

Égrenage, impression, rebouchage céruse, ponçage et huile 2 couches, 2 tons à une couche.

Corniche 0.35 developpé × 12.50 produit...................			4.88
Croisée 2.26 × 2.10 produit................		4.75	
Moins 8 verres chaque 0.60 × 0.31..........		1.49	
	Reste.................................		3.26
Épaisseurs autour desdits 16.16 × 0.025...................			0.40
Feuillure et gueule-de-loup			
1 fois 142.........................		1.42	
2 fois 100.........................		2.00	
	Ensemble...................	3.42	
	à 0f,10 produit.........................		0.34
Gorge, battement et crémone	1.42 × 0.06	....	0.09
6 Ferrures saillantes chaque	0.01	....	0.06
7 Ferrures ornées chaque	0.02	....	0.14
Épaisseurs de calfeutrements			
6 fois 1.40 ensemble.....................		8.40	
6 » 0.46 »		2.76	
2 » 1.00 »		2.00	
	Ensemble.........................	13.16	
	× 6.01 produit.............................		0.11
Baguette 9.72 × 0.01			0.10
Poste et imposte. Sur entrée 2.57 × 0.90 produit...		2.31	
Moins 1 verre	0.25 × 0.60..........	0.15	
	Reste.................................		2.16
Épaisseur autour 1.90 × 0.025.................................			0.05
Cadres feuillures, ferrures et chambranles d'une porte *idem* précédente.................................			0.92
Porte et imposte sur chambre	2.36 × 0.75	... 1.77	
Moins 1 verre de	0.50 × 0.05	... 0.03	
	Reste.....................................		1.74
Huisserie de porte et imposte 6.30 × 0.04...................			0.25
Cadres et chambranle d'une porte *idem*...................			0.32
Châssis	0.42 × 2.26	produit.. 0.95	
Moins 4 verres chaque 0.43 × 0.28		.... 0.48	
	Reste.....................................		0.47
Reprendre.			
Huisserie	5.82 × 0.04	produit...........................	0.23
Baguette	5.40 × 0.01	....	0.05
	Ensemble.................................		15.10
	à 2f,15 le mètre.................................		32.47

Égrenage, impression, rebouchage huile et huile 2 couches.
Stylobates ensemble   0.09
                              0.26
                              1.67
                              2.46
                              0.30
                              0.10
                              2.55
                              0.65
                              0.55
                              0.65
                            ───────
                              9.28 $\times$ 0.24 produit................ 2.23
                 à 1^f,75 le mètre...................................   3.90
Égrenage, impression, rebouchage huile et huile une couche.
Intérieur d'armoire de   2.60 $\times$ 1.80   .... 4.68
10 Faces de tablettes chaque 0.23 $\times$ 0.67   .... 1.54
8 Tasseaux chaque   0.03   .... 0.24
2 Tables chaque   0.05   .... 0.10
Feuillures et épaisseurs   5.20 $\times$ 0.08   .... 0.42
                                                                  ──────
                 Ensemble............................. 6.98
                 à 1^f,30 le mètre.......... ....   9.07
4 Ferrures réchampies à   0.05   ....   0.20
4 Socles *idem* à   0.05   ....   0.20
2 Cuivres nettoyés à   0.10   l'un..............................   0.20
9 Verres nettoyés à   0.07   ....   0.63
Cheminée et dépendances *idem* précédente.......................   1.00
Égrenage, impression, rebouchage huile et huile 2 couches.
Extérieur de croisée 1.60 développé $\times$ 2.20.................... 3.52
Moins 8 verres chaque 0.60 $\times$ 0.31......................... 1.49
                                                                  ──────
                 Reste................................. 2.03
                 à 1^f,30 le mètre.......................................   2.64
Verres simples 3me choix fournis et posés en travaux neufs, par surface
de moins de 4^m,00.
8 chaque 0.65 $\times$ 0.39 produit.............................. 2.03
                 à 4^f,50 le mètre......................................   9.14
Murs sous tenture *idem* précédents 2.34 $\times$ 9.28 produit........ 21.72
1 Dessus de croisée   0.25 $\times$ 2.10   .... 0.53
1 Dessus de cheminée   1.57 $\times$ 1.10   .... 1.73
1 Dessus de porte *idem* 0.21
Plafond d'ébrasement de fausse baie 3.26 $\times$ 0.25 produit....... 0.81
                                                                  ──────
                 Ensemble............................. 25.00
                 Moins châssis 0.42 $\times$ 2.26 produit................. 0.95
                                                                  ──────
                 Reste................................. 24.05
                 à 0^f,25 le mètre.......................................   6.01
Tenture semblable à celle de la chambre sur cour du logement précédent
produit...   15.46

Entrée.

Plafond *idem* précédent 5.54 $\times$ 0.96 produit.................. 5.32
Chou refouillé de surface.................................... 0.25
1 Excédent de 0.60 $\times$ 0.20.................................. 0.12
                                                                  ──────
                 Ensemble............................. 5.69
                 à 1^f,75 le mètre......................................   9.96
Parquet *idem* précédent   5.68 $\times$ 1.10   .... 6.25
1 Excédent   0.75 $\times$ 0.20   .... 0.15
4 Huisseries chaque   0.70 $\times$ 0.08   .... 0.22
                                                                  ──────
                 Ensemble............................. 6.62
                 à 0^f,62 le mètre.......................................   4.10

Égrenage, impression, rebouchage huile, ponçage au papier de verre et huile 2 couches, 2 tons à la dernière couche.

Corniche 0.12 développée × 13.68 produit......................	1.64
2 Portes ensemble 2.38 × 1.70 .... 4.39	
Moins verres :	
2 de 0.27 × 0.54................................. 0.29	
1 de 0.85 × 0.48................................. 0.41	
Ensemble 0.70	
Reste.............................	3.69
Porte et imposte sur chambre, sur cour *idem* double face produit.	2.06
Celle donnant sur salle à manger *idem* double face............	3.05
Cadres et chambranles de 4 portes *idem* précédentes chaque 0.32.	1.28
3 Huisseries de porte et imposte *idem* chaque 0.25 ensemble....	0.75
1 Feuillure et épaisseur *idem*...............................	0.50
5 Ferrures saillantes chaque 0.01...........................	0.05
Châssis sur cuisine 0.78 × 2.20 .... 1.72	
Moins 6 verres chaque 0.60 × 0.28 .... 1.00	
Reste.............................	0.72
Baguette 3.00 × 0.01	0.03
Porte et imposte sur débarras 2.57 × 0.75 ..... 1.98	
Moins 1 verre 0.25 × 0.45 .... 0.11	
Reste.............................	1.82
1 Huisserie *idem*................................	0.25
Cadres et chambranle d'une porte...................	0.32
Châssis sur salle à manger 0.56 × 1.45 produit...... 0.81	
Moins 3 verres chaque 0.40 × 0.40 ...... 0.48	
Reste........................	0.33
Huisserie 4.00 × 0.06 développée..................	0.24
Lambris 1.05 développé × 2.15	
0.13	
0.12	
2.42	
1.35	
0.21	
0.06	
Ensemble.......... 6.44 produit................	6.76
Châssis sur toilette 0.98 × 0.20 .... 0.22	
Moins 1 verre 0.77 × 0.08 .... 0.06	
Reste..................................	0.16
Huisserie 2.40 × 0.06 développé.................	0.14
Porte d'entrée à 2 vantaux 2.58 × 1.35	3.58
Cadres 15.20 × 0.03	0.46
Feuillures et épaisseurs 8.85 × 0.08	0.71
Crémone 2.55 × 0.03	0.08
6 Ferrures saillantes chaque 0.01........................	0.06
7 Ferrures ornées chaque 0.02...........................	0.14
Ensemble	28.82

à 2f,05 le mètre.....		59.08
3 Ferrures réchampies à 0f,05.....................		0.15
5 Cuivres nettoyés à 0f,10		0.50
Murs sous tenture *idem* précédent 1.58 × 6.44 produit....	10.18	
1 Dessus de porte 0.22 × 0.86	0.19	
Ensemble	10.37	
Moins 3 châssis *idem* plus haut	2.75	
Reste	7.62	
à 0f,25 le mètre............................		1.90
Tenture semblable à celle de l'entrée du logement précédent produit....		3.62

Égrenage, impression, rebouchage céruse, huile 2 couches, façon de décors bois, et verni une couche.

Extérieur de porte sur escalier de	2.51 × 1.40 produit....	3.51
Cadres *idem* double face..................................		0.16
Épaisseur d'huisserie	6.20 × 0.04	0.25
Développement de chambranle 6.00 × 0.03		0.18

Ensemble.............................. 4.10
à 4f,28 le mètre.................................   17.55

Cuisine.

En tout semblable à celle du 3e étage correspondant produit.... 73.89
 Déduire.
Moins-value de hauteur de 0.10×10.10 de pourtour produit. 1.00
à 1f,75 le mètre.............................. 1.75
Reste.............................. 72.14

Aisances.

Semblables à ceux détaillés au 4me étage produit..................... 29.59

Cabinet sur Escalier.

Demi-égrenage, demi-lessivage, impression, rebouchage et huile deux couches.

Cuivres et boiseries en 4 sens de 4.95 × 2.63 de hauteur produit.		13.01
Moins 4 verres chaque	0.55 × 0.45 .... 1.01	
» 1 de	0.85 × 0.08 .... 0.41	
	Ensemble	1.43
1 Vasistas	2.24 × 0.16	0.36
Ébrasement de croisée	4.80 × 0.06	0.29
Huisserie de châssis	2.00 × 0.04	0.08
Feuillures et épaisseurs de porte *idem*		0.40
3 Cadres chaque 0.05 ensemble		0.15
Ebrasement de fausse baie 4.00 × 0.80....................		3.20
Feuillures et épaisseurs de porte d'armoire ensemble 800 × 0.08.		0.64

Ensemble.............................. 16.71
à 1f,80 le mètre..............................   30.08
Lessivage, rebouchage huile et huile 2 couches.
Volet 1.30 × 1.08 produit 1.40 à 2 faces, soit............... 2.80
1/10 en plus pour épaisseurs.................................. 0.28
Ensemble.............................. 3.08
à 1f,40 le mètre..............................   4.31
Impression, rebouchage huile et huile 2 couches.
Double face d'une porte d'armoire 147 × 0.26 .... 0.38
Huisserie 3.46 × 0.04 .... 0.14
Ensemble.............................. 0.52
à 1f,20 le mètre..............................   0.62
Lessivage, rebouchage et huile 1 couche.

Intérieur d'armoire de face 258 de haut ×2.12 de pourt produit.		5.43
3 Faces de tablettes chaque	0.80 × 0.26	0.62
2 Tasseaux chaque	0.03	0.06
2 Tables chaque	0.05	0.10

Ensemble.............................. 6.21
à 0f,95 le mètre..............................   5.90
Grattage de colle, impression, rebouchage huile et huile 2 couches.
Plafond 1.52 × 0.95 réduit produit........................... 1.44
à 1f,92 le mètre..............................   2.76

3 Ferrures réchampies à 0.05..	0.15
4 Verres mousselines nettoyés à 0.10..................................	0.40
Parquet *idem* précédent, même surface que le plafond produit.. 1.44	
à 0ᶠ,62 le mètre..	0.99
Traçage de frise au crayon 3.00 × 0.09............................	0.27

Verres demi-doubles, 3ᵐᵉ choix, fournis et posés en travaux neufs par surface de plus de 4 mètres superficiels.

Châssis d'aisances sur cour :	
1 de 0.40 × 0.32...................... 0.13	
1 de 0.40 × 0.31...................... 0.12	
Châssis d'aisances sur cuisine :	
3 de 0.41 × 0.36...................... 0.44	
6 de 0.68 × 0.34...................... 1.39	
Imposte d'aisance et cuisine :	
2 chaque 0.60 × 0.32................... 0.38	
Imposte de cabinet :	
1 de 0.32 × 0.55...................... 0.18	
Châssis de salle à manger :	
3 chaque 0.45 × 0.46 .... 0.62	
Imposte :	
1 de 0.11 × 0.69...................... 0.08	
Toilette :	
1 de 0.14 × 0.82...................... 0.12	
Imposte d'entrée sur chambre :	
1 de 0.31 × 0.68...................... 0.21	
Imposte de chambre :	
4 de 0.34 × 0.51...................... 0.69	
1 de 0.14 × 0.56...................... 0.08	

Ensemble............................ 4.44	
à 5ᶠ,95 le mètre.........................	26.42
A la croisée de la cuisine, fourni et posé 4 verres simples, 3ᵐᵒ choix, en travaux neufs de 0.65 × 0.48 produit............................ 1.25	
à 4ᶠ,50 le mètre (moins de 4ᵐ,00).....................	3.62
Aux portes de cuisine et salle à manger, fourni 2 verres demi-double, mousseline, hors mesure mat sur mat de chaque 0.92 × 0.56	
à 10ᶠ,00 la pièce, pose comprise......................	20.00
Par suite de l'occupation de cet appartement avant les travaux, il a été passé pour le nettoyage des parquets et des verres, 6 heures de compagnon à 1ᶠ,25 l'heure..	7.50

Appartement au deuxième étage à gauche.

Salle à manger.

Grattage de colle, impression, rebouchage céruse et huile 2 couches.

Plafond même surface que celui du 1ᵉʳ étage produit une surface de 8.19	
à 2ᶠ,00 le mètre...........................	16.38
Parquet même travail que précédent et même surface que celui du premier étage...	6.62

Égrenage, impression, rebouchage céruse, ponçage, huile 2 couches, façon de décors acajou et vernis une couche.

Corniche 0.35 développé × 11.86 produit 4.15	
Porte et imposte sur entrée 2.57 × 0.90................. 2.31	
Moins 1 verre 0.15 × 0.63....................... 0.10	
1 de 0.85 × 0.48....................... 0.41	
Ensemble....................... 0.51	
Reste........................... 1.80	
A reporter................................	5.95

Report..	5.95	
Cadres, feuillures, ferrure et chambranle d'une porte *idem* précédente..	0.92	
Epaisseur autour des verres ensemble 4.62 × 0.025 produit....	0.12	
Lambris produit comme celui du premier étage................	12.53	
Ensemble............................	19.52	
à 4f,42 le mètre..		86.28

Lessivage, rebouchage céruse, ponçage, huile 2 couches, façon de décors acajou et vernis une couche

1 Croisée de 2.52 × 1.32 produit........................	3.33	
Moins 6 verres chaque 0.57 × 0.38	1.30	
Reste....................................	2.03	
Epaisseur autour des verres 12.60 × 0.25....................	0.33	

Feuillure et gueule-de-loup.

1 fois 2.03, ci........................	2.03	
2 fois 1.10, ci........................	1.20	
Ensemble................	4.23	
× 0.10 produit.................................	0.42	
Gorge, battement et crémone 2.03 × 0.06	0.12	
Calfeutrement 6.30 × 0.01	0.06	
7 Ferrures ornées chaque 0.02	0.14	
6 Ferrures saillantes chaque 0.01	0.06	
Ébrasement 6.30 × 0.20 développé........	1.27	
Ensemble..............................	4.43	
à 4f,08 le mètre.......................................		18.07
4 Ferrures en bronze à 0f,15 l'une............................		0.60
7 Verres nettoyés à 0f,07 l'un..............................		0.49
1 Grand verre mousseline nettoyé à la ponce..................		1.15
Poêle en faïence nettoyé et ses cuivres passés au tripoli. Vaut..........		0.50

Murs sous tenture, demi-grattage de badigeon, demi-égrenage et rebouchage des trous à la colle

1.71 de hauteur × 10.64 de pourtour..................	18.19	
1 Dessus de porte 0.28 × 0.90	0.25	
1 Dessus de croisée 0.20 × 1.32	0.26	
1 Dessus de cheminée 1.30 × 0.80	1.04	
Plafond d'ébrasement 0.35 × 2.25	1.79	
Ensemble..................................	20.53	
à 0f,32 le mètre....................................		6.57
Papier gris fourni et collé même surface......................	20.53	
à 0f,20 le mètre....................................		4.11

Sur porte de placards.

Bandes de calicot fournies et collées...................	15.00	
à 0f,25 le mètre....................................		3.75
Zinc neuf à T fourni et cloué..............................	1.85	
à 0f,65 le mètre....................................		1.20
Bordage de zinc, 1m,85 à 0f,05 le mètre.....................		1.20
Bandes à l'eau fournies et collées, 3.00 à 0f,08..............		0.24
Colle 7 rouleaux tenture soignée à 0f,75....................		5.25
Dito 24.00 de bordure à 0f,05 le mètre....................		1.20

Lessivage, rebouchage huile et huile une couche.

Extérieur de croisée 2.20 développé × 1.35 développé produit...	2.97	
Moins 6 verres chaque 0.50 × 0.40........................	1.20	
Reste................................	1.77	
à 0f,95 le mètre....................................		1.68
Lessivage du balcon 0.42 × 1.15 produit....................	0.48	
A 3 faces pour 2 pour refouillements....................	1.44	
à 0f,17 le mètre....................................		0.24

Cabinet de toilette.

Plafond même travail que précédent, *idem* surface que celui du premier étage... 4.62

  à 2ᶠ,00 le mètre.....................................   9.24

Parquet *idem* à celui correspondant et même surface, vaut............   3.12

Egrenage, rebouchage huile et huile 2 couches.

Intérieur d'armoire de 2.18 de hauteur×2.46 de pourtour produit. 5.36

10 Faces de tablettes y compris fond et plafond

  chaque 0.92 × 0.31........................... 2.85

8 Tasseaux chaque 0.03.................................... 0.24

2 Tables chaque 0.05..................................... 0.10

Feuillures et épaisseurs 5.40 × 0.08....................... 0.43

   Ensemble............................... 8.98

  à 1ᶠ,30 le mètre................................   11.67

 Egrenage, impression, rebouchage céruse, ponçage huile 2 couches, 2 tons à une couche.

Face extérieure de placard 2.20 × 0.92..................... 2.02

Imposte   0.32 × 0.92 produit.............. 0.29

Moins 1 verre 0.08 × 0.77.................... 0.06

   Reste............................ 0:23

Epaisseurs autour desdits 1.90 × 0.025 .... 0.05

1 Porte 2.20 × 0.88 produit................... 1.94

Cadres et chambranle *idem*...................... 0.32

   Ensemble........................ 2.46

1 Autre porte semblable.................................. 2.46

   Ensemble........................... 7.22

  à 2ᶠ,15 le mètre...............................   15.52

Lessivage, rebouchage céruse, ponçage et huile 2 couches, 2 tons à une couche.

1 Croisée intérieure *idem* à celle de la salle à manger précédente, produit.. 4.52

  à 1ᶠ,80 le mètre...............................   8.14

Plinthes, même travail et même longueur qu'au premier étage produit..   1.77

4 Ferrures réchampies à 0ᶠ,05.............................   0.20

2 Cuivres nettoyés à 0ᶠ,10...............................   0.20

7 Verres nettoyés à 0ᶠ,07 l'un............................   0.49

Croisée extérieure avec balcon, même surface qu'au premier étage, vaut.   1.50

Murs sous tenture *idem* précédents.

2.64 hauteur × 6.82 de pourtour......................... 18.00

1 Dessus de croisée 0.30 × 1.32 .... 0.40

2 Dessus de porte chaque 0.58 × 0.90 .... 1.04

Tableau d'imposte 2.44 × 0.40 .... 0.98

   Ensemble........................... 20.42

  à 0ᶠ,32 le mètre................................   6.53

Papier gris, fourni et collé même surface produit............. 20.42

  à 0ᶠ,20 le mètre................................   4.08

Bandes à l'eau, fournies et collées........................ 8.00

  à 0ᶠ,08 le mètre................................   0.64

Collé 6 rouleaux tenture à 0ᶠ,65 l'un.......................   3.90

Dito 18.00 de bordure à 0ᶠ,05 le mètre....................   0.90

Chambre à coucher.

Plafond même travail que précédent et même surface que celui du premier étage.. 9.05

  à 2ᶠ,00 le mètre................................   18.10

Parquet même travail et même surface qu'au premier étage produit..... 7.90
Peintures *idem* cabinet de toilette.
1 Croisée *idem* précédente. Vaut................................. 8.14
Peinture, égrenage, impression, rebouchage céruse, ponçage et
huile 2 couches, 2 tons à une couche.

Face extérieure de placard 2.20 × 0.92 produit................ 2.02
   Imposte   0.32 × 0.92 produit 0.29
   Moins 1 verre   0.08 × 0.77   .... 0.06
                  Reste............................ 0.23
Épaisseurs autour du verre 1.90 × 0.025 .... 0.05
   1 Porte 2.20 × 0.88 produit.................. 1.94
   Cadres et chambranle *idem*.................... 0.32
   Huisserie 5.00 × 0.04........................ 0.20
                Ensemble.......................... 2.46
1 Autre porte semblable................................. 2.46

               Surface 7.22
         à 2f,15 le mètre............................. 15.52
Lessivage, rebouchage céruse, ponçage et huile 2 couches, 2 tons.
1 croisée intérieure *idem*, salle à manger précédente produit... 4.52
         à 1f,80 le mètre........................... 8.14
Plinthes même travail et mêmes longueurs qu'au premier étage produit. 1.77
4 Ferrures réchampies à 0f,05............................... 0.20
2 Verres nettoyés à 0f,10 l'un.............................. 0.20
2 Cuivres nettoyés au tripoli à 0f,10 l'un.................... 0.20
Croisée extérieure avec balcon même travail et surface qu'au premier
étage. Vaut... 1.50
Murs sous tenture *idem* précédents 2.64 hauteur × 2.82 de
pourtour produit.. 18.00
1 Dessus de croisée   0.30 × 1.32   .... 0.40
2 Dessus de portes chaque   0.58 × 0.90   .... 1.04
Tableau d'imposte   2.44 × 0.40   .... 0.98

          Ensemble.............................. 20.42
         à 0f,32 le mètre.............................. 6.53
Papier gris fourni et collé même surface..................... 20.42
         à 0f,20 le mètre.............................. 4.28
Bandes de calicot sur armoire.............................. 24.00
         à 0f,25 le mètre.............................. 6.00
Zinc à T fourni et cloué ensemble.......................... 2.80
         à 0f,65 le mètre.............................. 1.82
Bordage dudit, 2.80 à 0f,05 le mètre........................ 0.14
Bandes à l'eau 5.00 à 0f,08 le mètre........................ 0.40
Collé 7 rouleaux de tenture soignée à 0f,75 l'un.............. 6.75
Dito 24.00 de bordure à 0f,05 le mètre.................... 1.50
Intérieur d'armoire *idem* premier étage. Vaut............... 11.91

Chambre sur Cour.

Plafond *idem* précédent même surface qu'au premier étage..... 8.77
         à 2f,00 le mètre.............................. 17.54
Parquet *idem* précédent, *idem* au premier étage 7.08
Égrenage, impression, rebouchage céruse, ponçage et huile 2 couches
2 tons.
   1 croisée 1.52 × 2.15 produit.................. 3.27
   Moins 8 verres chaque 0.57 × 0.33.................. 1.50
            Reste........................... 1.77

      A reporter 1.77

Report..		1.77	
Feuillures et gueule-de-loup.			
1 fois 1.37.......................................	1.37		
2 fois 1.00.......................................	2.00		
Ensemble.........................	3.37		
$\times$ 0.10 produit.....................................		0.34	
Gorge, battement et crémone 1.37 $\times$ 0.06...................		0.08	
6 Ferrures saillantes chaque 0.01..........................		0.06	
7 Ferrures ornées chaque 0.02...........................		0.14	
Calfeutrement 6 fois 1.37 ensemble....................	8.22		
2 » 1.00 »	2.00		
2 » 0.44 »	0.88		
Ensemble.......................	11.10		
$\times$ 0.01...		0.11	
Moulures du chambranle			
2 fois 1.52.............................	3.04		
2 » 2.15.............................	4.30		
Ensemble.....................	7.34		
$\times$ 0.02.......................................		0.14	
Porte et imposte 2.72 $\times$ 0.90 produit	2.45		
Moins 4 verres de 0.38 $\times$ 0.60	0.23		
Reste.................................		2.22	
Épaisseur autour du verre 2.16 $\times$ 0.025....................		0.05	
Feuillures, ferrures, cadres et chambranle *idem* précédente.....		0.92	
Porte et imposte sur chambre 2.53 $\times$ 0.75............	1.90		
Moins 1 verre 0.20 $\times$ 0.50.............................	0.10		
Reste.................................		1.80	
Huisserie de porte et imposte 6.54 $\times$ 0.04....................		0.26	
Cadres et chambranle d'une porte...........................		0.32	
Corniche 0.35 développé $\times$ 12.50...........................		4.38	
Ensemble...............................		12.59	
à 2^f,15 le mètre....................................			27.07
Stylobates huile 3 couches sur égrenage et rebouchage			
11.42 $\times$ 0.24 développé...................		2.75	
à 1^f,75 le mètre...................................			4.81
1 Intérieur d'armoire produit comme celui du premier étage. Vaut......			9.07
4 Ferrures rechampies à 0^f,05.....			0.20
4 Socles *idem* à 0^f,05			0.20
Cheminée à couches et dépendances *idem* à la précédente. Vaut........			1.00
2 Cuivres nettoyés à 0^f,10 l'un			0.20
Égrenage, impression, rebouchage huile et huile 2 couches.			
Extérieur de croisée 1.55 développée $\times$ 2.20 développé produit.	3.41		
Moins 8 verres chaque 0.60 $\times$ 0.81.............................	1.49		
Reste.................................		1.92	
à 1^f,75 le mètre....................................			3.36
Verre simple, 3me choix, fourni et posé en travaux neufs.			
8 chaque 0.63 $\times$ 0.39 produit..............................	1.97		
à 4^f,50 le mètre....................................			8.87
Murs sous tenture *idem* précédents 2.50 hauteur $\times$ 11.43......	28.58		
1 Dessus de porte 0.20 $\times$ 0.75.............................	0.15		
1 Dessus de cheminée *idem*................................	1.73		
1 Plafond d'ébrasement de baie 3.26 $\times$ 0.25....................	0.81		
Ensemble...............................	31.27		
Moins une croisée 2.15 $\times$ 1.52.............................	3.27		
Reste.................................	28.00		
à 0^f,32 le mètre....................................			8.96

Papier gris fourni et collé, même surface produit 28.00 à 0ʳ,20 le mètre.   5.60
Bandes de calicot fournies et collées 13.00 à 0ʳ,25 le mètre.............   3.25
Zinc neuf à T fourni cloué 3.00 à 0ʳ,65 le mètre......................   1.95
Bordage dudit 3.00 à 0ʳ,05 le mètre..............................   0.15
Bandes à l'eau 6.00 à 0ʳ,08 le mètre.............................   0.48
Colle 9ᵏ,00 à tenture à 0ʳ,75 l'un...............................   6.75
Idem 26.00 de bordure à 0ʳ,05 le mètre...........................   1.30
10 Verres nettoyés à 0ʳ,07 l'un.................................   0.70

Entrée.

Plafond comme celui du 3ᵐᵉ étage, vaut...........................   8.34
Parquet même travail et même surface qu'au 3ᵐᵉ étage..............   3.43
Peinture à 2 tons *idem* précédentes.
Corniche 0.12 développé × 11.08....................... 1.33
Porte et imposte.
Porte et imposte de salle à manger.
         2.52 × 0.87 produit.................. 2.19
Moins 2 verres *idem*, double face..................... 0.29
        Reste............................ 1.90
Porte et imposte sur chambre sur cour *idem*, double face 2.06
2 Portes et impostes sur cuisine et aisances
     Ensemble........ 2.70 × 1.70 ...... 4.59
Moins verres :
2 chaque   0.38 × 0.60 .... 0.46
1   de   0.85 × 0.50 .... 0.43
     Ensemble............................ 0.89
       Reste............................ 3.70
Épaisseurs autour des verres   7.22 × 0.025 .... 0.18
Cadres et chambranles de 4 portes *idem* chaque 0.32.......... 1.28
3 Huisseries de porte et imposte chaque   6.00 × 0.04 ... 0.72
1 Feuillure et épaisseur produit............................. 0.45
5 Ferrures saillantes chaque 0.01........................... 0.05
Châssis sur cuisine   0.88 × 2.30 .... 2.02
Moins 6 verres chaque   0.74 × 0.30 .... 1.33
     Reste............................... 0.69
Châssis sur toilette   0.91 × 0.30 .... 0.27
Moins 1 verre de   0.17 × 0.77 .... 0.13
     Reste.......................... 0.69
Baguette   2.40 × 0.01 .... 0.02
Lambris   1.05 développé × 7.11 .... 7.47

     Ensemble.......................... 20.00
       à 2ʳ,05 le mètre.....................   43.00
Lessivage, rebouchage céruse, ponçage à sec et huile 2 couches, 2 tons.
Porte d'entrée sur escalier   2.25 × 0.97 .... 2.14
Feuillures, ferrures, cadres et chambranles d'une porte *idem*.... 0.92

     Ensemble.......................... 3.06
       à 1ʳ,80 le mètre.....................   5.51
2 Ferrures réchampies à 0ʳ,05.............................   0.10
5 Cuivres nettoyés à 0ʳ,10...............................   0.50
8 Verres nettoyés à 0ʳ,07...............................   0.56
1 Grand verre mousseline nettoyé à la ponce, vaut................   0.15
Murs sous tenture *idem* précédents   1.71 × 7.11 ...... 12.16
1 Dessus de porte   0.45 × 0.97 ...... 0.44
1 Autre   0.18 × 0.87 ...... 0.16

     Ensemble.......................... 12.76

    A reporter.......................... 12.76

Report.....................................	15.76		
Déduire châssis :			
1 de 0.88 $\times$ 2.30	2.02		
1 de 0.91 $\times$ 0.30	0.29		
Ensemble...................	2.29		
Reste...........................	10.47		
à 0^f,32 le mètre......................		3.35	
Papier gris, fourni, collé, même surface produit...............	10.47		
à 0^f,20 le mètre.....................		2.09	
Bandes à l'eau, 4.00 à 0^f,08 le mètre........		0.32	
Collé 4 rouleaux à 0^f,65 l'un..................		2.60	
Collé 14.00 de bordure à 0^f,05 le mètre..........................		0.70	

Cuisine.

En tout semblable à celle du 3me étage accoladée produit.............   73.89

Aisances.

En tout semblable à ceux du 3me étage..............................		30.36

Verre demi-double, 3me choix, fourni et posé en travaux neufs (par moins de 4^m,00).

Châssis d'aisances :		
2 chaque 0.38 $\times$ 0.34...	0.26	
Imposte de cuisine et aisance :		
1 de 0.44 $\times$ 0.59..	0.26	
1 de 0.44 $\times$ 0.35..	0.29	
Imposte sur salle à manger :		
1 de 0.22 $\times$ 0.68..	0.15	
Sur toilette :		
4 de 0.22 $\times$ 0.84..	0.18	
Sur chambre sur cour :		
Imposte 1 de 0.43 $\times$ 0.65.........................	0.28	
Sur chambre sur rue :		
Imposte 1 de 0.21 $\times$ 0.55........................	0.12	
Ensemble...............................	1.54	
à 5^f,95 le mètre.........................		9.16

Verre *idem*, mais posé sur bois et fer.

Châssis de cuisine :		
6 de 0.81 $\times$ 0.37 produit......................	1.80	
à 6^f,50 le mètre.....................		11.70

Aisances :
Fourni 1 feuille verre demi-double 3me choix

Hors mesure de 1.24 $\times$ 0.51. Vaut...............		4.70
Pose dudit en travaux neufs produit.........................	0.63	
à 1^f,90 le mètre.....................		1.20

Verre simple, 3me choix en travaux neufs.

Croisée de cuisine :		
4 de 0.63 $\times$ 0.47...........................	1.18	
à 4^f,50 le mètre.....................		5.31

Verre demi-double mousseline mât sur mât hors mesure pour fourniture.

2 de chaque 0.92 $\times$ 0.56 à 10^f,00 la pièce y compris pose.............   20.00

Cuisine de la Loge.

Grattage de colle, impression, rebouchage et huile 2 couches.

Plafond 3.00 $\times$ 1.84 produit................................	5.52	
à 1^f,92 le mètre.....................		10.60
Carrelage vieux lavé, gratté, même surface, produit 5.52, à 0^f,16 le mètre.		0.88

Lessivage, rebouchage huile et huile 2 couches.
Murs et boiseries en 4 sens de 2.66 de haut^r $\times$ 9.68 de pourt^r.. 25.75
Déduire :
6 Verres chaque   0.50 $\times$ 0.40   .... 1.20
Faïences   0.22 $\times$ 1.70   .... 0.37
Pénétration de placard :
2 fois 1.15 $\times$ 0.35 produit........................... 0.81
6 Autres verres indéductibles
    Ensemble............................... 2.38
    Reste................................. 23.37
Reprendre :
Épaisseurs autour des verres ensemble 12.00 $\times$ 0.025 produit.. 0.30
Feuillures et gueule-de-loup de croisée 4.20 $\times$ 0.10 produit.... 0.42
Gorge, battement et crémone 1.90 $\times$ 0.06.................... 0.11
7 Ferrures ornées chaque 0.01............................... 0.07
Ébrasements :
2 fois 2.36 ensemble.............................. 4.72
2 » 1.34 » 2.68
    Ensemble........................ 7.40
    $\times$ 0.25 développé.................... 1.85
1 Tablette au-dessus 1.84 $\times$ 0.23 produit............. 0.42
1 autre   0.45 $\times$ 0.45   .... 0.20
1 de   1.53 $\times$ 0.31   .... 0.47
1 »   1.27 $\times$ 0.30   .... 0.38
1 »   1.15 $\times$ 0.42   .... 0.48
1 »   0.41 $\times$ 0.60   .... 0.25
1 »   0.60 $\times$ 0.22   .... 0.13
1 »   0.60 $\times$ 0.16   .... 0.10
    Ensemble........................ 2.43
    à 2 faces............................. 4.86
4 Potences ou consoles chaque 0.10........................ 0.40
11 Tasseaux chaque 0 03................................. 0.33
Dossier et barre à casseroles............................. 0.15
2 Jambages sous évier chaque 0.80 $\times$ 0.50 produit............. 0.81
4 Côtés de consoles de hotte chaque 1.00 $\times$ 0.40 réduit produit.. 1.60
2 Costières de hotte chaque 0.75 $\times$ 0.25 réduites produit....... 0.37
Dessus et dessous de manteau 1.37 $\times$ 0.24 produit............. 0.33
1 Jambage de fourneau   0.77 $\times$ 0.14   .... 0.11
Excédent de boîte...................................... 0.15
Dessus de placard de 1.05 hauteur $\times$ 2.96 de pourtour......... 3.11
6 Faces de tablettes chaque   1.15 $\times$ 0.25   .... 2.42
Feuillures et épaisseurs   5.00 $\times$ 0.06   .... 0.30
Placard vis-à-vis.
2 Côtés chaque   1.02 $\times$ 0.34   .... 0.69
Dessous   0.66 $\times$ 0.34   .... 0.22
1 Cadre développant   2.00 $\times$ 0.025   .... 0.05
Feuillure et épaisseur   2.60 $\times$ 0.06   .... 0.16
Tuyau   10.00 $\times$ 0.05   .... 0.50
Feuillures et épaisseurs de porte   4.80 $\times$ 0.08   .... 0.38
Développement du chambranle de   5.00 $\times$ 0.02 produit...... 0.10
1 Cadre... 0.05
    Ensemble............................ 43.81
    à 1^f,40 le mètre............................. 61.34
Lessivage, rebouchage et huile une couche.
Extérieur de croisée 1.97 développée $\times$ 1.35 développée produit. 2.66
Moins 6 verres chaque   0.50 $\times$ 0.40   .... 1.20
    Reste................................. 1.46
    à 0^f,95 le mètre............................. 1.39

Balcon lessivé de 0.15 × 1.15 produit...................... 0.17
À 3 faces pour 2 .... 0.51
        à 0f,17 le mètre....................................... 0.08
12 verres nettoyés à 0f,07................................... 0.84
6 Verres dépolis au tampon à l'huile à 0f,25 l'un 1.50
Faïences nettoyées.. 0.50
4 Ferrures réchampies à 0f,05............................... 0.20
2 Cuivres nettoyés à 0f,10 l'un 0.20

Dégagement.

Plafond *idem* précédent   1.85 × 1.00   .... 1.85
     à 1f,92 le mètre....................................   3.56
Parquet lavé   1.00 × 1.33 produit................ 1.33
     à 0f,16 le mètre....................................   0.21
Lessivage, rebouchage huile et huile 2 couches.
Murs et boiseries en 4 sens de 2.66 de hauteur × 5.70 de pourtour
produit... 15.16
     (verres non déductibles).
Cadres et chambranles de 4 portes *idem*, chaque 0.32 ensemble. 1.28
2 Huisseries chaque 0.20.................................... 0.40
Face de placard   2.22 × 1.00   .... 2.22
     à 2 faces.. 4.44
Feuillures et épaisseurs   5.20 × 0.08   .... 0.42
7 Faces de tablettes chaque   1.00 × 0.51   .... 3.57
Extérieurement du placard.
1 Tablette   1.30 × 0.26   .... 0.24
1   de.   0.75 × 0.20   .... 0.23
1   de   1.00 × 0.33   .... 0.33
2 Potences chaque 0.10...................................... 0.20
4 Tasseaux chaque 0.03...................................... 0.12

     Ensemble........................... 26.39
     à 1f,40 le mètre....................................   36.94
3 Ferrures réchampies à 0f,05...............................   0.15

Combles.

Châssis au-dessus de petite courette près le châssis donnant accès aux
combles.
Huile 3 couches dont une de minium (en linéaire) comme plinthes.
3 petits fers chaque 0.71 ensemble.......................... 2.13
2   »   » 0.35 » 0.70
1   »   » 0.33 » 0.33
1   »   » 0.41 » 0.41
2   »   » 0.70 » 1.40
1   »   » 0.35 » 0.35
1   »   » 0.72 » 0.72
1   »   » 0.90 » 0.90
1   »   » 1.20 » 1.20

     Ensemble............................ 8.13
     à 2 faces.. 16.26
Supports des grillages :
2 de 0.60 ensemble.. 1.20
2 » 0.40   » 0.80

     Ensemble............................ 18.26
     à 0f,20 le mètre....................................   3.65
Égrenage, minium une couche à l'huile, 2 couches en surface.

Grillages mailles de 0.025
1 de   0.80 ✕ 1.10 réduits 0.88
1 de   0.70 ✕ 0.95   .... 0.67

                    Ensemble............................ 1.55
                    à 2 faces pour 2........................ 3.10
Tuyaux de ventilation :
1 de   0.80 ✕ 0.30 développé 0.24
1 de   0.67 ✕ 0.45   .... 0.30

                    Ensemble............................ 3.64
                    à 1f,48 le mètre.......   5.39
En linéaire :
Grattage de rouille, minium une couche et huile 2 couches.
Châssis de toit
2 fois 0.65 ensemble.................................. 1.30
1   » 0.40   » 0.80

                Ensemble............................ 2.10
                à 2 faces............................ 4.20
Le dormant extérieur :
2 fois 0.75... 1.50
2   » 0.50... 1.00

                    Ensemble............................ 6.70
4 autres châssis semblables chaque 6.70 .... 26.80

                    Ensemble............................ 33.50
                    à 0f,22 le mètre........................   7.3~
Verre double 4me choix fourni et posé en travaux neufs. Sur châssis de
comble, entre 2 mastics.
1 de   0.53 ✕ 0.36   produit......................... 0.19
1   »   0.55 ✕ 0.40   » 0.26

                    Ensemble............................ 0.45
                    à 7f,80 le mètre (au-dessous de 4m,60)............... 3.51
Dépose et repose de 2 châssis de toit à 0f,45 l'un..................   0.90
Même verre fourni et posé idem au-dessus de petite courette.
1 de   0.41 ✕ 0.36 produit 0.15
1   »   0.70 ✕ 0.31   .... 0.31
1   »   0.24 ✕ 0.20   .... 0.07
2   »   0.30 ✕ 0.23   .... 0.14
2   »   0.70 ✕ 0.34   .... 0.48

                    Ensemble............................ 1.05
                    à 7f,80 le mètre........................   8.1
Minium 1 couche et huile 2 couches.
Tuyaux de ventilation en tôle..................... 2.00
                    à 1f,40 le mètre........................   2.80

Châssis de comble sur cour.

Huile 3 couches en linéaire comme plinthes.
11 Petits fers chaque 3.05......................... 33.55
Châssis ouvrants.
6 Fois 1.60 ensemble.............................. 9.60
4 Traverses chaque 0.90 .... 3.60
1   de   4.50............................... 4.50

                    Ensemble...................... 51.25
                    à 0f,22 le mètre........................   11.28
Minium une couche et huile une couche.

Grillage (mailles de 0.025).
Parties au droit des tringles de fer.
9 Montants chaque 3.00..................................... 27.00
3 Traverses chaque 4.55................................... 13.65

           Ensemble........................... 40.65
      $\times$ 0.10 produit......................... 4.07
A 2 faces pour 2... 8.14
       à 0^f,92 le mètre....................................... 7.49
Huile 3 couches dont une de minium en linéaire comme barreaux.
1 Traverse de support de 4.75.............................. 4.75
4 Montants chaque 0.53.................................... ·2.12

           Ensemble............................. 6.87
       à 0^f,22 le mètre....................................... 1.57
4 Corbeaux même travail à 0^f,25 l'un 1.00
Sur ledit châssis.
Verre strié, fourni et posé en travaux neufs.
Sur combles :
10 Chaque   1.36 $\times$ 0.44   .... 5.98
 4   »   1.60 $\times$ 0.44   .... 2.82
 6   »   1.50 $\times$ 0.44   .... 3.96

           Ensemble 12.76
      à 14^f,10 le mètre................................. 179.92
Sur les joints desdits.
Bandes de plomb, fournies et collées à la céruse.
6 de chaque 0.45 ensemble.............................. 2.70
       à 0^f,25 le mètre....................................... 0.68
Châssis de comble au-dessus de boutique d'angle, rue du Plâtre.
Lessivage et huile 2 couches.
7 Montants chaque 1.95 réduit............................. 13.65
1 Traverse de 2.90....................................... 2.90

           Ensemble 16.55
     à 2 faces.................................. 33.40
       à 0^f,18 le mètre....................................... 5.96
Lessivage et huile 2 couches.
Grillages, mailles de 0.019 de 2.60 $\times$ 1.90 réduit produit........ 4.94
A 3 faces pour 2 produit.......................... 14.82
      à 1^f,10 le mètre....................................... 16.30
Linéaire, lessivage et huile 2 couches comme barreaux.
7 Supports chaque 0.30.................................... 2.10
      à 0^f,15 le mètre....................................... 0.32
Nettoyage du châssis à l'esprit-de-sel 2.50$\times$1.90 réduit produit.. 4.94
      à 1^f,00 le mètre....................................... 4.94
Dans l'escalier à une croisée.
Fourni et posé en réparation.
1 Verre simple, 3me choix de 0.40 $\times$ 0.52 produit............. 0.21
      à 6^f,50 le mètre (*au-dessous de* 4^m,00)............... 1.37

Magasin.

Minium une couche et huile 2 couches comme plinthes, combles, châssis
sur cour.
11 fois 1.95 ensemble.................................. 21.45
 8 » 2.90   » 17.40

          Ensemble............................. 38.85
     à 0^f,22 le mètre....................................... 8.55

En surface même travail.
Bas des feuilles de verres ensemble 4.50 × 0.27 produit.........   1.22
Chêneau 0.53 développé × 5.20.............................   2.76
Solive 5.20 × 0.28 développé..............................   1.46
2 Corbeaux chaque 0.80................................   1.60
2 Aboutis sur murs chaque 0.45...........................   0.90
1/10 en plus pour cannelures.............................   0.09
2 crémaillères chaque 0.60 1.20 × 0.14 d'usage..............   0.17
2 Colonnes chaque 2.73 × 0,24 développé....................   1.31
2 Chapiteaux chaque 0.10................................   0.20
1 Lieu..   0.10
Tuyau de descente 2.73 × 0.20............................   0.55
Coude 0.50 × 0.25 développé.............................   0.13
       Ensemble................................ 10.49
      à 1f,42 le mètre....................................   14.90

Boutique d'angle.

Intérieur :
Lessivage et huile 2 couches.
Double face du châssis de comble......................... 16.55
      à 0f,12 le mètre...................................   2.00
Lessivage et huile une couche sans rebouchage.
Murs et boiseries 3.40 de hauteur dév. × 11.04 de pourtour produit. 37.54
Déduire verres.
Sur magasin :
4 chaque   1.70 × 0.22   .... 1.50
2 de   1.16 × 0.27   .... 0.62
1 »   0.34 × 0.60   .... 0.20
Sur rue :
2 de   2.10 × 0.38   .... 1.60
4 »   2.10 × 0.34   .... 2.85
2 »   1.57 × 0.26   .... 0.81
1 »   0.25 × 0.60   .... 0.15
       Ensemble............................. 7.73
       Reste................................ 29.81
1/10 pour épaisseurs.................................... 2.98
Croisillon 1.40 × 0.16 courant............................ 0.22
Ébrasement :
2 Montants chaque 2.80................................. 5.60
1 Traverse de   2.25............................: 2.25
       Ensemble......................... 7.85
       × 0.48 produit............................... 3.77
1 Dessous   0.50 × 0.20   .... 0.70
1 de   3.80 × 0.20   .... 0.76
1 traverse de   2.37 × 0.40 développé.................. 0.95
       Ensemble............................. 39.19
      à 0f,65 le mètre................................   25.47
Lavage du sol produit.................................. 8.00
      à 0f,16 le mètre................................   1.28
Vitrerie nettoyée produit............................... 7.73
      à 0f,25 le mètre................................   1.93
Verre demi-double 2me choix fourni et posé en réparation sur bois et fer.
Sur rue :
1 de   0.80 × 0.41   .... 0.33
1 de   0.89 × 0.41   .... 0.36
Porte :
1 de   1.11 × 0.32   ....:............ 0.36
       Ensemble............................. 1.05
      à 10f,00 le mètre au-dessous de 4m,00..............   10.50

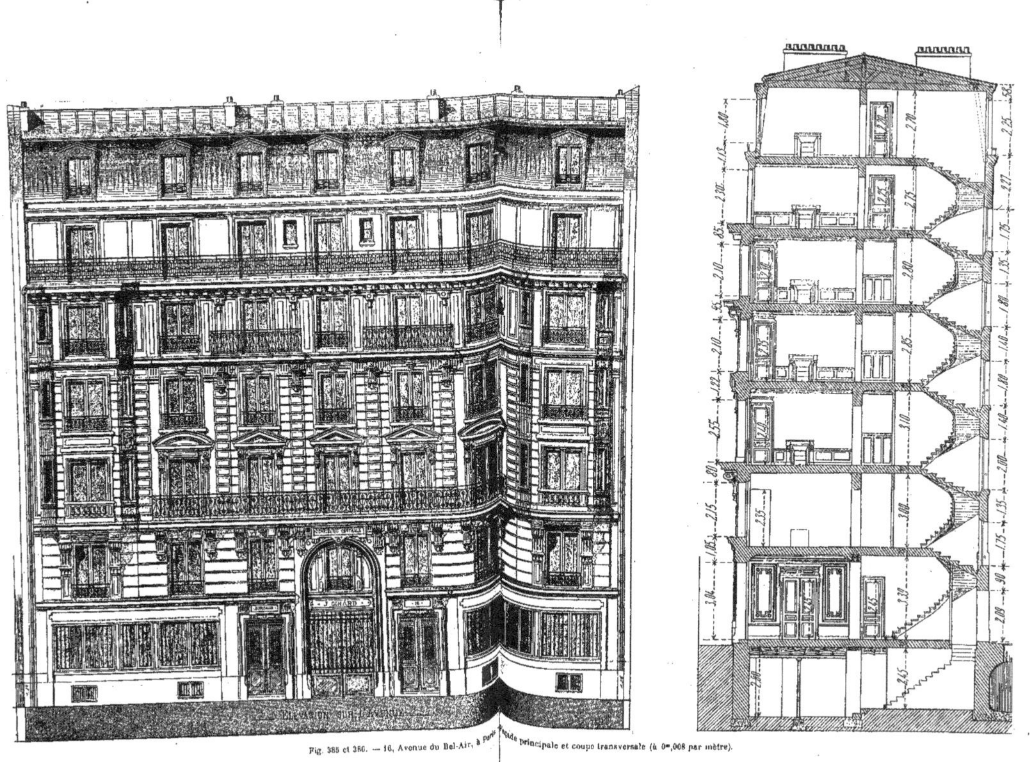

Fig. 385 et 386. — 16, Avenue du Bel-Air, à Paris. Façade principale et coupe transversale (à 0m,008 par mètre).

Lessivage et huile une couche.

Double face de cloison sur magasin 2.88 × 2.25 produit......... 6.37
Moins verres *idem* intérieur................................ 2.32

    Reste............................... 4.05
1/10 pour épaisseur.. 0.41
Porte intérieure sur vue de 2.85 × 1.70 produit......... 4.84
Moins verres.
4 chaque 1.98 × 0.25................................. 1.98

    Reste............................... 2.86
1/10 pour épaisseurs...................................... 0.29

    Ensemble............................ 7.61
    à 0f,65 le mètre................................. **4.95**

Vitrerie nettoyée :
4 verres de chaque 2.03 × 0.30 produit..................... 2.44
    à 0f,25 le mètre................................. **0.61**

Verre demi-double, 2me choix, fourni et posé en réparation sur fer et bois.

Sur porte :
2 de 0.80 × 0.32 .... 0.51
Sur cloison.
1 de 0.45 × 0.32 .... 0.14
2 de 0.82 × 0.32 .... 0.52
1 de 0.80 × 0.32 .... 0.26
1 de 0.89 × 0.29 .... 0.26

    Ensemble............................ 1.69
    à 10f,00 le mètre................................ **16.90**

Devanture extérieure.

Lessivage et huile une couche.

Ladite de 3.80 de hauteur développé × 5.45 de largeur développé produit.. 20.71
Déduire les verres *idem* intérieurs 7.73

    Reste............................... 12.98
1/10 en plus pour épaisseurs.............................. 1.30
Volets 6 de 2.30 × 0.40.............................. 5.52
   2 de 2.30 × 0.50.............................. 2.20
Volets de caissons 2.30 × 1.70...................... 3.91

    Ensemble...................... 11.73
    à 2 faces.................................... 23.46
1/10 pour épaisseurs...................................... 2.35
Intérieur du caisson.
2 Faces chaque 0.43 × 0.53 .... 0.46
Pourtour   2.35 × 1.92 .... 4.51

    Ensemble............................ 45.06
    à 0f,65 le mètre................................. **29.29**

Lessivage et huile une couche en linéaire.
Barres de fermeture ensemble............................ 5.10
    à 0f,10 le mètre................................. **0.51**

Inscription en lettres noires ordinaires, une couche.

Défense d'afficher.

16 Lettres de 0.16 de hauteur à 0f,16 l'une...................... **2.56**
Dans l'escalier.
Lavage et grattage de
102 Dessus de marches et contremarches chaque 1.15 × 0.45 dév. 52.79
5 Paliers chaque   3.50 × 1.15 .... 20.13

    Ensemble............................ 72.92
    à 0f,16 le mètre................................. **11.67**

    Total des travaux de peintures différentes dans ce bâtiment en réparations.. **3 647f,20**

MODÈLE TYPE DE DEVIS SUR PLANS D'UN BATIMENT DE RAPPORT EXÉCUTÉ A PARIS AVEC PRIX BASÉS SUR ANCIENNE SÉRIE COMPRENANT :

**Devis descriptif; Cahier des charges;
Série des plans y compris coupe et élévation; Modèle de marché.**

111. *Devis descriptif des travaux de peinture, vitrerie et tenture à exécuter à forfait pour le compte de M. Girard, 16, Avenue du Bel-Air, à Paris d'après les plans dressés par M. Albert Charpentier, architecte à Paris (fig. 385 à 391).*

SAVOIR

Conditions générales

Les travaux faisant l'objet du forfait seront exécutés conformément à la description suivante, et comprendront tous les ouvrages et fournitures accessoires à la peinture, vitrerie et tenture, tels que : égrenage, époussetage, lavage, rebouchage, ponçage des enduits et tous autres apprêts indispensables et d'usage.

Les prix du papier de tenture indiqués au cahier des charges qui va suivre seront ceux d'acquisition réellement déboursés par l'entrepreneur chez son fabricant.

Les travaux de peinture seront prévus ordinaires et soignés, l'exécution sera faite de la manière suivante, et sera irréprochable comme façon et solidité.

Les rebouchages seront au mastic creux Série N° 138.

Les enduits sur murs comme article 142.

Les enduits sur les boiseries comme article 143.

La peinture à l'huile comme article 201 en première couche, article 203 aux couches suivantes, sauf dans les cuisines, cabinets water-closets, dont les couches de peinture seront comme article 202.

La façon des décors comme article 238.

Les vernis comme article 257.

Les ouvriers à façon ne pourront être employés qu'après une autorisation du propriétaire et de l'architecte.

L'entrepreneur sera personnellement responsable sans répétition contre le propriétaire des accidents d'ouvriers, vols commis dans le chantier, détérioration des ouvrages faits par les autres corps d'état.

Les taches grasses produites accidentellement sur les parquets, pierres d'évier, carrelages ou autres endroits, par suite d'éclaboussures de peinture ou l'apposition d'objets imprégnés d'huile seront nettoyés; faute de le faire, l'entrepreneur sera responsable de tous les objets détériorés ou dégâts.

Il demeure formellement interdit de jeter dans les tuyaux de descente, sur les pierres d'évier où dans les cuvettes des cabinets d'aisances aucuns liquides ou résidus de peinture; faute de se conformer à cette clause, l'entrepreneur sera responsable de toutes réparations résultant de cette infraction.

L'impression en première couche à l'huile des rosaces sera faite de façon à ne pas ressortir à travers. Les couches de colle en blanc de plafond; en cas contraire, les plafonds seront refaits au compte de l'entrepreneur avec une couche générale d'huile.

Seront faits les balayages, nécessaires en cours des travaux, le nettoyage et enlèvement des rognures de tenture. Les échantillons de décors, filage, ou tons de peintures qui seront demandés par l'architecte ne donneront lieu à aucun supplément; la nature des décors n'est pas indiquée au devis descriptif, elle sera au choix de l'architecte.

L'entrepreneur sera responsable de la casse des verres jusqu'au moment de la réception des travaux; mais il aura le droit de se faire payer les verres brisés par des personnes étrangères à sa maison, s'il a pris les mesures nécessaires de constatation.

Tous les tons de peinture seront faits d'après le choix de l'architecte, sans aucune plus-value pour emploi de couleurs fines.

Les fournitures seront de première qualité; la céruse, les huiles et les vernis seront de première provenance. L'architecte se réserve le droit de se faire produire toutes factures et lettres de voitures nécessaires à justifier la provenance des fournitures; l'entrepreneur de peinture fera son affaire personnelle, sans répétition contre le propriétaire, des accidents d'ouvriers, vols commis dans le chantier, contraventions, frais de gardiennage, s'il y a lieu, et dans la proportion de son forfait, frais de vidange de tinettes provisoires.

Enfin, toutes les dispositions seront prises pour que le propriétaire n'ait pas à souffrir de l'exécution des travaux, et que le service de son usine soit assuré sans aucun péril pour les personnes allant et venant.

NOTA : Les renseignements généraux pour l'exécution de ces travaux comprennent six feuilles de plan numérotées de un à six, une feuille de façade et coupe portant le numéro sept, un devis descriptif, un cahier des charges et marché sur timbre de 1 fr. 20. Toutes ces pièces seront remises à l'entrepreneur, en signant le marché.

Conditions particulières.

En cas de négligence accentuée dans l'exécution des travaux, l'architecte se réserve le droit de refuser des bons d'acomptes dans les conditions indiquées au marché.

Les paiements acomptes ne seront effectués par le propriétaire que huit à dix jours après la demande de l'entrepreneur.

La Série de la Société Centrale des Architectes de l'année 1897 a servi de base au mode de métrage et application de prix.

Cahier des charges.
Description des travaux.

Extérieurs.

Boiseries extérieures des façades. — Sur toutes les faces de châssis, croisée, porte-croisée, croisée et lucarnes sur avenue et sur cour, persiennes sur cour aux 2me, 3me, 4me et 5me étages, peinture ordinaire à l'huile deux couches. Sur une couche d'impression et rebouchage au mastic à l'huile.

Persiennes en fer sur avenue. — Sur persiennes en fer de la façade sur avenue aux 1er, 2me, 3me, 4me et 5me étages, égrenage et époussetage, impression au minium une couche et huile deux couches.

Balcons. — Sur tous les grands balcons, herses séparatives, petits balcons saillants de la façade sur avenue, balcon sur cour, barres d'appui des lucarnes; époussetage et égrenage, impression au minium une couche et huile deux couches.

Tuyaux de descente. — Huile deux couches; l'impression au minium sera faite par l'entrepreneur fournisseur desdits tuyaux.

Lucarnes en brisis. — Rebouchage au mastic à la céruse, huile trois couches, sur l'impression au minium, qui sera faite par l'entrepreneur de charpente, ce qui fera un total de quatre couches sur égrenage et époussetage.

Chassis à tabatière au nombre de huit. — Huile deux couches sur la couche de minium donnée par le fournisseur de châssis.

Dégradations. — L'entrepreneur sera responsable des dégradations causées aux façades en pierres, par suite de taches d'huile, ou épauffrures résultant de l'apposition des échelles, échafaudages, cordes à nœuds et mécaniques.

Façade sur l'Avenue dans la hauteur du 5me étage, grand balcon. — Cette façade en plâtre sera égrenée ensuite au mastic à l'huile sur parties unies (enduit dit ratissage sur plâtre cru) et huile deux couches, deux tons à la dernière couche, depuis le dessus du balcon en pierre jusques et y compris le devant de socle de chéneau, les parties moulurées ne comportant pas de ratissages seront comprimées, rebouchées et peintes à l'huile deux couches.

Façade sur la cour. — Depuis le socle en ciment du rez-de-chaussée qui a 0m,70 de hauteur, jusqu'au sommet, y compris devant le socle de chéneau; cette façade sera peinte à l'huile trois couches sur rebouchage et égrenage.

Grilles et plaques de soupiraux. — Sur toutes les grilles sur l'avenue, et les plaques de soupiraux sur cour, époussetage et égrenage impression au minium une couche et huile deux couches.

Grille d'entrée de porte cochère et quatre chasse-roue. — Époussetage et égrenage, minium une couche et huile deux couches, deux tons à la dernière couche (sur deux faces).

Portes latérales d'entrée de chaque côté de la porte cochère. — Chacune de ces deux portes restera en chêne apparent à la face extérieure, où il sera donné deux couches de vernis anglais surfin, sur une couche d'huile pure et apprêts nécessaires à l'effet d'obtenir un travail très soigné.

Les panneaux de portes et vasistas ouvrant derrière, minium une couche, huile deux couches ton uni, sur la face intérieure desdites portes. Impression à l'huile une couche, enduit céruse sur parties moulurées, les moulures non enduites, mais rebouchées, huile deux couches, façon de décors bois et vernis une couche, réchampissage des pomelles en noir au vernis.

Rez-de-chaussée.

Passage de porte cochère. — Sur les murs et plafonds, pilastres et avant-corps d'armoires intérieurs desdites, égrenage et époussetage, enduit dit ratissage, huile deux couches tons de pierre, deux tons à la dernière couche.

Sur les quatre faces de portes, apprêts : impression enduit céruse sur parties moulurées les moulures non enduites, mais rebouchées, huile deux couches, façon de décors bois et vernis une couche.

Bureaux et magasin. — Apprêts : Egrenage impression, rebouchage huile, huile deux couches sur toutes les faces de châssis, face de portes et plinthes (aucune peinture à prévoir sur plafonds et murs).

Vestibule d'entrée. — Sur les deux portes latérales, et celle du fond communiquant à l'escalier, égrenage ou époussetage, impression enduit céruse sur parties moulurées, les moulures non enduites, mais rebouchées, huile deux couches, façon de décors, bois à deux tons et vernis surfin une couche.

Sur les murs latéraux entre portes et murs, il n'y aura aucune peinture.

Sur chacune des têtes, de chaque côté de la porte d'entrée, de chaque côté de la porte sur escalier, et ébrasement de ladite porte, apprêts, impression huile deux couches ton de pierre pochée. Soubassement en marbre, le tout en raccord avec les murs latéraux qui seront en stuc.

Sur plafond égrenage, enduit céruse sur parties moulurées, les moulures non enduites huile trois couches, deux tons à la dernière couche, réchampissage en blanc d'argent des ornements. Dans le panneau milieu, décors ciel avec images, deux petits oiseaux, quelques brindilles de feuilles au long du tore mouluré.

Loge du concierge.—Plafond entre corniche.

Egrenage, rebouchage au mastic à la colle, encollage une couche (blanc ou teinte du choix de l'architecte), à la colle deux couches. La rosace milieu imprimée à l'huile une couche, et au surplus perdue dans le ton des plafonds.

Corniche, égrenage, impression à l'huile une couche, rebouchage huile, huile deux couches, façon de décors et vernis une couche.

Sur faces de portes-croisées cimaises, cadres, ordres et plinthes de faux lambris à hauteur du sol.

Apprêts, égrenage enduit céruse les moulures non enduites, sur impression et huile deux couches.

Sur parties de plâtre de panneaux et champ de faux lambris, sur ébrasement et allège de croisée égrenage, enduit ratissage, huile deux couches au surplus, sur les boiseries et plâtres façon de décors et vernis une couche.

Alcôve, cabinet, cuisine du concierge. Plafond à la colle sur mêmes apprêts que précédemment.

Sur murs, égrenage, enduit ratissage uni huile deux couches avec frisée pour le bois des murs.

Les boiseries, épousseteries, impressions, rebouchage au mastic à l'huile, et huile deux couches.

Escalier. — Toute la cage d'escalier, depuis le premier vestibule jusqu'au 6ᵐᵉ étage non compris dégagement et couloirs, sera faite de la manière suivante :

Surfaces de portes et croisées, plinthes, socles de marche, contre-marches et limon, moulures saillantes des panneaux apposées sur murs de l'escalier, impression à l'huile une couche enduit sur parties moulurées, les moulures non enduites, mais rebouchées, huile deux couches, façon de décors deux tons et vernis une couche.

Sur murs en plâtre entre portes et moulures, cadres, égrenage, enduit, ratissage uni, huile deux couches, façon de décors et vernis une couche.

Plate-bande élégie dans les panneaux moulurés avec filet d'épaisseur, les champs pourtournant le panneau mouluré et y compris la moulure cadre seront en pierre pochée avec filet de joints.

Sur la rampe d'escalier, minium une couche, huile deux couches. Bronze à la poudre et vernis une couche.

Sur plafonds rampants y compris corniche sur le plafond, haut de la cage d'escalier y compris corniche, enduit ratissage sur parties planes, rebouchage sur parties moulurées, huile deux couches aux parties ratissées et trois couches sur parties rebouchées, deux tons à la dernière couche.

Dégagement et cabinet au 6ᵐᵉ étage. — Plafond à la colle, murs huile deux couches sur ratissage avec frise.

Boiseries, impression, enduit de moulure non enduite, huile deux couches, façon de décors, deux tons et vernis une couche.

Premier Etage.

Magasins. — Il sera fait le même travail que dans le bureau et magasin à rez-de-chaussée, mais les deux water-closets peints entièrement à l'huile deux couches avec ratissage y compris plafond, sièges encaustiqués et frottés.

Intérieurs des appartements et logements 2ᵐᵉ, 3ᵐᵉ, 4ᵐᵉ et 5ᵐᵉ étages et les deux logements du 6ᵉ étage.

Antichambres. — Les plafonds entre corniches seront égrenés imprimés, rebouchage colle, encollage et blanc de plafond, colle une couche.

Sur faces des portes, châssis, corniche et plafond cimaise, cadres et plinthes de faux lambris, égrenage, impression sur les boiseries, enduit sur parties à moulures, lesdites non enduites, mais rebouchées, huile deux couches, façon de décors bois et vernis une couche.

Dans les plafonds, les rosaces seront imprimées à l'huile au préalable, puis perdues dans le ton des plafonds.

Salons. — Plafonds entre corniches à la colle sur mêmes apprêts que précédents.

Les rosaces et ornements d'avant-corps en patisseries seront d'abord imprimées à l'huile une couche,

La corniche égrenée imprimée, rebouchée à l'huile et peinte à l'huile deux couches dont deux tons à la dernière couche.

Dans ladite, les ornements d'angle et de milieu seront réchampis à jour, une seule couche.

Sur les faces de portes et croisées, sur cimaise cadres de faux lambris et plinthes :

Egrenage, impression enduit sur parties à moulures, les moulures non enduites mais rebouchées, huile deux couches deux tons à la dernière couche ; sur les plinthes, il sera fait un ton uni plus foncé que le lambris.

Sur panneaux et champ de faux lambris, tableaux ébrasements et allèges de baies. Enduit sur égrenage, huile deux couches, deux tons à la dernière couche.

Dans les panneaux de faux lambris, élégie de plates-bandes, bordées d'un filet de table adouci et repiqué.

Salles à manger.—Plafond entre corniches, à la colle sur même apprêts que précédents.

La rosace et les avant-corps imprimés à l'huile, puis perdus dans le ton du plafond.

Corniche égrenée imprimée à l'huile, rebouchage huile deux couches, façon de décors à deux tons et vernis une couche ; les ornements d'angles et de milieu perdus dans le ton ; mais il sera fait le réchampissage en bleu des œufs de cartouches, dans les angles et milieux.

Sur les faces de portes, niches, croisées, châssis, les moulures cadres pourtournant les panneaux de tenture au-dessus du lambris, les cimaises, plinthes et cadres de faux lambris, et moulures-cadres de l'ébrasement du *bow-window*, égrenage ou époussetage, impression, enduits, sur parties à moulures, les dites non enduites mais rebouchées huile deux couches, façon de décors à deux tons et vernis une couche.

Sur les plâtres formant le champ d'encadrement, au pourtour des panneaux de tenture au-dessus du faux lambris, champs et panneaux de faux lambris, champ et panneaux de l'ébrasement du *bow-window*, niche du poêle, ébrasement, tableaux, égrenage, enduit uni, huile deux couches, façon de décors à deux tons, et vernis une couche.

Chambres à coucher. — Petite chambre et chambre isolée. — Plafond entre corniche à la colle sur apprêts précédents.

Les rosaces préalablement imprimées à l'huile, puis perdues dans le ton des plafonds.

Corniches, égrenage, impression, rebouchage huile, huile deux couches deux tons, les ornements perdus dans le ton.

Faces de portes, croisées, ébrasement, tableaux élégis, seront traités comme dans les salons (il n'y aura pas de faux lambris dans ces pièces).

Sur stylobates, époussetage, impression, rebouchage huile, huile deux couches façon de décors en raccord avec le marbre de la chambre et vernis une couche.

Cuisines-closet à tours, étages et salles de bains. — Plafonds, murs, hotte, jambages, faces de portes choisies, ébrasements, tableaux, bandeaux et barres à casseroles, tablettes ; égrenage, impression rebouchage huile, huile deux couches ; pour les boiseries, les parties en plâtre seront enduites unies en compensation de l'impression et du rebouchage.

Les frises et boiseries seront peintes d'un ton différent des murs et plafonds.

Cabinets. — Plafond à la colle sur apprêts précédents.

Façade de porte croisée, ébrasement, tableau, plinthes, époussetage, impression rebouchage huile, huile deux couches en tenant compte d'un ratissage sur parties de plâtre.

Armoires. — Tous les intérieurs d'armoires, y compris tablettes et double face de porte, époussetage, impression rebouchage huile, et huile deux couches en bleu.

Chambres seules au 6me *étage. —* Plafond à la colle avec apprêts *idem.*

Sur frises, cimaises, plinthes, faces de croisées et de portes, égrenage ou époussetage, impression, rebouchage au mastic à l'huile et huile deux couches deux tons à la dernière couche ; sur les plâtres il sera fait un enduit ratissage en compensation de l'impression et du rebouchage.

Observation.— Tous les décors seront vernis ou cirés au choix de l'architecte.

Travaux divers. — Minium une couche, huile deux couches en réchampissage, sur toutes pièces de ferrures détachées, minium une couche et huile deux couches sur tuyaux de chute d'aisances, encaustiquage à la cire à l'essence et frottage des sièges d'aisances, nettoyage des pierres d'évier, des boutons de portes de toutes les vitres de croisées de châssis aux deux faces, nettoyage des glaces, nettoyage partiel en dernier lieu, et après les marbriers et fumistes, de chambranles de cheminée, faïences, cadres en cuivre des rideaux de cheminée. Vernis du Japon sur les rideaux de cheminées, contre-cœurs et âtres en noir à la colle (les fourneaux des cuisines seront terminés par le fumiste), nettoyage du carrelage des cuisines, et enlèvement des taches de peinture ou autres, nettoyage de cuvettes d'aisances, peinture au minium une couche et huile deux couches des extérieurs et réservoirs de w.-cl.

Parquets. — Après les travaux de replanissage des parquets, lesdits parquets seront encaustiqués à la cire à l'essence et frottés ; ces parquets sont ainsi désignés:

Paliers d'escalier, dégagements, couloirs d'escalier et chambres seules au 6me étage

Salon,
Salle à manger,
Chambres à coucher,
Chambres isolées,
Petite chambre,   aux
Antichambre,   1er, 2mo, 3mo,
Salle de bains,   4mo, 5me
Cabinets,   et 6mo étages.
Ebrasements et tableau de
baie.

Loge du concierge, alcôve et cabinet. Même travail sur toutes les marches d'escalier.

Vitrerie.

Façade sur l'avenue. — Parties basses de toutes les croisées et toutes les portes-croisées sur balcons, et de croisées de lucarnes à hauteur de la barre d'appui, châssis, bow-window, châssis de cabinet au 5me étage, en verre simple troisième choix.

La partie supérieure des croisées et portes-croisées aux 1er, 2me, 3me, 4mo et 5me étages en verre double troisième choix hors mesure et d'un seul volume.

La partie supérieure des croisées et lucarne, en verre demi-double troisième choix d'un seul volume.

Les panneaux de porte d'entrée latérale au rez-de-chaussée en vert double troisième choix.

Châssis de sous-sols et magasin. en verre simple spécial avec rivets de joints à l'émeri.

Façade sur cour. — Châssis et porte de magasin en verre demi-double troisième choix, les autres croisées et châssis depuis le premier étage jusques et y compris le 6mo étage, en verre simple *idem* jusqu'à hauteur du balcon, en verre double *idem* d'un seul volume à la partie haute en verre simple, pour châssis de water-closets et cabinets, pour les croisées d'escalier verre demi-double troisième choix d'un seul volume.

Châssis intérieurs et portes. — Toutes les portes de cuisines, portes de salle de bains, les portes de cabinets, les châssis de petite chambres, les châssis attenant aux portes de cuisine, le châssis du petit cabinet derrière la cuisine du logement milieu aux 5me et 6mo étages procurant du jour aux antichambres, seront vitrés en verre simple dit spécial.

Châssis de toit. — Tous les châssis de toit seront vitrés en verre double troisième choix.

Porte séparant les deux vestibules, et porte de la loge du concierge. — Elles seront vitrées en glace blanche du commerce dite à vitrage, et d'un seul volume, avec filets dépolis portant grecques aux quatre angles.

NOTA. Tous ces travaux de vitrerie comprendront les travaux et fournitures accessoires, pour obtenir un travail complet et terminé avec soin.

Tenture.

Travaux divers. — Sera fait le collage de tous les papiers d'apprêts et les tentures de toutes natures sur apprêts des murs et égrenage desdits.

Fournitures, pose et collage de papier gris dits d'apprêts, sur toutes les tentures de salon et salle à manger, sur toile tendue avec bordage.

Toiles tendues et marouflées sur portes d'armoire, bandes de calicot sur joints formant charnières à soufflets, bandes de zinc à T sur le pourtour des feuillures; enfin tout ce qui sera nécessaire pour le complet achèvement des travaux de tenture.

Salons des 2me, 3mo *et* 4me *étages*. — Papier du prix de 3 fr. 00 posé et collé par panneaux entre portes, cimaise et corniche, avec champ d'encadrement en papier velouté de 0.12 de largeur.

Fourniture de pose de baguettes à trèfle doré (*dorure chimique*) de 0.01 de large, au pourtour de chaque panneau, sur cimaise et sous corniche, ainsi que dans les angles verticaux de la pièce, baguette moulurée de 0.020, dorure chimique avec rosaces d'angles en cuivre doré à l'intersection des angles du plafond et du lambris.

Au 5mo étage, le papier sera collé entre lambris et corniche, avec bordure analogue sans champ ni baguettes.

Salles à manger des 2me, 3mo *et* 4me *étages*. — Papier du prix de 5 fr. 00 le rouleau fourni et collé par panneaux comme dans les salons, avec baguettes semblables, mais noires et sans dorure; aux 5me et 6me étages les papiers seront collés entre lambris et corniche, sans champ, ni baguette, mais bordures analogues.

Chambres à coucher. — Papier du prix de 1 fr. 50 le rouleau, collé entre stylobates et corniche avec bordure analogue.

Cabinets. — Papier à 0 fr. 60 le rouleau, collé comme dans les chambres.

Chambre seule au 1er *étage*. — Papier de 0 fr. 80 le rouleau avec bordure analogue haut et bas.

NOTA : Le papier de tenture sera du choix du propriétaire et des fabriques indiquées par l'architecte.

Lettres. — Réchampissage en lettres creuses ombrées, spaltées des indications d'étages à chaque palier.

Il sera fait des numéros de portes de caves en chiffres noirs ordinaires de 0^m,10 sur fond peint à l'huile deux couches de 0.15 × 0.15.

Devis estimatif des travaux de peinture, vitrerie et tenture de ce bâtiment.

Savoir :

Extérieurs.

Egrenage, impression, rebouchage huile et huile deux couches.

Sur avenue :

NOTA : Les croisées sont augmentées en hauteur de 0ᵐ,10 pour jet d'eau et pièces d'appui et 0ᵐ,20 en largeur pour feuillures, battements et gueule-de-loup.

1ᵉʳ étage, 2 croisées chaque 2.30 $\times$ 1.50 produit........ 6.90
Moins verres :
4 chaque   1.50 $\times$ 0.45   .... 2.70
4   »   0.35 $\times$ 0.45   .... 0.63
         Ensemble.................. 3.33   3.33
           Reste.............................   3.57

2 Croisées chaque   2.30 $\times$ 1.30   .... 5.98
Moins verres :
4 chaque   1.50 $\times$ 0.35   .... 2.10
4   »   0.35 $\times$ 0.35   .... 0.49
         Ensemble.................. 2.39   2.39
           Reste.............................   3.39

Croisée milieu   1.90 $\times$ 1.20   .... 2.28
Moins verres :
2 chaque   1.50 $\times$ 0.30   .... 0.90
           Reste............................. 1.38

Bow-window (emplacement).
2 Croisées chaque   2.30 $\times$ 1.50   .... 6.90
Moins 4 verres chaque   1.50 $\times$ 0.45 ...... 2.70
    4   de   0.35 $\times$ 0.45 ...... 0.63
         Ensemble.................. 3.33   3.33
           Reste.............................   3.57

2ᵐᵉ étage. — Bow-window.
2 Croisées chaque   2.60 $\times$ 1.70   .... 8.84
Moins :
4 Verres chaque   1.60 $\times$ 0.50 .... 3.20
4   »   »   0.45 $\times$ 0.50 .... 0.90
         Ensemble.................. 4.10   4.10
           Reste.............................   4.74

4 Châssis d'auguettes chaque   1.65 $\times$ 0.45   développé.. 2.97
Moins 4 verres chaque   1.45 $\times$ 0.25 .... 1.45
           Reste............................. 1.52

2 Croisées chaque   2.60 $\times$ 1.50 produit............ 7.80
Moins verres :
4 chaque   1.60 $\times$ 0.45   .... 2.88
4   de   0.45 $\times$ 0.45   .... 0.81
         Ensemble.................. 3.69   3.69
           Reste.............................   4.11

3 Croisées chaque   2.60 $\times$ 1.30 produit........... 10.14
Moins verres :
6 chaque   1.60 $\times$ 0.35   .... 3.36
6   de   0.45 $\times$ 0.35   .... 0.95
         Ensemble.................. 4.31   4.31
           Reste............................. 5.83

3me étage. — Bow-window.
2 Croisées chaque   2.55 × 1.70   produit.:....... 8.67
Moins verres :
4 chaque   1.55 × 0.50   .... 3.10
4   de   0.45 × 0.50   .... 0.91 ·

         Ensemble.................. 4.00   4.00
           Reste.........................   4.67
4 Auguettes chaque 1.50 dév. et réduit×0.45 dév. 2.70
Moins 4 verres chaque   1.30 × 0.25   ...... 1.30

           Reste.................... 1.40   1.40
2 Croisées chaque   2.20 × 1.50   produit..... 6.60
Moins 4 verres chaque 1.45 × 0.25 produit. 2.61
4 chaque   0.30 × 0.45   .... 0.54

         Ensemble............ 3.15   3.15
           Reste......................... 3.45
3 Croisées chaque   2.20 × 1.30   .... 8.58
Moins verres :
6 chaque   2.20 × 1.30   .... 3.05
6   »   0.30 × 0.35   .... 0.63

         Ensemble............ 3.68   3.68
           Reste......................... 4.90
       Ensemble du 3me étage........................ 14.42
4me étage semblable au 3me détaillé ci-dessus produit.......... 14.42
5me étage. — 7 Croisées chaque   2.40 × 1.30   .... 21.84
Moins verres :
14 chaque   1.55 × 0.35   .... 7.60
14   »   0.40 × 0.35   .... 1.96

         Ensemble.................. 9.56   9.56
           Reste......................... 12.28
1 Châssis 0.95 développé × 0.52 développé.............. 0.52
Moins 1 verre   0.75 × 0.35   .... 0.26

           Reste......................... 0.26
Étage des combles. — Détail d'une lucarne.
Fronton   0.35 × 1.40   produit................. 0.49
2 Montants chaque   1.80 × 0.14   .... 0.50
2 Corniches chaque   1.00 dév. × 0.20 dév. 0.40

         Ensemble...................... 1.39
1/5 en plus pour travaux faits hors les combles dans le vide. 0.24
Tableau   5.60 × 0.10   .... 0.56
Croisée   1.90 développée × 1.20   .... 2.28
Moins verres :
2 chaque   1.10 × 0.35   .... 0.77
2   »   0.40 × 0.35   .... 0.28

         Ensemble............ 1.05   1.05
           Reste......................... 1.23
       Ensemble d'une lucarne...................... 3.42
6 Autres lucarnes semblables produisant chaque 3.42 ensemble. 20.52
Châssis de magasins à rez-de-chaussée.
72 Montants chaque 1.75 ensemble 126.00
Traverses 4 chaque 2.40 ensemble................... 9.60
      4   »   1.25   » 5.00
      4   »   2.40   » 9.60
Soupiraux 16 montants chaque 0.75................... 12.00
Traverses 8 chaque 1.00 ensemble................... 8.00

         Ensemble...................... 170.20
× 0.15 comme plinthes....................................... 25.53
         à 2 faces....................................... 25.53

Persiennes brisées.
1er étage. — 2 chaque   2.10 × 1.30   ....   5.46
              2   »   2.10 × 1.10   ....   4.62
              1   »   1.80 × 1.00   ....   1.80
              2   »   2.10 × 1.30   ....   5.46
2me étage. — 2 chaque   2.50 × 1.50   ....   7.50
              2   »   2.50 × 1.30   ....   6.50
              3   »   2.50 × 1.10   ....   8.25
3me étage. — 2 chaque   2.45 × 1.50   ....   7.33
              2   »   2.10 × 1.30   ....   5.46
              3   »   2.10 × 1.10   ....   6.93
4me étage. — 2 chaque   2.45 × 1.50   ....   7.35
              2   »   2.10 × 1.30   ....   5.46
              3   »   2.10 × 1.10   ....   6.93
5me étage. — 7 persiennes chaque   2.30 × 1.10   ...   17.71

                    Ensemble 96.78
              à 5 faces pour 2 produit 483.90

                    Surface 628.39
              à 1f,40 le mètre 879.75

Egrenage, impression au minium et huile deux couches.
Balcons.
4 de   0.50 × 1.50   produit 3.00
2   0.50 × 1.30   ....   1.30
1   0.50 × 1.20   ....   0.60
1   0.90 ×15.70   ....   14.13
2   0.60 × 1.70   ....   2.04
2   0.60 × 1.50   ....   1.80
3   0.60 × 1.20   ....   2.16
2   0.60 × 1.70   ....   2.04
2   0.60 × 1.50   ....   1.80
2   0.90 × 4.60   ....   8.28
1   0.60 × 1.20   ....   0.72
1   1.00 ×26.00   ....   26.00
Combles.
7 chaque   0.35 × 1.00   ....   2.45
Les herses compensées.

                    Ensemble 66.32
              à 3 faces pour 2 pour refouillement 198.96
4 Soupiraux chaque   0.65 × 0.90   ....   2.34
Grille d'entrée   3.50 × 2.50   ....   8.75

                    Ensemble 11.09
              à 3 faces pour 2 produit 33.27

                    Surface 232.23
              à 1f,15 le mètre 267.06
Les tuyaux de descente, égrenés en place après scellements et huile
deux couches, travail fait à la corde à nœuds, ensemble 40.00
              à 0f,55 le mètre 22.00
Egrenage, enduit ordinaire uni et huile deux couches, deux tons à une
couche.
    Etage d'attique de 3.70 développé y compris moulures, corniche et socle
du chéneau × 25.00 de longueur, compris jambes étrières, produit.   92.50
    Déduire 7 baies chaque 2.30 × 1.10 (l'ébrasement laissé pour
son châssis) 17.71

                    Reste 74.79
Reprendre 7 tableaux en trois sens chaque   5.70×0.20   produit.   7.98
Epaisseur des tables saillantes ensemble   34.00×0.02   produit.   0.68

                    Ensemble 83.45
              à 1f,52 le mètre 126.84

Huile bouillante une couche, ponçage à sec au papier de verre et vernis anglais surfin n° 2, deux couches.

2 Portes latérales à la grille milieu chaque 3.20×1.60 produit. 10.24
1/4 en plus pour tous développements........................ 2.56

   Surface.................................. 12.80
  à 1^f,50 le mètre....................................... 19.20

Egrenage, minium une couche et huile deux couches.

4 Panneaux milieux chaque 1.40 × 0.30 produit.......... 1.68
  à 3 faces pour 2............................. 5.04
  à 1^f,15 le mètre................................. 5.80

Même travail comme plinthes.

4 Vasistas développant chaque 3.40......................... 13.60
  à 0^f,20 le mètre................................. 2.72

Egrenage, impression, enduit céruse, les moulures non enduites huile deux couches (n° 203), façon de décors (n° 238) et vernis une couche (n° 257), faces intérieures de ces portes, même surface que portes extérieures 12.80
  à 4^f,70 le mètre................................. 60.16

12 Paumelles réchampies en noir au vernis
  à 0^f,10 l'une.................................. 1.20

4 Serrures et gâches *idem*   à 0^f,10 l'une................. 0.40

Pour balcons de lucarnes.

7 Barres d'appui réchampies en brun Van Dyck sur fond à 0^f,20 l'un.. 1.40

Ravalement sur cour.

Egrenage, impression, rebouchage huile et huile deux couches, travail fait à l'échafaudage volant de 21.00 hauteur développée, y compris bandeaux, corniche et socle de chéneau × 24.80 compris ventilateur et tuyaux de descente produit................................., 520.80
Partie d'aplomb au 6e étage de 3.10 dév. × 3.70 dév... 11.47

   Ensemble...................... 532.27 532.27
A déduire barres de croisées :
5e étage. — 1 de 2.30 × 1.00 pour comble....... 2.30
   2 2.30 × 1.10 .... 5.06
   1 2.30 × 1.30 .... 2.39
   1 1.75 × 0.75 .... 1.31
   1 1.75 × 1.00 .... 1.75
   1 1.75 × 1.00 .... 1.75
Châssis 5 de 0.80 × 0.45 réduits............. 1.80
4e étage. — 2 de 2.10 × 1.10 .... 4.62
   4 2.10 × 1.00 .... 8.40
   1 1.80 × 1.00 .... 1.80
3 Châssis chaque 0.80 × 0.45 réduits..... 1.08
1 Autre 1.00 × 0.60 .... 0.60

   Ensemble............... 16.50 16.50
3e étage semblable............................... 16.50
2e » » 16.50
1er étage. — 4 de 2.10 × 1.00 .... 8.40
   1 2.00 × 1.00 .... 2.00
   1 2.10 × 1.10 .... 2.31
   1 0.80 × 0.50 .... 0.40
   1 0.80 × 0.45 .... 0.36
   1 0.80 × 0.60 .... 0.48
   1 0.80 × 0.60 .... 0.48
Baie de passerelle 2.10 × 2.00 .... 4.20

   A reporter................... 84.49

$$Report \dots\dots\dots\dots\dots\dots \quad 84.49$$

Rez-de-chaussée :

Escalier. — 1 de	1.75×1.00	....	1.75
Baie 1	3.00×2.40	....	7.20
1	3.00×3.60	....	10.80
1	3.00×2.60	....	7.80
1	2.10×1.10	....	2.31
1	3.00×1.50	....	4.50
1	0.80×0.50	....	0.40
1	0.80×0.30	....	0.24
1	2.00×0.90	....	1.80
1	2.00×0.65	....	1.30
Socle en ciment	0.70×10.70	....	7.49

$$Ensemble \dots\dots\dots\dots\dots \quad 130.08 \qquad 130.08$$

$$Reste \dots\dots\dots\dots\dots\dots\dots\dots \quad 402.19$$

Reprendre :

A tous les étages, sauf rez-de-chaussée, les tableaux en 4 sens
de toutes les baies, ensemble 276.30×0.18 réduits 49.73

A rez-de-chaussée. — 1 de	4.65×0.45	....	2.09
1	6.40×0.20	....	1.28
1	2.60×0.20	....	0.52
1	2.20×0.10	....	0.22

$$Ensemble \dots\dots\dots\dots\dots\dots\dots \quad 456.03$$

1/10 pour plus-value d'échafaudage 45.60

$$Ensemble \dots\dots\dots\dots\dots\dots\dots \quad 501.63$$

$$\text{à } 1^f,40 \text{ le mètre} \dots\dots\dots\dots\dots\dots\dots\dots\dots\dots \qquad 702.28$$

Egrenage, impression, rebouchage huile et huile deux couches.
Boiseries en suivant le même ordre.

6ᵉ étage. — 1 de	2.40×1.30	....	2.88
5ᵉ étage. — 2 de	2.40×1.30	....	6.24
1	2.40×1.50	....	3.60
1	1.85×0.90	....	1.76
1	1.85×1.20	....	2.22
1	1.85×1.20	....	2.22
5 Châssis chaque	0.85×0.50 dév. et réduits	....	2.13
4ᵉ étage. — 2 de	2.20×1.30	....	5.72
4	2.20×1.20	....	10.56
1	2.00×1.20	....	2.40
3 Châssis	0.85×0.50	....	1.28
1 »	1.05×0.60	....	0.63

3ᵉ étage *idem* au 4ᵉ 20.59

2ᵉ étage *idem* au 4ᵉ 20.59

1ᵉʳ étage. — 4 de	2.30×1.20	....	11.06
1	2.10×1.20	....	2.52
1	2.20×1.30	....	2.86
1	0.85×0.55	....	0.47
1	0.85×0.50	....	0.43
1	0.85×0.65	....	0.55
1	0.85×0.65	....	0.55
1	2.20×2.20	....	4.84
Rez-de-ch. — 1 Châssis	3.00×2.40	....	7.20
1 »	3.00×3.70	....	11.10
1 Porte	2.00×0.65	....	1.30
1 »	2.00×1.10 dév	....	2.20
1 »	0.85×0.35	....	0.30

$$A\ reporter \dots\dots\dots\dots\dots \quad 128.20$$

```
                 Report.....................  128.20
    1 Porte       2.20 × 1.30    ..........     2.86
    1    »        0.85 × 0.55    ..........     0.47
    1    »        3.00 × 1.60    ..........     4.80
                 Ensemble...................  136.33
Déduire verres :
6e étage. — 2 fois     1.80 × 0.30   .......    1.08
5e étage. — 4 chaque   1.55 × 0.30   .......    1.86
          4    »       0.40 × 0.30   .......    0.48
          2    »       1.55 × 0.55   .......    1.71
          2    »       0.40 × 0.55   .......    0.44
          2    »       1.45 × 0.20   .......    0.58
          4    »       1.45 × 0.30   .......    1.74
4e étage. — 5 de       0.70 × 0.30   .......    1.05
4 chaque   1.45 × 0.45   .........   2.61  ⎫
4    »     0.30 × 0.45   .........   0.54  ⎪
8    »     1.45 × 0.30   .........   3.48  ⎪
8    »     0.30 × 0.30   .........   0.72  ⎪
2    »     1.30 × 0.30   .........   0.78  ⎬  9.26
2    »     0.30 × 0.30   .........   0.18  ⎪
3    »     0.70 × 0.30   .........   0.63  ⎪
1    »     0.80 × 0.40   .........   0.32  ⎭
3e étage semblable.....................  .......  9.26
2e étage idem..........................  .......  9.26
1er étage. — 8 chaque   1.50 × 0.30   ......    3.60
           8    »       0.30 × 0.30   ......    0.72
           2    »       1.40 × 0.30   ......    0.84
           2    »       0.25 × 0.30   ......    0.15
           2    »       1.50 × 0.35   ......    1.05
           2    »       0.30 × 0.35   ......    0.21
           1    »       0.70 × 0.40   ......    0.28
           1    »       0.70 × 0.35   ......    0.25
           1    »       0.70 × 0.45   ......    0.32
           1    »       0.70 × 0.45   ......    0.32
Porte de passerelle 4 de 1.20 × 0.35   ......    1.68
Rez-de-chaussée :
Escalier. — 2 de       1.25 × 0.30   .....     0.75
           2           0.30 × 0.30   .....     0.18
           1           1.60 × 0.90   .....     1.44
           1           1.60 × 1.35   .....     2.16
           1           1.60 × 1.85   .....     2.96
           1           1.60 × 1.25   .....     2.00
           4           0.90 × 0.15   .....     0.54
           1           0.70 × 0.15   .....     0.11
           2           1.50 × 0.40   .....     1.20
           2           0.30 × 0.40   .....     0.24
           1 fois      1.60 × 1.40   .....     2.24
                 Ensemble..............  59.96   59.96
                     Reste.....................   76.37
Reprendre au 6e étage.
4 Lucarnes idem façade sur rue chaque 3.42.........  13.68
Persiennes à 2 vantaux.
5e étage. — 2 chaque   2.30 × 1.10   .....     5.06
           1    »      2.30 × 1.30   .....     2.99
           1    »      1.75 × 0.75   .....     1.31
           1    »      1.75 × 1.00   .....     1.75
4e, 3e et 2e étages.
           6 de        2.10 × 1.10   .....    13.86
          12           2.10 × 1.00   .....    25.20
Loge de concierge 1 de 2.10 × 1.10   .....     2.31
                 Ensemble..............  52.48
                 à 3 faces pour 2 ...................  157.44
                     Ensemble................  247.49   247.49
                 à 1f,40 le mètre.........................................   346.49
```

Dépose et repose de 24 paires de persiennes
à 0ᶠ,60 l'une... 14.40
Au droit des persiennes, 240 ferrures détachées sur ravalements et
réchampies à trois couches
à 0ᶠ,10 l'une... 24.00
Les balcons même travail que sur avenue.

2 chaque	0.40 × 1.10	....	0.88	
1 »	0.40 × 1.30	....	0.52	
1 »	0.40 × 0.75	....	0.30	
6 »	0.40 × 1.10	....	2.64	
12 »	0.40 × 1.00	....	4.80	
Loge 1 »	0.40 × 1.10	....	0.44	
Combles 4 »	0.35 × 1.00	....	1.40	

Ensemble...................... 10.98
à 3 faces pour 2................................. 32.94
à 1ᶠ,15 le mètre... 37.88
29 Barres d'appuis réchampies en brun Van Dyck,
à 0ᶠ,20 l'une................................. 5.80
4 Plaques de soupiraux, égrenage, minium une couche et huile 2 couches
à 0ᶠ,50 l'une...................................... 2.00
4 Chasse-roues même travail à 1ᶠ,50 l'un........................ 6.00
Détail d'un châssis à tabatière, huile trois couches comme plinthes.
2 Montants chaque 0.90.............................. 1.80
2 Traverses chaque 0.40.............................. 0.80
Double face.................................... 2.60
Dormant.
2 fois 1.10.................................... 2.20
2   0.45.................................... 0.90
Crémaillère développée............................ 0.50

Ensemble........................ 5.80
à 0ᶠ,12 le mètre............................... 1.05
Verre double 3ᵉ choix sur fer de 0.90 × 0.35............ 0.31
à 6ᶠ,20 le mètre.............................. 1.92
Dépose et repose du châssis........................ 0.30
Ensemble.................................. 3.27
7 Autres châssis semblables à 3ᶠ,27 l'un................ 22.89

Intérieurs.

Rez-de-chaussée (fig. 387).

Passage de porte cochère.

Égrenage, enduit ordinaire uni, ponçage, huile deux couches, 2 tons à
une couche.
1 Plafond   3.85 × 2.60   .... 10.01 ⎫
1 »   3.20 × 2.60   .... 8.32 ⎬ 18.33
Murs et boiseries de 3.45 hauteur sous corniche × 30.70 de ⎱
pourtour.................................... 65.21 ⎰
Moins :   ⎱ 50.09
2 Portes chaque   2.80 × 1.60   .... 8.96 ⎱
2 »   »   2.80 × 1.10   .... 6.16 ⎰ 15.12 ⎰
Reprendre 1/10 pour cadres........................ 5.01
1 Ébrasement de porte d'entrée   9.10 × 0.25   .... 2.28
1 Autre   9.10 × 0.45   .... 4.10
1 Sur cour   9.10 × 0.45   .... 4.10
4 Faces de linteaux chaque   0.25 × 2.70   .... 2.70

Ensemble............................ 86.61
à 1ᶠ,88 le mètre................................ 162.83

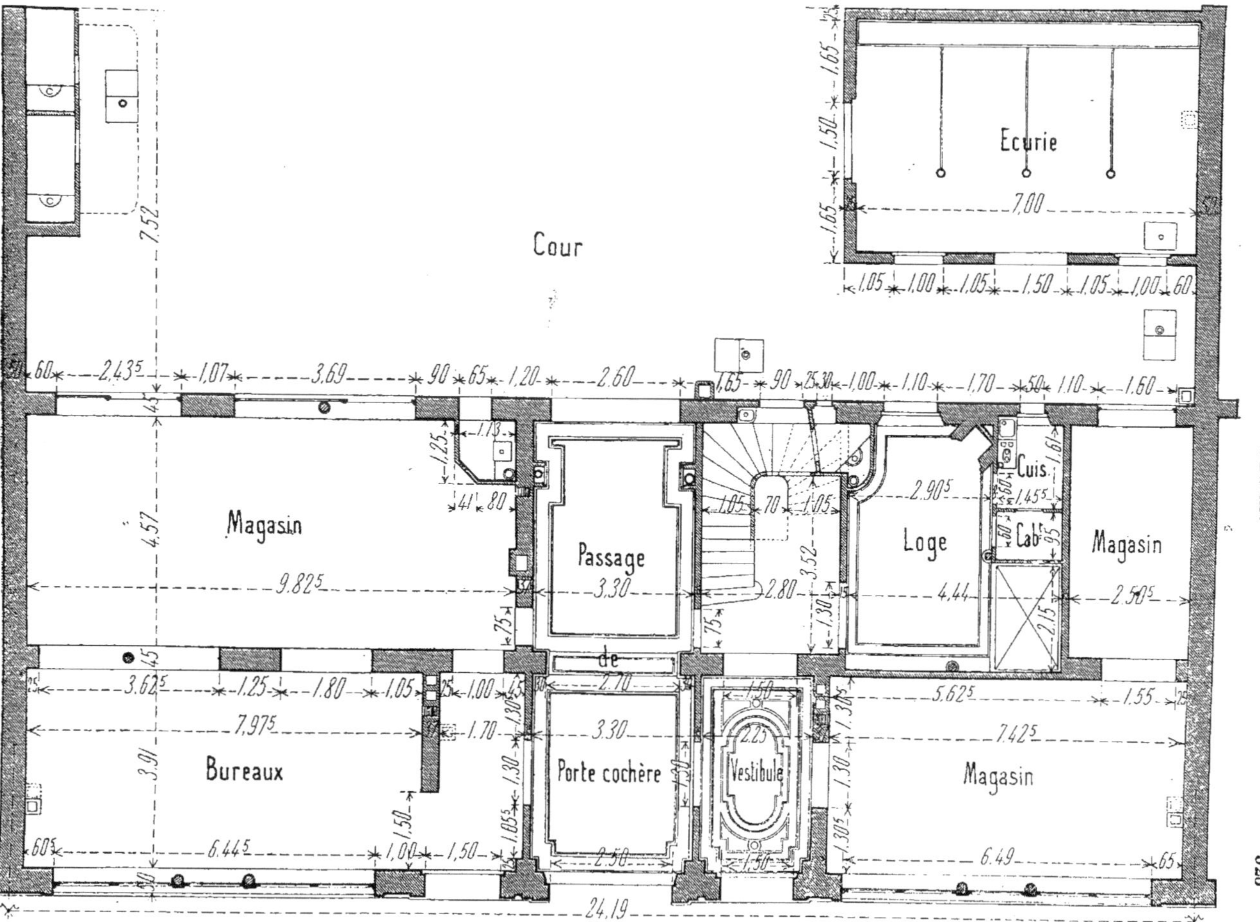

Fig. 387. — Avenue du Bel-Air à Paris. — Plan du rez-de-chaussée (à 0^m,008 par mètre).

Même travail, 2 intérieurs de placard chaque 3.35 hauteur $\times$ 1.00 de pourtour.. 6.70

2 Feuillures de porte chaque 0.40.......................... 0.80

        Ensemble............................. 7.50

         à 1^f,88 le mètre.......................................   14.10

Même travail, mais enduit ordinaire, les moulures non enduites, les corniches ensemble   27.30 $\times$ 0.60 développé.................. 16.38

         à 2^f,10 le mètre.......................................   34.40

Egrenage, impression, enduit céruse les moulures non enduites, huile deux couches, façon de décors et vernis une couche ou ciré et lustré.

Boiseries 1 porte à 1 vantail   2.55 $\times$ 1.00   ....   2.55

Cadres   7.00 $\times$ 0.02   ....   0.14

1/2 Huisserie feuillure et épaisseur   5.65 $\times$ 0.06 ...   0.34

Chambranle   5.85 $\times$ 0.03   ....   0.18

        Ensemble....................... 3.21   3.21

1 Autre porte semblable...................................   3.21

1 Porte à 2 vantaux   2.55 $\times$ 1.60   ....   4.08

Cadres   14.00 $\times$ 0.02   ....   0.28

Battement   2.45 $\times$ 0.02   ....   0.05

1/2 feuillure et épaisseur   8.05 $\times$ 0.06   ....   0.51

Chambranle   6.50 $\times$ 0.03   ....   0.20

Attique   0.20 $\times$ 1.60   .... 0.32

à 0/0 1/2 pour refouillements...............................   0.48

        Ensemble....................... 5.60   5.60

1 Autre porte semblable...................................   5.60

        Ensemble............................. 17.62

         à 4^f,80 le mètre.......................................   84.58

12 Ferrures réchampies à 0^f,05.................................   0.60

NOTA : Il n'est pas prévu de porte à la baie sur cour de ce passage.

                Bureaux et magasins.

Egrenage, impression, rebouchage, huile et huile deux couches, boiseries, bureaux sur cour.

Châssis   3.30 $\times$ 2.40   ....   7.92

Moins verres :

       1.60 $\times$ 0.90   .... 1.44   4.32

       1.60 $\times$ 1.35   .... 2.11   3.60

Châssis ensuite   3.30 $\times$ 3.70   .... 12.21

Moins verres :

       1.60 $\times$ 1.85   .... 2.96   7.25

       1.60 $\times$ 1.20   .... 2.00   4.96

        Ensemble..................... 11.57   11.57

1/2 en plus pour petit bois et feuillures.....................   5.79

1 Porte à un vantail..   3.21

1 Porte à deux vantaux.....................................   5.60

Double face de porte sur avenue comme extérieurs (double emploi).   »   »

Magasins à droite.

1 Porte sur cour à deux vantaux............................   5.60

1 Porte sur vestibule......................................   5.60

Plinthes   75.80 $\times$ 0.15 courant..........................   11.37

        Ensemble....................... 48.74

         à 1^f,40 le mètre.......................................   68.24

NOTA : Rien de prévu sur plafonds et murs pas même l'égrenage.

24 Ferrures réchampies à 0^f,05...............................   1.20

Egrenage minium une couche et huile deux couches.

Colonnes en fonte :
8 chaque   3.50 dév. $\times$ 0.60 dév. 16.80
        à 1ʳ,15 le mètre:............................. 19.32
Même travail dans la cour.
Tampon de fosse   1.00 $\times$ 0.65 .... 0.65
Celui du trou à fumier............................. 0.65

        Ensemble...................... 1.30
      au double pour quadrillés...................... 2.60
Doubles faces semblables avec feuillures et bâtis.............. 2.60

        Ensemble........................... 5.20
        à 1ʳ,15 le mètre.............................. 5.98

Vestibule d'entrée.

Egrenage, impression, enduit céruse les moulures non enduites, huile
deux couches, décors à deux tons, vernis ou ciré.
2 Portes à deux vantaux chaque 5.60........................ 11.20
1 Porte à deux vantaux séparant le vestibule de l'escalier
produit... 5.60 ⎱
Moins 2 verres de   1.50 $\times$ 0.50 .... 1.50 ⎰ 4.10

        Ensemble............................. 15.30
        à 4ʳ,90 le mètre............................ 74.97
Egrenage, impression, enduit céruse uni, huile deux couches, ton de
pierre pochage à une fois.
Ebrasement sur rue   7.00 $\times$ 0.25 .... 1.75
Idem sur escalier   6.50 $\times$ 0.45 .... 2.93
Têtes de mur en pierre   3.40 $\times$ 0.45 ⎫
                0.30 ⎬
                0.20 ⎬ 1.15 .... 3.91
                0.20 ⎭
1 Face de linteau   1.50 $\times$ 0.30 .... 0.45
1 *Idem*   2.00 $\times$ 0.30 .... 0.60

        Ensemble........................... 9.64
        à 2ʳ,75 le mètre............................ 26.51
Egrenage, impression, enduit céruse les moulures non enduites, huile
deux couches, deux tons à une couche.
Plafond   3.00 $\times$ 1.65 .... 4.95 ⎫
Déduire ciel :   ⎬
Rectangle   1.10 $\times$ 0.80 .... 0.88 ⎱   3.45
2 Demi-cercles chaque 0.90 de diamètre...... 0.62 ⎰ 1.50 ⎭
Ornements refouillés.
4 Ecoinçons chaque 0.70 $\times$ 0.30 réduit...... 0.84 ⎱
Tore   5.00 $\times$ 0.10 .... 0.50 ⎰ 1.34
Au double... 2.68
Corniche   10.50 $\times$ 0.40 développé.................... 4.02

        Ensemble............................. 10.15
        à 3ʳ,20 le mètre............................ 32.48
Ornements réchampis à jour en blanc d'argent une couche produit 1.34
        à 8ʳ,70 le mètre.............................. 11.66
Ciel même travail que fonds............................. 1.50
        à 3ʳ,20 le mètre.............................. 4.80
Façon de ciel artistique avec images, brindilles de feuilles et 2 oiseaux.
        Prévision 60ʳ,00 le mètre............................. 90.00
16 Ferrures réchampies à 0ʳ,05............................. 0.80
Dallage céramique, lavé, gratté et passé au grès
        3.60 $\times$ 2.25 .... 8.10
        à 0ʳ,50 le mètre....................................... 4.05

Loge de concierge.

Plafond égrené, rebouché et colle deux couches
De   4.35 × 2.50   .... 10.88 ⎫
Rosace refouillée de 1.00 de diamètre au double...... 1.56 ⎬ 12.44
Moins avant-corps   1.30 × 0.40   .... 0.52 ⎭
     Reste................................ 11.92
     à 0ᶠ,47 le mètre.....................................   5.60
La rosace imprimée à l'huile de 1.00 de diamètre au triple..... 2.34
     à 0ᶠ,35 le mètre.....................................   0.82
Parquet encaustiqué à l'essence et frotté
    de   4.85 × 3.00   tout compensé............ 14.50
     à 0ᶠ,40 le mètre.....................................   5.80
Egrenage, impression, rebouchage, huile deux couches et vernis sur décors.
Corniche   14.70 × 0.50 développé..................... 7.35
     à 3ᶠ,34 le mètre.....................................   24.55
Egrenage, impression, enduit ordinaire, moulures non enduites, ponçage
à sec, huile deux couches, vernis ou cire sur décors, boiseries.
1 Croisée   2.50 × 1.40   .... 3.50 ⎫
Moins :
2 Verres chaque   1.50 × 0.40   ... 1.20 ⎫   ⎪ 2.02
2   »   »   0.35 × 0.40   ... 0.28 ⎬ 1.48 ⎪
Petits bois   11.00 × 0.02   .... 0.22 ⎬ 3.28
Feuillure et gueule-de-loup
    de   4.00 × 0.10   .... 0.40 ⎪
Ebrasement   6.40 × 0.10   .... 0.64 ⎭
1 Porte à 2 vantaux produit........................... 5.60 ⎫
Moins 2 verres chaque   1.30 × 0.40   .... 1.04 ⎬ 4.56
2 Portes à un vantail chaque 3.21 .... 6.42
Lambris 1.30 compris cimaise et plinthe × 10.00 .... 13.00
Cadres ensemble   70.00 × 0.03   .... 2.10
     Ensemble................................ 29.36
     à 4ᶠ,05 le mètre 118.91
Chambranle de cheminée nettoyé.................... 0.32 ⎫
Rideau en noir.................................... 0.30 ⎬ 0.94
Rétrécissement *idem*......................... 0.32 ⎭
7 Ferrures réchampies à 0ᶠ,05........................... ..... 0.35

Alcôve.

Plafond colle *idem*   2.10 × 1.50   .... 3.65
     à 0ᶠ,47 le mètre..................................... 1.72
Parquet même surface.................................. 3.65
     à 0ᶠ,40 le mètre..................................... 1.44
Huile trois couches, égrené, rebouché ou ratissé et huile deux couches,
murs et boiseries   3.40 × 5.10   .... 17.14
Traverse en plafond   2.10 × 0.20 développé.............. 0.42
     Ensemble................................ 17.56
     à 1ᶠ,40 le mètre..................................... 24.58

Cabinet.

Même travail qu'alcôve.
Plafond   1.60 × 0.95   .... 1.52
     à 0ᶠ,47 le mètre..................................... 0.71
Parquet   1.52   à 0ᶠ,40 le mètre..................................... 0.61
Murs et boiseries 3.40 hauteur × 5.10 de pourtour............ 17.34
Tout compensé...................................... »   »
     Ensemble................................ 17.34
     à 1ᶠ,40 le mètre..................................... 24.28

3 Ferrures réchampies à 0f,05...................................   0.15

Cuisine.

Même travail plafond   1.60 × 1.40   .... 2.24
      à 0f,47 le mètre..   1.05
Carrelage neuf, lavé, gratté et passé au grès, même surface..... 2.24
      à 0f,15 le mètre..   0.33
Murs et boiseries 3.40 de hauteur × 6.00 de pourtour.......... 20.40
Pour développement et tablettes............................ 1.60
      Ensemble............................ 22.00
      à 1f,40 le mètre.....................................   30.80
3 Ferrures réchampies à 0f,05................................   0.15
Cuvette d'évier nettoyée et passée au grès...................   0.30

Closets.

Huile 3 couches, égrené, rebouché plafond 1.10 × 1.15 réduit.... 1.27
Murs   3.40 × 4.50   .... 15.30
      Ensemble....................................... 16.57
      à 1f,40 le mètre.................................   23.20
Siège et cuvette nettoyés....................................   0.50
2 Ferrures réchampies à 0f,05................................   0.10
1 Autre closet semblable au précédent........................   23.80

Escalier.

Egrenage, impression, enduit ordinaire, les moulures non enduites, ponçage, huile deux couches, façon de décors, deux tons, vernis ou ciré : boiseries.

6 Croisées chaque 3.28...................................... 19.68
1 Porte à un vantail pour moyenne   2.45 × 1.00   ... 2.45
Cadres   7.00 × 0.02   ... 0.14
1/2 Huisserie, feuillure et épaisseur 5.50 × 0.06 ... 0.32   3.07
Chambranle   5.60 × 0.03   ... 0.16
7 Autres portes semblables chaque   3.07   .... 21.49
1 Porte à deux vantaux   2.45 × 1.30   .... 3.18
Cadres   14.00 × 0.02   .... 0.28
Feuillure   8.00 × 0.06   .... 0.48   4.14
Chambranle   6.40 × 0.03   .... 0.20
7 Autres portes semblables chaque 4.14..................... 28.98
A rez-de-chaussée. — 1 Porte *idem* 4.14
1 Porte à un vantail... 3.07
1 Porte à deux vantaux sur vestibule.
Idem double face... 4.10
1 Autre sur loge *idem* double face 4.56
Frise droite et rampante de 8.40 × 7.50..................... 63.00
Cadres ensemble 240.00 × 0.02.............................. 4.80
Limon   37.00 × 0.40 développés et réduits.............. 14.80
119 Contre-marches chaque 1.10 réduit × 0.20 développé..... 26.18
      Ensemble 202.01
      à 4f,15 le mètre 838.34

Les murs, décors et coupe de pierre pochée, confondus dans le prix de 1f,15 sur :

Egrenage, enduit ordinaire sur uni, poncé, huile deux couches, glacis à deux tons, décors à deux tons, vernis ou ciré à la demande.

Hauteur de cage entre planchers

20.60 × 12.30 de pourtour............ 253.38

Déduire les boiseries :

6 Croisées chaque	2.00 réduite × 1.20	......	14.40	
8 Portes chaque	2.40 × 1.00	....	19.20	
8 » »	2.40 × 1.30	....	24.96	
2 » »	2.50 × 1.50	....	7.50	72.21
1 » »	2.50 × 1.50	....	3.75	
1 » »	2.40 × 1.00	....	2.40	

Reste................................. 181.17

à 3f,85 le mètre... 697.50

Dans les panneaux, galon élargi à une couche et bordé par un filet d'épaisseur repiqué et adouci. Environ 280.00

à 0f,50 le mètre compris tracé 140.00

Rampe huile deux couches et bronze à la poudre sur mixtion et vernis une couche.

Bandelette...................................... 37.00

200 Barreaux chaque 1.15 développé × réduit............. 230.00

Ensemble............................ 267.00

à 0f,40 le mètre....................................... 106.80

197 Rosaces en bronze à 0f,12... 23.64

20 Ferrures réchampies en bronze à 0f,12.............................. 2.40

Egrenage enduit ordinaire uni, ponçage et huile deux couches.

Plafonds. — Cage de	4.20 × 2.30	....	9.66
5 Paliers chaque	2.80 × 1.00	....	14.00
1 de	2.80 × 2.90	....	8.12
Rampants ensemble	48.00 × 1.10	....	52.80
Excédent de développement de corniche	120.00 × 0.20	....	24.00
Corniche de cage	14.00 × 0.40 développé	....	5.60

Ensemble............................ 114.18

à 2f,10 le mètre....................................... 239.99

Paliers encaustiqués à l'essence et frottés

	2.80 × 2.40	....	6.72
5 fois	2.80 × 1.10	....	15.40

Ensemble............................ 22.12

à 0f,40 le mètre 8.85

119 Dessus de marches à 0f,30 l'une................................. 35.70

Dallage du rez-de-chaussée, lavé, gratté et passé au grès, vaut......... 4.00

Dégagements du 6e étage.

Plafonds colle deux couches, égrenés et rebouchés

10.60 × 1.20 .... 12.72

à 0f,47 le mètre.................................... 5.98

Parquet encaustiqué et frotté.

Même surface 12.72 à 0f,40 le mètre....................... 5.09

Egrenage, enduit ordinaire uni, ponçage huile deux couches, décors deux tons sur glacis à deux tons, vernis ou cire.

Les murs et boiseries 2.70 × 21.00 tout compensé......... 56.70

à 3f,85 le mètre 218.30

8 Ferrures en bronze à 0f,12....................................... 0.96

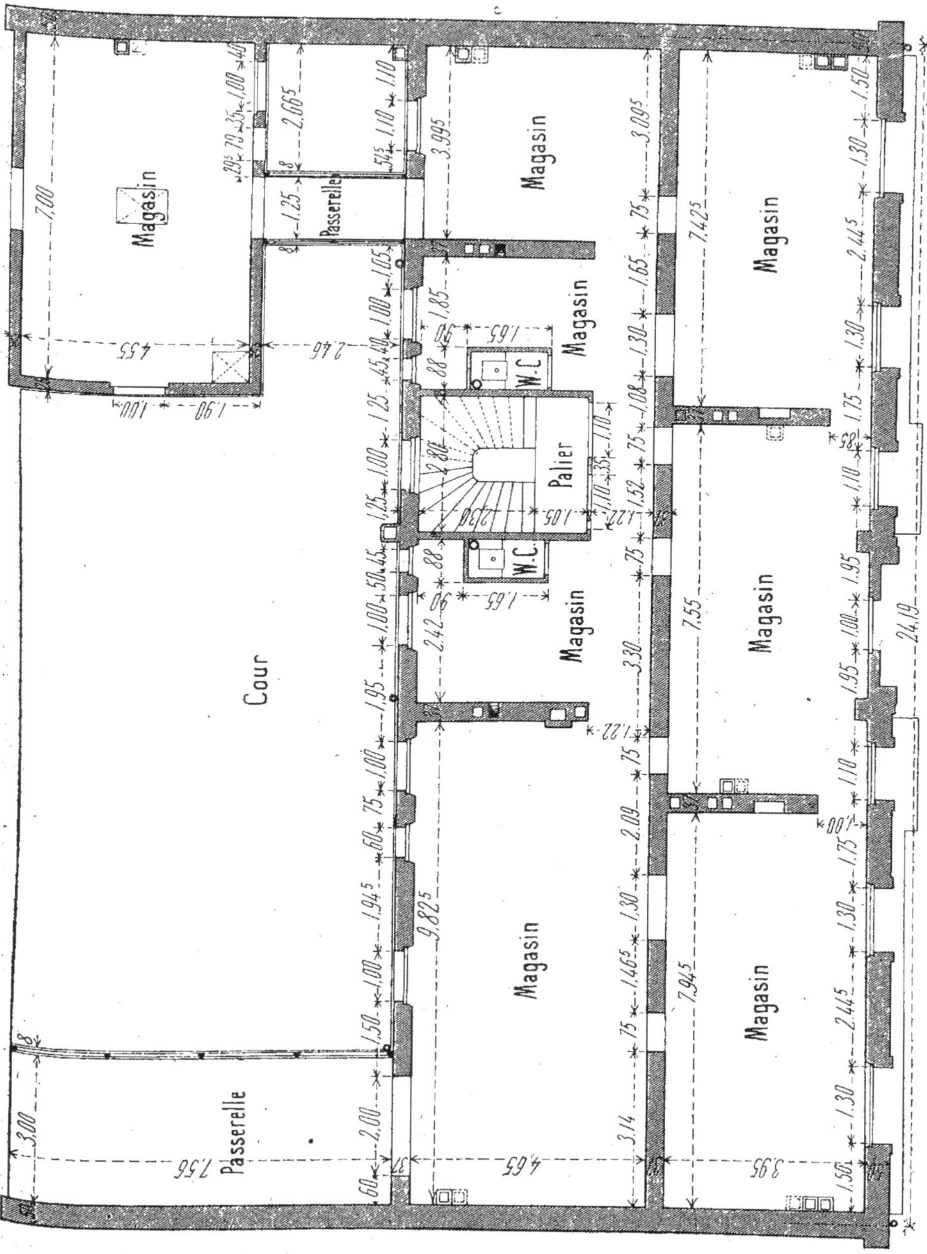

Fig. 388. — 16, Avenue du Bel-Air à Paris. — Plan du 1er étage (à 0m,008 par mètre).

Premier étage (fig. 388).

Egrenage, impression, rebouchage, huile deux couches. Boiseries :
12 Croisées *idem* n° 2 chaque 3.28 . . . .   39.36
2 Châssis chaque 0.80 × 0.60 feuillures pour les verres. 0.94
2 Chaque   0.80 × 0.40   . . . .   0.64
1 Porte sur passerelle   2.50 × 2.00   . . . .   5.00
1/10 pour baguettes 0.50
Feuillure et épaisseur   9.20 × 0.06   . . . .   0.55
10 Portes à deux vantaux (faces) chaque 4.14 . . . .   41.40
2 Tableaux chaque   5.80 × 0.35   . . . .   4.06
2   »   »   5.80 × 0.35   . . . .   3.64
10 Faces de portes à un vantail chaque 3.07 . . . .   30.70
5 Tableaux chaque   5.40 × 0.35   . . . .   9.45
4 Autres portes à un vantail chaque 3.07 . . . .   12.28
2 Tableaux chaque   5.40 × 0.35   . . . .   3.78
Les plinthes.
Ensemble   102.15 × 0.15 courant 15.33
Tableau de porte sur passerelle   7.00 × 0.35   . . . .   2.45
Garde-corps de passerelle sur cour
                1.00 × 7.60   . . . .   7.60
        à 2 faces 15.20
Plinthes de passerelle   11.60 × 0.15 courant 1.74
Magasin au-dessus des écuries.
3 Croisées chaque 3.28 . . . .   9.84
1 Porte à un vantail 3.07
1 Châssis   2.40 × 0.70 feuillures pour verres 1.68
3 Extérieurs de croisées chaque 2.10 × 1.20 dév. . . . . . .   7.56 ⎫
Moins 6 verres chaque   1.35 × 0.30   . . .   2.43 ⎰   ⎬ 4.59
     6   »   »   0.30 × 0.30   . . .   0.54 ⎱   2.97 ⎭
3 Balcons chaque   0.40 × 1.00   . . . .   1.20
        à 3 faces pour 2   3.60 à 1^f,15 le mètre . . . .   » »   4.14
3 Barres d'appui réchampies en brun Van Dyck à 0^f,20 . . . .   » »   0.60
Plinthes de ce magasin   18.00 × 0.15 court 2.70
Écuries à rez-de-chaussée.
2 Portes chaque   2.60 × 1.10 développé et réduit 5.72
2 chaque   2.60 × 1.60   . . . .   8.12
                                                         ‾‾‾‾‾‾‾
        Ensemble 13.84
        à 2 faces 27.68
4 Feuillures et épaisseurs chaque 1.00 . . . .   4.00
1 Tableau   6.50 × 0.25   . . . .   1.64
                                                         ‾‾‾‾‾‾‾
        Ensemble 242.19
        à 1^f,40 le mètre 339.07
100 Ferrures réchampies à 0^f,05 . . . .   5.00
Nota : Il n'est rien prévu dans l'intérieur des écuries.

Closets.

Huile trois couches *idem* précédents.
Plafond   4.50 × 0.80   . . . .   1.20 ⎫
Murs et boiseries   3.00 × 4.60   . . . .   13.80 ⎬   15.00
Tout compensé . . . .   » » ⎭
        à 1^f,40 le mètre 21.00
Sol encaustiqué et frotté 1.20
        à 0^f,40 le mètre 0.48
2 Ferrures réchampies à 0^f,05 . . . .   0.10
Siège encaustiqué et frotté 1.00
                                                         ‾‾‾‾‾‾‾
        A reporter 22.58

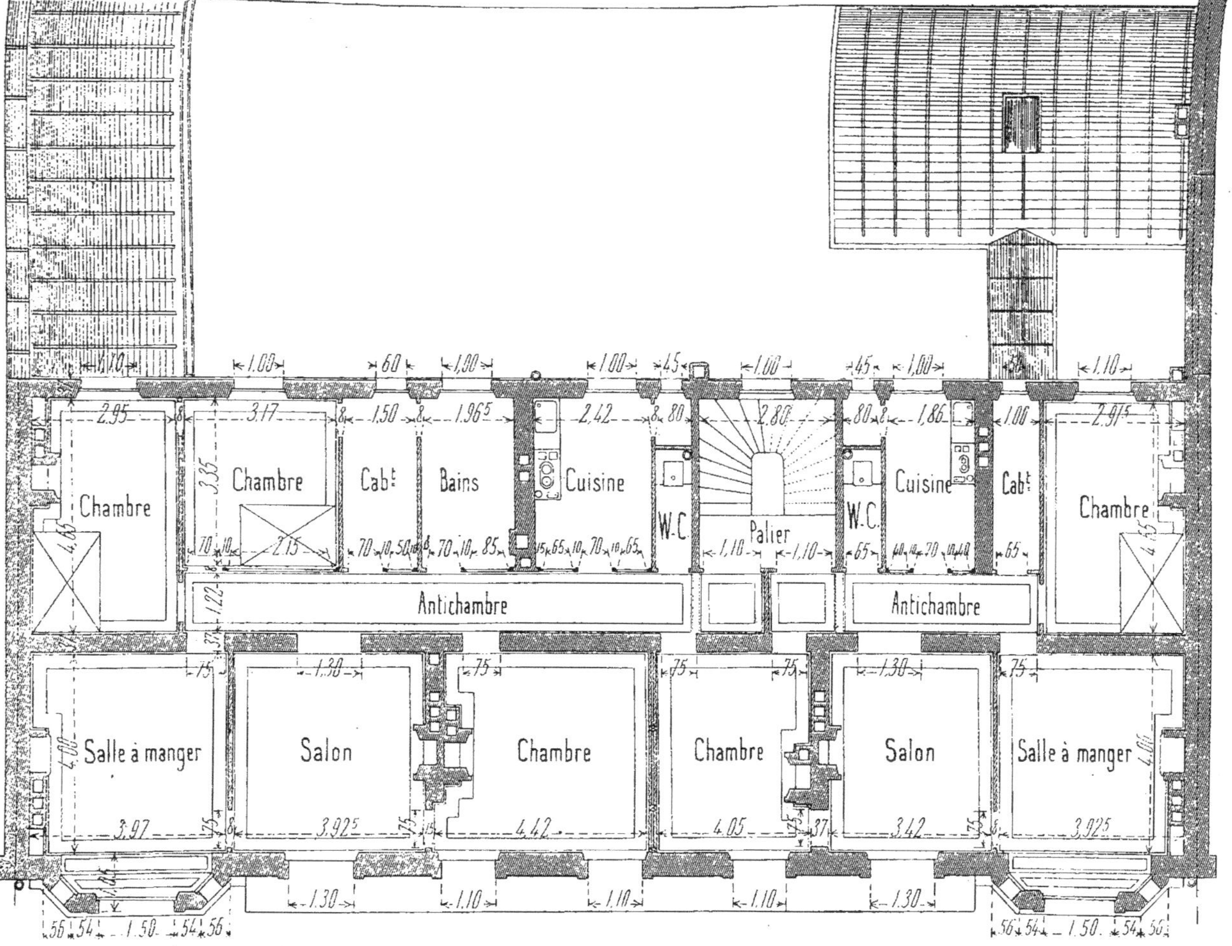

Fig. 389. — 16, Avenue du Bel-Air à Paris. — Plans des 2e, 3e et 4e étages (à 0m,008 par mètre).

Report............................			22.58	
Cuvette aussi nettoyée........................			0.30	
La trémie huile trois couches, égrené, rebouché				
Plafond	0.90 × 1.80	.... 0.72		
Murs	1.00 × 3.40	.... 3.40	4.12	
Feuillures du châssis pour verres............ » »				
à 1f,40 le mètre............................			5.77	
Ensemble...........................			28.65	28.65
1 Autre closet semblable produit................................				28.65

Détail du deuxième étage (*fig.* 389).

Grand appartement.

Antichambre.

Plafond colle deux couches.

1 de	1.90 × 0.80	.... 7.92		
1	1.00 × 0.80	.... 0.80		
1 Rosace	1.00 × 0.60 réduit........... 0.60		9.92	
Au double................................ 1.20				
à 0f,47 le mètre..				4.66
Rosace imprimée à l'huile 1.00 × 0.60 au triple.....			1.80	
à 0f,35 le mètre..				0.63
Parquet encaustiqué et frotté				
11.80 × 1.20 compensé............... 14.16				
à 0f,40 le mètre..				5.66

Boiseries.

Egrenage, impression, enduit ordinaire les moulures non enduites, ponçage huile deux couches, décors, vernis ou ciré.

Corniches	26.60 × 0.30	....	7.98	
9 Portes à un vantail chaque 3.07.........................			27.63	
3 Tableaux chaque	5.40 × 0.30	....	4.86	
2 Portes à deux vantaux chaque 4.14			8.28	
1 Tableau	5.90 × 0.30	....	1.77	
Châssis encloisonné sur chambre 1.00×2.10 .. 2.10				
1 de	1.00 × 0.85	.... 0.85	4.25	
2 de	1.00 × 0.65	.... 1.30		
à moitié pour verres................			2.13	
1 Ebrasement de soffite	4.00 × 0.25 développé..........		1.00	
Lambris	1.35 dév. × 14.20	....	19.17	
Cadres ensemble	80.00 × 0.02	....	1.60	
Ensemble.............................			74.42	
à 4f,05 le mètre..				301.40
17 Ferrures réchampies à 0f,05..				0.85

Salon.

Plafond colle *idem* de 3.40 × 3.05 pour moyenne.....		10.37	
Ornements refouillés.			
Rosace	1.20 diamètre................	1.11	
Galerie	12.90 × 0.05 réduit............	0.65	
4 Angles chaque	0.30 × 0.15 réduit......	0.18	
Ensemble..............		1.94	
Au double................................			3.88
Ensemble.....................		14.25	
à 0f,47 le mètre............................			6.70
A reporter........................			6.70

Report.. 6.70

Impression à l'huile des ornements produit

1.94 au triple............................. 5.82

à 0f,35 le mètre............................. 2.04

Parquet   4.00 × 3.65   .... 14.40

à 0f,40 le mètre............................. 5.76

Egrenage, impression, rebouchage, huile deux couches, deux tons à une couche.

Corniche   14.10 × 0.60 développé................ 8.46

4 Angles refouillés chaque   1.60 × 0.25 réduit produit.............................. 1.60 } 3.00

4 Milieu chaque   1.40 × 0.25   ..... 1.40)

Au double................................. 6.00

Ensemble...................... 14.46

à 1f,75 le mètre............................. 25.31

Cours d'ornement réchampis en blanc à jour une couche.

3.00 à 8f,70 le mètre...................... 26.10

Egrenage, impression, enduit moulures non enduites, ponçage huile deux couches, deux tons, une couche.

1 Croisée produit................................. 3.28

2 Portes à un vantail chaque 3.07..................... 6.14

1 Porte à deux vantaux............................. 4.14

Frise   0.75 dév. × 9.20   .... 6.90

Cadres   26.00 × 0.02   .... 0.52

Ensemble......................... 20.98

à 2f,45 le mètre............................. 51.40

Cheminée *idem* précédente............................. 0.94

5 Ferrures réchampies à 0f,05............................. 0.25

Sur galons une couche et filets de tables compris tracé. 26.00

à 0f,40 le mètre............................. 10.40

Ensemble du salon...................... 128.90   128.90

Salle à manger.

Plafond colle *idem* de   3.40 × 3.53   .... 11.39

Rosace refouillée 1.20 de diamètre produit....... 1.11

Galerie   13.50 × 0.05   .... 0.68

4 Angles chaque   0.30 × 0.15   .... 0.18

Ensemble 1.97

Au double................................. 3.94

Ensemble......................... 15.33

à 0f,47 le mètre............................. 7.21

Les patisseries imprimées...................... 1.97

Au triple................................. 5.91

à 0f,35 le mètre............................. 2.07

Parquet   4.00 × 3.95   .... 15.80

à 0f,40 le mètre............................. 6.32

Réchampissage en plein, en bleu, une couche.

6 Cartouches chaque 0.10...................... 0.60

à 5f,00 le mètre............................. 3.00

Dans la corniche détaillée plus loin même réchampissage...... 3.00

Egrenage, impression, rebouchage huile, huile deux couches, décors, deux tons, vernis une couche ou ciré.

Corniche   14.70 × 0.60 développé............. 0.82

Angles refouillés comme salon...................... 6.00

Ensemble 6.82

à 4f,45 le mètre............................. 65.95

Egrenage, impression, enduit moulurés non enduits, ponçage, huile deux couches, décors deux tons, vernis ou ciré.

Croisée produit	5.28
2 Portes à un vantail chaque 3.07	6.14
Ebrasement du bow-window 8.00 × 0.40	3.20
Plafond dudit 2.60 × 0.50 développé	1.30
Pourtour 2.70 × 3.30	8.91

Feuillures de châssis pour verres.

Cadres autour de l'ébrasement 24.00 × 0.02	0.48
Chambranle de cette baie 8.00 × 0.05	0.40
Lambris 1.55 dév. × 9.55	14.80
Cadres 60.00 × 0.02	1.20
Niche du poêle 2.80 × 1.50	4.20

Haut lambris entre cimaise et plinthe de 1.20 hauteur × 9.50 de pourtour 11.46

Déduire les panneaux de tenture :

0.90 × 2.90		
2.90		
1.40	8.70	7.83
1.50		

Reste	3.63	3.63
2 Dessus de portes chaque 0.40 × 1.00		0.80
Ensemble		48.34
à 4f,15 le mètre		200.61

Intérieur d'armoire huile trois couches, égrené, rebouché de 2.85 hauteur × 1.50 pourtour 4.28

6 Faces de tablettes chaque 0.70 × 0.25	1.05
Feuillure de porte 5.00 × 0.08	0.40
Ensemble	5.73
à 1f,40 le mètre	8.02
6 Ferrures réchampies à 0f,05	0.30
Ensemble de la salle à manger 296.48	296.48

NOTA : Il n'est pas prévu d'enduit préparatoire sur pierre.

Grande chambre à coucher.

Plafond colle *idem* 3.40 × 3.60	12.24	
Rosace 1.20 diamètre — 1.11 au double	2.22	
Ensemble	14.46	
Déduire coffre 1.60 × 0.30	0.48	
Reste	13.98	
à 0f,47 le mètre		6.57

Rosace imprimée à l'huile.

3 fois sa surface 3.33 à 0f,35 le mètre		1.17
Parquet 4.00 × 4.20 compensé	16.80	
à 0f,40 le mètre		6.72

Huile trois couches, deux tons, égrené, rebouché.

Corniche 15.80 × 0.60 développé	9.48	
Ornements refouillés comme salon	6.00	
Ensemble	15.48	
à 1f,75 le mètre		27.09

Boiseries comme salon.

2 Croisées chaque 3.28	6.56	
2 Portes à un vantail chaque 3.07	6.14	
Ensemble	12.70	
à 2f,45 le mètre		31.12

Stylobates huile trois couches, égrenage, rebouchage, décors marbre, vernis ou cire.

       11.00 × 0.24 développé 2.64

           à 2ʳ,95 le mètre 7.79

8 Socles en décors à 0ʳ,12 .... 0.96

4 Ferrures réchampies à 0ʳ,05 .... 0.20

Cheminée et dépendances *idem* précédente 0.94

Chambre à coucher sur cour.

Même travail que précédente.

Plafond   4.15 × 2.45   .... 10.17

Rosace de 1.00 diamètre au double 1.56

         Ensemble 11.73

Moins coffre   2.10 × 0.30   .... 0.63

         Reste 11.10

         à 0ʳ,47 le mètre 5.22

Rosace imprimée au triple 2.34

         à 0ʳ,35 le mètre 0.82

Parquet   4.65 × 2.95   .... 13.72

Moins coffre   2.10 × 0.30   .... 0.63

         Reste 13.09

         à 0ʳ,40 le mètre 5.24

Corniche   14.45 × 0.50 développé 7.22

4 Angles refouillés chaque 1.50 × 0.20 réduit ... 1.20

      Au double 2.40

         Ensemble 9.62

         à 1ʳ,75 le mètre 16.84

Boiseries.

1 Croisée 3.28

2 Portes chaque 3.07 .... 6.14

         Ensemble 9.42

         à 2ʳ,45 le mètre 23.08

Stylobates   10.60 × 0.24   .... 2.54

         à 2ʳ,95 le mètre 7.49

6 Socles en décors à 0ʳ,12 .... 0.72

3 Ferrures réchampies à 0ʳ,05 .... 0.15

Cheminée *idem* précédente 0.94

Intérieur d'armoire semblable à celui de la salle à manger 8.32

    Ensemble de cette chambre 68.82   68.82

Chambre attenante.

Plafond   2.85 × 2.65   .... 7.55

1 Rosace de 1.00 .... 1.56

         Ensemble 9.11

         à 0ʳ,47 le mètre 4.28

Rosace imprimée au triple 2.34

         à 0ʳ,35 le mètre 0.82

Parquet   3.35 × 3.15   .... 10.50

         à 0ʳ,40 le mètre 4.20

Corniche   12.00 × 0.40   .... 4.80

4 Angles *idem* précédents 2.40

         Ensemble 7.20

         à 1ʳ,75 le mètre 12.60

Boiseries.
1 Croisée produit... 3.28
3 Portes chaque 3.07 ensemble................................... 9.21
1 Châssis encloisonné 1.00 × 2.10 à moitié pour verres 1.05

           Ensemble 13.54
           à 2ᶠ,45 le mètre... 33.17
Stylobates 8.50 × 0.24 produit 2.04 à 2ᶠ,75 le mètre................. 6.02
8 Socles en décors à 0ᶠ,12 l'un 0.96
5 Ferrures réchampies à 0ᶠ,05 l'une................................ 0.25

Petit cabinet.

Plafond colle   3.35 × 1.50   .... 4.02
       à 0ᶠ,47 le mètre..................................... 1.89
Parquet   3.35 × 1.50   .... 4.02
       à 0ᶠ,40 le mètre..................................... 1.61
Huile trois couches, égrené, rebouché et poncé.
1 Petite croisée... 1.80
3 Portes chaque 3.07... 9.21
1 Châssis   1.00 × 0.50 à 1/2........................ 0.25

       Ensemble 11.26
       à 1ᶠ,50 le mètre..................................... 16.89
Plinthes huile trois couches................................... 7.00
       à 0ᶠ,20 le mètre..................................... 1.40
5 Ferrures réchampies à 0ᶠ,05................................. 0.25

Salle de bains.

Huile trois couches, deux tons, égrené, rebouché et poncé.
Plafond   3.35 × 1.95   .... 6.53
Murs et boiseries   2.85 × 10.60   .... 30.21
Tout compensé... »   »

       Ensemble 36.74
       à 1ᶠ,60 le mètre..................................... 58.78
Parquet *idem* précédent   6.53 à 0ᶠ,40 le mètre................. 2.61
4 Ferrures réchampies à 0ᶠ,05............................... 0.20

Cuisine.

Pour moyenne comme salle de bains.
Plafond   3.35 × 2.13 réduit............. 7.13
Murs et boiseries   2.85 × 10.96   .... 31.24
Pour tablettes et développements divers............... 4.00

       Ensemble 42.37
       à 1ᶠ,60 le mètre............................... 67.79
Carrelage neuf, lavé, gratté........................... 7.13
       à 0ᶠ,25 le mètre................................. 1.78
Tous les nettoyages, évier et cuivres........................ 1.00
Intérieur d'armoire, huile trois couches, égrené, rebouché
         1.80 × 3.10   .... 5.58
Fond et plafond.
2 Fois   0.90 × 0.80   .... 1.44
Feuillure de porte   3.80 × 0.08   .... 0.30
       à 1ᶠ,40 le mètre............................... 10.24
7 Ferrures réchampies à 0ᶠ,05............................. 0.35
       Ensemble de la cuisine 81.16   81.16

Closets.

Même travail que cuisine.
Plafond	3.40 × 0.80	....	2.72
Murs et boiseries	2.85 × 7.20	....	20.32
Trémie	0.90 × 3.60	....	3.24
Compensé........			» »

Ensemble 26.28
à 1ᶠ,60 le mètre.. 42.04
2 Ferrures réchampies à 0ᶠ,05 .... 0.10
Siège encaustiqué et frotté 1.25
Cuvette nettoyée... 0.50
Parquet encaustiqué et frotté   1.80 × 0.60   .... 1.28
à 0ᶠ,40 le mètre.. 0.51

Chambre isolée.

Même travail que grandes chambres.
Plafond   3.40 × 2.60   .... 8.34
Moins coffre   1.20 × 0.30   .... 0.36

Ensemble 8.48
Rosace refouillée 1.00 de diamètre au double 1.56

Ensemble 10.04
à 0ᶠ,47 le mètre.. 4.71
Rosace imprimée à l'huile produit............................ 2.34
à 0ᶠ,35 le mètre.. 0.82
Parquet *idem* précédent   4.00 × 3.20   .... 12.80
à 0ᶠ,40 le mètre.. 5.12
Corniche   13.80 × 0.60 développé..................... 8.28
Ornements refouillés comme précédents..................... 6.00

Ensemble 13.28
à 1ᶠ,75 le mètre.. 24.99
Boiseries. — 1 Croisée pour.............................. 3.28
3 Portes chaque 3.07............................... 9.21
1 Tableau   5.40 × 0.35   .... 1.89

Ensemble 14.38
à 2ᶠ,45 le mètre.. 35.23
Stylobates   9.40 × 0.24   .... 2.25
à 2ᶠ,95 le mètre.. 6.64
6 Socles en décor à 0ᶠ,12 .... 0.72
4 Ferrures réchampies à 0ᶠ,05................................. 0.20
Cheminée *idem* précédente................................ 0.94

Petit appartement.

Antichambre.

1 Plafond de   3.60 × 0.80   .... 2.88
1   »   1.10 × 0.80   .... 0.88
1 Rosace de   1.00 × 0.60   .... 0.60
Au double 1.20

Ensemble 4.96
à 0ᶠ,47 le mètre.. 2.33
Rosace imprimée à l'huile produit........................... 1.80
à 0ᶠ,35 le mètre.. 0.63
Parquet   5.60 × 1.20   .... 5.72
à 0ᶠ,40 le mètre 2.29

Boiseries. — Corniches ensemble	14.20 × 0.30	4.26
2 Portes à deux vantaux chaque 4.14		8.28
6 Portes à un vantail chaque 3.07		18.42
2 Tableaux chaque	5.40 × 0.30	3.24
1 » de	5.90 × 0.30	1.77
2 Châssis de cuisine chaque	1.00 × 0.40 à 1/2	0.40
1 Ebrasement de soffite	4.00 × 0.25	1.00
Lambris	1.35 développé × 6.60	8.91
Cadres ensemble	35.00 × 0.02	0.70

Ensemble 46.98

à 4f,05 le mètre 190.26

10 Ferrures réchampies à 0f,05 .... 0.50

Salon.

Semblable à celui de l'appartement précédent produit 128.90

Salle à manger.

Semblable à la précédente produit 296.48

Chambre à coucher sur cour.

Semblable à celle accoladée B 68.82

Petit cabinet.

Idem au précédent produit 22.04

Cuisine.

Idem précédente produit 81.16

Closets.

Idem précédents 44.10

(*Total du* 2e *étage* 2 078f,63).

Troisième étage.

Semblable au deuxième étage produit 2 078.63

Quatrième étage.

Semblable au 2e étage produit 2 078.63

Cinquième étage (*fig.* 390).

Appartement de gauche.

Antichambre.

Plafond	3.70 × 0.80	2.96
Rosace comme précédente		1.20

Ensemble 4.16

à 0f,47 le mètre 1.96

Rosace imprimée pour 1.80

à 0f,35 le mètre 0.63

Parquet	4.10 × 1.20	4.92

à 0f,40 le mètre 1.97

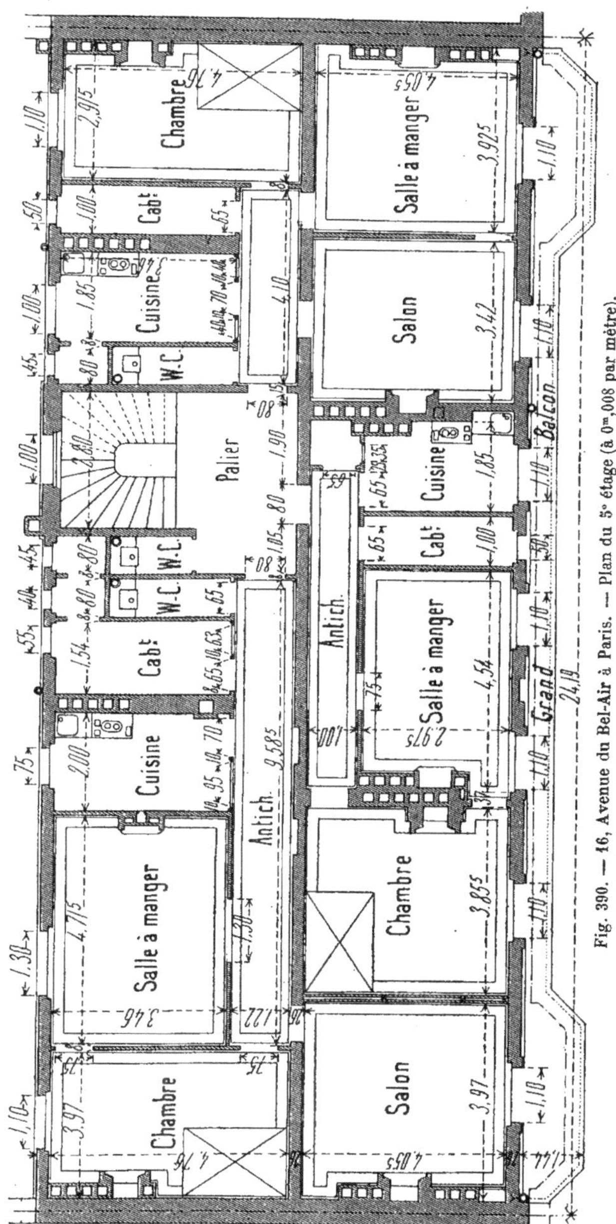

Fig. 390. — 16, Avenue du Bel-Air à Paris. — Plan du 5ᵉ étage (à 0ᵐ,008 par mètre).

Boiseries. — Corniche   9.80 $\times$ 0.30 développé.......... 2.94
7 Portes à un vantail chaque 3.07........................ 21.49
2 Tableaux chaque   5.40 $\times$ 0.20   .... 2.16
2 Châssis de cuisine ch.   1.00 $\times$ 0.40 à 1/2   .... 0.40
Lambris   1.35 $\times$ 4.50   .... 6.08
Cadres ensemble   24.00 $\times$ 0.02   .... 0.48

         Ensemble............................. 33.55
         à 4^f,05 le mètre.................................... 135.88
7 Ferrures réchampies à 0^f,05............................... 0.35

Salon.

Plafond   3.55 $\times$ 2.90   .... 10.30
Rosace refouillée 1.00 de diamètre.
         Au double.................................... 1.56

         Ensemble............................ 11.86
         à 0^f,47 le mètre.................................... 5.57
Rosace imprimée à l'huile.............................. 2.34
         à 0^f,35 le mètre.................................... 0.82
Parquet   4.05 $\times$ 3.40   .... 13.77
         à 0^f,40 le mètre.................................... 5.11
Boiseries. — Corniche   13.90 $\times$ 0.50 développé........ 6.95
4 Angles refouillés chaque   1.60 $\times$ 0.15   .... 0.96
4 Milieu chaque   1.40 $\times$ 0.15   .... 0.84

         Ensemble........................ 1.80
         Au double.................................... 3.60

         Ensemble............................ 10.55
         à 1^f,75 le mètre.................................... 18.46
Ornements réchampis à jour une couche produit.............. 1.80
         à 8^f,70 le mètre.................................... 15.66
1 Croisée produit...................................... 3.28
2 Portes à un vantail chaque 3.07........................ 6.14
Frise   0.75 $\times$ 10.40   .... 7.80
Cadres   31.00 $\times$ 0.02   .... 0.62

         Ensemble............................ 17.84
         à 2^f,45 le mètre.................................... 43.71
Cheminée *idem* précédente.............................. 0.94
3 Ferrures réchampies à 0^f,05........................... 0.15
Galons et filets de tables.............................. 31.00
         à 0^f,40 le mètre.................................... 12.40

D $\Big\{$

         Salle à manger

Plafond   3.55 $\times$ 3.40   .... 12.07
Moins coffre   3.40 $\times$ 0.30   .... 1.02

         Reste.............................. 11.05
Rosace refouillée 1.20 de diamètre produit............. 1.11
Galerie et angles *idem*.............................. 0.86

         Ensemble....................... 1.97
         Au double.................................... 3.94

         Ensemble............................ 14.99
         à 0^f,47 le mètre.................................... 7.05
Pâtisseries imprimées au triple produit..................... 5.91
         à 0^f,35 le mètre.................................... 2.07
Parquet   4.05 $\times$ 3.90   .... 15.80
         à 0^f,40 le mètre.................................... 6.32

12 Cartouches réchampis en bleu comme aux autres étages 6.00
Corniche   14.90 × 0.50 développé....................   7.45
Angles refouillés comme salon 3.60

                    Ensemble 11.05
                    à 4ᶠ,45 le mètre.................................   49.17
1 Croisée produit...................................   3.28
2 Portes chaque 3.07...............................   6.14
Lambris   1.55 développé × 11.70   .... 18.13
Cadres   72.00 × 0.02   ....   1.44
Niche du poêle   2.60 × 1.50 développé 4.20
Haut lambris entre cimaise et corniche 1.10×11.70 ..   12.87
Moins panneaux de tenture
          0.80 × 0.50
               2.80
               3.00
               0.80   9.50 ....   7.60
               1.00
               1.40

                    Reste 5.27
2 Dessus de porte chaque   0.40 × 1.00   ....   0.80

                    Ensemble 39.26
                    à 4ᶠ,15 le mètre 162.93
1 Intérieur d'armoire *idem* 2ᵉ étage produit........................   8.32

Chambre sur cour.

Semblable à celle accoladée B............................. 68.82
Moins intérieur d'armoire...............................   8.32

                    Reste............................... 60.50   60.50

Petit cabinet.

Plafond   3.45 × 1.00   ....   3.45
                 à 0ᶠ,47 le mètre.........................   1.62
Parquet   3.45 × 1.00   ....   3.45
                 à 0ᶠ,40 le mètre.........................   1.38
Boiseries.
1 Châssis produisant 1.00
1 Porte...   3.07

                    Ensemble 4.07
                    à 1ᶠ,50 le mètre.......................   6.10
Plinthes 8.00
                    à 0ᶠ,20 le mètre.....................   1.60
1 Ferrure réchampie à 0ᶠ,05.............................   0.05

Cuisine.

Plafond   3.45 × 1.95   ....   6.73
Murs et boiseries 2.75 × 10.80   .... 29.70
Tablettes, etc.................................   4.00

                    Ensemble 40.43
                    à 1ᶠ,60 le mètre....................... 64.69
Carrelage 6.73 à 0ᶠ,25 le mètre........................   1.68
Tous les nettoyages.................................   1.00
Trémie *idem* accolade C........................... 10.24
5 Ferrures réchampies à 0ᶠ,05...........................   0.25

                    Ensemble de la cuisine 77.86   77.86

Closets.

Idem au 2ᵉ étage... 44.40

Appartement milieu.

Antichambre.

Plafond	6.10 × 0.60	.... 3.66	
Rosace...		1.20	
	Ensemble 4.86		
	à 0ᶠ,47 le mètre....................................		2.28
Rosace imprimée...		1.80	
	à 0ᶠ,35 le mètre....................................		0.63
Parquet	6.50 × 1.00	.... 6.50	
	à 0ᶠ,40 le mètre....................................		2.60
Corniche	14.20 × 0.30 développé 4.26		
6 Portes chaque	3.07	.... 18.42	
1 Tableau	5.40 × 0.30	.... 1.62	
Lambris	1.35 × 9.60	.... 12.96	
Cadres	50.00 × 0.02	.... 1.00	
	Ensemble 38.26		
	à 4ᶠ,05 le mètre....................................		154.95
6 Ferrures réchampies à 0ᶠ,05..................................			0.30

Salon.

Semblable au précédent du 5ᵉ étage, produit................ 133.22
Moins une porte à un vantail........................ 3.07
Partie de lambris en plus de 0.75 × 1.00.............. 0.75

      Ensemble...................... 2.32
      à 2ᶠ,45 le mètre................................ 5.68
      Reste 127.54

Chambre à coucher.

Plafond	3.55 × 3.30	.... 11.72	
Moins coffre	1.10 × 0.30	.... 3.30	
Rosace refouillée...		1.56	
	Ensemble 12.95		
	à 0ᶠ,47 le mètre....................................		6.09
Rosace imprimée...		1.34	
	à 0ᶠ,35 le mètre....................................		0.47
Parquet	4.05 × 3.80	.... 15.39	
	à 0ᶠ,40 le mètre....................................		6.16
Corniche	15.10 × 0.50	.... 7.55	
Angles refouillés..		2.40	
	Ensemble.... .... 9.95		
	à 1ᶠ,75 le mètre....................................		17.41
Boiseries. — 1 Croisée		3.28	
2 Portes chaque	3.07	.... 6.14	
1 Tableau	5.40 × 0.10	.... 0.54	
	Ensemble 9.96		
	à 2ᶠ,45 le mètre....................................		24.40
Stylobates	11.70 × 0.24	.... 2.81	
	à 2ᶠ,95 le mètre....................................		8.29
4 Socles en décor à 0ᶠ,12.....................................			0.48
Cheminée *idem* précédente....................................			0.94

Salle à manger.

Semblable à celle accoladée D, produit............................   241.86
La croisée en plus pour le lambris.

Cabinet.

Plafond   2.95 × 1.00   ....   2.95
                 à 0ʳ,47..   1.39
Parquet, produit.................................   2.95
                 à 0ʳ,40 le mètre 1.19
Boiseries. — Châssis et porte 4.07
                 à 1ʳ,50 le mètre................................   6.10
Plinthes 7.00
                 à 0ʳ,20 le mètre................................   1.40
2 Ferrures réchampies à 0ʳ,05............................   0.10

Cuisine.

Plafond   2.95 × 1.85   ....   5.46
Murs et boiseries   2.75 × 9.60   ....   26.40
Tablettes, etc...   4.00

Office.

Plafond   1.00 × 0.90   ....   0.90
Murs   2.75 × 3.80   ....   10.45
                 Ensemble...........................   47.21
                 à 1ʳ,60 le mètre.......................................   75.54
Tous les nettoyages...   1.00
4 Ferrures réchampies à 0ʳ,05...............................   0.20
Carrelage, lavé, gratté   5,46 à 0ʳ,25 le mètre....................   1.37

Closets isolés.

Plafond   2.60 × 0.80   ....   2.08
Murs   2.75 × 4.80   ....   13.20
Trémie   0.90 × 3.60   ....   3.24
                 Ensemble...........................   18.52
                 à 1ʳ,60 le mètre....................................   29.63
Siège encaustiqué, frotté.......................................   1.25
Parquet   1.10 × 0.80   ....   0.88
                 à 0ʳ,40 le mètre................................   0.35
2 Ferrures réchampies à 0ʳ,05 ....   0.10

Appartement de droite.

Antichambre.

Plafond   9.10 × 0.80   ....   7.28
Rosace produit...   1.20
                 Ensemble 8.48
                 à 0ʳ,47 le mètre................................   3.99
Rosace imprimée produit...................................   1.80
                 à 0ʳ,35 le mètre 0.63
Parquet   9.50 × 1.20   ....   11.40
                 à 0ʳ,40 le mètre 4.56

Boiseries. — Corniche   20.60 × 0.30   . . . .   6.18
6 Portes à un vantail chaque   3.07   . . . . 18.42
1 Tableau   5.40 × 0.10   . . . .   0.54
1 Porte à 2 vantaux. 4.14
1 Châssis de cuisine   1.00 × 0.95   . . . . 0.95
1 Châssis de cabinet   1.00 × 0.63   . . . . 0.63
      Ensemble. 1.58
      à 1/2 . . . . 0.79
Lambris   1.35 × 14.40   . . . . 19.44
Cadres   76.00 × 0.02   . . . . 1.52
      Ensemble 51.03
      à 4f,05 le mètre. 206.67
8 Ferrures réchampies à 0f,05 . . . .   0 40

Salle à manger.

Semblable à la précédente. 244.86

Chambre à coucher.

Semblable précédente accoladée B, produit. 68.82
Moins l'intérieur d'armoire produit 8.32
      Reste. 60.50

Cabinet.

Idem à l'accolade G produit. 10.75

Cuisine.

Idem accolade DD produit. 77.86

Closets.

Idem ceux du 2e étage 44.40

Sixième étage (*fig.* 391).

Appartement de gauche.

Semblable à celui détaillé au 5e étage produit 679.38

Appartement milieu.

Semblable à celui du 5e étage. 682.69
A déduire le salon n'existant pas, produit 127.54
      Reste. 555.15

Closets isolés.

Comme au 5e étage 31.33

Cabinet à côté, lieu commun.

Comme closets précédents. 31.3

Poste d'eau.

Huile 3 couches, égrené, rebouché.
Plafond   3.20 × 0.75   . . . .   2.40
Murs et boiseries   2.70 × 7.90   . . . . 21.33
      Ensemble 23.73
      à 1f,50 le mètre 35.60
Sol lavé, produit. 2.40
      à 0f,15 le mètre. 0.36
2 Ferrures réchampies à 0f,05 . . . .   0.10
      Ensemble 36.06

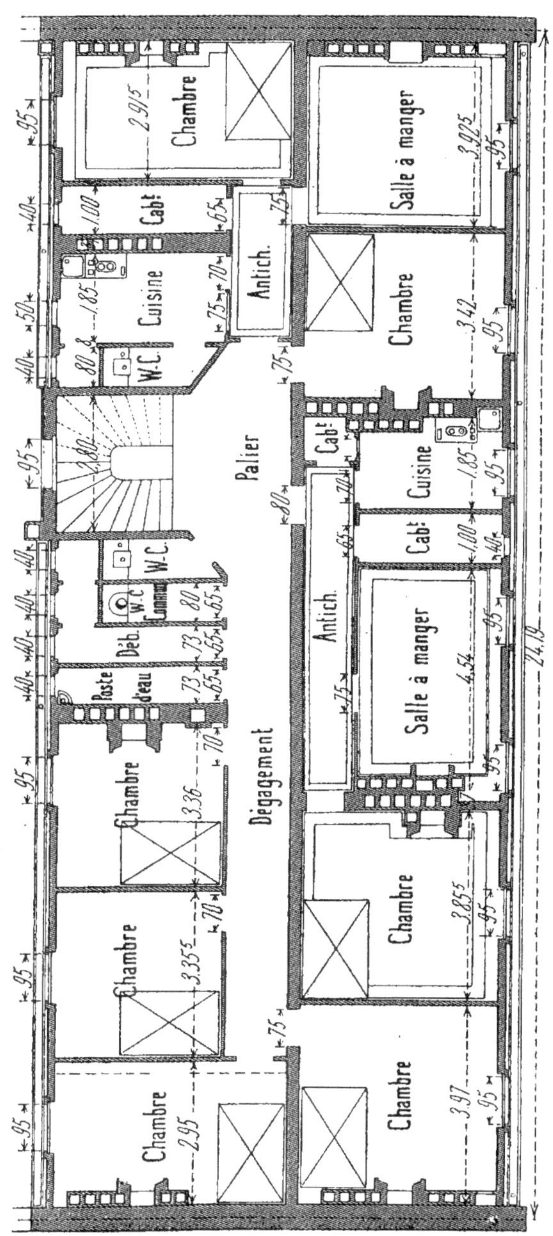

Fig. 391. — 16, Avenue du Bel-Air à Paris. — Plan du 6e étage à 0m,008 par mètre).

Débarras.

Comme le poste d'eau.. 36.06

Détail d'une chambre seule.

Plafond colle 4.00 × 3.00 pour moyenne
produit 12.00 à 0^f,47 le mètre....................... 5.64
Parquet 12.00 à 0^f,40 le mètre....................... 4.80
Huile 3 couches, 2 tons, égrené, rebouché et poncé.
1 Croisée... 3.28
1 Porte... 3.07
Frise 0.75 dév. × 11.00 .... 8.25

Ensemble...................... 14.60
à 1^f,45 le mètre............................. 27.01
2 Ferrures réchampies à 0^f,05.............................. 0.10
Ensemble 37.55
3 Autres chambres semblables à 37^f,55 l'une......................... 112.65
3 Cheminées nettoyées à 0^f,94 .... 2.82
1 Intérieur d'armoire comme salle à manger précédente.............. 8.32
A chaque étage dans l'escalier, lettres incrustées en relief, 1er, 2me, 3me,
4me, 5me et 6me étages.
42 Lettres de 0.40.. 4.20
12 » de 0.05.. 0.60
Ensemble 4.80
à 3^f,00 le mètre.. 14.40
Dans les caves, 18 matricules indicateurs sur fond, huile 2 couches de
0.15 × 0.15 à 0^f,50 l'un.................................... 9.00
Pour l'impression au minium de toutes les ferrures de portes de caves,
caveau, etc. Prévision.................................... 15.00

Dans l'appartement de Monsieur Girard.

Pour la décoration des plafonds des salon et salle à manger, panneaux
ovales, angles, ciels, brindilles et oiseaux.
150^f,00 par pièce et pour 2...................................... 300.00

TOTAL PEINTURE................................. **16 364^f,37**

Vitrerie.

Travaux neufs.

Façade sur rue.

Verre double 3e choix, hors mesure.
1er étage :

		POSE DE VERRES HORS MESURE	VERRES SIMPLES 3e CHOIX	
4 Chaque	1.55 × 0.52 à 8^f,20 l'un..............	3.22	»	32.80
4 Simples chaque	0.42 × 0.52	»	0.92	
4 Chaque	1.55 × 0.42 à 6^f,00.................	2.60	»	24.00
4 »	0.40 × 0.42	»	0.68	
2 »	1.55 × 0.35 à 5^f,00.................	1.08	»	10.00
4 »	1.55 × 0.52 à 8^f,20.................	3.22	»	32.80
4 »	0.42 × 0.52	»	0.92	
2e, 3e et 4e étages : Bow-window.				
12 Chaque	1.65 × 0.55 à 9^f,80.................	10.89	»	117.60
12 »	0.50 × 0.55	»	3.30	
A reporter.................		21.01	5.82	

		POSE DE VERRES HORS MESURE	VERRES SIMPLES 3e CHOIX	
	Reports.....................	21.01	5.82	
24 Chaque	0.80×0.50	»	9.60	
12 »	1.65×0.52 à 10f,00............	10.30	»	120.00
12 »	0.50×0.52	»	3.12	
18 »	1.65×0.42 à 6f,65............	12.47	»	119.70
18 »	0.50×0.42	»	3.78	
5e étage.				
14 Chaque	1.60×0.42 à 7f,05............	9.40	»	98.70
14 »	0.45×0.42	»	2.64	
4 Soupiraux chaque	0.60×0.80	»	1.92	
Châssis 2 de	0.40×0.40	»	0.32	
6e étage, verre demi-double, 3e choix.				
14 de	1.15×0.40 à 2f,70............	6.44	»	37.80
14 »	0.45×0.40	»	2.52	
Façade sur cour.				
6e étage, verre demi-double.				
2 de	1.50×0.35 à 3f,65 l'un...........	1.05	»	7.30
2 »	0.40×0.35	»	0.28	
5e étage.				
4 de	1.60×0.35 à 5f,35............	2.24	»	21.40
4 »	0.45×0.35	»	0.63	
2 »	1.60×0.60 à 10f,10............	1.92	»	20.20
2 »	0.45×0.60	»	0.54	
2 »	1.50×0.25 à 4f,25............	0.75	»	8.50
2 »	1.50×0.35 à 3f,65............	1.05	»	7.30
4e, 3e et 2e étages :				
12 de	1.50×0.45 à 6f,10............	8.10	»	73.20
12 »	0.35×0.50	»	2.10	
18 »	1.50×0.35 à 3f,65............	9.45	»	65.70
18 »	0.35×0.35	»	2.10	
6 »	1.35×0.35 à 4f,00............	2.84	»	24.00
6 »	0.35×0.35	»	0.74	
9 »	0.75×0.35	»	2.43	
3 »	0.85×0.45	»	1.14	
1er étage :				
6 de	1.55×0.35 à 5f,00............	3.25	»	30.00
6 »	0.35×0.35	»	0.74	
2 »	1.45×0.35 à 3f,60............	1.02	»	7.20
2 »	0.30×0.35	»	0.21	
2 »	1.55×0.40 à 6f,00............	1.24	»	12.00
2 »	0.35×0.40	»	0.28	
1 »	0.75×0.45	»	0.34	
1 »	0.75×0.40	»	0.30	
1 »	0.75×0.50	»	0.38	
1 »	0.75×0.50	»	0.38	
Escalier, verres demi-doubles, 3e choix.				
12 Chaque	1.60×0.35 à 4f,00............	6.72	»	48.00
Pose de verres hors mesure.....................		99.25		
à 1f,35 le mètre........................			»	133.99
A reporter.....................			42.31	

	VERRES SIMPLES 3ᵉ CHOIX	
Report.	42.31	
Écurie simples portes 0.30 × 1.30	0.39	
2 de 0.50 × 0.80	0.80	
Magasin à fourrages au 1ᵉʳ :		
6 de 0.60 × 0.35	1.26	
6 » 0.60 × 0.35	1.26	
6 » 0.60 × 0.35	1.26	
4 » 0.60 × 0.35	0.84	
1 Châssis tabatière peint et vitré	»	6.00
Ensemble de verre simple.	48.12	
à 3ᶠ,36 le mètre.		161.68
Verre demi-double, 3ᵉ choix, sur fer portes d'entrées latérales :		
4 Chaque 1.45 × 0.35	2.03	
à 5ᶠ,00 le mètre.		10.15
Démontage et remontage de 4 vasistas à 0ᶠ,60 l'un.		2.40
Verre simple spécial sur bois et fer, châssis de magasin à rez-de-chaussée		
2 Fois 1.25 × 0.25	0.63	
2 » 0.30 × 0.30	0.18	
1.60 × 0.85	1.36	
1.60 × 1.20	1.92	
1.60 × 1.70	2.72	
1.60 × 1.15	1.84	
4 Chaque 0.90 × 0.15	0.56	
2 » 1.50 × 0.35	1.05	
1 » 0.70 × 0.15	0.11	
2 » 0.30 × 0.40	0.24	
1 » 1.60 × 1.30	2.08	
Ensemble.	12.69	
à 4ᶠ,00 le mètre.		50.76
Rives de joints à l'émeri, ensemble	8.50	
à 0ᶠ,75 le mètre.		6.37
Vitrerie intérieure, verre simple dit spécial.		
Cuisines.		
11 Fois 0ᵐ,45 (la feuille).	4.95	
6 » 0.80 × 0.35	1.68	
6 » 0.80 × 0.50	2.40	
3 » 0.80 × 2.00	4.80	
Salle de bains une feuille.	0.45	
Cabinets, 6 de 0.80 × 0.50	2.40	
5ᵉ étage. — Châssis :		
2 de 0 80 × 0.35	0.56	
1 » 0.80 × 0.50	0.40	
1 » 0.80 × 0.85	0.68	
2 » 0.80 × 0.50 (cabinets)	0.80	
6ᵉ étage :		
1 de 0.80 × 0.35	0.28	
2 » 0.80 × 0.50	0.80	
1 » 0.80 × 0.50	0.40	
Loge :		
2 de 0.80 × 0.50	0.80	
Ensemble	21.40	
à 4ᶠ,00 le mètre.		85.60
A rez-de-chaussée, 6 glaces gravées à 50ᶠ,00 l'une.		300.00
Nettoyage de tous ces verres des 2 faces, ensemble.	183.49	
4 Glaces chaque 0.80.	3.20	
Ensemble.	186.69	
à 0ᶠ,20 le mètre		37.34
TOTAL VITRERIE		**1 712ᶠ,49**

Tenture.

Toile neuve et papier gris sur armoires.

16 fois 1.50 pour moyenne $\times$ 0.45 $=$ 10.80 à 0^f,60 le mètre............	6.48
Bordage, 40^m,00 à 0^f,05 le mètre................................	2.00
Charnières à soufflets 16 fois 1.50 $=$ 24.00 à 0^f,25 le mètre............	6.00
Zinc à T 16 fois 1.50 $=$ 24.00 16 » 0.45 $=$ 7.20 } 31.20 à 0^f,52 le mètre............	16.22
Bordage dudit, 31^m,20 à 0^f,05 le mètre............................	1.56
Fourniture salons, 57 rouleaux à 3^f,00...........................	171.00
240.00 champs de 0.12 velouté, fournis et collés à 0^f,40 le mètre.......	96.00
Collés 57 rouleaux soignés à 0^f,60 l'un...........................	34.20
Baguette chimique dorée, fournie et clouée 234.00 à 0^f,65 le mètre......	152.10
Papier gris, fourni et collé 57 rouleaux à 0^f,56 l'un..................	31.92
Salles à manger, papier gris 44 rouleaux à 0^f,56....................	24.64
Tenture 44 » à 5^f,00.....................	220.00
Collé 44 » à 0^f,60.....................	26.40
Champs fournis et collés 175.00 à 0^f,30 le mètre.................	52.50
Baguette noire 175.00 à 0^f,50 le mètre............................	87.50

Aux 5° et 6° étages.

120.00 de bordure, fourni et collé à 0^f,20 le mètre....................	24.00
Dans les salons, 56 rosaces en cuivre doré à 0^f,30 l'une...............	44.80

Chambres à coucher.

141 Rouleaux fournis à 1^f,50...................................	211.50
Collé 141 à 0^f,53....................................	74.73
Bordure, fournie et collée 440^m,00 à 0^f,15 le mètre..................	66.00
Antichambres 50 rouleaux fournis à 1^f,50.....................	75.00
Collés 50 à 0^f,53...............................	27.50
Bordure fournie et collée, 200^m,00 à 0^f,15 le mètre..................	30.00
Petites chambres, 68 rouleaux fournis à 1^f,00.......................	68.00
Collé 68 à 0^f,53...............................	36.04
Bordure fournie et collée, 220^m,00 à 0^f,12 le mètre..................	26.40
Cabinets 54 rouleaux fournis à 0^f,60...........................	32.40
Collage de 54 rouleaux à 0^f,53............................	28.62
Bordure 170^m,00 à 0^f,10 le mètre.............................	17.00
Chambres du 6°, 32 rouleaux fournis à 0^f,80.......................	25.60
Collé 32 à 0^f,53...............................	16.96
Bordure 100^m,00 à 0^f,12 le mètre.............................	12.00
Egrenage des murs sous 446 rouleaux chaque 3.30.......... 1 471.80 à 0^f,06 le mètre....................	88.30
Bandes à l'eau, fournies et collées, ensemble.............. 450.00 à 0^f,06 le mètre....................	27.00
TOTAL TENTURE.................................	**1 860^f,37**

Récapitulation.

Peinture..	16 364^f,37
Vitrerie..	1 712^f,49
Tenture..	1 860^f,37
TOTAL GÉNÉRAL..........................	**19 937,23**

Surface de construction (environ) **240** mètres.

Ce qui met le prix du mètre à environ **83** francs.

Modèle de Marché à forfait.

A faire sur feuille de papier timbré.

ANNÉE

Marché à Forfait.

Entre les soussignés :

Monsieur X..., propriétaire, demeurant à   , rue   d'une part ;

Et Monsieur Gendron, entrepreneur de Peinture, demeurant à Paris, 23, rue des Filles-du-Calvaire d'autre part ;

En présence de M.   , architecte, demeurant à Paris.

Ont été arrêtées les conditions suivantes :

ARTICLE PREMIER. — Monsieur X... étant dans l'intention d'élever un bâtiment en façade sur rue en a fait dresser les plans, élévation, coupe et devis descriptif par M.   , architecte, chargé de la direction des travaux.

ART. 2. — M. Gendron, après avoir pris connaissance desdits plans, élévations, coupe et devis descriptif qui lui ont été communiqués par l'architecte et qu'il déclare avoir parfaitement étudiés après avoir fait par lui-même le détail estimatif de la dépense à faire pour tous les travaux de sa profession, s'engage envers M. X... à exécuter lesdits travaux en bloc et à forfait, aux charges, clauses et conditions suivantes :

ART. 3. — Cette construction devant être élevée sur caves en sous-sol d'un rez-de-chaussée, de cinq étages carrés et une mansarde couverte en zinc et ardoises, le tout conformément aux plans et au devis descriptif ci-annexés, M. Gendron déclare, comme il vient de le dire, s'être parfaitement rendu compte des travaux nécessaires pour arriver à l'entier et parfait achèvement de la construction, étant parfaitement convenu de clauses expresses, que tous les objets, même non prévus aux plans et au devis descriptif, soit même à la fois aux plans et au devis descriptif y annexé, mais qui seraient, suivant la justice et la raison, nécessaires pour le complet achèvement de cette construction, seraient à la charge de l'entrepreneur sans augmentation de prix à forfait. Il déclare enfin avoir, dans son prix fixé à forfait, compris une somme pour dépenses imprévues.

ART. 4. — De son côté, M. D. X... déclare avoir étudié lesdits plans de son architecte, les accepter et ne devoir y apporter aucun changement, si pourtant, pendant l'exécution, il devenait, par suite de circonstances imprévues, indispensable de modifier quelques parties de cette construction, le propriétaire ou son architecte pourront le faire sans que l'entrepreneur puisse s'y refuser ni pour cela demander l'annulation de son marché. Seulement il sera tenu compte du plus ou moins résultant de ces changements et les travaux seront réglés par l'architecte, suivant les prix de base publiés par la Société centrale des Architectes français pour l'année 19.. avec un rabais de   sur le règlement.

Dans aucun cas, il ne pourra être admis de travaux supplémentaires qu'autant qu'ils seront reconnus par l'architecte.

ART. 5. — L'entrepreneur sera responsable de ces travaux, même après leur réception par l'architecte, conformément aux prescriptions de l'article 7792 du code Napoléon et à toutes les autres règles du droit civil.

Il sera en outre tenu de réparer à ses frais toutes les dégradations causées au bâtiment par des tassements ou autres effets inévitables dans les travaux neufs, ou même provenant de la mauvaise qualité ou du mauvais emploi de matériaux fournis soit par lui, soit par les autres entrepreneurs ; ces travaux de raccords, jeux, etc., seront dus par l'entrepreneur pendant un an, à partir du jour de la réception.

ART. 6. — L'entrepreneur ne pourra, dans aucun cas, réclamer d'augmentation sur le prix fixé à forfait, soit en raison de la variation du prix des matériaux, de leur main-d'œuvre, soit en raison de tous événements imprévus.

Le présent marché étant fait en bloc et à forfait ne peut admettre ni augmentation ni diminution, sauf le cas prévu à l'article 4.

ART. 7. — L'entrepreneur sera aux lieu et place du propriétaire pour toutes démarches à faire, soit auprès de la grande voirie et de la petite voirie, soit auprès des voisins.

Il devra visiter toutes les cotes et mesures qui seront indiquées aux plans et devis descriptifs. En cas d'erreurs, il devra les signaler à l'architecte et les faire rectifier.

Il devra aussi vérifier les angles et nivellements.

Quant aux mesures de force et de grosseur ou d'épaisseur indiquées soit aux plans, soit au devis descriptif, l'entrepreneur déclare, après s'en être rendu compte, les trouver largement suffisantes ou en avoir prévu les augmentations qu'il croit nécessaire d'y apporter et n'entendre jamais invoquer les dimensions indiquées pour échapper à la responsabilité qui pèse sur lui, conformément à la loi ou pour invoquer un supplément.

ART. 8. — L'entrepreneur devra toujours avoir sur le chantier la quantité de matériaux et approvisionnements et le nombre d'ouvriers jugés nécessaires par l'architecte pour la prompte exécution des travaux.

L'entrepreneur sera tenu d'exhiber, à toute réquisition de l'architecte, les lettres de voiture, factures et autres documents qui seront jugés utiles pour connaître l'origine des divers matériaux.

Tous les matériaux, en général, devront être de la meilleure qualité et des dimensions indiquées, leurs façon et mise en œuvre devront recevoir toute la perfection qu'exigent les règles les plus sévères d'une bonne construction. Ceux qui seront reconnus par l'architecte ne pas avoir les qualités requises ou n'être pas convenablement façonnés ou posés devront être immédiatement déposés et enlevés du chantier.

Aucun travail ne pourra être masqué ni recouvert avant que l'architecte ne l'ait reconnu et vérifié.

Si, malgré la surveillance de l'architecte, des matériaux de qualité inférieure étaient mis en œuvre, l'entrepreneur sera contraint de les remplacer à ses frais, risques et périls, à quelque époque que cette mauvaise qualité soit constatée et quels que soient les frais que ce remplacement lui occasionne. Il en sera de même de tout vice de main-d'œuvre résultant de la négligence de ses ouvriers.

L'entrepreneur demeurera d'ailleurs toujours soumis aux dispositions de l'article 1797 du Code civil, qui le rend responsable du fait des personnes qu'il emploie.

Art. 9. — L'architecte aura la direction, la police, la surveillance des travaux pour l'exécution desquels il donnera des ordres et avis obligatoires pour l'entrepreneur. Il aura le droit d'exiger le changement ou le renvoi des agents ou ouvriers de l'entrepreneur pour une cause quelconque, dont il sera seul juge. Il pourra même les renvoyer sur-le-champ et leur interdire l'entrée de l'atelier.

L'entrepreneur ou un de ses préposés sera toujours présent sur le chantier pour recevoir les ordres que l'architecte pourrait avoir à lui donner.

Art. 10. — L'interprétation à donner au présent cahier des charges, tant pour les détails que pour l'exécution, doit toujours être donnée par l'architecte.

Art. 11. — Tous les frais de grande et petite voirie en ce qui concerne chaque nature de travaux (les permissions exceptées), éclairage, gardien s'il y a lieu, barrières et réparations de voisins; aussi, s'il y a lieu, amendes, entretien de la voie publique et tous faux-frais de quelque nature qu'ils puissent être demeurent à la charge de l'entrepreneur, au prorata du montant de son forfait.

Il sera tenu, en outre, de payer le jour de la signature un pour cent à l'architecte, pour les frais de timbre du présent et ceux d'autographie, des calques de plans et devis descriptifs (*ce paragraphe n'est pas toujours appliqué*).

Les frais d'enregistrement des présentes seront supportés par celle des parties qui y aura donné lieu par l'inexécution des conditions indiquées au présent marché.

Art. 12. — Les travaux devront commencer de suite chez l'entrepreneur, après signature du présent, pour approvisionnement et sur place.

Il est expressément convenu que le bâtiment doit être livré, savoir, la grosse construction faite et couverte; tous les ravalements intérieurs et extérieurs faits pour le   prochain et tous les autres travaux de toute nature entièrement achevés pour la maison, pouvoir être livrée, les clefs à la main, le

En conséquence, l'entrepreneur s'engage à ses risques et périls, mais seulement en ce qui le concerne, à avoir terminé tous les travaux de sa profession et faisant l'objet du présent marché en temps utile pour que les travaux puissent être terminés aux époques ci-dessus indiquées; et ce, sauf le cas de force majeure (la pluie non considérée comme telle), consentant, ledit entrepreneur, dans le cas où cet engagement ne serait pas rempli exactement, à payer au propriétaire une somme de ..... francs par chaque jour de retard, sans qu'il soit besoin d'aucune autre formalité judiciaire qu'une simple mise en demeure, pour la constatation du fait de non-exécution. La dite retenue opérée dans ce cas, par le propriétaire lui-même, sur ce qui resterait dû à l'entrepreneur, et ce, nonobstant toute opposition ou transport, et sans que M. X... (de convention expresse) prenne d'engagement réciproque.

Le propriétaire ne sera pas responsable, vis-à-vis de l'entrepreneur, du retard qui pourrait lui être causé par un autre entrepreneur; il prend seulement l'engagement de lui faire la dénonciation nécessaire pour mettre en demeure le ou les entrepreneurs qui, par négligence ou toute autre cause, entraverait la marche des travaux ou nuirait à l'action des autres entrepreneurs, si les retards se prolongeaient trop ou s'il y avait interruption de travaux, M. X... aurait le droit, après une simple mise en demeure, extra-judiciaire, de faire exécuter en régie, sous la direction de son architecte, tous lesdits travaux aux risques et périls de l'entrepreneur déchu.

Cette mesure sera exécutée nonobstant toute action judiciaire, en référé ou autre, qui serait introduite par l'entrepreneur.

Art. 13. — En cas de décès de l'une ou l'autre des parties contractantes, le présent marché n'en suivra pas moins son entière exécution. Si l'entrepreneur venait à décéder, de même que s'il venait à être déclaré en faillite, M. X... est dès à présent autorisé à faire continuer les travaux aux frais et risques de la succession ou des créanciers, sans qu'il soit besoin d'aucune formalité autre qu'un état de situation présenté par les soins de qui de droit, dans les cinq jours qui suivraient l'événement prévu.

Art. 14. — Le prix des travaux a été fixé, après débats, à la somme totale fixe et à forfait de

Que M. X... s'engage à payer de la manière suivante, savoir :

1° Quatre-vingt 0/0 courant et fin des travaux.

2° Dix à la réception définitive ;

3° Dix un an après la prise de possession du bâtiment par le propriétaire.

Le dernier paiement restant comme garantie entre les mains du propriétaire pendant une année pour, à cette époque, être fait sans qu'il soit tenu compte d'intérêts.

Il ne pourra être délivré d'acomptes sur les approvisionnements, mais sur les travaux et fournitures en place.

Art. 15. — Il est interdit à l'entrepreneur de faire sur le propriétaire aucune délégation et transport sans son consentement écrit, accepté, après la réception, pour ce qui restera à recevoir.

Art. 16. — Les présentes conventions sont d'ailleurs régies par les dispositions générales du Code Napoléon sur les devis ou marchés et notamment par les articles 1794, 1795 et 1796 dudit code.

En signant les présentes, l'entrepreneur reconnaît avoir reçu un exemplaire des plans d'exécution et du devis descriptif, le tout signé du propriétaire.

Fait double et de bonne foi entre les parties, à Paris le.......

Signatures :

474. Une chose qui peut être très utile à connaître, surtout pour les entrepreneurs résidant dans des localités où il n'y a pas de métreurs, c'est la composition en peinture polie d'une porte cochère, et son métrage des deux faces, nous le donnons ci-dessous, ce sera le dernier modèle de métré de l'ouvrage.

Métrage d'une porte cochère en travaux polis complets (*fig.* 392).

Ladite porte cochère en chêne, *poncée au papier de verre, imprimée à l'huile, cinq couches de teinte dure, rebouchage au mastic, au vernis entre chaque couche, une couche de guide, ensuite ponçage à l'eau, à la pierre ponce sur parties ornées de moulures, ponçage au papier de verre, une couche de teinte très soignée, rebouchage au mastic au vernis, ponçage à l'eau à la pierre ponce sur parties à moulures, deux couches de teinte très soignées, ponçage au papier de verre, façon de décors bois très soignée, vernis à polir, deux couches, ponçage à l'eau à la ponce en poudre pour polir le vernis, une troisième couche de vernis à polir, avec ponçage à l'eau à la ponce en poudre pour polir le vernis, et vernis extérieur surfin à finir une couche.*

(Travaux polis.)

Face extérieure de cette porte.

De 4.75 hauteur × 3.35 de largeur à plat produit 15.91

Développement de la moulure du bâtis.

4 Montants chaque 4.50 réduit......................	18.00	
2 Traverses chaque 1.35	2.70	
2 Autres chaque 1.30...............................	2.60	
Ensemble	23.30	
× 0.025 produit.................................		0.58

Epaisseur des tables intérieures d'impostes.

4 Montants chaque 0.35 réduit......................	1.40	
2 Traverses chaque 0.85...........................	1.70	
2 Autres chaque 0.55...............................	1.10	
4 Ecoinçons chaque 0.20............................	0.80	
4 Arrêts chaque 0.05...............................	0.20	
Ensemble	5.20	
× 0.02 produit		0.10
A reporter.............................		16.59

Fig. 392.

Report...............................		16.59
Epaisseurs de tables extérieures.		
4 Montants chaque 0.50 réduit.......................	2.00	
2 Traverses chaque 0.60.............................	1.20	
4 Ecoinçons chaque 0.20.............................	0.80	
4 Arrêts chaque 0.05................................	0.20	
Ensemble.....................	4.20	
$\times$ 0.03 produit...........................		0.13
Développements de grands cadres sur les deux portes.		
4 Montants chaque 2.20 réduits.......................	8.80	
2 Traverses chaque 0.85.............................	1.70	
4 Ecoinçons chaque 0.30.............................	1.20	
2 Demi-cercles chaque 0.75..........................	1.50	
Ensemble.....................	13.20	
$\times$ 0.09 produit.............................		1.19
Epaisseurs de tables intérieures.		
4 Montants chaque 1.75	7.00	
2 Traverses chaque 0.70.............................	1.40	
4 Ecoinçons chaque 0.15.............................	0.60	
2 Demi-cercles chaque 0.75..........................	1.50	
Ensemble	10.50	
$\times$ 0.03 produit.............................		0.31
Développement de la cimaise.		
2 Fois 1.10...	2.20	
4 Abouts chaque 0.05	0.20	
Ensemble.....................	2.40	
$\times$ 0.09 produit.............................		0.22
Epaisseurs extérieures de la partie en marqueterie.		
4 Montants chaque 1.15.............................	4.20	
2 Traverses chaque 1.05.............................	2.10	
Ensemble.....................	6.30	
$\times$ 0.025 produit.............................		0.16
Table saillante de la marqueterie.		
4 Montants chaque 0.95.............................	3.80	
4 Traverses chaque 0.85.............................	3.40	
Ensemble	7.20	
$\times$ 0.015 produit.............................		0.11
2 Epaisseurs couronnant les ôves chaque 1.15 ens... 2.30$\times$0.05		0.12
Développement du battement 4.30 $\times$ 0.12		0.52
Feuillures des guichets.		
4 Montants chaque 3.40.............................	13.60	
4 Traverses chaque 1.30.............................	5.20	
Ensemble.....................	18.80	
$\times$ 0.08 produit.............................		1.50
Epaisseurs des guichets.		
4 Montants chaque 3.40.............................	13.60	
4 Traverses chaque 1.30.............................	5.20	
Ensemble.......	18.80	
$\times$ 0.05 produit.............................		0.94
Développement de la gueule-de-loup 4.30 $\times$ 0.14		0.60
Dito du battant mouton 4.30 $\times$ 0.10		0.43
Refouillement des ornements :		
22 Oves chaque 0.05 n° 262 de la Série, ensemble.............		1.10
12 Denticules chaque 0.03 *idem*...........................		0.36
A reporter.............................		24.28

Report................................	24.28

Sur le battement :
4 Bagues chaque 0.05...................... 0.20
2 Têtes de chimères chaque   0.30 × 0.30 produit ..   0.18
Au double pour refouillements............................ 0.36
Face intérieure de la porte :
Ladite de 4.75 hauteur × 3.35 de largeur.................. 15.91
Epaisseurs des bâtis extérieurs :
4 Montants chaque 4.75 .... 19.00
1 Traverse de 1.70................................ 1.70
1 Autre semblable................................ 1.70

          Ensemble.................... 22.40
          × 0.08 produit............................. 1.79
Espagnolette développant   5.00 × 0.14 d'usage........... 0.70
6 forts gonds à scellements chaque 0.05.................... 0.30

          Surface............................ 43.48
          à 27ᶠ,00 le mètre ainsi décomposé...................   1 173.95
Ponçage au papier de verre.................... (Nᵒ 172)... 0.13
Impression..................................... (208)... 0.41
Cinq couches de teinte dure.................... (220)... 2.10
Cinq rebouchages au mastic au vernis........... (161)... 5.40
Couche de guide................................ (220)... 0.42
Ponçage à l'eau à la pierre ponce sur parties moulurées (176)... 4.08
Ponçage au papier de verre.................... (172)... 0.13
Une couche de teinte très soignée.............. (211)... 0.69
Rebouchage au mastic au vernis................ (161)... 1.08
Ponçage à l'eau à la pierre ponce sur parties à
moulures....................................... (176)... 4.08
Deux couches de teintes très soignées........... (211)... 1.38
Façon de décors très soignée.................... (246)... 1.20
Vernis à polir deux couches.................... (268)... 1.24
Ponçage à l'eau à la ponce en poudre sur parties à
moulures...................................... (178)... 1.67
Couche de vernis à polir .... (268)... 0.62
Ponçage à l'eau à la ponce en poudre sur parties à
moulures...................................... (178)... 1.67
Vernis extérieur surfin à finir une couche........ (270)... 0.70

          Ensemble 27.00
Plus-value pour décors en marqueterie sur 2 panneaux de soubassement à 10ᶠ,00 l'un nᵒ 250 de la Série.............................   20.00

          Total de cette porte cochère..........................   **1193ᶠ,95**

DES ATTACHEMENTS

475. Les attachements sont destinés à établir la constatation de travaux invisibles, inaccessibles ou disparus, ils sont la meilleure sauvegarde des intérêts de l'entrepreneur, ils doivent être tenus à jour au fur et à mesure de l'exécution du travail.

Les attachements doivent être *écrits* en triple expédition, dont une sera adressée à l'architecte, l'autre au propriétaire; la troisième restera dans le dossier de l'entrepreneur pour servir à l'établissement de ses mémoires, et pour parer à toute éventualité en cas de conflit commercial.

Les attachements doivent être reconnus et signés par l'architecte, directeur des travaux, il arrive quelquefois, quoique très rarement, que l'architecte se refuse à signer les attachements ; dans ce cas, il est nécessaire de les lui adresser par la poste dans un pli recommandé, accompagnés d'une lettre passée au copie de lettre, et dont voici une des teneurs :

Paris, le (dater).

Monsieur X, architecte, rue......, n°..., à Paris.

Conformément à l'usage, j'ai l'honneur de vous adresser sous ce pli, l'attachement (n°) concernant les travaux que j'exécute en ce moment sous vos ordres et direction dans la propriété ou l'établissement de Monsieur X..., rue, n°..., en vous priant de vouloir bien les vérifier pour ne pas retarder l'exécution des travaux en cours, je considérerai cet attachement comme accepté et contrôlé si je n'ai pas reçu d'avis contraire de votre part dans un délai de huit jours (ou plus ou moins selon l'urgence).

Veuillez agréer, Monsieur, l'assurance de mes sentiments dévoués.

Ceci fait, vous pourrez être tranquille sur le règlement futur de vos mémoires.

DE LA COMPTABILITÉ DE L'ENTREPRENEUR

476. Chaque entrepreneur peut tenir sa comptabilité d'une façon particulière, mais étant donné qu'elle peut avoir à être produite en justice, elle doit être tenue avec simplicité.

Elle se composera :

1° D'un livre dit *Journal*, destiné à noter au jour le jour le mouvement de la maison ;

2° D'un *livre de caisse*, où seront inscrites au fur et à mesure de leurs dates, les sommes encaissées et les sommes payées ;

3° Un *livre de paie*, tenu très strictement pour le contrôle des accidents du travail, mis d'après la loi à la charge du chef de l'entreprise ;

4° Un *grand-livre*, où seront résumées toutes les opérations des livres précédents, et pour établir la balance.

Avec cette comptabilité toute simple, mais bien à jour, l'entrepreneur sera toujours à même de connaître de suite, l'état de son bilan et la marche de sa maison.

DES FAIENCES DÉCORATIVES

477. Les faïences décoratives en grès flammés, porcelaines et terres de Toul, Sarreguemines, etc., étant cataloguées, leur emploi se traite par achat direct et la pose à façon, se fait conventionnellement ou de gré à gré.

Il en est de même pour la peinture en équipages, qui est une partie toute spéciale et n'a aucun rapport avec le métrage de la peinture en bâtiment.

FIN

TABLE DES MATIÈRES

RÉPERTOIRE ANALYTIQUE

RÉPERTOIRE ALPHABÉTIQUE

Sciences générales.

COUVERTURE — PLOMBERIE

INSTALLATIONS D'EAU, GAZ ET D'ÉLECTRICITÉ

G. OSLET, U
Architecte,
Ingénieur des Arts et Manufactures
Chef de travaux graphiques
à l'École centrale.

A. LASCOMBE, U
Architecte,
Ingénieur des Arts et Manufactures

A. CORDEAU
Métreur spécial en couverture
et plomberie.

PROGRAMME

1re Partie. — COUVERTURE

CHAPITRE PREMIER. — *Notions générales.* — But de la couverture. — Classement des matériaux employés. — Historique. — Pentes des toitures. — Voligeage et lattis. — Ouvriers employés aux travaux de couverture. — Outillage du couvreur. — Vocabulaire des expressions employées en couverture. — Législation concernant les toitures.

CHAPITRE II. — *Couvertures en ardoises.* — Propriétés générales des ardoises. — Formes et dimensions commerciales des ardoises. — Ardoises clouées. — Ardoises fixées avec crochets. — Couvertures en grandes ardoises sur chevrons sans lattis. — Egouts des couvertures en ardoises. — Ruelles. — Arêtiers. — Faîtages. — Noues. — Châssis d'éclairage.

CHAPITRE III. — *Couvertures en tuiles.* — Emploi de la terre cuite en couverture. — Tuiles anciennes. — Pose des tuiles. — Inclinaisons des couvertures en tuiles plates, en tuiles mécaniques. — Egouts. — Faîtages. — Arêtiers. — Noues. — Ruelles. — Raccords avec les murs plus élevés. — Châssis d'éclairage et d'aérage. — Couverture des murs de clôture.

CHAPITRE IV. — *Couvertures en zinc.* — Propriétés du zinc. — Dimensions et poids des feuilles de zinc du commerce. — Travail du zinc. — Disposition des feuilles de zinc. — Faîtages. — Egouts. — Arêtiers. — Châssis d'éclairage. — Couverture en zinc à ressauts pour faibles pentes. — Rives. — Pignons. — Combles à la Mansard. — Noues. — Chattières. — Souches de cheminées. — Bandeaux. — Corniches et entablements plus larges que 0.16.

CHAPITRE V. — *Couvertures en plomb.* — Propriétés du plomb. — Fabrication des tables de plomb. — Travail du plomb. — Différents modes de couvertures en plomb. — Couverture d'une terrasse en plomb. — Couverture en ardoises de plomb.

CHAPITRE VI. — *Couvertures en feuilles métalliques ondulées.* — Emploi. — Tôles ondulées. — Grandes et petites ondes. — Pose. — Faîtages. — Zinc ondulé dit cannelé. — Zinc à double nervure. — Becs. — Egouts. — Ruellées. — Raccords et bandes de solins.

CHAPITRE VII. — *Couvertures en cuivre.* — Propriétés du cuivre. — Emploi du cuivre dans la couverture. — Dimensions et poids. — Travail et pose du cuivre.

CHAPITRE VIII. — *Couvertures en verre.* — Matériaux de vitrerie employés en couverture. — Couverture en ardoises de verre, en verre ordinaire. — Verres striés. — Glaces brutes. — Tuiles en verre. — Condensation intérieure.

CHAPITRE IX. — *Couvertures en matériaux de maçonnerie.* — Matériaux employés. — Couverture en grandes dalles plates. — Couvertures en ciment à prise lente. — Couvertures en asphalte. — Toitures en ciment volcanique.

CHAPITRE X. — *Couvertures en matériaux ligneux.* — Couvertures en bardeaux de merrain, en planches, en papiers, cartons et feutres bitumés ou goudronnés, en chaume, en roseaux.

CHAPITRE XI. — *Métré et séries de prix des* ...

Plomb. — Feuilles métalliques ondulées. — Cuivre. — Verre. — Matériaux ligneux. — Matériaux de maçonnerie.

2me Partie. — CANALISATION D'EAU

CHAPITRE PREMIER. — *Gouttières et chéneaux.* — Captation des eaux de toitures. — Gouttières et chéneaux en pierre, en zinc. — Pentes. Chéneaux en plomb encaissé, en zinc, en terre cuite. — Gouttières et chéneaux en fonte. Système Bigot-Renaux. — Chéneaux en tôle noire, étanches et non étanches, en tôle plombée, en fonte formant poutres.

CHAPITRE II. — *Tuyaux de descente et accessoires de couverture.* — Tuyaux de descente en zinc, en fonte. Bigot-Renaux. — Cuillers et gargouilles. — Marches en zinc. — Echelles en fer avec montants. — Paliers. — Marches en fer et fonte articulées.

CHAPITRE III. — *Eaux ménagères.* — Eaux ménagères. — Eviers. — Bondes siphoïdes. — Siphons. — Caniveaux. — Branchements d'égouts. — Règlement pour la construction des branchements d'égouts.

CHAPITRE IV. — *Vidange.* — Tout à l'égout. — Fosses fixes, mobiles. — Appareils diviseurs. — Tout à l'égout.

CHAPITRE V. — *Installation des eaux.* — Distribution des eaux. — Tuyaux. — Assemblages. — Pose des conduites. — Robinetterie. — Ventouses. — Réservoirs. — Bassins. — Fontaines. — Distribution dans les maisons particulières. — Compteurs d'eau. — Filtrage. — Epuration. — Assainissement. — Hydrothérapie. — Lavoirs publics. — Réservoirs et citernes. — Ascenseurs hydrauliques.

CHAPITRE VI. — *Métré et séries de prix des ouvrages de canalisation d'eau.* — Prix élémentaires. — Prix composés. — Outils employés.

3me Partie. — CANALISATION POUR LE GAZ

CHAPITRE PREMIER. — *Distribution du gaz.* — Eclairage par le gaz. — Tuyaux. — Canalisation en fer, en plomb, en tôle et bitume. — Accessoires. — Becs. — Bras. — Clefs. — Compteurs. — Incandescence par le gaz. — Cuisine et chauffage. — Règlements.

CHAPITRE II. — *Métré et séries de prix.* — Prix élémentaires. — Prix composés. — Canalisation en fer, en plomb, en tôle et bitume. — Accessoires. — Outils employés.

4me Partie. — ÉLECTRICITÉ

CHAPITRE PREMIER. — *Eclairage.* — Piles. — Bobines d'induction. — Machines à courants électriques. — Accumulateurs. — Lumière électrique. — Eclairage par incandescence.

CHAPITRE II. — *Sonneries et téléphones.* — Sonneries ordinaires. — Ouverture des portes cochères. — Sonneries électriques et par l'air. — Sonneries dites trembleuses. — Téléphonie. — Microphone. — Communication dans les villes. — Paratonnerres. — Monte-plats. — Ascenseurs électriques.

CHAPITRE III. — *Métré et séries de prix.* — ...

TRAITÉ

D'ARCHITECTURE THÉORIQUE & PRATIQUE

(7e partie du Cours de Construction)

Par Gaston TUBEUF, Architecte, ancien élève de l'École nationale des Beaux-Arts.

PROGRAMME SOMMAIRE

I. — PARTIE THÉORIQUE (Histoire de l'Architecture)

I. — ANTIQUITES

CHAPITRE PREMIER. — *Egypte.* — I. Ancien Empire (de l'an 5700 à l'an 1650 avant J.-C.). — II. Nouvel Empire (de l'an 1650 à l'an 332 avant J.-C.). — III. Epoque grecque sous les Ptolémées (de l'an 352 à 30 ans avant J.-C.), et domination romaine (de 30 ans avant J.-C. à 25? de l'ère actuelle).

CHAPITRE II. — *Assyrie.* — *Babylonie.* — *Médie.* — *Perse.*

CHAPITRE III. — *Indoustan.* — *Chine.* — *Japon* — I. Classification des monuments indous. — II. Temples souterrains d'Elora, Mavalipouram. Eléphanta. — III. Construction monolithe. — Kailaça. — IV. Pagodes. — Madoreh. — Sianbaram-Isouara. — Chalembron. — V. Aperçu de la théorie de l'architecture indoue. — VI. Les Topes de l'Afghanistan et les Dagobas de l'île de Ceylan. — VII. Chine — Japon. — VII. Phénicie. — IX. Palestine.

CHAPITRE IV. — *Grèce.* — *Ionie* — I. Période historique. — II. Monuments pelasgiques — III. Colonnes. — Moulures. — Temple d'Athènes — IV. Ancien Parthénon. — V. Temple de la Victoire sans aile. — VI. Monument de Lysicrates. — VII. Les Propylées. — VIII. Théâtres grecs. — IX. Origine de l'ordre ionique. — Ordre corinthien.

CHAPITRE V. — *Etrurie.* — *Rome.* — I. Murs, Voûtes. — Temples étrusques. — II. Rome. — Temples. — III. Théâtres. — IV. Colisée. — Amphithéâtre. — Arc de Septime Sévère. — V. Thermes de Dioclétien. — Ordres romains. — Ordre composite. — VI. Basilique Ulpia. — Maisons. — Villas. — Cirques. — Hippodrome et Forum.

CHAPITRE VI. — *Monuments celtiques.* — I. Les Peulwens. — Les pierres branlantes. — Lichavens. — II. Enceintes celtiques ou Cromlechs. — III. Etude des monuments celtiques.

II. — MOYEN AGE

CHAPITRE PREMIER. — *Architecture latine et orientale.* — I. Basiliques chrétiennes en Occident. — Baptistères. — II. Style byzantin du IVe au VIIIe et du IXe au XIIe siècle. — III. Architecture musulmane en Orient.

CHAPITRE II. — *Architecture romane.*

CHAPITRE III. — *Architecture ogivale.* — I. Classification des styles du Ve au XIIe siècle. — II. Style ogival primaire au XIIIe siècle. — III. Style ogival secondaire au XIVe siècle. — IV. Style ogival tertiaire au XVe siècle. — V. Coup d'œil sur l'architecture du moyen âge en Allemagne, en Angleterre, dans les Pays-Bas, en Italie et en Espagne.

III. — RENAISSANCE ET TEMPS MODERNES

CHAPITRE PREMIER. — *La Renaissance en Italie et son apparition en France.* — I. Ses causes. — II. Importation en France du style de la Renais-...

CHAPITRE II. — *Architecture à la fin du XVIe siècle.*
CHAPITRE III. — *Des styles Louis XIV, Louis XV et Louis XVI.*

IV. — HISTOIRE DE LA PEINTURE SUR VERRE

CHAPITRE PREMIER. — *Les vitraux du XIIe au XVIIIe siècle.*
CHAPITRE II. — *Procédés de fabrication des vitraux.*

II. — PARTIE PRATIQUE

I. — SCIENCES APPLIQUEES AUX CONSTRUCTIONS

CHAPITRE PREMIER. — Hygiène des bâtiments.
CHAPITRE II. — Acoustique. CHAPITRE III. — Chauffage CHAPITRE IV. — Ventilation.
CHAPITRE V. — Vidange.

II. — JURISPRUDENCE

CHAPITRE PREMIER. — Responsabilité des architectes et des entrepreneurs.
CHAPITRE II. — Servitudes et murs mitoyens.
CHAPITRE III. — Lois, arrêtés, etc., concernant les bâtiments.
CHAPITRE IV. — Honoraires.

III. — TECHNIQUE DE L'ARCHITECTURE

CHAPITRE PREMIER. — Partie graphique. — I. Plans, coupes, élévations, etc. — I. Détails d'ensemble. — II. Détails en grande ? d'exécution. — IV. Autographie.
CHAPITRE II. — Comptabilité. — I. Etablissement d'un devis. — II. Attachements écrits. — III. Attachements figurés. — IV. Métrés. — V. Calepin d'appareils — VI. Mémoires. — VII. Vérification et règlement des mémoires. — VIII. Marché à forfait ou au métré.

IV. — SOUS-DÉTAILS DES TRAVAUX DE TOUTE NATURE

CHAPITRE PREMIER — I. Terrasse. — II. Maçonnerie. — III. Carrelage.
CHAPITRE II. — I. Charpente. — II. Couverture et plomberie. — III. Gaz. — IV. Menuiserie. — V. Serrurerie.
CHAPITRE III. — I. Peinture. — II. Vitrerie. — III. Tentures. — IV. Sonneries électriques.

III. — TYPES DE CONSTRUCTIONS DIVERSES

CHAPITRE PREMIER. — Habitations rurales. — CHAPITRE II. — Maisons de campagne avec jardin et communs. — CHAPITRE III. — Fermes avec dépendances. — CHAPITRE IV. — Maisons de rapport en grande ville. — CHAPITRE V. — Eglises. — CHAPITRE VI. — Groupes scolaires isolés ou mixtes. — CHAPITRE VII. — Mairies et justices de paix. — CHAPITRE VIII. — Théâtres. — CHAPITRE IX. — Halles et marchés couverts.